기본적인 상수들

Avogadro's number (N_A)	6.0221413×10^{23}
Electron charge (e)	1.6022×10^{-19} C
Electron mass	9.109387×10^{-28} g
Faraday constant (F)	96,485.3 C/mol e^-
Gas constant (R)	0.08206 L · atm/K · mol
	8.314 J/K · mol
	62.36 L · torr/K · mol
	1.987 cal/K · mol
Planck's constant (h)	6.6256×10^{-34} J · s
Proton mass	1.672623×10^{-24} g
Neutron mass	1.674928×10^{-24} g
Speed of light in a vacuum (c)	2.99792458×10^{8} m/s

SI 단위에 사용되는 접두어

tera (T)	10^{12}	centi (c)	10^{-2}
giga (G)	10^{9}	milli (m)	10^{-3}
mega (M)	10^{6}	micro (μ)	10^{-6}
kilo (k)	10^{3}	nano (n)	10^{-9}
deci (d)	10^{-1}	pico (p)	10^{-12}

학습에 유용한 환산 인자

1 lb = 453.6 g

1 in = 2.54 cm (exactly)

1 mi = 1.609 km

1 km = 0.6215 mi

$1 \text{ pm} = 1 \times 10^{-12} \text{ m} = 1 \times 10^{-10} \text{ cm}$

$1 \text{ atm} = 760 \text{ mmHg} = 760 \text{ torr} = 101{,}325 \text{ N/m}^2 = 101{,}325 \text{ Pa}$

1 cal = 4.184 J (exactly)

1 L · atm = 101.325 J

$1 \text{ J} = 1 \text{ C} \times 1 \text{ V}$

$$?°\text{C} = (°\text{F} - 32°\text{F}) \times \frac{5°\text{C}}{9°\text{F}}$$

$$?°\text{F} = \frac{9°\text{F}}{5°\text{C}} \times (°\text{C}) + 32°\text{F}$$

$$?\text{K} = (°\text{C} + 273.15°\text{C})\left(\frac{1\text{K}}{1°\text{C}}\right)$$

주기율표

주요 내용

원자 번호 → 6
C ← Symbol(기호)
이름 → Carbon
12.01 ← 평균 원자 질량
원소

주족 | 전이 금속 | 주족

주기	1	2	3	4	5	6	7	8	9	10	11	12	13	14	15	16	17	18	
1	1 H Hydrogen 1.008																	2 He Helium 4.003	1
2	3 Li Lithium 6.941	4 Be Beryllium 9.012											5 B Boron 10.81	6 C Carbon 12.01	7 N Nitrogen 14.01	8 O Oxygen 16.00	9 F Fluorine 19.00	10 Ne Neon 20.18	2
3	11 Na Sodium 22.99	12 Mg Magnesium 24.31											13 Al Aluminum 26.98	14 Si Silicon 28.09	15 P Phosphorus 30.97	16 S Sulfur 32.07	17 Cl Chlorine 35.45	18 Ar Argon 39.95	3
4	19 K Potassium 39.10	20 Ca Calcium 40.08	21 Sc Scandium 44.96	22 Ti Titanium 47.87	23 V Vanadium 50.94	24 Cr Chromium 52.00	25 Mn Manganese 54.94	26 Fe Iron 55.85	27 Co Cobalt 58.93	28 Ni Nickel 58.69	29 Cu Copper 63.55	30 Zn Zinc 65.41	31 Ga Gallium 69.72	32 Ge Germanium 72.64	33 As Arsenic 74.92	34 Se Selenium 78.96	35 Br Bromine 79.90	36 Kr Krypton 83.80	4
5	37 Rb Rubidium 85.47	38 Sr Strontium 87.62	39 Y Yttrium 88.91	40 Zr Zirconium 91.22	41 Nb Niobium 92.91	42 Mo Molybdenum 95.94	43 Tc Technetium (98)	44 Ru Ruthenium 101.1	45 Rh Rhodium 102.9	46 Pd Palladium 106.4	47 Ag Silver 107.9	48 Cd Cadmium 112.4	49 In Indium 114.8	50 Sn Tin 118.7	51 Sb Antimony 121.8	52 Te Tellurium 127.6	53 I Iodine 126.9	54 Xe Xenon 131.3	5
6	55 Cs Cesium 132.9	56 Ba Barium 137.3	57 La Lanthanum 138.9	72 Hf Hafnium 178.5	73 Ta Tantalum 180.9	74 W Tungsten 183.8	75 Re Rhenium 186.2	76 Os Osmium 190.2	77 Ir Iridium 192.2	78 Pt Platinum 195.1	79 Au Gold 197.0	80 Hg Mercury 200.6	81 Tl Thallium 204.4	82 Pb Lead 207.2	83 Bi Bismuth 209.0	84 Po Polonium (209)	85 At Astatine (210)	86 Rn Radon (222)	6
7	87 Fr Francium (223)	88 Ra Radium (226)	89 Ac Actinium (227)	104 Rf Rutherfordium (261)	105 Db Dubnium (262)	106 Sg Seaborgium (266)	107 Bh Bohrium (272)	108 Hs Hassium (277)	109 Mt Meitnerium (276)	110 Ds Darmstadtium (281)	111 Rg Roentgenium (280)	112 Cn Copernicium (285)	113 Nh Nihonium (285)	114 Fl Flerovium (287)	115 Mc Moscovium (289)	116 Lv Livermorium (291)	117 Ts Tennessine (293)	118 Og Oganesson (294)	7

Lanthanoids 6	58 Ce Cerium 140.1	59 Pr Praseodymium 140.9	60 Nd Neodymium 144.2	61 Pm Promethium (145)	62 Sm Samarium 150.4	63 Eu Europium 152.0	64 Gd Gadolinium 157.3	65 Tb Terbium 158.9	66 Dy Dysprosium 162.5	67 Ho Holmium 164.9	68 Er Erbium 167.3	69 Tm Thulium 168.9	70 Yb Ytterbium 173.0	71 Lu Lutetium 175.0	6
Actinoids 7	90 Th Thorium 232.0	91 Pa Protactinium 231.0	92 U Uranium 238.0	93 Np Neptunium (237)	94 Pu Plutonium (239)	95 Am Americium (243)	96 Cm Curium (247)	97 Bk Berkelium (249)	98 Cf Californium (252)	99 Es Einsteinium (252)	100 Fm Fermium (257)	101 Md Mendelevium (258)	102 No Nobelium (259)	103 Lr Lawrencium (262)	7

금속

비금속

준금속

List of the Elements with Their Symbols and Atomic Masses*

Element	Symbol	Element	Atomic Mass†	Element	Symbol	Atomic Number	Atomic Mass†
Actinium	Ac	89	(227)	Mendelevium	Md	101	(258)
Aluminum	Al	13	26.9815386	Mercury	Hg	80	200.59
Americium	Am	95	(243)	Molybdenum	Mo	42	95.94
Antimony	Sb	51	121.760	Moscovium	Mc	115	(289)
Argon	Ar	18	39.948	Neodymium	Nd	60	144.242
Arsenic	As	33	74.92160	Neon	Ne	10	20.1797
Astatine	At	85	(210)	Neptunium	Np	93	(237)
Barium	Ba	56	137.327	Nickel	Ni	28	58.6934
Berkelium	Bk	97	(247)	Niobium	Nb	41	92.90638
Beryllium	Be	4	9.012182	Nihonium	Nh	113	(285)
Bismuth	Bi	83	208.98040	Nitrogen	N	7	14.0067
Bohrium	Bh	107	(272)	Nobelium	No	102	(259)
Boron	B	5	10.811	Oganesson	Og	118	(294)
Bromine	Br	35	79.904	Osmium	Os	76	190.23
Cadmium	Cd	48	112.411	Oxygen	O	8	15.9994
Calcium	Ca	20	40.078	Palladium	Pd	46	106.42
Californium	Cf	98	(251)	Phosphorus	P	15	30.973762
Carbon	C	6	12.0107	Platinum	Pt	78	195.084
Cerium	Ce	58	140.116	Plutonium	Pu	94	(244)
Cesium	Cs	55	132.9054519	Polonium	Po	84	(209)
Chlorine	Cl	17	35.453	Potassium	K	19	39.0983
Chromium	Cr	24	51.9961	Praseodymium	Pr	59	140.90765
Cobalt	Co	27	58.933195	Promethium	Pm	61	(145)
Copernicium	Cn	112	(285)	Protactinium	Pa	91	231.03588
Copper	Cu	29	63.546	Radium	Ra	88	(226)
Curium	Cm	96	(247)	Radon	Rn	86	(222)
Darmstadtium	Ds	110	(281)	Rhenium	Re	75	186.207
Dubnium	Db	105	(268)	Rhodium	Rh	45	102.90550
Dysprosium	Dy	66	162.500	Roentgenium	Rg	111	(280)
Einsteinium	Es	99	(252)	Rubidium	Rb	37	85.4678
Erbium	Er	68	167.259	Ruthenium	Ru	44	101.07
Europium	Eu	63	151.964	Rutherfordium	Rf	104	(267)
Fermium	Fm	100	(257)	Samarium	Sm	62	150.36
Flerovium	Fl	114	(287)	Scandium	Sc	21	44.955912
Fluorine	F	9	18.9984032	Seaborgium	Sg	106	(271)
Francium	Fr	87	(223)	Selenium	Se	34	78.96
Gadolinium	Gd	64	157.25	Silicon	Si	14	28.0855
Gallium	Ga	31	69.723	Silver	Ag	47	107.8682
Germanium	Ge	32	72.64	Sodium	Na	11	22.98976928
Gold	Au	79	196.966569	Strontium	Sr	38	87.62
Hafnium	Hf	72	178.49	Sulfur	S	16	32.065
Hassium	Hs	108	(270)	Tantalum	Ta	73	180.94788
Helium	He	2	4.002602	Technetium	Tc	43	(98)
Holmium	Ho	67	164.93032	Tellurium	Te	52	127.60
Hydrogen	H	1	1.00794	Tennessine	Ts	117	(293)
Indium	In	49	114.818	Terbium	Tb	65	158.92535
Iodine	I	53	126.90447	Thallium	Tl	81	204.3833
Iridium	Ir	77	192.217	Thorium	Th	90	232.03806
Iron	Fe	26	55.845	Thulium	Tm	69	168.93421
Krypton	Kr	36	83.798	Tin	Sn	50	118.710
Lanthanum	La	57	138.90547	Titanium	Ti	22	47.867
Lawrencium	Lr	103	(262)	Tungsten	W	74	183.84
Lead	Pb	82	207.2	Uranium	U	92	238.02891
Lithium	Li	3	6.941	Vanadium	V	23	50.9415
Livermorium	Lv	116	(291)	Xenon	Xe	54	131.293
Lutetium	Lu	71	174.967	Ytterbium	Yb	70	173.04
Magnesium	Mg	12	24.3050	Yttrium	Y	39	88.90585
Manganese	Mn	25	54.938045	Zinc	Zn	30	65.409
Meitnerium	Mt	109	(276)	Zirconium	Zr	40	91.224

* These atomic masses show as many significant figures as are known for each element. The atomic masses in the periodic table are shown to four significant figures, which is sufficient for solving the problems in this book.

† Approximate values of atomic masses for radioactive elements are given in parentheses.

3판

BURDGE 일반화학의 기초

McGraw Hill

Introductory Chemistry, 3rd Edition

1 2 3 4 5 6 7 8 9 10 GMP 20 25

Original: Introductory Chemistry, 3rd Edition © 2024
By Julia Burdge, Michelle Driessen
ISBN 978-1-26-409639-8

This authorized Korean translation edition is jointly published by McGraw-Hill Education Korea, Ltd. and GYOMOON Publisher. This edition is authorized for sale in the Republic of Korea.

This book is exclusively distributed by GYOMOON Publisher.

When ordering this title, please use ISBN 978-89-363-2643-2

Printed in Korea

3판

BURDGE 일반화학의 기초

Julia Burdge · Michelle Driessen 지음

박경호 외 옮김

INTRODUCTORY CHEMISTRY:
AN ATOMS FIRST APPROACH
Third Edition

Mc Graw Hill

교문사

역자 소개

감수 박경호

역자 강광철, 곽소정, 김길훈, 김민경, 김보미, 김주천, 김태희, 박경호, 배서윤,
심재오, 양도현, 이경림, 이동훈, 이인아, 이주운, 이효준, 임민경, 전인엽,
정경혜, 정연환, 정윤성, 조봉래, 주용완, 최희정, 황인찬

3판

BURDGE
일반화학의 기초

3판 발행 2025년 1월 31일

지은이 Julia Burdge, Michelle Driessen
옮긴이 박경호 외
펴낸이 류원식
펴낸곳 교문사

편집팀장 성혜진 | **책임진행** 윤정선 | **디자인** 신나리 | **본문편집** 박미라

주소 10881, 경기도 파주시 문발로 116
대표전화 031-955-6111 | **팩스** 031-955-0955
홈페이지 www.gyomoon.com | **이메일** genie@gyomoon.com
등록번호 1968.10.28. 제406-2006-000035호

ISBN 978-89-363-2643-2(93430)
정가 42,000원

잘못된 책은 바꿔 드립니다.

저자에 관하여

Julia Burdge는 Idaho 주 Moscow 시에 있는 University of Idaho에서 박사학위를 받았고, University of South Florida에서 석사학위를 받았다. 그녀의 관심 연구 분야는 시스플라틴 유도체의 합성 및 특성 규명과 대기 중 극미량의 유황 화합물을 측정하기 위한 새로운 분석 방법 및 장비 개발이다.

현재 그녀는 Idaho 주 Nampa 시에 있는 College of Western Idaho에서 겸임 교수직을 맡고 있으며 같은 대학에서 자신의 교재를 사용하여 일반화학을 가르치고 있다. 하지만 그녀의 인생에서 가장 중요한 시기는 Ohio 주 Akron 시에 있는 University of Akron에서 Introductory Chemistry Program의 디렉터로서 보낸 시간이다. Julia는 일반화학 프로그램을 지도하고 대학원생의 교수활동을 감독하는 것 외에도 미래 교수 개발 프로그램을 만들고 대학원생 및 박사 후 연구원들의 멘토 역할을 수행했다.

Julia는 가족과 가까이 있기 위해 북서쪽으로 이사했으며, 여가 시간에는 세 명의 자녀와 파트너이자 가장 친한 친구인 Erik Nelson과 소중한 시간을 보내고 있다.

Michelle Driessen은 1997년 Iowa 주 Iowa 시에 있는 University of Iowa에서 박사학위를 받았다. 그녀의 연구 및 논문 주제는 금속 나노 입자들과 표면적이 높은 산화물들의 표면에서 작은 분자들의 열 및 광화학 반응에 초점을 두었다. 졸업 후에, 그녀는 여러 해 동안 Southwest Missouri State University에서 교육 및 연구를 위한 교수직을 하였다. 가족과 함께 그녀의 고향인 Minnesota 주로 이사를 하고, St. Cloud State University와 University of Minnesota에서 겸임 교수로 재직하였다. 이 기간 동안 그녀는 화학 교육에 매우 큰 관심을 가지게 되었다. 지난 수 년 동안 University of Minnesota의 일반화학 실험실을 기존 형태에서 문제 중심의 교육 방법으로 전환하였고, 온라인과 하이브리드 형태의 일반화학 강의를 개발하였다. 현재 University of Minnesota의 일반화학 실험 주임으로서 일반화학 실험실을 운영하고 이를 위한 조교들을 교육 및 감독하며, 강의실에서 능동적인 학습법을 계속 연구 중이다.

Michelle과 그녀의 남편은 야외활동과 시골생활을 좋아하여, Minnesota의 변두리에 사는 가족을 방문하고 농장 견학 및 말 타기 등을 즐기고 있다.

항상 가장 소중한 사람들에게: Katie, Beau 그리고 Sam.
– Julia Burdge

나의 우주와 행복의 중심인 가족에게, 그리고 나를 오늘날의 나로 만들어주고 지지해준 남편에게 특별히 감사의 말을 전한다.
– Michelle Driessen

요약 차례

차례

2 원자와 원소
Atoms and Elements

3 전자와 주기율표
Electrons and the Periodic Table

4 화합물과 화학 결합
Compounds and Chemical Bonds

5 몰과 화학식
The Mole and Chemical Formulas

6 분자 형태
Molecular Shape

7 고체, 액체 그리고 상 변화
Solids, Liquids, and Phase Changes

8 기체
Gases

9 용액의 물리적 특성
Physical Properties of Solutions

10 화학 반응과 화학 반응식
Chemical Reactions and Chemical Equation

11 균형 맞춤 화학 반응식의 사용
Using Balanced Chemical Equations

12 산과 염기
Acids and Bases

13 평형
Equilibrium

14 유기 화학
Organic Chemistry

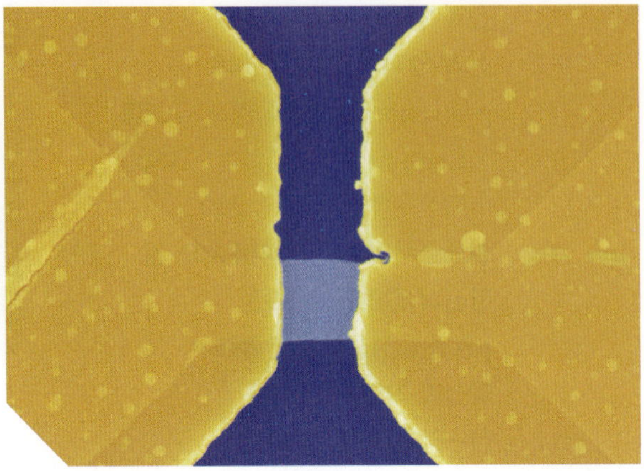

15 생화학
Biochemistry

16 핵화학
Nuclear Chemistry

17 전기 화학
Electrochemistry

책 소개

《일반화학의 기초(Introductory Chemistry: An Atoms First Approach)》는 화학 입문자들을 위해 "An Atoms First Approach"를 기반으로 개발되고 집필된 교재이다. 이 책은 일반화학 교재를 단순화한 것이 아니라, 처음 화학을 배우는 학생들을 염두에 두고 정교하게 설계되고 구성되었다.

이 책은 일반적으로 다른 교재처럼 역사적 발전 순서에 따라 기술하지 않고 화학 입문자들이 화학의 개념을 정립하기에 용이하도록 주제를 구성하였다. 이 책에 사용된 단어들과 형태는 학생들에게 친숙한 대화식이고, 일상생활에서 화학의 중요성을 강조하였다. 저자 Burdge의 고유한 특징대로, 장과 연습문제의 전반적인 부분에 걸쳐 문제 해결 접근법이나 응용 프로그램에 잘 짜여 나타나 있다.

내용

- **논리적인 원자 중심 접근법.** 먼저 원자 구조에 대해 이해하도록 하였고, 원자의 특성, 주기적 경향 그리고 원자의 특성에 따른 화합물의 생성과정을 전개하였다. 이후에 화합물의 물리적 및 화학적 특성과 화학 반응이 원자의 어떤 특성과 어떤 행동의 결과인지를 견고한 기초를 바탕으로 설명하였다.

- **실생활에서의 사례와 응용.** 각 장에는 다른 분야의 연구에서 화학에 대한 중요성과 주위의 물질이 일상생활에 어떻게 적용되는지를 보여주기 위한 화학 관련 분야의 재미있는 이야기가 포함되어 있다.

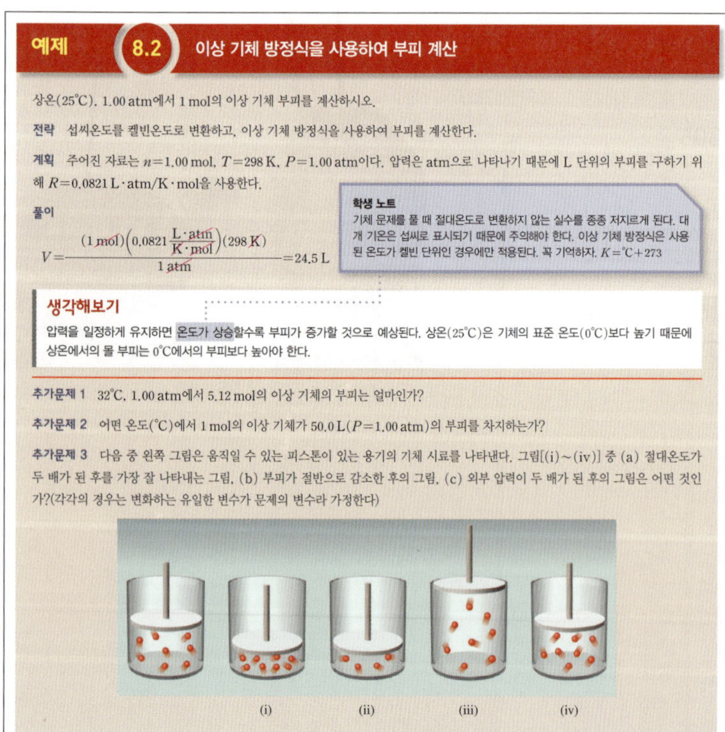

예제 8.2 이상 기체 방정식을 사용하여 부피 계산

상온(25°C), 1.00 atm에서 1 mol의 이상 기체 부피를 계산하시오.

전략 섭씨온도를 켈빈온도로 변환하고, 이상 기체 방정식을 사용하여 부피를 계산한다.

계획 주어진 자료는 $n=1.00$ mol, $T=298$ K, $P=1.00$ atm이다. 압력은 atm으로 나타나기 때문에 L 단위의 부피를 구하기 위해 $R=0.0821$ L·atm/K·mol을 사용한다.

풀이

$$V=\frac{(1\ \text{mol})\left(0.0821\frac{\text{L}\cdot\text{atm}}{\text{K}\cdot\text{mol}}\right)(298\ \text{K})}{1\ \text{atm}}=24.5\ \text{L}$$

학생 노트
기체 문제를 풀 때 절대온도로 변환하지 않는 실수를 종종 저지르게 된다. 대개 기온은 섭씨로 표시되기 때문에 주의해야 한다. 이상 기체 방정식은 사용된 온도가 켈빈 단위인 경우에만 적용된다. 꼭 기억하자. $K=°C+273$

생각해보기
압력을 일정하게 유지하면 온도가 상승할수록 부피가 증가할 것으로 예상된다. 상온(25°C)은 기체의 표준 온도(0°C)보다 높기 때문에 상온에서의 몰 부피는 0°C에서의 부피보다 높아야 한다.

추가문제 1 32°C, 1.00 atm에서 5.12 mol의 이상 기체의 부피는 얼마인가?

추가문제 2 어떤 온도(°C)에서 1 mol의 이상 기체가 50.0 L($P=1.00$ atm)의 부피를 차지하는가?

추가문제 3 다음 중 왼쪽 그림은 움직일 수 있는 피스톤이 있는 용기의 기체 시료를 나타낸다. 그림[(i)~(iv)] 중 (a) 절대온도가 두 배가 된 후를 가장 잘 나타내는 그림, (b) 부피가 절반으로 감소한 후의 그림, (c) 외부 압력이 두 배가 된 후의 그림은 어떤 것인가?(각각의 경우는 변화하는 유일한 변수가 문제의 변수라 가정한다)

(i) (ii) (iii) (iv)

- **일련의 문제 해결 능력 개발.** 문제 해결에 대한 일관된 접근 방식을 길러 학생들이 문제에 접근하고, 분석하고, 해결하는 방법을 배우도록 한다. 각 예제는 전략, 설정, 풀이 및 생각해보기 단계로 구분된다. 각 예제에서는 세 가지 문제가 이어서 제공된다. 추가문제 1은 동일한 전략과 단계를 사용하여 학생들이 예제와 유사한 문제를 풀 수 있도록 도와준다. 추가문제 2는 예제 및 추가문제 1과 동일한 개념을 이해해야 하지만, 문제가 다르기 때문에 다른 접근법이 필요하다. 추가문제 3은 그림이나 분자 모델을 사용하며, 이런 탐구를 통해 기본적인 개념을 이해할 수 있도록 도와준다. 이런 접근법을 일관되게 사용하면 문제 해결 능력을 견고하게 다질 수 있는 최고의 기회가 될 것이다.

- **학생들의 학습을 위한 탁월한 교육법.** 각 장에 있는 학생노트 부분은 중요한 정보에 대한 알림 및 대안적인 접근에 관한 적절한 내용을 전달한다.
- **주요 내용.** 각 장에서 학생들이 이해해야 하는 중요한 내용을 다시 정리한 것이다. 이것은 간단한 리뷰 이상의 내용을 담고 있으며, 이후의 장에서 다룰 내용을 미리 볼 수도 있다. 주요 내용은 스스로 평가할 수 있는 추가적인 기회이며, 책 후반부에서 특정 내용이 필요할 때 다시 돌아와 참고할 수 있다.

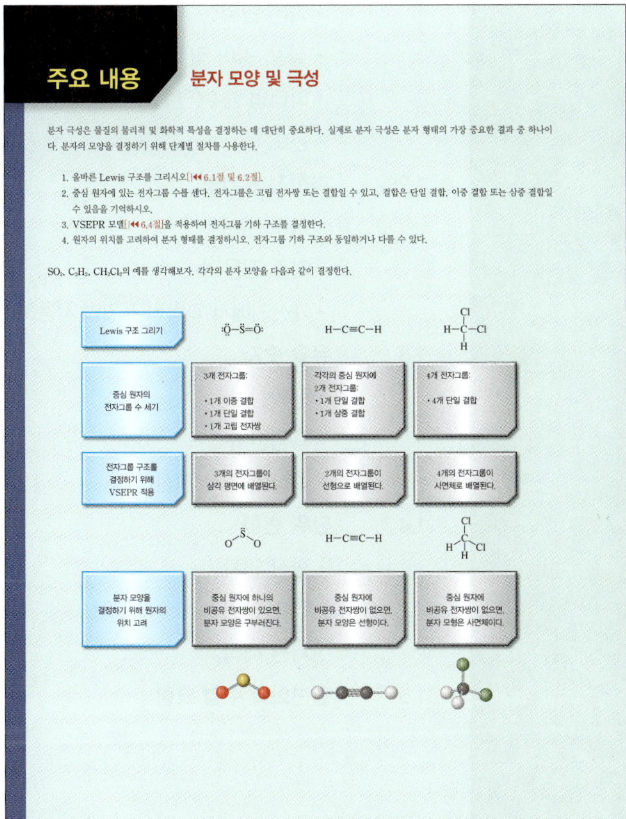

주요 내용 분자 모양 및 극성

분자 극성은 물질의 물리적 및 화학적 특성을 결정하는 데 대단히 중요하다. 실제로 분자 극성은 분자 형태의 가장 중요한 결과 중 하나이다. 분자의 모양을 결정하기 위해 단계별 절차를 사용한다.

1. 올바른 Lewis 구조를 그리시오[◀◀ 6.1절 및 6.2절].
2. 중심 원자에 있는 전자그룹 수를 센다. 전자그룹은 고립 전자쌍 또는 결합일 수 있고, 결합은 단일 결합, 이중 결합 또는 삼중 결합일 수 있음을 기억하시오.
3. VSEPR 모델[◀◀ 6.4절]을 적용하여 전자그룹 기하 구조를 결정한다.
4. 원자의 위치를 고려하여 분자 형태를 결정하시오. 전자그룹 기하 구조와 동일하거나 다를 수 있다.

SO_2, C_2H_2, CH_2Cl_2의 예를 생각해보자. 각각의 분자 모양을 다음과 같이 결정한다.

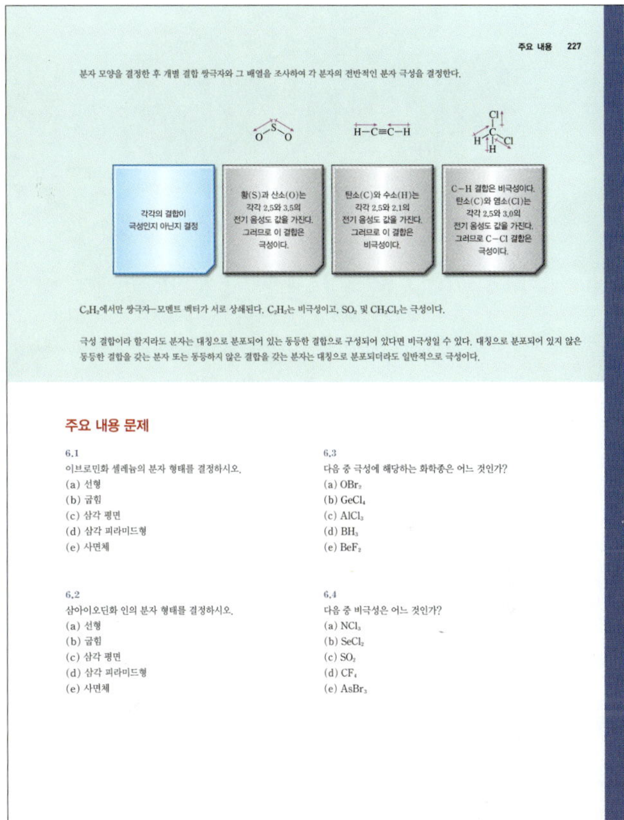

주요 내용 227

분자 모양을 결정한 후 개별 결합 쌍극자와 그 배열을 조사하여 각 분자의 전반적인 분자 극성을 결정한다.

C_2H_2에서만 쌍극자−모멘트 벡터가 서로 상쇄된다. C_2H_2는 비극성이고, SO_2 및 CH_2Cl_2는 극성이다.

극성 결합이라 할지라도 분자는 대칭으로 분포되어 있는 동등한 결합으로 구성되어 있다면 비극성일 수 있다. 대칭으로 분포되어 있지 않은 동등한 결합을 갖는 분자 또는 동등하지 않은 결합을 갖는 분자는 대칭으로 분포되더라도 일반적으로 극성이다.

주요 내용 문제

6.1
이브로민화 셀레늄의 분자 형태를 결정하시오.
(a) 선형
(b) 굽힘
(c) 삼각 평면
(d) 삼각 피라미드형
(e) 사면체

6.2
삼아이오딘화 인의 분자 형태를 결정하시오.
(a) 선형
(b) 굽힘
(c) 삼각 평면
(d) 삼각 피라미드형
(e) 사면체

6.3
다음 중 극성에 해당하는 화학종은 어느 것인가?
(a) OBr_2
(b) $GeCl_4$
(c) $AlCl_3$
(d) BH_3
(e) BeF_2

6.4
다음 중 비극성은 어느 것인가?
(a) NCl_3
(b) $SeCl_2$
(c) SO_2
(d) CF_4
(e) $AsBr_3$

CHAPTER 1

화학자의 숫자 사용법

How Chemists Use Numbers

미국 California의 Giant Sequoia 나무는 세계에서 가장 키가 크며, 살아 있는 유기체 중에서도 수명이 가장 길다. 이 나무의 높이는 90 m 이상이며, 수천 년을 살 수 있다. 과학적 측정을 통해서 자연의 경이로운 것들을 정량적으로 나타낼 수 있고, 이를 통해 이런 나무들의 엄청난 크기를 짐작해볼 수 있다.

이 장의 목표

과학자들이 사용하는 단위들과 측정값을 적절하게 기록하는 것에 대해 배운다. 측정한 숫자로 계산하는 방법과 계산 결과를 보고하는 방법도 배우게 될 것이다.

들어가기 전에 미리 알아둘 것

- 퍼센트 계산하는 방법

지금까지 화학에 대한 논의는 물질의 분류, 원자 및 아원자 입자에 대한 설명, 이온과 분자를 형성하는 원자의 성질과 같이 주로 정성적인 것이었다. 이제는 원자 질량 단위(atomic mass unit)[|◀◀ 2.7절]를 사용해서 원자 질량을 표현하는 등 명확히 정량적인 것을 다룰 시점이다. 이쯤에서 과학의 정량적 측면에 대한 학습이 더욱 중요하다. 이 장에서는 화학자가 사용하는 측정 방법과 특정 단위계를 활용하여 관측한 것을 기록하고 문제를 해결하는 방법을 배우게 될 것이다.

1.1 측정 단위

이 책에서 자주 접하게 될 측정량에는 질량, 길이, 시간 및 온도가 포함된다. 길이(센티, 미터, 킬로미터), 시간(초, 분, 시간) 및 온도(섭씨온도)를 표현하는 데 사용된 단위 중 괄호 안에 나타낸 것들은 어릴 적부터 사용해왔으므로 이미 익숙할 것이다. 그러나 과학에서는 전 세계적으로 과학 데이터를 쉽게 공유하고 보고하기 위해서 과학자들이 동의한 특정 단위 집합인 **국제단위계**(International System of Units, SI 단위)를 사용한다. 그런데 안타깝게도 친숙한 대부분의 단위는 아마도 SI 단위가 아닐 것이다(미국의 경우). 이 책 전반에 걸쳐 SI 단위가 광범위하게 사용되므로 이제 SI 단위에 익숙해지는 것이 중요하다.

학생 노트
원자 질량 단위는 과학에서 아주 흔하게 사용되지만 공식적인 SI 단위는 아니다.

기본 단위

표 1.1에 질량, 길이, 시간 및 온도에 대한 SI 기본 단위를 나타내었다. 본질적으로 기본 단위는 이 네 가지 양의 표현에서 시작된다. 대부분의 경우에 측정한 것을 설명할 때 기본 단위보다 다른 것을 사용하는 것이 더 편리하다. 예를 들면, Sequoia 나무가 성장하는 데 필요한 기간을

표 1.1 질량, 길이, 시간 및 온도에 대한 SI 기본 단위

기본량	단위의 명칭	기호
질량	킬로그램	kg
길이	미터	m
시간	초	s
온도	켈빈	K

보고하는 데 기본 단위로 초를 사용하면 불편할 것이다. 그러한 시간을 초 단위로 표현하려면 엄청나게 큰 숫자가 필요하다. 이런 경우에는 연 단위를 주로 사용한다. 마찬가지로 이런 나무에 있는 나뭇잎 한 개의 질량을 보고한다면 기본 단위인 킬로그램보다 그램을 사용하면 더 편리할 것이다.

질량, 길이 및 시간

학생 노트
물체 의 질량은 그것의 무게를 재어 결정하므로 질량과 무게 용어에 대해 약간의 혼돈이 생길 수 있다.

질량 및 무게라는 용어는 서로 같이 사용하기도 하지만 같은 것은 아니다. 엄밀히 말하면, 무게는 중력으로 인해 물체에 가해지는 힘이다. **질량**(mass)은 물체 또는 시료에 있는 물질의 양을 측정한 것이다. 중력은 위치에 따라 변하기 때문에(달에서 중력은 지구의 약 1/6이다) 물체의 무게는 그것을 측정한 장소에 따라 달라진다. 물체의 질량은 측정 위치와 상관없이 동일하게 유지된다. 질량의 SI 기본 단위는 킬로그램(kg)이지만 화학에서는 실험실에서 사용되는 물질의 양이 상대적으로 적기 때문에 이보다 작은 단위인 그램(g)을 사용하는 것이 더 편리하다. 1 kg은 1,000 g과 같다.

$$1\ \text{kg} = 1{,}000\ \text{g}$$

길이에 대한 SI 단위는 미터(m)로, 일상적으로 사용하지 않을지 몰라도 이미 친숙할 것이다. 운동선수이거나 어느 정도 스포츠 상식이 있는 사람이라면 수영장의 깊이나 길이를 나타낼 때 미터(m)를 사용하고 마라톤 구간 길이를 킬로미터(km)로 사용하는 것쯤은 알고 있을 것이다. 1 km는 1,000 m와 같다.

$$1\ \text{km} = 1{,}000\ \text{m}$$

시간에 대한 SI 단위는 초(s)이며, 과학 분야 외에서도 일반적으로 사용되는 단위이다(좀 더 긴 시간을 나타내려면 일상적으로 사용하는 단위와 동일하게 분, 시간, 일 및 연을 사용하면 편리함).

미터법 승수(단위에 사용하는 접두사)

지금까지 살펴보았듯이 SI 기본 단위는 아주 크거나 작은 질량이나 길이 또는 특별히 길거나 짧은 시간을 표현하는 데 항상 편리한 것은 아니다. 사실, 기본 단위가 과학적인 측정 결과를 나타내는 데에 이상적이지 못한 경우가 가끔 있다. 킬로그램이나 미터와 같은 기본 단위가 적합하지 않은 경우 측정값의 크기에 따라 특정한 목적으로 기본 단위에 그리스어 접두사를 사용한다.

약품 안내문

유효성분(각 캡슐 내)	용도
200 mg 이부프로펜 (NSAID)*	통증 완화제/해열제

(유리산 및 포타슘염으로서 존재함)
* 비스테로이드성 항염증제

사용법
- ■ 일시적으로 경미한 통증을 완화시킨다.
  - ■ 두통
  - ■ 치통
- ■ 일시적인 고열을 낮추어준다.

경고
알레르기 경고:
- ■ 천식(천명음)

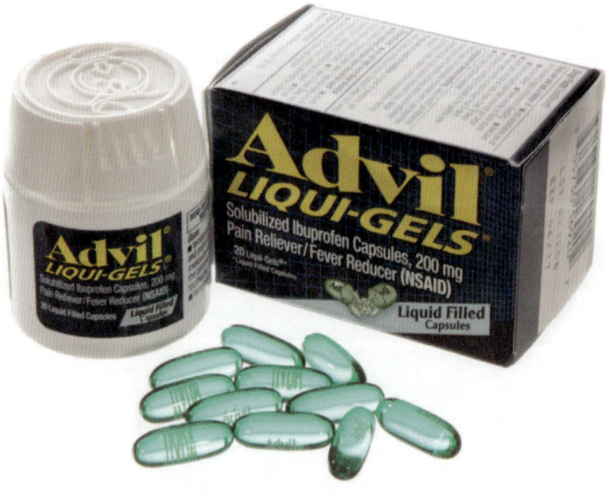

표 1.2 일반적인 표준 인수의 그리스어 접두사

접두사	기호	의미	사용 보기
테라–	T	1,000,000,000,000	1테라바이트(TB)=1,000,000,000,000바이트*(B)
			1 B=0.000000000001 TB
기가–	G	1,000,000,000	1기가와트(GW)=1,000,000,000와트*(W)
			1 W=0.000000001 GW
메가–	M	1,000,000	1메가헤르츠(MHz)=1,000,000헤르츠*(H_2)
			1 Hz=0.000001 MHz
킬로–	k	1,000	1킬로미터(km)=1,000미터(m)
			1 m=0.001 km
데시–	d	0.1	1데시리터(dL)=0.1리터(L)
			1 L=10 dL
센티–	c	0.01	1센티미터(cm)=0.01미터(m)
			1 m=100 cm
밀리–	m	0.001	1밀리초(ms)=0.001초(s)
			1 s=1,000 ms
마이크로–	μ	0.000001	1마이크로그램(μg)=0.000001그램(g)
			1 g=1,000,000 μg
나노–	n	0.000000001	1나노초(ns)=0.000000001초(s)
			1 s=1,000,000,000 ns

* 컴퓨터 메모리의 양을 바이트로, 전구의 전력량을 와트로 사용하는 것에 익숙해져 있을 뿐만 아니라 컴퓨터 처리 속도나 소리의 진동수를 헤르츠 단위로, 2리터짜리 콜라병처럼 용량을 나타내는 데 리터 단위를 사용하는 것도 잘 알고 있다.

예를 들면, 약에 들어 있는 활성 성분의 양은 전형적으로 밀리그램(milligram, mg)으로 표시하고 봉투의 크기는 센티미터(centimeter, cm)로 나타낸다.

그리고 매우 빠른 과정의 지속 시간은 나노초(nanosecond, ns) 단위로 주어진다. 각각의 경우에 측정 크기에 상응하는 단위 크기를 만들기 위해 그리스어 접두사를 사용하였다. 시판되는 약에 들어 있는 안내문 속에도 이런 표준 인수의 단위가 사용된 것을 볼 수 있다.

표 1.2에는 화학에서 가장 일반적으로 사용하는 그리스어 접두사를 정리하였으며, 각 접두사들이 어떤 크기인지를 알 수 있다(표 1.2의 단위는 모두 SI 기본 단위는 아니지만 익숙해지면 편리한 단위들이다).

적절한 접두사를 선택하면 일반적으로 단위 앞에 1과 1,000 사이의 숫자가 오는데, 이 범위의 숫자는 다루기에 편리하다. 다음 예를 고려해보자.

가시광선 중 어떤 파장의 길이는 0.000000487 m이다. 그러나 미터의 SI 기본 단위로 표현된 이 숫자의 크기는 이해하기 어렵다. 숫자를 읽고 나서 원본을 보지 않고 다시 쓰려고 하면 0의 개수를 잘못 표기할 수 있다. 나노미터(nm)로 단위를 변경하면 숫자가 487로 변한다. 이 새로운 숫자는 한 번 보고도 쉽게 다시 쓸 수 있는 숫자이다.

표 1.2를 다시 살펴보고 마지막 네 행을 고려해보자. 의미 열에 나와 있는 소수점과 숫자 1 간의 관계는 해당 접두사를 추가할 때 소수점을 얼마나 오른쪽으로 이동해야 하는지를 알려준다. 예를 들어, nano– (맨 아래 행)의 의미 열의 숫자는 0.000000001이다. 이 숫자를 1로 변경하려면 소수점을 오른쪽으로 아홉 자리 이동해야 한다.

$$0.000000001\ \text{s} \longrightarrow 1\ \text{ns}$$

nano(n)– 접두사를 추가하면 소수점을 오른쪽으로 아홉 자리 이동한다.

'micro(μ)−'의 의미 열에 나와 있는 숫자는 0.000001이다. 이 숫자를 1로 변경하려면 소수점을 오른쪽으로 여섯 자리 이동해야 한다.

$$0.000001\ \text{g} \longrightarrow 1\ \mu\text{g}$$

μ− 접두사를 추가하면 소수점을 오른쪽으로 여섯 자리 이동한다.

'milli(m)−'와 'centi(c)−'의 접두사를 추가하면 각각 소수점을 오른쪽으로 세 자리와 두 자리 이동한다.

$$0.001\ \text{s} \longrightarrow 1\ \text{ms}$$

m− 접두사를 추가하면 소수점을 오른쪽으로 세 자리 이동한다.

$$0.01\ \text{m} \longrightarrow 1\ \text{cm}$$

c− 접두사를 추가하면 소수점을 오른쪽으로 두 자리 이동한다.

가시광선 파장 예제로 돌아와서, 숫자 0.000000487을 더 다루기 쉬운 숫자로 변환하려면 소수점을 오른쪽으로 일곱 자리 옮겨서 4.87, 여덟 자리 옮겨서 48.7 또는 아홉 자리 옮겨서 487로 만들 수 있다. 이 중 어떤 수도 1과 1,000 사이에 있다. 그러나 이 경우 사용 가능한 유일한 접두사는 nano−로, 이는 소수점을 오른쪽으로 아홉 자리 이동하여 487로 만든다(다른 두 옵션에 해당하는 접두사는 없다).

$$0.000000487\ \text{m} \longrightarrow 487\ \text{nm}$$

n− 접두사를 추가하면 소수점을 오른쪽으로 아홉 자리 이동한다.

이것은 nm 단위가 이 파장을 표현하는 데 가장 적합한 단위라는 것을 알려준다.

접두사	기호	의미
mega−	M	1,000,000
kilo−	k	1,000
deci−	d	0.1
centi−	c	0.01
milli−	m	0.001
micro−	μ	0.000001
nano−	n	0.000000001

이 숫자를 1로 변경하려면 소수점을 왼쪽으로 세 자리 이동한다.

이 숫자를 1로 변경하려면 소수점을 오른쪽으로 두 자리 이동한다.

이 숫자를 1로 변경하려면 소수점을 오른쪽으로 세 자리 이동한다.

100,000 W는 100 kW로 더 잘 표현된다.
'k−' 접두사를 추가하고 소수점을 왼쪽으로 세 자리 이동했다.

0.00535 s는 5.35 ms로 더 잘 표현된다.
'm−' 접두사를 추가하고 소수점을 오른쪽으로 세 자리 이동했다.

0.0125 m는 1.25 cm로 더 잘 표현된다.
'c−' 접두사를 추가하고 소수점을 오른쪽으로 두 자리 이동했다.

동일하게 0.0125 m를 12.5 mm로 표현할 수도 있다.
'm−' 접두사를 추가하고 소수점을 오른쪽으로 세 자리 이동했다.

그림 1.1 측정값에 맞는 단위를 조정하기 위해 최적의 접두사를 선택하는 과정

앞서의 예제는 처리하기 어려운 작은 숫자(0.000000487)로 시작한다. 그러나 처리하기 어려운 큰 숫자에 대해서도 유사한 접근을 적용할 수 있다. 이러한 경우에는 표 1.2를 참고하여 그리스어 접두사를 추가할 때 소수점이 얼마나 왼쪽으로 이동하는지를 결정한다. 그림 1.1은 특정 측정에 가장 적합한 단위를 선택하는 여러 예제를 보여준다. 예제 1.1을 통해 측정값을 적절한 크기의 단위로 변환시키는 데 필요한 접두사를 선택하는 연습을 해보자.

예제 1.1 그리스어 접두사를 사용하여 측정 단위에 맞게 단위 변환

최적의 접두사를 사용한 단위로 변환하시오.

(a) 0.00163 m (b) 9,125 Hz (c) 0.0000725 g
(d) 0.000000089 s (e) 1,210,000,000 W

전략 각 측정에 대해 합리적인 크기의 숫자(1과 1,000 사이)를 얻기 위해 소수점을 오른쪽이나 왼쪽으로 얼마나 이동해야 하는지 결정하고, 표 1.2에서 해당하는 접두사를 선택한다.

계획 표 1.2의 정보에 따르면 접두사를 추가하고 소수점을 다음과 같이 환산할 수 있다.

12 자리 왼쪽으로 (T –)	1 자리 오른쪽으로 (d –)
9 자리 왼쪽으로 (G –)	2 자리 오른쪽으로 (c –)
6 자리 왼쪽으로 (M –)	3 자리 오른쪽으로 (m –)
3 자리 왼쪽으로 (k –)	6 자리 오른쪽으로 (μ –)
	9 자리 오른쪽으로 (n –)

풀이 (a) 소수점은 1.63을 얻기 위해 오른쪽으로 세 자리 이동해야 하며, 이에 해당하는 적절한 접두사는 'm –'이다. 0.00163 m는 1.63 mm로 표현되어야 한다.

(b) 소수점은 9.125를 얻기 위해 왼쪽으로 세 자리 이동해야 하며, 이에 해당하는 적절한 접두사는 'k –'이다. 9125 Hz는 9.125 kHz로 표현되어야 한다.

(c) 소수점은 72.5를 얻기 위해 오른쪽으로 여섯 자리 이동해야 하며, 이에 해당하는 적절한 접두사는 'μ –'이다. 0.0000725 g은 72.5 g로 표현되어야 한다.

(d) 소수점은 89를 얻기 위해 오른쪽으로 아홉 자리 이동해야 하며, 이에 해당하는 적절한 접두사는 'n –'이다. 0.000000089 s는 89 ns로 표현되어야 한다.

(e) 소수점은 1.21을 얻기 위해 왼쪽으로 아홉 자리 이동해야 하며, 이에 해당하는 적절한 접두사는 'G –'이다. 1210000000 W는 1.21 GW로 표현되어야 한다.

생각해보기

(a)에서 소수점을 오른쪽으로 4~5자리 옮겨서 각각 16.3과 163이라는 숫자를 만들 수 있다. 둘 다 적당한 크기의 숫자이지만 표 1.2에는 이와 같은 변환을 위한 접두사가 없다. (b)부터 (e)에 해당하는 숫자에도 동일하게 적용된다.

추가문제 1 다음 측정값을 각각 최적의 접두사를 가진 단위로 표현하시오.

(a) 0.00000000825 L (b) 68,250 g (c) 0.00552 m (d) 41,800,000,000,000 B (e) 0.000375 s

추가문제 2 다음 측정값을 각각 최적의 접두사를 가진 단위로 표현하시오.

(a) 9,520 mL (b) 23,800,000 μm (c) 12,000 ms (d) 3,650,000,000 nm (e) 0.00082 MHz

추가문제 3 다음 각 보기를 설명하기 위해 최적의 접두사를 가진 단위를 쓰시오.

(a) 2 lb 치즈 블록의 질량 (b) 우유 1갤런의 부피 (c) 축구장의 길이 (d) 연필의 길이

온도

화학에 사용되는 온도 단위에는 섭씨온도(Celsius scale)와 켈빈온도(Kelvin scale) 두 가지가 있으며, 이들의 단위는 섭씨(℃)와 켈빈(Kelvin, K)이다. 섭씨 눈금은 해수면에서 순수한 물의 어는점(0℃)과 끓는점(100℃)을 사용하여 정의되었다. 두 가지 온도가 모두 과학에 사용되지만, 공식적인 SI 기본 단위는 켈빈이다. 이론적으로 가능한 최저 온도는 0 K, 즉 '절대영도'이므로 켈빈온도는 절대온도라고도 부른다. 켈빈 눈금으로 온도를 표현할 때는 도 기호를 사용하지 않는다. 즉, 절대영도는 0 K(0°K가 아님)로 나타낸다. 섭씨온도와 켈빈온도의 단위 크기는 같으므로 섭씨온도와 켈빈온도의 눈금은 같다. 따라서 물체의 온도가 5℃ 상승하면 똑같이 5 K만큼 증가하는 것이다. 그러나 두 단위는 서로 273만큼의 차이가 있다. 따라서 물의 어는점과 끓는점은 절대온도로 각각 273 K와 373 K이다. 다음 식을 사용하면 섭씨온도를 절대온도로 쉽게 바꿀 수 있다.

> **학생 노트**
> 실제로 섭씨와 켈빈 척도는 서로 273.15만큼 차이가 나지만, 이 책에서 다루는 계산에는 273만큼만 고려해도 충분하다.

$$\text{K} = {}^\circ\text{C} + 273 \qquad [◀◀ 식 1.1]$$

과학계를 제외하고 미국에서 가장 많이 사용하는 것은 화씨온도(℉)이다. 화씨 눈금에서 물의 어는점은 32℉이고 끓는점은 212℉인데, 어는점과 끓는점 사이는 180°(212℉−32℉)이다. 물의 어는점과 끓는점 사이의 화씨 눈금은 섭씨 눈금의 100보다 더 많으므로 화씨온도에서 도의 크기는 섭씨온도의 눈금보다 더 작게 된다. 사실 화씨온도의 눈금 크기는 섭씨온도의 약 5/9 정도이다. 다음 식은 화씨온도를 섭씨온도로 바꾸거나 반대로 섭씨온도를 화씨온도로 바꿀 때 사용하는 것이다.

$${}^\circ\text{F 온도} = \left[\frac{9^\circ\text{F}}{5^\circ\text{C}} \times ({}^\circ\text{C 온도})\right] + 32^\circ\text{F} \qquad [◀◀ 식 1.2]$$

$${}^\circ\text{C 온도} = ({}^\circ\text{F 온도} - 32^\circ\text{F}) \times \frac{5^\circ\text{C}}{9^\circ\text{F}} \qquad [◀◀ 식 1.3]$$

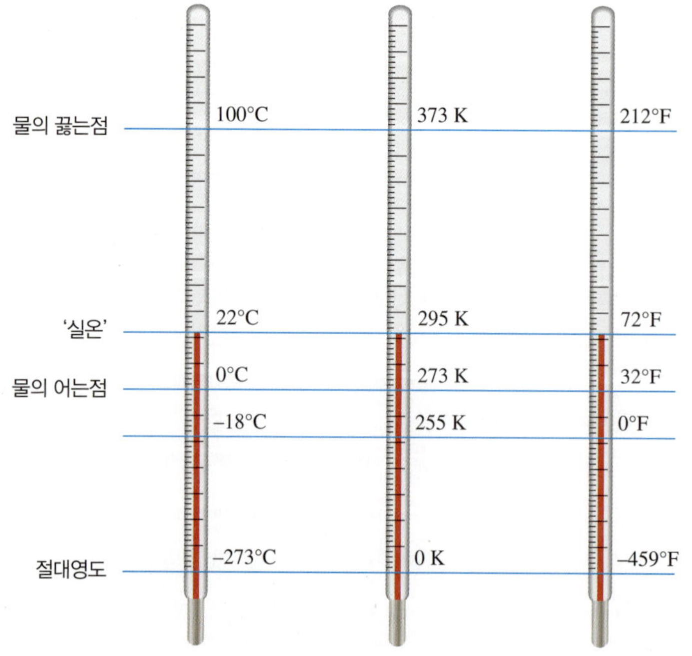

그림 1.2 섭씨, 켈빈, 화씨온도의 눈금을 나타내는 온도계

화학과 친해지기

화씨온도의 눈금

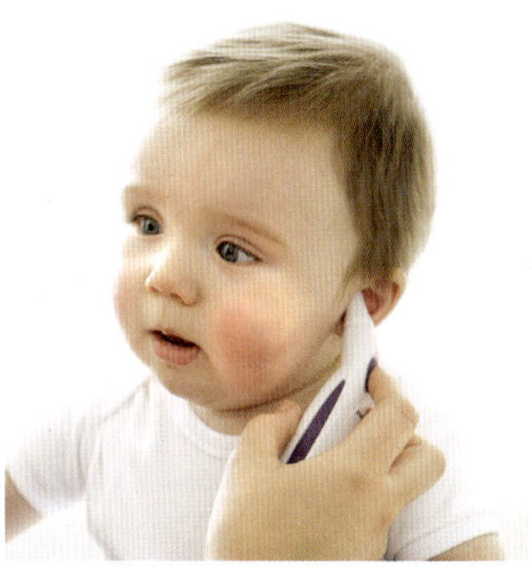

과학계가 아닌 일상에서는 섭씨온도를 주로 사용하지만 미국에서는 화씨온도를 가장 많이 사용한다. Daniel Gabriel Fahrenheit(독일 물리학자, 1686~1736)의 체계적인 연구가 있기 전에는 임의적으로 지정한 온도 눈금은 많이 있었지만 어느 것도 일관되게 측정하지 못했다. 정확하게 화씨온도를 정하기 위해서 그는 온도계의 눈금을 다양하게 바꾸어가며 고안을 시도하였다. 1724년에 와서야 인위적으로 도달할 수 있는 최저 온도를 화씨 0°(얼음, 물 및 염화암모늄 혼합물의 온도)로 나타내었다. 전통적인 12도의 눈금을 사용하여 건강한 인체의 온도를 12번째 온도로 지정하였다. 이 눈금에서 물의 어는점을 네 번째 온도로 정하였다. 정밀도를 높이기 위해 각 온도를 다시 8개의 작은 눈금으로 나누었다. 이렇게 해서 물의 어는점은 32°와 정상 체온 96°(오늘날의 정상 체온은 96 °F보다 약간 높음)가 정해졌다. 화씨온도로 물의 끓는점은 212°이며 어는점과 끓는점 사이의 간격이 180도(212−32)임을 의미한다. 이러한 간격은 섭씨온도의 어는점과 끓는점 사이의 간격 100도보다 훨씬 더 크다. 화씨온도의 눈금 크기는 섭씨온도의 100/180, 즉 5/9이다. 식 1.2와 1.3을 사용하여 두 온도를 서로 변환시킬 수 있다. 위 사진은 소아과 병원 의사가 보통 아기의 체온을 잴 때 귀에 꽂아서 사용하는 디지털 온도계를 보여주고 있다.

그림 1.2는 각 온도계의 눈금을 비교해서 나타낸 것이며, 예제 1.2와 1.3을 연습해보면 임의의 온도를 다른 체계의 온도로 변환시킬 수 있을 것이다.

예제 1.2 섭씨와 켈빈 온도 변환하기

일반적으로 인체의 체온은 하루 중에 약 36℃로 시작하여 오후에는 약 37℃까지 상승할 수 있다. 두 온도를 절대온도로 변환하시오.

전략 식 1.1을 사용하여 섭씨온도를 절대온도로 변환한다. 1℃는 1 K와 같음을 명심한다.

계획 추가적으로 식 1.1을 조작하지 않고 바로 사용해서 섭씨온도를 절대온도로 변환한다. 절대온도의 범위는 섭씨온도와 같다.

풀이 36℃+273=309 K, 37℃+273=310 K이며, 1℃의 범위는 1 K의 범위와 같다.

생각해보기

섭씨온도에서 켈빈온도로 변환하는 과정은 온도 차이를 섭씨온도에서 켈빈온도로 변환하는 과정과 다르다는 점을 기억하시오.

추가문제 1 물의 어는점(0℃), 물의 끓는점(100℃), 그 사이 범위를 절대온도로 나타내시오.

추가문제 2 미국 NASA의 웹 사이트에 의하면 우주의 평균 온도는 2.7 K라고 하는데 이것을 섭씨온도로 바꾸시오.

추가문제 3 섭씨 눈금의 1도를 첫 번째 정사각형으로 나타낼 경우 (i)부터 (iv)까지의 어떤 직사각형이 절대온도 1도를 가장 잘 나타내는가?

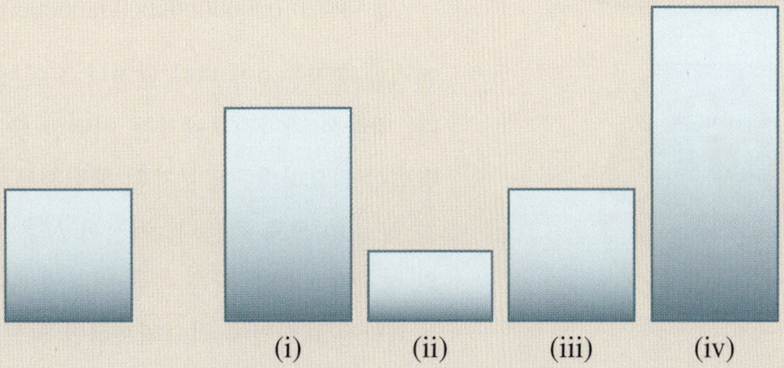

예제 1.3 화씨온도로 바꾸기

체온이 39℃ 이상이면 고열이다. 이것을 화씨온도로 바꾸시오.

전략 섭씨온도로 주어진 것을 화씨온도로 바꾸면 된다.

계획 식 1.3을 이용해서 주어진 온도를 대입하면 된다.

$$^{\circ}\text{F온도} = \left[\frac{9^{\circ}\text{F}}{5^{\circ}\text{C}} \times (^{\circ}\text{C온도})\right] + 32^{\circ}\text{F}$$

풀이

$$\text{화씨온도} = \frac{9^{\circ}\text{F}}{5\cancel{^{\circ}\text{C}}} \times 39\cancel{^{\circ}\text{C}} + 32^{\circ}\text{F} = 102.2^{\circ}\text{F}$$

생각해보기

화씨온도로 '정상' 체온은 약 99°F(98.6°F가 더 자주 인용되는 값)이므로 102.2°F는 정답이다.

추가문제 1 45.0℃와 90.0℃를 화씨온도로 바꾸고 두 온도의 차이도 화씨온도로 나타내시오.

추가문제 2 1953년 Ray Bradbury의 소설 《화씨 451》은 책이 금지되는 것에 관한 이야기를 담고 있는데 451°F는 책이 불타게 되는 온도이다. 이 451°F를 섭씨온도로 바꾸시오.

추가문제 3 화씨 눈금의 1도를 첫 번째 정사각형으로 나타낼 경우 직사각형 (i)부터 (iv) 중에서 절대온도 1도를 가장 잘 나타내는 것은 어느 것인가?

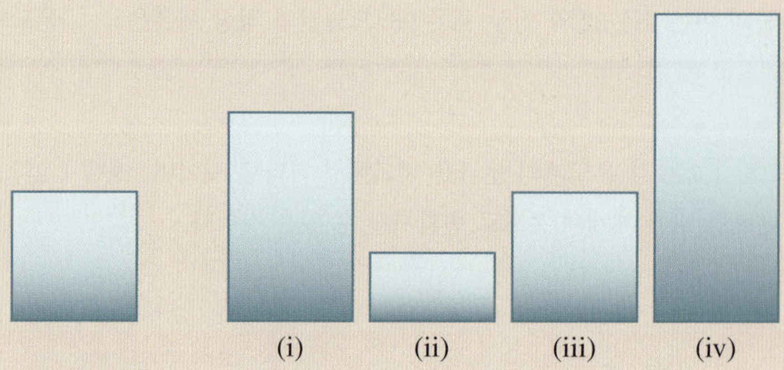

1.2 과학적 표기법

과학자들이 연구하다 보면 가끔 아주 크거나 작은 숫자를 접하게 된다. 다음과 같은 예를 고려해보자.

> 한 티스푼의 물(약 5 g)에는 상상 이상의 큰 숫자인 약 167,100,000,000,000,000,000,000개의 물 분자가 들어 있다. 각각의 물 분자가 갖는 질량은 상상할 수 없을 만큼 작은 숫자인데 대략 0.00000000000000000000000002994 kg이다.

이러한 숫자는 0이 너무 많거나 적어서 계산기에 입력하거나 쓰기가 불편하므로 다루기가 어렵다. 따라서 과학자들에게는 이러한 숫자로 계산할 때 신뢰성이 있고 명확하게 표현할 수 있는 방법이 필요하다. 이 문제의 해결책으로 **과학적 표기법**(scientific notation)을 사용하며, 숫자를 $N \times 10^n$으로 적는다. 여기서 N은 1과 10 사이의 수이며, n은 아주 큰 수를 나타낼 때는 양의 정수이고 아주 작은 수를 나타낼 때는 음의 정수가 된다.

과학적 표기법에 익숙해지려면 일상적인 숫자를 예로 들어서 살펴보는 것이 좋다. 숫자 15를 생각해보자. 이것은 쉽게 다룰 수 있는 숫자이며 명확하게 나타내기 위해서 과학적 표기법이 필요한 것도 아니지만 과학적 표기법으로 나타내면 1.5×10^1가 된다. 위첨자의 지수 1은 숫자의 값에는 무관하므로 $10^1=10$, 즉 $1.5\times10=15$이다. 15를 간단하게 아래와 같이 소수점(보통 표시하지 않지만 숫자 5의 오른쪽에 쓸 수 있음)을 왼쪽으로 한 자리 이동시킨다.

$$15 \rightarrow 1.5$$

왼쪽으로 한 자리 이동시킨 후 과학적 표기법에서 10의 위첨자(n)로 표시한다.

15는 1.5×10 또는 1.5×10^1와 같다.

한 개의 10 10의 지수 1

이제 숫자 150을 생각해보자. N의 값을 결정하려면 다음과 같이 소수점(원래 0의 오른쪽)을 왼쪽으로 두 자리 이동시킨다.

$$150 \rightarrow 1.50$$

이렇게 하면 n(10의 지수)은 2가 주어진다. 따라서 150을 1.50×10^2로 나타낼 수 있다.

> **학생 노트**
> 150은 1.5×10^2으로도 나타낼 수 있다. 0을 숫자에 포함할지 여부에 대해서는 1.3절에서 자세히 설명하겠다.

150은 $1.5\times10\times10$, 즉 1.5×10^2과 같다.

두 개의 10 10의 지수 2

마찬가지로 과학적 표기법을 설명하기 위해 예로서 작은 숫자 몇 개를 생각해보자. 숫자 0.5를 과학적 표기법으로 나타내기 위해 소수점을 오른쪽으로 한 자리 이동시키면 N의 값을 정할 수가 있는데, 여기서 $N=5$가 된다. 소수점을 오른쪽으로 이동시켰으므로 10의 지수는 음수가 된다. 이것은 10의 지수가 양수인 경우보다 직관성이 약간 없어 보이지만 $10^{-1}=0.1$인 점을 생각하면 다음과 같이 쓸 수가 있다.

> **학생 노트**
> 여러분이 가지고 있는 계산기에 10^(−) 1을 입력해보면 0.1로 주어지는 것을 쉽게 확인할 수 있다.
> $$10^{-1}=0.1$$

$$0.5=5\times0.1=5\times10^{-1}$$

한 개의 0.1 10의 지수 −1

다른 예로서 0.025를 과학적 표기법으로 나타내면 2.5×10^{-2}가 된다. 2.5(N)를 얻으려면 다음과 같이 소수점을 오른쪽으로 두 자리 이동시키면 된다.

$$0.025 \rightarrow 2.5$$

그 다음 2.5에 10^{-2}를 다음과 같이 곱해주면 된다.

$$0.025=2.5\times0.1\times0.1=2.5\times10^{-2}$$

두 개의 0.1 10의 지수 −2

아주 큰 수

이제 아주 큰 숫자를 나타내는 것에 대해 살펴보도록 하자. 예로서 한 티스푼 속에 들어 있는 물 분자의 수 167,100,000,000,000,000,000,000을 생각해보자. 이 수를 과학적 표기법으로 나타내려면 다음과 같이 소수점을 왼쪽으로 스물세 자리 이동시켜야 한다.

소수점의 원래 위치

167,100,000,000,000,000,000,000

소수점의 최종 위치 ← 왼쪽으로 스물세 자리 이동

그 다음에 원래 숫자의 소수점 위치를 나타내기 위해 10^{23}을 곱해주면 된다.

167,100,000,000,000,000,000,000은

$$1.671 \times 10$$

23개의 10　　10의 지수 23

과학적 표기법으로 적으면 1.671×10^{23}이 된다. 따라서 과학적 표기법에 따르면 한 티스푼의 물 안에는 약 1.671×10^{23}개의 물 분자가 들어 있다.

예제 1.4에서는 과학적 표기법을 이용하여 아주 큰 숫자를 쓰는 방법을 연습할 수 있다.

예제 1.4 큰 숫자를 과학적 표기법으로 쓰기

다음 숫자를 과학적 표기법으로 적으시오.

(a) 277,000,000　　(b) 93,800,000,000　　(c) 5,500,000

전략 이들은 모두 큰 숫자이므로 과학적 표기법으로 나타낼 때 모두 양의 지수를 가져야 한다.

계획 소수점 앞에 한 개의 숫자만 있을 때까지 소수점을 현재 위치에서 왼쪽으로 이동시키며 소수점을 이동시킨 자릿수가 바로 지수가 된다($\times 10^?$).

풀이 (a) 277,000,000에 소수점(원래 숫자에는 표시되지 않았지만 마지막 0의 오른쪽에 있음)을 왼쪽부터 여덟 자리 이동시키면 1과 10 사이의 숫자인 2.77이 된다. 따라서 정답은 2.77×10^8이다.

(b) 93,800,000,000은 소수점을 왼쪽으로 열 자리 이동시키며 정답은 9.38×10^{10}이다.

(c) 5,500,000은 소수점을 왼쪽으로 여섯 자리 이동시키며 정답은 5.5×10^6이다.

생각해보기

위의 답에는 모두 0을 포함시키지 않았다. 1.3절에서는 과학적 표기법에서 0을 포함시키는 경우와 유효 숫자에 대해서 배우게 될 것이다.

추가문제 1 다음 숫자를 과학적 표기법으로 적으시오.

(a) 48,000,000,000,000

(b) 299,000,000

(c) 8,000,000,000,000,000

추가문제 2 다음 값을 일반 십진수 형식으로 적으시오.

(a) 3.55×10^8　　(b) 1.899×10^5　　(c) 5.7×10^9

추가문제 3 표 1.2에 주어진 다음 예의 표준 인수를 과학적 표기법으로 적으시오.

(a) Tg를 g 단위로 표기　　(b) GW를 W 단위로 표기

(c) MHz를 Hz 단위로 표기　　(d) km를 m 단위로 표기

아주 작은 수

마지막으로 물 분자의 kg 단위 질량인 0.00000000000000000000000002994 kg을 사용해서 매우 작은 숫자를 나타내는 방법을 살펴보자. 이 경우 1과 10 사이의 숫자인 N을 정하려면 다음과 같이 소수점을 오른쪽으로 스물여섯 자리 이동시켜야 한다.

소수점의 원래 위치

0.00000000000000000000000002994

소수점의 최종 위치

이렇게 하면 $N=2.994$가 된다. 소수점을 오른쪽으로 이동했으므로 실제 값을 나타내기 위해서는 지수가 음수여야 한다.

0.00000000000000000000000002994는 다음과 같다.

$$2.994 \times \underbrace{0.1 \times 0.1}$$

스물여섯 개의 0.1 　　 10의 지수 −26

위의 숫자를 과학적 표기법으로 나타내면 2.994×10^{-26}이 된다. 따라서 물 분자의 질량을 과학적 표기법으로 나타내면 2.994×10^{-26} kg이 된다.

예제 1.5를 풀어보면 과학적 표기법으로 아주 작은 숫자를 쓸 수 있을 것이다.

예제 1.5 작은 숫자를 과학적 표기법으로 쓰기

다음 값을 과학적 표기법으로 적으시오.

(a) 0.0000000338 　 (b) 0.000021 　 (c) 0.00000000000244

전략 이 값들은 모두 아주 작은 값(1 미만)이므로 과학적 표기법으로 나타낼 때 음의 지수를 갖게 될 것이다.

계획 소수점 앞에 0이 아닌 숫자가 한 개 있을 때까지 현 위치에서 오른쪽으로 소수점을 이동시킨 자릿수가 지수가 된다($\times 10^{?}$).

풀이 (a) 0.0000000338은 1과 10 사이의 숫자가 될 때까지 소수점을 오른쪽으로 여덟 자리 이동시키며 정답은 3.38×10^{-8}이다.

(b) 0.000021은 소수점을 오른쪽으로 다섯 자리 이동시키며 정답은 2.1×10^{-5}이다.

(c) 0.00000000000244는 소수점을 오른쪽으로 열두 자리 이동시키며 정답은 2.44×10^{-12}이다.

생각해보기

이 값들은 모두 서로 비교해보면 타당성이 있다. 가장 작은 값 (c)는 가장 큰 음의 지수를 가진다.

추가문제 1 다음 숫자를 과학적 표기법으로 적으시오.

(a) 0.0006 　 (b) 0.0000000057 　 (c) 0.000000000000399

추가문제 2 다음 값을 일반 십진수 형식으로 적으시오.

(a) 4.27×10^{-5} 　 (b) 2.77×10^{-8} 　 (c) 7.33×10^{-11}

추가문제 3 표 1.2에 주어진 다음의 표준 인수를 과학적 표기법으로 적으시오.

(a) cm를 m 단위로 표기 　 (b) ms를 s 단위로 표기 　 (c) μm를 m 단위로 표기 　 (d) ns를 s 단위로 표기

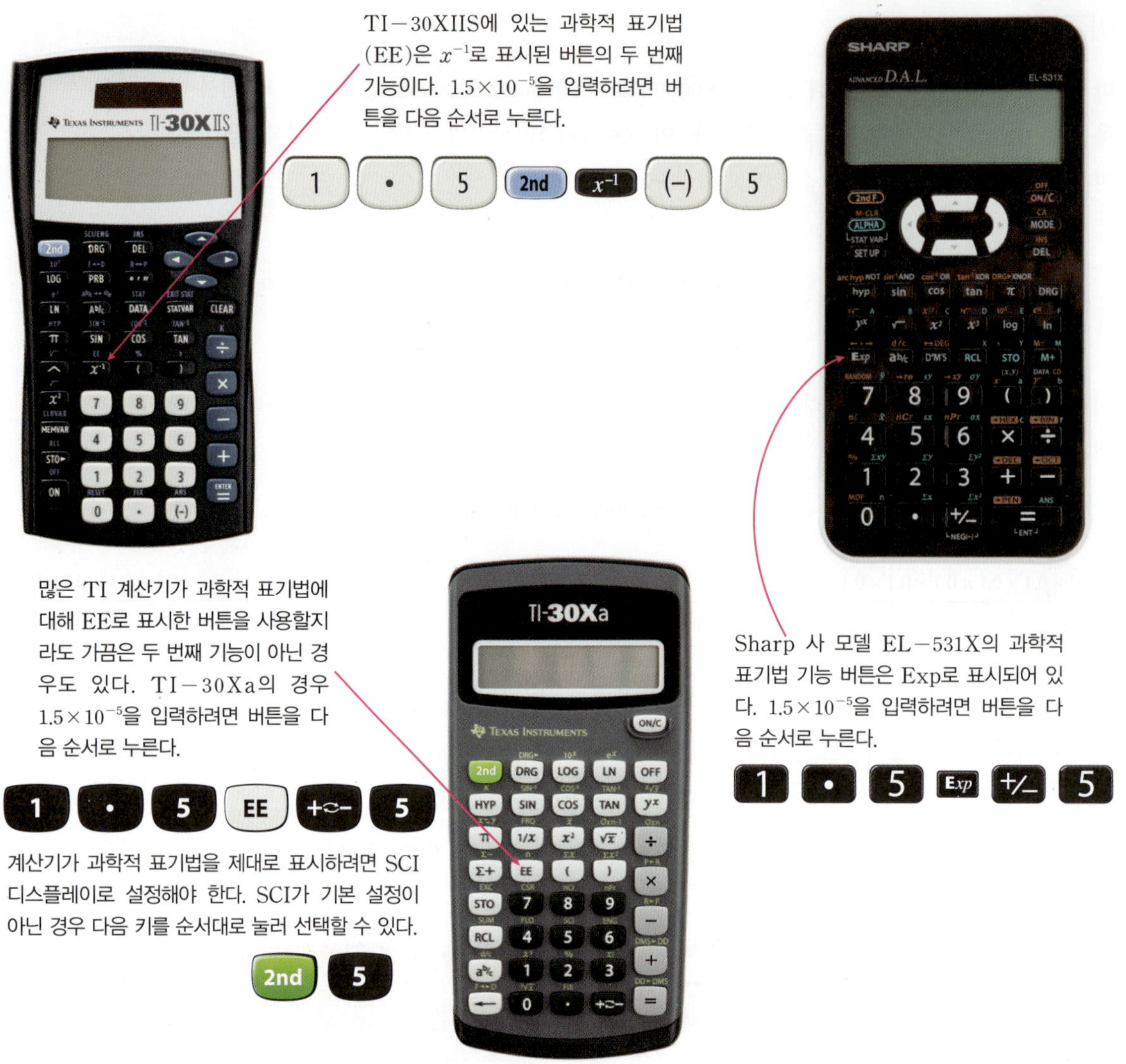

그림 1.3 몇 가지 인기 있는 과학용 계산기의 과학적 표기법 기능

계산기에서 과학적 표기법 사용하기

과학용 계산기는 화학 수업에서 반드시 필요하며 해당 기능의 올바른 사용법에 익숙해지는 것이 중요하다. 과학용 계산기를 사용할 때 학생들이 흔히 저지르는 실수는 과학적 표기법의 수를 잘못 입력하는 것이다. 계산기 사용법을 먼저 익히고 학습하고 과학적 표기법의 수를 입력하는 순서를 결정해야 한다. 그림 1.3은 몇몇 인기 있는 브랜드의 과학용 계산기를 나타낸 것이며, 각 계산기마다 과학적 표기법의 수를 입력하는 것을 강조해서 표시하였다.

여러분이 가지고 있는 계산기가 그림 1.3에 있는 것과 다르거나 과학적 표기법 기능을 인식하지 못할 경우에는 사용자 설명서를 참조하거나 인터넷 검색을 통해 특정 모델 계산기의 과학적 표기법 입력 방법을 알아보는 것이 좋다. 사용법에 대한 지식도 부족하고 연습을 제대로 하지 않으면 잘못 입력해서 틀린 답을 얻게 될 것이다.

예제 1.6을 통해서 과학적 표기법의 수를 입력하는 것을 연습해보고 계산기를 올바르게 사용하는지 확인할 수 있을 것이다.

예제 1.6 계산기로 과학적 표기법 기능 익히기

계산기를 사용해서 다음 계산의 결과를 구하시오.

(a) $55.0 \times (6.20 \times 10^{-9})$

(b) $(3.67 \times 10^{4}) \times 231$

(c) $6.88 \times 10^{-8} \div 4922$

전략 계산기를 사용하여 미리 정해진 일련의 순서에 따라 값을 입력한다.

계획 각 계산기에서 정해진 방법에 따라 정확하게 과학적 표기법의 수를 입력한다.

풀이 TI-30Xa 계산기의 경우 다음 순서에 따라 버튼을 눌러서 입력하고 각각의 값을 계산한다.

(a) 3.41×10^{-7}

[5] [5] [•] [0] [×] [6] [•] [2] [0] [EE] [+⇄−] [9] [=]

(b) 8.48×10^{6}

[3] [•] [6] [7] [EE] [4] [×] [2] [3] [1] [=]

(c) 1.40×10^{-11}

[6] [•] [8] [8] [EE] [+⇄−] [8] [÷] [4] [9] [2] [2] [=]

학생 노트
계산기에 과학적 표기법의 수를 입력하면 실제로 계산기에는 아마 8477700(계산기에서 결과를 과학적 표기법으로 나타내도록 미리 설정해두었다면 8.4777E6으로 표시됨)로 표시될 것이다. 이때 답은 계산기에 표시되는 8.48×10^{6}보다 소수점 두 자리 정도 사용하고 반올림해서 8.48×10^{6}으로 적는다. 특정한 상황에 따라 적절한 숫자의 자릿수, 즉 유효 숫자를 지정하고 반올림하는 방법에 대해서는 다음 단원에서 설명하도록 하겠다. 앞으로 연습 문제를 풀고 답을 적을 때 특별한 경우를 제외하고는 소수점 두 자리 정도 적고 반올림하는 것을 기억하기 바란다.

생각해보기
여기서 나타낸 값이 나오지 않았다면 계산기에 값을 잘못 입력한 것이다. 설명서를 다시 살펴보거나 담당 교수님께 도움을 구하도록 한다. 아주 흔한 실수는 계산기의 지수 함수를 사용하지 않고 그냥 $\times 10$을 입력하는 것이다. 이 예제의 풀이에 나타낸 일련의 순서를 살펴보면 그냥 $\times 10$을 직접 입력한 것은 하나도 없다는 사실에 유의하기 바라며, 자신의 계산기로 많은 연습을 해서 적절한 순서에 따라 입력하는 방법에 익숙해지는 것이 중요하다.

추가문제 1 계산기를 사용하여 다음 계산의 결과를 구하시오.

(a) $4.77 \times 10^{6} \div 323$

(b) $4925 \times (1.55 \times 10^{4})$

(c) $55.99 + 6.55 \times 10^{2}$

추가문제 2 계산기를 사용하여 다음을 계산하시오. 답은 과학적 표기법으로 나타내어야 한다.

(a) $(4.88 \times 10^{-4}) \times (3.99 \times 10^{-5})$

(b) $357 \times 1{,}569{,}000$

(c) $7.88 \times 10^{12} \div 6.56 \times 10^{3}$

추가문제 3 만약 $(1.3 \times 10^{7}) \times 5.1$의 계산을 적절한 순서가 아닌 다음과 같이 입력하면 그 답은 얼마나 차이가 있는가?

[1] [•] [3] [×] [1] [0] [EE] [7] [×] [5] [•] [1] [=]

1.3 유효 숫자

화학자들은 두 가지 유형의 숫자를 사용한다. 첫 번째는 불확실성이 없는 정확한 숫자이고, 두 번째는 측정한 숫자로 항상 약간의 불확실성이 내재되어 있음을 의미하는 숫자이다. 이 단원에

(a) (b) (c)

그림 1.4 (a) 14개의 달걀, (b) 3마리의 새끼 고양이, (c) 5명의 사람처럼 헤아린 숫자는 모두 정확한 수이다.

서는 측정값 중에서 정확한 숫자와 거기에 내재된 불확실성에 대해서 배우게 될 것이다. 아울러 적절한 정도의 불확실성을 가진 측정값을 나타내는 방법과 그렇게 처리하는 것의 중요성에 대해서 살펴보도록 하겠다.

> **학생 노트**
> 삼중 등호 기호(≡)는 정의에 의해서 두 양이 서로 같음을 나타낼 때 사용한다.

정확한 수

정확한 수(exact number)는 헤아린 경우나 정의에 따라 주어지는 것이다. 만약 달걀, 새끼 고양이, 사람과 같은 개체 그룹을 세면 정확한 수를 얻을 수 있다. 그림 1.3은 이러한 개체 그룹을 보여주며, 각 그룹의 개수를 나타낸다.

> **학생 노트**
> 표 1.2의 미터법 승수를 나타내는 그리스어 접두사와 섭씨와 화씨온도를 서로 변환시키는 식에 나오는 분수 5/9 및 9/5의 정확한 수를 이미 접한 바가 있다.

개체의 수를 헤아려서 숫자를 정하면 이 수에 불확실성은 없다. 정확하게 달걀은 14개, 새끼 고양이는 3마리, 사람은 5명이 있다. 마찬가지로 1다스≡12라고 정의된 숫자 1과 12는 정확한 수이다. 개수를 헤아려서 얻어지는 숫자나 정의에 따라 주어지는 숫자와 달리 측정한 숫자에는 항상 불확실성이 포함되어 있다. 이미 알고 있겠지만 모든 콜라병에 2 L라고 표시가 되어 있어도 각 2 L의 콜라병 안에 들어 있는 양이 모두 똑같지는 않다. 사실 콜라와 같이 이렇게 포장된 제품의 양은 측정된 수치이다. 측정된 모든 양에는 오차가 있으며 이렇게 나타낸 숫자에는 어쩔 수 없이 불확실성이 들어 있다.

2 L의 콜라병 안에 들어 있는 양이 모두 똑같지는 않다.

측정한 수

1.2절에서 과학적 표기법으로 1.50×10^2과 1.5×10^2로 다르게 나타낼 수 있는 숫자를 본 적이

있다. 숫자 150을 나타내는 이 두 가지 방법은 거의 같은 것처럼 보이지만 중요한 차이점이 있다. 뒤에 나오는 1.5×10^2는 불확실성이 더 큼을 의미한다. 그 이유를 이해하기 위해서 일상에서 사용하는 휴대폰의 길이를 측정하는 것에 대해 자세히 살펴보도록 한다. 그림 1.5에는 휴대폰의 길이를 재는 데 사용한 자를 휴대폰 옆에 붙여서 나타내었다. 자의 눈금은 1 cm로 표시되어 있고 휴대폰의 길이는 16 cm보다 약간 더 길다. 이 자의 표시(눈금, gradation)로부터 휴대폰의 길이가 16 cm보다 좀 더 길다는 것을 추정할 수 있을 뿐이다. 측정하는 사람에 따라 휴대폰 길이는 16.3 cm, 16.4 cm 또는 16.5 cm라고 적을 수 있을 것이다. 어쨌든 이 경우 세 번째 숫자인 3, 4, 5는 확실하지 못하다. 이 자를 사용하여 휴대폰의 길이를 보고할 때는 세 자리 숫자로 보고해야 한다. 추정할 수 있는 마지막 숫자는 4이다. 따라서 휴대폰 길이는 16.4 cm로 보고한다. 측정한 수인 16.4는 세 개의 숫자로 되어 있다. 이 중에서 1과 6의 두 숫자는 확실하다. 그러나 마지막 숫자인 4는 추정했으므로 불확실하다.

두 개는 확실

16.4 cm

한 개는 불확실

위에서 측정한 16.4의 모든 숫자는 유효 숫자이다. **유효 숫자**(significant figure)는 알려진 수의 정밀도를 나타내는 숫자이다. 이 수에서 1과 6은 확실하다. 그런데 4는 확신할 수가 없고 실제로는 3일 수도 있고 아니면 5일 수도 있다. 휴대폰의 길이를 측정하는 데 사용한 자의 한계성을 감안하면 완전히 확신할 수 없다. 이 경우 마지막 숫자는 4로 추정하는 것이 가장 적합하다. 마지막 숫자의 불확실성을 감안해서 측정값을 16.4 cm±0.1 cm로 쓰기도 한다. 이렇게 하면 마지막 숫자가 불확실한 것을 나타내며 측정 길이가 16.3 cm만큼 짧거나 아니면 16.5 cm만큼 클 수도 있다는 것을 의미한다. 만약 자의 눈금 1 cm 대신에 1 mm인 미세한 눈금을 가진 것을 사용하면 휴대폰의 길이를 더 정확하게 측정할 수 있으며 더 많은 유효 숫자를 가진 수로 측정값을 보고할 수 있다. 그림 1.6을 보면 이것을 이해할 수 있을 것이다.

이때 눈금이 mm처럼 좀 더 미세한 눈금자로 휴대폰의 길이를 측정하면 측정에서 확신할 수 있는 숫자가 더 많아진다. 이 측정에서 세 번째 숫자인 4는 확실하지만 측정값이 정확히 16.4 cm는 아니며 16.4 cm와 16.5 cm 사이인 것으로 보인다. 그럼에도 불구하고 측정값이 16 cm 이후의 네 번째와 다섯 번째 mm 눈금 사이에 있기 때문에 세 번째 자리 숫자가 4인 것은 분명하다. 따라서 1, 6, 4의 세 숫자는 확실하며 이제 네 번째 숫자를 추정해야 한다. 측정값이 네 번째와 다섯 번째 mm 눈금의 중앙인 것으로 보이지는 않고 다섯 번째 mm 눈금에 훨씬 더 가깝다. 따라서 측정값의 네 번째 숫자는 5보다 커야 한다. 실제는 8이나 9일 수 있으며, 확실하게 말하는 것은 불가능하지만 8로 추정할 수 있다. 이제 측정값을 네 개의 유효 숫자, 즉 확실한 세 개와 불확실한 한 개의 숫자로 다음과 같이 보고할 수 있다.

세 개는 확실

16.48 cm

한 개는 불확실

또한 16.48 cm±0.01 cm로 써서 불확실성을 나타낼 수 있다. 이제 불확실성은 앞의 경우보다 훨씬 작아졌다. 앞에 것의 차원이 그저 1/10 cm 이내인 반면 이렇게 되면 1/100 cm 이내의

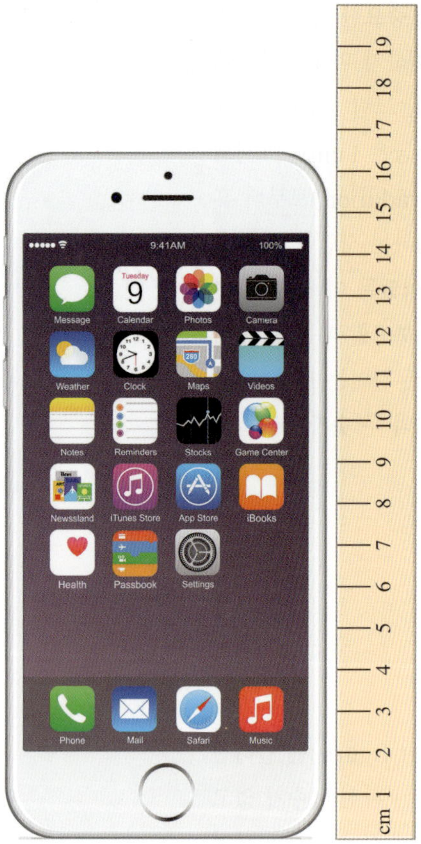

그림 1.5 눈금 1 cm인 자로 측정한 휴대폰 길이

그림 1.6 눈금 1 mm인 자로 측정한 휴대폰 길이

차원을 알게 된 것이다. 측정값을 보고할 때 정밀도에 대해 잠시 생각해보자. 첫 번째 경우처럼 세 개의 유효 숫자를 써서 길이를 16.4 cm로 보고하면 불확실성은 0.1 cm임을 나타낸다. 두 번째 경우처럼 네 개의 유효 숫자로 길이를 16.48 cm로 보고하면 불확실성은 0.01 cm가 된다. 각 측정에 들어 있는 불확실성을 백분율로 나타내면 다음과 같다.

$$\frac{0.1\ \text{cm}}{16.4\ \text{cm}}\times 100\%=0.6\%\ \text{불확실성} \quad \text{vs.} \quad \frac{0.01\ \text{cm}}{16.48\ \text{cm}}\times 100\%=0.06\%\ \text{불확실성}$$

두 번째 경우에는 측정값의 불확실성이 첫 번째의 1/10에 불과하다. 두 번째 측정의 정확도가 더 높다. 앞에서 나온 16.4(유효 숫자 세 개)와 16.48(유효 숫자 네 개)처럼 언제나 바로 정할 수 있는 것은 아니지만 수의 유효 숫자를 결정하는 것은 중요하다. 이것의 중요성은 1.4절에서 더 확실하게 알 수 있을 것이다. 이제 수의 유효 숫자를 결정하는 방법과 수를 나타낸 방식에 따라 거기에 포함된 불확실성을 파악하는 것에 대해 공부해보자. 측정값의 수에서 다음과 같은 지침이 유효 숫자를 결정하는 데 유용할 것이다.

1. 0이 아닌 모든 숫자는 유효 숫자이다.

   18.911 (유효 숫자 다섯 개) 1, 8, 9, 1, 1
   4.1 (유효 숫자 두 개) 4, 1
   58.63 (유효 숫자 네 개) 5, 8, 6, 3

2. 0이 아닌 숫자 사이에 있는 0은 유효 숫자이다.

   101 (유효 숫자 세 개) 1, 0, 1
   5002.1 (유효 숫자 다섯 개) 5, 0, 0, 2, 1
   8.05 (유효 숫자 세 개) 8, 0, 5

3. 0이 아닌 첫 번째 숫자의 왼쪽에 있는 0은 유효 숫자가 아니다.

0.11 (유효 숫자 두 개)	1, 1
0.00006 (유효 숫자 한 개)	6
0.0575 (유효 숫자 세 개)	5, 7, 5

4. 숫자에 소수점이 있으면 마지막 0이 아닌 숫자의 오른쪽에 있는 0은 유효 숫자이다.

9.10 (유효 숫자 세 개)	9, 1, 0
0.1500 (유효 숫자 네 개)	1, 5, 0, 0
0.00030100 (유효 숫자 다섯 개)	3, 0, 1, 0, 0

5. 소수점이 없는 수에서 마지막 0이 아닌 숫자의 오른쪽에 있는 0은 상황에 따라 유효 숫자일 수도 있고 아닐 수도 있다. 숫자 150은 두 개 또는 세 개의 유효 숫자를 가질 수 있다. 추가 정보가 없으면 확실하게 말할 수 없다. 이럴 때 명확하게 나타내는 가장 좋은 방법은 과학적 표기법으로 나타내는 것이다. 유효 숫자가 두 개라면 0은 유효 숫자가 아닌 것을 의미하므로 1.5×10^2로 적는다. 만일 유효 숫자가 세 개라면 0이 유효 숫자이므로 1.50×10^2로 적어야 한다. 이 수를 간단히 유효 숫자가 세 개의 십진수로 나타내는 방법은 150.처럼 0의 오른쪽에 소수점을 첨가하면 올바른 것이지만 화학에서 일반적으로 사용하지는 않는다.

예제 1.7을 풀어보면 유효 숫자의 수를 결정할 수 있을 것이다.

예제 1.7 측정값에서 유효 숫자 결정하기

다음 측정에서 유효 숫자의 수를 결정하시오.

(a) 443 cm (b) 15.03 g (c) 0.0356 kg
(d) 3.000×10^{-7} L (e) 50 mL (f) 0.9550 m

전략 0이 아닌 모든 숫자는 유효 숫자이므로 0의 유효 숫자 여부만 결정하면 된다.

계획 0이 아닌 숫자 사이에 있거나 소수점이 있는 마지막 0이 아닌 숫자 뒤에 있는 0은 유효 숫자이다. 소수점이 없는 수에서 0이 아닌 마지막 숫자의 오른쪽에 나타나는 0은 유효 숫자일 수도 있고 아닐 수도 있다.

풀이 (a) 443의 모든 숫자는 유효 숫자이다. [유효 숫자 세 개]
(b) 15.03 역시 모든 숫자는 유효 숫자이다(0이 숫자 사이에 있음). [유효 숫자 네 개]
(c) 0.0356은 두 개의 0이 있지만 소수점의 위치를 나타내기 위한 것일 뿐이므로 유효 숫자가 아니다. [유효 숫자 세 개]
(d) 3.000에 있는 세 개의 0은 소수점 오른쪽에 있기 때문에 유효 숫자이다. [유효 숫자 네 개]
(e) 50의 0은 유효 숫자일 수도 있고 아닐 수도 있으며 확정하려면 정보가 더 있어야 한다. [유효 숫자 한 개 또는 두 개(모호한 경우)]
(f) 0.9550은 두 개의 0이 있는데 소수점의 오른쪽에 있는 것은 유효 숫자이고 앞에 있는 것은 유효 숫자가 아니다. [유효 숫자 네 개]

생각해보기

각 숫자에 들어 있는 0이 유효 숫자인지 아닌지를 제대로 구분했는지를 확인한다. (b)와 (d)에 들어 있는 0은 유효 숫자이다. (c)에 있는 0은 유효 숫자가 아니다. (e)에 있는 0은 확인할 수가 없다. (f)에서 맨 뒤에 있는 0은 유효 숫자이지만 앞에 있는 0은 유효 숫자가 아니다.

추가문제 1 다음 측정값에서 유효 숫자의 수를 결정하시오.

(a) 1.129 m (b) 0.0003 kg (c) 1.094 cm
(d) 3.5×10^{12} 원자 (e) 150 mL (f) 9.550 km

추가문제 2 다음 각 숫자에서 유효 숫자의 수를 결정하시오. 각 숫자를 소수점 형식으로 나타내고 유효 숫자의 수를 결정한다.

(a) 1.080×10^{-4} (b) 5.5×10^{6}

(c) 2.910×10^{3} (d) 8.100×10^{-5}

추가문제 3 두 사각형 안에 들어 있는 색깔 있는 물체의 수를 보고하고, 각 경우의 보고한 수에서 유효 숫자의 수를 나타내시오.

측정한 수로 계산하기

화학에서 하는 일 중 일부는 계산이 필요하며, 이 수업에서도 과학용 계산기가 필요하다. 각각의 무게가 약 2.5 lb(파운드)인 물체 575개의 총무게를 알 필요가 있다고 생각해보자. 아마 계산기에 다음과 같이 입력할 것이다.

5 7 5 × 2 • 5 =

그러면 계산기에 결과로 1,437.5가 표시될 것이다. 그런데 이것이 정말 정확한 답일까? 한 개의 무게가 2.5 lb인 물체 575개의 총무게는 정말 1,437.5 lb일까? 이 물체의 한 개의 무게가 약 2.5 lb이었음을 기억하기 바란다. 물체의 무게는 두 개의 유효 숫자가 있는 수로 주어졌다. 이 수에 내재된 불확실성은 어떤 것일까? 두 개의 유효 숫자를 가진 수는 한 개는 확실하고 다른 한 개는 불확실함을 명심해야 한다. 총무게에서 마지막 숫자인 5는 실제로 5일 수도 있고 아니면 4나 6일 수도 있다. 이럴 때 마지막 자릿수의 불확실성은 보통 ±1로 나타낸다. 따라서 이 물체의 무게는 약 2.5 lb로 주어졌으므로 내재된 불확실성은 ±0.1 lb이다. 이 물체 무게의 불확실성은 백분율로 다음과 같이 나타낼 수 있다.

$$\frac{0.1\ \text{lb}}{2.5\ \text{lb}} \times 100\% = 4\%\ \text{불확실성}$$

그러나 총무게를 1,437.5 lb로 보고한다면 내재된 불확실성은 어느 정도일까? 이때도 마지막 숫자의 불확실성은 ±0.1 lb이므로 총무게의 불확실성은 백분율로 다음과 같이 나타낼 수 있다.

$$\frac{0.1\ \text{lb}}{1{,}437.5\ \text{lb}} \times 100\% = 0.007\%\ \text{불확실성}$$

총무게의 불확실성은 왜 개개의 경우보다 훨씬 작을까? 곧바로 대답할 수는 없다. 단순히 한 개씩 곱해주면서 원래 수의 결과보다 더 정확성이 좋게는 할 수 없다. 따라서 이 질문의 정답은 계산기에는 1,437.5 lb로 표시되었더라도 두 개의 유효 숫자를 사용해서 1.4×10^{2} lb로 보고해야 한다.

$$\frac{0.1 \times 10^{2}\ \text{lb}}{1.4 \times 10^{2}\ \text{lb}} \times 100\% = 7\%\ \text{불확실성}$$

이 불확실성은 물체 한 개 무게의 불확실성과 똑같지는 않지만 거기에 훨씬 더 가깝다. 많은 계산에는 한 개 이상의 측정한 수가 포함되어 있으므로 계산 결과를 보고할 때 유효 숫자를 정하는 데 도움이 되는 지침이 마련되어 있다. 덧셈과 뺄셈에 대한 지침은 곱셈과 나눗셈과는 다르다는 것에 유의하기 바란다. 어떤 계산의 최종 결과는 적절한 숫자의 유효 숫자를 고려해서 나타내어야 하며 각 수학 연산에 올바르게 적용하는 것이 중요하다.

1. 덧셈과 뺄셈에서 소수점 이하의 자릿수가 더 많은 쪽을 택할 수 없으며 가장 낮은 쪽과 일치시키고 반올림해준다.

102.50 ⟵ 소수점 이하 두 자리
+ 0.231 ⟵ 소수점 이하 세 자리
102.731 ⟵ 소수점 이하 두 자릿수만 취하고 반올림을 고려한다.

정답: 102.73

143.29 ⟵ 소수점 이하 두 자리
− 20.1 ⟵ 소수점 이하 한 자리
123.19 ⟵ 소수점 이하 한 자릿수만 취하고 반올림한다.

정답: 123.2

유효 숫자로 적절하게 숫자를 반올림하려면 유지하려는 마지막 자리 숫자 뒤에 줄을 긋는다. 102.731의 경우 소수점 두 자리만 유지할 수 있으므로 다음과 같은 선을 긋는다.

102.73|1

이 선 다음 수가 5보다 작기 때문에 이 선 뒤의 모든 숫자(이 경우에는 그냥 마지막 숫자)들은 모두 제외시키면 정답 102.73을 얻을 수 있다.

102.73

이것을 '반내림'한다고 한다. 123.19의 경우 소수점 이하 한 자리만 유지할 수 있는데 여기서도 유지해야 하는 자릿수를 나타내는 선을 다음과 같이 긋는다.

123.1|9

이 경우에는 이 선 다음 수가 5(이 경우 9)보다 크기 때문에 유지해야 하는 마지막 숫자를 1 증가시킨다. 이것을 '반올림'한다고 하며 정답은 123.2가 된다.

123.2

2. 곱셈과 나눗셈에서는 마지막 곱이나 몫의 결과가 갖는 유효 숫자의 수가 더 작아야 하고 가장 낮은 쪽과 일치시킨다(이것이 약 2.5 lb인 물체의 총무게를 계산할 때 적용한 규칙이다).
곱셈

8.011 ⟵ 유효 숫자 4개
× 1.4 ⟵ 유효 숫자 2개
11.|2154 ⟵ 1.4로 제한되어 두 자릿수로 반올림

정답: 11(버리는 첫째 숫자가 2이므로, 내림하여 반올림을 고려함)

나눗셈

유효 숫자 4개 ⟶ 11.57
유효 숫자 5개 ⟶ 305.88

$$\frac{11.57}{305.88} = 0.03782|529096$$

유효 숫자 개수가 4개가 되도록 반올림한다(11.57 값에 의해 결정).

0.03783 첫 번째로 버리는 숫자가 5이므로 반올림한다.

3. 정확한 숫자가 관계되는 계산에서 유효 숫자의 수에 제한을 두지 않는다. 예를 들면, 1982년 이후 발행된 질량이 2.5 g인 1페니 동전 세 개의 총질량은 다음과 같다.

$$3 \times 2.5\,g = 7.5\,g$$

이 경우에 3은 헤아려서 얻은 정확한 수이므로 답을 적을 때 유효 숫자의 수를 한 개로 취하면서 반올림하지 않는다.

4. 여러 단계로 혼합된 계산을 할 때는 각 단계마다 처리해서 반올림하지 않고 계산을 모두 마친 후 마지막 단계에서 반올림한다. 이때 주의해야 할 점은 각 단계마다 유효 숫자의 개념을 적용한 자릿수(덧셈과 뺄셈)나 유효 숫자의 수(곱셈과 나눗셈)는 표시하거나 기억하고 있어야 한다. 각 단계의 결과를 반올림하면 '반올림 오차'가 생긴다. 다음 두 단계의 계산을 고려해보자.

$$(13.597 + 101.45) \times 7.9891 = ?$$

이 계산은 덧셈과 곱셈에 대한 규칙을 적용해야 한다. 먼저 덧셈을 하고 소수점 이하의 자릿수가 낮은 쪽과 일치시키면 다음과 같이 된다.

```
   13.597   ←—— 소수점 이하 세 자리
+ 101.45    ←—— 소수점 이하 두 자리
―――――――――
  115.047   ←—— 규칙에 따르고 반올림하면 115.05가 된다.
```

그 다음에 곱셈을 하면 다음과 같이 된다.

$$115.05 \times 7.9891 = 919.145955$$

유효 숫자 다섯 개를 취하고 반올림하면 919.15가 된다. 그러나 곱셈을 하기 전에 덧셈에서 유효 숫자 개념을 적용하고 반올림하지 않으면 마지막 답은 다음과 같이 약간 달라진다.

```
   13.597   ←—— 소수점 이하 세 자리
+ 101.45    ←—— 소수점 이하 두 자리
―――――――――
  115.047
```

덧셈 단계의 결과는 유효 숫자 다섯 개의 수로 주어지는데 소수점이 낮은 자릿수는 단지 두 개라는 것을 인식하면서 곱셈 단계에서는 이 모든 숫자를 유지시키면서 다음과 같이 계산한다.

$$115.047 \times 7.9891 = 919.1219877$$

여기서 유효 숫자의 수를 다섯 개로 취하고 반올림하면 919.12가 된다.
이 경우에 919.15와 919.12의 차이는 매우 작아 보이지만 여러 단계의 계산 과정에서 반올림에 따른 오차가 더해지면 오답이 될 만큼 그 차이가 커질 수도 있다. 여러 단계의 계산을 할 때는 각 단계에서 유효 숫자의 개념을 적용시켜서 반올림하지 않고 기억만 하고 있다가 마지막 계산을 끝낸 후에 적용시키고 반올림한다.

예제 1.8을 풀어보면 적절한 수의 유효 숫자로 계산 결과를 보고하는 것을 연습할 수 있을 것이다.

예제 1.8 정확한 유효 숫자로 계산 결과 쓰기

다음 산술 연산을 유효 숫자 개념을 적용해서 계산하고 그 답을 적으시오.

(a) 317.5 mL + 0.675 mL (b) 47.80 L − 2.075 L (c) 13.5 g ÷ 45.18 L
(d) 6.25 cm × 1.175 cm (e) 5.46×10^2 g + 4.991×10^3 g

전략 계산에서 유효 숫자의 규칙을 적용하고 얻은 답에서 적절한 자릿수로 반올림한다.

계획 (a) 답은 소수점 이하 자릿수가 낮은 쪽인 317.5와 일치되게 소수점 오른쪽에 한 자릿수가 되도록 한다.
(b) 답은 47.80과 일치시키므로 소수점 오른쪽에 두 자리만 포함된다.
(c) 답은 계산에서 유효 숫자의 수가 가장 적은 13.5와 일치시키며 유효 숫자의 수가 세 개가 되도록 한다.
(d) 답은 6.25와 일치시키며 유효 숫자의 수가 세 개가 되도록 한다.
(e) 과학적 표기법의 숫자를 덧셈하려면 먼저 $4.991 \times 10^3 = 49.91 \times 10^2$처럼 10의 지수를 일치시키고, 답은 5.46과 49.91과 같이 소수점 이하의 자릿수가 두 개가 되도록 한다.

풀이

(a)
$$\begin{array}{r} 317.7\text{ mL} \\ +\ 0.675\text{ mL} \\ \hline 318.175\text{ mL} \end{array} \longleftarrow 318.2\text{ mL로 반올림}$$

(b)
$$\begin{array}{r} 47.80\text{ mL} \\ -\ 2.075\text{ mL} \\ \hline 45.725\text{ mL} \end{array} \longleftarrow 45.73\text{ L로 반올림}$$

(c) $\dfrac{13.5\text{ g}}{45.18\text{ L}} = 0.298804781\text{ g/L} \longleftarrow 0.299\text{ g/L}$로 반올림

(d) $6.25\text{ cm} \times 1.175\text{ cm} = 7.34375\text{ cm}^2 \longleftarrow 7.34\text{ cm}^2$로 반올림

(e)
$$\begin{array}{r} 5.46 \times 10^2\text{ g} \\ +49.91 \times 10^2\text{ g} \\ \hline 55.37 \times 10^2\text{ g} = 5.537 \times 10^3\text{ g} \end{array}$$

생각해보기

최종 답안(5.537×10^3 g)이 소수점 이하 세 자리를 가지므로 두 개가 아니기 때문에 (e)에서 추가 규칙이 위반된 것처럼 보일 수 있다. 그러나 이 규칙은 55.37×10^2 g의 답을 얻기 위해 적용되었으며 네 개의 유효 숫자가 있다. 올바른 과학적 표기법으로 답을 변경하는 것은 유효 숫자 수를 변경하는 것이 아니라, 이 경우 소수점 이하의 자릿수를 변경하는 것이다.

추가문제 1 다음 산술 연산을 하고 결과를 적절한 수의 유효 숫자로 표시하시오.

(a) 105.5 L + 10.65 L (b) 81.058 m − 0.35 m
(c) 3.801×10^{21} 원자 + 1.228×10^{19} 원자 (d) 1.255 dm × 25 dm
(e) 139 g ÷ 275.55 mL

추가문제 2 다음 산술 연산을 하고 결과를 적절한 수의 유효 숫자로 표시하시오.

(a) 1.0267 cm × 2.508 cm × 12.599 cm (b) 15.0 kg ÷ 0.036 m^3
(c) 1.113×10^{10} kg − 1.050×10^9 kg (d) 25.75 mL + 15.00 mL
(e) 46 cm^3 + 180.5 cm^3

추가문제 3 플로리다에 있는 감귤 상인이 노점에서 100개들이 오렌지 상자를 판매하고 있다. 고객이 구매 시 만족할 수 있도록 상자에는 오렌지 1~3개를 여분으로 더 넣어 포장한다. 오렌지 1개의 평균 질량은 7.2 oz이며, 오렌지가 포장되는 상자의 평균 질량은 3.2 lb이다. 이 100개들이 오렌지 상자 5개의 총질량을 결정하시오.

1.4 단위 변환

이 과정에서 여러분이 하는 일 중 상당 부분은 문제 해결과 관련된다. 화학적 문제를 올바르게 해결하려면 숫자와 단위를 주의 깊게 조작해야 한다. 특히 단위에 세심한 주의를 기울이면 과학적 활동에 아주 큰 도움이 된다.

환산 인자

환산 인자(conversion factor)는 동일한 양을 표현한 분수로서 분자와 분모를 다른 방법으로 표현한 것이다. 예를 들면, 정의에 의해 1인치는 2.54센티미터와 같다.

$$1\ \text{in} \equiv 2.54\ \text{cm}$$

이 등식을 다음과 같은 분수로 표현함으로써 환산 인자를 도출할 수 있다.

$$\frac{1\ \text{in}}{2.54\ \text{cm}}$$

분자와 분모가 같은 길이를 표현하기 때문에 이 분수는 1과 같다. 결과적으로 환산 인자를 아래와 같이 쓸 수도 있다.

표 1.3 미터법을 기반으로 하는 환산 인자

미터법	의미	환산 인자		
테라(tera, T)	1×10^{12}	$\frac{1\ \text{Tg}}{1\times10^{12}\ \text{g}}$ g → Tg로 변환	또는	$\frac{1\times10^{12}\ \text{g}}{1\ \text{Tg}}$ Tg → g
기가(giga, G)	1×10^{9}	$\frac{1\ \text{GW}}{1\times10^{9}\ \text{W}}$ W → GW로 변환	또는	$\frac{1\times10^{9}\ \text{W}}{1\ \text{GW}}$ GW → W
메가(mega, M)	1×10^{6}	$\frac{1\ \text{MHz}}{1\times10^{6}\ \text{Hz}}$ Hz → MHz로 변환	또는	$\frac{1\times10^{6}\ \text{Hz}}{1\ \text{MHz}}$ MHz → Hz
킬로(kilo, k)	1×10^{3}	$\frac{1\ \text{km}}{1\times10^{3}\ \text{m}}$ m → km로 변환	또는	$\frac{1\times10^{3}\ \text{m}}{1\ \text{km}}$ km → m
데시(deci, d)	1×10^{-1}	$\frac{1\times10^{1}\ \text{dL}}{1\ \text{L}}$ L → dL로 변환	또는	$\frac{1\ \text{L}}{1\times10^{1}\ \text{dL}}$ dL → L
센티(centi, c)	1×10^{-2}	$\frac{1\times10^{2}\ \text{cm}}{1\ \text{m}}$ m → cm로 변환	또는	$\frac{1\ \text{m}}{1\times10^{2}\ \text{cm}}$ cm → m
밀리(milli, m)	1×10^{-3}	$\frac{1\times10^{3}\ \text{ms}}{1\ \text{s}}$ s → ms로 변환	또는	$\frac{1\ \text{s}}{1\times10^{3}\ \text{ms}}$ ms → s
마이크로(micro, μ)	1×10^{-6}	$\frac{1\times10^{6}\ \mu\text{m}}{1\ \text{m}}$ m → μm로 변환	또는	$\frac{1\ \text{m}}{1\times10^{6}\ \mu\text{m}}$ μm → m
나노(nano, n)	1×10^{-9}	$\frac{1\times10^{9}\ \text{ns}}{1\ \text{s}}$ s → ns로 변환	또는	$\frac{1\ \text{s}}{1\times10^{9}\ \text{ns}}$ ns → s

$$\frac{2.54\text{ cm}}{1\text{ in}}$$

이 변환 계수의 두 가지 형태가 모두 1이기 때문에 수량의 변화 없이 어느 형태로든 곱할 수 있다. 이는 주어진 수량을 표현하는 데 있어서 단위를 변경할 때 유용하다. 이 책 전체에서 자주 수행할 내용이다. 예를 들어, 길이 12.00인치를 센티미터로 변환해야 할 경우 인치 길이에 적절한 환산 인자를 곱한다.

$$12.00\ \cancel{\text{in}} \times \frac{2.54\text{ cm}}{1\ \cancel{\text{in}}} = 30.48\text{ cm}$$

인치 단위는 취소되고 센티미터 단위만 남게 된다(인치를 취소하고 원하는 단위인 센티미터를 제공하는 환산 인자의 형식을 선택하였다). 정의에서 얻은 것과 같은 정확한 수는 유효 숫자를 제한하지 않으므로 결과에 네 개의 유효 숫자가 포함된다. 따라서 수치 계산 결과 이 계산에 대한 대답의 유효 숫자 수는 2.54가 아니라 12.00에 의해서 결정된다.

> **학생 노트**
> 온도 변환(9/5, 5/9, 32)에 사용된 것과 같은 환산 인자는 정확한 수라는 것을 기억하시오. 완전수는 계산에 사용된 결과의 유효 숫자 수를 제한하지 않는다.

표 1.3은 1.1절에서 소개된 미터법을 다시 고찰하고 크기 순서가 다른 SI 단위를 변환하는 데 필요한 환산 인자를 제공한다.

예제 1.9에서 환산 인자를 사용하여 다른 단위로 변환하는 연습을 해보자.

예제 1.9 환산 인자를 이용하여 다른 단위로의 변환

표 1.3에 나와 있는 환산 인자를 이용하여 단위 변환을 수행하시오.

(a) 4.5×10^5 m를 km 단위로 변환하시오.

(b) 3.78×10^6 mg를 g 단위로 변환하시오.

(c) 8.22×10^8 L를 L 단위로 변환하시오.

전략 표 1.3에서 관련 미터법 접두사 및 해당 환산 인자를 찾는다.

계획 각 변환에 대해 측정 미터법 승수의 두 가지 버전을 작성하고 주어진 변환에서 어느 것이 올바른지 판단한다.

풀이

(a) $\frac{1\text{ km}}{1{,}000\text{ m}}$ 또는 $\frac{1{,}000\text{ m}}{1\text{ km}}$ $\quad 4.5 \times 10^5\ \cancel{\text{m}} \times \frac{1\text{ km}}{1{,}000\ \cancel{\text{m}}} = 4.5 \times 10^2\text{ km}$

(b) $\frac{1 \times 10^3\text{ mg}}{1\text{ g}}$ 또는 $\frac{1\text{ g}}{1 \times 10^3\text{ mg}}$ $\quad 3.78 \times 10^6\ \cancel{\text{mg}} \times \frac{1\text{ g}}{1{,}000\ \cancel{\text{mg}}} = 3.78 \times 10^3\text{ g}$

(c) $\frac{1\text{ L}}{1 \times 10^6\ \mu\text{L}}$ 또는 $\frac{1 \times 10^6\ \mu\text{L}}{1\text{ L}}$ $\quad 8.22 \times 10^8\ \cancel{\mu\text{L}} \times \frac{1\text{ L}}{1 \times 10^6\ \cancel{\mu\text{L}}} = 8.22 \times 10^2\text{ L}$

생각해보기

선택한 환산 인자 형식은 위(분자)에 변환될 새 단위를, 아래(분모)에 변환되어야 할 단위를 두어야 한다. 또한 환산 인자는 정확한 숫자로서 유효 숫자를 제한하지 않는다.

추가문제 1 표 1.3에 나와 있는 환산 인자를 사용하여 다음을 변환하시오.

(a) 2.10×10^2 Gg을 g 단위로 변환하시오.

(b) 9.31×10^9 nL를 L 단위로 변환하시오.

(c) 5.88×10^7 m를 Mm 단위로 변환하시오.

추가문제 2 각 관계에 대해 두 가지 버전의 환산 인자를 쓰시오. 올바른 환산 인자를 선택하고 변환하시오.

(a) 135 lb를 kg 단위로 변환하시오. (1 kg=2.205 lb)
(b) 15.9 yards를 m 단위로 변환하시오. (1.094 yards=1 m)
(c) 8.1 quarts를 L 단위로 변환하시오. (1 L=1.057 quarts)

추가문제 3 다음의 각 환산 인자에 대해 동등한 세 가지 환산 인자를 더 작성하시오.

(a) $\frac{1\times10^{9}\text{ nm}}{1\text{ m}}$ (b) $\frac{1\text{ cm}}{0.394\text{ in}}$ (c) $\frac{1\ \mu\text{g}}{1\times10^{-6}\text{ g}}$

미국에서는 부피나 중량을 표시하는 대부분의 소비재(음료나 식품 등)에 영국 단위와 SI 단위가 모두 표시된다. 예를 들어, 12−oz 탄산음료 캔의 부피는 355 mL로 표시되고, 1−lb 마카로니 상자의 무게는 454 g으로 표시된다. 표 1.4에는 가장 일반적으로 사용되는 몇 가지 단위 변환이 정리되었다.

표 1.4 SI 단위와 영국 단위의 변환

Kilograms(kg) and pounds(lb)	1 kg = 2.20462 lb	1 lb = 0.453592 kg
Grams(g) and pounds(lb)	1 g = 0.002205 lb	1 lb = 453.592 g
Grams(g) and ounces(oz)	1 g = 0.035274 oz	1 oz = 28.3495 g
Kilometers(km) and miles(mi)	1 km = 0.621371 mi	1 mi = 1.60934 km
Meters(m) and feet(ft)	1 m = 3.28084 ft	1 ft = 0.3048 m
Centimeters(cm) and inches(in)	1 cm = 0.393701 in	1 in = 2.54 cm
Liters(L) and gallons(gal)	1 L = 0.264172 gal	1 gal = 3.78541 L
Milliliters(mL) and fluid ounces(oz)	1 mL = 0.033814 oz	1 oz = 29.5735 mL

예제 1.10에서 전통적인 영국 단위를 SI 단위로 변환하는 연습을 해보자.

예제 1.10 SI 단위로 변환

다음 단위를 SI 단위로 변환하시오.

(a) 1.25 lb (b) 68 ft (c) 3.25 gal (d) 315 mi (e) 32.5 fl. oz

전략 표 1.4에서 각각 적절한 변환을 선택한다.

계획 각 부분에 대해 영국 단위를 취소하고 SI 단위를 도입하는 변환 계수를 곱한다.

(a) lb를 g으로 또는 lb를 kg으로 변환한다. 필요한 변환 계수는 다음과 같다.

$$\frac{453.592\text{ kg}}{1\text{ lb}} \quad \text{그리고} \quad \frac{0.453592\text{ kg}}{1\text{ lb}}$$

(b) 변환 계수를 사용하여 ft에서 m로 변환한다.

$$\frac{0.3048\text{ m}}{1\text{ ft}}$$

(c) 변환 계수를 사용하여 gal에서 L로 변환한다.

$$\frac{3.78541\text{ L}}{1\text{ gal}}$$

(d) 변환 계수를 사용하여 mi에서 km로 변환한다.

$$\frac{1.60934\text{ km}}{1\text{ mi}}$$

(e) 변환 계수를 사용하여 유체 oz에서 mL로 변환한다.

$$\frac{29.5735\ \text{mL}}{1\ \text{oz}}$$

풀이

(a) $1.25\ \cancel{\text{lb}}\times\frac{453.592\ \text{g}}{1\ \cancel{\text{lb}}}=567\ \text{g}$ 그리고 $1.25\ \cancel{\text{lb}}\times\frac{0.453592\ \text{kg}}{1\ \cancel{\text{lb}}}=0.567\ \text{kg}$ (b) $68\ \cancel{\text{ft}}\times\frac{0.3048\ \text{m}}{1\ \cancel{\text{ft}}}=21\ \text{m}$

(c) $3.25\ \cancel{\text{gal}}\times\frac{3.78541\ \text{L}}{1\ \cancel{\text{gal}}}=12.3\ \text{L}$ (d) $315\ \cancel{\text{mi}}\times\frac{1.60934\ \text{km}}{1\ \cancel{\text{mi}}}=507\ \text{km}$ (e) $32.5\ \cancel{\text{oz}}\times\frac{29.5735\ \text{mL}}{1\ \cancel{\text{oz}}}=961\ \text{mL}$

생각해보기

당신이 미국에서 자랐다면 영국 단위가 더 익숙하고 편할 수 있지만, SI 단위와 관련한 감각을 기르는 것이 좋다. 자신의 키와 몸무게를 적절한 SI 단위로 익히고, 음식과 음료의 일반적인 무게와 부피 단위에 익숙해지도록 하자.

추가문제 1 다음을 표시된 SI 단위로 변환하시오.

(a) 16.0 oz를 g으로 (b) 11.55 in를 cm로 (c) 575 mi을 km로 (d) 172 in를 m로 (e) 375 fl. oz를 L로

추가문제 2 다음을 표시된 영국 단위로 변환하시오.

(a) 10.75 kg을 lb로 (b) 10.0 km을 mi로 (c) 750.0 L를 gal으로 (d) 15.5 L를 fl. oz로 (e) 0.675 m를 in로

추가문제 3 추가문제 2의 답에서 몇 개의 유효 숫자가 있어야 하는가? 그 이유를 설명하시오.

생각 밖 상식

단위의 중요성

NASA는 1998년 12월 11일 화성 기후 탐사선을 발사했다. 화성 탐사선은 화성 최초의 기상 위성이었다. 4억 1,600만 마일의 여정 끝에 우주선은 1999년 9월 23일 화성에서 궤도를 돌기로 되어 있었다. 그러나 이 일은 결국 일어나지 않았고, 우주선은 사라졌다. 임무 통제원들은 나중에 내비게이션 소프트웨어에서 영국 단위를 미터 단위로 변환하지 못한 것을 원인으로 판단했다.

화성 기후 탐사선이 화성에 접근함에 따라 추력 엔진은 계획된 궤도에 표시된 대로 지구의 표면에서 200 km 이상 대기에 진입하도록 코스의 방향을 바꾸기로 되어 있었다. 우주선을 만든 록히드마틴 사(Lockheed Martin Corporation)의 엔지니어들은 익숙한 영국 단위인 파운드(lb)로 추력을 지정했다. 배치 책임자인 NASA의 제트추진연구소(Jet Propulsion Laboratory)의 과학자들은 주어진 데이터를 유도된 단위인 뉴턴(N)으로 추력을 표현했다고 생각했다. 이 두 단위 간의 변환은

$$1\ \text{lb}=4.45\ \text{N}$$

추진력을 파운드에서 뉴턴으로 변환하지 못하면 추력이 1/4 이하가 되어 실제 궤도가 그림과 같이 표시된다. 1억 2,000만 달러짜리 인공위성은 계획과 달리 화성의 대기에 훨씬 더 가까이에 있었고 결국 열에 의해 파괴되었다.

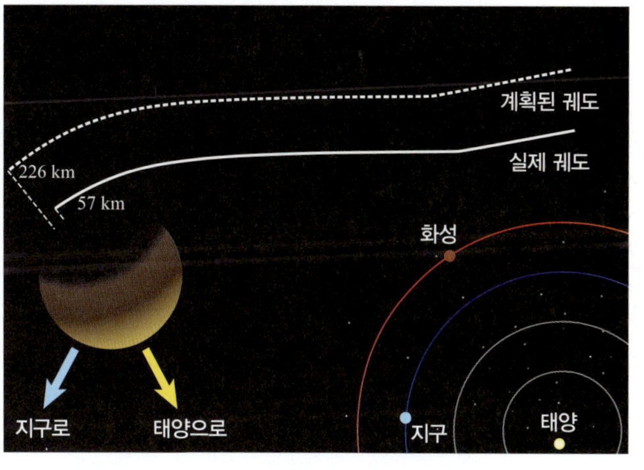

미국측량협회(US Metric Association, USMA)에 따르면, 미국은 미터법 채택과 관련하여 '유일한 중요성'이라고 한다. 전통적인 단위를 계속 사용하는 나라에는 미얀마(버마족)와 라이베리아가 있다.

유도 단위

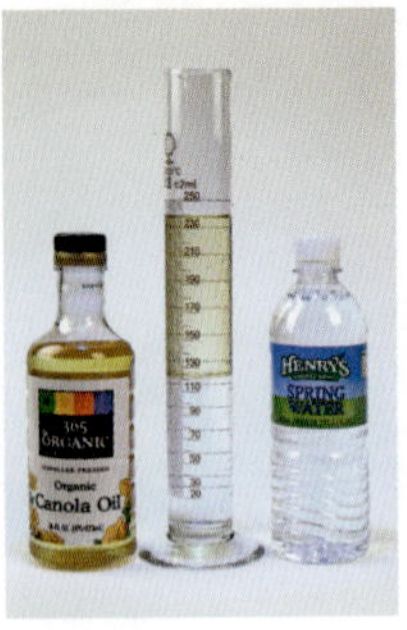

SI 기본 단위를 사용하여 표현할 수 없는 양이 많이 있다. 이미 접한 그러한 양 중 하나는 부피이며, 밀도 역시 그러하다. 이 경우 각각 기본 단위를 결합하여 해당 수량에 적합한 단위를 도출할 수 있다. 유도된 부피의 SI 단위(m^3)는 대부분의 실험실 환경에서 실제 사용하기에는 훨씬 더 큰 단위이다. 보다 일반적으로 사용되는 미터법 단위인 리터(L)는 데시미터(dm)를 3승하여 유도된다. 그림 1.7은 리터와 밀리리터 사이의 관계를 나타내며, 이것은 입방센티미터(cm^3)라고도 한다. **밀도**(density)는 질량 대 부피의 비율이다. 예를 들어, 기름은 물보다 밀도가 낮기 때문에 물 위에 떠 있다. 즉, 같은 부피의 기름과 물은 질량이 다르다. 주어진 부피에 대해 물의 질량은 더 크다. 또한 기름과 물이 섞이지 않기 때문에 바닥의 물과 꼭대기의 기름으로 구별되는 층을 형성한다.

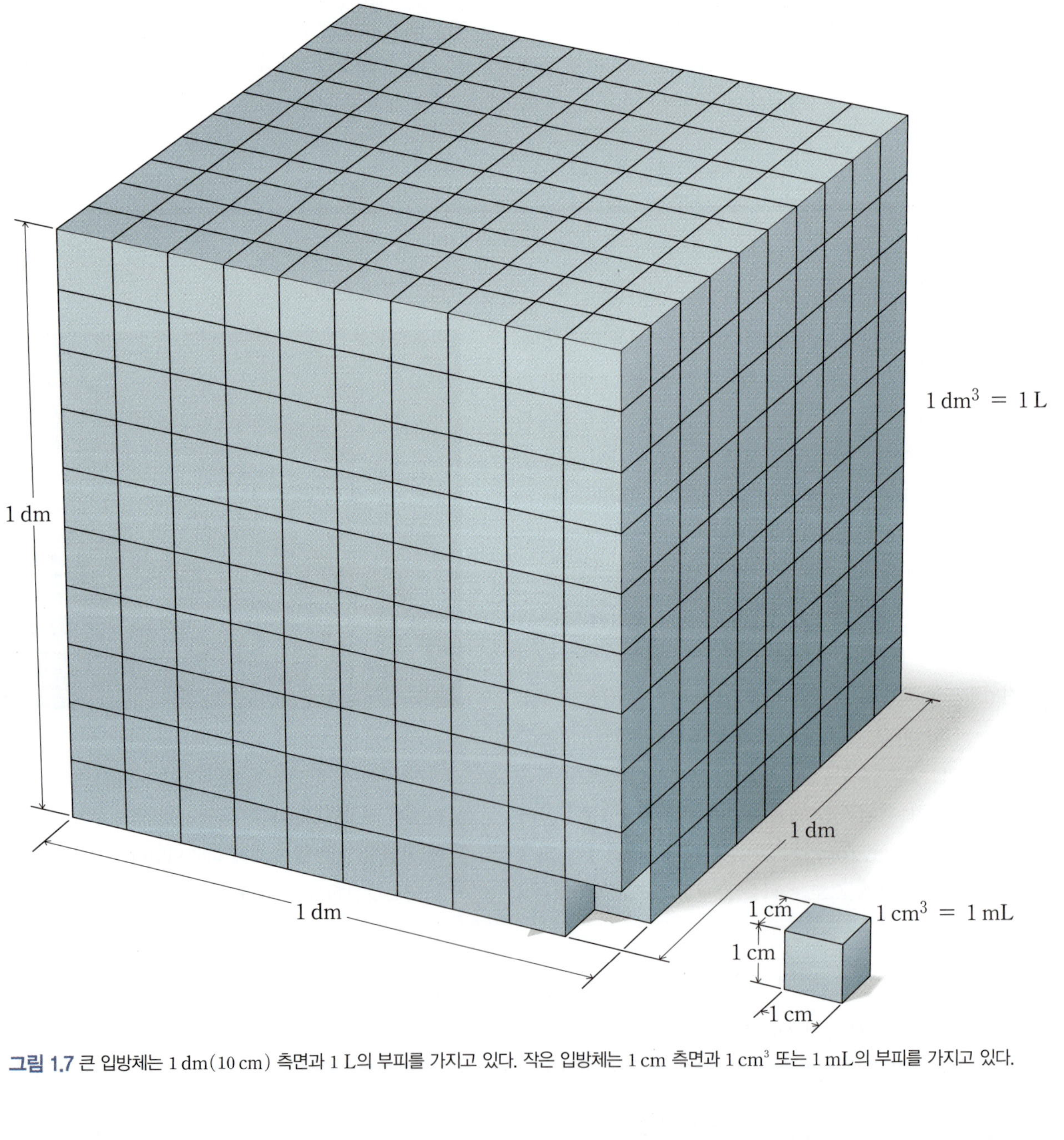

그림 1.7 큰 입방체는 1 dm(10 cm) 측면과 1 L의 부피를 가지고 있다. 작은 입방체는 1 cm 측면과 1 cm^3 또는 1 mL의 부피를 가지고 있다.

밀도는 다음과 같이 계산할 수 있다.

$$d = \frac{m}{V}$$ [◀◀ 식 1.4]

여기서, d는 밀도, m은 질량, V는 부피이다. SI 기본 단위에서 유도된 밀도의 단위(kg/m^3)는 입방미터당 kg이지만, 부피에 대한 유도 단위인 m^3은 일상적인 사용에는 별로 실용적이지 못하다. 대신 g/cm^3 및 그와 동등한 g/mL를 사용하여 대부분의 고체 및 액체의 밀도를 표현한다. 예를 들어, 물은 4℃에서 $1.00\ g/cm^3$의 밀도를 갖는다. 기체 밀도는 액체 및 고체의 밀도보다 훨씬 낮기 때문에 일반적으로 리터당 그램(g/L) 단위로 표현한다.

예제 1.11은 질량과 부피로부터 물질의 밀도를 계산하는 것을 설명한다.

예제 1.11 질량 및 부피로부터 밀도 계산

고체 물은 액체 물보다 밀도가 낮기 때문에 얼음덩이는 물 컵에 떠 있다. (a) 0℃에서 각 변이 2.0 cm인 정육면체 얼음의 질량이 7.36 g일 때 얼음의 밀도를 계산하고, (b) 0℃에서 23 g인 얼음이 차지하는 부피를 계산하시오.

전략 (a) 질량을 부피로 나누어 밀도를 계산하고(식 1.4), (b) 계산된 밀도를 사용하여 주어진 질량이 차지하는 부피를 결정한다.

계획 (a) 얼음덩이의 질량을 얻었지만, 주어진 크기로부터 얼음덩이의 부피를 계산해야 한다. 얼음덩이의 부피는 $(2.0\ cm)^3$ 또는 $8.0\ cm^3$이다.

(b) 부피를 계산하기 위해 식 1.4를 재배열하면 $V = \frac{m}{d}$가 된다.

학생 노트
관련 용어인 비중은 물의 밀도에 대한 물질의 밀도 비율을 의미한다. 비중은 요로 감염 증거, 탈수 및 기타 의학적 증상을 검출하기 위해 소변 검사에서 사용된다.

풀이

$$d = \frac{7.36\ g}{8.0\ cm^3} = 0.92\ g/cm^3 \text{ 또는 } 0.92\ g/mL$$

$$V = 23\ \not{g} \times \frac{1\ cm^3}{0.92\ \not{g}} = 25\ cm^3 \text{ 또는 } 25\ mL$$

생각해보기
밀도가 $1\ g/cm^3$ 미만인 샘플의 경우, 입방 센티미터의 수는 그램 수보다 커야 한다. 이 경우, $25(cm^3) > 23(g)$이다.

추가문제 1 질량이 340.0 g인 수은 25 mL가 주어졌을 때 (a) 수은의 밀도와 (b) 수은 120.0 mL의 질량을 계산하시오.

추가문제 2 (a) 한쪽 면이 2.33 cm인 입방체의 질량이 117 g인 고체 물질의 밀도를 계산하고, (b) 한쪽 면이 7.41 cm인 같은 입방체 물질의 질량을 계산하시오.

추가문제 3 눈금이 매겨진 실린더의 그림과 내용물을 사용하여 밀도가 증가하는 순서대로 배열하시오.

[파란색 액체, 분홍색 액체, 노란색 액체, 회색 고체, 파란색 고체, 초록색 고체]

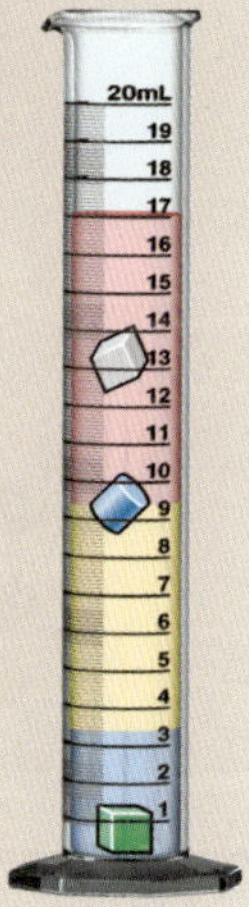

화학과 친해지기

국제 단위

이 장에서 논의된 단위 및 환산 인자는 다른 사람들이 쉽게 해석할 수 있는 데이터를 공유하기 위해 사용된다. 여러분들이 알고 있는 단위 중 하나는 국제단위(International Units) 또는 IUs로, 일반적으로 비타민 보충제 라벨에 나와 있다. 이 장에서 본 미터 단위 및 영국 단위와 달리 '국제 단위'에는 표준 정의가 없다. 대신, 그것은 각 보충제에 대해 다르게 정의되며, 바람직한 수준의 생물학적 효과를 제공한다고 생각하는 물질의 양을 지칭한다. 예를 들어, 비타민 D_3 1 IU는 콜레칼시페롤(cholecalciferol) 0.025 μg에 해당하는 반면, 비타민 A 1 IU는 0.3 μg 레티놀(활성 형태의 비타민 A) 또는 0.6 μg 베타카로틴(beta−carotene : 인체가 활성 형태를 합성하는 '비타민의 전구체')에 해당한다.

1회당 공급되는 비타민 D_3의 질량을 결정하기 위해 여기에 표시된 라벨에 따라 비타민 D_3에 대한 IU의 정의를 사용하여 환산 인자를 구할 수 있다.

$$1\ \text{IU} = 0.025\ \mu g\ \text{콜레칼시페롤}$$

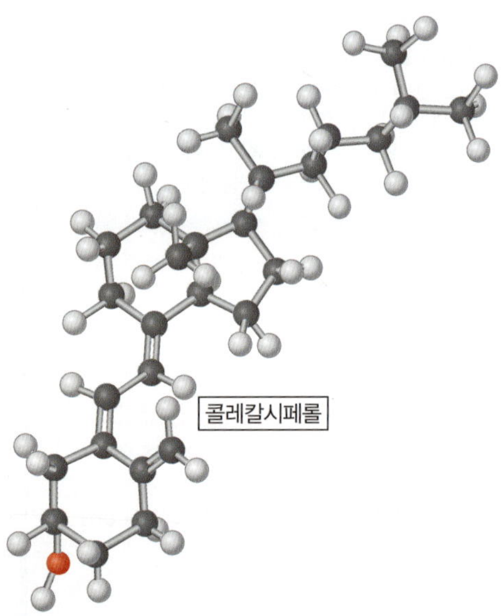

환산 인자는 다음 중 하나로 쓸 수 있다.

$$\frac{1\ \text{IU 비타민 } D_3}{0.025\ \mu g\ \text{콜레칼시페롤}} \quad \text{또는} \quad \frac{0.025\ \mu g\ \text{콜레칼시페롤}}{1\ \text{IU 비타민 } D_3}$$

단위를 적절하게 취소할 수 있는 환산 인자를 선택하고, 1회당 공급되는 콜레칼시페롤의 질량을 다음과 같이 계산한다.

$$400\ \cancel{\text{IU}}\ \text{비타민 } D_3/1\text{회} \times \frac{0.025\ \mu g\ \text{콜레칼시페롤}}{1\ \cancel{\text{IU}}\ \text{비타민 } D_3}$$

$$= 10\ \mu g\ \text{콜레칼시페롤}/1\text{회}$$

차원 해석

문제 해결에 있어서 환산 인자를 사용하는 것을 **차원 해석**(dimensional analysis)이라고 한다. 대부분의 문제들은 하나 이상의 환산 인자를 필요로 한다. 예를 들어, 2.00인치에서 미터로 변환하는 작업은 두 단계로 진행된다. 하나는 이미 살펴본 바와 같이 인치를 센티미터로 변환하는 것이고, 또 하나는 센티미터를 미터로 변환하는 것이다. 추가로 필요한 환산 인자는 동등한 값으로부터 유도된다.

$$1\ \text{m} = 100\ \text{cm}$$

표 1.3에 나타낸 바와 같이 표현된다.

$$\frac{1\times10^2\ \text{cm}}{1\ \text{m}} \quad \text{또는} \quad \frac{1\ \text{m}}{1\times10^2\ \text{cm}}$$

미터 단위를 도입하고 센티미터 단위를 제거할 수 있는 환산 인자를 선택해야 한다(즉, 오른쪽의 것을 선택한다). 다음의 단위 환산 인자들로 이러한 형태의 문제를 해결할 수 있으며, 결국 각 단계에서 중간 답변을 계산할 필요가 없게 된다.

$$12.00\ \cancel{\text{in}}\times\frac{2.54\ \cancel{\text{cm}}}{1\ \cancel{\text{in}}}\times\frac{1\ \text{m}}{1\times10^2\ \cancel{\text{cm}}}=0.3048\ \text{m}$$

단위를 주의 깊게 추적하고 제거하면 계산 작업 확인에 유용한 도구가 될 수 있다. 실수로 환산 인자 중 하나를 역수로 사용한 경우, 단위는 미터가 아닌 다른 의미를 가지게 되고 의미가 없게 된다. 예를 들어, 실수로 cm와 m를 역수로 된 환산 인자를 사용하게 되었다면, 그 결과는 3,048 cm^2/m가 되었을 것이다. 이 결과는 단위가 무의미하고 수치 결과의 크기가 전혀 합리적이지 않다. 크기가 12인치인 발이 수천 미터와 같지 않다는 것을 알고 있다!

학생 노트
예기치 못한 또는 무의미한 단위는 문제 해결 전략의 오류를 나타낼 수 있으며, 시험에서 점수를 얻기 전에 실수를 찾는 데 도움이 될 수 있다.

예제 1.12와 1.13은 단위를 주의 깊게 추적하면서 여러 단계로 차원 해석을 수행하는 방법을 보여주고 있다.

예제 1.12 여러 단계 차원 해석

식품의약품안전청(FDA)은 하루 소듐 섭취량을 2,400 mg 이하로 권장하고 있다. 이는 몇 파운드(lb)가 되겠는가? 단, 1파운드는 453.6 g이다.

전략 이 문제는 밀리그램을 그램으로 변환한 다음 그램을 다시 파운드로 변환해야 하므로 2단계 차원 분석이 필요하다. 숫자 2,400이 4자리 유효 숫자라고 가정한다.

계획 필요한 환산 인자는 1 g=1,000 mg 및 1 lb=453.6 g의 등가성으로부터 유도된다.

$$\frac{1\ \text{g}}{1{,}000\ \text{mg}} \quad \text{또는} \quad \frac{1{,}000\ \text{mg}}{1\ \text{g}} \quad \text{그리고} \quad \frac{1\ \text{lb}}{453.6\ \text{g}} \quad \text{또는} \quad \frac{453.6\ \text{g}}{1\ \text{lb}}$$

환산 인자의 각 쌍에서 적절한 단위가 제거될 수 있는 것을 선택한다.

풀이

$$2{,}400\ \cancel{\text{mg}}\times\frac{1\ \cancel{\text{g}}}{1{,}000\ \cancel{\text{mg}}}\times\frac{1\ \text{lb}}{453.6\ \cancel{\text{g}}}=0.005291\ \text{lb}$$

생각해보기

결과의 크기가 합리적이며 단위가 올바르게 제거되었는지 확인하자. 파운드는 밀리그램보다 훨씬 크기 때문에 주어진 질량은 밀리그램보다 훨씬 작은 파운드 수이다. 실수로 1,000과 453.6을 곱한 것이라면 결과($2{,}400\ \text{mg}\times1{,}000\ \text{mg/g}\times453.6\ \text{g/lb}=1.089\times10^9\ \text{mg}^2/\text{lb}$)가 부적절하게 커지고 단위가 제대로 제거되지 않을 것이다.

추가문제 1 미국심장학회(American Heart Association)는 건강한 성인들이 식이 콜레스테롤을 하루에 300 mg 이하로 제한할 것을 권고하고 있다. 이러한 콜레스테롤(cholestrol) 300 mg을 온스(1 oz=28.3459 g) 단위로 변환하시오. 이때 300 mg에는 유효 숫자가 하나만 있다고 가정하시오.

추가문제 2 어떤 물체의 질량이 24.98온스이다. 그 질량은 몇 그램인가?

추가문제 3 다음 다이어그램에는 유색 블록과 회색 커넥터를 사용하여 구성된 여러 물체가 포함되어 있다. 각 물체는 기본적으로 동일하며 블록 및 커넥터의 수와 배열이 동일하다. 다음에 각각 요구하는 사항에 대해서 적절한 환산 인자를 지정하시오.

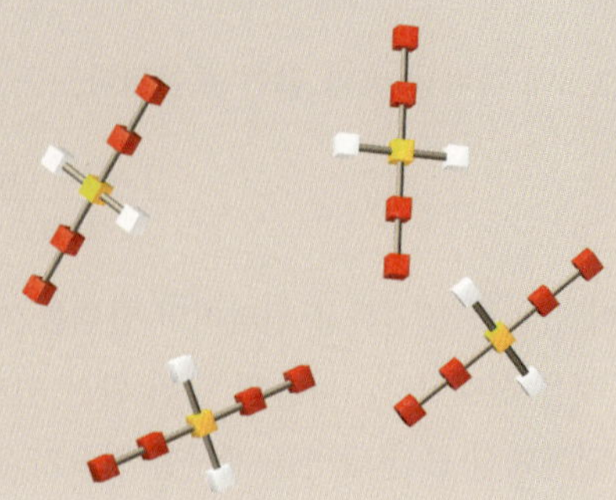

(a) 물체의 수를 알고 적색 블록의 수를 결정하고자 한다.
(b) 노란색 블록의 수를 알고 객체의 수를 결정하고자 한다.
(c) 노란색 블록의 수를 알고 있고 흰색 블록의 수를 결정하고자 한다.
(d) 회색 커넥터의 수를 알고 노란색 블록의 수를 결정하고자 한다.

많은 익숙한 단위는 거듭제곱의 형태를 한다. 예를 들면, 면적은 길이의 제곱 단위로 표시된다(in^2, m^2). 부피는 길이를 세제곱한 단위로 표현할 수 있다(ft^3, cm^3). 하지만 부피는 리터(L) 또는 밀리리터(mL)로 표현되는 경우가 더 많다.

밀리리터와 리터는 특정 길이 단위를 세제곱한 값으로 지정된 일반적인 단위라는 점을 알아두어야 한다. 리터는 데시미터(dm)를 세제곱한 값으로 정의된다. $1\,L \equiv 1\,dm^3$, 밀리리터는 센티미터(cm)를 세제곱한 값으로 정의된다. $1\,mL \equiv 1\,cm^3$ (그림 1.7) 차수 해석에 거듭제곱한 단위가 포함된 경우는 특별히 주의를 기울여야 한다. 예를 들어, m^3에서 cm^3로 변환하려면 다음과 같은 작업이 필요하다.

$$1\,\cancel{m^3} \times \frac{100\text{ cm}}{1\,\cancel{m}} \times \frac{100\text{ cm}}{1\,\cancel{m}} \times \frac{100\text{ cm}}{1\,\cancel{m}} = 1.00 \times 10^6\text{ cm}^3$$

또는

$$1\,\cancel{m^3} \times \left(\frac{100\text{ cm}}{1\,\cancel{m}}\right)^3 = 1.00 \times 10^6\text{ cm}^3$$

변환 계수를 단위 자체와 같은 거듭제곱으로 올리는 것을 잊어버리는 실수는 흔하다.
예제 1.13을 통해 거듭제곱 형태의 단위들에 대한 차원 해석을 연습해보자.

예제 1.13 거듭제곱 단위로 차원 해석

평균 성인은 5.2 L의 혈액을 가지고 있다. 이 혈액량은 입방 미터(m^3) 단위로 얼마인가?

전략 이와 같은 문제를 해결할 수 있는 방법에는 몇 가지 있다. 그중 한 가지 방법은 리터를 입방 센티미터로 변환한 다음 입방 센미터에서 입방 미터로 변환하는 것이다.

계획 $L = 1{,}000\text{ cm}^3$ 및 $1\text{ cm} = 1 \times 10^{-2}\text{ m}$. 단위가 거듭제곱으로 올라갔을 때 단위가 적절히 제거되도록 해당 환산 인자를 해당 거듭제곱으로 올려야 한다.

풀이

$$5.2\,\cancel{L} \times \frac{1{,}000\,\cancel{cm^3}}{1\,\cancel{L}} \times \left(\frac{1 \times 10^{-2}\text{ m}}{1\,\cancel{cm}}\right)^3 = 5.2 \times 10^{-3}\text{ m}^3$$

생각해보기

앞에 나온 환산 인자를 기준으로 하면 $1\,L = 1 \times 10^{-3}\,m^3$이다. 따라서 5 L의 혈액은 $5 \times 10^{-3}\,m^3$와 같아서 계산된 답에 가깝다.

추가문제 1 은(silver)의 밀도는 10.5 g/cm^{3}이다. kg/m^3 단위로 밀도를 계산하시오.

추가문제 2 수은(mercury)의 밀도는 13.6 g/cm^{3}이다. mg/mm^3 단위로 밀도는 얼마인가?

추가문제 3 다음의 각 다이어그램[(i) 또는 (ii)]은 입방체 공간 내에 포함된 물체를 보여주고 있다. 각각의 경우에, 큐브 가장자리의 길이가 다이어그램에 표시된 큐브 길이의 정확히 5배인 3차원 공간 내에 포함될 개체의 수를 적절한 수의 유효 숫자로 나타내시오.

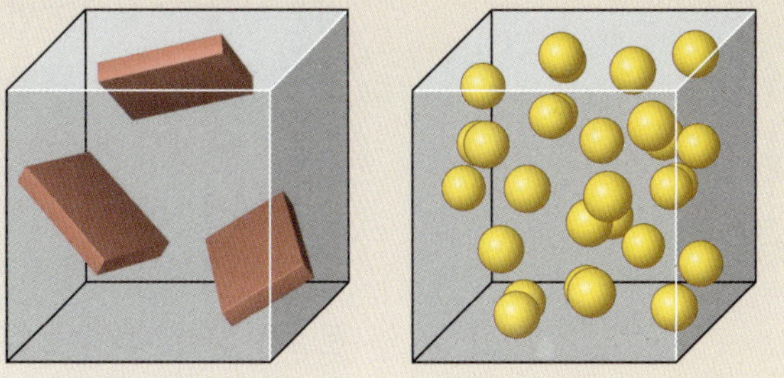

(i) (ii)

1.5 일반화학 수업 요령

화학 수업을 성공적으로 수행하기 위해서는 주로 문제 해결 능력을 개발해야 한다. 이 책 전체의 예제들은 해당 내용을 더 깊이 이해하고 발전시키는 데에 도움을 주기 위해 준비되었다. 지금까지 보았듯이 각 예제는 전략, 계획, 풀이, 생각해보기의 4단계로 나뉜다.

전략

문제를 주의 깊게 읽고 무엇을 요구하고 있고 어떤 정보가 제공되는지를 확인한다. 전략 단계는 필요한 기술을 생각하고 문제를 해결하기 위한 계획을 세우는 단계이다. 기대하는 결과에 대해 생각해보라. 예를 들어, 물질의 원자 수를 결정하라는 요청을 받는다면, 답은 정수가 되어야 한다. 어떤 단위가 결과와 연관되어야 하는지 결정한다. 가능하면 올바른 결과의 대략적인 크기를 예측하고 그 예상치를 기록한다. 계산된 답이 '대략적인 값에서 벗어나는'(잘못된 단위, 틀린 크기, 잘못된 부호) 경우 작업을 주의 깊게 확인하고 잘못되었을 가능성이 있는 곳을 찾아본다.

계획

그런 다음 문제를 해결하는 데 필요한 정보를 수집한다. 일부 정보는 문제 자체에서 제공되었을 것이다. 방정식, 상수 및 표 데이터(원자 질량 포함)와 같은 기타 정보도 이 단계에서 함께 가져와야 한다. 문제를 해결하는 데 사용할 정보를 모두 적어두고 라벨을 붙인다. 각 정보와 함께 적절한 단위를 써야 한다.

풀이

필요한 방정식, 상수 및 기타 정보를 사용하여 문제에 대한 해답을 계산한다. 각 숫자와 관련된 단위에 주의를 기울이고 계산 과정에서 조심스럽게 단위를 추적 및 제거한다. 여러 계산이 필요한 경우 중간 결과를 표시하고 최종 계산 결과가 나올 때까지 필요한 수의 유효 숫자로 반올림하지 않는다. 반올림 오류를 피하기 위해 항상 중간 과정의 계산에 적어도 하나의 추가 숫자를 가지고 있어야 하며 올바른 유효 숫자로 최종 결과가 표현되었는지를 확인해야 한다.

생각해보기

계산된 결과를 고려했을 때, 그 결과가 합당한지 자신에게 물어본다. 결과의 단위와 크기를 전략 단계의 대략적인 예상치와 비교한다. 결과에 적절한 단위가 없거나 크기 또는 부호가 적당하지 않은 경우 문제 풀이 과정에 가능한 오류가 있는지 확인한다. 문제 해결의 매우 중요한 부분은 결과가 합리적인지 여부를 판단할 수 있는지에 있다. 잘못된 기호나 잘못된 단위를 찾아내는 것은 상대적으로 쉽지만 크기에 대한 감각을 개발하고 결과치가 너무 크거나 너무 작은 경우를 알 수 있어야 한다. 예를 들어, 문제에서 시료에 몇 개의 분자가 있는지 물어보고 있을 때 1보다 작은 수로 계산 결과가 나왔을 경우에는 정확한 결과가 아니라는 것을 알 수 있어야 한다.

각 예제 다음에는 세 가지 추가문제가 나온다. 첫 번째 추가문제는 일반적으로 예제에 표시된 것과 동일한 전략을 사용하여 해결할 수 있는 매우 유사한 문제이다. 두 번째와 세번째 추가문제는 일반적으로 동일한 기술을 테스트하지만 이전 문제를 해결하는 데 사용된 방법과 약간 다른 접근 방식을 필요로 한다. 이 책의 예제와 추가문제를 계속해서 연습하면 효과적인 문제 해결 기술을 개발하는 데 도움이 될 것이다. 또한 다음 새로운 개념으로 이동할 준비가 되었는지 여부를 평가하는 데 도움이 될 것이다. 추가문제로 어려움을 겪는다면 해당 예제와 그로 인해 야기된 개념을 다시 검토해보아야 할 것이다.

화학은 화학에서 가르치고 요구하는 비판적 사고와 문제 해결 능력으로 인해 많은 대학 학위 프로그램의 필수 부분이다. 문제 해결 연습을 통해 수업 및 그것이 속한 학위 프로그램의 성공 가능성을 크게 높일 수 있다.

차원 해석

화학에서의 문제를 해결하기 위해서는 종종 측정값과 상수의 수학적 결합이 필요하다. 환산 인자는 등가치에서 파생된 분수이다(1과 동일). 예를 들어, 1인치는 정의상 2.54센티미터와 같다.

$$1\ \text{in} = 2.54\ \text{cm}$$

이 식에서 두 가지 다른 환산 인자를 도출할 수 있다.

$$\frac{1\ \text{in}}{2.54\ \text{cm}} \quad \text{또는} \quad \frac{2.54\ \text{cm}}{1\ \text{in}}$$

사용할 분수는 시작하는 단위와 요구되는 단위에 따라서 정해진다. 인치로 나타낸 거리를 센티미터로 변환하려면 오른쪽의 분수로 곱한다.

$$5.23\ \cancel{\text{in}} \times \frac{2.54\ \text{cm}}{1\ \cancel{\text{in}}} = 13.3\ \text{cm}$$

결과에서 원하는 단위를 얻기 위해서는 제거할 단위가 분모에 있는 분수를 곱한다.

예를 들어, 면적(cm^2) 또는 부피(cm^3)로 단위를 표시하기 위해서 급수가 증가한다면 환산 인자도 같은 급수로 상승시켜야 한다. 예를 들어, 평방 센티미터로 표시된 면적을 평방 인치로 변환하려면 환산 인자를 제곱해야 한다. 또 입방 센티미터로 표현된 부피를 입방 미터로 변환하려면 다음과 같이 환산 인자를 세제곱한다.

$$48.5\ \text{cm}^2 = 48.5\ \text{cm} \times \text{cm} \qquad \left(\frac{1\ \text{in}}{2.54\ \text{cm}}\right)^2 = \frac{1\ \text{in}}{2.54\ \text{cm}} \times \frac{1\ \text{in}}{2.54\ \text{cm}}$$

$$48.5\ \cancel{\text{cm}} \times \cancel{\text{cm}} \times \frac{1\ \text{in}}{2.54\ \cancel{\text{cm}}} \times \frac{1\ \text{in}}{2.54\ \cancel{\text{cm}}} = 7.52\ \text{in}^2$$

$$380.75\ \text{cm}^3 = 380.75\ \text{cm} \times \text{cm} \times \text{cm}$$

$$\left(\frac{1\ \text{m}}{100\ \text{cm}}\right)^3 = \frac{1\ \text{m}}{100\ \text{cm}} \times \frac{1\ \text{m}}{100\ \text{cm}} \times \frac{1\ \text{m}}{100\ \text{cm}}$$

$$380.75\ \cancel{\text{cm}} \times \cancel{\text{cm}} \times \cancel{\text{cm}} \times \frac{1\ \text{m}}{100\ \cancel{\text{cm}}} \times \frac{1\ \text{m}}{100\ \cancel{\text{cm}}} \times \frac{1\ \text{m}}{100\ \cancel{\text{cm}}} = 3.8075 \times 10^{-4}\ \text{m}^3$$

적당한 급수로 환산 인자를 증가시켜 주지 못하면 단위가 제대로 제거되지 않는다.

흔히 문제에 대한 풀이가 여러 개의 다른 변환이 필요하기도 하며, 이러한 환산 인자들은 한 줄에 결합될 수 있다. 예를 들어, 시속 7.09마일로 운동하는 157파운드의 무게를 가진 운동선수가 달리다가 1분마다 체중 1킬로그램당 산소 55.8 cm^3를 소비하는 것을 알고 있다면, 이 운동선수가 10.5마일을 달려서 소비하는 산소량을 계산할 수 있다(1 kg=2.2046 lb, 1 L=1 dm^3).

$$157\ \cancel{lb} \times \frac{1\ \cancel{kg}}{2.2046\ \cancel{lb}} \times \frac{1\ \cancel{h}}{7.09\ \cancel{mi}} \times \frac{55.8\ \cancel{cm^3}}{\cancel{kg} \cdot \cancel{min}} \times \frac{60\ \cancel{min}}{1\ \cancel{h}} \times \left(\frac{1\ dm}{10\ \cancel{cm}}\right)^3 \times 10.5\ \cancel{mi} = 353\ dm^3$$

$$353\ dm^3 = 353\ L$$

주요 내용 문제

1.1

금의 밀도가 19.3 g/cm^3라면 5.98 g의 질량을 갖는 금 조각의 부피(cm^3)를 계산하시오.

(a) 3.23 cm^3
(b) 5.98 cm^3
(c) 115 cm^3
(d) 0.310 cm^3
(e) 13.3 cm^3

1.2

에너지에 대한 SI 단위는 줄(J)이다. 이는 2.00 kg의 질량을 가진 물체가 1.00 m/s로 움직일 때의 운동 에너지와 같은 값이다. 이 속도를 mph(1 mi=1.609 km) 단위로 변환하시오.

(a) 4.47×10^{-7} mph
(b) 5.79×10^{6} mph
(c) 5.79 mph
(d) 0.0373 mph
(e) 2.24 mph

1.3

다음 물체의 밀도를 g/cm^3 단위로 나타내시오.
[모서리 길이=0.750 m, 질량=14.56 kg인 입방체]

(a) 0.0345 g/cm^3
(b) 1.74 g/cm^3
(c) 670 g/cm^3
(d) 53.8 g/cm^3
(e) 14.6 g/cm^3

1.4

28 kg의 어린이는 어린이용 아세트아미노펜 정제를 8시간 주기로, 안전상 허용되는 최대량인 23개를 초과하지 않는 범위 내에서 소비할 수 있다. 어린이용 정제 하나에 80 mg의 아세트아미노펜이 포함되어 있다면, 체중 1파운드당 하루 최대 허용량을 계산하시오.

(a) 80 mg/lb
(b) 90 mg/lb
(c) 430 mg/lb
(d) 720 mg/lb
(e) 3.7 mg/lb

연습문제

1.1절: 측정 단위

1.1 3.9×10^{-9} m의 길이를 보고할 때 어떤 SI 단위가 가장 적절한가?

1.2 다음 값을 크기가 증가하는 순서로 배열하시오.

[1 mL 1 kL 1 nL]

1.3 같은 크기의 단위('도')를 가진 온도 단위는 무엇인가?

1.4 ℃에서 K로 변환하는 식을 쓰시오.

1.5 다음 온도를 ℃로 변환하시오.
(a) 212°F (물의 끓는점)
(b) 32°F (물의 어는점)
(c) 0 K (절대영도)
(d) 273 K
(e) 350°F (많은 것들이 구워지는 오븐 온도)

1.6 다음 온도를 K로 변환하시오.
(a) 475°F (b) 25℃
(c) 935℃ (d) 1,299°F
(e) 139℃

1.7 온도가 감소하는 순서대로 다음을 배열하시오.
(a) 489 K (b) 193℃
(c) 288°F (d) 212 K
(e) 452℃

1.2절: 과학적 표기법

1.8 다음 표기를 과학적 표기법으로 쓰시오.
(a) 1,900,000
(b) 3,450,000,000
(c) 0.0000005568
(d) 0.00028
(e) 21,000,000,000

1.9 다음 숫자를 십진수 형식으로 쓰시오.
(a) 9.4×10^{9}
(b) 2.751×10^{6}
(c) 9.4×10^{-9}
(d) 2.751×10^{-6}
(e) 4.8×10^{4}

1.10 455,000을 455×10^{3}으로 쓰는 것이 과학적 표기법으로서 왜 옳지 않은가? 어떻게 쓰는 것이 과학적 표기법으로 옳은가?

1.11 약 100,000개의 머리카락이 사람의 머리에 있다. 이 값을 과학적 표기법으로 표현하시오.

1.3절: 유효 숫자

1.12 다음과 같은 유리 기구로 측정할 때 측정치를 바르게 기록하시오.

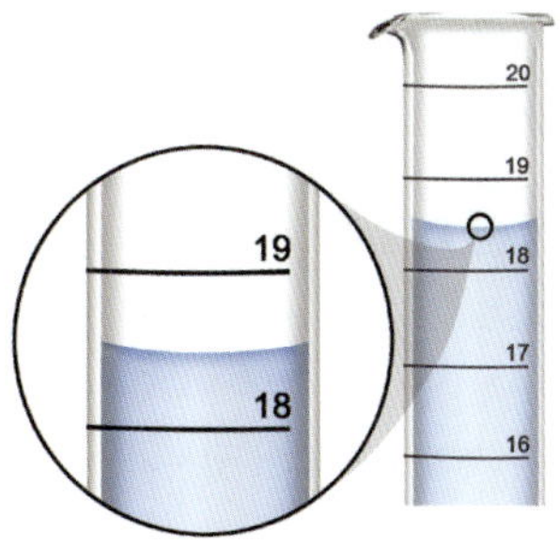

(a)

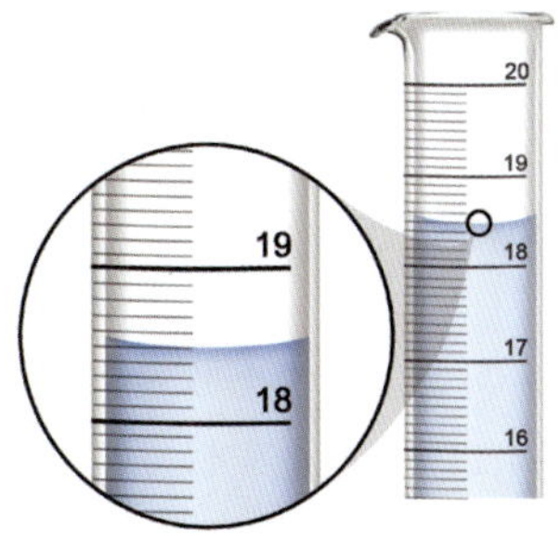

(b)

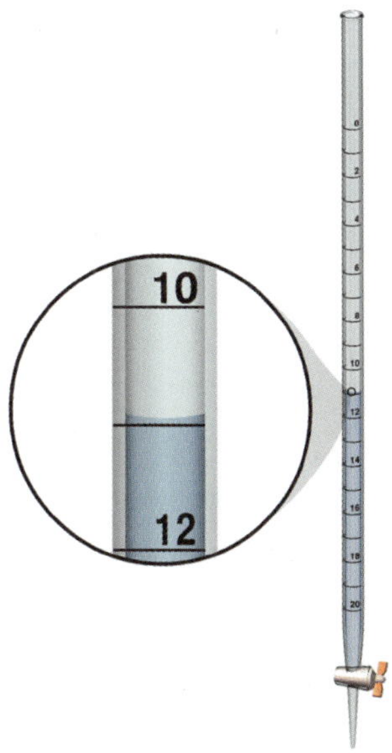

(c)

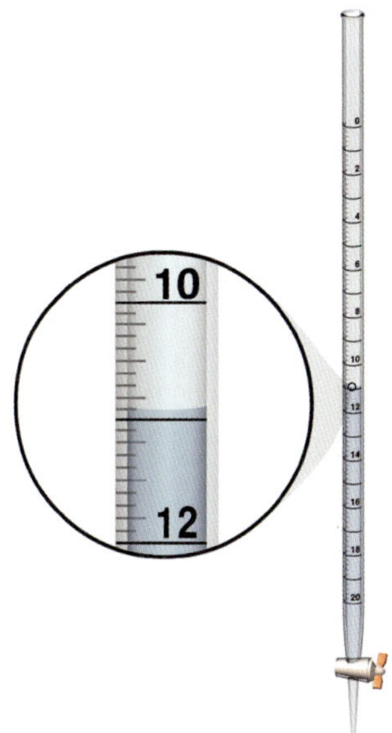

(d)

1.13 다음 저울에서 어떤 측정값을 기록해야 하는가?

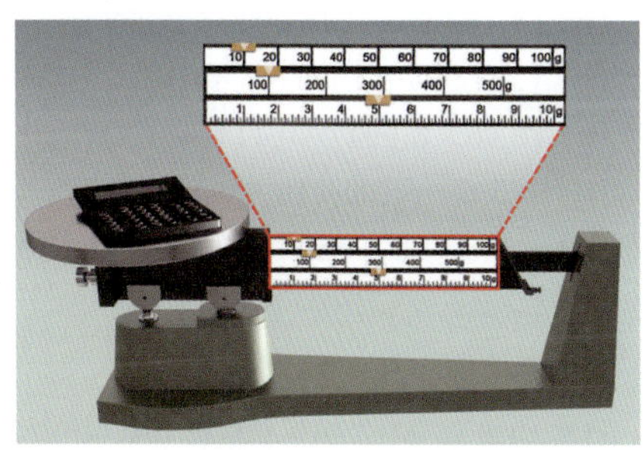
(a)

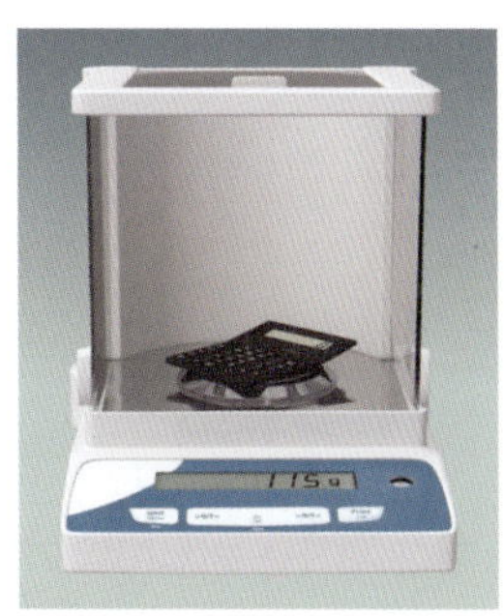
(b)

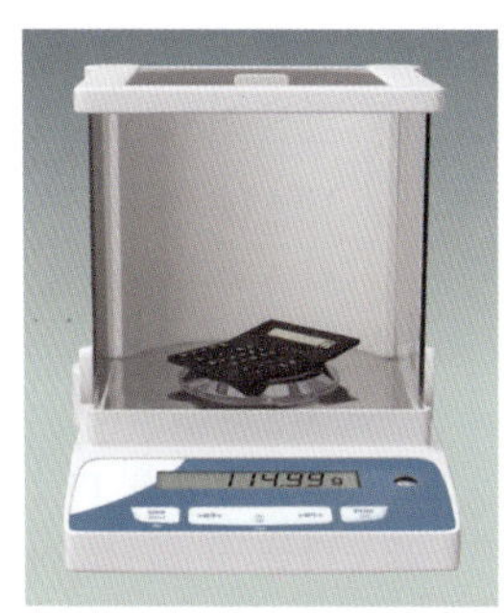
(c)

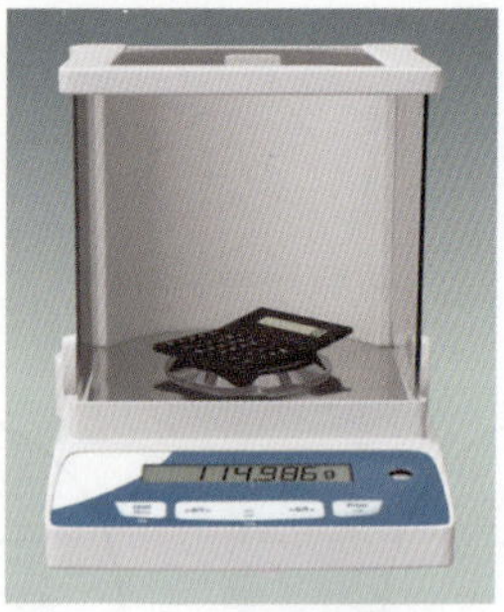

(d)

1.14 다음 숫자에는 몇 개의 유효 숫자가 포함되어 있는가?

(a) 135 (b) 833.0
(c) 4,000 (d) 4,000.0
(e) 8,001

1.15 다음 숫자에는 몇 개의 유효 숫자가 포함되어 있는가?

(a) 10.093 (b) 10,093,000
(c) 1.00930×10^7 (d) 1.0093×10^7
(e) 1.93×10^4

1.16 다음 숫자를 각각 유효 숫자 3개를 가진 숫자로 반올림하시오.

(a) 2,983 (b) 21.655
(c) 585.311 (d) 34,785.0
(e) 0.00011136

1.17 다음 계산을 수행하고 올바른 유효 숫자로 답을 적어보시오.

(a) $25.11+0.22$ (b) $493.750-1.00$
(c) $595.101+0.2325$ (d) $3,696+0.4228$
(e) $3,696-0.4228$

1.18 다음 계산을 수행하고 올바른 유효 숫자로 답을 적어보시오.

(a) 45.8×3 (b) 798.61×25.8
(c) $3,589\div1.5$ (d) $5.1\div89.3$
(e) $4,005\times941$

1.19 다음 계산을 수행하고 올바른 유효 숫자로 답을 적어보시오.

(a) $(4,162.95-4,161.95)\div2,253.8$
(b) $(233.995+1.11)\times2.44747$
(c) $(2.75\times3,994)-0.114$
(d) $175.6+(1.00\times10^6\div1.00\times10^{-3})$
(e) $1.756\times10^9+(1.00\times10^6\div1.00\times10^{-3})$

1.4절: 단위 변환

1.20 다음 단위 중 어느 것이 유도된 단위인가? 설명하시오.

[g/mL $\quad$ cm^3 $\quad$ ng $\quad$ m^2 $\quad$ mm]

1.21 다음 두 개의 단위 사이의 변환에 필요한 두 가지 형태의 환산 인자를 적어보시오.

(a) ng 및 g
(b) g 및 mg
(c) mL 및 L
(d) L 및 kL
(e) Mm 및 m

1.22 다음 중 올바르지 않은 환산 인자는 어느 것인가? 올바르지 않은 것을 수정하시오.

(a) $\dfrac{1,000\text{ kg}}{1\text{ g}}$ (b) $\dfrac{1\times10^{-9}\text{ nL}}{1\text{ L}}$

(c) $\dfrac{1\times10^{3}\text{ m}}{1\text{ km}}$ (d) $\dfrac{1\times10^{2}\text{ cg}}{1\text{ g}}$

(e) $\dfrac{1\times10^{6}\ \mu\text{g}}{1\text{ g}}$

1.23 다음 중 올바르지 않은 환산 인자는 어느 것인가? 올바르지 않은 것을 수정하시오.

(a) mL에서 L로 변환

$$2.8\text{ mL}\times\frac{1\text{ mL}}{1\times10^3\text{ L}}=2.8\times10^{-3}\text{ L}$$

(b) kg에서 g으로 변환

$$56\text{ kg}\times\frac{1\text{ g}}{1\times10^3\text{ kg}}=5.6\times10^{-2}\text{ g}$$

(c) μm에서 m로 변환

$$7.65\times10^6\ \mu\text{m}\times\frac{1\text{ m}}{1\times10^6\ \mu\text{m}}=7.65\text{ m}$$

(d) g에서 ng로 변환

$$1.35\times10^3\text{ g}\times\frac{1\text{ g}}{1\times10^9\text{ ng}}=1.35\times10^{-6}\text{ ng}$$

(e) L에서 dL로 변환

$$9.84\times10^3\text{ L}\times\frac{10\text{ dL}}{1\text{ L}}=9.84\times10^4\text{ dL}$$

1.24 다음 질량을 그램 단위로 변환하시오.

(a) 9,651 ng (b) 2.33×10^{-3} Gg
(c) 499 mg (d) 6.77×10^6 cg
(e) 62 μg

1.25 질량이 366 g이고 부피가 26.9 mL인 액체의 밀도(g/mL)를 구하시오.

1.26 알코올성 음료에 알코올인 에탄올의 밀도는 0.789 g/mL이다.

(a) 250.0 mL 에탄올의 질량(g)을 구하시오.
(b) 250.0 g 에탄올의 부피(mL)를 구하시오.

1.27 다음 중 바르게 변환한 것은 어느 것인가? 올바르지 않은 것을 수정하시오.

(a) kg에서 mg으로 변환

$$25.6\text{ kg}\times\frac{1\text{ g}}{1\times10^{-3}\text{ kg}}\times\frac{1,000\text{ mg}}{1\text{ g}}=2.56\times10^7\text{ mg}$$

(b) μL에서 nL로 변환

$$659\ \mu\text{L}\times\frac{1\ \mu\text{L}}{1\times10^{-6}\text{ L}}\times\frac{1\times10^{-9}\text{ nL}}{1\text{ L}}=6.59\times10^{-1}\text{ nL}$$

(c) Mm에서 cm로 변환

$$12\text{ Mm}\times\frac{1\times10^6\text{ m}}{1\text{ Mm}}\times\frac{1\times10^2\text{ cm}}{1\text{ m}}=1.2\times10^9\text{ cm}$$

(d) ng에서 kg으로 변환

$$9.42\text{ ng}\times\frac{1\times10^9\text{ g}}{1\text{ ng}}\times\frac{1\times10^3\text{ kg}}{1\text{ g}}=9.42\times10^{12}\text{ kg}$$

(e) km에서 nm로 변환

$$8.8\text{ km}\times\frac{1\text{ km}}{1\times10^3\text{ m}}\times\frac{1\text{ m}}{1\times10^9\text{ nm}}=8.8\times10^{-12}\text{ nm}$$

1.28 꿀벌은 꽃에서 벌집까지 한 번에 약 20 mg의 꽃가루를 모

으고 운반한다. 이 질량을 킬로그램 단위로 표현하시오. 여름 동안 꿀벌이 22 kg의 꽃가루를 수집하였다면, 여름 동안 이 벌은 전체 몇 회 운반을 하였는가?

1.29 2010년 미국의 풍력 에너지는 3.91×10^3 MW(W=와트)를 차지했다. 이는 몇 와트에 해당하는가?

1.30 헬륨 부족으로 인해 가까운 미래에 헬륨 가격이 천 입방피트당 84달러로 상승할 것으로 예측된다. 이 가격으로 4.00 리터의 양을 가진 전형적인 파티 풍선을 채우는 데 드는 비용은 얼마인가?

1.31 다음 변환을 수행하시오. 그리고 변환 후의 숫자 값이 커지거나 작아지는지를 예측해보시오.
(a) 49.2 kg에서 mg으로
(b) 7.542×10^9 μL에서 mL로
(c) 299 Gm에서 nm로
(d) 1.75×10^{-6} Mg에서 cg로
(e) 3.22×10^4 μm에서 dm로

1.32 다음 변환을 수행하시오.
(a) 493 ft에서 m로
(b) 648 mi에서 km로
(c) 247 lb에서 g로
(d) 311 gal에서 L로

1.33 다음을 변환하시오.
(a) 23.6 kg에서 oz로
(b) 319 L에서 fl. oz
(c) 48.6 mi에서 m로
(d) 3.89 gal에서 mL로

1.34 다음을 변환하시오.
(a) 9.78 g/mL에서 mg/L로
(b) 25.8 m/s에서 km/hour로
(c) 3.56×10^3 cm/min에서 m/s로
(d) 1.76×10^5 ng/dL에서 g/L로
(e) 1.4 g/L에서 μg/cL로

1.35 다음을 변환하시오.
(a) 33.8 cm^3에서 mm^3로
(b) 2.89×10^4 nm^3에서 m^3로
(c) 73.6 km^3에서 μm^3로
(d) 249 dm^3에서 cm^3로
(e) 5.75×10^{-5} nm^3에서 μm^3로

1.36 미네소타에서 가장 생산성이 높은 지역인 수단 철광석에는 철(iron)의 질량 69%가 함유되어 있다고 알려졌다. 대형 항공모함을 건조하기에 충분한 철을 공급하기 위해 약 95,000톤, 즉 1.9×10^8 lb(1 lb=453.6 g)의 철이 필요하다면 몇 kg의 철광석이 필요한가? 철광석의 밀도가 5.15 g/cm^3인 경우 채굴이 완료된 후 얼마나 큰 구멍이 남게 되는가? 100 ft 깊이의 정사각형 구멍이 있다고 가정하고 정사각형 변의 길이를 ft의 단위로 표시하여 답하시오.

예제 속 추가문제 정답

1.1.1 (a) 8.25 nL (b) 68.25 kg (c) 5.52 mm (d) 41.8 TB (e) 375 μs **1.1.2** (a) 9.52 L (b) 23.8 m (c) 12 s (d) 3.65 m (e) 820 Hz **1.2.1** 273 K, 373 K, 범위=100 kelvins **1.2.2** −270.5℃ **1.3.1** 113℉, 194℉, 차이=81℉ **1.3.2** 233℃ **1.4.1** (a) $4.8 \div 10^{13}$ (b) $2.99 \div 10^8$ (c) $8 \div 10^{15}$ **1.4.2** (a) 355,000,000 (b) 189,900 (c) 5,700,000,000 **1.5.1** (a) $6 \div 10^{-4}$ (b) $5.7 \div 10^{-9}$ (c) $3.99 \div 10^{-13}$ **1.5.2** (a) 0.0000427 (b) 0.0000000277 (c) 0.0000000000733 **1.6.1** (a) $1.48 \div 10^4$ (b) $7.63 \div 10^7$ (c) $7.11 \div 10^2$ **1.6.2** (a) $1.95 \div 10^{-8}$ (b) $5.60 \div 10^8$ (c) $1.20 \div 10^9$ **1.7.1** (a) 4 (b) 1 (c) 4 (d) 2 (e) 2 또는 3-애매한 (f) 4 **1.7.2** (a) 4, 0.0001080, 4 (b) 2, 5,500,000, 2 (c) 4, 2910, 3 또는 4-애매한 (d) 4, 0.00008100, 4 **1.8.1** (a) 116.2 L (b) 80.71 m (c) 3.813×10^{21}원자 (d) 31 dm^2 (e) 0.504 g/mL **1.8.2** (a) 32.44 cm^3 (b) 4.2×10^2 kg/m^3 (c) $1.008 \div 10^{10}$ kg (d) 40.75 mL (e) 227 cm^3 **1.9.1** (a) $2.10 \div 10^{11}$ g (b) 9.31 L (c) 58.8 Mm **1.9.2** (a) 61.2 kg (b) 14.5 m (c) 7.7 L **1.10.1** (a) 454 g (b) 29.34 cm (c) 925 km (d) 4.37 m (e) 11.1 L **1.10.2** (a) 23.70 lb (b) 6.21 mi (c) 198.1 gal (d) 524 oz (e) 26.6 in **1.11.1** (a) 13.6 g/mL (b) 1.63×10^3 g **1.11.2** (a) 9.25 g/cm^3 (b) 3.76×10^3 g **1.12.1** 0.01 oz **1.12.2** 708.1 g **1.13.1** 1.05×10^4 kg/m^3 **1.13.2** 13.6 mg/mm^3

CHAPTER 2

원자와 원소

Atoms and Elements

불꽃놀이의 화려한 색상은 포함된 원자의 특성에 기인한다. 이러한 원자들은 불에 탈 때 특정한 색을 낸다.

이 장의 목표

화학의 본질과 화학을 연구하는 데 사용되는 과학적 방법을 배운다. 원자 구조와 주기율표에 대해 배우고, 주기율표가 구성된 방법과 포함하고 있는 화학적 지식을 알게 된다.

들어가기 전에 미리 알아둘 것

• 기본 대수학

자동차 에어백이 어떻게 작동하는지 궁금하게 여겨본 적이 있는가? 철은 물과 공기에 노출되었을 때 녹스는데 금은 왜 변하지 않는 걸까? 쿠키는 구울 때 왜 '부푸는' 걸까? 불꽃놀이의 아름다운 빛은 어떻게 만들어지는 걸까? 이러한 예들을 비롯하여 셀 수 없을 만큼 많은 현상은 화학의 근본 원리를 이해해야만 설명이 가능하다. 우리가 인식하든 아니든 화학은 우리 삶의 모든 면에서 중요하다. 이 책을 공부하면서 여러분은 많은 친숙한 관찰과 실험의 원인이 되는 화학 원리를 이해하게 될 것이다.

2.1 화학 연구

화학(chemistry)은 물질과 물질의 변화를 연구하는 학문이다. **물질**(matter)은 질량과 부피를 가진 모든 것이다. **질량**(mass)은 과학자들이 물질의 양을 측정하는 방법 중 하나이다.

여러분이 화학 수업을 단 한번도 듣지 않았다 하더라도 화학에서 사용하는 몇몇 용어들에 대해 친숙하게 느낄 수도 있다. 아마 분자라는 단어를 들어본 적이 있을 것이고 정확하게 화학식이 무엇인지는 몰라도 'H_2O'가 물이라는 것은 알고 있다. 화학 반응이라는 단어를 사용한 적이 없다 하더라도 실생활에서 화학 반응의 본질인 여러 현상을 익숙하게 접해왔다.

왜 화학을 배우는가?

여러분이 필수로 들어야 하는 화학 수업(비록 화학 전공자가 아니더라도)에서 이 책을 사용한다는 것은 좋은 기회이다. 화학은 매우 다양한 과학 분야에서 중요한 학문이므로 많은 학위 과정의 필수 과목이다. 화학 지식이 물리학, 생물학, 지리학, 생태학, 해양학, 기후학 그리고 의학을 포함한 과학 분야를 이해하는 데 꼭 필요하므로, 화학은 때로 '중심 과학'이라고 불린다. 이 수업이 여러분이 듣는 화학 분야의 첫 수업이든 아니면 여러분이 듣는 유일한 화학 수업이든, 이 수업을 통해서 화학의 아름다움을 느끼고 일상 생활에서 화학이 차지하는 중요성을 이해하기 바란다.

과학적 방법

과학 실험은 화학을 포함한 모든 과학 분야 학문을 이해하는 데 핵심이 된다. 각기 다른 과학자들이 다양한 실험을 수행할 때 **과학적 방법**(scientific method)이라고 알려진 기준을 따른다. 이 기준은 실험 결과가 새로운 지식으로 발전하는 데 필요한 진정성을 뒷받침한다.

과학적 방법은 주의 깊은 관찰 또는 실험을 통해 수집된 자료에서 시작한다. 과학자들은 자료를 연구하고 패턴을 찾기 위해 노력한다. 패턴을 확인하기 위해 이를 과학적 **법칙**(law)을 통해서 설명하려는 시도를 한다. 이때 법칙이란 관찰된 패턴을 간결하게 진술한 것이다. 과학자들은 관찰한 현상을 설명하기 위한 시도로 **가설**(hypothesis)을 설정한다. 실험은 가설을 검증하기 위해 설계된다. 만약, 실험을 통하여 가설이 틀린 것으로 확인되면 과학자들은 다시 처음으로 돌아가서 자료를 다른 측면으로 해석하여 새로운 가설을 설정한다. 새로운 가설도 실험을 통해 검증한다. 가설이 검증되면 이는 과학적 **이론**(theory)이나 **모형**(model)으로 발전된다. 이론이나 모형은 실험으로 검증된 내용을 설명하는 통합된 원리이고, 법칙은 이에 기초를 둔다. 이론은 과거의 관찰을 설명하는 것뿐만 아니라 미래의 현상을 예측할 때도 이용된다. 이론이 예측을 정확하게 못한다면 폐기하거나 다시 수정해야 한다. 따라서 본질적으로 과학적 이론은 이론이 뒷받침할 수 없는 새로운 결과가 나오면 계속 변하게 된다.

과학적 방법의 가장 설득력 있는 예 중 하나는 20세기에만 약 5억 명 이상을 사망에 이르게 한 바이러스성 질병인 천연두 백신의 개발이다. 18세기 후반, 영국 의사 Edward Jenner는 천연두가 유럽 전역을 휩쓰는 동안 특정한 사람들(소 젖을 짜는 사람들)은 천연두에 걸리지 않는 것을 발견했다.

법칙: 소 젖을 짜는 사람들은 천연두를 일으키는 바이러스에 취약하지 않다.

관찰에 기초하여, Jenner는 소 젖을 짜는 사람들 중에서 천연두와 비슷하지만 소가 걸리는 훨씬 치사율이 약한 바이러스성 질병인 우두(cowpox)에 노출되었던 사람들은 천연두에 자연 면역이 생겼다고 제안하였다.

가설: 우두 바이러스에 노출되면 천연두 바이러스에 면역이 생긴다.

Jenner는 건강한 어린이에게 1차로 우두 바이러스를, 2차로 천연두 바이러스를 접종하여 가설을 검증하는 실험을 하였다. 만약, 가설이 맞는다면 그 어린이는 천연두에 걸리지 않을 것이고 실제로도 천연두에 걸리지 않았다.

이론: 어린이가 천연두에 걸리지 않은 것으로 보아 우두에 노출된 결과로 면역이 생겼다.

더 많은 사람들(주로 어린이나 죄수들)을 대상으로 한 후속 실험에서 우두 바이러스에 노출

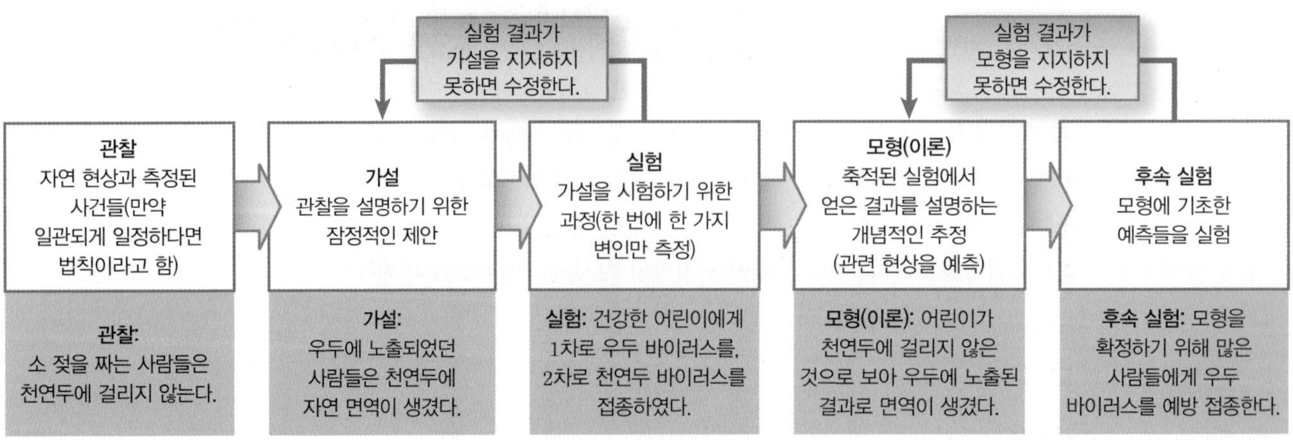

그림 2.1 Edward Jenner가 천연두 백신을 개발하는 과정에서의 과학적 방법의 중요성과 순서도

되면 천연두 바이러스에 면역이 생긴다는 것이 확실해졌다.

그림 2.1에 나타난 순서도는 과학적 방법이 천연두 백신을 개발하는 데 사용된 과정을 보여준다.

2.2 원자

만약 화학을 한번도 공부한 적이 없다 하더라도 여러분은 아마도 원자가 모든 물질을 구성하는 매우 작은 입자라는 사실을 이미 알고 있을 것이다. 구체적으로, **원자**(atom)는 물질의 특성을 가진 가장 작은 입자이다. **원소**(element)는 어떤 방법으로도 더 간단한 물질로 쪼갤 수 없는 본질적인 물질이다. 원소의 일반적인 예로는 일상적으로 포일의 형태로 부엌에서 사용하는 알루미늄(aluminum), 다이아몬드와 흑연(연필 심) 등의 친숙하고 다양한 물질 형태로 존재하는 탄소(carbon) 그리고 풍선을 채우는 데 사용되는 헬륨(helium) 등이 있다. 알루미늄 원소는 셀 수 없을 만큼의 알루미늄 원자로, 탄소 원소는 셀 수 없을 만큼의 탄소 원자로, 헬륨 원소는 셀 수 없을 만큼의 헬륨 원자로 구성되어 있다. 특정 원소의 표본을 더 작은 표본들로 나눌 수는 있지만 그 원소를 다른 물질로 바꿀 수는 없다.

학생 노트
대조적으로 바닷물 표본을 고려해보자. 바닷물을 더 작은 표본으로 나눌 수도 있지만, 만약 필요한 도구가 주어진다면 두 가지 다른 물질인 물과 소금으로 분리할 수도 있다. 하지만 원소는 다르다. 원소는 다른 물질로는 만들 수 없는 가장 간단한 물질이다.

헬륨을 예로 들어보자. 만약 풍선 속의 헬륨을 반으로, 또 반의 반으로 계속 반복해서 나누다 보면 결국 남는 건 헬륨 원자 하나가 되고, 이 원자는 더 이상 작은 헬륨 입자 두 개로 나눌 수 없다. 이 과정을 상상하기 어렵다면, 플래시 드라이브 여덟 개 묶음을 생각해보자. 반으로 나누는 과정을 세 번하면 플래시 드라이브 한 개가 남게 되고, 만약 마지막 플래시 드라이브를 나눌 수 있다면 더 이상 플래시 드라이브가 아니라 플래시 드라이브 조각을 갖게 될 것이다(그림 2.2).

물질이 눈에 보이지 않을 정도로 매우 작은 입자들로 구성되어 있다는 생각은 기원전 5세기에 철학자 Democritus가 처음 제안한 후로 아주 오랫동안 존재해왔다. 하지만 처음으로 공식화한 것은 19세기 초반 John Dalton이다(그림 2.3). Dalton은 18세기 과학자들이 발견한 몇몇 중요한 현상들을 설명하기 위한 이론을 고안하였다. 그의 이론은 세 가지 진술을 포함하며, 그중 첫 번째는 다음과 같다.

- 물질은 원자라고 불리는 작고 눈에 보이지 않는 입자들로 구성되어 있고, 특정한 원소의 모든 원자는 동일하며, 한 원소의 원자들은 다른 원소의 원자들과는 다르다.

이 장의 뒷부분에서 이 내용을 다시 보게 될 것이고, Dalton의 이론을 완벽하게 이해하기 위해 필요한 두 번째, 세 번째 내용은 4장과 10장에서 배우게 될 것이다.

현재 원자가 비록 매우 작긴 하지만 볼 수는 있다고 알고 있다. 더 나아가 원자는 더 작은 아원자 입자(subatomic particles, 원자 구성 입자)로 이루어져 있다. 아원자 입자의 종류, 개수 그리고 배열은 원자의 특성을 결정하고, 원자의 특성은 보고, 만지고, 냄새와 맛을 느끼는 모든 사물의 특성을 결정한다.

그림 2.2 플래시 드라이브 묶음을 계속 나누고 또 나누면 결국에는 플래시 드라이브 하나만 남게 되고 부수지 않고는 더 이상 나눌 수 없다.

그림 2.3 John Dalton(1766~1844)은 영국의 화학자, 수학자, 철학자이다. Dalton은 원자론뿐만 아니라 기체의 행동에 관한 몇몇 법칙들을 공식화하였고, 그가 고통받던 특정 종류의 색맹에 관하여 처음으로 녹색과 적색을 구별하지 못하는 적록색맹(Daltonism)이라고 묘사하였다.

이 책의 목표는 원자의 본질이 어떻게 모든 물질의 특성을 나타내는지를 이해하는 것이다. 이 목표를 달성하기 위해 틀에 얽매이지 않는 시도를 할 것이다. 거시적 관점에 기초한 관찰에서 시작하는 것보다 거꾸로 원자 단계의 물질로서 현상을 설명하기 위하여, 원자 구조와 원자에 포함된 아원자 입자의 본질과 배열을 조사하는 것에서부터 시작할 것이다.

원자에 대한 공부를 시작하기 전에 전기적으로 대전된 물체의 행동을 이해하는 것이 매우 중요하다. 전하의 개념은 친숙하게 알고 있을 것이다. 건조한 날에 빗으로 머리카락을 빗으면 머리카락 끝부분이 서고, 정전기를 경험하거나 번개를 보는 등의 모든 현상은 전하들의 상호 작용에 의한 결과이다. 다음은 전하에 대해 몇몇 중요한 내용을 나타낸 자료이다.

- 전기적으로 대전된 물체는 양(+)전하나 음(−)전하를 띠고 있다.

- 반대 전하를 띤 물체(하나는 양이고 다른 하나는 음)는 서로 끌어당긴다. ("극과 극은 서로 통한다"라는 속담을 들어 봤을 것이다)

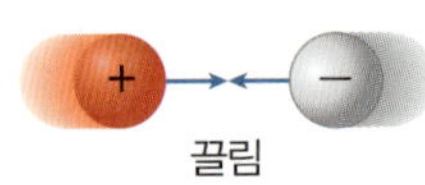

- 같은 전하를 띤 물체(둘 다 양이거나 둘 다 음)는 서로 반발한다.

- 큰 전하를 띤 물체들이 작은 전하를 띤 물체들보다 강하게 상호 작용한다.

- 대전된 물체들은 가까이 있을 때 상호 작용이 강해진다.

- 반대 전하는 서로를 상쇄한다.

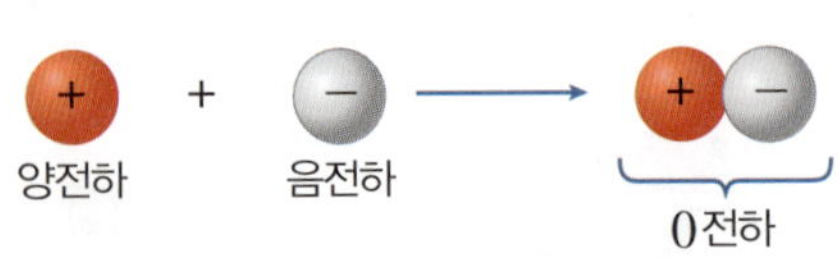

대전된 물체가 어떻게 상호 작용하는지 기억하면 화학을 이해하는 과정이 쉬워진다.

2.3 아원자 입자와 원자핵 모형

19세기 후반에 수행된 실험들은 물질을 구성하는 가장 작은 조각으로 생각되었던 원자가 사실은 더 작은 입자들로 구성되었음을 보여준다. 그 첫 실험은 영국의 물리학자 J. J. Thomson이 하였는데, 실험 결과 다양한 종류의 물질들 모두 작고 음전하를 띠는, 지금은 **전자**(electron)라고 알고 있는 입자들의 흐름을 방출한다는 사실을 밝혀내었다. Thomson은 이 결과가 모든 원자들이 음전하를 띠는 입자들을 가지고 있기 때문이라고 하였고, 원자 자체는 중성(neutral)이므로 반드시 양으로 하전된 무엇인가를 포함할 것이라고 생각하였다. 이를 바탕으로 원자는 양전하를 띤 구에 음전하를 띤 전자가 박혀 있다고 설명하는 원자 모형을 주장하였고(그림 2.4), 나중에 이 모형은 영국의 유명한 디저트 이름을 딴 '플럼(건자두) 푸딩' 모형으로 알려졌다. 원자의 내부 구조를 묘사한 Thomson의 플럼 푸딩 모형은 그 후로도 한동안 인정받았으나 후속 실험들을 통해 틀리다는 사실이 입증되었다.

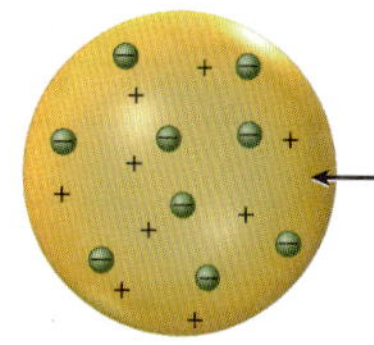

그림 2.4 Thomson의 실험에서 원자는 음전하를 띤 입자를 갖는다는 것을 알게 되었고, 이를 바탕으로 Thomson은 양전하를 띤 구에 음전하 입자가 균일하게 분포한다고 상상하였다.

Thomson과 함께 일하던 제자들 중 한 명인 뉴질랜드의 물리학자 Ernest Rutherford는 플럼 푸딩 원자 모형을 검증하기 위한 실험을 설계하였다. 그 당시 Rutherford는 방사성(radioactive) 물질에서 방출되는 **α입자**(alpha particle)라고 알려진 또 다른 아원자 입자의 존재를 정립하였다. α입자는 양전하를 띠고 전자 질량보다 수천 배나 무겁다. 그의 가장 유명한 실험에서 Rutherford는 α입자의 흐름을 아주 얇은 금박에 쏘았다. 이 실험의 모식도가 그림 2.5에 나타나 있다. 만일 Thomson의 원자 모형이 맞다면 거의 모든 α입자들이 금박을 직선으로 통과할 것이며 아주 적은 수의 입자만이 전자에 근접하게 지나가서 약간 휘어질 것이다. Rutherford는 금박 주위를 α입자가 충돌할 때마다 작은 빛을 내는 감지장치로 둘러싸서 α입자의 궤적을 결정할 수 있도록 장치를 설계하였다. 그림 2.6(a)는 예상된 실험 결과를 나타낸 것이다.

그림 2.6(b)에서와 같이 실제 실험 결과는 예상과 다르게 나타났다. 대부분의 α입자는 금박을 직선으로 통과하였지만 몇몇 입자들은 예상한 것보다 훨씬 큰 각도로 휘어졌고 심지어 몇몇 입자들은 금박에서 튕겨져 앞쪽으로 돌아왔다. Rutherford의 실험 결과는 매우 충격적이었다. 그는 α입자가 그렇게 큰 각도로 휘고 심지어 튕겨 나오는 결과는 오직 금 원자 안에 (1) 양전하를 띠고, (2) α입자보다 훨씬 큰 입자가 있을 때만 가능하다는 것을 알았다.

이 실험 결과로 원자 내부 구조에 대한 새로운 모형이 발표되었다. Rutherford는 원자는 대

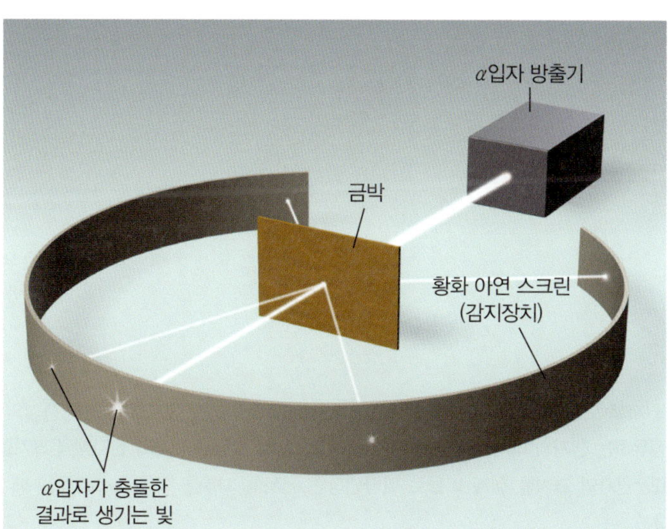

그림 2.5 양전하를 띤 α입자들을 금박을 향해 쏘는 Rutherford의 실험. 거의 구형으로 금박을 둘러싼 감지기에 α입자가 충돌할 때 빛이 발생한다.

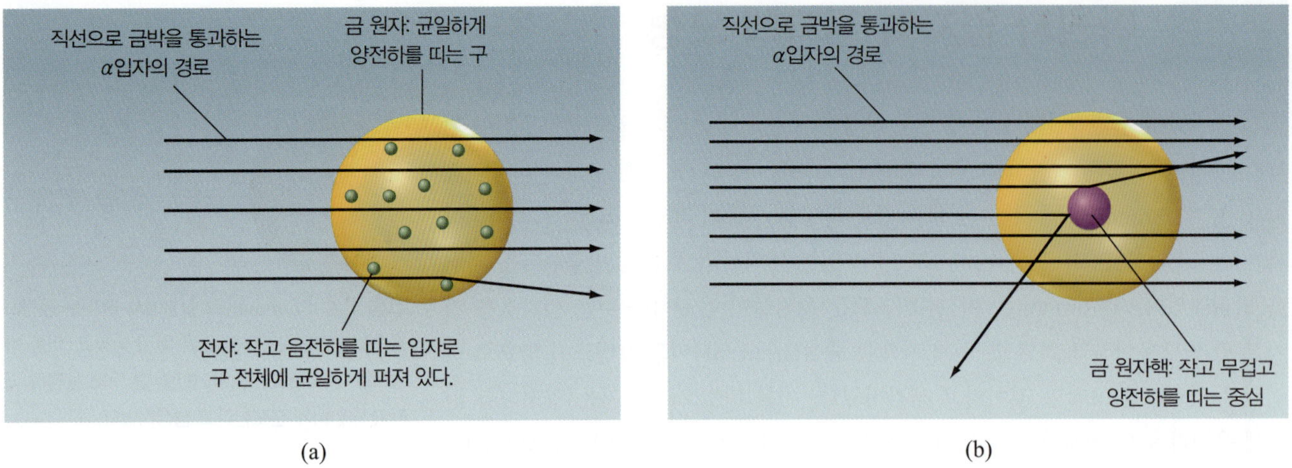

그림 2.6 (a) Thomson의 플럼 푸딩 모델이 맞았다면, α입자는 포일을 직접 통과했을 것이고, 일부는 전자와 상호 작용하여 약간 휘었을 것이다. (b) Rutherford의 실제 금박 실험 결과. 대부분의 α입자는 휘지 않고 금박을 통과했지만, 일부는 예상보다 훨씬 큰 각도로 휘었다. 심지어 일부는 근원을 향해 반사되었다. 이 결과는 α입자가 금원자를 통과할 때 자신보다 훨씬 더 무거운 양전하를 띤 무언가와 충돌했다는 것을 나타낸다.

부분이 빈 공간이며 각 원자에는 아주 작고 모든 양전하와 거의 모든 질량을 갖는 밀도가 큰 중심부가 있다고 제안하였다. 이 중심부를 **원자핵**(nucleus)이라고 부른다.

후속 실험을 통하여 Rutherford의 원자 모형이 검증되었고, 모든 원자핵은 **양성자**(proton)라고 불리는 양전하를 띤 입자를 포함한다는 사실이 밝혀졌다. 가장 가벼운 원소인 수소를 제외한 모든 원소의 원자핵에는 **중성자**(neutron)라고 불리는 중성의 입자도 포함되어 있다. 원자의 양성자들과 중성자들은 원자 질량의 대부분을 차지하지만 원자 부피의 아주 작은 부분만을 차지한다. 질량 수(A)는 원자핵에 있는 중성자와 양성자의 총개수이다(작은 부피에 양성자와 중성자가 함께 있는 것을 원자핵이라고 한다). 원자핵은 '전자구름'으로 둘러싸여 있으며, 이는 Rutherford가 제안한 원자의 대부분은 빈 공간이라는 내용과 일치한다. 그림 2.7은 원자핵 모형을 나타낸다.

학생 노트
α입자는 두 개의 양성자와 두 개의 중성자로 구성되어 있다.

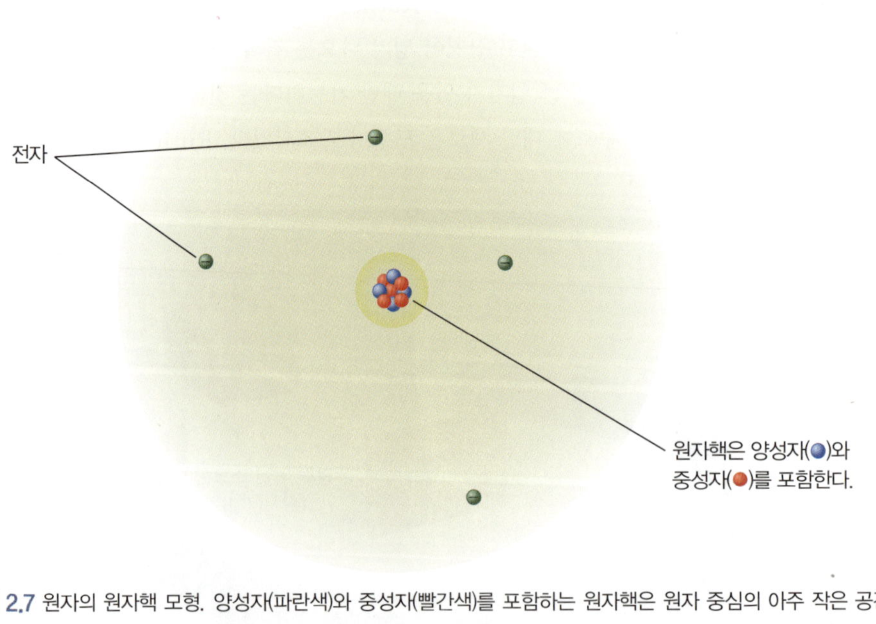

그림 2.7 원자의 원자핵 모형. 양성자(파란색)와 중성자(빨간색)를 포함하는 원자핵은 원자 중심의 아주 작은 공간을 차지한다. 전자가 점유하는 원자의 나머지 공간은 거의 비어 있다. 이 그림은 원자와 원자핵의 크기를 과장하여 나타내었다. 만약 원자핵과 원자의 크기를 실제 비율로 나타낸다면 원자핵 지름을 약 1 cm로 잡을 때 원자의 지름은 약 100 m가 될 것이다.

지금까지의 원자 모형을 구성하는 아원자 입자 중에서는 전자가 가장 작고 가볍다. 양성자와 중성자의 질량은 거의 비슷하며 전자 질량의 약 2,000배 정도 된다. 양전하를 띤 양성자와 음전하를 띤 전자의 수가 같다면 전하가 상쇄된다. 중성 원자에서 전자 수는 양성자 수와 같다. 중성자는 전기적으로 중성이므로 원자의 전하에 영향을 미치지 않기 때문이다.

예제 2.1에서 중성 원자를 구성하는 아원자 입자들의 수를 구하는 연습을 해보자.

예제 2.1 아원자 입자의 개수를 이용한 중성 원자 결정

아래의 표는 아원자 입자들의 개수를 나타낸다. 중성 원자를 나타내는 것을 찾으시오. 중성이 아닌 입자의 경우 아원자 입자들의 수를 고려하여 전하를 구하시오.

	중성자	양성자	전자
(a)	11	10	10
(b)	13	12	10
(c)	10	9	9
(d)	18	17	18

전략 양성자 전하는 +1이고, 전자 전하는 −1 그리고 중성자는 전하가 없음을 알고 있다. 전체 전하는 양성자와 중성자 전하의 합이며, 중성 원자는 전하가 없다. 그러므로 표의 입자들 중에서 양성자와 전자의 수가 같은 입자가 중성이다.

계획 (a)와 (c) 입자들 각각이 전자와 양성자 수가 같다. (b)와 (d)는 같지 않다.

풀이 (a)와 (c)가 중성 원자를 나타낸다. (b)와 (d)는 전하를 띤 화학종이다. (b)의 전하는 +2: 12개의 양성자(각 +1)와 10개의 전자(각 −1). (d)의 전하는 −1: 17개의 양성자(각 +1)와 18개의 전자(각 −1).

생각해보기

양성자와 전자의 전하를 합하여 화학종의 전체 전하를 결정할 수 있다. 중성자는 전하를 띠지 않으므로 전체 전하 결정에 아무런 영향을 주지 않음을 기억하자.

추가문제 1 다음 중 중성인 입자를 찾으시오. 중성이 아닌 입자의 경우 아원자 입자들의 수를 고려하여 전하를 구하시오.

	중성자	양성자	전자
(a)	38	31	28
(b)	26	22	20
(c)	12	11	11
(d)	6	5	5

추가문제 2 다음 표의 빈칸에 알맞은 수를 채우시오.

	전체 전하	양성자	전자
(a)	+2	23	☐
(b)	+3	☐	30
(c)	0	53	☐
(d)	☐	16	18

추가문제 3 다음 중 중성 원자를 나타낸 그림을 찾으시오. 중성 원자가 아닌 경우는 전체 전하를 결정하시오(양성자는 파란색, 중성자는 빨간색, 전자는 초록색이다).

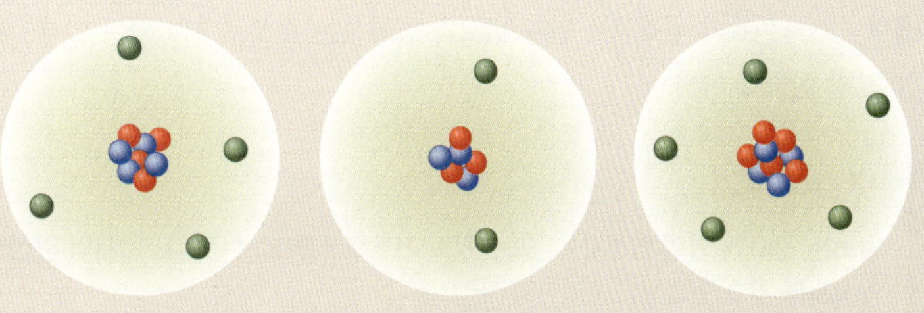

(a) (b) (c)

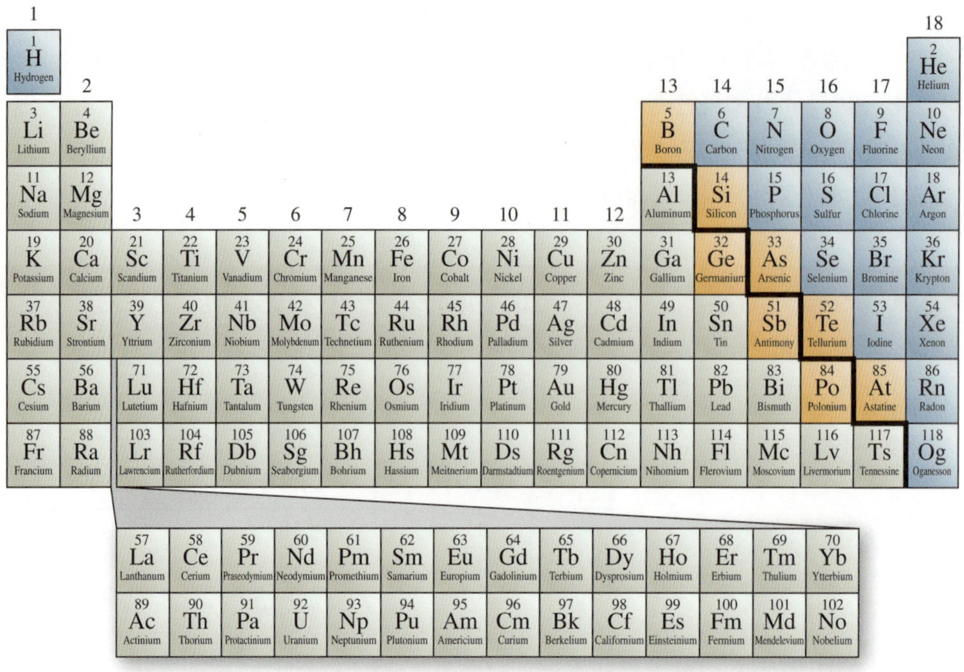

그림 2.8 현대의 주기율표. 각 원소를 원자 번호 순서대로 원소 기호를 사용하여 배열하였다.

2.4 원소와 주기율표

원자는 원자핵 속의 양성자 수에 의해 종류가 결정된다. 예를 들어, 원자핵 안에 양성자가 2개인 원자는 헬륨이고, 6개인 원자는 탄소 그리고 79개인 원자는 금이다. 어떤 헬륨 원자도 2개 이외의 양성자를 가질 수 없고, 어떤 탄소 원자도 6개 이외의 양성자를, 그리고 어떤 금 원자도 79개 이외의 양성자를 가질 수 없다. 원자핵 속의 양성자 수를 **원자 번호**(atomic number)라고 부르며, 기호 Z를 사용한다. 알려진 모든 원소를 원자 번호 순서로 나열한 표를 **주기율표**(periodic table)라고 한다(그림 2.8).

예제 2.2는 원자 번호를 사용하여 원소를 알아내는 방법에 관한 문제이다.

예제 2.2 원자 번호를 이용한 원소 식별

원자 번호가 16번인 원소를 찾으시오.

전략 원소의 원자 번호는 양성자의 수를 나타낸다. 원자 번호는 주기율표의 원소 기호 위에 쓰여 있다.

계획 이 원소는 16개의 양성자를 갖고 있다.

풀이 주기율표의 원소들은 원자 번호가 증가하는 순서로 배열되어 있다. 원자 번호 16이 쓰여 있는 원소 기호는 S이고, 이 원소 기호는 황 원소를 나타낸다.

생각해보기

원소는 원자핵 안의 양성자 수 또는 원소 기호로 식별할 수 있다. 16개의 양성자를 가진 모든 원자는 황 원자이고, 모든 황 원자는 16개의 양성자를 갖고 있다.

추가문제 1 원자 번호 35번 원소를 구하시오.

추가문제 2 아이오딘의 원자 번호를 구하시오.

추가문제 3 다음 각 원자의 번호를 결정하시오(양성자는 파란색, 중성자는 빨간색, 전자는 초록색이다).

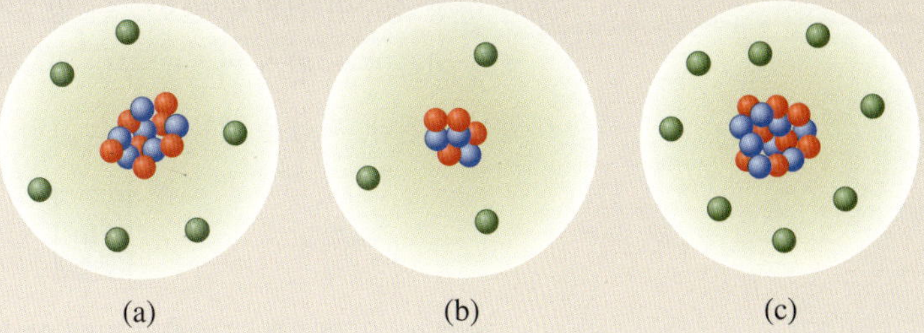

화학과 친해지기

인체를 구성하는 원소

인체를 구성하는 원소의 종류는 매우 다양하지만 인체 질량의 약 99%는 118개의 알려진 원소들 중에 여섯 종류의 원소로 이루어져 있다.

특이할 정도로 많은 산소가 인체에 포함된 이유는 인체에 많은 양의 물(물이 가진 질량의 약 89%는 산소가 차지한다)이 포함되어 있기 때문이다. 건강과 연령에 따라 사람은 약 50%(탈수된 사람)에서 약 75%(건강한 영아) 범위의 물을 포함한다.

인체에 두 번째로 많은 원소인 탄소는 사실 자연계에 아주 많은 원소는 아니다. 지각의 약 0.1%만을 구성하는 탄소이지만 모든 생명체의 중요한 구성 원소이다.

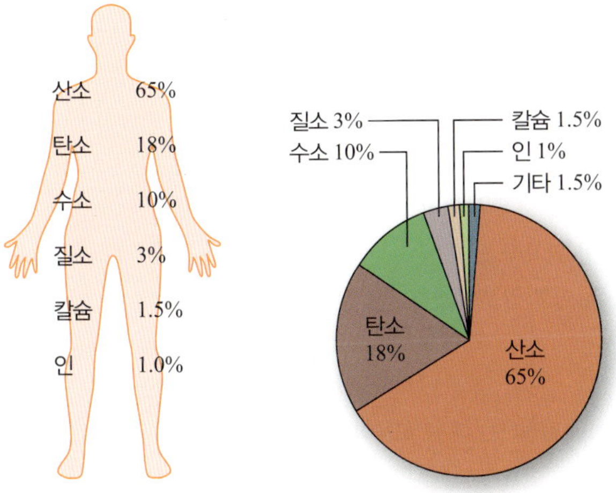

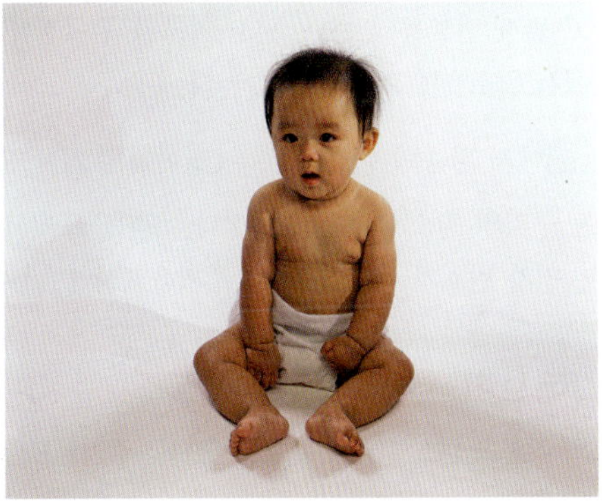

주기율표에는 각 원소가 원소 기호(chemical symbol)로 표시되어 있다. 원소 기호는 대문자 한 글자나 대문자와 소문자로 구성된 두 글자로 표시한다. 예를 들어, 헬륨의 원소 기호는 He이고, 탄소는 C이다. He와 C를 포함한 대부분의 원소 기호는 각 원소의 친숙한 영어 이름에서 유래되었다.

다른 원소 기호는 각 원소의 그리스어나 라틴어에서 유래되어 외우는 데 좀 더 노력이 필요하다. 예를 들면, 금의 원소 기호 Au(aurium), 주석의 원소 기호 Sn(stannum), 소듐의 원소 기호 Na(natrium) 그리고 포타슘의 원소 기호 K(kalium) 등이 있다. 주기율표의 가장 마지막 부분에 있는 큰 원자 번호를 가진 원소들의 경우는 그 원소를 발견하는 데 기여한 과학자들의 이름을 기념하여 붙이기도 한다.

그림 2.8의 주기율표나 책 표지 안쪽의 주기율표를 살펴보자. 표는 원자 번호와 원소 기호 그

리고 원소의 이름으로 구성된 사각형으로 채워져 있다. 각 사각형의 제일 위에 있는 원자 번호는 항상 정수이다(원자 번호 Z는 양성자 수라는 것을 다시 한번 기억하자). 각 원자는 원자 번호나 이름 또는 원소 기호로 구별 가능하고 원소를 식별하기 위하여 이 세 가지 정보 중 하나만 알아도 된다. 다음은 헬륨과 탄소 그리고 금 원소에 대한 기호이다.

2	6	79
He	C	Au
Helium	Carbon	Gold

예제 2.3은 원소를 구별하기 위해 원자 번호, 이름 그리고 원소 기호를 사용하는 문제이다.

예제 2.3 원소 기호와 원자 번호를 이용한 원소 구별

다음 표를 완성하시오.

	원소	원소 기호	원자 번호
(a)	칼슘		
(b)		Cu	
(c)			13

전략 원자 번호는 원자핵에 포함된 양성자의 수이고 주기율표의 원소 기호 바로 위에 쓰여 있다.

계획 표의 각 행에는 한 가지 정보가 있고 두 가지 정보를 알아내야 한다. 원소의 이름이 있다면 주기율표를 이용하여 원소 기호를 결정하고 원자 번호를 찾는다. 원소 기호가 주어진다면 주기율표에서 원소 이름과 원자 번호를 찾는다. 원자 번호를 알고 있다면 주기율표에서 원소 기호와 이름을 찾는다.

풀이 (a)에서 칼슘의 원소 기호는 Ca이고 주기율표를 이용하여 Ca의 위치를 찾으면 원자 번호는 20번이다.
(b)에는 구리의 원소 기호가 주어졌다. 주기율표에서 Cu는 원자 번호 29번 위치에 있다.
(c)에는 원자 번호가 나와 있으며, 주기율표상 13번 원소의 원소 번호는 Al이고 알루미늄을 의미한다.

생각해보기

원소의 이름과 원소 기호를 잘 알고 있으면 주기율표를 이용하여 원소의 특성을 결정하는 데 큰 도움이 될 것이다.

추가문제 1 다음 중 중성인 입자를 찾으시오. 중성이 아닌 입자의 경우 아원자 입자들의 수를 고려하여 전하를 구하시오.

	원소	원소 기호	원자 번호
(a)	루비듐		
(b)			36

추가문제 2 다음 표를 보고 틀린 부분을 찾으시오.

	원소	원소 기호	원자 번호
(a)	철	Ir	26
(b)	스트론튬	Sr	38
(c)	소듐	Na	23

추가문제 3 다음 표를 완성하시오.

	원소	원소 기호	원자 번호(양성자 수)	중성자 수	전자 수
(a)	포타슘			20	
(b)		Be		5	
(c)			35	46	

화학과 친해지기

헬륨

헬륨 풍선은 장식이나 선물용으로 자주 사용된다. 풍선 속의 헬륨 가스를 들이마신 사람의 목소리가 이상하게 변하는 현상은 우리에게 친숙하다. 하지만 이러한 친숙함과는 별개로 헬륨에 대해 얼마나 많은 것을 알고 있는가? 헬륨은 어디에서 얻어지고 얼마나 많으며, 왜 헬륨으로 가득 찬 풍선은 공기 중에 떠다니는가? 원소 헬륨을 이용하는 다른 용도가 있는가? 헬륨은 방사성 붕괴 과정의 생성물로 이 과정을 이해하지 못한 사람이라 해도 우라늄(uranium)이 '방사성'이라는 사실은 알고 있을 것이다. 실제로 우라늄이 방사성 붕괴를 하는 동안 헬륨이 생성된다. 지구상에서 헬륨은 천연가스가 매장된 곳 근처에서 발견되며 지구에는 미량으로 존재하지만 우주 전체로 보면 두 번째로 많은 원소이다. 헬륨은 19세기 후반에 발견되었고, 사회의 여러 분야에서 사용된다. 헬륨은 자기공명영상장치(MRI)의 필수적인 냉각제, 컴퓨터 부품의 제조, 스쿠버 다이빙 기체 혼합물, 아크 용접 그리고 공대공 미사일 유도 및 감시장치 등의 군 장비에 필수로 사용된다. 헬륨이 공기보다 '가볍기' 때문에 헬륨 풍선은 공기 위로 떠다닌다(과학적으로 헬륨은 공기보다 밀도가 낮다[|◀◀ 1.4절]). 헬륨은 공기보다 가볍기 때문에 대기 중에서 우주로 나가게 된다. 헬륨은 재생 불가능한 자원이므로 대량으로 사용하는 군사 업체, 의료 업계, 전자 재료 산업계 그리고 연구소 등에서는 사용한 헬륨을 포집하여 재사용할 수 있는 방법을 개발하도록 노력해야 한다.

2.5 주기율표의 구성

주기율표(그림 2.8)는 118개의 원소로 구성되어 있으며, 세로줄은 **족**(group)이라 하고 가로줄은 **주기**(period)라고 부른다. 족은 숫자 그룹으로 구성되며, 왼쪽에서 오른쪽으로 1부터 18로 나타낸다. 주기율표는 주족(main-group)과 전이원소(transition elements)로 나뉘어 있다. 주족 원소는 왼쪽의 1족, 2족과 오른쪽의 13부터 18족이 포함된다(전이원소는 주기율표의 움푹 들어간 중간부분에 있는 원소들이다).

현재의 주기율표에서 원소들은 왼쪽에서 시작하여 오른쪽으로, 위에서 아래 방향으로 원자 번호가 증가하는 순서로 나열되어 있지만, 원자 번호의 개념이 알려지기 전부터 특성이 비슷한 원소들끼리 같은 족에 배열되어 왔다. 따라서 같은 족 원소들의 성질은 유사하다. 몇몇 족들은 포함된 원소들의 공통 성질에 따른 특정한 이름을 갖고 있다. 예를 들어, 1족은 **알칼리 금속**(alkali metal), 2족은 **알칼리 토금속**(alkaline earth metal), 16족은 **칼코젠**(chalcogen), 17족은 **할로젠**(halogen) 그리고 18족은 **비활성 기체**(noble gas)라고 부른다.

족(열)과 주기(행)뿐만 아니라 주기율표를 사선으로 나누는 지그재그선을 기준으로 금속과 비금속으로 나눌 수도 있다. 대부분의 원소는 지그재그선의 왼쪽에 위치한 **금속**(metal)이다. **비금속**(nonmetal)은 지그재그선의 오른쪽 원소들이고, 금속과 비금속의 중간 성질을 갖는 몇몇 원소들을 **준금속**(metalloid)이라고 하며, 지그재그선 근처에 있다. 주기율표에서 그 원소의 위치를 알면 그 원소가 금속, 비금속 또는 준금속 중 어떤 종류인지 결정할 수 있다.

> **학생 노트**
> 금속과 비금속을 구별하는 특징들은 3장[|◀◀ 3.6절]에서 배우게 되겠지만, 금속이라는 용어와 금속의 특징들은 익숙하게 알고 있을 것이다. 금속은 전기를 전도하고 대부분 반짝이는 고체이다.

예제 2.4는 주기율표에서 원소가 놓인 위치로 원소의 종류를 결정하는 문제이다.

예제 2.4 주기율표상의 위치로 금속, 비금속, 준금속 구별하기

다음 각 원소들을 금속, 비금속, 준금속으로 구별하시오.

(a) N (b) Si (c) Ca (d) Cl (e) As

전략 주어진 원소 기호를 주기율표에서 찾는다.

계획 비금속 원소들은 주기율표의 지그재그선 오른쪽 위에, 금속 원소들은 왼쪽 아래에 위치한다. 준금속은 지그재그선 바로 옆에 강조된 원소 기호로 나타나 있으며, 금속도 비금속도 아니다.

풀이 (a)는 비금속 부분의 질소, (b)는 지그재그선 근처의 준금속인 규소, (c)는 금속 영역의 칼슘, (d)는 비금속인 염소, (e)는 준금속인 비소이다.

생각해보기

주기율표의 대부분 원소는 금속이고, 오른쪽 위의 작은 영역만 비금속이다. 지그재그선 근처의 몇몇 원소들만 준금속으로 분류된다.

추가문제 1 다음 각 원소들을 금속, 비금속, 준금속으로 구별하시오.

(a) Se (b) Al (c) Na (d) Kr (e) Ge

추가문제 2 각 항에 설명된 원소의 이름을 쓰시오(원소가 하나 이상일 수도 있다).

(a) 14족에 있는 비금속 (b) 13족에 있는 준금속 (c) 15족에 있는 금속

(d) 15족에 있는 비금속 (e) 14족에 있는 금속

추가문제 3 각 원소가 해당하는 곳에 ✓를 표시하시오(첫 행은 루비듐의 예시이다).

	주족 원소	전이 원소	금속	비금속	준금속	알칼리 금속	알칼리 토금속	할로젠	비활성 기체
Rb	✓		✓			✓			
B									
Zn									
K									

화학과 친해지기

지각의 원소

지각은 지표로부터 평균 깊이가 40 km인 암석권이다. 118개의 알려진 원소 중에 단지 8개의 원소가 지각의 약 99%를 차지하고 있다. 그 원소들을 양이 많은 것부터 나열하면 산소(O), 규소(Si), 알루미늄(Al), 철(Fe), 칼슘(Ca), 소듐(Na), 포타슘(K) 그리고 마그네슘(Mg)이다. 지각의 아래에 있는 맨틀은 철과 탄소(C), 규소 그리고 황(S)으로 구성된 뜨거운 유체이고, 중심부의 고체 핵은 철로 구성되어 있을 거라 여겨진다.

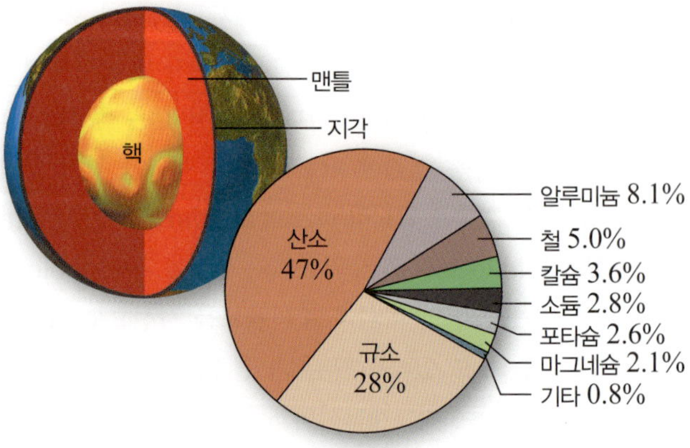

8개의 지각 구성 원소 중에서도 산소와 규소, 두 종류의 원소가 약 70% 이상을 점유한다. 이 두 원소들이 화학적으로 결합하여(작은 양의 다른 원소들도 포함된) 다양한 규소화합물을 만들고, 그중 가장 흔한 두 물질이 장석과 석영이다. 장석과 석영류 광물들에는 흔한 암석과 다양한 보석류가 포함된다.

[장석 광물]

아마조나이트(amazonite)

안데신(andesine)

라브라도라이트(labradorite)

[석영 광물]

유수정(milky quartz)

연수정(smoky quartz)

장미 석영(rose quartz)

2.6 동위 원소

원자는 원자 번호 Z라고 알고 있는 원자핵 속에 포함된 양성자 수로, 어떤 원소인지를 결정할 수 있다. 하지만 수소를 제외한 모든 원자의 핵에는 중성자가 들어 있고 대부분의 원소들은 중성자 수가 다른 원자들의 혼합물로 존재한다. 예를 들어, 순수한 염소 시료의 모든 원자들은 17개의 양성자를 포함하지만 중성자 수는 각각 다르다. 염소 원자들의 약 75%는 중성자 18개, 25%는 중성자 20개를 포함한다. 17개의 양성자와 18개의 중성자를 갖는 원자들과 17개의 양성자와 20개의 중성자를 갖는 원자들 모두 염소 원자지만, 이들은 염소의 각기 다른 동위 원소이다. **동위 원소**(isotope)는 같은 원소이므로 양성자 수는 같지만 중성자 수가 다르다.

학생 노트
이는 앞에서 배운 Dalton의 원자론과 대조되는 내용이다. 주어진 원소의 원자들은 사실 동일하지 않다.

질량 수(mass number, A)는 원자핵 속 양성자 수와 중성자 수를 합한 것이다[양성자와 중성자를 합하여 **핵자**(nucleon)라고 부른다]. 염소의 예로 돌아가서 18개의 중성자를 갖는 염소 원자의 질량 수는 35(17개의 양성자 + 18개의 중성자), 20개의 중성자를 갖는 염소 원자의 질량 수는 37(17개의 양성자 + 20개의 중성자)이다.

동위 원소 기호	원소이름	양성자	중성자
$^{35}_{17}Cl$	염소	17	18
		합계 = 35	
$^{37}_{17}Cl$	염소	17	20
		합계 = 37	

원소 기호로 원자를 표시할 때(여기서는 원소 기호를 X로 표시) 왼쪽 위첨자로 질량 수(A)를, 왼쪽 아래첨자로 원자 번호(Z)를 쓴다.

학생 노트
이 원소 기호는 핵자의 수로 동위 원소를 판별하므로 원자핵 기호라고 언급되기도 한다.

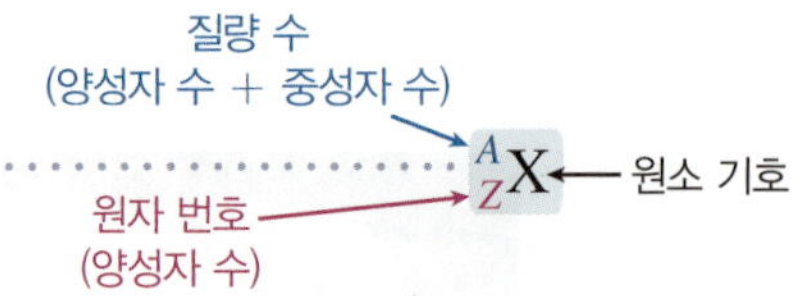

수소는 수소(hydrogen), 중수소(deuterium) 그리고 삼중수소(tritium)라고 부르는 세 종류의 동위 원소로 나눌 수 있다. 수소는 원자핵에 중성자 없이 양성자만 하나 있고, 중수소는 중성자와 양성자 하나씩 그리고 삼중수소는 중성자 두 개와 양성자 하나가 있다. 따라서 이러한 수소의 동위 원소는 다음과 같이 표기하여 나타낸다.

이와 유사하게 우라늄(uranium, Z = 92)의 질량 수 235와 238인 두 종류의 동위 원소도 다음과 같이 표기한다.

$$^{235}_{92}U \qquad ^{238}_{92}U$$

첫 번째 동위 원소는 원자핵 속 중성자가 143개(235−92=143)이고 원자로나 원자 폭탄으로 사용되지만, 146개의 중성자를 가진 두 번째 동위 원소는 이러한 성질을 갖고 있지 않다. 각 동위 원소들이 다른 이름을 가진 수소는 예외인 경우이고, 다른 원소들은 모두 동위 원소를 질량 수로만 구별한다. 우라늄의 두 동위 원소는 우라늄−235와 우라늄−238로 부른다. 원자 번호는 원소 기호로부터 추론 가능하므로 생략하고 쓰는 경우가 많다. 원소 기호를 ^3H 또는 ^{235}U이라고 쓰는 것만으로도 삼중수소와 우라늄−235라는 동위 원소를 충분히 나타낸다.

원소의 화학적 성질은 중성자 수가 아니라 주로 양성자와 전자 수로 결정되기 때문에 같은 원소의 동위 원소들은 화학적으로 성질이 거의 유사하다.

예제 2.5는 원자 번호와 질량 수를 이용하여 양성자 수, 중성자 수 그리고 전자 수를 계산하는 문제이다.

생각 밖 상식

질량분석기(mass spectrometry)

원자의 질량을 어떻게 알 수 있을까? 질량분석기는 매우 정확한 방법으로 원자의 질량을 측정한다. 질량분석기는 기체 상태의 시료를 전자 빔과 충돌하게 한다. 전자 빔은 시료와 충돌하면서 시료 원자의 전자를 방출시켜 양전하를 띤(특정한 전하 대 질량의 비, 즉 e/m) 이온으로 만든다. 이 양이온들은 반대 전하를 갖는 대전판 사이에서 가속되고 자기장을 지나면서 전하 대 질량의 비에 따라서 분리된다. 전하 대 질량의 비(e/m ratio)가 클수록 자기장에서 더 많이 휜다. 이온이 휘어지는 정도에 따라 이온의 질량을 결정할 수 있고, 따라서 시료 원자의 질량도 구할 수 있다.

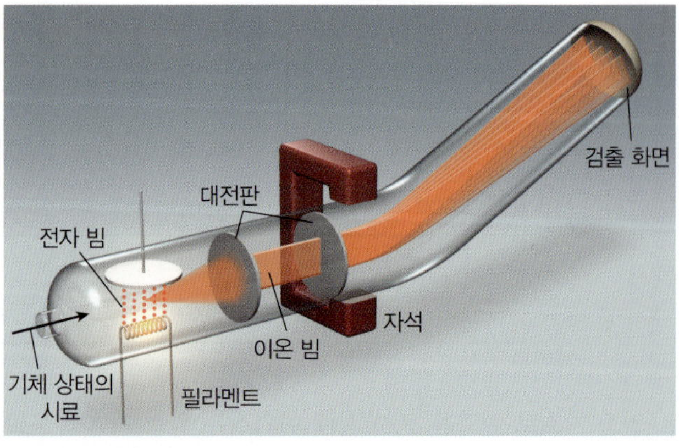

질량분석기의 한 종류

질량분석법을 사용하여 다양한 동위 원소를 식별하는 능력은 몇 가지 흥미로운 연구 분야를 만들었다. 예를 들어, 산소에는 세 가지 동위 원소가 있다(^{16}O, ^{17}O, ^{18}O). ^{16}O는 가장 많이 존재하는 동위 원소로 전체의 99.7%를 차지한다.

지구의 극지방에서 발견된 얼어붙은 물 속의 산소−18과 산소−16의 비율은 지구의 장기적인 기온 변화를 알아내는 데 매우 귀중한 자료로 입증되었다.

산소−17은 뇌의 산소 사용과 같은 생리학의 세부 사항을 설명하기 위해 자기공명영상(MRI) 실험에 사용되었다.

예제 2.5 주어진 원자에서 아원자 입자 수 결정

다음 원소들의 양성자 수, 중성자 수, 전자 수를 구하시오.

(a) $^{35}_{17}Cl$ (b) ^{37}Cl (c) ^{41}K (d) 탄소−14

전략 위첨자 A는 질량 수를, 아래첨자 Z는 원자 번호를 나타낸다. 아래첨자가 없는 (b), (c), (d)는 원자 번호를 원소 기호나 이름에서 유추할 수 있다. 전자 수는 중성 원자에서 양성자 수와 동일하다는 사실로부터 찾을 수 있다.

계획 양성자 수$=Z$, 중성자 수$=A-Z$, 전자 수=양성자 수(중성 원자). 탄소−14에서 14는 질량 수이다.

풀이 (a) 원자 번호 17, 따라서 17개의 양성자. 질량 수가 35이므로 중성자 수는 35−17=18개. [전자 수는 양성자 수와 같으므로 17개]

(b) 염소(Cl)이므로 원자 번호는 17, 따라서 양성자도 17개. 질량 수가 37이므로 중성자 수는 37−17=20개. [전자 수는 양성자 수와 동일한 17개]

(c) 포타슘 K의 원자 번호는 19이므로 양성자 수는 19개. 질량 수가 41이므로 중성자 수는 41−19=22개. [전자 수는 19개]

(d) 탄소−14의 표기는 ^{14}C이고, 탄소의 원자 번호는 6이므로 양성자와 전자 모두 6개. [중성자는 14−6=8개]

생각해보기

구한 답의 양성자 수와 중성자 수를 합하여 질량 수가 되는지 확인해야 한다. (a)는 양성자 17개, 중성자 18개이므로 합하여 질량 수 35에 부합한다. (b)는 양성자 17개 + 중성자 20개=질량 수 37. (c)는 양성자 19개 + 중성자 22개=질량 수 41. (d)는 양성자 6개 + 중성자 8개=질량 수 14로 모두 적합하다.

추가문제 1 다음 원소들의 양성자 수, 중성자 수, 전자 수를 구하시오.

(a) $^{10}_{5}B$ (b) ^{36}Ar (c) $^{85}_{38}Sr$ (d) 탄소−11

추가문제 2 다음 각 항의 설명에 맞는 원소 기호를 쓰시오.

(a) 4개의 양성자, 4개의 전자, 5개의 중성자
(b) 23개의 양성자, 23개의 전자, 28개의 중성자
(c) 54개의 양성자, 54개의 전자, 70개의 중성자
(d) 31개의 양성자, 31개의 전자, 38개의 중성자

추가문제 3 빈칸을 채우시오(모든 원자는 중성원자이다).

동위 원소 기호	원소 이름	질량 수(A)	중성자 수(n°)	양성자 수(p^{+})	전자 수(e^{-})
N−15	질소	15	8	7	7
☐	질소	14	☐	☐	☐
^{23}Na	☐	23	☐	11	☐

2.7 원자 질량

앞에서 본 대로 염소 원자에는 ^{35}Cl와 ^{37}Cl, 두 가지 동위 원소가 있다. 그러나 이 책의 제일 앞에 있는 주기율표 어디에서도 35와 37이라는 질량 수를 찾을 수 없다. 염소의 원소 기호 아래에는 35.45로 나와 있다. 그 숫자는 **염소의 원자 질량**(atomic mass, M)이고 평균 질량으로 알려져 있다. 질량의 평균을 나타낸 방법을 이해하기 위해 두 가지 종류의 사과를 선택하였다(Granny Smith and Pink Lady). 일반적으로 Granny Smith 사과의 질량은 200g인 반면, Pink Lady 사과는 질량이 150 g이다. 이 두 종류의 사과를 하나씩 갖는다면, 평균 '사과당' 질량은 200 g+150 g를 사과 2개로 나누어 175 g이 된다.

200 g 150 g

$$\text{평균 질량} = \frac{200\text{ g} + 150\text{ g}}{2\text{ 사과}} = 175\text{ g 사과 1개당}$$

그러나 만약 서로 다른 수의 Granny Smith 사과와 Pink Lady 사과를 선택한다면 가중된 평균을 계산해야 한다.

$$\text{평균 질량} = \frac{(2)200\text{ g} + (8)150\text{ g}}{10\text{ 사과}} = 160\text{ g 사과 1개당}$$

이 경우 Granny Smith 사과보다 Pink Lady 사과가 더 많기 때문에 사과당 평균 질량은 Pink Lady 사과의 질량에 더 가깝다. 비슷한 내용으로 ^{37}Cl 원자보다 ^{35}Cl 원자가 더 많으면 Cl 원자의 평균 질량이 훨씬 더 크기 때문에 37보다는 35에 가깝다.

원자량 개념을 이해하려면 **원자량을 표현하는 단위인 amu**(atomic mass unit, amu)에 익숙해져야 한다. 원자량 단위는 ^{12}C 원자 질량의 1/12로 정의된다. 이 척도에서 ^{35}Cl 원자의 질량은 34.968852721 amu이다(원자의 질량은 질량수와 정확히 같지 않다는 점에 유의하시오). ^{37}Cl 원자의 질량은 36.96590262 amu이다.

주기율표에 나와 있는 35.45는 염소의 **평균 원자량**(average atomic mass)이며 다음과 같이 계산할 수 있다.

자연적으로 존재하는 염소 원자의 75.78%가 ^{35}Cl이고 24.22%가 ^{37}Cl이다.

$$(0.7578)(34.968852721\text{ amu}) + (0.2422)(36.96590262\text{ amu}) = 35.45\text{ amu}$$

많은 원소들이 자연적으로 존재하는 두 종류 이상의 동위 원소를 갖는다[예를 들어, 주석(Sn)은 10개의 동위 원소가 보고되었다]. 두 종류의 동위 원소만을 갖는 원소의 경우는 주기율표의 원자 질량을 살펴보는 것만으로도 자연계에 어떤 원소가 더 풍부한지 알 수 있다. 예를 들어, 붕소는 자연계에 두 종류의 동위 원소 ^{10}B와 ^{11}B가 있다. 주기율표에 나와 있는 붕소의 평균 원자 질량은 10.81이고 10보다 11에 더 가까운 값을 갖는 것으로 보아 ^{11}B이 훨씬 더 많다는 것을 알 수 있다. 실제로도 자연계에는 80.1%의 ^{11}B와 19.9%의 ^{10}B가 존재한다.

예제 2.6은 두 종류의 동위 원소 중에서 더 풍부하게 존재하는 원소를 찾는 방법에 관한 문제이다.

예제 2.6 주어진 평균 원자 질량으로부터 많이 존재하는 동위 원소 찾기

다음은 몇몇 원소의 두 가지 동위 원소들이다. 주기율표의 원자 질량을 이용하여 두 동위 원소 중 더 많이 존재하는 동위 원소를 고르시오.

(a) Ne−20과 Ne−22
(b) In−113과 In−115(Z=49)
(c) Cu−63과 Cu−65

전략 주기율표에 표시된 원자 질량은 각 동위 원소들의 평균 원자 질량이다.

계획 주기율표의 원자 질량은 동위 원소 중에 자연계에서의 존재 비율이 큰 원소의 질량 수에 더 가깝다.

풀이 (a) Ne−20. 네온의 원자 질량은 20.18로 22보다 20에 더 가깝다.
(b) In−115. 인듐의 원자 질량은 114.82로 113보다 115에 가깝다.
(c) Cu−63. 구리의 원자 질량은 63.55로 65보다 63에 더 가깝다.

생각해보기

평균 원자 질량(주기율표의 각 원소 기호 아래에 있는)은 각 원소의 동위 원소 중에서 과량으로 존재하는 원소의 질량 수에 더 가깝다.

추가문제 1 다음은 몇몇 원소의 두 가지 동위 원소들이다. 주기율표의 원자 질량을 이용하여 두 동위 원소 중 더 많은 양이 존재하는 동위 원소를 고르시오.

(a) Mg−24와 Mg−25
(b) Li−6과 Li−7
(c) Ta−180과 Ta−181(Z=73)

추가문제 2 다음 중 주기율표의 원자 질량을 참고하여 옳은 진술을 고르시오.

(a) 은에는 대략 Ag−107과 Ag−109가 같은 비율로 존재한다.
(b) 루비듐에는 Rb−87이 주로 존재한다.
(c) 바나듐에는 대략 V−50과 V−51이 같은 비율로 존재한다.

추가문제 3 Granny Smith 사과 4개와 Pink Lady 사과 6개로 구성된 사과 묶음 속 사과 한 개당 평균 질량을 결정하시오.

화학과 친해지기

철분 강화 시리얼

철분 부족은 세계적으로 가장 흔한 영양 결핍 현상이다. 세계 인구의 약 25%가 건강을 유지하기 위해 필요한 철분을 섭취하지 못하고 있다. 철분은 적혈구의 산소 운반에 사용되는 헤모글로빈을 생성하는 데 꼭 필요한 원소이며 부족할 경우 빈혈을 일으킨다. 빈혈이 있는 사람들은 피로, 허약, 창백, 식욕 저하, 두통, 현기증 등의 다양한 증상으로 고통받는다. 물론 약국의 진열장에는 아주 다양한 철분제들이 있지만 철분을 섭취하는 가장 쉬운 방법은 철분 강화 시리얼을 먹는 것이다. 이러한 시리얼들은 다양하고 친숙한 브랜드에서 쉽게 구할 수 있다. 여러분은 시리얼에 어떻게 철분을 '강화'하는지 생각해 본 적 있는가? 시리얼의 철분 강화 방법은 단순하다. 바로 철 금속을 첨가하는 것이다! 곡물과 다른 성분인 아주 미세한 철 가루를 첨가한다. 시리얼에 첨가된 철은 쉽게 분리되고 관찰되며 간단한 과학 실험으로 나타낼 수 있다. 시리얼을 물에 탄 다음 강한 자석을 가까이하면 철가루가 분리된다(많은 유튜브 동영상에서 이 실험을 볼 수 있다. 〈철분 강화 시리얼〉로 검색만 하면 된다).

예제 2.7은 자연계에 존재하는 동위 원소의 비율을 이용하여 평균 원자 질량을 구하는 문제이다.

예제 2.7 동위 원소 존재비를 이용한 평균 원자 질량 계산

구리의 안정한 두 동위 원소는 자연계에 Cu−63(62.929599 amu)이 69.17% 그리고 Cu−65(64.927793 amu)가 30.83% 존재한다. 구리의 평균 원자 질량을 구하시오.

전략 각 동위 원소는 존재 비율에 따라 원자 질량에 기여한다. 각 동위 원소 질량 수에 존재비(%로 나타낸)를 곱한 값을 더하여 평균 원자 질량을 구한다.

계획 각각의 퍼센트 존재비는 100으로 나누어서 69.17/100 또는 0.6917과 30.83/100 또는 0.3083으로 계산하여 곱한다. 질량 수와 존재비를 곱한 값을 더하면 평균 원자 질량이 되고 이를 중량 평균 원자 질량이라고 한다.

풀이

$$\begin{array}{r} 0.6917 \times 62.929599 = 43.5284\ \text{amu} \\ +0.3083 \times 64.927793 = 20.0172\ \text{amu} \\ \hline 63.5456\ \text{amu} \end{array}$$

생각해보기

평균 원자 질량은 동위 원소 중 많은 양으로 존재하는 원소의 질량 수에 근접하며(이 경우는 Cu−63 동위 원소), 이 책의 표지 안쪽에 수록된 주기율표의 구리 원자 질량과 소수 둘째 자리까지 같다(구리의 원자 질량 63.55 amu).

추가문제 1 질소의 안정한 두 동위 원소 N−14(14.003074002 amu)와 N−15(15.000108898 amu)는 자연계에 99.63%와 0.37%의 비율로 존재한다. 질소의 평균 원자 질량을 소수 둘째 자리까지 구하시오.

추가문제 2 네온의 동위 원소 Ne−20(19.9924401754 amu), Ne−21(20.99384668 amu), Ne−22(21.991385114 amu)는 90.5%, 0.3%, 9.3%의 비율로 존재한다. 네온의 평균 원자 질량을 소수 둘째 자리까지 구하시오.

추가문제 3 다음 그림에는 원소 기호 Rr, 원자 번호 115라고 가정한 가상의 원자가 15개 나타나 있다. Rr에는 Rr−285(초록색)와 Rr−294(보라색)로 표시한 두 종류의 동위 원소가 있다. 다음 그림과 아래에 주어진 동위 원소의 질량을 이용하여 Rr의 평균 원자 질량을 구하시오.

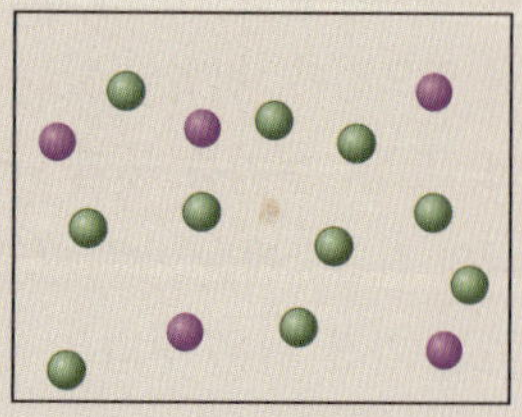

Rr−285(초록색)=284.9751 amu
Rr−294(보라색)=293.9855 amu

주요 내용

주기율표의 구성

이 과목을 공부하는 과정에서 주기율표를 자주 이용하게 된다. 주기율표는 생각 이상으로 많은 정보를 포함하고 있는 유용한 도구이다. 주기율표를 이용하는 가장 좋은 방법은 주기율표에 함축된 정보들을 친숙하게 받아들이고 이를 새로운 개념이나 주어진 문제를 해결하는 데 이용하는 것이다.

주기율표의 구성을 살펴보는 데는 몇 가지 방법이 있다. 한 가지 방법은 표를 금속, 비금속, 준금속으로 나누는 것으로 아래의 표에 금속은 초록색, 비금속은 파란색, 준금속은 노란색으로 표시하였다.

H																	He
Li	Be											B	C	N	O	F	Ne
Na	Mg											Al	Si	P	S	Cl	Ar
K	Ca	Sc	Ti	V	Cr	Mn	Fe	Co	Ni	Cu	Zn	Ga	Ge	As	Se	Br	Kr
Rb	Sr	Y	Zr	Nb	Mo	Tc	Ru	Rh	Pd	Ag	Cd	In	Sn	Sb	Te	I	Xe
Cs	Ba	La	Hf	Ta	W	Re	Os	Ir	Pt	Au	Hg	Tl	Pb	Bi	Po	At	Rn
Fr	Ra	Ac	Rf	Db	Sg	Bh	Hs	Mt	Ds	Rg	Cn	Nh	Fl	Mc	Lv	Ts	Og

다른 방법은 나열된 원소들을 원자 번호가 증가하는 순서로 살펴보는 것이다. 주기율표는 책을 읽는 것과 마찬가지로 왼쪽에서 오른쪽 방향으로 첫 번째, 두 번째로 순서를 붙인다.

1 H																	2 He
3 Li	4 Be											5 B	6 C	7 N	8 O	9 F	10 Ne
11 Na	12 Mg											13 Al	14 Si	15 P	16 S	17 Cl	18 Ar
19 K	20 Ca	21 Sc	22 Ti	23 V	24 Cr	25 Mn	26 Fe	27 Co	28 Ni	29 Cu	30 Zn	31 Ga	32 Ge	33 As	34 Se	35 Br	36 Kr
37 Rb	38 Sr	39 Y	40 Zr	41 Nb	42 Mo	43 Tc	44 Ru	45 Rh	46 Pd	47 Ag	48 Cd	49 In	50 Sn	51 Sb	52 Te	53 I	54 Xe
55 Cs	56 Ba	57 La	72 Hf	73 Ta	74 W	75 Re	76 Os	77 Ir	78 Pt	79 Au	80 Hg	81 Tl	82 Pb	83 Bi	84 Po	85 At	86 Rn
87 Fr	88 Ra	89 Ac	104 Rf	105 Db	106 Sg	107 Bh	108 Hs	109 Mt	110 Ds	111 Rg	112 Cn	113 Nh	114 Fl	115 Mc	116 Lv	117 Ts	118 Og

원소들 중에서 자주 접하는 원소들을 주기율표의 주족 원소라고 한다. 주기율표를 구성하는 각 사각형에는 원자 번호, 원소 기호, 원소 이름 그리고 평균 원자 질량이 표시되어 있다. 각 세로줄은 각각의 족 번호를 갖고 있다. 주족은 1, 2족과 13~18족이다. 뒷부분에 나오는 문제들을 풀기 위해서는 주기율표에서 원자 질량, 원소 기호, 족 번호 등의 정보를 확인할 경우가 많아질 것이므로 이러한 정보를 빠르게 정확하게 찾는 과정을 연습하는 일은 매우 중요하다.

1 — 족 번호

1	2	13	14	15	16	17	18
1 H Hydrogen 1.008							2 He Helium 4.003
3 Li Lithium 6.941	4 Be Beryllium 9.012	5 B Boron 10.81	6 C Carbon 12.01	7 N Nitrogen 14.01	8 O Oxygen 16.00	9 F Fluorine 19.00	10 Ne Neon 20.18
11 Na Sodium 22.99	12 Mg Magnesium 24.31	13 Al Aluminum 26.98	14 Si Silicon 28.09	15 P Phosphorus 30.97	16 S Sulfur 32.07	17 Cl Chlorine 35.45	18 Ar Argon 39.95
19 K Potassium 39.10	20 Ca Calcium 40.08	31 Ga Gallium 69.72	32 Ge Germanium 72.64	33 As Arsenic 74.92	34 Se Selenium 78.96	35 Br Bromine 79.90	36 Kr Krypton 83.80
37 Rb Rubidium 85.47	38 Sr Strontium 87.62	49 In Indium 114.8	50 Sn Tin 118.7	51 Sb Antimony 121.8	52 Te Tellurium 127.6	53 I Iodine 126.9	54 Xe Xenon 131.3
55 Cs Cesium 132.9	56 Ba Barium 137.3	81 Tl Thallium 204.4	82 Pb Lead 207.2	83 Bi Bismuth 209.0	84 Po Polonium (209)	85 At Astatine (210)	86 Rn Radon (222)
87 Fr Francium (223)	88 Ra Radium (226)	113 Nh Nihonium (284)	114 Fl Flerovium (289)	115 Mc Moscovium (288)	116 Lv Livermorium (293)	117 Ts Tennessine (293)	118 Og Oganesson (294)

주요 내용 문제

2.1

주족 원소들 중에서 어떤 족(group)이 가장 많은 수의 금속원자를 포함하는가?

(a) 1　(b) 3
(c) 4　(d) 16
(e) 17

2.2

주족 원소 가운데 1~6주기 중 어떤 주기(period)가 가장 많은 수의 비금속 원자들을 포함하는가?

(a) 2　(b) 3
(c) 4　(d) 5
(e) 6

2.3

주족 원소들 중에서 원자 번호와 평균 원자 질량이 증가하는 순서가 일치하지 않는 경우는 몇 번인지 찾으시오.

(a) 없음　(b) 1번　(c) 2번
(d) 3번　(e) 3번 이상

2.4

동위 원소의 원자 질량이 다른 이유를 찾으시오.

(a) 양성자 수가 다르다.
(b) 전자 수가 다르다.
(c) 중성자 수가 다르다.
(d) 전하가 다르다.
(e) 양성자 수와 중성자 수가 다르다.

연습문제

2.1절: 화학 연구

2.1 과학적 이론(scientific theory)을 직접 서술하시오.

2.2 가설(hypothesis)이 무엇인지 서술하시오.

2.2절: 원자

2.3 원자는 작게 쪼개질 수 있는가? 만약 그렇다면 쪼개진 부분은 원자처럼 행동할 수 있는가?

2.3절: 아원자 입자와 원자핵 모형

2.4 헬륨 원자를 분리된 구성 요소로 '분해'했다면 무엇을 얻을 수 있는가?

2.5 다음 문장의 참, 거짓을 판별하고 거짓일 경우 바르게 고치시오.

(a) 중성 원자는 항상 동일한 수의 양성자와 중성자를 포함한다.

(b) 전자 수는 항상 중성 원자의 양성자 수와 같다.

(c) 중성자 수는 원자의 전하에 영향을 주지 않는다.

(d) 양성자는 원소의 구성요소 중 가장 작은 단위의 식별 가능한 '조각'이며 원소와 동일한 특성을 가진다.

2.6 다음 중 중성 원자를 나타내는 데이터 세트는 무엇인가?

	n°	p^+	e^-
(a)	28	24	21
(b)	28	24	24
(c)	62	46	46

2.4절: 원소와 주기율표

2.7 다음 중 올바른 원소 기호/이름의 조합은 무엇인가? 조합이 틀린 경우 바르게 고치시오.

(a) Ca=탄소(carbon)

(b) B=브로민(bromine)

(c) Na=소듐(sodium)

(d) Cu=구리(copper)

2.8 다음 중 올바른 원소 기호/이름의 조합은 무엇인가? 조합이 틀린 경우 바르게 고치시오.

(a) Pt=플루토늄(plutonium)

(b) Ni=질소(nitrogen)

(c) Pb=납(lead)

(d) P=인(phosphorus)

2.9 다음은 중성의 원자에 대한 표이다. 빈칸을 채우시오.

원소 기호	원소 이름	원자 번호	질량 수	양성자 수	중성자 수	전자 수
	실리콘		29			
Mg					14	12
		15	31			
				30	36	
			127			53

2.5절: 주기율표의 구성

2.10 주기율표의 각 색깔 영역에 올바른 용어를 표기하세요. 주족 원소를 구별하는 윤곽선을 그리시오.

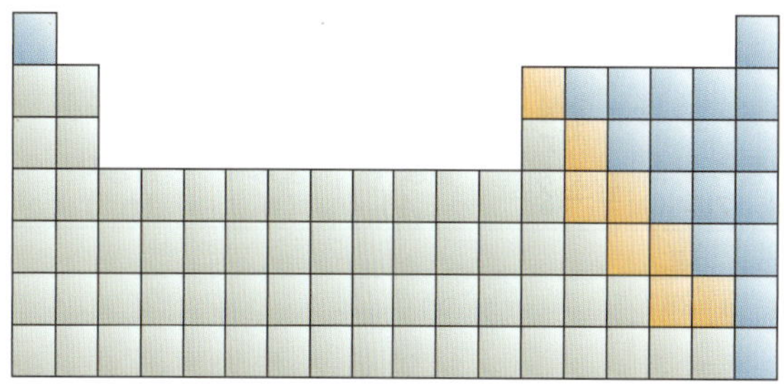

2.11 다음 원소 중 금속은 무엇인가?

Li Ba C Cl Ar Cu V I Kr O F S

2.12 다음 원소 중 준금속은 무엇인가?

Li Ba C Cl Ar Cu V I Kr O F S

2.13 다음 원소 중 비활성 기체는 무엇인가?

Li Ba C Cl Ar Cu V I Kr O F S

2.14 다음 원소 중 알칼리 토금속은 무엇인가?

Li Ba C Cl Ar Cu V I Kr O F S

2.15 다음 원소 중 비금속은 무엇인가?

Fe Br Xe Se As Si Ni K Sr Pb P N

2.16 다음 원소 중 할로젠은 무엇인가?

Fe Br Xe Se As Si Ni K Sr Pb P N

2.17 다음 원소 중 알칼리 금속은 무엇인가?

Fe Br Xe Se As Si Ni K Sr Pb P N

2.18 다음 표를 참고하여 각 원소에 해당하는 부분에 ✓를 표시하시오.

원소 기호	주족 원소	전이 원소	금속	비금속	준금속	알칼리 금속	알칼리 토금속	할로젠	비활성 기체
Rb	✓		✓			✓			
Be									
Ag									
Zn									

2.19 다음 원소에 해당하는 분류에 ✓를 표시하시오.

원소 기호	주족 원소	전이 원소	금속	비금속	준금속	알칼리 금속	알칼리 토금속	할로젠	비활성 기체
Cl									
P									
Mg									

2.20 다음 원소에 해당하는 분류에 ✓를 표시하시오.

원소 기호	주족 원소	전이 원소	금속	비금속	준금속	알칼리 금속	알칼리 토금속	할로젠	비활성 기체
I									
Ar									
K									

2.6절: 동위 원소

2.21 다음을 포함하는 원소의 동위 원소 기호를 쓰시오.
(a) 4개의 양성자, 5개의 중성자
(b) 12개의 양성자, 13개의 중성자
(c) 20개의 양성자, 20개의 중성자

2.22 다음 동위 원소의 원자를 그림으로 그리시오.
(a) $^{9}_{4}Be$ (b) $^{4}_{2}He$ (c) $^{10}_{5}B$

2.23 다음 중성 원자에 대한 표의 빈칸을 채우시오.

동위 원소 기호	원소 기호	질량 수 (A)	중성자 (n°)	양성자 (p^+)	전자 (e^-)
^{109}Ag					
Si−28					
		40			18

2.24 다음 중 두 개의 원자가 서로의 동위 원소임을 나타내는 것은?

	원자 #1			원자 #2		
	n°	p^+	e^-	n°	p^+	e^-
(a)	22	20	20	20	22	20
(b)	12	12	12	14	12	12
(c)	20	19	19	19	20	19

2.7절: 원자 질량

2.25 다음은 두 개의 동위 원소를 나열한 것이다. 주기율표의 원자 질량을 참조하여 어느 것이 더 높은 존재비를 나타내는지 표시하시오.
(a) Ni−58 또는 Ni−60 (b) K−39 또는 K−41
(c) Fe−54 또는 Fe−56

2.26 다음 중 주기율표의 원자 질량에 따라 맞는 설명은 어느 것인가?
(a) La−138은 La−139보다 높은 존재비를 갖는다.
(b) 질소는 N−14와 N−15가 거의 같은 비율로 혼합되어 구성된다.
(c) 마그네슘은 주로 Mg−26으로 구성된다.
(d) 탄소는 대략 C−13과 C−12의 50:50 혼합물로 구성되어 있다.

2.27 다음은 포타슘의 안정한 동위 원소에 대한 정보이다. 포타슘의 원자 질량을 결정하시오.

	질량	존재비
K−39	38.96370 amu	93.258%
K−41	40.96183 amu	6.730%

2.28 다음은 규소의 안정한 동위 원소에 대한 정보이다. 규소의 원자 질량을 결정하시오.

	질량	존재비
Si−28	27.9769265 amu	92.223%
Si−29	28.9764947 amu	4.685%
Si−30	29.9737702 amu	3.092%

2.29 다음은 철의 안정한 동위 원소에 대한 정보이다. 철의 원자 질량을 결정하시오.

	질량	존재비
Fe−54	53.9396 amu	5.854%
Fe−56	55.9349 amu	91.754%
Fe−57	56.9354 amu	2.119%

2.30 아래의 정보와 주기율표상 붕소의 평균 원자 질량을 고려할 때, 붕소의 안정한 동위 원소 두 개의 존재비(%)를 결정하시오.

	질량	존재비
B−10	10.01294 amu	?%
B−11	11.00931 amu	?%

2.31 다음 그림은 기호 Bu와 원자 번호 128을 가진 가상 원소의 12개 원자들을 나타낸 것이고, Bu 가상의 원자는 색상으로 표현된 두 개의 동위 원소가 있다[Bu−333(녹색)과 Bu−337(주황색)]. 그림(자연적으로 발생하는 Bu를 통계적으로 나타냄)과 각 동위 원소의 다음 질량을 사용하여 Bu의 원자 질량을 계산하시오.

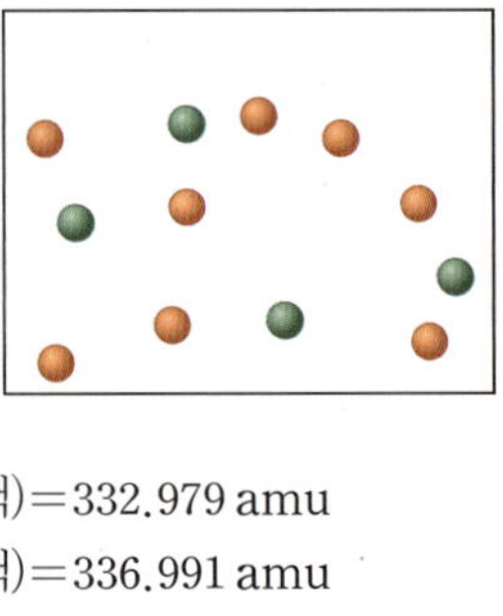

Bu−333(초록색)=332.979 amu
Bu−337(주황색)=336.991 amu

예제 속 추가문제 정답

2.1.1 오직 (c)와 (d)만이 중성 원자이다. 다른 원자의 전하들은 다음과 같다. (a) +3 (b) +2 **2.1.2** (a) 21 (b) 33 (c) 53 (d) −2 **2.2.1** 브롬 **2.2.2** 53 **2.3.1** (a) Rb, 37 (b) 크립톤, Kr **2.3.2** (a) 철의 화학 기호는 Fe이다. (c) 나트륨의 원자 번호는 11이다. **2.4.1** (a) 비금속 (b) 금속 (c) 금속 (d) 비금속 (e) 준금속 **2.4.2** (a) 탄소 (b) 붕소 (c) 비스무트 또는 모스코븀 (d) 질소 또는 인 (e) 주석, 납 또는 플레로븀 **2.5.1** (a) 5, 5, 5 (b) 18, 18, 18 (c) 38, 47, 38 (d) 6, 5, 6 **2.5.2** (a) ^{9}Be (b) ^{51}V (c) ^{124}Xe (d) ^{69}Ga **2.6.1** (a) Mg−24 (b) Li−7 (c) Ta−181 **2.6.2** (a) **2.7.1** 14.01 amu **2.7.2** 20.20 amu

CHAPTER 3

전자와 주기율표

Electrons and the Periodic Table

가공 식품에 흔히 첨가되는 소금은 대체로 식탁에서는 필수품 중 하나이다. 소금 대용물 중 몇몇의 주성분은 염화 포타슘으로, 소금과 똑같아 보이며 일부 사람들은 맛도 비슷하게 느낀다. 이처럼 두 물질이 유사한 이유는 소듐과 포타슘이 매우 비슷한 성질을 가지고 있기 때문이다. 이것이 소듐과 포타슘이 주기율표에서 같은 족에 속하는 이유이다.

이 장의 목표

전자기 복사라고도 하는 몇 가지 빛의 흥미로운 성질과 원자의 전자 구조를 밝히기 위하여 빛이 이용되는 방법을 배운다. 원자의 전자 배치를 결정하는 방법과 그 배치가 원자의 몇몇 성질에 미치는 영향에 대해서도 배운다.

들어가기 전에 미리 알아둘 것

- 원자핵 모형 [|◀◀2.3절]
- 2장 주요 내용 [75~76쪽]

2장에서 핵을 가진 원자에 대하여 공부하였다. 원자의 모든 양전하와 거의 모든 질량은 핵이라고 하는 작고 밀도가 높은 중심부에 모여 있다. 대부분의 원자핵은 양으로 하전된 양성자(proton)와 전하를 가지지 않은 중성자(neutron)를 포함한다. 이러한 원자핵 모형은 원자 구조를 밝히는 데 커다란 진보를 가져왔지만 원자의 음전하 입자인 전자(electron)의 위치에 대해서는 많은 정보를 주지 못하였다. 이 장에서는 전자의 배열 및 아원자 입자의 수, 성질, 배열이 원자의 성질에 어떻게 기여하는지를 포함하여 원자의 내부 구조에 대하여 공부할 것이다. 우리가 알고 있는 원자의 성질 중 많은 것은 빛(light)을 이용한 실험의 결과이다. 따라서 원자와 원자의 구조에 대한 현대의 지식을 알아보기 전에 빛 자체에 대하여 조금 더 알아본다.

학생 노트
가시광선은 사람이 볼 수 있는 빛이다. 몇몇 생물들은 사람이 보지 못하는 파장을 포함하는 스펙트럼 부분까지도 볼 수 있다. 예를 들면, 곤충, 파충류, 조류 대부분은 사람이 볼 수 있는 붉은색 범위까지는 보지 못하지만 대신에 자외선 범위까지 볼 수 있다. 흥미롭게도 몇몇 조류는 사람 눈에는 암수가 비슷하게 보이지만, 자외선을 볼 수 있는 조류들은 자신들의 차이를 볼 수 있다.

3.1 빛의 본질

빛은 파동(wave) 형태로 전달될 수 있는 에너지이다(소리도 마찬가지이다). 모든 파동은 파장과 진동수라는 공통된 특징이 있는데, 서로 다른 두 파동을 그림 3.1에 나타내었다. **파장**(wavelength)(그리스 문자 람다, λ로 표시함)은 연속된 파동에서 똑같은 지점[흔히 마루(peak)] 사이의 거리이다. **진동수**(frequency)(그리스 문자 뉴, ν로 표시함)는 1초에 특정한 지점을 통과하는 파동의 수이다. 파장과 진동수 사이에는 반비례 관계가 있다는 점을 유의해야 한다. 즉, 파장이 커지면 진동수는 감소하며 반대로 파장이 줄어들면 진동수는 증가한다. 또 빛이 전달하는 에너지(energy)는 파장에 반비례하며 진동수에 비례한다.

- 파장이 증가하면 에너지는 감소한다.
- 진동수가 증가하면 에너지는 증가한다.

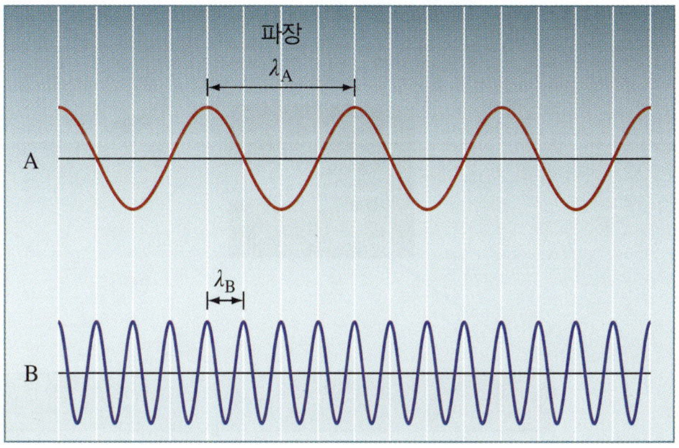

그림 3.1 서로 다른 파장과 진동수를 가진 두 파동. A는 B보다 4배의 큰 파장을 가지고 있고, B는 A보다 4배의 큰 진동수를 가지고 있다. 파동 A는 에너지가 더 낮은 빛이며, 파동 B는 에너지가 더 높은 빛이다.

사람이 말하는 '빛'은 보통 가시(visible)광선을 의미한다. 많은 사람들이 초등학교 과학에서 유리 프리즘을 이용하면 햇빛을 색 성분으로 분리할 수 있다는 것을 알고 있다[그림 3.2(a)]. 프

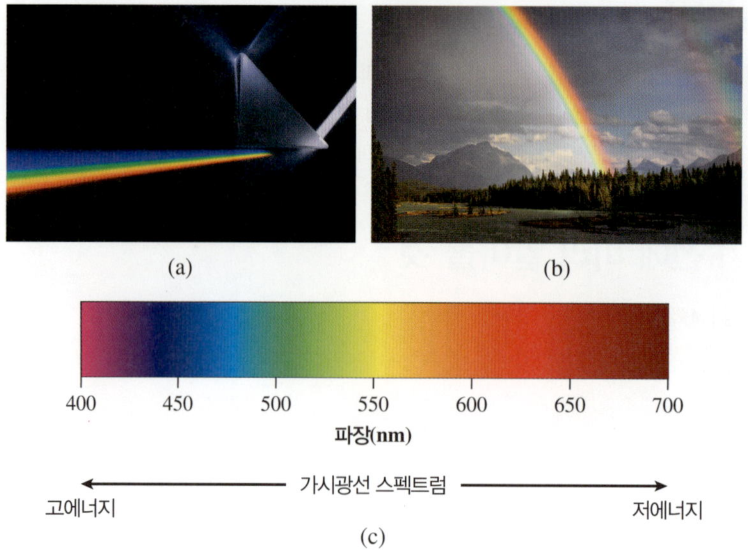

그림 3.2 (a) 햇빛을 색 성분들로 분리하는 데 프리즘이 이용된다. (b) 무지개에서 물방울은 햇빛을 분리하는 작은 프리즘으로 작용한다. (c) 두 실험은 모두 햇빛을 가시광선으로 분리한다.

리즘 실험을 보지 못했더라도 무지개는 분명히 본 적 있을 것이다. 흔히 비온 뒤 나타나는 무지개는 공기 중에 있는 물방울에 의하여 햇빛이 색들로 분리된 것이다[그림 3.2(b)]. '백색광'이라고도 하는 햇빛을 구성하는 색의 배열을 태양의 가시광선 **방출 스펙트럼**(emission spectrum)이라고 한다[그림 3.2(c)].

가시광선이 가장 친숙한 형태이기는 하지만 다른 종류의 빛도 존재한다. 눈에 보이지 않는 자외선(ultraviolet)으로부터 피부를 보호하기 위하여 선크림을 바른다. 가시광선과 자외선 모두 **전자기 스펙트럼**(electromagnetic spectrum)의 일부이다(그림 3.3). 전자기 스펙트럼에는 모든 종류의 전자기 복사(elctromagnetic radiation, 빛보다 더 전문적인 용어)가 파장이 증가하는 순서로 배열되어 있다. 파장이 가장 짧은 것은 감마선이며 가장 긴 것은 수 미터 길이의 라디오파이다. 그림 3.3에는 햇빛이 가진 여러 가지 복사선을 나노미터(nanometer, nm)

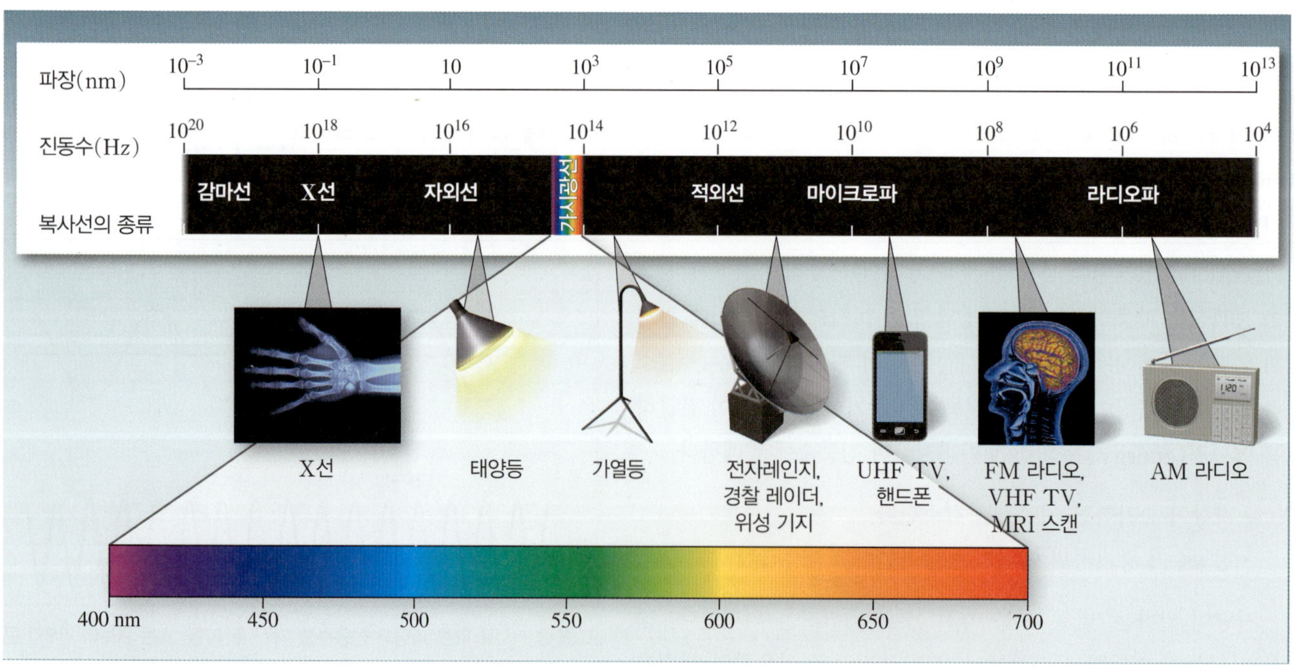

그림 3.3 전자기 스펙트럼

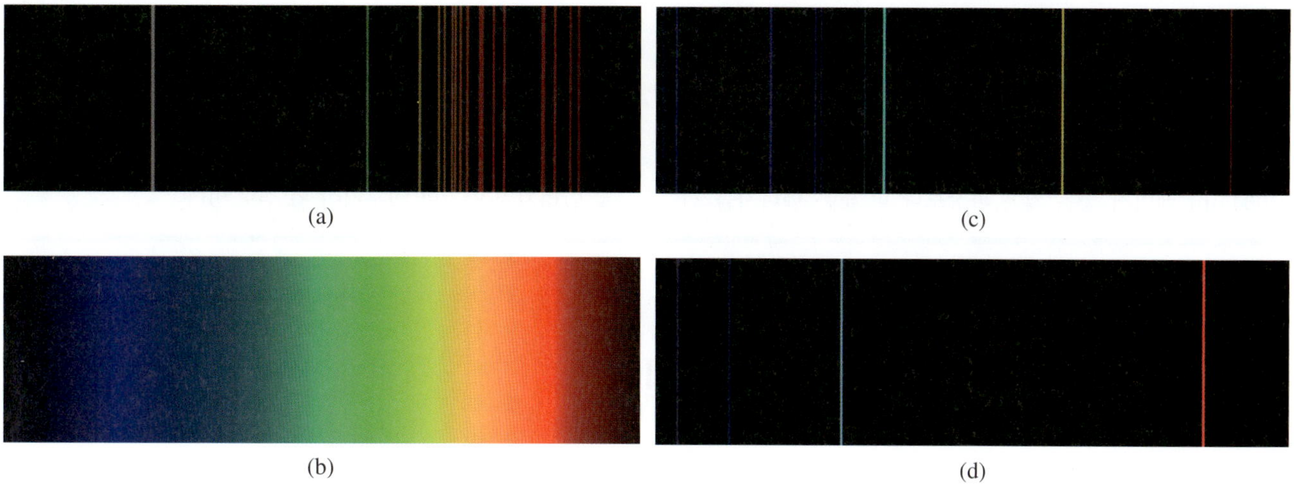

그림 3.4 방출 스펙트럼. (a) 네온의 빛 (b) 백색광(햇빛) (c) 헬륨 (d) 수소

길이로 나타내었다(1미터는 1,000,000,000나노미터로 나노미터는 매우 작은 길이 단위이다). 사람에게 익숙한 가시광선 스펙트럼은 전자 전자기 스펙트럼의 아주 작은 일부만을 차지한다.

> **학생 노트**
> 파장을 표현하는 데 사용되는 것을 포함하여 화학에서 사용되는 더 많은 단위들을 1장에서 학습하였다.

물론 태양이 가시광선을 내놓는 유일한 것은 아니다. 실제로 보이는 모든 것은 가시광선을 복사(radiating)하거나 반사(reflecting)하고 있다. 태양의 백색광을 여러 가지 복사선들로 분리한 것과 같은 방법으로 네온사인에서 나오는 붉은 빛도 그림 3.4(a)와 같이 분리할 수 있다. 네온이 방출하는 빛의 가시광선 스펙트럼은 태양이 방출하는 것과는 다르다. 태양의 방출 스펙트럼[그림 3.4(b)]은 모든 가시광선 파장을 포함하여 연속적이다. 네온 광선의 방출 스펙트럼은 훨씬 더 적은 수의 파장들을 포함하며, 스펙트럼의 많은 부분은 검은색이다. 헬륨[그림 3.4(c)]과 수소[그림 3.4(d)]의 방출 스펙트럼은 더 적은 수와 선들을 포함하며, 수소는 가시광선 영역의 방출 스펙트럼에서 단지 4개의 파장만을 포함한다. 연속적이 아니고 (헬륨과 수소처럼) 구별된 선들만 포함하는 방출 스펙트럼을 **선 스펙트럼**(line spectra)이라고 한다. 선 스펙트럼은 원자 모형을 발전시키는 데 중요하다는 것이 밝혀졌다.

> **학생 노트**
> 'spectra'는 'spectrum'의 복수형이다.

생각 밖 상식

레이저 포인터

대중적으로 사용되고 있는 레이저 포인터는 흔히 630에서 680 nm 범위의 파장을 가지는 붉은색 영역의 가시광선을 방출한다. 이 기구는 값이 싸고 쉽게 이용할 수 있기 때문에 교사나 강연자뿐만 아니라 청소년에서부터 심지어 어린아이들에게까지 유행되었으며 안전에 관한 심각한 우려를 불러일으켰다. 사람의 눈 깜박임 반사 작용은 일반적으로 이런 기구에 의한 눈의 손상을 방어하는 데 충분하지만, 레이저 포인터에서 나오는 빛을 눈에 의도적이고 지속적으로 노출하면 위험할 수 있다. 532 nm 파장의 빛을 방출하는 신형 녹색 레이저 포인터는 특히 우려가 크다. 이 기구의 레이저에는 전

자기 스펙트럼의 적외선 영역의 복사선(1,064 nm)과 적외선이 방출되는 것을 방지하기 위하여 필터를 장착한다. 그러나 값싼 일부 제품은 충분한 안전표지가 되어 있지 않으며, 필터가 쉽게 제거되어서 위험한 복사선이 방출될 수 있다. 1,064 nm 레이저 빛은 짧은 파장보다 더 낮은 에너지를 전달하지만 그것은 눈에 보이지 않아서 가시 파장이 일으킬 수 있는 눈 깜박임 반응을 일으키지 않기 때문에 눈에는 더 큰 위험을 초래한다. 1,064 nm의 빛은 눈을 통과하여 망막을 손상시킨다. 빛이 눈에 보이지 않기 때문에 손상이 즉각적으로 알려지지 않지만 영구적이 될 수도 있다.

3.2 Bohr 원자

20세기 초에 과학 사회에 혁신적 개념이 생겨났다. Max Planck와 Albert Einstein을 비롯한 몇몇 뛰어난 과학자들은 그들의 실험 결과 중 일부가 빛이 단순히 파동으로 전달되는 에너지가 아니라 작은 입자의 흐름으로 생각해야만 설명될 수 있다고 제안하였다. 물질이 아주 작고 구분된 입자(particle, 원자)로 구성되었다고, 즉 **양자화**(quantized)되어 있다고 쉽게 생각할 수 있다. 에너지를 이런 식으로 생각하는 것은 더 어려울 수 있다. 에너지는 양자화되어 있다기보다는 연속적이라고 생각되었다. 거시적 척도로 그 차이를 나타내기 위하여 서로 다른 높이에 있는 플랫폼 사이의 두 가지 가능한 경로를 생각해보자(그림 3.5). 한 경로는 계단들로 되어 있고, 다른 경로는 경사로로 되어 있다. 물체를 경사로에 놓으면 놓은 위치에 따라서 그것은 어떤 높이에도 놓여 있을 것이다. 그러나 같은 물체를 계단에 놓으면 놓일 수 있는 어떤 특정한 높이에만 놓일 것이다. 에너지를 나타낸 그림에서 고무 오리가 올라가는 것을 상상해보자. 경사로에서 오리의 상승은 모든 양의 에너지로 나타낼 수 있다. 그러나 계단에서는 오리의 상승은 다섯 개의 다른 특정한 에너지 양으로 나타낼 수 있다. 이것이 양자화의 골자이다. 에너지, 특히 빛(light)은 모든 양으로는 존재할 수 없다. 물질과 마찬가지로 빛은 작고 구분되는 양으로 존재해야 한다(마치 원자와 유사하다). 이 작고 구분되는 빛의 '꾸러미'를 **광자**(photon)라고 한다. 빛이 양자화되어 있다는 이 혁신적 생각은 영민하게 선 스펙트럼과 조합되어서 원자의 다음 단계 모형을 개발하는 데 이용되었다.

덴마크의 물리학자인 Niels Bohr는 수소의 선 스펙트럼[그림 3.4(d)]과 양자화 개념을 조합하여 오늘날 **Bohr 원자**(Bohr atom)(그림 3.6)라고 불리는 모형을 만들었다. Bohr는 수소의 선 스펙트럼은 항상 4개의 선을 포함하고 파장들도 항상 같았기 때문에 수소 원자는 전자가 머무를 수 있는 계단처럼 구분되는 에너지 준위를 가지는 것으로 생각하였다(수소를 기억하자.

그림 3.5 왼쪽의 경사로는 위와 아래 플랫폼 사이의 연속된 경로이다. 고무 오리는 두 플랫폼 사이의 어느 곳에도 놓일 수 있다. 오른쪽의 계단은 양자화된 경로이다. 이 경로에서는 다섯 가지 다른 수준(위와 아래 플랫폼을 포함하여)만 가능하다.

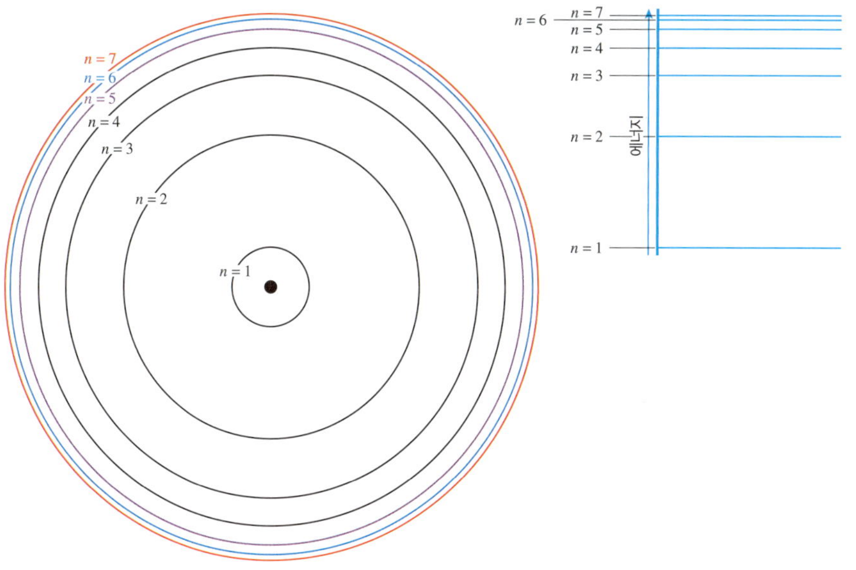

그림 3.6 Bohr 원자 모형

수소 원자는 단 하나의 전자를 갖고 있다). 그는 이것을 핵 주위를 회전하는 동심원의 원형 경로들로 나타내고 **궤도**(orbit)라고 불렀다. 각 궤도는 **양자 수**(quantum number, n)를 이용하여 표시되는 특정한 에너지 준위에 존재한다. 그는 보통 상태에서 수소 원자의 전자는 가장 낮은 에너지 준위($n=1$)에 머무른다고 가정하고, 이것을 **바닥 상태**(ground state)라고 불렀다. 또 그는 수소 원자 시료에 에너지를 넣어주면 원자는 에너지 중 일부를 흡수한다고 추론하였다. 흡수된 에너지는 전자를 **들뜬 상태**(excited state)라고 하는, n이 1보다 더 큰 정수(2, 3, 4, 5⋯)인 더 높은 에너지 준위로 올라가게 만든다. 들뜬 상태의 전자는 곧 내려오면서(더 낮은 에너지 준위로 돌아감) 들뜰 때 이용하였던 에너지의 일부를 (전자기 복사 형태로) 내놓는다. 이 모형은 어떤 특정한 에너지 준위들만 존재하기 때문에 나오는 에너지는 어떤 특정한 양만 나오게 된다. 따라서 어떤 특정한 파장의 빛이 방출된다.

Bohr 모형에 따르면 들뜬 전자는 더 낮은 n 값을 가지는 모든 궤도로 내려올 수 있다. 따라서 $n=9$인 궤도로 들뜬 전자는 $n=4$인 궤도로도 내려올 수 있다. 또 $n=4$에서 $n=1$로도 내려올 수 있고, $n=5$에서 $n=2$로도 내려올 수 있다. 아래로 내려오는 가능한 전이의 수는 무한하다. 그러나 이러한 전자 전이들 중

$n=6$에서 $n=2$로
$n=5$에서 $n=2$로
$n=4$에서 $n=2$로
$n=3$에서 $n=2$로

전이가 일어나면 (전자기 복사로) 방출되는 에너지는 가시광선 영역의 파장을 가지는 빛이 된다. 들뜬 전자가 더 낮은 궤도로 내려올 때마다 에너지가 나오지만, 이 네 가지 전이만 가시광선을 방출하며 각각 수소의 방출 스펙트럼에 있는 선들 중 하나에 해당한다. 수소의 선 스펙트럼에 해당하는 전자 전이를 그림 3.7에 상세히 나타냈다.

그림 3.7 Bohr 원자

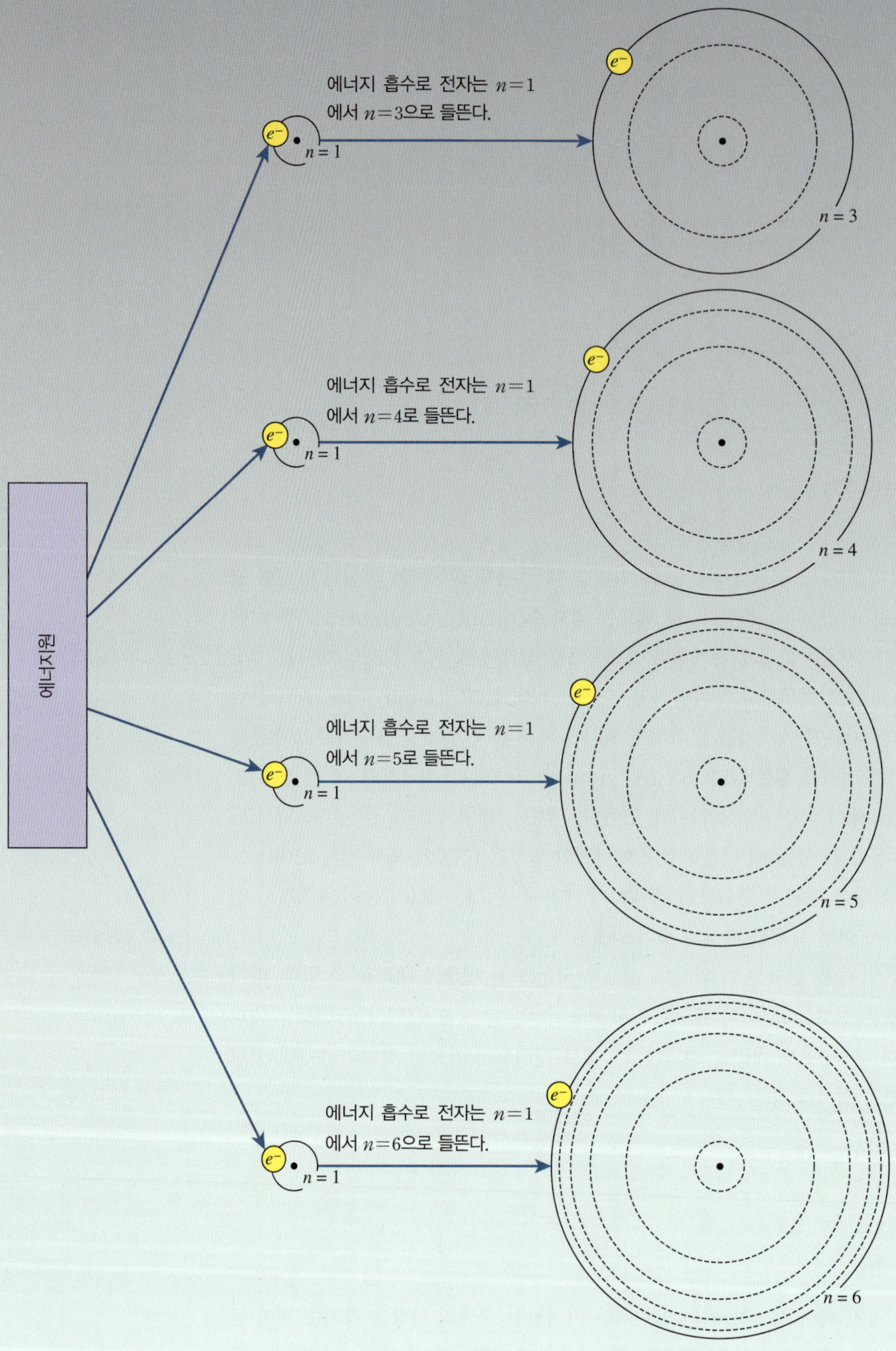
에너지원
에너지 흡수로 전자는 n=1 에서 n=3으로 들뜬다.
에너지 흡수로 전자는 n=1 에서 n=4로 들뜬다.
에너지 흡수로 전자는 n=1 에서 n=5로 들뜬다.
에너지 흡수로 전자는 n=1 에서 n=6으로 들뜬다.
n = 1
n = 3
n = 4
n = 5
n = 6
e⁻

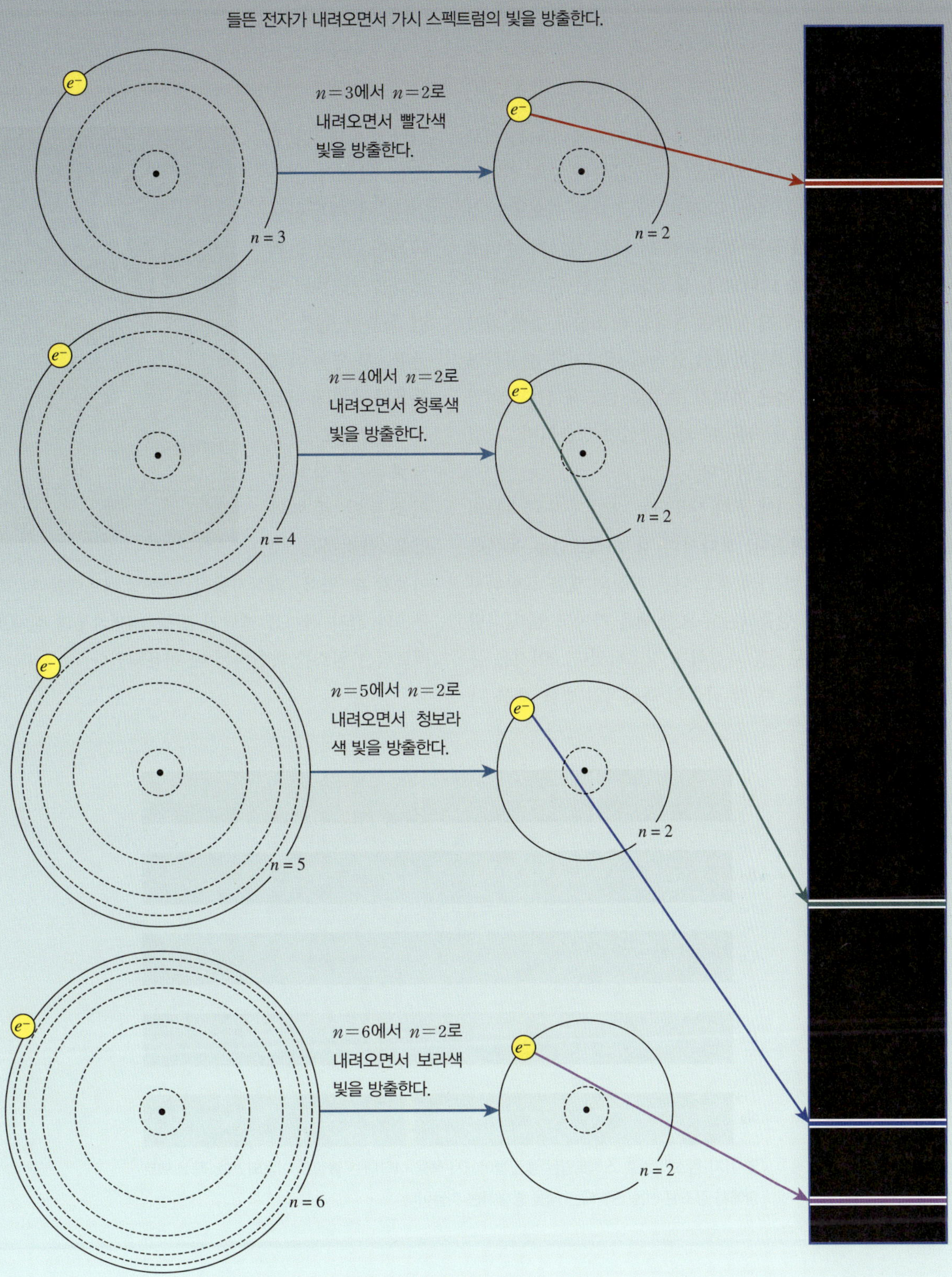

요점은 무엇인가?

수소의 가시 방출 스펙트럼에서 각 선은 더 높은 들뜬 상태($n=3$, 4, 5, 6)에서 더 낮은 들뜬 상태($n=2$)로의 전자 전이의 결과이다. 처음과 나중 상태 사이의 에너지 차이가 방출되는 빛의 파장을 결정한다.

화학과 친해지기

불꽃놀이

다양한 색을 나타내는 불꽃놀이를 보면서 하늘에 빛나는 서로 다른 색들이 왜 생기는지 생각해본 적이 있는가? 수소 원자가 특별한 색(파장)의 빛을 내놓는 것처럼 모든 다른 원소들도 전자가 에너지를 받아서 들뜬 전자들이 더 낮은 에너지 준위로 내려올 때 같은 현상을 나타낸다. 불꽃놀이 포탄에는 어떤 금속들을 포함한 조심스럽게 선택된 물질들의 조합과 함께 화약이 들어 있다. 화약이 폭발하면서 금속에 에너지를 제공하면 그 안의 전자들이 더 높은 에너지 준위로 들뜨게 된다. 이런 전자들이 바닥 상태로 돌아올 때 가시광선이 방출되며 그 결과 화려한 불꽃놀이가 만들어진다.

다음 그림은 불꽃놀이에 흔히 사용되는 다섯 가지 금속들의 방출 스펙트럼을 보여준다. 보다시피 각 스펙트럼은 독특하다. 방출 스펙트럼이 몇 가지 서로 다른 파장의 빛을 포함하지만 각 금속의 더 많이 방출되는 주요한 색을 가지고 있다(그림에서 스펙트럼 선의 두께를 과장하여 강조하였다). 이것은 불꽃놀이에서 가열되었을 때 각 금속의 특징적인 방출 색을 나타나게 한다. 각 원소는 일종의 원소 '지문'에 해당하는 독특한 방출 스펙트럼을 가진다. 이런 독특한 원소 지문은 불꽃놀이에 유용하게 이용되는 것 이외에도 물질 시료를 구성하는 원소들의 종류와 양을 결정하는 데 이용될 수 있다. 과학자들이 방출 스펙트럼을 일으키는 원자 구조와 전자 전이를 깨닫기 전인 19세기부터 실제로 방출 스펙트럼은 원소를 확인하는 데 이용되었다.

몇 가지 원소의 방출 스펙트럼은 불꽃놀이에서 색을 나타내는 물질로 이용되었다. 각 스펙트럼에서 강조된 선은 관찰되는 색을 방출하는 것들이다.

화학과 친해지기

광전효과

19세기에 과학자들이 관찰한 가장 놀라운 현상 중 하나로, 현대의 원자 모형을 발전시키는 데 도움을 준 것은 광전효과(photoelectric effect)이다. 광전효과는 적당한 파장의 빛이 금속 표면을 비출 때 금속 표면으로부터 전자가 방출되는 것이다. 이는 생소하고 실생활과 거리가 먼 개념으로 생각되지만 광전효과는 일상생활에서 매일 마주치는 것이다. 흔히 이용되는 용도 중 하나는 무엇인가가(또는 누군가가) 문 앞에 접근하면 차고 문이 닫히지 못하게 하는 장치이다. 다른 용도는 박물관이나 다른 고도의 보안이 필요한 환경에서 사용하는 동작 감지 시스템이다. 또 다른 용도는 바코드 스캐너가 작동하는 메커니즘이다. 이런 종류의 장치들은 단순히 광선을 차단했을 때만 작동한다. 금속 표면에 도달하는 광선이 차단되면 금속 표면에서 전자 방출이 멈추고 전자 흐름(전류)이 정지된다. 동작 감지 시스템의 경우 비상벨이 울리거나 조명이 켜질 것이다. 바코드 스캐너의 작동 메커니즘은 덜 직접적이기는 하지만 역시 특이한 검은 선들의 무늬에 의한 광선의 차단을 이용한다.

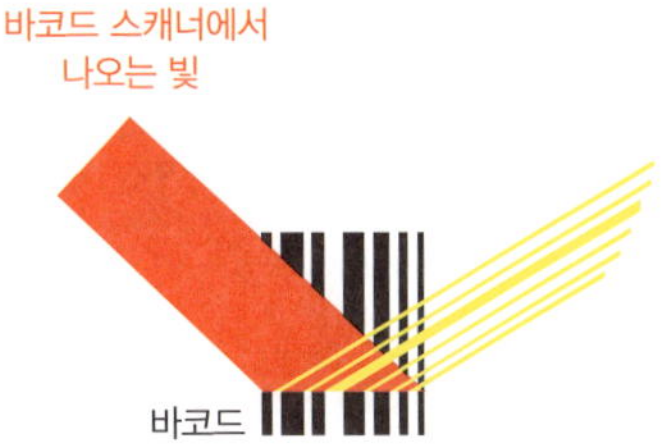

예제 3.1에서 Bohr 원자 모형을 이용하여 전자 전이를 확인하는 연습을 해보자.

예제 3.1 가시광선을 방출하는 전자 전이를 확인하기 위한 Bohr 모형 이용

Bohr 원자 모형에 따르면 다음 전자 전이 중 어느 것이 가시광선을 방출할 것으로 예상되는가?

(a) $n=7$에서 $n=4$로 (b) $n=2$에서 $n=3$으로 (c) $n=5$에서 $n=2$로
(d) $n=6$에서 $n=1$로 (e) $n=4$에서 $n=2$로 (f) $n=7$에서 $n=2$로

전략 학습한 Bohr 원자 모형에 따르면 바닥 상태에서 들뜬 상태로 전자를 들뜨게 하는 데 에너지가 필요하다. 더욱이 특별한 전이는 가시광선을 방출한다.

계획 에너지를 방출하려면 더 높은 값의 n에서 더 낮은 값의 n으로 전이가 일어나야 한다. 가시광선 파장으로 에너지가 방출되려면 전이의 최종 n값이 2여야 하고 초기 n값이 3, 4, 5, 6이어야 한다.

풀이 (c)와 (e) 전이가 가시광선을 방출할 것이다.

생각해보기

(f)에서의 전이는 $n=2$로 일어나지만 $n=3$, 4, 5 또는 6에서 시작하지 않기 때문에 가시광선이 방출되지 않는다. $n=7$에서 $n=2$로의 전이에 의해 방출되는 빛은 전자기 스펙트럼의 자외선 영역에서 발생한다.

추가문제 1 Bohr 원자 모형에서 다음 전자 전이 중 어느 것이 가시광선을 방출할 것으로 예상되는지 나타내시오.

(a) $n=6$에서 $n=2$로 (b) $n=3$에서 $n=8$로 (c) $n=6$에서 $n=3$으로
(d) $n=2$에서 $n=5$로 (e) $n=3$에서 $n=2$로 (f) $n=9$에서 $n=2$로

추가문제 2 Bohr 원자 모형에서 다음 전자 전이 중 어느 것이 어떤 빛(가시광선 이외도 포함)을 방출할 것으로 예상되는지 나타내시오.

(a) $n=6$에서 $n=1$로 (b) $n=4$에서 $n=5$로 (c) $n=7$에서 $n=3$으로
(d) $n=1$에서 $n=6$으로 (e) $n=6$에서 $n=3$으로 (f) $n=2$에서 $n=8$로

추가문제 3 그림 3.3을 보면 가장 짧은 파장이 가장 높은 에너지 복사와 연관되어 있다는 것을 알 수 있다. 예를 들면, 뼈의 영상을 정확하게 나타내는 데 이용되는 X선은 충분히 에너지가 높기 때문에 연조직을 투과할 수 있다. 이것을 고려하여 다음 전이에 의해 나오는 복사선이 발견될 전자기 스펙트럼의 영역을 예측하시오.

(a) $n=6$에서 $n=1$로 (b) $n=6$에서 $n=3$으로

(가시광선을 방출하는 전이는 $n=6$에서 $n=2$로, $n=5$에서 $n=2$로, $n=4$에서 $n=2$로, $n=3$에서 $n=2$로의 전이이다)

3.3 원자 오비탈

Bohr 모형은 수소의 선 스펙트럼에 대한 전자 전이를 훌륭하게 나타냈지만(그는 이 업적으로 1922년 Nobel 상을 수상함) 다른 원소의 방출 스펙트럼을 설명하거나 예측할 수는 없었다. 원자가 두 개 이상의 전자를 가진 경우 모형이 좀 더 복잡해진다는 것이 알려지면서 원자의 양자역학 모형에 진입하게 되었다.

두 개 이상의 전자를 가진 것에 Bohr 모형을 적용할 수 없게 되자 과학자들은 원자 구조의 이해를 진전시키는 데 새로운 접근 방법이 필요하다는 것을 깨달았다. 1924년에 프랑스의 물리학자 Louis de Broglie는 새로운 접근 방법을 제시하였다. 그는 어떤 조건에서 에너지(빛)가 입자(광자)의 흐름처럼 행동한다면 전자와 같은 입자도 어떤 조건에서는 파동과 같은 성질을 나

(a) (b) (c)

그림 3.8 (a) 연소하는 폭죽은 거의 구형인 불꽃 덩어리를 만든다. (b) 이 폭죽의 대부분(90%) 불꽃은 반지름 5 cm의 구 안에 위치한다. (c) 90%의 불꽃을 포함하는 구를 고체 표면으로 표시하였다.

타낼 수 있을 것이라고 가정하였다. 현재의 원자 구조 모형의 요지인 양자역학(quantum mechanics) 또는 **QM 모형**은 전자의 위치를 나타내려 하지 않으며 오히려 오비탈이라고 부르는 전자들이 발견될 만한 공간 지역을 나타내려고 한다. 모두가 원형이며 크기만 다른 Bohr의 궤도(orbit)와는 달리 오비탈(orbital)은 모양도 다르다.

이 책에서는 QM 원자 모형의 수학적 전개를 다루고 있지 않지만 그 모형의 결과는 매우 중요하다. 다음을 생각해보자.

폭죽에 불을 붙이면 구형의 매우 뜨겁고 빛나는 불꽃 구름이 생성된다. 만약 어느 순간에 폭죽의 불꽃 주위 공간에서 불꽃의 위치를 분석할 수 있다면, 그림 3.8(a)와 같이 중심 부근에서 가장 밝은 불꽃을 보게 될 것이다. 불꽃의 밀도는 중심으로 갈수록 높은데 불꽃의 중심에서 멀어질수록 불꽃이 냉각되기 때문이다. 따라서 불꽃 중심에서 비교적 멀리 떨어진 일부 불꽃도 있지만 불꽃의 밀도는 중심에서 가장 높고 중심에서 멀어질수록 희미해진다.

이 그림의 불꽃에서 모든 불꽃을 좌표에 나타낸다면 불꽃 밀도 지도가 만들어질 것이다. 이 특별한 폭죽에서 90%의 불꽃은 반지름 5센티미터의 구형 공간 안에 있을 것이라고 추정할 수 있다[그림 3.8(b)와 (c)].

불타는 폭죽에서 퍼져나오는 불꽃들과 달리 원자 안에서 전자의 좌표는 알 수 없거나 지도로 만들 수 없다. 그러나 양자역학을 이용하면 핵 주위의 공간에서 전자를 발견할 확률을 계산할 수 있고, 전자가 존재할 가능성이 있는 위치에 대한 확률 밀도 지도를 구성할 수 있다. 원자 안에서 그러한 전자의 확률 밀도 지도를 **원자 오비탈**(atomic orbital)이라고 한다.

학생 노트
이런 계산은 매우 복잡하고 이 과정에서는 필요하지 않다.

원자 오비탈의 크기와 모양을 계산하기 위해서는 핵으로부터 궤도의 거리를 나타내는 Bohr 모형의 정수 양자수 이외에 다른 것이 더 필요하다. QM 모형에서 n을 **주양자 수**(principal quantum number)라고 하며, 여전히 정수값을 가진다. 이것은 전자가 머무르는 **주에너지 준위**(principal energy level, 때로는 껍질이라고도 하고 주기율표에서는 주기를 의미함)를 나타낸다. 주양자 수 이외에도 QM 모형은 **에너지 부준위**(energy sublevel, 때로는 부껍질이라고도 함)를 나타내는 s, p, d, f의 문자 표시가 필요하다.

각 주에너지 준위는 하나 이상의 부준위를 포함한다. 또 각 에너지 부준위는 하나 이상의 오비탈을 포함한다. 그러나 이것이 복잡하다고 생각하기 전에 다음을 생각해보자. 에너지 부준위의 숫자와 오비탈의 숫자는 예측이 가능하며 그것들은 정수인 주양자 수의 값에 따라서 결정된다. 표 3.1은 1부터 4까지의 주에너지 준위에 대하여 가능한 원자 오비탈의 표시를 나타내고 있다.

각 주에너지 준위에서 에너지 부준위의 수는 주양자 수, n과 같다. $n=1$이면 한 개의 부준위(s)가 있고, $n=2$이면 두 개의 부준위(s와 p)가 있고, 이런 식으로 진행된다. 같은 문자를 가

표 3.1 주에너지 준위에 따른 부준위 및 부준위의 오비탈 수

n	부준위 문자 표시	에너지 부준위의 오비탈 수
1	s	1
2	s	1
	p	3
3	s	1
	p	3
	d	5
4	s	1
	p	3
	d	5
	f	7

진 에너지 부준위의 오비탈 수는 항상 같다. 즉, s로 표시한 에너지 부준위는 항상 한 개의 오비탈을 포함한다. p로 표시한 에너지 부준위는 항상 세 개의 오비탈을 포함한다. 이 시점에서 명확한 그림으로 구성해보는 것이 도움이 될 것이다.

그림 3.9는 신발가게에서 박스에 담긴 신발들을 전시하기 위하여 설계한 V자형 전시대들을 보여준다. 이 전시대들은 주에너지 준위, 에너지 부준위, 오비탈의 개념을 나타내는 데 도움이 될 것이다.

가장 작은 전시대[그림 3.9(a)]는 $n=1$인 가장 낮은 주에너지 준위를 나타낸다. 이 전시대에는 바닥 준위의 선반이 하나 있으며 이것이 에너지 부준위, s를 나타낸다. 단지 한 개의 신발 박스를 놓을 수 있는 이 선반을 오비탈, 특히 $1s$ 오비탈이라 한다.

오비탈은 주양자 수와 문자 표시로 나타낼 수 있다.

$1s$

두 번째 전시대[그림 3.9(b)]는 $n=2$인 두 번째 주에너지 준위를 나타낸다. 이 전시대에는 두 개의 선반이 있다. 하나는 s 에너지 부준위에 해당하는 바닥 준위이며, 그 위에 있는 것은 p 에너지 부준위에 해당한다. 첫 번째 전시대처럼 아래쪽 선반은 단지 한 개의 신발 박스를 놓을 수 있으며, 이것은 $2s$ 오비탈을 나타낸다. 그러나 다음 선반에는 세 개의 신발 박스를 놓을 수 있으며 이것은 세 개의 $2p$ 오비탈을 나타낸다.

세 번째 전시대[그림 3.9(c)]는 $n=3$인 세 번째 주에너지 준위를 나타낸다. 이 전시대에는 세 개의 선반이 있다. 하나는 s 에너지 부준위에 해당하는 바닥 준위이며, 그 바로 위에 있는 것은 p 에너지 부준위를 나타내고, 그 위에 있는 것은 d 에너지 부준위를 나타낸다. 앞에서처럼 가장 낮은 선반(s 부준위)은 한 개의 신발 박스($3s$ 오비탈)를 포함하고, 두 번째 선반(p 오비탈)은 세 개의 신발 박스(세 개의 $3p$ 오비탈)를 포함한다. 위의 세 번째 선반(d 부준위)은 다섯 개의 신발 박스를 포함하며 다섯 개의 $3d$ 오비탈을 나타낸다.

네 번째 전시대[그림 3.9(d)]도 이제는 익숙해진 같은 방법으로 진행하며 추가로 f 부준위에 해당하는 네 번째 선반이 있으며 이것은 일곱 개의 $4f$ 오비탈을 포함한다.

학생 노트
네 번째 전시대에서 아래에서 위 순서대로 신발 박스로 나타낸 오비탈은 다음과 같다.

- 1개의 $4s$ 오비탈
- 3개의 $4p$ 오비탈
- 5개의 $4d$ 오비탈
- 7개의 $4f$ 오비탈

지금까지 원자 오비탈에 대하여 꽤 간략하게 비유를 통해 논의하였다. 이제 몇 가지 오비탈 표현들을 살펴보고 그것이 나타내는 것을 알아보자.

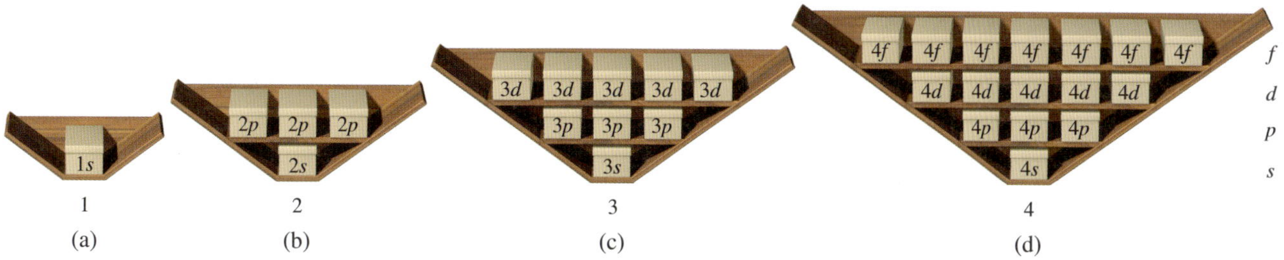

그림 3.9 (a)~(d) V자형 전시대는 주에너지 준위, 에너지 부준위, 오비탈의 개념을 나타낸다.

s 오비탈

1*s* 오비탈[그림 3.10(a)]은 그림 3.8(a)의 폭죽 불꽃과 매우 비슷해보인다. 이것은 구형으로, 전자를 발견할 확률(전자 밀도)이 핵 주위에서 가장 높으며 핵에서 멀어질수록 전자 밀도는 감소한다. 명확하게 보이기 위하여 일반적으로 전자 밀도 지도보다는 진한 모양으로 원자 오비탈을 그린다. 그림 3.8의 폭죽 불꽃에 구를 겹친 것처럼 진한 모양은 전자 밀도의 90%가 포함된 부피를 차지한다. 전자를 발견할 확률은 진한 모양 표면에서도 0으로 떨어지지 않는다. 오히려 오비탈은 그 본질상 분명치 않은 경계가 있다. 그림 3.10(b)는 1*s* 오비탈의 전자 밀도 지도에 진한 구를 겹친 것을 보여주고, 그림 3.10(c)는 1*s* 오비탈을 나타내기 위하여 진한 구가 일반적으로 사용된다는 것을 보여준다. 가장 낮은 에너지 상태가 가능한 바닥 상태의 수소 원자에서 전자는 1*s* 오비탈에 머무른다.

2*s* 오비탈은 1*s* 오비탈과 매우 유사하게 보이며 단지 더 클 뿐이다. 3*s*와 4*s* 오비탈도 마찬가지이다(그림 3.11). 모든 *s* 오비탈은 구형이며, 핵 근처에서 전자 밀도가 가장 높고 핵에서 멀어짐에 따라서 낮아진다.

p 오비탈

두 번째 주에너지 준위($n=2$)가 시작되면 *s* 부준위 이외에도 *p* 부준위가 존재한다. *p* 부준위는 아령 모양인 세 개의 *p* 오비탈을 포함한다. 각 *p* 오비탈은 축을 따라 놓여서 서로 수직을 이루고 있다. 그림 3.12(a)는 *z*축을 따라 놓인 2*p* 오비탈의 전자 밀도 지도를 보여주며, 그림

학생 노트
이런 모양 각각은 양자역학 계산의 결과이며 핵 주위의 공간 영역에서 전자가 발견될 확률을 나타낸다. 오비탈의 주에너지 준위는 그 크기를, 문자 표시는 그 모양을 결정한다.

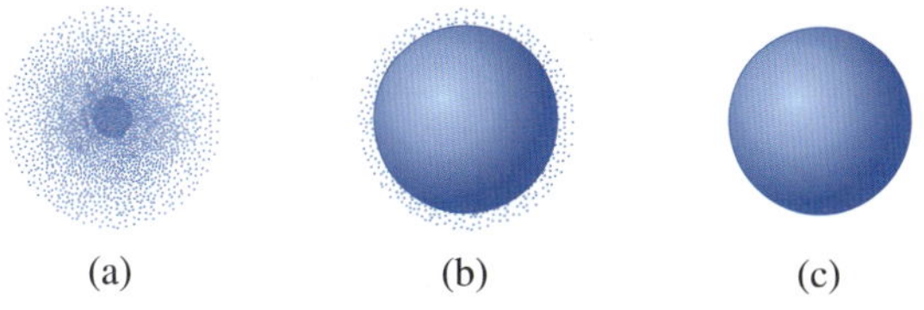

그림 3.10 (a) 1*s* 오비탈의 전자 밀도 지도 (b) 전자 밀도 지도에 겹쳐진 고체 구 (c) 흔히 1*s* 오비탈을 나타내는 데 사용되는 고체 구

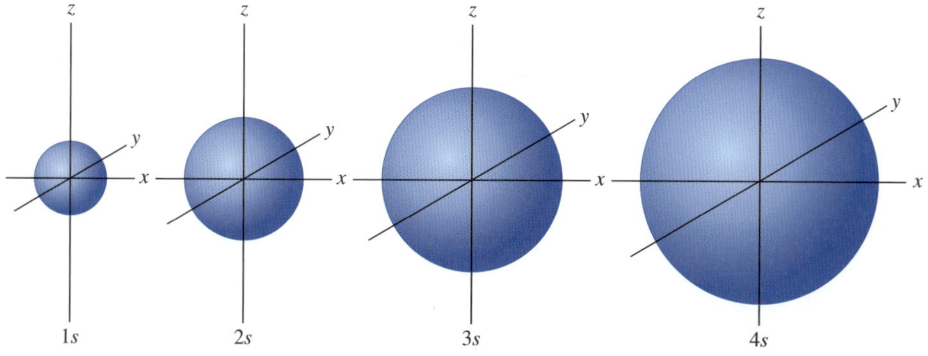

그림 3.11 고체 구로 나타낸 1*s*, 2*s*, 3*s*, 4*s* 오비탈

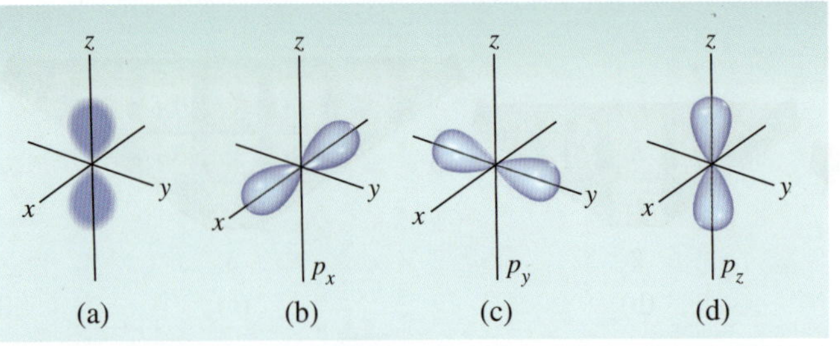

그림 3.12 (a) $2p_z$ 오비탈의 전자 밀도 예시와 (b) $2p_x$ 오비탈 (c) $2p_y$ 오비탈 (d) $2p_z$ 오비탈의 모형

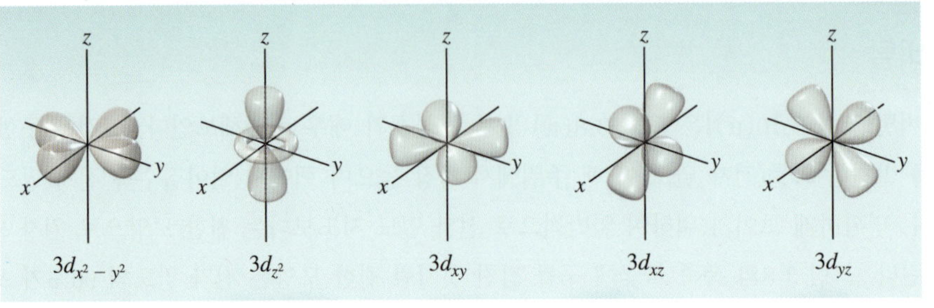

그림 3.13 d 오비탈

3.12(b)부터(d)는 p 부준위에 있는 모든 세 오비탈의 진한 표면 표현을 나타낸다. 오비탈 표시에서 아래첨자는 p 오비탈이 놓인 축을 나타낸다.

d와 f 오비탈

세 번째 주에너지 준위($n=3$)가 시작되면 다섯 개의 d 오비탈을 포함하는 d 부준위도 존재하며, 이것은 그림 3.13과 같은 모형으로 표현된다. 모양과 표시는 p 오비탈의 경우보다 조금 더 복잡하다.

마지막으로 네 번째 주에너지 준위($n=4$)가 시작되면 f 부준위가 존재하며, 여기에는 일곱 개의 f 오비탈이 포함된다. f 오비탈의 모양은 이 책의 수준을 벗어나므로 나타내지 않았다.

이런 오비탈이 Bohr 원자 모형의 궤도보다 얼마나 더 복잡한지, 얼마나 더 많은 오비탈이 존재하는지 잠시 생각해보자. 그렇다면 QM 원자 모형이 왜 Bohr 모형이 예측한 것처럼 정확

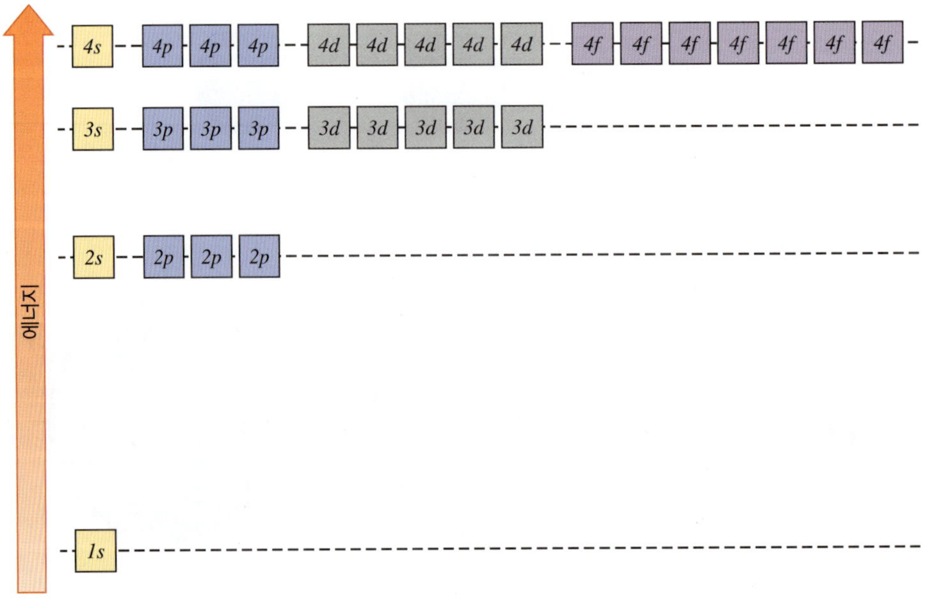

그림 3.14 수소 원자의 오비탈 에너지 준위. 각 상자는 한 개의 오비탈을 나타낸다. 같은 주양자 수(n)를 가진 오비탈은 모두 같은 에너지를 가진다.

하게 수소의 방출 스펙트럼에서 똑같은 선들을 예측할 수 있을까? QM 모형에 따르면 바닥 상태의 수소 원자는 에너지를 흡수하여 전자를 서로 다른 다양한 오비탈들로 들뜨게 할 것이다. 왜 수소의 가시광선 영역의 선 스펙트럼에는 4개의 선만 존재할까? 이 의문에 대한 답은 처음으로 수소에 대하여 작용한 Bohr 모형의 추론에 있다. 수소는 오직 한 개의 전자를 가진다. 단 한 개의 전자를 가진 원자에서 오비탈의 에너지는 주양자 수에 의해서만 달라진다. 그림 3.14는 수소 원자에 대한 처음 네 가지 주에너지 준위에 있는 오비탈을 보여준다. 문자 표시에 상관없이 같은 주에너지 준위에 있는 오비탈은 같은 에너지를 가진다는 점에 주목하라. 따라서 수소 원자에서 전자가 네 번째 주에너지 준위에서 두 번째 주에너지 준위로 전이한다면 4*s*에서 2*s*로 전이하든지, 4*d*에서 2*p*로 전이하든지, 4*p*에서 2*s*로 전이하든지 그것은 문제가 되지 않는다. 그런 전이들은 전자가 내놓는 에너지의 양이 모두 똑같고, 따라서 똑같은 파장을 가지는 빛이 방출되는 결과가 생긴다. 수소 원자에서 오비탈의 에너지는 문자 표시가 아니라 n 값에 의해서만 결정된다. 곧 살펴볼 것처럼 이것은 두 개 이상의 전자를 가지는 원자들에 대해서는 옳지 않으며, 이것이 Bohr 모형이 다른 원자들에 대해서 작용하지 않는 정확한 이유이다.

수소 이외의 모든 원자들은 두 개 이상의 전자를 포함한다. 하전된 입자들 사이의 상호 작용 때문에[|◀◀ 2.2절] 원자에 여러 전자들이 존재하면 오비탈 에너지가 변화한다. 그림 3.15는 다전자 원자의 처음 네 가지 주에너지 준위에 있는 오비탈들의 에너지를 보여준다. 그런 경우에 오비탈의 에너지는 주에너지 준위를 나타내는 n값뿐만 아니라 문자 표시 *s*, *p*, *d*, *f*에 따라서도 달라진다. 어떤 주에너지 준위에서 상대적인 오비탈 에너지의 순서는 다음과 같다.

$$s < p < d < f$$

오비탈 에너지의 변화에서 생기는 흥미로운 결과 중 한 가지는 세 번째 주에너지 준위에 있는 3*d* 오비탈의 에너지가 네 번째 주에너지 준위에 있는 4*s* 오비탈의 에너지보다 높다는 것이다. 3.4절에서 원자들에 대한 전자 배치를 적을 때 이것의 의미를 알게 될 것이다.

예제 3.2에서 오비탈 표기에 대한 연습을 해보자.

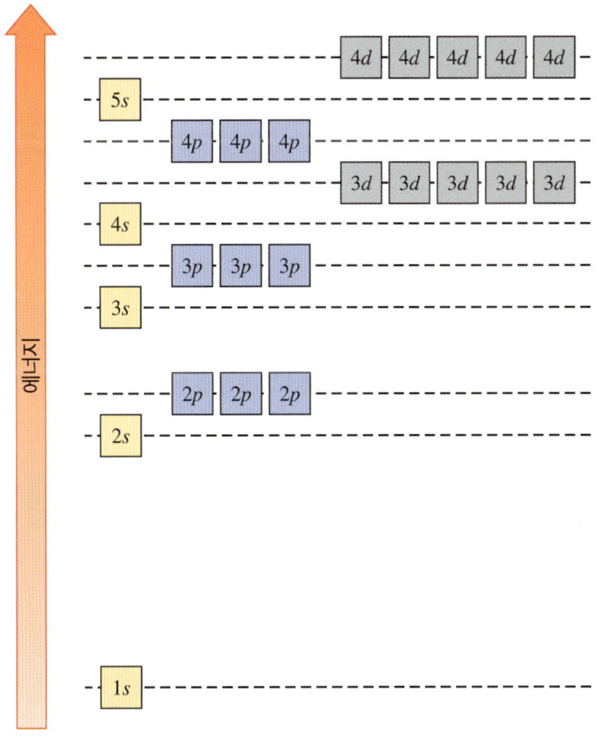

그림 3.15 다전자 원자의 오비탈 에너지 준위. 오비탈의 에너지는 주에너지 준위(n)와 문자 표시(*s*, *p*, *d* 또는 *f*) 모두에 의하여 달라진다.

예제 3.2 원자 오비탈을 나타내는 양자 수의 옳은 조합 확인

다음의 각 부준위 표시를 생각해보자. 각각이 옳은 조합인지 결정하고 옳지 않다면 이유를 설명하시오.

(a) 1*p* (b) 2*s* (c) 3*f* (d) 4*p*

전략 원자의 각 에너지 준위는 부준위로 나누어진다(표 3.1). 더욱이 *n*값은 존재하는 부준위의 수와 같다.

계획 첫 번째 준위 $n=1$은 *s* 오비탈만 포함하며 *p* 부준위가 없다. 두 번째 준위 $n=2$는 *s*와 *p* 부준위를 포함한다. $n=3$ 준위는 *s*, *p*, *d* 부준위를 포함한다. $n=4$ 준위는 *s*, *p*, *d*, *f* 부준위를 포함한다.

풀이 (b)와 (d)의 부준위 표시는 옳다. $n=1$ 준위에서 *p* 부준위가 없으므로 1*p* 표시는 옳지 않다. 세 번째 준위에는 *f* 부준위가 없기 때문에 3*f* 부준위 표시는 옳지 않다.

생각해보기

두 번째 준위에서 *s* 부준위가 존재하기 때문에 2*s*는 적절한 부준위 표시이다. $n=1$을 제외한 모든 준위에서 *p* 부준위가 존재하기 때문에 4*p*도 옳은 부준위 표시이다.

추가문제 1 다음 부준위 표시를 생각해보자. 각각 옳은 표시인지 결정하고 옳지 않다면 이유를 설명하시오.

(a) 3*f* (b) 3*s* (c) 4*d* (d) 2*d*

추가문제 2 주에너지 준위 1~4에서 다음 부준위를 가질 수 있는 주에너지 준위를 모두 나타내시오.

(a) *p* (b) *s* (c) *f* (d) *d*

추가문제 3 그림 3.9의 신발 전시대 비유를 이용하여 각 그림에서 색깔을 가진 신발 박스를 적절한 *n*값과 문자로 표시하여라.

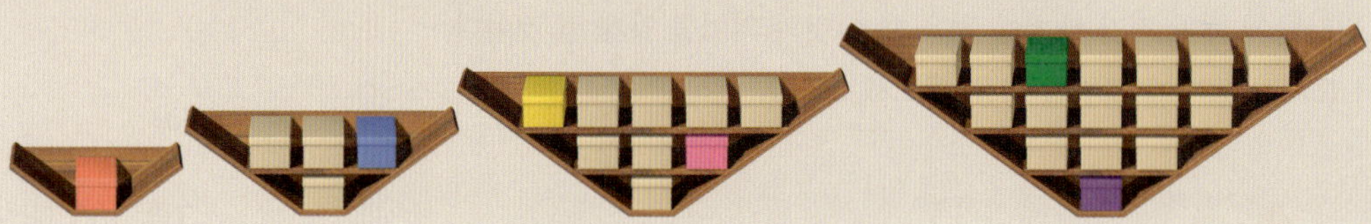

3.4 전자 배치

한 원자가 다른 원자들과 어떻게 상호 작용을 할 것인가 하는 원자의 성질은 원자 오비탈에 전자들이 특이하게 배열되는 그 원자의 **전자 배치**(electron configuration)에 달려 있다. 이 절에서는 오비탈 도표를 이용하여 전자 배치를 결정하는 방법과 전자 배치를 올바르게 적는 방법을 배운다.

오비탈 도표 작성에서 각 오비탈은 사각형으로 나타내고 합리적인 *n*값과 문자로 표시한다. 각 전자는 화살표로 나타낸다. 가장 간단한 오비탈 도표는 수소의 것이며, 바닥 상태에서 1*s* 오비탈에 단 1개의 전자를 가지고 있다.

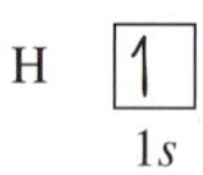

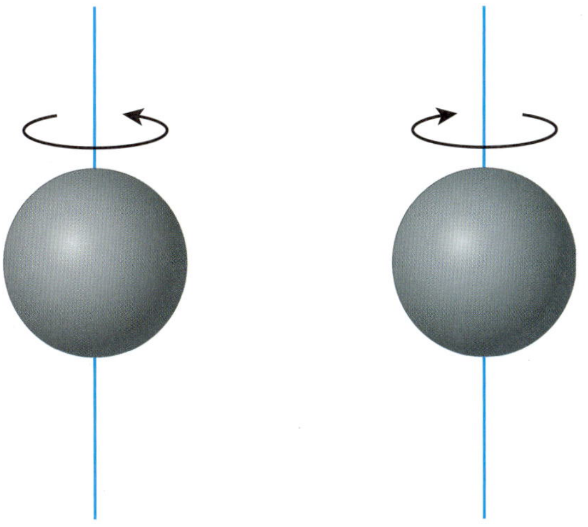

그림 3.16 반대 방향으로 회전하는 두 전자

오비탈 도표를 이용하여 전자 배치를 적을 수 있다. 전자 배치는 어떤 오비탈에 몇 개의 전자로 채워졌는지를 나타내는 숫자와 문자의 열이다. 오비탈에 지금까지와 같은 방법으로 나타내고 전자 수를 위첨자로 나타낸다(이것은 다음 예에서 분명해질 것이다). 바닥 상태의 수소 원자가 가지는 유일한 오비탈은 1*s*이며, 그것은 한 개의 전자를 포함한다. 따라서 수소의 전자 배치는 다음과 같다.

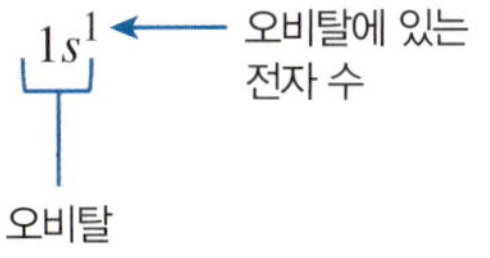

두 개의 전자를 가진 헬륨의 오비탈 도표와 전자 배치를 나타내기 전에 **스핀**(spin)이라고 하는 전자의 성질을 소개할 필요가 있다. 팽이처럼 수직축을 중심으로 회전하는 전자를 상상해보자. 이것은 두 가지 방향으로 회전이 가능하다. 서로 반대 방향으로 회전하는 두 전자를 쌍을 이룬 스핀이라고 한다(그림 3.16).

학생 노트
전자는 말 그대로 팽이처럼 회전하지는 않지만 '스핀'이라고 불리는 두 가지 배향이 가능한 본질적 성질이 있다.

헬륨의 오비탈 도표를 작성하기 위하여 수소의 그림으로부터 출발하여 두 번째 전자를 나타내는 두 번째 화살표를 추가한다.

학생 노트
원자가 양성자와 전자 수가 같으면 중성이라는 것을 기억하라. 따라서 원자 오비탈 도표에서 전자 수는 원자 번호와 같다.

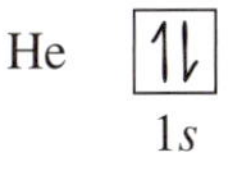

이것으로부터 헬륨의 전자 배치를 적을 수 있다. 헬륨도 여전히 1*s*가 유일하게 채워진 오비탈이지만 오비탈에 채워진 전자 수는 2이다.

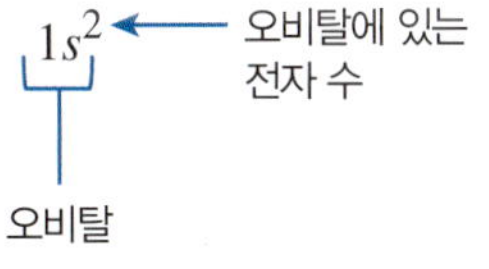

이제 원소 번호 3(Li)부터 18(Ar)까지 오비탈 도표를 작성하고 전자 배치를 적을 수 있다. 이것을 적기 위해서는 오비탈 에너지 순서(그림 3.15)에 대한 지식을 이용하고 몇 가지 간단한 규칙을 적용해야 한다.

1. 전자는 이용할 수 있는 가장 낮은 오비탈을 채운다.
2. 한 오비탈은 최대 두 개의 전자를 가질 수 있다.

3. 같은 오비탈을 채우는 두 전자는 쌍을 이룬 스핀을 가져야 한다. 즉, 전자들은 반대 방향으로 회전해야 한다. [이것은 **Pauli의 배타 원리**(Pauli exclusion principle)로 알려져 있다.]
4. 같은 에너지의 오비탈(같은 에너지를 가진 오비탈)은 두 번째 전자를 얻기 전에 각각 한 개의 전자를 채워야 한다. [이것은 **Hund의 규칙**(Hund's rule)으로 알려져 있다.]

헬륨 다음으로 주기율표의 원소는 리튬이며, 이것은 세 개의 전자를 갖는다. 헬륨의 오비탈 도표로 시작하여 전자를 추가한다. 위의 2번 규칙에 때문에 세 번째 전자는 앞의 두 전자와 함께 둘 수 없다. 두 전자가 들어 있는 1*s* 오비탈은 완전히 채워져 있다. 세 번째 전자는 가장 낮은 에너지를 가진, 다음으로 이용할 수 있는 오비탈로 가야 한다. 그림 3.15에 의하면 그것은 2*s* 오비탈이다. 리튬의 오비탈 도표는 다음과 같다.

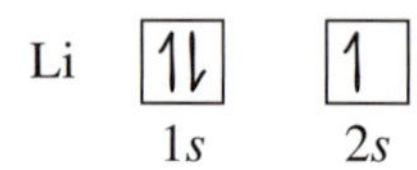

리튬에는 전자가 채워진 두 개의 에너지 부준위가 있어서 1*s*에는 두 개의 전자가, 2*s*에는 한 개의 전자가 포함되어 있다. 리튬의 전자 배치는 다음과 같다.

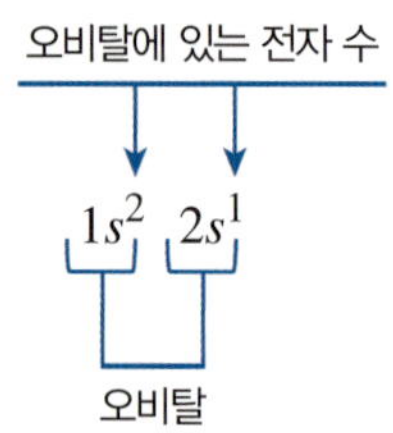

다음은 네 개의 전자를 가진 베릴륨이다. 추가되는 전자를 채울 수 있는 여분을 가진 가장 낮은 에너지의 오비탈은 2*s* 오비탈이며, 따라서 베릴륨의 오비탈 도표와 전자 배치는 다음과 같다.

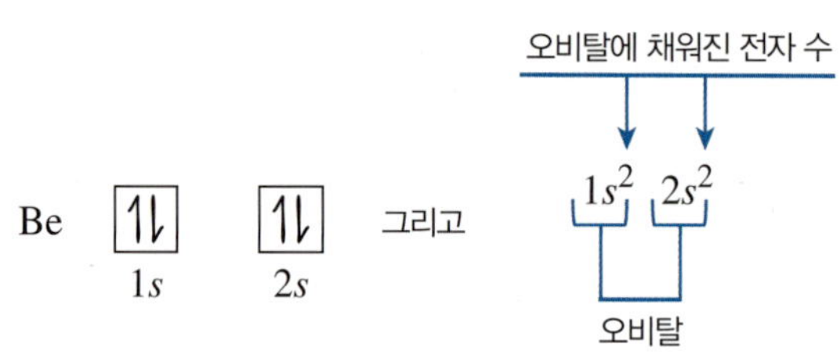

이제 1*s*와 2*s* 오비탈이 완전히 채워졌다. 다음 원소도 다섯 개의 전자를 가진 붕소의 오비탈 도표를 만들기 위해서 전자를 더 채울 수 있는 오비탈을 찾아야 한다. 이것을 그림 3.15에 의하면 2*p* 오비탈에 있는 세 개의 오비탈 중 하나이다(약속에 의해서 한 종류의 오비탈에 여러 개의 오비탈이 존재하면 가장 왼쪽 상자에 첫 번째 화살표를 나타낼 것이다). 따라서 붕소의 오비탈 도표와 전자 배치는 다음과 같다.

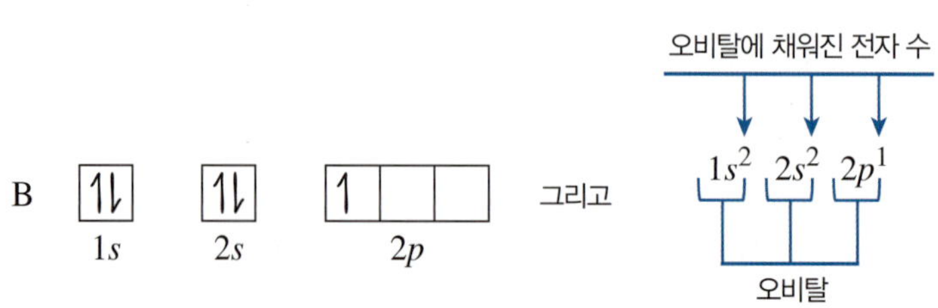

여섯 개의 전자를 가진 탄소의 경우에는 같은 에너지를 갖는 여러 개의 오비탈 중 이미 전자가 채워진 오비탈에 두 번째 전자를 채우기 전에 다른 오비탈에 각각 한 개의 전자를 먼저 채워야 한다(Hund의 규칙)는 네 번째 규칙을 적용해야 한다. 2*p* 오비탈에 있는 세 개의 오비탈은 같

은 에너지를 가지므로 탄소의 오비탈 도표를 작성할 때는 이미 한 개가 채워진 오비탈이 아닌 빈 오비탈 중 하나에 전자를 채워져야 한다. 따라서 탄소의 오비탈 도표와 전자 배치는 다음과 같다.

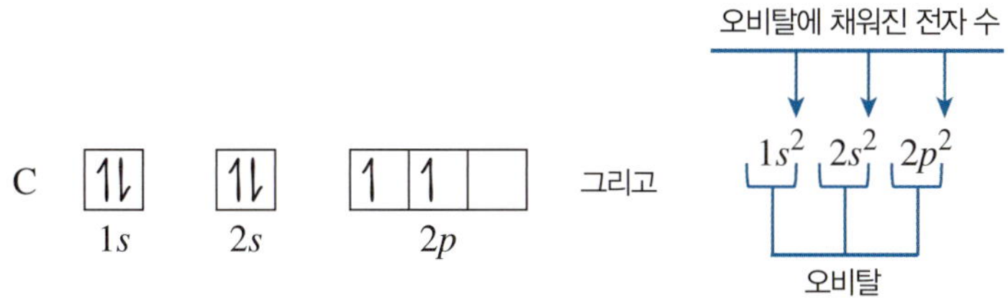

다음 원소인 질소의 일곱 번째 전자는 이미 하나씩 전자가 채워진 오비탈이 아닌 빈 오비탈에 채워야 한다. 질소 원자의 오비탈 도표와 전자 배치는 다음과 같다.

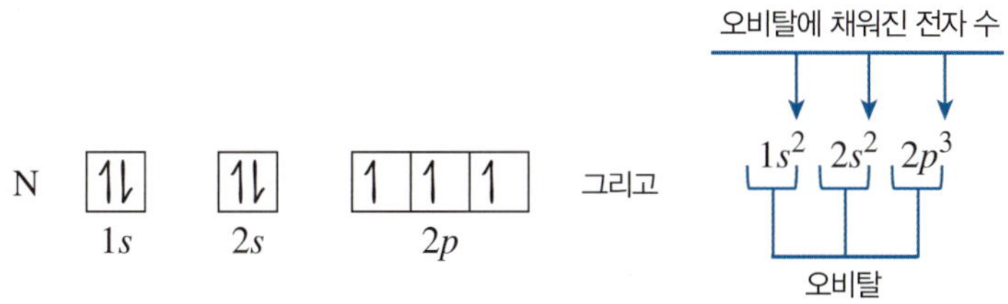

이제 2*p* 오비탈의 모든 오비탈들에 전자가 하나씩 채워졌으므로 다음 전자는 채워진 오비탈 중 하나에 들어가서 이미 채워진 전자와 쌍을 이루어야 한다. 따라서 산소의 오비탈 도표와 전자 배치는 다음과 같다.

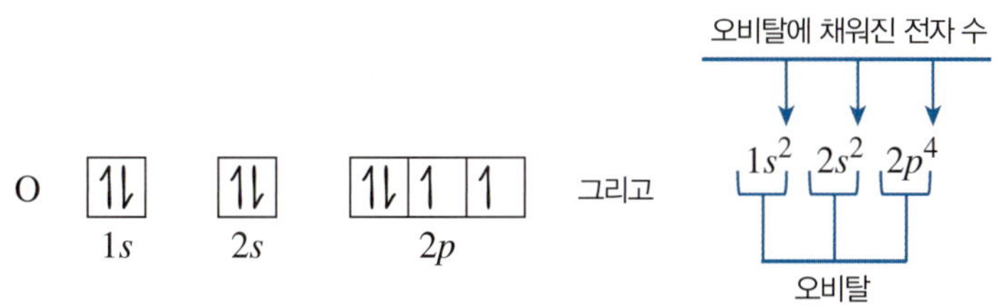

한 개의 전자가 더 추가되는 플루오린의 오비탈 도표와 전자 배치는 다음과 같다.

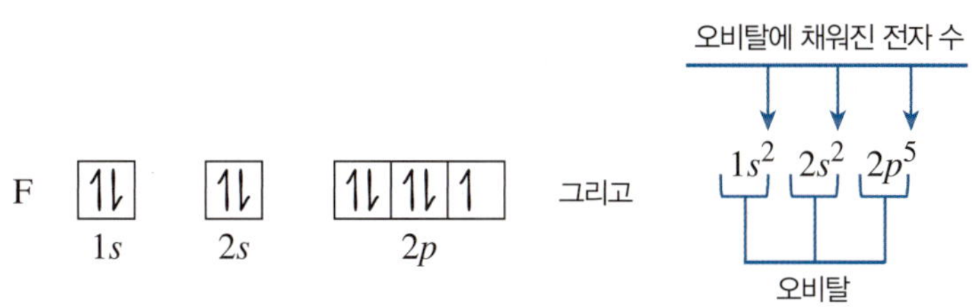

마지막으로 한 개의 전자가 더 추가되는 네온의 오비탈 도표와 전자 배치는 다음과 같다.

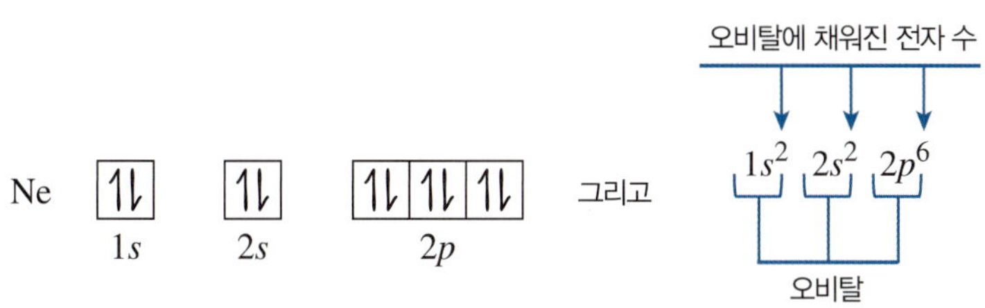

위의 원자까지 고려한 것은 첫 번째와 두 번째 주기에 해당하는 오비탈들에 전자를 완전히 채웠다. 주기율표의 세 번째 주기에 있는 원소의 오비탈 도표와 전자 배치를 계속할 수 있지만 전자 배치가 다소 길어지기 시작한다. 이를 조금 더 간결하게 작성하기 위해, 불활성 기체 원소들을 구성하는 전자 배치의 일부를 축약할 수 있다. 예를 들어, 질소 원자를 고려해보자. 질소 원자의 전자 배치는 다음과 같이 쓸 수 있다.

$$1s^2 2s^2 2p^3$$

여기서 $1s^2$는 실제로 헬륨 원자의 전자 배치이기 때문에 질소의 전자 배치는 다음과 같이 축약법을 사용하여 표현할 수 있다.

$$[He] \longrightarrow [He]2s^2 2p^3$$

이 방법은 불활성 기체 핵심이 헬륨이고 전자가 두 개뿐인 경우 많은 축약이 되지 않는다. 그러나 더 높은 원자 번호에서 불활성 기체 핵심이 네온, 아르곤 또는 크립톤인 경우 이 축약법은 전자 배치를 쓰는 것을 상당히 쉽게 만든다.

예를 들어, 소듐 원자를 생각해보자. 그림 3.15에 의하면 네온 다음에는 3s 오비탈이 채워질 것이다. 소듐의 오비탈 도표는 다음과 같다.

⇅	⇅	⇅ ⇅ ⇅	↑
$1s$	$2s$	$2p$	$3s$

그리고 전자 배치를 완전하게 적는 법과 축약으로 적는 법으로 나타내면 다음과 같다.

$$1s^2 2s^2 2p^6 3s^1$$

$$Ne \longrightarrow [Ne]3s^1$$

예제 3.3을 통해 주기율표의 세 번째 주기에 있는 몇몇 원소들의 오비탈 도표를 작성하고 전자 배치 작성을 연습해보자.

예제 3.3 3주기 원소에 대한 전자 배치 작성과 오비탈 도표 그리기

다음 원소에 대한 바닥 상태 전자 배치를 완전한 형태와 축약된 형태로 쓰고 오비탈 도표를 그리시오.

(a) Mg (b) Al (c) S

전략 그림 3.15는 오비탈이 채워지는 순서를 보여준다. 각 원소의 전자 배치를 결정하는 것부터 시작한다.

계획 주기율표에서 위치를 알아내고 각 원소를 나타내기 위하여 채우는 데 필요한 전자 수를 결정한다. 마그네슘은 12개, 알루미늄은 13개, 황은 16개의 전자를 포함한다.

완전한 전자 배치를 나타내기 위하여 그림 3.15에 따라서 1s 오비탈부터 계속하여 전자를 채우기 시작한다.

축약된 전자 배치를 적으려면 그 원소보다 앞선 가장 가까운 비활성 기체를 찾아야 한다. 이 세 원소 모두에 가장 가까운 비활성 기체는 네온이다. 이것이 처음 10개의 전자를 나타낸다.

각 원소에 대한 오비탈 도표는 존재하는 오비탈 수에 들어맞는 적절한 수의 상자를 가진 각 오비탈을 나타낸다. s 오비탈에는 한 개의 오비탈/상자가, p 부준위에는 세 개의 오비탈/상자가 존재한다.

풀이 완전한 전자 배치는 다음과 같다.

(a) $1s^2 2s^2 2p^6 3s^2$ (b) $1s^2 2s^2 2p^6 3s^2 3p^1$ (c) $1s^2 2s^2 2p^6 3s^2 3p^4$

축약된 전자 배치를 나타내려면 네온 다음에 채우는 순서대로 적는다. (a) $[Ne]3s^2$ (b) $[Ne]3s^2 3p^1$ (c) $[Ne]3s^2 3p^4$

오비탈 도표는 다음과 같다.

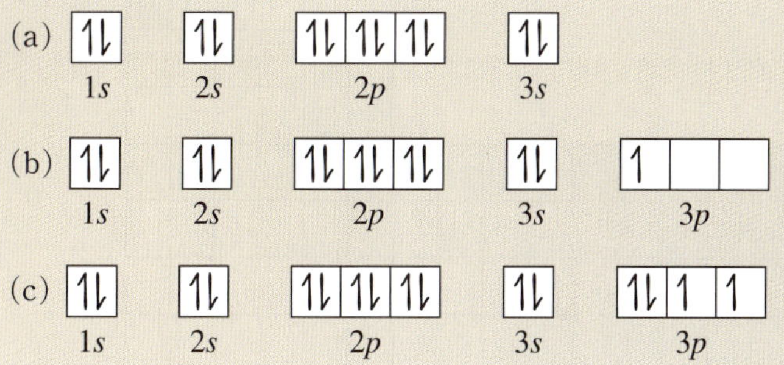

생각해보기

오비탈 도표와 완전한 전자 배치는 같은 정보를 나타내지만 한 가지 차이가 있다는 것을 기억하자. 오비탈 도표는 각 오비탈에서 전자가 쌍을 이루는 방법도 보여준다. 각 오비탈에 한 개의 전자가 채워진 다음에 같은 오비탈에 쌍을 이루는 전자가 채워진다는 것도 기억하자.

추가문제 1 다음 원소에 대한 바닥 상태 전자 배치를 완전한 형태와 축약된 형태로 적고 오비탈 도표를 그리시오.

(a) C (b) Ne (c) Cl

추가문제 2 다음과 같이 바닥 상태의 전자 배치가 주어졌을 때, 각 전자 배치에 해당하는 원소는 무엇인가?

(a) $[Ne]3s^2$ (b) $[Ne]3s^23p^3$

추가문제 3 아래의 그림은 실리콘 원자에 대한 잘못된 오비탈 도표이다. 이를 수정하여 맞는 오비탈 도표를 그리시오.

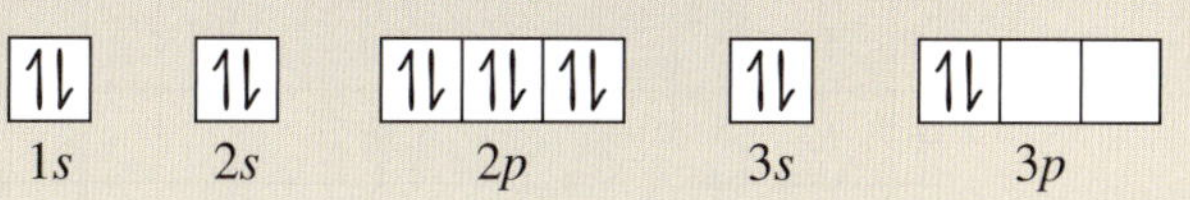

3.5 전자 배치와 주기율표

지금까지는 오비탈이 채워지는 순서를 기억하는 것이 쉬웠고 그림 3.15를 참고하지 않고서도 처음 세 주기(아르곤까지)에 대해서 오비탈 도표를 작성하고 전자 배치를 적기가 쉬웠을 것이다. 그러나 다전자 원자에서 오비탈 에너지는 $4s$가 $3d$보다 더 낮게 변화하여 $4s$ 오비탈이 먼저 채워진다. 이것 때문에 특히 그림 3.15를 참고하지 않는다면 오비탈이 채워지는 순서를 기억하는 것이 더 어려워진다. 오비탈이 채워지는 순서를 기억하는 것을 돕기 위한 다양한 시각적 보조물이 개발되었지만 주기율표 자체보다 더 나은 것은 없다. 주기율표는 흔히 이용할 수 있기 때문에 그것이 주는 정보를 이용하는 방법은 배워둘 만한 가치가 있다.

그림 3.17의 주기율표는 색으로 구분된 '구역'을 보여준다. 회색 상자에 있는 원소들은 s 구역에 있으며, 초록색 상자에 있는 것은 p 구역에, 파란색 상자에 있는 것은 d 구역에 있다(f 구역도 있지만 여기에 속하는 원자들은 이 책의 범위를 벗어나기 때문에 그림에 나타내지 않는다). 원소가 위치하는 구역은 전자 배치를 적을 때 마지막으로 채워지는 오비탈의 유형을 나타내준다.

모든 원소의 바닥 상태 전자 배치를 결정하려면 가장 나중에 완전히 채워진 비활성 기체 핵심으로부터 출발하여 다음 주기를 따라가면서 나머지 배치를 결정한다. 염소(원자 번호 17)의 예를 들면 가장 나중에 완성된 비활성 기체는 네온이므로 염소의 배치는 네온 핵심부를 이용하여 다음과 같이 적는다.

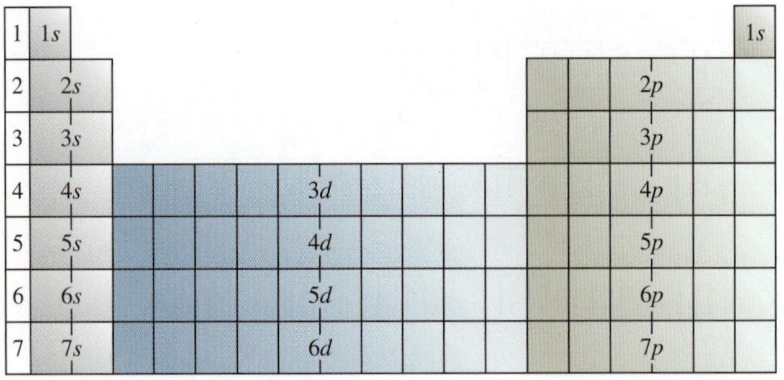

그림 3.17 오비탈에 전자를 채우는 순서를 기억하는 가장 간단한 방법은 주기율표를 참조하는 것이다.

Cl [Ne] ⋯

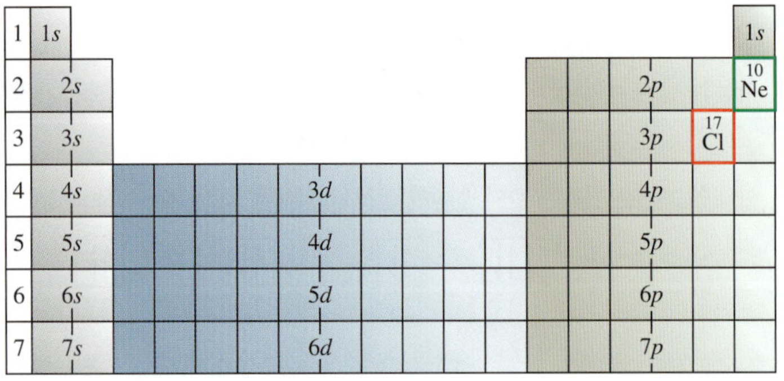

그 다음으로 3주기를 따라가면서 Cl에 도달할 때까지 각 원소에 전자를 더해간다. 구역(s, p, d)은 전자로 채워지는 오비탈 유형을 알려준다. 3주기를 따라가면 s 구역 두 개, p 구역 다섯 개의 원자를 지나므로 배치에 $3s^2$와 $3p^5$를 첨가한다. 이렇게 하면 전자 배치는 다음과 같다.

Cl [Ne] $3s^2 3p^5$

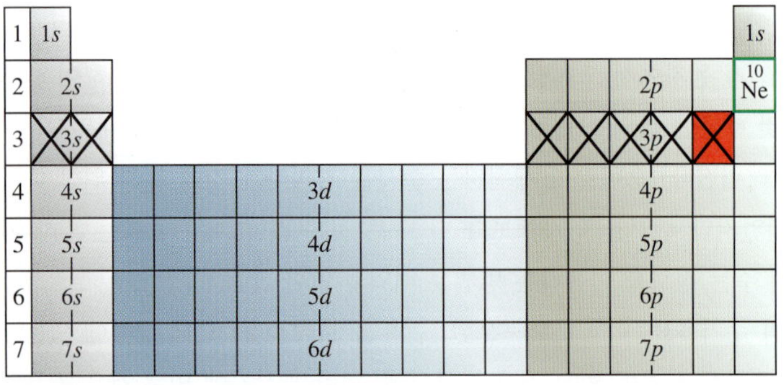

이제 오비탈이 채워지는 순서를 쉽게 기억하기 어려운 더 높은 원자 번호를 가진 원소들의 전자 배치를 적는 데 이 방법을 이용할 수 있다. 그림 3.17은 다전자 원자에서 오비탈의 상대적 에너지 때문에 d 구역의 주에너지 준위가 주기의 나머지 것들보다 하나 더 낮다는 것을 보여주고 있는 것에 유의하라(그림 3.15 참조). 원자 번호 33인 비소는 아르곤의 비활성 기체 핵심을 가진다. 비소의 전자 배치를 다음과 같이 시작할 수 있다.

As [Ar] ⋯

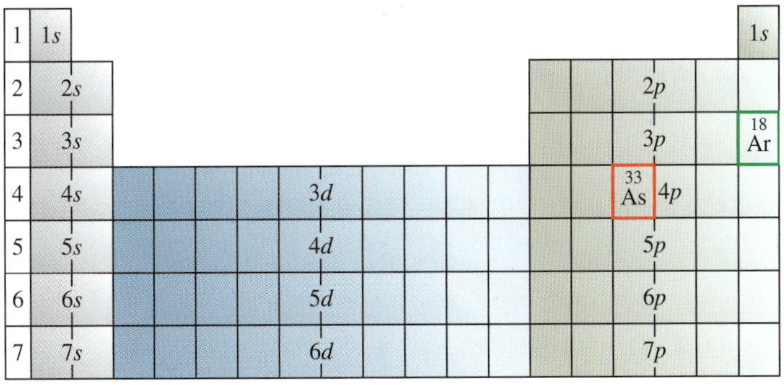

그 다음에 4주기를 따라가며 다음과 같이 더하게 된다.

s 구역의 두 개를 더하여 $4s^2$

d 구역의 열 개를 더하여 $3d^{10}$

p 구역의 세 개를 더하여 $4p^3$

최종 배치는 다음과 같다.

As [Ar] $4s^2 3d^{10} 4p^3$

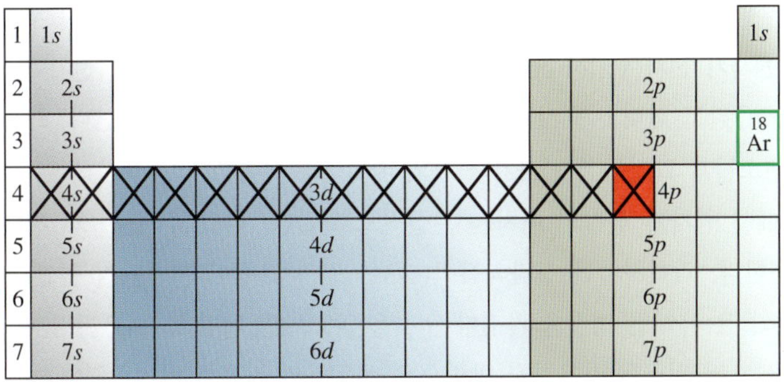

예제 3.4에서 주기율표의 세 번째 주기 이상의 원소에 대한 전자 배치 작성법을 연습해보자.

예제 3.4 3주기 이상의 전자 배치 작성

비활성 기체 핵심을 이용하여 다음 각 원소에 대한 바닥 상태의 전자 배치를 작성하시오.

(a) Ca (b) Te (c) Br

전략 각 원소에 대하여 가장 가까운 비활성 기체 핵심을 찾고 주기율표를 이용하여 부준위가 채워지는 순서를 결정한다.

계획 (a) Ca($Z=20$)에 대한 가장 가까운 비활성 기체 핵심은 [Ar]($Z=18$)이다. 비활성 기체 핵심을 넘어서 두 개의 전자가 있으며, 이것은 $n=4$ 준위의 s 구역에 첨가된다.

(b) Te($Z=52$)에 대한 가장 가까운 비활성 기체 핵심은 [Kr]($Z=36$)이다. 비활성 기체 핵심을 넘어서 $52-36=16$개의 전자가 있으며 이것은 주기율표의 다섯 번째 주기부터 채워지기 시작한다. 채워지는 부준위는 (순서대로) $5s$, $4d$, $5p$이다. d 구역은 항상 주기에서 1을 뺀 것과 같은 준위에 있다는 것을 기억하라.

(c) Br($Z=35$)에 대한 가장 가까운 비활성 기체 핵심은 [Ar]($Z=18$)이다. 비활성 기체 핵심을 넘어서 $35-18=17$개의 전자가

있으며, 이것은 주기율표의 네 번째 주기부터 채워지기 시작한다. 채워지는 부준위는 (순서대로) 4*s*, 3*d*, 4*p*이다. *d* 구역은 항상 주기에서 1을 뺀 것과 같은 준위에 있다는 것을 기억하라.

풀이 (a) $[Ar]4s^2$ (b) $[Kr]5s^24d^{10}5p^4$ (c) $[Ar]4s^23d^{10}4p^5$

생각해보기

문제에서 주어진 원소에 대하여 가장 나중에 전자 배치가 완성된 비활성 기체를 찾는 것을 명심하자. 이것은 다루고 있는 원소가 속한 주기보다 위에 있는 주기의 비활성 기체이다.

추가문제 1 비활성 기체 핵심을 이용하여 다음 각 원소에 대한 바닥 상태 전자 배치를 작성하시오.

(a) Rb (b) Se (c) I

추가문제 2 다음 바닥 상태 전자 배치가 나타내는 원소를 찾으시오.

(a) $[Ar]4s^23d^{10}4p^2$ (b) $[Kr]5s^24d^{10}5p^3$ (c) $[Xe]6s^2$

추가문제 3 다음 원자가 오비탈 도표에 나타내는 원소들을 찾고, 각각에 대한 비활성 기체 핵심을 찾으시오.

(a) 5*s*: [↑↓] 4*d*: [↑↓][↑↓][↑↓][↑↓][↑↓] 5*p*: [↑][↑][ ]

(b) 4*s*: [↑↓] 3*d*: [↑↓][↑↓][↑↓][↑↓][↑↓] 4*p*: [↑][↑][↑]

전자 배치는 원소의 성질을 결정하는 데 특히 중요하다. 가장 높은 주양자 수인 최외각에 채워진 전자를 **원자가 전자**(valence electron)라고 한다[원자의 안쪽 전자들을 **핵심부 전자**(core electron)라고 한다]. 원자가 전자로 인해 원자의 '개성'이 드러난다. 그림 3.18은 주기율표의 주족 원소들과 그것들의 원자가 전자의 배치를 보여준다.

같은 족 안에서 원자가 전자의 배치는 본질적으로 같다. 다만 주기율표의 위에서 아래로 가면서 *n*값만 변한다. 과학자들은 양자역학적(QM) 원자 모형이 개발되기 훨씬 전부터 같은 족에 속하는 원소들은 유사한 성질을 가진다는 것을 알고 있었지만 그 이유는 알 수 없었다. 그러나 QM 모형은 그런 원소들이 유사한 방법으로 행동하는 이유를 알려주었다. 그것은 그것들의

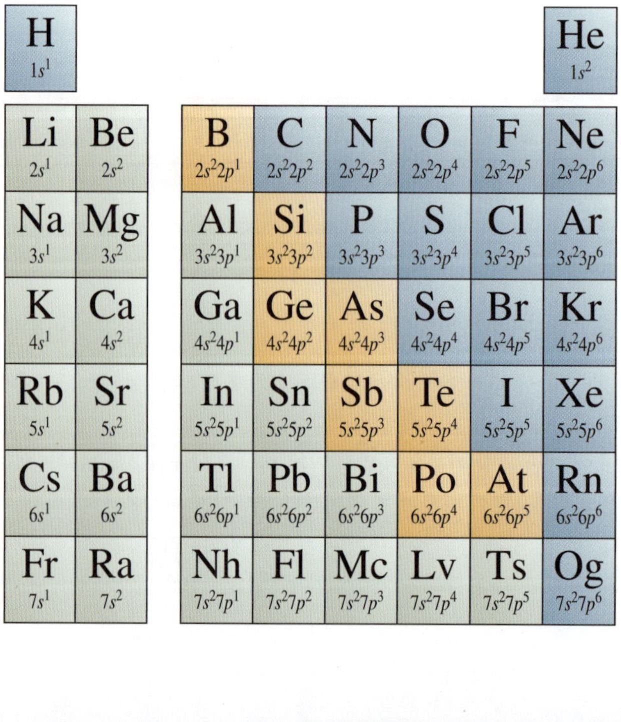

그림 3.18 주족 원소의 원자가 전자 배치를 보여주는 주기율표

원자가 전자의 수가 똑같기 때문이다.

예제 3.5에서 원자가 전자의 전자 배치를 나타내는 연습을 해보자.

예제 3.5 전자 배치에서 원자가 전자 확인하기

예제 3.4의 각 원소에 대하여 작성한 전자 배치에서 원자가 전자를 찾으시오.

전략 원자가 전자는 전자 배치 또는 오비탈 도표에서 가장 높은(n값) 에너지 준위에 있는 전자들이다.

계획 (a)에서 가장 높은 n값은 4이다.
(b)에서 가장 높은 n값은 5이다. ($4d$ 부준위는 가장 높은 n값 껍질이 아니다)
(c)에서 가장 높은 n값은 4이다. ($3d$ 부준위는 가장 높은 n값 껍질이 아니다)

풀이 (a) 두 개의 원자가 전자가 존재. 모두 $4s$ 부준위에 있다. [$4s^2$]
(b) 여섯 개의 원자가 전자가 존재. $5s$ 부준위에 두 개, $5p$ 부준위에 네 개가 있다. [$5s^25p^4$]
(c) 일곱 개의 원자가 전자가 존재. $4s$ 부준위에 두 개, $4p$ 부준위에 다섯 개가 있다. [$4s^24p^5$]

생각해보기
d 부준위에 있는 전자는 더 낮은 n값 준위에 있으므로 원자가 전자로 세지 않는다. 그것은 최외각 준위에 포함되지 않는다.

추가문제 1 예제 3.4의 추가문제 1에서 작성한 각 원소에 대한 전자 배치에서 원자가 전자를 찾으시오.

추가문제 2 예제 3.4의 추가문제 2에서 주어진 각 원소에 대한 전자 배치에서 원자가 전자를 찾으시오.

추가문제 3 오비탈 도표를 그릴 때 가장 나중에 첨가되는 전자는 반드시 원자가 전자인가? 설명하시오.

3.6절에서는 원자가 전자와 그것이 원소의 성질을 결정하는 방법을 좀 더 공부할 것이다. 그러나 우선 원자를 나타내는 다른 방법과 그 전자 배치를 표시하는 방법을 살펴보자. **Lewis 점 기호**(Lewis dot symbols)에서 원자가 전자는 원소 기호 주위에 점으로 표시된다. 예를 들면, 전자 배치가 [Ne]$3s^1$인 소듐은 한 개의 원자가 전자를 가진다. 따라서 소듐 원자는 다음과 같이 나타낼 수 있다.

·Na

같은 방법으로 나머지 3주기 원소들의 Lewis 점 기호는 다음과 같이 표기할 수 있다.

·Mg· ·Ȧl· ·Ṡi· :Ṗ· :Ṡ: :C̈l: :Är:

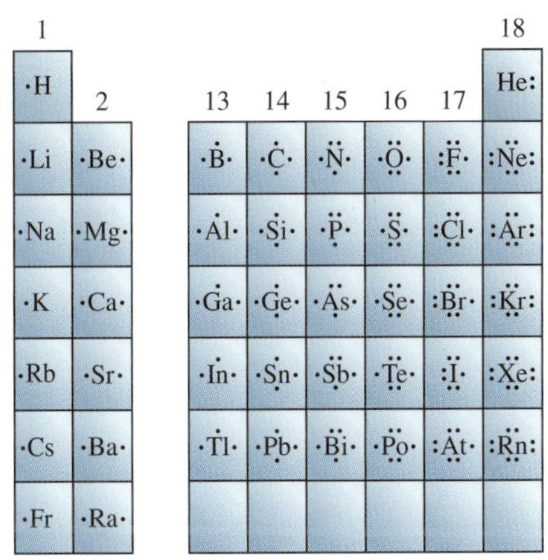

그림 3.19 Lewis 점 기호로 나타낸 주족 원소

원소 기호 주위에 최대로 존재하는 점의 수는 8이며, 이것은 s 오비탈(이 경우 $3s$ 오비탈)에 있는 두 개의 전자와 세 개의 p 오비탈(이 경우 세 개의 $3p$ 오비탈)에 있는 여섯 개의 전자를 합한 것을 나타낸다. 또 Lewis 점 기호를 적을 때, 모든 방향에 단일 점이 놓일 때까지 두 개의 점을 한쪽 방향(왼쪽, 오른쪽, 위쪽, 아래쪽)에 두지 않는다(예를 들면, 두 점이 모두 원소 기호의 왼쪽에 놓인 Mg의 Lewis 점 기호는 옳지 않다). 그림 3.19는 Lewis 점 기호로 나타낸 주기율표의 주족 원소들을 보여준다.

학생 노트
2주기 원소에 대하여 나타나는 최대 여덟 개의 점은 $2s$ 오비탈의 두 개와 세 개의 $2p$ 오비탈에 있는 여섯 개가 합쳐진 것이다.

3.6 주기 경향

주기율표에 있는 원소들의 성질에는 현대 원자 모형을 이용하여 설명될 수 있는 몇 가지 중요한 경향이 있다. 그중 하나가 원자 크기이다. 그림 3.20은 주족 원소들의 상대적인 원자 크기를 보여준다. 같은 족에서 주기율표의 아래쪽으로 내려가면 원자 크기가 커진다는 점을 주목하라. 이것은 표 아래쪽으로 내려갈수록 원자가 전자의 주양자 수가 증가하기 때문에 당연한 것이다. 주양자 수 n은 오비탈의 크기를 나타낸다.

> **학생 노트**
> 원자가 전자는 맨 바깥의 전자임을 기억하라[|◀◀ 3.5절].

또 같은 주기에서 왼쪽에서 오른쪽으로 진행하면 원자 번호와 원자 질량이 증가하면서 원자 크기는 작아진다. 이 경향은 약간 직관적으로 알기는 어렵지만 QM 원자 모형과 하전된 입자들이 상호 작용하는 방법[|◀◀ 2.2절]을 이용하여 설명할 수 있다. 반대 전하를 가진 것들은 서로 끌어당기며, 원자의 모든 양전하는 핵 안에 포함되어 있다는 것을 상기하라. 주기를 따라서 진행하면 양성자 수와 전자 수가 모두 증가한다. 그러나 추가되는 전자들은 모두 같은 주에너지 준위에 들어간다(그림 3.18을 보라). 핵과 원자가 전자 사이에는 인력이 존재하며, 핵의 전하가 커질수록 원자가 전자를 가진 주에너지 준위와의 인력이 커진다. 더 큰 인력이 원자가 전자를 당길수록 핵에 더 가까워져서 원자 크기는 작아진다. 그 결과 그림 3.21에서 볼 수 있는 것처럼 주기율표의 왼쪽에서 오른쪽으로 이동하면 원자 크기가 작아지는 경향이 나타난다.

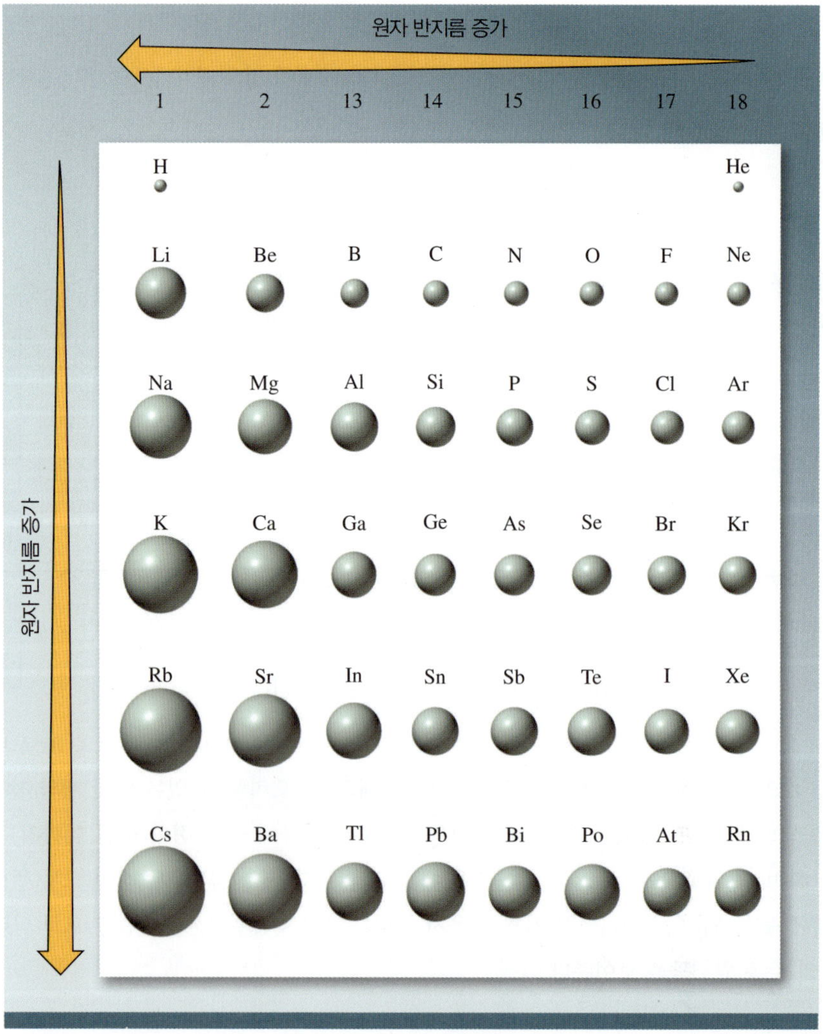

그림 3.20 족에서는 위에서 아래로 내려갈수록 원자 크기가 커지고, 주기에서는 왼쪽에서 오른쪽으로 갈수록 원자 크기가 작아진다.

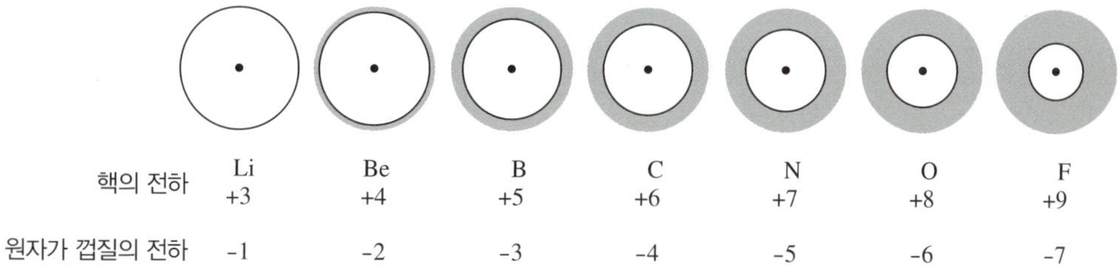

그림 3.21 핵과 원자가 전자 사이의 인력은 전하가 증가할수록 증가한다.

예제 3.6을 통해 여러 가지 주족 원소들의 상대적인 원자 크기를 앞에서 설명한 경향을 이용하여 예측하는 연습을 해보자.

예제 3.6 주기율표 위치에 근거한 상대적인 원자 크기의 예측

각 원소쌍 중에서 어느 것의 원자 크기가 더 클 것으로 예측되는가?

(a) Al 또는 P (b) Se 또는 O

전략 원자 크기는 같은 주기(수평)에서는 왼쪽에서 오른쪽으로 갈수록 작아지고, 같은 족(수직)에서는 위에서 아래로 내려갈수록 커진다는 주기적 경향을 고려한다.

계획 (a) Al은 P와 같은 주기에 있으며 P의 왼쪽에 있다.
(b) Se와 O는 같은 족에 있으며 Se가 주기율표에서 아래쪽에 있다.

풀이 (a) Al이 같은 주기에서 P의 왼쪽에 있으므로 P보다 더 크다.
(b) Se가 같은 족에서 O 아래에 있으므로 O보다 더 크다.

생각해보기

같은 족(수직)에서 원자의 크기를 비교할 때 족의 아래로 내려가면 전자가 채워지는 새로운 준위가 더해진다는 것을 명심해야 한다. 전자 구름은 원자 부피의 대부분을 차지하고 전체 크기를 결정한다.

추가문제 1 각 원소쌍 중에서 어느 것의 원자 크기가 더 클 것으로 예측되는가?

(a) As 또는 Kr (b) Br 또는 I

추가문제 2 주어진 원소들을 원자 크기가 작아지는 순서대로 배열하시오.

(a) K, Cl, Se (b) Br, I, Sb

추가문제 3 주기 경향만을 이용하여 원소들을 원자 크기가 커지는 순서대로 배열하시오. 주기 경향만으로 배열하는 것이 불가능하다면 그 이유를 설명하시오.

(a) P, S, Br (b) Cs, Rb, I

이제 다시 주기율표를 보고 그것이 어떻게 조직화되었는지 살펴보자(그림 3.22). 지그재그형의 경계선이 금속(왼쪽)과 비금속(대부분 오른쪽 윗부분 귀퉁이)을 나눈다. 대부분의 원소는 금속이며 집합적으로 **금속성**(metallic character)이라고 하는 성질들을 나타낸다. 예를 들면, 금속은 전기를 전도하며 광택을 내는 고체인 경향이 있다. 또 한 가지의 분명한 금속성은 금속 원자로부터 전자가 비교적 쉽게 제거될 수 있다는 점이다. 원소가 이런 성질을 강하게 나타낼수록 금속성이 더 크다. 금속성은 족에서는 위에서 아래로 가면 증가하는 경향이 있고, 주기에서는 왼쪽에서 오른쪽으로 가면 감소하는 경향이 있다. 따라서 가장 금속성이 큰 원소는 주기율표

학생 노트
지그재그 경계선 부근에 있는 몇몇 원소를 준금속이라고 하는데, 금속과 비금속 사이의 성질을 띤다.

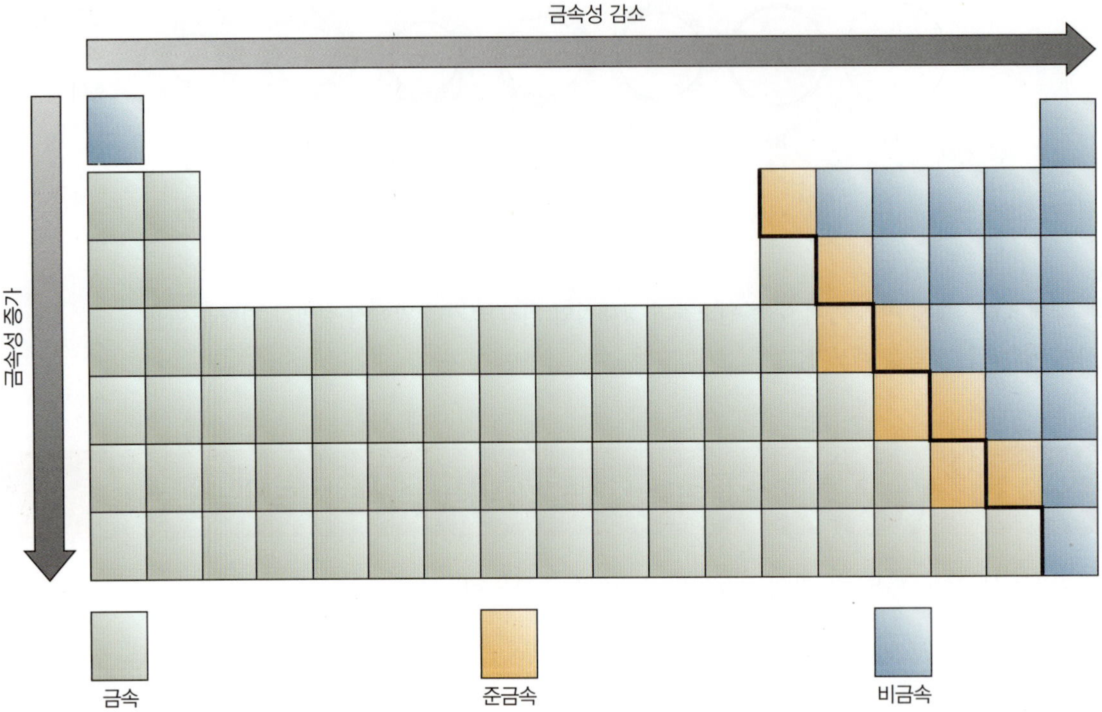

그림 3.22 주기율표는 금속, 비금속, 준금속으로 나뉜다. 금속성은 위에서 아래로, 오른쪽에서 왼쪽으로 갈수록 증가한다.

> **학생 노트**
> 원자에서 전자를 제거하는 데 필요한 에너지를 이온화 에너지(ionization energy)라고 한다. 이온화 에너지의 명확한 정의는 여기에서 나타내지 않았지만 중요한 것은 몇몇 원자는 다른 것들보다 전자를 더 쉽게 잃으며 이런 경향은 주기율표의 원소 위치와 관련되어 있다는 점이다.

의 왼쪽 아래에 있으며, 가장 금속성이 작은 원소(비금속)는 주기율표의 오른쪽 위에 있다.

금속들의 공통된 성질 중 한 가지는 전자가 쉽게 제거될 수 있다는 것이며, 그것 자체도 주기적 경향을 나타내는 중요한 성질이다. 원자에서 전자를 제거하는 데는 에너지가 필요한데, 금속 원자에서 전자를 제거하는 데는 비금속 원소에서 전자를 제거하는 것보다 훨씬 더 적은 에너지가 필요하다. 족에서는 아래로 내려갈수록 더 적은 에너지가 필요하다. 따라서 Na에서 전자를 제거하는 것보다 K에서 전자를 제거하는 것이 더 쉬우며, S에서보다 Se에서 전자를 제거하는 것이 더 쉽다.

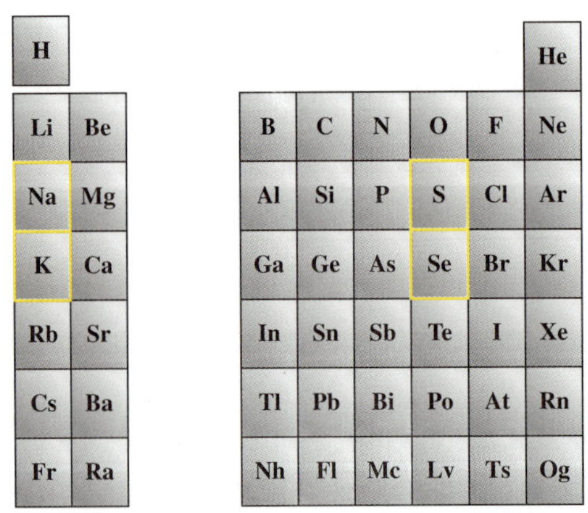

반대로 주기에서는 왼쪽에서 오른쪽으로 진행할수록 전자를 제거하는 데 필요한 에너지는 일반적으로 증가한다. 즉, 전자가 더 쉽게 제거되지 않는다. Na에서 전자를 제거하는 것보다 Mg에서 전자를 제거하는 것이 더 어려우며(더 큰 에너지가 필요하며), S에서 전자를 제거하는 것보다 Cl에서 전자를 제거하는 것이 더 어렵다.

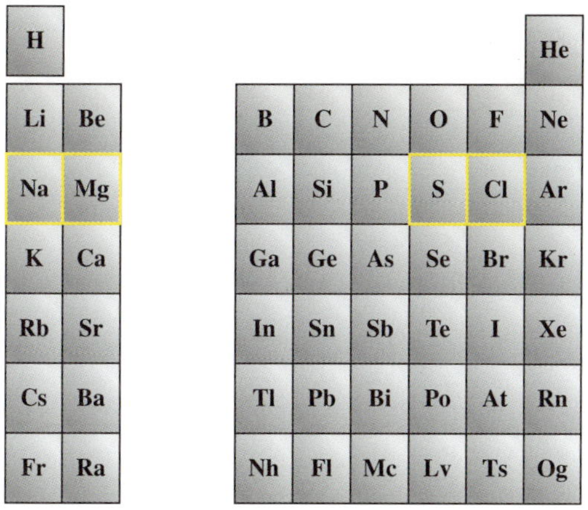

이것은 원자의 크기와 관련이 있으며 역시 하전된 입자들이 행동하는 방법을 이해한다면 이해할 수 있다. 족에서 아래로 내려가면 원자 크기는 커지며 원자가 전자는 핵에서 점점 더 멀어져서 원자가 전자와 핵 사이의 인력은 더 약해지므로 전자를 제거하기가 쉬워진다. 왼쪽에서 오른쪽으로 이동하면 핵의 전하가 증가할 뿐만 아니라(원자 크기가 작아지기 때문에) 핵과 제거될 전자 사이의 거리도 감소한다. 두 인자의 작용 결과로 핵과 원자가 전자 사이의 인력이 증가하고 원자로부터 전자를 제거하기가 더 어려워진다.

그림 3.23은 주족 원소의 원자에서 전자를 제거하기가 쉬운 정도에 대한 주기적 경향을 보여준다.

예제 3.7과 3.8을 통해 몇 가지 원소들의 금속성을 비교하고, 이러한 경향에 근거하여 원자들이 전자를 잃기 쉬운 정도를 비교해보자.

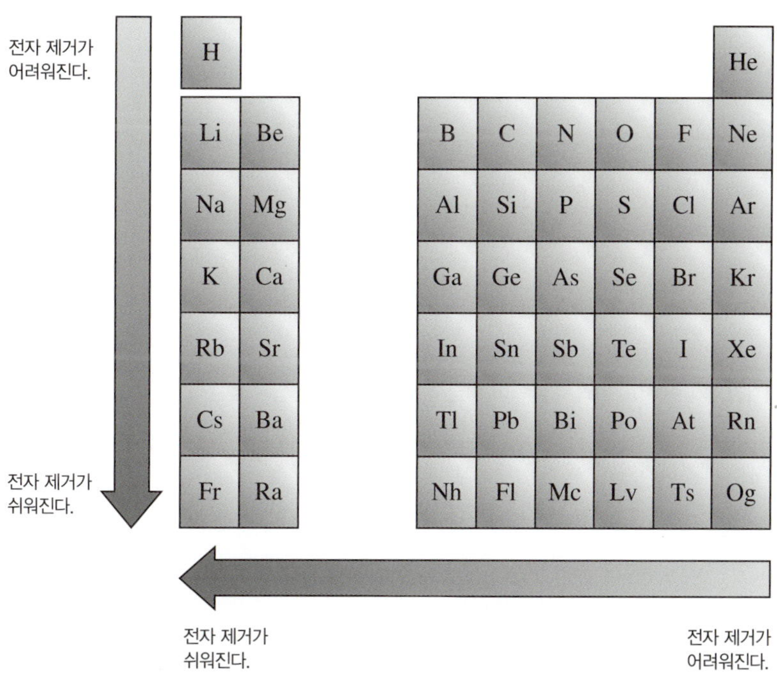

그림 3.23 주족 원소의 원자에서 전자를 제거하기 쉬운 정도를 나타내는 경향. 전자 제거는 족에서 위에서 아래로 갈수록 쉬워지고, 주기에서 왼쪽에서 오른쪽으로 갈수록 어려워진다.

예제 3.7 주기율표의 위치에 근거한 상대적 금속성 평가

각 원소 쌍에서 어느 것의 금속성이 더 작을 것으로 예측되는가?

(a) Na 또는 Cl (b) I 또는 F (c) Li 또는 Rb

전략 금속성은 주기에서는 오른쪽에서 왼쪽으로, 족에서는 위에서 아래로 갈수록 증가한다는 주기적 경향을 고려한다.

계획 (a) Na는 같은 주기에서 Cl의 왼쪽에 있다. (b) I는 같은 족에서 F 아래에 있다. (c) Rb는 같은 족에서 Li 아래에 있다.

풀이 (a) Na가 Cl보다 금속성이 더 크다. (b) I가 F보다 금속성이 더 크다. (c) Rb가 Li보다 금속성이 더 크다.

생각해보기

원소가 주기율표에서 왼쪽 그리고 아래쪽 모서리에 가까울수록 금속성이 크다. 금속은 지그재그선의 왼쪽에 있으며 주기율표의 대부분을 구성한다.

추가문제 1 각 원소쌍에서 어느 것의 금속성이 더 작을 것으로 예측되는가?

(a) Cs 또는 Mg (b) N 또는 As

추가문제 2 다음 원소들을 금속성이 증가하는 순서대로 배열하시오.

(a) Li, C, K (b) O, S, Si

추가문제 3 주기적 경향만을 이용하여 원소 F, Ne, Ar을 금속성이 감소하는 순서대로 배열하는 것이 가능한가? 불가능하다면 그 이유를 설명하시오.

예제 3.8 다른 원소의 원자가 전자를 잃기 쉬운 정도의 비교

각 원소쌍 중 어느 원자에서 전자를 제거하기가 더 어려울 것으로 예측되는가?

(a) Rb 또는 Li (b) Ca 또는 Br

전략 주기(수평)는 왼쪽에서 오른쪽으로, 족(수직)은 아래에서 위쪽으로 갈수록 전자를 제거하기 어려워진다는 경향을 고려한다.

계획 (a) 주기율표에서 Li는 같은 족에서 Rb의 위쪽에 있다.
(b) Ca와 Br은 같은 주기에서 Br이 더 오른쪽에 있다.

풀이 (a) Rb보다 Li에서 전자를 제거하기가 더 어렵다.
(b) Ca보다 Br에서 전자를 제거하기가 더 어렵다.

생각해보기

원소가 금속성이 클수록 원자에서 전자를 제거하기가 쉬우며, 따라서 금속이 비금속보다 전자를 더 쉽게 잃는다.

추가문제 1 각 원소쌍 중 어느 원자에서 전자를 제거하기가 더 어려울 것으로 예측되는가?

(a) Mg 또는 Sr (b) Rb 또는 Te

추가문제 2 다음 원소들을 전자가 제거되기 쉬운 순서대로 배열하시오.

(a) Li, C, K (b) Ba, Ca, As

추가문제 3 주기적 경향만을 이용하여 원소 N, S, Br을 전자 제거가 어려운 순서로 배열하는 것이 가능한가? 불가능하다면 그 이유를 설명하시오.

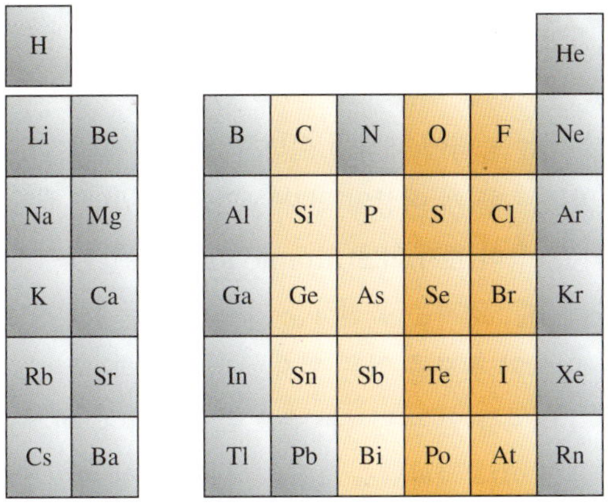

그림 3.24 주기율표의 오른쪽에 있는 원자들, 특히 16족과 17족은 매우 쉽게 전자를 얻는다. 노란색으로 표시한 원소들은 전자를 얻을 수 있다. 진한 노란색으로 표시한 것은 더 쉽게 전자를 얻는다.

원자의 성질에서 한 가지 더 중요한 경향은 원자가 전자를 얻는 능력이다. 일반적으로 전자를 쉽게 잃는 원자는 전자를 쉽게 얻지 않을 것이다. 반대로 전자를 쉽게 잃지 않는 원자는 전자를 쉽게 얻을 것이다(전부는 아니지만 대부분의 원자는 둘 중 한 가지이다). 이것은 주기에서 왼쪽에서 오른쪽으로 이동하면서 본질적으로 반대 경향을 나타낸다. 주기율표의 맨 오른편에 있는 원자들(영족 기체를 제외하고)은 전자를 매우 쉽게 얻는다. 그림 3.24는 전자를 쉽게 얻는 원소들을 보여준다. 전자를 얻는 능력은 전자를 잃는 능력과 달리 그 경향이 규칙적은 아니지만 일부 원자들은 전자를 잃을 수 있으며 다른 원자들은 전자를 얻을 수 있다는 것을 아는 것이 중요하다.

예제 3.9에서 원소들이 전자를 얻는 정도의 비교를 연습해보자.

학생 노트
이것에 대한 전문 용어는 전자 친화도(electron affinity)이다. (높은 전자 친화도를 가진 원자에 전자를 첨가하는 것이 더 쉽다) 이온화 에너지처럼 전자 친화도에 대한 전문적 정의는 다루지 않을 것이다. 그렇지만 몇몇 원소의 원자는 다른 것보다 더 쉽게 전자를 얻는다는 것을 아는 것은 중요하다.

학생 노트
족에서 위에서 아래로 가는 동안 원자가 전자를 얻는 능력에 대한 뚜렷한 경향은 존재하지 않는다.

예제 3.9 다른 원소의 원자가 전자를 얻기 쉬운 정도의 비교

각 쌍의 원소에서 전자를 얻기가 더 쉬운 것을 찾으시오.

(a) Li 또는 O (b) Al 또는 Cl (c) S 또는 Ca

전략 금속은 전자를 쉽게 잃고, 비금속은 전자를 쉽게 얻는다.

계획 각 쌍의 두 원소에 대하여 주기율표에서의 위치를 알아내고 각각 금속인지 비금속인지 확인한다. 각 쌍에서 비금속 원자가 전자를 얻는 것이 더 쉬울 것이다.

풀이 (a) Li은 금속이고 O는 비금속이다. 산소가 리튬보다 쉽게 전자를 얻을 것이다.
(b) Al은 금속이고 Cl은 비금속이다. 염소가 알루미늄보다 쉽게 전자를 얻을 것이다.
(c) S는 비금속이고 Ca은 금속이다. 황이 칼슘보다 쉽게 전자를 얻을 것이다.

생각해보기
주기율표의 오른편 위쪽 모서리에 있는 비금속은 음전하를 가진 이온이 되면서 전자를 얻는 경향이 있다. 왼쪽 아래 모서리에 있는 금속은 양전하를 가진 이온을 생성하면서 전자를 잃는 경향이 있다.

추가문제 1 각 쌍의 원소에서 전자를 얻기가 더 쉬운 것을 찾으시오.

(a) Ga 또는 O (b) N 또는 Pb (c) I 또는 Fe

추가문제 2 각 쌍의 원소에서 전자를 얻기가 더 어려운 것을 찾으시오.

(a) Ga 또는 S (b) As 또는 Sn (c) Br 또는 Zn

추가문제 3 비활성 기체는 왜 전자를 얻기 쉬운 순서를 매기는 주기 경향에 포함되지 않는가?

3.7 이온: 전자의 잃음과 얻음

앞 절에서 전자를 잃거나 얻는 능력에 대하여 설명하였다. 실제로 일부 원자들은 한 개 이상의 전자를 잃을 수 있으며 일부는 한 개 이상의 전자를 얻을 수 있다. 원자가 한 개 이상의 전자를 잃거나 얻으면 그것은 이온, 특히 **원자 이온**(atomic ion)이 된다. 이것은 전자 수가 양성자 수와 같지 않은 원자를 가리킨다. 전자는 음전하를 가지기 때문에 전자를 잃거나 얻으면 원자는 전하를 띠게 된다. 하나 이상의 전자를 잃은 원자는 양으로 하전되며, 이것을 **양이온**(cation)이라고 한다. 하나 이상의 전자를 얻은 원자는 음으로 하전되며, 이것을 **음이온**(anion)이라고 한다. 몇 가지 특별한 이온의 예를 살펴보고 그것을 나타내는 방법을 알아보자.

이온의 전자 배치

원자 번호 11번인 소듐은 주기율표의 맨 왼쪽에 있는 1족에 속해 있다. 원자가 전자를 잃는 경향에 따르면 소듐은 전자를 쉽게 잃을 것이다. 실제로 소듐은 전자 한 개를 쉽게 잃어서 자연에서 원소(중성) 형태로 발견되지 않는다. 자연에 존재하는 모든 소듐 원자는 전자를 한 개씩 잃은 소듐 이온이다. 소듐 이온은 Na^+로 나타내며, 전하를 위첨자로 나타낸다. 소듐의 오비탈 도표는 다음과 같다.

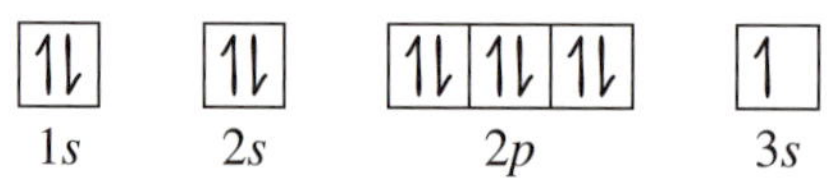

따라서 전자 배치를 다음과 같이 적을 수 있다.

$$[Ne]\,3s^1$$

소듐 원자가 전자를 잃고 소듐 이온이 될 때 잃어버리는 전자는 3*s* 오비탈에 있는 소듐의 원자가 전자뿐이다. 3*s* 전자를 잃으면 오비탈 도표는 다음처럼 된다.

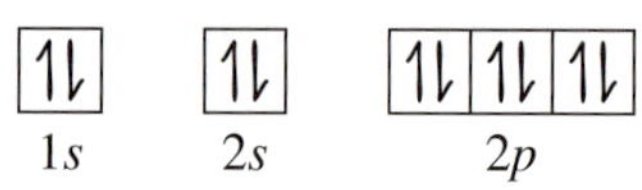

따라서 전자 배치는 다음과 같이 적을 수 있다.

$$[Ne]$$

원자 번호 17번인 염소는 주기율표의 오른쪽에 있는 17족에 속해 있다. 그림 3.24에 따르면 염소는 전자를 쉽게 얻을 것으로 예상되며 실제로 그렇다. 염소 원자의 오비탈 도표는 다음과 같다.

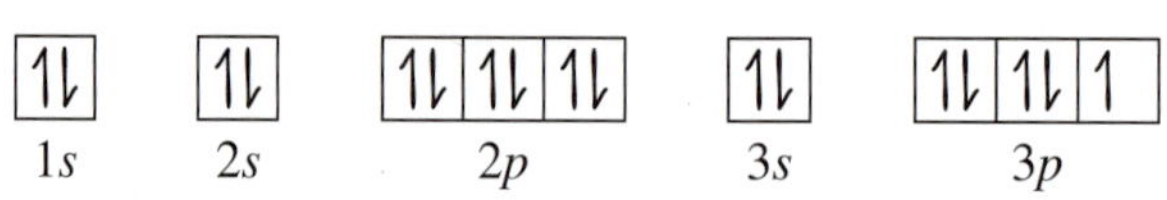

따라서 전자 배치는 다음과 같이 적을 수 있다.

$$1s^22s^22p^63s^23p^5 \text{ 또는 } [Ne]3s^23p^5$$

원자가 전자를 얻을 때 그 전자는 이용할 수 있는 가장 낮은 오비탈로 들어간다. Cl의 경우는 3*p* 오비탈에 오직 하나의 전자가 더 들어갈 수 있다. Cl 원자가 전자를 얻으면 Cl^- 이온이 되고, 소듐 이온처럼 위첨자로 전하를 나타낸다. Cl^- 이온의 오비탈 도표는 다음과 같다.

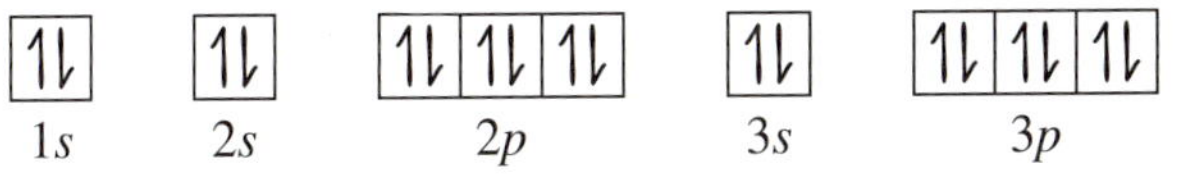

따라서 전자 배치는 다음과 같다.

$$[Ne]3s^2 3p^6$$

이것은 아르곤의 전자 배치 [Ar]과 같다.

이런 이온들의 전자 배치의 중요성을 잠시 생각해보자. 각 경우에 결과적인 전자 배치는 비활성 기체의 전자 배치와 같다. 이것을 화학자들은 각 이온이 비활성 기체와 **등전자**(isoelectronic)라고 한다. Na^+는 Ne와 등전자이며, Cl^-는 Ar과 등전자이다. 전자를 잃는 경향(주기에서 왼쪽에서 오른쪽으로 진행할수록 전자를 제거하기가 어려워짐)을 상기해보면 각 주기에서 전자를 잃는 경향이 가장 작은 것은 비활성 기체(18족)이다. 또 비활성 기체는 원자가 전자를 얻는 것에 대한 설명에서도 빠져 있다. 이것은 비활성 기체가 전자를 쉽게 잃거나 얻지 않기 때문이다. 비활성 기체의 전자 배치는 본질적으로 안정하며, 따라서 비활성 기체 원자는 전자를 잃거나 얻거나 하는 경향이 전혀 없다. 그러나 대부분의 주족 원소들은 비활성 기체의 전자 배치를 달성함으로써 안정성이 상당히 증가한다. 소듐과 염소는 매우 불안정한 중성 원자들이다. 그러나 각각 비활성 기체의 전자 배치를 만들어(소듐이 전자를 잃고 염소가 전자를 얻어서) 매우 안정한 이온인 Na^+와 Cl^-가 된다. 이 이온들은 매일 음식에 뿌려지는 소금이라는 친숙하며 안정한 물질을 구성한다.

주족 원소의 원자들이 비활성 기체의 전자 배치를 만들기 위하여(비활성 기체와 등전자가 되기 위하여) 전자를 잃거나 얻을 것이라는 사실을 안다면 각 경우에 잃거나 얻는 전자 수를 예측할 수 있으며, 결과적으로 생기는 이온의 전하도 예측할 수 있다. 예를 들면, 원자 번호 20번인 칼슘은 두 개의 원자가 전자를 잃고 아르곤과 등전자가 될 것이다.

$$Ca \quad [Ar]\,4s^2$$
$$Ca^{2+} \quad [Ar]$$

산소는 두 개의 전자를 얻어서 네온과 등전자가 될 것이다.

$$O \quad [He]\,2s^2 2p^4$$
$$O^{2-} \quad [He]\,2s^2 2p^6 \text{ 또는 } [Ne]$$

그림 3.25는 주족 원소들의 일반적인 이온에서 예측 가능한 전하를 보여준다.

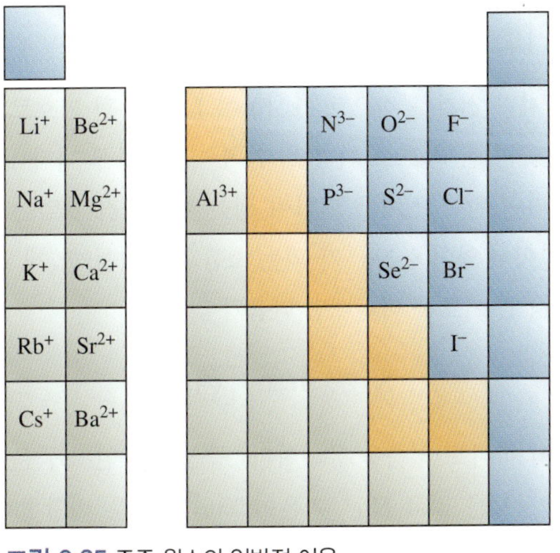

그림 3.25 주족 원소의 일반적 이온

예제 3.10에서 주족 원소들의 이온에 대한 전자 배치 작성을 연습해보자.

예제 3.10 주족 원소의 일반적 이온에 대한 전자 배치 작성하기

아래의 각 원소로부터 생성되는 일반적 이온의 전하를 예측하고 그 이온에 대한 전자 배치를 작성하시오.

(a) Na (b) Ca (c) O

전략 주기율표에서 원자의 위치를 찾아내고 가장 가까운 비활성 기체의 전자 배치를 가지기 위하여 주족 원소가 전자를 잃을 것인지 얻을 것인지 알아낸다.

계획 (a) 소듐은 중성 원자로서 11개의 양성자와 11개의 전자를 가진다. 소듐은 전자 1개를 잃으면 Ne의 전자 배치를 가질 것이다.

(b) 칼슘은 중성 원자로서 20개의 양성자와 20개의 전자를 가진다. 칼슘은 전자 2개를 잃으면 아르곤의 전자 배치를 가질 것이다.

(c) 산소는 중성 원자로서 8개의 양성자와 8개의 전자를 가진다. 산소는 전자 2개를 얻으면 네온의 전자 배치를 가질 것이다.

풀이 (a) 소듐 이온은 11개의 양성자와 10개의 전자를 가져서 '여분의' 양전하가 생겨나 +1 전하를 가진다. 그 전자 배치는 네온의 것과 같이 $[\mathrm{He}]2s^22p^6$이다.

(b) 칼슘은 20개의 양성자와 18개의 전자를 가져서(2개를 잃은 후) '여분의' 양전하가 2개 생겨나 +2의 전하를 가진다. 그 전자 배치는 아르곤의 것과 같이 $[\mathrm{Ne}]3s^23p^6$이다.

(c) 산소 이온은 8개의 양성자와 10개의 전자를 가져서(2개를 얻은 후) '여분의' 음전하가 2개 생겨나 −2의 전하를 가진다. 그 전자 배치는 네온의 것과 같이 $[\mathrm{He}]2s^22p^6$이다.

생각해보기

비금속은 그 오른쪽에 있는 비활성 기체의 전자 배치를 얻기 위해 전자를 얻는다. 금속은 한 주기 위에 있는 비활성 기체의 전자 배치를 얻기 위해 전자를 잃는다.

추가문제 1 다음 각 원소에서 생성되는 일반적 이온의 전하를 예측하고 그 이온에 대한 전자 배치를 작성하시오.

(a) Br (b) K (c) S

추가문제 2 원자 번호(Z)와 전자 배치가 주어진 다음 이온이 무슨 이온인지 찾으시오.

(a) $Z=34$, $[\mathrm{Ar}]4s^23d^{10}4p^6$ (b) $Z=35$, $[\mathrm{Ar}]4s^23d^{10}4p^6$ (c) $Z=19$, $[\mathrm{Ne}]3s^23p^6$

추가문제 3 원자 번호가 주어지지 않더라도 추가문제 2에 표시한 이온들을 확인하는 것이 가능한가? 가능하거나 불가능한 이유를 설명하시오.

이온의 Lewis 점 기호

주족 원소 원자의 각 원자가 전자를 점으로 표시하여 Lewis 점 기호로 나타낼 수 있는 것처럼 주족 원소의 이온도 Lewis 점 기호로 나타낼 수 있다. 이렇게 나타내기 위하여 먼저 원자의 Lewis 점 기호로 시작하여 잃는 전자에 대하여 점을 제거하거나 얻는 전자에 대하여 점을 추가한다. 전자를 한 개 잃어서 양이온 Na^+가 되는 소듐과 전자를 한 개 얻어서 Cl^-가 되는 염소의 예를 이용하여 Lewis 점 기호를 나타내면 다음과 같다.

$$\mathrm{Na}^+ \quad \text{그리고} \quad [:\ddot{\underset{..}{\mathrm{Cl}}}:]^-$$

소듐의 기호 주위에 점이 하나도 없음을 유의하라. 중성 원자인 소듐은 한 개의 원자가 전자를 가진다. 유일한 원자가 전자를 잃고 Na^+ 이온이 되면 이것은 비활성 기체 네온(Ne)과 전자 배치가 같아진다.

염소의 기호 주위에는 8개의 점이 있다. 중성 원자인 염소는 7개의 원자가 전자를 가진다. Cl^- 이온이 되면 한 개의 전자를 얻어서 비활성 기체인 아르곤(Ar)의 전자 배치를 달성한다. 음이온에 대한 Lewis 점 기호는 대괄호로 둘러싸고 대괄호 바깥쪽에 전하를 나타내는 것에 유의해야 한다.

예제 3.11을 통해 일반적인 주족 원소로부터 만들어진 이온들에 대한 Lewis 점 기호를 그리는 방법을 연습할 수 있다.

예제 3.11 주족 원소의 일반적 이온에 대한 Lewis 점 기호 그리기

다음 원자와 그 원소로부터 일반적으로 생성되는 이온에 대한 Lewis 점 기호를 그리시오.

(a) P (b) Se (c) Sr

전략 주기율표에서 원자의 위치를 알아내고 그것이 가진 원자가 전자 수를 결정한다. 원소 기호 주위에 각 원자가 전자를 점으로 나타낸다. 이온의 Lewis 점 기호를 결정하기 위하여 그 원자가 가장 가까운 비활성 기체처럼 되기 위하여 전자를 얻을 것인지 잃을 것인지 결정한다.

계획 (a) P는 원자로서 5개의 원자가 전자를 가지며, 아르곤의 전자 배치가 되기 위하여 3개의 전자를 얻을 것이다.
(b) Se는 원자로서 6개의 원자가 전자를 가지며, 크립톤의 전자 배치가 되기 위하여 2개의 전자를 얻을 것이다.
(c) Sr는 원자로서 2개의 원자가 전자를 가지며, 크립톤의 전자 배치가 되기 위하여 2개의 전자를 모두 잃을 것이다.

풀이 (a) $\cdot\ddot{\text{P}}\cdot$ 그리고 $[:\ddot{\underset{..}{\text{P}}}:]^{3-}$ (b) $\cdot\ddot{\text{Se}}:$ 그리고 $[:\ddot{\underset{..}{\text{Se}}}:]^{2-}$ (c) $\dot{\text{Sr}}\cdot$ 그리고 $[\text{Sr}]^{2+}$

생각해보기

음으로 하전된 일원자 이온은 똑같이 8개의 원자가 전자를 포함하는 Lewis 점 기호를 가진다는 점을 유의하라. 추가문제 1에서 양으로 하전된 일원자 이온에 대해서도 유사한 형태를 볼 수 있다.

추가문제 1 다음 원자와 그 원소에서 일반적으로 생성되는 이온에 대한 Lewis 점 기호를 그리시오.

(a) K (b) Mg (c) Al

추가문제 2

$$[:\ddot{\underset{..}{\text{X}}}:]^{n-}$$

위의 일반적인 Lewis 점 기호에 대하여, 아래와 같이 n값 및 원소가 속한 주기를 가지는 것은 어떤 이온인지 찾으시오.

(a) $n=2$, 주기 4 (b) $n=3$, 주기 2 (c) $n=2$, 주기 3

추가문제 3

$$X^{n+}$$

위의 일반적인 Lewis 점 기호에 대하여 원소가 속한 주기가 다음과 같을 때, 각 이온에 대한 전하(n값)를 찾으시오.

(a) 1족 (b) 2족

원자는 전자를 잃거나 얻는 데서 주기적 변이를 나타낸다. 실제로 몇몇 원자들은 두 가지 모두에서 뚜렷한 경향을 전혀 나타내지 않는다. 4장에서는 이런 경향들이 나타내는 결과와 그것들이 원자들의 상호 작용을 지배하는 방법과 일상생활에서 마주치는 대부분의 물질들을 생성하는 방법을 살펴볼 것이다.

주요 내용 주기율표를 이용한 바닥 상태의 원자가 전자 배치 결정

원소의 전자 배치를 쉽게 결정하는 방법은 주기율표를 이용하는 것이다. 주기율표는 원자 번호순으로 배열되어 있지만 원소의 최외각 전자들이 채워진 오비탈 유형을 표시하는 구역으로도 나뉘어 있다. *s* 구역에 있는 원소(아래에서 노란색으로 표시)의 최외각 원자가 전자는 *s* 오비탈에 있고, *p* 구역에 있는 원소(파란색)의 경우에는 *p* 오비탈에 있으며, 다른 것들도 마찬가지이다.

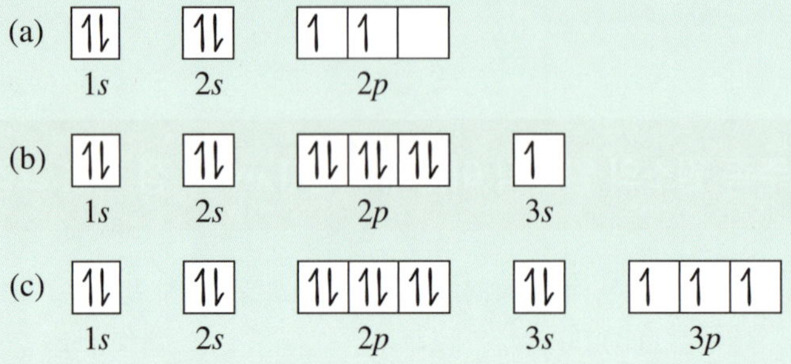

원소의 바닥 상태 전자 배치를 결정하기 위해서는 가장 가까이에 완성된 비활성 기체 핵심으로부터 시작하여 다음 주기에서 원자가 전자 배치를 헤아려야 한다. 원자 번호가 17인 Cl의 예를 생각해보자. Cl보다 앞서 있는 비활성 기체는 원자 번호가 10인 Ne이다. 따라서 먼저 [Ne]을 적는다. 대괄호 속의 비활성 기체 기호는 완전히 채워진 *p* 부껍질의 핵심 전자들을 나타낸다. 전자 배치를 완성하기 위하여 화살표로 나타낸 것처럼 주기 3의 왼쪽부터 화살표가 지나는 각 구역으로부터 마지막(맨 오른쪽) 배치 표기를 더해간다.

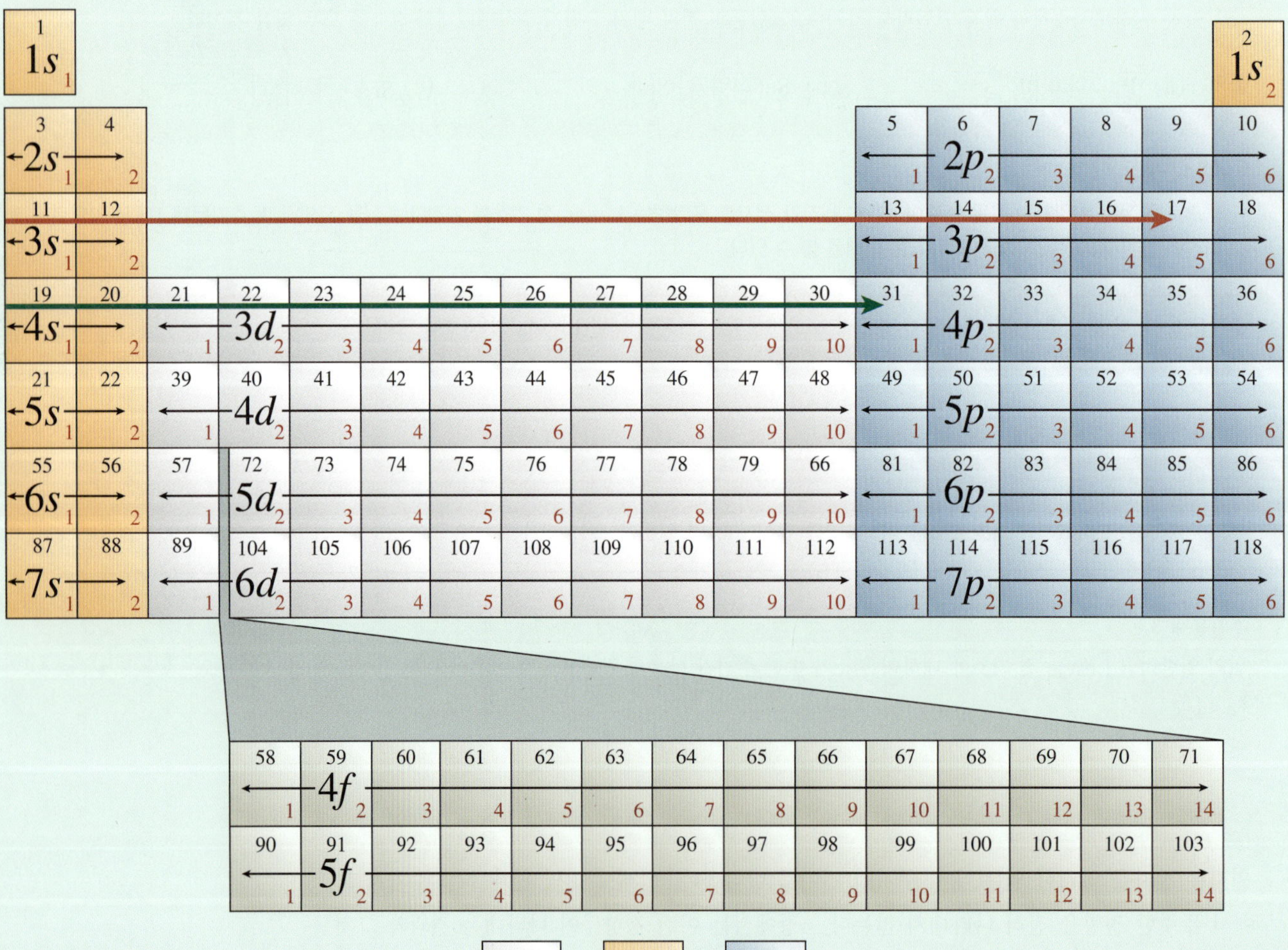

비활성 기체 핵심 이외에도 일곱 개의 전자가 있다. 두 개는 s 오비탈에 있고, 다섯 개는 p 오비탈에 있다. 세 번째 주기만 헤아려서 원자가 전자를 포함하는 특정한 오비탈을 결정하고 올바른 바닥 상태의 전자 배치 $[Ne]3s^23p^5$에 도달할 수 있다.

원자 번호가 31인 Ga의 경우 앞서는 비활성 기체는 원자 번호가 18인 Ar이다. 네 번째 주기를 지나면서(초록색 화살표) 헤아리면 올바른 바닥 상태의 전자 배치 $[Ar]4s^23d^{10}4p^1$에 도달할 수 있다.

주기율표를 이용하여 주어진 바닥 상태의 전자 배치로부터 원소를 알아낼 수도 있다. 예를 들면, 배치가 $[Ne]3s^23p^4$이면 배치에서 마지막 부분인 $3p^4$에 집중한다. 이것으로부터 원소가 세 번째 주기(3), p 구역(p)에 있고, p 부껍질에 네 개의 전자(위첨자 4)를 가진다는 것을 알 수 있다. 이것은 원자 번호 16인 원소 황(S)에 해당한다.

주요 내용 문제

3.1
책 표지 안쪽의 주기율표를 이용하여 주석(Sn)의 원자 번호를 결정하시오. Sn의 비활성 기체 핵심은 무엇인가?
(a) Ar (b) Kr (c) Xe
(d) Ne (e) Rn

3.2
책 표지 안쪽의 주기율표를 이용하여 바나듐(V)의 원자 번호를 결정하시오. 어느 것이 V 원자의 전자 배치를 옳게 나타내는가?
(a) $[Ar]3d^5$ (b) $[Ar]4s^23d^2$ (c) $[Ar]4s^23d^4$
(d) $[Ar]4s^23d^3$ (e) $[Kr]4s^23d^3$

3.3
전자 배치가 $[Kr]5s^24d^{10}5p^1$로 나타나는 원소는 무엇인가?
(a) Sn (b) Ga (c) In
(d) Tl (e) Zr

3.4
책 표지 안쪽의 주기율표를 이용하여 아이오딘(I)의 원자 번호를 결정하시오. I 원자의 전자 배치를 옳게 나타낸 것은 어느 것인가?
(a) $[Xe]5s^24d^{10}5p^5$ (b) $[Kr]5s^25p^5$
(c) $[Xe]5s^25p^5$ (d) $[Kr]5s^24d^{10}5p^5$
(e) $[Kr]5s^25d^{10}5p^5$

3.5
K 원자에서 생성되는 일반적 이온의 전자 배치는 어느 것인가?
(a) $[Ar]4s^1$ (b) [Ar] (c) $[Ar]4s^2$
(d) [Kr] (e) $[Kr]4s^1$

3.6
Ne과 등전자인 주족 원소의 일반적 이온들은 무엇인가?
(a) S^{2-}, Cl^-, K^+ (b) O^{2-}, F^-, Na^+
(c) F^-, C^{l-}, Br^- (d) O^{2-}, S^{2-}, Se^{2-}
(e) Li^+, Na^+, K^+

연습문제

3.1절: 빛의 본질

3.1 빛의 파장과 진동수는 서로 어떻게 관련되어 있는가?
3.2 빛의 에너지는 파장과 어떻게 관련되어 있는가?
3.3 빨간색, 파란색, 오렌지색의 빛 중 파장이 가장 긴 것은 어느 것인가?
3.4 빨간색, 파란색, 오렌지색의 빛 중 진동수가 가장 큰 것은 어느 것인가?
3.5 400 nm, 550 nm, 700 nm의 빛을 진동수가 감소하는 순서대로 배열하시오.
3.6 마이크로파, 감마선, 가시광선의 전자기 복사선을 진동수가 증가하는 순서대로 배열하시오.
3.7 파란색, 초록색, 오렌지색의 빛을 에너지가 감소하는 순서대로 배열하시오.

3.2절: Bohr 원자

3.8 광자(photon)라는 용어를 자신의 표현으로 나타내시오.
3.9 원자를 나타낼 때 들뜬 상태(excited state)란 용어는 무엇을 의미하는가?
3.10 Bohr 원자 모형에서 가시광선을 방출할 것으로 예상되는 전자 전이를 고르시오.
(a) $n=6$에서 $n=1$로
(b) $n=5$에서 $n=2$로
(c) $n=8$에서 $n=3$으로

3.11 Bohr 원자 모형에서 빛을 방출할 것으로 예상되는 전자 전이를 고르시오.
(a) $n=6$에서 $n=1$로 (b) $n=1$에서 $n=8$로
(c) $n=3$에서 $n=5$로

3.12 Bohr 원자 모형에서 빛을 흡수할 것으로 예상되는 전자 전이를 고르시오.
(a) $n=1$에서 $n=8$로 (b) $n=2$에서 $n=3$으로
(c) $n=5$에서 $n=3$으로

3.13 수소 원자의 방출 스펙트럼에는 가시광선의 네 가지 파장 또는 색이 포함되어 있다. 그것이 나타나는 전이와 파장/색을 연결하시오.

전이	파장/색
$n=6$에서 $n=2$로	657 nm/빨간색
$n=5$에서 $n=2$로	486 nm/초록색
$n=4$에서 $n=2$로	434 nm/파란색
$n=3$에서 $n=2$로	410 nm/보라색

3.3절: 원자 오비탈

3.14 원자 오비탈은 무엇을 나타내는가?

3.15 $3s$, $3p$, $3d$ 오비탈을 그리시오.

3.16 $4p$ 오비탈은 문제 3.15에서 그린 $3p$ 오비탈과 어떻게 다른가? 또 어떻게 비슷한가?

3.17 각 쌍에서 더 큰 오비탈을 고르시오.
(a) $2s$ 또는 $4s$ (b) $2p_x$ 또는 $2p_y$ (c) $3p$ 또는 $4p$

3.18 각 쌍에서 더 작은 오비탈을 고르시오.
(a) $3d$ 또는 $4d$ (b) $1s$ 또는 $2s$ (c) $2p_x$ 또는 $3p_x$

3.19 다음 각 오비탈에 있는 전자를 생각해보자. 각 쌍에서 평균적으로 핵에 더 가까이 있는 전자는 어느 것인가?
(a) $1s$ 또는 $3s$ (b) $2p$ 또는 $4p$ (c) $3d$ 또는 $4d$

3.20 다음 오비탈 표시를 생각해보자. 옳은 표기인지 결정하고 옳지 않다면 이유를 설명하시오.
(a) $5p$ (b) $4s$
(c) $2f$ (d) $1p$

3.21 다음 표시는 단일 오비탈이나 단일 부준위를 나타내는지, 두 가지 모두를 나타내는지 결정하시오.
(a) $4d$ (b) $2s$
(c) $3p_x$ (d) $2p$

3.22 각 설명을 옳은 오비탈과 연결하시오.

설명	오비탈 표시
네 번째 준위의 구형 오비탈	$1s$
두 번째 준위의 아령 모양 오비탈	$2p$
세 번째 준위의 클로버잎 모양 오비탈	$4s$
첫 번째 준위의 구형 오비탈	$3d$

3.23 다음 오비탈을 에너지가 감소하는 순서로 배열하시오.
(a) $4s$, $4p$, $4d$ (b) $2p$, $3p$, $4p$ (c) $1s$, $2p$, $3d$

3.4절: 전자 배치

3.24 모든 유형의 한 오비탈에는 몇 개의 전자가 있는가?

3.25 각 오비탈에는 몇 개의 오비탈이 있는가?
(a) $2s$ (b) $4d$
(c) $2p$ (d) $4f$

3.26 다음 오비탈에 들어가는 최대 전자 수는 얼마인가?
(a) $2p$ (b) $3d$
(c) $4s$ (d) $3p$

3.27 다음 원자의 바닥 상태 전자 배치를 결정하시오.
(a) 포타슘 (b) 비소 (c) 셀레늄

3.28 다음 원자의 바닥 상태 전자 배치를 결정하시오.
(a) 리튬 (b) 규소 (c) 마그네슘

3.29 문제 3.27의 각 원소에 대한 오비탈 도표를 그리시오.

3.30 문제 3.28의 각 원소에 대한 오비탈 도표를 그리시오.

3.31 다음 전이 금속의 바닥 상태 전자 배치를 (비활성 기체 핵심을 사용하여) 간단하게 나타내시오.
(a) Fe (b) Zn (c) Ni

3.32 다음 전이 금속의 바닥 상태 전자 배치를 (비활성 기체 핵심을 사용하여) 간단하게 나타내시오.
(a) Cd (b) Pd (c) V

3.5절: 전자 배치와 주기율표

3.33 다음 원소에서 핵 전자와 원자가 전자의 수를 결정하시오.
(a) 인 (b) 아이오딘
(c) 칼슘 (d) 포타슘

3.34 다음 그림의 각 '구역'을 나타내는 적당한 용어를 쓰시오.

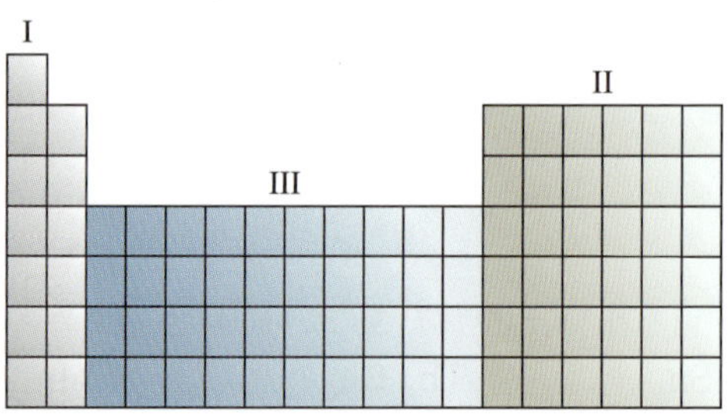

3.35 다음 원자의 바닥 상태 전자 배치를 결정하시오. 각각 몇 개의 원자가 전자를 가지는가?
(a) 안티모니 (b) 바륨 (c) 주석

3.36 다음 원자의 바닥 상태 전자 배치를 결정하고 원자가 오비탈 도표를 그리시오.
(a) 아이오딘 (b) 셀레늄
(c) 크립톤 (d) 스트론튬

3.37 문제 3.36의 각 원자에는 몇 개의 쌍을 이루지 못한 전자가 있는가?

3.38 다음 원자의 바닥 상태 전자 배치를 적으시오. 각각 몇 개의 원자가 전자가 있는가? 이 세 원소가 어떤 이온을 만들지 예측하시오. 이것은 주기율표에서의 위치와 관련이 있는가?
(a) 플루오린 (b) 염소 (c) 브로민

3.39 다음 바닥 상태 전자 배치가 나타내는 원소를 결정하시오.
(a) $[Kr]5s^2 4d^{10} 5p^2$ (b) $[Xe]6s^1$
(c) $[Ar]4s^2 3d^{10} 4p^5$

3.40 다음 바닥 상태 전자 배치에서 잘못을 찾아내고 그것이 나타내는 각 원소를 결정하시오.

(a) $1s^2 2s^1 2p^5 3s^2 3p^2 4s^2$ (b) $1s^3 2s^2 2p^1$
(c) $1s^2 2s^5 2p^2 3s^1$

3.41 다음 원소 중 어느 것이 F와 유사한 성질을 갖겠는가? 그 이유는?

O Ar Ne C Br

3.42 다음 원자의 Lewis 점 기호를 그리시오.
(a) 마그네슘 (b) 인
(c) 플루오린 (d) 아르곤

3.43 다음 원자의 Lewis 점 기호를 그리시오.
(a) 질소 (b) 브로민
(c) 칼슘 (d) 리튬

3.44 다음 원자의 Lewis 점 기호를 그리시오. 그것들의 공통점은 무엇이며, 주기율표의 위치와 어떤 관련이 있는가?
(a) 질소 (b) 인 (c) 비소

3.6절: 주기 경향

3.45 어떤 유형의 원소들이 전자를 가장 쉽게 얻는가?

3.46 주기율표를 대략적으로 그리고 금속성이 증가하는 전체적 경향을 하나의 화살표로 나타내시오.

3.47 주기율표를 대략적으로 그리고 전자를 얻기 쉬운 경향이 증가하는 전체적 경향을 하나의 화살표로 나타내시오.

3.48 주기율표에 근거하여 다음 원소들을 원자 크기가 증가하는 순서로 배열하시오.
(a) Rb, S, Sr (b) Ca, Li, Mg (c) K, Ca, Br

3.49 주기율표의 경향에 근거하여 다음 각 조에서 가장 전자를 쉽게 잃는 것을 선택하시오.
(a) F, O, S (b) Si, C, Ne (c) Li, Na, K

3.50 주기율표의 경향에 근거하여 다음 각 조에서 가장 금속성이 작은 것을 선택하시오.
(a) Si, S, K (b) Br, F, Ba (c) Na, Mg, P

3.7절: 이온: 전자의 잃음과 얻음

3.51 이온이란 무엇인가? 그것은 원자와 어떻게 다른가?

3.52 음이온을 자신의 말로 표현하시오.

3.53 다음 원소에서 생성되는 일반적 이온과 그 전하를 예측하시오.
(a) 마그네슘 (b) 포타슘 (c) 인
(d) 산소 (e) 아이오딘

3.54 다음 원소에서 생성되는 일반적 이온에 대한 바닥 상태 전자 배치를 작성하시오.
(a) 질소 (b) 스트론튬 (c) 브로민

3.55 다음 원소에서 생성되는 일반적 이온에 대한 바닥 상태 전자 배치를 작성하시오.
(a) 루비듐 (b) 알루미늄 (c) 인

3.56 다음 원소에서 생성되는 일반적 이온에 대한 바닥 상태 전자 배치를 작성하시오. 이온들의 공통점은 무엇인가? 서로 어떻게 다른가?
(a) S (b) K (c) Ca

3.57 다음 원소에서 생성되는 일반적 이온에 대한 Lewis 점 기호를 그리시오.
(a) Ca (b) K (c) F
(d) O (e) N

추가 문제

3.58 흔한 소금 대용품에는 염화 포타슘이 포함된다. 포타슘 이온과 염소에 의해서 생성된 이온의 Lewis 점 기호를 나타내시오.

3.59 불꽃놀이에서 보이는 파란색은 구리 때문이다. 구리의 바닥 상태 전자 배치를 작성하고 원자가 전자에 대한 오비탈 도표를 그리시오. 구리에서 보이는 파란색은 $4p$에서 $4s$로의 전이(에너지 수준 사이의 이동) 때문이다. 그런 오비탈 도표를 이용하여 이 전이를 나타내시오.

3.60 리튬 원자의 전자 배치와 오비탈 도표를 작성하시오. $2s$ 전자가 $2p$ 부준위로 들뜨고 이어서 바닥 상태로 돌아온다면 그것은 파장이 670 nm 또는 6.70×10^{-7} m인 빛을 방출한다. 리튬의 $2s$와 $2p$ 부준위 사이의 에너지 차이를 결정하시오(에너지와 파장 사이의 관련은 $E = hc/\lambda$로 주어진다. h와 c는 상수이며, h는 6.626×10^{-34} J·s이고, c는 3.00×10^8 m/s이다. λ는 미터로 표시된 빛의 파장이다).

3.61 문제 3.60의 정보를 이용하여 들뜬 리튬 원자의 전자 배치를 작성하시오.

예제 속 추가문제 정답

3.1.1 (a), (e) **3.1.2** (a), (c), (e) **3.2.1** (a) 아니다, 세 번째 주기에는 f 오비탈이 없다 (b) 그렇다 (c) 그렇다 (d) 아니다, 두 번째 주기에는 d 오비탈이 없다 **3.2.2** (a) 2, 3, 4 (b) 1, 2, 3, 4 (c) 4 (d) 3, 4 **3.3.1** (a) $1s^2 2s^2 2p^2$, [He] $2s^2 2p^2$ (b) $1s^2 2s^2 2p^6$, [He]$2s^2 2p^6$ (c) $1s^2 2s^2 2p^6 3s^2 3p^5$, [Ne] $3s^2 3p^5$ **3.3.2** (a) Mg (b) P **3.4.1** (a) [Kr]$5s^1$ (b) [Ar] $4s^2 3d^{10} 4p^4$ (c) [Kr] $5s^2 4d^{10} 5p^5$ **3.4.2** (a) Ge (b) Sb (c) Ba **3.5.1** (a) $5s^1$ (b) $4s_2 4p^4$ (c) $5s^2 5p^5$ **3.5.2** (a) $4s^2 4p^2$ (b) $5s^2 5p^3$ (c) $6s^2$ **3.6.1** (a) As (b) I **3.6.2** (a) K>Se>Cl (b) Sb>I>Br **3.7.1** (a) Mg (b) N **3.7.2** (a) C<Li<K (b) O<S<Si **3.8.1** (a) Mg (b) Te **3.8.2** (a) C>Li>K (b) As>Ca>Ba **3.9.1** (a) O (b) N (c) I **3.9.2** (a) Ga (b) Sn (c) Zn **3.10.1** (a) Br^-, [Ar]$4s^2 3d^{10} 4p^6$ (b) K^+, [Ar] (c) S^{2-}, [Ne]$3s^2 3p^6$ **3.10.2** (a) Se^{2-} (b) Br^- (c) K^+ **3.11.1** (a) ·K, K^+ (b) ·Mg·, Mg^{2+} (c) ·$\dot{\text{Al}}$·, Al^{3+} **3.11.2** (a) Se^{2-} (b) N^{3-} (c) S^{2-}

CHAPTER 4

화합물과 화학 결합

Compounds and Chemical Bonds

우리가 접하는 물질의 대부분은 혼합물이다. 바닷물은 주로 물과 소금의 두 물질로 구성된 혼합물이다.

이 장의 목표

원자들이 이온이 되기 위해서 어떻게 전자를 잃거나 얻는가, 원자들이 분자를 형성하기 위해서 어떻게 결합하는가를 배운다. 또 화학 결합(화합물에서 원자를 붙잡아두는 힘)과 명명법(화합물 구조식과 그 이름 사이의 연관성)에 대해서 배운다.

들어가기 전에 미리 알아둘 것

- 일반적인 주족 이온들의 전하 [|◀◀그림 3.25]
- 3장 주요 내용 [116~117쪽]

우리가 매일 접하는 물질의 대부분은 원소가 아니라 많은 원소로 구성된 물질인 **화합물**(compound)이다. 화합물의 대표적인 두 가지 예로는, 수소와 산소 원소들의 결합인 물(H_2O)과 소듐과 염소 원소들의 결합인 일반적으로 소금으로 알고 있는 염화 소듐(NaCl)이 있다. 3장에서 배운 원소들의 전자 배치와 주기별 성질 사이의 관계는 화합물의 존재와 형성을 이해할 수 있는 방법을 제공한다. 이 장에서는 화합물이 무엇이며, 그들을 어떻게 명명하고 파악하는지 배울 것이다. 이를 위해, 일반적인 물질부터 논의해보자.

4.1 물질: 분류와 성질

화학자들은 물질을 순물질 또는 순물질들의 혼합물로 구분한다. **순물질**(substance)은 일정하고 균일한 조성과 색, 냄새 그리고 맛 같은 독특한 성질을 갖는 물질의 한 형태이다. 익숙한 예로는 물, 소금, 철, 수은, 이산화탄소, 산소 등이 있다. 이 예들은 조성과 성질이 서로 다르기 때문에 따로 구분할 수 있다. 예를 들어, 소금은 물에 녹을 수 있고, 철은 녹을 수 없다. 수은은 은빛 액체이고, 이산화탄소는 무색 기체이다. 이산화탄소는 불을 끄는 데 사용될 수 있지만, 또 다른 무색 기체인 산소는 절대로 불을 끄기 위해서 사용될 수 없다.

물질의 상태

이론상으로 모든 순물질은 고체, 액체, 기체로 존재할 수 있다. 이 세 가지 물리적 상태를 그림 4.1에 나타내었다. 고체 상태에서 입자들은 매우 작은 움직임의 자유를 가지며 규칙적으로 정렬된 상태에서 서로 가까이 붙어 있다. 그 결과, 고체 상태의 형태는 담는 용기에 따라 변하지 않는다. 액체 상태의 입자들은 서로 가까이 있긴 하지만 제자리에 단단히 붙어 있지 않다. 입자들은 액체 내에서 약간 움직일 수 있고, 이런 자연스러운 움직임이 액체의 형태는 담는 용기에 따라 변할 수 있게 한다. 기체 상태의 입자들은 입자의 크기와 비교해서 매우 넓은 거리에 분리되어 있다. 기체는 담는 용기의 형태뿐만 아니라 부피도 따른다.

순물질은 본질의 변화 없이 하나의 물리적 상태에서 다른 상태로 변화될 수 있다. 예를 들어,

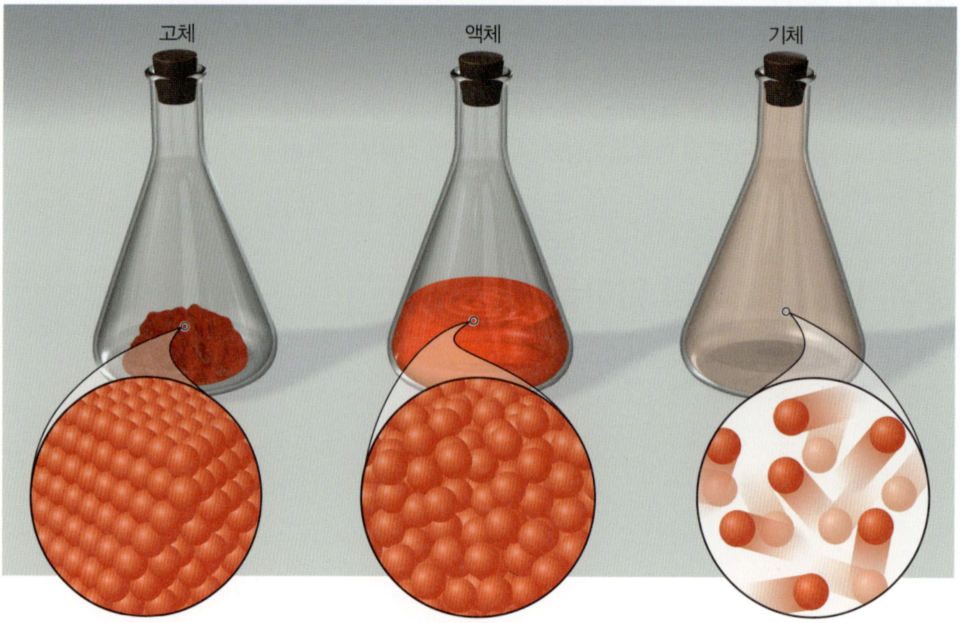

그림 4.1 고체, 액체, 기체 상태의 물질을 분자 수준으로 설명한 그림

각얼음에 열을 가한다면 그것은 액체 상태인 물 형태로 녹을 것이다. 그리고 생성된 액체에 계속해서 열을 가한다면 끓어서 기체 상태(수증기)로 기화될 것이다. 또 수증기를 냉각시킨다면 그것은 액체 상태인 물로 응축될 것이며, 보다 더 냉각시키면 얼음으로 다시 얼게 될 것이다. 물이 변화를 겪었음에도 불구하고, 물은 다시 물로 남아 있게 된다. 순물질이 하나의 상태에서 다른 상태로 여러 번 변화되었음에도 불구하고 본질에는 변화가 없다. 그림 4.2는 물의 세 가지 물리적 상태를 보여준다.

혼합물

그림 4.2 고체(얼음), 액체, 기체로서의 물(실제로 호흡하는 공기의 대부분을 구성하는 질소와 산소를 볼 수 없는 것처럼 수증기도 볼 수 없다. 실제로 보고 있는 증기는 차가운 공기에 맞닿아 액체인 물로 응축된 수증기이다)

혼합물(mixture)은 고유한 특성을 유지한 각각의 순물질 둘 또는 그 이상이 혼합되어 있는 것이다. 순물질처럼 혼합물은 고체, 액체, 기체로 존재할 수 있다. 익숙한 혼합물의 예로는 14캐럿의 금, 바닷물, 공기 등이 있다. 혼합물은 모두 똑같은 조성을 가지지 않는다. 예를 들어, 14캐럿 금은 내구성 또는(그리고) 색을 보강하기 위해 다양한 다른 금속과 금이 혼합된 혼합물이다. 이를 위해 사용되는 추가 금속들로는 은, 백금, 아연, 니켈, 구리 등이 있으며, 추가된 금속의 상대적인 양은 제조사에 따라 각기 다르다. 주로 물과 소금으로 구성되었을 거라 생각하는 바닷물 또한 실제로 다양한 다른 순물질로 구성되며, 조성비는 지역에 따라 다르다. 공기의 조성 또한 서로 다른데, 석탄 화력발전소가 있는 지역의 하강 기류에 속하는 공기와 바다 위에 있는 공기의 조성이 다르다는 것은 예상할 수 있다.

혼합물에는 균일 혼합물 또는 불균일 혼합물이 있다. 한 잔의 물에 설탕 한 스푼을 녹였을 경우 그 구성이 전체적으로 균일하기 때문에 **균일 혼합물**(homogeneous mixture)이라 한다. 그러나 만약 모래와 철가루를 섞는다면, 모래와 철가루는 뚜렷하게 서로 눈으로 구분할 수 있게 남아 있으며[그림 4.3(a)], 조성이 균일하기 않기 때문에 **불균일 혼합물**(heterogeneous mixture)이라고 부른다.

균일 또는 불균일 상태에 상관없이 혼합물은 순물질의 본질이 변화되지 않고 혼합되어 있기 때문에 원래의 순물질로 분리할 수 있다. 따라서 혼합물인 설탕물을 증류하여 설탕을 회수할 수 있는데, 이 결과로 건조된 고체 설탕이 남게 되고, 증발된 수증기를 응축시켜 물을 회수할 수

(a)

(b)

그림 4.3 (a) 철과 모래의 불균일 혼합물 (b) 자석은 철을 제거하여 혼합물을 분리하는 데 사용된다. 모래는 자석에 끌리지 않기 때문에 남아 있다.

(a)

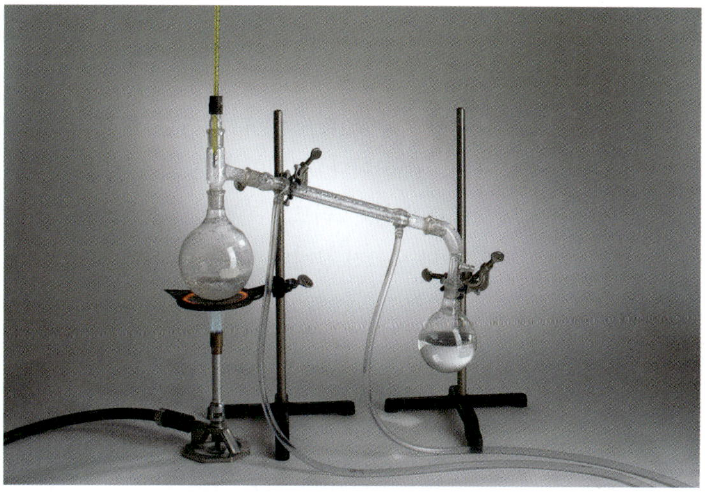

(b)

(c)

그림 4.4 (a) 여과는 액체인 커피와 고체인 커피 찌꺼기의 불균일 혼합물을 분리하는 데 사용될 수 있다. 여과는(이 경우 커피 여과) 액체(커피)만을 통과시킨다. (b) 증류는 끓는점이 다른 성분들을 분리하는 데 사용된다. 끓여 생긴 증기는 냉각을 통해 응축시키고 회수할 수 있다. (c) 종이 크로마토그래피를 포함한 다양한 크로마토그래피 기술은 혼합물을 분리하는 데 사용된다. 여기서 종이 크로마토그래피는 사탕 코팅제의 염료를 개별 색상의 성분으로 분리하는 데 사용되었다.

있다. 모래-철가루 혼합물을 분리하기 위해서는 자석에 붙지 않는 모래의 성질을 이용하여 모래에서 철가루를 제거할 수 있다[그림 4.3(b)]. 혼합물의 각 성분은 분리된 후에도 혼합되기 전과 동일한 조성과 성질을 가지게 된다.

그림 4.4는 혼합물을 분리하기 위해 일반적으로 사용되는 물리적 과정들을 보여준다.

물질의 성질

순물질은 그들의 성질뿐만 아니라 조성을 통해서도 확인할 수 있다. 순물질의 성질은 **양적**(quantitative, 측정된 수를 사용해서 표현되는)이거나 **질적**(qualitative, 구체적인 측정방법을 요구하지 않으며 수를 사용하지 않고 표현되는)이다. 실생활에서 기름과 물이 섞이지 않고 기름이 물 위에 뜬다는 사실은 누구나 알 것이다[그림 4.5(a)]. 기름이 물 위에 뜨는 이유는 기름의 밀도가 더 낮기 때문이다. 이는 만약 부피가 동일한 두 액체의 무게를 측정한다면 기름이 더 가볍다는 것을 의미한다[그림 4.5(b)]. 두 액체의 밀도를 결정하기 위해 측정이 요구되고, 이 결괏값은 숫자로 표기된다. 따라서 밀도는 양적인 성질이다. 한편, 간단히 두 액체가 색이 다르다는 것을 관찰함으로써 두 액체를 쉽게 구별할 수도 있다. 물은 무색인 반면에 기름(식물성 기름인 경우)은 노란색이다. 색의 결정은 측정이 아닌 오직 관찰만 요구된다. 따라서 색은 질적인 성질이다.

색, 녹는점, 끓는점, 밀도 및 물리적 상태는 모두 물리적 성질이다. 순물질의 **물리적 성질**(physical property)은 순물질의 본질을 변화시키지 않고 관찰 또는 측정될 수 있다. 예를 들어, 얼음 덩어리에 열을 가하여 얼음이 액체 물로 변하는 온도를 측정함으로써 얼음의 녹는점을 알아낼 수 있다. 녹는다는 것은 **물리적 변화**(physical change) 또는 **물리적 과정**(physical process)이다. 액체인 물은 외관상으로 고체인 얼음과 다르나 조성은 같다(물과 얼음은 둘 다 H_2O이다). 그러므로 순물질의 녹는점은 물리적 성질이다. 마찬가지로 순물질의 색, 끓는점, 밀도 및 물리적 상태도 물리적 성질이다.

순물질은 그들의 **화학적 성질**(chemical property)로도 구분할 수 있다. "철은 물과 공기에 노출되었을 때 녹슨다"라는 말은 철의 화학적 성질을 묘사한 말로 이 과정이 관찰되면, **화학적 변화**(chemical change) 또는 **화학적 과정**(chemical process)이 일어난 것이다. 이 경우의 화학적 변화는 철의 부식 또는 산화이다. 화학적 변화 후 원래의 순물질(이 경우, 철 금속)은 더 이상 존재하지 않는다. 남아 있는 것은 다른 물질(이 경우, 녹)이다. 녹을 순수한 철로 되돌릴 수 있는 물리적인 과정은 없다.

(a) (b)

그림 4.5 (a) 식물성 기름과 물 (b) 동일한 양의 식물성 기름과 물은 밀도가 다르기 때문에 무게가 서로 다르다.

종종 요리를 할 때도 화학적 변화가 일어난다. 예를 들어, 케이크를 굽는 과정에서 팽창제(일반적으로 베이킹파우더)가 들어 있는 케이크 반죽을 가열하면 베이킹파우더의 성분 중 하나는 화학적 변화를 통해 수많은 거품을 발생시켜 빵을 '팽창'하게 만든다. 구워진 케이크를 냉각시키거나 어떤 물리적 변화를 통해서도 베이킹파우더는 변화 전 상태로 복구되지 않는다. 케이크를 먹을 때도 소화와 신진대사를 통해 더 많은 화학 변화가 일어난다.

예제 4.1과 4.2를 통해 물질을 분류하고 물리적 및 화학적 특성과 변화를 구별하는 연습을 할 수 있다.

예제 4.1 순물질과 혼합물 구별

다음을 순물질 또는 혼합물로 구분하시오.

(a) 탄산 음료수 캔의 알루미늄
(b) 스포츠 음료(예: 파워에이드)
(c) 소금
(d) 탄산수

전략 순물질은 원소 또는 화합물이고, 혼합물은 둘 이상의 원소 또는 화합물의 혼합이다.

계획 존재하는 물질이 하나뿐이라면 그것은 원소 또는 화합물일 것이다. 하나 이상의 물질이 존재할 경우 그것은 혼합물일 것이다.

풀이 (a) 탄산 음료수 캔의 알루미늄은 원소 알루미늄만으로 이루어지므로 순물질이다.
(b) 스포츠 음료에는 설탕과 소금을 포함한 여러 가지 성분과 물이 들어 있다. 따라서 혼합물이다.
(c) 소금은 소듐과 염소 원소로 구성된 화합물로, 순물질이다.
(d) 탄산수에는 물과 이산화탄소 두 가지 물질이 들어 있다. 따라서 혼합물이다.

생각해보기

순물질은 일정한 조성(예: 알루미늄과 소금)을 가지고 있음을, 혼합물은 두 가지 이상의 순물질을 포함하고 있으며 다양한 조성(예: 스포츠 음료 및 탄산수)을 가질 수 있음을 기억하자.

추가문제 1 다음을 각각 순물질 또는 혼합물로 구분하시오.

(a) 견과류가 들어간 초코 아이스크림
(b) 헬륨 가스
(c) 공기
(d) 얼음(고체 상태의 물)

추가문제 2 예제 4.1의 순물질(알루미늄과 소금)을 각각 원소 또는 화합물로 구별하시오. 예제 4.1의 혼합물(스포츠 음료와 탄산수)을 각각 균일 혼합물 또는 불균일 혼합물로 구별하시오.

추가문제 3 다음 그림을 순물질 또는 혼합물로 구별하시오. 순물질의 경우 원소인지 화합물인지 표시하시오. 혼합물인 경우 혼합물의 성분을 원소 또는 화합물로 구별하시오.

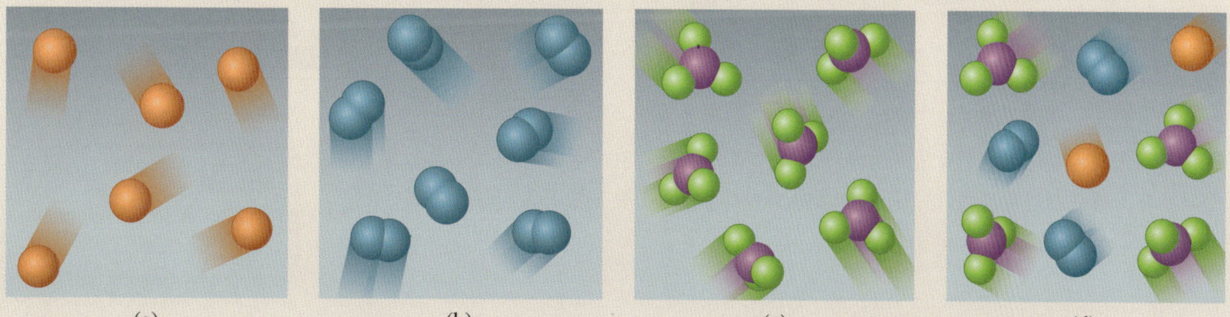
(a) (b) (c) (d)

예제 4.2 물리적 성질과 화학적 성질 구별

다음 각 항목을 화학적 성질 또는 물리적 성질로 구분하시오.

(a) 물의 밀도는 실온에서 1.00 g/mL이다.

(b) 습한 공기 속에서 생긴 철의 녹

(c) 시간이 지남에 따라 구리가 초록색으로 바뀐다.

(d) 알루미늄은 660°C에서 녹는다.

전략 물리적 성질은 물질의 본질이 변하지 않고 관찰 또는 측정되는 성질이다. 화학적 성질의 관측에는 물질 본질의 변화가 요구된다.

계획 원래 물질이 다른 물질로 바뀌는 경우에만 관찰할 수 있는 성질은 화학적 성질이다. 원래 물질이 다른 물질로 바뀌지 않고도 관찰할 수 있는 성질은 물리적 성질이다.

풀이 (a) 물질의 밀도는 본질의 변화 없이 측정되므로 이것은 물리적 성질이다.

(b) 철 금속은 광택이 나고 은빛을 띤다. 녹은 벗겨지기 쉬운 붉은 갈색 물질이다. 부식 과정은 철 금속을 다른 물질인 녹으로 변화시키는 과정이다. 따라서 철이 녹스는 현상은 화학적 성질이다.

(c) 구리의 색상 변화는 조성 변화를 나타낸다. 이것은 화학적 성질이다.

(d) 물질의 녹는점은 물질이 고체 상태에서 액체 상태로 변할 때 측정된다. 액체 알루미늄은 여전히 알루미늄이므로 녹는점은 물리적 성질이다.

생각해보기

물질 본질의 변화는 물질의 화학적 성질에 대한 증거이다. 물질의 물리적 성질은 물질의 본질이 변하지 않고 결정될 수 있는 성질이다.

추가문제 1 다음을 각각 물리적 특성 또는 화학적 특성으로 구분하시오.

(a) 물은 100°C에서 끓는다.

(b) 설탕은 물에 녹는다.

(c) 소듐은 물과 격렬하게 반응한다.

(d) 마그네슘은 빛나는 은빛 금속이다.

추가문제 2 다음을 각각 물리적 변화 또는 화학적 변화로 구분하시오.

(a) 종이의 연소

(b) 한 조각의 종이가 더 작은 조각으로 찢어진다.

(c) 은 포크가 공기 중에서 변색된다.

(d) 헬륨 가스가 공기 중에 부유한다.

추가문제 3 아래에서 가장 왼쪽의 그림은 변화 결과를 나타낸다. 이 과정이 물리적인 과정인 경우 그림[(a)~(c)] 중 시작 물질은 어느 것이고, 화학적 변화인 경우 시작 물질은 어느 것인가?

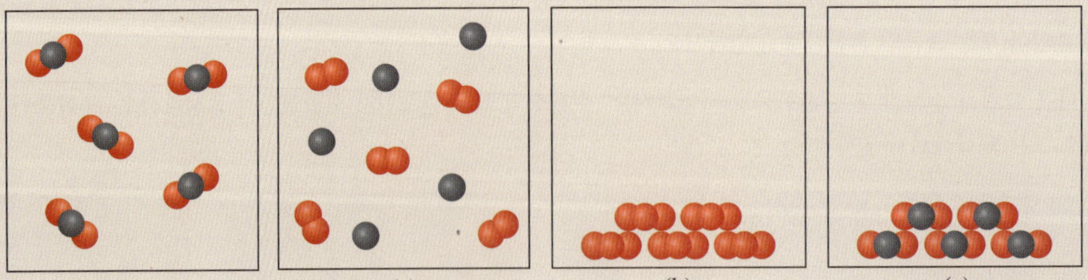

(a) (b) (c)

이 장의 나머지 부분에서는 어떻게 원자의 주기적인 성질이 두 가지 다른 종류의 화합물을 형성하게 되는지 자세히 살펴볼 것이다. 그리고 어떻게 화학자들이 특정한 명명법을 사용하여 화합물들을 명명하고 식별하는지 배울 것이다.

학생 노트
명명법은 화합물의 이름을 나타낸다.

4.2 이온 결합과 이성분 이온성 화합물

3장에서 전자를 쉽게 잃는 원소의 원자(금속)는 양이온으로 알려진 양으로 하전된 이온을 형성한다고 배웠다. 또 전자를 쉽게 얻을 수 있는 (비금속) 원자는 음이온으로 알려진 음으로 하전된 이온을 생성한다. 화학적 상호 작용의 맥락에서 이 두 가지가 독립적으로 일어나지 않는다는 것을 인식하는 것이 중요하다. 한 원자가 잃어버린 전자는 다른 원자가 얻고, 결과적으로 반대로 하전된 화학종들 사이의 쿨롬 인력(정전기적 인력)[|◀◀ 2.2절]은 이들을 서로 끌어당겨 이온성 화합물을 형성한다.

소듐과 염소의 예를 생각해보자. 소듐의 전자 배치는 $[Ne]3s^1$이고, 염소의 전자 배치는 $[Ne]3s^23p^5$이다. 소듐 원자와 염소 원자가 서로 접촉하면 소듐 원자의 원자가 전자가 염소 원자로 이동하여 두 원자가 비활성 기체의 전자 배치를 갖게 된다. 이러한 과정이 개별적으로 일어난다고 가정하고, 각 과정은 Lewis 점 기호를 사용하여 나타낼 수 있다.

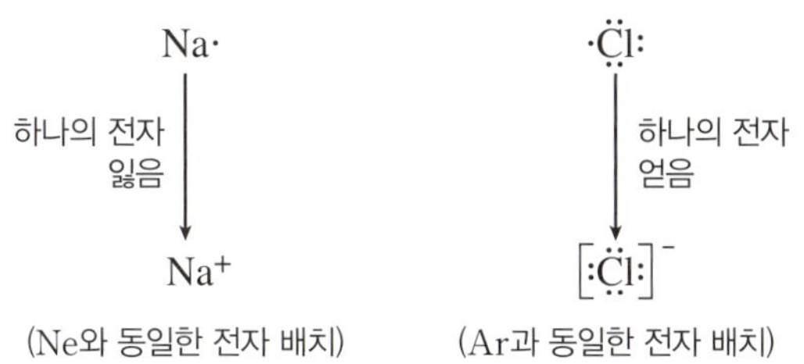

양으로 하전된 Na^+ 이온과 음으로 하전된 Cl^- 이온은 서로 끌어당긴다.

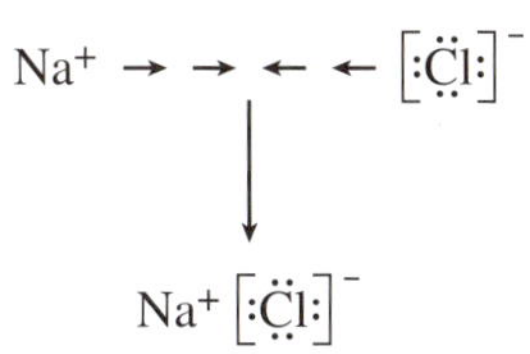

따라서 전기적으로 중성인 화합물인 염화 소듐을 형성하고, 이를 화학식 NaCl로 나타낸다. 이온성 화합물의 **화학식**(chemical formula)은 화합물 내의 원소와 이들의 결합비를 나타낸다. 예를 들어, 염화 소듐은 같은 수의 Na^+ 이온과 Cl^- 이온으로 구성된다.

> **학생 노트**
> 염화 소듐이라는 이름이 익숙할지라도, 다음 절에서 이 이름과 다른 이온성 화합물의 이름이 어떻게 결정되는지를 배우게 될 것이다.

> **학생 노트**
> 이런 유형의 이온성 화합물의 화학식을 쓸 때, 금속(Na)을 먼저 쓰고 비금속(Cl)을 두 번째로 쓴다.

화학식 NaCl이 개별적인 분자처럼 보일지도 모르지만, 고체 염화 소듐은 개별적인 NaCl 단위의 집합으로 구성되지 않는다. 오히려 그림 4.6에서 보듯이 Na^+와 Cl^- 이온이 교대로 교차하는 거대한 3차원 배열로 구성된다. 이온성 화합물은 반대 전하를 띤 이온으로 구성되어 있지만, 전체적으로 화합물은 전기적으로 중성이며 분자식에는 이온의 전하를 포함하지 않는다. 반대로 하전된 이온들 사이의 정전기적 인력을 **이온 결합**(ionic bonding)이라고 부른다. 대부분의 이온 결합은 전자를 쉽게 잃어버리는 경향이 있는 금속과 전자를 쉽게 얻는 경향이 있는 비금속 사이에서 형성된다.

부호가 반대이지만 전하 크기가 동일하기 때문에 염화 소듐의 Na^+ 이온과 Cl^- 이온의 조합 비율은 1:1이다. 다음과 같이 동일한 크기의 반대 전하를 갖는 임의의 이온의 결합도 마찬가지이다.

> **학생 노트**
> 이제 3.7절의 그림 3.25를 다시 한 번 살펴보도록 하자. 이것은 주족 원소의 공통 이온에 대한 전하를 보여준다. 주기율표를 사용하여 이러한 전하를 추론하는 능력은 매우 중요하다.

화합물 CaO(산화 칼슘)을 형성하기 위해 Ca^{2+} 및 O^{2-}는 1:1 비율로 결합한다.

화합물 AlN(질화 알루미늄)을 형성하기 위해 Al^{3+} 및 N^{3-}는 1:1 비율로 결합한다.

크기가 같지 않은 전하를 가진 이온이 결합하여 이온성 화합물을 형성할 때는 화합물 전체가 전기적으로 중성이라는 것을 기억함으로써 화학식을 결정할 수 있다. 예를 들어, 바륨(Ba)과

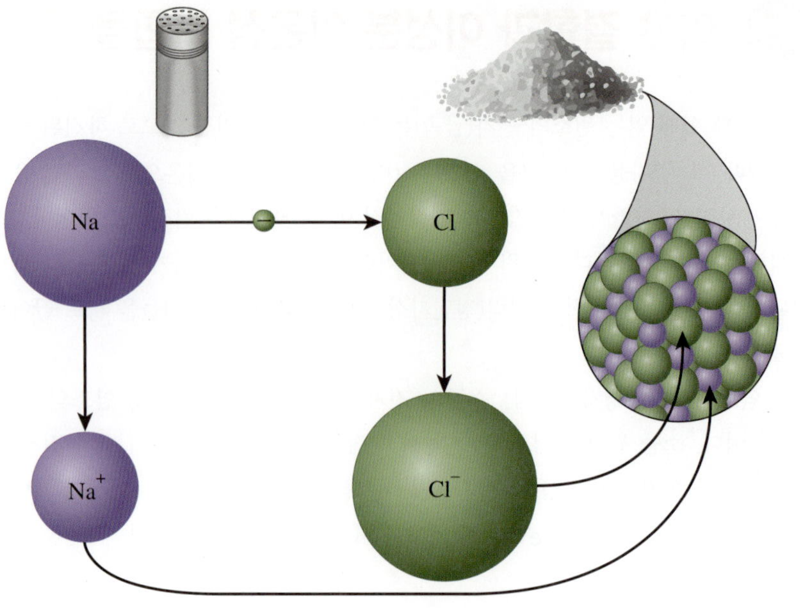

그림 4.6 전자는 소듐 원자에서 염소 원자로 옮겨져 상반되게 하전된 이온을 발생시키며, 이 이온은 정전 인력으로 함께 끌어 당겨진다. 고체 염화 소듐(소금)은 Na^+와 Cl^- 이온이 교대로 배열된 3차원 배열로 구성된다.

아이오딘(I)이 결합하여 이온성 화합물을 형성할 때, 각각의 이온은 Ba^{2+} 및 I^-이다(그림 3.25 참조). 생성된 화합물이 중성이 되기 위해서는 Ba^{2+} 이온보다 2배 많은 I^- 이온이 있어야 한다. 이것은 아래첨자 2를 가지는 화학식으로 나타낼 수 있다.

$$BaI_2$$

전하가 수치적으로 같지 않을 때 이온성 화합물의 결합 비율을 결정하는 간단한 방법은 음이온의 전하와 수치적으로 같도록 양이온의 첨자를 쓰고 양이온의 전하와 수치적으로 같도록 음이온의 첨자를 쓰면 된다. 다음 예제는 이 방법을 설명한다. 첨자가 1일 때는 화학식에 표시하지 않는다.

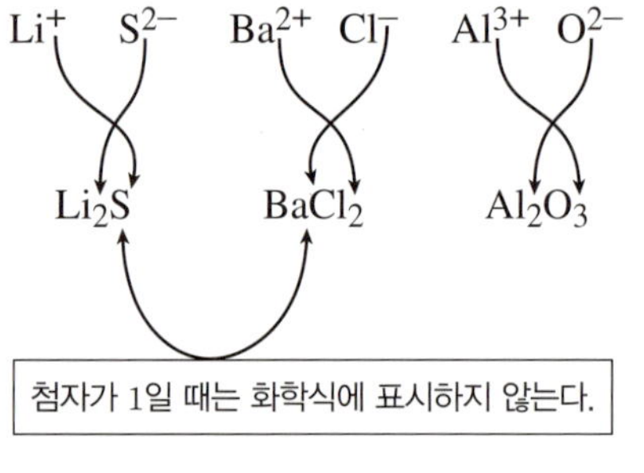

종종 이 방법은 가능한 가장 작은 정수가 아닌 첨자가 포함된 화학식을 표현한다. 예로 산화 바륨이 있다. 두 이온의 전하값은 2이고, 이 방법을 사용하면 Ba_2O_2 화학식이다. 이러한 경우, 아래첨자를 가능한 가장 작은 정수로 줄여서 BaO 화학식으로 표현한다.

예제 4.3은 이온성 화합물에 포함된 원소를 고려해 이온성 화합물의 화학식을 추론하는 방법을 보여준다.

예제 4.3 이성분 이온성 화합물에 대한 화학식 결정

다음 원소들의 쌍으로부터 형성되는 이온성 화합물에 대한 화학식을 쓰시오.

(a) Li과 F (b) Mg과 F (c) Mg과 O

전략 주족 원소들로부터 형성된 이온에 대한 전하를 예측하는 방법을 배웠다. 이온에 대한 전하를 알고 있고 화합물이 중성이어야 한다는 것을 알기 때문에(여분의 양전하 또는 음전하가 없음), 이온성 화합물의 화학식을 결정할 수 있다.

계획 한 쌍의 각 이온에 대한 전하를 결정한 다음 중성 화합물에 도달하기 위해 필요한 각각의 이온 수를 결정한다. 가장 작은 정수가 사용된다는 것을 명심하자.

풀이 (a) 리튬은 +1 이온을 형성하고, 염소는 −1 이온을 형성한다. 각 이온은 같은 양의 양전하 및 음전하를 제공하며, 이는 화학식 LiF을 갖는 중성 화합물을 의미한다.

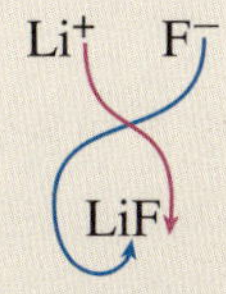

화학식에서 리튬의 양전하는 염소의 아래첨자가 되고, 염소의 음전하는 리튬의 아래첨자가 된다. 이 경우 전하의 크기는 모두 1이며, 아래첨자도 1이 된다. 화학식에서는 아래첨자 1은 쓰지 않는다는 것을 기억하자.

(b) 마그네슘은 +2 이온을 형성하고 플루오린은 −1 이온을 형성한다. 중성 화합물을 얻으려면, 양전하의 마그네슘 이온에 대해 플루오린 음이온 2개가 전하 균형을 이루도록 해야 한다. 화학식은 MgF_2이다.

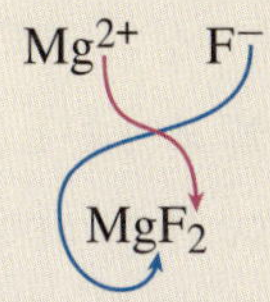

이 경우, 화합물의 플루오린에 아래첨자 2를 붙여 −1의 전하를 갖는 2개의 플루오린 이온이 마그네슘의 +2 전하의 균형을 맞추기 위해 필요하다는 것을 나타낸다.

(c) 마그네슘은 +2 이온을 형성하고 산소는 -2 이온을 형성한다. 중성 화합물을 형성하기 위해서는 각 이온 하나가 필요하다. 화합문의 화학식온 MgO이다.

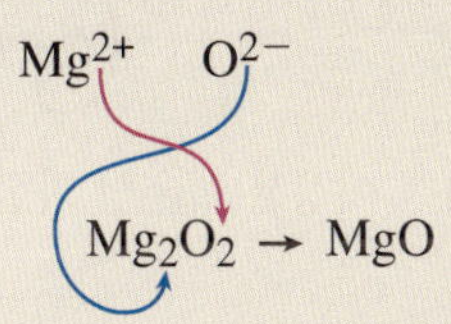

화학식에서 아래첨자로 전하의 크기(이 경우, 모두 2)를 시용하면 최소 정수 이외의 값이 생길 수 있으며, 가능한 가장 작은 정수로 아래첨자를 쓴다. 이 경우에는 각 아래첨자를 2로 나누면 된다.

생각해보기

앞의 그림에서와 같이 아래첨자를 결정하기 위해 전하를 '교환'하는 방법은 이온성 화합물의 화학식을 쉽게 예측할 수 있게 한다. 그러나 가장 작은 정수비를 사용해야 올바른 화학식이 만들어진다는 것을 명심해야 한다.

추가문제 1 다음 각각의 원소 쌍들로부터 형성될 수 있는 이온성 화합물의 화학식을 쓰시오.

(a) Ca과 N (b) K과 Br (c) Ca과 Br

추가문제 2 다음 가상의 화합물에 존재하는 각 이온에 대해 가장 가능성 있는 전하를 결정하시오.

(a) AX_3 (b) D_3E_2 (c) LM_2

추가문제 3 가상의 화합물 YZ에서 이온의 전하를 결정하는 것은 왜 불가능한가?

그림 4.7 일반적인 전이 금속 이온과 하나 이상의 전하가 가능한 주족 이온

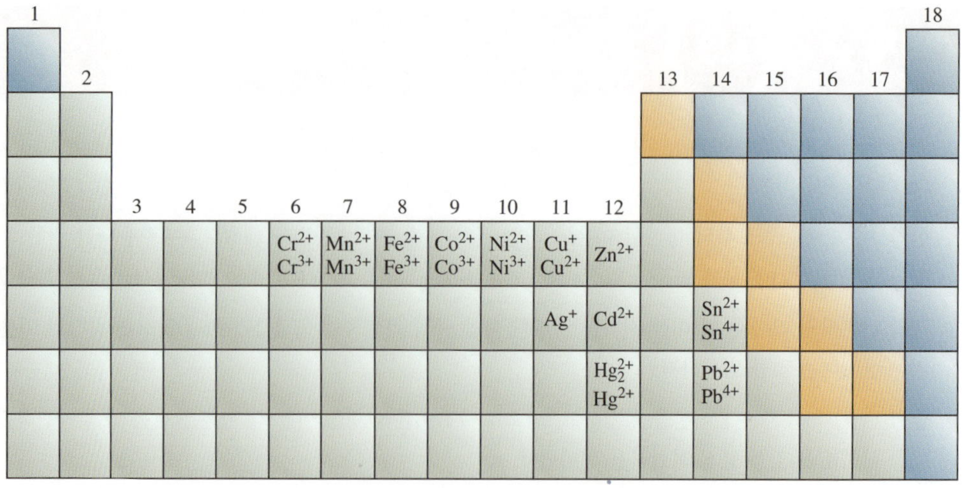

> **학생 노트**
> 지금까지 접한 모든 이온은 원자 이온이었다. Hg_2^{2+}는 다원자 이온이며, 4.6절에서 더 배우게 될 것이다.

지금까지 화학식을 결정한 이온성 화합물은 **이성분 이온성 화합물**(binary ionic compound)로, 이는 단 두 가지의 원소로 구성된 이온성 물질을 말한다. 또한 그들은 모두 전하를 예측할 수 있는 주족 금속 양이온을 포함하고 있다. 소듐 이온의 전하는 항상 +1이며, 바륨 이온은 항상 +2, 알루미늄 이온은 항상 +3이다. 양이온이 단지 하나의 전하만 가능한 이성분 이온성 화합물의 형태는 구체적으로 **I형 화합물**(type I compound)로 알려져 있다.

> **학생 노트**
> 가변 전하의 양이온을 형성하는 몇몇의 주족 금속이 있고(예: 납), 예측 가능한 전하를 갖는 하나의 양이온만을 형성하는 전이 금속이 존재한다(예: 은).

대부분의 주족 금속과 달리, 많은 전이 금속은 하나 이상의 전하가 가능한 양이온을 형성할 수 있다. 그림 4.7은 하나 이상의 전하가 가능한 양이온을 형성할 수 있는 일부 전이 금속과 주족 금속의 일반적인 이온을 보여준다. 금속 양이온의 전하가 항상 동일하지 않은 이성분 이온성 화합물은 **II형 화합물**(type II compound)로 알려져 있다. 예를 들어, 크로뮴은 두 가지 다른 양이온 Cr^{2+} 및 Cr^{3+}을 형성한다. 따라서 크로뮴은 염소 원소와 함께 두 개의 다른 이성분 이온성 화합물을 형성할 수 있다.

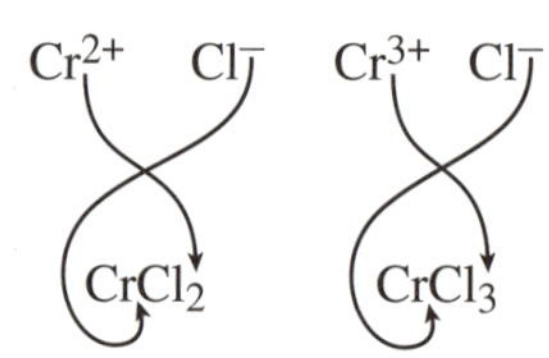

예제 4.4에서는 II형 이성분 이온성 화합물의 화학식을 추론할 수 있다.

예제 4.4 II형 이성분 이온성 화합물에 대한 화학식 결정

다음의 각 이온쌍으로부터 형성될 수 있는 화합물에 대한 화학식을 쓰시오.

(a) Fe^{3+}와 Cl^- (b) Fe^{2+}와 Cl^- (c) Pb^{4+}와 O^{2-}

전략 이온의 전하와 화합물이 중성이어야 한다(즉, 여분의 양전하 또는 음전하가 없어야 한다)는 사실을 알면 화학식을 결정할 수 있다.

계획 가장 작은 정수가 화학식에 사용된다는 것을 명심하며 중성 화합물에 도달하기 위해 필요한 각 이온의 수를 결정한다.

풀이 (a) 1개의 Fe^{3+} 이온은 중성 화합물을 형성하기 위해 3개의 Cl^- 이온(3개의 음전하)이 필요하다. 화학식은 $FeCl_3$이다.

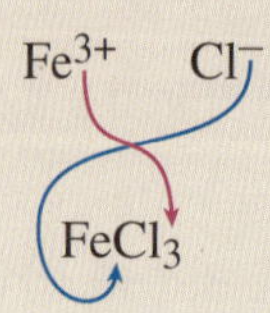

(b) 1개의 Fe^{2+} 이온은 중성 화합물을 형성하기 위해 2개의 Cl^- 이온을 필요로 한다. 화학식은 $FeCl_2$이다.

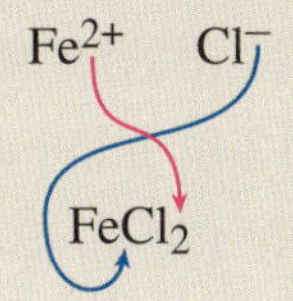

(c) 1개의 Pb^{4+} 이온은 중성 화합물을 형성하기 위해 2개의 O^{2-} 이온을 필요로 한다. 화학식은 PbO_2이다.

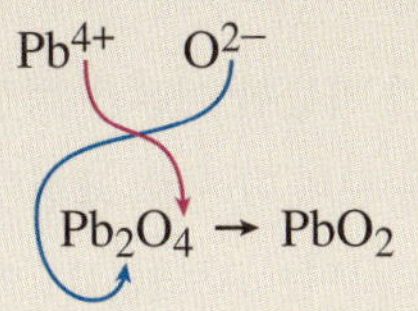

생각해보기

앞의 그림에서와 같이 아래첨자를 결정하기 위해 전하를 바꾸는 '교환' 방법은 이온성 화합물의 화학식을 쉽게 예측할 수 있는 방법이다. 그러나 (c)의 예에서 보듯이 가장 작은 정수 비율을 사용해야 한다는 것을 명심해야 한다.

추가문제 1 다음의 각 이온쌍에 의해 형성된 화합물의 화학식을 결정하시오.

(a) Sn^{4+}와 N^{3-} (b) Ni^{2+}와 F^- (c) Mn^{4+}와 O^{2-}

추가문제 2 다음 이성분 이온성 화합물 각각에 존재하는 금속 이온의 전하를 결정하시오.

(a) $HgCl_2$ (b) CuO (c) Fe_2O_3

추가문제 3 다음 원소들로부터 형성될 수 있는 가능한 모든 이성분 이온성 화합물에 대한 화학식을 쓰시오.

(a) 철과 인 (b) 납과 아이오딘 (c) 구리와 산소

4.3 이온과 이성분 이온성 화합물 명명

수세기 전 화학이 새로운 학문이었을 때 화학자들은 알려진 화합물의 수가 비교적 적었기 때문에 이름을 암기하는 것이 가능했다. 종종 화합물의 이름은 그 외관, 속성, 기원 또는 일반적인 용도와 관련이 있다. 예를 들어, 'Milk of magnesia(제산제)'는 우유와 모습이 비슷하다. 'laughing gas(마취제)'는 치과 환자의 얼굴을 경직시켜 우스꽝스럽게 만들 수 있다. 개미산(formica는 개미의 라틴어)은 개미 물린 상처에서 따끔거리게 하는 것과 관련된 화합물이다.

오늘날 수백만 가지의 화합물이 알려져 있고, 또한 매년 많은 화합물이 새로 만들어지고 있다. 분명히, 이들의 이름을 모두 암기하는 것은 불가능하다. 하지만 다행히도 그러한 암기는 불필요하다. 화학자들이 수년에 걸쳐 화학 물질 명명에 대한 명명 체계를 고안했기 때문이다. 화학 **명명법**(nomenclature)의 규칙은 보편적이며 전 세계 과학자들이 서로를 이해하고 엄청나게 많은 수의 물질을 식별할 수 있는 실용적인 방법을 제공한다. 이 비교적 단순한 규칙을 습득하면 화학 수업을 진행하는 동안 큰 이점을 얻을 수 있다. 화합물의 화학식을 고려해서 화합물의 이름을 지을 수 있어야 하고, 이름이 주어지면 화합물에 대한 올바른 화학식을 쓸 수 있어야 한다.

학생 노트
원자 이온(단원자 이온이라고도 함)은 하나 이상의 전자를 잃거나 얻은 원자 하나만으로 구성된다는 것을 기억하자[◀◀ 3.7절].

원자 양이온 명명

원자 양이온의 명명과 함께 화학 명명법에 대한 논의를 시작할 것이다. 주족 원소의 일반적인

이온에 대한 전하는 주기율표에서의 위치에 따라 예측 가능하다는 것을 기억하자(그림 3.23 참조). 주족 금속의 일반적인 이온의 전하는 주기율표의 왼쪽에 있는 금속들은 족 번호와 같고, 주기율표의 오른쪽에 있는 금속들은 족 번호의 두 번째 자리 숫자와 같다. 1족에 속하는 금속은 +1의 전하를 갖는 양이온을 형성하고, 2족의 금속은 +2의 전하를 갖는 양이온을 형성하며, 일반적인 이온을 형성하는 13족의 금속(Al)은 +3의 전하를 갖는 양이온을 형성한다. 원자 양이온은 단순히 원소 이름에 이온이라는 단어를 추가하여 명명된다. 따라서 K^+는 포타슘 이온, Mg^{2+}는 마그네슘 이온, Al^{3+}은 알루미늄 이온이라고 불린다.

하나 이상의 전하가 가능한 이온을 형성하는 금속의 경우 이온의 이름에 전하를 포함해야 한다. 이것은 괄호 안에 로마 숫자로 표현되며, 원소 이름 바로 뒤에 온다. 따라서 전하량 +2를 가진 크로뮴 양이온 Cr^{2+}는 크로뮴(II) 이온으로 불리고, Cr^{3+}는 크로뮴(III) 이온이라고 불린다. 원소 이름과 이온의 전하를 나타내는 괄호 안의 로마 숫자 사이에는 공백을 두지 않는다.

예제 4.5를 통해 단원자 양이온의 명명을 연습해보자.

예제 4.5 금속 양이온 명명

다음 각 이온의 이름을 명명하시오.

(a) Ca^{2+}　　(b) Pb^{4+}　　(c) Ag^+

전략 금속이 하나 이상의 전하를 갖는 이온을 형성할 수 있는지 결정하기 위해 그림 4.7을 사용한다.

계획 금속이 다른 전하의 이온을 형성할 수 있는 경우, 전하를 지정하기 위해 괄호 안의 로마 숫자가 이름에 포함되어야 한다.

풀이 (a) 칼슘은 하나 이상의 이온을 형성하지 않는 주족 금속이다. 이것은 항상 +2이며, 단순히 칼슘 이온이라고 한다.

(b) 납은 하나 이상의 이온(+2와 +4)을 형성하는 몇 안 되는 주족 금속 중 하나이다. 이 이온의 이름은 +4의 전하를 나타내는 로마 숫자를 포함해야 한다. 납(VI) 이온이라고 한다.

(c) 은은 하나 이상의 이온을 형성하지 않는 전이 금속이다. 이것의 전하는 항상 +1이며, 그 이름은 단순히 은 이온이다.

생각해보기

대부분의 주족 금속은 하나 이상의 이온을 형성하지 않으며, 로마 숫자가 필요하지 않다. 단지 몇몇의 전이 금속과 주족 금속만이 하나 이상의 이온을 형성하며 이름에 로마 숫자가 필요하다.

추가문제 1 다음 각 이온들을 명명하시오.

(a) Fe^{3+}　　(b) Mn^{2+}　　(c) Rb^+

추가문제 2 다음 각 이온들의 전하와 기호를 적으시오.

(a) 납(II) 이온　　(b) 소듐 이온　　(c) 아연 이온

추가문제 3 전하와 위첨자 전하가 모두 2인데 Hg_2^{2+} 이온은 왜 수은(I)이라고 부르는가?

원자 음이온 명명

원자 음이온은 원소 이름의 끝을 -화(-ide)로 변경하고 이온이라는 단어를 추가하여 명명한다. 따라서 염소 음이온인 Cl^-는 염화 이온(chloride ion)이라고 부르고, 질소 및 산소 음이온(N^{3-} 및 O^{2-})은 각각 질화 이온(nitride ion) 및 산화 이온(oxide ion)이라고 한다. 비금속

표 4.1 일반적인 단원자 이온의 이름과 화학식

이름	화학식	이름	화학식	이름	화학식
양이온		양이온		음이온	
알루미늄(aluminum)	Al^{3+}	납(II)[lead(II)]	Pb^{2+}	브로민화(bromide)	Br^-
바륨(barium)	Ba^{2+}	리튬(lithium)	Li^+	염화(chloride)	Cl^-
카드뮴(cadmium)	Cd^{2+}	마그네슘(magnesium)	Mg^{2+}	플루오린화(fluoride)	F^-
칼슘(calcium)	Ca^{2+}	망가니즈(II)[manganese(II)]	Mn^{2+}	수소화(hydride)	H^-
세슘(cesium)	Cs^+	수은(II)[mercury(II)]	Hg^{2+}	아이오딘화(iodide)	I^-
크로뮴(III)[chromium(III)]	Cr^{3+}	포타슘(potassium)	K^+	질화(nitride)	N^{3-}
코발트(II)[cobalt(II)]	Co^{2+}	은(silver)	Ag^+	산화(oxide)	O^{2-}
구리(I)[copper(I)]	Cu^+	소듐(sodium)	Na^+	황화(sulfide)	S^{2-}
구리(II)[copper(II)]	Cu^{2+}	스트론튬(strontium)	Sr^{2+}		
수소(hydrogen)	H^+	주석(II)[tin(II)]	Sn^{2+}		
철(II)[iron(II)]	Fe^{2+}	아연(zinc)	Zn^{2+}		
철(III)[iron(III)]	Fe^{3+}				

은 예측 가능한 전하를 갖는 음이온을 형성하기 때문에(일반적으로 '원소의 족번호－18'의 결과로 얻어지는 수와 동일한 전하), 전하를 이온의 이름에 표시할 필요는 없다. 표 4.1에는 일반적인 원자 양이온과 원자 음이온을 정리하였다.

이성분 이온성 화합물 명명

이성분 이온성 화합물의 이름을 명명할 때, 영문 이름과 한글 이름의 명명 순서가 다르다. 영문 이름을 명명할 때는 양이온의 이름 다음에 음이온 이름을 사용하여 명명하고, 각각의 이름에서 이온이라는 단어를 제거한다(예를 들어, lithium sulfide). 하지만 한글 이름은 음이온 이름 다음에 양이온 이름을 사용하여 명명하고 똑같이 이온이라는 단어를 제거한다(예를 들어, 황화 리튬). 이미 염화 소듐, 산화 칼슘, 질화 알루미늄 등 여러 가지 화합물의 예를 접하였다. 이 접근법으로 밝혀진 화학식을 가지는 화합물인 Li_2S, $BaCl_2$, Al_2O_3에 적용해보자.

	양이온	음이온	명명
Li_2S	리튬 이온(lithium ion)	황화 이온(sulfide ion)	황화 리튬(lithium sulfide)
$BaCl_2$	바륨 이온(barium ion)	염화 이온(chloride ion)	염화 바륨(barium chloride)
Al_2O_3	알루미늄 이온(aluminum ion)	산화 이온(oxide ion)	산화 알루미늄(aluminum oxide)

위에 있는 화합물의 이름을 명명할 때는 화학식의 아래첨자 숫자를 언급하지 않는다. 왜냐하면 각 이온의 전하가 예측 가능하기 때문에 이름을 명확하게 만들 수 있기 때문이다. 황화 리튬의 경우, 리튬 이온은 Li^+으로 전하는 항상 +1이고, 황화 이온은 S^{2-}이며 전하는 항상 −2이다. 중성 화학식이 되기 위해 황화 리튬은 하나의 황화 이온마다 2개의 리튬 이온의 조합(Li_2S)으로 이루어진다. 염화 바륨의 경우, 바륨 이온은 Ba^{2+}(항상 +2)이고 염화 이온은 Cl^-(항상 −1)이므로, 중성 화학식이 되기 위해 가능한 조합은 단지 $BaCl_2$뿐이다. 알루미늄 이온의 전하는 항상 +3이고 산화 이온의 전하는 항상 −2로, 가능한 조합은 Al_2O_3뿐이다. 이들 이온성 화합물의 이름에 각 이온의 수를 표시하는 것은 불필요하다.

이제 금속 양이온의 전하가 항상 같지 않은 몇 가지 II형 화합물을 고려해보자. 명명법은 괄호 안에 있는 로마 숫자의 형태가 양이온에 대한 전하 이름의 일부가 된다는 것을 제외하고는 본질적으로 동일하다는 것을 알게 될 것이다.

	양이온	음이온	명명
$CoCl_2$	코발트(II) 이온	염화 이온	염화 코발트(II)
Cr_2O_3	크로뮴(III) 이온	산화 이온	산화 크로뮴(III)
Cu_3N_2	구리(II) 이온	질화 이온	질화 구리(II)

학생 노트
이온성 화합물 이름에 있는 숫자는 금속 양이온의 전하를 의미하며 화학식의 아래첨자가 아니다.

이 세 가지 화합물은 '염화 코발트(II)', '산화 크로뮴(III)' 및 '질화 구리(II)'라고 명명한다. 여러 개의 전하를 가질 수 있는 양이온의 전하를 화학식에서 어떻게 알아냈는지 궁금할 것이다. 이것은 알고 있는 음이온의 전하를 통해 알고자 하는 양이온의 전하를 알아낸 경우이다. $CoCl_2$의 음이온은 염화 이온인데, 염화 이온은 예측 가능하고, 그 전하는 항상 동일한 -1의 전하를 가진다. 두 개의 염화 이온으로 화학식이 중성이 되기 위해서 코발트의 전하는 $+2$여야 한다. 따라서 $CoCl_2$가 코발트(II) 이온을 포함해야 한다. 전하 상쇄는 $2(-1)+1(+2)=0$으로 계산할 수 있다. 같은 방법을 다른 두 화합물에 적용할 수 있다.

Cr_2O_3는 각각 예측 가능한 전하 -2를 갖는 세 개의 산화 이온을 포함한다. 두 개의 크로뮴 이온이 있는 중성 화학식을 위해 각 크로뮴 이온의 전하가 $+3$이어야 한다. 전하 상쇄는 $3(-2)+2(+3)=0$이다.

Cu_3N_2는 각각 예측 가능한 전하 -3을 갖는 두 개의 질화 이온을 포함한다. 세 개의 구리 이온으로 중성인 화학식을 위해 각 구리 이온의 전하가 $+2$여야 한다. 전하 상쇄는 $2(-3)+3(+2)=0$이다.

그림 4.8은 I형과 II형 이성분 이온성 화합물의 명명을 위한 순서도이다.

예제 4.6을 통해 이온성 화합물의 명명을 연습해보자.

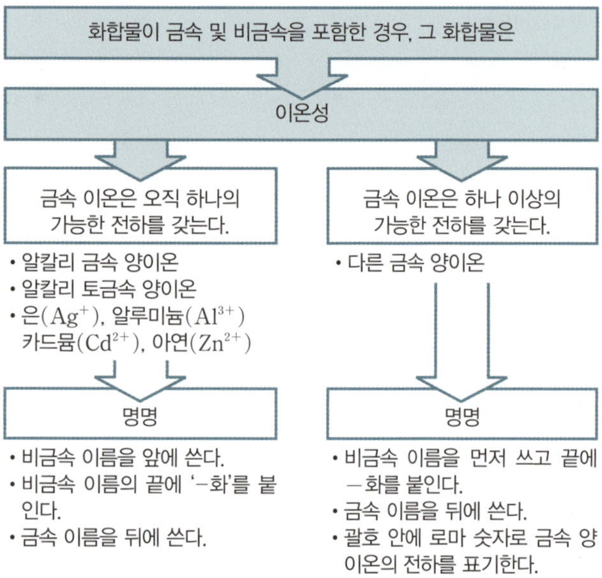

그림 4.8 I형과 II형 이성분 이온성 화합물의 명명을 위한 순서도(한글 이름)

예제 4.6 이성분 이온성 화합물의 명명

다음 각 이온성 화합물의 한글 이름을 명명하시오.

(a) Ca_3N_2 (b) $MgCl_2$ (c) Cu_2O (d) $ZnCl_2$ (e) Mn_2O_3 (f) Li_3P

전략 이온성 화합물의 이름은 단순히 음이온 다음에 양이온이 뒤따른다는 것을 기억하자. 두 가지 이상의 이온을 형성하는 금속만이 그 이름의 일부에 로마 숫자를 포함해야 한다.

계획 금속 중 어느 것이 서로 다른 전하를 가진 이온을 형성하는지 확인하고 로마 숫자를 사용하여 명명한다. 필요하다면 음이온의 알려진 전하와 화학식에서 표현된 비율을 사용하여 금속 이온의 전하를 결정한다.

풀이

(a) 존재하는 이온은 칼슘 이온과 질화 이온이므로, 질화 칼슘이라 명명한다.
(b) 존재하는 이온은 마그네슘 이온과 염화 이온이므로, 염화 마그네슘이라 명명한다.
(c) 구리는 여러 개의 이온을 형성할 수 있으므로 구리 이온의 전하를 결정하기 위해 산소의 전하와 화학식을 사용해야 한다. 이 경우, 2개의 구리 이온이 항상 -2의 전하를 갖는 1개의 산화 이온과 결합하기 때문에 구리의 전하는 $+1$일 것이다. 따라서 존재하는 이온은 구리(I) 이온과 산화 이온이므로 산화 구리(I)이라 명명한다.
(d) 존재하는 이온은 아연 이온과 염화 이온이므로 염화 아연이라 명명한다.
(e) 존재하는 이온은 망가니즈(III) 이온과 염화 이온이므로 염화 망가니즈(III)라 명명한다.
(f) 존재하는 이온은 리튬 이온과 인화 이온이므로 인화 리튬이라 명명한다.

생각해보기

화학식에서 원자의 기호 다음에 오는 아래첨자는 그 원자의 전하가 아니라는 것을 기억하자. 전하는 주기율표와 화학식을 사용하여 결정해야 한다.

추가문제 1 다음 이온성 화합물의 한글 이름을 적으시오.

(a) FeN (b) AgF (c) Na_2O (d) Co_2O_3 (e) Rb_2S (f) PbO

추가문제 2 다음 이온성 화합물의 화학식을 적으시오.

(a) 산화 철(II)[iron(II) oxide] (b) 브로민화 아연(zinc bromide)

(c) 황화 스트론튬[strontium sulfide] (d) 산화 포타슘(potassium oxide)

(e) 질화 니켈(IV)[nickel(IV) nitride] (f) 인화 리튬(lithium phosphide)

추가문제 3 오른쪽 그림의 화합물에서 화살표로 표시된 구리 이온의 전하를 결정하시오.

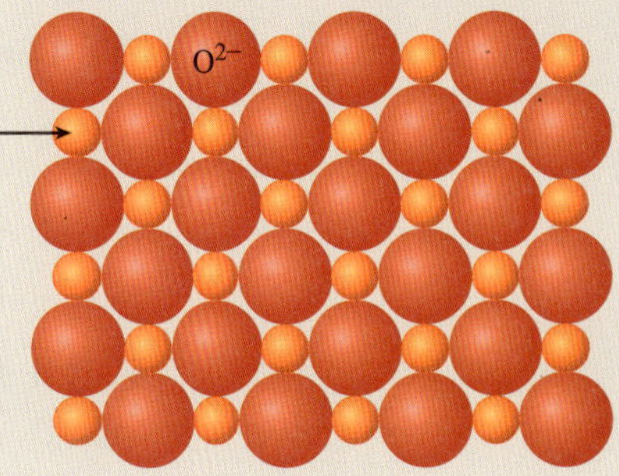

4.4 공유 결합과 분자

4.2절에서 금속 원자가 전자를 잃고 비금속 원자가 전자를 얻었을 때 이온 결합이 형성되고 반대로 대전된 입자가 쿨롬 인력(정전기적 인력)으로 끌어당겨지는 것을 배웠다. 이온성 화합물의 형성을 위한 원동력은 비활성 기체의 전자 배치를 가짐으로써 안정해지려는 두 주족 금속과 비금속의 경향성이다. 주족 금속 원자는 전자를 잃고, 비금속 원자는 금속 원자가 잃은 전자를 얻음으로써 8개의 원자가 전자를 갖게 된다. 그러나 탄소(C), 실리콘(Si) 및 인(P)과 같은 주기율표의 원소는 전자를 쉽게 잃지도 얻지도 않는다. 또한 전자를 얻을 수 있는 비금속이지만 1족 및 2족의 금속과 같이 매우 쉽게 전자를 잃는 원소와 결합할 때만 전자를 얻는 원소도 있다. 관련된 원자 간의 전자 이동이 자연적으로 일어나지 않을 때, 공유 결합 같은 또 다른 유형의 화학 결합이 형성될 수 있다.

> **학생 노트**
> 금속은 전자를 쉽게 잃어버리고 비금속은 전자를 쉽게 얻는 경향이 있다는 것을 기억하자. [◀◀ 3.7절]

공유 결합

염소 원소를 검토하는 것으로 시작하자. Cl(염소)와 Na(소듐) 원자가 결합하면, 소듐 원자가 잃어버린 전자를 염소 원자가 얻어 이성분 이온성 화합물인 NaCl(염화 소듐)이 형성되는 것을 보았다. 그러나 염소 원자만 있고 소듐 원자가 없는 경우에는 어떻게 될까? 염소 원자는 여전히 비활성 기체 전자 배치를 가짐으로써 안정해지려는 경향이 있다. 그러나 필요한 전자를 제공하는 금속 원자가 없으면 염소 원자는 전자를 얻지 못해 이것을 달성할 수 없다. 대신에, 염소 원자는 전자를 공유함으로써 비활성 기체의 전자 배치를 얻을 수 있다. Lewis 점 기호로 원자를 표현할 수 있다는 것을 상기하자[◀◀ 3.5절]. 두 개의 염소 원자에 대한 Lewis 점 기호는 다음과 같다.

> **학생 노트**
> Cl 원자의 Lewis 기호는 원소 기호의 한쪽에 단일 점으로 그릴 수 있다. 이들은 화학 결합의 형성을 설명하기 위해서 서로 마주하는 단일 점으로 그려진다.

:C̤̈l· ·C̤̈l:

원자가 전자를 얻을 수 있는 공급원이 없으면, 원자는 한 쌍의 전자를 공유하기 위해 충분히 가까이 이동한다.

> **학생 노트**
> 각 원자 주위의 두 전자가 다른 원자에 의해 공유된다 하더라도, 모든 원자는 공유된 전자를 각각 소유한다고 "생각"한다.

이 방법으로, 두 염소 원자는 모두 8개의 원자가 전자로 둘러싸여 안정해지기 위해 필요한 비활성 기체의 전자 배치를 가지게 된다. 두 개의 원자가 한 쌍의 전자를 공유하는 이러한 유형의 배열에서 공유된 전자쌍은 **공유 결합**(covalent bond)으로 알려진 화학 결합을 구성한다. 생성된 화학종에 대한 화학식은 염소로 알려진 Cl_2로, 이 원소의 가장 안정한 형태이다.

수소 원자도 이와 같은 방법으로 공유 결합 형성을 나타낼 수 있다. 두 개의 H(수소) 원자에 대한 Lewis 점 기호를 표시하면 다음과 같다.

H·　·H

각 수소 원자는 하나의 전자를 가지고 있다. 수소는 두 개의 전자만으로 비활성 기체 전자 배치를 달성하는 유일한 비금속이며, 헬륨의 전자 배치를 가진다. 두 개의 수소 원자가 전자의 결합된 쌍을 공유할 정도로 충분히 가까이 이동할 때 공유 결합이 형성되어 수소라고 하는 H_2를 형성한다.

분자

> **학생 노트**
> 공유 결합(이온 결합이 없음)에 의해서만 결합된 물질을 분자 물질(molecular substance)이라고 한다.

두 개의 염소 원자 사이 또는 두 개의 수소 원자 사이의 공유 결합 형성은 분자로 알려진 화학종을 생성한다. **분자**(molecule)는 공유 결합에 의해 적어도 두 개의 원자가 중성적으로 결합된 것이다. 분자는 같은 원소의 두 개 이상의 원자를 포함할 수도 있고, 다른 원소의 원자를 포함할 수도 있다. 예를 들어, 수소와 염소 원자는 한 쌍의 전자를 공유할 만큼 충분히 가까이 이동하여 염화 수소(HCl)를 형성할 수 있다.

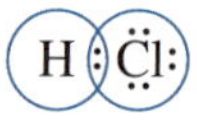

> **학생 노트**
> 이것은 실제로 Lewis 구조(Lewis structure)로 알려진 분자 표현이며, 6장에서 더 자세히 논의할 것이다.

생성된 화학종은 HCl 분자이다. 이들 각각의 예에서 공유된 전자쌍은 두 점 대신에 —로 표시할 수 있다.

:C̤̈l—C̤̈l:　H—H　H—C̤̈l:

> **학생 노트**
> 화합물(compound)만이 될 수 있는 이온성 물질과 달리, 분자 물질은 원소 또는 화합물일 수 있다.

따라서 분자는 염소(Cl_2) 및 수소(H_2)의 경우에서와 같이 원소일 수 있다. 또는 HCl의 경우에서와 같이 화합물일 수도 있다. 정의상 화합물은 둘 이상의 원소들로 구성된 물질이라는 것을 상기하자. 이 정의는 실제로 2장에서 처음 만난 Dalton의 원자론에 기인한다. Dalton의 이론은 세 가지 가설로 이루어져 있는데, 그 첫 번째가 물질은 원자들로 구성된다는 것이다[|◀◀ 2.2절]. 두 번째 가설은 화합물은 두 개 이상의 원소로 이루어진 원자로 만들어지고, 임의로 주어진 화합물에서 동일한 유형의 원자는 항상 동일한 비율로 존재한다는 것이다. 염화 수소(HCl)는 항상 하나의 수소(H) 원자와 하나의 염소(Cl) 원자를 포함하는 분자로 구성된 화합물이다. 화학반응에 대해 토론할 때 Dalton의 이론을 재검토하고 세 번째 가설을 배우게 될 것이다. [▶▶| 10장].

다시 염화 수소(HCl)를 예로 들자면, Dalton의 두 번째 가설은 화합물이 형성되기 위해서는 적절한 종류의 원자(H와 Cl)뿐만 아니라 각 원자의 특정한 수가 필요하다는 것을 말하고 있다. 이 아이디어는 18세기 말 프랑스 화학자 Joseph Proust(1754~1826)가 발표한 법칙을 확장한 것이다. Proust의 **일정 성분비의 법칙**(law of definite proportions) 또는 **일정 성분의 법칙**(law of constant composition)에 따르면, 주어진 화합물은 항상 정확히 동일한 질량비로 동일한 원소를 포함해야 한다. 즉, 출처와 관계없이 세계 어느 곳에서나 염화 수소(HCl)는 질량비로 2.765%의 수소와 97.235%의 염소로 이루어져 있다.

다른 예를 들자면, 어느 곳이든 관계없이 모든 이산화탄소 기체는 탄소에 대한 산소의 질량비가 같다. 각기 다른 곳에서 얻은 세 가지 이산화탄소의 분석 결과를 살펴보자.

시료	산소(O) 질량(g)	탄소(C) 질량(g)	질량비(O g : C g)
123 g 이산화탄소	89.4	33.6	2.66:1
50.5 g 이산화탄소	36.7	13.8	2.66:1
88.6 g 이산화탄소	64.4	24.2	2.66:1

순수한 이산화탄소는 탄소 1 g당 2.66 g의 산소가 존재한다. 이 일정한 질량비는 원소가 특정 질량(원자)의 작은 입자로 존재하고, 화합물이 각 입자 형태의 특정 개수의 조합에 의해 형성된다고 가정하여 설명할 수 있다.

Dalton의 두 번째 가설은 또한 19세기 초에 자신이 발표했던 **배수 비례의 법칙**(law of multiple proportions)을 뒷받침한다. 이 법칙에 따르면 두 원자(이 경우, C와 O)가 서로 결합하여 둘 이상의 서로 다른 성분을 형성할 경우, 다른 원자의 고정 질량과 결합하는 한 원자의 질량 비율은 정수로 표현된다. 이 진술을 풀고 이해하기 위해서 다시 이산화탄소를 생각해보자. 탄소는 산소와 결합하여 서로 다른 두 가지 화합물, 즉 이산화탄소(CO_2)와 일산화탄소(CO)를 형성할 수 있다. 위에서 순수한 이산화탄소는 탄소 1 g당 2.66 g의 산소가 있음을 알았다. 순수한 CO에는 탄소 1 g당 1.33 g의 산소가 있다.

학생 노트
4.5절에서 이러한 화합물의 명명법에 대해 배우겠지만, 이 화합물들의 이름은 친숙해야 한다.

시료	산소(O) 질량(g)	탄소(C) 질량(g)	질량비(O g : C g)
16.3 g 일산화탄소	9.31	6.99	1.33:1
25.9 g 일산화탄소	14.8	11.1	1.33:1
88.4 g 일산화탄소	50.5	37.9	1.33:1

따라서 이산화탄소 중 탄소에 대한 산소의 질량비는 2.66:1이고, 일산화탄소 중의 산소 대 탄소의 질량비는 1.33:1이다. 배수 비례의 법칙에 따르면, 두 화합물의 탄소에 대한 질량비의 비율은 정수로 표현될 수 있다.

$$\frac{\text{이산화탄소에서 C에 대한 O의 질량비}}{\text{일산화탄소에서 C에 대한 O의 질량비}} = \frac{2.66}{1.33} = 2:1$$

탄소 질량이 동일한 시료의 경우 일산화탄소에 있는 산소에 대한 이산화탄소에 있는 산소의 질량 비율은 1:2이다. 현대의 측정 기술로 입증된 결론은 이산화탄소 분자는 각각 하나의 C 원자와 두 개의 O 원자로 구성되고, 일산화탄소 분자는 각각 하나의 C 원자와 하나의 O 원자로 구성된다는 것이다. 이 결과는 그림 4.9에서 볼 수 있다.

분자는 직접 관찰하기에는 크기가 너무 작지만, 시각화하는 방법을 배우는 것은 중요하다. 이 책 전체에서 분자 모형이라는 2차원 모델을 사용하여 분자 수준에서 물질을 표현할 것이다. 이 모델에서는 원자를 구형으로 표시하고, 각각 다른 색상으로 원소를 나타낸다. 표 4.2에는 앞으로 자주 접하고 이 책에서 소개될 원소들의 색을 나타내었다.

학생 노트
그림 4.9는 이산화탄소와 일산화탄소의 분자 모형을 포함한다.

분자 모형에는 두 가지 모델(공-막대 모델과 공간-채움 모델)이 사용된다. 공-막대 모델은 원자 사이의 결합을 막대로 표시하고[그림 4.10(a)], 공간-채움 모델은 결합에 의해 서로 겹쳐서 연결된 원자를 표시한다[그림 4.10(b)]. 공-막대와 공간-채움 모델은 화학 결합으로 연결된 원자의 3차원 배열을 설명하는 데 사용된다. 공-막대 모델은 일반적으로 원자 배열을 잘 보여주는 역할을 하지만 크기와 관련하여 원자 간의 거리를 과장되게 보여준다. 반대로 공간-채움 모델은 원자 간의 거리에 대한 보다 정확한 그림을 제공하지만 때로는 3차원 배열의 모든 세

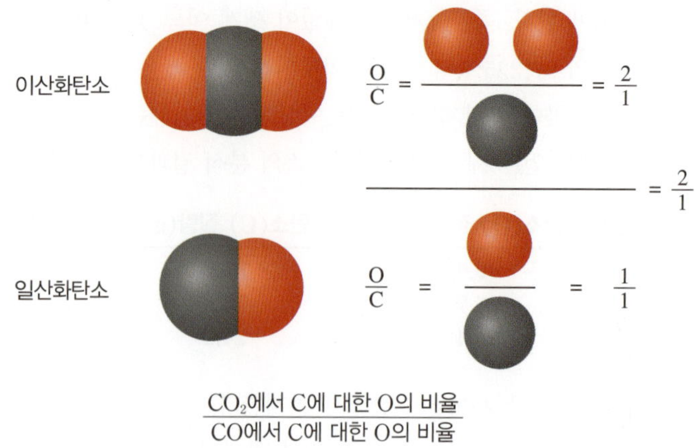

그림 4.9 배수 비례의 법칙을 설명하기 위한 분자 모형

> **학생 노트**
> Cl_2, H_2, F_2와 같이 같은 원소 두 개의 원자를 포함하는 분자를 동핵 이원자 분자라고 한다. HCl과 CO와 같이 두 가지 다른 원소를 포함하는 것은 이핵 이원자 분자라 한다.

부 사항을 보는 것을 더 어렵게 만들 수 있다.

지금까지 보아온 많은 분자들[염소(Cl_2), 수소(H_2), 염화수소(HCl), 일산화탄소(CO)]은 특정 범주에 속한다. 이들은 각각 두 개의 원자를 포함하기 때문에 **이원자 분자**(diatomic molecule)라고 한다. 질소(N_2), 산소(O_2)와 17족 원소인 불소(F_2), 염소(Cl_2), 브로민(Br_2) 및 아이오딘(I_2)과 같은 몇몇 원소들은 일반적으로 이원자 분자로 존재한다. 그러나 대부분의 분자는 두 개 이상의 원자를 포함한다. 오존(O_3)과 같이 모두 동일한 원자일 수도 있고, 물(H_2O)과 같이 둘 또는 그 이상의 다른 원소가 결합할 수도 있다. 두 개 이상의 원자를 포함하는 분자를 **다원자 분자**(polyatomic molecule)라고 한다.

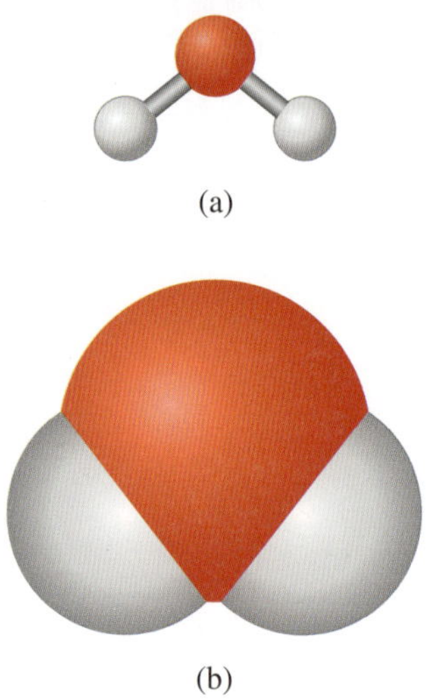

그림 4.10 분자 모형으로 표현한 물. (a) 공–막대 모델 (b) 공간–채움 모델

표 4.2 분자 모형에서 일반적으로 사용되는 원소의 색

원소	원소
수소	소듐
붕소	인
탄소	황
질소	염소
산소	브로민
플루오린	아이오딘

분자식

화학식[◀◀ 4.2절]은 이온성 또는 분자성 물질의 구성을 나타내기 위해 사용할 수 있다. **분자식**(molecular formula)은 분자 내 각 원소의 정확한 원자 수를 보여준다. 분자에 대해 이야기할 때 각 예시들은 괄호 안의 분자식과 함께 주어진다. 따라서 H_2는 수소의 분자식이고, O_2는 산소, O_3는 오존, H_2O는 물의 분자식이다. 아래첨자 번호는 분자 내에 존재하는 원소의 원자 수를 나타낸다. 물 분자에는 오직 하나의 산소 원자만 있기 때문에 H_2O의 O에 대한 첨자는 없으며, 아래첨자 1은 화학식에서 생략된다. 산소(O_2)와 오존(O_3)은 두 가지 다른 형태의 산소 원소이다.

> **학생 노트**
> 원소가 두 개 이상의 분자 형태를 가질 때 동소체라고 한다. 탄소 원소의 동소체(allotrope)인 다이아몬드와 흑연은(실제로는 두 개보다 더 많음) 완전히 다른 성질을 가지고 있다(가격도 완전히 다르다).

예제 4.7은 해당 분자 모형에서 분자식을 쓰는 방법을 보여준다.

예제 4.7 분자 모델에서 분자식의 결정

다음 각각의 모델에 대한 분자식을 결정하시오.

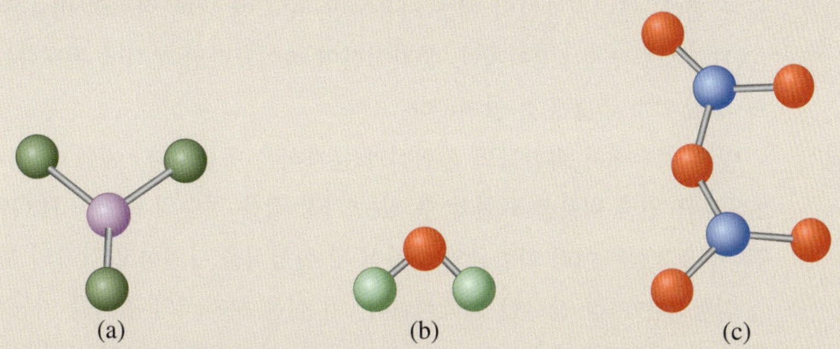

(a) (b) (c)

전략 표 4.2를 보고 모델 각각의 유색 구에 해당하는 원소를 결정한다.

계획 각각의 유색 구 유형은 모델로부터 화학식을 결정하기 위해 계산된다. 각 유색 구의 수를 세어 화학식을 결정한다.

풀이 (a) 모델에 의해 표현된 1개의 붕소 원자와 3개의 염소 원자가 있다. 화학식은 BCl_3이다.
(b) 모델에 의해 표현된 1개의 산소 원자와 2개의 플루오린 원자가 있다. 화학식은 OF_2이다.
(c) 모델에 의해 표현된 2개의 질소 원자와 5개의 산소 원자가 있다. 화학식은 N_2O_5이다.

생각해보기

이러한 분자들 중 일부 결합에 대해 궁금할 수 있는데, 이것은 예로 보여준 것보다 조금 더 복잡하기 때문이다. 6장에서 원자들의 배열과 그들 사이의 결합에 대해 더 깊이 다룰 것이다.

추가문제 1 다음 각각의 모델에 대해 분자식을 결정하시오.

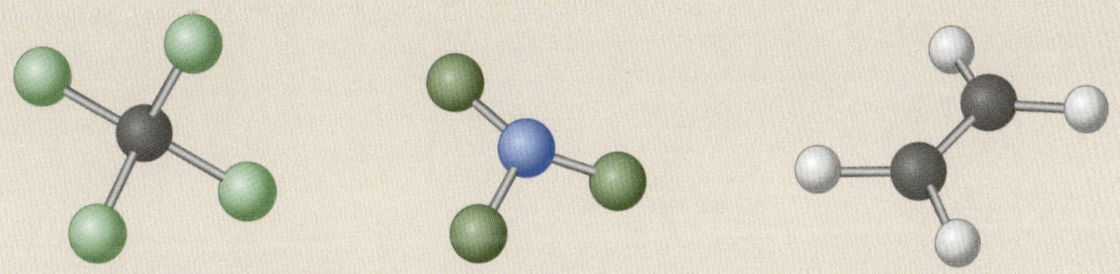

(a) (b) (c)

추가문제 2 다음 화합물의 모델을 그리시오.

(a) PF_3 (b) CS_2 (c) C_2H_6

추가문제 3 다음의 각 분자가 원소인지 또는 화합물인지 결정하시오.

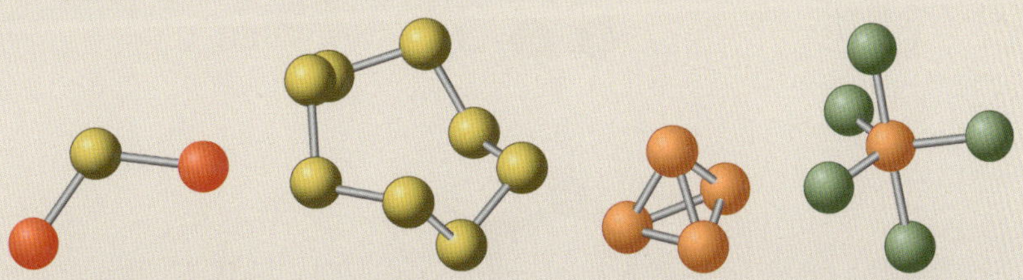

(a) (b) (c) (d)

분자 물질을 표현할 수 있는 또 하나의 방법은 **실험식**(empirical formula)을 사용하는 것이다. 실험적이라는 단어는 '경험에서' 또는 화학식의 맥락에서 고려하면 '실험에서'를 의미한다. 실험식은 분자 내에 어떤 원소가 있는지, 그리고 어떤 비율로 결합되어 있는지를 알려준다. 예를 들어, 과산화수소의 분자식은 H_2O_2이지만 수소 원자 대 산소 원자의 비율이 1:1이기 때문에 실험식은 단순히 HO이다. 로켓 연료로 사용되는 하이드라진은 분자식이 N_2H_4이므로 실험식은 NH_2이다. 실험식은 유용하고 5장에서 폭넓게 사용하겠지만 분자식보다는 물질에 대한 정보가 적다. 하이드라진의 예를 사용하면, 수소에 대한 질소의 비율은 분자식(N_2H_4)과 실험식(NH_2) 모두에서 1:2이지만, 분자식만이 하이드라진 분자에 존재하는 실제 질소 원자 수(2개)와 수소 원자 수(4개)를 알려준다.

많은 경우에서 화합물의 실험식과 분자식은 동일하다. 예를 들어, 물의 경우 O 원자 1개당 2개의 H 원자 비율을 표현할 수 있는 가장 작은 정수의 조합이 H_2O이므로 실험식과 분자식은 같다. 표 4.3은 여러 화합물의 분자식 및 실험식을 나열하고 각각의 분자 모델을 보여준다.

실험식은 가장 간단한 화학식이다. 이 식은 분자식의 첨자를 가능한 한 작은 정수로 줄여서 쓴다(원자의 상대적인 수는 바뀌지 않는다). 분자식은 분자의 실제 화학식이다.

예제 4.8에서는 분자식으로부터 실험식을 결정하는 연습을 할 수 있다.

표 4.3 분자식과 실험식

화합물	분자식	모델	실험식	분자 모델
물(water)	H_2O	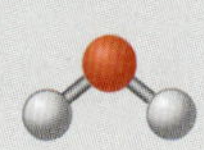	H_2O	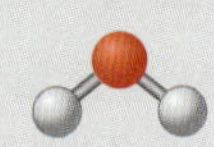
과산화 수소 (hydrogen peroxide)	H_2O_2	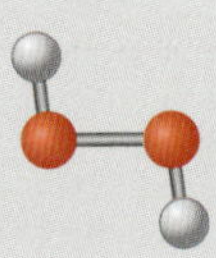	HO	
에테인(ethane)	C_2H_6	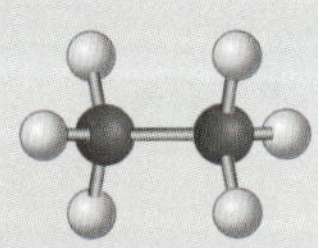	CH_3	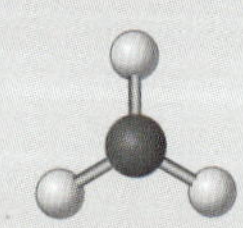
프로페인(propane)	C_3H_8	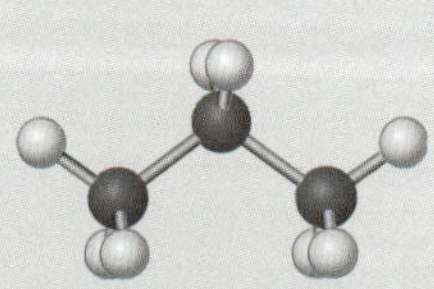	C_3H_8	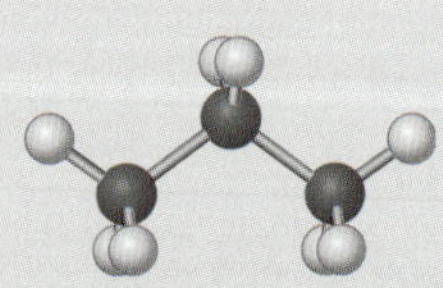
아세틸렌(acetylene)	C_2H_2		CH	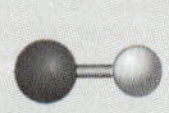
벤젠(benzene)	C_6H_6	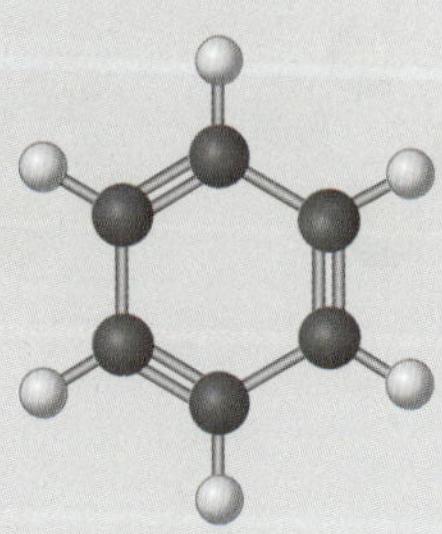	CH	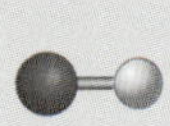

예제 4.8 분자식으로부터 실험식 결정

다음 분자들의 실험식을 쓰시오.
(a) 글루코스($C_6H_{12}O_6$, 포도당), 혈당으로 알려진 물질
(b) 아데닌($C_5H_5N_5$), 비타민 B_4로 알려진 물질
(c) 산화 이질소(N_2O), 마취제(웃음가스) 및 휘핑크림용 에어로졸 추진제로 사용되는 가스

전략 실험식을 적기 위해서는 분자식에서 아래첨자를 가능한 한 작은 정수로 줄여야 한다(원자의 상대적인 수는 바뀌지 않는다).

계획 (a)와 (b)의 분자식은 각각 공통된 숫자로 나눌 수 있는 아래첨자를 포함한다. 따라서 분자식보다 작은 정수로 수식을 표현할 수 있다. (c)에서 분자는 오직 하나의 산소 원자를 가지고 있으므로 이 화학식을 더 단순화하는 것은 불가능하다.

풀이

(a) 글루코스에 대한 분자식의 아래첨자를 각각 6으로 나누면 실험식인 CH_2O를 얻는다. 만약 아래첨자를 2 또는 3으로 나눈다면 각각 $C_3H_6O_3$, $C_2H_4O_2$의 화학식을 얻을 것이다. 이 화학식에서 산소 대 탄소 대 수소의 비율은 1:2:1로 정확하지만, 이는 첨자가 가능한 전체 정수 비율의 가장 작은 수가 아니기 때문에 간단한 화학식이 아니다.
(b) 아데닌의 분자식에 있는 각 첨자를 5로 나누면, 실험식 CHN을 얻는다.
(c) 아산화 질소 화학식의 첨자가 이미 가능한 가장 작은 정수이기 때문에 실험식은 분자식 N_2O와 같다.

생각해보기

각 실험식의 비율이 분자식의 비율과 같고 아래첨자가 가능한 가장 작은 정수라는 것을 확인하자. 예를 들면, (a) 분자식에서 C:H:O의 비율은 6:12:6이며 이것은 1:2:1과 같으므로, 이 비율은 실험식에서 사용된다.

추가문제 1 다음 분자식에 대한 실험식을 쓰시오.
(a) 카페인($C_8H_{10}N_4O_2$), 차와 커피에서 발견되는 자극제
(b) 뷰테인(C_4H_{10}), 담배 라이터에 사용되는 것
(c) 글리신($C_2H_5NO_2$), 아미노산

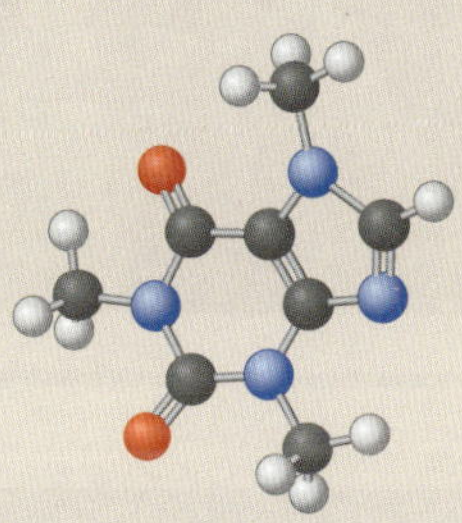
카페인

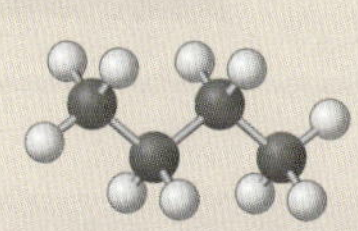
뷰테인

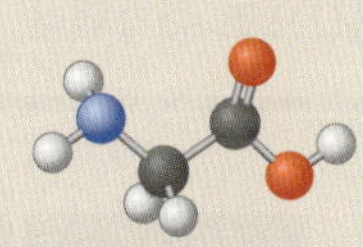
글리신

추가문제 2 다음 분자식 중 괄호 안에 표시된 실험식이 정확한 것은 어느 것인가?
(a) $C_{12}H_{22}O_{11}$($C_{12}H_{22}O_{11}$) (b) $C_8H_{12}O_4$($C_4H_6O_2$) (c) H_2O_2(H_2O)

추가문제 3 아세트산($HC_2O_2H_3$)과 동일한 실험식을 가지는 분자는 어느 것인가?

폼알데하이드

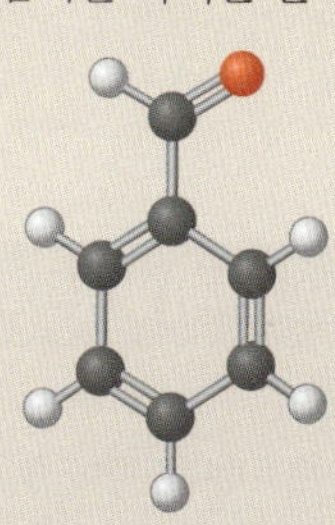
벤즈알데하이드

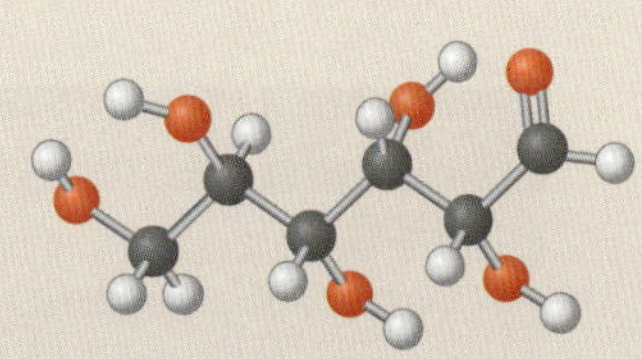
글루코스

화학과 친해지기

비료의 고정 질소

유엔은 2011년 가을에 세계 인구가 70억 명에 이른다고 추정했다. 정확한 인구 수를 아는 것은 불가능하지만, 지구가 화학의 개입 없이 현재의 인구를 유지할 수 없다는 것은 확실하다. 호흡하는 공기의 대부분은 질소 기체(N_2)라는 것은 알고 있을 것이다(대기의 80%는 N_2이다). 또한 식물 비료에는 질소가 포함되어 있다는 것도 알 것이다. 그러나 대기 중의 질소가 풍부함에도 불구하고, 식물은 공기 중의 질소를 직접 사용할 수 없다. 질소 분자를 함께 묶어주는 화합결합은 매우 강해서 쉽게 끊을 수 없기 때문에, 식물이 자라기 위해서는 질소 원자가 필요하다.

음식을 위해 경작하는 대부분의 식물은 '고정된 질소'가 필요하다. 질소 고정은 대기 중의 질소 기체를 식물이 사용할 수 있는 화합물로 전환시키는 것을 의미한다. 식물 성장을 지원하는 자연적인 방법은 토양에 있는 특정한 박테리아에 의한 질소 고정이다. 그러나 이 메커니즘에 의해 생성되는 질소의 양은 전체 수요를 충족시키기에는 너무 적다. 20세기 초, 독일의 화학자 Fritz Haber와 Carl Bosch는 식물 비료로 사용 가능한 질소를 거의 무제한 공급하기 위해 대기 N_2의 강한 화학적 결합을 깰 수 있는 대규모 산업 공정을 개발했다. Haber 공정으로 알려진 이 공정이 개발된 이후 지구의 인구는 역사상 가장 빠른 속도로 증가하여 1927년 약 20억 명에서 오늘날 70억 명 이상으로 증가했다.

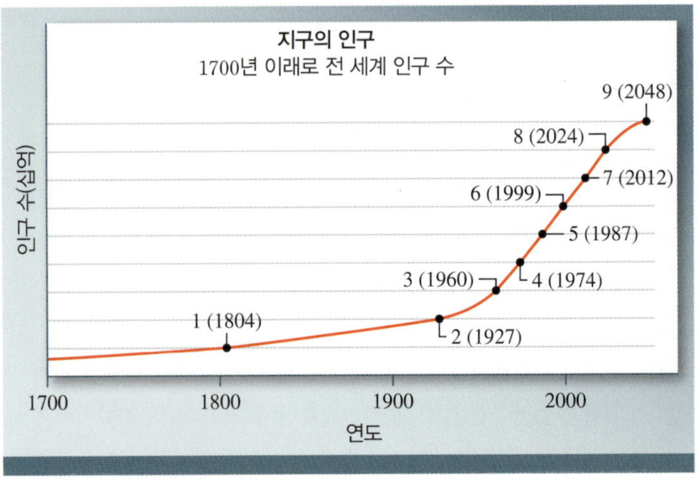

출처 : 유엔 세계인구전망

표 4.4 그리스어 접두사

접두사	의미	접두사	의미
모노(mono−)	1	헥사(hexa−)	6
다이(di−)	2	헵타(hepta−)	7
트라이(tri−)	3	옥타(octa−)	8
테트라(tetra−)	4	노나(nona−)	9
펜타(penta−)	5	데카(deca−)	10

표 4.5 그리스어 접두사를 사용하여 명명한 화합물

화합물	이름	화합물	이름
CO	일산화탄소(carbon monoxide)	SO_3	삼산화황(sulfur trioxide)
CO_2	이산화탄소(carbon dioxide)	NO_2	이산화질소(nitrogen dioxide)
SO_2	이산화황(sulfur dioxide)	N_2O_5	오산화이질소(dinitrogen pentoxide)

4.5 이성분 분자 화합물 명명

지금까지 마주쳤던 모든 분자 화합물은 이성분 화합물이었다. 이성분 분자 화합물의 명칭은 이성분 이온성 화합물의 명명법과 매우 유사하다. 대부분의 이성분 분자 화합물은 두 개의 비금속으로 구성된다(그림 3.22 참조). 이러한 화합물의 한글 이름을 명명하기 위해 먼저 분자식에서 두 번째로 나타나는 원소의 이름을 명명한다. 염화 수소(HCl)의 경우 염소이다. 4.3절에서 비금속의 음이온을 명명할 때와 마찬가지로 이름을 −화(−ide)로 변경한다. 그 후 첫 번째 원소의 이름을 붙인다. 염화수소의 경우 첫 번째 원소는 수소이므로, HCl의 체계적인 이름은 염화 수소가 된다. 마찬가지로 HI는 아이오딘화 수소[아이오딘(iodine) → 아이오딘화(iodide)]라 부르고, SiC는 탄화 규소[탄소(carbon) → 탄화(carbide)]라 부른다.

학생 노트
두 개의 서로 다른 원소로 구성된 하나의 이성분 화합물이라는 것을 상기한다[◀◀ 4.2절].

한 쌍의 비금속이 탄소와 산소에서 본 것처럼 두 개 이상의 다른 이성분 분자 화합물을 형성하는 것은 매우 일반적이다. 이 경우 그리스어 접두사를 사용하여 각 원소의 원자 수를 나타냄으로써 화합물 명명에 혼란을 피할 수 있다. 일부 그리스어 접두사는 표 4.4에 나열되어 있으며, 이 접두사를 사용하여 명명된 몇 가지 화합물이 표 4.5에 나열되어 있다.

일반적으로 첫 번째 원소에 대한 접두사 일(mono)은 생략한다. 예를 들어, 알다시피 CO_2는 이산화일탄소(monocarbon dioxide)가 아닌 이산화탄소(carbon dixide)로 명명된다. 따라서 첫 번째 원소의 접두사가 없다는 것은 일반적으로 분자에 존재하는 원소의 원자 하나만 있다는 것을 의미한다. 또한 발음을 쉽게 하기 위해 일반적으로 접미사의 마지막 문자인 'o' 또는 'a'로 끝나는 단어를 제거한다. 따라서 N_2O_5(오산화이질소)는 dinitrogen pentaoxide보다는 dinitrogen pentoxide이다.

예제 4.9 및 4.10에서는 분자식으로부터 이성분 분자 화합물의 이름을 명명하고, 화합물의 이름으로부터 분자식을 결정하는 연습을 제공한다.

예제 4.9 이성분 분자 화합물 명명

다음 이성분 분자 화합물을 명명하시오.

(a) NF_3　　(b) N_2O_4

전략 각 화합물은 필요한 경우 적절한 그리스어 접두사를 포함하여 체계적인 명명법을 사용하여 명명한다.

계획 이성분 화합물인 경우, 화학식에서 두 번째 원소의 이름 끝을 화(−ide)로 바꾸어 시작하고, 첫 번째 원소의 이름을 붙인다. 각 원소의 원자 수를 나타내는 적절한 접두사를 사용한다.

(a)에서 분자는 1개의 질소 원자와 3개의 불소 원자를 포함한다. 화학식에서 나열된 첫 번째 원소이기 때문에 접두사 mono−(일)를 생략할 것이고, 접두사 tri−(삼)를 사용하여 불소 원자의 수를 나타낼 것이다.

(b)에서 분자는 2개의 질소 원자와 4개의 산소 원자를 포함하고 있으므로, 화합물을 명명하기 위해 접두사 di−(이)와 tetra−(사)를 사용할 것이다. 산화물 명명에서 'a' 또는 'o'로 끝나는 접두어의 마지막 글자는 생략하는 것을 상기하자.

풀이 (a) 삼불화 질소(nitrogen trifluoride)　　(b) 사산화 이질소(dinitrogen tetroxide)

생각해보기

접두사가 분자식의 아래첨자와 일치하는지, 그리고 산화물은 'a' 또는 'o'가 바로 앞에 오지 않는지 확인하자.

추가문제 1 다음 이성분 분자 화합물을 명명하시오.

(a) Cl_2O (b) $SiCl_4$

추가문제 2 다음 이성분 분자 화합물을 명명하시오.

(a) ClO_2 (b) CBr_4

추가문제 3 오른쪽 그림의 이성분 분자 화합물을 명명하시오.

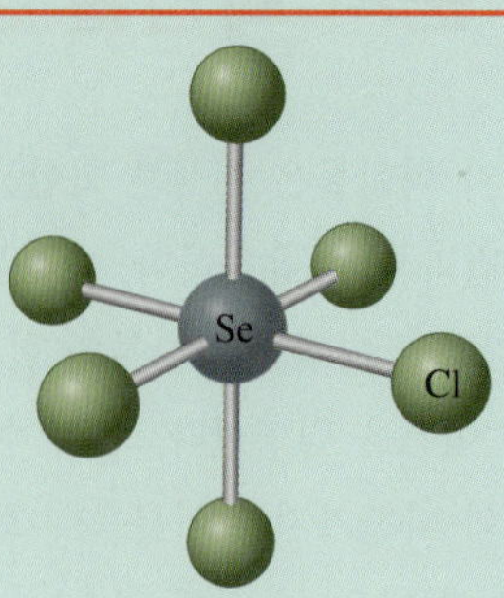

예제 4.10 주어진 화합물 이름으로 분자식 결정

다음 이성분 분자 화합물의 화학식을 쓰시오.

(a) 사불화 황(sulfur tetrafluoride) (b) 십황화 사인(tetraphosphorus decasulfide)

전략 각 화합물에 대한 화학식은 체계적인 명명법 지침을 사용하여 추론한다.

계획 (a)에서 황에 대한 접두사가 없으므로, 화합물의 분자 내에는 오직 하나의 황 원자가 있다. 따라서 수식에서 황에 대한 접두사를 사용하지 않는다. 접두사 tetra－는 4개의 불소 원자가 있음을 의미한다.

(b)에서 접두사 tetra－와 deca－는 각각 4개와 10개를 의미한다.

풀이 (a) SF_4 (b) P_4S_{10}

생각해보기

화학식에서 아래첨자가 화합물명의 접두사와 일치하는지 다시 확인한다.

(a) 4＝tetra (b) 4＝tetra, 10＝deca

추가문제 1 다음 각 화합물의 분자식을 쓰시오.

(a) 이황화 탄소(carbon disulfide) (b) 삼산화 이질소(dinitrogen trioxide)

추가문제 2 다음 각 화합물의 분자식을 쓰시오.

(a) 육불화 황(sulfur hexafluoride) (b) 십불화 이황(disulfur decafluoride)

추가문제 3 삼산화 황(sulfur trioxide)의 분자 모델을 그리시오.

4.6 공유 결합으로 이루어진 이온: 다원자 이온

지금까지 마주쳤던 화합물은 서로 이온 결합에 의해 결합된 이온성이거나 또는 공유 결합에 의해 결합된 분자성이었다. 또한 지금까지 만난 모든 이온성 화합물은 원자 이온만을 포함하고 있다. 그러나 많은 일반적인 이온성 물질은 다원자 이온을 포함하며, 이들 자체는 공유 결합에 의해 서로 결합되어 있다. 이 절에서는 이온 결합과 공유 결합의 조합을 통해 결합된 물질을 조사한다.

표 4.6 일반적인 다원자 이온

이름	화학식/전하
양이온	
암모늄 이온(ammonium)	NH_4^+
하이드로늄 이온(hydronium)	H_3O^+
수은(I) 이온[mercury(I)]	Hg_2^{2+}
음이온	
아세테이트 이온(acetate)	CH_3COO^-
아자이드 이온(azide)	N_3^-
탄산 이온(carbonate)	CO_3^{2-}
염소산 이온(chlorate)	ClO_3^-
아염소산 이온(chlorite)	ClO_2^-
크로뮴산 이온(chromate)	CrO_4^{2-}
사이안화 이온(cyanide)	CN^-
다이크로뮴산 이온(dichromate)	$Cr_2O_7^{2-}$
인산이수소 이온(dihydrogen phosphate)	$H_2PO_4^-$
탄산수소 이온 또는 중탄산 이온(hydrogen carbonate or bicarbonate)	HCO_3^-
인산수소 이온(hydrogen phosphate)	HPO_4^{2-}
황산수소 이온(hydrogen sulfate or bisulfate)	HSO_4^-
수산화 이온(hydroxide)	OH^-
하이포아염소산 이온(hypochlorite)	ClO^-
질산 이온(nitrate)	NO_3^-
아질산 이온(nitrite)	NO_2^-
옥살산 이온(oxalate)	$C_2O_4^{2-}$
과염소산 이온(perchlorate)	ClO_4^-
과망가니즈산 이온(permanganate)	MnO_4^-
과산화 이온(peroxide)	O_2^{2-}
인산 이온(phosphate)	PO_4^{3-}
아인산 이온(phosphite)	PO_3^{3-}
황산 이온(sulfate)	SO_4^{2-}
아황산 이온(sulfite)	SO_3^{2-}
티오시안산 이온(thiocyanate)	SCN^-

학생 노트

일부 산소산 음이온은 동일한 중심 원자를 포함하고, 동일한 전하를 가지지만 다른 수의 산소 원자를 포함하는 일련의 이온에서 발생한다.

과염소산(perchlorate)	ClO_4^-
염소산(chlorate)	ClO_3^-
아염소산(chlorite)	ClO_2^-
하이포아염소산(hypochlorite)	ClO^-
질산(nitrate)	NO_3^-
아질산(nitrite)	NO_2^-
인산(phosphate)	PO_4^{3-}
아인산(phosphite)	PO_3^{3-}
황산(sulfate)	SO_4^{2-}
아황산(sulfite)	SO_3^{2-}

두 개 이상의 원자가 조합되어 구성된 이온을 **다원자 이온**(polyatomic ion)이라고 한다. 앞으로 반복적으로 동일한 다원자 이온을 만나기 때문에 표 4.6에 나열된 이름, 화학식 및 전하를 알아야 한다. 일반적인 다원자 이온의 대부분은 음이온이지만 몇 개는 양이온(그림 4.7에서 처음 보았던 수은(I) 이온 포함)이다. 다원자 이온을 포함한 화합물의 경우, 원자 이온만을 포함하는 이온성 화합물의 경우와 동일한 규칙에 따라 화학식이 결정된다. 이온은 전체적으로 중성인 화학식을 제공하기 위한 비율로 결합되어야 한다. 다음 예제는 이것이 어떻게 적용되는지 설명한다.

염화 암모늄(ammonium chloride)

양이온은 NH_4^+이고 음이온은 Cl^-이다. 전하의 합은 $1+(-1)=0$이므로 이온은 1:1 비율로 결합하고 화학식은 NH_4Cl이다.

인산 칼슘(calcium phosphate)

양이온은 Ca^{2+}이고 음이온은 PO_4^{3-}이다. 다음과 같이 아래첨자를 결정할 수 있다.

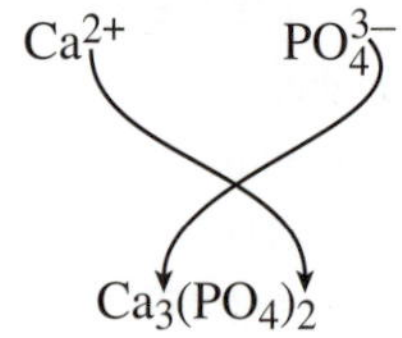

전하의 합은 3(+2)+2(−3)=0이다. 따라서 인산 칼슘의 화학식은 $Ca_3(PO_4)_2$이다. 다원자 이온에 첨자를 추가할 때, 먼저 이온의 화학식 주위에 괄호를 넣어서 그 아래첨자가 다원자 이온의 모든 원자에 적용된다는 것을 나타낼 수 있어야 한다. 다른 예로는 사이안화 소듐(NaCN), 과망가니즈산 포타슘($KMnO_4$) 및 황산 암모늄[$(NH_4)_2SO_4$]이 있다.

화학과 친해지기

제품 라벨

약국에서 제품 라벨을 보고 성분을 알아보지 못한 적이 있는가? 성분의 대부분은 이 장에서 설명한 체계적인 명명법을 사용하여 명명한 화합물이다. 여기에 표시된 라벨의 활성 성분은 이제 식별할 수 있다.

예를 들면, 치아의 민감도를 감소시키는 주성분은 질산 포타슘(KNO_3)이다. 일부 변기 청소제의 활성 성분은 염산(HCl)이다. 많은 칼슘 보충제들은 주요 활성 성분으로 탄산 칼슘($CaCO_3$)을 포함하고 있다.

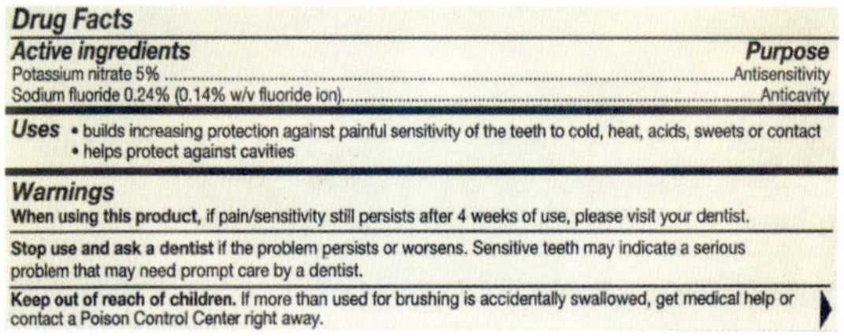
Drug Facts
Active ingredients — Purpose
Potassium nitrate 5% .... Antisensitivity
Sodium fluoride 0.24% (0.14% w/v fluoride ion) .... Anticavity
Uses • builds increasing protection against painful sensitivity of the teeth to cold, heat, acids, sweets or contact
• helps protect against cavities
Warnings
When using this product, if pain/sensitivity still persists after 4 weeks of use, please visit your dentist.
Stop use and ask a dentist if the problem persists or worsens. Sensitive teeth may indicate a serious problem that may need prompt care by a dentist.
Keep out of reach of children. If more than used for brushing is accidentally swallowed, get medical help or contact a Poison Control Center right away.

민감성 치아용 치약

변기 청소제

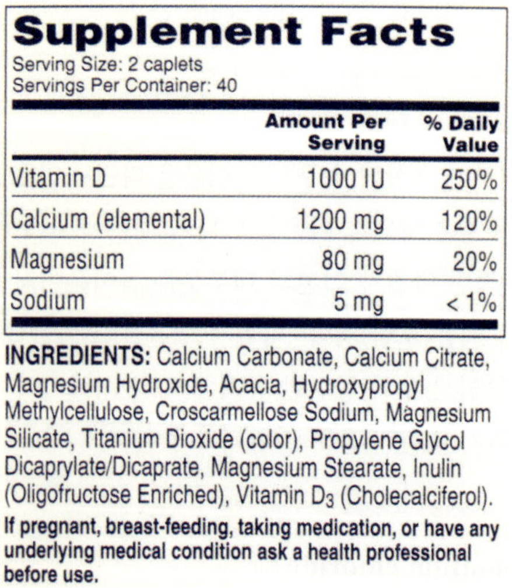
Supplement Facts
Serving Size: 2 caplets
Servings Per Container: 40

	Amount Per Serving	% Daily Value
Vitamin D	1000 IU	250%
Calcium (elemental)	1200 mg	120%
Magnesium	80 mg	20%
Sodium	5 mg	< 1%

INGREDIENTS: Calcium Carbonate, Calcium Citrate, Magnesium Hydroxide, Acacia, Hydroxypropyl Methylcellulose, Croscarmellose Sodium, Magnesium Silicate, Titanium Dioxide (color), Propylene Glycol Dicaprylate/Dicaprate, Magnesium Stearate, Inulin (Oligofructose Enriched), Vitamin D_3 (Cholecalciferol).

If pregnant, breast-feeding, taking medication, or have any underlying medical condition ask a health professional before use.

칼슘 보충제

생각 밖 상식

제품 라벨

제품 라벨에는 많은 체계적인 화합물 이름이 있지만, 이 장에서 제시한 체계적인 명명을 따르지 않는 일부 성분의 이름도 볼 수 있을 것이다. 유아용 유동식에 있는 보라색으로 강조된 화합물들을 보라.

이 화합물들은 더 이상 사용되지 않으며 본문에서 언급하지 않는 오래된 체계를 사용하여 명명되었다. 그러나 호기심이 생긴다면, 이 오래된 이름들을 체계적으로 번역하는 것도 유용할 수 있다.

이 오래된 명명체계는 많은 전이 금속에 의해 형성되는 다중 이온을 구별하기 위해 고안되었지만, 체계적인 명명법보다는 불편한 방법이었다. 다음 표는 앞에서 배운 체계적인 이름의 예, 해당하는 예전 이름 그리고 그들이 나타내는 이온을 보여준다.

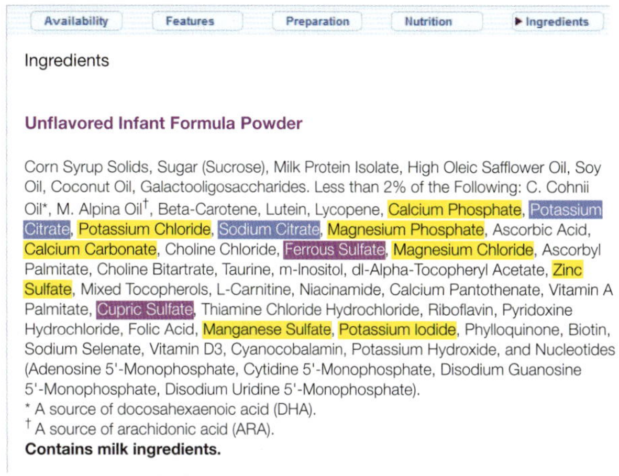
Availability | Features | Preparation | Nutrition | ▶ Ingredients

Ingredients

Unflavored Infant Formula Powder

Corn Syrup Solids, Sugar (Sucrose), Milk Protein Isolate, High Oleic Safflower Oil, Soy Oil, Coconut Oil, Galactooligosaccharides. Less than 2% of the Following: C. Cohnii Oil*, M. Alpina Oil†, Beta-Carotene, Lutein, Lycopene, Calcium Phosphate, Potassium Citrate, Potassium Chloride, Sodium Citrate, Magnesium Phosphate, Ascorbic Acid, Calcium Carbonate, Choline Chloride, Ferrous Sulfate, Magnesium Chloride, Ascorbyl Palmitate, Choline Bitartrate, Taurine, m-Inositol, dl-Alpha-Tocopheryl Acetate, Zinc Sulfate, Mixed Tocopherols, L-Carnitine, Niacinamide, Calcium Pantothenate, Vitamin A Palmitate, Cupric Sulfate, Thiamine Chloride Hydrochloride, Riboflavin, Pyridoxine Hydrochloride, Folic Acid, Manganese Sulfate, Potassium Iodide, Phylloquinone, Biotin, Sodium Selenate, Vitamin D3, Cyanocobalamin, Potassium Hydroxide, and Nucleotides (Adenosine 5'-Monophosphate, Cytidine 5'-Monophosphate, Disodium Guanosine 5'-Monophosphate, Disodium Uridine 5'-Monophosphate).

* A source of docosahexaenoic acid (DHA).

† A source of arachidonic acid (ARA).

Contains milk ingredients.

유아용 유동식의 라벨

아래 표를 사용하여 유아용 유동식에 있는 황산제이철(ferrous sulfate)을 체계적인 명칭으로 명명하면 황산철(II)(iron(II) sulfate)이 된다. 이 오래된 명명체계를 사용한 다른 화합물은 황산제이구리(cupric sulfate)이다. 황산제이구리는 체계적인 명명법으로 황산구리(II)(copper(II) sulfate)로 명명된다.

금속 이온의 체계적인 또는 오래된 명칭

금속	이온 기호	체계적인 명명	오래된 명칭
크로뮴(chromium)	Cr^{2+}	chromium(II)	chromous
	Cr^{3+}	chromium(III)	chromic
구리(copper)	Cu^{+}	copper(I)	cuprous
	Cu^{2+}	copper(II)	cupric
철(iron)	Fe^{2+}	iron(II)	ferrous
	Fe^{3+}	iron(III)	ferric
주석(tin)	Sn^{2+}	tin(II)	stannous
	Sn^{4+}	tin(IV)	stannic
납(lead)	Pb^{2+}	lead(II)	plumbous
	Pb^{4+}	lead(IV)	plumbic

이성분 이온성 화합물의 명명법[◀◀ 4.3절]에서와 같이, 다원자 이온을 포함하는 이온성 화합물의 이름은 먼저 음이온의 이름을 쓰고, 양이온의 이름은 두 번째로 나타낸다(한글 명명법). 그리고 그리스어 접두사를 사용할 필요가 없다. 예를 들어, Li_2CO_3는 탄산 이온마다 2개의 리튬 이온이 있더라도 탄산 이리튬이 아니라 탄산 리튬이다. 접두사는 각각의 이온이 특정의 알려진 전하를 가지고 있기 때문에 불필요하다. 리튬 이온은 항상 +1의 전하, 탄산 이온은 항상 −2의 전하를 가지고 있다. 중성 화합물을 형성하기 위해 결합할 수 있는 유일한 비율은 하나의 CO_3^{2-} 이온에 대해 두 개의 Li^{+} 이온이다. 따라서 탄산 리튬이라는 명칭은 화합물의 실험식을 표현하기에 충분하다.

산소산 음이온(oxoanion)은 하나 이상의 산소 원자와 중심원자로서 다른 원소 1개 원자를 포함하는 다원자 음이온이다. 예로 염소산(ClO_3^-), 질산(NO_3^-) 및 황산(SO_4^{2-}) 이온이 있다. 흔히 산소산 음이온은 중심 원자는 같지만 O 원자의 수가 다른 두 개의 이온(예: NO_3^- 및 NO_2^-)을 만들어내고, 이러한 이온의 체계적인 명명법이 있다. 일련의 산소산 음이온이 NO_3^-와 NO_2^-의 경우와 같이 두 개의 이온이 있을 때 O 원자가 더 많은 이온은 '–산 이온(–ate)'으로 명명되고, O 원자가 적은 이온은 '아–산 이온(–ite)'으로 명명된다.

NO_3^-	NO_2^-	SO_4^{2-}	SO_3^{2-}	PO_4^{3-}	PO_3^{3-}
질산 이온	아질산 이온	황산 이온	아황산 이온	인산 이온	아인산 이온
(nitrate)	(nitrite)	(sulfate)	(sulfite)	(phosphate)	(phosphite)

영문 접미사인 –ate와 –ite는 다원자 분자식에서 O 원자의 수를 나타내지 않는다는 점에 유의해야 한다. 이 접미사는 단순히 산소(O) 원자의 상대적인 수를 나타낸다. 즉, 더 큰 수는 –ate이고 더 작은 수는 –ite이다.

표 4.6의 산소산 음이온의 한 계열은 같은 중심 원자(Cl)를 가진 4개의 다원자 이온을 만들며, 각각 다른 수의 O 원자를 가지고 있다. 이 일련의 이온을 명명하기 위해 –산 이온(–ate)과 아–산 이온(–ite) 접미사 외에 과–(per–)와 하이포아–(hypo–) 접두사를 사용한다.

학생 노트
이 이름에서, 여전히 어미 '–ate'와 '–ite'를 막연히 '더 많은 산소'와 '더 적은 산소'로 생각할 수 있다. 접두사 per–와 어미–ate의 조합은 '최고로 더 많은 산소'로 해석될 수 있으며, hypo–와 –ite의 조합은 '최고로 더 적은 산소'로 해석될 수 있다.

ClO_4^-	ClO_3^-	ClO_2^-	ClO^-
과염소산 이온	염소산 이온	아염소산 이온	하이포아염소산 이온
(perchlorate)	(chlorate)	(chlorite)	(hypochlorite)

예제 4.11과 4.12에서 다원자 이온을 포함하는 화합물의 이름과 분자식을 연습하자.

예제 4.11 다원자 이온성 화합물 명명

다음 이온성 화합물을 명명하시오.

(a) NH_4F　　(b) $Al(OH)_3$　　(c) $Fe_2(SO_4)_3$

전략 각 화합물의 양이온과 음이온을 확인한 다음 각각의 이름에서 이온이라는 단어를 제거한 후 결합한다.

계획 NH_4F는 NH_4^+와 F^-, 즉 암모늄 이온과 불소 이온을 포함한다. $Al(OH)_3$는 Al^{3+}와 OH^-, 알루미늄 이온 및 수산화 이온을 포함한다. $Fe_2(SO_4)_3$는 Fe^{3+}와 SO_4^{2-}, 철(III) 이온 및 황산 이온을 포함한다. $Fe_2(SO_4)_3$에서 철이 황산 이온과 결합한 비율이 2:3으로 조합되어 있기 때문에 철(III), 즉 Fe^{3+}라는 것을 알 수 있다.

풀이 (a) 양이온과 음이온 이름을 조합하고, 각각의 이온 이름으로부터 이온 단어를 제거하면 불화암모늄(NH_4F)의 이름을 얻을 수 있다.

(b) $Al(OH)_3$는 수산화알루미늄이다.

(c) $Fe_2(SO_4)_3$는 황산철(III)이다.

생각해보기

화학식에서 아래첨자와 금속 이온의 전하를 혼동하지 않도록 주의하자. 예를 들면, (c)에서 Fe의 아래첨자는 2이지만 철(III) 화합물이다.

추가문제 1 다음 이온성 화합물들을 명명하시오.

(a) Na_2SO_4　　(b) $Cu(NO_3)_2$　　(c) $Fe_2(CO_3)_3$

추가문제 2 다음 이온성 화합물들을 명명하시오.

(a) $K_2Cr_2O_7$ (b) $Li_2C_2O_4$ (c) $CuNO_3$

추가문제 3 다음 그림은 빨간색 구가 질산 이온을 나타내고 회색 구는 철 이온을 나타내는 이온성 화합물의 작은 예를 나타내고 있다. 화합물의 명칭과 화학식을 추론하시오.

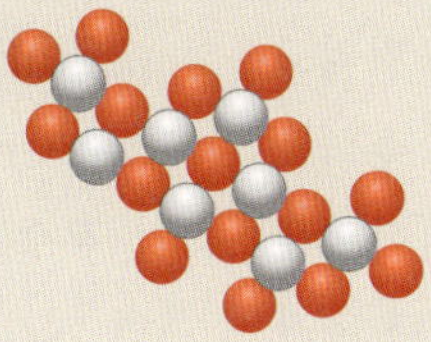

예제 4.12 화합물명으로부터 화학식 결정

다음 이온성 화합물을 명명하시오.

(a) 염화 수은(I)[mercury(I) chloride]

(b) 크로뮴산 납(II)[lead(II) chromate]

(c) 인산수소 포타슘(potassium hydrogen phosphate)

전략 각 화합물의 이온을 확인하고, 각각의 양이온과 음이온의 전하를 사용하여 결합 비율을 결정한다.

계획 (a) 염화 수은(I)[mercury(I) chloride]은 Hg_2^{2+}와 Cl^-의 조합이다[수은(I)은 표 4.6에 나열된 몇 가지 양이온 중 하나이다]. 중성 화합물을 생성하기 위해서, 이 두 개의 이온은 1:2의 비율로 결합해야 한다.

(b) 크로뮴산 납(II)[lead(II) chromate]은 Pb^{2+}와 CrO_4^{2-}의 조합이다. 이들 이온은 1:1의 비율로 결합한다.

(c) 인산수소 포타슘(potassium hydrogen phosphate)은 K^+와 HPO_4^{2-}의 조합이다. 이 이온들은 2:1 비율로 결합한다.

풀이 화학식은 (a) Hg_2Cl_2, (b) $PbCrO_4$, (c) K_2HPO_4이다.

생각해보기

각 화합물의 화학식에서 전하가 0이 되도록 만드시오.

예를 들면, (a)에서 $Hg_2^{2+}+2Cl^-=(+2)+2(-1)=0$

(b)에서 $(+2)+(-2)=0$

(c)에서 $2(+1)+(-2)=0$

추가문제 1 다음 이온성 화합물의 화학식을 쓰시오.

(a) 염소산 납(II)[lead(II) chlorate] (b) 탄산 마그네슘(magnesium carbonate)

(c) 인산 암모늄(ammonium phosphate)

추가문제 2 다음 이온성 화합물의 화학식을 쓰시오.

(a) 아인산 철(III)[iron(III) phosphite] (b) 질산 수은(II)[mercury(II) nitrate]

(c) 아황산 포타슘(potassium sulfite)

추가문제 3 다음 그림은 노란색 구가 아황산 이온을 나타내고, 주황색 구가 구리 이온을 나타내는 이온성 화합물의 작은 예를 나타내고 있다. 정확한 화학식과 화합물명을 쓰시오.

화학과 친해지기

수화물

수화물(hydrate)은 화학식에서 특정 수의 물 분자를 갖는 화합물이다. 예를 들어, 일반적인 조건에서 황산 구리(II) [copper(II) sulfate($CuSO_4$)]는 5개의 물 분자를 가지고 있다. 이 화합물의 체계적인 이름은 황산 구리(II) 오수화물 (copper(II) sulfate penta-hydrate)이고, 화학식은 $CuSO_4 \cdot 5H_2O$이다. 물 분자는 가열하면 수화물로부터 제거할 수 있다. 가열 후 생성된 화합물은 단순히 $CuSO_4$이며, 때로는 무수 황산 구리(II)[anhydrous copper(II) sulfate]라고 한다('무수(anhydrous)'는 물이 없음을 의미한다). 수화물 및 그 무수 대응물은 명백하게 상이한 물리적 및 화학적 특성을 갖는다. 여기에 $CaSO_4 \cdot 5H_2O$ [copper (II) sulfate pentahydrate](파란색)와 무수 황산 구리(II)[anhydrous copper(II) sulfate](흰색)가 예로 보여지고 있다.

무수 화합물은 밀봉된 용기에 보관해야 하며 그렇지 않으면 대기에서 물을 흡수하여 수화물 형태로 되돌아간다. 일반적인 수화물 중 하나는 $MgSO_4 \cdot 7H_2O$(magnesium sulfate heptahydrate)이며, 이것은 'Milk of magnesia'의 제산제 및 완화제로 유명한 활성 성분이다.

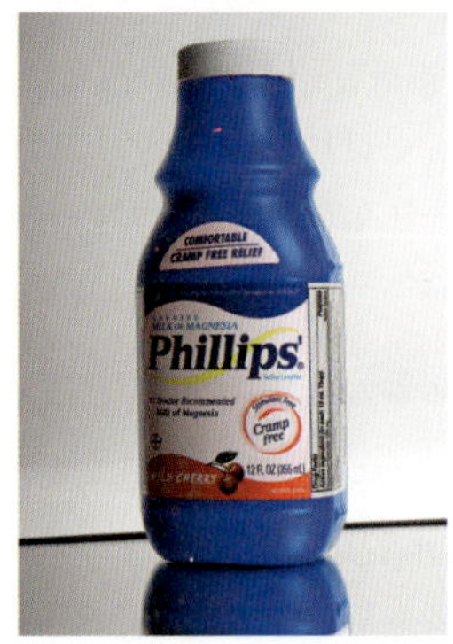

4.7 산

> **학생 노트**
> 이 장에서 단순 음이온이라는 용어는 산소산 음이온이 아닌 음이온을 의미한다. 여기에는 원자 음이온과 CN^-, SCN^-이 포함된다.

산은 분자 화합물의 중요한 부류 중 하나이다. **산**(acid)이라는 용어는 물에 용해되어 수소 이온(H^+)을 생성하는 물질로 정의된다. 산은 분자성 화합물로 이온성 화합물은 아니지만 음이온에 부착된 하나 이상의 수소 이온으로 산을 상상할 수 있다. 음이온은 단순한 음이온이거나 산소산 음이온일 수 있다. 산 화합물의 몇 가지 예는 다음과 같다.

$$HCl \quad HF \quad HCN \quad HClO_4 \quad HNO_3 \quad H_2SO_4 \quad H_3PO_4$$

여기서 산 분자식에 H 원자가 먼저 쓰이고 음이온의 분자식이 마지막으로 쓰인다. 처음 두 예인 HCl과 HF는 이성분 분자 화합물이며 4.5절에서 명명하는 방법을 배웠다. 그들의 체계적인 이름은 염화 수소(hydrogen chloride)와 불화 수소(hydrogen fluoride)이다. 그러나 이들과 같은 화합물이 물에 용해될 때, 산으로 특별히 구분되는 다른 명명법을 사용한다. 산의 명명 규칙은 포함된 음이온이 단순한 음이온인지 또는 산소산 음이온인지에 따라 달라진다.

음이온이 산소산이 아닌 단순한 산의 영문 명명 규칙은 다음과 같다. 즉, 수소에서 -gen 접미사(hydro-를 남기고)를 제거하고 음이온에서 끝나는 -ide를 -ic로 바꾸어 두 단어를 결합한 후, '산(acid)'이라는 단어를 추가한다. HCl의 명명은 다음과 같다.

표 4.7 일부 일반적인 단순 산

화학식	이성분 화합물명	산 이름
HF	불화 수소(hydrogen fluoride)	불화수소산(hydrofluoric acid)
HCl	염화 수소(hydrogen chloride)	염화수소산 또는 염산(hydrochloric acid)
HBr	브로민화 수소(hydrogen bromide)	브로민화수소산(hydrobromic acid)
HI	아이오딘화 수소(hydrogen iodide)	아이오딘화수소산(hydroiodic acid)
HCN	사이안화 수소(hydrogen cyanide)	사이안화수소산(hydrocyanic acid)
H_2S	황화 수소(hydrogen sulfide)	황화수소산(hydrosulfuric acid)

hydrogen에서 접미사(−gen)를 제거하고

\+

chloride에서 접미사(−ide)를 제거하고 접미사(ic)를 붙여 chloric으로 표기

\+

acid를 붙여 ⟶ *hydrochloric acid*(염산)라 표기

[HF의 명명]

hydrogen에서 접미사(−gen)를 제거하고

\+

fluoride의 접미사 'ide' 대신 'ic'를 붙여 fluoric으로 표기

\+

acid를 붙여 ⟶ *hydrofluoric acid*(불화 수소산)라 표기

[HCN의 명명]

hydrogen에서 접미사(−gen)를 제거하고

\+

cyanide에서 접미사 'ide' 대신 'ic'를 붙여 cyanic으로 표기

\+

acid를 붙여 ⟶ *hydrocyanic acid*(사이안화 수소산)라 표기

산의 분자식에서 수소 이온의 수는 음이온의 전하에 달려 있음을 주목하라. 17족의 음이온의 경우, 이에 상응하는 산의 분자식은 단 하나의 수소 이온만을 포함한다. 황화 이온(S^{2-})을 포함하는 산은 2개의 수소 이온을 갖는다. 어떤 화합물과 마찬가지로 산의 화학식은 전체적으로 중성이어야 한다. 표 4.7에는 간단한 산의 화학식과 이름의 몇 가지 예를 나열하였다.

음이온이 산소산 음이온인 산을 **산소산**(oxoacid)이라고 부른다. 산소산의 영문 이름은 다음 지침을 사용하여 포함된 산소산 음이온에서 파생된다.

1. 산소산 음이온의 이름이 −ate로 끝나면 접미사가 −ate에서 −ic으로 바뀌고 산(acid)이라는 단어가 추가된다. 따라서 음이온이 염소산 이온(chlorate, ClO_3^-)인 $HClO_3$는 chloric acid(염소산)라고 부른다.

chlorate의 접미사 '−ate' 대신 'ic'를 붙여 chloric으로 표기

\+

acid를 붙여 ⟶ *chloric acid*(염소산)라 표기

2. 산소산 음이온의 이름이 −ite로 끝나면 접미사가 −ite에서 −ous로 바뀌고 'acid'라는 단어가 추가된다. 따라서 아염소산 이온(chlorite, ClO_2^-)에 기초한 $HClO_2$는 chlorous acid(아염소산)이라고 부른다.

chlorite의 접미사 '−ite' 대신 'ous'를 붙여 chlorous로 표기

+

acid를 붙여 ⟶ *chlorous acid*(아염소산)라 표기

3. 산소산 음이온의 이름에 접두사가 있으면 접두사가 산 이름으로 유지된다. 따라서 $HClO_4$ 및 HClO는 각각 perchloric acid(과염소산) 및 hypochlorous acid(하이포아염소산)로 불린다.

perchlorate 접미사 '−ate' 대신 'ic'를 붙여 perchloric으로 표기

+

acid를 붙여 ⟶ *perchloric acid*(과염소산)라 표기

hypochlorite의 접미사 '−ite' 대신 'ous'를 붙여 hypochlorous로 표기

+

acid를 붙여 ⟶ *hypochlorous acid*(하이포아염소산)라 표기

간단한 산과 마찬가지로, 산소산 음이온의 분자식에서 수소 이온의 수는 해당 음이온의 전하에 따라 다르다. 예를 들어, 질산(NO_3^-) 및 황산(SO_4^{2-}) 이온을 포함하는 산소산의 화학식은 각각 HNO_3 및 H_2SO_4이다.

예제 4.13을 통해 산을 명명하는 연습을 해보자.

예제 4.13 산 명명

다음 산을 명명하시오.

(a) $HClO_2$ (b) H_2CO_3 (c) H_2S

전략 산에 포함된 음이온이 산소산 음이온인지 확인한다. 산소산 음이온 이름을 기억하고 규칙을 적용하여 산의 이름을 결정한다. 음이온이 산소산 음이온이 아닌 경우 이온의 이름을 결정하고 규칙을 적용하여 산 이름을 결정한다.

계획 존재하는 음이온은 다음과 같다.

(a) 아염소산(chlorite) (b) 탄산(carbonate) (c) 황화 이온(sulfide)

풀이 (a)와 (b)에서 산은 모두 산소산 음이온을 포함하고 있으며, 따라서 단순히 이온 이름의 끝을 '−ic'(−ate로 끝나는 경우) 또는 '−ous'(−ite로 끝나는 경우)로 변경하고 산이라는 단어를 추가하여 이름을 지정한다.

(a) 아염소산 이온(chlorite)은 아염소산(chlorous acid)이 된다.

(b) 탄산 이온(carbonate)은 탄산(carbonic acid)이 된다.

(c) H_2S는 황화 이온을 포함하고 있다. 기본적으로 이 산은 이성분 산이기 때문에 접두사 hydro−가 sulfuric acid와 합쳐져 황화수소산(hydrosulfuric acid)이 된다.

생각해보기

산소산의 이름 중 어느 것도 접두사 hydro−로 시작하지 않는다. 접두사 hydro−는 H_2S와 같은 이성분 산의 이름을 명명하기 위해 사용된다.

추가문제 1 다음 산을 각각 명명하시오.

(a) HCN (b) HNO_2 (c) H_3PO_4

추가문제 2 다음 산에 대해 화학식을 결정하시오.

(a) sulfurous acid(아황산) (b) chromic acid(크로뮴산) (c) chloric acid(염소산)

추가문제 3 다음 그림은 일련의 산소산 음이온의 모델을 보여준다(본질은 중요하지 않다). 이들 모델 중 H^+와 결합하여 산을 형성할 때 산 이름에 −ic가 붙는 것은 어느 것인가?

(i) (ii) (iii) (iv)

4.8 물질에 대한 검토

이 장에서는 원자의 본질이 어떻게 화학 결합을 형성할 수 있는지를 보았다. 그림 4.11(154~155쪽)은 원자의 성질에 따라 그들이 형성할 수 있는 결합의 종류와 그 결과로 생기는 물질의 종류를 결정하는 방법을 보여준다. 이 절에서는 물질을 원소 또는 화합물로, 그리고 원자, 이온 또는 분자의 구성으로 분류하는 방법을 검토할 것이다. 또한 화합물의 화학식이 이온성인지 분자성인지를 어떻게 알 수 있는지 이해할 것이며, 화합물 명명법의 절차를 검토할 것이다.

원소와 화합물 구분하기

원소는 오직 한 종류의 원자만을 포함하는 물질이다. 원소들은 헬륨(He)의 경우와 같이 독립적인 원자로 존재할 수도 있고, 산소(O_2)의 경우처럼 분자로 존재할 수도 있다.

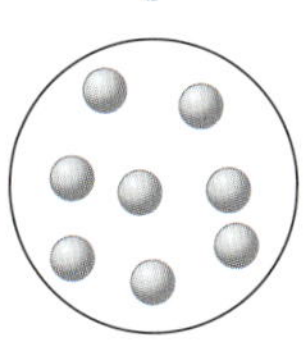

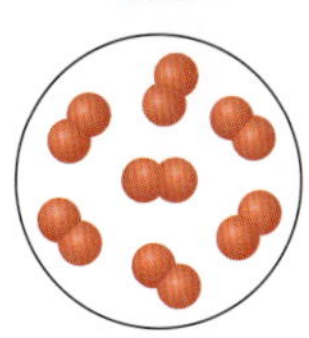

그림 4.11 원자의 특징

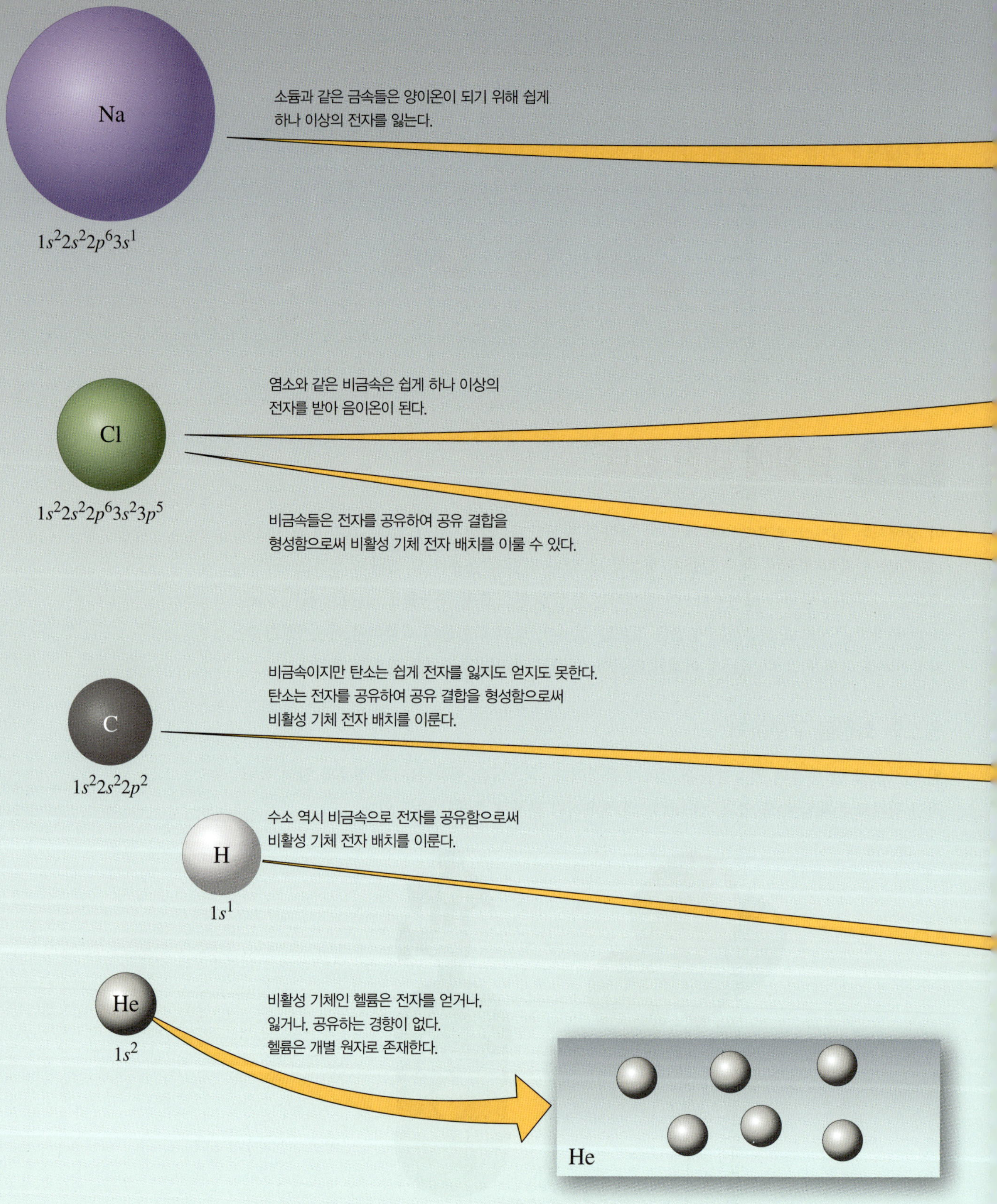
Na
$1s^22s^22p^63s^1$
소듐과 같은 금속들은 양이온이 되기 위해 쉽게
하나 이상의 전자를 잃는다.
Cl
$1s^22s^22p^63s^23p^5$
염소와 같은 비금속은 쉽게 하나 이상의
전자를 받아 음이온이 된다.
비금속들은 전자를 공유하여 공유 결합을
형성함으로써 비활성 기체 전자 배치를 이룰 수 있다.
C
$1s^22s^22p^2$
비금속이지만 탄소는 쉽게 전자를 잃지도 얻지도 못한다.
탄소는 전자를 공유하여 공유 결합을 형성함으로써
비활성 기체 전자 배치를 이룬다.
H
$1s^1$
수소 역시 비금속으로 전자를 공유함으로써
비활성 기체 전자 배치를 이룬다.
He
$1s^2$
비활성 기체인 헬륨은 전자를 얻거나,
잃거나, 공유하는 경향이 없다.
헬륨은 개별 원자로 존재한다.
He

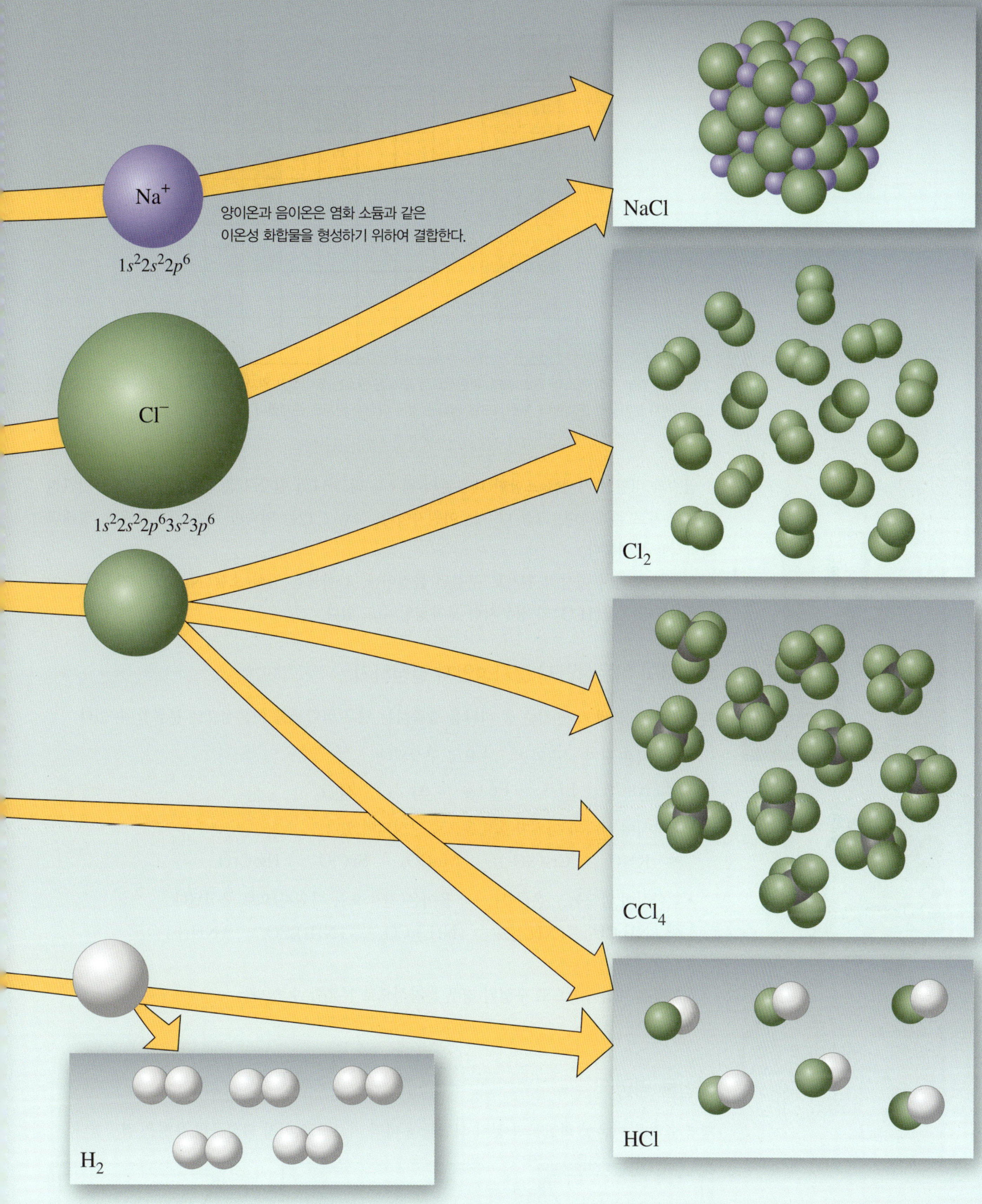

요점은 무엇인가?

아원자 수는 개별 원자의 성질을 결정한다. 결과적으로, 원자의 성질은 다른 원자와 상호 작용하는 방법과 어떤 화합물로 존재하는지를 결정한다.

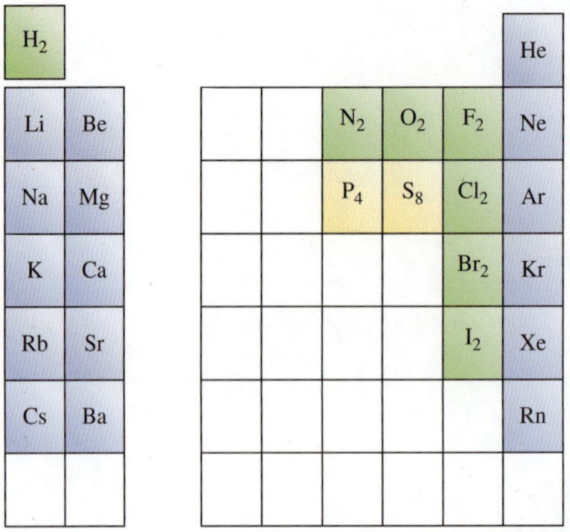

그림 4.12 일부 주족 원소의 원소 형태. 파란색으로 표시된 원소는 독립적인 원자로 존재한다. 초록색으로 표시된 원소는 이원자 분자들로 존재한다. 노란색으로 나타낸 것은 다원자 분자로 존재한다.

NaCl H_2O

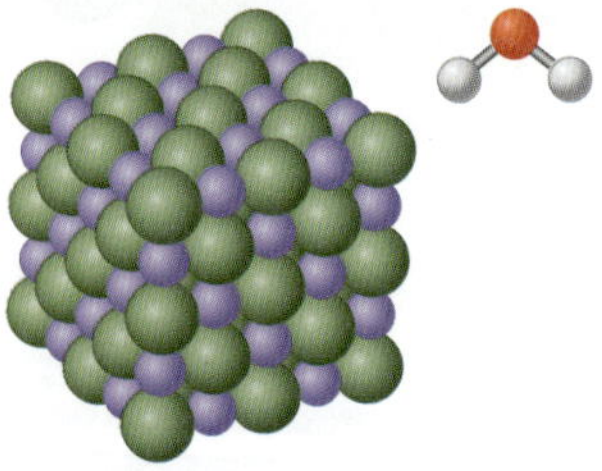

금속과 비활성 기체를 포함한 대부분의 원소는 단 하나의 원자로 존재한다. 비금속은 일반적으로 분자로 존재하며, 그중 다수는 이원자이다. 그림 4.12는 익숙한 주족 원자의 원소 형태의 화학식을 보여준다.

화합물은 하나 이상의 원자로 구성된 물질이다. 화합물은 염화 소듐(NaCl)의 경우와 같이 이온성이거나 물(H_2O)의 경우처럼 분자성일 수도 있다.

화합물이 이온성인지 분자성인지 결정하기

화합물이 다음 세 가지 기준 중 하나를 충족하는 경우 화합물을 이온성으로 분류할 수 있다.

- 화학식은 단지 금속과 비금속으로 구성된다.

  예 NaCl Li_2S Fe_2O_3 $AlCl_3$ ZnO

- 화학식이 금속과 다원자 음이온으로 구성되어 있다.

  예 KNO_3 $Cr_2(SO_4)_3$ $MnCO_3$ $SrClO_3$ Hg_2CrO_4

- 화학식이 암모늄 이온(NH_4^+)과 음이온(원자 또는 다원자)으로 구성된다.

  예 NH_4Cl $(NH_4)_2S$ $(NH_4)_2CO_3$ $(NH_4)_2SO_4$ $(NH_4)_3PO_4$

화합물은 비금속만으로 구성된 경우 분자성으로 분류할 수 있다.

예 HI CS_2 N_2O ClF SF_6

학생 노트
일반적인 다원자 이온을 인식할 수 있어야 하고 화학식에서 전하가 나타나 있지 않더라도 화학식을 보면 전하를 알 수 있어야 한다.

화합물 명명

명명 규칙은 이온성 화합물과 분자 화합물에 따라 다르므로 먼저 화합물의 유형을 결정한다.

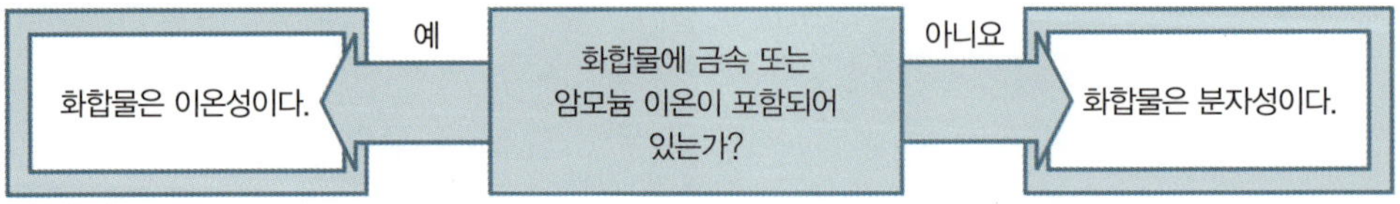

화합물의 유형을 결정한 후에는 4.3, 4.5 및 4.7절의 지침을 사용하여 화합물의 이름을 명명할 수 있다. 그림 4.13과 4.14의 흐름도는 이러한 과정을 요약한 것이다.

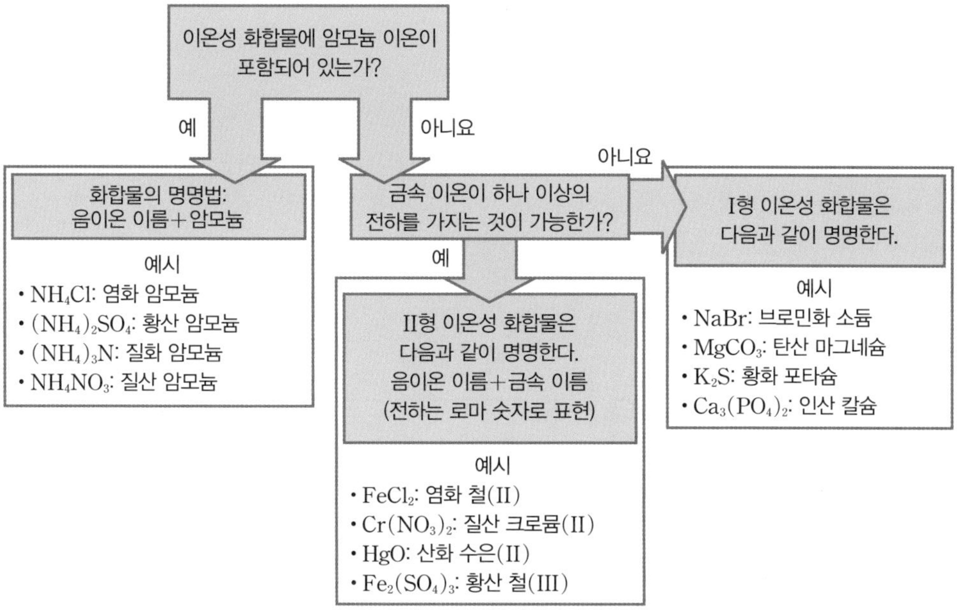

그림 4.13 이온성 화합물의 명명 순서도(한글명)

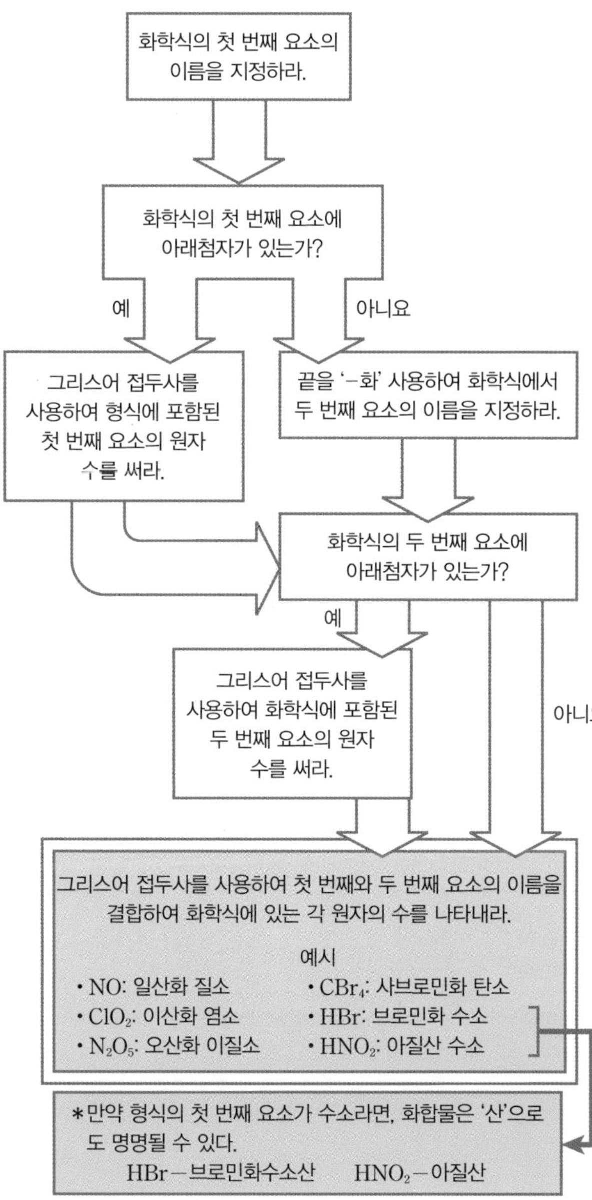

그림 4.14 이원 분자 화합물 및 산의 명명 순서도

주요 내용

화합물 명명

이성분 분자 화합물을 명명하는 과정은 4.5절에 요약된 절차를 따른다. 화학식에서 첫 번째로 나타나는 원소의 이름이 첫 번째이며, 이어서 두 번째 원소 이름과 그 접미사가 –ide로 변경된다. 그리스어 접두사는 원자의 수를 나타내기 위해 사용되지만 분자식에서 첫 번째 원소가 하나만 있을 때는 접두사를 사용하지 않는다.

N_2O	NO_2	Cl_2O_7	P_4O_6
일산화 이질소	이산화 질소	칠산화 이염소	육산화 사인

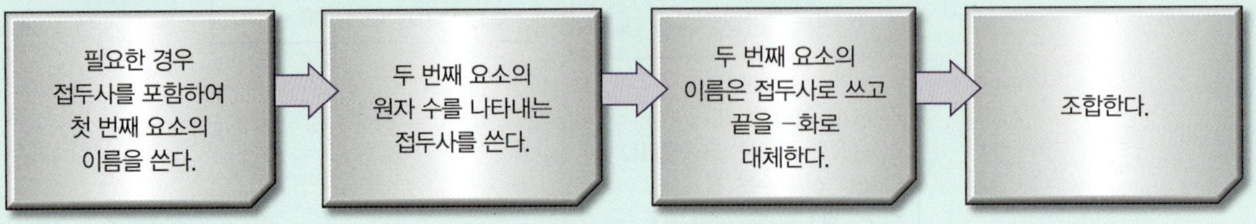

예

S_2Cl_2	이황	이	염화	이염화 이황
NO	질소	일	산화	일산화 질소

이성분 이온성 화합물을 명명하는 과정은 4.3절에 요약된 간단한 절차를 따른다. 다원자 이온을 포함하는 화합물 명명은 본질적으로 동일한 절차를 따른다. 그러나 일반적인 다원자 이온을 인지하고 있을 것을 요구한다[|◀◀ 표 4.6]. 많은 이온성 화합물은 다원자 이온을 포함하기 때문에 쉽게 식별할 수 있을 정도로 충분히 이름, 분자식 및 전하를 아는 것이 중요하다. 1:1 이외의 조합 비율을 갖는 이온성 화합물에서, 첨자 수는 화학식에서 각각의 이온 수를 나타내기 위해 사용된다.

예 $CaBr_2$, Na_2S, $AlCl_3$, Al_2O_3, FeO, Fe_2O_3

주족 원소의 일반적인 이온은 예측 가능한 전하를 가지고 있기 때문에 이를 포함한 화합물의 이름을 지정할 때 접두사를 사용하여 숫자를 나타내는 것이 불필요하다는 것을 상기하라. 따라서 위의 처음 네 가지 예의 이름은 순서대로 브로민화 칼슘(calcium bromide), 황화 소듐(sodium sulfide), 염화 알루미늄(aluminum chloride) 및 산화 알루미늄(aluminum oxide)이다. 마지막 두 개는 전이 금속 이온을 포함하고 있으며, 그중 많은 것들은 하나 이상의 가능한 전하를 가지고 있다. 이 경우 혼동을 피하기 위해 금속 이온의 전하는 괄호 안에 로마 숫자로 표시된다. 이 두 화합물의 이름은 각각 산화 철(II)(iron(II) oxide)과 산화 철(III)(iron(III) oxide)이다.

다원자 이온에 첨자 번호가 필요한 경우 이온의 분자식을 먼저 괄호로 묶어야 한다.

예 $Ca(NO_3)_2$, $(NH_4)_2S$, $Ba(CH_3COO)_2$, $(NH_4)_2SO_4$, $Fe_3(PO_4)_2$, $Co_2(CO_3)_3$

이름: 질산 칼슘(calcium nitrate), 황화 암모늄(ammonium sulfide), 아세트산 바륨(barium acetate), 황산 암모늄(ammonium sulfate), 인산 철(II)(iron(II) phosphate), 탄산 코발트(III)(cobalt(III) carbonate)

이들의 분자식에 주어진 이온성 화합물의 명명 과정은 다음 순서도로 요약할 수 있다.

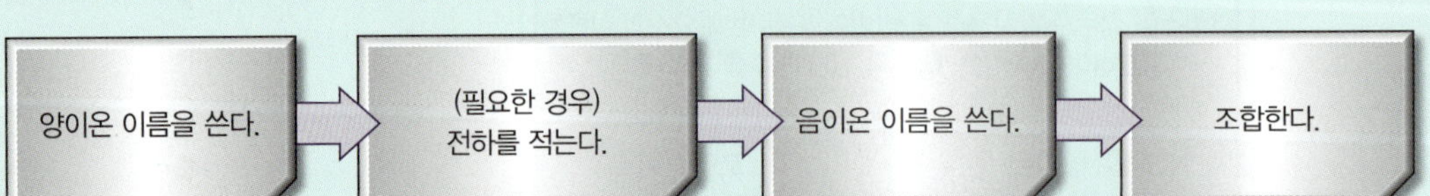

예

SrI_2	스트론튬	–	아이오딘화	아이오딘화 스트론튬
CuO	구리	(II)	산화	산화 구리(II)

그것의 이름이 주어지면 이온성 화합물의 분자식을 쓸 수 있다는 것도 똑같이 중요하다. 다시 말하면 일반적인 다원자 이온에 대한 지식이 중요하다. 이름이 주어진 이온성 화합물의 화학식을 쓰는 과정은 다음과 같이 요약된다.

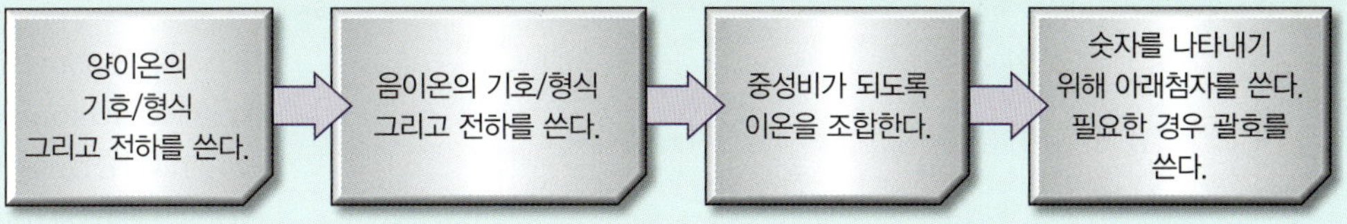

예

황화 세슘(cesium sulfide)	Cs^+	S^{2-}	$2Cs^+ + 1S^{2-}$	Cs_2S
인산 암모늄(ammonium phosphate)	NH_4^+	PO_4^{3-}	$3NH_4^+ + 1PO_4^{3-}$	$(NH_4)_3PO_4$

이름을 가진 분자 화합물 화학식을 쓰는 과정은 다음과 같이 요약된다.

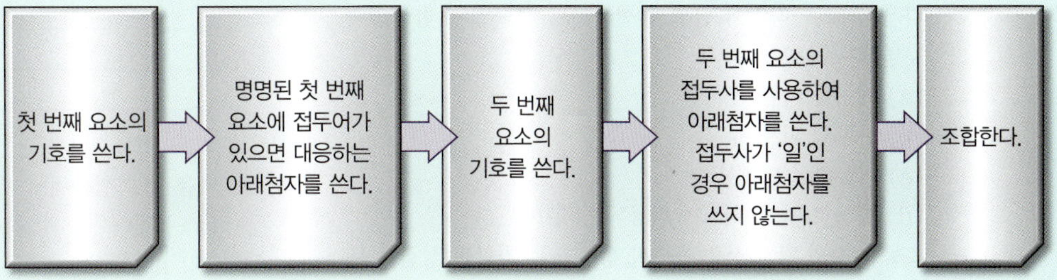

예

십불화 이황(disulfur decafluoride)	S	아래첨자 2	F	아래첨자 10	S_2F_{10}
오염화 인(phosphorus pentachloride)	P	아래첨자 없음	Cl	아래첨자 5	PCl_5

주요 내용 문제

4.1
책 앞에 있는 주기율표를 사용하여 칼슘(Ca)의 원자 번호를 결정하시오. Ca 원자의 전자 배치는 무엇인가?
(a) [Ne]$4s^2$ (b) [Ar]$4s^2$ (c) [Kr]$4s^2$
(d) [Ar] (e) [Kr]

4.2
Ca 원자로부터 형성되는 일반적인 이온에 대한 전하는 무엇인가?
(a) −1 (b) −2 (c) 0
(d) +1 (e) +2

4.3
Ca 원자로부터 형성되는 일반적인 이온의 전자 배치는 무엇인가?
(a) [Ar]$4s^1$ (b) [Ar] (c) [Ar]$4s^2$
(d) [Kr] (e) [Kr]$4s^1$

4.4
어떤 비활성 기체가 칼슘 이온과 전자 수가 같은가?
(a) He (b) Ne (c) Ar
(d) Kr (e) 없음

4.5
$CaSO_4$의 정확한 이름은 무엇인가?
(a) calcium sulfoxide (b) calcium sulfite
(c) calcium sulfur oxide (d) calcium sulfate
(e) calcium sulfide tetroxide

4.6
과염소산 니켈(II)의 올바른 화학식은 무엇인가?
(a) $NiClO_4$ (b) Ni_2ClO_4 (c) $Ni(ClO_4)_2$
(d) $NiClO_3$ (e) $Ni(ClO_3)_2$

4.7
NCl_3의 정확한 이름은 무엇인가?
(a) trinitrogen chloride (b) mononitrogen chloride
(c) nitrogen trichloride (d) nitride trichloride
(e) mononitride chloride

4.8
오염화 인의 올바른 화학식은 무엇인가?
(a) PCl_5 (b) P_5Cl (c) $P(ClO)_5$
(d) PO_4Cl (e) PClO

연습문제

4.1절: 물질: 분류와 성질

4.1 다음 중 각각이 순물질인지 혼합물인지 구별하시오.
(a) 흙 (b) 설탕
(c) 차 (d) 못에 든 철

4.2 다음 중 각각이 순물질인지 혼합물인지 구별하시오.
(a) 우유
(b) 초콜릿 칩 쿠키 반죽
(c) 풍선의 헬륨
(d) 증류수

4.3 다음 혼합물 각각이 균일 혼합물인지 불균일 혼합물인지 구별하시오.
(a) 메이플 시럽
(b) 슈프림 피자
(c) 이탈리언 드레싱
(d) 콘크리트(예: 차도에 사용되는 것)

4.4 소듐 금속의 각 특성을 물리적 성질 또는 화학적 성질로 분류하시오.
(a) 은백색의 금속성 외관을 띤다.
(b) 물과 격렬하게 반응한다.
(c) 밀도는 0.968 g/cm^{3}이다.
(d) 98°C에서 녹는다.
(e) 염소 기체와 반응하여 염화 소듐(염)을 형성한다.

4.5 다음 각 항목을 화학적 변화 또는 물리적 변화로 분류하시오.
(a) 열차가 운행할 때 동전이 납작하게 밟혔다.
(b) 큰 통나무는 작은 조각으로 나뉘어 불에 붙는다.
(c) 큰 통나무가 모닥불에 태워진다.
(d) 마시멜로가 모닥불 위에서 구워진다.
(e) 단열된 냉각기 내부에서 얼음이 녹는다.

4.2절: 이온 결합과 이성분 이온성 화합물

4.6 이온 결합을 기술하시오.

4.7 화합물이 중성이라고 말할 때 무엇을 의미하는가?

4.8 하나의 칼슘 원자와 하나의 산소 원자로부터 하나의 산화칼슘(CaO) 단위의 형성을 Lewis 기호를 사용해서 설명하시오.

4.9 여기에 표시된 화합물의 화학식을 결정하시오.

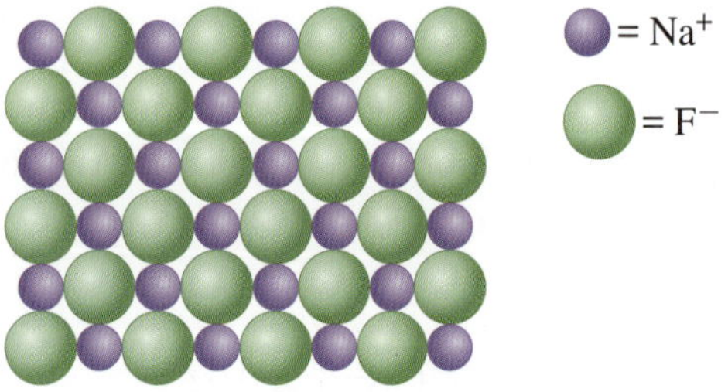

4.10 다음 각각의 원소쌍으로 형성된 화합물의 화학식을 결정하시오.
(a) 포타슘(potassium)과 산소(oxygen)
(b) 리튬(lithium)과 산소(oxygen)
(c) 마그네슘(magnesium)과 플루오린(fluorine)
(d) 스트론튬(strontium)과 질소(nitrogen)

4.11 표시된 이온쌍으로부터 형성되는 화합물의 화학식을 사용하여 다음 표를 완성하시오.

이온	N^{3-}	Cl^-	O^{2-}
Fe^{2+}			
Fe^{3+}			
Zn^{2+}			
Al^{3+}			
Sr^{2+}			
NH_4^+			

4.12 다음 각 화합물에서 미지의 이온 X의 전하를 결정하시오.
(a) X_2O (b) SrX (c) K_3X
(d) AlX_3 (e) X_2O_3

4.13 다음 각각의 이온성 화합물에서 철의 전하를 결정하시오.
(a) Fe_2O_3 (b) $FeCl_2$
(c) FeO (d) FeN

4.3절: 이온과 이성분 이온성 화합물 명명

4.14 다음 이온을 명명하시오.
(a) Na^+ (b) Mg^{2+} (c) Al^{3+}
(d) S^{2-} (e) F^-

4.15 다음 이온을 명명하시오.
(a) Ti^{2+} (b) Ag^+ (c) Ni^{4+}
(d) Pb^{2+} (e) Zn^{2+}

4.16 문제 4.14에서 각 이온에 있는 양성자와 전자 수를 나타내시오.

4.17 문제 4.15에서 각 이온에 있는 양성자와 전자 수를 나타내시오.

4.18 문제 4.14에 나열된 각 이온에 대해 루이스 점 기호를 작성하시오.

4.19 각 화합물의 체계적인 이름을 쓰시오.
(a) $RbCl_2$ (b) Na_2O
(c) $CuCl_2$ (d) $NiCl_4$

4.20 각 화합물의 체계적인 이름을 쓰시오.
(a) CrF_3 (b) AgI
(c) Li_2S (d) CoO

4.21 각 화합물의 체계적인 이름을 쓰시오.
(a) Cs_3N (b) Sr_3P_2
(c) FeP (d) Pb_3N_4

4.22 각 화합물의 화학식을 쓰시오.
(a) Strontium nitride (b) Lithium phosphide
(c) Aluminum sulfide (d) Barium oxide

4.23 각 화합물의 화학식을 쓰시오.

(a) Titanium(IV) fluoride (b) Iron(III) oxide
(c) Copper(II) oxide (d) Nickel(IV) sulfide

4.4절: 공유 결합과 분자

4.24 실험식이란 무엇인가?

4.25 다음의 각 분자식에 대한 실험식을 쓰시오.

(a) C_2N_2 (b) C_6H_6 (c) C_6H_{12} (d) P_4O_{10}

4.26 어떤 유형의 원소가 일반적으로 결합하여 분자 물질을 형성하는가?

4.27 Lewis 기호를 사용하여 개별 구성 원자로부터 물 분자의 형성을 설명하시오. 또는 화합물로 구별하시오.

4.28 각 그림을 순물질 또는 혼합물로 구별하시오. 각각의 순물질에 대해 원소 또는 화합물로 구별하시오. 각 혼합물에 대해 성분 또는 화합물로 확인하시오.

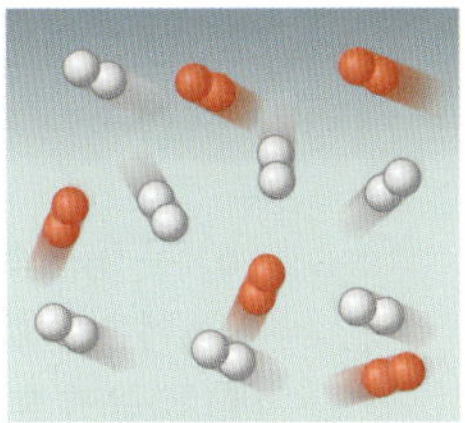
(i)

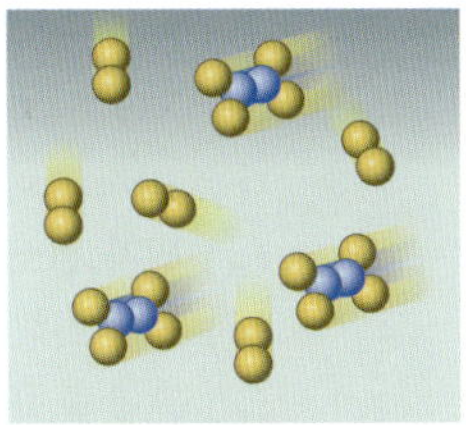
(iii)

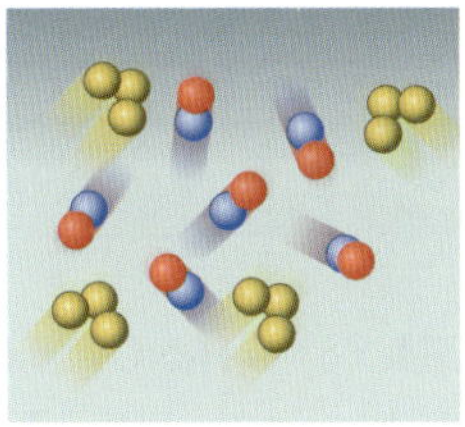
(ii)

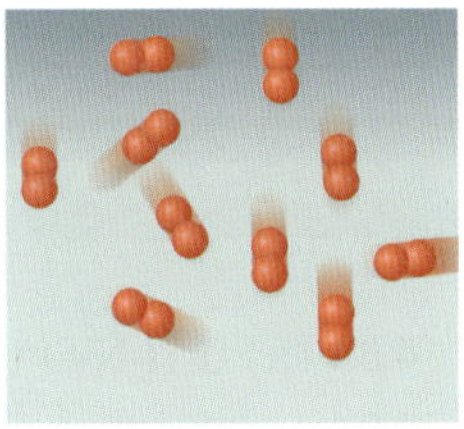
(iv)

4.5절: 이성분 분자 화합물 명명

4.29 다음 화합물 각각에 대한 화학식을 결정하시오.

(a) Silicon disulfide
(b) Sulfur tetrafluoride
(c) Selenium hexabromide
(d) Phosphorus trihydride

4.30 다음 각 화합물의 이름을 쓰시오.

(a) CS_2 (b) SF_6 (c) SO_2 (d) ICl_5

4.31 다음 화합물의 분자식과 이름을 쓰시오.

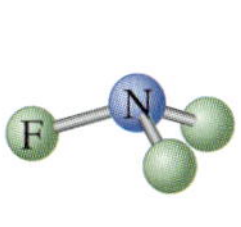

(a)

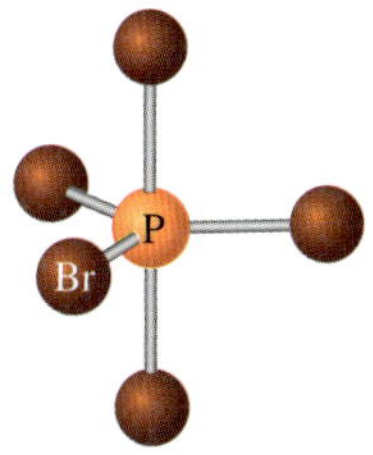

(b)

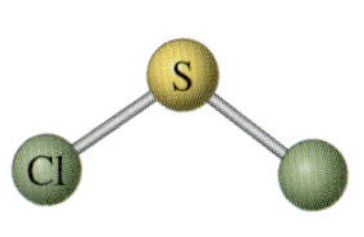

(c)

4.6절: 공유 결합으로 이루어진 이온: 다원자 이온

4.32 금속을 포함하지 않는 이온성 화합물을 가질 수 있는가? 설명하시오.

4.33 다음 다원자 이온을 명명하시오.

(a) PO_3^{3-} (b) NO_2^- (c) CN^- (d) OH^-

4.34 나열된 각 이온 쌍 사이에 형성된 화합물의 분자식을 결정하시오.

(a) Li^+와 ClO_3^- (b) Ba^{2+}와 SO_3^{2-}
(c) Ca^{2+}와 CH_3COO^- (d) Al^{3+}와 ClO_4^-

4.35 나열된 각 이온 쌍 사이에 형성된 화합물의 화학식을 결정하시오.

(a) NH_4^+와 HCO_3^- (b) Ca^{2+}와 PO_4^{3-}
(c) Al^{3+}와 NO_2^- (d) K^+와 $Cr_2O_7^{2-}$

4.36 나열된 이온 쌍의 이온성 화합물의 이름을 명명하시오.

(a) Pb^{2+}와 HCO_3^- (b) Zn^{2+}와 NO_3^-
(c) Ti^{4+}와 ClO_3^- (d) Ti^{4+}와 SO_4^{2-}

4.37 다음의 이온성 화합물 각각에 대해, 존재하는 이온과 이온의 수를 결정하시오. 첫 번째 것은 답변으로 참고하시오.

(a) Li_3N <u>3 Li^+와 1 N^{3-}</u> (b) $Ca(CN)_2$
(c) $Fe_2(SO_4)_3$ (d) $Sr(ClO_3)_2$
(e) $(NH_4)_3PO_3$

4.38 나열된 각 이온쌍 사이에 형성된 화합물의 화학식을 결정하시오.

(a) Na^+와 PO_4^{3-} (b) Al^{3+}와 SO_4^{2-}
(c) Mg^{2+}와 CN^- (d) Ca^{2+}와 CO_3^{2-}

4.39 각 이온쌍으로부터 형성되는 화합물의 화학식으로 표를 완성하시오.

이온	$Cr_2O_7^{2-}$	HCO_3^-	CH_3COO^-	CO_3^{2-}
Ni^{2+}				
Ti^{4+}				
Ca^{2+}				
Cr^{3+}				
Ag^+				
Li^+				

4.40 다음 중 이미지화해서 표현할 수 있는 화합물은?

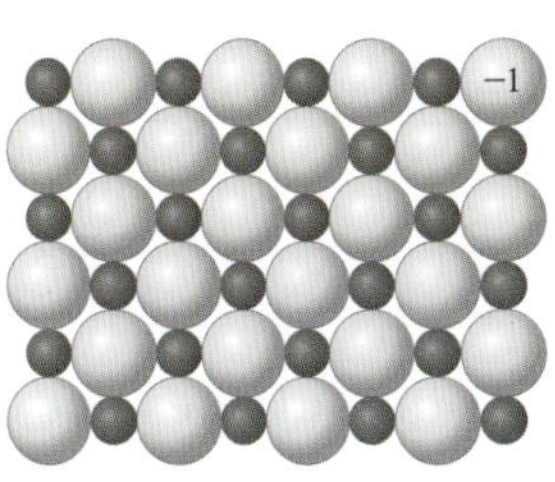

(a) AlN (b) BaO (c) KBr
(d) $Sr(ClO_4)_2$ (e) CH_3COOLi

4.41 각 화합물 이름에 부합되는 화학식을 쓰시오.

(a) Ammonium bromide
(b) Aluminum nitrate
(c) Calcium chlorate
(d) Lithium carbonate

4.42 시트르산 이온은 $C_6H_5O_7^{3-}$의 화학식을 갖는 다원자 이온이다. 147쪽의 유아용 유동식 라벨에서 파란색으로 강조 표시된 두 가지 화합물의 화학식을 결정하시오.

4.7절: 산

4.43 다음 산을 명명하시오.
(a) H_2Se (b) HF (c) HI

4.44 다음 산을 명명하시오.
(a) $HClO_3$ (b) HSCN (c) H_2CO_3

4.45 다음 각 산의 화학식을 쓰시오.
(a) Acetic acid
(b) Chromic acid
(c) Hydrothiocyanic acid

4.8절: 물질에 대한 검토

4.46 이온성 화합물과 분자 화합물의 차이점은 무엇입니까?

4.47 다음 중 원소 형태의 분자로 존재하는 것은?
(a) Mg (b) N (c) K
(d) S (e) Ba (f) Ar

4.48 다음 중 이온성 화합물은 어느 것이며, 어떻게 구별할 수 있는지 설명하시오.
(a) KCl (b) CaO (c) CF_4
(d) NO_2 (e) SrF_2 (f) $AlBr_3$

4.49 다음 각각의 물질을 원소 또는 화합물로 분류하시오. 원소로 구분한 각각의 물질에 대해 그것이 분자 물질인지의 여부를 표시하시오.
(a) $AlPO_4$ (b) CF_4
(c) NH_3 (d) O_2

4.50 다음 각각의 물질을 원소 또는 화합물로 분류하시오. 원소로 구분한 각각의 물질에 대해 그것이 분자 물질인지의 여부를 표시하시오.

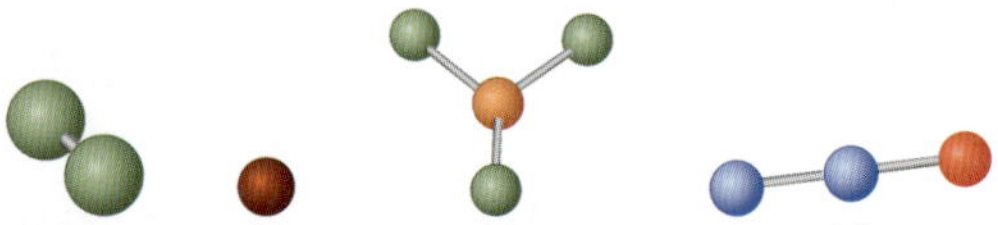

(a) (b) (c) (d)

4.51 문제 4.49에서 보여준 것과 유사하게 다음 물질들의 분자 모델을 그리시오.
(a) K (b) SO_2
(c) NO (d) SCl_2

4.52 다음 각각의 예를 드시오.
(a) 원자 원소 (b) 분자 원소
(c) 분자 화합물 (d) 이온성 화합물
(e) 균일 혼합물 (f) 불균일 혼합물

예제 속 추가문제 정답

4.1.1 (a) 혼합물 (b) 순물질 (c) 혼합물 (d) 순물질 **4.1.2** 헬륨 기체는 원소이고, 물은 화합물, 견과류가 들어간 초코 아이스크림은 불균일 혼합물, 공기는 균일 혼합물 **4.2.1** (a) 물리적 (b) 물리적 (c) 화학적 (d) 물리적 **4.2.2** (a) 화학적 (b) 물리적 (c) 화학적 (d) 물리적 **4.3.1** (a) Ca_3N_2 (b) KBr (c) $CaBr_2$ **4.3.2** (a) A^{3+}, X^- (b) D^{2+}, E^{3-} (c) L^{2+}, M^- **4.4.1** (a) Sn_3N_4 (b) NiF_2 (c) MnO_2 **4.4.2** (a) 2+ (b) 2+ (c) 3+ **4.5.1** (a) 철(III) 이온[iron(III) ion] (b) 망가니즈(II) 이온[manganese(II) ion] (c) 루비듐 이온[rubidium ion] **4.5.2** (a) Pb^{2+} (b) Na^+ (c) Zn^{2+} **4.6.1** (a) 질화 철(III)[iron(III) nitride] (b) 플루오르화 은(silver fluoride) (c) 산화 소듐(sodium oxide) (d) 산화 코발트(III)[cobalt (III) oxide] (e) 황화 루비듐(rubidium sulfide) (f) 산화 납(II)[lead(II) oxide] **4.6.2** (a) FeO (b) $ZnBr_2$ (c) SrS (d) K_2O (e) Ni_3N_4 (f) Li_3P **4.7.1** (a) CF_4 (b) NCl_3 (c) C_2H_4

4.7.2

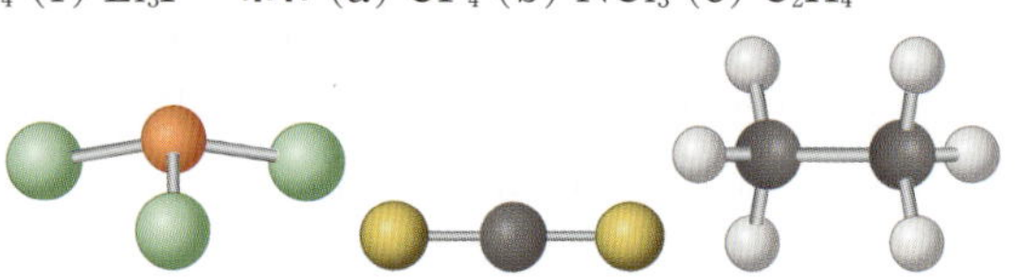

(a) (b) (c)

4.8.1 (a) $C_4H_5N_2O$ (b) C_2H_5 (c) $C_2H_5NO_2$ **4.8.2** (a) **4.9.1** (a) 일산화 이염소(dichlorine monoxide) (b) 사염화 규소(silicon tetrachloride) **4.9.2** (a) 이산화 염소(chlorine dioxide) (b) 사브로민화 탄소(carbon tetrabromide) **4.10.1** (a) CS_2 (b) N_2O_3 **4.10.2** (a) SF_6 (b) S_2F_{10} **4.11.1** (a) 황산 소듐(sodium sulfate) (b) 질산 구리(II)[copper(II) nitrate] (c) 탄산 철(III)[iron(III) carbonate] **4.11.2** (a) 다이크로뮴산포타슘(potassium dichromate) (b) 옥살산 리튬(lithium oxalate) (c) 질산 구리(I)[copper(I) nitrate] **4.12.1** (a) $Pb(ClO_3)_2$ (b) $MgCO_3$ (c) $(NH_4)_3PO_4$ **4.12.2** (a) $FePO_3$ (b) $Hg(NO_3)_2$ (c) K_2SO_3 **4.13.1** (a) 사이안화수소산(hydrocyanic acid) (b) 아질산(nitrous acid) (c) 인산(phosphoric acid) **4.13.2** (a) H_2SO_3 (b) H_2CrO_4 (c) $HClO_3$

CHAPTER 5

몰과 화학식

The Mole and Chemical Formulas

'세계에서 가장 둥근 물체'로 알려진 거의 완벽한 실리콘 구는 Avogadro 프로젝트의 일부이다. SI 기본 단위인 킬로그램을 재정립하기 위한 활동은 계속 진행 중이다.

이 장의 목표

화학자들이 어떻게 물질의 미시적인 시료를 측정하여 원자와 분자를 세는지 그리고 물질과 화학 과정에 대한 이해가 어떻게 원자 수 혹은 분자 수를 알도록 하는지 배운다.

들어가기 전에 미리 알아둘 것

- 평균 원자 질량 [⏮2.7절]
- 화학식 [⏮4.4절]
- 1장 주요 내용 [51~52쪽]

이제 물질의 정량성에 대하여 다루고자 한다. 과학자들은 수치적이고 수학적 연습을 통하여 화학의 정량적 양상에 관한 더 많은 연구를 시도할 수 있다. 이 장에서는 시료 물질이 얼마나 많은 원자, 분자, 이온을 포함하는지 아는 것이 얼마나 중요한지 이야기할 것이다. 또 화학자들이 그러한 수를 어떻게 결정하고, 문제를 풀기 위해 이들 수를 어떻게 사용하는지에 대해서도 다룰 것이다.

5.1 질량 측정을 이용한 원자 개수 세기

원자는 육안으로 볼 수 있는 가장 작은(smallest) 물질이라 해도 수없이 많은(enormous) 원자들로 구성되어 있다. 화학자들이 시료 안에 들어 있는 원자의 개수를 아는 것은 매우 중요하지만 실험실에서 사용한 시료의 원자 수를 일일이 표현하는 것은 쉬운 일이 아니다. 그렇기 때문에 대신 화학자들은 아주 유용한 단위인 몰(mol)을 사용한다.

mol: 화학자의 묶음 단위

만약 당신이 도넛 가게에서 도넛을 산다면 아마도 낱개로 살 것이다. 대부분의 사람은 한 번에 한 개나 두 개를 먹는다. 그러나 화학 수업을 듣는 모든 학생들에게 도넛을 사주려면 다스(dozen) 단위로 사야 할 것이다. 도넛 1다스는 12개이다. 다스는 정확히 12개를 나타낸다(1다스≡12개). 연필 한 상자에는 12개의 연필이 있고, 연필 상자 12개가 큰 상자로 포장되어 있다. 12개의 연필이 있는 상자 12상자를 포함하는 커다란 상자를 연필 1그로스(gross)라고 한다. 즉, 1 gross ≡ 144개이다. 다스든 그로스든 도넛과 연필의 경우처럼 특별한 물품을 묶음으로 표현하는 것은 양적인 면에서 편리하다. 다스와 그로스는 물품의 양을 나타내는 합리적이고, 특별하며, 정확한 수이다.

화학자들도 전형적으로 시료 물질이 포함한 원자 수를 쉽게 표현하기 위하여 이러한 방법을 적용하였다. 원자들은 도넛이나 연필보다 훨씬 작으며, 화학자들이 사용한 수는 다스나 그로스보다 상당히 더 크다. 화학자들이 사용한 양은 **몰**(mol)이다. 다스가 12개이고 그로스가 144개

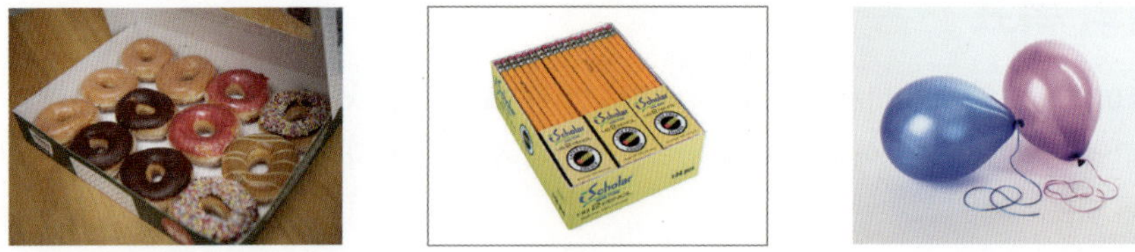

(a) (b) (c)

그림 5.1 (a) 도넛 1다스 (b) 연필 1그로스 (c) 헬륨 1 mol

> **학생 노트**
> 이 수의 값은 소수점 밑으로 숫자가 많다. 그러나 일반적으로 4개의 유효 숫자를 사용하면 충분하다.

인 것처럼 몰은 6.022×10^{23}개이다. 이러한 상상할 수도 없이 큰 수는 이탈리아의 과학자인 Amedeo Avogadro(1776~1856)의 이름을 따서 **Avogadro 수**(Avogadro's number, N_A)라고 하며, 정확히 12그램의 ^{12}C 안에 들어 있는 탄소 원자의 수라고 정의한다(^{12}C는 핵에 6개의 양성자와 6개의 중성자를 가지고 있다[◀◀ 2.6절]).

따라서 어떤 물질 1다스는 그 물질이 12개이고, 1그로스는 144개이며, 1 mol은 6.022×10^{23}개이다. 즉, 도넛 1다스는 도넛 12개이고[그림 5.1(a)], 연필 1그로스는 144개의 연필이며[그림 5.1(b)], 헬륨 원소 1 mol에는 헬륨 원자가 6.022×10^{23}개 들어 있는데 이는 헬륨 풍선 두 개에 채워져 있는 양이다[그림 5.1(c)].

Avogadro 수(6.022×10^{23})는 단위가 없음을 주의하라. 다스(12)와 그로스(144)처럼 그냥 수이다. 화학에서 mol을 계산할 때 실제로 Avogadro 수를 사용해야 한다. 이 수는 1 mol당 6.022×10^{23}개로 표현된다.

> **학생 노트**
> 6.022×10^{23}개$\cdot$mol^{-1}도 쓸 수 있다.

$$\frac{6.022 \times 10^{23}\text{개}}{\text{물질 } 1\ \text{mol}}$$

예제 5.1은 원소의 mol과 원자 수 사이의 환산을 어떻게 하는지 보여준다.

예제 5.1 원소의 mol과 원자 수 사이의 환산

칼슘은 인체에 있는 매우 풍부한 금속이다. 보통 인체는 칼슘 약 30.00 mol을 포함하고 있다.
(a) 칼슘 30.00 mol에 있는 Ca 원자의 수는 얼마인가?
(b) 1.00×10^{20}개의 Ca 원자를 포함하고 있는 시료의 칼슘은 몇 mol인가?

전략 mol에서 원자로, 그리고 원자에서 mol로 환산하기 위해 Avogadro 수를 사용한다.

계획 mol을 원자로 환산하기 위해 Avogadro 수를 곱한다. 원자 수를 mol로 환산하기 위해 Avogadro 수로 나눠준다.

풀이 (a) $30.00\ \cancel{\text{mol Ca}} \times \frac{6.022 \times 10^{23}\ \text{Ca 원자}}{1\ \cancel{\text{mol Ca}}} = 1.807 \times 10^{25}\ \text{Ca 원자}$

(b) $1.00 \times 10^{20}\ \cancel{\text{Ca 원자}} \times \frac{1\ \text{mol Ca}}{6.022 \times 10^{23}\ \cancel{\text{Ca 원자}}} = 1.66 \times 10^{-4}\ \text{mol Ca}$

생각해보기

각 풀이에서 단위를 적절히 상쇄하고 결과가 타당함을 확인하라.
(a) mol(30)은 1보다 매우 크다. 그래서 원자의 수는 Avogadro 수보다 더 크다.
(b) 원자 수(1×10^{20})는 Avogadro 수보다 작다. 따라서 물질의 1 mol보다 더 작다.

추가문제 1 포타슘은 인체에서 두 번째로 풍부한 금속이다.
(a) 포타슘 7.31 mol에 있는 원자 수를 계산하시오.

(b) 8.91×10^{25}개의 원자를 포함하고 있는 포타슘의 mol을 계산하시오.

추가문제 2 (a) 헬륨 1.05×10^{26} mol에 있는 원자 수를 계산하시오.
(b) 2.33×10^{21}개의 원자를 포함하는 헬륨 원자 mol을 계산하시오.

추가문제 3 아래 그림에는 물질들이 모여 있다. 다스와 그로스 단위를 사용하여 각 물질의 수를 표현하시오(4개의 유효 숫자로 답하고, 답이 어떻게 나왔는지 설명하시오).

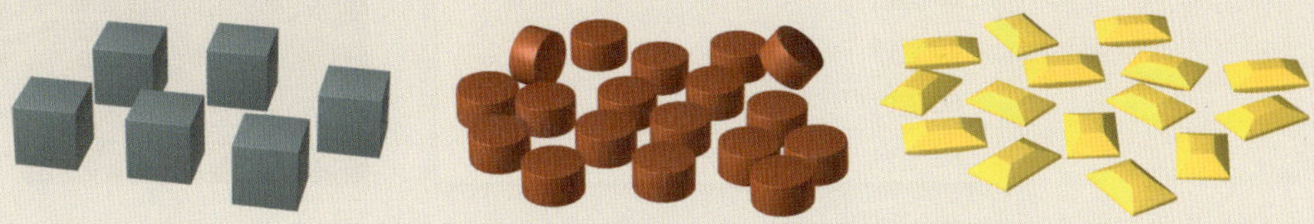

(i) (ii) (iii)

몰질량

시료에 있는 원자 수는 단순히 계산하기에는 너무 크다. 따라서 원자 수는 철물점에 있는 못처럼 시료의 무게를 측정하여 결정한다(그림 5.2). 예를 들면, 집 한 채를 짓기 위해 필요한 못의 개수는 매우 많다. 이때 필요한 못을 구입하기 위해 일일이 세기는 어렵지만 무게를 측정하여 못의 개수를 결정할 수 있다. 못 1파운드의 양은 못의 크기와 모양으로 결정된다.

예를 들면, 1.5인치, 4d 일반 못 1,000개를 사기 위해 못을 세는 대신 3파운드의 양을 측정한다. 그림 5.2의 도표에 의하면, 4d 일반 못은 1파운드(lb)당 316개이다. 환산 인자로 결정하기 위해 이 등식을 사용한다.

$$316\text{개 4d 일반 못} = 1\ \text{lb 4d 일반 못}$$

이것은 두 가지 다른 방법으로 쓸 수 있다.

$$\frac{1\ \text{lb 4d 일반 못}}{316\text{개 4d 일반 못}} \quad \text{그리고} \quad \frac{316\text{개 4d 일반 못}}{1\ \text{lb 4d 일반 못}}$$

필요한 못의 개수는 알고 있기 때문에, 파운드로 측정한 못의 개수를 무게로 변환하기 위한 첫 번째 식을 사용한다.

$$1{,}000\ \cancel{\text{4d 일반 못}} \times \frac{1\ \text{lb 4d 일반 못}}{316\ \cancel{\text{4d 일반 못}}} = 3.16\ \text{lb 4d 일반 못}$$

따라서 1,000개를 갖기 위해서는 4d 일반 못 3.16 lb가 필요하다. 그러나 모든 못을 셀 수 없으므로 정확히 3.16 lb를 얻기 위해 못을 더하고 빼는 데 시간을 허비할 수 없다. 그래서 양에 근접하게 무게를 측정하고, 유도된 환산 인자의 다른 형태를 사용하여 한 번에 못의 개수를 결정한다. 3 lb보다 조금 많게 생각한 이유와 그것이 어떻게 정확히 3.55 lb인지 설명하고자 한다.

$$3.55\ \text{lb}\ \cancel{\text{4d 일반 못}} \times \frac{316\text{개 4d 일반 못}}{1\ \text{lb}\ \cancel{\text{4d 일반 못}}} = 1{,}121.8\text{개 4d 일반 못}$$

못의 전체 개수 이상 가질 수 없다. 또 3.55파운드에는 1,122개의 4d 일반 못이 들어 있다고 결정하였다. 그러나 못의 무게는 1회 측정한 수이기 때문에 부정확하다. 1파운드당 못의 개수와 못의 전체 질량이 3개의 유효 숫자로 표현되기 때문에 1회 측정한 못의 개수 또한 1.12×10^3으로 3개의 유효 숫자로, 혹은 1,120개 4d 일반 못으로 표현된다.

> **학생 노트**
> 영은 유효 숫자일 수도 있고 아닐 수도 있다는 것을 기억하라. 이 경우에서는 유효 숫자가 아니다.

모양이 다른 못은 같은 무게라도 못의 개수가 다름을 주의하라. 예를 들어, 8d 무두못 3.55

못의 종류	크기(in)	못/lb
3d 상자	1.5	635
6d 상자	2	236
10d 상자	3	94
4d 무두	1.5	473
8d 무두	2.5	145
2d 일반	1	876
4d 일반	1.5	316
6d 일반	2	181
8d 일반	2.5	106

그림 5.2 대부분 못은 파운드로 판다. 1 lb에 얼마나 많은 못이 있는지는 못의 크기와 모양에 의해 결정된다.

파운드 경우를 정량적으로 나누어보자.

$$3.55\text{ lb }\cancel{\text{8d 무두못}}\times\frac{145\text{개 8d 무두못}}{1\text{ lb }\cancel{\text{8d 무두못}}}=514.75\text{개 8d 무두못}$$

> **학생 노트**
> 환산 인자처럼, 두 가지 방법으로 쓸 수 있다.
>
> $\frac{145\text{개 8d 무두못}}{1\text{ lb 8d 무두못}}$ 또는 $\frac{1\text{ lb 8d 무두못}}{145\text{개 8d 무두못}}$
>
> 항상 단위를 상쇄할 수 있는 형식을 택한다. 이 경우 못의 파운드를 못의 개수로 환산하는 필수 변환은 다음과 같다.
>
> $\frac{145\text{개 8d 무두못}}{1\text{ lb 8d 무두못}}$

이 못의 경우에는 반올림하여 515개의 8d 무두못을 얻을 수 있다.

못의 개수는 시료 못의 무게(질량에 의해 결정된)에 의해 결정된다. 그리고 주어진 질량에서 못의 개수는 못의 모양에 의해 결정된다. 원자 수 또한 시료의 무게로 결정된다. 그리고 질량 단위당 원자 수는 시료 내 시료 유형에 의해 결정된다.

물질의 **몰질량**(molar mass, $\mathscr{M}$)은 물질 1 mol의 양을 그램 단위로 표현한 질량이다. 헬륨의 경우, 헬륨 1 mol은 6.022×10^{23}개의 He 원자를 포함하고 있다. 헬륨의 평균 원자 질량은 주기율표에 의하면 4.003 amu이다. 따라서 헬륨 1 mol의 질량은 다음과 같다.

$$\frac{6.022\times10^{23}\ \cancel{\text{He 원자}}}{1\text{ mol}}\times\frac{4.003\text{ amu}}{\cancel{\text{He 원자}}}=\frac{2.4106066\times10^{24}\text{ amu}}{1\text{ mol}}$$

(이것은 마지막 답이 아니므로 4개의 유효 숫자로 반올림하지 않음을 주의하라) 이 질량을 그램으로 변환하기 위해 원자 질량 단위에서 그램으로의 환산 인자를 사용한다. 필요한 등식은 $1\text{ amu}=1.661\times10^{-24}\text{ g}$이다. 여기서 환산 인자 두 개를 사용한다.

$$\frac{1.661\times10^{-24}\text{ g}}{1\text{ amu}}\quad\text{그리고}\quad\frac{1\text{ amu}}{1.661\times10^{-24}\text{ g}}$$

그리고 올바른 단위 상쇄(amu → g)를 위한 곱셈식은 다음과 같다.

$$\frac{2.4106066\times10^{24}\ \cancel{\text{amu}}}{1\text{ mol}}\times\frac{1.661\times10^{-24}\text{ g}}{1\ \cancel{\text{amu}}}=\frac{4.003\text{ g}}{1\text{ mol}}$$

> **학생 노트**
> 몰질량이 물질 1 mol의 질량으로 명시되었다 할지라도 적절하게 그램(g) 단위로 바꾸는 계산 과정에서 단위를 상쇄하기 위해 mol당 그램(g/mol)의 단위로 몰질량을 표현한다.
>
> 주기율표로부터의 예
>
> | 원소 | 몰질량 |
> |---|---|
> | Na | 22.99 g/mol |
> | S | 32.07 g/mol |
> | K | 39.10 g/mol |
> | Br | 79.90 g/mol |

He의 몰질량 4.003 g이 원자 질량 4.003 amu와 숫자가 같은 것은 우연의 일치가 아니다. 이것은 amu와 g 사이의 환산 인자가 Avogadro 수의 역수이기 때문이다. 이를 다음과 같이 적절한 등식으로 표현할 수도 있다.

$$6.022\times10^{23}\text{ amu}=1\text{ g}$$

사실상, 원소의 몰질량은 숫자적으로 그램으로 표현된 몰질량과 원자 질량 단위(atomic mass unit)로 표현된 원자 질량과 동일하다(이는 주기율표에서 숫자 뒤에 단위가 없는 이유이기도 하다).

이 책에서 mol을 이용한 원소 질량을 자주 사용하게 될 것이다. 이것은 식 5.1에 표현한 것처럼 그램 단위의 질량을 mol당 그램 단위의 몰질량으로 나누면 된다.

$$\frac{\text{원소의 질량(g)}}{\text{원소의 몰질량(g/mol)}} = \text{원소의 mol}$$ [◀◀ 식 5.1]

예제 5.2는 몰질량이 원소의 질량과 mol 사이의 환산에 어떻게 사용되는지 보여준다.

예제 5.2 원소의 질량과 mol 사이의 환산

(a) 25.00 g의 탄소 원자의 mol을 구하시오.
(b) 헬륨 10.50 g의 mol을 구하시오.
(c) 소듐 15.75 g의 mol을 구하시오.

전략 원소의 몰질량은 숫자적으로 평균 원자 질량과 동일하다. 질량을 mol로 환산하기 위해 각 원소의 몰질량을 사용한다.

계획 (a) 탄소의 몰질량은 12.01 g/mol이다.
(b) 헬륨의 몰질량은 4.003 g/mol이다.
(c) 소듐의 몰질량은 22.99 g/mol이다.

풀이 (a) $25.00\ \text{g C} \times \frac{1\ \text{mol C}}{12.01\ \text{g C}} = 2.082\ \text{mol C}$

(b) $10.50\ \text{g He} \times \frac{1\ \text{mol He}}{4.003\ \text{g He}} = 2.623\ \text{mol He}$

(c) $15.75\ \text{g Na} \times \frac{1\ \text{mol Na}}{22.99\ \text{g Na}} = 0.6851\ \text{mol Na}$

생각해보기

이 문제에서 몰질량이 환산 인자로 사용될 때 실수가 일어날 수 있으므로 항상 단위 상쇄에 대한 이중 체크를 하고, 판단한 결과를 확인하자. 예를 들면, (c)의 경우 몰질량보다 질량이 작으므로 1 mol보다는 작을 것이다.

추가문제 1 다음 물질의 그램 단위 질량을 mol로 계산하시오.
(a) 아르곤(Ar) 12.25 g (b) 금(Au) 0.338 g (c) 수은(Hg) 59.8 g

추가문제 2 다음 물질을 그램 질량으로 계산하시오.
(a) 칼슘 2.75 mol (b) 헬륨 0.075 mol (c) 포타슘 1.055×10^{-4} mol

추가문제 3 어떤 빵집에서 플레인 도넛의 질량은 평균 32.6 g이고 잼 도넛의 질량은 평균 40.0 g이다.
(a) 플레인 도넛 1다스와 잼 도넛 1다스의 질량을 결정하시오.
(b) 플레인 도넛 1 kg과 잼 도넛 1 kg의 개수를 구하시오.
(c) 1 kg인 잼 도넛의 개수와 동일한 개수의 플레인 도넛의 질량을 구하시오.
(d) 잼 도넛 개수의 3배에 해당하는 플레인 도넛을 포함한 1다스 도넛의 총질량을 계산하시오.

질량, mol, 원자 수의 상호 환산

몰질량은 질량에서 mol로, 또는 역으로 환산하는 데 사용되는 환산 인자이다. mol을 원자 수로 환산하기 위해 Avogadro 수(N_A)를 사용한다. 그림 5.3의 흐름도는 이러한 전환 방법을 나타내고 있다.

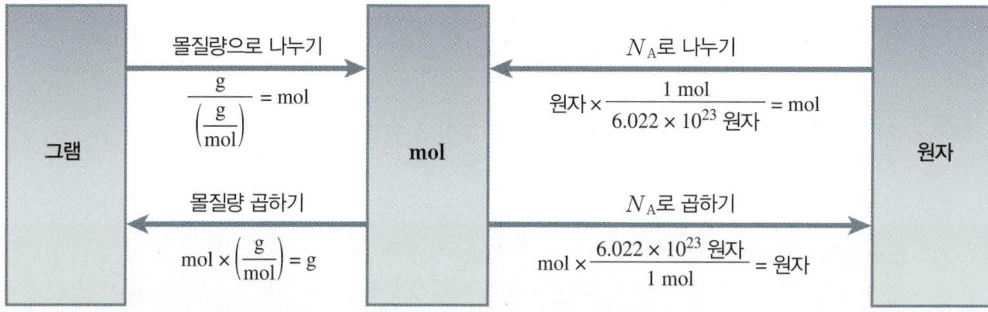

그림 5.3 질량, mol, 원자 수로 환산하는 흐름도

예제 5.3에서는 이러한 환산에 대해 연습한다.

예제 5.3 원소의 질량, mol, 원자 수의 환산

다음 문제에 대한 답을 구하시오.

(a) 탄소 0.515 g 중의 C 원자 수

(b) 6.89×10^{18} He 원자를 가지고 있는 헬륨의 질량

전략 (a) g을 mol로, (b) mol을 g으로 환산하기 위해 그림 5.3에 묘사된 환산 방법을 사용한다.

계획 (a) 탄소의 몰질량은 12.01 g/mol이다.

(b) 헬륨의 몰질량은 4.003 g/mol이다. $[N_A = 6.022 \times 10^{23}]$

풀이

(a) $0.515 \text{ g C} \times \dfrac{1 \text{ mol C}}{12.01 \text{ g C}} \times \dfrac{6.022 \times 10^{23} \text{ C 원자}}{1 \text{ mol C}} = 2.58 \times 10^{22} \text{ C 원자}$

(b) $6.89 \times 10^{18} \text{ He 원자} \times \dfrac{1 \text{ mol He}}{6.022 \times 10^{23} \text{ He 원자}} \times \dfrac{4.003 \text{ g He}}{1 \text{ mol He}} = 4.58 \times 10^{-5} \text{ g He}$

생각해보기

결과에 대한 대략적인 추정은 흔히 일어나는 실수들을 피할 수 있게 도와주기도 한다. 예를 들면, (a)에서 질량은 탄소의 몰질량보다 작으므로 Avogadro 수보다 더 작은 원자 수를 기대할 수 있다. 반면에 (b)에서 원자 수는 Avogadro 수보다 더 작으므로 헬륨의 몰질량보다 질량이 더 작음을 예측할 수 있다.

추가문제 1 다음 문제의 답을 구하시오.

(a) 금 105.5 g의 원자 수

(b) 8.075×10^{12}개의 Ca 원자를 포함하고 있는 칼슘의 질량

추가문제 2 다음 문제의 답을 구하시오.

(a) 헬륨 81.06 g과 같은 원자 수를 포함하고 있는 칼슘의 질량

(b) 7.095×10^{31}개의 아르곤 원자의 질량과 동일한 금 원자의 수

추가문제 3 어떤 중요한 역사적 사건을 기념하기 위해 여러 종류의 기념주화가 제작되었다. 그중에는 각각 질량이 28.35 g인 은화와 질량이 9.45 g인 금화가 있다. 은화 50개의 질량과 금화 50개의 질량을 구하시오. 총질량이 425.25 g인 금화는 몇 개인가? 또 총질량이 425.25 g인 은화는 몇 개인가? 금화 135개의 질량과 같은 질량에 해당하는 은화는 몇 개인가?

5.2 질량 측정을 이용한 분자 개수 세기

4장에서 화합물의 화학식을 쓰는 방법을 배웠다. 분자 화합물은 분자량, 이온성 화합물은 화학식량을 결정하는 데 화학식과 주기율표의 원자 질량을 사용한다. **분자량**(molecular mass)은 분자를 구성하는 모든 원자의 원자 질량의 합이다. **화학식량**(formula mass)은 실험식으로 표현된 이온성 화합물의 **화학식 단위**(formula unit)의 원자 질량의 합이다[◀◀ 4.4절].

즉, 물 H_2O의 분자량은 다음과 같다.

$$\underbrace{2(1.008\ \text{amu})}_{\text{H 원자 2개}} + \underbrace{16.00\ \text{amu}}_{\text{O 원자 1개}} = 18.016\ \text{amu}$$

학생 노트
한 단계로 끝나는 물의 분자량 계산이라면 18.02 amu로 반올림한다. 그러나 만약 문제의 답을 얻기 위해 두 단계 이상의 계산이 필요하다면 물의 분자량을 다음 계산에 사용하기 위해 반올림해서는 안 된다.

그리고 염화 소듐 NaCl의 화학식량은 다음과 같다.

$$\underbrace{22.99\ \text{amu}}_{\text{Na 원자 1개}} + \underbrace{35.45\ \text{amu}}_{\text{Cl 원자 1개}} = 58.44\ \text{amu}$$

화합물의 몰질량 계산

5.1절에서 몰질량($\mathscr{M}$)이 물질 1 mol의 그램 질량이라는 것을 배웠다. 이 전에 사용한 예는 헬륨이었다. 헬륨은 기본 입자가 원자인 원소이다. 다른 물질은 단일 원자로 존재하는가? 대부분은 그렇지 않다. 사실상 많은 원소들은 원자로 구성되어 있지 않고, 분자로 구성되어 있다. 질소와 산소는 보통 N_2, O_2인 이원자 기체로 되어 있다. 분자로 구성된 물질(물, 질소, 산소처럼) 1 mol은 분자 형태의 Avogadro 수로 구성되어 있다.

물, H_2O 화합물을 생각해보자. H 다음에는 아래첨자 2가 있고, O 다음에는 아래첨자가 없다. 물 분자는 2개의 수소 원자와 1개의 산소 원자로 이루어져 있다. 1다스의 물 분자에는 몇 개의 원자가 있을까? 화학식은 화합물을 구성하고 있는 원소들의 결합비를 나타내고 있다. 물이 얼마나 많든지 간에, 물은 항상 O 원자보다 H 원자가 두 배 더 많다. 따라서 1다스의 물 분자에는 2다스의 H 원자와 1다스의 O 원자가 있다. 마찬가지로 1그로스 물 분자에는 H 원자 2그로스와 O 원자 1그로스가 있다. 1,000개의 물 분자에서는 H 원자 2,000개와 O 원자 1,000개가 있다. 이 비는 항상 같다. 그러므로 물 1 mol(6.022×10^{23}개 물 분자)에는 H 원자 2 mol(1.2044×10^{24})과 O 원자 1 mol(6.022×10^{23})이 존재한다. 그리고 화합물의 몰질량을 결정하기 위해 화합물이 포함하고 있는 원소의 몰질량을 합한다. 물의 경우 다음과 같다.

$$\underbrace{2(1.008\ \text{g})}_{\text{2 mol H}} + \underbrace{16.00\ \text{g}}_{\text{1 mol O}} = \underbrace{18.016\ \text{g}}_{\text{1 mol H}_2\text{O}}$$

여기서, 분자량은 18.02 g으로 반올림하였다(몰질량이 덧셈 계산이므로). 질소, N_2에 대해서도 같은 방법이 사용된다. 1 mol N_2에는 N 원자 2 mol이 존재한다. N_2의 몰질량은 2(14.01 g) = 28.02 g이다. O_2 1 mol의 몰질량은 2 mol의 O 원자가 있으므로 2(16.00 g) = 32.00 g이다.

이온성 화합물 1 mol은 화학식 단위의 Avogadro 수로 구성되어 있다. 그래서 이온성 화합물의 몰질량을 결정하기 위해서는 화합물의 화학식에 따라 원소의 몰질량을 더해야 한다. 염화 소듐의 경우 다음과 같다.

$$\underbrace{22.99\,g}_{1\,mol\,Na} + \underbrace{35.45\,g}_{1\,mol\,Cl} = \underbrace{58.44\,g}_{1\,mol\,NaCl}$$

산소와 같은 원소의 몰질량을 표현할 때, 원소 표현 시 주의해야 한다. 예를 들면, 원소인 산소는 대부분은 이원자 분자(O_2)로 존재한다. 만일 의미하는 바가 산소(O_2)라면 산소 1 mol의 몰질량은 32.00 g이다. 그러나 산소 원자(O) 1 mol이라면 몰질량은 16.00 g이 된다. 화학 과정에 따라 문장 안에서 원소가 의미하는 바를 다음 표에 예를 들어 나타내었다.

내용	밑줄 친 단어의 의미	몰질량
물 2 mol을 얻기 위한 <u>산소</u>의 mol?	O_2	32.00 g
물 1 mol에 있는 <u>산소</u>의 mol?	O	16.00 g
공기는 약 21%의 <u>산소</u>를 포함하고 있다.	O_2	32.00 g
많은 유기 화합물은 <u>산소</u>를 포함하고 있다.	O	16.00 g
공기는 약 79%의 <u>질소</u>를 포함하고 있다.	N_2	28.02 g
단백질 분자는 <u>질소</u>를 포함하고 있다.	N	14.01 g
비행선 Hindenburg는 인화성 <u>수소</u>로 가득 차 있었다.	H_2	2.016 g
산은 <u>수소</u>를 포함하고 있다.	H	1.008 g

예제 5.4 화학식을 이용한 몰질량 결정

다음 아래 화합물들의 몰질량을 결정하시오.

(a) N_2O_5 (b) Na_2CO_3 (c) $Mg(CN)_2$ (d) $Sr(ClO_3)_2$

전략 화학식에 나타나 있는 비와 주기율표에 있는 원소들의 몰질량을 사용하시오. [$Mg(CN)_2$의 아래첨자 2는 괄호 안에 있는 모든 원소가 두 개라는 것을 나타낸다.]

계획 필요한 몰질량은 N(14.01 g), O(16.00 g), Na(22.99 g), C(12.01 g), Mg(24.31 g), Sr(87.62 g) 및 Cl(35.45 g)이다.

풀이

(a) $\underbrace{28.02\,g}_{2\,mol\,N} + \underbrace{80.00\,g}_{5\,mol\,O} = \underbrace{108.02\,g}_{1\,mol\,N_2O_5}$

(b) $\underbrace{45.98\,g}_{2\,mol\,Na} + \underbrace{12.01\,g}_{1\,mol\,C} + \underbrace{48.00\,g}_{3\,mol\,O} = \underbrace{105.99\,g}_{1\,mol\,Na_2CO_3}$

(c) $\underbrace{24.31\,g}_{1\,mol\,Mg} + \underbrace{24.02\,g}_{2\,mol\,C} + \underbrace{28.02\,g}_{2\,mol\,N} = \underbrace{76.35\,g}_{1\,mol\,Mg(CN)_2}$

(d) $\underbrace{87.62\,g}_{1\,mol\,Sr} + \underbrace{70.90\,g}_{2\,mol\,Cl} + \underbrace{96.00\,g}_{6\,mol\,O} = \underbrace{254.52\,g}_{1\,mol\,Sr(ClO_3)_2}$

생각해보기

화학식에 괄호가 포함되어 있는 경우 몰질량을 계산할 때 특히 조심해야 한다. 특히 괄호 안에 아래첨자가 있는 경우에는 더욱 조심해야 한다. 실수하기 쉬운 곳이다.

추가문제 1 아래 화합물들의 몰질량을 결정하시오.

(a) PCl_3 (b) H_2SO_4 (c) $(NH_4)_2S$ (d) SF_6

추가문제 2 몰질량을 고려하여 각 화학식에서 누락된 아래첨자의 값을 결정하시오.

(a) $N_2O_?$ ($\mathcal{M}$ = 108.02 g/mol)
(b) $HClO_?$ ($\mathcal{M}$ = 68.46 g/mol)
(c) $H_2C_?O_4$ ($\mathcal{M}$ = 90.04 g/mol)
(d) $CCl_?$ ($\mathcal{M}$ = 153.81 g/mol)

추가문제 3 몰질량을 고려하여 각 화학식에서 X는 어떤 원소인지 결정하시오.

(a) $X(NO_3)_2$ ($\mathcal{M}$ = 187.57 g/mol)
(b) $SnX_{4?}$ ($\mathcal{M}$ = 197.7 g/mol)
(c) H_3XO_4 ($\mathcal{M}$ = 97.99 g/mol)
(d) SiX_4 ($\mathcal{M}$ = 347.69 g/mol)

질량, mol, 분자 수(또는 화학식 단위)로의 환산

가장 보편적이고 중요한 환산은 화합물의 질량을 mol로 환산하는 것으로, 식 5.1과 매우 유사한 식 5.2를 이용하여 환산할 수 있다.

$$\frac{\text{화합물의 질량(g)}}{\text{화합물의 몰질량(g/mol)}} = \text{화합물의 mol}$$ [◀◀ 식 5.2]

이 계산을 위해 500 mL 물병에 물 500.0 g이 들어 있다고 가정하자. 병 안에 있는 물을 그램 질량에서 mol로 환산하기 위해 앞에서 계산한 물의 몰질량 18.016 g/mol을 사용한다.

학생 노트
4°C에서 부피와 질량 사이의 환산 인자인 물의 밀도는 1 g/mL임을 기억하라[◀◀ 1.4절].

$$500.0\ \text{g H}_2\text{O} \times \frac{1\ \text{mol H}_2\text{O}}{18.016\ \text{g H}_2\text{O}} = 27.753\ \text{mol H}_2\text{O}$$

만약 위 계산의 결과가 마지막 결과라면 4개의 유효 숫자를 가져야 하므로 H_2O 27.75 mol로 반올림할 것이다. 그러나 물병 안 물의 분자 수를 계산해야 한다면, 계속 계산을 하기 위해 모든 숫자를 남겨야 한다.

$$27.753\ \text{mol H}_2\text{O} \times \frac{6.022 \times 10^{23}\ \text{H}_2\text{O 분자}}{1\ \text{mol H}_2\text{O}} = 1.6713 \times 10^{25}\ \text{H}_2\text{O 분자}$$

(만약 최종 답이라면 1.671×10^{23} 물 분자로 반올림해야 한다) 만약 H와 O 원자의 수를 알길 원한다면 어찌해야 되는가? 그 문제를 풀기 위한 방법은 많다. 이 질문에 대한 답은 두 가지 형태로 다르게 접근할 수 있다.

접근 1: 화합물의 분자 수에서 특정 원소의 원자 수를 구하기 위해 화학식(chemical formula)을 사용할 수 있다. 1.6713×10^{25} H_2O 분자가 포함된 500.0 g 물의 H와 O 원자 수를 결정하기 위해 분자식을 사용하였다.

학생 노트
연속적으로 계산해야 할 경우, 계산이 끝날 때까지 여분의 수를 유지해야 한다. 즉, 반올림하지 않는 수를 사용하여 끝까지 계산해야 한다.

$$1.6713 \times 10^{25}\ \text{H}_2\text{O 분자} \times \frac{2\ \text{H 원자}}{1\ \text{분자 H}_2\text{O}} = 3.3426 \times 10^{25}\ \text{H 원자}$$

$$1.6713 \times 10^{25}\ \text{H}_2\text{O 분자} \times \frac{1\ \text{O 원자}}{1\ \text{분자 H}_2\text{O}} = 1.6713 \times 10^{25}\ \text{O 원자}$$

두 결과에 대해 4개의 유효 숫자의 수로 반올림하면 다음과 같다.

$$3.343 \times 10^{25}\ \text{H 원자},\quad 1.671 \times 10^{25}\ \text{O 원자}$$

접근 2: 화합물의 mol에서 특정 원소의 mol을 구하기 위해 화학식을 사용한다. 27.753 mol을 포함한 500.0 g H_2O의 경우 H와 O의 mol을 결정하기 위해 분자식을 이용하고, 원자 수를 구하기 위해 Avogadro 수를 사용한다.

$$27.753\ \cancel{\text{mol H}_2\text{O}} \times \frac{2\ \text{mol H}}{1\ \cancel{\text{mol H}_2\text{O}}} = 55.506\ \text{mol H}$$

$$\text{그리고}\quad 55.506\ \cancel{\text{mol H}} \times \frac{6.022 \times 10^{23}\ \text{H 원자}}{1\ \cancel{\text{mol H}}} = 3.343 \times 10^{25}\ \text{H 원자}$$

$$27.753\ \cancel{\text{mol H}_2\text{O}} \times \frac{1\ \text{mol O}}{1\ \cancel{\text{mol H}_2\text{O}}} = 27.753\ \text{mol O}$$

$$\text{그리고}\quad 27.753\ \cancel{\text{mol O}} \times \frac{6.022 \times 10^{23}\ \text{O 원자}}{1\ \cancel{\text{mol O}}} = 1.671 \times 10^{25}\ \text{O 원자}$$

이 결과는 접근 1을 사용한 결과와 동일하다.

이온성 화합물인 염화 소듐(NaCl)을 생각해보자. 소금 박스 안에 들어 있는 735 g NaCl의 mol을 알고자 한다. 물의 경우와 동일한 과정을 따른다. 첫 번째로 그램 질량을 NaCl의 몰질량으로 나눈다.

$$735\ \cancel{\text{g NaCl}} \times \frac{1\ \text{mol NaCl}}{58.44\ \cancel{\text{g NaCl}}} = 12.577\ \text{mol NaCl}$$

만약 이것이 마지막 결과라면, 3개의 유효 숫자로 표현되기 때문에(질량 735 g에 의해 결정된다) 12.6 mol NaCl이라고 반올림해야 한다. NaCl의 화학식 단위를 구하기 위해서는 첫 번째 계산과 Avogadro 수의 결과를 반올림해서는 안 된다.

$$12.577\ \cancel{\text{mol NaCl}} \times \frac{6.022 \times 10^{23}\ \text{NaCl 화학식 단위}}{1\ \cancel{\text{mol NaCl}}} = 7.574 \times 10^{24}\ \text{NaCl 화학식 단위}$$

만약, 최종 답이라면 7.57×10^{24} NaCl 화학식 단위로 반올림할 것이다. 소듐과 염소 이온의 수를 구하기 위해서 물의 경우처럼 화합물의 화학식을 사용한다.

$$7.574 \times 10^{24}\ \cancel{\text{NaCl 화학식 단위}} \times \frac{1\ \text{Na}^+\ \text{이온}}{1\ \cancel{\text{NaCl 화학식 단위}}} = 7.574 \times 10^{24}\ \text{Na}^+\ \text{이온}$$

$$7.574 \times 10^{24}\ \cancel{\text{NaCl 화학식 단위}} \times \frac{1\ \text{Cl}^-\ \text{이온}}{1\ \cancel{\text{NaCl 화학식 단위}}} = 7.574 \times 10^{24}\ \text{Cl}^-\ \text{이온}$$

두 개의 경우 7.57×10^{24} Na^+과 7.57×10^{24} Cl^-로 3개의 유효 숫자로 반올림하였다. 이 방법은 물 500.0 g에서 H와 O 원자를 결정하는 데 사용한 첫 번째 접근 방법과 유사하다. 화학식의 비를 사용하여 NaCl의 mol로 Na^+와 Cl^-의 mol을 결정하고, Avogadro 수를 이용하여 이온의 수를 구한 두 번째 접근 방법의 결과와도 같다.

그림 5.4는 이러한 환산 방법을 요약한 것이다.

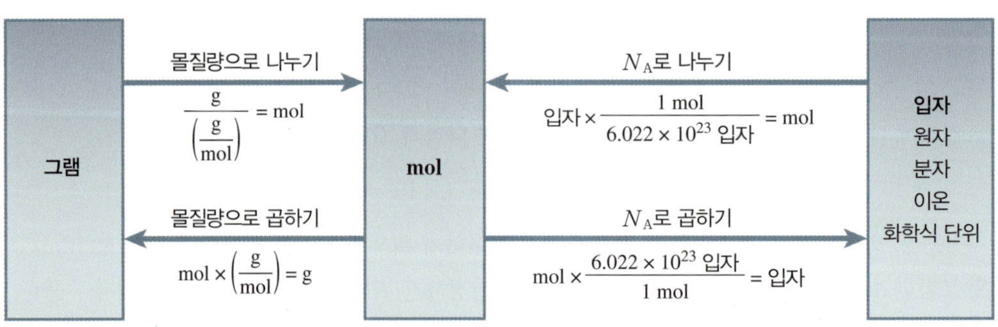

그림 5.4 질량, mol, 기본 입자의 수 사이의 환산을 위한 흐름도

단일 연산으로 다중 환산 결합하기

이 절에서 풀었던 문제들은 모두 다단계 계산이었다. 중간 계산에서는 반올림하지 않았다. 오차를 최소화하기 위해 마지막 답만을 반올림하였다. 사실상 과학자들은 중간 계산 답을 구하는 것 없이 다단계 계산을 수행하고 있다. 예를 들어, 물 500.0 g에 있는 H 원자 수를 구하기 위해 세 단계 계산을 한다.

1. H_2O 질량을 H_2O mol로
2. H_2O mol을 H_2O 분자로
3. H_2O 분자를 H 원자로

다음과 같은 단일 연산으로 문제를 전부 결합하였다.

$$500.0\,\text{g}\,\cancel{H_2O} \times \frac{1\,\cancel{\text{mol}\,H_2O}}{18.016\,\cancel{\text{g}\,H_2O}} \times \frac{6.022\times10^{23}\,\cancel{H_2O\,\text{분자}}}{1\,\cancel{\text{mol}\,H_2O}} \times \frac{2\,\text{H 원자}}{1\,\cancel{H_2O\,\text{분자}}} = 3.343\times10^{25}\,\text{H 원자}$$

> **학생 노트**
> 우리는 샘플이 정확하게 500 g의 H_2O라고 가정했다. 따라서 답을 계산하고 유효 숫자를 결정하기 위해 500이라는 숫자는 고려하지 않는다.

이같이 답을 구하기 위해 여러 단계를 결합할 때, 오차 발생 기회를 최소화하기 위해 신중하게 각 단계를 연결하여 단위를 삭제하는 것이 특히 중요하다.

예제 5.5에서 5.7까지 이러한 환산을 연습해보자.

예제 5.5 다단계 계산을 결합한 단일 연산으로 질량, mol, 분자(또는 화학식 단위)로의 환산

다음 문제에 대한 답을 구하시오.

(a) CO_2 10.00 g의 CO_2 mol (b) 염화 소듐 0.905 mol의 질량

전략 질량을 mol로, mol을 질량으로 환산하기 위해 몰질량을 사용한다.

계획 CO_2의 몰질량은 44.01 g/mol이다. 화합물의 몰질량은 숫자적으로 화학식량과 동일하다. 염화 소듐(NaCl)의 몰질량은 58.44 g/mol이다.

풀이 (a) $10.00\,\text{g}\,\cancel{CO_2} \times \frac{1\,\text{mol}\,CO_2}{44.01\,\text{g}\,CO_2} = 0.2272\,\text{mol}\,CO_2$

(b) $0.905\,\cancel{\text{mol}\,\text{NaCl}} \times \frac{58.44\,\text{g NaCl}}{1\,\cancel{\text{mol NaCl}}} = 52.9\,\text{g NaCl}$

생각해보기

이러한 문제에서는 단위를 삭제하기 위해 항상 이중으로 검토해야 한다. 몰질량이 환산 인자로 사용될 때 일반적으로 실수가 일어나기 때문이다. 그러므로 판단 결과를 확인하자. 두 경우, 물질의 질량이 몰질량보다 작으면 물질의 mol도 작다.

추가문제 1 (a) 포도당($C_6H_{12}O_6$) 2.75 mol의 그램 질량은 얼마인가?
(b) 질산소듐($NaNO_3$) 59.8 g은 몇 mol인가?

추가문제 2 CF_4 3.212 mol의 질량과 같은 질량의 SCl_4는 몇 mol인가?

추가문제 3 플라스틱으로 만들어진 스냅 조립 블록의 조합은 여기에서 분자를 나타내는 데 자주 사용된다. 각 '분자'는 세 개의 큰 빨간색 블록과 두 개의 작은 파란색 블록으로 구성되어 있다. 개별 블록의 질량은 각각 4.75 g과 2.80 g이다. 이 분자 12개의 질량은 얼마인가? 714.6 g의 질량에 해당하는 분자들을 12개씩 묶었을 때, 몇 개의 묶음이 해당하는가? 앞의 질량에 해당하는 분자들 속에는 몇 개의 개별 분자가 있는가?

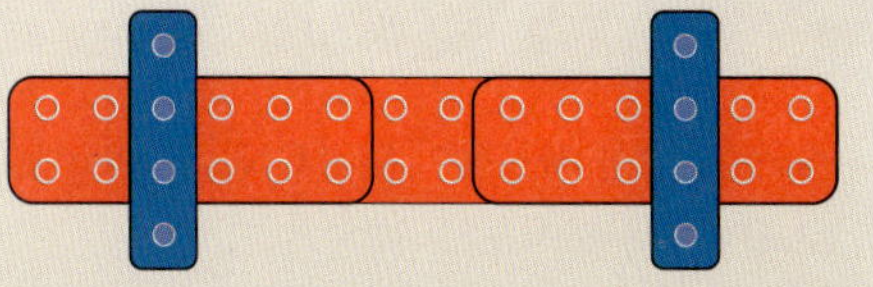

예제 5.6 결합 계산에 의한 질량과 원자 수의 환산

(a) 물 3.26 g 내의 분자 수와 H와 O 원자 수를 구하시오.
(b) 이산화탄소 분자 7.92×10^{19}개의 질량을 구하시오.

전략 질량을 분자로 혹은 역으로 환산하기 위해 몰질량과 Avogadro 수를 사용한다. H와 O의 수를 구하기 위해 물의 분자량을 사용한다.

계획 (a) 질량(물 3.26 g)으로 시작한다. 물의 mol로 환산하기 위해 몰질량(18.02 g/mol)을 사용한다. mol을 물 분자의 개수로 환산하기 위해 Avogadro 수를 사용한다.
(b)에서 분자 수로부터 이산화탄소의 질량으로 환산하기 위해 (a) 과정을 역으로 진행하면 된다.

풀이

(a) $3.26\text{ g } H_2O \times \dfrac{1\text{ mol } H_2O}{18.02\text{ g } H_2O} \times \dfrac{6.022 \times 10^{23}\ H_2O\text{ 분자}}{1\text{ mol } H_2O} = 1.09 \times 10^{23}\ H_2O\text{ 분자}$

분자량을 사용하여 물 3.26 g에서 H와 O의 수를 결정할 수 있다.

$1.09 \times 10^{23}\ H_2O\text{ 분자} \times \dfrac{2\text{ H 원자}}{1\ H_2O\text{ 분자}} = 2.18 \times 10^{23}\text{ H 원자}$

$1.09 \times 10^{23}\ H_2O\text{ 분자} \times \dfrac{1\text{ O 원자}}{1\ H_2O\text{ 분자}} = 1.09 \times 10^{23}\text{ O 원자}$

(b) $7.92 \times 10^{19}\ CO_2\text{ 분자} \times \dfrac{1\text{ mol } CO_2}{6.022 \times 10^{23}\ CO_2\text{ 분자}} \times \dfrac{44.01\text{ g } CO_2}{1\text{ mol } CO_2} = 5.79 \times 10^{-3}\text{ g } CO_2$

생각해보기

단위 삭제를 점검하자. 그리고 결과가 타당한지 확인하자.

추가문제 1 (a) O_2 35.5 g 내의 산소 분자 수와 산소 원자 수는 얼마인가?
(b) SO_3 분자 9.95×10^{14}개의 질량을 계산하시오.

추가문제 2 (a) N_2O_5 분자 1.00 kg 속 질소 원자와 산소 원자의 수는 얼마인가?
(b) 산소 원자 1.00 mol을 포함하고 있는 탄산칼슘의 질량을 구하시오.

추가문제 3 여기서는 플라스틱 스냅 조립 블록의 또 다른 조합을 사용하여 분자를 표현하고 있다. 오른쪽 그림은 각각 5.20 g과 2.80 g의 질량을 가진 두 개의 큰 흰색 블록과 세 개의 작은 파란색 블록으로 구성되어 있다. 이러한 '분자' 12개의 질량을 구하시오. 총질량이 789.6 g에 해당하는 이 분자들을 12개씩 묶었을 때, 총 몇 개의 묶음인지 결정하고, 총 몇 개의 개별 분자가 있는지 결정하시오. 이 분자들에 포함되어 있는 각 흰색 블록과 파란색 블록의 총개수를 고려했을 때, 12개씩 몇 개의 묶음이 되는지 결정하고 개별 블록으로 총 몇 개인지 결정하시오.

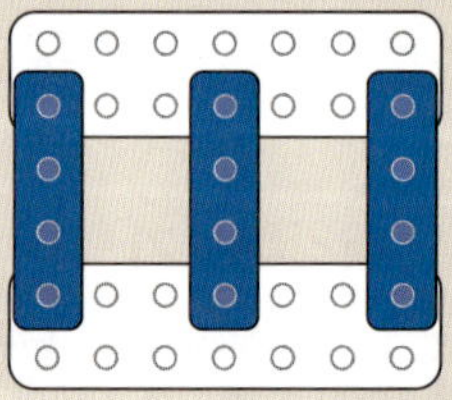

예제 5.7 결합 계산에 의한 질량과 원자 수의 환산

접근방법 1을 사용하여 $Mg(CN)_2$ 73.8 g에 존재하는 마그네슘 이온과 사이안화 이온의 수를 구하시오. 모든 과정을 하나의 긴 식으로 묶어 계산하시오.

전략 $Mg(CN)_2$의 질량을 mol로 환산하기 위해 $Mg(CN)_2$의 몰질량과 Avogadro 수를 사용한다. Mg^{2+}와 CN^- 이온의 수로 환산하기 위해 $Mg(CN)_2$의 화학식을 사용한다.

계획 $Mg(CN)_2$ 질량 73.8 g을 $Mg(CN)_2$의 mol로 환산하기 위해 몰질량(76.35 g/mol)을 사용한다. mol에서 $Mg(CN)_2$의 화학식 단위의 수로 환산하기 위해 Avogadro 수를 사용한다. 따라서 화학식으로부터 마그네슘과 사이안화 이온으로 환산하기 위해 $\left(\frac{1\ Mg^{2+}\ \text{이온}}{1\ Mg(CN)_2\ \text{화학식 단위}}\text{과}\ \frac{2\ CN^-\ \text{이온}}{1\ Mg(CN)_2\ \text{화학식 단위}}\right)$ 환산 인자를 사용한다.

풀이

$$73.8\ g\ Mg(CN)_2 \times \frac{1\ mol\ Mg(CN)_2}{76.34\ g\ Mg(CN)_2} \times \frac{6.022\times10^{23}\ Mg(CN)_2}{1\ mol\ Mg(CN)_2} \times \frac{1\ Mg^{2+}\ \text{이온}}{1\ Mg(CN)_2\ \text{화학식 단위}} = 5.82\times10^{23}\ Mg^{2+}\ \text{이온}$$

$$73.8\ g\ Mg(CN)_2 \times \frac{1\ mol\ Mg(CN)_2}{76.34\ g\ Mg(CN)_2} \times \frac{6.022\times10^{23}\ Mg(CN)_2}{1\ mol\ Mg(CN)_2} \times \frac{2\ CN^-\ \text{이온}}{1\ Mg(CN)_2\ \text{화학식 단위}} = 1.16\times10^{24}\ CN^-\ \text{이온}$$

생각해보기

단위 삭제와 결과가 타당한지 검토하자. 시료에 존재하는 원자 혹은 이온의 개수는 매우 클 것이다.

추가문제 1은 다른 접근법을 사용하여 같은 질문에 답하시오.

추가문제 1 접근방법 2를 사용하여 $Mg(CN)_2$ 73.8 g에 존재하는 마그네슘 이온과 사이안화 이온의 개수를 구하시오.

추가문제 2 3.55×10^{24}개의 질산 이온(NO_3^-)을 포함하는 $LiNO_3$의 그램 질량을 구하시오.

추가문제 3 예제 5.6의 추가문제 3(아래 오른쪽 분자 블록)의 분자 1191 g에 포함된 파란색 블록 수와 같은 수의 파란색 블록을 포함하고 있는 예제 5.5의 추가문제 3(아래 왼쪽 분자 블록)의 분자들의 총질량은 얼마인가?

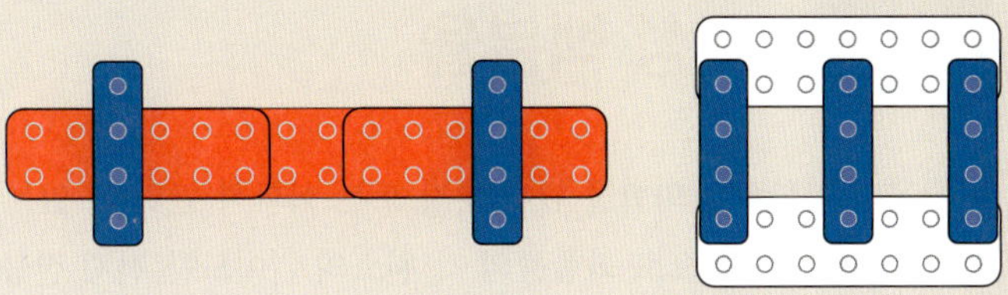

생각 밖 상식

킬로그램의 재정비

한 세기 이상 동안 과학 저울은 국제 킬로그램 원기(international prototype kilogram, IPK)를 기준으로 사용되어 왔다. IPK는 19세기 후반 런던에서 제작된 1 kg짜리 백금 합금 실린더이다. 이 실린더는 동시에 제작된 40개의 실린더 중 하나로, 이 실린더의 질량이 1889년에 국제 조약에 의해 공식 킬로그램이 되었다. 1889년 원본 실린더를 제외한 나머지 실린더는 다른 나라에 공식 표준 킬로그램을 제공하기 위해 전 세계로 분포되었다. IPK는 파리 근교에 있는 국제무게측정국(International Bureau of Weights and Measures)의 고도로 보안된 금고에 원본 실린더 및 다른 실린더 6개와 함께 보관되어 있다.

이 실린더들은 국제 표준이 된 이후로 모든 공식 실린더의 질량을 비교하기 위해 금고에서 세 번 꺼내졌다. 불행히도, 이 1 kg 표준 질량은 동시에 제작된 다른 복제품과 비교하여 수십 년 사이에 변화가 있었는데, 최근까지 50 μg 정도의 극도로 작은 질량 차이가 있었다. 이는 IPK의 질량이 조금 손실되었는지 아니면 다른 공식 복제품의 질량이 증가되었는지는 알 수는 없다. 과학협회에서는 이로 인해 오래전에 제작된 실린더의 질량으로 정의된 SI 기본 단위에 우려를 표했다. 최근 과학자들은 킬로그램에 대한 새로운 표준을 제공해야 한다고 주장하였다. 그중 하나는 원자의 특정 수를 사용하여 킬로그램을 정의하는 것이다. 이 방법은 킬로그램을 정의하기 위해 Avogadro 수를 사용하는 것으로 이러한 시도를 Avogadro 프로젝트라 한다.

킬로그램을 재정립하기 위하여 순수한 ^{28}Si 결정을 성장시켜 Australia Center for Precision Optics (ACPO)에서 세계에서 가장 완전한 구를 제작하였다. 실리콘이 선택된 이유는 ^{28}Si 동위 원소로 순수한 샘플을 만드는 것이 가능하고, 매우 크게 성장시켜 거의 완벽한 결정을 만들 수 있기 때문이다. 구의 순도와 정확한 부피를 정밀하게 측정하여, 구의 부피와 ^{28}Si 원자의 부피에서 구에 존재하는 ^{28}Si 원자의 수를 결정하는 것이 가능했다. 이 의도는 Avogadro 수의 더 정확한 값을 결정하고 정확한 ^{28}Si 원자 수를 기준으로 킬로그램을 정의하는 것이었다.

궁극적으로 Avogadro 프로젝트는 kg 단위를 재정의하는 데 사용되지 않았다. 이는 2019년에 Avogadro 수와 플랑크 상수(에너지와 빛의 주파수를 연결하는 상수)의 값을 고정하여 이루어졌다. 이것이 어떻게 달성되었는지에 대한 세부 내용은 이 교재 수준의 범위를 벗어나지만, 이 두 상수를 정확한 숫자로 확립함으로써 과학자들은 질량과 에너지를 연결하는 수식을 사용하여 물리적 대상에 의존하지 않는 kg의 정의를 확립할 수 있었다.

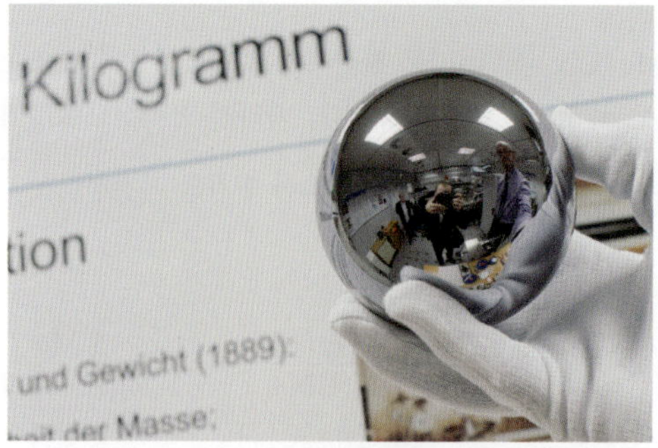

위쪽 그림은 고체 ^{28}Si로 만든 완벽한 구이며, 오른쪽 그림은 1889년에 최초로 만들어진 40개의 1 kg짜리 실린더 중 하나이다.

5.3 조성 백분율

화합물의 화학식은 화합물 단위(분자 또는 화학식 단위)에 있는 각 원소의 원자 수를 나타낸다. 분자식이나 실험식으로 화합물의 각 원소의 기여도를 전체 질량의 백분율로 계산할 수 있다. 화합물을 구성하고 있는 각 원소의 질량 백분율은 화합물의 **조성 질량 백분율**(mass percent composition), 간단히 **조성 백분율**(percent composition)로 알려져 있다. 화합물의 조성 백분율은 식 5.3을 사용하여 계산할 수 있다.

$$\text{원소의 조성 백분율} = \frac{n \times \text{원소의 몰질량}}{\text{화합물의 몰질량}} \times 100\% \qquad [\blacktriangleleft\blacktriangleleft \text{ 식 5.3}]$$

여기서 n은 화합물의 1 mol에 있는 원소의 mol이다. 예를 들어, 과산화수소(H_2O_2) 1 mol에는 수소(H) 2 mol과 산소(O) 2 mol이 있다. H와 O의 몰질량은 각각 1.008 g과 16.00 g이다. H_2O_2의 몰질량은 다음과 같다.

$$\underbrace{2(1.008\text{ g})}_{2\text{ mol H}} + \underbrace{2(16.00)\text{ g}}_{2\text{ mol O}} = 34.016\text{ g}$$

H_2O_2의 조성 백분율은 다음과 같다.

$$\%\text{H} = \frac{2 \times 1.008\text{ g H}}{34.016\text{ g H}_2\text{O}_2} \times 100\% = 5.927\%$$

$$\%\text{O} = \frac{2 \times 16.00\text{ g O}}{34.016\text{ g H}_2\text{O}_2} \times 100\% = 94.073\%$$

적절한 유효 숫자로 반올림한 과산화수소의 조성 백분율은 수소 5.927%와 산소 94.07%이다. 백분율의 합은 100%로 반올림되는 5.927%+94.07%=99.997%이다(반올림하기 전 결과와 100% 사이의 매우 작은 차이는 원소의 몰질량으로 4개의 유효 숫자를 사용한 결과이다).

학생 노트
화합물의 조성 백분율 계산 시, 그 결과로 나온 백분율은 합하여 100이 되어야 한다(반올림 오차 이내). 만약 그렇지 않다면 어디서 실수가 있었는지 점검해야 한다.

조성 백분율을 계산하기 위해 과산화수소의 실험식(HO)을 사용하고, 화합물의 몰질량 대신 화학식의 몰질량을 사용한다.

$$\underbrace{\underline{1.008\,g}}_{1\,mol\,H} + \underbrace{\underline{16.00\,g}}_{1\,mol\,O} = 17.008\,g$$

$$\%H = \frac{1.008\,g\,H}{17.008\,g\,HO} \times 100\% = 5.927\%$$

$$\%O = \frac{16.00\,g\,O}{17.008\,g\,HO} \times 100\% = 94.073\%$$

분자식과 실험식은 둘 다 화합물의 조성을 알려주므로 동일한 조성 백분율을 알 수 있다.

예제 5.8에서는 화합물의 조성 백분율을 구하는 연습을 한다.

예제 5.8 화학식으로 조성 백분율 구하기

탄산 리튬(Li_2CO_3)은 조증과 조울증 치료제로 처음 FDA의 인가를 받은 '신경 안정제'이다. 탄산 리튬의 조성 백분율을 계산하시오.

전략 화합물의 각 원소에 기여하는 조성 백분율을 구하기 위해 식 5.3을 사용한다.

계획 탄산 리튬은 Li, C, O가 포함된 이온성 화합물이다. 화학식 단위에서 각각 원자 질량 6.941, 12.01, 16.00 amu인 Li 원자 둘과 C 원자 하나 그리고 O 원자 세 개가 있다. Li_2CO_3의 화학식 질량은 2(6.941 amu)+12.01 amu+3(16.00 amu)=73.89 amu이다.

풀이 각 원소에 대하여 원자 질량에 원자 수를 곱한다. 그리고 화학식 질량으로 나누고 100%를 곱한다.

$$\%Li = \frac{2 \times 6.941\,amu\,Li}{73.89\,amu\,Li_2CO_3} \times 100\% = 18.79\%$$

$$\%C = \frac{12.01\,amu\,C}{73.89\,amu\,Li_2CO_3} \times 100\% = 16.25\%$$

$$\%O = \frac{3 \times 16.00\,amu\,O}{73.89\,amu\,Li_2CO_3} \times 100\% = 64.96\%$$

생각해보기

화합물의 조성 백분율을 합한 결과가 거의 100이 되는지 확인하라(이 경우, 결과의 합은 정확히 100%이다. 18.79 %+16.25%+64.96%=100.00%. 그러나 반올림 때문에 각 백분율의 합은 아주 조금 많거나 적을 수도 있다).

추가문제 1 인공 감미료인 아스파탐($C_{14}H_{18}N_2O_5$)의 질량에 대한 조성 백분율을 구하시오.

추가문제 2 콜레스테롤을 낮추는 약인 Atorvastatin의 화학식은 $C_{33}H_{35}FN_2O_5$이다. 조성 백분율을 계산하시오.

추가문제 3 타이레놀과 같은 처방전 없이 살 수 있는 진통제의 유효성분인 아세트아미노펜의 조성 백분율을 구하시오. 아세트아미노펜 분자의 모델은 다음과 같다.

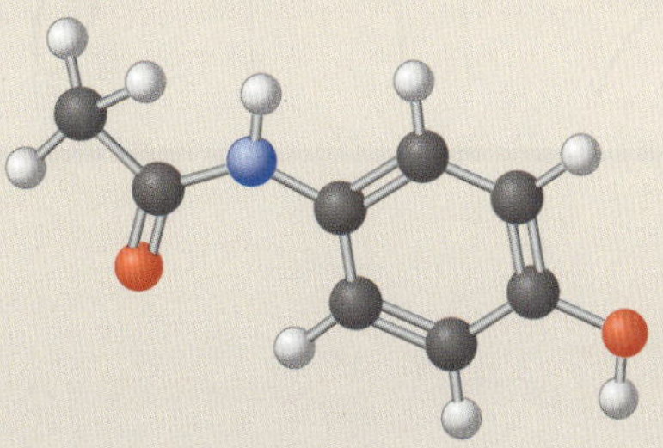

아세트아미노펜

화학과 친해지기

아이오딘 첨가 소금

식단에서 아이오딘 결핍은 전 세계적인 문제이다. 유니세프(United Nations International Children's Emergency Fund, UNICEF)에 따르면, 이것은 예방이 가능한 정신 지체 질환의 주요 원인이다. 이 결핍은 소비자가 매일 사용하는 소금에 일반적으로 아이오딘화 소듐(sodium iodide, NaI) 또는 아이오딘화 포타슘(potassium iodide, KI)의 형태로 소량의 아이오딘을 첨가하여 최소한의 비용으로 해결할 수 있다.

Nutrition Facts	
Serving Size 1/4 tsp (1.5g)	
Servings Per Container 491	
Amount Per Serving	
Calories 0	
	%Daily Value*
Total Fat 0g	**0%**
Sodium 590mg	**25%**
Total Carbohydrate 0g	**0%**
Protein 0g	
Iodine	45%
Not a significant source of calories from fat, saturated fat, *trans* fat, cholesterol, dietary fiber, sugars, vitamin A, vitamin C, calcium and iron.	
* Percent Daily Values are based on a 2,000 calorie diet.	

아이오딘이 첨가된 소금이 들어 있는 둥근 파란색 상자를 본 적이 있을 것이다. 약 1세기 전, 미국 사람들은 심각하게 목이 불룩하게 튀어나오는 갑상선종(goiter)이라는 질병으로 고통받았다. 19세기와 20세기 초 과학자들은 갑상선종 발병이 대서양과 북서태평양을 포함한 지역(둘을 합하여 'goiter 벨트'라고 한다)에서 가장 높다는 것을 알게 되었다. 1916년과 1920년 사이에 Ohio 주 Cleveland에 사는 두 의사(David Marine과 Oliver P. Kimball)는 Ohio 주 Akron에서 수천 명의 여학생들을 아이오딘 공급 연구에 참여시켰다. 그 결과 이 지역에서 매우 높게 존재하던 갑상선종 발병이 현저하게 감소하였으며, 이는 뒤따른 공중보건계획을 세우는 근거가 되었다. 1924년 Morton Salt Company가 전국으로 아이오딘이 첨가된 소금을 공급하기 시작하면서 아이오딘 결핍에 의한 갑상선종의 발병률이 현저히 떨어졌으며 이제 부유한 국가에서는 퇴치되고 있다. 그러나 아직도 경제적 발달이 미흡한 국가들에서 여전히 심각한 건강상의 문제로 거론되고 있다.

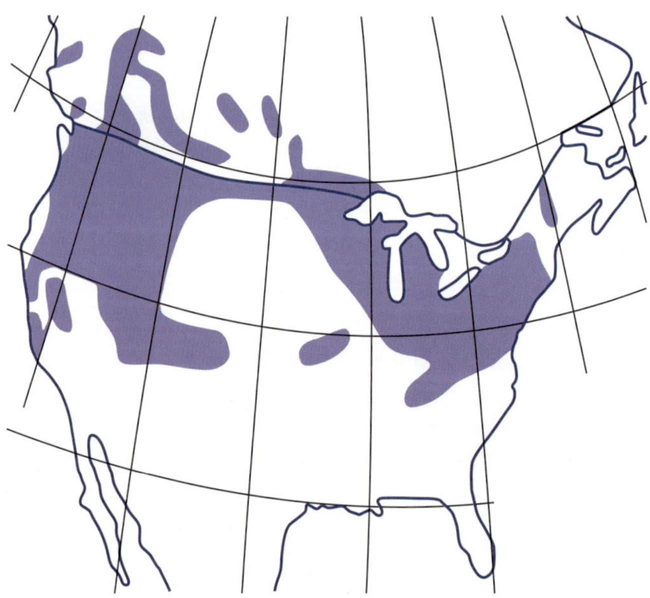

5.4 조성 백분율로 실험식 구하기

5.3절에서 조성 백분율을 구하기 위해 화합물의 화학식(분자식 또는 실험식)을 사용하는 방법을 배웠다. 실험식을 구하기 위하여 몰과 몰질량 개념을 가지고 조성 백분율을 이용할 수 있다.

탄소 92.26%와 수소 7.743%의 조성 백분율을 가지는 화합물을 고려해보자. 조성 백분율은 화합물의 양에 상관없이 항상 같다. 계산을 단순하게 하기 위하여 화합물을 정확히 100 g이라 가정한다. 첫 번째로 시료 100 g에 존재하는 각 원소의 질량을 계산한다.

> **학생 노트**
> 실험식을 결정할 때 질량을 100 g으로 간주하면 수학적 계산을 간단하게 할 수 있다.

$$\text{g C} = \frac{92.26\text{ g C}}{100\text{ g 화합물}} \times 100\text{ g 화합물} = 92.26\text{ g C}$$

그리고 다음과 같다.

$$\text{g H} = \frac{7.743\text{ g H}}{100\text{ g 화합물}} \times 100\text{ g 화합물} = 7.743\text{ g H}$$

그 다음 mol을 구하기 위해 각 원소(C와 H)의 몰질량을 사용한다.

$$92.26\text{ g C} \times \frac{1\text{ mol C}}{12.01\text{ g C}} = 7.682\text{ mol C}$$

$$7.743\text{ g H} \times \frac{1\text{ mol H}}{1.008\text{ g H}} = 7.682\text{ mol H}$$

즉, 화합물 100 g은 동일한 H와 C의 mol을 포함하고 있다. 실제 mol을 첨자로 사용하여 식을 다음과 같이 쓸 수 있다.

$$C_{7.682}H_{7.682}$$

그러나 정의에 의하면 실험식은 가능한 가장 작은 정수비이다. 따라서 화합물의 화학식은 CH (C와 H의 비는 mol 비로 1:1이다)이다. 이 실험식의 몰질량은 12.01 g+1.008 g=13.018 g (또는 13.02 g, 소수점 이하 둘째 자리까지 나타낸다)이다.

이제 53.31% 탄소와 11.19% 수소, 35.51% 산소의 조성 백분율을 갖는 화합물을 고려해보자. 정확히 100 g으로 시료의 양을 가정하고, 각 원소의 질량을 결정하자.

$$\text{g C} = \frac{53.31\text{ g C}}{100\text{ g g 화합물}} \times 100\text{ g 화합물} = 53.31\text{ g C}$$

$$\text{g H} = \frac{11.19\text{ g H}}{100\text{ g 화합물}} \times 100\text{ g 화합물} = 11.19\text{ g H}$$

$$\text{g O} = \frac{35.51\text{ g O}}{100\text{ g 화합물}} \times 100\text{ g 화합물} = 35.51\text{ g O}$$

그 후 상응하는 mol을 계산하기 위해 각 원소의 질량을 사용한다.

$$53.31\text{ g C} \times \frac{1\text{ mol C}}{12.01\text{ g C}} = 4.439\text{ mol C}$$

$$11.19\text{ g C} \times \frac{1\text{ mol H}}{1.008\text{ g H}} = 11.10\text{ mol H}$$

$$35.51\text{ g C} \times \frac{1\text{ mol O}}{16.00\text{ g O}} = 2.219\text{ mol O}$$

$C_{4.439}H_{11.10}O_{2.219}$의 결과를 오직 정수만을 갖는 식으로 바꿔야 한다. 이와 같이 각 원소들이 다른 mol을 가질 때, 다음 방법으로 정수로 첨자를 바꾼다. 가장 작은 mol을 확인하고(여기서는 2.219), 그 수로 각 원소들의 mol을 나눈다.

$$\underbrace{C_{(4.439/2.219)}}_{\frac{4.439}{2.219}\approx 2} \quad \underbrace{H_{(11.10/2.219)}}_{\frac{11.10}{2.219}\approx 5} \quad \underbrace{O_{(2.219/2.219)}}_{\frac{2.219}{2.219}\approx 1}$$

학생 노트
이 경우 반올림에 의한 오차가 발생한다. 틀린 실험식을 얻지 않기 위해 끝까지 계산을 통해 추가 숫자를 확인하라.

그런 후 바르게 실험식을 쓴다. 이 경우에는 C_2H_5O이다.

예제 5.9는 화합물에 대해 조성 백분율로부터 실험식을 어떻게 결정하는지 설명한다.

예제 5.9 실험식을 결정하기 위해 조성 백분율 사용하기

조성 백분율이 탄소 37.51%, 수소 2.52%, 산소 59.97%인 화합물의 실험식을 결정하시오.

전략 계산을 단순화하기 위해 시료 100 g으로 가정한다. 몰질량을 적절하게 사용하여, mol로 각 원소의 그램을 환산한다. 결과로 얻어진 수를 실험식의 첨자로 사용한다. 최종 답을 위해 가능한 가장 작은 정수로 그 수들을 나누어 변환한다.

계획 필요한 몰질량(주기율표로부터)은 C 12.01 g, H 1.008 g, O 16.00 g이다. 화합물 100 g 시료는 다음과 같다.

$$\frac{37.51\text{ g C}}{100\text{ g 화합물}}\times 100\text{ g 화합물}=37.51\text{ g C}$$

$$\frac{2.52\text{ g H}}{100\text{ g 화합물}}\times 100\text{ g 화합물}=2.52\text{ g H}$$

$$\frac{59.97\text{ g O}}{100\text{ g 화합물}}\times 100\text{ g 화합물}=59.97\text{ g O}$$

풀이 화합물의 질량을 mol로 환산하면 다음과 같다.

$$37.51\text{ g C}\times\frac{1\text{ mol C}}{12.01\text{ g C}}=3.123\text{ mol C}$$

$$2.52\text{ g H}\times\frac{1\text{ mol H}}{1.008\text{ g H}}=2.500\text{ mol H}$$

$$59.97\text{ g O}\times\frac{1\text{ mol O}}{16.00\text{ g O}}=3.747\text{ mol O}$$

이것은 실험식 $C_{3.123}H_{2.500}O_{3.747}$로 주어진다. 정수로 첨자를 바꾸기 위해 가장 작은 첨자인 2.500으로 나눈다.

$$\underbrace{C_{(3.123/2.500)}}_{\frac{3.123}{2.500}\approx 1.25} \quad \underbrace{H_{(2.500/2.500)}}_{\frac{2.500}{2.500}\approx 1} \quad \underbrace{O_{(3.747/2.500)}}_{\frac{3.747}{2.500}\approx 1.5}$$

2.500으로 각 첨자를 나누었어도 여전히 두 개의 정수가 아닌 첨자를 가진 실험식임을 주의하라($C_{1.25}HO_{1.5}$). 실험식은 정수 첨자를 가져야만 한다. 따라서 첨자를 모두 정수로 만들기 위해 곱하는 한 단계가 더 필요하다. 첨자를 정수로 만들기 위해 4를 곱한다.

$$\underbrace{C_{(1.25\times 4)}}_{5} \quad \underbrace{H_{(1\times 4)}}_{4} \quad \underbrace{O_{(1.5\times 4)}}_{6}$$

실험식은 $C_5H_4O_6$이다.

생각해보기

첨자를 정수로 만들어 완전한 실험식을 얻기 위해 정수로 곱할 수도 있다. 어떤 소수값은 반올림보다 오히려 곱하기가 필요하다는 것을 알 수 있다. 다음 표는 소수값에 곱셈을 하여 정수가 되는 것을 보여준다.

소수점	곱하는 값
#.10	10
#.20	5
#.25	4
#.33	3
#.50	2
#.66	3
#.75	4

추가문제 1 탄소 52.15%, 수소 13.13%, 산소 34.73%의 조성 백분율을 갖는 화합물의 실험식을 결정하시오.

추가문제 2 탄소 60.00%, 수소 4.48%, 산소 35.53%의 조성 백분율을 갖는 화합물의 실험식을 결정하시오.

추가문제 3 예제 5.6의 추가문제 3에 등장한 흰색과 파란색 블록으로 만든 분자와 다른 조합 비율을 가진 다른 '분자'를 상상해보자. 만일 이 분자는 질량 기준으로 파란색 블록이 57.38%, 흰색 블록이 42.62%인 비로 구성되어 있다면, 이 분자에는 파란색 블록과 흰색 블록이 각각 몇 개씩 포함되어 있는지 결정하시오.

화학과 친해지기

비료 그리고 조성 백분율

잔디 비료의 상표 라벨을 보면 표기법과 다양한 정보에 압도된다. 라벨에는 잔디 상태를 좋게 하기 위해 필요한 중요 원소의 조성 백분율이 표기되어 있다. 때때로 이것은[질소, 인(P_2O_5으로), 포타슘(K_2O으로)] 함유량으로 표준화된 NPK값으로 언급된다. 이들은 항상 라벨 아래에 26−4−12 혹은 조성 백분율 26% N, 4% P_2O_5, 12% K_2O로 표기된다.

이 특별한 비료 100 g이 있다고 하자. 당신은 NPK 수치를 사용하여 각 물질의 질량을 결정해야 한다. 또한 다음과 같이 P_2O_5, K_2O의 화학식으로부터 환산 인자를 사용하여 포함되어 있는 원소 인과 포타슘의 양을 결정할 수 있다.

$$100.0\text{ g 비료} \times \frac{26\text{ g N}}{100.0\text{ g 비료}} = 26\text{ g N}$$

$$100.0\text{ g 비료} \times \frac{4\text{ g }P_2O_5}{100.0\text{ g 비료}} = 4\text{ g }P_2O_5$$

$$4\text{ g }P_2O_5 \times \frac{1\text{ mol }P_2O_5}{141.88\text{ g }P_2O_5} \times \frac{2\text{ mol P}}{1\text{ mol }P_2O_5} \times \frac{30.97\text{ g P}}{1\text{ mol P}} = 1.75\text{ 또는 }\sim 2\text{ g P}$$

$$100.0\text{ g 비료} \times \frac{12\text{ g }K_2O}{100.0\text{ g 비료}} = 12\text{ g }K_2O$$

$$12\text{ g }K_2O \times \frac{1\text{ mol }K_2O}{94.20\text{ g }K_2O} \times \frac{2\text{ mol K}}{1\text{ mol }K_2O} \times \frac{39.10\text{ g K}}{1\text{ mol K}} = 9.96\text{ 또는 }10.\text{ g K}$$

이러한 환산 인자들은 백분율로 표현하기 위한 편리한 방법이다.

품질 보증 분석 26-4-12

총 질소	26%
3.2% 암모니아성 질소	
9.7% 물에 불용성인 질소*	
3.4% 요소 질소	
9.7% 다른 가용성 질소*	
유효성 인산염(P_2O_5)	4%
용해성 포타쉬(K_2O)	12%
총 황(S)	1.5%
1.5% 결합된 황(S)	
영양소 공급원: 인산 암모늄, 황산 암모늄, 아이소뷰틸렌다이우레아, 요소, 메틸렌우레아, 염화 포타슘	
염소(Cl)**보다 많지 않은**	10.0%
***메틸렌우레아와 IBDU에서 이용할 수 있는 질소** 19.4%	F699
이 제품에 있는 금속 함유물과 포함 정도에 관한 정보는 인터넷 주소 http//www. regulatory-info-lebsea.com을 이용하라.	

보통 잔디 비료의 라벨

5.5 분자식 결정을 위한 실험식과 몰질량 사용하기

실험식이 단지 분자에서 정확한 수가 아닌 원자 조합의 비라는 것을 명심해야 한다. 따라서 다양한 화합물이 같은 실험식을 갖는 경우가 매우 많다. 그러므로 화합물의 분자식을 결정하기 위해 조성 백분율 외에 분자량이 필요하다. 실험식과 몰질량을 알면, 화합물의 분자식을 결정하기 위해 식 5.4를 사용할 수 있다.

$$\frac{\text{몰질량}}{\text{실험식의 몰질량}} = n$$ [◀◀ 식 5.4]

여기서, n은 분자식에 포함되어 있는 실험식의 수이다. 5.4절에서 실험식을 결정하기 위해 두 화합물을 사용하여 구하는 방법을 알 수 있었다. CH 실험식을 갖는 첫 번째 경우, 만약 몰질량이 대략 78 g이라고 알고 있다면 다음과 같이 분자식을 결정할 수 있다.

$$\frac{\text{몰질량}}{\text{실험식의 몰질량}} = \frac{78\text{ g}}{13.018\text{ g}} = 5.99$$

화합물의 몰질량과 실험식 몰질량의 비인 n은 전형적으로 정수이다. 또는 때때로 정수에 매우 가까운 수이다. 이 경우 n은 6이다. 이것은 분자식이 실험식의 6배라는 것을 알려준다. 분자식을 얻기 위해, 간단히 실험식 첨자에 6을 곱하면 된다.

$$C_{(1\times6)}H_{(1\times6)}$$

분자식은 C_6H_6이다.

두 번째의 실험식은 C_2H_5O이고, 실험식량은 다음과 같다.

$$\underbrace{2(12.01\text{ g})}_{2\text{ mol C}} + \underbrace{5(1.008)\text{ g}}_{5\text{ mol H}} + \underbrace{16.00\text{ g}}_{1\text{ mol O}} = 45.06\text{ g}$$

만약 몰질량이 약 90 g이라는 것을 알고 있다면, 앞의 방법과 같은 방법으로 분자식을 결정할 수 있다.

$$\frac{\text{몰질량}}{\text{실험식의 몰질량}}=\frac{90\text{ g}}{45.06\text{ g}}\approx 2$$

실험식의 첨자에 2를 곱하면

$$C_{(2\times2)}H_{(5\times2)}O_{(1\times2)}$$

분자식은 $C_4H_{10}O_2$가 된다.

예제 5.10에서 조성 백분율과 대략적인 몰질량이 주어진 화합물의 실험식과 분자식을 결정하는 것을 연습하자.

예제 5.10 실험식과 분자식을 결정하기 위해 조성 백분율과 몰질량 사용하기

질량으로 질소 30.45%와 산소 69.55%인 화합물의 실험식을 결정하시오. 화합물의 몰질량이 대략 92 g/mol이라면 화합물의 분자식을 결정하시오.

전략 문제에서 화합물의 N과 O의 질량에 상응하는 질소와 산소의 조성 백분율을 얻기 위해 시료를 100 g으로 가정한다. 그리고 대략적인 몰질량을 사용하여 각 원소들의 그램을 mol로 환산한다. 실험식에서 첨자로 얻은 숫자를 사용하고, 답을 찾기 위해 가능한 가장 작은 정수로 환원한다. 분자식을 계산하기 위해 첫 번째로 문제에서 주어진 몰질량을 실험식량으로 나누어라. 그런 후, 분자식의 첨자를 얻기 위해 얻어진 수로 실험식의 첨자를 곱한다.

계획 N과 O로 구성되어 있는 화합물의 실험식은 N_xO_y이다. N과 O의 몰질량은 14.01 g/mol과 16.01 g/mol이다. 화합물 100 g 중 조성 백분율로 질소 30.45%와 산소 69.55%는 30.45 g N과 69.55 g O를 포함한다.

풀이

$$30.45\text{ g N}\times\frac{1\text{ mol N}}{14.01\text{ g N}}=2.173\text{ mol N}$$

$$69.55\text{ g O}\times\frac{1\text{ mol O}}{16.00\text{ g O}}=4.347\text{ mol O}$$

이것은 $N_{2.173}O_{4.347}$이다. 최소 가능한 정수를 얻기 위해 두 수 중 가장 작은 수로 첨자를 나누면(2.173/2.173=1, 4.347/2.173≈2) 실험식은 NO_2이다.

마지막으로 실험식량은 14.01 g/mol+2(16.00 g/mol)=46.01 g/mol로 대략의 몰질량(92 g/mol)을 실험식량으로 나누면 92/46.01≈2이다. 따라서 실험식의 첨자에 각각 2를 곱하면 분자식은 N_2O_4가 된다.

생각해보기

분자식 N_2O_4의 조성 백분율을 계산하기 위해 예제 5.8에 설명한 방법을 사용하자. 그리고 문제에서 주어진 것과 같음을 확인하자.

추가문제 1 조성 백분율로 53.3% C, 11.2% H, 35.5% O인 화합물의 실험식을 결정하시오. 몰질량이 약 90 g/mol일 때 분자식을 구하시오.

추가문제 2 조성 백분율로 89.9% C와 10.1% H인 화합물의 실험식을 구하시오. 몰질량이 약 120 g/mol일 때, 분자식을 구하시오.

추가문제 3 C와 H만 포함된 화합물의 질량 백분율을 결정하였더니, C의 질량 백분율은 H의 질량 백분율의 4배인 것으로 나타났다. 또한 화합물의 분자량은 실험식 질량의 2배이다. 이 화합물의 분자식을 결정하시오.

주요 내용 몰질량 결정과 질량에서 mol로 환산하기

화합물의 화학식을 알면 화합물의 몰질량을 계산할 수 있다. 분자 화합물에 대한 이 과정은 상당히 간단하다. 단순히 분자식에서 각 원자의 몰질량(주기율표로부터)에 첨자를 곱하면 된다. 예를 들면, 화합물 설탕($C_{12}H_{22}O_{11}$)의 몰질량을 다음과 같이 계산한다.

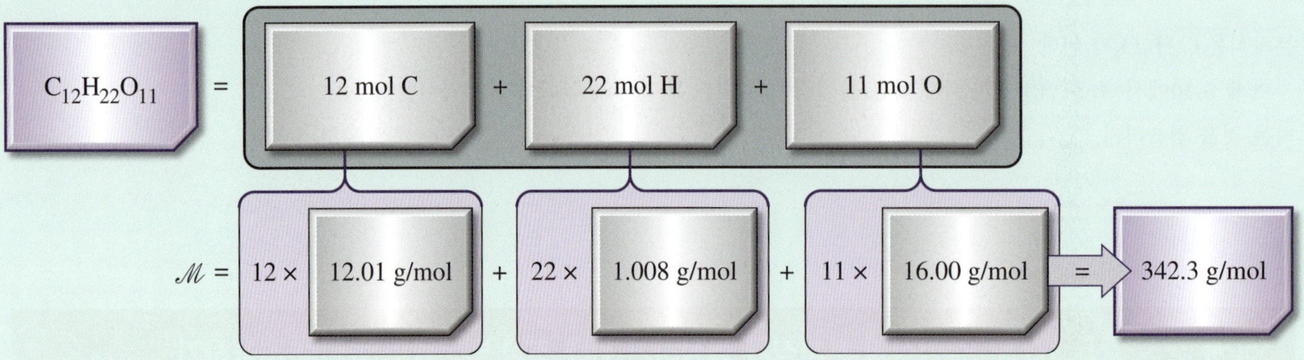

어떤 이온성 화합물의 몰질량을 결정하는 것은 조금 더 복잡할 수 있다. 이 과정에서 실수가 일어날 수도 있다. 이온성 화합물의 몰질량을 결정할 때, 올바른 원자 수를 결정하는지 화학식을 주의 깊게 살펴봐야 한다. 예를 들면, 아세트산 바륨의 화학식은 $Ba(CH_3COO)_2$이다. 이 화학식은 바륨 1개와 탄소 4개, 수소 6개, 산소 4개로 이루어져 있으며, 몰질량은 다음과 같이 계산한다.

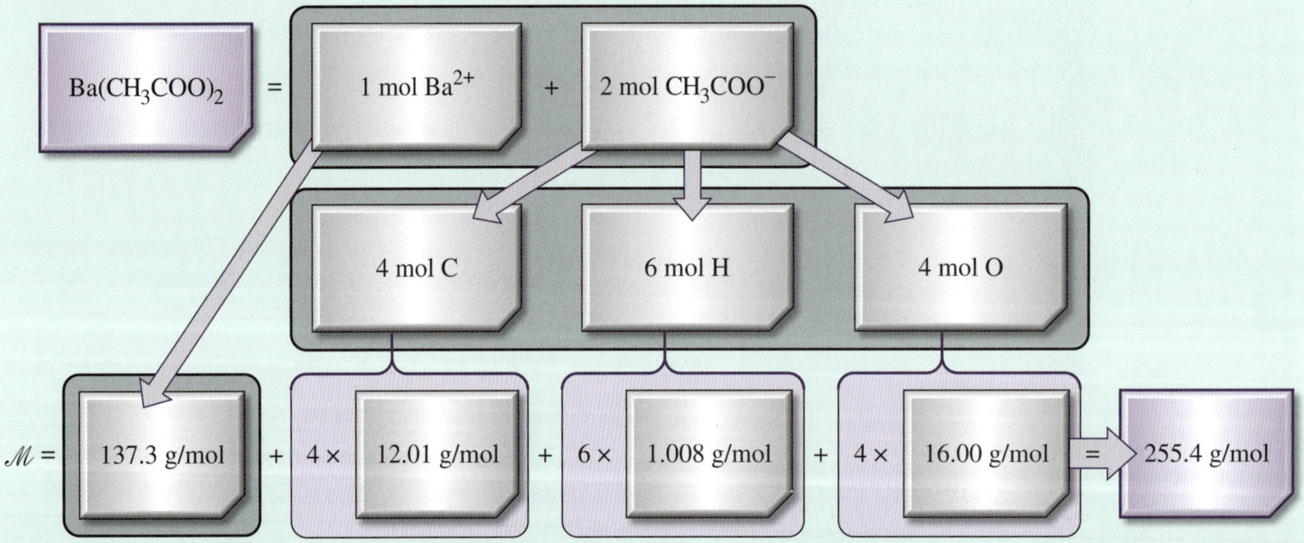

올바른 몰질량을 갖는다는 것은 화합물의 질량으로부터 mol로 환산할 수 있다는 것을 의미한다. 이 방법은 화학 교육 과정에서 필요할 것이다. 화합물의 그램 질량을 화합물의 mol로 환산하기 위해 화합물의 몰질량으로 질량을 나눈다는 것을 기억하라. 두 개의 시료, 설탕과 아세트산 바륨은 모두 시료 10.0 g으로 간주하자. 두 물질의 몰질량이 다르기 때문에, 질량이 같은 이 두 시료는 다른 mol을 가질 것이다.

설탕에 대해: $10.0\ \text{g 설탕} \times \dfrac{1\ \text{mol 설탕}}{342.3\ \text{g 설탕}} = 0.0292\ \text{mol 설탕}$

아세트산 바륨에 대해: $10.0\ \text{g}\ Ba(CH_3COO)_2 \times \dfrac{1\ \text{mol}\ Ba(CH_3COO)_2}{255.4\ \text{g}\ Ba(CH_3COO)_2} = 0.0392\ \text{mol}\ Ba(CH_3COO)_2$

주요 내용 문제

5.1

$Co(NO_2)_2$의 몰질량을 결정하시오.

(a) 151.0 g/mol (b) 209.9 g/mol
(c) 163.9 g/mol (d) 119.0 g/mol
(e) 104.0 g/mol

5.2

황산 철(III)의 몰질량을 결정하시오.

(a) 151.9 g/mol (b) 344.1 g/mol
(c) 399.9 g/mol (d) 271.9 g/mol
(e) 359.7 g/mol

5.3

과염소산 니켈(II)의 몰질량을 결정하시오.

(a) 110.14 g/mol (b) 158.14 g/mol
(c) 257.59 g/mol (d) 222.14 g/mol
(e) 316.28 g/mol

5.4

XeF_4의 몰질량을 결정하시오.

(a) 171.29 g/mol (b) 207.29 g/mol
(c) 150.29 g/mol (d) 544.16 g/mol
(e) 525.16 g/mol

5.5

화합물 시료 455 g에 존재하는 $Co(NO_2)_2$의 mol을 결정하시오.

(a) 3.01 mol (b) 6.86 mol
(c) 0.332 mol (d) 2.18 mol
(e) 1.68 mol

5.6

화합물 시료 455 g에 존재하는 XeF_4의 mol을 결정하시오.

(a) 4.56 mol (b) 3.84 mol
(c) 1.69 mol (d) 2.20 mol
(e) 0.943 mol

5.7

황산 철(II) 244 g과 같은 mol을 포함하고 있는 과염소산 니켈(II)의 질량을 결정하시오.

(a) 379 g (b) 94.7 g
(c) 237 g (d) 61.0 g
(e) 157 g

연습문제

5.1절: 질량 측정을 이용한 원자 개수 세기

5.1 Avogadro 수와 항상 연관된 단위는 무엇인가?

5.2 Avogadro 수와 He 원자의 mol과 He 원자의 몰질량 사이의 관계를 보여주는 환산 인자를 가능한 한 많이 쓰시오.

5.3 다음 각 문제에 포함되어 있는 원자의 수를 결정하시오.
(a) 브로민 원자 2.6 mol
(b) 마그네슘 8.1 mol
(c) 아르곤 4.9 mol

5.4 다음 문제에서 네온의 질량을 결정하시오.
(a) Ne 4.38 mol
(b) 3.44×10^{23} Ne 원자

5.5 포타슘의 질량을 결정하시오.
(a) 8.11×10^{23} K 원자
(b) K 2.99 mol

5.6 각 물질의 mol을 결정하시오.
(a) 84.4 g Si
(b) 5.09×10^{23} Si 원자
(c) 27.11 g Ag
(d) 3.82×10^{24} Ag 원자

5.7 가장 큰 원자 수를 포함하고 있는 시료는 다음 중 어느 것인가?
(a) 10.0 g He (b) 10.0 g Ar
(c) 10.0 g Ca (d) 10.0 g Ba

5.8 다음 각각의 질량을 그램으로 결정하시오.
(a) 15개의 Fe 원자 (b) 15개의 Ne 원자
(c) 15개의 K 원자 (d) 15개의 Sr 원자

5.9 다음 표를 채우시오.

시료의 mol	시료의 질량	시료 내 원자
3.75 mol Ag		
	90.3 g Fe	
		2.38×10^{23} N 원자

5.10 Xe 3.48 g과 동일한 수를 포함하고 있는 Mg의 질량을 결정하시오.

5.2절: 질량 측정을 이용한 분자 개수 세기

5.11 화학식으로부터 화합물의 몰질량을 결정하는 방법을 설명하시오.

5.12 다음 시료에 포함되어 있는 분자 수는 얼마인가?
(a) 25.7 g CO_2
(b) 98.3 g C_2Cl_4
(c) 38.7 g SO_2
(d) 55.4 g SF_4

5.13 0.983 g SO_3 시료에 존재하는 분자 수와 산소 원자 수를 결정하시오.

5.14 1.525×10^{26}개의 황 원자를 포함하는 SO_2의 질량을 계산하시오.

5.15 다음 문제에 해당하는 양을 g 질량으로 계산하시오.
(a) 25개의 H_2O 분자
(b) 25개의 PCl_3 분자
(c) 25개의 $LiNO_3$ 화학식 단위
(d) 25개의 $Mg(ClO_4)_2$ 화학식 단위

5.16 다음 시료에 포함되어 있는 수소의 질량(그램 단위)은 얼마인가?
(a) 3.76×10^{24}개의 H_2O 분자
(b) 4.74×10^{23}개의 NH_4Cl 화학식 단위
(c) 1.09×10^{24}개의 C_3H_8 분자
(d) 6.22×10^{23}개의 NH_3 분자

5.17 시료에 존재하는 CH_4의 mol보다 수소의 mol이 왜 더 많은지 설명하시오.

5.18 산소의 mol과 각 화합물의 mol 사이의 관계를 보여주는 환산 인자를 쓰시오.
(a) $Al_2(SO_4)_3$ (b) N_2O_5
(c) $Mg_3(PO_4)_2$ (d) OCl_2

5.19 수소의 mol과 각 화합물의 탄소 mol 사이의 관계를 보여주는 환산 인자를 쓰시오.
(a) C_2H_4 (b) C_2H_6
(c) $Al(CH_3COO)_3$ (d) H_2CO_3

5.20 각 시료 내 분자 수와 C의 mol을 결정하시오.
(a) 3.55 mol C_2H_6
(b) 1.78 mol C_3H_8
(c) 5.77 mol H_2CO_3
(d) 2.11 mol $C_6H_{12}O_6$

5.21 시료 내에 존재하는 N의 화학식 단위수와 mol을 결정하시오.
(a) 6.03 mol NaCN
(b) 1.05 mol $Ca(NO_3)_2$
(c) 10.3 mol $(NH_4)_2SO_4$
(d) 8.55 mol $Cr(CN)_3$

5.22 다음 중 가장 큰 mol의 Br을 갖는 것은 어느 것인가?
(a) 2.5 mol $SrBr_2$ (b) 2.5 mol PBr_3
(c) 2.5 mol C_2Br_2 (d) 2.5 mol CBr_4

5.23 다음 화합물의 각 몰질량을 결정하시오.
(a) $Sr(ClO)_2$ (b) Rb_2CO_3
(c) $(NH_4)_2O$ (d) $Al_2(SO_3)_3$

5.24 다음 시료 내의 $AsCl_3$ 분자 수와 Cl 원자 수를 결정하시오.
(a) 1.88 mol $AsCl_3$
(b) 43.7 g $AsCl_3$

5.25 다음 시료 7.88 g에 포함되어 있는 황의 질량(그램 단위)은 얼마인가?
(a) $Al_2(SO_3)_3$ (b) SF_6
(c) Al_2S_3 (d) $MgSO_4$

5.26 다음 각 화합물에 대하여 9.67×10^{22}개의 Mg 원자를 포함하고 있을 때 이 시료의 mol을 결정하시오.

(a) Mg_3P_2 (b) $Mg_3(PO_3)_2$
(c) $Mg(CN)_2$ (d) MgS

5.27 각 화합물의 시료가 7.32×10^{19} C 원자를 포함하고 있을 때 이 시료의 질량을 그램 단위로 결정하시오.

(a) C_2H_4 (b) $Ca(CH_3COO)_2$
(c) Li_2CO_3 (d) MgC_2O_4

5.28 산소 분자에 대하여 올바른 환산 인자가 아닌 것은 어느 것인가? 틀린 것은 정정하시오.

(a) $\frac{16.00\text{ g O}}{1\text{ mol }O_2}$ (b) $\frac{6.022 \times 10^{23}\ O_2}{1\text{ mol }O_2}$

(c) $\frac{1\text{ mol }O_2}{32.00\text{ g }O_2}$ (d) $\frac{6.022 \times 10^{23}\text{ O}}{1\text{ mol O}}$

(e) $\frac{2\text{ mol }O_2}{32.00\text{ g }O_2}$

5.29 $(NH_4)_2O$에 대하여 올바른 환산 인자가 아닌 것은 어느 것인가? 틀린 것은 정정하시오.

(a) $\frac{1\text{ mol O}}{1\text{ mol }(NH_4)_2O}$

(b) $\frac{4\text{ mol H}}{1\text{ mol }(NH_4)_2O}$

(c) $\frac{34.04\text{ g }(NH_4)_2O}{1\text{ mol }(NH_4)_2O}$

(d) $\frac{6.022 \times 10^{23}\text{ 화학식 단위 }(NH_4)_2O}{1\text{ mol }(NH_4)_2O}$

(e) $\frac{1\text{ mol }NH_4^+}{1\text{ mol }(NH_4)_2O}$

5.30 다음 표를 채우시오.

시료의 mol	시료의 질량	시료 내 N 원자
6.44 mol $Al(NO_2)_3$		
	4.31 g Mg_3N_2	
___ mol $(NH_4)_2CO_3$	___ g $(NH_4)_2CO_3$	2.38×10^{23} N 원자

5.3절: 조성 백분율

5.31 화합물에 대하여 모든 원소의 조성 백분율 값을 합해야 하는 이유는 무엇인가?

5.32 다음 화합물 각각에 존재하는 질소의 조성 백분율을 결정하시오.

(a) $Mg(NO_3)_2$ (b) N_2Cl_4
(c) N_2O_5 (d) NBr_3

5.33 다음 화합물에 존재하는 산소의 조성 백분율을 결정하시오.

(a) $Ba(ClO_3)_2$ (b) $Fe(OH)_3$
(c) Li_2O (d) H_3PO_4

5.34 다음 화합물에 존재하는 양이온의 조성 백분율을 결정하시오.

(a) 염화 암모늄 (b) 산화 구리(II)
(c) 인산 마그네슘 (d) 산화 알루미늄

5.4절: 조성 백분율로 실험식 구하기

5.35 니코틴은 담배에서 발견되는 중독성 물질이다. 이 화합물의 분자식은 $C_{10}H_{14}N_2$이다. 실험식은 무엇인가?

5.36 카페인은 커피와 많은 청량음료에서 발견된다. 이 화합물의 분자식은 $C_8H_{10}N_4O_2$이다. 실험식은 무엇인가?

5.37 질량으로 63.65% N와 36.35% O로 구성되어 있는 화합물이 있다. 이 화합물의 실험식을 구하시오.

5.38 51.95% Cr과 48.05% S로 구성되어 있는 화합물이 있다. 이 화합물의 실험식을 구하시오.

5.39 한 화합물의 79.22 g 시료를 연소 분석하여 30.71 g Ca, 15.82 g P, 32.69 g O를 발견하였다. 이 화합물의 실험식을 구하시오.

5.40 Ti 시료 29.3 g을 충분한 O_2와 반응시켜 생성물 48.9 g을 만들었다. 이 생성물의 실험식을 구하시오.

5.5절: 분자식 결정을 위한 실험식과 몰질량 사용하기

5.41 질소와 수소로 구성되어 있는 화합물은 실험식 NH_2로 알려졌다. 만약 이 화합물의 몰질량이 32.05 g/mol이라면 분자식을 구하시오.

5.42 탄소와 수소로만 이루어진 화합물에서 85.62%의 탄소가 발견되었다. 만약 분자량이 84.16 g/mol이라면 화합물의 분자식을 결정하시오.

종합문제

5.43 다음 시료의 염소 원자 수를 계산하시오.

(a) 24.31 g Cl_2 (b) 83.5 g Cl
(c) $CHCl_3$ 4.22 mol (d) 67.5 g CCl_4
(e) 3.45×10^{22}개의 $CHCl_3$ 분자

5.44 각 시료에 포함된 수소 원자의 수를 계산하시오.

(a) 198 mg CH_3COOH
(b) 3.82 kg H_3PO_4
(c) 7.44×10^{10} ng C_2H_6

5.45 2.97×10^{23}개의 N 원자를 포함하는 각 화합물의 질량(g)을 결정하고 각 질량을 화합물의 mol로 변환하시오.

(a) N_2O_5
(b) $(NH_4)_2O$
(c) $Al(NO_3)_3$

5.46 각 시료에 포함되어 있는 소듐(Na) 이온의 수를 결정하시오.

(a) 7.95 mol 인산나트륨
(b) 4.36×10^{24}개 산화나트륨
(c) 213 g 황화나트륨

5.47 어떤 특정 기념 주화 세트에는 1.00 oz(온스) 은화 2개와 0.500 oz 금화 3개가 들어 있다.

(a) 49.0 lb(파운드) 동전 세트에는 금화가 몇 개 들어 있는가?
(b) 총질량이 63.0 lb인 세트 모음에는 은화가 몇 개 들어 있는가?

(c) 금화가 93개 들어 있는 세트의 총질량(lb)은 얼마인가?
(d) 금화가 9.00 lb 들어 있는 동전 세트에서 은화의 질량 (lb)은 얼마인가?
(e) 앞의 문제 (d)의 세트에 들어 있는 동전들의 각 은과 금 원자의 수를 결정하시오(동전은 순은과 순금이라고 가정한다).

예제 속 추가문제 정답

5.1.1 (a) 4.40×10^{24} 원자 (b) 148 mol **5.1.2** (a) 6.32×10^{49} 원자 (b) 3.87×10^{-3} mol **5.2.1** (a) 3.066×10^{-1} mol (b) 1.72×10^{-3} mol (c) 2.98×10^{-1} mol **5.2.2** (a) 1.10×10^{2} g (b) 3.0×10^{-1} g (c) 4.125×10^{-3} g **5.3.1** (a) 3.225×10^{23} 원자 (b) 5.374×10^{-10} g **5.3.2** (a) 8.116×10^{2} g (b) 1.439×10^{31} 원자 **5.4.1** (a) 137.32 g/mol (b) 98.09 g/mol (c) 68.15 g/mol (d) 146.07 g/mol **5.4.2** (a) 5 (b) 2 (c) 2 (d) 4 **5.5.1** (a) 495 g (b) 0.704 mol **5.5.2** 1.626 mol **5.6.1** (a) 6.68×10^{23} 분자, 1.34×10^{24} 원자; (b) 1.32×10^{-7} g **5.6.2** (a) 1.11×10^{25} N 원자, 2.79×10^{25} O 원자; (b) 33.4 g **5.7.1** 5.82×10^{23} Mg^{2+} 이온, 1.16×10^{24} CN^- 이온 **5.7.2** 406.5 g **5.8.1** 57.13% C, 6.165% H, 9.52% N, 27.18% O **5.8.2** 70.95% C, 6.315% H, 3.401% F, 5.016% N, 14.32% O **5.9.1** C_2H_6O **5.9.2** $C_9H_8O_4$ **5.10.1** C_2H_5O, $C_4H_{10}O_2$ **5.10.2** C_3H_4, C_9H_{12}

CHAPTER 6

분자 형태

Molecular Shape

분자의 모양과 분자들 사이의 인력은 눈송이의 아름답고 독특한 모양과 같은 흥미로운 현상을 만든다.

이 장의 목표

분자와 다원자 이온의 Lewis 구조를 그리는 방법과 분자의 형태를 예측하는 방법을 배운다. 또한 극성 화학 결합을 구분하는 방법, 분자가 전체적으로 극성인지 결정하는 방법, 순물질에서 분자들과 원자들이 함께 잡고 있는 인력에 대해서 배운다.

들어가기 전에 미리 알아둘 것

- 전하를 띤 입자들이 상호 작용하는 방법 [|◀◀2.2절]
- 원자에서 원자가 전자의 수를 결정하는 방법 [|◀◀3.5절]
- 3장 주요 내용 [116~117쪽]

분자가 화학식, 구조식, 분자 모형으로 어떻게 표현되는지 살펴보았다. 이 장에서는 분자를 나타내는 다른 방식을 배울 것이다. 이 방식은 분자의 형태와 분자 간 상호 작용하는 방법을 포함하는 중요한 특성을 이해하고 예측하는 데 도움이 될 것이다.

6.1 단순한 Lewis 구조 그리기

4장에서 구성요소 원자의 Lewis 점 기호를 결합하여 Cl_2, H_2, HCl과 같은 단순한 분자를 어떻게 표현할 수 있는지를 살펴보았다.

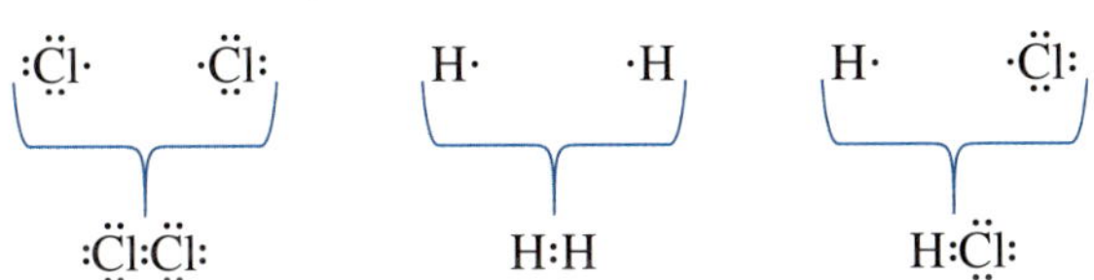

또한 두 원자의 공유 전자를 나타내는 원자 사이의 점 기호가 어떻게 공유 결합을 형성하고 대시 기호로 그리는 방법도 살펴보았다.

:C̤̈l—C̤̈l: H—H   H—C̤̈l:

이들 각각은 Lewis 점 구조 또는 Lewis 구조의 예로, **Lewis 구조**(Lewis structure)는 하나 이상의 공유 결합을 포함하는 화학종을 그릴 수 있는 표현이다. 이 절에서는 분자와 다원자 이온 같은 상대적으로 단순한 화학종의 Lewis 구조를 그리는 단계들을 배울 것이다.

단순한 분자의 Lewis 구조

4장에서 대부분의 주족 원소(main-group element) 원자들이 비활성 기체 원자와 같은 등전자(isoelectronic)[|◀◀3.7절]가 되어 안정성을 얻는다는 것을 배웠다. 이와 같이 원자가 전자를 잃거나 얻거나 혹은 공유하여 각 원자가 8개의 전자에 의해 둘러싸여 있으려고 하는 경향을 **팔전자 규칙**(octet rule)이라 한다(팔전자 규칙의 일반적인 예외는 수소로, 수소는 크기가

매우 작기 때문에 오직 두 개의 전자만을 수용할 수 있다). 이전에 보았던 단순한 Lewis 구조를 떠올려보자. 우선, 각각 7개의 원자가 전자를 가진 두 개의 염소 원자가 한 쌍의 전자를 공유하기 위해 서로 가까이 움직인다. 원자가 전자의 총합은 14로, 각각의 염소 원자가 팔전자 규칙을 따르기 위해 필요한 여덟 개의 전자를 가지기에 충분하지 않다. 그러나 염소 원자들이 전자를 공유하여 공유 결합을 형성할 때, 각각의 염소 원자는 공유된 전자를 자신의 것으로 계산함으로써 각각의 원자가 팔전자 규칙을 따르게 된다. Lewis 구조를 그릴 때 보통 대시(dash, 선) 기호를 사용하여 공유 전자쌍을 나타내지만, 여기서는 Cl_2 분자의 두 원자에 팔전자 규칙을 적용하기 위해 각각의 전자를 대시 기호가 아닌 점 기호로 나타냄으로써 시각화하기가 더 용이할 수 있다.

왼쪽 염소 원자는 자기 것으로 파란색 원 안에 있는 모든 점들을 포함시킨다.

오른쪽 염소 원자는 자기 것으로 핑크색 원 안에 있는 모든 점들을 포함시킨다.

따라서 Cl_2 분자 안 각각의 염소 원자는 여덟 개의 전자로 둘러싸여 있으며 완전한 팔전자계를 형성한다. 간단한 분자의 Lewis 구조를 그리는 단계는 다음과 같다.

1. 분자식을 사용하여, 분자 내에서 배열될 것으로 예상되는 방향에 원자들 각각의 기호를 쓴다. 이것을 **골격 구조**(skeletal structure) 그리기라고 한다. 그런 다음 대시 기호를 이용하여 골격 구조의 원자들 사이에 결합을 그린다.
2. 분자에 포함되어 있는 모든 원자가 가진 원자가 전자의 총합을 계산하시오. 모든 주족 원자들이 가진 원자가 전자 수는 족 번호의 마지막 숫자와 같다는 것을 기억하시오(1족: 원자가 전자 1개, 2족: 원자가 전자 2개, 13족 : 원자가 전자 3개 등).
3. 2단계에서 계산한 원자가 전자의 총수에서 1단계에서 그린 골격 구조에 있는 각각의 결합

단계		Cl_2	HCl	
1	결합을 위한 대시가 포함된 골격 구조에 원자를 배열시킨다.	Cl—Cl	H—Cl	이 경우, 전자를 배열시키기 위한 오직 한 가지 방법이 있다: 나란히
2	모든 원자의 원자가 전자를 합친다.	7 + 7 = 14	1 + 7 = 8	17족의 각 Cl은 7개의 원자가 전자를 가진다. 1족의 각 H는 1개의 원자가 전자를 가진다.
3	1단계 구조에서 각 결합당 2개의 전자를 뺀다.	14 − 2 = 12	8 − 2 = 6	이 경우, 골격 구조식에 전자 결합이 있다. 따라서 원자가 전자의 합에서 2를 뺀다.
4	각 원자가 완전한 팔전자를 가지도록 3단계에서 결정된 전자의 수를 배치시킨다. 단지 2개의 전자를 가지는 수소는 제외한다.	:C̈l—C̈l:	H—C̈l:	모든 전자가 분포된 상태에서 각 Cl 원자는 완전한 팔전자를 가지고 수소 원자는 두 개의 전자를 가진다.

당 2개씩 전자를 뺀다(즉, 원자가 전자의 총수－공유 결합된 전자의 수). 결괏값은 Lewis 구조를 완성하기 위해서 분배해야 하는 전자의 수이다.

4. 골격 구조에 있는 각각 원자의 팔전자 규칙을 완성하기 위해 3단계에서 결정된 전자 수를 짝지은 점으로 분배한다(수소는 8개가 아닌 오직 2개의 전자만을 가지려 한다는 것을 기억해라).

이러한 각각의 단계는 다음 예제에서 명확하게 설명될 것이다. 우선 위의 표로 친숙한 Cl_2와 HCl의 예를 이용하여 이러한 단계를 구현하는 방법에 대해 자세히 살펴보자.

중심 원자를 가진 분자의 Lewis 구조

Cl_2나 HCl과 같은 이원자 분자의 경우, Lewis 구조를 그리는 첫 번째 단계인 골격 구조 그리기는 매우 간단하다. 두 개의 원자를 배열하는 유일한 방법은 서로 나란히 배치하는 것이다. 그러나 골격 구조를 결정하기가 복잡한 경우도 많이 있다. CCl_4와 H_2O 같은 다원자 분자의 경우, (골격 구조를 그리기 위해) 원자를 배열할 수 있는 방법은 여러 가지일 수 있다. (이원자 분자보다) 좀 더 복잡한 CCl_4와 H_2O를 이용하여 각 단계를 다시 살펴보자. 이들 각각은 하나의 유일한 원자와 둘 이상의 개수를 가진 다른 원소의 원자로 구성된 이성분 화합물이다. CCl_4에서 유일한 원자는 탄소이며, H_2O에서 유일한 원자는 산소이다. 이와 같은 경우 유일한 원자를 (골격 구조의) 중심에 위치시켜 **중심 원자**(central atom)로 만든다. 그 후 중심 원자 주위에 다른 원자를 대칭적으로 배열하고 중심 원자와 다른 원자 사이에 결합을 그린다. 이런 방식으로 중심 원자를 둘러싸는 원자를 **말단 원자**(terminal atom)라고 한다.

학생 노트
지금까지 학습한 규칙으로 올바른 중심 원자를 결정할 수 없는 경우가 있다. 이 경우 원자 배치에 대한 자세한 정보가 제공된다.

단계		CCl_4	H_2O
1	결합을 위한 대시가 포함된 골격 구조에 원자를 배치시킨다. 중심에 유일한 원자를 위치시키고 그 주변에 대칭적으로 다른 원자를 배열한다.	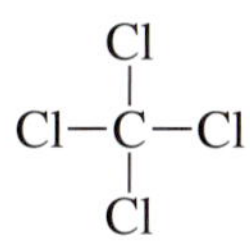	H—O—H
2	모든 원자의 원자가 전자를 합친다.	$4 + 4(7) = 32$ C에 대한 4 (14족) 각 Cl에 대한 7 (17족)	$6 + 2(1) = 8$ O에 대한 6 (16족) 각 H에 대한 1 (1족)
3	1단계 구조에서 각 결합당 2개의 전자를 뺀다.	$32 - 4(2) = 24$ 각 4개 결합에 대한 2	$8 - 2(2) = 4$ 각 2개 결합에 대한 2
4	각 원자가 완전한 팔전자를 가지도록 3단계에서 결정된 전자의 수를 분배시킨다. 단지 2개의 전자를 가지는 수소는 제외한다.	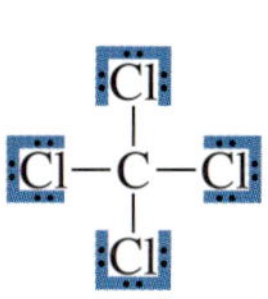	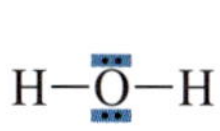

지금까지 그린 Lewis 구조 각각에서 대시 기호는 **결합 전자쌍**(bond pair) 혹은 결합성 전자쌍(bonding pair)으로 알려진 공유 전자쌍을 나타낸다. 각각의 짝지은 점은 화학결합에 관여하지 않는 한 쌍의 비공유 전자쌍을 나타낸다. 비공유 전자쌍은 **고립 전자쌍**(lone pair) 또는 비결합성 전자쌍(nonbonding pair)으로 알려져 있다.

단순한 다원자 이온의 Lewis 구조

4장에서 다원자 이온 안의 원자들이 공유 결합에 의해 서로 결합을 유지하고 있다는 것을 배웠다. 따라서 분자의 경우와 마찬가지로 다원자 이온을 Lewis 구조로 나타낼 수 있다. 다원자 이온의 Lewis 구조를 그리기 위해서는 지금까지 공부했던 4단계에서 두 가지의 작은 교정이 필요하다.

- 원자가 전자의 총수를 계산할 때 다원자 이온의 전하를 고려해야 한다.
- 마지막 Lewis 구조를 괄호로 묶고 이온의 전하를 위첨자로 표시한다.

이것을 설명하기 위해, 다원자 이온의 예로 친숙한 NH_4^+와 ClO^-를 이용할 것이다.

단계		NH_4^+	ClO^-
1	결합을 위한 대시가 포함된 골격 구조에 원자를 배열시킨다. 유일한 원자가 있으면 그것을 중심에 배치시키고 그것의 주변에 다른 원자들을 대칭으로 배열한다.	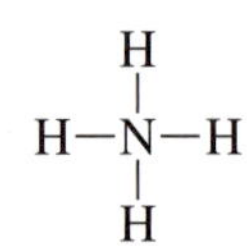	Cl—O
2	모든 원자의 원자가 전자를 합친다. 각 양이온에 대해 1 전자를 빼고 각 음이온에 대해 1 전자를 더한다.	N을 위한 5 (15족); 이온에 있는 +1 전하를 고려해서 1을 뺀다. $5 + 4(1) - 1 = 8$ 각 H를 위한 1 (1족)	Cl을 위한 7 (17족); 이온에 있는 −1 전하를 고려해서 1을 더한다. $7 + 6 + 1 = 14$ O를 위한 6 (16족)
3	1단계의 구조에서 각 결합당 2 전자를 뺀다.	$8 - 4(2) = 0$ 각 4개의 결합에 대한 2	$14 - 2 = 12$ 단지 1개의 결합에 대한 2
4	각 원자가 완전한 팔전자를 가지도록 3단계에서 결정된 전자의 수를 분해시킨다. 단지 2개의 전자를 가지는 수소는 제외한다. 괄호 안의 다원자 이온 구조를 위첨자 전하로 에워싼다.	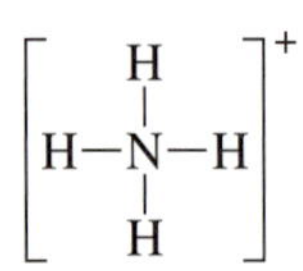	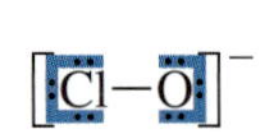

그림 6.1에서는 CCl_4의 Lewis 구조에 대해 자세히 설명하고, 중요한 특징을 나타내었다. 비록 모든 Lewis 구조가 적어도 두 개의 원자와 적어도 하나의 결합 전자쌍을 포함하지만,

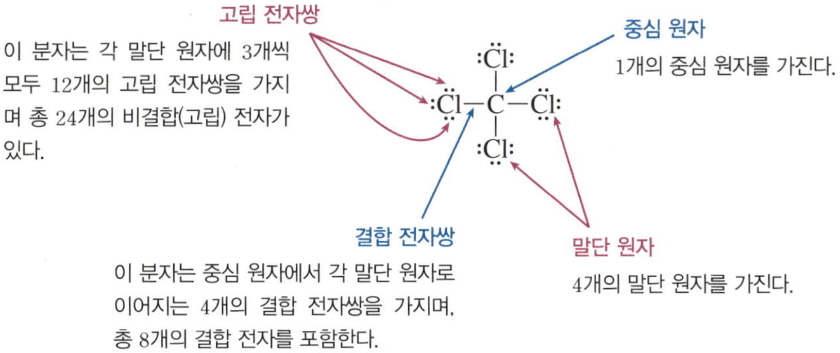

그림 6.1 간단한 Lewis 구조의 해부

지금까지 살펴봤던 모든 Lewis 구조가 그림 6.1에 나와 있는 모든 특징을 포함하고 있는 것은 아니다. 예를 들어, H_2의 Lewis 구조는 중심 원자 또는 말단 원자, 고립 전자쌍을 가지고 있지 않다. HCl의 Lewis 구조는 고립 전자쌍은 가지고 있으나 중심 원자는 없다. 또한 다음 6.2절에서 배울 내용으로, 일부 분자는 하나 이상의 중심 원자를 가지고 있으며, 일부 결합은 하나 이상의 전자쌍을 공유하고 있다. 이러한 것들은 Lewis 구조의 다른 측면과 함께 이 장의 뒷부분에서 다룰 예정이다. 그러나 지금은 간단한 Lewis 구조를 그리는 기본 단계를 익히는 것이 중요하다.

예제 6.1을 통해 몇 가지 단순한 분자와 다원자 이온의 Lewis 구조를 그리는 연습을 해보자.

학생 노트
종종 다단계 화학 문제를 해결하는 첫 번째 단계는 Lewis 구조를 그리는 것이다. 그리는 Lewis 구조가 올바르지 않은 경우, 문제 해결이 완료되었더라도 잘못된 대답을 초래할 수 있다. 그러므로 지금 Lewis 구조를 올바르게 그리는 법을 배우는 것은 매우 중요하다. 이 작업을 수행하는 유일한 방법은 많은 연습을 하는 것이다.

예제 6.1 분자와 다온자 이온의 Lewis 구조 그리기

다음 물질 각각에 대해 Lewis 구조를 그리시오.

(a) $SeBr_2$ (b) H_3O^+ (c) PCl_3

전략 Lewis 구조를 그리기 위해 1~4단계에서 설명한 절차를 이용한다.

계획 & 풀이

	(a)	(b)	(c)
1단계: 중심에 유일한 원자가 있는 골격 구조를 결정한다.	Br—Se—Br	H | H—O—H	Cl | Cl—P—Cl
2단계: 원자가 전자를 합산한다.	Se = 6 Br = 2(7) = 14 20 e^-	O = 6 H = 3(1) = 3 전하 = −1 8 e^-	P = 5 Cl = 3(7) = 21 = 26 e^-
3단계: 1단계 골격 구조에 있는 각각의 결합당 2개의 전자를 뺀다.	20 − 2(2) = 16	8 − 3(2) = 2	26 − 3(2) = 20
4단계: 수소 원자를 제외한 각각의 원자가 완전한 팔전자 규칙을 이루도록 남은 전자를 분배한다.	:B̤̈r—S̤̈e—B̤̈r:	[H | H—Ö—H]$^+$	:C̈l: | :C̤̈l—P̤—C̤̈l:

생각해보기

원자가 전자의 총수를 세는 것은 상대적으로 간단하지만, 종종 성급하게 계산하여 이런 유형의 문제에서 잠재적인 오류의 원인이 될 수 있다. 각 원소에 대한 원자가 전자의 수는 그 원소의 족수와 같다는 것을 기억하자.

추가문제 1 다음 물질 각각에 대한 Lewis 구조를 그리시오.

(a) ClO_3^- (b) PCl_4^+ (c) $SiBr_4$

추가문제 2 다음 물질 각각에 대한 Leiws 구조를 그리시오.

(a) NF_4^+ (b) BrO_4^- (c) H_3S^+

추가문제 3 나열된 원소 중 다음에 보이는 Lewis 구조에서 A로 표시할 수 있는 원소는 무엇인가? 마찬가지로, Lewis 구조에서 X로 표시할 수 있는 원소는 무엇인가?

B, C, N, O, F, Al, Si, P, S, Cl, As, Se, Br, I, H

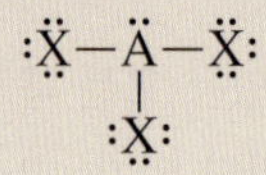

6.2 복잡한 Lewis 구조 그리기

지금까지 하나의 중심 원자가 있는 분자의 Lewis 구조를 그렸으며, 그 구조에서 각 결합은 한 쌍의 공유 전자로 이루어져 있다. 이 절에서는 약간 더 복잡한 분자와 다원자 이온의 Lewis 구조를 그리는 방법을 살펴볼 것이다.

불분명한 골격 구조와 Lewis 구조

어떤 경우에는 분자나 다원자 이온의 골격 구조를 그릴 때 즉각적으로 원자를 배열하기가 어려울 수 있다. CH_3Cl 분자를 예로 들어보면, 지금까지 골격 구조의 중심에 위치하도록 배워왔던 유일한 원자(화학식에서 오직 한 개만 있는 원자)는 한 개가 아니라 두 개로 C와 Cl이다. 이런 경우에 금속성[|◀◀ 2.2절]을 고려하여, 상대적으로 금속성이 더 큰 원자를 골격 구조의 중심에 배치한다. CH_3Cl의 경우 C가 Cl보다 금속성이 더 크기 때문에 다음과 같은 골격 구조를 그릴 수 있다.

학생 노트

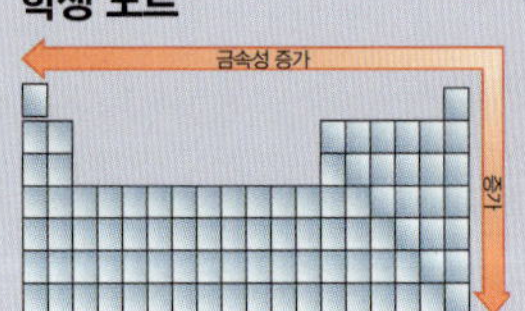

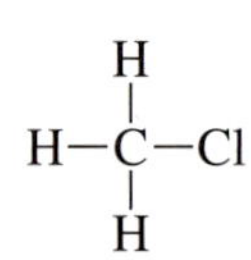

이후 Lewis 구조를 그리는 규칙을 적용하여 다음과 같은 최종 구조를 그릴 수 있다.

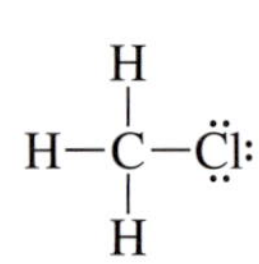

학생 노트
이 문맥에서 중심 원자는 하나 이상의 다른 원자와 결합하는 반면, 말단 원자는 다른 하나의 원자와 결합한다.

또한 두 개 이상의 '중심' 원자가 있는 경우도 있을 수 있다. 예를 들어, 에테인(ethane, C_2H_6) 분자는 두 개의 탄소(C) 원자 모두가 중심 원자로 간주되며, 각각의 수소(H) 원자들이 말단 원자가 된다. 두 개의 탄소(C) 원자는 Lewis 구조에서 완전한 팔전자계를 갖는다는 것을 주목하라.

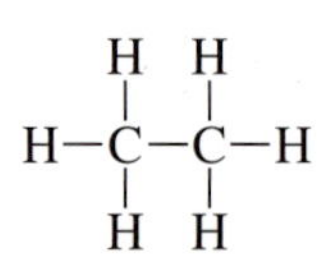

다중 결합과 Lewis 구조

또 다른 흔한 경우는 분자 내의 모든 원자들이 팔전자 규칙을 만족하기 전에 원자가 전자가 다 떨어지는 경우이다. O_2 분자를 살펴보자. Lewis 구조를 그리기 위해 1~4단계를 실행하면 다음과 같은 결과를 얻는다.

1. 골격 구조를 그린다. O—O
2. 원자가 전자를 계산한다. $2 \times 6 = 12$
3. 골격 구조 안에서 결합당 2개의 전자를 뺀다. $12 - 2 = 10$
4. 나머지 원자가 전자를 분배한다. :Ö—Ö:

이용 가능한 모든 원자가 전자를 분배해도 한 개의 산소 원자는 완전한 팔전자계를 이루지 못한다. 이런 경우, 말단 원자에 있는 고립 전자쌍을 원자들 사이의 위치로 이동시켜 다중 결합을 만드는 단계를 추가해야 한다. **다중 결합**(multiple bond)은 두 원자가 두 개 이상의 전자쌍을 공유하는 것이다. 구체적으로, **이중 결합**(double bond)은 두 개의 전자쌍을 공유하는 것이고, **삼중 결합**(triple bond)은 세 개의 전자쌍을 공유하는 것이다. O_2 분자의 경우(두 개의 산소 원자 중) 팔전자계를 만족한 산소(O) 원자의 고립 전자쌍 중 한 쌍을 두 개의 산소(O) 원자 사이로 가져와서 공유 전자쌍으로 변환한다.

5. 필요한 경우 고립 전자쌍을 결합쌍(공유 전자쌍)으로 변환하여 팔전자계를 완성하는 데 필요한 다중 결합을 만든다.

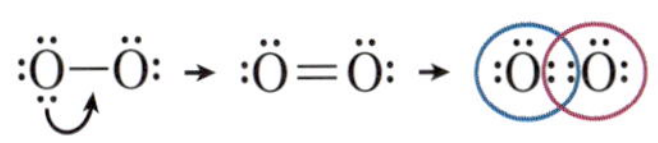

결국 산소(O) 원자 사이에 이중 결합이 되어 각각의 원자는 완전한 팔전자계를 갖는다. 예제 6.2를 통해 다중 결합이 있는 Lewis 구조를 그리는 연습을 할 수 있다.

예제 6.2 이중 또는 삼중 결합으로 Lewis 구조 그리기

CO_2의 Lewis 구조를 그리시오.

전략 Lewis 구조를 그리기 위해 1~5단계에서 설명한 절차를 사용한다.

계획

1단계: 유일한 원자인 C를 골격 구조의 가운데에 배치한다.

O—C—O

2단계: 원자가 전자의 총수는 $4+2(6)=16$, 탄소에서 나오는 전자는 4개이며, 각 산소 원자에서는 6개이다.

3단계: 16에서 4개의 전자(1단계에서 구조의 각 결합에 대해 2개)를 빼면, 나머지 12개의 전자가 남는다.

4단계: 남아 있는 12개의 전자를 분배한다.

:Ö—C—Ö:

5단계: 고립 전자쌍을 결합 전자쌍으로 변경하여 팔전자 규칙을 완성한다.

풀이

:Ö=C=Ö:

생각해보기

일반적으로 4단계에서 전자를 먼저 '바깥쪽' 또는 말단 원자 주위에 분배하는 것이 가장 좋다. 말단 원자에 대한 팔전자 규칙을 충족시킨 후 나머지 전자를 중앙 원자에 배치한다.

추가문제 1 HCN에 대한 Lewis 구조를 그리시오.

추가문제 2 NO^-에 대한 Lewis 구조를 그리시오.

추가문제 3 다음에 주어진 Lewis 구조가 가지는 전하를 결정하시오.

(a) [:N≡O:]$^?$ (b) [:Ö=N=Ö:]$^?$

팔전자 규칙의 예외

팔전자 규칙에는 세 가지 공통적인 예외가 있다. 첫 번째 예외는 분자가 홀수의 전자를 가진 경우이다. NO[일산화 질소(nitrogen monoxide), 일반적으로 산화 질소라고도 함]에는 총 11개의 원자가 전자가 있다. 이때 두 원자 모두 완전한 팔전자계를 이루도록 원자가 전자를 배열할 방법이 없다. 그릴 수 있는 가장 최선의 구조는 O 원자가 완전한 팔전자계를 이루고 N 원자는 (팔전자계를 이루지 못하고) 주위에 7개의 전자를 가지는 것이다.

·N̈=Ö:

두 번째 예외는 베릴륨(Be) 또는 붕소(B)가 중심 원자인 경우이다. Be과 B는 분자 화합물에서 만나는 대부분의 원소보다 더 큰 금속 성질을 가지고 있다. Be과 B는 8개의 전자에 의해 둘러싸일 필요가 없다. 아래의 $BeCl_2$와 BF_3의 구조에서 보이는 것처럼, 실제로 Be은 주위에 단지 4개의 전자를 B는 단지 6개의 전자를 가진다.

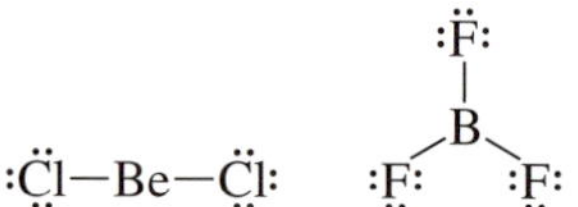

세 번째 예외는 중심 원자가 3주기 이상의 원소인 경우이다. 이 원자들은 팔전자 규칙을 따를 때도 있지만, 보통은 2주기 원자보다 크기 때문에 주위에 8개 이상의 전자를 수용할 수 있다. 8개 이상의 전자를 가진 중심 원자는 **확장된 팔전자계**(expanded octet)를 가지고 있다고 말한다. PCl_5와 SF_6을 예로 들 수 있다.

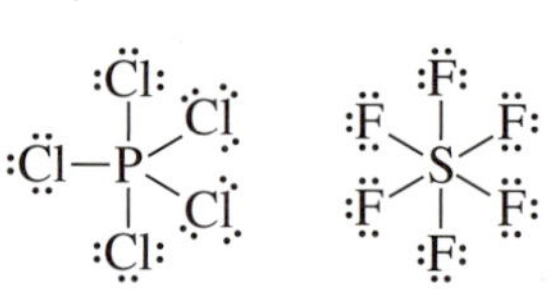

화학과 친해지기

표백, 소독 및 오염 제거

홀수 개의 전자를 가진 분자는 완전히 만족스러운 Lewis 구조를 그릴 수는 없지만, 세상에는 그런 물질이 많이 존재한다. 주목할 만한 분자 중 하나는 ClO_2(이산화염소)이며, 총 19개의 원자가 전자를 가지고 있다. 비공유 전자의 존재는 분자의 반응성을 높여 여러 산업에서 ClO_2를 사용할 수 있게 한다.

이를 수행하는 업계 중 하나는 종이 제조를 위한 목재 펄프 표백에 ClO_2를 사용하는 제지 산업이다. ClO_2의 사용은 Cl_2(원소 염소)의 사용과 관련된 이전 방법보다 환경적으로 덜 유해한 부산물을 만드는 원소 염소가 없는 방법(ECF)으로 알려진 산업 방법이다. 도시의 상수도를 소독하기 위한 염소 처리 또한 인체 건강에 잠재적으로 해로운 부산물을 최소화하기 위해 Cl_2보다는 ClO_2를 사용한다.

ClO_2의 또 다른 일반적인 용도는 오염 제거이다. 이 제품은 매우 유익하다. 2001년 9월과 10월 말에 탄저균 박테리아가 들어 있는 서신이 여러 언론 매체와 두 명의 미국 상원의원에게 배달되었다. 이후 탄저병에 걸린 22명 중 5명이 사망했다. 탄저병은 포자 형성 세균(*Bacillus anthracis*)으로 미국 질병통제예방센터(CDC)에서 잠재적인 생물 테러 요인으로 분류되는 세균이다. 포자 형성 박테리아는 살인 세균으로 악명 높으므로, 탄저균으로 오염된 건물을 깨끗하게 정리하는 데 많은 시간과 비용이 소요된다.

미국 환경보호국(EPA)은 Florida의 Boca Raton에 있는 American Media Inc.(AMI) 빌딩의 출입을 2004년 7월까지 금지시켰는데, 이는 탄저병 제염 승인을 받은 유일한 구조용 훈증제인 ClO_2로 처리하기 전까지는 위험했기 때문이다.

6.3 공명 구조

팔전자 규칙을 만족하는 Lewis 구조가 하나 이상 그려지는 분자와 다원자 이온들이 있다. 오존(O_3) 분자의 예를 생각해보자. 6.1절에서 소개된 단계별 절차에 따라 골격 구조를 그린다.

$$\mathrm{O{-}O{-}O}$$

원자가 전자를 합한다.

$$3(6)=18$$

그리고 골격 구조에 있는 각각의 결합당 2개씩 전자를 뺀다.

$$18-2(2)=14$$

그런 다음 각각의 O 원자가 팔전자계를 만족하도록 남은 전자를 분배한다. 그러나 모든 O 원자가 팔전자계를 완성하기 전에 전자가 부족해진다.

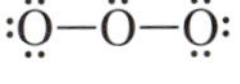

말단 원자로부터 한 쌍의 고립 전자쌍을 이동하여 말단 원자와 중심 원자 사이에 이중결합을 만들어보자. 이로써 모든 O 원자는 팔전자계를 만족하게 된다. 그러나 이때 Lewis 구조를 그리는 방법은 두 가지이다. 하나는 오른쪽에 이중 결합을 만드는 것이고, 다른 하나는 왼쪽에 이중 결합을 만드는 것이다. 두 구조는 동등하며 오직 원자가 전자의 위치만 다를 뿐이다.

:Ö—Ö=Ö:　:Ö=Ö—Ö:

분자(또는 다원자 이온)를 2개 이상의 동등한 Lewis 구조로 그릴 수 있는 경우를 **공명 구조** (resonance structure)라고 부른다.

여기에서 중요한 점으로 실제 오존 기체는 위에 나타낸 두 개의 다른 Lewis 구조를 가진 오존 분자 혼합물로 이루어지지 않았다는 것이다. 우리 주위에 존재하는 모든 오존 분자들은 구조가 동일하다. 실험을 통해 O_3 분자 내(중심 산소 원자 기준으로) 양측 산소–산소 결합은 실제로 동일한 것으로 밝혀졌다. 오존을 나타내기 위해 하나 이상의 Lewis 구조를 그려야 하는 이유는 Lewis 구조가 실제 분자의 특성을 타나내는 데 한계가 있기 때문이다. 이런 한계에도 불구하고 Lewis 구조는 화학식을 해석하고 분자 및 다원자 이온의 여러 측면을 설명하고 예측하는 데 중요하고 강력한 도구이다.

학생 노트
두 개 이상의 화살표는 두 개 이상의 Lewis 구조가 전자의 위치만 다른 공명 구조임을 나타낸다.

공명 구조를 그릴 수 있는 다른 예로 탄산 이온(CO_3^{2-})을 들 수 있다. 이때 이중 결합은 세 가지 다른 위치 중 하나에 위치할 수 있다.

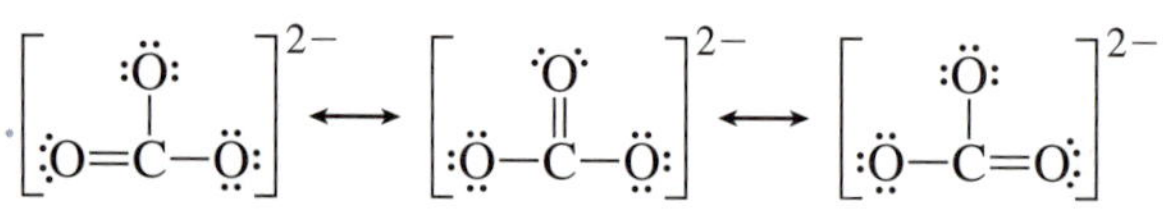

학생 노트
때때로 원자를 다르게 정렬하여 주어진 화학 공식에 대해 여러 구조를 그릴 수 있다. 원자의 위치가 다른 구조는 공명 구조가 아니며 이성질체이다. 공명 구조는 전자의 위치만 다르다.

마찬가지로 실험 결과는 CO_3^{2-} 내 세 개의 모든 탄소–산소 결합은 동일한 것으로 나타났다. 탄산 이온의 실제 구조는 공명 구조 중 어느 하나에 의해 완벽하게 표현되는 것이 아니라, 세 가지 모두를 조합하여 표현된다. 오직 전자의 재배치만으로 교체 가능한 위치가 두 곳 이상인 이중 결합을 가진 Lewis 구조를 그릴 때, 두 개 이상의 공명 구조가 가능하다는 것을 인식할 수 있어야 한다.

예제 6.3을 통해 공명 구조를 그리는 연습을 해보자.

예제 6.3 공명 구조 그리기

에너지원으로 석유와 휘발유는 비싸기 때문에, 석탄의 '청정(clean)' 연소를 포함하는 대안들이 다시 관심받고 있다. 석탄을 더럽게 만드는 요인 중 하나는 황 함량이 높다는 것이다. 더러운 석탄의 연소는 이산화 황(SO_2)을 대기 중에 배출한다. 이때 이산화 황은 대기 중에서 산화되어 삼산화 황(SO_3)을 형성하고, 그 후 물과 결합하여 산성비의 주요 성분인 황산을 만들게 된다. 삼산화 황의 가능한 모든 공명 구조를 그리시오.

전략 삼산화 황(SO_3)에 대해 원자 배치는 같지만 전자 배치는 다른 두 개 이상의 Lewis 구조를 그린다.

계획 Lewis 구조를 그리는 단계에 따라, SO_3의 올바른 Lewis 구조가 2개의 황–산소 단일 결합과 1개의 황–산소 이중 결합을 포함한다는 것을 알아내었다.

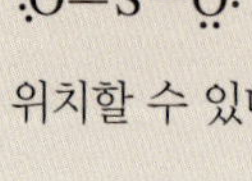

그러나 이중 결합은 분자 내 세 위치 중 어느 것이든 하나에 위치할 수 있다.

풀이

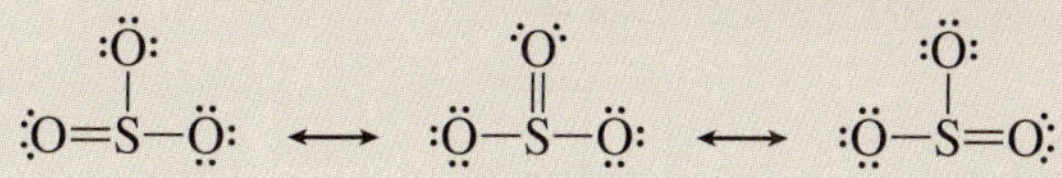

생각해보기

공명 구조는 원자의 위치가 아니라 오직 전자의 위치만 다르다는 것을 명심하자.

추가문제 1 질산 이온(NO_3^-)의 가능한 모든 공명 구조를 그리시오.

추가문제 2 아세테이트 이온(CH_3COO^-)의 두 가지 공명 구조를 그리시오. 탄소는 모두 중심 원자이다(CH_3-CO_2).

추가문제 3 아래에 가상의 원소 A, B, C로 구성된 분자의 Lewis 구조가 있다. 네 개의 다른 구조 중에서 공명 구조가 아닌 것을 찾아내고 공명 구조가 아닌 이유를 설명시오.

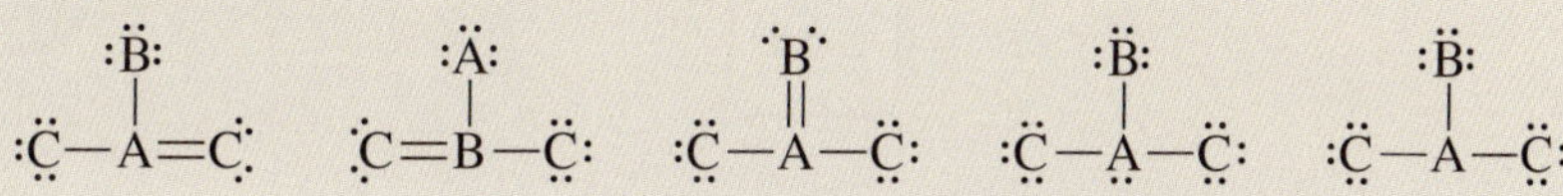

(i) (ii) (iii) (iv)

6.4 분자 형태

실생활의 많은 화학 및 생화학적 과정은 관련된 분자(또는 이온)의 3차원적 형태에 달려 있다. 이러한 예로 후각과 특정 약물의 효과를 들 수 있다. 실제 분자 형태는 궁극적으로 실험을 통해 결정되어야 하지만, Lewis 구조와 음전하(여기에서는 전자 집단)가 서로 반발하는 방식에 대한 지식을 이용하여 분자 형태를 합리적으로 예상할 수 있다. 이 질에서는 적절하게 그려진 Lewis 구조를 기초로 하여 어떻게 분자 또는 다원자 이온의 형태를 결정할 수 있는지 알아볼 것이다. 가장 자주 접하게 될 분자 형태는 그림 6.2에 나타내었다.

원자가 껍질에 있는 전자는 공유 결합의 형성에 관여한다는 것을 상기하라[|◀◀ 4.4절]. **원자가 껍질 전자쌍 반발 모형**(valence-shell electron-pair repulsion model, VSEPR model)의 기초는 중심 원자의 원자가 껍질에 있는 전자 집단들이 서로 반발한다는 것이다. 2차원 Lewis 구조를 3차원 모델로 변환하기 위해, 중심 원자의 **전자그룹**(electron group)을 고립 전자쌍 또는 결합 쌍으로 정의내릴 수 있다. 이때 결합은 단일 결합이나 이중 결합 혹은 삼중 결합일 수 있다. 표 6.1에 제시된 부분 구조는 중심 원자(부분 구조에서 A로 표기)의 전자 그룹을 계산하는 방법을 보여준다.

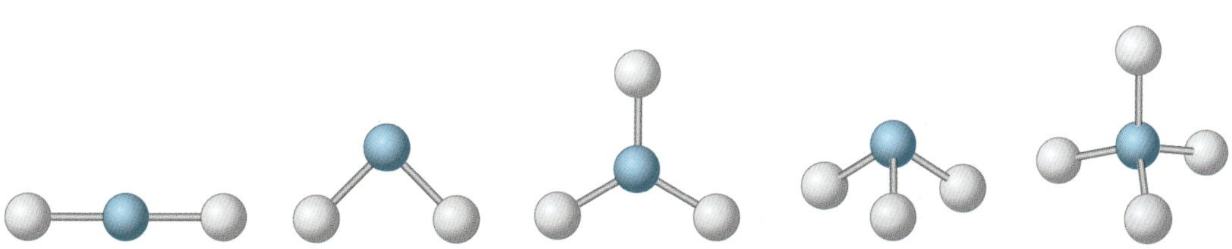

선형 굽은 형태 삼각 평면 삼각 피라미드 사면체

그림 6.2 중심 원자와 두 개 이상의 말단 원자를 갖는 분자 및 다원자 이온의 모양: 선형, 굽은 형태, 삼각 평면, 삼각 피라미드, 사면체

표 6.1 4, 3, 2개의 전자그룹으로 둘러싸인 분자/다원자 이온의 부분 구조

중심 원자 주변의 전자그룹 수		예		
4	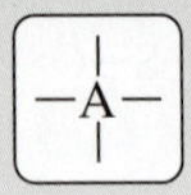	CH_4	NH_4^+	CH_2Cl_2
4	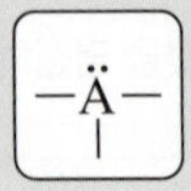	NH_3	H_3O^+	SO_3^{2-}
4		H_2O	HOCl	ClO_2^-
3	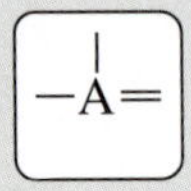	CO_3^{2-}	SO_3	H_2CO
3	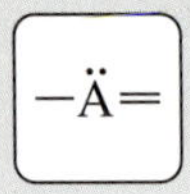	HNO	NO_2^-	SO_2
3	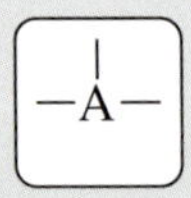	BCl_3	BF_3	BI_3
2	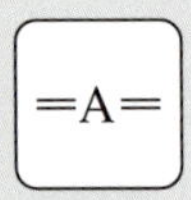	CO_2	NO_2^+	CS_2
2	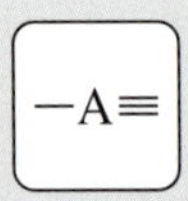	HCN	NCCl	C_2H_2*
2	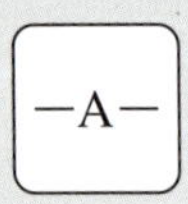	$BeCl_2$	BeF_2	

* C_2H_2 분자는 하나 이상의 중심 원자를 가지고 있다.

생각 밖 상식

풍미, 분자 모양, 선 구조

분자 내에 존재하는 결합의 유형을 이해하는 것이 왜 중요할까? 분자 모양은 분자 간 힘의 극성 및 강도와 같은 특성을 예측하는 데 도움이 될 뿐만 아니라 풍미, 향기, 의약품 효능과 같은 다른 특성에 대한 중요한 단서를 제공한다.

예를 들어, 일반적인 향신료인 정향과 육두구는 독특한 맛과 향기를 담당하는 특유의 화합물인 $C_{10}H_{12}O_2$와 동일한 화학 구조식을 가지고 있다. 유게놀(eugenol)과 아이소유게놀(isoeugenol)의 유일한 차이점은 하나의 이중 결합이 다르게 배치되어 있는 것인데, 이는 육두구의 냄새에서 정향의 정취로 분자의 향을 바꿀 수 있다. 혀의 감각 수용체는 이 두 분자 사이의 미미한 차이를 느낄 수 있다.

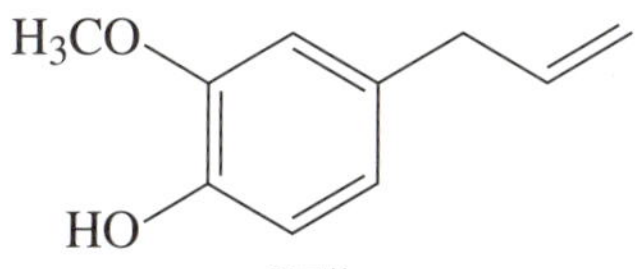

유게놀

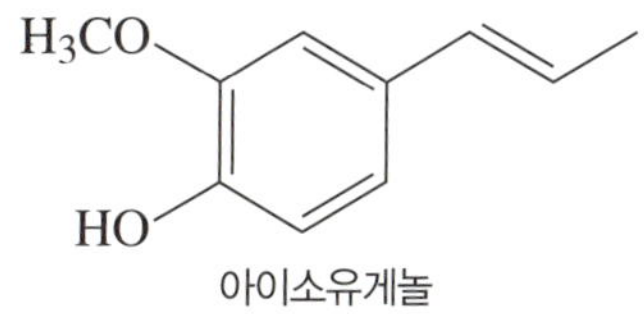

아이소유게놀

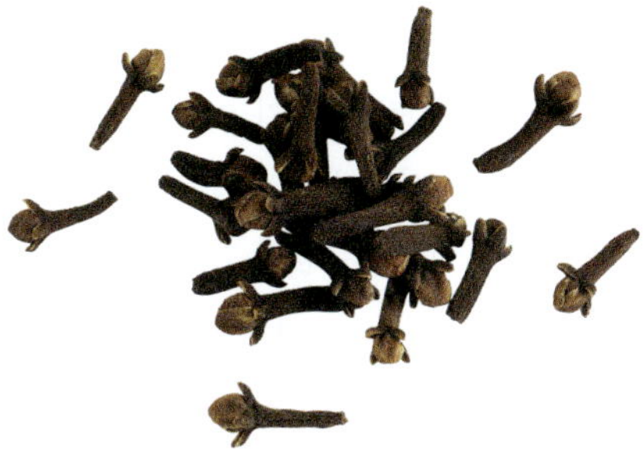

여기에 나타난 유게놀과 아이소유게놀의 구조가 우리가 그리는 Lewis 구조와 매우 흡사하다는 것을 알았을 것이다. 이러한 그리기를 결합–선 구조라고 하며, 이는 큰 유기 분자를 간단하게 표기하는 화학자의 방법이다. 분자 구조의 결합 선 그리기에서, 다른 원자가 보이지 않거나 선이 다른 선과 교차하지 않다면 그것은 탄소 원자에 총 4개의 결합을 주기 위해 필요한 수의 수소 원자와 함께 탄소 원자가 있다는 것을 가리킨다. 아이소유게놀의 전체 구조는 다음 그림에서 보다 익숙한 형태로 표시되었다.

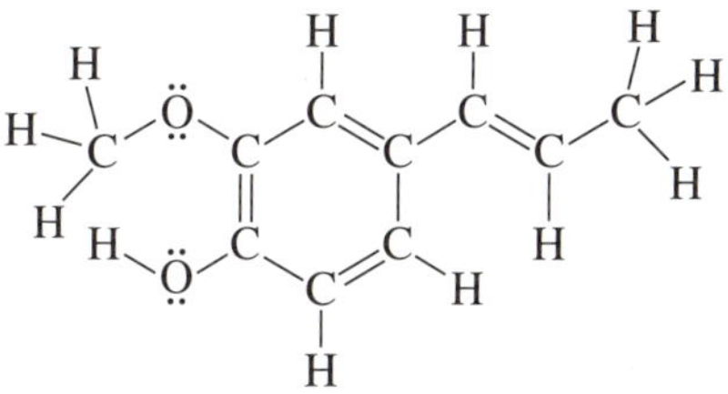

VSEPR 모델은 전자그룹들이 서로 반발하기 때문에 서로의 반발 작용을 최소화하기 위해 가능하면 멀리 떨어지게 배치될 것이라고 예측한다. 그림 6.3은 풍선을 사용하여 중심 원자에 4개, 3개, 2개의 전자그룹에 의해 취해진 배열 또는 기하 구조를 보여주고 있다.

학생 노트
2차원 도면에서 3차원 구조를 시각화하는 기능은 매우 중요한 기술이다. 이 절을 진행하면서 모델 키트를 구입하거나 빌려 분자를 만들어볼 것을 적극 권장한다.

전자기의 가능한 배열이 3가지뿐인데(그림 6.3) 어떻게 분자 모양이 5가지나 될 수 있을까(그림 6.2)? 전자기의 수가 전자기의 기하학적 구조를 결정하지만, 분자 모양을 결정하는 것은 원자의 위치뿐이다.

중심 원자가 4개의 전자그룹에 둘러싸인 세 가지 다른 상황을 생각해보자. 가장 간단한 경우는 모든 4개의 전자그룹이 단일 결합인 경우이다. 예로 메테인 분자(CH_4)가 이에 해당한다. 중심 원자는 4개의 전자그룹에 둘러싸여 있고, 따라서 4면체의 전자그룹 기하 구조를 가지고 있다. 또한 4개의 전자그룹은 말단 원자와 결합하므로, 그것의 분자 형태도 사면체형이다.

학생 노트
중심 원자에 고립 전자쌍이 없는 경우의 분자 모양은 전자기의 기하 구조와 동일하다.

(a) (b) (c)

그림 6.3 풍선이 (a) 4개 (b) 3개 (c) 2개로 연결되어 있을 때 나타나는 모양

전자기의 기하학적 구조: 사면체
—중심 원자에 고립 전자쌍 없음—
분자 모양: 사면체

중심 원자가 4개의 전자그룹에 둘러싸인 다른 경우는 4개의 전자그룹 중 3개가 단일 결합이고 1개가 고립 전자쌍인 경우이다. 예로 암모니아 분자(NH_3)가 이에 해당한다. 중심 원자에 4개의 전자그룹이 있기 때문에 전자그룹 기하 구조는 사면체이다. 그러나 이런 경우 4개 중 3개의 전자그룹만이 말단 원자와 결합하기 때문에 분자 형태는 삼각 피라미드형이다.

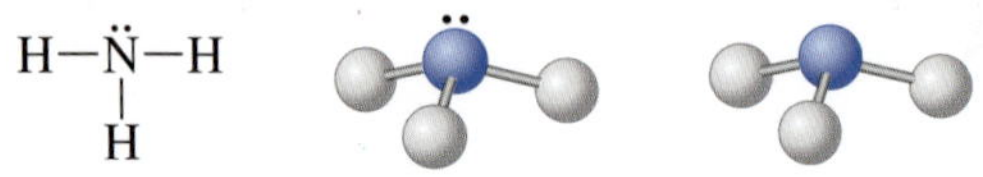

전자기의 기하학적 구조: 사면체
—중심 원자에 고립 전자쌍 하나—
분자 모양: 삼각 피라미드

중심 원자가 4개의 전자그룹에 둘러싸인 마지막 경우는 4개의 전자그룹 중 2개가 단일 결합이고 2개가 고립 전자쌍인 경우이다. 예로 물 분자(H_2O)가 이에 해당한다. 여기에서도 마찬가지로 중심 원자에 4개의 전자그룹이 있기 때문에 전자그룹 기하 구조는 사면체이다. 그러나 4개 중 2개의 전자그룹이 고립 전자쌍이고 오직 2개의 전자그룹만이 말단 원자와 결합하기 때문에 분자 형태는 굽은 모양이다.

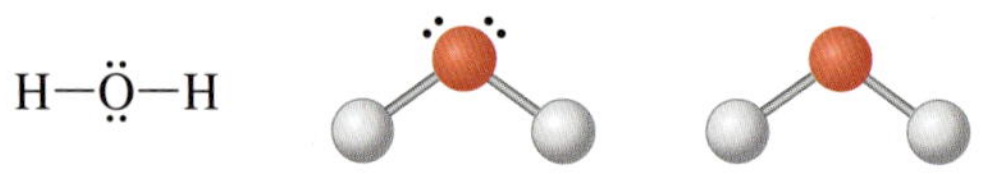

전자기의 기하학적 구조: 사면체
—중심 원자에 고립 전자쌍 두 개—
분자 모양: 굽은 구조

지금까지 하나의 전자그룹 기하 구조(사면체)가 어떻게 세 가지의 다른 분자 형태를 만들 수 있는지 알아보았다. 중심 원자의 전자그룹 중 몇 개가 말단 원자로 결합하고 몇 개가 고립 전자쌍인지에 따라 사면체형(tetrahedral), 삼각 피라미드형(trigonal pyramidal), 굽은 모양(bent)으로 변한다.

동일한 방식(전자그룹 기하 구조를 기초로 중심 원자의 고립 전자쌍의 수에 의존하는 방법)으로 다른 분자 형태도 생각해볼 수 있다. 중심 원자가 그 주위에 3개의 전자그룹을 가질 수 있는 세 가지 경우가 있다. 즉, 2개의 단일 결합과 1개의 이중 결합, 1개의 단일 결합과 1개의 이중 결합, 1개의 고립 전자쌍 또는 3개의 단일 결합(팔전자 규칙의 예외로서 붕소)이 있다. 삼각 평면형 전자그룹 기하 구조에서 파생된 두 가지의 분자 형태는 삼각 평면형과 굽은 모양이다. 이때 삼각 평면형 전자그룹 기하 구조를 가진 굽은 모양의 분자 형태는 사면체 전자그룹 기하 구조를 가진 굽은 모양의 분자 형태와 약간 다르다(표 6.2 참조). 삼각 평면형 전자그룹 기하 구조와 그 결과로 나타나는 두 가지 분자 형태를 보여주는 예로는 삼산화 황(SO_3), 오존(O_3), 삼염화 붕소(BCl_3)가 있다.

학생 노트
중심 원자 주위의 전자그룹의 수는 그것을 결정하는 데 사용하는 공명 구조에 관계없이 동일하다.

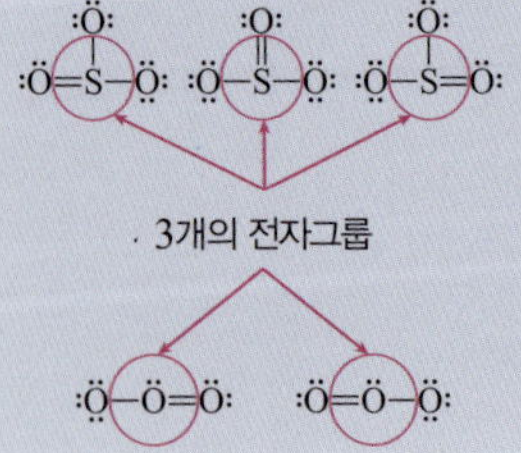

전자기의 기하학적 구조: 삼각 평면
—중심 원자에 고립 전자쌍 없음—
분자 모양: 삼각 평면

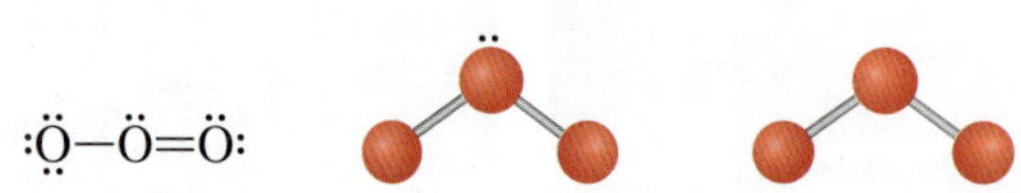

전자기의 기하학적 구조: 삼각 평면
—중심 원자에 고립 전자쌍 하나—
분자 모양: 굽은 구조

전자기의 기하학적 구조: 삼각 평면
—중심 원자에 고립 전자쌍 없음—
분자 모양: 삼각 평면

표 6.2 전자그룹 기하 구조 및 결합각에 따른 분자 형태

전자그룹 수	전자그룹 구조	중심 원자의 단일 결합 수	분자 모양 및 결합각	예
4	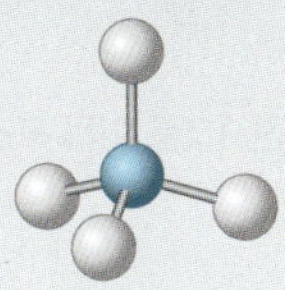 사면체	0	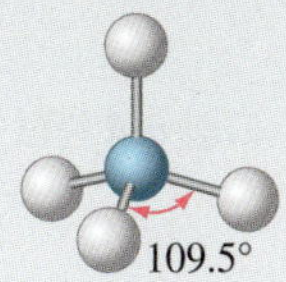 109.5° 사면체	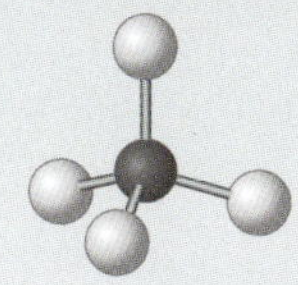 CH_4
4	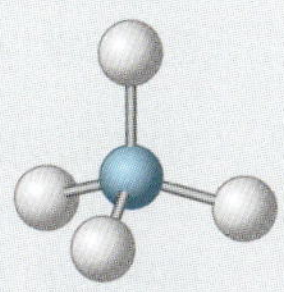 사면체	1	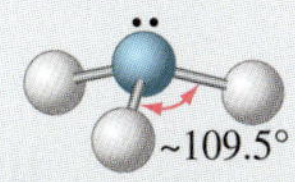 ~109.5° 삼각 피라미드	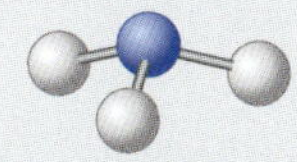 NH_3
4	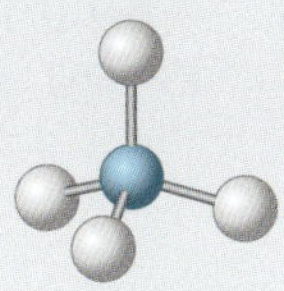 사면체	2	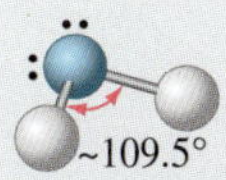 ~109.5° 굽은 모양	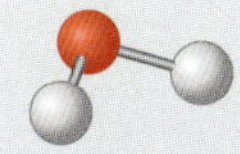 H_2O
3	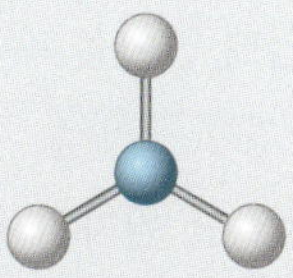 삼각 평면	0	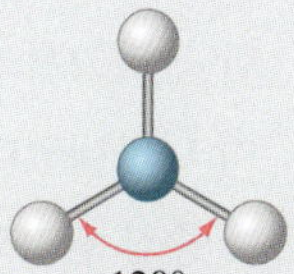 120° 삼각 평면	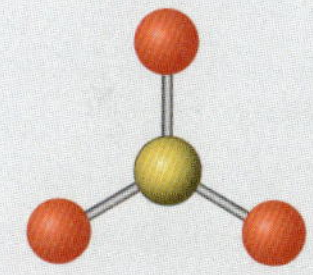 SO_3
3	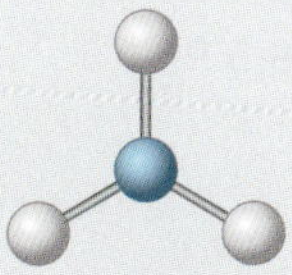 삼각 평면	1	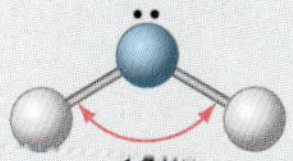 ~120° 굽은 모양	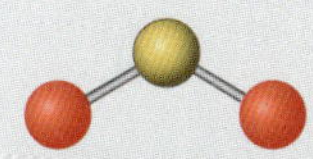 SO_2
3	 선형	0	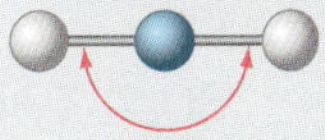 180° 선형	 CO_2

* ~ 기호는 "대략"으로 읽는다.

마지막으로, 중심 원자가 단지 2개의 전자그룹과 2개의 말단 원자에 둘러싸일 때, 전자그룹 기하 구조와 분자 형태는 모두 선형(linear)이다. 중심 원자가 그 주위에 2개의 전자그룹을 가질 수 있는 세 가지 경우는 2개의 이중 결합, 1개의 단일 결합과 1개의 삼중 결합, 2개의 단일 결합(팔전자 규칙의 예외로서 베릴륨)이다. 이 세 가지 경우로 이산화탄소(CO_2), 사이이안화수소(HCN) 그리고 흔히 플루오린화 베릴륨으로도 불리는 이플루오린화 베릴륨(BeF_2)을 들 수 있다.

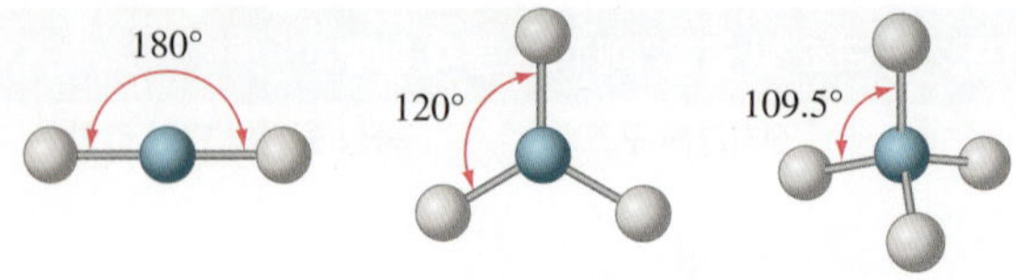

그림 6.4 중심 원자 주변의 2, 3, 4개의 전자그룹 수와 관련된 전자그룹 기하 구조와 각 전자그룹 사이의 이상적인 각도

:Ö=C=Ö:

전자기의 기하학적 구조 : 선형
—중심 원자에 고립 전자쌍 없음—
분자 모양 : 선형

H—C≡N:

전자기의 기하학적 구조 : 선형
—중심 원자에 고립 전자쌍 없음—
분자 모양 : 선형

:F̤—Be—F̤:

전자기의 기하학적 구조 : 선형
—중심 원자에 고립 전자쌍 없음—
분자 모양 : 선형

결합각

중심 원자 주위의 전자그룹 배열은 그림 6.3에서 풍선을 이용하여 나타내었다. 그림 6.4는 동일한 전자그룹 배열을 전자그룹 사이의 각도를 더 쉽게 알아볼 수 있게 하는 분자 모형을 이용하여 나타내었다.

중심 원자의 모든 전자그룹이 동일하고, 동일한 말단 원자와 결합하는 분자의 경우, 그림 6.4에서 보이는 각도는 결합 사이의 각도가 된다. 예를 들어, 중심 원자의 모든 4개의 전자그룹이 단일 결합이며 각각 수소 원자와 연결되어 있는 CH_4 분자를 생각해보자. CH_4 분자에서 C—H 결합 중 임의의 2개 C—H 결합 사이의 각도는 109.5°이다.

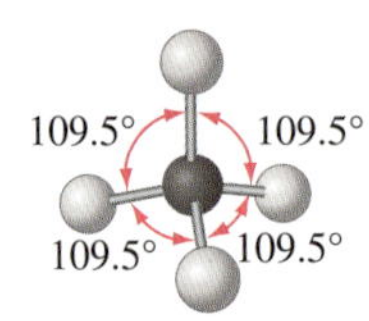

학생 노트
Lewis 구조를 보고 간단히 결합각을 결정하는 것은 일반적인 실수이다. CH_4의 Lewis 구조를 그릴 때, 구조는 90° 각도처럼 보인다.

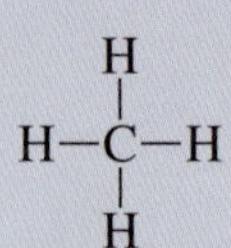

그러나 CH_4의 결합각은 90°가 아니다. 마찬가지로, H_2O에 대한 Lewis 구조를 그릴 때, 결합각은 180°처럼 보인다.

H—Ö̤—H

그러나 H_2O의 결합각은 180°가 아니다. 올바른 결합각을 결정하는 유일한 방법은 올바른 Lewis 구조를 그리고 나서 VSEPR 모델을 적용하는 것이다.

SO_2와 같이 중심 원자 주위의 전자그룹이 모두 동일하지 않은 경우, 결합각은 그림 6.4에서 보이는 것과 약간 다를 수 있다. 표 6.2는 이전에 살펴본 세 가지의 전자그룹 기하 구조와 그것과 연관된 분자 형태 및 결합각을 보여준다.

연습을 통해 분자 또는 다원자 이온의 형태를 결정하는 것은 비교적 쉬운 과정이다. 그러나 단계별 절차를 따르는 것이 매우 중요하다. 필요한 단계를 검토하면 다음과 같다.

1. 정확한 Lewis 구조를 그린다(6.1절의 Lewis 구조 그리는 단계 참조).
2. 중심 원자에 전자그룹 수를 센다.
3. VSEPR 이론을 적용하여 전자그룹 구조를 결정한다.
4. 분자 모양을 결정하기 위해 원자의 위치만 고려한다.

예제 6.4에서 분자와 다원자 이온의 형태와 그들이 포함하는 결합각을 결정하는 연습을 해본다.

예제 6.4 분자 및 다원자 이온에 대한 모양 및 결합각 결정

(a) NO_3^-와 (b) NCl_3의 전자그룹 기하 구조, 분자 형태, 결합각을 결정하시오.

전략 각 분자에 대한 Lewis 구조를 그리고 중심 원자의 전자그룹을 계산하여 표 6.1을 사용하여 전자그룹 기하 구조, 분자 형태, 결합각을 결정한다.

계획 (a) 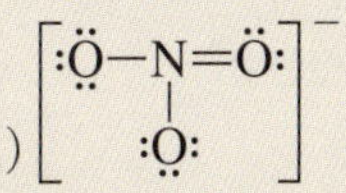 질소는 3개의 전자그룹, 3개의 분리된 결합을 갖는다.

(b) 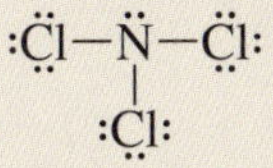 질소는 4개의 전자그룹, 3개의 결합, 1개의 고립 전자쌍을 갖는다.

풀이 (a) 3개의 전자그룹에 대한 전자그룹 기하 구조는 삼각 평면이다. 분자 모양은 또한 각 전자그룹에 부착된 원자가 있기 때문에 삼각 평면이다. 결합각은 모두 120°이다.

(b) 4개의 전자그룹에 대한 전자그룹 기하 구조는 사면체이다. 분자 모양은 또한 4개의 전자그룹 중 3개에만 붙어 있는 원자가 있기 때문에 삼각 피라미드형이다. 결합각은 모두 약 109.5°이다.

생각해보기

이중 결합과 삼중 결합은 동일한 두 원자에 붙어 있기 때문에 하나의 전자그룹으로 간주된다는 것을 기억하자.

추가문제 1 SO_3에 대한 전자그룹 기하 구조, 분자 형태 및 결합각을 결정하시오.

추가문제 2 전체 전하만 다른 것으로 보이는 두 가지 가상 화학종인 AO_2와 AO_2^{2-}를 고려했을 때, 여기서 중심 원자 A는 16족의 원자이다. 각 화학종에 대한 모양과 대략적인 O—A—O 결합각을 결정하시오. 두 화학종의 결합각이 다르다면 그 이유를 설명하시오.

추가문제 3 추가문제 2의 $AO_2^{?+}$ 화학종의 모양이 선형이 되고 O—A—O 결합각은 180°가 될 수 있는 양전하 값은 얼마인가?

생각 밖 상식

확장된 팔전자 규칙으로 인한 분자 모양

팔전자 규칙의 예외 중 하나는 주기율표의 세 번째 주기 또는 그 아래에 있는 원소가 중심 원자일 때 주변에 8개 이상의 전자를 가질 수 있다는 것이다. 이른바 확장 팔전자계라고 하는 이것은 전에 만나지 못했던 분자 형태를 만들어낸다. 표 6.3은 확장된 팔전자규칙을 따르는 중심 원자 주위의 전자그룹 배열과 그 결과로 나타나는 분자 모양을 보여준다.

6.5 전기 음성도와 극성

지금까지는 이온 결합[|◀◀ 4.2절]과 공유 결합[|◀◀ 4.4절]의 관점에서 화학 결합에 대해 이야기했다. 예를 들어, 소듐과 염소 원소가 결합될 때 각 소듐 원자는 유일한 원자가 전자를 잃어 비활성 기체인 네온(Ne)과 전자 수가 같은 상태가 되고, 각각의 염소 원자는 전자를 얻어 비활성 기체인 아르곤(Ar)과 같은 전자 수를 갖게 된다. 생성된 소듐 양이온(Na^+)과 염화 음이온(Cl^-)은 입자(이 경우, 이온)들이 정전기적 인력에 의해 함께 유지되는 이온성 고체를 형성한다.

표 6.3 확장된 팔전자 규칙을 갖는 분자의 전자그룹 기하 구조 및 분자 형태

총 전자그룹 수	분자 형태	전자그룹 기하 구조	단일 결합 수	고립 전자쌍 배치	분자 모양	예
5	AB_5	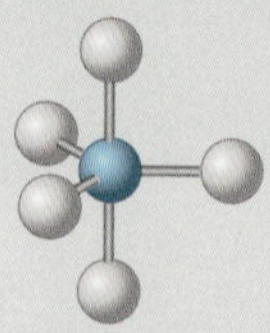 삼각 쌍뿔형	0		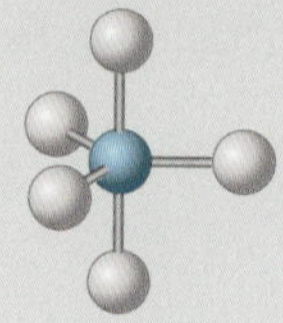 삼각 쌍뿔형	PCl_5
5	AB_4	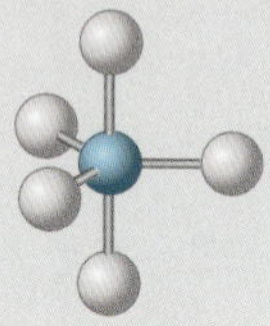 삼각 쌍뿔형	1	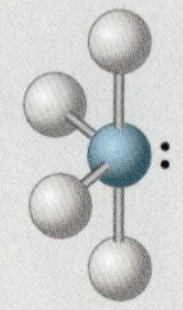	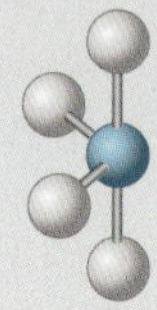 시소형	SF_4
5	AB_3	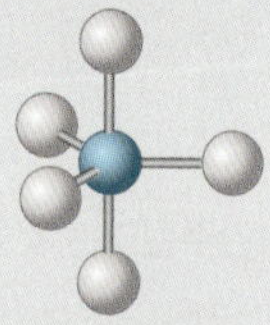 삼각 쌍뿔형	2	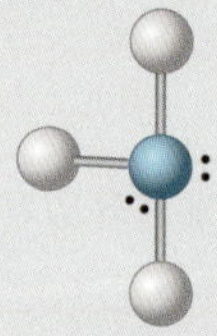	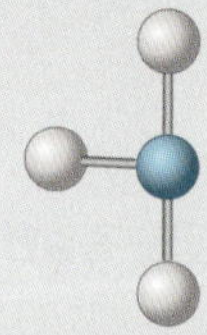 T형	ClF_3
5	AB_2	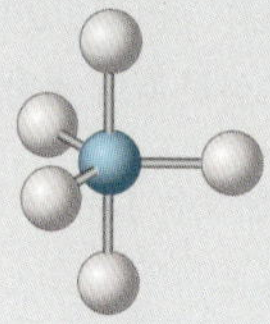 삼각 쌍뿔형	3	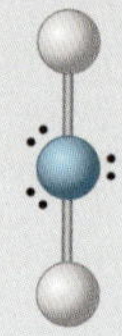	 선형	IF_2^-
6	AB_6	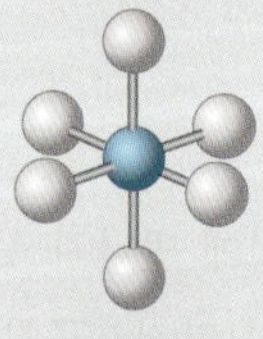 팔면체형	0		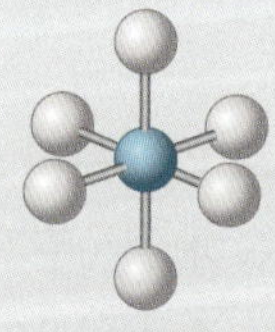 팔면체형	SF_6
6	AB_5	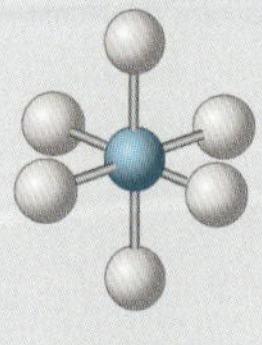 팔면체형	1	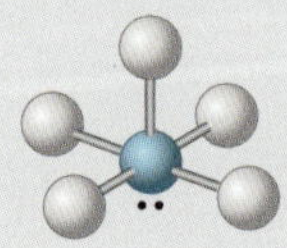	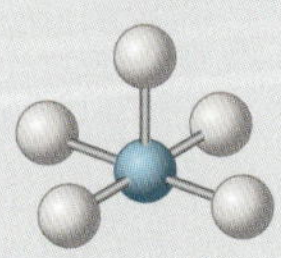 사각 피라미드형	BrF_5
6	AB_4	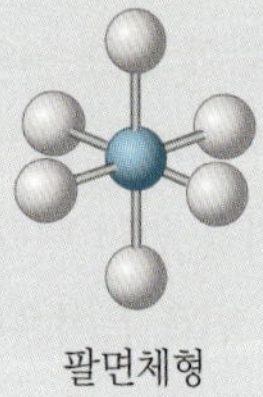 팔면체형	2	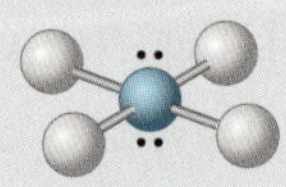	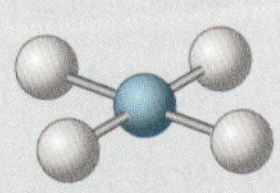 사각 평면형	XeF_4

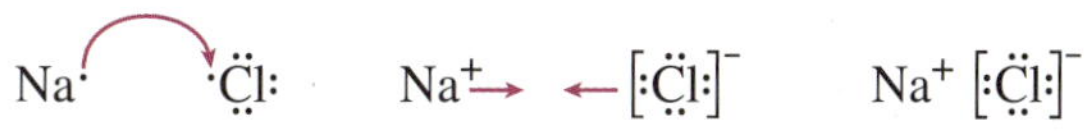

그리고 염소 원자 주위에 전자를 제공해주는 원자(예로, 소듐 원자)가 존재하지 않으면, 이원자 분자를 형성하기 위해 스스로 원자들이 가진 전자를 공유함으로써 공유 결합으로 연결된다. 한 쌍의 전자를 공유함으로써, Cl_2 분자의 각 Cl 원자는 Ar과 같은 전자 수를 갖게 된다.

실제로 이 두 가지 결합은 극단적인 경우를 나타내며, 마지막에는 화학 결합을 이룬다. 첫 번째 경우에서는 전자가 이동한다. 두 번째에서는 한 쌍의 전자가 두 개의 동일한 원자에 의해 동등하게 공유된다. 앞으로 보게 되겠지만, 대부분의 화학 결합은 이 두 극단적인 경우들 사이의 어느 지점에 놓이게 된다.

전기 음성도

6.1절에서 Cl_2와 H_2의 Lewis 구조와 함께 Lewis 구조로 표현된 HCl 분자를 생각해보자. Cl_2와 H_2에서 공유 결합을 구성하는 공유 전자쌍과 달리, HCl 분자에서 H와 Cl이 공유하는 전자쌍은 똑같이 공유되지 않는다. 그 이유는 서로 다른 원소가 다른 전기 음성도를 가지고 있기 때문이다. **전기 음성도**(electronegativity)는 원자가 다른 원자와 공유하는 전자를 끌어당길 수 있는 능력이다. 금속성이 강한 원소는 전기 음성도가 낮고, 비금속성이 강한 원소는 전기 음성도가 크다고 한다. 주족 원소에서 전기 음성도는 위에서 아래로 그리고 오른쪽에서 왼쪽으로 감소한다. 그림 6.5는 공통적으로 사용되는 전기 음성도 값과 주기적인 경향을 보여준다.

예제 6.5에서는 주기적인 경향을 사용하여 다양한 주족 원소의 전기 음성도 값을 비교하는 연습을 할 수 있다.

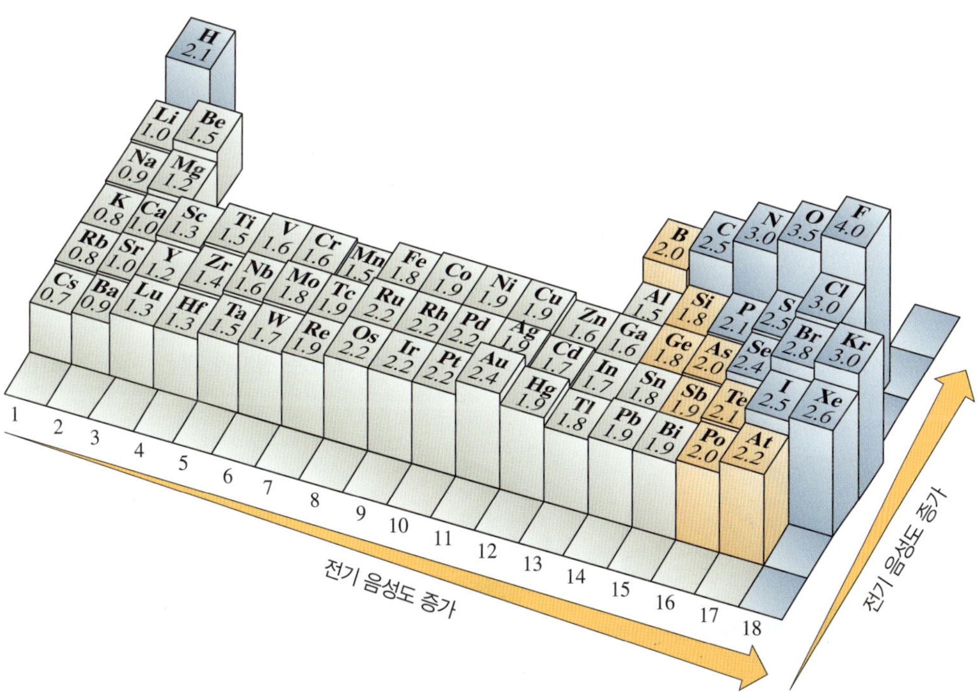

그림 6.5 원소의 전기 음성도 값. 이 값은 Linus Pauling(6.6절)이 개발했으며, 플루오린(전기 음성도가 가장 큰 원소)에 4.0을 임의로 할당하고, 플루오린과 관련하여 다른 값을 상대적으로 결정했다.

예제 6.5 주기율표를 사용하여 전기 음성도 값 비교

각 쌍의 원소에 대해 전기 음성도가 크다고 예상되는 것에 표시하시오.

(a) Rb 또는 Li (b) Ca 또는 Br

전략 주기(행)에서는 왼쪽에서 오른쪽으로, 그리고 족(열) 내에서는 아래에서 위로 갈수록 전기 음성도가 증가하는 주기적인 추세를 고려한다.

계획 (a) Li은 Rb과 같은 족에 속하며 주기율표 위쪽에 있다. (b) Ca과 Br은 같은 주기에 있고, Br이 오른쪽에 있다.

풀이 (a) Li은 Rb보다 전기 음성도가 높다. (b) Br은 Ca보다 전기 음성도가 높다.

생각해보기

비활성 기체인 He과 Ne을 제외하고(그림 6.5) 주기율표의 오른쪽 상단에 가까울수록 원소의 전기 음성도가 높아진다.

추가문제 1 각 쌍의 원소에 대해 전기 음성도가 더 클 것으로 예상되는 것에 표시하시오.

(a) Mg 또는 Sr (b) Rb 또는 Te

추가문제 2 그림 6.5를 참고하지 않고 전기 음성도가 감소하는 순서로 다음 원소들을 나열하시오.

(a) Li, C, K (b) Ba, Ca, As

추가문제 3 주기적인 경향만을 사용하여 전기 음성도가 증가하는 순서로 원소 N, S, Br의 순위를 매길 수 있는가? 그렇지 않다면 그 이유를 설명하시오.

결합 극성

HCl의 예에서, 염소는 전기 음성도가 3.0으로 전기 음성도가 2.1인 H보다 전기 음성도가 큰 원소이다. 이 전기 음성도의 차이로 두 원자 사이의 전자쌍은 H 원자보다 Cl 원자에 의해 더 강하게 끌리게 된다. 이것을 말하는 또 다른 방법은 공유 전자쌍이 Cl 원자에 더 가깝게 놓여 있다거나 평균적으로 Cl 원자 근처에서 더 많은 시간을 소비한다는 것이다. 그러나 이 예에서 Cl 원자가 H 원자보다 전자를 끌어당기는 더 큰 힘을 가지고 있다고 말한다. Cl 원자는 실제로 H 원자의 전자를 제거할 정도로 전기 음성도 차이는 크지 않다. 따라서 HCl의 결합은 이온 결합을 형성하지 않는다. 그러나 불균등하게 공유된 전자쌍으로 구성되어 있기 때문에 순수한 공유 결합도 아니다. 이 같은 결합은 **극성 공유 결합**(polar covalent bond)으로 알려져 있다.

전자 밀도 지도를 통해 NaCl, Cl_2 및 HCl의 결합에서 전자 분포를 시각화할 수 있다. 그림 6.6은 세 가지 화학종의 정전기 전위 모델을 보여준다. 이 모델은 전자가 많은 시간을 보내는

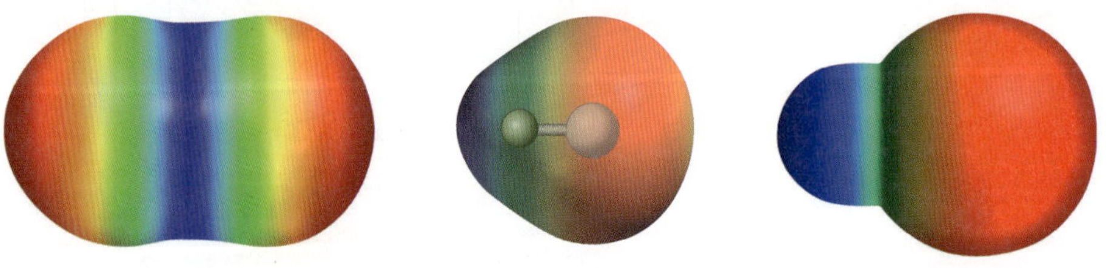

Cl_2 HCl NaCl

그림 6.6 전자 밀도 지도는 공유 결합 화학종(Cl_2), 극성 공유 화학종(HCl) 및 이온 결합 화학종(NaCl)의 음전하 분포를 보여준다. 각 모델에서 가장 높은 음전하를 나타내는 밀도는 적색 영역이다.

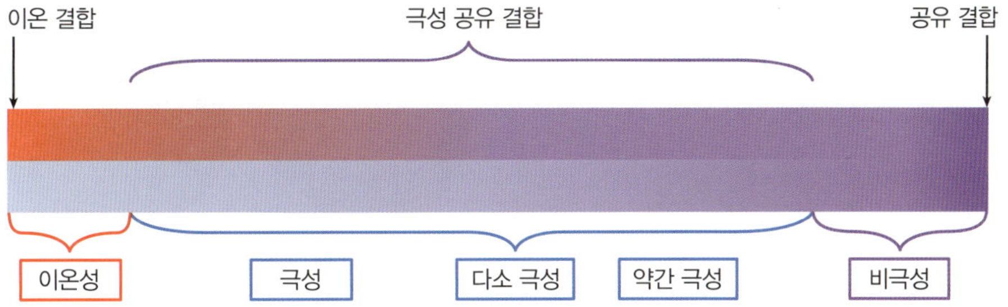

그림 6.7 이온 결합에서 공유 결합으로 화학 결합의 스펙트럼

영역을 빨간색으로, 전자가 거의 시간을 소비하지 않는 영역을 파란색으로 보여준다(전자가 적당한 시간을 소비하는 영역은 초록색으로 나타난다).

그림 6.7은 이온 결합부터 극성 공유 결합 그리고 결합하고 있는 두 원자의 전기 음성도 값이 같을 때인 순수 공유 결합까지의 화학 결합 유형의 스펙트럼을 보여준다.

이온성과 극성 또는 다소 극성, 약간 극성 및 비극성의 구분은 없다. 일반적으로 관련된 원자들의 전기 음성도 값의 차이에 근거하여 결합을 이온성, 극성, 비극성으로 분류한다. 다음 지침은 결합의 성격을 분류하는 데 사용된다.

- 두 원자 간 전기 음성도 값의 차이가 2.0 이상인 경우 결합은 이온성으로 간주한다.
- 두 원자 간 전기 음성도 값의 차이가 0.5 이상 2.0 이하일 경우 결합은 극성으로 간주된다.
- 두 원자 간 전기 음성도 값의 차이가 0.5 미만인 경우 결합은 비극성으로 간주된다.

예제 6.6은 결합을 이온성, 극성 공유성 또는 비극성 공유성으로 분류하는 연습을 제공한다.

예제 6.6 결합을 이온, 극성 공유 또는 비극성 공유 결합으로 분류

다음 결합을 비극성, 극성 또는 이온성으로 분류하시오.

(a) ClF의 결합 (b) CsBr의 결합 (c) C_2H_4의 탄소–탄소 이중 결합

전략 그림 6.5의 정보를 사용하여 어느 결합이 동일하고 유사하며 광범위하게 다른 전기 음성도를 갖는지 결정한다.

계획 그림 6.5의 전기 음성도 값은 Cl(3.0), F(4.0), Cs(0.7), Br(2.8), C(2.5)이다.

풀이 (a) F와 Cl의 전기 음성도 값의 차이는 $4.0-3.0=1.0$이므로 ClF 결합은 극성이 된다.

(b) CsBr에서 그 차이는 $2.8-0.7=2.1$이며, 결합은 이온성이다.

(c) C_2H_4에서 두 원자는 동일하다(이들이 동일한 원소일 뿐만 아니라 각 C 원자는 2개의 H 원자에 결합되어 있다). C_2H_4의 탄소–탄소 이중 결합은 비극성이다.

생각해보기

관례에 따라 전기 음성도 값의 차이는 항상 더 큰 값에서 작은 수를 뺀 값으로 계산되므로 결과는 항상 양의 값이다.

추가문제 1 다음의 결합을 비극성, 극성 또는 이온성으로 분류하시오.

(a) H_2S의 결합 (b) H_2O_2의 H–O 결합 (c) H_2O_2의 O–O 결합

추가문제 2 극성이 증가하는 순서로 탄소와 비금속 17족 원소들과 만드는 각각의 결합을 나열하시오.

추가문제 3 오른쪽 그림은 HF와 LiH에 대한 정전기 전위 지도를 나타내었다. 각 그림이 어떤 화합물에 해당하는지 결정하시오(H 원자는 양쪽 모두에서 왼쪽에 표시된다).

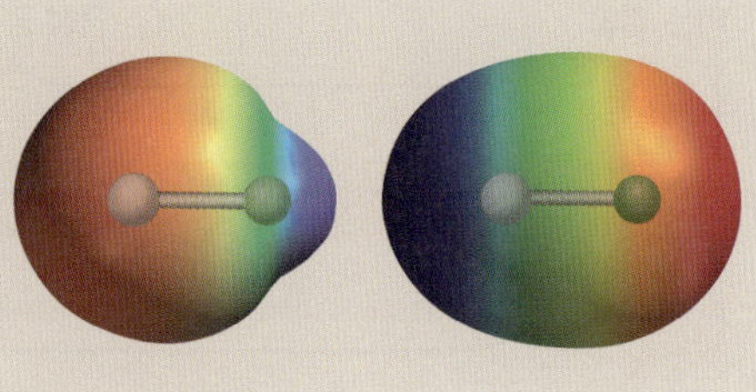

이온성 화합물을 처음으로 배울 때, 각각의 이온에 대한 Lewis 점 기호를 옆에 놓음으로써 이온에 대한 전하를 명시적으로 나타내었다. 분자가 전기적으로 중성인 것과 분자 내의 개별 원자가 이온성 화합물에 있는 이온의 경우처럼 개별 전하를 가지고 있지 않다는 것을 안다. 그러나 현저하게 다른 전기 음성도를 가진 분자로 구성된 분자에서, 공유 결합에서 전자쌍의 불균등 공유 때문에 원자는 부분 전하를 띠게 된다. 이것을 분자식으로 나타내기 위해 작은 그리스 문자 델타(δ)를 양수 또는 음수 부호와 함께 사용한다. 예를 들어, HCl 분자는 다음과 같이 나타낼 수 있다.

$$\delta+\ \mathrm{H{-}Cl}\ \delta-$$

여기에서 δ+ 및 δ− 기호는 각각 부분 양전하 및 부분 음전하를 나타낸다. 결합이 극성인 이원자 분자는 극성 분자이며, 이는 음전하의 분포가 분자의 한쪽 면에서 다른 쪽보다 크다는 것을 의미한다. 이와 같은 분자는 **쌍극자**(dipole)를 가지고 있다고 말한다. 쌍극자는 전자 밀도의 분포가 동등하지 않으며, 한쪽 끝은 더 양성이고, 다른 쪽 끝은 더 음성이라는 것을 의미한다. 이것을 표현할 수 있는 또 다른 방법은 본질적으로 결합과 평행하게 그려진 화살표 **쌍극자 벡터**(dipole vector)를 포함시켜 부분 음전하를 띤 원자(두 원자들 중 전기 음성도가 더 높은 원자)로 향하게 하는 것이다. 또한 전기 음성도가 작은 원자 가까이 끝부분에 십자 기호를 그려서 부분 양전하를 가진 원자 근처의 더하기 기호처럼 보이게 만든다. 쌍극자 벡터를 사용하여 HCl 분자의 극성을 표현하면 다음과 같다.

$$\overset{+\!\!\longrightarrow}{\mathrm{H{-}Cl}}$$

다음 장에서 보게 되겠지만, 이러한 불균등한 전하 분포는 분자들이 서로 어떻게 상호 작용하는지에 중요한 영향을 미친다.

분자 극성

극성 결합을 포함하는 이원자 분자가 극성인 것은 항상 사실이지만, 다원자 분자는 극성 결합을 포함하나 극성 분자가 아닌 경우가 많다. 이것이 어떻게 그렇게 보이는지 알아보려면 분자 결합의 극성과 분자 모양을 고려해야 한다. 이산화탄소, CO_2의 예를 생각해보자. 탄소와 산소는 전기 음성도 값 차이가 1.0인 탄소−산소 결합을 이룬다(그림 6.5 참조). 다음과 같이 쌍극자 벡터로 분자를 나타낼 수 있다.

$$\overset{\longleftarrow\!\!+\ +\!\!\longrightarrow}{\mathrm{O{=}C{=}O}}$$

그러나 이산화탄소 분자의 모양을 결정할 때, 두 CO 결합 사이의 각도가 180°인 선형임을 알게 되었다. 반대 방향으로 향하고 있는 2개의 동등한 극성 결합으로, 쌍극자는 서로 상쇄하고 분자는 실제로 비극성이다. 분자 결합의 극성이 배운 모든 분자 형태로 서로 상쇄되는지 아닌지에 대한 동일한 분석을 본질적으로 적용할 수 있다. 그림 6.8은 이러한 유형의 분석이 다른 분

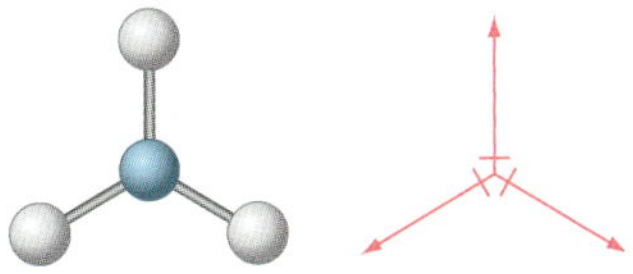

동등한 쌍극자들은 대칭적으로 120° 떨어져 분포되어 서로 상쇄됨으로써 분자는 전체적으로 비극성이 된다.

109.5° 또는 120° 떨어져서 비대칭적으로 분포된 동등한 쌍극자들은 서로 상쇄되지 않아 분자를 전체적으로 극성으로 만든다.

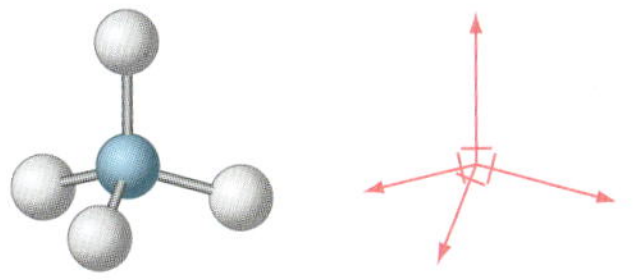

동등한 쌍극자들은 대칭적으로 109.5° 떨어져 분포되어 서로 상쇄됨으로써 분자는 전체적으로 비극성이 된다.

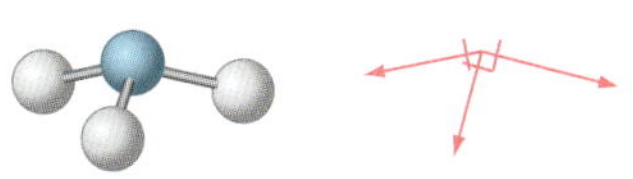

동등한 쌍극자가 비대칭적으로 109.5° 떨어져 분포되어 서로 상쇄되지 않아 분자가 전체적으로 극성이 된다.

그림 6.8 6.4절에서 보았던 네 가지 분자 형태. 이 모양의 분자에 있는 결합이 동일하고 대칭으로 분포되어 있을 때, 분자는 극성을 지니고 있어도 비극성이다. 이 그림에서 극성인 두 분자 모양은 중심 원자에 고립 전자쌍이 있는 것으로, 굽은 모양과 삼각 피라미드형이다. 그렇다고 해서 중심 원자에 고립 전자쌍이 있는 모든 분자가 반드시 극성임을 의미하지는 않는다.

자 형태 각각에 어떻게 적용되는지 보여준다. 그림 6.8의 각 모델에서 중심 원자와 말단 원자 사이의 결합은 동일하다는 것에 유의하자.

분자의 극성을 결정할 때, 결합의 분포뿐만 아니라 결합 유형의 동일 여부도 고려해야 한다. 예를 들어, 분자 CH_4는 분자 CH_3Cl과 매우 유사하다. 그러나 하나는 비극성이고, 다른 하나는 극성이다. CH_4에는 동일한 C−H 결합이 사면체로 배열되어 있어 결합 쌍극자가 서로 상쇄된다. CH_3Cl도 동일한 사면체 배열의 결합이지만 결합 쌍극자는 모두 동일하지 않다. C와 Cl 사이의 전기 음성도(각각 2.5와 3.0)가 C와 H 사이의 전기 음성도(각각 2.5와 2.1)보다 약간 더 큰 차이가 있다. 또한 CH_3Cl에서 C−Cl 결합에 대한 쌍극자 벡터는 CH_4에서 상응하는 C−H 결합에 대한 것과 같은 방향을 가리키지 않는다.

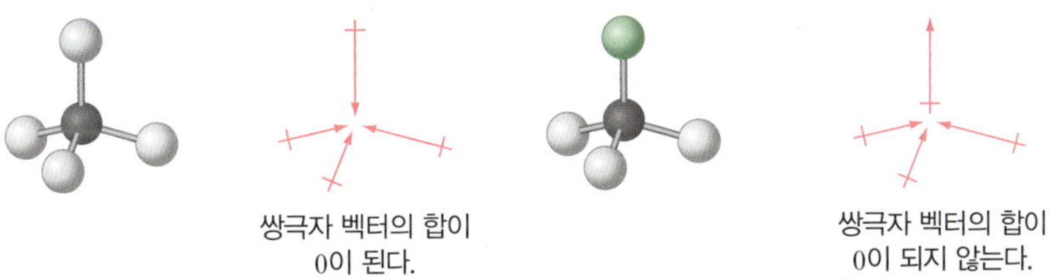

따라서 구조의 외관상 유사성에도 불구하고, CH_4는 비극성이고 CH_3Cl은 극성이다. 예제 6.7에서 분자가 극성인지 아닌지를 결정하는 연습을 해보자.

학생 노트
분자가 극성을 가지려면 두 가지 기준이 충족되어야 한다.
- 분자는 극성 결합을 포함해야 한다.
- 극성 결합은 비대칭으로 배열되어야 한다. 즉, 극성에 대한 서로의 기여도를 상쇄시키지 않아야 한다.

예제 6.7 분자 극성 평가

다음 분자가 극성인지 아닌지 결정하시오.

(a) BCl_3 (b) $AsCl_3$

전략 정답을 얻으려면 올바른 Lewis 구조를 그려야 한다. 그런 다음 VSEPR 모델을 사용하여 분자 구조를 결정한다. 일단 모양이 알려지면 쌍극자가 서로 상쇄하는지 결정하자. 그들이 상쇄하는 경우 그것은 비극성 분자이다.

계획 (a) BCl_3의 Lewis 구조는 다음과 같다(B는 팔전자 규칙의 예외이다).

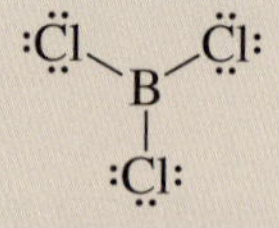

중심 원자에 3개의 동일한 전자그룹이 있는 이 분자는 삼각 평면이며, 원자들 사이에 120°의 각을 가지고 있다. 이것은 3개의 염소 원자 모두가 동일하지만 반대의 힘을 가진 전자를 '끌어당겨' 상쇄한다는 것을 의미한다.

(b) $AsCl_3$의 Lewis 구조는 다음과 같다.

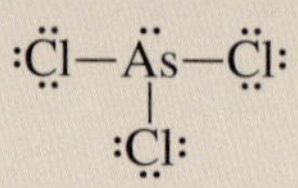

중심 원자에 4개의 전자그룹이 있으며, 이 분자는 삼각 피라미드형이다. 3개의 염소 원자 모두가 공유 전자를 끌어당기고 있지만, 서로 대칭적이지는 않는다. 쌍극자들은 서로를 상쇄하지 않는다.

풀이 (a) BCl_3는 비극성이다. (b) $AsCl_3$는 극성이다.

생각해보기

제대로 그려진 Lewis 구조가 없으면 이러한 유형의 문제에서 올바른 답을 얻지 못할 것이다. 이 같은 문제에서 Lewis 구조를 건너뛰고 바로 가려고 시도하지 않기를 바란다.

추가문제 1 다음 분자가 극성인지 아닌지 결정하시오.

(a) BI_3 (b) SF_2

추가문제 2 극성 분자는 다음 중 어느 것인가?(모든 말단 원자가 동일하다고 가정하시오)

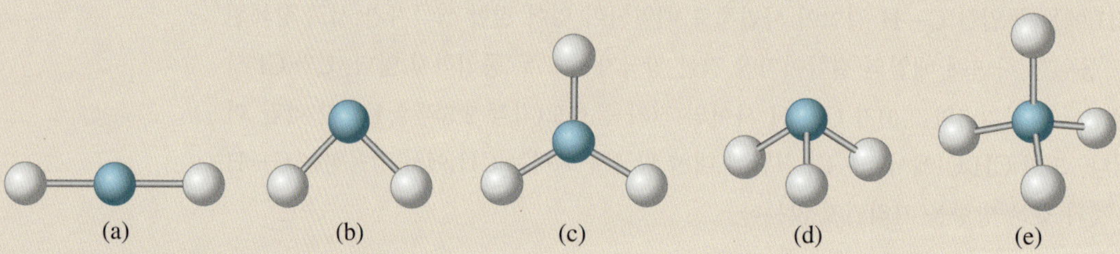

추가문제 3 CO_2가 비극성이지만 SO_2가 극성인 이유를 설명하시오.

생각 밖 상식

분자 극성을 결정하기 위해 결합 쌍극자를 추가하는 방법

$x \geq 3$인 AB_x 분자에서, 개별 결합 쌍극자의 상쇄 여부는 덜 분명할 수 있다. 예를 들어, 삼각 평면 구조를 갖는 분자 BF_3를 생각해보자.

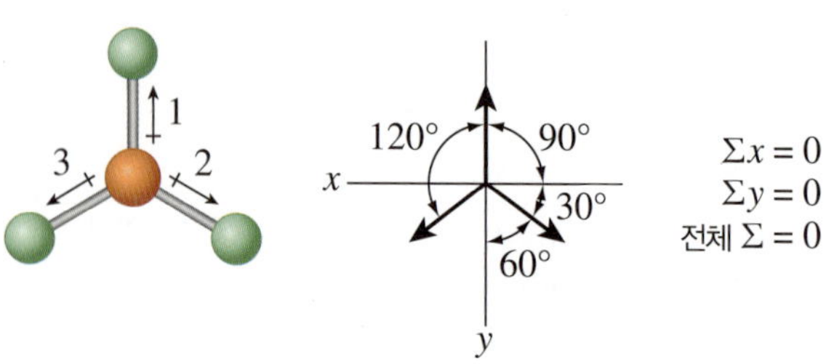

이 분석에서 3개의 동일한 B—F 결합을 나타내는 벡터에 1.00의 임의의 크기를 할당함으로써 수학을 단순화할 것이다. 화살표 1 끝의 x, y좌표는 (0, 1.00)이다. 화살표 2와 3 끝의 좌표를 결정하려면 삼각함수를 사용해야 한다. 연상 기호인 SOH CAH TOA를 배웠을 것이다.

Sin=Opposite over Hypotenuse (빗변분의 높이)
Cos=Adjacent over Hypotenuse (빗변분의 밑변)
Tan=Opposite over Adjacent (밑변분의 높이)

화살표 2 끝의 x좌표는 60° 각도 반대 선의 길이에 해당한다. 삼각형의 빗변은 길이가 1.00(임의로 할당된 값)이다. 따라서 SOH를 사용하여,

$$\sin 60° = 0.866 = \frac{\text{높이}}{\text{빗변}} = \frac{\text{높이}}{1}$$

따라서 화살표 2의 끝에 대한 x좌표는 0.866이다.

y좌표의 크기는 60° 각도에 인접한 선의 길이에 해당한다. TOA를 사용하여

$$\tan 60° = 1.73 = \frac{\text{높이}}{\text{밑변}} = \frac{0.866}{\text{밑변}}$$

$$\text{밑변} = \frac{0.866}{1.73} = 0.500$$

화살표 2의 끝의 y좌표는 −0.500이다. 삼각함수 수식은 측면의 길이를 제공한다. 이 구성 요소의 부호가 음수라는 것을 다이어그램에서 알 수 있다.

화살표 3은 화살표 2와 유사하다. x 구성 요소의 크기는 동일하지만 부호는 반대이며, y 구성 요소는 화살표 2와 동일한 크기 및 부호이다. 따라서 세 벡터의 x 및 y좌표는 다음과 같다.

	x	y
화살표 1	0	1
화살표 2	0.866	−0.500
화살표 3	−0.866	−0.500
합=	0	0

개별 결합 쌍극자(여기서는 벡터로 표시됨)가 0에 합해지기 때문에 분자는 전체적으로 비극성이다. 비록 다소 복잡하지만, 중심 원자 주위의 사면체 내에 배열된 4개의 동일한 극성 결합이 있을 때 모든 x, y, z좌표가 0이 되는 것을 보여주기 위해 유사한 분석을 수행할 수 있다. 실제로 중심 원자 주위에 대칭적으로 분포된 동일한 결합이 존재할 때마다 중심 원자에 고립 전자쌍이 없기 때문에 결합 자체가 극성일지라도 분자는 전반적으로 비극성이 될 것이다. 결합이 중심 원자 주위에 대칭적으로 분포되어 있는 경우, 중심 원자를 둘러싸고 있는 원자의 본질은 분자가 전체적으로 극성인지 여부를 결정한다. 예를 들어, CCl_4와 $CHCl_3$는 동일한 분자 구조(사면체)를 갖지만, CCl_4는 결합 쌍극자가 서로 상쇄하기 때문에 비극성이다. 그러나 $CHCl_3$에서는 결합이 모두 동일하지 않기 때문에 결합 쌍극자는 0이 되지 않으며, 따라서 $CHCl_3$ 분자는 극성이다.

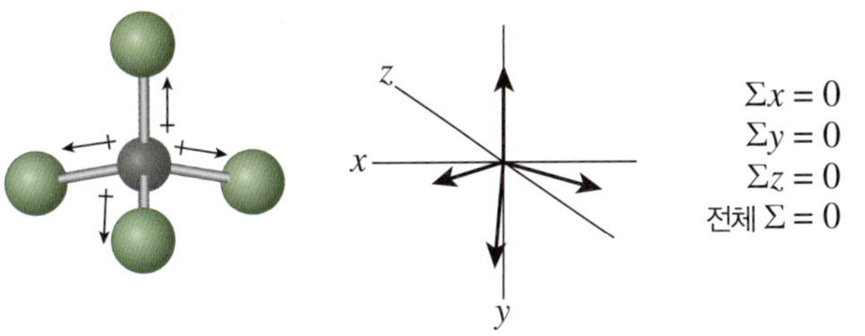

CCl_4

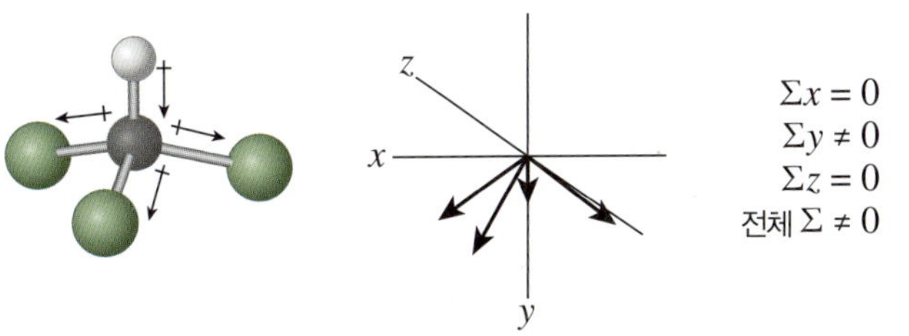

$CHCl_3$

6.6 분자 간 힘

분자 극성의 중요한 결과는 분자 사이에 작용하는 인력의 존재이다. 이온성 화합물에서 반대로 하전된 이온이 정전 인력에 의해 어떻게 결합되어 있는지를 보았다[◀◀ 4.2절]. 그러한 물질들을 함께 묶어 놓은 이온–이온의 인력은 '분자 간' 힘의 한 예이다. **분자 간 힘**(intermolecular force)이라는 용어는 일반적으로 이온, 분자 또는 원자로 나타낼 수 있는 물질을 구성하는 입자 사이의 정전기적 힘을 지칭한다. 이온은 완전히 분리된 전하를 가지고 있기 때문에, 그들 사이의 인력은 상대적으로 강하다. 그러나 방금 배운 것처럼, 극성 분자의 원자는 부분적인 전하를 가질 수 있다. 부분 전하들 사이의 인력은 개별 전하들 사이의 인력보다 상대적으로 약하긴 하지만, 특정 온도에서 고체, 액체 또는 기체인지 여부를 포함하여 하부 구조의 많은 특성을 결정할 만큼 충분히 강하다. 이 절에서는 분자와 원자 사이에 존재하는 분자 간 힘의 유형을 살펴

볼 것이다.

여기 있는 그림에서 알 수 있듯이 분자 내 원자는 공유 결합으로 이루어져 있다. 액체 또는 고체 물질 내의 분자는 비교적 약한 분자 간 힘에 의해 함께 유지된다. 공유 결합과 분자 간 힘은 모두 정전기 인력의 결과이지만, 분자 간 힘은 약한 힘이기 때문에 공유 결합보다 훨씬 쉽게 '파괴'된다. 이것이 물질의 본질을 바꾸지 않고 분자 물질의 고체 시료를 계속 가열하여 따뜻하게 하고 녹여서 계속 가열하고 기화시킬 수 있는 이유이다. 동일한 공유 결합은 물질의 물리적 상태에 관계 없이 분자의 원자를 함께 유지한다.

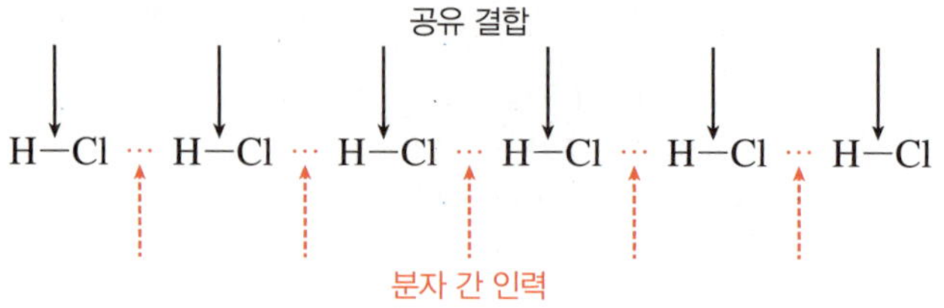

쌍극자–쌍극자 힘

쌍극자–쌍극자 힘(dipole–dipole force)은 극성 분자 사이에서 작용하는 인력이다. HCl과 같이 현저히 다른 전기 음성도 값의 원소를 포함하는 이원자 분자는 전자 밀도의 불균등 분포를 가지므로 부분 전하를 가지고 있음을 상기하자. HCl은 H 원자에서 부분 양전하(δ+)를 가지며, Cl 원자에서 부분 음전하(δ−)를 갖는다. HCl 분자 시료에서 한 분자의 부분 양전하는 이웃 분자의 부분 음전하에 끌린다. 그림 6.9는 액체(a)와 고체(b) 상태를 가진 극성 분자의 방향을 보여준다(분자의 배열은 고체가 보다 질서 정연하다).

> **학생 노트**
> 7장에서 녹는 과정과 끓는 과정에 대해 더 자세히 설명한다.

녹는점과 끓는점과 같은 물리적 특성은 분자 간 힘의 크기를 반영한다. 입자가 강한 분자 간 힘에 의해 함께 유지되는 물질은 입자를 분리하는 데 더 많은 에너지를 필요로 하므로 더 높은 온도에서 녹고, 약한 분자 간 힘을 가진 물질보다 높은 온도에서 끓을 것이다. 비극성 분자와 비슷한 몰질량을 갖는 극성 분자 사이의 다음 비교를 고려해보자.

> **학생 노트**
> 비슷한 몰질량을 가진 물질을 비교하는 것이 왜 중요한지는 이 절의 뒷부분에서 명확히 설명될 것이다.

화합물	화학식	몰질량(g/mol)	끓는점(°C)
프로페인	$CH_3CH_2CH_3$	44.09	−42
아세토나이트릴	CH_3CN	41.05	82

아세토나이트릴을 이루고 있는 원자에 부분적으로 양과 음의 전하가 있기 때문에 분자들을 함께 묶는 상대적으로 강한 정전기력이 있어 실온에서 액체가 된다. 프로페인은 비극성으로 더 약한 분자 간 힘을 가지며, 실내 온도와 일반적인 압력에서 기체이다.

> **학생 노트**
> 프로페인과 같은 비극성 분자 사이에는 끌어당기는 힘이 있다. 이는 특정 조건하에서 프로페인을 액화시킬 수 있는 분자 간 힘 때문이다.

예제 6.8을 통해 쌍극자–쌍극자 힘을 나타내는 분자를 구별할 수 있다.

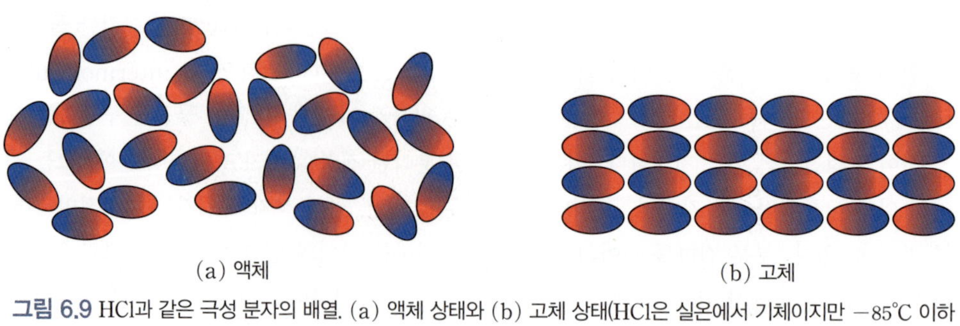

(a) 액체 (b) 고체

그림 6.9 HCl과 같은 극성 분자의 배열. (a) 액체 상태와 (b) 고체 상태(HCl은 실온에서 기체이지만 −85°C 이하에서는 액체이며 −114°C 이하에서는 고체이다)

예제 6.8 분자에서 쌍극자—쌍극자 힘 확인하기

다음 분자가 쌍극자—쌍극자 힘을 가지는지 아닌지 결정하시오.

(a) Br_2 (b) $SeCl_2$ (c) BF_3

전략 먼저 각각의 분자가 극성인지 아닌지를 결정할 필요가 있다. 모든 극성 분자는 쌍극자—쌍극자 힘을 나타낸다.

계획 각 분자의 Lewis 구조와 극성을 결정한다.

(a) :B̈r—B̈r: 두 원자가 같기 때문에 이 분자는 쌍극자를 포함하지 않는다. 따라서 비극성이다.

(b) :C̈l—S̈e—C̈l: 이 분자는 각 결합에 대한 쌍극자가 다른 분자를 상쇄시키지 않으면서 구부러져 있어 극성 분자가 된다.

(c) :F̈—B(—F̈:)—:F̈: 이 분자는 대칭이며 각 결합에 대한 쌍극자가 서로 상쇄되어 비극성이다.

풀이 (a) 쌍극자—쌍극자 힘은 존재하지 않는다. (b) 쌍극자—쌍극자 힘은 존재한다. (c) 쌍극자—쌍극자 힘은 존재하지 않는다.

생각해보기

이러한 유형의 질문에 대답하는 첫 번째 단계로 적절한 Lewis 구조를 그리는 것이 얼마나 중요한지 이해했는지 확인하자. Lewis 구조에 대한 VSEPR 분석을 통해서만 결정할 수 있는 Lewis 구조와 분자 형태에 대한 지식이 없으면 이러한 정보에 올바르게 답할 수 없다.

추가문제 1 다음 각각의 분자가 쌍극자—쌍극자 힘을 가지는지 결정하시오.

(a) HBr (b) N_2 (c) NF_3

추가문제 2 다음 각각의 분자가 쌍극자—쌍극자 힘을 가지는지 결정하시오.

(a) CH_3Cl (b) OCS (c) CS_2

추가문제 3 각 분자를 이루고 있는 원자들 중 하나를 다른 원자로 바꾸면 다음과 같은 비극성 화합물이 쌍극자—쌍극자 힘을 가질 수 있는가?

(a) BCl_3 (b) CO_2

수소 결합

수소 결합(hydrogen bonding)은 특정 결합 N—H, O—H 또는 F—H를 포함하는 물질에서만 나타나는 특수 쌍극자—쌍극자 힘의 유형이다. 예를 들어, 수소 결합은 그림 6.10과 같은 HF에 의해 나타난다. F 원자는 작고 매우 높은 전기 음성도 값을 가지므로(그림 6.6 참조), H—F 결합에서 공유 전자쌍을 효과적으로 끌어당겨 상대적으로 큰 부분 전하, 즉 H 원자에 양전하(δ+), F 원자에 음전하(δ−)를 띠게 한다. H의 큰 부분 양전하는 인접한 H—F 분자의 F 원자에 있는 큰 부분 음전하에 강력하게 끌어당겨진다. 결과는 매우 강한 쌍극자—쌍극자 인력이 된다.

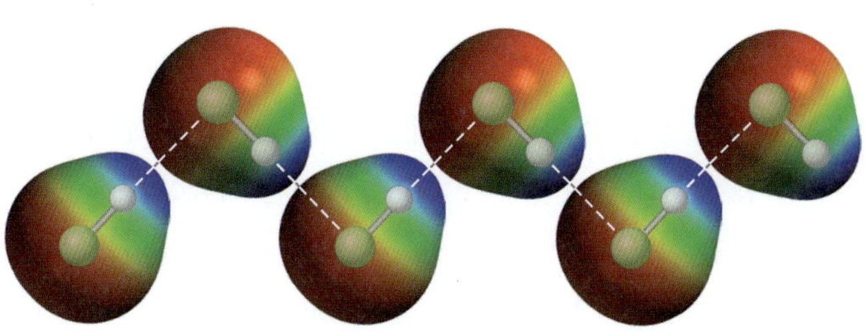

그림 6.10 HF 분자 사이의 수소 결합. 정전기 전위 지도는 부분 양전하 및 부분 음전하의 위치와 이들이 어떻게 함께 그려지는지를 보여준다.

예제 6.9에서 수소 결합을 나타내는 분자를 확인하는 연습을 해보자.

예제 6.9 분자에서 수소 결합의 확인

다음 중 어느 것이 수소 결합을 만들 수 있는가?

(a) CH_2F_2 (b) NH_3 (c) H_2Se

전략 먼저 각각의 분자가 극성인지 아닌지를 결정할 필요가 있을 것이다. F−H, O−H 또는 N−H 결합을 포함하는 극성 분자는 수소 결합을 만든다.

계획 각각의 분자에 대한 Lewis 구조를 그려 극성인지 아닌지, F, O 또는 N에서 직접 수소 원자에 결합을 포함하는지 여부를 결정하시오.

(a) 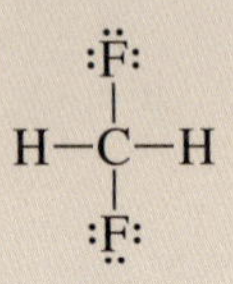 이 분자는 극성이지만 F−H, O−H 또는 N−H 결합을 포함하지 않는다.

(b) 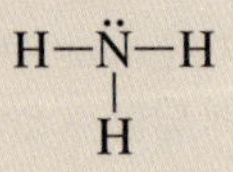 이 분자는 극성이며 하나 이상의 N−H 결합을 포함한다.

(c) 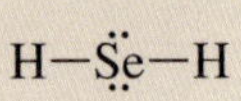 이 분자는 극성이지만 F−H, O−H 또는 N−H 결합을 포함하지 않는다.

풀이 (a) 수소 결합 없음 (b) 수소 결합 (c) F, O 또는 N 원자를 포함하지 않기 때문에 수소 결합 없음

생각해보기

H와 F, O 또는 N을 포함하지만 F, O 또는 N 원자에 직접 결합된 수소를 갖지 않는 분자는 수소 결합을 만들지 않는다는 점에 유의하자. CH_2F_2는 이것의 좋은 예이다.

추가문제 1 다음 중 수소 결합을 만드는 분자는 어느 것인가?

(a) NCl_3 (b) PH_2F (c) CH_3OH

추가문제 2 다음 분자 중 하나는 수소 결합을 만들지만 화학 구조는 C_2H_6O로 동일하다. 어느 것이 수소 결합인가? 왜 다른 하나는 수소 결합이 아닌지를 설명하시오.

(a) 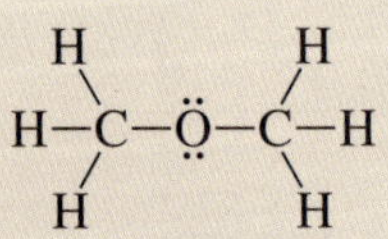 (b) 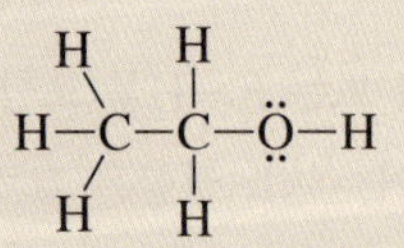

추가문제 3 분자 HCl은 실제로 어느 정도의 수소 결합을 만들지만 HF가 만드는 것과 비교하면 중요하지 않다. 그 이유를 설명하시오.

분산력

N_2 및 O_2와 같은 비극성 기체는 특정 온도와 압력에서 액화될 수 있다. 이것은 적절한 조건에서 분자를 서로 끌어당길 수 있는 몇 가지 종류의 분자 간 힘이 있어야 함을 나타낸다. 이 분자 간 힘은 (모든 분자 간 힘처럼) 자연적 정전기이지만, 그들은 비극성 분자에서 전자의 이동으로 인해 발생하는 다른 분자 간 힘과 다르다.

평균적으로, 비극성 분자의 전자밀도 분포는 균일하고 대칭적이므로 분자를 비극성으로 만

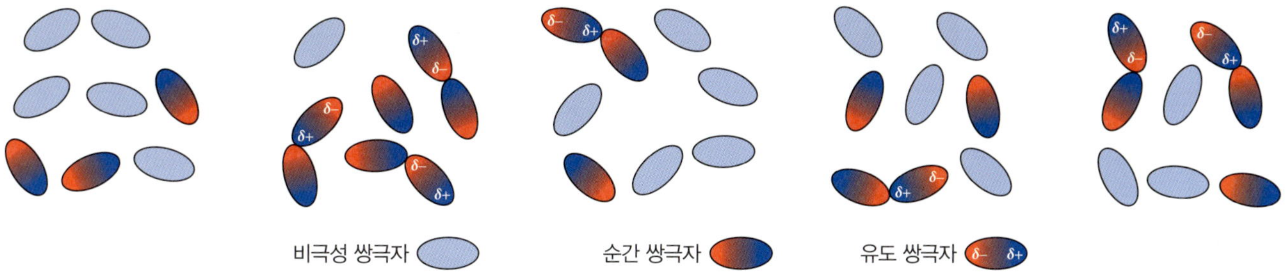

그림 6.11 일반적으로 비극성 분자의 순간 쌍극자는 인접한 분자에 순간 쌍극자를 유도하여 분자들이 서로 끌어당길 수 있다(이러한 유형의 상호 작용은 비극성 기체를 응축시키는 능력에 대한 책임이 있다).

든다. 그러나 분자 내의 전자는 움직일 수 있는 자유도가 있기 때문에, 분자는 전자밀도의 불균일한 분포를 가질 수 있으며 **순간 쌍극자**(instantaneous dipole)라고 하는 일시적인 쌍극자를 만든다. 한 분자 내에 순간 쌍극자가 있으면 인접 분자에 일시적으로 **유도 쌍극자**(induced dipole)가 생길 수 있다. 예를 들어, 분자의 일시적인 부분 음전하는 옆에 있는 또 다른 분자의 전자를 밀어낸다. 이 반발력은 두 번째 분자에 일시적 쌍극자를 일으키며 부분적으로 양전하 및 음전하를 가지게 되고, 일반적으로 비극성인 분자인 이들 사이에 정전기적 인력을 가진 분자들을 만든다. 그림 6.11은 비극성 분자에서 순간 및 유도 쌍극자가 어떻게 **분산력**(dispersion force)으로 알려진 분자 간 인력을 발생시키는지를 보여준다. 분산력은 일반적으로 분자 간 힘 중 가장 약한 것으로 여겨지지만 N_2 및 O_2와 같은 비극성 물질을 액화시켜서 많은 비극성 물질을 실온에서 액체 또는 고체로 만들 수 있을 만큼은 강할 수 있다.

분산력의 크기는 분자 내의 전자가 얼마나 쉽게 움직일 수 있는지에 달려 있다. F_2와 같은 작은 분자에서 전자는 원자핵에 비교적 가깝고 자유롭게 움직일 수 없다. 따라서 F_2에서의 전자 분포는 상당히 균일하게 유지되는 경향이 있고 F_2는 즉각적인 쌍극자를 쉽게 달성하지 못한다. Cl_2와 같은 더 큰 분자에서 전자는 핵으로부터 다소 멀리 떨어져 있고, 단단히 고정되어 있지 않으므로 보다 자유롭게 움직인다. Cl_2의 전자밀도는 보다 쉽게 분극화된다. 즉, Cl_2 분자는 작은 F_2 분자보다 쉽게 순간 쌍극자를 얻는다. 결과적으로 F_2 분자 사이보다 Cl_2 분자 간에 더 빠른 순간 쌍극자, 유도 쌍극자 및 궁극적으로 더 강한 분산력이 발생한다. 다음 두 개의 할로젠 Br_2와 I_2는 여전히 더 크며 즉각적인 순간 쌍극자, 유도 쌍극자 및 더 강한 분산력을 형성하는 더 큰 경향을 보인다. 표 6.4에는 분산력의 크기 비교로서 할로젠과 그들의 몰질량 및 끓는점을 나열하였다. 모든 분자는 극성이든 아니든 분산력을 나타낸다. 일반적으로, 몰질량이 클수록 분자 간 분산력의 강도가 커진다.

이 절의 앞부분에서 언급했듯이, 분자 간 힘이라는 용어는 이온, 분자 또는 원자 사이의 인력을 의미할 수 있다. 개개의 원자들로서 존재하는 비활성 기체들 또한 분산력을 나타내며, 분산력의 크기가 몰질량의 증가에 따라 어떻게 증가하는지에 대한 다른 예시로서 작용한다. 표 6.5는 비활성 기체의 몰질량과 끓는점을 나열한 것이다.

표 6.4 할로젠의 몰질량 및 끓는점

분자	몰질량(g/mol)	끓는점(°C)
F_2	38.0	−188
Cl_2	70.9	−34
Br_2	159.8	59
I_2	253.8	184

표 6.5 비활성 기체의 몰질량 및 끓는점

비활성 기체	몰질량(g/mol)	끓는점(℃)
He	4.003	−269
Ne	20.18	−246
Ar	39.95	−186
Kr	83.80	−153
Xe	131.3	−108
Rn	222	−62

예제 6.10을 통해 여러 물질에서 분산력의 크기를 비교하는 연습을 해보자.

예제 6.10 분산력의 크기 비교

비극성 분자의 각 쌍에서 더 강한 분산력을 가진 물질을 선택하시오.

(a) N_2 및 Br_2 (b) CO_2 및 I_2 (c) SiF_4 및 $SiBr_4$

전략 이들 모두는 비극성 분자이다(만약 그들이 비극성이라는 것을 바로 알기 어렵다면, Lewis 구조를 그려본다). 단순히 몰질량을 결정하여 비교하면 된다. 몰질량이 클수록 분산력은 더 강하다.

계획 (a) N_2와 Br_2의 몰질량은 각각 28.02와 159.80 g/mol이다.
(b) CO_2와 I_2의 몰질량은 각각 44.01과 253.81 g/mol이다.
(c) SiF_4 및 $SiBr_4$의 몰질량은 각각 104.08 및 343.65 g/mol이다.

풀이 (a) Br_2가 몰질량이 더 크기 때문에 분산력이 더 강하다.
(b) I_2는 몰질량이 더 크기 때문에 분산력이 더 강하다.
(c) $SiBr_4$는 몰질량이 더 크기 때문에 분산력이 더 강하다.

생각해보기

여기서 모든 비극성 물질이나 원자를 비교하기 때문에 단순히 몰질량을 비교할 수 있다는 것을 기억하자. 이 분자들 중 어느 것이 극성이라면, 쌍극자–쌍극자 힘의 강도를 고려해야 할 것이다.

추가문제 1 각 쌍에서 더 강한 분산력을 가진 물질을 선택하시오.

(a) Ar 및 Cl_2 (b) CCl_4 및 O_2 (c) $SiCl_4$ 및 Kr

추가문제 2 F_2와 비슷한 강도의 분산력을 기대할 수 있는 비활성 기체는 어느 것이고, 그 이유는 무엇인가?

추가문제 3 파란색 타원은 비극성 이원자 분자를 나타낸다. 검은 점들은 각 분자의 결합 전자를 나타낸다. 다음 중 비극성 분자 간에 분자 간 인력이 분산력에 미치는 영향을 가장 잘 보여주는 그림은 어느 것인가?

(a)  (b) 

(c) 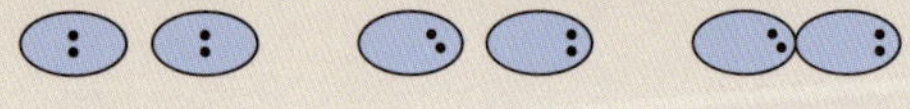 (d) 

모든 분자, 더 나아가 모든 원자 사이에도 분산력이 존재하며, 몰질량이 큰 물질이 더 높은 끓는점을 갖는 것과 마찬가지로 더 큰 분산력을 갖는다는 것이 규명되었다. 수소 결합의 중요한 개념을 다시 생각해보자. 그림 6.12는 14족부터 17족까지의 이성분 수소 화합물의 끓는점을 보여준다. 14족의 일련의 수소 화합물에서 끓는점은 몰질량이 증가함에 따라 증가한다. 15족에서 17족까지는 각 족의 가장 작은 원소를 제외하고 모두 동일한 경향이 관찰되며, 족에서 가장 낮

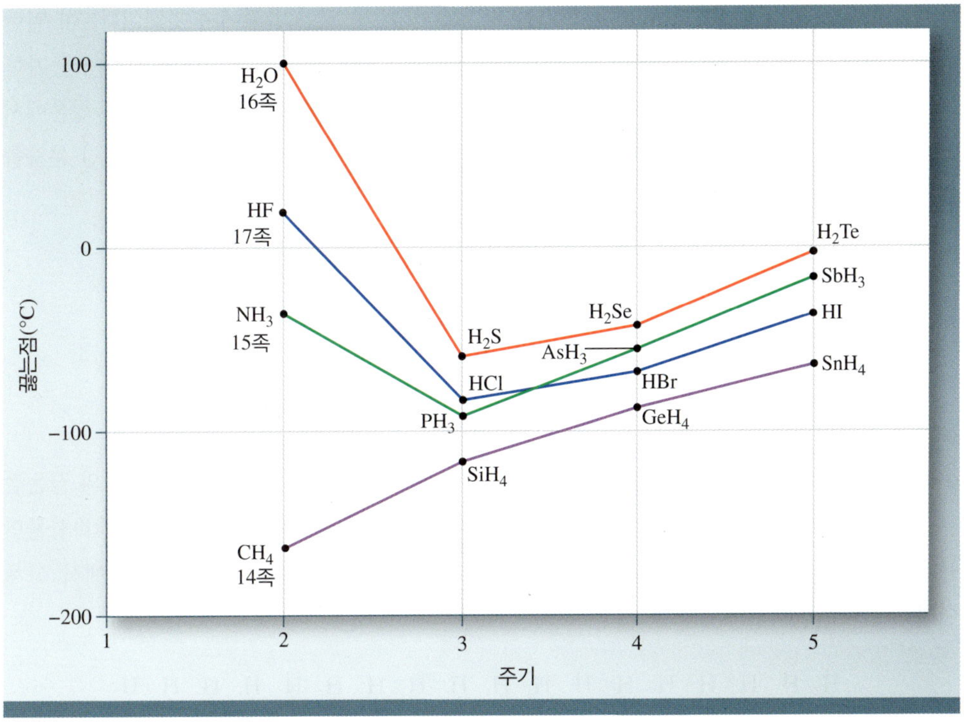

그림 6.12 14족부터 17족 원소의 수소 화합물의 끓는점. 일반적으로 족 내에서 질량이 증가함에 따라 끓는점이 증가하지만, 15, 16, 17족에서는 가장 가벼운 화합물이 가장 높은 끓는점을 갖는다. 관측된 경향에서 이러한 차이는 수소 결합 때문이다.

은 끓는점을 가질 것으로 예상된다. 그러나 수소 결합으로 인해 15, 16, 17족의 가장 작은 이성분 수소 화합물은 가장 높은 끓는점을 갖는다. 14족의 가장 작은 원소는 수소 결합을 나타내지 않으므로 이런 경향을 나타내지 않는다. F−H, O−H 또는 N−H 결합을 포함하는 분자만이 수소 결합을 나타낸다.

분자 간 힘 검토

일반적으로 분자 물질에서의 분자 간 인력의 강도는 다음과 같이 고려된다.

$$\text{분산력} < \text{쌍극자–쌍극자 힘} < \text{수소 결합}$$

그러나 이 일반화는 몰질량이 비슷한 물질에만 엄격하게 적용되며, 알려진 화합물의 몰질량 범위가 매우 넓기 때문에 맞지 않을 수 있다. 예를 들어, 브로민 분자($\mathscr{M}$=159.8 g/mol)는 비극성이며 분산력을 가지지만 상온에서 액체이다. 아이오딘 분자($\mathscr{M}$=253.8 g/mol)는 비극성이며 분산력만 가지지만 상온에서는 고체이다. 따라서 분산력은 일반적으로 분자 간 힘 중 가장 약한 것으로 기술되지만, 매우 큰 분자에서는 실온에서 액체 또는 심지어 고체 상태를 갖도록 하기에 충분히 강하다.

몰질량과 그 영향이 분산력의 크기에 미치는 훌륭한 예는 곧은 사슬 모양의 알케인이다. 이들은 단일 결합으로 연결된 탄소 원자와 수소 원자만으로 구성된 비극성 화합물이다. 알케인의 가장 단순한 형태는 메테인(CH_4)으로 이 장의 앞에서 본 바 있다. 일련의 알케인 중 다음은 에테인(C_2H_6)이고, 그 다음은 프로페인(C_3H_8)이며, 그 다음은 뷰테인(C_4H_{10})이다.

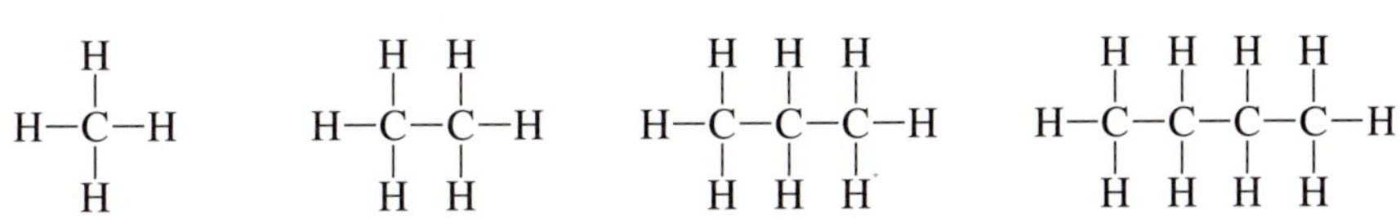

메테인(기체) 16.04 g/mol　에테인(기체) 30.07 g/mol　프로페인(기체) 44.09 g/mol　뷰테인(기체) 58.12 g/mol

학생 노트
프로페인과 뷰테인은 모두 용광로, 스토브 및 라이터의 연료로 사용될 수 있도록 일반적으로 압력을 가하여 액화시킨다.

이들 화합물은 모두 비극성이며 분산력만 가지고 상온 및 일반 압력에서 기체이다. 이 일련의 화합물에서 탄소 수가 증가하고 몰질량이 증가함에 따라, 분자 간 분산력의 강도가 증가한다. 이들의 다음 화합물인 펜테인은 탄소 원자가 5개인 사슬이다. 펜테인(C_5H_{12})은 실온에서 액체이다. 펜테인의 몰질량은 충분히 커서 그로 인해 생성된 분산력 또한 강해 펜테인 분자를 액체 상태로 유지할 수 있다.

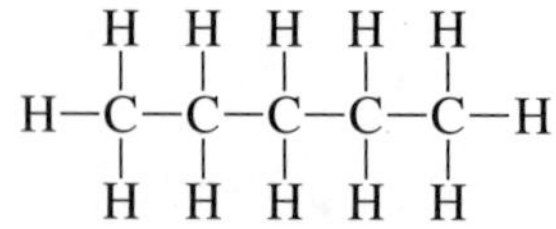

펜테인(액체)
72.15 g/mol

6~17개의 탄소 사슬 길이를 갖는 유사한 분자는 모두 실온에서 액체이며, 각 화합물의 끓는점은 몰질량과 함께 증가한다. 탄소 사슬의 길이가 18로 성장한 옥타데케인으로 알려진 화합물의 몰질량은 충분히 크고 생성된 분산력은 충분히 강하기 때문에 이 화합물은 실온에서 고체이다.

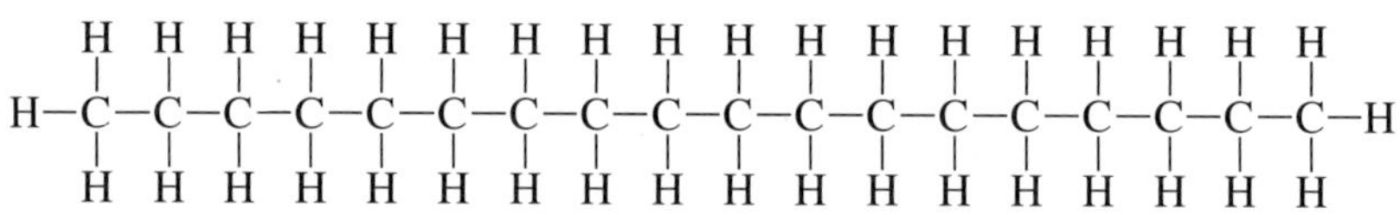

옥타데케인, $C_{18}H_{38}$(고체)
254.5 g/mol

학생 노트
분산력이 일반적으로 분자 간 힘 중 가장 약한 것으로 알려졌지만, 매우 큰 분자에서는 매우 강할 수 있다. 또한 분산력은 비극성 분자뿐만 아니라 모든 분자에서 나타난다.

18개가 넘는 탄소를 가진 곧은 사슬 탄화수소는 모두 고체이며, 녹는점은 몰질량이 증가함에 따라 높아진다.

화학식을 기초한 분자 간 힘의 유형이나 유형을 예측하고 다양한 화합물의 분자 간 힘의 크기를 비교하는 데 필요한 기술을 갖추게 되었다. 그것은 화학식을 보고 간단히 알 수 있는 것이 아니다. 분자의 극성 여부를 결정할 때마다 다음 단계를 사용해야 한다.

1. 화학식을 사용하여 Lewis 구조를 그린다.
2. VSEPR 모델을 적용하여 전자그룹 구조를 결정한다.
3. 전자그룹 기하 구조와 원자가 있는 위치를 사용하여 분자 모양을 결정한다.
4. 분자의 극성 여부를 결정하기 위해 결합 쌍극자의 배열과 유형을 고려한다.

그림 6.13 화합물에 의해 나타나는 분자 간 힘의 유형 또는 유형을 결정하기 위한 순서도

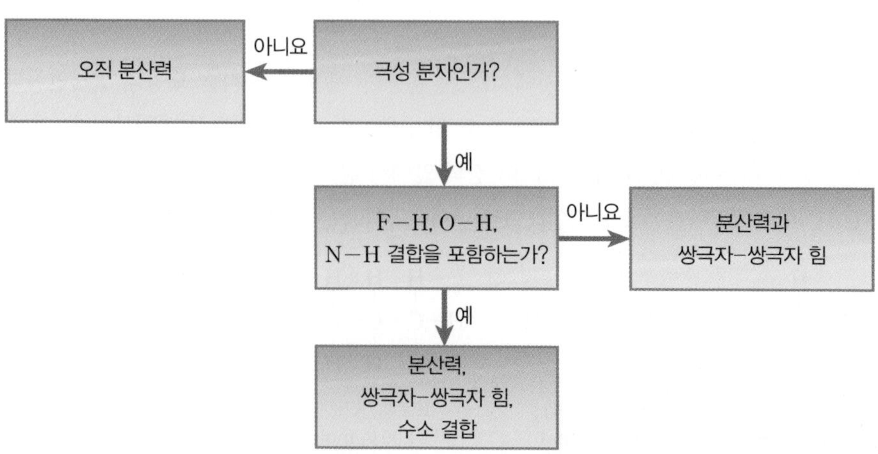

이 과정을 마치면 분자 간 힘에 대해 예측하고 다양한 화합물의 상대적 강도를 비교할 준비가 된다. 그림 6.13은 화합물이 나타내는 분자 간 힘의 유형 또는 유형을 결정하는 데 사용되는 단계를 요약한 것이다.

예제 6.11에서는 액체 입자 사이에 어떤 종류의 힘이 존재하는지 결정하는 연습을 한다.

예제 6.11 액체에서 분자 간 힘 확인하기

다음의 화합물에는 어떤 종류의 분자 간 힘이 존재하는가?

(a) $CCl_4(l)$ (b) $CH_3COOH(l)$ (c) $CH_3COCH_3(l)$ (d) $H_2S(l)$

전략 Lewis 점 구조를 그리고 각 분자가 극성인지 비극성인지를 결정하기 위해 VSEPR 이론을 적용한다[|◀◀ 6.4절]. 비극성 분자는 분산력만을 나타낸다. 극성 분자는 쌍극자–쌍극자 상호 작용 및 분산력을 나타낸다. F–H, O–H 또는 N–H 결합을 갖는 극성 분자는 쌍극자–쌍극자 상호 작용(수소 결합 포함) 및 분산력을 나타낸다.

계획 분자 (a)~(d)에 대한 Lewis 점 구조는 다음과 같다.

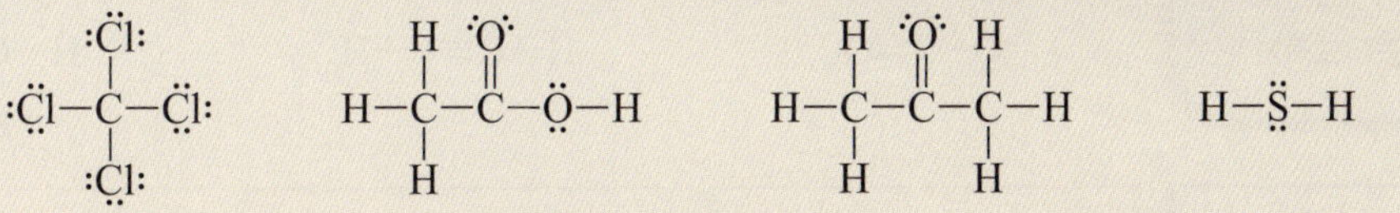

(a) (b) (c) (d)

풀이 (a) CCl_4는 비극성이므로 분자 간 힘은 분산력뿐이다.

(b) CH_3COOH는 극성이고 O–H 결합을 포함하므로 쌍극자–쌍극자 상호 작용(수소 결합 포함)과 분산력을 나타낸다.

(c) CH_3COCH_3는 극성이지만 F–H, O–H 또는 N–H 결합을 포함하지 않으므로 쌍극자–쌍극자 상호 작용과 분산력을 나타낸다.

(d) H_2S는 극성이지만 F–H, O–H 또는 N–H 결합을 포함하지 않으므로 쌍극자–쌍극자 상호 작용과 분산력을 나타낸다.

생각해보기

다시 한 번 올바른 Lewis 구조를 그리는 것이 중요하다. 필요한 경우 이를 그리는 절차를 검토하자[|◀◀ 6.1절].

추가문제 1 다음에는 어떤 종류의 분자 간 힘이 존재하는가?

(a) $CH_3CH_2CH_2CH_2CH_3(l)$ (b) $CH_3CH_2OH(l)$ (c) $H_2CO(l)$ (d) $O_2(l)$

추가문제 2 다음에는 어떤 종류의 분자 간 힘이 존재하는가?

(a) $CH_2Cl_2(l)$ (b) $CH_3CH_2CH_2OH(l)$ (c) $H_2O_2(l)$ (d) $N_2(l)$

추가문제 3 CH_3OH와 CH_3SH의 시료가 실온에 있을 때 하나는 기체이고 다른 하나는 액체이다. 어떤 것이 기체인지 결정하고 그 이유를 설명하시오.

주요 내용 분자 모양 및 극성

분자 극성은 물질의 물리적 및 화학적 특성을 결정하는 데 대단히 중요하다. 실제로 분자 극성은 분자 형태의 가장 중요한 결과 중 하나이다. 분자의 모양을 결정하기 위해 단계별 절차를 사용한다.

1. 올바른 Lewis 구조를 그리시오[|◀◀ 6.1절 및 6.2절].
2. 중심 원자에 있는 전자그룹 수를 센다. 전자그룹은 고립 전자쌍 또는 결합일 수 있고, 결합은 단일 결합, 이중 결합 또는 삼중 결합일 수 있음을 기억하시오.
3. VSEPR 모델[|◀◀ 6.4절]을 적용하여 전자그룹 기하 구조를 결정한다.
4. 원자의 위치를 고려하여 분자 형태를 결정하시오. 전자그룹 기하 구조와 동일하거나 다를 수 있다.

SO_2, C_2H_2, CH_2Cl_2의 예를 생각해보자. 각각의 분자 모양을 다음과 같이 결정한다.

단계	SO_2	C_2H_2	CH_2Cl_2
Lewis 구조 그리기	:Ö–S̈=Ö:	H–C≡C–H	H–C(Cl)(H)–Cl
중심 원자의 전자그룹 수 세기	3개 전자그룹: • 1개 이중 결합 • 1개 단일 결합 • 1개 고립 전자쌍	각각의 중심 원자에 2개 전자그룹: • 1개 단일 결합 • 1개 삼중 결합	4개 전자그룹: • 4개 단일 결합
전자그룹 구조를 결정하기 위해 VSEPR 적용	3개의 전자그룹이 삼각 평면에 배열된다.	2개의 전자그룹이 선형으로 배열된다.	4개의 전자그룹이 사면체로 배열된다.
	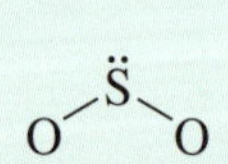	H–C≡C–H	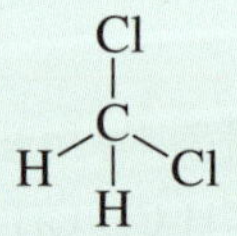
분자 모양을 결정하기 위해 원자의 위치 고려	중심 원자에 하나의 비공유 전자쌍이 있으면, 분자 모양은 구부러진다.	중심 원자에 비공유 전자쌍이 없으면, 분자 모양은 선형이다.	중심 원자에 비공유 전자쌍이 없으면, 분자 모형은 사면체이다.
	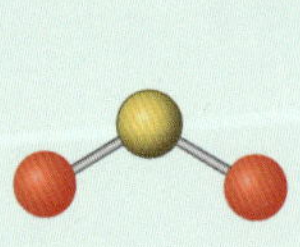	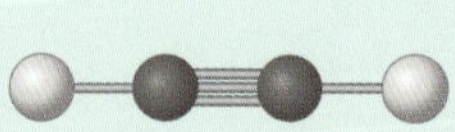	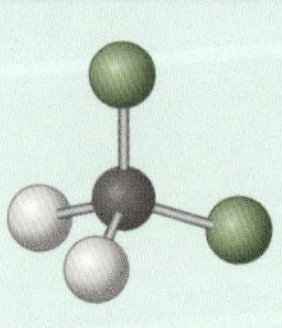

분자 모양을 결정한 후 개별 결합 쌍극자와 그 배열을 조사하여 각 분자의 전반적인 분자 극성을 결정한다.

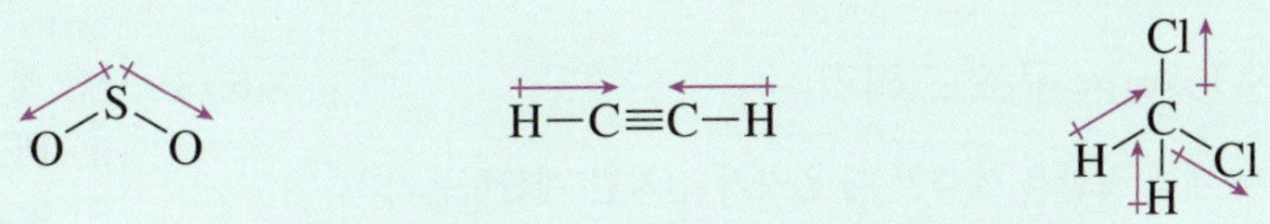

각각의 결합이 극성인지 아닌지 결정

황(S)과 산소(O)는 각각 2.5와 3.5의 전기 음성도 값을 가진다. 그러므로 이 결합은 극성이다.

탄소(C)와 수소(H)는 각각 2.5와 2.1의 전기 음성도 값을 가진다. 그러므로 이 결합은 비극성이다.

C−H 결합은 비극성이다. 탄소(C)와 염소(Cl)는 각각 2.5와 3.0의 전기 음성도 값을 가진다. 그러므로 C−Cl 결합은 극성이다.

C_2H_2에서만 쌍극자–모멘트 벡터가 서로 상쇄된다. C_2H_2는 비극성이고, SO_2 및 CH_2Cl_2는 극성이다.

극성 결합이라 할지라도 분자는 대칭으로 분포되어 있는 동등한 결합으로 구성되어 있다면 비극성일 수 있다. 대칭으로 분포되어 있지 않은 동등한 결합을 갖는 분자 또는 동등하지 않은 결합을 갖는 분자는 대칭으로 분포되더라도 일반적으로 극성이다.

주요 내용 문제

6.1
이브로민화 셀레늄의 분자 형태를 결정하시오.
(a) 선형
(b) 굽힘
(c) 삼각 평면
(d) 삼각 피라미드형
(e) 사면체

6.2
삼아이오딘화 인의 분자 형태를 결정하시오.
(a) 선형
(b) 굽힘
(c) 삼각 평면
(d) 삼각 피라미드형
(e) 사면체

6.3
다음 중 극성에 해당하는 화학종은 어느 것인가?
(a) OBr_2
(b) $GeCl_4$
(c) $AlCl_3$
(d) BH_3
(e) BeF_2

6.4
다음 중 비극성은 어느 것인가?
(a) NCl_3
(b) $SeCl_2$
(c) SO_2
(d) CF_4
(e) $AsBr_3$

연습문제

6.1절: 단순한 Lewis 구조 그리기

6.1 왜 분자 내에 결합을 예측할 때 원자가 전자만 계산하는가?

6.2 분자의 Lewis 구조를 그리는 것은 다원자 이온의 Lewis 구조를 그리는 것과 어떻게 다른가?

6.3 다음의 각 분자에는 총 원자가 전자가 몇 개인가?
(a) CF_4 (b) SCl_2
(c) NI_3 (d) $SeBr_2$

6.4 다음의 각 분자에 대해 Lewis 구조를 그리시오.
(a) OCl_2 (b) NI_3
(c) CI_4 (d) Br_2

6.5 다원자 이온 각각에 대해 Lewis 구조를 그리시오.
(a) PF_4^+ (b) CO_3^{2-}
(c) NO_2^- (d) CCl_3^-

6.2절: 복잡한 Lewis 구조 그리기

6.6 다음 화합물 각각에 대해 Lewis 구조를 그리시오.
(a) CS (b) CS_2
(c) PCl_3 (d) HCN(C는 중심 원소)

6.7 다음 화합물 각각에 대해 Lewis 구조를 그리시오.
(a) N_2O(N은 중심 원소) (b) CCl_2F_2
(c) SO_2 (d) N_2

6.8 다음의 다원자 이온 각각에 대해 Lewis 구조를 그리시오.
(a) NO_2^- (b) SO_3^{2-}
(c) SiO_3^{2-} (d) SO_4^{2-}

6.9 다음 Lewis 구조의 오류를 확인하고 수정하시오.
(a) 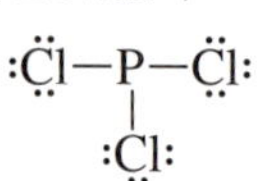 (b) 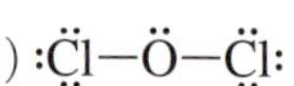
(c) 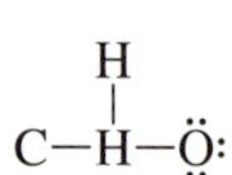 (d) 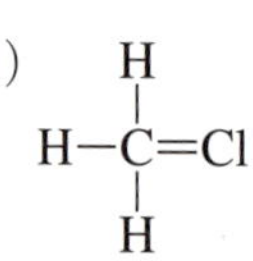
(e) 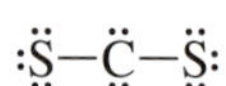

6.10 이원자 분자로 존재하는 7가지 원소를 확인하고, 왜 이 형태로 존재하는지 이론을 이용해 설명하시오.

6.3절: 공명 구조

6.11 공명 구조란 무엇인가? 언제 공명 구조를 그릴 필요가 있는가?

6.12 다음의 각 이온에 대해 Lewis 구조를 그리시오. 필요한 경우 공명 구조를 포함하시오.
(a) ClO_2^- (b) SiO_3^{2-}
(c) NO_3^- (d) SO_4^{2-}

6.13 다음 물질에 대한 가능한 모든 공명 구조를 그리시오.
(a) PO_2^+ (b) AsO_3^-
(c) SO_3 (d) O_3

6.4절: 분자 형태

6.14 누락된 정보를 표에 기입하시오.

	일반적인 Lewis 구조	중심 원자의 전자그룹 수	전자그룹 구조	분자 모형	결합각
(a)	X—A—X				
(b)	X—Ä—X				
(c)	X—Ä̤—X				

6.15 VSEPR 이론을 사용하여 다음 물질의 전자그룹 기하 구조 및 분자 형태를 결정하시오.
(a) BF_3 (b) NF_3
(c) CF_4 (d) CF_2H_2

6.16 VSEPR 이론을 사용하여 다음 물질의 전자그룹 기하 구조 및 분자 형태를 결정하시오.
(a) BF_4^- (b) SeO_2
(c) $SiBr_4$ (d) NO_3^-

6.17 VSEPR 이론을 사용하여 다음 물질의 전자그룹 기하 구조 및 분자 형태를 결정하시오.
(a) OF_2 (b) H_2CO(C는 중심 원자)
(c) CF_3Cl (d) PCl_2F

6.18 문제 6.15에서 각 분자의 결합각을 예측하시오.

6.19 문제 6.16에서 각 물질의 결합각을 예측하시오.

6.20 문제 6.17에서 각 물질의 결합각을 예측하시오.

6.5절: 전기 음성도와 극성

6.21 주기율표에서 전기 음성도를 정의하고, 주기율표에서 전기 음성도의 경향을 기술하시오.

6.22 분자를 극성으로 만드는 것은 무엇인가?

6.23 극성 결합을 포함하고 있는 분자가 비극성일 수 있는가? 설명하시오.

6.24 다음 결합 중 극성인 것은 어느 것인가?
(a) As—Cl (b) F—F
(c) N—I (d) C—Cl

6.25 문제 6.24의 각 극성 결합에 쌍극자 벡터를 표시하시오.

6.26 다음 중 극성 분자는 어느 것인가?
(a) $AsCl_3$ (b) NI_3
(c) CBr_4 (d) BCl_3

6.27 다음 중 극성 분자는 어느 것인가?
(a) CH_2Cl_2 (b) BeIF
(c) $BHCl_2$ (d) SCl_2

6.6절: 분자 간 힘

6.28 서로 다른 종류의 분자 간 힘을 나열하시오. 어떤 물질에 존재하는 분자 간 힘의 유형을 결정하는 것은 무엇인가?

6.29 다음 중 단지 분산력만을 가지는 물질은 어느 것인가?
(a) F_2 (b) SF_2
(c) Kr (d) SiS_2

6.30 쌍극자–쌍극자 힘을 갖는 것은 다음 물질 중 어느 것인가?
(a) NF_3 (b) CF_4
(c) CH_2F_2 (d) BF_3

6.31 다음 물질 중 수소 결합을 가지는 물질은 어느 것인가?
(a) CH_3CH_2OH (b) CH_3F
(c) $N(CH_3)_2H$ (d) NCl_3

6.32 다음 물질 각각에 존재하는 가장 강한 분자 간 힘의 유형을 확인하시오.
(a) CS_2 (b) Kr
(c) CCl_2F_2 (d) O_2

6.33 분자 간 힘의 강도가 증가하는 순서로 각 분자를 나열하시오.
(a) PCl_3, NCl_3, SO_2
(b) CH_4, C_3H_8, C_2H_6
(c) Xe, Cl_2, CO_2

6.34 각 분자를 분자 간 힘의 강도가 감소하는 순서로 나열하시오.
(a) BCl_3, OF_2, H_2O
(b) NH_3, SeO_2, CO_2
(c) BeF_2, PF_3, SF_2

종합문제

6.35 MgO에 존재하는 각 이온에 대한 Lewis 기호를 쓰시오. 이것은 분자 화합물 CO에 대한 Lewis 구조를 그리는 과정과 어떻게 다른가?

6.36 어떤 물질이 수소 원자를 포함하지만 수소 결합을 하지 않는 이유를 예를 들어 설명하시오.

예제 속 추가문제 정답

6.1.1 (a) 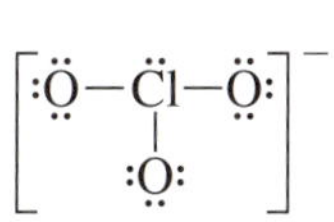 (b) 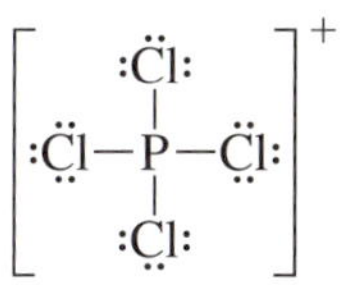

(c) 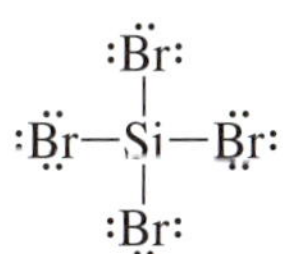 **6.1.2** (a) 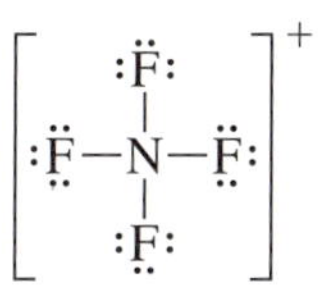

(b) 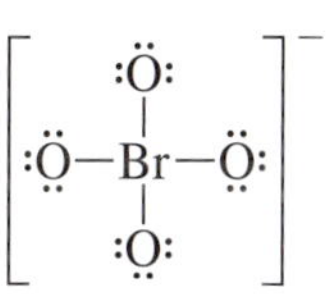 (c) 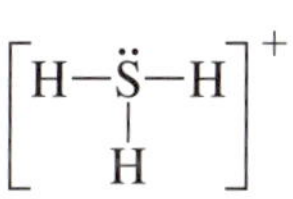

6.2.1 H—C≡N: **6.2.2** 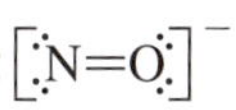

6.3.1 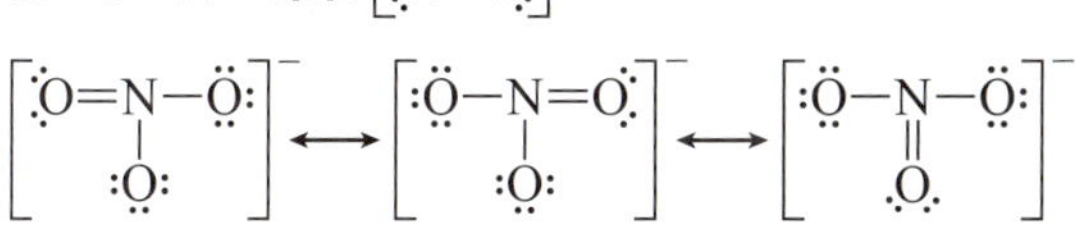

6.3.2 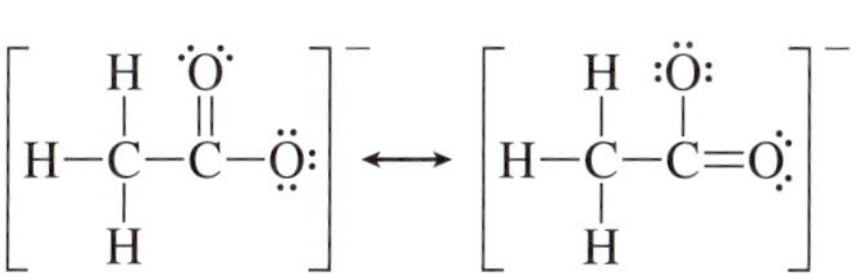

6.4.1 삼각 평면, 삼각 평면, 120°

6.4.2 (a) 두 종 모두 굽은 구조. AO_2의 O–A–O 결합각은 약 120°인 반면, AO_2^{2-}의 결합각은 약 109.5°이다. 중심 원자에 고립 전자쌍의 수가 다르기 때문에 결합각이 다르다.

6.5.1 (a) Mg (b) Te

6.5.2 (a) C>Li>K (b) As>Ca>Ba

6.6.1 (a) 비극성 (b) 극성 (c) 비극성

6.6.2 C–I<C–Br<C–Cl<C–F

6.7.1 (a) 비극성 (b) 극성 **6.7.2** (b), (d)

6.8.1 (a) 예 (b) 아니요 (c) 예

6.8.2 (a) 예 (b) 예 (c) 아니요 **6.9.1** (c)

6.9.2 (a)에는 F–H, O–H 또는 N–H 결합이 없다. (b) 수소 결합이 있다.

6.10.1 (a) Cl_2 (b) CCl_4 (c) $SiCl_4$

6.10.2 Ar, 유사한 몰질량

6.11.1 (a) 분산력 (b) 분산력, 쌍극자–쌍극자 힘, 수소 결합 (c) 분산력, 쌍극자–쌍극자 힘 (d) 분산력

6.11.2 (a) 분산력, 쌍극자–쌍극자 힘 (b) 분산력, 쌍극자–쌍극자 힘, 수소 결합 (c) 분산력, 쌍극자–쌍극자 힘, 수소 결합 (d) 분산력

CHAPTER 7

고체, 액체 그리고 상 변화

Solids, Liquids, and Phase Changes

특정 대기 조건에서, 낙하하는 눈은 따뜻한 공기층을 지나면서 녹아 액체가 되었다가 차가운 표면을 만나면 다시 얼어붙는다. 얼음 폭풍은 물의 몇 가지 특수한 성질을 극적으로 보여준다.

이 장의 목표

액체와 고체에서 원자, 분자 또는 이온들이 가까이 있게 만드는 인력에 대해 배운다. 이들 인력의 세기가 응축상으로 존재하는 물질의 물리적 성질들에 어떤 영향을 미치는지도 알아본다.

들어가기 전에 미리 알아둘 것

- 분자의 모양 [◀◀6.4절]
- 전기 음성도와 극성 [◀◀6.5절]
- 6장의 주요 내용 [226~227쪽]

이온성, 분자성 원자성의 모든 물질에는 분자 간 힘이 존재한다는 것을 공부했다. 또한 많은 경우에 분자 간 힘은 물질 속 입자를 서로 붙들고 있게 할 만큼 강하기 때문에, 심지어 상온에서도 고체나 액체[통칭하여 **응축상**(condensed phase)으로 알려짐]로 존재하는 물질들이 많이 있음을 알아보았다. 게다가 적절한 조건하에서 기체를 액화시킬 수 있게 해주는 것도 분자 간 힘이라는 것을 알고 있다. 이 장에서 분자 간 힘이 고체와 액체의 성질에 미치는 영향 그리고 에너지가 순물질의 고체, 액체, 기체 사이의 상 변화에 미치는 영향을 탐구해본다.

7.1 응축상의 일반적인 성질

3장에서 논의한 물질의 상태에 대해서 떠올려보자. 고체는 입자들이 가깝게 붙어 있고 일반적으로 서로 간의 위치가 상대적으로 고정되어 있기 때문에 고정된 모양이 있다. 게다가 대부분의 고체들은 입자들이 이미 최대한 빽빽하게 채워져 있기 때문에 비압축성이고, 때문에 부피가 고정되어 있다.

> **학생 노트**
> 중요한 예외로는 얼음(고체 물)이 있다. 이 장의 후반부에 더 자세히 알아본다.

액체를 구성하는 입자들 역시 매우 가깝지만 서로 움직이지 못할 만큼 빽빽하지는 않고, 때문에 액체는 흐를 수 있다. 따라서 액체 역시 부피는 일정하지만 고정된 모양은 없다. 대부분의 물질은 고체 상태가 액체 상태보다 밀도가 높다. 또한 고체 속 입자들은 매우 잘 정렬되어 있거나(결정성) 조금 덜 정렬되어 있을 수도(비결정성) 있는데, 이것은 다음 절에서 알아볼 것이다.

응축상과는 반대로, 기체는 먼 거리에 떨어진 입자들로 구성되어 있다. 기체는 쉽게 압축되고, 부피와 모양은 모두 그 시료를 담고 있는 용기와 같다고 가정할 수 있다. 모든 물질은 기체 상태일 때의 밀도가 세 가지 상태 중에서 가장 작다. 그림 7.1에 일반적인 물질의 고체와 액체, 기체 상태를 나타내었다.

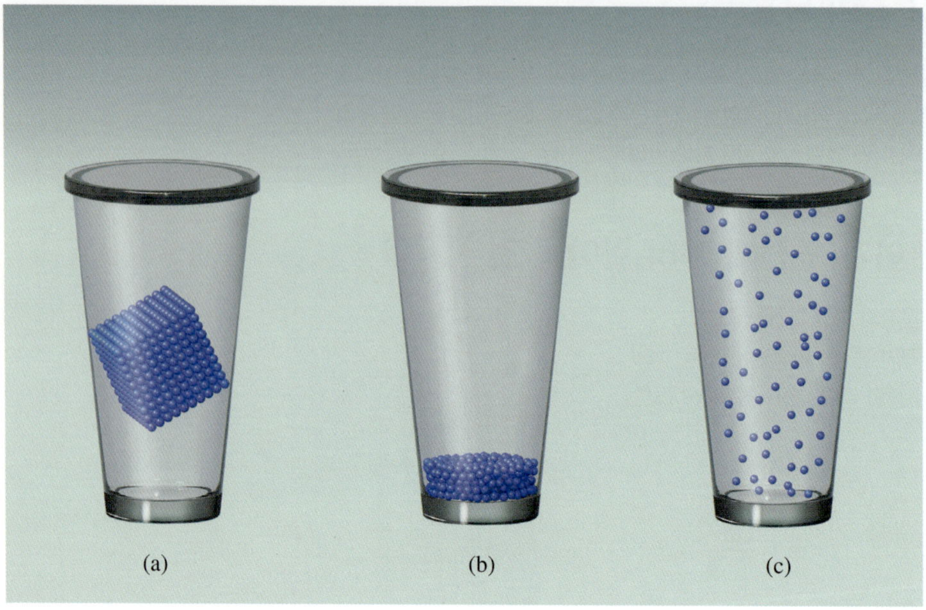

그림 7.1 일반적인 물질의 상태. (a) 고체 (b) 액체 (c) 기체

7.2 고체의 종류

먼저 고체를 비결정성과 결정성 이렇게 두 종류로 구별해보자. **비결정성 고체**(amorphous solid)는 구성 분자들이 잘 정렬되어 있지 않은 고체이다. 비결정성 고체는 일반적으로 액체를 너무 빠르게 냉각시키고 굳힐 때 만들어지는데, 이는 분자가 자리해야 할 위치까지 움질일 수 있는 충분한 시간이 없었기 때문이다. 이러한 현상의 예로 매우 친숙한 비결정성 고체인 유리를 들 수 있다. 지구 대륙 지각에서 가장 흔한 무기물질인 석영은 이산화규소(silicon dioxide, SiO_2)의 결정성 고체이다. 광학적으로 투명한 고체 물질을 뜻하는 일상 용어인 **유리**(glass)는 본래 SiO_2의 비결정성 형태이다. 그림 7.2에는 석영과 유리의 거시적 그리고 분자 수준의 모양을 나타내었다.

많은 종류의 유리가 있는데, 대부분은 내구성이나 색깔 같은 특수한 성질을 나타내도록 첨가물을 넣는다. 유리는 일반적으로 석영의 흔한 형태인 모래를 녹인 후 모양을 잡고 식혀서 만든다. 표 7.1에는 일반적인 유리 세 종류의 조성을 나타내었다.

이온과 분자 또는 원자들이 잘 정렬되어 있는 고체는 **결정성 고체**(crystalline solid)이고, 그 성질은 구성하는 입자의 종류에 따라 다르다. 네 가지 결정성 고체에 대해 알아보자.

이온성 고체

앞서 논의한 '분자 간' 힘들 중에서 가장 강한 힘은 이온 결합[|◀◀ 4.2절]이다. 이온을 붙잡고 있는 정전기적 힘이 세기 때문에 대부분의 이온성 물질은 상온에서 고체이며, 전형적으로 3차원 상에서 양이온과 음이온이 교대로 아주 잘 정렬되어 있다. 이온성 화합물의 최소 단위는 화학식 단위(formula unit)라고 하며[|◀◀ 5.2절], 이온성 물질 역시 분산력을 갖고 있음을 기억해야 한다.

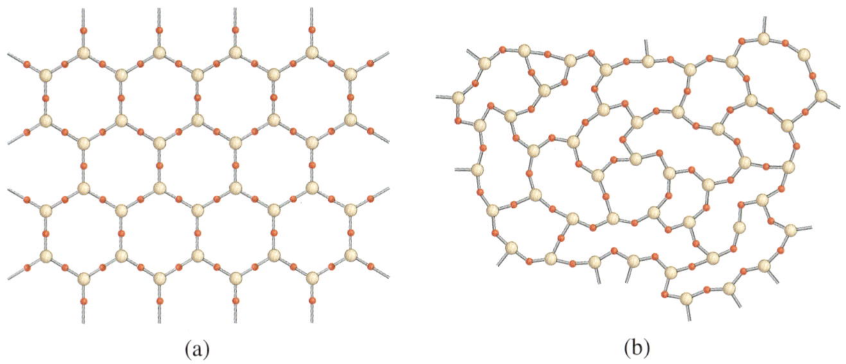

그림 7.2 (a) 결정성 SiO_2, 석영의 구조를 2차원으로 표현했다. (b) 비결정성 SiO_2, 유리의 구조를 2차원으로 표현했다. 두 고체 모두 실제로는 3차원 배열을 하고 있지만 여기서는 장주기 규칙도의 차이를 보여주기 위해서 2차원으로 단순화했다.

표 7.1	유리의 세 가지 종류에 따른 조성과 성질	
순수 석영 유리	100% SiO_2	낮은 열 팽창률, 넓은 범위의 파장 투과, 광학 연구에 사용
Pyrex 유리	60~80% SiO_2, 10~25% B_2O_3, 약간의 Al_2O_3	낮은 열 팽창률, 적외선과 가시광선을 투과, 자외선은 잘 투과시키지 못함, 조리용 식기나 실험실용 유리 제품에 사용
소다 석회 유리	75% SiO_2, 15% Na_2O, 10% CaO	화학물질에 취약하고 열 충격에 민감, 가시광선은 투과시키지만 자외선은 흡수, 창문과 유리병에 사용

분자성 고체

모든 분자성 고체 내 분자들은 분산력에 의해 서로 붙들려 있다. 극성 분자로 구성된 분자성 고체 또한 쌍극자–쌍극자 힘에 의해 서로 붙들려 있다(F−H, O−H 또는 N−H 결합을 갖는 물질들 간의 수소결합도 포함한다). 상온에서 고체인 분자성 물질의 예로서 아이오딘(I_2)을 들 수 있다. 아이오딘은 비극성이므로 분자들을 잡아두는 힘은 오직 분산력이다. I_2의 분산력은 상온에서 고체를 이룰 정도로 큰데, 이는 분자가 크기 때문이다($\mathscr{M}$=253.8 g/mol). 일반적으로 분자성 결정 고체를 구성하는 분자들은 크기와 모양이 허락하는 한 최대한 서로 가깝게 위치하는데, 이에 대해 예외적인 가장 친숙한 분자성 고체는 얼음이다.

물은 분자 크기가 매우 작음에도 불구하고 비정상적으로 끓는점이 높은데, 이는 수소 결합 때문이다[|◀◀ 6.6절]. 충분히 냉각시키면 수소 결합이 물을 결정화시켜 그림 7.3에 나타낸 것과 같이 뚜렷한 육각형의 분자 배열을 이룬다. 이 육각 배열은 얼음 내 분자들이 더 가까워지지 못하는 원인이다. 실제로 얼음 내 물 분자들은 액체인 물 분자보다 더 멀리 떨어져 있으며, 이로

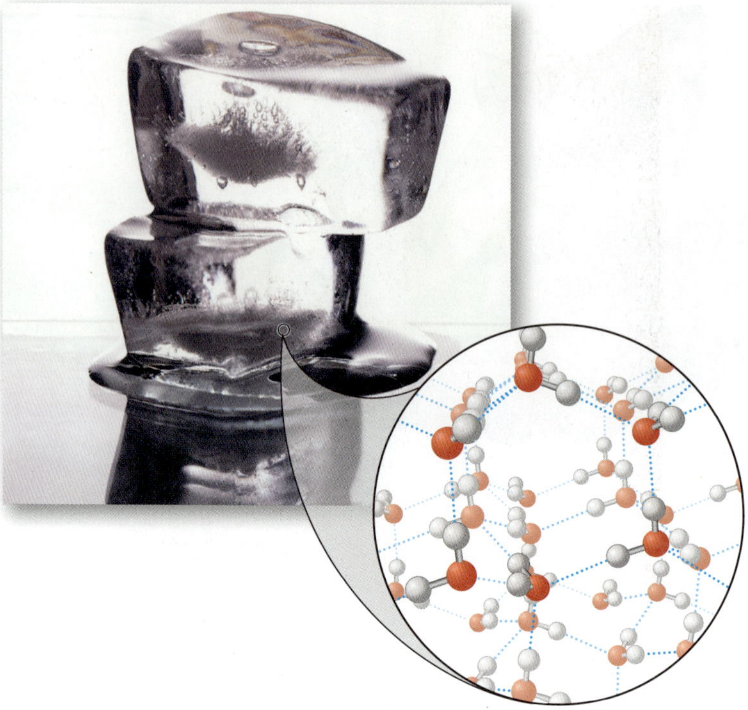

그림 7.3 물의 3차원 구조. 물 분자 내에서 원자들을 붙들고 있는 공유 결합은 짧은 실선으로, 수소 결합은 긴 점선으로 나타냈다. 얼음이 물보다 상대적으로 밀도가 낮은 이유는 육각 구조의 빈 공간 때문이다.

인해 물의 고체 형태가 액체 형태보다 밀도가 낮은 매우 특이한 현상이 나타난다. 분자성 고체를 붙들고 있는 힘은 이온성 고체를 붙드는 힘보다 일반적으로 훨씬 약하다. 실제로 Lewis 구조를 그리고 분자의 극성을 결정하면서 다뤘던 대부분의 물질들(예: CCl_4, SO_2, CO, C_2H_6, C_2H_4)은 상온보다 훨씬 낮은 온도에서 고체로 존재한다.

원자성 고체

최소 입자가 원자인 결정성 고체는 금속성과 비금속성 두 가지가 있다. 금속성 결정 고체에서는 금속 원자가 3차원 상에서 매우 규칙적인 배열을 하고 있다. 고체 금속을 붙들고 있는 힘은 금속 결합이라고 하는데, 앞에서는 다루지 않았다. 금속 결합에서 각 금속 원자는 원자가 전자를 고체 내 다른 모든 원자들과 공유한다. 그 결과 음전하를 띠는 원자가 전자들의 '바다' 속에 금속 양이온이 가지런히 배열된다. 실제로 금속 결합에 대한 이 설명은 '전자 바다' 모델로 알려져 있으며, 이 원자가 전자들의 자유 이동은 금속이 전기 전도성을 띠게 만든다. 그림 7.4에 **금속 결합**(metallic bonding)에 대한 전자 바다 모형을 나타냈다.

학생 노트
금속 중에는 오직 수은만 상온에서 액체인데, 그 이유에 대한 설명은 이 책의 수준을 넘어선다.

금속 고체의 결합 세기는 매우 다양하다. 거의 모든 금속은 상온에서 고체지만, 녹는점은 루비듐(Rb), 세슘(Cs), 갈륨(Ga)과 같이 상온 바로 위부터 텅스텐(W), 레늄(Re), 오스뮴(Os)과 같이 섭씨 수천 도까지 다양하다(녹는점과 녹는점에 영향을 미치는 요인들에 대해서는 7.3절에서 좀 더 알아본다).

갈륨은 상온에서 고체지만 손에 쥐고 있으면 녹는다[그림 7.5(a)]. 과학자들이 손님에게 갈륨 금속으로 만든 스푼으로 차를 젓도록 하는 장난을 친다면, 뜨거운 차에 스푼이 녹아서 스푼의 아랫부분은 사라질 것이다[그림 7.5(b)].

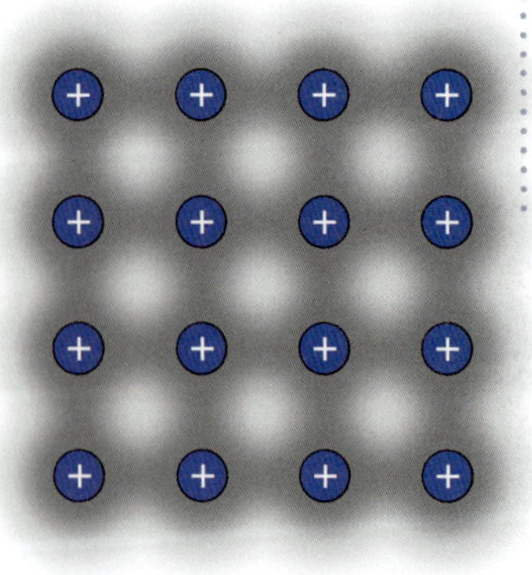

그림 7.4 금속성 결정성 고체의 단면. 양전하는 원자가 전자를 잃은 금속 양이온을 나타낸다. 금속 양이온 주위의 회색 영역은 이동성이 있는 전자의 '바다'를 의미하며, 이것이 금속성 고체를 붙잡고 있다.

다른 종류의 원자성 고체는 비금속성인데, 이는 별로 흔하지 않다. 비활성 기체들만이 일반적인 조건에서 원자 상태로 존재하기 때문이다. 또한 이들 사이에 작용하는 분자 간 힘은 상대적으로 약한 분산력뿐이기 때문에 비활성 기체들은 극히 낮은 온도에서만 결정성 고체로 존재한다.

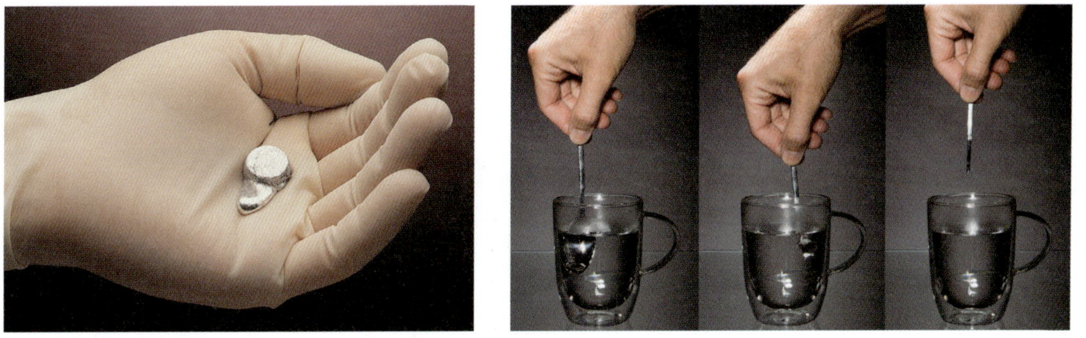

(a) (b)

그림 7.5 갈륨. (a) 상온보다 조금 높은 온도에서 녹는다. (b) 뜨거운 액체에 넣으면 사라진다.

그물형 고체

그물형 고체(network solid) 또는 **공유성 고체**(covalent solid)에서는 원자들이 공유 결합에 의해 연결되어 있는데, 이는 심지어 이온 결합보다도 강력하다. 그물형 고체의 친숙한 예로는 다이아몬드와 흑연을 들 수 있는데, 둘 다 탄소 원자로 구성되어 있다. 다이아몬드에서 모든 탄소는 4개의 탄소와 공유 결합하여 정사면체 배열을 이룬다. 흑연의 모든 탄소는 3개의 탄소와 공유 결합하여 평면 삼각형 배열을 이룬다. 흑연에서 탄소 원자의 그물은 거대한 탄소 판을 형성하고, 이 판들은 상대적으로 약한 분산력에 의해 서로 붙들려 있다. 이 때문에 판들이 서로 미끄러질 수 있으며, 그래서 흑연은 미끌미끌한 느낌이 난다. 산업적으로 흑연은 많은 곳에서 윤활제로 쓰거나 연필의 '심'으로 사용된다. 앞서 논의한 석영(SiO_2) 역시 그물형 고체인데, 각 실리콘 원자는 4개의 산소 원자와 공유 결합하여 정사면체 배열을 하고, 산소 원자는 2개의 실리콘 원자와 결합한다. 그림 7.6에 다이아몬드, 흑연, 석영을 원자 수준의 구조와 함께 나타냈다.

> **학생 노트**
> 흑연 판 하나를 그래핀(graphene)이라고 한다.

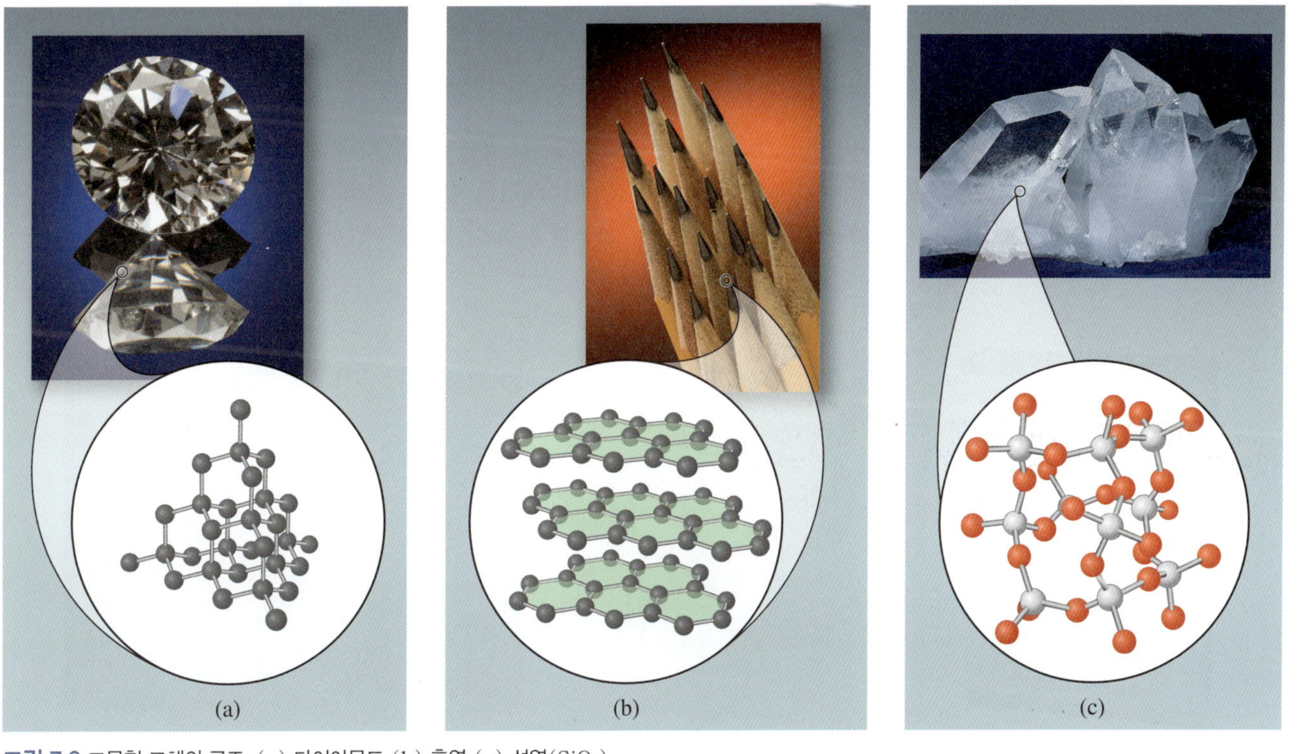

(a) (b) (c)

그림 7.6 그물형 고체의 구조. (a) 다이아몬드 (b) 흑연 (c) 석영(SiO_2)

생각 밖 상식

다이아몬드처럼 단단한 그물형 고체

2013년 8월, International Mineralogical Association은 중국 Tibet 산에서 2009년에 발견된 붕소 자연 광물의 이름을 Qingsongite로 공식 승인했다. 50년이 넘는 세월 동안 산업용 다이아몬드 연마제를 대체하기 위해 이 광물과 매우 유사한 물질인 입방형 질화붕소(cubic boron nitride)라는 그물형 고체가 값싸게 제조되어 왔다.

비록 붕소를 포함하는 다른 광물들이 지구 표면에서 발견되지만, Qingsongite는 지표면 밑 깊은 곳에서 극도로 높은 온도와 압력 조건(다이아몬드가 만들어지는 것과 비슷한 환경)에서 형성된다고 보여진다. 또한 이 광물은 다이아몬드와 등전자[|◀◀ 3.7절]이며, B와 N이 다이아몬드의 C와 같은 위치에 번갈아가며 배열된 동일한 사면체 구조를 갖는다.

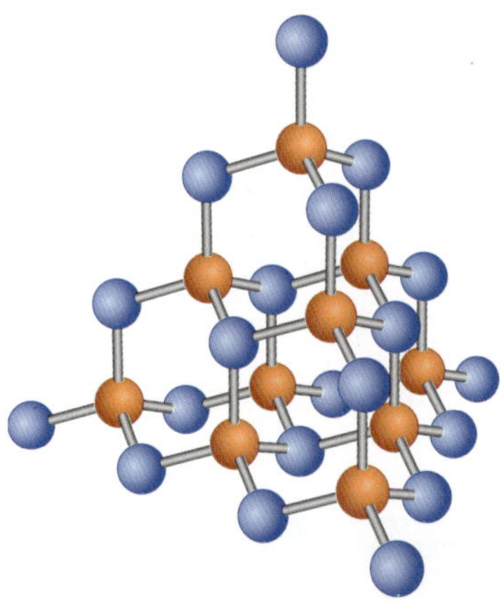

입방형 질화붕소

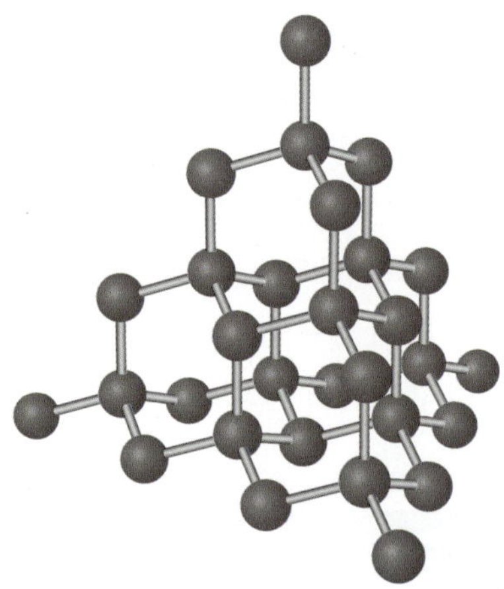

다이아몬드

붕소의 천연물 중 흔한 것이 붕화소듐(sodium borate)으로 알려진 보랙스(borax)라는 광물이다. 이것의 화학식은 붕소, 소듐, 산소, 수소를 포함하며 조금 복잡하다. 보랙스는 상대적으로 부드럽고 가용성인 이온성 고체이다. 20마리의 노새들에 의해 Death Valley 광산에서 가장 가까운 California의 철도로 보랙스가 이송되기 시작한 19세기 후반부터 산업과 가정에서 다양한 용도로 사용되었다.

표 7.2 결정성 고체의 종류와 분자 간 힘

결정성 고체의 종류	분자 간 힘
이온성	분산력과 이온 결합(정전기적 인력)
분자성	
비극성 분자	분산력
극성 분자	분산력, 쌍극자–쌍극자 힘
F–H, O–H, N–H를 포함하는 극성 분자	분산력, 쌍극자–쌍극자 힘, 수소 결합
원자성	
금속성	분산력과 금속 결합
비금속성	분산력
그물형	분산력과 공유 결합

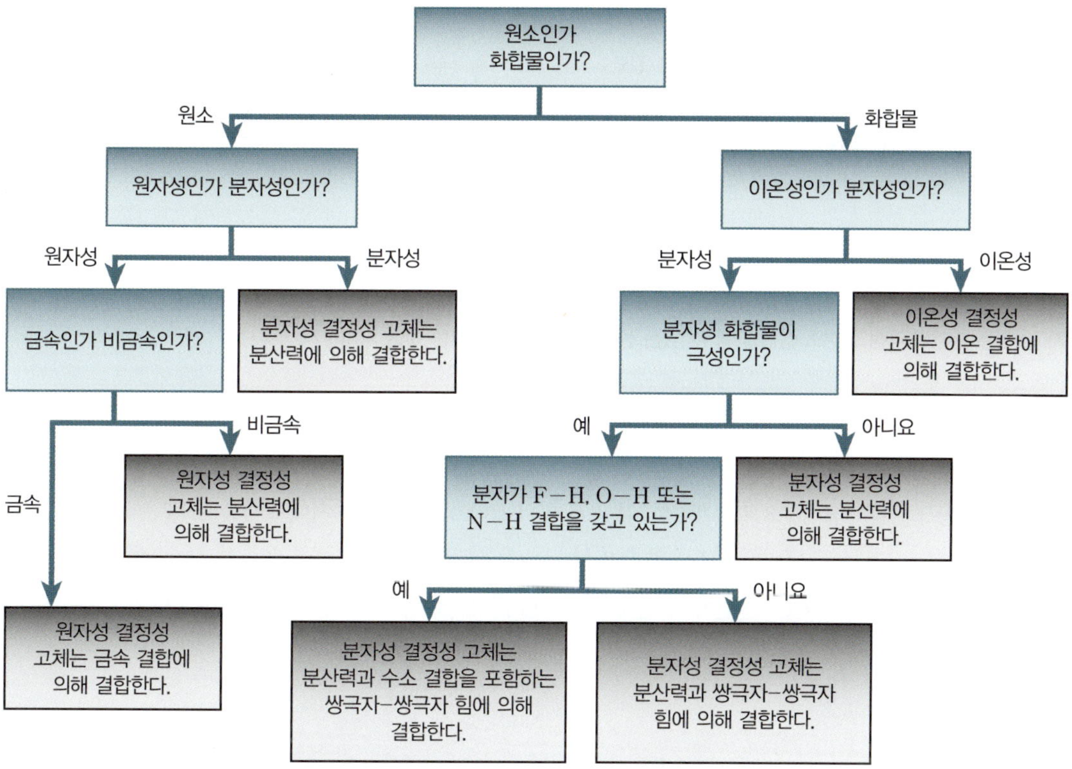

그림 7.7 적절한 조건에서 물질이 어떤 종류의 결정성 고체를 만드는지 결정하는 흐름도

표 7.2에는 결정성 고체의 종류와 분자 간 힘의 상대적인 크기를, 그림 7.7에는 적절한 조건에서 물질이 어떤 종류의 결정성 고체를 만드는지를 알아보는 단계를 요약해놓았다. 원소나 분자 화합물이 그물형 고체일 수도 있지만, 그것을 단순히 화학식을 보는 것만으로는 판단할 수 없다.

예제 7.1에서는 물질이 어떤 종류의 결정성 고체를 만드는지 그리고 고체 내 입자들을 결합시키는 분자 간 힘의 종류를 결정하는 연습을 해보자.

예제 7.1 화학식을 보고 결정성 고체의 종류 결정하기

적절한 조건이 갖추어졌을 때 다음 물질들이 형성하는 결정성 고체의 종류를 말하고, 고체를 결합시키는 분자 간 힘을 나열하시오.

(a) Fe (b) $CaBr_2$ (c) I_2 (d) SCl_2

전략 그림 7.7의 흐름도를 이용하여 물질이 만들 수 있는 결정성 고체의 종류를, 표 7.2의 정보를 이용하여 어떤 분자 간 힘이 존재하는지를 결정한다.

계획 (a) Fe는 홑원소, 원자성, 금속이다.

(b) $CaBr_2$는 두 종류 이상의 원자로 이루어져 있으므로 화합물이다. 금속(Ca)과 비금속(Br)을 포함하기 때문에 이온성 화합물이다.

(c) I_2는 분자로 존재하는 홑원소 물질이다.

(d) SCl_2는 두 종류의 비금속 원소로 구성된 화합물이므로 분자 화합물이다. 또한 극성 분자이다(극성인지 판단하기 위해서는 Lewis 구조를 그려서 생각해봐야 한다).

풀이 (a) 결정성 고체의 구조: 금속성, 분자 간 힘: 분산력, 금속 결합

(b) 결정성 고체의 구조: 이온성, 분자 간 힘: 분산력, 이온 결합

(c) 결정성 고체의 구조: 분자성, 분자 간 힘: 분산력

(d) 결정성 고체의 구조: 분자성, 분자 간 힘: 분산력과 쌍극자–쌍극자 힘

생각해보기

홑원소 물질이 원자성인지 분자성인지 그리고 화합물이 분자성인지 이온성인지 구별하기 위해 3장의 규칙들을 복습해보자. 또한 분자 화합물이 나타내는 분자 간 힘은 분자의 극성과 수소 결합을 할 수 있는 능력에 따라 결정된다는 것을 기억하자.

추가문제 1 적절한 조건이 갖추어졌을 때 다음 물질이 만드는 결정성 고체의 종류를 말하시오.

(a) Br_2 (b) NH_3 (c) Kr

추가문제 2 다음 물질들은 적절한 조건에서 고체상으로 존재한다. 분자 간 힘의 크기가 증가하는 순서대로 나열하시오.

[Ar, $CaCl_2$, CO_2]

추가문제 3 고체 질소(N_2)와 고체 일산화탄소(CO)는 분자 간 힘의 크기가 매우 비슷하다. 어느 것의 분자 간 힘이 더 큰지 예상하고 그 이유를 설명하시오. 그리고 왜 두 분자 간 힘이 비슷한지 설명하시오.

7.3 고체의 물리적 성질

서로 다른 고체는 증기압과 녹는점이 다르다. 이 절에서는 분자 간 힘이 이들 두 정량적 성질에 어떤 영향을 미치는지 알아본다.

증기압

정성적으로 **증기압**(vapor pressure)은 물질을 구성하는 분자가 응축상으로부터 기체상으로 이동하려는 경향을 의미한다. 고체 속 입자를 붙들고 있는 분자 간 힘이 약할수록 입자가 응축상(고체 혹은 액체)을 떠나 기체상이 되려는 경향이 커진다. 고체 내 분자 간 힘이 액체 내 분자 간 힘보다 더 크므로 고체의 증기압은 매우 낮다. 이온성 고체에서는 고체 입자들이 기체가 되려는

(a) (b) (c)

그림 7.8 상대적으로 높은 증기압을 보이는 고체들. (a) 나프탈렌, $C_{10}H_8$ (b) 아이오딘, I_2 (c) 이산화탄소, CO_2

경향이 사실상 없다. 하지만 그림 7.8에서처럼 높은 증기압을 가지는 친숙한 고체들도 있다.

타르와 같이 매캐한 냄새가 나는 고체 나프탈렌[그림 7.8(a)]은 굉장히 친숙한데, 높은 증기압과 증기의 유독성 때문에 살충제로 이용해왔다(아직도 나프탈렌 '좀약'을 사용하기는 하지만 점차 사람과 반려동물에게 덜 유독한 다른 물질로 대체되고 있다). 고체 아이오딘[그림 7.8(b)]은 증기압이 높아서 보라색 기체가 되는 것을 쉽게 관찰할 수 있다. 흔히 드라이아이스[그림 7.8(c)]라고 하는 고체 이산화탄소는 증기압이 굉장히 높다. 실제로 너무 높은 증기압 때문에 그림에서 보이는 플라스틱 물병에 넣고 뚜껑을 잠그면 금방 통이 터진다. 이산화탄소는 소화기에도 사용되는데, 소화기는 이산화탄소의 엄청난 증기압을 견딜 수 있도록 안전하게 설계된다. CO_2 소화기 내부의 이산화탄소 증기압은 일반적인 대기압보다 50배 이상 높다.

학생 노트
이런 매우 높은 압력에서는 CO_2가 액체로 존재한다. 이는 온도와 상관없이 일상적인 압력에서는 일어나지 않는 현상이다.

예제 7.2를 통해 고체들의 증기압을 비교해보자.

예제 7.2 고체의 증기압 비교하기

−125°C에서 CHF_3와 CS_2는 고체이다. 이 온도에서 어떤 화합물의 증기압이 더 낮은지 결정하시오.

전략 분자를 붙들고 있는 분자 간 힘이 강하면 증기압은 낮다. 두 화합물이 나타내는 분자 간 힘의 종류와 상대적인 세기를 결정한다. 두 화합물 모두 비금속으로만 구성되었으므로 둘 다 분자성이다. 다음 단계는 분자가 극성인지를 판단하는 것이다. 이를 위해 6.5절의 내용을 복습하는 것도 좋다.

계획 두 화합물의 Lewis 구조를 그리는 것부터 시작한다. 6.1절에 소개된 단계들을 사용하여 아래의 구조를 얻을 수 있다.

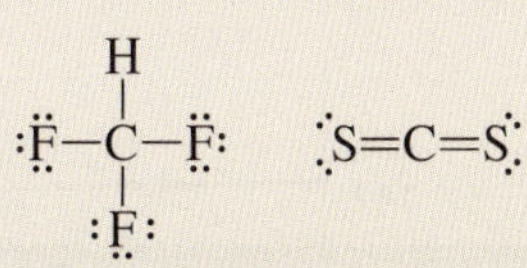

학생 노트
C와 S는 전기음성도 값이 같다. 그림 6.5를 참고하시오.

CS_2는 선형 대칭 구조와 비극성 결합 때문에 비극성이다. 반면에 CHF_3에는 3개의 극성 C−F 결합과 하나의 비극성 C−H 결합이 존재한다. VSEPR을 이용하면 중심 탄소 원자 주위에 4개의 전자쌍이 존재하므로 CF_3는 정사면체의 전자 기하구조를 갖는다. 또한 중심 원자에 비공유 전자쌍이 없기 때문에 분자의 모양 또한 정사면체이다. 극성 C−F 결합은 쌍극자 모멘트가 서로 상쇄되지 않는 방향으로 배열되어 있으므로 CHF_3는 전체적으로 극성이다.

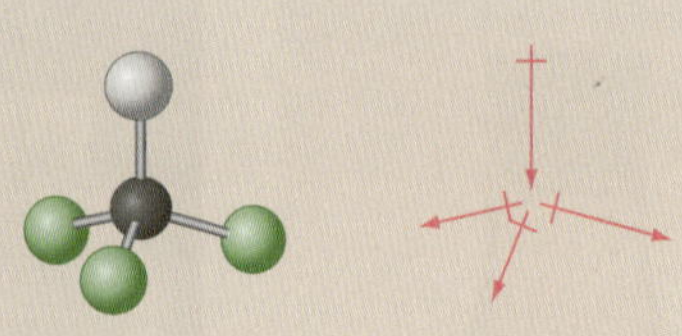

풀이 두 화합물의 분자량이 비슷하기 때문에(각각 76.1 g/mol과 70.02 g/mol) 분산력의 크기는 비슷하다고 예상할 수 있다. 오직 CHF_3만 극성이므로 쌍극자–쌍극자 힘을 나타낸다. 따라서 분자 간 힘이 상대적으로 강하고 증기압이 낮을 것이라 예상된다.

생각해보기

위에서 분자량은 비슷하고 극성은 크게 다른 두 분자를 비교해보았다. 다른 경우에는 분자량이 매우 다른데, 극성은 비슷한 분자성 화합물을 비교해야 할 수도 있는데, 이때는 분산력의 크기가 결정적인 요인이 될 수도 있다.

추가문제 1 −195°C에서 CF_4와 CH_2Cl_2 모두 고체이다. 이 온도에서 증기압이 더 낮은 것은 어느 것인가?

추가문제 2 다음 고체 물질의 증기압이 증가하는 순서대로 나열하시오.

$[SiF_4,\ K_2SO_4,\ NCl_3]$

추가문제 3 고체 CO_2는 그림 7.8에 나타낸 다른 두 물질에 비해 증기압이 훨씬 높다. 그 이유를 설명하시오.

녹는점

고체를 구성하는 입자들이 고정된 위치에 존재하지만, 입자들은 분명히 진동하기 때문에 약간의 에너지를 갖고 있다. 고체를 가열하는 것은 입자에 에너지를 가해주는 것이므로 입자의 에너지가 증가한다. 고체 상태에서 결합하게 만드는 힘보다 입자의 에너지가 커지면 입자들을 제자리에 묶어두었던 분자 간 힘을 깨고 고체가 녹는다. 액체 내 분자들은 서로 맞닿아 있긴 하지만 서로 지나쳐 움직이며 흐를 수 있다. 고체가 녹는 온도를 **녹는점**(melting point)이라 한다.

분자 간 힘이 강한 고체가 약한 고체보다 더 높은 온도에서 녹는다. 그림 7.9는 14족부터 17족까지 원소들의 이성분 수소 화합물의 녹는점을 나타낸 것이다(그림 6.12에서 분자량과 수소

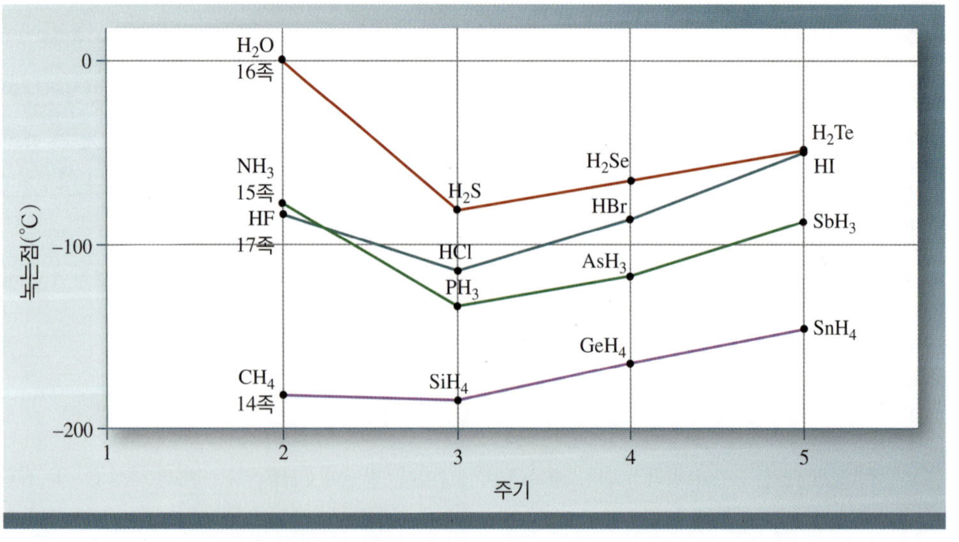

그림 7.9 14족부터 17족까지 원소의 수소 화합물의 녹는점. 끓는점과 마찬가지로 같은 족에서는 분자량이 증가할수록 녹는점이 높아진다(3, 4, 5주기의 수소 화합물). 수소 결합을 하는 화합물(F−H, O−H, N−H 결합 존재)은 분자 간 힘이 강해서 예상보다 녹는점이 높다.

표 7.3 분자 간 힘과 녹는점

물질	$\mathcal{M}$(g/mol)	분자 간 힘	녹는점(℃)
He	4.003	분산력	−272.2
H_2O	18.02	분산력, 쌍극자−쌍극자, 수소 결합	0
HF	20.01	분산력, 쌍극자−쌍극자, 수소 결합	−83.6
LiF	25.94	분산력, 이온 결합	845
NaF	41.99	분산력, 이온 결합	993
HCl	36.46	분산력, 쌍극자−쌍극자	−114.2
F_2	38.00	분산력	−219.6
Ar	39.95	분산력	−189.3
NaCl	58.44	분산력, 이온 결합	801
KI	166.0	분산력, 이온 결합	680
$C_6H_{12}O_6$(포도당)	180.2	분산력, 쌍극자−쌍극자, 수소 결합	103
$C_{12}H_{22}O_{11}$(설탕)	342.3	분산력, 쌍극자−쌍극자, 수소 결합	186

결합이 끓는점에 미치는 영향을 논의할 때 언급한 화합물과 동일한 화합물이다). 녹는점의 경향과 끓는점의 경향은 거의 동일한데, 두 성질 모두 분자 간 힘의 크기에 의존하기 때문이다.

일반적으로 큰 분자들 간 인력이 작은 분자들 간 인력보다 크다. 크기가 비슷할 때는 극성 분자들 간 인력이 비극성 분자들 간 인력보다 크다. 또한 수소 결합을 할 수 있는 분자들 간의 인력이 비슷한 크기의 수소 결합을 할 수 없는 분자들 간 인력보다 크다. 그리고 이온−이온 상호작용이 다른 분자 간 힘보다 훨씬 강력하기 때문에 이온성 고체의 녹는점은 매우 높다. 표 7.3은 분자량과 분자 간 힘이 다양한 물질의 녹는점에 어떤 영향을 미치는지 보여준다.

예제 7.3에서 분자 간 힘의 크기로부터 화합물의 녹는점을 비교하는 연습을 해보자.

예제 7.3 고체의 녹는점 비교하기

다음 물질을 녹는점이 증가하는 순서대로 나열하시오. [LiCl, Cl_2, NCl_3]

전략 각 고체를 붙들고 있는 분자 간 힘의 종류를 결정한다. 분자 간 힘이 클수록 녹는점이 높다.

계획 LiCl은 이온성 화합물이므로 이온 결합에 의해 붙들려 있다. 이온 결합은 일반적으로 다른 모든 분자 간 힘보다 훨씬 강하다.

Cl_2는 고체가 분산력에 의해 결합한 비극성 물질이다.

NCl_3는 고체가 분산력과 쌍극자−쌍극자 힘에 의해 결합한 극성 분자이다.

풀이 녹는점이 낮은 것부터 나열하면 $Cl_2 < NCl_3 < LiCl$이다.

생각해보기

녹을 때 분자들 간 인력이 깨지는 것이지 분자 내 원자들 간 결합이 깨지는 것이 아님을 기억하자.

추가문제 1 다음 화합물을 녹는점이 높아지는 순서대로 나열하시오. [C_2H_6, C_3H_8, C_4H_{10}]

추가문제 2 다음 화합물을 녹는점이 낮아지는 순서대로 나열하시오. [PBr_3, BCl_3, PCl_3]

추가문제 3 운데케인산(undecanoic acid)과 옥타데케인(octadecane)은 모두 녹는점이 약 30℃이다. 두 물질의 녹는점이 비슷한 이유를 설명하시오. (구조식은 다음 페이지에 있다)

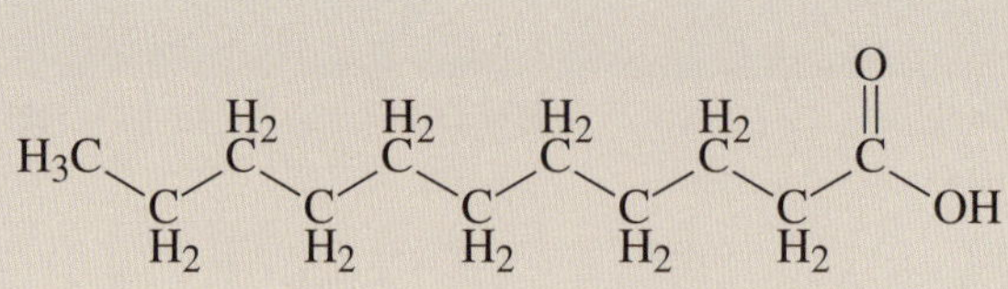

운데케인산

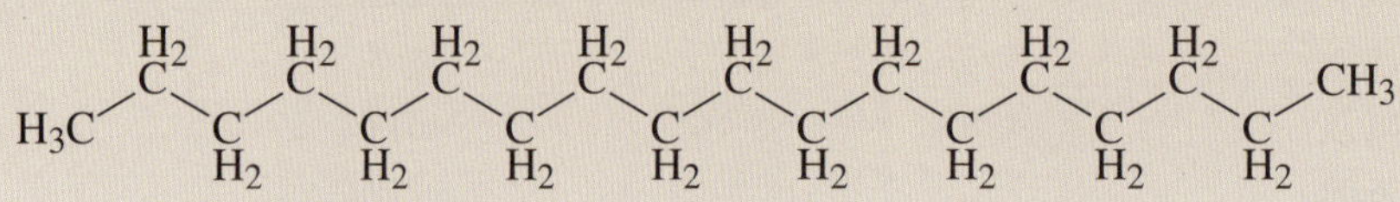

옥타데케인

7.4 액체의 물리적 성질

고체와 마찬가지로 액체 내 분자 간 힘의 크기는 점성도, 표면 장력, 증기압, 끓는점 등의 중요한 물리적 성질에 영향을 미친다.

점성도

액체의 **점성도**(viscosity)는 액체가 흐름에 대한 저항력의 척도이다. 물과 꿀 두 액체를 생각해보자. 두 액체를 똑같은 통에 넣고 따를 때 물통은 꿀통보다 훨씬 더 빨리 비워지는데, 이는 꿀이 물보다 흐름에 대해 저항력이 크기 때문이다. 꿀은 물보다 점성도가 높다. 더 좋은 순물질의 두 가지 예로(꿀은 물에 다양한 물질이 용해된 혼합물이다), 부동액의 성분인 에틸렌 글리콜(ethylene glycol, $C_2H_6O_2$)과 음식, 약품, 화장품의 첨가제로 사용되는 글리세롤(glycerol, $C_3H_8O_3$)의 점성도 차이를 보자. 그림 7.10에 두 액체의 점성도가 어떻게 다른지 나타내었다.

표면 장력

액체 내부의 분자는 자신을 둘러싼 다른 분자들이 행사하는 분자 간 힘에 의해 모든 방향으로 끌린다. 모든 방향으로부터 끌림을 받기 때문에 어느 한 방향으로의 '실질적인' 끌림은 없다. 액체 내부의 분자에 작용하는 힘과는 다르게 액체 표면의 분자에 작용하는 힘은 모두 상쇄되지는 않는다. 액체 표면의 분자는 이웃한 분자에 의해 아래쪽으로 그리고 옆으로는 끌리지만 위로는

그림 7.10 눈금 실린더에 담긴 에틸렌 글리콜(왼쪽)과 글리세롤(오른쪽)을 비커에 따르고 있다. 글리세롤은 에틸렌 글리콜보다 점성도가 높다.

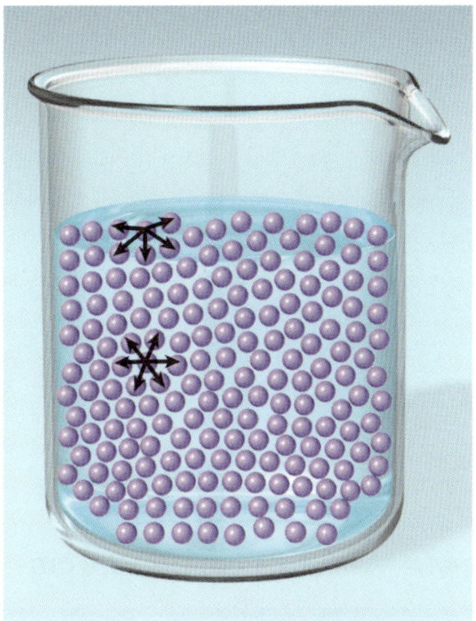

(a)

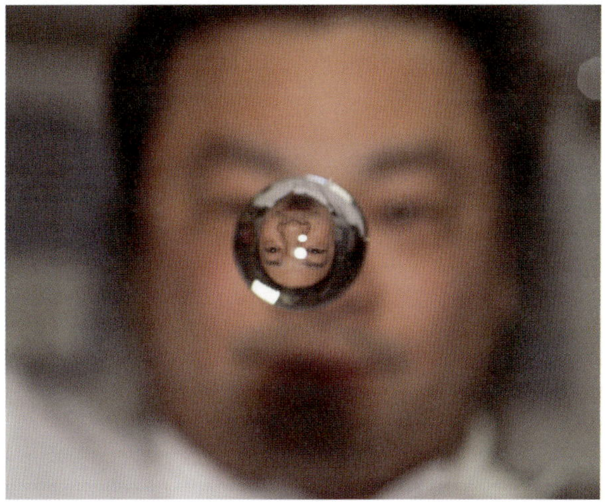

(b)

그림 7.11 (a) 액체의 표면 층 분자와 내부 분자에 작용하는 분자 간 힘 (b) 표면 장력 때문에 무중력에서는 물이 구를 이룬다.

끌리지 않는다. 이 때문에 액체 표면의 분자는 실질적으로 아래쪽으로 또는 안쪽으로 끌림을 받는데(액체 무리 쪽으로), 이것이 **표면 장력**(surface tension)이다. 갓 세차한 차의 표면 위에 물이 구슬(구형 물방울)처럼 맺히고, 국제 우주 정거장에서 중력이 없을 때 물이 구형을 이루는 이유가 이 표면 장력 때문이다. 그림 7.11에 표면 장력의 원인이 되는 힘을 분자 수준에서 나타내었고, 국제 우주 정거장에서 실험한 무중력 상태의 물 사진도 나타내었다.

화학과 친해지기

표면 장력과 물방울의 모양

아래 사진과 비슷한 형태인 표면의 물방울을 분명히 본 적이 있을 것이다. 바로 전에 공부한 표면 장력에 의해 구가 되어야 하지만, 완벽한 구는 절대 아니다. 구와 비슷하지만 약간 눌린 모양이 만들어지는 이유의 상당 부분은 중력 때문이다.

우주의 무중력 상태에서는 물을 거의 완벽한 구에 가까운 큰 '방울'로 만들 수 있다. 상대적으로 강한 물 분자들 간 인력에 의해 구형 방울이 만들어지고, 액체의 모양이 구형일 때 표면적이 최소화됨을 주목하자.

잎에 맺힌 물방울

무중력에서 만들 수 있는 큰 물방울

구의 표면적/부피 비가 다른 어떠한 모양들보다도 작다는 것을 분명히 알 수 있다. 직사각기둥과 구가 동일한 부피($10\ cm^3$)일 때 표면적을 계산해보자. 구의 표면적이 직사각기둥에 비해 얼마나 더 작은지에 주목하자.

직사각형 모양

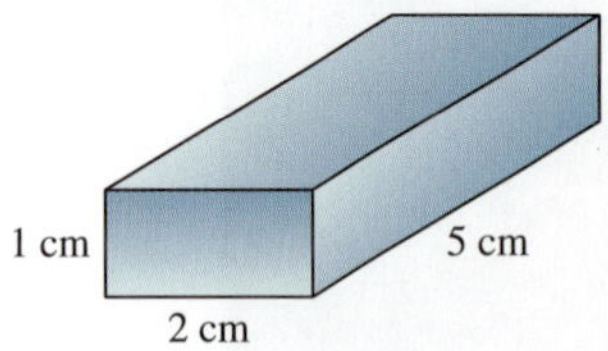

$$\text{부피} = l \times w \times h = 5\ cm \times 2\ cm \times 1\ cm = 10.0\ cm^3$$

$$\text{표면적} = 2\ cm^2 + 2\ cm^2 + 5\ cm^2 + 5\ cm^2 + 10\ cm^2 + 10\ cm^2 = 34\ cm^2$$

구

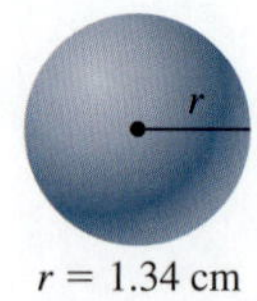

$$\text{부피} = \frac{4\pi r^3}{3} = \frac{4\pi}{3}(1.34\ cm)^3 = 10.0\ cm^3$$

$$\text{표면적} = 4\pi r^2 = 4\pi(1.34\ cm)^2 = 22.6\ cm^2$$

증기압

증기압은 분자 간 힘의 크기에 의존하는 액체의 또 다른 성질이다. 액체를 구성하는 입자들 간 인력은 고체 내에서 입자 간 인력보다 훨씬 작기 때문에, 일반적으로 액체는 고체보다 증기압이 높다. 상온에서 증기압이 높은 물질을 **휘발성**(volatile), 증기압이 매우 낮은 물질을 **비휘발성**(nonvolatile)이라고 한다.

액체 내 분자들은 일정한 운동을 하므로 운동 에너지가 있다. 액체 내 분자들은 다 같은 속도로 움직이는 것이 아니므로 운동 에너지 또한 모두 같지는 않다. 그림 7.12에 특정한 온도에서 액체 분자들의 운동 에너지 분포를 나타내었다. 그림 7.12의 곡선에 색으로 나타낸 것과 같이, 액체 표면 분자가 액체로부터 벗어나 기체상이 될 만큼 운동 에너지가 충분하다면 증발 또는 기화할 수 있다(기화는 상 변화의 일종으로 7.5절에서 자세히 논의한다). 밀폐된 용기에 액체를 넣으면 충분한 운동 에너지가 있는 액체상 분자들은 액체 표면을 벗어나 기체상의 일부가 된다. 기체가 된 분자는 액체 위의 공간에서 돌아다니다가 액체 표면과 충돌하면 다시 액체상이 될 것이다. 액체상으로 돌아오는 과정은 응축이라고 하는데, 7.5절에서 논의하겠다.

학생 노트
증발과 기화는 액체상이 기체상이 된다는 점에서는 본질적으로 같은 의미지만, 쓰임새는 약간 다르다. 보통 증발은 물질이 열이 가해지지 않은 상태에서 점차 증기가 되는 것을, 기화는 가열의 결과로 물질이 증기로 변하는 것을 의미한다.

그림 7.13에는 밀폐 용기에서 휘발성 액체의 증기압에 어떻게 도달하는지 단순화하여 나타

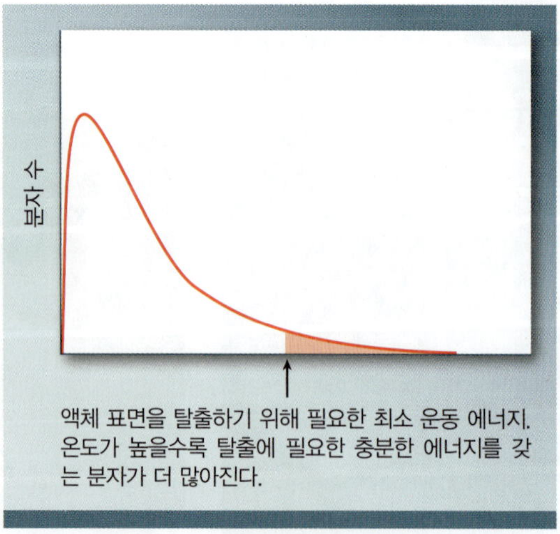

그림 7.12 특정 온도에서 액체 시료의 운동 에너지 분포. 최소 운동 에너지 이상의 분자들만 증발할 수 있다.

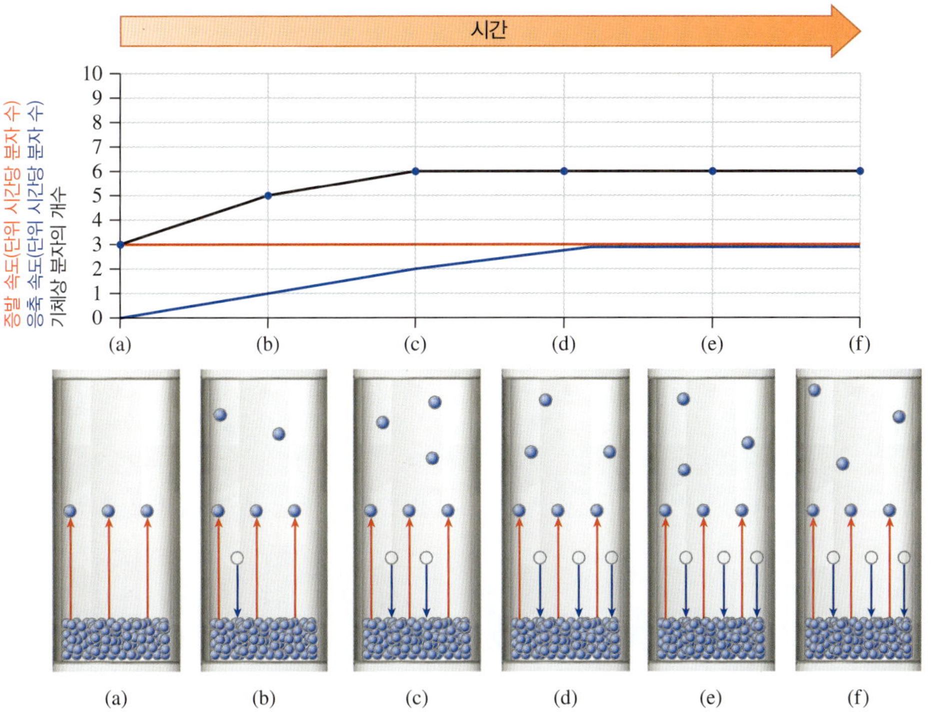

그림 7.13 밀폐 용기에서 휘발성 액체가 증기압에 도달하는 과정을 간단하게 나타냈다. (a) 처음에는 기체상에 분자가 없으므로 응축도 일어날 수 없다. 액체 분자 3개가 증발하여 기체상에는 분자가 모두 3개 있다. (b) 기체상 분자 3개 중 하나가 응축된다. 증발 속도는 일정하므로 분자 3개가 더 증발하여 기체상에는 분자가 모두 5개 있다. (c) 기체상 분자 5개 중 2개가 응축된다. 3개가 더 증발하여 기체상 분자는 총 6개이다. (d) 기체상의 6개 중 3개가 응축하고 3개가 더 증발한다. (e) 다시 3개 응축, 3개가 증발한다. (f) 또다시 3개가 증발하고 3개가 응축하여 기체상 분자는 6개이다. 두 과정이 똑같은 속도로 계속 일어나므로 기체상 분자 개수는 더 이상 변하지 않는다. 증발과 응축 두 과정이 같은 속도(단위 시간당 분자 3개씩)로 일어나므로 동적 평형에 도달하였다. 기체상 분자 개수는 6개로 일정하며 이것이 이 온도에서 액체의 증기압(때로는 평형 증기압이라고도 한다)을 나타낸다.

내었다. 일정한 온도에서 밀폐 용기 속 액체는 일정한 속도로 증발한다. 초반에는 매우 적은 액체 분자만이 기체상으로 들어갔기 때문에 응축 속도는 아주 느리다. 하지만 시간이 지나면서 증발이 계속되고 기체상의 분자가 많아지면서 응축 속도도 증가한다. 응축 속도는 계속 증가하여 결국 증발 속도와 같아진다. 이 순간부터는 두 과정(증발과 응축)이 계속해서 일어나지만 속도가 똑같기 때문에 기체상에 남아 있는 분자 수가 일정하게 유지된다. 정과정(여기서는 증발)과 역과정(여기서는 응축)이 똑같은 속도로 계속 일어나고 있는 이 상태를 **동적 평형**이라고 한다. 이 상태에 도달했을 때 기체상 분자의 개수는 액체의 증기압 척도가 된다.

학생 노트
동적 평형 상태는 13장에서 자세히 알아본다.

온도가 높으면 액체 내 분자들의 속도가 빨라지고, 분자의 평균 운동 에너지가 커진다. 그림 7.14에는 그림 7.12와 동일한 액체가 더 높은 온도에 있을 때를 나타내었다. 온도가 높으면 탈출에 필요한 운동 에너지를 갖는 분자가 더 많아진다는 것에 주목하자. 따라서 동적 평형 상태에 도달했을 때 더 많은 분자들이 기체상에 존재하기 때문에 증기압이 높아진다. 그림 7.15에는 온도가 증기압에 미치는 영향을 분자 수준에서 나타내었다.

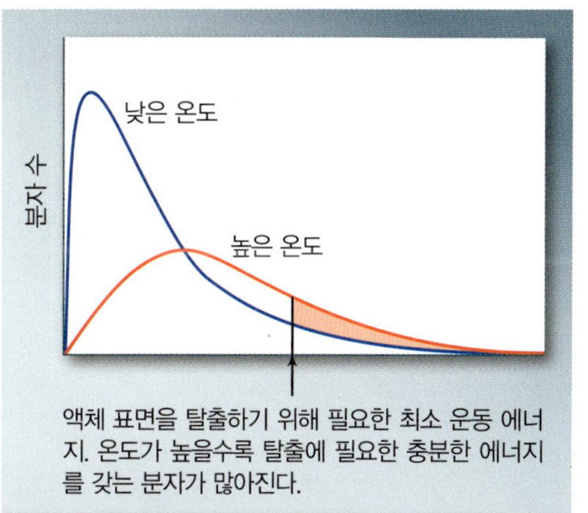

그림 7.14 그림 7.12보다 더 높은 온도에서 액체 시료의 운동 에너지 온도가 높을 때, 증발에 필요한 최소 운동 에너지를 갖는 분자들이 많아진다.

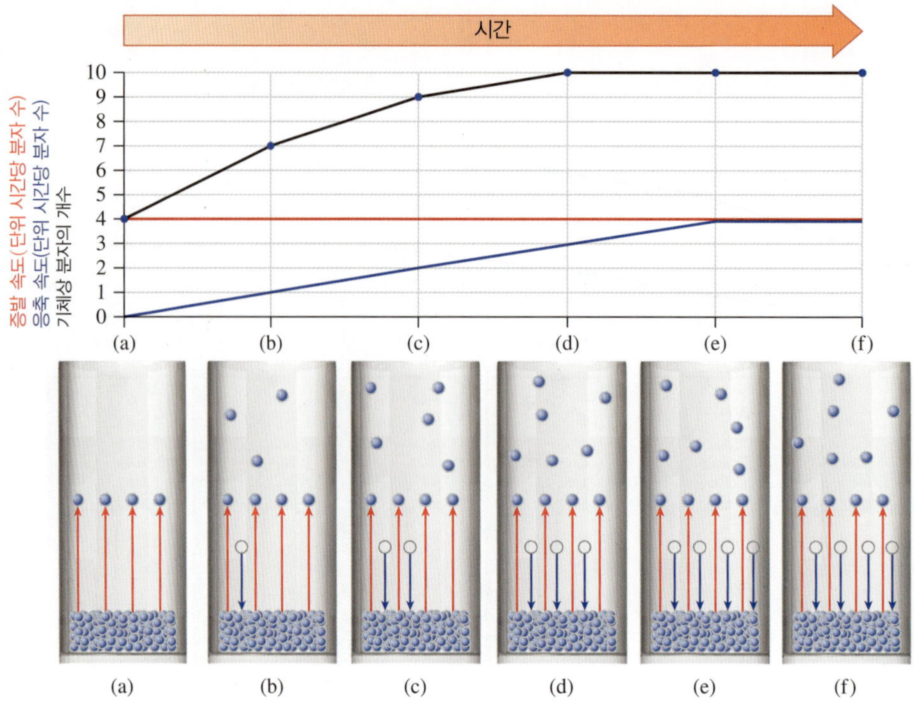

그림 7.15 그림 7.13보다 더 높은 온도에서 휘발성 액체의 증기압에 도달하는 과정. (a) 처음에는 기체상에 분자가 없으므로 응축도 일어날 수 없다. 이 온도에서는 액체 분자 4개가 증발하여 기체상에는 모두 4개의 분자가 존재한다. (b) 기체상 분자 4개 중 하나가 응축된다. 증발 속도는 일정하므로 분자 4개가 더 증발하여 기체상에는 분자가 모두 7개 있다. (c) 기체상 분자 7개 중 2개가 응축된다. 4개가 더 증발하여 기체상 분자는 총 9개이다. (d) 기체상의 9개 중 3개가 응축하고 4개가 더 증발하여 기체상 분자는 총 10개이다. (e) 10개 중 4개가 응축하고, 4개 더 증발하여 기체상 분자는 총 10개이다. (f) 또다시 4개가 증발하고 4개가 응축하여 기체상 분자는 10개이다. 동적 평형에 도달했을 때, 그림 7.13의 낮은 온도에서보다 높은 온도에서 더 많은 분자들이 기체상에 존재한다. 온도가 올라가면 액체의 증기압은 높아진다.

끓는점

온도가 높아지면 액체의 증기압이 높아짐을 알아보았다. 그림 7.16은 물을 비롯한 세 가지 액체의 증기압이 온도에 따라 어떻게 변하는지를 보여준다. 액체의 증기압이 주위 대기압과 같아지면 액체는 끓는다. 액체가 끓을 때, 분자는 일반적인 증발처럼 표면에서만 일어나는 것이 아니라 액체 시료를 뚫고 기체상으로 들어갈 수 있다. 물질의 **끓는점**(boiling point)은 증기압이

그림 7.16 온도가 높으면 증기압도 올라간다.

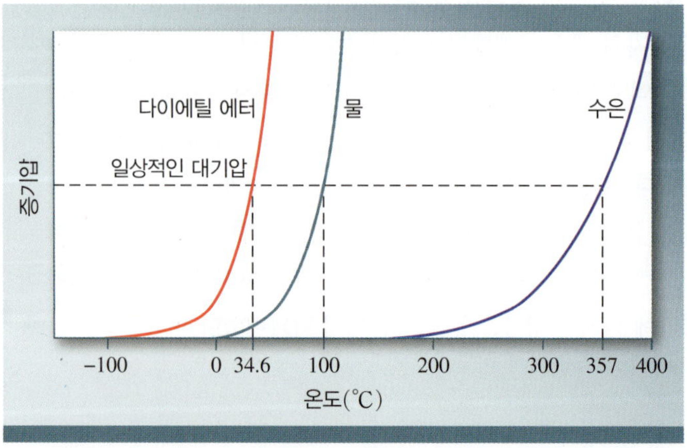

대기압과 같아지는 온도로 정의한다. 액체의 다른 성질들과 마찬가지로 끓는점 역시 분자 간 힘의 크기에 의존한다. 6장에서 15, 16, 17족의 수소 화합물 중 수소 결합을 하는 물질은 끓는점이 비정상적으로 높았음을 기억하자[|◀◀ 6.2절].

그림 7.16에 나타냈듯이, 물의 증기압이 보편적 대기압(해수면 기준)과 같아지는 온도는 100°C이다. 만약 높은 산의 꼭대기처럼 주위 기압이 훨씬 낮은 환경에서 물을 가열한다면, 증기압과 대기압과 같아지는 온도는 더 낮을 것이다. 따라서 끓는점이 낮아진다.

예제 7.4에서는 분자 간 힘의 크기를 이용하여 액체의 성질들을 비교하는 연습을 해보자.

예제 7.4 액체의 표면 장력 비교하기

CH_3OH와 $HOCH_2CH_2OH$ 중 표면 장력이 더 높은 것을 고르시오.

전략 두 화합물에 존재하는 가장 강한 분자 간 힘을 찾아 비교한다. 분자 간 힘이 클수록 표면 장력이 크다.

계획 두 화합물 모두 수소 결합을 하지만, 두 개의 $-OH$기를 가진 화합물의 분자 간 인력이 더 강하다.

풀이 $HOCH_2CH_2OH$가 CH_3OH보다 분자 간 힘이 더 세고 표면 장력도 크다.

생각해보기

물질에 $-OH$기가 많을수록 이러한 경향은 더 커진다. 화합물 $HOCH_2CH(OH)CH_2OH$는 $-OH$기가 더 많으므로 위에서 언급한 두 화합물보다 분자 간 힘이 더 강하다.

추가문제 1 상온에서 증기압이 더 높은 화합물을 고르시오. (i) CH_3OH 또는 (ii) $HOCH_2CH_2OH$

추가문제 2 점성도가 더 높은 것을 고르시오. (i) $CH_3CH_2CH_2CH_2CH_2CH_2CH_3$ 또는 (ii) $CCl_3CCl_2CCl_2CCl_2CCl_2CCl_2CCl_3$

추가문제 3 두 화합물 CH_3X와 CH_3Y가 있다. “CH_3X의 끓는점이 CH_3Y보다 더 높다.” 이 문장이 참이 되도록 X와 Y를 아래에서 선택하시오.

$$-H \quad -OH \quad -Cl \quad -CH_2CH_2CH_2CH_2CH_2CH_2CH_2CH_3$$

화학과 친해지기

높은 고도와 높은 압력에서 요리하기

높은 고도에서 조리하는 방법을 상표에 특별히 표시한 케이크나 제빵 제품을 본 적이 있을 것이다. 또한 음식을 조리하는 데 걸리는 시간을 줄여주는 압력솥을 보았거나 아니면 최소한 들어보기는 했을 것이다. 이는 둘 다 물의 증기압과 주위 압력에 따른 물의 끓는점 변화와 연관이 있다.

높은 고도에서는 주위 대기압이 해수면에서보다 낮다. 따라서 물의 증기압이 주위 압력과 같아지는 온도가 낮다. 다시 말하면 끓는점이 일반적인 100°C보다 낮다. 조리 과정은 물의 끓는점에 의존하기 때문에 높은 고도에서 조리할 때는 레시피를 특별히 조절해야 한다. 극단적인 예를 들어보면 지구에서 가장 높은 Everest 산의 정상은 해발 8,848 m이다(물론 여기서는 아무런 음식도 하지 않지만). 이곳의 압력은 해수면의 3분의 1밖에 되지 않기 때문에 물이 70°C를 넘으면 끓는다.

반면 압력솥은 물이 끓

을 때 나오는 수증기를 가둬서 솥 내부 압력이 주위 압력보다 더 높아지도록 설계되었다. 따라서 물이 100℃보다 높은 온도에서 끓게 되는데, 이것은 물의 증기압이 솥 내부 압력과 같아져야 끓을 수 있기 때문이다. 더 높은 온도에서는 음식이 빨리 익는다. 최근에 나온 현대 압력솥은 대기압의 두 배에 도달할 수 있고, 여기서는 물이 120℃ 이상에서 끓는다. 일반적으로 필요한 조리 시간의 3분의 1 정도만으로도 음식을 익힐 수 있게 되었다.

7.5 에너지와 물리적 변화

이 절에서는 순물질의 온도 변화와 상 변화에 관련된 에너지를 알아본다. 시작하기 전에 **에너지**(energy)의 본질에 대해 생각해봐야 한다. 거시적인 과정에 적용하면 열을 만들어내거나 일을 할 수 있는 능력이다.

에너지의 단위로 흔히 **칼로리**(calorie, cal)를 쓰기도 하지만, SI 단위는 **줄**(joule, J)이다. 식 7.1에 두 단위의 관계를 나타냈다.

$$1\ \text{cal} = 4.184\ \text{J}$$ [◀◀ 식 7.1]

1,000줄을 의미하는 킬로줄(kJ)과 1,000칼로리를 의미하는 킬로칼로리(kcal≡Cal) 역시 흔히 사용된다[약어로 표현할 때 칼로리는 소문자, 킬로칼로리는 대문자로 쓴다는 점만 다르다. 식료품 포장에 나열된 '칼로리' 표는 실제로는 킬로칼로리(Cal)이다].

온도 변화

주전자에 물을 넣고 가열하여 물이 끓을 때까지 기다려 본 적이 있을 것이다. 온도가 높아짐에 따라 물의 증기압이 올라가서 주위 대기압과 같아질 때 물이 끓는다는 것을 앞에서 언급했다. 하지만 혹시 실수로 빈 냄비를 올려놓고 가열했을 때 물이 든 냄비보다 훨씬 더 빨리 뜨거워진다는 것을 알아챈 적이 있는가? 여기에는 두 가지 이유가 있다. 첫째는 일반적으로 요리할 때 쓰는 물의 질량이 냄비의 질량보다 훨씬 크기 때문이다. 둘째는 서로 다른 물질은 온도를 높이기 위해 공급해야 하는 에너지 양이 서로 다르기 때문이다.

일반적으로 취사 도구에 쓰는 금속인 알루미늄과 물을 비교해보자. 물 2.000 kg을 상온(25.0℃)부터 끓는점(100.0℃)까지 가열할 때 600 kJ 이상의 에너지를 가해야 한다. 같은 질량의 알루미늄을 가열할 때는 훨씬 더 적은 에너지만 가하면 된다. 이는 물질마다 비열용량이 다르기 때문이다.

비열용량(specific heat capacity) 또는 간단히 **비열**(specific heat)은 물질 1 g의 섭씨온도를 1℃ 올리기 위해 필요한 에너지 양이다(또는 1 K). 물은 비열이 특별히 높기 때문에 냉각수로서 유용하게 이용되며, 때로는 물을 끓이는 데 지칠 정도로 오랜 시간이 소요되기도 한다. 표 7.4에 몇 가지 친숙한 물질의 비열용량을 나타냈다.

어떤 과정에 필요한 에너지 양을 기호 q로 표현한다. 어떤 물질의 온도를 변화시키는 데 필요한 에너지 양은 식 7.2를 이용해서 계산한다.

$$q = \text{비열용량} \times m \times \Delta T$$ [◀◀ 식 7.2]

표 7.4 물질의 비열용량

물질	비열(J/g·°C)
알루미늄	0.900
금	0.129
흑연	0.720
구리	0.385
철	0.444
수은	0.139
물(액체)	4.184
에탄올(C_2H_5OH)	2.46

여기서, m은 물질의 질량(g 단위), ΔT는 온도 변화(섭씨온도나 켈빈 모두 수치상으로는 동일하다)이다. ΔT는 최종 온도에서 처음 온도를 뺀다.

표 7.4에 제시한 비열 값과 식 7.2를 이용하면 물 2.000 kg(2,000 g)과 알루미늄 2.000 kg(2,000 g)을 상온(25.0°C)부터 100.0°C까지 온도를 높이는 데 필요한 에너지 양(q)을 계산할 수 있다($\Delta T = 100.0°C - 25.0°C = 75.0°C$).

$$\text{물:} \quad q = \frac{4.184\ \text{J}}{\text{g}\cdot°\text{C}} \times 2{,}000\ \text{g} \times 75.0°\text{C} = 6.28 \times 10^2\ \text{kJ}$$

$$\text{알루미늄:} \quad q = \frac{0.900\ \text{J}}{\text{g}\cdot°\text{C}} \times 2{,}000\ \text{g} \times 75.0°\text{C} = 1.35 \times 10^2\ \text{kJ}$$

물을 가열할 때 알루미늄보다 네 배 이상의 더 많은 에너지가 필요함을 주목하라.

예제 7.5에서 온도 변화를 계산할 때 비열용량을 어떻게 이용하는지 알아보자.

예제 7.5 온도를 높일 때 필요한 에너지 양 구하기

물 255 g을 25.2°C부터 90.5°C까지 가열할 때 필요한 에너지 양을 kJ 단위로 계산하시오.

전략 식 7.2를 이용하여 q를 계산한다(q=비열용량$\times m \times \Delta T$).

계획 $m = 255$ g, $s = 4.184$ J/g·°C, $\Delta T = 90.5°C - 25.2°C = 65.3°C$

풀이 $q = \frac{4.184\ \text{J}}{\cancel{\text{g}}\cdot\cancel{°\text{C}}} \times 255\ \cancel{\text{g}} \times 65.3\cancel{°\text{C}} = 6.97 \times 10^4\ \text{J}$ 또는 69.7 kJ

생각해보기

단위 계산에 주의하고 kJ로 나타낸 숫자가 J로 나타낸 숫자보다 더 작은지 확실히 확인하자. 이런 단위 환산에서 1,000을 나눠야 하는데 곱하는 실수가 흔히 일어난다.

추가문제 1 물 1.01 kg을 1.05°C부터 35.81°C까지 가열하는 데 필요한 에너지 양을 kJ 단위로 계산하시오.

추가문제 2 물 514 g이 10.0°C였다. 90.8 kJ을 가했을 때 최종 온도는 얼마인가?

추가문제 3 같은 물질의 시료 두 개가 있다. 두 시료에 동일한 열량이 공급되었을 때, 왼쪽 시료의 온도는 15.3°C 올라갔다. 오른쪽 시료는 온도가 얼마나 올라가는가?

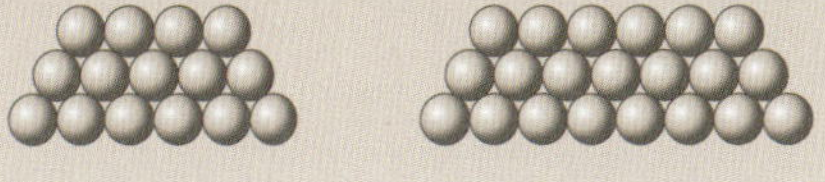

고체–액체 상 변화: 녹음과 얼음

얼음이 떠 있는 물잔에는 같은 물질이 얼음(고체)과 물(액체)의 두 상으로 존재한다. 물이라는 물질은 동일하지만 서로 다른 상의 성질은 매우 다르다. 고체에서 액체가 되는 과정은 보통 **녹음**(melting)이라고 하지만 **용융**(fusion)이라고도 한다. 역과정, 즉 액체에서 고체가 되는 과정은 **얼음**(freezing)이라고 한다.

용융(녹음)은 물질을 구성하는 분자가 그들을 제자리에 단단하게 묶어두는 분자 간 힘을 극복할 수 있을 정도로 에너지가 충분할 때 일어나며, 이때 분자들은 서로 지나쳐가며 움직일 수 있다.

고체를 녹이는 데 필요한 에너지를 용융열이라고 한다. 비교하기 쉽도록 용융열을 보통 몰당 값으로 쓴다. 따라서 **몰 용융열**(molar heat of fusion, ΔH_{fus})은 물질 1 mol을 녹이는 데 필요한 에너지 양이다(단위는 kJ/mol). 표 7.5에 몇 가지 물질의 몰 용융열을 녹는점과 함께 나타내었다. 모든 물질은 항상 자신의 녹는점에서 고체에서 액체가 되는 상 변화(또는 그 역과정)를 한다. 예를 들면, 얼음의 온도는 0°C보다 높을 수 없다. 모든 얼음이 다 녹은 후에야 물의 온도가 올라가기 시작한다. 상 변화가 일어날 때 온도는 변하지 않는다.

물질이 고체상에서 액체상으로 변하는 것은 열을 가해주어야만 발생하는 **흡열 과정**(endothermic process)이다. 일상생활에서 이러한 현상을 많이 목격했을 것이고, 이는 직관적으로 이해할 수 있다. 뜨거운 냄비에 든 얼음 조각이 차가운 냄비에서보다 빨리 녹는다는 것을 알고 있다. 그림 7.5에서 본 바와 같이 갈륨 금속은 손으로 쥐고 있거나 뜨거운 액체에 넣는 등 열을 가했을 때 녹는다. 고체가 녹는 것은 흡열 과정이다. 직관적으로 조금 덜 분명하긴 하지만, 역과정인 얼음은 열을 방출하는 **발열 과정**(exothermic process)이다. 얼음 통에 물을 넣고 냉동실에서 얼려 본 경험이 있을 것이다. 잠시 후에 옆에 있던 아이스크림을 꺼내보면 아이스크림이 상당히 부드러워졌음을 알 수 있다. 무슨 일이 일어났는가? 물이 얼어서 얼음이 되는 과정이 발열이고, 이 발열 과정에서 방출된 열이 아이스크림을 부드럽게 만들었다.

식 7.3을 이용하면 녹는점에서 물질을 녹일 때 필요한 에너지 양을 계산할 수 있다.

$$q = \Delta H_{fus} \times \text{물질의 mol}$$ [◀◀ 식 7.3]

표 7.5 몰 용융열

물질	녹는점(°C)	ΔH_{fus}(kJ/mol)
아르곤(Ar)	−190	1.3
벤젠(C_6H_6)	5.5	10.9
에탄올(C_2H_5OH)	−117.3	7.61
다이에틸 에터($C_2H_5OC_2H_5$)	−116.2	6.90
수은(Hg)	−39	23.4
메테인(CH_4)	−183	0.84
물(H_2O)	0	6.01

만약 물질의 질량을 알고 있다면 식 7.3을 이용하기 전에 질량을 mol로 변환해야 함에 주의하자[◀◀ 5.2절].

예를 들어, 0.00℃에서 얼음 조각 1.00 kg(1.00×10^3 g)을 녹이는 데 필요한 에너지 양은 다음과 같이 계산할 수 있다.

$$q = \frac{6.01\ \text{kJ}}{1\ \cancel{\text{mol H}_2\text{O}}} \times 1.00 \times 10^3\ \cancel{\text{g H}_2\text{O}} \times \frac{1\ \cancel{\text{mol H}_2\text{O}}}{18.02\ \cancel{\text{g H}_2\text{O}}} = 334\ \text{kJ}$$

역으로 0.00℃에서 물 1.00 kg을 얼린다면 같은 양의 에너지를 방출할 것이다.

액체-기체 상 변화: 기화와 응축

끓는 물이 들어 있는 찻주전자에서는 물의 액체상과 기체상이 평형을 이루고 있다. 액체상에서 기체나 증기상으로 바뀌는 **기화**(vaporization)는 액체 내 분자가 그들을 붙들고 있는 분자 간 힘을 극복할 만큼 충분한 에너지를 갖고 있을 때 일어나는데, 분자가 기체상으로 탈출하고 팽창하여 용기를 채운다. 역과정인 **응축**(condensation)은 기체상이 액체상으로 바뀌는 과정이다. 기화는 흡열이고 응축은 발열이다.

기화

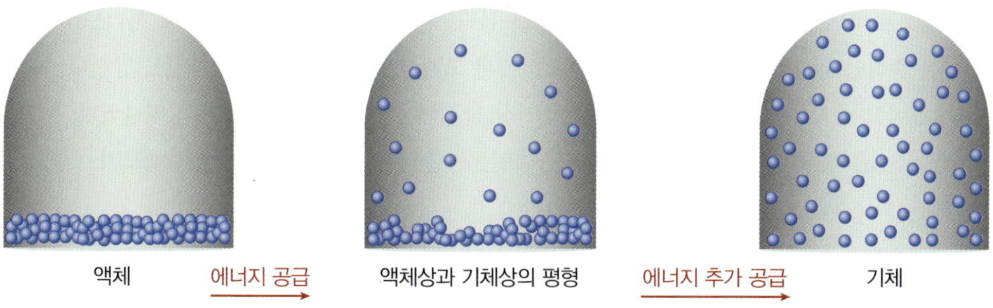

응축

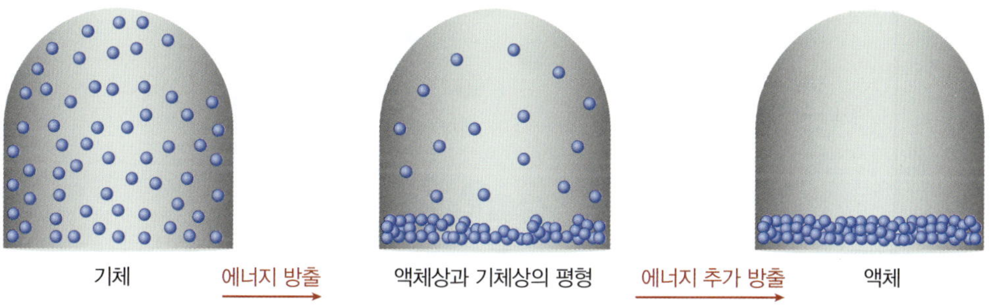

액체 1 mol을 기화시키는 데 필요한 에너지를 **몰 기화열**(molar heat of vaporization, ΔH_{vap})이라고 하며, 역시 kJ/mol 단위로 나타낸다. 표 7.6에 몇몇 물질의 몰 기화열과 끓는점을 나타내었다.

녹는점에서 물질을 녹이는 데 필요한 에너지 양을 식 7.3을 통해 계산해봤듯이, 식 7.4를 이용하면 끓는점에서 물질을 기화시키는 데 필요한 에너지 양을 계산할 수 있다.

$$q = \Delta H_{\text{vap}} \times \text{물질의 mol}$$ [◀◀ 식 7.4]

앞에서와 마찬가지로, 질량을 알고 있을 때는 반드시 mol로 환산해주어야 한다. 물 1.00 kg (1.00×10^3 g)을 100.0℃에서 증발시키는 데 필요한 에너지 양은 다음과 같이 계산한다.

표 7.6 몰 기화열

물질	끓는점(℃)	ΔH_{vap}(kJ/mol)
아르곤(Ar)	−186	6.3
벤젠(C_6H_6)	80.1	31.0
에탄올(C_2H_5OH)	78.3	39.3
다이에틸 에터($C_2H_5OC_2H_5$)	34.6	26.0
수은(Hg)	357	59.0
메테인(CH_4)	−164	9.2
물(H_2O)	100	40.79

$$q = \frac{40.79\ \text{kJ}}{1\ \text{mol H}_2\text{O}} \times 1.00 \times 10^3\ \text{g H}_2\text{O} \times \frac{1\ \text{mol H}_2\text{O}}{18.02\ \text{g H}_2\text{O}} = 2.26 \times 10^3\ \text{kJ}$$

역시 마찬가지로 물 1.00 kg을 100.0℃에서 응축시킨다면 같은 양의 열이 방출될 것이다.

고체–기체 상 변화: 승화

CO_2와 같은 어떤 물질들은 일상 압력에서는 액체상으로 존재하지 않는다. 대신에 고체상에서 기체상으로 바로 변하는 **승화**(sublimation)를 한다. 역과정 또한 흔히 승화라고 하기도 하지만 보통은 **증착**(deposition)이라고 하며, 기체상에서 고체상으로 바로 변하는 과정을 말한다. 승화는 흡열이고 증착은 발열이다. 그림 7.17에 가상 물질의 여섯 가지 상 변화를 정리하였다.

예제 7.6을 통해 특정한 상 변화에서 요구 또는 방출되는 에너지의 양을 결정해보자.

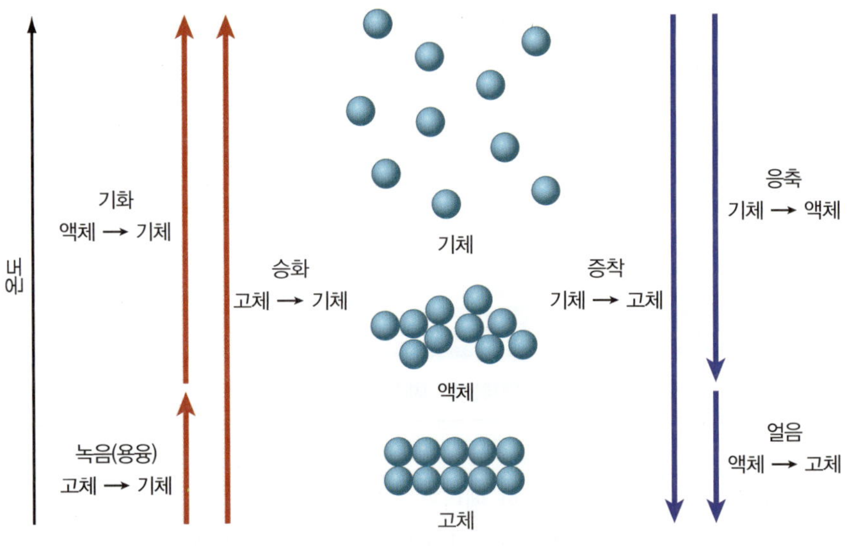

그림 7.17 가능한 여섯 가지 상 변화. 녹음(용융), 기화, 승화, 증착, 응축, 얼음

예제 7.6 어떤 과정에서 흡수하거나 방출하는 에너지 계산하기

다음 과정에서 에너지를 흡수하는지 방출하는지 말하고, 그 양을 계산하시오.
(a) 고체 벤젠 1.0 mol이 5.5℃에서 녹는다.
(b) 액체 메테인 73.2 g이 −183℃에서 언다.
(c) 액체 에탄올 1.32 mol이 78.3℃에서 기화한다.

전략 상 변화가 일어날 때 온도는 변하지 않는다. 흡수 또는 방출하는 에너지는 상 변화하는 물질의 양과 해당 ΔH 값에 따라 달라진다. 기체가 액체, 액체가 고체, 기체가 고체로 변하는 상 변화에서는 에너지를 방출한다. 고체가 액체, 액체가 기체, 고체가 기체로 변하는 상 변화에서는 에너지를 흡수한다.

계획 (a) 녹음 또는 용융(고체에서 액체로)에는 고체 내 분자 간 인력을 극복할 에너지가 필요하다. 표 7.5에서 벤젠의 5.5℃에서의 몰 용융열(ΔH_{fus})은 10.9 kJ/mol이다.

(b) 얼음(액체에서 고체로)은 녹음의 역과정으로, 고체 내 분자 간 인력을 형성하는 만큼 에너지를 방출한다. 표 7.5에서 메테인의 −183℃에서의 몰 용융열(ΔH_{fus})은 0.84 kJ/mol이다.

(c) 기화(액체에서 기체로)에는 액체 내 분자 간 인력을 극복할 에너지가 필요하다. 표 7.6에서 에탄올의 78.3℃에서의 몰 기화열(ΔH_{vap})은 39.3 kJ/mol이다.

풀이 (a) $1.0\ \cancel{\text{mol 벤젠}} \times \dfrac{10.9\ \text{kJ}}{\cancel{\text{mol 벤젠}}} = 10.9\ \text{kJ}$ (흡수)

(b) $73.2\ \cancel{\text{g 메테인}} \times \dfrac{1\ \cancel{\text{mol 메테인}}}{16.04\ \cancel{\text{g 메테인}}} \times \dfrac{0.84\ \text{kJ}}{\cancel{\text{mol 메테인}}} = 3.8\ \text{kJ}$ (방출)

(c) $1.32\ \cancel{\text{mol 에탄올}} \times \dfrac{39.3\ \text{kJ}}{\cancel{\text{mol 에탄올}}} = 51.9\ \text{kJ}$ (흡수)

생각해보기

몰 용융열과 몰 기화열은 해당 상 변화가 일어나는 온도에서만 쓸 수 있다. 예를 들면, 벤젠의 녹는점이 5.5℃이므로, 이 온도에서만 녹는 데 필요한 에너지를 계산할 수 있다.

추가문제 1 다음 과정이 에너지를 흡수하는지 방출하는지 판단하고, 그 양을 계산하시오.
(a) 얼음 29.6 g이 0℃에서 녹는다.
(b) 기체 에탄올 2.44 mol이 78.3℃에서 응축한다.
(c) 아르곤 14.8 mol이 −190℃에서 녹는다.

추가문제 2 25℃의 액체 물 45.5 g을 100.0℃의 수증기로 만드는 데 필요한 에너지를 구하시오.

추가문제 3 다음 그림에서 승화 과정을 가장 잘 나타낸 것은 어느 것인가?

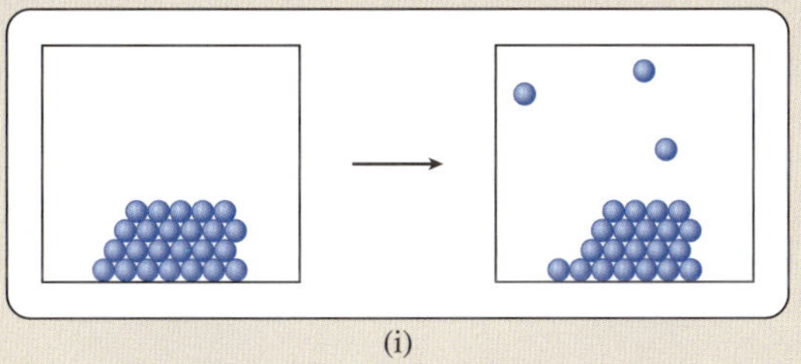
(i)

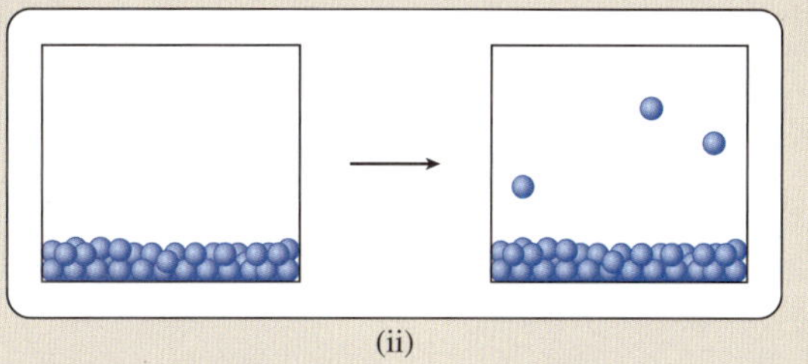
(ii)

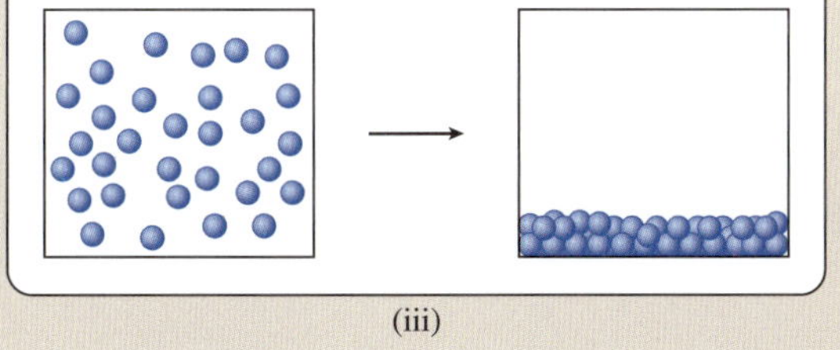
(iii)

주요 내용

분자 간 힘

7장에서 논의한 대부분의 분자 간 힘은 순물질 내의 입자들(원자, 분자 또는 이온) 간의 힘이다. 하지만 두 개의 서로 다른 물질의 입자 간 힘을 이해하면, 어떤 물질이 특정한 용매에 얼마나 잘 녹을지를 예상할 수 있다. "비슷한 것끼리 녹는다"라는 말은 극성(polar) 또는 이온성 물질은 극성 용매에, 비극성(nonpolar) 물질은 비극성 용매에 더 잘 녹는다는 사실을 의미한다. 물질의 용해도를 가늠하기 위해서는 그 물질이 이온성인지, 극성인지, 비극성인지를 먼저 파악해야 한다. 아래 흐름도에 이를 파악하는 과정과 용해도에 대한 결과를 나타냈다.

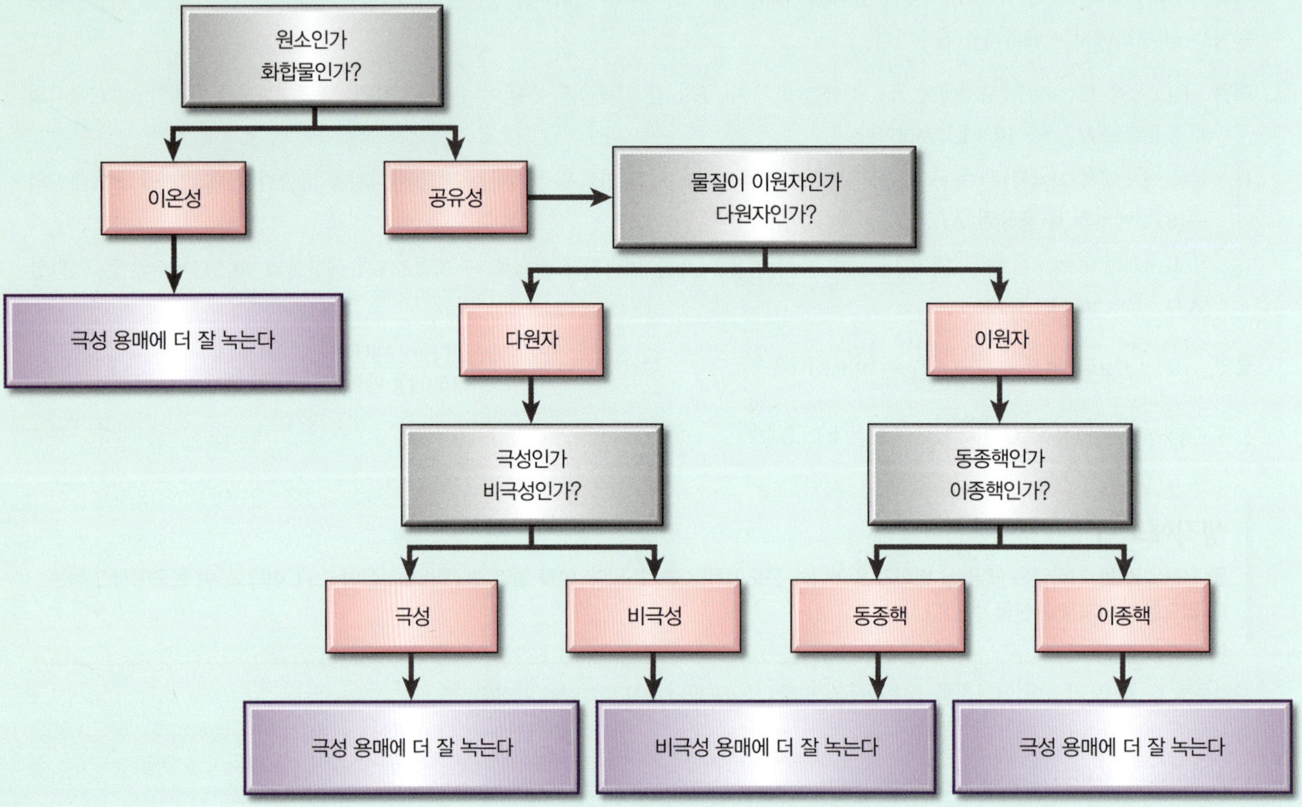

물질이 이온성인지 아닌지를 결정하기 위해서는 화학식을 봐야 한다. 화학식에 금속 양이온이나 암모늄 이온(ammonium ion, NH_4^+)이 있으면 이온성이다. 물에 거의 녹지 않는 이온성 화합물도 있지만 이들 화합물도 비극성 용매보다는 물에 더 잘 녹는다.

물질은 이온성이 아니라면 공유성이다. 공유성 물질은 구성 원자의 전기 음성도나 분자의 기하 구조에 따라 극성일 수도, 비극성일 수도 있다[|◀◀ 6장 주요 내용]. 극성 화학종은 물과 같은 극성 용매에, 비극성 화학종은 벤젠과 같은 비극성 용매에 더 잘 녹을 것이다.

어떤 물질이 극성 용매에 잘 녹느냐, 비극성 용매에 잘 녹느냐를 결정할 수도 있지만, 서로 다른 두 물질의 같은 용매에 대한 상대적인 용해도도 가늠할 수도 있다. 예를 들어, 물이나 벤젠에 서로 다른 두 분자가 얼만큼 녹는지 비교해야 할 때가 있다. 한 분자는 극성이고 다른 분자는 비극성이라면 비극성 분자보다는 극성 분자가 물에 더 잘 녹을 것이고, 반대로 극성 분자보다는 비극성 분자가 벤젠에 더 잘 녹을 것이다.

또한 어떤 비극성 물질들은 물에 분명히 용해되는데, 이는 크기가 큰 분자에서 더욱 강력한 분산력 때문이다. 따라서 두 비극성 분자 중, 크기가 더 큰 것이 물에 더 잘 녹을 것이라 예상된다.

주요 내용 문제

7.1
다음 중 벤젠보다 물에 더 잘 녹을 것이라 예상되는 것을 모두 고르시오.

(a) CH_3OH
(b) CCl_4
(a) 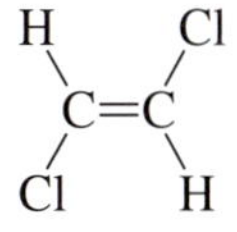
(b) 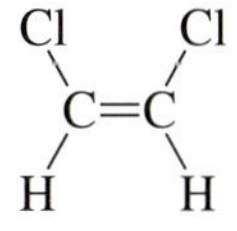
(e) KI

7.2
다음 중 물보다 벤젠에 더 잘 녹을 것이라 예상되는 것을 모두 고르시오.

(a) Br_2
(b) KBr
(c) NH_3
(d) 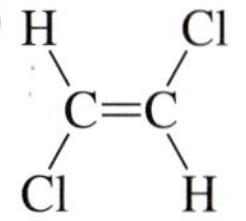
(e) 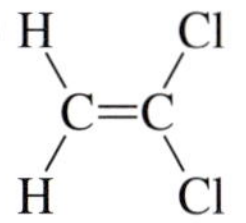

7.3
다음 물질을 물에 대한 용해도가 감소하는 순서대로 나열하시오.

[Kr, O_2, N_2]

(a) $Kr \approx O_2 > N_2$
(b) $Kr > O_2 \approx N_2$
(c) $Kr \approx N_2 > O_2$
(d) $Kr > N_2 > O_2$
(e) $Kr \approx N_2 \approx O_2$

7.4
다음 물질을 물에 대한 용해도가 증가하는 순서대로 나열하시오.
[C_2H_5OH, CO_2, N_2O]

(a) $C_2H_5OH < CO_2 < N_2O$
(b) $CO_2 < N_2O < C_2H_5OH$
(c) $N_2O < C_2H_5OH < CO_2$
(d) $CO_2 \approx N_2O < C_2H_5OH$
(e) $CO_2 < C_2H_5OH < N_2O$

연습문제

7.1절: 응축상의 일반적인 성질

7.1 물질의 상태에는 어떤 것이 있는지 나열하시오. 압축성이 있는 상은 어느 것인가?

7.2 다음 시료가 고체, 액체, 기체 중 어느 것인지 결정하시오.

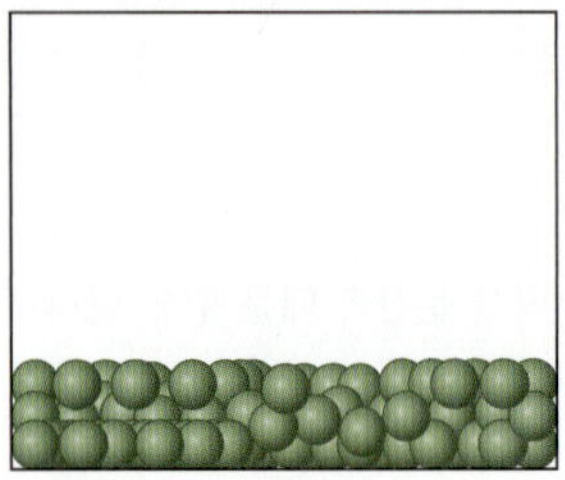

(i)

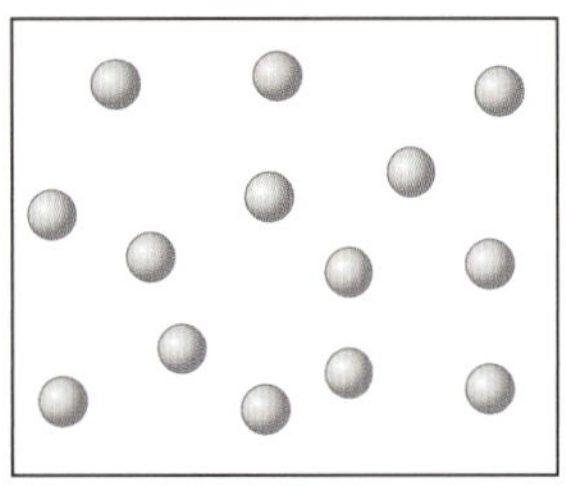

(ii)

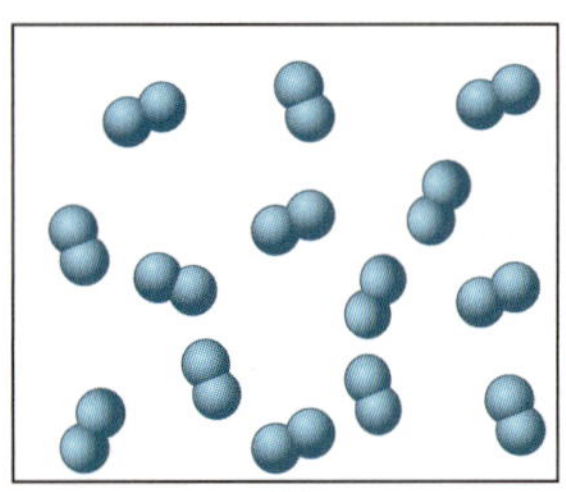

(iii)

7.3 다음 그림은 기체 분자 화합물을 나타낸 것이다. 기체 원자성 원소와 기체 분자성 원소를 이 그림처럼 나타내시오.

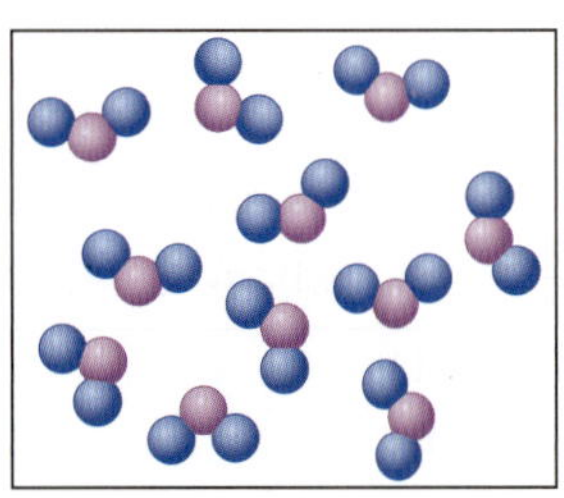

7.4 고체 원자성 원소, 고체 분자성 원소, 고체 분자성 화합물을 문제 7.3의 그림처럼 나타내시오.

7.2절: 고체의 종류

7.5 다음 물질이 형성할 수 있는 고체의 종류를 말하시오(이온성, 분자성 또는 원자성. 원자성 고체는 금속성인지 비금속성인지 말하시오).

(a) PCl_3　　(b) N_2

(c) N_2O　　(d) Cu

7.6 다음의 물질 속 고체 입자들을 서로 붙들어주는 분자 간 힘을 말하시오.

(a) Al　　(b) O_2

(c) Xe　　(d) K_2O

7.7 다음의 물질 속 고체 입자들을 서로 붙들어주는 분자 간 힘을 말하시오.

(a) NH_3　　(b) TiO_2

(c) Kr　　(d) C_2H_6

7.8 이온성 고체는 분자성 고체에 비해 녹는점이 매우 높다. 왜 그러한지 설명하고, 각 고체의 예를 하나씩 제시하시오.

7.3절: 고체의 물리적 성질

7.9 증기압의 의미에 대해 설명하시오.

7.10 CO와 같은 분자 화합물이 고체상일 때와 녹았을 때의 모양을 각각 문제 7.3의 그림처럼 나타내시오.

7.11 다음 주어진 온도에서 각 물질들을 증기압이 증가하는 순서로 나열하시오.

(a) CH_4, NH_3, HCl(−200℃, 모두 고체)

(b) Ne, F_2, Kr(−255℃, 모두 고체)

(c) $AsCl_3$, NCl_3, BCl_3(−120℃, 모두 고체)

7.12 다음 주어진 온도에서 증기압이 더 높은 물질을 선택하고, 그 이유를 설명하시오.

(a) BBr_3, $BeBr_2$(−50℃, 모두 고체)

(b) BCl_3, BF_3(−130℃, 모두 고체)

(c) HBr, Cl_2(−110℃, 모두 고체)

7.4절: 액체의 물리적 성질

7.13 점성도의 의미에 대해 설명하시오.

7.14 물질의 분자 간 힘은 표면 장력과 어떤 관계가 있는지 설명하시오.

7.15 물질의 분자 간 힘은 증기압과 어떤 관계가 있는지 설명하시오.

7.16 다음 중 액체의 분자 간 강력한 힘에 영향을 받는 액체의 성질은?

(a) 증기압　　(b) 끓는점

(c) 점성도　　(d) 표면 장력

7.17 분자성 물질이 끓을 때 결합이 끊어지는가? 이를 설명하시오.

7.18 정해진 어떤 온도에서 증기압이 더 높을 것으로 예상되는 물질을 고르고, 그 이유를 설명하시오. 단, 아래 구조는 결합각을 반영하지 않았으므로 이를 고려해야 한다.

(a) 아세톤(네일 리무버)

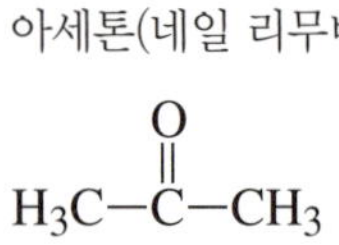

아이소프로판올(소독용 알코올)

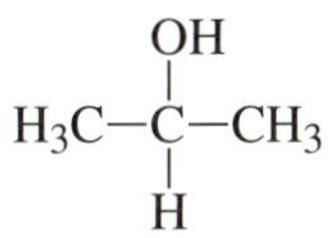

(b) $SeCl_2$, $BeCl_2$

(c) HF, HCl(−50°C, 모두 액체)

7.19 끓는점이 증가하는 순서대로 나열하시오.

(a) CH_3Cl, CH_3OH, CH_3F

(b) CaO, Xe, O_2

(c) Ar, CF_2H_2, $(CH_3)_2NH$

7.20 끓는점이 더 높을 것으로 예상되는 물질을 선택하고 그 이유를 설명하시오(아래 이미지는 결합-선 그림으로, 선은 각각 결합 전자쌍을 의미하며 꼭짓점은 탄소 원자를 나타낸다. 결합이 부족한 탄소는 필요한 만큼 수소와 결합하여 팔전자 규칙을 만족한다).

(a)

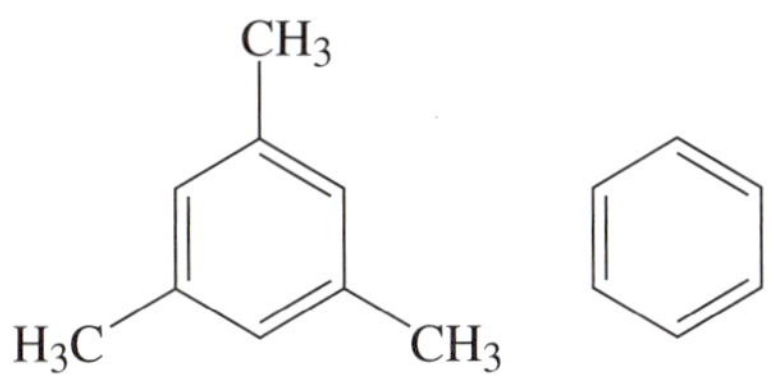

(i) (ii)

(b)

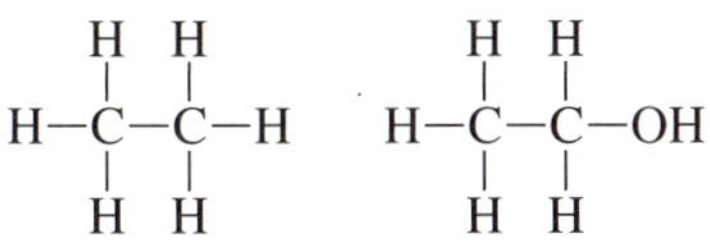

(i) (ii)

(c)

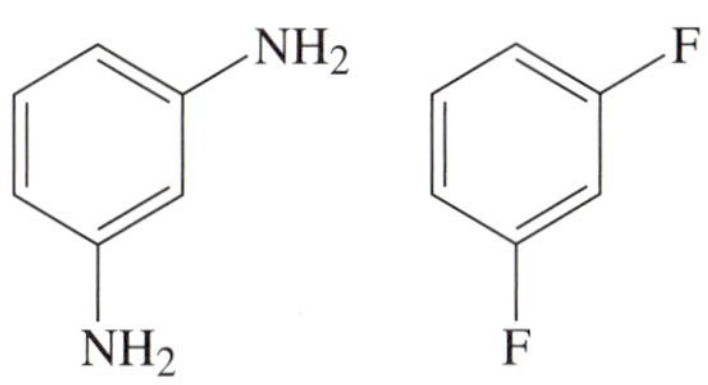

(i) (ii)

7.5절: 에너지와 물리적 변화

7.21 물 20.0 g을 15.5°C부터 89.4°C까지 가열하는 데 필요한 에너지의 양을 계산하시오.

7.22 다음 물질 55.0 g을 25.0°C 올리는 데 필요한 에너지의 양을 계산하시오(표 7.4 이용).

(a) 알루미늄

(b) 에탄올

(c) 구리

7.23 25°C의 구리 49.8 g에 228 J의 에너지를 가했을 때 도달하는 온도를 계산하시오.

7.24 미지의 금속 시료 5.75 g을 20.6°C부터 58.0°C까지 가열하는 데 65.1 J의 에너지가 필요했다. 이 미지 금속의 비열용량을 계산하시오.

7.25 다음 과정이 발열인지 흡열인지 말하시오.

(a) 녹음

(b) 증착

(c) 기화

7.26 몰 용융열과 몰 기화열의 단위는 무엇인가? 상 변화에 필요한 에너지를 계산하기 위해서 이 값들을 사용할 수 있는 온도는 어디인가?

7.27 물질의 녹음과 얼음 두 과정을 그림으로 나타내시오.

7.28 물질의 기화와 응축 두 과정을 그림으로 나타내시오.

7.29 물질의 승화와 증착 두 과정을 그림으로 나타내시오.

7.30 0.0°C의 얼음 55.8 g을 녹일 때 필요한 에너지 양을 계산하시오.

7.31 −116.2°C의 액체 다이에틸 에터 75.8을 얼릴 때 방출하는 에너지 양을 계산하시오.

7.32 100°C의 액체 물 35.9 g을 기화시킬 때 필요한 에너지 양을 계산하시오.

예제 속 추가문제 정답

7.1.1 (a) 분자성 (b) 분자성 (c) 원자성

7.1.2 Ar < CO_2 < $CaCl_2$ **7.2.1** CH_2Cl_2

7.2.2 K_2SO_4 < NCl_3 < SiF_4 **7.3.1** C_2H_6 < C_3H_8 < C_4H_{10}

7.3.2 PBr_3 > PCl_3 > BCl_3 **7.4.1** (i) **7.4.2** (ii)

7.5.1 1.5×10^2 kJ

7.5.2 52.2°C

7.6.1 (a) 9.87 kJ 흡수 (b) 95.9 kJ 방출 (c) 19 kJ 흡수

7.6.2 117 kJ

CHAPTER 8

기체

Gases

화려한 열기구의 상승은 뜨거운 공기와 차가운 공기의 밀도가 서로 다르기 때문이다.

이 장의 목표

기체의 성질과 분자 성질에 대한 이해가 기체 시료의 거동을 설명하고 예측하는 데 어떻게 도움이 되는지 배운다.

들어가기 전에 미리 알아둘 것

- 차원 해석 [|◀◀1.4절]
- 1장 주요 내용 [51~52쪽]

7장에서 응축상인 고체와 액체의 물리적 특성을 결정할 때는 분자 간 힘의 역할을 고려해야 한다는 것을 알았다. 이 장에서는 분자 간 힘이 너무 약해서 본질적으로 무시할 수 있는 기체의 물리적 특성을 고려할 것이다. 이 장에서는 기체의 거동을 예측하는 데 도움이 되는 법칙과 그 법칙에서 파생된 중요한 방정식을 사용하는 법을 배운다. 기체 물질은 원자 또는 분자로 구성될 수 있지만, 이 장에서는 주로 분자로 언급할 것이다.

8.1 기체의 특성

4.1절에서 언급한 응축상과 달리 기체는 분자가 서로 접촉하지 않고 매우 먼 거리로 분리되어 있는 물질임을 기억하자(그림 8.1). 고체 또는 액체 상태인 대부분의 물질은 적절한 조건에서

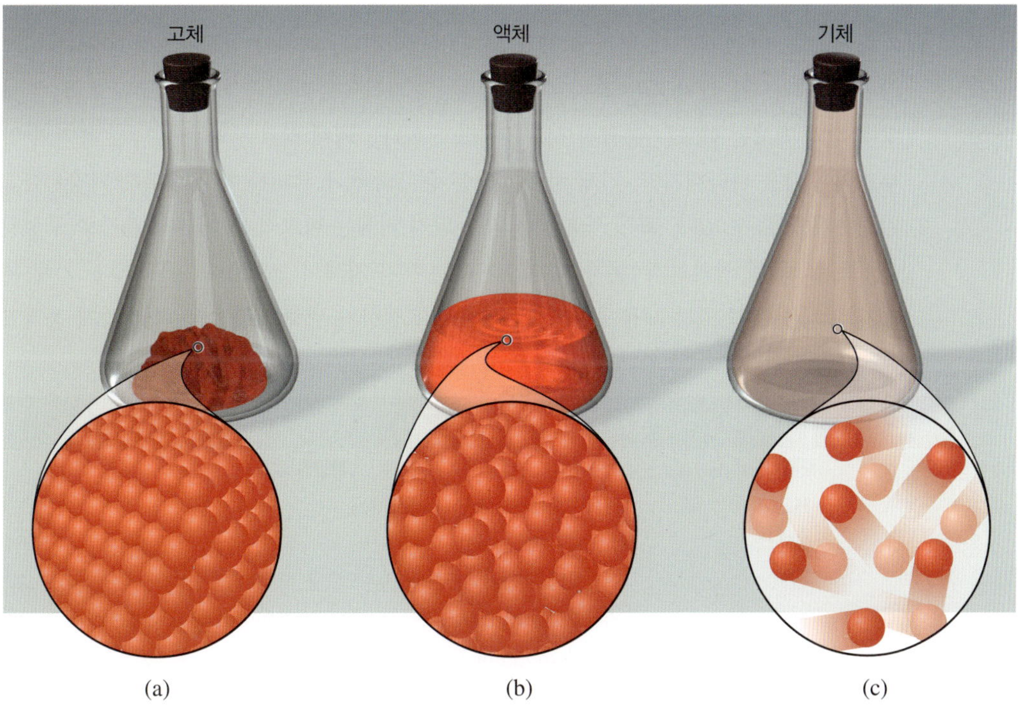

그림 8.1 물질의 (a) 고체 (b) 액체 (c) 기체 상태

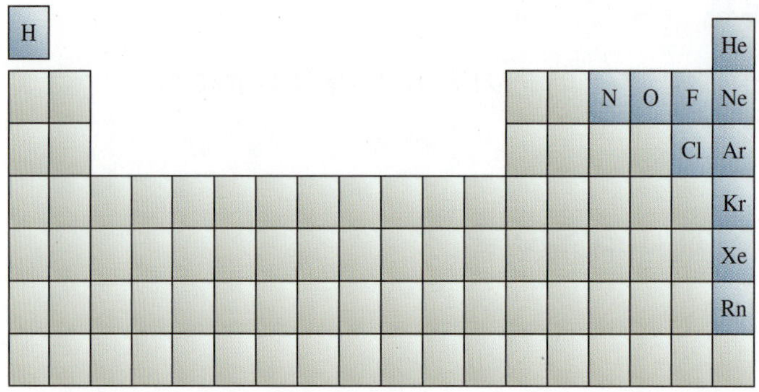

그림 8.2 상온에서 기체로 존재하는 원소

> **학생 노트**
> 일반적으로 증기라는 용어는 상온에서 액체 또는 고체인 물질의 기체 상태를 지칭하기 위해 사용된다.

기체로 존재할 수 있다(일반적으로 고온에서의 의미이다). 예를 들어, 물은 가열되면 증발하고, 수증기는 기체이다. 그림 8.1(c)의 기체 분자 예는 실제 그들 사이의 거리에 비례하여 기체 분자의 크기를 과장하여 나타내었다. 실제로 기체 분자 사이의 거리는 너무 멀어서 개별 분자의 크기를 본질적으로 무시할 수 있다. 수증기 시료의 분자가 실제로 얼마나 멀리 있는지를 파악하기 위해 다음을 고려해보자. 물의 끓는점(100°C)에서 티스푼(5 mL)의 물을 기화시키는 경우, 생성된 수증기는 약 8.5 L만큼의 부피를 차지한다. 증기는 액체가 차지하는 양의 1,700배를 차지한다.

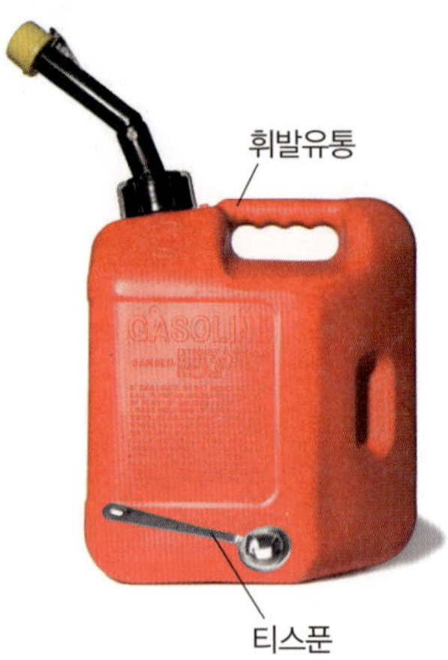

기체 물질

상온에서 기체로 존재하는 원소는 상대적으로 거의 없다. 수소(H_2), 질소(N_2), 산소(O_2), 플루오린(F_2), 염소(Cl_2), 비활성 기체(18족)만이 상온에서 기체로 존재하는 원소이다. 이 중 비활성 기체는 단원자들로 존재하는 반면 다른 것들은 이원자 분자들로 존재한다. 그림 8.2는 주기율표에서의 기체 원소를 보여준다.

대부분의 분자량이 낮은 분자 화합물은 상온에서 기체로 존재한다. 표 8.1에서는 몇 가지 기체 화합물을 보여주고 있고, 몇 가지는 친숙한 화합물일 수도 있다.

기체는 응축상(고체 및 액체)과 다음과 같은 중요한 다른 점이 있다.

1. 기체 시료는 담는 용기에 따라 모양과 부피가 달라진다. 액체와 마찬가지로 기체는 시료가 고정된 위치를 갖지 않는 분자로 구성된다. 결과적으로 액체와 기체는 모두 흐를 수 있다(기체와 액체는 때로는 총괄적으로 유체라고 한다). 액체 시료는 시료를 담는 용기의 일부분의 모양을 나타내지만, 기체 시료는 담는 용기의 전체 부피를 채우기 위해 확장된다.
2. 기체는 압축할 수 있다. 고체 또는 액체와는 달리 기체는 비교적 먼 거리의 분자로 구성된다. 즉, 기체 내 임의의 두 분자 사이의 거리는 분자 자체의 크기보다 훨씬 크다. 기체 분자가 멀리 떨어져 있기 때문에 더 작은 부피로 조절하기 위해 분자들을 더 가깝게 움직일

표 8.1 상온에서 기체인 분자 화합물

분자식	화합물명
HCl	염화수소(hydrogen chloride)
NH_3	암모니아(ammonia)
CO_2	이산화탄소(carbon dioxide)
N_2O	일산화이질소(dinitrogen monoxide 또는 nitrous oxide)
CH_4	메테인(methane)
HCN	사이안화수소(hydrogen cyanide)

수 있다.

3. 기체의 밀도는 액체 및 고체의 밀도보다 훨씬 작다. 기체 물질의 밀도는 온도 및 압력에 따라 매우 가변적이다. 기체의 밀도는 일반적으로 g/L 단위로 표시되는 반면, 액체 및 고체의 밀도는 일반적으로 g/mL 또는 동일한 양의 단위인 g/cm^3로 표시된다.
4. 기체는 어떠한 비율로든 서로 균일한 혼합물을 형성한다. 일부 액체(예: 기름과 물)는 서로 섞이지 않는다. 반면에 기체는 분자들이 아주 멀리 떨어져 있기 때문에 분자 간에 상호 작용이 없다. 이러한 점은 서로 다른 기체의 분자가 균일하게 혼합될 수 있게 한다.

학생 노트
1 mL = 1 cm^3[|◀◀ 그림 1.7]

이 네 가지 특성은 분자 수준에서의 기체 성질의 결과이다.

기체의 분자 운동론

분자 운동론(kinetic molecular theory)은 기체의 성질이 물리적 성질을 어떻게 일으키는지 설명하는 모델이다[|◀◀ 2.1절]. 분자 운동론은 다음의 네 가지 가설에 대한 기술로 표현될 수 있다.

1. 기체는 상대적으로 먼 거리로 분리된 분자로 구성된다. 각각의 분자가 차지하는 부피는 무시해도 된다. 기체상의 분자는 먼 거리로 떨어져 있고, 기체 시료의 부피를 감소시킴으로써 서로 가깝게 이동할 수 있기 때문에 기체는 압축이 가능하다.

움직이는 피스톤이 있는 용기에서 기체 시료는 더 작은 부피로 압축될 수 있다.

2. 기체 분자는 지속적이며 무작위로 직선 경로를 따라 움직이며, 충돌 시 에너지가 손실되지 않고 용기 벽과 충돌한다(용기 벽과 기체 분자의 충돌은 압력을 형성한다).

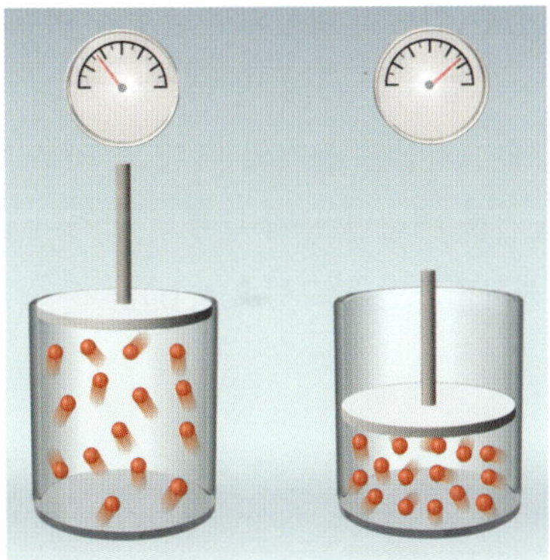

시료가 압축될 때 분자 이동 거리가 줄어 분자 간 충돌 간격이 줄기 때문에 충돌 빈도가 높아져 기체 압력이 높아진다.

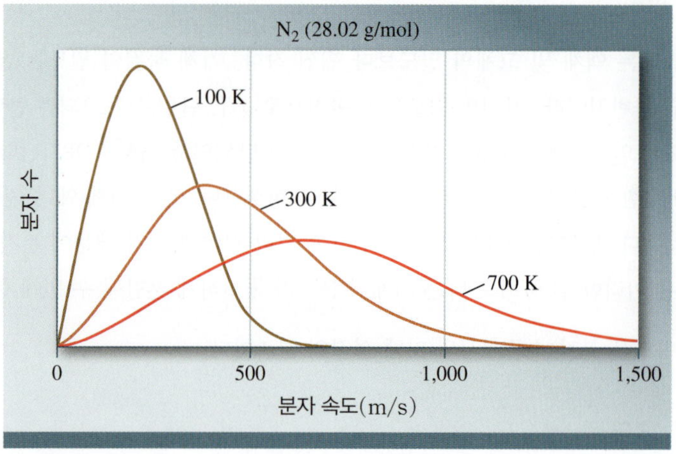

그림 8.3 세 가지 다른 온도에서 질소 기체 시료 분자들의 속도 분포. 온도가 높을수록 더 많은 분자가 더 빠르게 움직이며 시료의 평균 분자 운동 에너지가 증가한다.

3. 기체 분자는 인력 또는 척력을 갖는 분자 간의 힘을 나타내지 않는다.
4. 시료에서 기체 분자의 평균 운동 에너지는 시료의 절대온도에 비례한다(절대온도는 켈빈 단위로 표현된 온도임). 그림 8.3은 기체상 분자의 평균 속도가 온도에 어떻게 의존하는지를 보여준다(분자 속도가 클수록 운동 에너지가 커진다). 이것은 액체의 맥락에서 배웠던 것과 같은 원리이다[|◀◀ 그림 7.14].

8.2 압력

분자 운동론에 따르면 시료의 기체 분자는 일정한 운동을 하며, 서로 충돌하거나 용기의 벽과 충돌한다. 용기 벽과 기체 분자의 충돌은 기체 시료에 의해 가해지는 압력을 나타낸다. 예를 들어, 자동차 타이어의 공기는 공기 분자가 타이어의 내벽과 충돌하여 압력을 가한다. 사실 기체는 접촉하는 모든 것에 압력을 가한다. 따라서 제조업체의 권장 사항에 따라 타이어 내부의 압력을 제곱인치당 32파운드(32 lb/in^2, 1 lb/in^2=1 psi)로 늘릴 수 있는 충분한 공기를 추가할 수 있다. 또한 타이어 외부에 작용하는 대기압(atmospheric pressure)이라 불리는 약 14.7 psi의 압력이 작용하고 있다(대기압은 사람의 몸에도 작용하는데 사람의 몸이 대기압을 느끼지 않는 이유는 신체 내에서 동등한 압력이 발산되어 균형을 이루기 때문이다).

대기압, 즉 대기의 압력은 그림 8.4(a)의 빈 금속 용기를 사용하여 나타낼 수 있다. 용기는 대기에 개방되어 있기 때문에 대기압은 용기의 내부 및 외부 벽 모두에 작용한다. 용기의 입구에 진공 펌프를 설치하고 공기를 빼내면 용기 내부의 압력이 감소한다. 내부 벽에 대한 압력이 감소되면 대기압은 용기를 찌그러뜨린다[그림 8.4(b)].

압력의 정의와 단위

아마도 압력의 개념에 익숙하지 않더라도 예전에 psi라는 용어를 접했거나 TV 일기 예보에서 'mmHg'를 들었을 수도 있다. 여기에서는 기체의 거동에 대한 논의를 용이하게 하기 위해 압력에 대한 구체적인 정의가 필요하다. 기체 분자가 표면과 충돌하면 표면에 힘을 가한다. **압력**(pressure)은 단위 면적당 작용하는 힘으로 정의된다.

(a) (b)

그림 8.4 (a) 비어 있는 금속 용기 (b) 진공 펌프로 공기를 제거하면 대기압이 용기를 찌그러뜨린다.

$$압력 = \frac{힘}{면적}$$

힘의 SI 단위는 **뉴턴**(newton, N)이며, SI 기본 단위는 다음과 같다.

$$1\,\mathrm{N} = \frac{1\,\mathrm{kg \cdot m}}{\mathrm{s}^2}$$

압력의 SI 단위는 **파스칼**(pascal, Pa)이며, 1뉴턴당 제곱미터로 정의된다.

$$1\,\mathrm{Pa} = \frac{1\,\mathrm{N}}{\mathrm{m}^2}$$

파스칼은 SI 단위의 압력이지만, 흔히 사용되는 다른 압력 단위가 있다. 표 8.2는 가장 일반적으로 사용되는 여러 단위의 표준 대기압을 나타낸다. 이 중 자주 접하게 되는 압력 단위는 연구 분야에 따라 다르다. 화학에서 대기압(atm) 단위의 사용이 흔하지만, 바(bar) 단위 또한 빈번하게 사용된다. 밀리미터 수은(mmHg)은 의학과 기상학에서 흔히 사용된다. 이 장에서는 주로 atm을 사용하겠지만, 표 8.2의 다양한 압력 단위를 사용하고 변환하는 것은 중요한 부분이다.

표 8.2 다양한 단위로 표현된 표준 대기압

단위	해수면의 일반적인 기압 값
제곱인치당 파운드(psi)	14.7 psi
파스칼(Pa)	101,325 Pa*
킬로파스칼(kPa)	101.325 kPa
대기압(atm)	1 atm
인치 수은(in Hg)	29.92 in Hg
밀리미터 수은(mmHg)	760 mmHg
torr(=mmHg)	760 torr
bar($=1\times10^5$ Pa)	1.01325 bar

* 파스칼 단위는 아주 작은 양의 압력을 말하며, 일반적으로 사용되지 않는 이유는 필요한 수치 값을 다루기 힘든 단위이기 때문이다.

예제 8.1은 압력 단위를 변환하는 문제이다.

예제 8.1 압력 단위의 변환

다음의 압력 단위를 변환하시오.

(a) 695 mmHg을 atm 단위로

(b) 3.45 atm을 psi 단위로

(c) 2.87 bar를 atm 단위로

전략 표 8.2를 사용하여 각 변환에 필요한 환산 인자를 찾는다. 두 번째 열의 값은 모두 동일하다는 것을 기억하시오.

계획 (a) 1 atm=760 mmHg이므로 두 가지 환산 인자를 쓸 수 있다.

$$\frac{1\text{ atm}}{760\text{ mmHg}} \text{ 그리고 } \frac{760\text{ mmHg}}{1\text{ atm}}$$

우리는 mmHg에서 atm으로의 단위를 적절하게 취소할 수 있는 환산 인자를 선택한다.

$$\frac{1\text{ atm}}{760\text{ mmHg}}$$

(b) 14.7 psi=1 atm은 다음의 환산 인자를 제공한다. $\frac{14.7\text{ psi}}{1\text{ atm}}$ 그리고 $\frac{1\text{ atm}}{14.7\text{ psi}}$. 다시, 우리는 단위를 올바르게 취소하기 위해 하나를 선택한다(atm에서 psi로 변환).

$$\frac{14.7\text{ psi}}{1\text{ atm}}$$

(c) 1 atm=1.01325 bar는 다음의 환산 인자를 제공한다. $\frac{1\text{ atm}}{1.01325\text{ bar}}$ 그리고 $\frac{1.01325\text{ bar}}{1\text{ atm}}$. 이 경우 bar에서 atm으로 변환하는 데 필요한 환산 인자는 다음과 같다.

$$\frac{1\text{ atm}}{1.01325\text{ bar}}$$

풀이 (a) $695\ \cancel{\text{mmHg}} \times \frac{1\text{ atm}}{760\ \cancel{\text{mmHg}}} = 0.914\text{ atm}$

(b) $3.45\ \cancel{\text{atm}} \times \frac{14.7\text{ psi}}{1\ \cancel{\text{atm}}} = 50.7\text{ psi}$

(c) $2.87\ \cancel{\text{bar}} \times \frac{1\text{ atm}}{1.01325\ \cancel{\text{bar}}} = 2.83\text{ atm}$

생각해보기

단위 삭제 시 주의해야 한다. 또한 각 답의 크기가 합리적인지 고려하는 것도 중요하다. (a)에서 695 mmHg의 초기 값은 대기압보다 낮아 최종 결과는 1 atm보다 약간 낮게 나온다. (b)에서는 psi의 크기가 atm보다 크기 때문에 답은 초기 값보다 훨씬 크게 나온다. (c)에서는 atm과 bar는 거의 같은 크기이기 때문에 초기 값과 거의 같다.

추가문제 1 다음의 압력 단위를 변환하시오.

(a) 39.4 psi을 atm 단위로

(b) 1.75 atm을 torr 단위로

(c) 651 kPa을 mmHg 단위로

추가문제 2 표 8.2에 있는 각 단위를 파스칼로 표현하시오. 예를 들어, 1 psi에 해당되는 압력을 파스칼 단위로 변환하시오.

추가문제 3 다음의 기체 시료를 낮은 압력에서 높은 압력의 순으로 나열하시오.

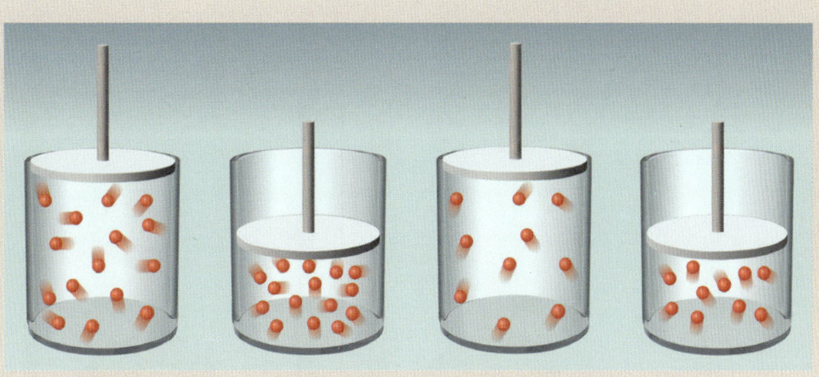

압력의 측정

압력을 측정할 수 있는 방법 중 하나는 **기압계**(barometer)를 사용하는 것이다. 기압계는 한쪽 끝이 막혀 있고 수은으로 채워진 긴 유리관으로 이루어져 있다. 유리관에 공기가 들어 가지 않도록 수은이 채워진 용기에 유리관을 조심스럽게 뒤집어 놓는다. 유리관을 뒤집어서 열린 끝이 수은 용기에 잠기면 유리관의 수은 중 일부가 용기로 흘러나와 유리관 상단에 빈 공간이 생긴다(그림 8.5). 유리관에 남아 있는 수은은 용기 내의 수은 표면을 누르는 대기압에 의해 유리관 내에 유지된다. 즉, 수은 기둥에 의해 가해지는 압력은 대기에 의해 가해지는 압력과 동일하다. 표준 대기압(1 atm)은 0°C, 해수면에서 정확히 76 cm 높이의 수은 기둥을 유지하는 압력으로 정의되었다. 기압계를 발명한 이탈리아 과학자 Evangelista Torricelli는 수은 기둥이 760 mm 높이이므로 mmHg 단위를 사용하였고, mmHg 단위는 torr라고도 부른다(표 8.2 참조).

압력계(manometer)는 대기압 이외의 압력을 측정하는 데 사용되는 장치이다. 압력계의 작동 원리는 기압계의 작동 원리와 유사하다. 압력계에는 그림 8.6과 같은 두 가지 유형이 있다. 닫힌관 압력계[그림 8.6(a)]는 일반적으로 대기압보다 낮은 압력을 측정하는 데 사용되는 반면, 열린관 압력계[그림 8.6(b)]는 대기압보다 크거나 같은 압력을 측정하는 데 사용된다.

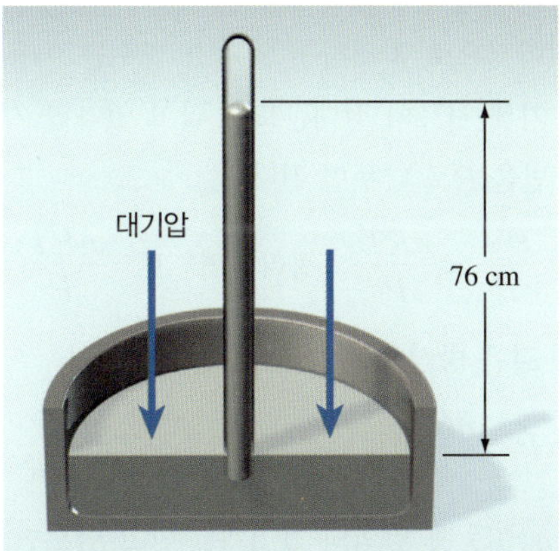

그림 8.5 기압계. 한쪽 끝이 막힌 긴 유리관에 수은이 채워지고 조심스럽게 수은 용기에 거꾸로 들어간다. 수은 중 일부가 유리관에서 용기로 흘러간다. 유리관 속에 남아 있는 것은 대기압에 의해 지탱되는 수은 기둥이다.

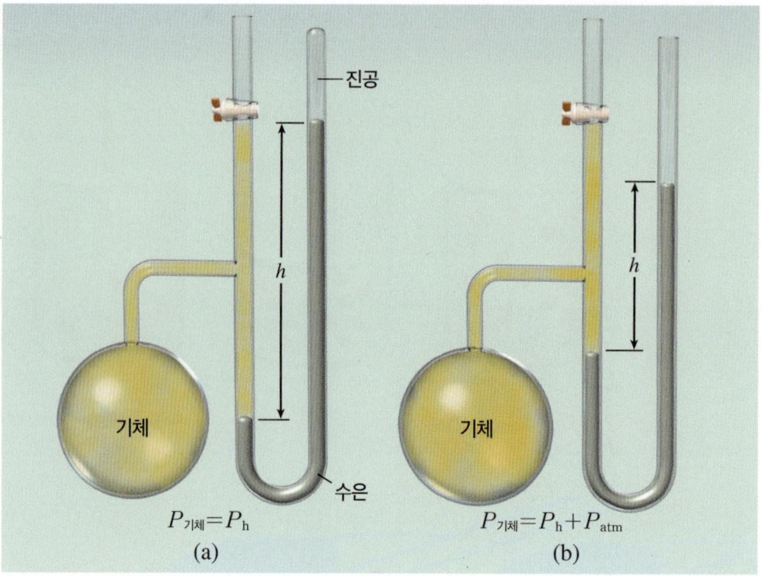

그림 8.6 (a) 닫힌관 압력계 (b) 열린관 압력계

8.3 기체 방정식

기체의 움직임을 이해, 묘사, 예측하는 데 관련된 대부분의 계산은 몇 가지 방정식을 사용하여 계산할 수 있다. 이 절에서는 이런 중요한 방정식을 검토하고 이를 사용하여 기체 관련 문제를 해결하는 방법을 배운다.

이상 기체 방정식

이상 기체 방정식(ideal gas equation, 식 8.1)은 기체 시료의 몇 가지 특성과 관련이 있다.

$$PV=nRT$$ [◀◀ 식 8.1]

여기서, P는 압력(일반적으로 atm), V는 부피(L), n은 기체 물질의 양(mol), T는 절대온도(K), R은 **이상 기체 상수**(ideal gas constant)이다. atm 단위로 압력을 가할 때 이상 기체 상수 R은 0.0821 L·atm/K·mol로 표현된다.

이상 기체 방정식을 대수학적으로 처리하면 알려진 변수를 이용하여 다른 변수를 풀 수 있다. 예를 들어, 압력, mol, 기체 시료의 절대온도를 알고 있다면 기체가 차지하는 부피를 계산할 수 있다. 즉, 식 8.1의 양변을 P로 나누면 된다.

$$\frac{\cancel{P}V}{\cancel{P}}=\frac{nRT}{P} \quad 정리하면 \quad V=\frac{nRT}{P}$$

실제로 변수 중 하나에 대해 같은 방식으로 식 8.1을 풀 수 있다.

$$P=\frac{nRT}{V} \qquad n=\frac{PV}{RT} \qquad T=\frac{PV}{nR}$$

따라서 4개의 변수(P, V, n, T) 중 임의의 값 3개를 알고 있으면 모르는 변수의 값을 계산할 수 있다.

학생 노트
R은 변수가 아니라 상수라는 것을 기억하라.

예제 8.2, 8.3, 8.4, 8.5는 이상 기체 방정식을 사용하여 풀 수 있다.

예제 8.2 이상 기체 방정식을 사용하여 부피 계산

상온(25°C), 1.00 atm에서 1 mol의 이상 기체 부피를 계산하시오.

전략 섭씨온도를 켈빈온도로 변환하고, 이상 기체 방정식을 사용하여 부피를 계산한다.

계획 주어진 자료는 $n=1.00$ mol, $T=298$ K, $P=1.00$ atm이다. 압력은 atm으로 나타나기 때문에 L 단위의 부피를 구하기 위해 $R=0.0821$ L·atm/K·mol을 사용한다.

풀이

$$V=\frac{(1\ \cancel{\text{mol}})\left(0.0821\ \frac{\text{L}\cdot\cancel{\text{atm}}}{\cancel{\text{K}}\cdot\cancel{\text{mol}}}\right)(298\ \cancel{\text{K}})}{1\ \cancel{\text{atm}}}=24.5\ \text{L}$$

학생 노트
기체 문제를 풀 때 절대온도로 변환하지 않는 실수를 종종 저지르게 된다. 대개 기온은 섭씨로 표시되기 때문에 주의해야 한다. 이상 기체 방정식은 사용된 온도가 켈빈 단위인 경우에만 적용된다. 꼭 기억하자. $K=°C+273$

생각해보기
압력을 일정하게 유지하면 온도가 상승할수록 부피가 증가할 것으로 예상된다. 상온(25°C)은 기체의 표준 온도(0°C)보다 높기 때문에 상온에서의 몰 부피는 0°C에서의 부피보다 높아야 한다.

추가문제 1 32°C, 1.00 atm에서 5.12 mol의 이상 기체의 부피는 얼마인가?

추가문제 2 어떤 온도(°C)에서 1 mol의 이상 기체가 50.0 L($P=1.00$ atm)의 부피를 차지하는가?

추가문제 3 다음 중 왼쪽 그림은 움직일 수 있는 피스톤이 있는 용기의 기체 시료를 나타낸다. 그림[(i)~(iv)] 중 (a) 절대온도가 두 배가 된 후를 가장 잘 나타내는 그림, (b) 부피가 절반으로 감소한 후의 그림, (c) 외부 압력이 두 배가 된 후의 그림은 어떤 것인가?(각각의 경우는 변화하는 유일한 변수가 문제의 변수라 가정한다)

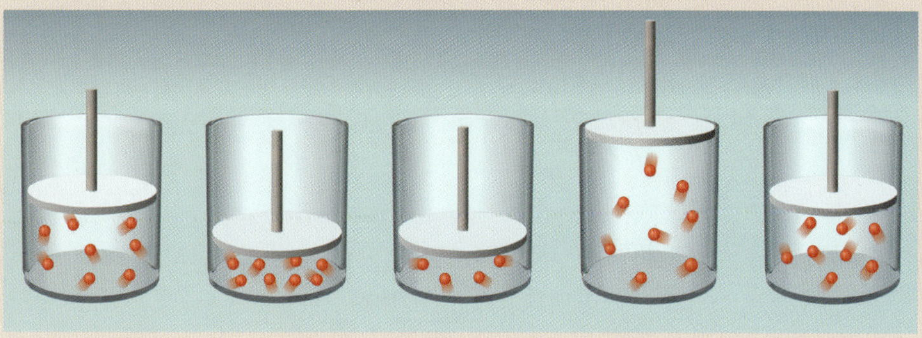

(i) (ii) (iii) (iv)

예제 8.3 이상 기체 방정식을 사용하여 압력 계산

36°C, 5.00 L 용기에서 1.44 mol의 이상 기체 압력을 계산하시오.

전략 P를 구하기 위해 이상 기체 방정식(식 8.1)을 재배열한다. 온도를 켈빈온도로 변환한다. $36+273=309$ K

계획

$$P=\frac{nRT}{V}$$

풀이

$$P=\frac{nRT}{V}=\frac{1.44\ \cancel{\text{mol}}\times 0.0821\ \frac{\cancel{\text{L}}\cdot\text{atm}}{\cancel{\text{K}}\cdot\cancel{\text{mol}}}\times 309\ \cancel{\text{K}}}{5.00\ \cancel{\text{L}}}=7.31\ \text{atm}$$

생각해보기

이 압력은 STP에서 1.00 mol의 이상 기체가 차지하는 부피(22.4 L)와 비교할 때 상당히 높게 나타난다. 이 문제의 부피는 표준 부피의 1/4보다 작으며 고온에서 더 높은 mol을 포함하기 때문에 표준 1 atm보다 훨씬 높은 압력을 발생시킨다.

추가문제 1 55°C, 4.33 L의 용기에서 3.15 mol의 이상 기체 압력을 계산하시오.

추가문제 2 25°C, 15.5 L의 용기에 24.5 g의 He 시료가 들어 있을 때, 이 용기 안의 압력을 계산하시오.

추가문제 3 각 그림은 상온에서의 기체 시료를 나타낸다. 어느 시료가 가장 높은 압력을 갖고, 가장 낮은 압력을 갖는가?

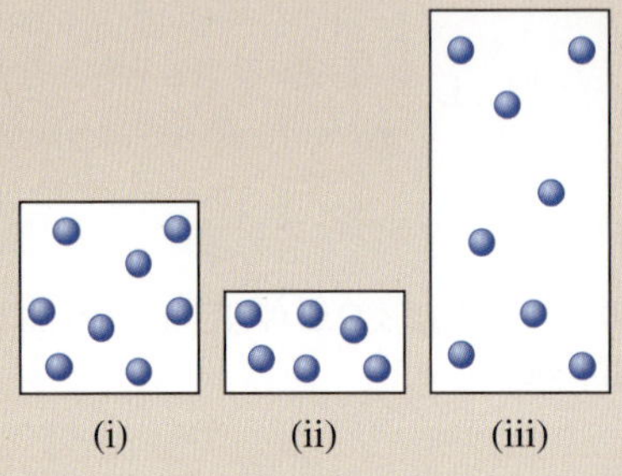

예제 8.4 이상 기체 방정식을 사용하여 mol 계산

298 K, 1.80 atm에서 12.3 L를 차지하는 이상 기체의 mol을 계산하시오.

전략 n을 구하기 위해 이상 기체 방정식(식 8.1)을 재배열한다.

계획

$$n = \frac{PV}{RT}$$

풀이

$$n = \frac{PV}{RT} = \frac{1.80\ \cancel{\text{atm}} \times 12.3\ \cancel{\text{L}}}{0.0821 \dfrac{\cancel{\text{L}} \cdot \cancel{\text{atm}}}{\cancel{\text{K}} \cdot \text{mol}} \times 298\ \cancel{\text{K}}} = 0.905\ \text{mol}$$

생각해보기

이 답변은 STP에서 이상 기체가 차지하는 22.4 L 부피와 비교할 때 합리적으로 보인다. 이 문제의 부피는 표준 부피의 절반에 가깝지만 표준 압력은 거의 두 배이다.

추가문제 1 STP에서 39.2 L를 차지하는 이상 기체의 mol을 계산하시오.

추가문제 2 25°C, 0.885 atm에서 21.8 L를 차지하는 Ne의 질량을 계산하시오.

추가문제 3 다음 중 왼쪽 그림은 밀폐된 용기에 있는 기체 시료를 나타낸다. 온도와 부피 모두가 변화한 후에 그림[(i)~(iv)] 중 시료를 나타내는 것은 무엇인가?

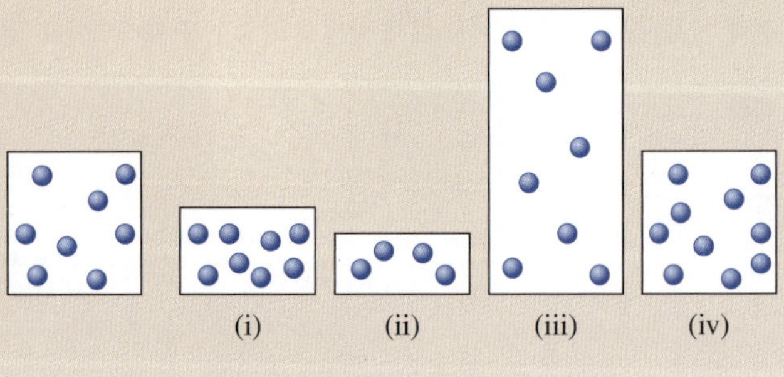

예제 8.5 이상 기체 방정식을 사용하여 절대온도 계산

어떤 온도(K)에서 2.71 mol의 이상 기체가 표준 압력에서 30.0 L의 부피를 차지하는가?

전략 T를 구하기 위해 이상 기체 방정식(식 8.1)을 재배열한다. 표준 압력은 1.00 atm이다.

계획

$$T=\frac{PV}{nR}$$

풀이

$$T=\frac{PV}{nR}=\frac{1.00\text{ atm}\times 30.0\text{ L}}{2.71\text{ mol}\times 0.0821\dfrac{\text{L}\cdot\text{atm}}{\text{K}\cdot\text{mol}}}=135\text{ K}$$

생각해보기

주의 깊게 단위를 삭제하면 이러한 유형의 문제에서 발생되는 일반적인 오류가 발생되지 않는다.

추가문제 1 어떤 온도(K)에서 1.60 atm, 0.181 mol의 이상 기체가 15.0 L의 부피를 차지하는가?

추가문제 2 어떤 온도(°C)에서 0.306 atm, 1.05 g의 H_2 기체가 10.0 L의 부피를 차지하는가?

추가문제 3 온도 변화 없이 기체 시료의 압력과 부피의 변화를 일으킬 수 있는가? 설명하시오.

기체의 표준 상태는 0°C의 온도와 1 atm의 압력으로 정의된다. 이러한 표준 온도 및 압력의 조건을 일반적으로 **STP**라고 한다. 흔히 기체에 관련된 문제는 STP를 의미하므로, 이 용어의 의미를 이해하는 것이 중요하다. 식 8.1을 사용하여 STP에서 1 mol의 이상 기체가 차지하는 부피를 계산할 수 있다.

V를 풀기 위해 식 8.1을 다시 정렬하면 다음과 같다.

$$V=\frac{nRT}{P}$$

n, R, T, P의 값을 대입하면 STP에서 1 mol의 기체가 차지하는 부피는 다음과 같다.

$$V=\frac{(1\text{ mol})\left(\dfrac{0.0821\text{ L}\cdot\text{atm}}{\text{K}\cdot\text{mol}}\right)(273\text{ K})}{1\text{ atm}}=22.4\text{ L}$$

즉, STP에서 1 mol의 기체의 부피는 기체의 성분과 상관없이 22.4 L를 차지한다. 결과의 유효 숫자 개수는 1 mol 또는 1 atm의 숫자 개수에 의해 제한되지 않는다. 1 mol은 지정된 양이다. 즉, 여기에서의 목적은 정확하게 1 mol의 부피를 계산하는 것이다. 마찬가지로 1 atm은 정의의 일부이다. STP의 P는 1 atm으로 정의된다.

생각 밖 상식

유체 기둥에 의해 가해지는 압력

기압계(그림 8.5)에서와 같이 유체 기둥이 가하는 압력은 다음 식을 사용하여 계산할 수 있다.

$$P=hdg$$

여기서, h는 미터 단위의 기둥 높이, d는 kg/m^3 단위의 유체 밀도, g는 9.80665 m/s^{2}과 같은 중력 상수이다(이 식을 사용하면 파스칼 단위의 압력이 계산된다). 이 식은 기압계가 역사적으로 수은을 사용하여 제작된 이유를 설명한다. 주어진 압력에 의해 유지되는 유체 기둥의 높이는 유체의 밀도에 반비례한다(압력이 가해질 때, 유체의 밀도가 낮아지게 되면 h는 높아야 하며, 그 반대의 경우도 마찬가지이다). 수은의 밀도가 높기 때문에 관리가 가능한 크기의 기압계 및 압력계를 구성할 수 있게 되었다. 76 cm 부근에 수은 기둥 높이가 있는 기존 기압계는 크고 다루기 힘들어보일 수 있다. 그러나 이것을 고려해보자. 수은의 밀도가 물의 13배 이상이기 때문에 물로 만들어진 기압계를 사용하여 측정한 압력은 높이가 10 m 이상인 13배 이상이어야 한다.

식에는 기둥의 단면에 대한 항은 포함되어 있지 않다. 가해지는 압력은 기둥의 높이에만 의존하고, 단면이 얼마나 큰지에는 의존하지 않는다. 따라서 아래 그림에 표시된 유체의 세 기둥은 모두 동일한 압력을 가진다(물론 동일한 유체가 포함되어 있어야 한다).

결합 기체 방정식

n의 양이 변하지 않는 의미인 기체의 양이 고정될 때, 이상 기체 방정식의 변형된 형태를 사용하여 나머지 변수 P, T, V의 변화를 결정할 수 있다. mol이 일정하다는 것을 알면 이상 기체 방정식을 다음과 같이 재조합할 수 있다.

$$nR=\frac{PV}{T}$$

게다가 n과 R의 곱은 일정하기 때문에(n과 R의 값이 모두 일정하기 때문) P, V, T의 변화에 관계없이 균등이 유지되어야 한다는 것을 알 수 있다. $T=T_1$, $P=P_1$, $V=V_1$의 조건하에서 기체 시료를 고려해보자.

$$nR=\frac{P_1V_1}{T_1}$$

그리고 $T=T_2$, $P=P_2$, $V=V_2$의 다른 조건하에서 동일한 기체 시료를 고려해보자.

$$nR=\frac{P_2V_2}{T_2}$$

nR의 값이 일정하기 때문에 이 두 표현식은 서로 동일하다.

$$\frac{P_1V_1}{T_1}=\frac{P_2V_2}{T_2}$$ [|◀◀ 식 8.2]

이 식은 **결합 기체 방정식**(combined gas equation)으로 알려져 있다. 결합 기체 방정식은 세 개의 변수를 포함하고 있으며, 두 변수의 변화에 대해서는 알려져 있고, 세 번째 변수의 변화에 대한 계산을 수행할 때 유용하다.

다음의 예를 생각해보자. 1.00 atm과 25℃에서 1.00 L를 차지하는 기체 시료를 갖고 있다. 만약 압력은 동일하게 유지되지만 온도가 50℃로 증가하면 시료의 부피는 어느 정도인가? 이전과 같이 식 8.2를 대수학적으로 재정리하여 임의의 변수를 풀 수 있다. P_1(1.00 atm), V_1(1.00 L), T_1(298 K)을 알고 있다면 P_2(1.00 atm), T_2(323 K)를 알기 때문에 식 8.2의 양변에 T_2를 곱하고 양변을 P_2로 나눔으로써 시료의 부피를 풀 수 있다.

$$\frac{T_2}{P_2} \times \frac{P_1V_1}{T_1} = \frac{P_2V_2}{T_2} \times \frac{T_2}{P_2} \quad \text{정리하면} \quad \frac{T_2P_1V_1}{P_2T_1} = V_2$$

T_2, P_1, V_1, P_2, T_1에 대해 알고 있는 값을 대입하면 다음을 구할 수 있다.

$$\frac{(323\ \text{K})(1.00\ \text{atm})(1.00\ \text{L})}{(1.00\ \text{atm})(298\ \text{K})} = V_2 = 1.08\ \text{L}$$

이상 기체 방정식과 마찬가지로 결합 기체 방정식은 간단한 대수학적 조작으로 포함된 변수에 대해 풀 수 있다.

예제 8.6은 고정된 양의 기체와 관련된 문제를 해결하기 위해 결합 기체 방정식을 어떻게 사용할 수 있는지 보여준다.

예제 8.6 결합 기체 방정식을 사용하여 온도 또는 압력 변화에 따른 새로운 부피 계산

한 아이가 온도가 28°C이고 기압이 757.2 mmHg인 놀이 공원 주차장에서 6.25 L 헬륨 풍선을 놓쳤다. 이 풍선이 온도가 −34°C이고 기압이 366.4 mmHg인 고도까지 상승한다면 풍선의 부피는 어떻게 되는가?

전략 이 경우 고정된 양의 기체가 있기 때문에 식 8.2를 사용한다. 식 중 유일하게 V_2를 모른다. 온도는 켈빈 단위로 나타내어야 한다. 압력의 단위는 일관되게 사용하여야 한다.

계획 $T_1 = 301$ K, $T_2 = 239$ K, V_2에 대해 식 8.2를 풀면 다음과 같다.

$$V_2 = \frac{P_1T_2V_1}{P_2T_1}$$

풀이

$$V_2 = \frac{(757.2\ \text{mmHg})(239\ \text{K})(6.25\ \text{L})}{(366.4\ \text{mmHg})(301\ \text{K})} = 10.3\ \text{L}$$

생각해보기

풀이는 근본적으로 P_1과 P_2의 비율과 T_2와 T_1의 비율을 곱한 것이다. 외부 압력을 감소시키는 효과는 풍선 부피를 증가시키는 것이다. 온도를 낮추는 효과는 부피를 줄이는 것이다. 이 경우 압력 감소 효과가 우세해지며 풍선의 부피가 크게 증가한다.

추가문제 1 대기에서 상승하는 대신 압력이 922.3 mmHg이고 온도가 26°C인 깊이의 수영장에 풍선이 잠긴 경우 예제 8.6의 풍선의 부피는 어떻게 되는가?

추가문제 2 예제 8.6의 풍선이 날아가기 전에 물에 잠겼다면 추가문제 1 조건에서 풍선이 예제 8.6의 풍선과 같은 부피를 가지려면 물의 온도는 어떻게 되어야 하는가?

추가문제 3 그림에서 온도의 상승과 외부 압력 증가 전후의 기체 시료로 나타낼 수 있는 풍선은 어느 것인가?

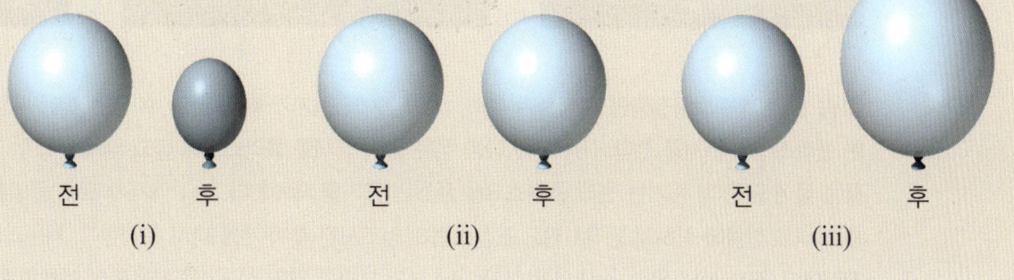

몰질량 기체 방정식

이상 기체 방정식을 사용하여 기체의 몰질량을 알고 있다면 기체의 밀도(density, d)를 결정할 수 있다. 이상 기체 방정식으로 시작하면

$$PV = nRT$$

V와 RT로 양변을 나눈다.

$$\frac{PV}{VRT} = \frac{nRT}{VRT} \quad \text{정리하면} \quad \frac{P}{RT} = \frac{n}{V}$$

결과적으로 식의 우변은 n(mol)을 V(L)로 나눈 값이 된다. 물질의 mol을 그 몰질량으로 곱하면 물질의 질량을 g으로 나타낼 수 있다[|◀◀ 5.2절]. 그러므로 만약 식의 양변에 몰질량을 곱하면 다음 식을 얻는다.

$$\mathscr{M} \times \frac{P}{RT} = \frac{n}{V} \times \mathscr{M}$$

또는 다음과 같다.

$$d(\text{in g/L}) = \frac{P\mathscr{M}}{RT}$$

또한 기체의 밀도를 안다면 몰질량을 알아내기 위해 식을 재배열할 수 있다.

$$\mathscr{M} = \frac{dRT}{P} \qquad \text{[|◀◀ 식 8.3]}$$

식 8.3에서 실험적으로 측정된 기체의 몰질량을 결정하기 위해서 밀도가 종종 사용된다. 그림 8.7은 몰질량이 식 8.3을 사용하여 결정될 수 있는 실험 방법을 나타낸 것이다.

예제 8.7은 실험 데이터와 몰질량으로 기체의 밀도를 결정하는 데 식 8.3을 사용하는 방법을 보여준다.

(a) (b) (c)

그림 8.7 액체의 몰질량을 결정하기 위해, (a) 공기와 증기가 빠져 나갈 수 있는 작은 구멍이 있는 포일 마개가 달린 빈 플라스크의 무게를 잰다. (b) 그런 다음 적은 양의 액체를 플라스크에 넣고 액체가 모두 기화될 수 있을 만큼 충분히 끓는 물에 담근다. 증기는 원래 플라스크를 채웠던 공기를 대체한다. (c) 액체가 모두 증발한 후 끓는 물에서 플라스크를 꺼내고 찬물에 식혀서 냉각시키고 조심스럽게 건조시킨 후 무게를 다시 측정한다. 처음과 나중 질량의 차이는 증기의 질량이다. 끓는 물의 온도, 실내의 압력, 플라스크의 부피를 알면 식 8.3을 사용하여 액체의 몰질량을 계산할 수 있다.

예제 8.7 몰질량으로부터 기체 밀도 계산

이산화탄소는 밀도가 공기의 밀도보다 크기 때문에 소화기에 효과적이며, CO_2는 산소를 없애 불을 끌 수 있다(공기는 상온, 1 atm에서 약 1.2 g/L의 밀도를 갖는다). 상온(25°C), 1.0 atm에서 CO_2의 밀도를 계산하시오.

전략 식 8.3을 이용하여 밀도를 계산한다. 압력은 atm으로 표시되므로 $R = 0.0821\ \text{L}\cdot\text{atm/K}\cdot\text{mol}$을 사용해야 한다. 온도를 켈빈으로 표현하는 것을 기억한다.

계획 CO_2의 몰질량은 44.01 g/mol이다.

풀이

$$d = \frac{P\mathscr{M}}{RT} = \frac{(1\ \cancel{\text{atm}})\left(44.01\ \frac{\text{g}}{\cancel{\text{mol}}}\right)}{\left(0.0821\ \frac{\text{L}\cdot\cancel{\text{atm}}}{\cancel{\text{K}}\cdot\cancel{\text{mol}}}\right)(298\ \cancel{\text{K}})} = 1.8\ \text{g/L}$$

생각해보기

CO_2의 계산된 밀도는 예상대로 같은 조건하에서 공기의 밀도보다 크다. 지루할 것처럼 보일 수 있지만 이와 같은 문제는 각 변수마다 단위를 작성하는 것이 좋다. 단위의 삭제는 추론이나 풀이 과정에서 오류를 감지하는 데 매우 유용하다.

추가문제 1 0°C, 1 atm에서 공기 밀도를 계산하시오(공기는 N_2 80%, O_2 20%라고 가정한다).

추가문제 2 25°C에서의 헬륨이 25°C, 1 atm에서의 이산화탄소와 동일한 밀도를 가지려면 어떤 압력이 필요한가?

추가문제 3 다음 그림 두 개의 기체 시료는 동일한 온도와 압력으로 나타난다. 어떤 시료의 밀도가 더 큰가? 어떤 시료의 압력이 더 큰가?

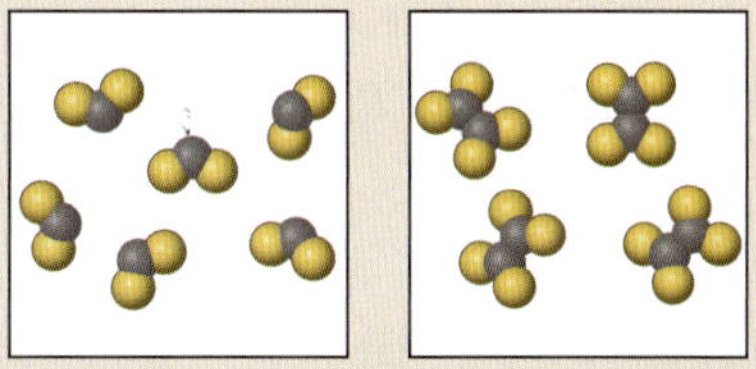

(i) (ii)

8.4 기체 법칙

8.3절에서 보았던 기체 방정식은 모두 17세기, 18세기 그리고 19세기 초에 과학자들이 개발한 특정 기체 법칙[◀◀ 2.1절]에서 파생되었다. 이 절에서는 이러한 법칙과 기체 방정식의 발전을 이끌었던 법칙에 대해 알아본다.

Boyle의 법칙: 압력–부피의 관계

공기가 채워진 플라스틱 주사기를 가지고 있다고 생각해보자. 주사기 끝부분을 손가락으로 단단히 막고 다른 손으로 플런저(plunger)를 밀면 공기의 부피가 줄어들어 주사기의 압력이 높아진다. 17세기 Robert Boyle(영국 화학자, 1627~1691)은 그림 8.8과 같은 간단한 장치를 사용하여 기체의 부피와 압력 사이의 관계에 대한 체계적인 연구를 수행하였다. J형 관에는 수

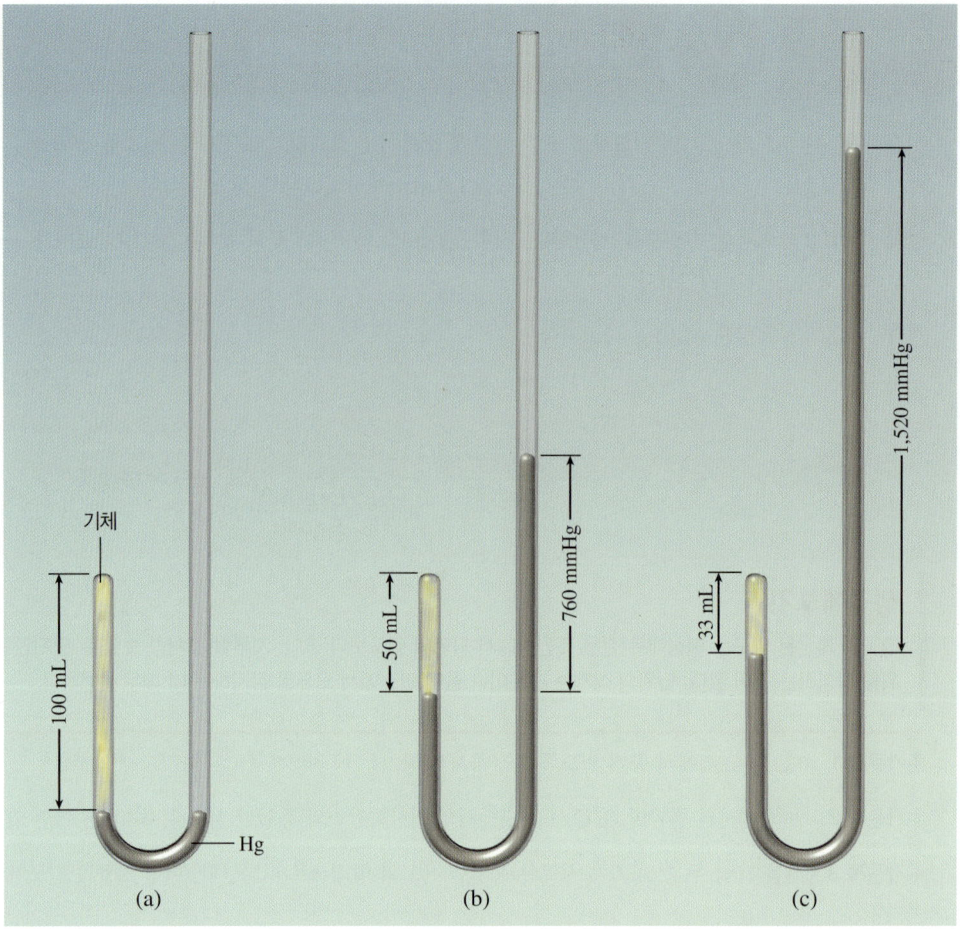

그림 8.8 Boyle의 법칙 설명. 기체 시료의 부피는 압력에 반비례한다. (a) $P=760$ mmHg, $V=100$ mL (b) $P=1520$ mmHg, $V=50$ mL (c) $P=2280$ mmHg, $V=33$ mL. 기체에 가하는 총압력은 대기압(760 mmHg)과 수은의 높이 차이의 합이다.

은 기둥으로 가두어진 기체 시료가 들어 있다. 이 기구는 열린관 압력계로 작용한다. 양쪽의 수은 높이가 같으면[그림 8.8(a)] 가둬진 기체의 압력은 대기압과 같다. 열린 끝을 통해 더 많은 수은이 첨가될 때, 가둬진 기체의 압력은 첨가된 수은의 높이에 비례하는 양만큼 증가하고 기체의 부피는 감소한다. 예를 들어, 그림 8.8(b)에서 볼 수 있듯이 수은 높이를 좌우 760 mm (1 atm과 같은 압력을 가하는 수은 기둥의 높이) 차이가 나도록 하기 위해 충분한 수은을 첨가하여 가둬진 기체의 압력을 두 배로 하면 기체의 부피는 절반으로 줄어든다. 더 많은 수은을 첨가함으로써 가둬진 기체에 원래의 압력을 세 배로 하면 기체의 부피는 원래 부피의 1/3로 줄어든다[그림 8.8(c)].

표 8.3은 Boyle의 실험에 대한 표준 데이터 세트를 나타낸다. 그림 8.9는 압력의 함수(a)와 압력의 역함수(b)로 각각 그려진 부피 데이터의 일부를 보여준다. 이 데이터는 일정한 온도에서 고정된 양의 기체의 압력이 기체 부피에 반비례한다는 **Boyle의 법칙**(Boyle's law)을 보여

표 8.3 그림 8.8의 실험 장치를 사용한 실험 결과

P(mmHg)	760	855	950	1,045	1,140	1,235	1,330	1,425	1,520	2,280
V(mL)	100	89	78	72	66	59	55	54	50	33
	그림 8.8(a)								그림 8.8(b)	그림 8.8(c)

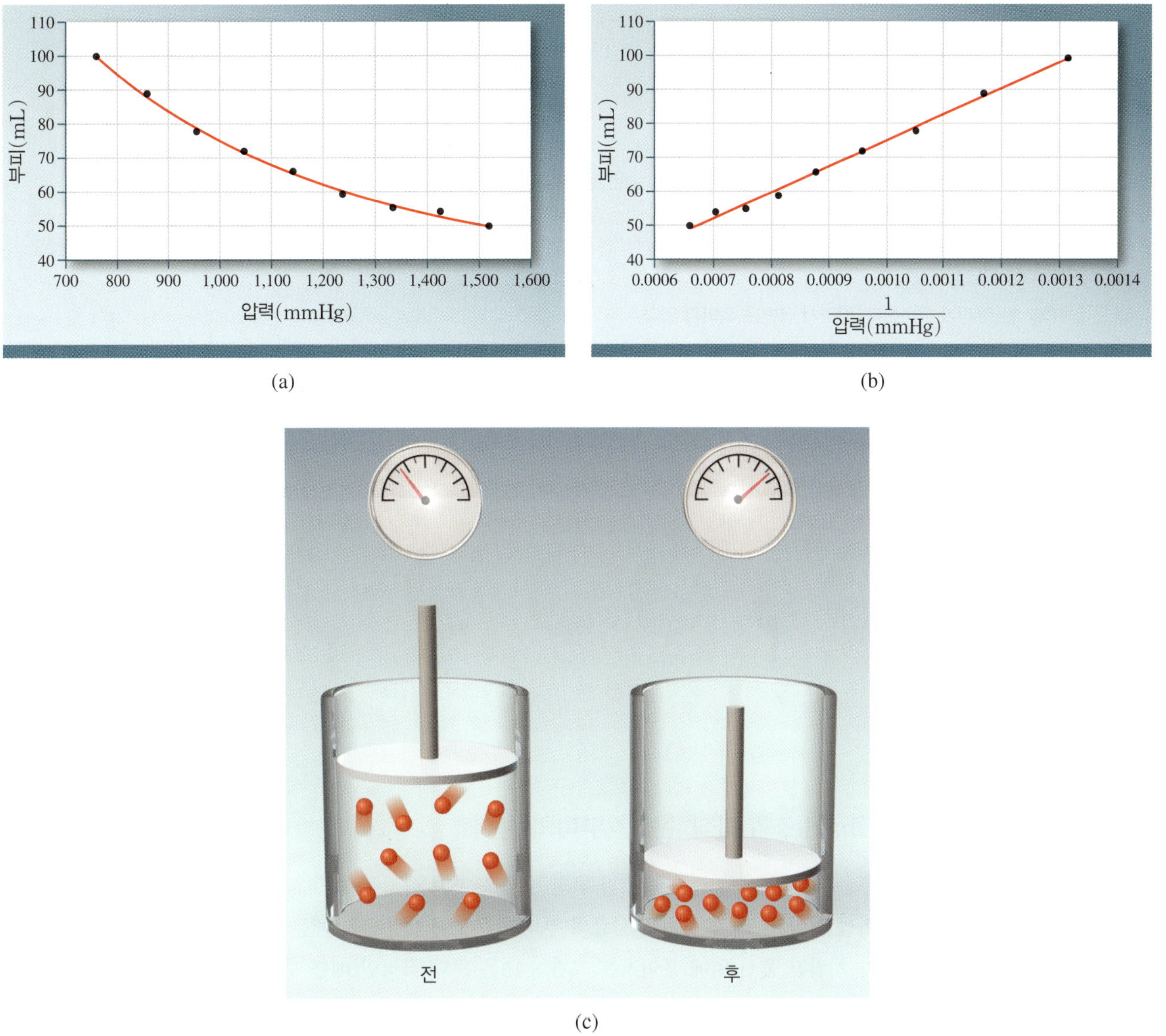

그림 8.9 (a) 압력의 함수 (b) 1/압력의 함수로서 부피의 표시 (c) 기체는 부피를 줄임으로써 압축될 수 있다. 부피가 감소한 후에 기체 분자와 용기 벽 사이의 충돌 빈도가 증가하여 압력이 높아진다.

준다. 압력과 부피 사이의 역관계는 다음과 같이 수학적으로 표현할 수 있다.

$$V \propto \frac{1}{P}$$

여기서, 기호 $\propto$는 '비례함'을 의미한다. 이 관계를 표현하는 또 다른 방법은 V와 $P(V \times P)$의 곱은 일정한 온도에서 일정하다는 것이다.

예제 8.8은 Boyle의 법칙을 보여준다.

예제 8.8 Boyle의 법칙을 사용하여 일정 온도에서 압력 변화에 따른 부피 계산

스킨스쿠버 다이버가 물의 표면에서 숨을 들이마셔 5.82 L의 공기를 그의 폐에 채우고 압력이 1.92 atm인 깊이로 뛰어내릴 때 폐의 공기가 차지하는 부피는 어느 정도인가?(일정한 온도이고 표면의 압력은 정확이 1 atm이라 가정한다)

전략 식 8.2를 사용하여 V_2를 풀어낸다.

계획 $P_1 = 1.00$ atm, $V_1 = 5.82$ L, $P_2 = 1.92$ atm

풀이

$$V_2 = \frac{P_1 \times V_1}{P_2} = \frac{1.00\ \text{atm} \times 5.82\ \text{L}}{1.92\ \text{atm}} = 3.03\ \text{L}$$

생각해보기

높은 압력에서는 부피가 작아진다. 따라서 답변은 의미가 있다.

추가문제 1 2.49 atm에서 5.14 L를 차지하는 기체 시료의 압력이 5.75 atm일 때 부피를 계산하시오(온도는 일정하다고 가정한다).

추가문제 2 4.11 atm에서 3.44 L를 차지하는 기체 시료는 어떤 압력에서 부피를 7.86 L 차지하는가?(온도는 일정하다고 가정한다)

추가문제 3 다음 그림 중 일정 온도에서 외부 압력이 증가하기 전과 후의 기체 시료를 나타내는 풍선은 어느 것인가?

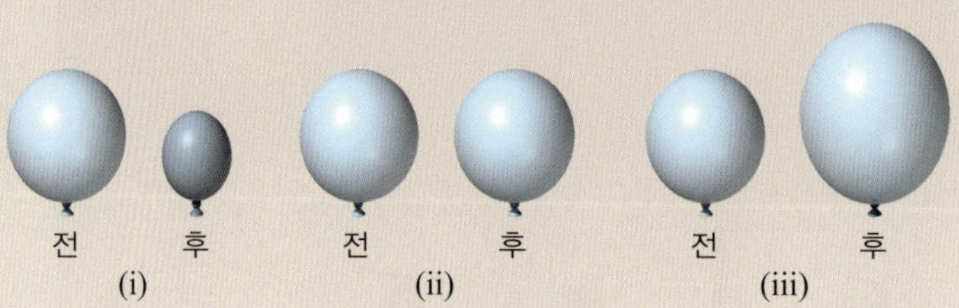

Charles의 법칙: 온도-부피의 관계

추운 날 야외에서 헬륨으로 가득 찬 풍선을 가져온 경우 차가운 공기와 닿으면 풍선이 다소 줄어들 것이다. 이것은 기체 시료의 부피가 온도에 의존하기 때문에 발생한다. 액체 질소가 공기가 채워진 풍선 위에 부어지는 그림 8.10은 보다 극적인 예를 보여준다. 풍선에서 공기의 온도가 크게 떨어지면(끓는 액체 질소의 온도는 −196℃) 풍선의 부피가 크게 줄어 풍선은 오그라진다. 풍선 내부의 압력은 외부 압력과 거의 같다.

프랑스 과학자 Jacques Charles(1746~1823)과 Joseph Gay-Lussac(1778~1850)은 일정한 압력에서 기체 시료의 온도와 부피 사이의 관계를 연구하였다. 이들의 연구에 따르면 일정한 압력에서 기체 시료의 양은 가열되면 증가하고 냉각되면 감소한다. 그림 8.11(a)는 Charles과 Gay-Lussac의 실험에서 나타난 대표적인 데이터를 보여준다. 일정한 압력에서 기체의 부피는 절대온도에 직접적으로 비례함을 유념하라. 이 관계는 **Charles의 법칙**(Charles's law)으로 알려져 있다. 이 실험은 서로 다른 압력에서 수행되어[그림 8.11(b)] 각각 다른 직선을 나타내었다. 흥미롭게도 모든 선을 외삽할 때(선의 데이터 점을 넘어서 계속 그림) 이 선은 −273℃의 x축에서 만난다. 온도-부피 선이 만나는 온도는 중요한데, 이 온도를 **절대영도**(absolute zero)라고 부른다. 즉, Kelvin 척도에서는 0이다.

학생 노트
기체 시료는 −273℃에서 영(zero)의 부피를 차지한다는 의미이다. 이것은 물론 실제로는 관측되지 않는다. 기체는 응축되어 그 지점보다 훨씬 높은 온도에서 액체를 형성한다.

부피와 온도 사이의 관계는 다음과 같이 표현될 수 있다.

$$V \propto T$$

이 관계를 표현하는 또 다른 방법은 V와 T의 나누기 값(V/T)이 일정한 압력에서 일정하다는 것이다.

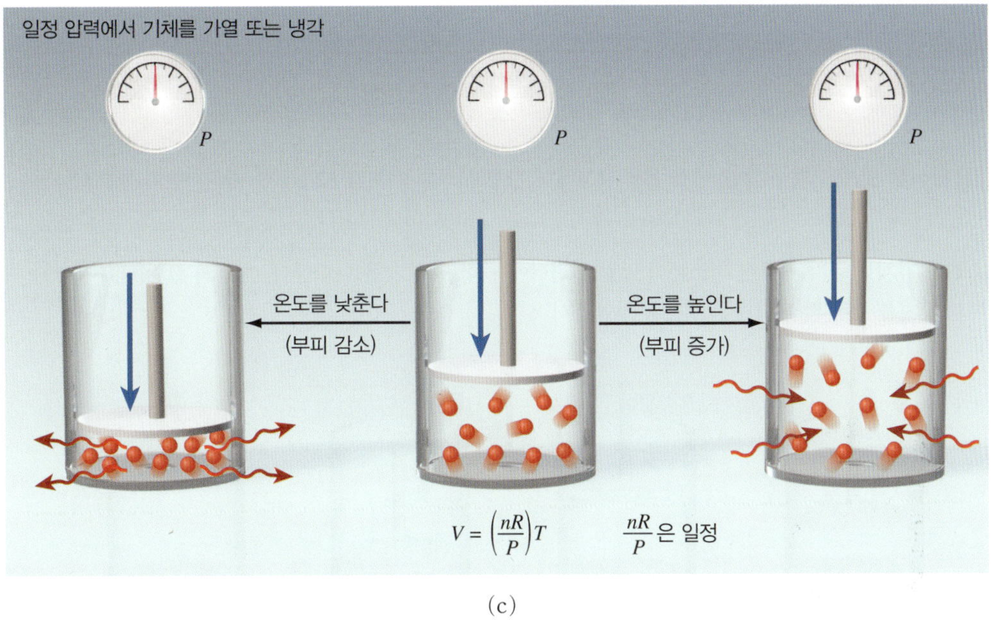

그림 8.10 (a) 공기가 가득 찬 풍선 (b) 액체 질소로 온도를 낮추면 부피가 매우 감소한다. 풍선 내부의 압력은 외부 압력과 거의 동일하며 이 과정에서 일정하게 유지된다. (c) Charles의 법칙에 대한 분자 수준의 그림

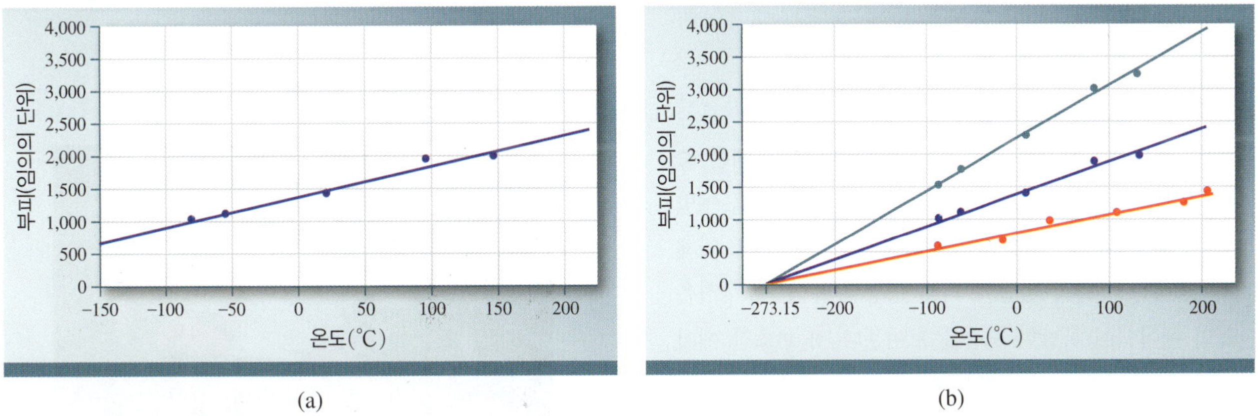

그림 8.11 (a) 온도의 함수로 기체 시료의 부피를 표시 (b) 세 가지 다른 압력에서 온도의 함수로 기체 시료의 부피를 표시. 섭씨와 절대온도는 실제로 273.15만큼 차이가 난다는 점을 기억하시오. [|◀◀ 1.1절]

예제 8.9는 Charles의 법칙을 사용하는 방법을 보여준다.

예제 8.9 Charles의 법칙을 사용하여 일정한 압력에서 온도 변화에 따른 부피 계산

25°C에서 14.6 L를 차지하고 있는 아르곤 기체 시료를 일정한 압력에서 50°C로 가열하였다. 새로운 부피는 얼마인가?

전략 식 8.3을 사용하여 V_2를 풀어낸다. 온도를 켈빈으로 표현하는 것을 기억한다.

계획 $T_1 = 298\text{ K}$, $V_1 = 14.6\text{ L}$, $T_2 = 323\text{ K}$

풀이

$$V_2 = \frac{V_1 \times T_2}{T_1} = \frac{14.6\text{ L} \times 323\text{ K}}{298\text{ K}} = 15.8\text{ L}$$

생각해보기

일정한 압력에서 온도가 증가하면 기체 시료의 부피가 증가한다.

추가문제 1 어떤 기체 시료는 처음에 0°C에서 29.1 L를 차지한다. 15°C로 가열했을 때 새로운 부피는 얼마인가?(압력은 일정하다고 가정한다)

추가문제 2 75°C에서 50.0 L의 부피를 갖는 기체 시료는 어떤 온도(°C)에서 기체 시료의 부피가 82.3 L를 차지하는가?(압력은 일정하다고 가정한다)

추가문제 3 첫 번째 그림은 50°C의 기체 시료가 이동식 피스톤이 달린 실린더에 들어 있는 것을 나타낸다. 다음의 그림[(i)~(iv)] 중 온도가 100°C로 상승했을 때의 장치를 가장 잘 나타내는 것은 무엇인가?

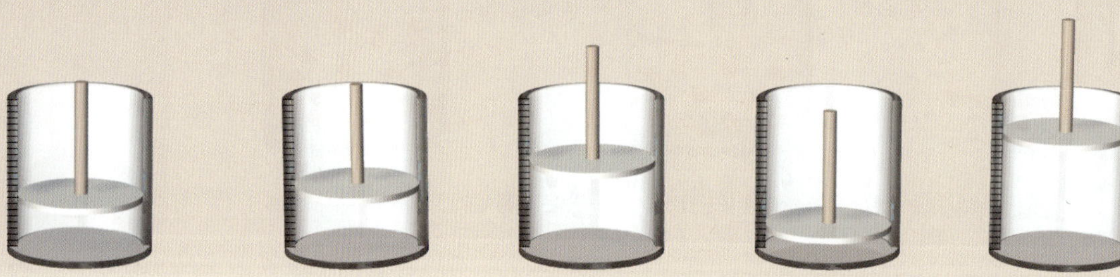

화학과 친해지기

자동차 에어백과 Charles의 법칙

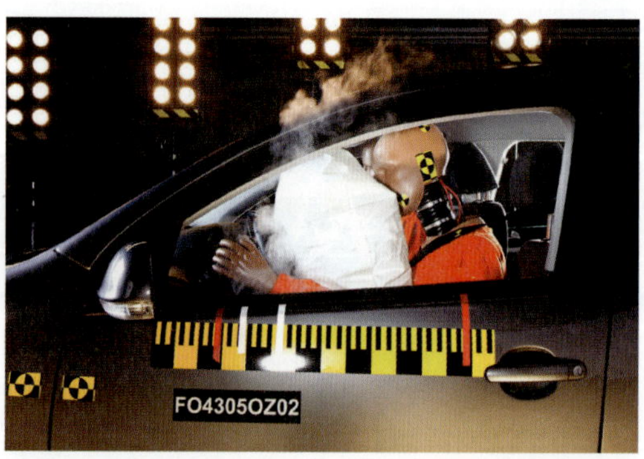

대부분은 에어백이 장착된 자동차를 운전한다. 에어백은 충돌 시 사용되는 것으로 매년 수백만 건의 부상과 사망을 예방한다. 자동차의 센서가 충돌을 감지하면 에어백은 질소 기체(N_2)를 생성하는 화학 반응에 의해 팽창된다. 옆의 사진은 운전석의 에어백이 폭발한 모습을 보여준다. 0.06초간 에어백의 팽창은 운전자의 몸이 핸들에 부딪히는 것을 방지하는 쿠션을 생성한다.

N_2를 생성하는 화학 반응은 폭발적이고 발열 반응이므로,

에어백이 사용되면 뜨거워진다. 사용 직후 에어백은 줄어들기 시작하여 운전자 또는 탑승자가 자유롭게 움직여 차량에서 탈출할 수 있게 한다. 수축되는 원인들 중 하나는 설계 과정에서 제작한 구멍이나 통풍구를 통해 에어백에서 기체가 빠져나가기 때문이다. 다른 원인은 팽창 직후에 시작된 온도의 급격한 하락 때문이다. 일정한 압력에서 기체가 냉각되면 기체의 부피가 감소하기 때문이다. 일정한 압력에서 온도의 하락으로 인한 부피 감소는 Charles의 법칙을 보여준다.

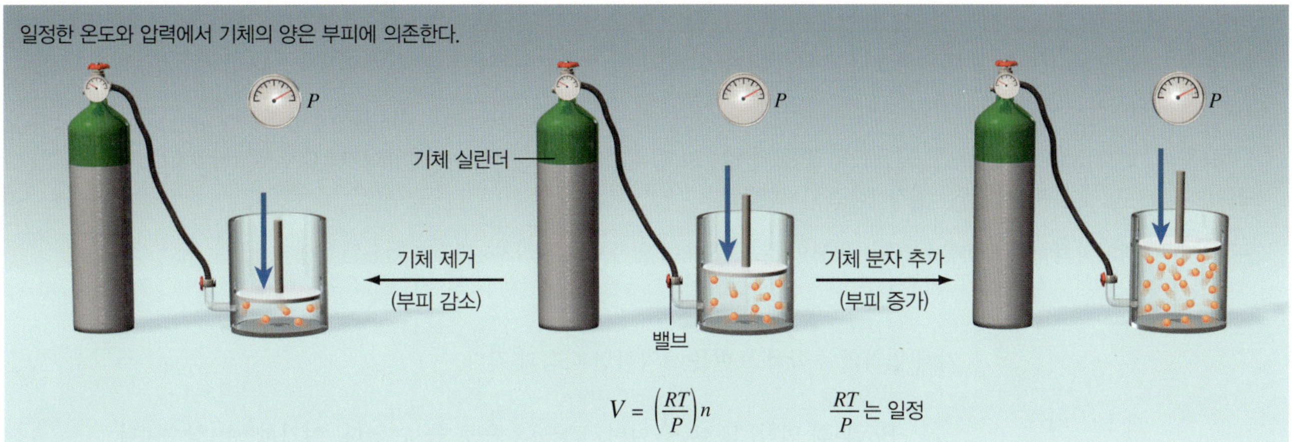

그림 8.12 Avogadro의 법칙. 일정한 온도와 압력에서 기체의 부피는 mol에 비례한다.

Avogadro의 법칙: 몰−부피의 관계

19세기 초 Amedeo Avogadro(이탈리아 과학자, 1776~1856)는 동일한 양의 다른 기체(동일한 온도와 압력에서)가 같은 수의 분자를 포함한다고 제안하였다. 이 가설은 일정한 온도와 압력에서 기체 시료의 부피가 시료의 양(mol)에 직접 비례한다는 **Avogadro의 법칙**(Avogadro's law)을 만들었다.

$$V \propto n$$

이 관계를 표현하는 또 다른 방법은 V와 n의 나누기 값(V/n)이 일정한 온도와 압력에서 일정한 값이 된다는 것이다. 그림 8.12는 분자 수준에서 Avogadro의 법칙을 나타낸다.

예제 8.10은 Avogadro의 법칙을 사용하는 방법을 보여준다.

예제 8.10 Avogadro의 법칙을 사용하여 기체 시료의 부피 계산

이상 기체 1.50 mol 시료는 특정 온도와 압력에서 10.0 L의 부피를 차지한다. 같은 조건에서 3.00 mol의 이상 기체가 차지하는 부피를 계산하시오.

전략 Avogadro의 법칙에 따르면 온도와 압력이 일정하면 이상 기체의 부피는 기체의 mol에 비례한다. 이것은 T와 P가 일정하다면 V/n의 비율이 일정하다는 것을 의미한다.

계획 Avogadro의 법칙은 부피가 일정한 온도와 압력에서 기체의 mol에 비례함을 알려준다.

이 관계를 나타내기 위해 비례식을 설정할 수 있다. $\frac{V_1}{n_1}=\frac{V_2}{n_2}$

이 관계를 재배열하여 V_2의 식을 만든다. $V_2=\frac{V_1 n_2}{n_1}$

풀이

$$V_2 = \frac{10.0\ \text{L} \times 3.00\ \cancel{\text{mol}}}{1.50\ \cancel{\text{mol}}} = 20.0\ \text{L}$$

생각해보기

이 답변은 일정 온도 및 압력 조건에서 기체의 양(mol)이 두 배가 되었을 때 기체의 부피가 두 배로 증가함을 의미한다.

추가문제 1 4.89 mol의 Ar 시료는 특정 온도 및 압력에서 57.5 L의 부피를 차지한다. 같은 조건에서 1.43 mol의 Ar이 차지하는 부피를 계산하시오.

추가문제 2 2.33 mol의 CO 시료는 특정 온도 및 압력에서 14.5 L의 부피를 차지한다. 3.67 mol의 CO가 첨가되면 CO 기체 시료의 새로운 부피는 얼마인가?(T와 P는 일정하다고 가정한다)

추가문제 3 기체의 종류가 CO에서 CO_2로 바뀌면 추가문제 2에 대한 답은 달라지는가? 그 이유는 무엇인가?

기체 법칙의 수학적 표현을 요약하면 다음과 같다.

Boyle의 법칙: $V \propto \frac{1}{P}$이며, $V = a \times \frac{1}{P}$로 쓸 수 있다. 여기서 a는 상수이다.

Charles의 법칙: $V \propto T$이며, $V = b \times T$로 나타낼 수 있다. 여기서 b는 상수이다.

Avogadro의 법칙: $V \propto n$이며, $V = c \times n$으로 나타낼 수 있다. 여기서 c는 상수이다.

이 세 가지 식을 결합하여 부피와 다른 변수 간의 관계를 설명하면,

$$V = a \times \frac{1}{P} \times b \times T \times c \times n$$

단일 상수를 나타내기 위해 상수들을 결합하여 새로운 상수 R을 나타내면,

$$V = R \times \frac{nT}{P}$$

양변에 P를 곱하면 식 8.1과 같이 나타낼 수 있다.

$$P \times V = R \times \frac{nT}{\cancel{P}} \times \cancel{P} \quad \text{또는} \quad PV = nRT$$

8.5 기체 혼합물

지금까지 논의한 기체의 물리적 성질은 순수한 기체 물질의 거동에 초점을 맞추었다. 그런데 기체 법칙은 모두 기체의 혼합물인 공기 시료의 관찰을 통해 만들어졌다. 이 절에서는 기체 혼합물과 그 물리적 거동에 대해 살펴볼 것이다.

Dalton의 부분 압력 법칙

두 개 이상의 기체 물질이 하나의 용기에 함께 존재하면 각 기체는 용기를 혼자 차지하는 것처럼 행동한다. 예를 들어, 0°C에서 5.00 L 용기 안에 1.00 mol의 N_2 기체를 넣으면, 이상 기체 방정식을 사용하여 압력을 계산할 수 있다.

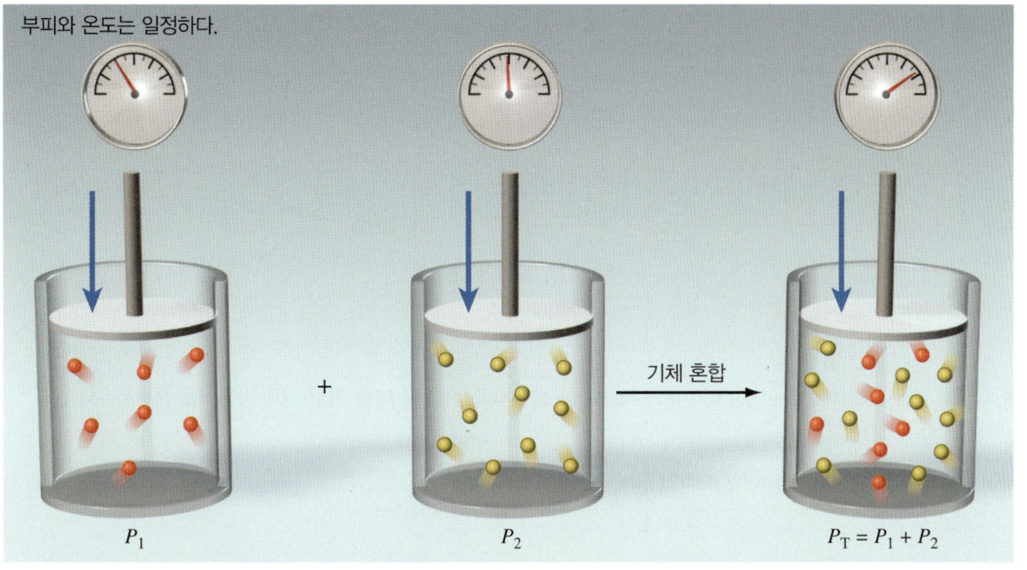

그림 8.13 Dalton의 부분 압력 법칙. 기체 혼합물의 각 성분은 다른 성분과 독립적으로 압력을 가한다. 전체 압력은 각 구성 성분의 부분 압력의 합이다.

$$P = \frac{(1.00\ \text{mol})(0.0821\ \text{L}\cdot\text{atm/K}\cdot\text{mol})(273\ \text{K})}{5.00\ \text{L}} = 4.48\ \text{atm}$$

그런 다음 O_2와 같은 다른 기체 1 mol을 추가하여도 N_2에 의해 가해진 압력은 변하지 않는다. 즉, 4.48 atm은 남아 있다. O_2 또한 자체 압력인 4.48 atm을 나타낸다. 어느 기체도 다른 기체의 존재에 영향을 받지 않는다. 기체 혼합물에서 각 기체에 의해 가해지는 압력은 기체의 **부분 압력**(partial pressure, P_i)으로 알려져 있으며, 아래첨자는 기체 혼합물의 각 성분을 나타낸다.

$$P_{N_2} = \frac{(1.00\ \text{mol})(0.0821\ \text{L}\cdot\text{atm/K}\cdot\text{mol})(273\ \text{K})}{5.00\ \text{L}} = 4.48\ \text{atm}$$

$$P_{O_2} = \frac{(1.00\ \text{mol})(0.0821\ \text{L}\cdot\text{atm/K}\cdot\text{mol})(273\ \text{K})}{5.00\ \text{L}} = 4.48\ \text{atm}$$

Dalton의 부분 압력 법칙(Dalton's law of partial pressure)은 혼합 기체에 의해 가해지는 전체 압력은 혼합물의 각 성분에 의해 가해지는 부분 압력의 합과 같다(그림 8.13). N_2와 O_2만으로 구성된 혼합물의 경우 전체 압력은 두 기체의 부분 압력의 합이다. 따라서 1.00 mol N_2와 1.00 mol O_2의 혼합물이 0°C에서 5.00 L 용기에 가하는 총압력은 다음과 같다.

$$P_{\text{전체}} = P_{N_2} + P_{O_2} = 4.48\ \text{atm} + 4.48\ \text{atm} = 8.96\ \text{atm}$$

예제 8.11은 Dalton의 부분 압력 법칙을 사용하는 방법을 보여준다.

예제 8.11 Dalton의 부분 압력 법칙을 사용하여 기체 혼합물의 전체 압력 결정

25°C, 1.00 L의 용기에 0.215 mol의 N_2 기체와 0.0118 mol의 H_2 기체가 포함되어 있다. 각 구성 요소의 부분 압력과 용기의 전체 압력을 결정하시오.

전략 이상 기체 방정식을 사용하여 각 성분의 부분 압력을 구하고, 두 부분 압력을 합하여 전체 압력을 구한다.

계획 $T = 298\ \text{K}$

풀이 H_2의 mol=전체 mol−N_2의 mol=6.029−6.022=0.007 mol

$$P_{N_2}=\frac{(0.215\ \cancel{mol})\left(0.0821\frac{\cancel{L}\cdot atm}{\cancel{K}\cdot \cancel{mol}}\right)(298\ \cancel{K})}{1.00\ \cancel{L}}=5.26\ atm$$

$$P_{H_2}=\frac{(0.0118\ \cancel{mol})\left(0.0821\frac{\cancel{L}\cdot atm}{\cancel{K}\cdot \cancel{mol}}\right)(298\ K)}{1.00\ \cancel{L}}=0.289\ atm$$

$$P_{전체}=P_{N_2}+P_{H_2}=5.26\ atm+0.289\ atm=5.55\ atm$$

생각해보기

용기의 전체 압력은 혼합물 각각의 성분 mol(0.215+0.0118=0.227 mol)을 합산하고, $P_{전체}$에 대한 이상 기체 방정식을 풀어서 결정할 수 있다.

$$P_{전체}=\frac{(0.227\ \cancel{mol})\left(0.0821\frac{\cancel{L}\cdot atm}{\cancel{K}\cdot \cancel{mol}}\right)(298\ \cancel{K})}{1.00\ \cancel{L}}=5.55\ atm$$

추가문제 1 다음의 기체 혼합물을 포함하고 있는 16°C, 2.50 L의 용기에서 각 기체의 부분 압력 및 전체 압력을 결정하시오.

[0.0194 mol He, 0.0411 mol H_2, 0.169 mol Ne]

추가문제 2 25°C에서 CH_4와 C_2H_6의 혼합 기체가 들어 있는 2.00 L 용기 안쪽의 압력이 1.50 atm이다. 혼합기체 중 CH_4의 부분압력이 0.39 atm일 때, 각 기체의 양(mol)을 결정하시오.

추가문제 3 옆의 그림은 세 가지의 다른 기체 혼합물을 나타낸다. 붉은색 공으로 표시된 기체의 부분 압력은 1.25 atm이다. 다른 기체의 부분 압력과 전체 압력을 결정하시오.

몰분율

기체 혼합물 성분의 상대적인 양은 몰분율을 이용하여 나타낼 수 있다. 혼합물 안 각 성분의 **몰분율**(mole fraction, χ_i)은 혼합물의 총 mol(모든 성분)로 나눈 해당 성분의 mol이다.

$$\chi_i=\frac{n_i}{n_{전체}}$$ [◀◀ 식 8.4]

몰분율에 대해 알아야 할 중요한 세 가지는 다음과 같다.

1. 혼합물을 구성하는 성분의 몰분율은 항상 1 미만이다.
2. 혼합물을 구성하는 모든 성분의 몰분율 합은 항상 1이다.
3. 몰분율은 크기가 없는 양으로, 단위가 없다.

또한 특정 온도와 부피에서 n과 P 사이의 비례 관계로 인해 부분 압력을 전체 압력으로 나누면 구성 요소의 몰분율을 결정할 수 있다.

$$\chi_i=\frac{P_i}{P_{전체}}$$ [◀◀ 식 8.5]

이 장에서 접하게 된 다른 식과 마찬가지로 식 8.4와 식 8.5를 조작하여 포함된 변수를 풀 수 있다. 예를 들어, 성분의 몰분율과 혼합물의 전체 압력을 알면, 식 8.5를 재배치하여 성분의 부분 압력을 풀 수 있다.

예제 8.12는 기체 혼합물의 몰분율, 부분 압력 및 전체 압력과 관계된 계산을 연습할 수 있다.

예제 8.12 기체-혼합물 성분의 몰분율 계산

1999년 FDA는 미숙아에서 흔히 발생하는 폐 질환을 치료하고 예방하기 위해 일산화질소(nitric oxide, NO) 사용을 승인하였다. 이 치료에 사용되는 일산화질소는 N_2/NO 혼합물의 형태로 병원에 공급된다. 상온(25°C)에서 6.022 mol의 N_2가 포함된 10.00 L의 기체 용기에서 NO의 몰분율을 계산하시오. 기체 용기의 전체 압력은 14.75 atm이다.

전략 이상 기체 방정식을 사용하여 용기의 전체 mol을 계산한다. NO의 mol을 결정하기 위해 전체 mol에서 N_2의 mol을 뺀다. 몰분율을 알기 위해 NO의 mol을 전체 mol로 나눈다(식 8.5).

계획 온도는 298 K이다.

풀이 전체 mol을 알기 위해 이상 기체 방정식, $PV=nRT$를 재배열하면 다음과 같다.

$$n_{전체}=\frac{P_{전체}\cdot V}{RT}=\frac{14.75\ \cancel{atm}\cdot 10.00\ \cancel{L}}{0.0821\ \frac{\cancel{L}\cdot \cancel{atm}}{\cancel{K}\cdot mol}\cdot 298\ \cancel{K}}=6.029\ mol$$

NO의 mol = 전체 mol − N_2의 mol = 6.029 − 6.022 = 0.007 mol NO

$$\chi_{NO}=\frac{n_{NO}}{n_{전체}}=\frac{0.007\ \cancel{mol}\ NO}{6.029\ \cancel{mol}}=0.001$$

생각해보기

답을 검산하기 위해서 1에서 χ_{NO}를 뺀 값이 χ_{N_2}임을 확인하자. 각 몰분율과 전체 압력을 사용하여 식 8.4로 각 구성 요소의 부분 압력을 계산하고 전체 압력과 부분 압력의 합이 같은지 확인하자.

추가문제 1 0.250 mol의 CO_2, 1.29 mol의 CH_4, 3.51 mol의 He을 포함하고 전체 압력이 5.78 atm인 기체 시료에서 CO_2, CH_4, He의 몰분율과 부분 압력을 결정하시오.

추가문제 2 제논 기체와 네온 기체가 혼합된 30°C의 15.75 L 용기에서 각 기체의 부분 압력과 mol을 결정하시오. 용기의 전체 압력은 6.50 atm이고, 제논의 몰분율은 0.761이다.

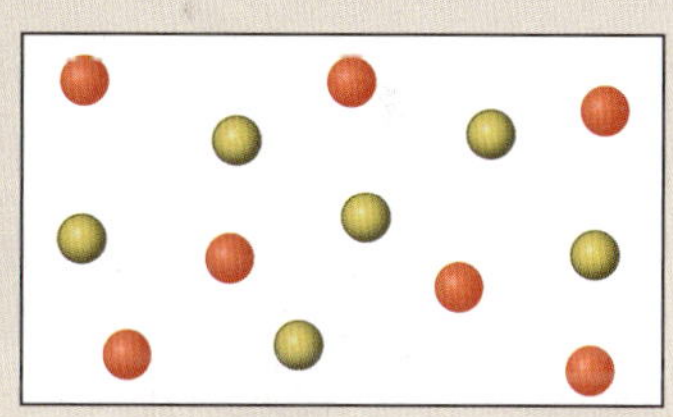

추가문제 3 기체 혼합물을 붉은색, 노란색, 초록색 구의 형태로 나타내었다. 그림에서는 기체 혼합물 중 초록색 구가 빠져 있다. 붉은색의 몰분율이 0.28인 경우, 초록색 구의 수, 노란색의 몰분율 및 초록색의 몰분율을 결정하여라.

화학과 친해지기

천연가스

미국의 많은 사람들은 집을 난방하고, 물을 데우고, 요리하는 데 천연가스를 사용한다. 천연가스는 주로 메탄(CH_4)으로, 6.4절에서 처음 언급된 바 있다. 천연가스의 공급원에 따라 에탄(C_2H_6)과 프로판(C_3H_8)과 같은 더 큰 알케인을 포함한 다양한 가스가 소량 혼합되어 있다. 천연가스를 사용하는 집에서 살았다면 가스 누출의 징후, 즉 썩은 달걀을 연상시키는 매우 불쾌한 냄새에 익숙할 것이다. 하지만 이 냄새는 메탄의 냄새가 아니다. 천연가스에 포함된 탄화수소는 냄새를 감지할 수 없다. 사실, 이 냄새는 '자극적인 냄새 물질'을 첨가한 결과이며, 이 냄새의 주성분은 황 함유 탄화수소인 메르캅탄이다. 메르캅탄의 냄새는 매우 강력해서 아주 소량만 첨가해도 감지할 수 있다. 일반적으로 천연가스에는 냄새 나는 분자가 백만 분의 1 미만 포함되어 있지만 실제로 사람은 훨씬 더 낮은 농도에서도 이를 감지할 수 있다.

Dalton의 부분 압력 법칙이 사용되는 부분 중 하나는 화학적 과정에 의해 생성되는 기체의 부피를 측정하는 것이다. 이 실험 방법은 그림 8.14에 나와 있다. 시험관에서 기체가 생성됨에 따라 기체가 고무관을 통해 흐르고 물로 채워진 뒤집힌 눈금 실린더 아래로 거품이 발생한다. 포집된 기체의 양은 대체된 물의 양과 같다. 그러나 측정된 부피가 화학적 과정에 의해 생성된 기체와 수증기를 모두 포함하기 때문에 눈금 실린더 내부에 가해지는 압력은 두 가지 부분 압력의 합이다.

$$P_{전체} = P_{기체} + P_{물}$$

대기압과 같은 전체 압력에서 물의 부분 압력을 제거함으로써 포집된 기체의 부분 압력을 결정할 수 있으며, 실제로 수집된 기체의 mol을 결정할 수 있다. 온도에 의존한 물의 부분 압력은 표의 값으로부터 알 수 있다. 표 8.4는 서로 다른 온도에서의 물의 부분 압력을 나타낸 것이다.

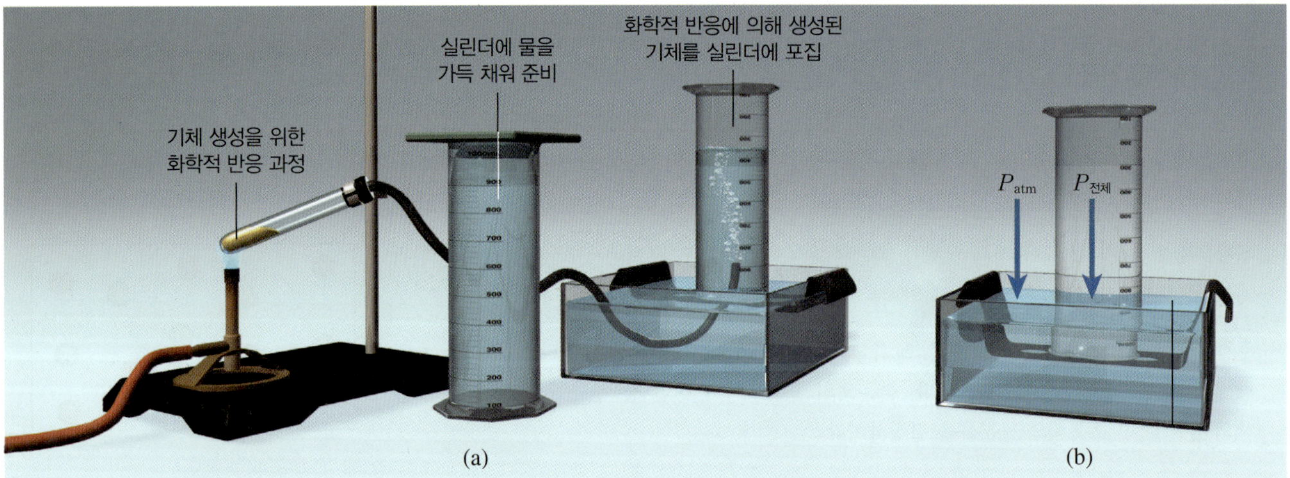

그림 8.14 (a) 화학 반응에 의해 생성된 기체의 양을 측정하는 장치 (b) 포집 용기의 내부 및 외부의 수위가 동일할 때, 원통 내부의 압력은 대기압과 동일하다.

표 8.4 각 온도에서 물의 증기압(P_{H_2O})

T(℃)	P(torr)	T(℃)	P(torr)	T(℃)	P(torr)
0	4.6	35	42.2	70	233.7
5	6.5	40	55.3	75	289.1
10	9.2	45	71.9	80	355.1
15	12.8	50	92.5	85	433.6
20	17.5	55	118.0	90	525.8
25	23.8	60	149.4	95	633.9
30	31.8	65	187.5	100	760.0

예제 8.13은 화학적 과정을 통해 생성되어 물로 포집되는 기체의 양을 Dalton의 부분 압력 법칙을 사용하여 결정하는 방법을 보여준다.

예제 8.13 화학 반응에서 생성된 기체의 질량 계산

칼슘 금속을 물에 넣으면 수소 기체가 생성된다. 그림 8.14와 같이 물 위에 525 mL의 기체가 모일 때 25°C, 0.967 atm에서 생성된 H_2의 질량을 결정하시오.

전략 Dalton의 부분 압력 법칙을 사용하여 H_2의 부분 압력을 결정하고, 이상 기체 방정식을 이용하여 H_2의 mol을 결정한 다음 몰질량을 이용하여 질량을 결정한다(단위에 주위를 기울이자. 대기압은 atm으로 주어지지만 물의 증기압은 표에서 torr로 나타난다).

계획 $V = 0.525\text{ L}$와 $T = 298\text{ K}$. 25°C에서 물의 부분 압력은 23.8 torr(표 8.4) 또는 $23.8\ \cancel{\text{torr}} \times \dfrac{1\text{ atm}}{760\ \cancel{\text{torr}}} = 0.0313\text{ atm}$이다. H_2의 몰질량은 2.016 g/mol이다.

풀이

$$P_{H_2} = P_{\text{전체}} - P_{H_2O} = 0.967\text{ atm} - 0.0313\text{ atm} = 0.936\text{ atm}$$

$$H_2\text{의 mol} = \frac{(0.936\ \cancel{\text{atm}})(0.525\ \cancel{\text{L}})}{\left(0.0821\dfrac{\cancel{\text{L}}\cdot\cancel{\text{atm}}}{\cancel{\text{K}}\cdot\text{mol}}\right)(298\ \cancel{\text{K}})} = 2.01 \times 10^{-2}\text{ mol}$$

$$H_2\text{의 질량} = (2.008 \times 10^{-2}\ \cancel{\text{mol}})(2.016\text{ g}/\cancel{\text{mol}}) = 0.0405\text{ g } H_2$$

생각해보기

신중하게 단위를 삭제하고, 기체의 밀도가 상대적으로 낮다는 것을 기억하자. 상온과 1 atm에서 또는 그 근처에서 약 0.5 L의 수소 질량은 매우 적어야 한다.

추가문제 1 30°C, 1.015 atm의 물에서 821 mL의 기체가 포집될 때, $KClO_3$의 분해에 의해 생성된 O_2의 질량을 계산하시오.

추가문제 2 35°C, 1.08 atm에서 $KClO_3$의 분해로 0.501 g의 O_2가 생성될 때 물 위로 포집되는 기체의 부피를 결정하시오.

추가문제 3 다음 그림 중 가장 위쪽의 그림은 화학 반응에 의해 생성된 산소 기체가 일반적인 상온에서 물 위로 포집되는 실험 결과를 나타낸 것이다. 어떤 그림[(i)~(iv)]이 실험실 온도가 가장 높은 날의 실험 결과를 나타내고 있는가?

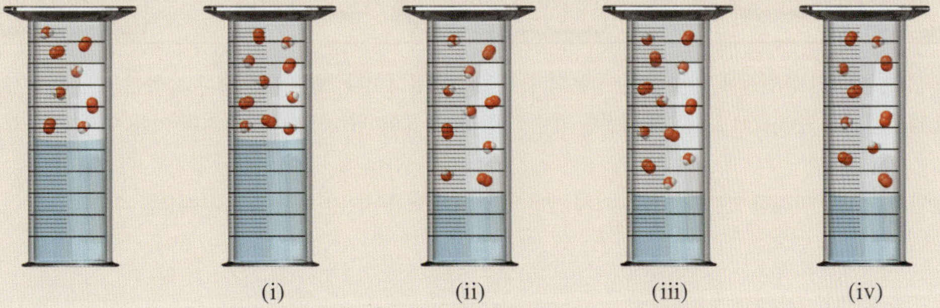

(i) (ii) (iii) (iv)

주요 내용

몰분율

일상생활에서 존재하는 기체의 대부분은 둘 이상의 다른 기체의 혼합물이다. 혼합물 내 기체 농도는 전형적으로 몰분율을 사용하여 표현되며, 이는 식 8.4를 이용하여 계산할 수 있다.

$$\chi_i = \frac{n_i}{n_{\text{전체}}}$$

문제에 주어진 정보에 따라 몰분율을 계산할 때 몰질량을 결정하고, 질량에서 mol로 변환할 수 있다[|◀◀ 5.2절].

예를 들어, 5.50 g He, 7.75 g N_2O, 10.00 g SF_6의 질량이 알려진 세 가지 기체로 구성된 혼합물을 생각해보자. 각 기체의 몰질량은 다음과 같다.

$$\text{He: } 4.003 = \frac{4.003 \text{ g}}{\text{mol}} \qquad N_2O\text{: } 2(14.01) + (16.00) = \frac{44.02 \text{ g}}{\text{mol}} \qquad SF_6\text{: } 32.07 + 6(19.00) = \frac{146.1 \text{ g}}{\text{mol}}$$

문제에서 주어진 각 질량을 각 기체의 해당 몰질량으로 나누어 mol로 변환한다.

$$\frac{5.50 \text{ g He}}{4.003 \text{ g/mol}} = 1.374 \text{ mol He} \qquad \frac{7.75 \text{ g } N_2O}{44.02 \text{ g/mol}} = 0.1761 \text{ mol } N_2O \qquad \frac{10.00 \text{ g } SF_6}{146.1 \text{ g/mol}} = 0.06846 \text{ mol } SF_6$$

다음으로 혼합물의 총 mol을 결정한다.

$$1.374 \text{ mol He} + 0.1761 \text{ mol } N_2O + 0.06846 \text{ mol } SF_6 = 1.619 \text{ mol}$$

각 기체의 몰분율을 구하기 위해 각 기체의 mol을 총 mol로 나눈다.

$$\chi_{He} = \frac{1.374 \text{ mol He}}{1.619 \text{ mol}} = 0.849 \qquad \chi_{N_2O} = \frac{0.1761 \text{ mol } N_2O}{1.619 \text{ mol}} = 0.109 \qquad \chi_{SF_6} = \frac{0.06846 \text{ mol } SF_6}{1.619 \text{ mol}} = 0.0423$$

몰분율에는 단위가 없다. 임의의 혼합물에 대해 모든 성분의 몰분율의 합은 1이다. 반올림의 오류로 몰분율의 전체 합이 정확히 1이 되지 않을 수도 있다. 이 경우는 유효 숫자[|◀◀ 1.3절]의 적절한 개수로 합계는 1.00이다(계산 전반에 걸쳐 여유 숫자를 유지하였다).

주어진 온도에서 압력은 mol에 비례하므로 몰분율은 기체 성분의 부분 압력을 사용하여 식 8.5로 계산할 수 있다.

$$\chi_i = \frac{P_i}{P_{\text{전체}}}$$

기체 혼합물에서 몰분율을 결정하는 것을 배웠고, 액체와 고체를 포함한 혼합물에 대해서도 결정할 수 있다. 액체에서는 일반적으로 주어진 부피(액체의 밀도)를 사용에서 질량으로 변환한 다음 mol(몰질량을 사용)로 변환해야 한다.

$$\text{액체의 부피 (mL)} \times \text{액체의 밀도 (g/mL)} = \text{액체의 질량 (g)}$$

다음의 예를 보자. 5.75 g의 설탕(sucrose, $C_{12}H_{22}O_{11}$)을 25℃에서 물 100.0 mL에 용해시킨다. 먼저 설탕과 물의 몰질량을 결정한다.

$$H_2O: 2(1.008) + 16.00 = \frac{18.02\ g}{mol} \qquad C_{12}H_{22}O_{11}: 12(12.01) + 11(16.00) = \frac{342.3\ g}{mol}$$

그 다음 물의 밀도를 사용하여 주어진 부피를 질량으로 변환한다. 물의 밀도는 25℃에서 0.9970 g/mL이다.

$$100.0\ mL\ H_2O \times \frac{0.9970\ g}{mL} = 99.70\ g\ H_2O$$

두 가지 용액 성분의 질량을 mol로 변환한다.

$$\frac{5.75\ g\ C_{12}H_{22}O_{11}}{342.3\ g/mol} = 0.01680\ mol\ C_{12}H_{22}O_{11} \qquad \frac{99.70\ g\ H_2O}{18.02\ g/mol} = 5.5327\ mol\ H_2O$$

그 다음 mol을 합산하고 각 구성 성분의 mol을 총 mol로 나눈다.

$$0.01680\ mol\ C_{12}H_{22}O_{11} + 5.5327\ mol\ H_2O = 5.5495\ mol$$

$$\chi_{C_{12}H_{22}O_{11}} = \frac{0.01680\ mol\ C_{12}H_{22}O_{11}}{5.5495\ mol} = 0.00303 \qquad \chi_{H_2O} = \frac{5.5327\ mol\ H_2O}{5.5495\ mol} = 0.997$$

유효 숫자의 적절한 개수로 몰분율의 합은 1이 된다.

주요 내용 문제

8.1
0.524 g He, 0.275 Ar 및 2.05 g CH_4로 구성된 기체 혼합물에서 헬륨의 몰분율을 결정하시오.
(a) 0.0069 (b) 0.0259 (c) 0.481
(d) 0.493 (e) 0.131

8.2
H_2, N_2, Ar의 부분 압력이 각각 0.01887 atm, 0.3105 atm, 1.027 atm인 기체 혼합물에서 아르곤의 몰분율을 결정하시오.
(a) 0.01391 (b) 0.2289 (c) 0.7572
(d) 0.01887 (e) 1.027

8.3
포도당(glucose, $C_6H_{12}O_6$) 5.00 g과 물 250.0 g으로 구성된 용액에서 물의 몰분율을 결정하시오.
(a) 0.00200 (b) 0.998 (c) 0.0278
(d) 1.00 (e) 0.907

8.4
에탄올(ethanol, C_2H_5OH) 15.50 mL와 물 110.0 mL로 구성된 용액에서 에탄올의 몰분율을 구하시오(에탄올의 밀도는 0.789 g/mL이고, 물의 밀도는 0.997 g/mL이다).
(a) 0.0436 (b) 6.08 (c) 0.265
(d) 0.958 (e) 0.0418

연습문제

8.1절: 기체의 성질

8.1 기체의 물리적 특성을 응축된 상의 물질 특성과 비교하시오.

8.2 분자 운동론의 네 가지 가설을 각각 설명하시오.

8.3 기체의 밀도가 고체 또는 액체의 밀도보다 훨씬 낮은 이유는 무엇인가? 일반적으로 기체의 밀도를 나타내는 데 사용되는 단위는 무엇인가?

8.2절: 압력

8.4 다음의 각 압력을 대기압(atm) 단위로 변환하시오.
(a) 475 mmHg (b) 32.1 psi
(c) 3.85 bar (d) 744 torr

8.5 다음의 각 압력을 torr 단위로 변환하시오.
(a) 13.6 psi (b) 5.5×10^{-3} kPa
(c) 2.08 bar (d) 11.7 atm

8.6 북아메리카 지역에서 가장 높은 산봉우리인 Denali 산 정상의 기압은 일반적으로 572 mmHg에 가깝다. 이 압력을 다음의 단위들로 변환하시오.
(a) inches Hg (b) atm (c) Pa
(d) psi (e) torr (f) bar

8.7 단위 변환을 통해 다음의 표를 완성하시오.

psi	Pa	kPa	atm	mmHg	in Hg	torr	bar
	245,289						
				895			
						544	

8.8 50.0 m의 물 기둥에 의해 가해지는 압력(Pa)은 얼마인가? 물의 밀도를 $1.00\,g/cm^3$라고 가정한다.

8.3절: 기체 방정식

8.9 이상 기체 방정식을 쓰시오.

8.10 부피를 구하기 위해 이상 기체 방정식을 대수적으로 재배열하시오.

8.11 온도를 구하기 위해 이상 기체 방정식을 대수적으로 재배열하시오.

8.12 이상 기체 방정식은 기체의 종류에 의존하는가? 이유를 말하시오.

8.13 1.10 atm, 25°C에서 0.235 mol의 이상 기체 시료의 부피(L)를 결정하시오.

8.14 811 mmHg, 373 K에서 다음 기체 시료의 부피(L)를 계산하시오.
(a) 1.33 mol He (b) 6.88 g He (c) 35.0 g O_2

8.15 다음의 각 조건에서 1.54 mol의 이상 기체의 부피(L)를 계산하시오.
(a) 695 torr, 85°C (b) 735 mmHg, 35°C
(c) 23.9 psi, 48°C

8.16 35°C, 12.3 L의 용기에서 다음 기체 시료들의 압력(atm)을 결정하시오.
(a) 1.22 mol SO_2 (b) 2.44 mol Kr
(c) 3.66 mol N_2

8.17 주어진 온도에서 23.7 g의 NH_3 시료가 다음의 각 용기에서 나타내는 압력(atm)을 결정하시오.
(a) 45°C에서 13.2 L의 용기
(b) 24°C에서 1,244 mL의 용기
(c) 37°C에서 2,455 cm^3의 용기

8.18 주어진 조건에서 각 기체 시료의 온도(K)를 결정하시오.
(a) 1.76 atm에서 10.5 L 용기 안의 4.39 mol Ar
(b) 1.93 atm에서 73.4 L 용기 안의 2.66 mol C_2H_6
(c) 1.57 atm에서 33.7 L 용기 안의 12.7 g O_2

8.19 다음의 압력에서 20.0 L의 용기 안의 1.32 mol의 기체 시료 온도(°C)를 결정하시오.
(a) 1.22 atm (b) 2.44 atm (c) 4.88 atm

8.20 다음의 조건에서 각 기체 시료의 mol을 결정하시오.
(a) 22.4 L 용기에서 2.33 atm, 355 K
(b) 9.77 L 용기에서 1.12 atm, 298 K
(c) 17.6 L 용기에서 1.84 atm, 469 K

8.21 다음의 조건에서 44.0 L의 용기에 존재하는 기체의 mol을 결정하시오.
(a) 27.9°C, 175 kPa (b) 40.1°C, 853 mmHg
(c) 134°C, 37.2 psi

8.22 다음은 동일한 온도에서 동일한 용기 안에 무거운 기체 분자(더 큰 것)와 가벼운 기체 분자(더 작은 것)를 나타내는 그림이다. 다음을 선택하시오.
(a) 가장 높은 압력을 가진 기체 시료
(b) 가장 낮은 압력을 가진 기체 시료

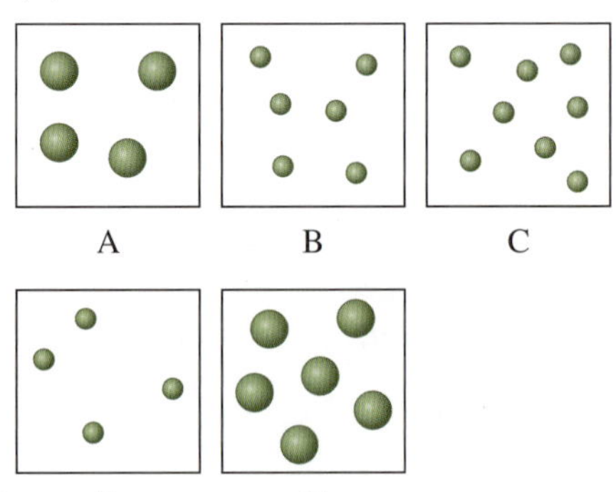

8.23 0.943 g의 기체 시료는 온도 45°C, 495 mL 용기에서 1.13 atm의 압력을 나타낸다. 기체의 몰질량을 결정하시오.

8.24 STP에서 6.52 g/L의 밀도를 갖는 기체의 몰질량을 결정하시오.

8.25 1.33 atm, 175.0°C에서 70.1 g/mol의 몰질량을 갖는 기체의 밀도를 결정하시오.

8.26 휘발성 액체 아세트산프로필(propyl acetate, $C_5H_{10}O_2$) 시료는 문제 8.26에 설명된 장비와 방법을 사용하여 분석된다. 아세트산프로필을 증발시킨 후 511.1 mL 플라스크의 질량은 얼마가 되는가?

8.4절: 기체 법칙

8.27 다음의 기체 시료 중 298 K, 10.0 L의 용기에서 가장 높은 압력을 나타내는 기체 시료는 어느 것인가?

(a) 20.0 g H_2 (b) 20.0 g He

(c) 20.0 g Ne (d) 20.0 g CH_4

8.28 어떤 기체 시료가 794 mmHg의 압력에서 2.94 L의 부피를 차지한다. 일정한 온도에서 부피가 3.88 L로 팽창할 때 시료의 압력을 결정하시오.

8.29 Charles의 법칙에 관한 식을 쓰고 설명하시오. Charles의 법칙이 적용되기 위해서는 어떤 조건들이 필요한가?

8.30 어떤 풍선의 부피는 298 K에서 3.00 L이다. 온도가 273 K로 낮아지면 풍선의 부피는 얼마인가?

8.31 기체 법칙을 결합하여 방정식을 사용하면 Boyle의 법칙 문제를 해결할 수 있는 방법이 보여진다. 이때 반드시 해야 할 가정을 말하시오.

8.32 스쿠버 다이버가 물의 표면으로 빠르게 올라갈 때 숨을 멈추는 행동은 왜 잘못된 행동인가?

8.5절: 기체 혼합물

8.33 부분 압력의 용어 뜻을 설명하시오. 부분 압력은 언제 중요한가?

8.34 다음 그림의 왼쪽 상자는 전체 압력이 2.00 atm인 용기이다. H_2와 O_2로 표시된 상자에 기체 혼합물의 각 성분을 채웠다. 수소 기체와 산소 기체의 압력은 얼마인가?

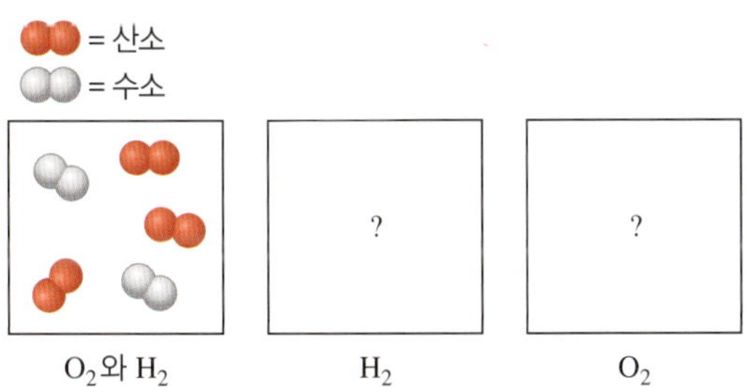

8.35 다음 그림의 오른쪽 상자는 압력이 0.50 atm인 F_2 시료를 나타낸다. 가운데 상자는 동일한 온도와 동일한 부피의 용기에 있는 네온 시료를 나타낸다. 이 두 기체 시료의 혼합물을 나타내기 위해 빈 상자에 분자를 그리시오. 네온의 압력과 기체 혼합물의 전체 압력은 얼마인가?

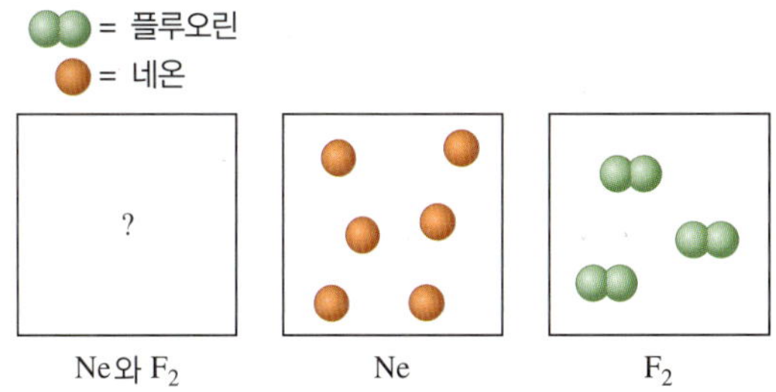

8.36 문제 8.35에서 보여지는 혼합물 내 각 기체의 몰분율을 결정하시오.

8.37 문제 8.36에서 그려진 혼합물의 각 기체의 몰분율을 결정하시오.

8.38 오른쪽 상자의 부피는 왼쪽 상자 부피의 두 배이다. 상자 안에는 동일한 온도의 헬륨 원자(빨간색)와 수소 분자(초록색)가 포함되어 있다.

(a) 어느 상자의 전체 압력이 더 높은가?

(b) 어느 상자가 헬륨의 부분 압력이 더 높은가?

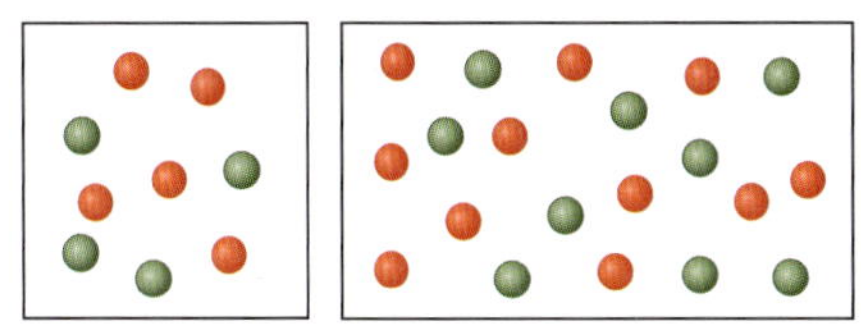

8.39 어떤 기체 혼합물은 298 K에서 31.3 L 용기 내에 24.8 g의 Ar과 24.8 g의 N_2로 구성되어 있다.

(a) 혼합물 중 아르곤의 부분 압력을 결정하시오.

(b) 혼합물 중 질소의 부분 압력을 결정하시오.

(c) 혼합물의 전체 압력을 결정하시오.

(d) Ar과 N_2의 몰분율을 결정하시오.

8.40 NCl_3와 Cl_2가 포함된 기체 혼합물에서 NCl_3의 부분 압력을 결정하시오. 기체 혼합물은 25°C, 1.55 atm에서 25.0 L 용기에 들어 있다. NCl_3의 몰분율(χ)은 0.69이다.

8.41 산업 혁명이 도래하면서, 19세기 전반에 화석 연료의 연소로 인한 이산화탄소 배출량이 증가하기 시작했다. 2021년 4월, 지구 대류권의 이산화탄소 농도는 420 ppm이라는 기록적인 수준에 도달했다. 이 농도에 대해서 대류권의 부피를 65억 km^3라고 가정하고, 대류권에 포함되어 있는 CO_2의 총질량을 테라그램(Tg) 단위로 계산하시오. 단 표준 온도와 표준 압력의 조건으로 가정한다.

8.42 건조한 공기와 습한 공기 중 어느 쪽 밀도가 더 클 것으로 예상하는가? 건조한 공기는 79% 질소, 21% 산소인 반면, 습한 공기는 69% 질소, 11% 산소, 20% 수증기라고 가정하여 STP에서 각각의 밀도를 계산하시오. 각 가스 혼합물에 대한 유효 몰질량, 즉 몰질량의 가중 평균을 계산해야 한다.

예제 속 추가문제 정답

8.1.1 (a) 2.68 atm (b) 1.33×10^3 torr (c) 4.88×10^3 mmHg **8.1.2** 1 psi=6.89×10^3 Pa, 1 kPa=1,000 Pa, 1 atm=101,325 Pa, 1 in Hg=3.387×10^3 Pa, 1 mmHg=133 Pa, 1 torr=133 Pa, 1 bar=1×10^5 Pa **8.2.1** 128 L **8.2.2** 336°C **8.3.1** 19.6 atm **8.3.2** 9.66 atm **8.4.1** 1.75 mol **8.4.2** 15.9 g **8.5.1** 1.62×10^3 K **8.5.2** −201°C **8.6.1** 5.10 L **8.6.2** 93.6°C **8.7.1** 1.286 g/L **8.7.2** 11 atm **8.8.1** 2.23 L **8.8.2** 1.80 L **8.9.1** 30.7 L **8.9.2** 300 °C **8.10.1** 16.8 L **8.10.2** 37.3 L **8.11.1** P_{He}=0.184 atm, P_{H_2}=0.390 atm, P_{Ne}=1.60 atm, $P_{전체}$=2.18 atm **8.11.2** 0.032 mol CH_4, 0.0907 mol C_2H_6 **8.12.1** χ_{CO_2}= 0.0495, P_{CO_2}=0.286 atm; χ_{CH_4}=0.255, P_{CH_4}=1.48 atm; χ_{He}= 0.695, P_{He}=4.02 atm **8.12.2** P_{Xe}=4.95 atm, n_{Xe}=3.13 mol; P_{Ne}=1.55 atm, n_{Ne}=0.984 mol **8.13.1** 1.03 g O_2 **8.13.2** 386 mL

CHAPTER 9

용액의 물리적 특성

Physical Properties of Solutions

Kool–Aid®와 같은 과일 맛 음료수는 수용액이다. 색이 있는 음료수를 만들기 위한 농축된 음료들이 최근 몇 년간 매우 인기가 많아졌다. 상업적으로 이용 가능한 음료와 제조된 음료의 차이는 단순히 농도의 차이이다.

이 장의 목표

용액의 농도 단위를 표현하고, 농도로 용액의 물리적 특성을 결정하는 방법을 배운다.

들어가기 전에 미리 알아둘 것

- 차원 해석 [|◀◀1.4절]
- 6장 주요 내용 [226~227쪽]

지구의 대부분은 물이지만, 대부분의 물은 순수하지 않고 다른 물질이 용해되어 있다. 예를 들어, 해수는 염화 소듐 같은 염을 비롯한 다른 물질들이 용해되어 있다. 마시는 물은 '순수'라고 표시되어 있지만 소량의 다른 용해된 물질들도 포함되어 있다. 용해된 물질을 포함한 물은 균일 혼합물의 예이다. 이 장에서는 용액으로 알려진 균일 혼합물의 특성에 대해 알아보자.

9.1 용액의 일반적인 특성

우리는 4.1절에서 균일혼합물에 대해 배웠다. 균일혼합물은 두 개 이상의 물질로 구성되어 있으며, 각 물질은 각각의 화학적 성질을 유지한다. 용액이라는 용어는 단순히 균일혼합물의 또 다른 단어이지만, 혼합물에 포함되어 있는 성분에 대한 구체적인 이름을 알아보자. **용매**(solvent)는 가장 많은 양으로 존재하는 성분을 말한다. **용질**(solute)은 용매에 용해된 물질을 말한다. 모든 용액은 하나의 용매와 하나 이상의 용질로 구성된다. 소금물을 예로 들어 설명하면, 물은 용매이고 소금(NaCl)은 용질이다. 이와 같이 물이 용매인 용액을 **수용액**(aqueous)이

그림 9.1 우리에게 친숙한 수용액 제품들

화학과 친해지기

꿀: 과포화된 용액

사람들은 꿀을 토스트 위에 올려 먹거나 뜨거운 차 안에 넣어 즐긴다. 만약 당신의 식료품 저장실에 꿀을 넣어둔 병이 오래 전부터 있었다면, 이 병 안의 꿀이 '결정화'되기 시작한 것을 보았을 것이다. 깨끗하고 황금색의 액체는 나눠주기 어려울 정도로 회색 빛에, 알아보기 힘든 혼합물로 바뀌었다. 비록 그것은 보기에 좋지 않지만 결정화된 꿀은 썩은 것을 의미하지는 않는다. 꿀의 감촉과 외관을 복원하는 것은 용액의 특성에 대한 약간의 지식만 있으면 어렵지 않다.

벌은 꽃의 꿀과 꽃가루가 부족할 때 먹이를 주기 위해 응급 영양분의 원천 재료로 꿀을 생산한다. 식물이 꽃을 피우는 시기 동안, 일벌들은 꽃에서 과즙을 끊임없이 수집하고 그것을 여러 가지 다른 당의 용액을 생산하기 위해 처리한다. 그러고 나서 꿀벌은 무게 중 물이 20% 이하인 최종 생산물을 만들면서 대부분의 물을 증발시키기 위해 날개로 달콤한 용액에 부채질을 한다. 물의 비율이 감소하면서 용액은 점성이 있고, 자연적으로 세균 부패에 저항하도록 만들면서 당분으로 과포화 상태가 된다.

벌집은 전형적으로 활동의 중추이고, 매우 따뜻하다. 벌집 안에서 상승한 온도는 과포화된 당분 용액이 안정화되도록 돕는다. 식료품 저장소 같은 차가운 곳에서 꿀을 저장하면 용액은 결정화되기 시작한다. 당의 수용액 상 용해도는 온도가 증가할수록 증가하기 때문에, 꿀을 따뜻하게 하면 간편히 결정화된 당을 다시 녹일 수 있다.

라고 한다. 그림 9.1에는 우리가 접했을 수도 있는 여러 가지 친숙한 수용액이 포함되어 있다.

우리 주위에서 쉽게 찾을 수 있는 물은 매우 일반적인 용매로, 보편적인 용매라고 불리기도 하지만, 이 외에도 많은 용매가 존재한다. 다른 용매들 중 일부는 액체 상태이다. 예를 들어, 향수 속의 알코올이나 에센스의 오일이 용매에 해당한다. 용매의 일부는 고체 상태도 있다. 예를 들어, 합금의 일종인 스털링 실버의 은이나 황동의 구리는 용매에 해당한다. 그리고 일부는 기체 상태도 존재한다. 예를 들어, 공기를 이루고 있는 기체인 질소나 스쿠버 다이빙을 위한 압축 가스인 Heliox®의 헬륨이 용매이다. 따라서 용액의 가장 친숙한 예는 액체이지만, 용액이라는 용어는 모든 균일혼합물을 의미할 수 있으며, 용액은 거의 모든 상의 조합으로 구성될 수 있다. 표 9.1은 다양한 상태로 존재하는 용액의 예시들이다.

> **학생 노트**
> 금속용액은 합금으로 알려져 있다.

이 세상에 수많은 용액이 다양한 상태로 존재하고 있지만, 특히 수용액은 매우 중요하다. 이 중요성의 일부분은 생물학적 시스템에서의 중요성 때문이다. 이러한 이유로 이 장의 나머지 대부분은 수용액에 초점을 맞춰 설명한다.

표 9.1 용액들의 예시

상 조합			예시	용질(들)	용매
기체	속에 용해되어 있는	기체	공기	O_2, CO_2 외 다른 기체들	N_2
액체	속에 용해되어 있는	기체	어항을 채우기 위해 준비한 물	O_2 외 다른 기체들	H_2O
액체	속에 용해되어 있는	액체	3% 과산화수소	H_2O_2	H_2O
액체	속에 용해되어 있는	고체	단순 시럽(음료를 달게 만들 때 사용)	설탕	H_2O
고체	속에 용해되어 있는	액체	치과용 아말감(충진제)	수은(Hg)	은(Ag)
고체	속에 용해되어 있는	고체	브론즈(합금)	주석(Sn)	구리(Cu)

(a) (b) (c) (d) (e)

그림 9.2 (a) 아세트산소듐의 포화 용액 (b) 용액을 가열하면 모든 고체가 용해된다. 그 후 조심스럽게 냉각하면 과포화 용액이 생성된다. (c) 아세트산소듐의 작은 결정을 용액에 첨가하면 과포화 상태로 용해되어 있는 용질이 침전되기 시작한다. (d) 및 (e) 용질의 침전은 용액이 포화 상태가 될 때까지 계속된다.

대부분은 주어진 양의 물(용매)에 얼마나 많은 물질(용질)을 녹일 수 있는지에 대한 한계가 있다. 예를 들어, 실온(25℃)에서 100 mL의 물이 담긴 비커에 아세트산소듐(CH_3COONa) 75 g을 넣고 저으면 아세트산소듐이 모두 녹는다(생성된 용액은 물과 비슷할 것이다). 그러나 25℃에서 100 mL의 물에 아세트산소듐 150 g을 넣으면 아무리 저어도 모두 녹지 않는다. 사실 실온에서 이 양의 물에는 아세트산소듐은 121 g만 녹는다. 나머지는 비커 바닥에 녹지 않은 채로 남게 된다. 용질이 모두 녹았던 첫 번째 용액을 **불포화**(unsaturated) 용액이라고 한다. 불포화 용액은 더 많은 용질을 녹일 수 있는 용액이다. 용질의 일부가 녹지 않은 두 번째 용액을 **포화**(saturated) 용액이라고 한다. 또한 포화 용액에 용해된 용질의 양을 **용해도**(solubility)라고 한다. 따라서 25℃에서 아세트산소듐의 물에 대한 용해도는 121 g/100 mL이다. 용해도를 말할 때, 용질, 용매, 온도가 모두 지정되어 있다는 점에 유의해야 한다. 다른 용매 또는 다른 온도에서 아세트산소듐의 용해도는 다른 질량이 될 것이다.

특정 상황에서는 포화 용액보다 더 많은 용질이 용해된 용액을 제조할 수 있다. 이러한 용액을 **과포화**(supersaturated)라고 한다. 과포화 용액은 제조하기 까다로울 수 있으며 일반적으로 불안정하다. 용해도 이상의 용질이 녹아 있는 과포화 용액은 외부의 작은 사극으로 과포화된 용질이 용액 속에서 고체로 만들어지면서 용액은 최종적으로 포화 용액이 된다. 121 g의 CH_3COONa가 용해되고 나머지(29 g)는 용해되지 않은 채 남아 있는 아세트산소듐의 포화 용액을 생각해보자. 포화 용액을 80℃로 따뜻하게 하면 용해되지 않은 과량의 고체 용질을 용해시킬 수 있다(80℃에서 아세트산소듐의 용해도는 150 g/100 mL이다). 이렇게 한 후, 아세트산소듐이 모두 용해된 상태로 용액을 실온으로 천천히 식힌다. 그 결과, 실온에서 존재하는 100 mL의 물에 150 g의 CH_3COONa가 용해된 용액은 과포화 상태이다. 그림 9.2는 과포화 용액을 만들고, 과포화 상태의 용질이 어떻게 용액 속에서 다시 석출될 수 있는지 보여준다.

학생 노트
용액에서 나오는 과정을 침전이라고 한다[◀◀ 10.4절].

화학과 친해지기

일회용 핫팩

핫팩의 한 종류는 그림 9.2 실험에서 사용한 고체인 아세트산소듐(CH_3COONa)의 과포화 용액을 이용하여 만든다. 핫팩은 많은 양의 고체를 녹이기 위해 아세트산소듐 용액을 가열함으로써 준비된다. 뜨거운 아세트산소듐 용액을 딸깍 소리가 나는 원반과 함께 플라스틱 팩 안에 밀봉하고, 플라스틱 팩을 실온에서 식힌다. 핫팩은 딸깍 소리가 나는 원반을 꾹 누르면 아세트산소듐의 결정화가 시작되면서 활성화되기 시작한다. 과량의 아세트산소듐이 용액 밖으로 결정화가 될 때,

이를 녹이기 위해 사용했던 열이 방출되고, 핫팩은 따듯하게 된다.

이런 유형의 핫팩은 재생성되고, 재사용된다. 핫팩은 전형적으로 아세트산소듐을 다시 녹이기 위해 끓는 물에 담근 뒤 따뜻하게 함으로써 재생성된다. 고체가 모두 녹았을 때 핫팩을 실온에서 차갑게 식힌 후 다시 사용할 준비를 한다.

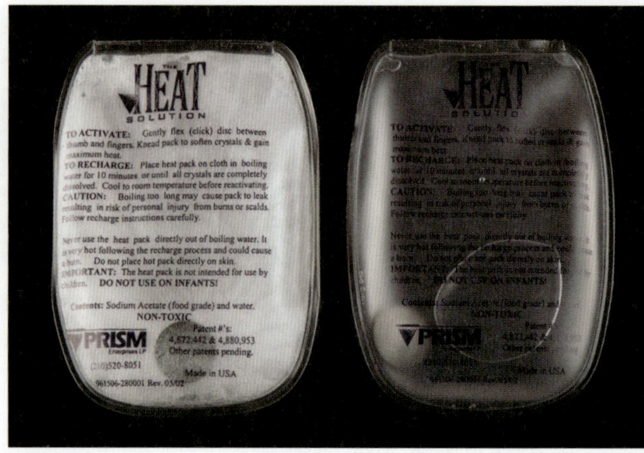

9.2 수용액의 용해도

7장에서 순수한 물질에서의 다양한 종류의 분자 간 힘을 배웠다. 그러나 분자 간 힘은 용액에서도 중요하다. 물질이 물에 녹을 때 입자는 용액 전체에 분산되며, 각 용질 입자는 물 분자로 둘러싸인다. 물에 용해되는 물질들은 대부분 극성 분자들을 가지고 있는 물질로, 극성 분자는 수소 결합을 형성할 수 있다. 몇 가지 예외를 제외하고 이온성 물질은 물에 용해되는 경향이 있다. 용해도에 관해서는 "비슷한 것끼리 섞인다"라는 말로 설명할 수 있다. 두 종류의 분자 간 힘을 나타낼 때 용질이 일반적으로 용매에 용해된다는 것을 의미한다. 따라서 극성 물질은 물과 같은 극성 용매에서 가장 잘 용해되는 경향이 있다. 또 비극성 물질은 비극성 용매에서 가장 잘 용해되는 경향이 있다. 이것은 비극성 탄소-수소 사슬로 구성된 기름과 물이 섞이지 않고, 오히려 각기 다른 층으로 분리되는 이유를 설명한다.

많은 이온성 물질들이 물에 용해될지라도 몇 개의 중요한 예외가 있다. 물에 용해되는 이온성 물질과 물에 용해되지 않는 이온성 물질을 표 9.2와 표 9.3에 제공하였다.

표 9.2 가용성인 이온성 화합물

가용성 화합물	예외로 안 녹는 물질
알칼리 금속(Li^+, Na^+, K^+, Rb^+, Cs^+)이나 암모늄 이온(NH_4^+)을 포함하는 화합물	
질산 이온(NO_3^-), 아세트산 이온(CH_3COO^-), 염소산 이온(ClO_3^-)을 포함하는 화합물	
염화 이온(Cl^-), 브로민화 이온(Br^-), 또는 아이오딘화 이온(I^-)을 포함하는 화합물	Ag^+, Hg_2^{2+}, Pb^{2+}를 포함하는 화합물
황산 이온(SO_4^{2-})을 포함하는 화합물	Ag^+, Hg_2^{2+}, Pb^{2+}, Ca^{2+}, Sr^{2+}, Ba^{2+}를 포함하는 화합물

표 9.3 불용성인 이온성 화합물

불용성 화합물	물에 녹는 예외 물질
탄산 이온(CO_3^{2-}), 인산 이온(PO_4^{3-}), 크로뮴산 이온(CrO_4^{2-}), 황화 이온(S^{2-})이 포함된 화합물	Li^+, Na^+, K^+, Rb^+, Cs^+, NH_4^+를 포함하는 화합물
수산화 이온(OH^-)이 포함된 화합물	Li^+, Na^+, K^+, Rb^+, Cs^+, Ba^{2+}, NH_4^+를 포함하는 화합물

예제 9.1에서는 이온성 화합물의 이름을 명명하고, 이 화합물이 가용성인지 아닌지를 판별하는 연습을 한다.

예제 9.1 이온성 화합물이 가용성인지 판별하기

각 이온성 화합물의 이름을 쓰고 물에 녹는지 아닌지 확인하시오.

(a) Ag_2SO_4 (b) $SrCO_3$ (c) KNO_3 (d) Li_2S (e) $PbBr_2$

전략 먼저 그림 4.8(134쪽)에 요약된 절차를 사용하여 화합물의 이름을 지정한다. 그런 다음 표 9.2 또는 표 9.3에서 화합물의 이온 중 하나를 찾아 일반적으로 가용성 화합물에서 발견되는지, 일반적으로 불용성 화합물에서 발견되는지 확인한다. 마지막으로 다른 이온이 가용성 또는 불용성에 대한 예외에 해당하는지 확인한다.

계획

(a) Ag_2SO_4는 은 이온, Ag^+와 황산 이온, SO_4^{2-}로 구성되어 있다. 표 9.2에 나와 있는 것처럼 황산 이온을 가진 대부분의 이온 화합물이 가용성이기 때문에 이 화합물은 가용성이다.

(b) $SrCO_3$는 스트론튬 이온, Sr^{2-}와 탄산 이온, CO_3^{2-}로 구성되어 있다. 표 9.3에 나와 있는 것처럼 탄산 이온을 가진 대부분의 이온 화합물이 불용성이기 때문에 이 화합물은 불용성이다.

(c) KNO_3는 칼륨 이온, K^+와 질산 이온, NO_3^-로 구성되어 있다. 표 9.2에 나와 있는 것처럼 질산 이온을 가진 모든 이온성 화합물이 가용성이기 때문에 이 화합물은 가용성이다.

(d) Li_2S는 리튬 이온, Li^+와 황화물 이온, S^{2-} 이온으로 구성되어 있다. 표 9.3에 나와 있는 것처럼 황화물 이온을 포함한 대부분의 이온성 화합물이 불용성이기 때문에 이 화합물은 불용성이다.

(e) $PbBr_2$는 납(II) 이온, Pb^{2+} 및 브롬화물 이온, Br^-로 구성되어 있다. 표 9.2에 나와 있는 것처럼 브롬화물 이온을 포함한 대부분의 이온성 화합물이 가용성이기 때문에 이 화합물은 가용성이다.

풀이

(a) Ag_2SO_4는 황산은이다. 황산염 이온을 포함하는 대부분의 이온성 화합물은 가용성이지만, 표 9.2에는 은 이온이 용해되지 않는 예외로 나타나 있다. 따라서 Ag_2SO_4는 불용성이다.

(b) $SrCO_3$는 탄산스트론튬이다. 탄산 이온을 포함하는 대부분의 이온성 화합물은 불용성이며, 스트론튬 이온은 표 9.3에 예외로 나타나 있지 않다. 따라서 $SrCO_3$는 불용성이다.

(c) KNO_3는 질산칼륨이다. 질산 이온을 포함하는 모든 이온성 화합물은 가용성이다. 예외가 없으므로 KNO_3는 가용성이다.

(d) Li_2S는 황화리튬이다. 황화물 이온을 포함하는 대부분의 이온성 화합물은 용해되지 않지만, 표 9.3에는 리튬 이온이 용해되는 예외로 나타나 있다. 따라서 Li_2S는 가용성이다.

(e) $PbBr_2$는 브롬화납(II)이다. 브롬화물 이온을 포함한 대부분의 이온성 화합물은 가용성이지만 표 9.2에는 납(II) 이온이 불용성 예외로 나타나 있다. 따라서 $PbBr_2$는 불용성이다.

생각해보기

(c) 부분에서 화합물의 두 이온 K^+와 NO_3^-가 모두 불용성 예외 없이 가용성으로 나열되어 있다는 점에 유의하자. 이 두 이온 중 하나를 포함하는 모든 이온 화합물은 가용성이다. 또한 (e) 부분에서 납은 다양한 전하의 이온을 형성할 수 있으므로 화합물 이름의 전하를 괄호 안에 로마 숫자를 사용하여 지정해야 한다. $PbBr_2$의 납 전하가 +2인 이유는 브롬화물 이온의 전하가 항상 −1이고 모든 납 이온에 대해 두 개의 브롬화물 이온이 있기 때문이다.

추가문제 1 각 화합물의 이름을 쓰고 가용성인지 불용성인지를 결정하시오.

(a) K_2CO_3 (b) $Ba(NO_3)_2$ (c) $(NH_4)_2CO_3$ (d) $BaSO_4$ (e) Hg_2I_2

추가문제 2 각 화합물의 이름을 쓰고 가용성인지 불용성인지를 결정하시오.

(a) $CaCrO_4$ (b) Na_3PO_4 (c) $Ba(CH_3COO)_2$ (d) KOH (e) $Sr(CrO_4)_2$

추가문제 3 아래에 표시된 이미지 중에서 다음 이온 화합물을 나타내는 데 사용할 수 있는 것이 있는지 확인하시오.

[염화 제1철(III), 질산 바륨, 브롬화 암모늄, 탄산 리튬.]

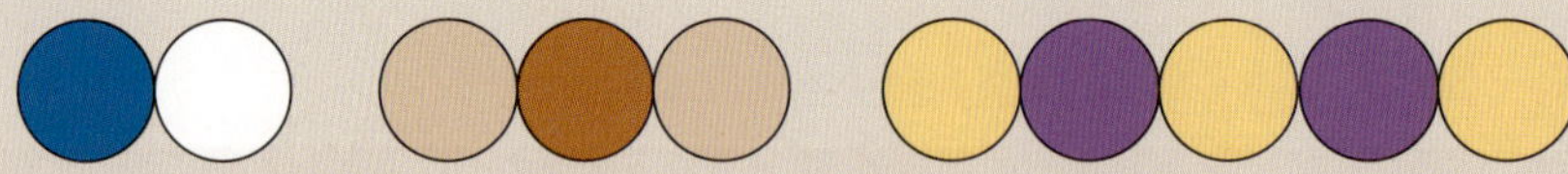

(i) (ii) (iii)

9.3 용액의 농도

일반적으로 용질을 소량 포함하는 용액은 **희석**(dilute)되어 있다고 말한다. 반대로 용질을 다량 포함한 용액은 **농축**(concentrated)되어 있는 것이다. 희석되고 농축되었다는 뜻은 단순히 상대적인 용어이며, 용액에 포함된 실제 용질의 양을 나타내지는 않는다. 화학자들은 용액에 포함된 용질의 양을 정량적으로 기술하기 위해 여러 가지 방법을 사용할 수 있다. 그들이 선택하는 방법은 특정한 상황과 정보에 따라 다르다. 이 절에서는 용액의 농도를 지정하는 세 가지 방법, 즉 질량 백분율, 몰농도, 몰랄농도를 논의할 것이다.

질량 백분율

질량 백분율(percent by mass)은 **무게 백분율**(percent by weight)이라고도 하며, 용질의 질량을 용액의 질량으로 나눈 비율에 100%를 곱한 값이다.

$$\text{질량 백분율} = \frac{\text{용질의 질량}}{\text{용액의 질량(용질+용매)}} \times 100\%$$ [◀◀ 식 9.1]

질량 단위는 분수의 분모와 분자에서 제거되어야 하기 때문에 일관되게 사용해야 하며, 그렇게 사용한다면 어떤 질량 단위를 사용해도 무관하다.

예제 9.2와 9.3은 수용액의 질량 백분율을 계산하는 방법과 알려진 조성의 용액에서 용질의 질량을 계산하는 방법을 보여준다.

예제 9.2 수용액의 질량 백분율 계산

다음 수용액의 질량 백분율을 결정하시오.

(a) 100.00 g 물에 녹인 29.5 g $MgCl_2$ (b) 500.00 g 물에 녹인 3.72 g CO_2 (c) 475 mg 물에 녹인 278 mg LiF

전략 식 9.1을 사용하여 질량 백분율을 결정하는 데 필요한 양을 파악한다.

계획 (a) 용질의 질량=29.5 g $MgCl_2$, 용액의 질량=29.5 g $MgCl_2$+100.0 g H_2O=129.5 g

(b) 용질의 질량=3.72 g CO_2, 용액의 질량=3.72 g CO_2+500.00 g H_2O=503.72 g

(c) 용질의 질량=278 mg LiF, 용액의 질량=278 mg LiF+475 mg H_2O=753 mg

풀이 (a) $\text{질량 백분율} = \frac{\text{용질의 질량}}{\text{용액의 질량(용질+용매)}} \times 100\% = \frac{29.5\ \cancel{g}}{129.5\ \cancel{g}} \times 100\% = 22.8\%\ MgCl_2$

(b) $\text{질량 백분율} = \frac{\text{용질의 질량}}{\text{용액의 질량(용질+용매)}} \times 100\% = \frac{3.72\ \cancel{g}}{503.72\ \cancel{g}} \times 100\% = 0.739\%\ CO_2$

(c) 질량 백분율$=\dfrac{\text{용질의 질량}}{\text{용액의 질량(용질+용매)}}\times 100\%=\dfrac{278\ \cancel{mg}}{753\ \cancel{mg}}\times 100\%=36.9\%$ LiF

생각해보기

질량 단위는 일반적인 백분율 계산에서 일관성이 있으면 사용할 수 있다.

추가문제 1 각각 다음 용액의 질량 백분율을 구하시오.

(a) 700.0 mg 물에 녹은 143 mg $C_6H_{12}O_6$ (b) 500.0 g 핵세인에 녹은 54.8 g CCl_4 (c) 975 g 물에 녹은 169 g $BaCl_2$

추가문제 2 각각 다음 용액의 질량 백분율을 구하시오.

(a) 1.00 kg 물에 녹은 762 mg LiF (b) 1,975 g 물에 녹은 0.00331 kg K_2CO_3 (c) 192 g 물에 녹은 59.8 mg $Sr(ClO_3)_2$

추가문제 3 다음 그림은 두 개의 수용액을 나타낸다. 왼쪽 용기 안의 각각의 구는 용해된 분자를 나타낸 것이다. 왼쪽에 있는 용액과 동일한 질량 백분율의 용액을 나타내기 위해서 오른쪽 용기에는 얼마나 많은 구를 넣어야 하는가?

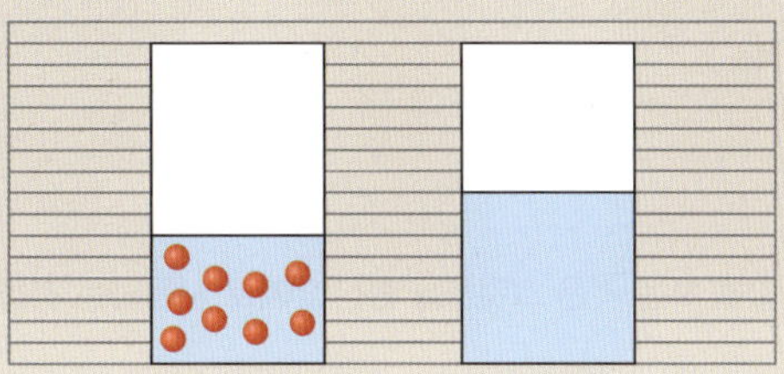

생각 밖 상식

극미량 농도

종종 환경 분야에서 아주 낮거나 극미량의 오염 물질 수준에 대해 듣는다. 예를 들어, 미국 식품의약국(FDA)은 인간 소비를 목적으로 하는 어류의 최대 수은 허용 수치를 1백만 분의 1(ppm)로 설정했다. 미국 환경보호청(EPA)은 음용수에 포함된 비소의 최대 허용 수치를 십억 분의 1(ppb)로 설정했다. ppm과 ppb 농도의 결정은 백분율과 유사하다. 퍼센트(%)는 100분의 일부를 뜻한다는 것을 생각하라. 혼합물의 질량을 혼합물의 총질량으로 나누어 %를 결정하고, 100을 곱한다.

$$\frac{\text{성분의 질량}}{\text{혼합물의 총질량}}\times 100=\text{백분의 일 또는 퍼센트(\%)}$$

만약 ppm이나 ppb 농도를 원한다면, 간단히 각각 백만이나 십억을 곱하면 된다.

$$\frac{\text{성분의 질량}}{\text{혼합물의 총질량}}\times 1{,}000{,}000=\text{백만분의 일 또는 ppm}$$

$$\frac{\text{성분의 질량}}{\text{혼합물의 총질량}}\times 1{,}000{,}000{,}000=\text{십억분의 일 또는 ppb}$$

예제 9.3 조성을 아는 용액에서 용질의 양 계산하기

다음 각각의 수용액에서 존재하는 용질의 질량을 결정하시오.

(a) 질량으로 11.8% $NaNO_3$가 있는 250.0 g 용액 (b) 질량으로 5.44% CH_3OH가 있는 150.0 mg 용액

(c) 질량으로 1.89% Na_2S가 있는 375 g 용액

전략 백분율은 100 g(또는 문제에 사용된 단위)의 용액에 포함된 용질의 질량으로 나타낸다.

계획 (a) $\dfrac{11.8\text{ g NaNO}_3}{100.0\text{ g 용액}}$ (b) $\dfrac{5.44\text{ mg CH}_3\text{OH}}{100.0\text{ mg 용액}}$ (c) $\dfrac{1.89\text{ g Na}_2\text{S}}{100.0\text{ g 용액}}$

풀이 (a) $250.0\ \cancel{\text{g 용액}} \times \dfrac{11.8\text{ g NaNO}_3}{100.0\ \cancel{\text{g 용액}}} = 29.5\text{ g NaNO}_3$

(b) $150.0\ \cancel{\text{mg 용액}} \times \dfrac{5.44\text{ mg CH}_3\text{OH}}{100.0\ \cancel{\text{mg 용액}}} = 8.16\text{ mg CH}_3\text{OH}$

(c) $375\ \cancel{\text{g 용액}} \times \dfrac{1.89\text{ g Na}_2\text{S}}{100.0\ \cancel{\text{g 용액}}} = 7.09\text{ g Na}_2\text{S}$

생각해보기

분모를 100으로 나눈 값으로 질량 백분율 값을 쓰는 것은 그것들을 환산 인자로 사용하는 것을 훨씬 더 쉽게 한다. 이를 통해 단위의 적절한 취소가 가능하다.

추가문제 1 다음 각 수용액에 존재하는 용질의 질량을 구하시오.

(a) 질량 기준으로 3.91% $Cu(NO_3)_2$가 포함된 750.0 g 용액 (b) 질량 기준으로 25.6% NH_4CN이 포함된 275 g 용액

(c) 질량 기준으로 0.0668% NaCl이 포함된 75 g 용액

추가문제 2 용질 15.0 g을 포함하는 각 용액의 질량을 구하시오.

(a) 25.1% KCl (b) 9.77% $Mg(CH_3COO)_2$ (c) 2.11% LiCN

추가문제 3 아래 그림은 같은 질량 백분율 농도를 가진 두 개의 수용액을 나타낸다. 하나는 메탄올(CH_3OH) 용액이고, 다른 하나는 프로판올($CH_3CH_2CH_2OH$) 용액이다. 어느 용액이 메탄올이고 프로판올인지 결정하시오.

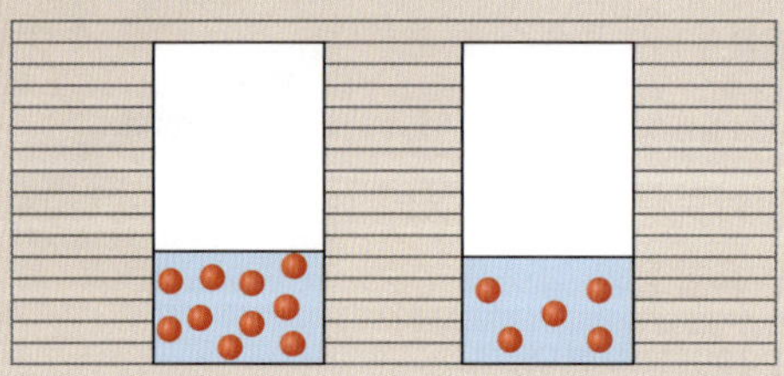

(a) (b)

몰농도

몰농도(molarity, M)는 용질의 mol을 용액 부피(L)로 나눔으로써 나타낸다.

$$\text{몰농도} = \frac{\text{용질의 mol}}{\text{용액의 부피(L)}}$$ [◀◀ 식 9.2]

몰농도는 질량이 아니라 부피를 사용하여 양을 측정할 때 질량 백분율보다 편리하다. 그러나 일반적으로 몰농도를 계산하려면 용질의 질량을 용질의 mol로 변환해야 한다[◀◀ 5.2절].

예제 9.4는 식 9.2를 사용하여 용액의 몰농도를 결정하는 방법을 보여준다.

예제 9.4 용액의 몰농도 계산하기

다음 포도당($C_6H_{12}O_6$)의 몰농도를 구하시오.

(a) 0.223 mol 포도당이 있는 1.50 L 용액

(b) 50.0 g 포도당이 있는 2.00 L 용액

(c) 136 g 포도당이 있는 750.0 mL 용액

전략 필요한 답을 구하기 위해서 식 9.2를 이용한다.

계획 (a) 용질의 mol=0.223 mol 포도당, 용액의 부피=1.50 L

(b) 용질의 mol=50.0 g 포도당을 분자량을 이용해서 변환 $\left(50.0\text{ g 포도당} \times \frac{1\text{ mol 포도당}}{180.16\text{ g 포도당}} = 0.278\text{ mol 포도당}\right)$,

용액의 부피=2.00 L

(c) 용질의 mol=136 g 포도당을 분자량을 이용해서 변환 $\left(136\text{ g 포도당} \times \frac{1\text{ mol 포도당}}{180.16\text{ g 포도당}} = 0.755\text{ mol 포도당}\right)$,

용액의 부피=0.750 L

풀이 (a) 몰농도$=\frac{0.223\text{ mol 포도당}}{1.50\text{ L 용액}}=0.149\ M$ 포도당

(b) 몰농도$=\frac{0.278\text{ mol 포도당}}{2.00\text{ L 용액}}=0.139\ M$ 포도당

(c) 몰농도$=\frac{0.755\text{ mol 포도당}}{0.750\text{ L 용액}}=1.01\ M$ 포도당

생각해보기

이러한 유형의 문제에서는 주어진 값에 주의를 기울여야 한다. 많은 학생들이 항상 분자량을 사용하는 습관 탓에 실패하는 경우가 있으나 (a) 문제에서 그것이 필요 없음을 알려준다.

추가문제 1 다음 HF 용액의 몰농도를 구하시오.

(a) 0.118 mol HF가 들어 있는 1.50 L 용액

(b) 2.99 g HF가 들어 있는 1.25 L 용액

(c) 14.2 g HF가 들어 있는 844 mL 용액

추가문제 2 추가문제 1에서 HF를 에탄올(C_2H_5OH)로 교체하여 각 용액의 몰농도를 구하시오.

추가문제 3 다음 용액[(a)~(e)] 중 어떤 용액이 왼쪽과 같은 몰농도를 가지는가?

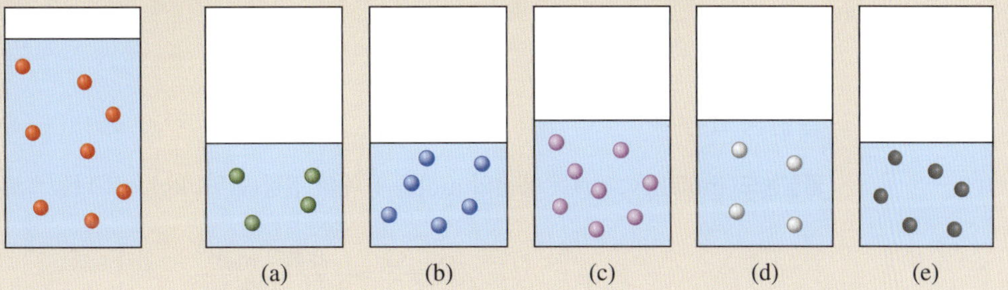

(a) (b) (c) (d) (e)

학생들은 가끔 식에서 단위가 어떻게 쓰이는지 확인하는 데 어려움을 겪는다. 이 계산에 완전히 익숙해질 때까지 M을 mol/L로 쓰는 것이 도움이 될 수 있다.

예제 9.5는 용질의 mol에서 용액의 몰농도로 변환하는 문제이다.

예제 9.5 용질의 mol과 용액의 몰농도 변환

용질 0.313 mol을 포함하고 있는 각 용액의 부피(L)를 구하시오.

(a) 0.0448 M Na_3PO_4 (b) 0.105 M $LiClO_4$ (c) 0.268 M $Fe(NO_3)_3$

전략 몰농도로부터 환산 인자를 만들기 위해 식 9.2를 사용한다.

계획 (a) $\frac{1\text{ L 용액}}{0.0448\text{ mol Na}_3\text{PO}_4}$ (b) $\frac{1\text{ L 용액}}{0.105\text{ mol LiClO}_4}$ (c) $\frac{1\text{ L 용액}}{0.268\text{ mol Fe(NO}_3)_3}$

풀이 (a) $0.313\text{ mol Na}_3\text{PO}_4 \times \frac{1\text{ L 용액}}{0.0448\text{ mol Na}_3\text{PO}_4} = 6.99\text{ L Na}_3\text{PO}_4\text{ 용액}$

(b) $0.313\text{ mol LiClO}_4 \times \frac{1\text{ L 용액}}{0.105\text{ mol LiClO}_4} = 2.98\text{ L LiClO}_4\text{ 용액}$

(c) $0.313\text{ mol Fe(NO}_3)_3 \times \frac{1\text{ L 용액}}{0.268\text{ mol Fe(NO}_3)_3} = 1.17\text{ L Fe(NO}_3)_3\text{ 용액}$

생각해보기

환산 인자들은 '뒤집힐 수 있다'는 것을 기억하자(분자와 분모를 뒤집어서 사용할 수 있다). 단위의 적절한 삭제에 필요한 어떠한 형태로든 만들어 사용할 수 있다.

추가문제 1 용질 0.0570 mol이 포함된 각 용액의 부피(mL)를 구하시오.

(a) 0.199 M 포도당 (b) 0.211 M NaCl (c) 0.322 M MgF_2

추가문제 2 다음의 각 용액에서 존재하는 용질의 무게를 구하시오.

(a) 0.229 M $(NH_4)_2S$ 용액 1.25 L (b) 2.63 M HBr 용액 25.0 mL (c) 0.119 M NaCl 용액 50.0 mL

추가문제 3 아래 그림은 두 개의 다른 농도를 가진 용액을 나타낸다. 용액 1의 5.00 mL와 같은 양의 용질을 포함하는 용액 2의 부피는 얼마인가? 용액 2의 30.0 mL와 같은 양의 용질을 포함하는 용액 1의 부피는 얼마인가?

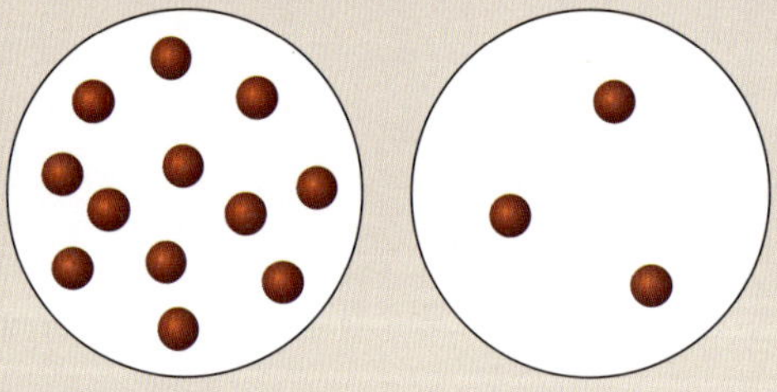

용액 1 용액 2

몰랄농도

몰랄농도(molality, m)는 용질의 mol을 용매의 질량(단위: kg)으로 나눔으로써 결정된다.

$$\text{몰랄농도} = \frac{\text{용질의 mol}}{\text{용매의 질량(kg)}}$$ [◀◀ 식 9.3]

몰농도와 마찬가지로, 몰랄농도의 계산은 일반적으로 용질의 질량을 용질의 mol로 변환해야 한다.

예제 9.6은 식 9.3을 이용하여 답을 구하는 방법을 보여준다.

예제 9.6 용액의 몰랄농도 계산

다음에 나오는 용액의 몰랄농도를 각각 구하시오.

(a) 0.253 mol의 설탕을 1.75 kg의 물에 녹인 용액

(b) 0.172 mol의 CH_3OH를 195 g의 물에 녹인 용액

(c) 12.1 g의 CH_3OH를 275 g의 물에 녹인 용액

전략 식 9.3과 주어진 값들을 이용해 몰랄농도를 계산한다.

계획 (a) 용질의 mol=0.253 mol 설탕, 용매의 질량=1.75 kg

(b) 용질의 mol=0.172 mol CH_3OH, 용매의 질량=0.195 kg

(c) CH_3OH의 질량을 분자량을 이용해서 용질의 mol로 변환$\left(12.1\text{ g }\cancel{CH_3OH}\times\dfrac{1\text{ mol }CH_3OH}{32.04\text{ g }\cancel{CH_3OH}}=0.378\text{ mol }CH_3OH\right)$,

용매의 kg=0.275 kg 물

풀이 (a) $\dfrac{0.253\text{ mol 설탕}}{1.75\text{ kg }H_2O}=0.145\ m$ 설탕

(b) $\dfrac{0.172\text{ mol }CH_3OH}{0.195\text{ kg }H_2O}=0.882\ m\ CH_3OH$

(c) $\dfrac{0.378\text{ mol }CH_3OH}{0.275\text{ kg }H_2O}=1.37\ m\ CH_3OH$

생각해보기

여기서 용매와 용질의 질량을 더해서 사용할 수도 있겠지만, 각각 어떤 농도 단위를 사용하는지를 생각해보자. 몰랄농도는 용매 1 kg당 용질의 mol을 의미하고, 용액 1 kg당 용질의 mol을 의미하지 않는다.

추가문제 1 다음 용액의 몰랄농도를 계산하시오.

(a) 1.17 mol의 KF가 1.99 kg 물에 녹아 있는 용액

(b) 0.0787 mol의 CO_2가 2,755 g 물에 녹아 있는 용액

(c) 59.6 g의 CO_2가 4,999 g 물에 녹아 있는 용액

추가문제 2 다음 용액의 몰랄농도를 계산하시오.

(a) 2.42 mol KF를 1.99 kg의 물에 녹여 만든 용액

(b) 0.787 mol CH_3OH를 2,755 g의 물에 녹여 만든 용액

(c) 596 g CH_3OH를 4,999 g의 물에 녹여 만든 용액

추가문제 3 몰랄농도와 질량 백분율 값의 차이는 얼마인가? 답을 확인하기 위해, 추가문제 2에 있는 각 용액에 대한 질량 백분율을 계산하시오.

농도 단위 비교

종종 한 단위에서 다른 단위로 용액의 농도를 변환해야 할 때가 있다. 예를 들어, 동일한 용액을 다른 실험에서 사용하면 계산을 위해 다른 농도 단위가 요구된다. 0.396 m 가용성 포도당($C_6H_{12}O_6$) 용액(25°C에서)의 농도를 몰농도로 표현하고자 한다고 가정하자. 1,000 g의 용매에 0.396 mol의 포도당이 있다는 것을 알고 있다. 몰농도를 계산하기 위해 용액의 부피를 결정해야 한다. 부피를 결정하려면 먼저 용액의 질량을 계산해야 한다.

$$0.396\text{ }\cancel{\text{mol }C_6H_{12}O_6}\times\frac{180.2\text{ g}}{1\text{ }\cancel{\text{mol }C_6H_{12}O_6}}=71.4\text{ g }C_6H_{12}O_6$$

$$71.4\text{ g }C_6H_{12}O_6+1{,}000\text{ g }H_2O=1071\text{ g 용액}$$

일단 용액의 질량을 결정했다면, 실험적으로 결정되는 용액의 밀도를 사용하여 용액의 부피를 결정한다. 0.396 m 포도당 용액의 밀도는 25°C에서 1.16 g/mL이다. 따라서 부피는 다음과 같다.

$$\begin{aligned}\text{부피} &= \frac{\text{질량}}{\text{밀도}} \\ &= \frac{1071\ \text{g}}{1.16\ \text{g/mL}} \times \frac{1\ \text{L}}{1{,}000\ \text{mL}} \\ &= 0.923\ \text{L}\end{aligned}$$

용액의 부피를 결정한 후, 몰농도를 다음과 같이 구한다.

$$\begin{aligned}\text{몰농도} &= \frac{\text{용질의 mol}}{\text{용액의 부피(L)}} \\ &= \frac{0.396\ \text{mol}}{0.923\ \text{L}} \\ &= 0.429\ \text{mol/L} = 0.429\ M\end{aligned}$$

예제 9.7은 농도 단위를 다른 단위로 변환하는 방법을 보여준다.

예제 9.7 다른 농도 단위로 바꾸기

'소독용 알코올'은 물에 아이소프로필알코올(C_3H_7OH)이 질량 백분율로 70%의 양이 혼합되어 있는 용액이다(20°C에서 밀도=0.79 g/mL). 소독용 알코올의 농도를 (a) 몰농도와 (b) 몰랄농도로 구하시오.

전략 (a) 용액 1 L의 총부피를 측정하여, 용액 1 L에 아이소프로필알코올의 질량 백분율을 이용한다. 아이소프로필알코올의 무게를 mol로 바꾸고, mol을 리터로 나누어 몰농도를 구한다. 이와 같은 문제는 어느 부피에서나 시작할 수 있다. 1 L를 기준으로 잡으면 쉽게 계산할 수 있다.

(b) 용매의 질량을 구하기 위해 용액의 질량에서 C_3H_7OH의 용질의 질량을 빼서 구할 수 있다. C_3H_7OH의 mol을 물의 질량(kg)으로 나누어 몰랄농도를 구할 수 있다.

계획 소독용 알코올의 리터당 질량은 790 g이고, 아이소프로필알코올의 분자량은 60.09 g/mol이다.

풀이

(a) $\frac{790\ \text{g 용액}}{\text{용액의 L}} \times \frac{70\ \text{g}\ C_3H_7OH}{100\ \text{g 용액}} = \frac{553\ \text{g}\ C_3H_7OH}{\text{용액의 L}}$

$\frac{553\ \text{g}\ C_3H_7OH}{\text{용액의 L}} \times \frac{1\ \text{mol}}{60.09\ \text{g}\ C_3H_7OH} = \frac{9.20\ \text{g}\ C_3H_7OH}{\text{용액의 L}} = 9.2\ M$

(b) 790 g 용액 − 553 g C_3H_7OH = 237 g 물 = 0.237 kg 물

$$\frac{9.20\ \text{mol}\ C_3H_7OH}{0.237\ \text{kg 용액}} = 39\ m$$

소독용 알코올에는 아이소프로필알코올이 9.2 M과 39 m이 들어 있다.

생각해보기

이 경우 몰농도와 몰랄농도의 큰 차이가 있다. 아주 많이 희석된 용액의 경우에만 몰농도와 몰랄농도는 같거나 비슷하다.

추가문제 1 25°C에서 질량 백분율이 16%인 황산(H_2SO_4) 수용액이 1.109 g/mL의 밀도를 가진다. 25°C에서 이 수용액의 (a) 몰농도와 (b) 몰랄농도를 계산하시오.

추가문제 2 1.49 m H_2SO_4 수용액에서 황산의 질량 백분율을 계산하시오.

추가문제 3 다음 그림은 물(밀도 1 g/cm^3)과 클로로폼(밀도 1.5 g/cm^3)에 녹아 있는 고체 용질을 나타낸다. 어느 용액의 몰농도 값이 몰랄농도와 가까울까? 어느 용액이 몰농도와 몰랄농도 값이 가장 다를까?

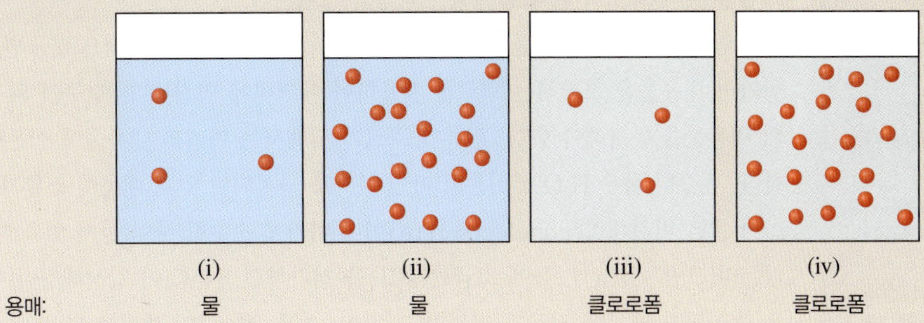

9.4 용액의 구성

물에 용해되는 물질은 전해질과 비전해질 두 가지로 나뉜다. 게토레이 같은 스포츠 음료의 맥락에서 전해질에 대해 들어 봤을 것이다. 체액의 전해질은 신경 자극 및 근육 수축과 같은 생리적 과정에서 중요한 전기 전달에 필요하다. 일반적으로 **전해질**(electrolyte)은 전기를 전도하는 용액을 만들기 위해 물에 용해되는 물질이다. 반대로, **비전해질**(nonelectrolyte)은 전기를 전도하지 않는 용액을 만들기 위해 물에 용해되는 물질이다. 각각의 예로는 소금(NaCl, 전해질)과 설탕($C_{12}H_{22}O_{11}$, 비전해질)이 있다.

소금과 설탕의 중요한 차이점은 소금 용액이 이온을 포함한다는 것이고, 설탕 용액은 그렇지 않다는 것이다. 소금이 물에 녹을 때는 **해리**(dissociation)가 일어난다. 즉, 해리(Na^+와 Cl^-)는 서로 분리되어 있음을 의미한다. 반면 설탕이 녹을 때 $C_{12}H_{22}O_{11}$ 분자는 해리되지 않는다.

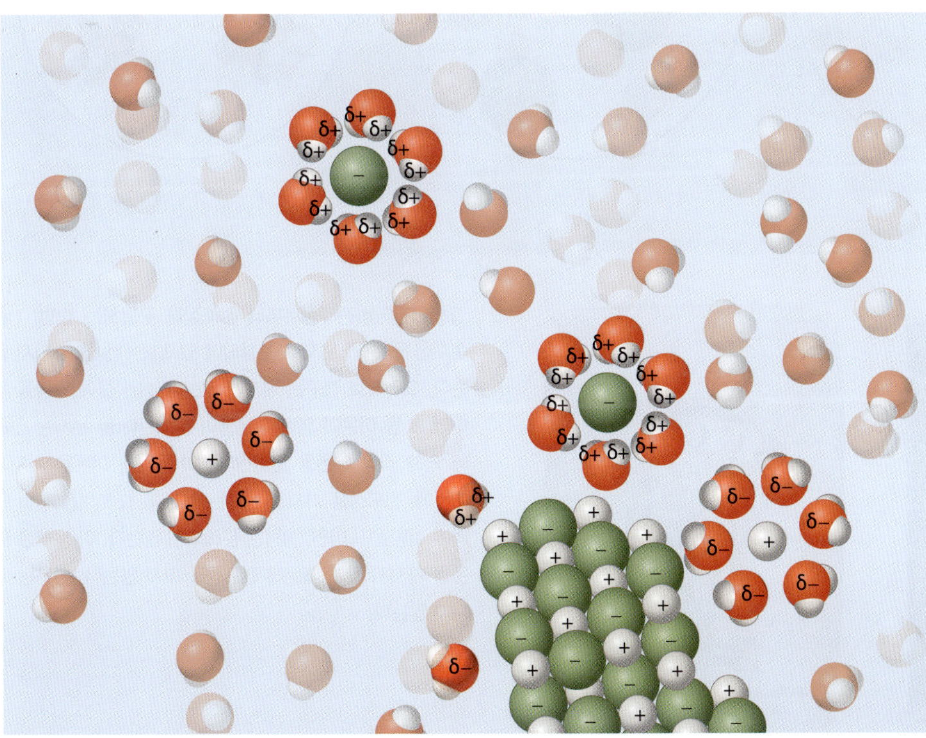

그림 9.3 물에 소금이 녹아 있다. 물 분자들은 부분적으로 양전하를 띠는 부분들(H 원자들)이 Cl^- 음이온을 둘러싸고, 부분적으로 음전하를 띠는 부분들(O 원자들)이 Na^+ 양이온을 둘러싼다.

학생 노트
전해질은 두 가지 종류로, 강전해질과 약전해질이 있다. 강전해질은 완전히 녹아서 이온들이 용액 전체에 고루 퍼져 있지만, 약전해질은 이온들이 용액에 부분적으로 존재한다. 이 장에서는 강전해질에 관해서만 이야기할 것이다.

학생 노트
이것은 화학 반응식의 예이다. 물리적·화학적 과정을 나타내기 위해 화학적으로 간략하게 표기하는 것이다. 10장에서 좀더 자세하게 화학 반응식에 대하여 공부할 것이다.

염화 소듐 용액의 이온은 소금 용액이 전기를 전도할 수 있게 한다. NaCl과 같은 가용성인 이온성 화합물은 강전해질로, 용해되어 용액 전체에 완전히 해리되어 개별 이온으로 존재한다. 그림 9.3은 NaCl이 물에 용해되는 과정을 보여준다.

그림 9.4와 같은 장치를 사용하여 전해질과 비전해질을 실험적으로 구별할 수 있다. 전구는 비커의 내용물을 포함하는 회로를 사용하여 배터리에 연결된다. 전구가 켜지려면 전류가 비커의 내용물을 통과해야 한다. 전류가 흐르기 위해서는 비커의 내용물에 이온이 포함되어 있어야 한다. 순수한 물은 H_2O가 이온이 아닌 분자로 구성되어 있기 때문에 전류가 흐르기 어렵다. 따라서 물은 비전해질(nonelectrolyte)이며 비커에 순수한 물이 들어 있을 때 전구는 빛을 내지 않는다[그림 9.4(a)]. 물에 소금(NaCl)을 첨가하면, NaCl이 강전해질이며 용액 속의 이온으로 해리되기 때문에 전구가 켜진다[그림 9.4(b)]. NaCl의 해리를 다음과 같이 작성하여 나타낼 수 있다.

$$NaCl(s) \longrightarrow Na^+(aq) + Cl^-(aq)$$

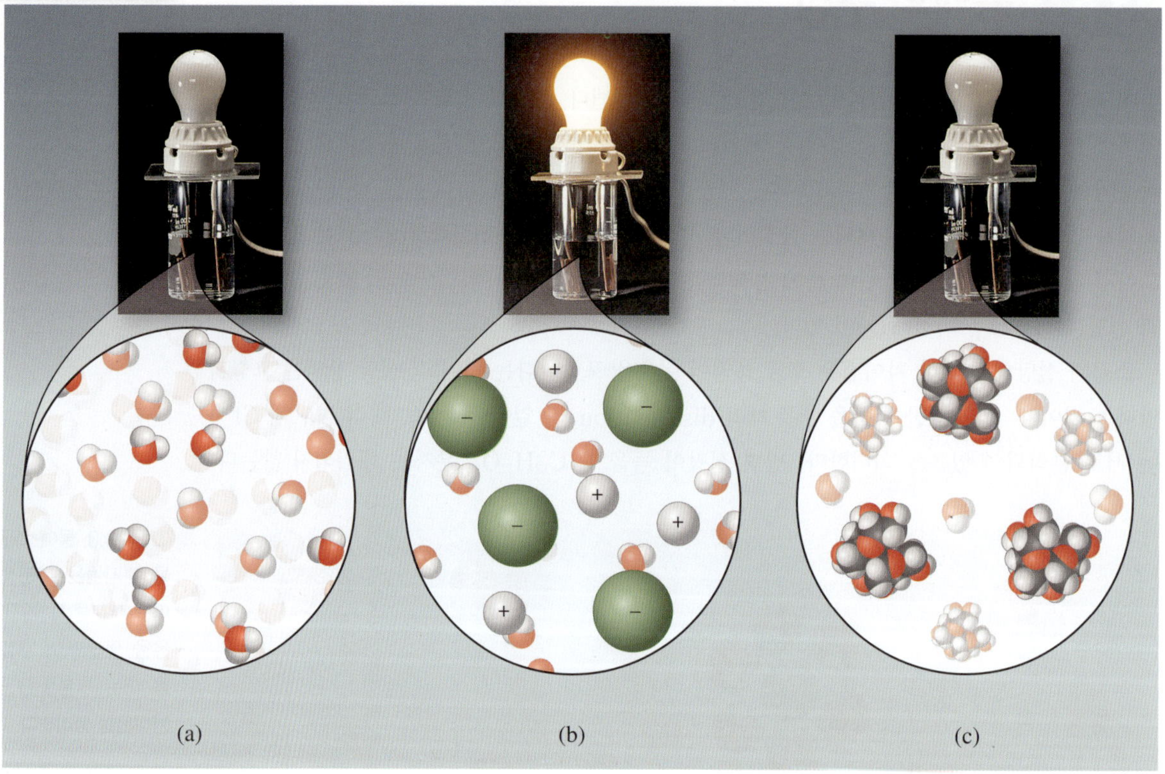

그림 9.4 비전해질로부터 전해질을 구별하는 방법. (a) 순수한 물은 물 분자로 구성되어 있고, 전해질을 가지지 않는다. 그러므로 전구는 켜지지 않는다. (b) 물에 소금을 녹이면, 소듐 이온과 염화 이온들이 분해된다(물 분자는 전하에 의해 각각 이온을 둘러싼다). 이 용액은 이온을 가지기 때문에, 전도성을 가지고 전구는 켜진다. (c) 대신에 이 용액에 설탕을 녹이면, 설탕은 분해되지 않는다. 이 용액은 이온을 가지지 않기 때문에 전도성을 띠지 않는다. 전구는 켜지지 않는다.

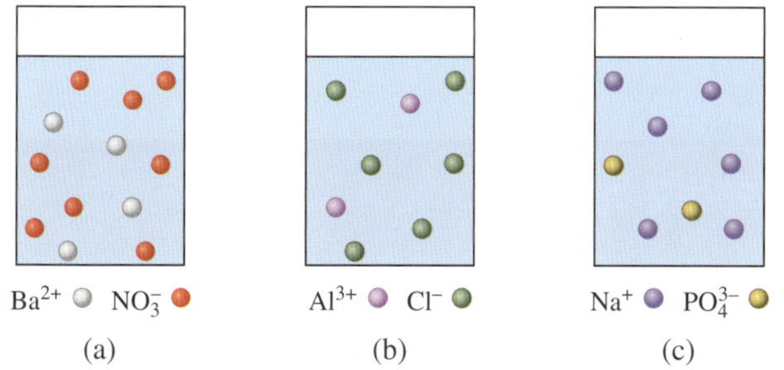

그림 9.5
(a) 질산 바륨[$Ba(NO_3)_2$] 용액
(b) 염화 알루미늄($AlCl_3$) 용액
(c) 인산 소듐(Na_3PO_4) 용액

$NaCl(s)$은 고체 염을 나타내고, $Na^+(aq)$와 $Cl^-(aq)$는 소듐 이온 및 염화 이온을 나타낸다.

물에 소금 대신 설탕을 넣으면 전구가 켜지지 않는다[그림 9.4(c)]. 설탕(자당, $C_{12}H_{22}O_{11}$)은 비전해질이며, 녹더라도 해리되지 않는다. 대신 설탕은 녹아서 수용액 당 분자를 얻는다.

$$C_{12}H_{22}O_{11}(s) \longrightarrow C_{12}H_{22}O_{11}(aq)$$

설탕의 용액에는 이온이 들어 있지 않기 때문에 전기를 전도하지 않는다.

일부 이온성 화합물이 용해되면 두 개 이상의 이온으로 분리된다. 예를 들어, 황산 소듐(Na_2SO_4)은 황산 이온과 소듐 이온으로 구성된다. 황산 소듐은 용액 내에서 해리되고, 결과적으로 소듐 이온의 농도는 황산 이온의 두 배이다. 그림 9.5는 원자 수준에서 여러 가용성인 이온성 화합물의 용액을 비교한 것이다. 이온성 화합물에 포함된 이온(각 이온의 수)을 인식하는 것이 중요하다. 이제는 일반적인 다원자 이온을 재검토해보자[|◀◀ 표 4.6].

화학에서의 프로파일

Robert Cade, M. D.

1965년, Florida 대학(UF)의 코치 Dwayne Douglas는 학교 축구 팀 Gators 선수들의 건강을 고민하였다. 그래서 그는 더운 날 운동 연습과 경기를 하는 선수들에 대해 다음과 같은 내용을 기록하였다. (1) 몸무게가 많이 빠진다. (2) 거의 소변을 보지 않는다. (3) 운동 능력에 제한이 생기고, 특히 연습이나 경기의 후반전 때 이런 현상이 일어난다. 그는 지구력이 약한 운동선수들의 원인을 규명하는 논문을 낸 UF의 의학대학 신장병 전문의이자 연구원인 Dr. Robert Cade에게 상담하였다. 그 결과 운동 후 많은 땀을 낸 선수들은 혈당 수치가 낮고, 혈압이 낮으며, 열을 내는 데 쓰이는 모든 전해질에 불균형이 일어남을 알아낼 수 있었다. Cade와 그의 연구원들은 혈당, 수분, 전해질의 고갈을 약간의 물 종류를 마심으로써 해결할 수 있음을 이론화하였다. 이 이론을 통해, 그들은 땀 속에 들어 있는 수분, 혈당, 소듐과 포타슘의 비율과 거의 흡사한 음료를 개발하였다. 이 모든 결과를 통해 만들어진 음료는 아무도 마시고 싶지 않을 만큼 맛이 나빴다. Robert Cade의 아내 Mary Cade는 좀더 맛있는 음료로 만들기 위해 레몬주스를 추가하자고 제안하였고 이로써

Gatorade가 탄생하게 되었다. 1966년 Gators 선수들은 '후반부'에 강한 팀으로 알려지면서 종종 3, 4쿼터까지도 좋은 분위기를 이끌었다. Gators의 코치인 Ray Graves가 혈당, 혈압, 전해질의 균형을 재조정한 새로운 보조 음료를 개발함으로써 팀이 후반전까지 강세를 유지하는 데 기여하였다. 스포츠 음료는 현재 수백만 달러의 시장으로 성장했으며, 다른 여러 브랜드들이 출시되어 있지만 그중 Gatorade가 가장 선두주자이다. 혈당을 재조절하고 전해질 균형을 맞춰주는 음료의 발달은 수용액의 속성들의 이해를 요구한다.

예제 9.8은 강전해질 용액에서 개별 이온의 농도를 측정하는 법을 보여준다.

예제 9.8 전해질에서 이온의 농도 계산

다음 용액의 염화 이온 농도(M 농도로)를 계산하시오.

(a) 0.150 M LiCl (b) 0.150 M $MgCl_2$ (c) 0.150 M $AlCl_3$

전략 각 용액의 몰농도를 1 L당 mol로 맞춘다. 각 용질의 혼합물에서의 비율로 mol을 계산한다.

계획 (a) $\frac{0.150 \text{ mol LiCl}}{1 \text{ L 용액}}$ 그리고 $\frac{1 \text{ mol Cl}^-}{1 \text{ mol LiCl}}$

(b) $\frac{0.150 \text{ mol MgCl}_2}{1 \text{ L 용액}}$ 그리고 $\frac{2 \text{ mol Cl}^-}{1 \text{ mol MgCl}_2}$

(c) $\frac{0.150 \text{ mol AlCl}_3}{1 \text{ L 용액}}$ 그리고 $\frac{3 \text{ mol Cl}^-}{1 \text{ mol AlCl}_3}$

풀이 (a) $\frac{0.150 \text{ mol LiCl}}{1 \text{ L 용액}} \times \frac{1 \text{ mol Cl}^-}{1 \text{ mol LiCl}} = \frac{0.150 \text{ mol Cl}^-}{1 \text{ L 용액}}$ 또는 0.150 M Cl^-

(b) $\frac{0.150 \text{ mol MgCl}_2}{1 \text{ L 용액}} \times \frac{2 \text{ mol Cl}^-}{1 \text{ mol LiCl}} = \frac{0.300 \text{ mol Cl}^-}{1 \text{ L 용액}}$ 또는 0.300 M Cl^-

(c) $\frac{0.150 \text{ mol AlCl}_3}{1 \text{ L 용액}} \times \frac{3 \text{ mol Cl}^-}{1 \text{ mol AlCl}_3} = \frac{0.450 \text{ mol Cl}^-}{1 \text{ L 용액}}$ 또는 0.450 M Cl^-

생각해보기

세 개의 화합물에 대한 각 용액의 몰농도가 같음에도 불구하고, 왜 염화 이온의 농도는 각기 다른지 생각해보자. 이는 화학식에 달려 있다.

추가문제 1 다음 용액에서 질산 이온의 몰농도를 계산하시오.

(a) 0.200 M $NaNO_3$ (b) 0.200 M $Mg(NO_3)_2$ (c) 0.200 M $Al(NO_3)_3$

추가문제 2 용액에 0.333 M의 NH_4^+가 있다면, 같은 용액에서 $(NH_4)_3PO_4$의 농도는 어떻게 되는가?

추가문제 3 그림에 나온 수용액이 다음의 화합물을 가질 때 농도를 계산하시오.

[LiCl, $CuSO_4$, K_2SO_4, H_2CO_3, $Al_2(SO_4)_3$, $AlCl_3$, Na_3PO_4(빨간색과 파란색 구는 서로 화합물을 표현한다)]

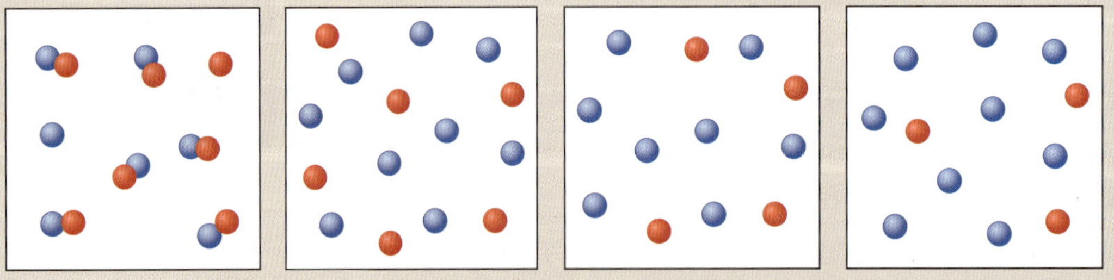

(i) (ii) (iii) (iv)

9.5 용액의 제조

수용액을 일반적으로 준비하는 두 가지 방법이 있다. 하나는 고체를 물에 용해시켜 특정 농도의 용액을 만들고, 다른 하나는 이전에 조제한 농축 용액을 희석하여(물을 가한 후) 더 희석된 용액을 준비하는 과정을 포함한다.

고체로부터 용액의 제조

고체를 이용해 특정 몰농도의 용액을 제조하는 과정은 다음과 같다.

1. 용질의 무게를 정확하게 측정하고 원하는 부피의 부피 플라스크에 옮긴다.
2. 물을 부피 플라스크에 넣고 흔들어 용질을 용해시킨다.
3. 부피 플라스크에 추가로 물을 넣어 플라스크 목의 표시선까지 채운다.
4. 부피 플라스크 전체를 캡핑하고 거꾸로 뒤집어 완전히 혼합하여 용액 전체에 균일한 조성이 되도록 흔든다.

이 과정은 그림 9.6(310~311쪽)에 나타내었다. 플라스크 내 용액의 부피와 용해된 고체 물질의 양을 알면 식 9.2를 사용하여 용액의 몰농도를 결정할 수 있다(처음에 몰질량을 사용하여 용질의 측정된 질량을 mol로 변환할 필요가 있음에 유의하자).

예제 9.9는 고체를 물에 녹여서 만든 용액의 몰농도를 결정하는 법을 보여준다.

예제 9.9 수용액상에 녹아 있는 고체 용질의 몰농도 계산

포도당($C_6H_{12}O_6$) 수용액에 대하여 다음을 계산하시오.

(a) 2.00 L 용액에 50.0 g의 포도당이 녹아 있는 용액의 몰농도

(b) 0.250 mol의 포도당이 녹아 있는 (a) 용액의 부피

(c) 0.500 L의 (a) 용액에 있는 포도당의 mol

전략 포도당의 질량을 mol로 바꾸고, 화학 반응식을 사용하여 M, 리터, mol을 계산한다.

계획 포도당의 분자량은 180.2 g이다.

$$\text{포도당의 mol} = \frac{50.0\ \cancel{g}}{180.2\ \cancel{g}/\text{mol}} = 0.277\ \text{mol}$$

풀이 (a) $\text{몰농도} = \dfrac{0.277\ \text{mol}\ C_6H_{12}O_6}{2.00\ \text{L 용액}} = 0.139\ \text{mol/L}$

일반적으로 용액의 농도는 "이 용액에는 0.139 M의 포도당이 있다."라고 표현한다.

(b) $\text{부피} = \dfrac{0.250\ \cancel{\text{mol}}\ C_6H_{12}O_6}{0.139\ \cancel{\text{mol}}} \times 1\ \text{L} = 1.80\ \text{L}$

(c) 0.500 L에 있는 $C_6H_{12}O_6$의 $\text{mol} = 0.500\ \cancel{\text{L}} \times 0.139\ \dfrac{\text{mol}}{\cancel{\text{L}}} = 0.0695\ \text{mol}$

생각해보기

답이 논리적인지 확인해보자. 예를 들어, 문제에서 주어진 질량은 0.277 mol의 용질이다. 만약 (b)의 답이 그 부피에서 0.277보다 작은 mol을 가진다면, 답의 부피는 원래 부피보다 더 작은 것이다.

추가문제 1 어떤 설탕($C_{12}H_{22}O_{11}$) 수용액에 대하여 다음 조건을 계산하시오.

(a) 5.00 L의 용액에 235 g의 설탕이 녹아 있는 용액의 몰농도

(b) 1.26 mol의 설탕이 들어 있는 (a) 용액의 부피

(c) 1.89 L (a) 용액에 들어 있는 설탕의 mol

추가문제 2 소금(NaCl)의 수용액에서 다음의 조건들을 구하시오.

(a) 소금 155 g이 들어 있는 3.75 L 용액의 몰농도

(b) 소금 4.58 mol이 들어 있는 (a) 용액의 부피

(c) 22.75 L (a) 용액에 들어 있는 소금의 mol

추가문제 3 만약 먼저 부피 플라스크 표시선까지 물을 채운 후 고체를 넣고 녹인다면 마지막 농도에 어떤 영향을 끼칠까?

그림 9.6 고체로부터 용액 제조하기

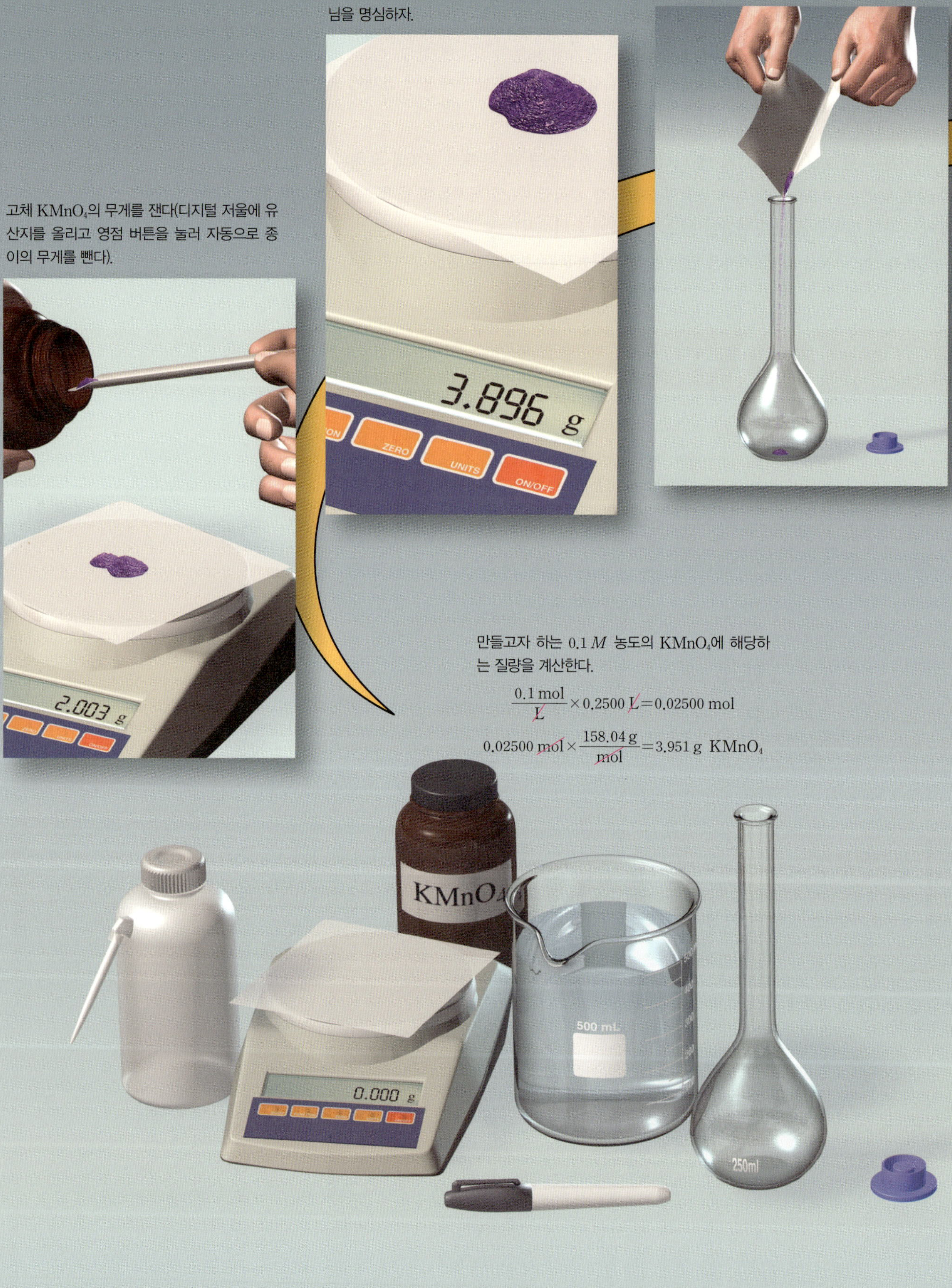

만들고자 하는 0.1 M 농도의 $KMnO_4$에 해당하는 질량을 계산한다.

$$\frac{0.1\ \text{mol}}{\cancel{\text{L}}} \times 0.2500\ \cancel{\text{L}} = 0.02500\ \text{mol}$$

$$0.02500\ \cancel{\text{mol}} \times \frac{158.04\ \text{g}}{\cancel{\text{mol}}} = 3.951\ \text{g}\ KMnO_4$$

고체 $KMnO_4$의 무게를 잰다(디지털 저울에 유산지를 올리고 영점 버튼을 눌러 자동으로 종이의 무게를 뺀다).

무게를 잰 질량이 정확하게 계산된 숫자가 아님을 명심하자.

무게를 잰 $KMnO_4$를 부피 플라스크에 잘 넣는다.

$KMnO_4$를 용해시키기 위해 물을 충분히 첨가한다.

고체를 녹이기 위해 플라스크를 잘 돌려준다.

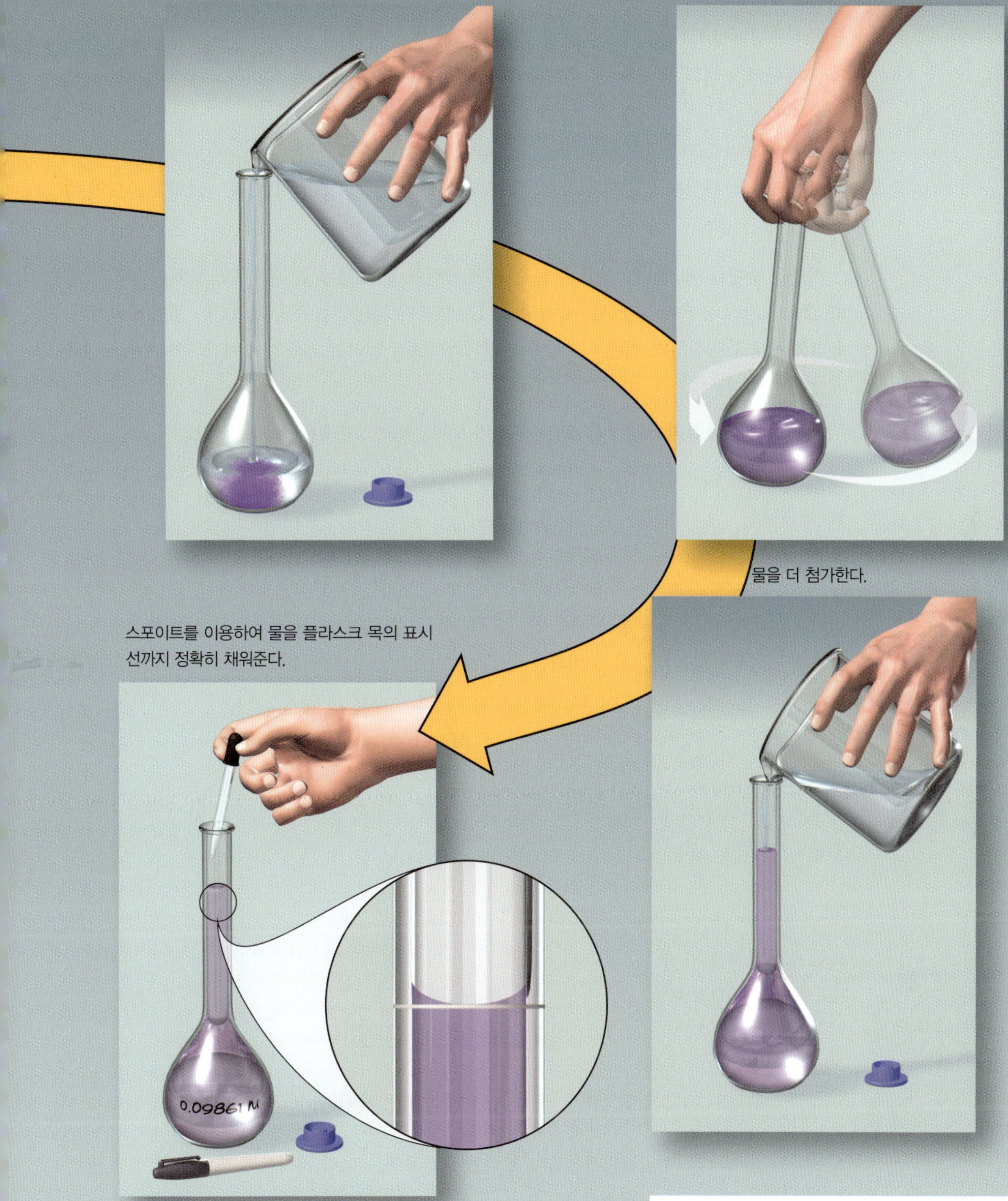

물을 더 첨가한다.

스포이트를 이용하여 물을 플라스크 목의 표시 선까지 정확히 채워준다.

플라스크의 뚜껑을 닫고 뒤집어서 용액을 완벽하게 섞은 후, 실제 농도를 계산한다.

$$3.896\ \cancel{g}\ KMnO_4 \times \frac{1\ mol}{158.04\ \cancel{g}} = 0.024652\ mol$$

$$\frac{0.024652\ mol}{0.2500\ L} = 0.09861\ M$$

요점은 무엇인가?

목표는 정확하게 알려진 농도의 용액을 준비하는 것이며, 그 농도는 0.1 M의 목표 농도에 매우 가깝다. 0.1은 지정된 숫자이므로 주의하자. 이 숫자에서 유효 숫자의 수를 제한하지는 않는다.

농축된 용액에서 희석된 용액의 제조

원하는 농도의 용액을 준비하기 위한 일반적인 다른 절차는 실험실에 보관되는 농축된 '저장' 용액을 사용하는 것이다. **희석**(dilution)은 보다 농축된 용액으로부터 덜 농축된 용액을 제조하는 과정이다. 부피 플라스크를 사용해야 하며, 다음 단계에 따라 수행한다.

1. 정확한 부피의 농축 저장 용액을 부피 측정 피펫을 사용하여 측정하고 부피 플라스크로 옮긴다.
2. 부피 플라스크에 물을 넣어 플라스크 목의 표시선까지 채운다.
3. 플라스크 전체를 캡핑하고 거꾸로 뒤집어 완전히 혼합하여 용액 전체가 균일한 조성이 되도록 흔든다.

희석을 수행할 때 주어진 농도의 농축 저장 용액에 더 많은 물을 첨가하면 용액의 농도가 변화(감소)되지만 용액에 존재하는 용질의 mol은 변하지 않는다는 것을 기억하는 것이 중요하다. 용질의 mol을 계산하기 위해 식 9.2를 재배치함으로써 알려진 농도의 주어진 부피에서 mol을 계산할 수 있다.

$$\text{용질의 mol} = \text{몰농도} \times \text{용액의 부피} \quad \text{또는} \quad \text{용질의 mol} = M \cdot \text{L}$$

그리고 용질의 mol이 희석되면서 변하지 않는다는 것을 알고 있기 때문에, 다음과 같은 식을 쓸 수 있다.

$$M_c \times \text{L}_c = M_d \times \text{L}_d$$ [◀◀ 식 9.4]

여기서 아래첨자 c와 d는 농축(희석 전) 및 희석(희석 후)을 나타낸다. 식 9.4를 통해 특정 농도(M_d)의 알려진 부피(L_d)를 준비하는 데 얼마나 많은 농축 용액(L_c)이 필요한지를 결정할 수 있다.

$$\text{L}_c = \frac{M_d \times \text{L}_d}{M_c}$$

반대로, 희석될 농축 용액의 부피와 그 농도 및 최종 부피를 알 수 있어, 희석된 용액의 농도를 계산할 수 있다.

$$\text{L}_d = \frac{M_c \times \text{L}_c}{M_d}$$

또한 실험실의 부피 측정은 L보다 mL를 더 자주 사용하기 때문에, 식 9.4 및 모든 재배치는 mL로 표시할 수 있다.

$$M_c \times \text{mL}_c = M_d \times \text{mL}_d$$

$$\text{mL}_c = \frac{M_d \times \text{mL}_d}{M_c} \qquad \text{mL}_d = \frac{M_c \times \text{mL}_c}{M_d}$$

학생 노트
식 9.4에서 L 대신 mL를 쓴다면 양쪽 반응식의 생성물은 몰(mol) 대신 밀리몰(mmol)을 쓴다.

예제 9.10에서는 식 9.4를 사용하여 희석법으로 용액을 미리 처리하는 데 필요한 농축 용액의 양을 결정하는 방법을 연습한다.

예제 9.10 용액을 특정 농도로 희석할 때 필요한 시약의 양 계산

일반적인 시약실에서 12.0 M HCl을 사용하여 250.0 mL의 0.125 M HCl 용액을 만들 때 필요한 부피는 얼마인가?

전략 식 9.4를 사용해서 12.0 M HCl을 희석하여 부피를 계산한다.

계획 $M_c = 12.0\ M$, $M_d = 0.125\ M$, $mL_d = 250.0\ mL$

풀이 $12.0\ M \times mL_c = 0.125\ M \times 250.0\ mL$

$$mL_c = \frac{0.125\ \cancel{M} \times 250.0\ mL}{12.0\ \cancel{M}} = 2.60\ mL$$

생각해보기

식 9.4를 통해 답을 얻고, 반응식 양쪽의 농도와 부피의 곱이 동일한지 확인해보자.

추가문제 1 500.0 mL, 0.25 M의 H_2SO_4를 만들기 위해 6.0 M의 H_2SO_4의 부피는 얼마나 필요한가?

추가문제 2 127 mL, 6.0 M의 H_2SO_4를 0.20 M의 H_2SO_4로 희석하면 부피가 얼마나 되겠는가?

추가문제 3 다음 그림은 시약의 농도(왼쪽)와 희석된 농도를 보여준다. 다음 각각의 최종 부피에서 같은 농도로 용액을 맞추기 위해 시약을 몇 mL 사용해야 하는가?

(a) 50.0 mL (b) 100.0 mL (c) 250.0 mL

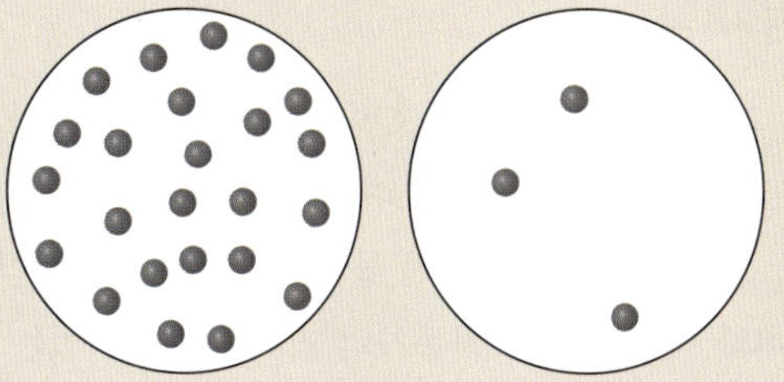

생각 밖 상식

연속 희석법

원액으로부터 점점 희석되는 용액을 준비하기 위해 일련의 희석액을 실험실에서 사용할 수 있다. 이 방법은 고형물 또는 농축 용액으로부터 용액을 제조하고, 제조된 용액의 일부를 희석시켜 보다 희석된 용액을 제조하는 단계를 포함한다. 예를 들어, 이전에 설명한 0.400 M $KMnO_4$ 용액을 사용하여 농도가 각 단계에서 10배씩 감소하는 다섯 가지 용액을 준비할 수 있었다. 피펫을 사용하여 0.400 M 용액 10.00 mL를 분취하여 그림과 같이 100.00 mL 부피 플라스크에 넣는다. 부피 플라스크 표시선까지 희석하고 뚜껑을 닫은 후 완전히 혼합되도록 플라스크를 뒤집는다. 새로 준비된 용액의 농도는 M_c가 0.400 M이고 mL_c와 mL_d

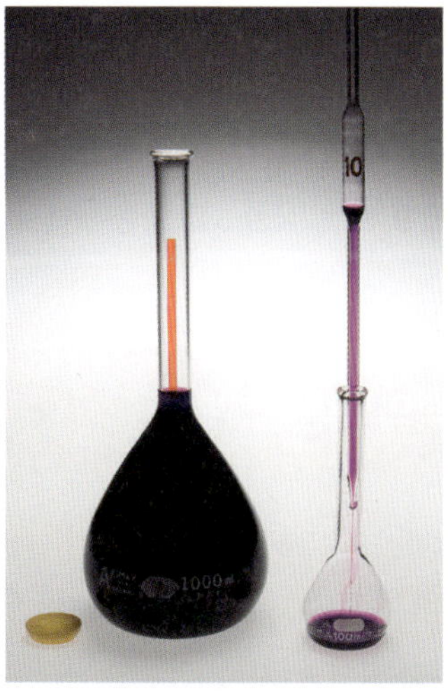

(a)

(b)

가 각각 10.00 mL와 100.00 mL인 식 9.4를 사용하여 결정된다.

$$0.400\ M \times 10.00\ \text{mL} = M_d \times 100.00\ \text{mL}$$
$$M_d = 0.0400\ M \quad \text{또는} \quad 4.00 \times 10^{-2}\ M$$

연속 희석법. (a) 정확히 알려진 농도의 용액을 부피 플라스크에 준비한다. 정확한 부피의 용액을 두 번째 부피 플라스크로 옮기고 이어서 희석한다. (b) 정확한 양의 제2용액을 제3 부피 플라스크에 옮기고 희석한다. 이 과정은 매회 더 희석된 용액을 제조할 때까지 여러 번 반복한다. 이 예에서, 농도는 각 단계에서 10배만큼 감소된다.

9.6 총괄성

겨울철 도로에 얼음이 어는 것을 방지하기 위해 소금을 뿌리는 것을 본 적 있을 것이다. 비슷한 목적으로 자동차의 라디에이터에 부동액을 첨가하기도 한다. 이러한 행동은 총괄성을 근거로 작용한다. **총괄성**(colligative property)은 용액 내 용해된 입자 수에 의존하되, 용해된 입자의 유형에 의존하지 않는 용액의 특성이다. 이 장에서 고려할 총괄성은 어는점 내림, 끓는점 오름, 삼투압이다.

어는점 내림

소금과 같은 물질이 물에 녹으면 물의 어는점이 낮아진다. 이 현상은 **어는점 내림**(freezing-point depression)이라고 알려져 있다. 이것은 겨울철 도로 위에 소금을 뿌리는 일과 같은 원리이다. 물의 어는점을 낮추면 물의 정상적인 어는점인 0°C일 때도 물이 얼지 않고 젖은 상태가 된다. 이와 마찬가지로, 자동차의 라디에이터에 있는 물에 부동액(일반적으로 에틸렌 글리콜)을 첨가하면 어는점이 낮아진다. 이는 냉각제가 물의 어는점 이하의 온도에서 액체로 남아 있게 한다.

물에 녹아 있는 용질의 양과 물의 어는점 내림 사이의 정량적 관계는 다음과 같이 표현된다.

$$\Delta T_f = K_f m \qquad [\text{|◀◀ 식 9.5}]$$

학생 노트
몰랄농도는 용질의 mol을 용매의 킬로그램으로 나눈 값임을 기억하자.

$$m = \frac{\text{용질의 mol}}{\text{용매의 kg}}$$

여기서, ΔT_f는 어는점이 낮아지는 정도(섭씨)이다. K_f는 물의 **어는점 내림 상수**(freezing-point depression constant)이며, 이는 1.86°C/m이다. 여기서 m은 용액의 농도이며, 몰랄농도로 표시된다. 식 9.5는 용질에 특정한 용어를 포함하지 않는다. 이는 어는점이 얼마나 떨어지는가를 결정하는 것은 용질의 유형이 아닌 농도임을 뜻한다.

예제 9.11은 식 9.5를 이용하여 수용액의 응고점을 계산하는 방법을 보여준다.

예제 9.11 수용액의 어는점 계산

에틸렌 글리콜[$HOCH_2CH_2OH$]은 일반적으로 자동차 부동액이다. 이것은 친수성이고 비휘발성(B.P. 197°C)이다. 2,075 g의 물 속에 11.04 mol의 에틸렌 글리콜이 들어 있는 용액의 어는점을 계산하시오.

전략 식 9.5를 사용해서 용액의 몰농도와 물의 K_f값(1.86°C/m)을 사용한다.

계획 $\dfrac{11.04\ \text{mol 에틸렌 글리콜}}{2.075\ \text{kg 물}} = 5.321\ m$ 에틸렌 글리콜

풀이 $\Delta T_f = K_f m = \dfrac{1.86°\text{C}}{\cancel{m}} \times 5.321\ \cancel{m} = 9.90°\text{C}$

물의 어는점은 0℃이므로, 어는점의 변화는 0℃에서 빼야 한다.

$$T_f = 0°\text{C} - 9.90°\text{C} = -9.90°\text{C}$$

생각해보기

항상 양의 값인 식 9.5(ΔT_f)의 결과는 새로운 어는점을 결정하기 위해 물의 원래 어는점(0℃)에서 빼야 한다는 점을 기억하자. 수용액의 어는점은 섭씨온도로 항상 음의 값이다.

추가문제 1 638 g의 물에 4.33 mol의 에틸렌 글리콜이 녹아 있는 용액의 어는점을 계산하시오.

추가문제 2 168 g의 물에 47.3 g의 에틸렌 글리콜이 녹아 있는 용액의 어는점을 계산하시오.

추가문제 3 다음의 그림은 같은 용질인 네 가지의 다른 수용액을 보여준다. 어느 용액의 어는점이 가장 낮은가?

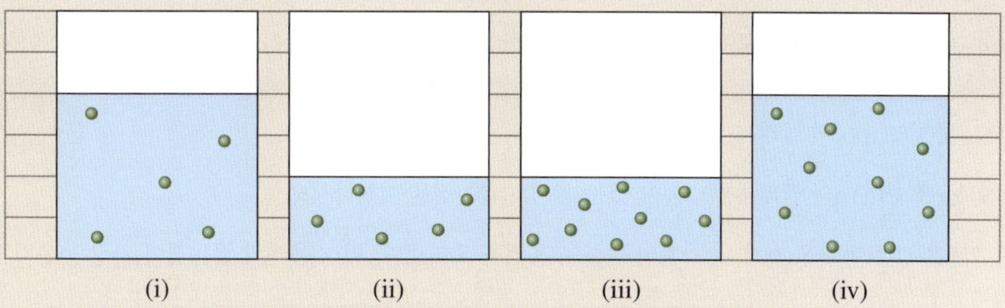

끓는점 오름

용질의 존재는 또한 끓는점에 영향을 준다. 비휘발성 물질[◀◀ 7.4절]을 물에 용해시켜 만든 용액은 100℃에서 끓는 순수한 물보다 높은 온도에서 끓는다. 이 현상을 **끓는점 오름**(boiling point elevation)이라고 한다. 실제로, 자동차 라디에이터에서 에틸렌 글리콜을 부동액으로 사용하는 목적은 두 가지이다. 즉, 어는점을 낮추고, 끓는점을 높여 냉각제가 액체 상태로 유지되는 온도 범위를 넓히기 위해서이다.

용액의 농도와 끓는점 오름 사이의 정량적인 관계는 다음과 같다.

$$\Delta T_b = K_b m \quad \text{[◀◀ 식 9.6]}$$

여기서, ΔT_b는 끓는점 오름의 온도(섭씨)이다. K_b는 0.512℃/m와 같은 물의 **끓는점 오름 상수**(boiling-point elevation constant)이다. m은 용액의 농도이며, 몰랄농도로 표시된다. 어는점 내림과 마찬가지로 끓는점 오름은 그 용질의 유형이 아니라 농도에 따라 달라지는 점에 유의하라.

예제 9.12는 식 9.6을 이용하여 수용액의 끓는점을 계산하는 방법을 보여준다.

학생 노트
몰랄농도는 용질의 mol을 용매의 킬로그램으로 나눈 값임을 기억하자.

$$m = \frac{\text{용질의 mol}}{\text{용매의 kg}}$$

예제 9.12 수용액의 끓는점 계산

글리세롤[$HOCH_2CH(OH)CH_2OH$]은 일반적으로 의약품과 개인 위생용품에 쓰이는 재료이다. 물 1,895 g에 글리세롤 7.75 mol이 녹아 있는 용액의 끓는점을 계산하시오.

전략 식 9.6을 이용해서 용액의 몰농도와 물의 K_b(0.52°C/m)를 이용한다.

계획

$$\frac{7.75\ \text{mol 글리세롤}}{1.895\ \text{kg 물}} = 4.0897\ m\ \text{글리세롤}$$

풀이

$$\Delta T_b = K_b m = \frac{0.512^\circ\text{C}}{\cancel{m}} \times 4.0897\ \cancel{m} = 2.09^\circ\text{C}$$

$$T_b = 100.00^\circ\text{C} + 2.09^\circ\text{C} = 102.09^\circ\text{C}$$

생각해보기

식 9.6을 이용해서 구한 용액의 끓는점을 물의 끓는점과 더해줘야 한다. 비휘발성 용질이 녹아 있는 수용액은 100°C 이상에서 끓는다.

추가문제 1 물 575 g에 3.65 mol의 글리세롤이 녹아 있는 용액의 끓는점을 계산하시오.

추가문제 2 물 2.50 kg에 3,165 g의 글리세롤이 녹아 있는 용액의 끓는점을 계산하시오.

추가문제 3 다음 그림은 같은 용질을 가진 네 가지의 다른 수용액을 보여준다. 어느 용액의 끓는점이 가장 높은가?

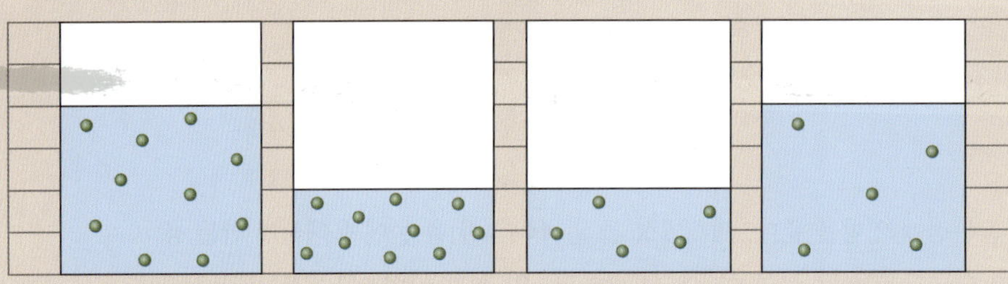

(i) (ii) (iii) (iv)

화학과 친해지기

얼음 용해 장치

9.4절에서 염화 소듐 같은 강전해질이 해리되면 용액에 이온이 전체적으로 분포된다는 것을 배웠다. 1 mol의 염화 소듐이 1 kg의 물에 녹아 있는 것과 1 mol의 설탕이 녹아 있는 비슷한 수용액을 비교하면, 용액에 용해되어 있는 용질의 입자가 2배 정도 차이가 난다. 총괄성은 용질의 입자 농도에 달려 있기 때문에 염화 소듐 용액의 어는점은 2배 낮고, 끓는점은 2배 높다. 게

다가 용액에서 해리되어 2개 이상의 이온을 갖는 강전해질이다. 염화 칼슘을 예로 들면 이것은 용액에서 해리되어 3개의 이온, 즉 Ca^{2+} 이온 하나와 Cl^- 이온 두 개를 갖는다.

$$CaCl_2(s) \longrightarrow Ca^{2+}(aq) + 2Cl^-(aq)$$

따라서 mol과 mol의 기준에서 염화 칼슘은 염화 소듐보다 더 낮은 어는점과 더 높은 끓는점을 갖는다. 염화 칼슘, 염화 마그네슘 및 아세트산소듐 등의 이온성 화합물들은 얼음을 녹이고, 물이 어는 것을 방지한다.

삼투압

수용액과 순수한 물이 **반투막**(semipermeable membrane)에 의해 분리되면, 이 막에 의해 물 분자는 통과할 수 있지만 용질은 통과할 수 없으므로 순수한 물에서 수용액 쪽으로 물 분자가 이동하게 된다. 이 과정을 **삼투**(osmosis)라고 한다. 그림 9.7은 이 과정을 보여준다. 그림 9.7에서 보이는 장치는 용매 쪽에 압력을 가함으로써 반투막을 통한 물의 흐름을 방지할 수 있다. 막을 가로지르는 물의 흐름을 멈추게 하는 데 필요한 압력을 용액의 **삼투압**(osmotic pressure)이라 한다. 용액의 농도가 클수록 삼투압은 높아진다.

삼투와 삼투압은 생물학적 시스템에서 매우 중요하다. 예를 들면, 인간의 혈액은 혈장에 적혈구(erythrocyte)가 포함되어 있으며, 단백질을 포함한 다양한 용질을 함유한 수용액이다. 각각의 적혈구에는 보호성 반투막이 있다. 용해된 물질의 농도는 막 내부(세포 내)와 외부(플라즈마 내)에서 같아야 하므로 세포로 또는 외부로 물의 이동이 없어야 한다. 그림 9.8은 적혈구가 다른 농도의 용해된 물질로 된 용액에 놓였을 때 적혈구가 어떻게 되는지를 보여준다. 인간 혈장의 삼투압은 적혈구의 손상을 방지하기 위해 매우 좁은 범위 내에서 유지되어야 한다. 이런 이유 때문에 정맥에 주사(혈류로 직접 주사)되는 대부분의 체액은 혈장 자체와 동일한 농도의 용해된 물질을 갖도록 유의하여 준비해야 한다.

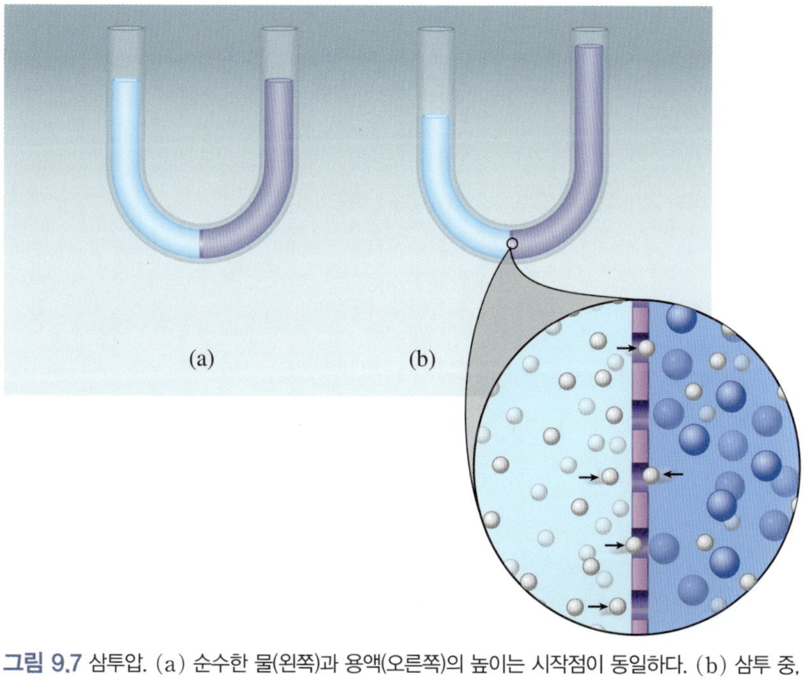

그림 9.7 삼투압. (a) 순수한 물(왼쪽)과 용액(오른쪽)의 높이는 시작점이 동일하다. (b) 삼투 중, 용액의 수위는 왼쪽에서 오른쪽으로 흐르는 물의 흐름에 따라 증가한다.

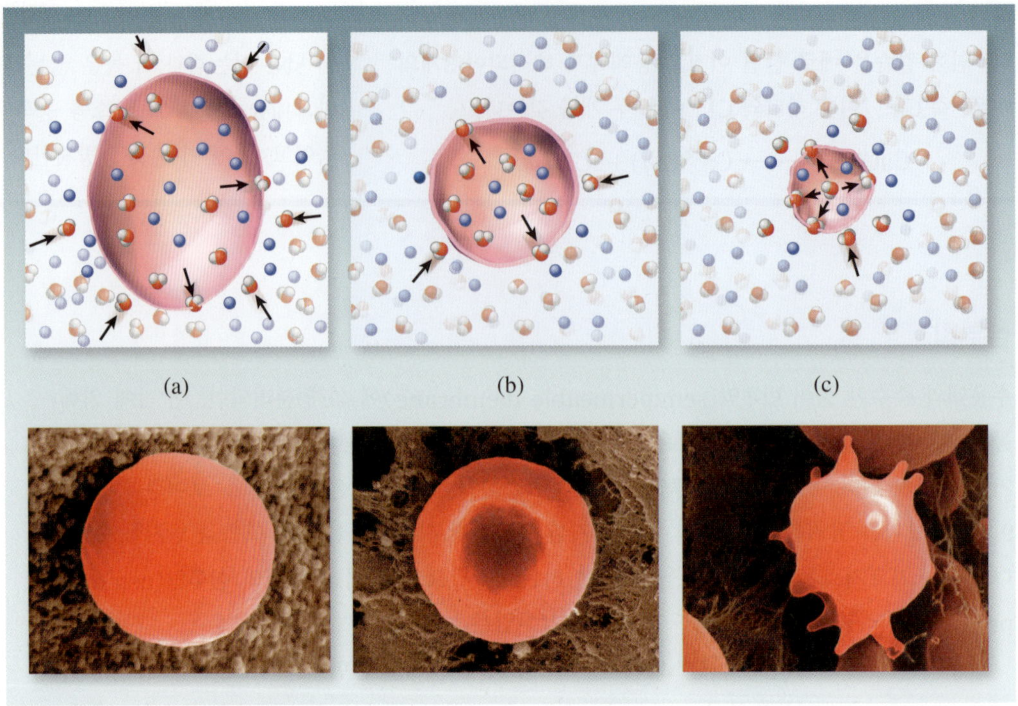

그림 9.8 (a) 적혈구는 세포 안의 농도보다 더 낮은 농도를 가진다. 물은 막을 통해 세포로 흘러 세포가 팽창하게 되고 나중엔 폭발하게 된다. (b) 적혈구는 세포 안과 같은 농도를 가진다. (c) 적혈구는 세포 안의 농도보다 높은 농도를 가진다. 물은 막을 통해 세포 밖으로 나가게 되어 세포가 수축되고 나중엔 붕괴된다.

용액에 포함된 용질의 몰 결정

이 책의 나머지 부분에서 가장 많이 접하게 될 농도의 단위는 몰농도이다. 수용액의 몰농도를 계산하고 표현할 수 있어야 한다. 주어진 양의 용액이 얼마나 많은 양의 용질을 포함하는지를 결정할 수 있다는 것은 매우 중요하다.

농도가 몰농도로 주어지면 단위를 간단하게 M으로 쓰는 것보다 리터당 mol(mol/L)로 쓰는 것이 단위 상쇄를 더 분명하게 보여준다. 예를 들면,

$0.150\ M$ 설탕 을 $\dfrac{0.150\ \text{mol 설탕}}{1\ \text{L 용액}}$ 으로 쓸 수 있다.

0.150 M은 3개의 유효 숫자를 가진다. 농도 1 L당 mol로 써도 여전히 3개의 유효 숫자가 있음을 기억하라. 분모의 1 L는 정확한 수이다.

만약 용액 2.80 L에 있는 용액의 mol을 구하라는 문제를 보면, 몰농도에 부피를 곱한다.

$$\frac{0.150\ \text{mol 설탕}}{1\ \cancel{\text{L 용액}}} \times 2.80\ \cancel{\text{L 용액}} = 0.420\ \text{mol 설탕}$$

실험실에서 부피 측정은 일반적으로 L보다 mL 단위로 한다. 이때 몰농도를 곱하기 전에 mL에서 L로 부피 단위를 변환해야 한다. 동일한 설탕 용액을 이용하는 다른 예를 보자. 0.150 M의 설탕 152 mL에는 몇 mol의 설탕이 있는가? 먼저 152 mL를 L로 단위 변환한다.

$$152\ \cancel{\text{mL}}\ \text{용액} \times \frac{1\ \text{L}}{1{,}000\ \cancel{\text{mL}}} = 0.152\ \text{L 용액}$$

그 다음 몰농도에 리터 단위의 부피를 곱하여 계산한다.

$$\frac{0.150\ \text{mol 설탕}}{1\ \cancel{\text{L 용액}}} \times 0.152\ \cancel{\text{L 용액}} = 0.0228\ \text{mol 설탕}$$

모든 단계를 한 줄로 결합하여 이러한 유형의 단위 변환 문제를 해결할 수 있다.

$$1.52\ \cancel{\text{mL 용액}} \times \frac{1\ \cancel{\text{L}}}{1{,}000\ \cancel{\text{mL}}} \times \frac{0.150\ \text{mol 설탕}}{1\ \cancel{\text{L 용액}}} \rightarrow 0.0228\ \text{mol 설탕}$$

또한 이러한 mol–부피–농도 관계를 사용하여 특정 양의 용질을 포함하는 용액의 양을 결정할 수 있다. 예를 들면, 0.765 mol의 설탕을 포함하는 이 용액의 부피는 얼마인가? 이 경우, 몰농도를 몰농도의 역수를 곱한 것과 같게 하여 mol로 나눈다.

$$0.765\ \cancel{\text{mol 설탕}} \times \frac{1\ \text{L 용액}}{0.150\ \cancel{\text{mol 설탕}}} = 5.10\ \text{L 용액}$$

그리고 밀리리터 단위로 답을 해야 한다면, mL로 환산하기 위해 한 단계 더(1,000 mL/1 L를 곱한다) 수행해야 한다.

주요 내용 문제

9.1
0.0180 M의 NaCl 용액 125 mL에 몇 mol의 NaCl이 들어 있는지 구하시오.
(a) 2.25 mol (b) 6.94 mol
(c) 0.00225 mol (d) 0.00694 mol
(e) 0.0180 mol

9.2
0.112 M의 포도당 용액 500.0 mL에 몇 mol의 포도당이 들어 있는지 구하시오.
(a) 0.0560 mol (b) 56.0 mol
(c) 4,460 mol (d) 0.000224 mol
(e) 2.24 mol

9.3
0.0379 mol의 포도당이 포함된 0.250 M의 포도당 용액의 부피를 구하시오.
(a) 6.60 mL (b) 660 mL
(c) 0.152 mL (d) 9.48 mL
(e) 152 mL

9.4
0.0180 M의 NaCl 용액 37.5 mL에 몇 g의 NaCl이 들어 있는지 구하시오(힌트: NaCl의 몰질량을 확인하시오).
(a) 67.5 g (b) 58.4 g
(c) 0.0394 g (d) 39.4 g
(e) 675 g

연습문제

9.1절: 용액의 일반적인 특성

9.1 용액에 대하여 정의하시오. 모든 용액은 액체인가?

9.2 다음 중 용액은 무엇인가?
(a) 자갈
(b) 스테인리스 스틸(철, 크로뮴 및 탄소의 금속 합금)
(c) 뜨거운 차
(d) 수돗물

9.3 다음의 각 용액에서 용질과 용매를 구분하시오.
(a) 에버 클리어(190–리큐르 주류; 95%(v/v) 에탄올과 5%(v/v) 물)
(b) 로즈골드(25% 구리와 75% 금 합금)
(c) 알코올[70%(v/v) 아이소프로판올(isopropanol)과 30%(v/v) 물]

9.4 다음 각 그림을 보고 불포화 용액, 포화 용액, 과포화 용액인지 식별하시오.

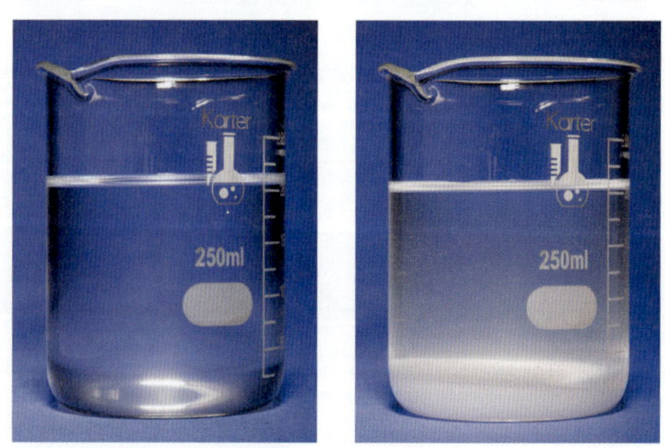

9.2절: 수용액의 용해도

9.5 NaCl과 같은 물질이 물에 용해된다면, 일정 양의 물에 용해가 될 수 있는 NaCl의 양에 제한이 없다는 것을 의미하는가? 설명하시오.

9.6 유사한 분자 간 힘을 보이는 물질은 일반적으로 서로 용해된다. $CH_3CH_2CH_2CH_2CH_3$가 가장 가용성이 높은 용매는 무엇인가?
(a) H_2O (b) NH_3 (c) C_6H_{14}

9.7 다음 물질들이 가용성인지 불용성인지 결정하시오.
(a) NaCl (b) KNO_3
(c) NH_4CN (d) AgCl

9.8 다음 물질들이 가용성인지 불용성인지 결정하시오.
(a) $AlPO_4$ (b) MgS
(c) KBr (d) CH_3COO

9.9 다음 음이온 중 어떤 것이 Na^+와 결합하여 가용성 화합물을 형성하는지 고르시오.
(a) CH_3COO^- (b) SO_4^{2-}
(c) CO_3^{2-} (d) OH^-

9.10 다음의 양이온 중 어떤 것이 OH^-와 결합할 때 물에 불용성 화합물을 형성하는가? 불용성 화합물이 형성될 것으로 기대되는 양이온에 대하여 형성된 화합물의 화학식을 쓰시오.
(a) NH_4^+ (b) Ni^{2+}
(c) Mg^{2+} (d) Li^+

9.3절: 용액의 농도

9.11 용액의 농도와 관련하여 질량 백분율을 정의하시오.

9.12 다음 각 용액의 질량 백분율을 계산하시오.
(a) 275 g의 H_2O에 있는 34.2 g의 KF
(b) 75.0 g의 H_2O에 있는 10.0 g의 CH_3CH_2OH
(c) 100.0 g의 H_2O에 있는 12.8 g의 LiOH

9.13 다음 각 용액의 질량 백분율을 계산하시오(단, 상온에서 물의 밀도는 1.0 g/mL).
(a) 1.0 L의 H_2O에 들어 있는 2.1 mol의 NaF
(b) 1.0 L의 H_2O에 들어 있는 2.1 mol의 K_3PO_4
(c) 1.0 L의 H_2O에 들어 있는 2.1 mol의 CH_3OH

9.14 다음의 수용액 375.0 g에 용해된 용질의 질량을 계산하시오.
(a) 13.6% 에틸렌 글리콜
(b) 9.65% 설탕
(c) 4.55% 탄산수소 소듐($NaHCO_3$)

9.15 다음의 용질 93.7 g을 포함한 각 수용액의 질량을 계산하시오.
(a) 7.44% HCl
(b) 0.351% $Fe(NO_3)_3$
(c) 8.33% H_2O_2

9.16 소듐 10.0 g을 포함하는 다음 수용액의 질량을 구하시오.
(a) 23.1% CH_3COONa
(b) 18.3% Na_3PO_4
(c) 13.7% Na_2SO_4

9.17 다음 용액의 몰랄농도를 구하시오.
(a) 100.0 g의 물에 들어 있는 10.0 g의 $C_3H_8O_2$(프로필렌 글리콜)
(b) 250.0 g의 물에 들어 있는 24.3 g의 포도당($C_6H_{12}O_6$)
(c) 250.0 g의 물에 들어 있는 24.3 g의 $Sr_3(PO_4)_2$

9.18 다음 용액의 몰랄농도를 구하시오.
(a) 355 g의 에탄올에 들어 있는 0.359 mol의 CH_3OH
(b) 479 g의 물에 들어 있는 0.293 mol의 $C_6H_{12}O_6$
(c) 479 g의 물에 들어 있는 0.293 mol의 NaCl

9.19 다음 용액의 몰랄농도를 구하시오. 상온에서 물의 밀도는 1.0 g/mL이다.
(a) 750.0 mL의 물에 들어 있는 3.48 mol의 포도당
(b) 675 mL의 물에 들어 있는 1.75 mol의 글리세롤
(c) 325 mL의 물에 들어 있는 4.76 mol의 용매

9.20 다음의 용질을 충분한 물에 녹여 용액 500.0 mL를 만들었을 때 각 용액의 몰농도를 구하시오.
(a) 0.119 mol의 설탕
(b) 0.497 mol의 에탄올
(c) 0.296 mol의 글리세롤

9.21 다음의 용질을 충분한 물에 녹여 용액 100.0 mL를 만들었을 때 각 용액의 몰농도를 구하시오.
(a) 2.79 g의 메탄올(CH_3OH)
(b) 24.2 g의 염화철(III)
(c) 345 g의 $Sr(BrO_3)_2$

9.22 1.55 mol의 I_2를 포함한 각 용액의 부피를 계산하시오.
(a) 0.113 M I_2
(b) 0.0273 M I_2
(c) 0.0786 M I_2

9.23 25.0 g의 K_3PO_4를 포함한 각 용액의 부피를 계산하시오.
(a) 0.0759 M K_3PO_4
(b) 0.118 M K_3PO_4
(c) 0.664 M K_3PO_4

9.24 750.0 mL의 용액에 용해되어 있는 다음의 각 용질의 질량을 구하시오.
(a) 2.45 M $C_6H_{12}O_6$
(b) 1.05 M $Ca(CH_3COO)_2$
(c) 0.00211 M CO_2

9.25 몰농도에서 몰랄농도로 단위를 변환하는 단계의 개요를 작성하시오.

9.26 황산(H_2SO_4) 용액의 농도는 18.4 M이다(밀도는 1.84 g/mL).
(a) 몰랄농도를 구하시오.
(b) 황산의 질량 백분율을 구하시오.

9.27 질산 용액(HNO_3)의 몰랄농도는 36.5 m이다(밀도는 1.41 g/mL).
(a) 몰농도를 구하시오.
(b) 질산의 질량 백분율을 구하시오.

9.28 FDA는 사람이 섭취하는 어류에 1 ppm 이하의 수은을 허용한다. 1 ppm을 질량 백분율(%)로 단위 변환하시오.

9.29 환경보호국은 음용수에 있는 불화물에 대해 4 ppm의 한도를 두었다(도시의 물 공급은 일반적으로 안전을 위해 1 ppm 수준에서 물을 불소화한다). 이러한 농도를 질량 백분율(%)로 단위 변환하시오.

9.4절: 용액의 구성

9.30 전해질과 비극성 전해질은 어떻게 다른지 서술하시오.

9.31 다음 물질이 전해질인지 비전해질인지 확인하시오.
(a) $Ca(ClO_4)_2$
(b) Na_2SO_4
(c) SrF_2
(d) 글리세롤($C_3H_8O_3$)

9.32 다음 그림 중 주어진 용질로부터 용액의 형성을 정확히 표현한 것은 어느 것인가? 그렇지 않은 것은 왜 그렇지 않은지 설명하시오.

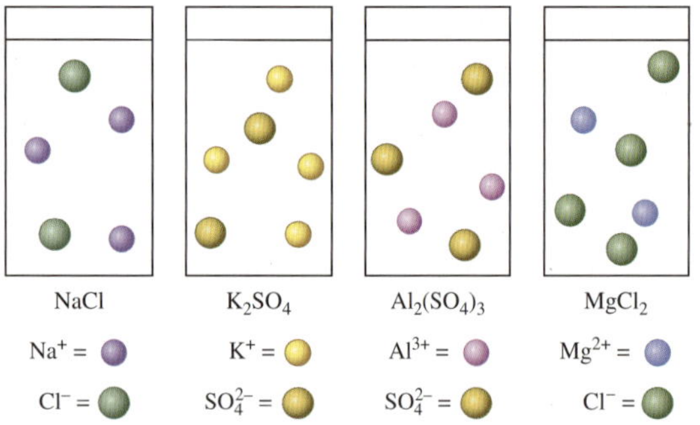

(a) (b) (c) (d)

9.33 문제 9.32에 나타난 것을 이용하여, 물에 용해되는 $Al_2(SO_4)_3$ 고체를 나타내는 분자를 그리시오[$Al_2(SO_4)_3$의 각각의 형태는 다른 두 가지 색을 가진 구로 나타내며 두 개의 도표를 사용하시오. 하나는 용해 전, 하나는 그 이후를 나타낸다].

9.34 다음의 각 용액에서 암모늄 이온의 몰농도를 구하시오.
(a) 0.10 M NH_4Cl
(b) 0.10 M $(NH_4)_2S$
(c) 0.10 M $(NH_4)_3PO_4$

9.35 100.0 mL의 0.100 M $MgCl_2$ 용액과 100.0 mL의 0.100 M $Mg_3(PO_4)_2$ 용액을 혼합하여 만든 용액에서 마그네슘 이온의 몰농도를 구하시오.

9.5절: 용액의 제조

9.36 농축과 희석의 용어가 무엇을 의미하는지 설명하시오.

9.37 고체 염화 소듐으로 제조해서 0.233 M 염화 소듐 용액 25.0 mL를 어떻게 준비하는지 자세하게 설명하시오.

9.38 0.355 M 질산루비듐 용액 500.0 mL를 제조하기 위해 필요한 질산루비듐 질량을 계산하시오.

9.39 1.00 M 질산 원액으로 시작해서 0.133 M 질산 용액 25.0 mL를 어떻게 준비하는지 자세하게 설명하시오.

9.40 0.255 M 질산 용액 100.0 mL를 준비하기 위해서 15.8 M 질산 원액은 몇 mL가 필요한가?

9.41 2.00 M 염화수소 원액으로 시작해서 네 가지 표준 용액(a~d) 각각 10.00 mL를 250.0 mL로 순차적으로 희석함으로써 준비한다. 각각의 용액에서 (a) 네 가지 모든 표준 용액의 농도와 (b) 염화수소의 mol을 결정하시오.

9.6절: 총괄성

9.42 용액의 총괄성의 의미와 이번 단원에 언급된 용액의 총괄성 목록을 설명하시오.

9.43 수용액이 표준 상태에서 0.0°C 이상의 어는점을 갖는 것이 가능한가? 설명하시오.

9.44 두 용액 모두 0.23 m 농도를 가진 염화 칼슘과 염화 소듐 용액은 왜 같은 온도에서 끓지 않는지 설명하시오.

9.45 다음의 용액을 끓는점이 증가하는 순서대로 정렬하시오.
3.9 m $SrCl_2$, 3.9 m $MgSO_4$, 3.9 m 에탄올(CH_3OH)

9.46 2.95 m 아이소프로판올 수용액의 어는점을 결정하시오.

9.47 789 g의 물에 글리세롤($C_3H_8O_3$) 355 g을 녹여서 구성한 용액의 어는점을 결정하시오.

9.48 6.99 m 글리세롤 수용액의 끓는점을 결정하시오.

9.49 745 g 아이소프로판올을 1,955 g 물에 녹여서 준비된 용액의 끓는점을 결정하시오.

9.50 첫 번째 그림은 또 다른 반투과성 막으로부터 분리된 수용액을 나타낸다. 다음 중 어느 것이 시간 경과에 따라 동일한 시스템을 나타낼 수 있는가?

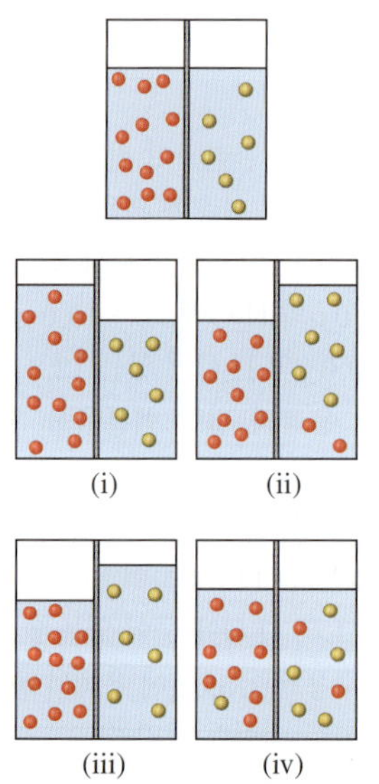

9.51 삼투압(π)은 M은 몰농도, R은 기체 상수, T는 절대온도를 나타내는 $\pi = MRT$라는 공식을 통해서 계산된다. 25°C에서 1.50 M의 에탄올과 2.00 M 설탕이 있는 용액의 삼투압(atm)을 결정하시오.

9.52 민감한 치아에 대한 처방으로 질량비 0.63%의 물에 녹인 플루오린화 주석(II) 용액이 사용된다(플루오린화 주석(II)은 흔히 불소 수지라고도 불린다). 사진(오른쪽 페이지)에서 보여지는 283.5 g에 존재하는 플루오린화 주석(II)은 몇 g인가? 플루오린 이온(F^-)은 통에 몇 mol이나 포함되어 있는가?

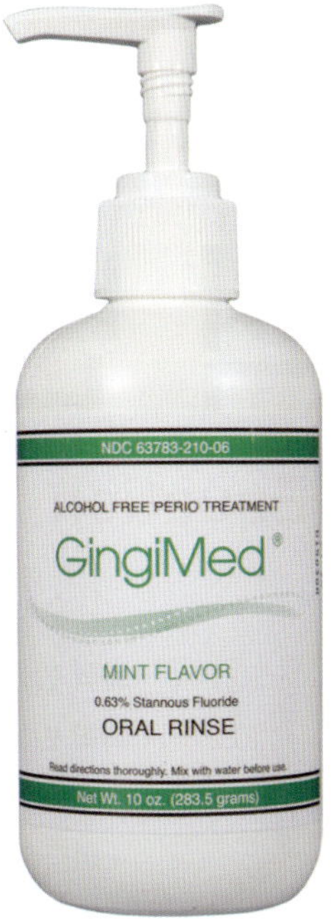

9.53 캐럿 단위는 금속 합금에서 액세서리를 만드는 데 사용되는 금의 양을 설명하기 위해 사용된다. 순수한 금은 24-캐럿으로 언급된다. 캐럿 단위는 질량 백분율과 유사하다. 단, 100 중에서 얼마나 있는지를 명시하는 것 대신에 24 중에서 얼마나 있는지에 대해 캐럿 단위로 명시한다. 다음과 같이 계산된다.

$$\text{캐럿 무게} = \frac{\text{금의 질량}}{\text{금속 합금의 전체 질량}} \times 24$$

(질량 백분율을 계산했던 공식의 유사성을 기록하시오)

(a) 화이트 골드는 금과 백금, 팔라듐, 은, 니켈과 같은 하얀색 금속 1개 이상의 합금이다. 만약 반지가 14캐럿 화이트 골드로 설명되어 있다면, 금은 반지의 몇 질량 백분율만큼 있는가?

(b) 로즈 골드는 무게에서 75% 금, 22.25% 구리, 2.75% 은으로 되어 있다. 금은 캐럿 단위로 얼마인가?

(c) 표준 18캐럿 금은 은과 구리의 무게가 동일하게 섞인 금의 합금이다. 18캐럿 금에서 은의 질량 백분율을 결정하시오.

예제 속 추가문제 정답

9.1.1 (a) 탄산칼륨, 가용성 (b) 질산바륨, 가용성 (c) 탄산암모늄, 가용성 (d) 황산바륨, 불용성 (e) 요오드화수은(I), 불용성 **9.1.2** (a) 크롬산칼슘, 가용성 (b) 인산나트륨, 가용성 (c) 아세트산바륨, 가용성 (d) 수산화칼륨, 가용성 (e) 크롬산스트론튬, 용해성 **9.2.1** (a) 17.0% $C_6H_{12}O_6$ (b) 9.88% CCl_4 (c) 14.8% $BaCl_2$ **9.2.2** (a) 0.0761% LiF (b) 0.167% K_2CO_3 (c) 0.0311% $Sr(ClO_3)_2$ **9.3.1** (a) 29.3 g $Cu(NO_3)_2$ (b) 70.4 g NH_4CN (c) 0.050 g NaCl **9.3.2** (a) 59.8 g (b) 154 g (c) 711 g **9.4.1** (a) 0.0787 M (b) 0.120 M (c) 0.841 M **9.4.2** (a) 0.0787 M (b) 0.0519 M (c) 0.365 M **9.5.1** (a) 286 mL (b) 270 mL (c) 177 mL **9.5.2** (a) 19.5 g (b) 5.32 g (c) 0.348 g **9.6.1** (a) 0.588 m (b) 0.0 286 m (c) 0.271 m **9.6.2** (a) 1.31 m (b) 0.288 m (c) 4.22 m **9.7.1** (a) 1.8 M (b) 1.9 m **9.7.2** 12.8% **9.8.1** (a) 0.200 M (b) 0.400 M (c) 0.600 M **9.8.2** 0.111 M **9.9.1** (a) 0.137 M (b) 9.18 L (c) 0.260 mol **9.9.2** (a) 0.707 M (b) 6.48 L (c) 16.1 mol **9.10.1** 21 mL **9.10.2** 3.8 L **9.11.1** −12.6℃ **9.11.2** −8.44℃ **9.12.1** 103.25℃ **9.12.2** 107.04℃

CHAPTER 10

화학 반응과 화학 반응식

Chemical Reactions and Chemical Equation

가장 쉽게 알려진 화학 반응 중 하나인 불은 백만 년 넘게 인간이 경험으로 얻은 지식이 되었다.

이 장의 목표

몇 가지 유형의 화학 반응, 화학 반응식을 사용하여 이를 표현하는 방법, 화학 반응식을 사용하여 문제를 해결하는 방법에 대해 배운다.

들어가기 전에 미리 알아둘 것

- 이성분 이온 결합 화합물의 식 [◀◀4.2절]
- 몰 개념 [◀◀5.1절]
- 몰질량 [◀◀5.2절]
- 4장 주요 내용 [158~159쪽]

이 책의 앞 장에서 원자 구조 및 아원자 입자의 수와 배열이 원자의 성질을 어떻게 다르게 하는지 배웠다. 원자의 성질은 서로가 어떻게 상호 작용하여 일상생활에서 매일 접하는 물질이 되는지를 결정한다. 이 장에서는 물질이 겪을 수 있는 화학적 변화와 화학 반응으로 알려진 이러한 변화를 화학 반응식으로 표현하는 방법에 대해 공부한다.

10.1 화학 반응 이해

화학 반응이 일어나고 있거나 일어났을 때 어떻게 알 수 있는가? 2장에서 화학 변화를 설명하기 위해 사용된 두 가지 예인 철의 제련과 케이크나 쿠키를 굽는 과정을 살펴보자. 그림 10.1(a)에서 보는 것처럼 말굽과 같은 철이 녹슬면 색깔과 표면 질감이 모두 크게 변한다. 새 말발굽은 회색이며 촉감이 부드럽다. 비교적 광택이 있고 표면이 단단하다. 반면 녹슨 말굽은 갈색으로 변하며 표면이 거칠고 벗겨지기 쉽다. 새 말굽의 철과 달리 녹슨 말굽 표면의 일부는 쉽게 긁어낼 수 있다. 말굽의 표면을 구성하는 물질은 화학적 변화를 겪는다. 말굽은 철에서 녹슨 철로 본질이 변했다. 이 변화는 철, 산소 및 물과 관련된 **화학 반응**(chemical reaction) 때문이다. 그림 10.1(b)는 케이크 반죽을 굽기 전과 후를 보여준다. 반죽에 있는 베이킹 소다는 수많은 작은 기포를 생성하는 화학 반응을 유발하여 케이크를 부풀어 오르게 한다. 이러한 예들은 화학 반응을 인식할 수 있는 몇 가지 방법을 설명한다. 색과 질감의 변화를 포함하여 물질의 성질이 변할 때나 서로 다른 종류의 물질이 결합할 때 기체가 생성되면 화학 반응이 일어났음을 알 수 있다. 화학 반응의 다른 증거로는 화염과 같은 열과 빛의 생성이 포함된다. 예를 들어, 나무를 태우는 것도 화학 반응이다.

학생 노트
화학 반응이 일어났다는 것은 항상 분명하지 않다. 특정 산성 수용액과 염기성 용액의 혼합은 뚜렷한 변화를 수반하지 않는 화학 반응의 예이며, 간단한 반응 이외의 기술을 사용하여 반응이 발생했는지를 결정해야 한다.

2장과 4장에서 Dalton의 원자 이론에 대한 두 가지 가설을 다음과 같이 배웠다.

1. 물질은 원자라 불리는 작은 입자들로 구성되어 있다. 주어진 원소의 모든 원자는 동일하다. 하나의 원소의 원자는 다른 원소의 원자와 다르다[◀◀2.2절].

그림 10.1 (a) 철의 녹 (b) 베이킹 소다를 넣은 케이크를 구울 때 부풀어 오르는 것은 화학 반응의 친숙한 예이다.

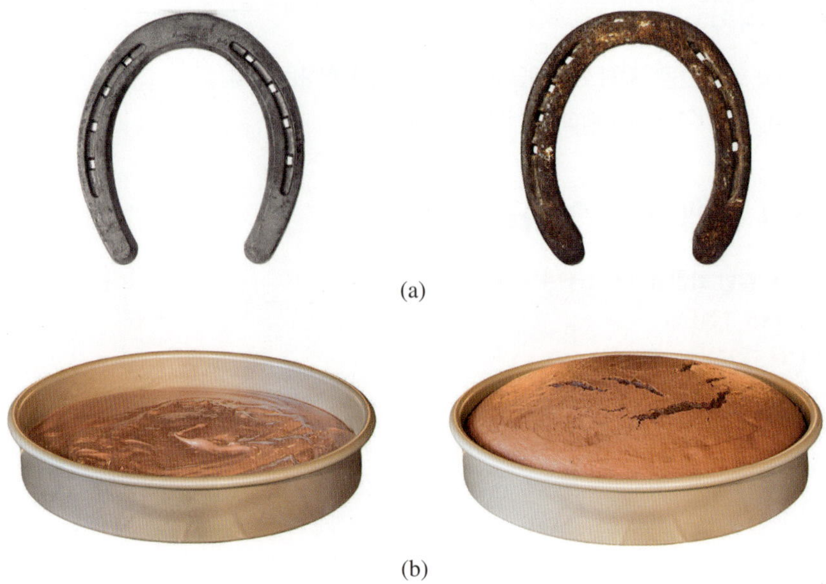

2. 화합물은 하나 이상의 원소로 이루어진 원자로 구성된다. 임의의 화합물에서 동일한 유형의 원자는 항상 상대적인 수가 동일하게 존재한다[|◀◀ 4.4절].

이제 Dalton의 세 번째 가설을 추가한다.

3. 화학 반응은 원자의 재배열을 일으키지만 원자의 생성 또는 파괴를 일으키지는 않는다.

다른 말로 표현하면, 반응 전 존재하는 원자는 반응 후에도 같은 원자로 존재한다는 것이다. 또한 원자는 특정 질량을 가지므로 화학 반응에 관련된 모든 원자의 질량은 반응 전후에 동일하다. 이것이 **질량 보존의 법칙**(law of conservation of mass)이다.

예제 10.1은 화학 반응의 증거를 확인하는 문제이다.

예제 10.1 화학 반응 확인

(a)의 그림은 액체 상태의 두 원소(초록색 및 빨간색 구로 표시)의 원자로 구성된 화합물을 보여준다. (b)에서 (d)까지의 그림 중 물리적 변화를 나타내는 것은 어느 것이고, 화학 반응을 나타내는 것은 어느 것인가?

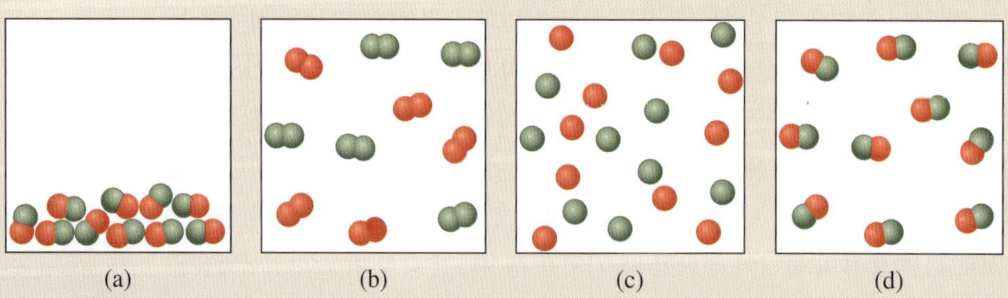

전략 물리적 변화와 화학 반응에 대한 논의를 검토한다. 물리적 변화는 물질의 정체성을 변화시키지 않지만 화학 반응은 물질의 정체성을 변화시킨다.

계획 (a)의 그림은 초록색과 빨간색 구로 표시되는 두 개의 서로 다른 원자를 포함하는 화합물의 분자로 구성된 물질을 보여준다. 그림 (b)는 같은 수의 빨간색 및 초록색 구를 포함하지만 (a)에서와 같이 배열되어 있지 않다. (b)에서 각 분자는 두 개의 동일한 원자로 구성되어 있다. 이들은 화합물의 분자가 아니라 원소의 분자이다. 그림 (c)에는 (a)와 동일한 수의 빨간색 및 초록색 구가 들어 있다. 그러나 (c)에서 모든 원자는 독립된 구체로 보여진다. 이들은 화합물의 분자가 아니라 원소의 원자이다. 그림 (d)에서 구는 각각 하나의 빨간색 및 하나의 초록색 구를 포함하는 분자로 배열된다. (d)의 분자는 서로 멀리 떨어져 있지만 (a)에서 보이는 것과 같은 분자이다.

풀이 그림 (b)와 (c)는 화학 반응, 그림 (d)는 물리적 변화를 나타낸다.

생각해보기

화학 반응은 물질의 본질을 변화시킨다. 물리적 변화는 그렇지 않다.

추가문제 1 다음 중 화학 반응을 나타내는 것은?

(a) 물의 증발

(b) 물을 생성하기 위한 수소와 산소 기체의 조합

(c) 물에 설탕 용해

(d) 염화 소듐(식용)을 구성 원소인 소듐과 염소로 분리

(e) 이산화탄소와 물을 생산하기 위한 설탕의 연소

추가문제 2 왼쪽의 그림은 반응이 진행되기 전 상황을 보여준다. 다음 중 어느 그림[(i)~(iv)]이 화학 반응에 따른 현상을 나타내는가?

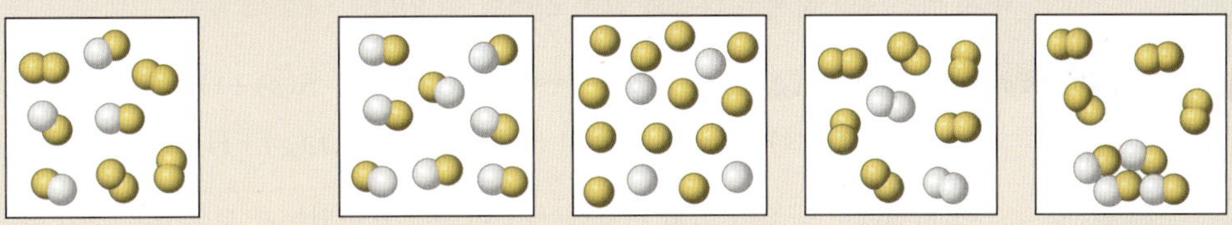

(i) (ii) (iii) (iv)

추가문제 3 왼쪽 그림은 반응의 결과를 나타낸다. 반응이 화학 반응이라면 어떤 그림[(i)~(iii)]이 출발 물질을 나타내는가?

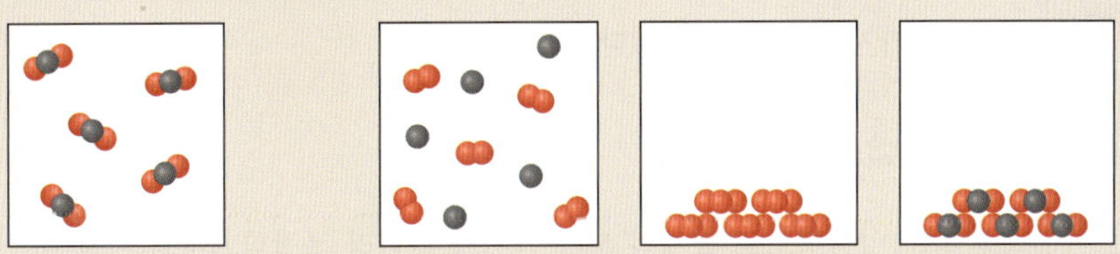

(i) (ii) (iii)

10.2 화학 반응식에서의 화학 반응 표현

화학 반응식(chemical equation)은 화학 반응에서 일어나는 현상을 나타내기 위해 화학 기호를 사용한다. 우리는 화학자가 화학 기호를 사용하여 원소와 화합물을 표현하는 방법을 보았다. 이제 화학자들이 화학 반응식을 사용하여 화학 반응을 어떻게 표현하는지 살펴볼 것이다.

화학 반응식은 화학적 서술(chemical statement)을 나타낸다. 화학 반응식을 볼 때 문장처럼 읽는 것이 유용할 수 있다. 다음을 읽어보자.

$$NH_3 + HCl \longrightarrow NH_4Cl$$

"암모니아는 염화수소와 반응하여 염화 암모늄을 생성한다." 다음을 읽어보자.

$$CaCO_3 \longrightarrow CaO + CO_2$$

"탄산 칼슘은 산화 칼슘과 이산화탄소를 생성한다." 따라서 더하기 기호는 단순히 "반응하여"라는 단어로 해석할 수 있으며, 화살표는 "생성한다"라는 문구로 해석할 수 있다.

화학 반응식을 해석하는 것 외에도 반응을 나타내는 화학 반응식을 작성할 수 있어야 한다. 예를 들어, 황과 산소가 반응하여 이산화 황을 생성하는 과정에 대한 반응식은 다음과 같다.

$$S + O_2 \longrightarrow SO_2$$

마찬가지로, 삼산화 황과 물이 반응하여 황산을 생성하는 반응식을 다음과 같이 쓸 수 있다.

$$SO_3 + H_2O \longrightarrow H_2SO_4$$

학생 노트
다음 장의 일부 문제는 반응물과 생성물의 상태가 명시된 경우에만 해결할 수 있다. 화학 반응식에 반응물과 생성물의 상태를 기입하는 습관을 갖는 것이 좋다.

화살표 왼쪽에 나타나는 각 화학종들을 **반응물**(reactant)이라고 한다. 반응물은 화학 반응 과정에서 소비되는 물질이다. 화살표 오른쪽에 나타나는 각 화학종들은 **생성물**(product)이라고 한다. 생성물은 화학 반응 중에 형성되는 물질이다.

화학자들은 일반적으로 반응식의 각 항목 다음에 괄호 안에 이탤릭체 문자로 된 반응물과 생성물의 물리적 상태를 나타낸다. 기체, 액체 및 고체는 각각 (g), (l) 및 (s)로 표시된다. 물속에 녹아 있는 화학종은 수용액(aqueous solution)이라고 말하고 (aq)로 표시한다. 이전에 주어진 반응식의 예제는 다음과 같이 작성할 수 있다.

학생 노트
학생들은 익숙하지 않은 화학 반응이 만드는 생성물을 결정하는 것이 두렵고 어려울 수 있다. 이 장과 11장에서는 화학 반응의 패턴을 인식하고 여러 가지 반응 유형의 생성물을 추론하는 방법을 배운다.

$$NH_3(g) + HCl(g) \longrightarrow NH_4Cl(s) \qquad S(s) + O_2(g) \longrightarrow SO_2(g)$$

$$CaCO_3(s) \longrightarrow CaO(s) + CO_2(g) \qquad SO_3(g) + H_2O(l) \longrightarrow H_2SO_4(l)$$

이 시점에서 물질이 화학 반응식에서 어떻게 표현되는지 토론하는 것이 유용하다. 화합물은 이온성이든 분자성이든 관계없이 화학식으로 표현된다. 그러나 자유로운 원소(결합되지 않은 원소)는 다양한 형태로 존재하고 일부 원소는 여러 형태로 존재할 수 있기 때문에 이를 표현하는 두 가지 다른 방법이 있다.

학생 노트
이온성 화합물의 경우, 화학식은 일반적으로 실험식이다.
[◀◀ 4.4절]

금속

금속은 일반적으로 별개의 분자 단위가 아니라 복잡한 3차원 원자 네트워크로 존재하기 때문에 항상 화학 반응식에서 실험식을 사용한다. 실험식은 원소를 나타내는 기호와 같다. 예를 들어, 철의 실험식은 원소 기호와 동일한 Fe이다.

비금속

화학 반응식에서 비금속의 표현에 관한 단일 규칙은 없다. 예를 들어, 탄소는 여러 가지 다른 형태로 존재한다. 형태에 관계없이 화학 반응식에서 탄소 원소를 표현하기 위해 실험식 C를 사용한다. 종종 기호 C는 괄호 안의 특정 형식을 표시한다. 따라서 두 가지 탄소 형태를 C(흑연)와 C(다이아몬드)로 나타낸다.

다원자 분자로 존재하는 비금속의 경우, 일반적으로 반응식에 H_2, N_2, O_2, F_2, Cl_2, Br_2, I_2, P_4와 같은 분자식을 사용한다. 그러나 황의 경우 분자식 S_8이 정확하고 때때로 사용되기도 하지만 분자식 S_8보다는 보통 실험식 S를 사용한다.

비활성 기체

모든 비활성 기체는 고립된 원자로 존재하므로 He, Ne, Ar, Kr, Xe, Rn의 기호를 사용한다.

준금속

준금속은 금속과 마찬가지로 일반적으로 복잡한 3차원 네트워크를 갖기 때문에 B, Si, Ge 등의 기호를 실험식으로 나타낸다.

화학 반응식은 또한 물리적 과정을 나타내기 위해 사용된다. 예를 들어, 물에 용해되는 설탕($C_{12}H_{22}O_{11}$)은 다음의 화학 반응식으로 표현될 수 있는 물리적인 과정[◀◀ 4.1절]이다.

$$C_{12}H_{22}O_{11}(s) \xrightarrow{H_2O} C_{12}H_{22}O_{11}(aq)$$

반응식의 화살표 위의 H_2O는 물질을 물에 용해시키는 과정을 나타낸다. 수식이나 기호는 간략하게 생략하기도 하지만 화학 반응식의 화살표 위에 쓰면 반응이 일어나는 조건을 나타낼 수 있다. 예를 들어, 화학 반응식에서

$$2KClO_3(s) \xrightarrow{\Delta} 2KCl(s) + 3O_2(g)$$

기호 Δ는 $KClO_3$가 반응하여 KCl 및 O_2를 형성하기 위해 열에너지의 첨가가 필요하다는 것을 나타낸다.

10.3 균형 맞춤 화학 반응식

지금까지 배운 것에 기초하여, 수소 기체와 산소 기체가 폭발적으로 반응하여 물을 형성하는 화학 반응식을 쓰면 다음과 같다.

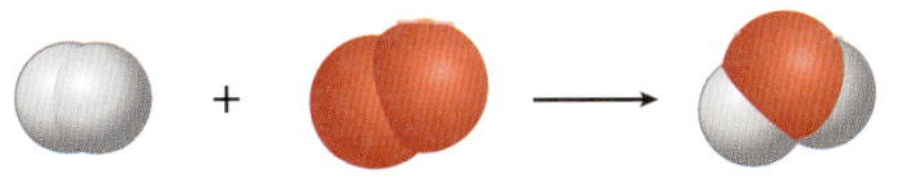

$$H_2(g) + O_2(g) \longrightarrow H_2O(l)$$

그러나 이 반응식은 4개의 원자(2개의 H와 2개의 O)가 반응하여 단지 3개의 원자(2개의 H와 1개의 O)를 생성하기 때문에 질량 보존의 법칙을 위반한다. 질량 보존 법칙은 Dalton의 세 번째 가설을 말하는 또 다른 방법으로, 그것은 원자가 생성되거나 파괴될 수 없다는 것이다.

반응식은 각 종류의 원자가 반응 화살표의 양쪽에 나타나도록 균형을 이루어야 한다. 균형은 적절한 **화학량론적 계수**[stoichiometric coefficient, 종종 **계수**(coefficient)라고도 함]를 화학식의 왼쪽에 쓰면 된다. 이 경우 $H_2(g)$와 $H_2O(l)$의 왼쪽에 계수 2를 쓴다.

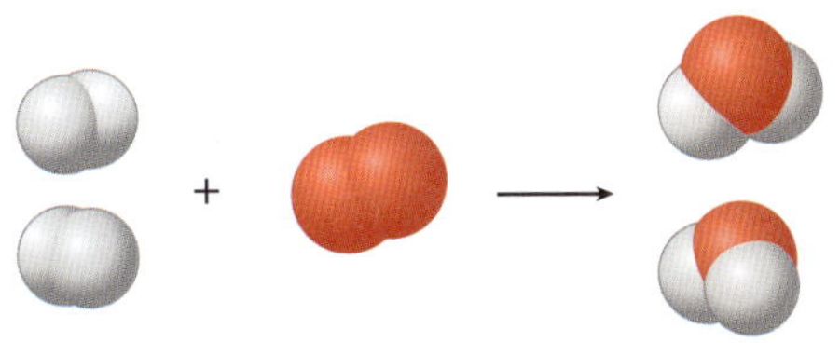

$$2H_2(g) + O_2(g) \longrightarrow 2H_2O(l)$$

화살표의 양쪽에는 4개의 H 원자와 2개의 O 원자가 있다. 화학 반응식의 균형을 맞출 때, 화학식 아래첨자가 아닌 화학식 앞에 오는 계수만 변경할 수 있다. 아래첨자의 숫자를 변경하면 반

응과 관련된 식이 변경된다. 예를 들어, 생성물을 H_2O에서 H_2O_2로 바꾸면 반응식의 양쪽에 있는 원자의 개수는 같아지지만, 균형을 맞추기 위해 정한 반응식은 수소 기체와 산소 기체의 조합으로 물(H_2O)을 형성하는 것이 아니라 과산화수소(H_2O_2)가 된다. 또한 화학 반응식에 균형을 맞추기 위해 다른 반응물이나 다른 생성물을 추가할 수 없다. 이렇게 하면 잘못된 반응을 나타내는 반응식이 된다. 화학 반응식은 정성적인 화학적 상태를 변경하지 않고 정량적으로 정확해야 한다.

화학 반응식의 균형을 잡으려면 시행 착오적인 접근이 필요하다. 특정 반응물 또는 생성물의 계수를 변경하고 나중에 다시 변경해야 하는 경우가 있다. 일반적으로 다음과 같은 작업을 수행하면서 균형을 맞추는 과정이 수월하다.

1. 원소(예: O_2)의 계수를 변경하기 전에 화합물(예: CO_2)의 계수를 변경하자.
2. 구성 원자를 개별적으로 세기보다는 반응식의 양쪽에 나타나는 다원자 이온(예: CO_3^{2-})을 단위로 취급하자.
3. 원자 또는 다원자 이온을 세심하게 세고, 계수를 변경할 때마다 숫자를 검토하자.

학생 노트
연소란 산소가 있는 상태에서 타는 것을 말한다. 뷰테인과 같은 탄화수소의 연소는 이산화탄소와 물을 생성한다.

뷰테인의 연소를 위한 화학 반응식의 균형을 맞추기 위해서, 먼저 화살표의 양쪽에 있는 각 유형의 원자 수를 조사한다.

$$C_4H_{10}(g) + O_2(g) \longrightarrow CO_2(g) + H_2O(g)$$

$$4-C-1$$
$$10-H-2$$
$$2-O-3$$

먼저 C 원자는 왼쪽에 4개가 있고, 오른쪽에 1개가 있다. H 원자는 왼쪽에 10개, 오른쪽에 2개가 있다. O 원자는 왼쪽에 2개, 오른쪽에 3개가 있다. 첫 번째 단계에서는 생성물 쪽의 $CO_2(g)$ 앞에 계수 4를 배치한다.

$$C_4H_{10}(g) + O_2(g) \longrightarrow 4CO_2(g) + H_2O(g)$$

$$4-C-4$$
$$10-H-2$$
$$2-O-9$$

이는 아래와 같이 원자의 수가 변경된다. 따라서 반응식은 탄소에 대해 균형을 이루지만, 아직 수소와 산소는 균형을 이루지 않았다. 다음으로, 생성물 쪽의 $H_2O(g)$ 앞에 계수 5를 놓고 양측의 원자 수를 다시 센다.

$$C_4H_{10}(g) + O_2(g) \longrightarrow 4CO_2(g) + 5H_2O(g)$$

$$4-C-4$$
$$10-H-10$$
$$2-O-13$$

이제 반응식은 탄소와 수소의 균형이 맞추어졌다. 산소만 균형을 맞추면 된다. 반응식의 생성물 쪽에 13개의 O 원자가 있다(CO_2 분자에 8개, H_2O 분자에 5개). 따라서 반응물 쪽에 13개의 O 원자가 필요하다. 산소 분자가 2개의 O 원자를 포함하기 때문에 $O_2(g)$ 앞에 $\frac{13}{2}$의 계수를 배치한다.

$$C_4H_{10}(g)+\frac{13}{2}O_2(g) \longrightarrow 4CO_2(g)+5H_2O(g)$$

4−C−4
10−H−10
13−O−13

반응식의 양쪽에 동등한 수의 각 원자 종류가 있으면 이 반응식은 이제 균형을 이룬다. 그러나 이제 가능한 가장 작은 정수 계수로 균형 반응식을 만들어야 한다. 각 계수에 2를 곱하면 모든 정수와 최종 균형 맞춤 반응식을 얻을 수 있다.

> **학생 노트**
> 균형 맞춤 반응식은 어떤 의미에서는 수학적으로 평형이다. 어떤 숫자로 곱하거나 나눌 수 있으며 평형은 여전히 유효하다.

$$2C_4H_{10}(g)+13O_2(g) \longrightarrow 8CO_2(g)+10H_2O(g)$$

8−C−8
20−H−20
26−O−26

예제 10.2와 10.3을 통해 화학 반응식을 작성하고 균형을 맞추는 연습을 해보자.

예제 10.2 화학 반응식의 작성과 균형 맞추기

과염소산 바륨과 물을 생성하기 위한 수산화 바륨과 과염소산의 반응에 대한 화학 반응식을 쓰고 균형을 맞추시오.

모든 반응물과 생성물의 화학식과 물리적 상태를 결정하고, 이것을 올바른 화학적 상태를 만드는 화학 반응식을 쓰는 데 사용하자. 마지막으로, 생성된 화학 반응식의 계수를 조정하여 반응 화살표 양쪽에 각각의 원자 유형이 동일한지 확인하자.

반응물은 $Ba(OH)_2$ 및 $HClO_4$이고, 생성물은 $Ba(ClO_4)_2$와 H_2O이다. 수용액 반응이기 때문에 H_2O를 제외한 모든 화학종은 반응식에서 (aq)로 표시한다. H_2O는 액체이므로 (l)로 표시한다.

> **학생 노트**
> 이름에서 화합물의 화학식을 추론하는 방법을 검토할 수 있다[|◀◀ 4.3절 및 4.5절].

풀이 "수산화 바륨과 과염소산이 반응하여 과염소산 바륨과 물을 생성하는" 화학적 서술은 다음과 같은 불균형 반응식으로 나타낼 수 있다.

$$Ba(OH)_2(aq)+HClO_4(aq) \longrightarrow Ba(ClO_4)_2(aq)+H_2O(l)$$

과염소산 이온(ClO_4^-)은 반응식의 양쪽에 나타나므로 포함된 개별 원자를 세는 것이 아니라 단위로 계산한다. 따라서 원자와 다원자 이온의 계수는 다음과 같다.

$$Ba(OH)_2(aq)+HClO_4(aq) \longrightarrow Ba(ClO_4)_2(aq)+H_2O(l)$$

1−Ba−1
2−O−1 (ClO_4^- 이온의 O 원자는 고려하지 않는다)
3−H−2
1−ClO_4^-−2

바륨 원자는 이미 균형을 이루고 있으며 $HClO_4(aq)$ 앞에 2의 계수를 두면 과염소산 이온의 수와 균형이 맞는다.

$$Ba(OH)_2(aq)+2HClO_4(aq) \longrightarrow Ba(ClO_4)_2(aq)+H_2O(l)$$

1−Ba−1
2−O−1 (ClO_4^- 이온의 O 원자는 고려하지 않는다)
4−H−2
2−ClO_4^-−2

$H_2O(l)$ 앞에 계수 2를 두면 O와 H 원자의 균형을 맞춰서 최종 균형 맞춤 반응식을 얻게 된다.

$$Ba(OH)_2(aq)+2HClO_4(aq) \longrightarrow Ba(ClO_4)_2(aq)+2H_2O(l)$$

1−Ba−1

2−O−2 (ClO_4^- 이온의 O 원자는 고려하지 않는다)

4−H−4

2−ClO_4^-−2

생각해보기

반응식에서 각 원소의 개수를 세어 균형이 맞추어졌는지 확인한다.

1−Ba−1

10−O−10

4−H−4

2−Cl−2

추가문제 1 프로페인(C_3H_8)의 연소(즉, 프로페인 기체와 산소 기체의 반응으로 이산화탄소 기체 및 수증기 생성) 반응에 대한 화학 반응식을 작성하고 균형을 맞추시오.

추가문제 2 황산과 수산화 소듐이 물과 황산 소듐으로 반응하는 화학 반응식을 쓰고 균형을 맞추시오.

추가문제 3 옆 그림에 나타낸 연소 반응에 대한 균형 맞춤 반응식을 작성하시오.

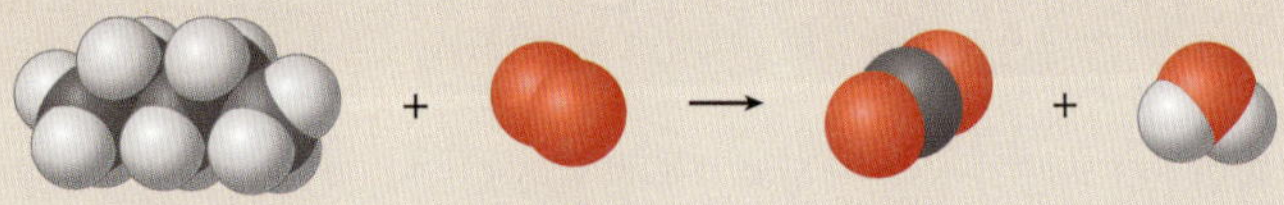

예제 10.3 연소 반응을 위한 화학 반응식의 작성과 균형 맞추기

뷰티르산(뷰탄산, $C_4H_8O_2$이라고도 함)은 유지방에서 발견되는 많은 화합물 중 하나이다. 1869년에 썩은 냄새가 나는 버터에서 처음으로 분리된 뷰티르산은 잠재적인 항암제로 최근 많은 관심을 받았다. 뷰티르산 대사의 균형 맞춤 반응식을 쓰시오. 신진대사와 연소의 전체 과정이 동일하다고 가정하자(즉, 이산화탄소와 물을 생산하기 위한 산소와의 반응).

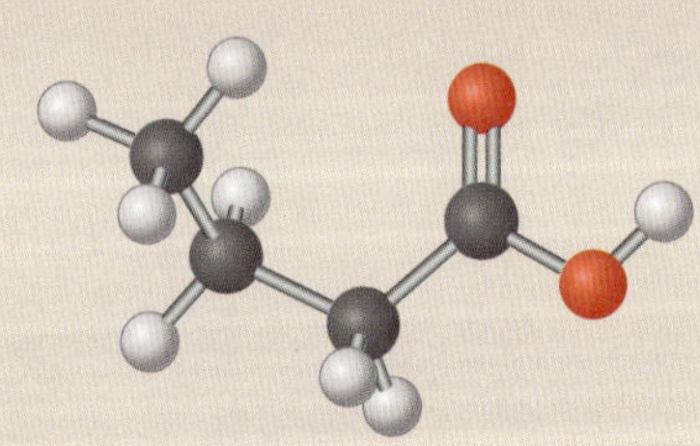

뷰티르산

전략 문제에서 언급한 것과 같이 반응물과 생성물의 조합을 나타내는 불균형 반응식을 작성한 다음 반응식의 균형을 잡는다.

계획 이러한 맥락에서의 신진대사는 CO_2 기체와 H_2O 수증기를 생성하기 위해 $C_4H_8O_2$ 수용액과 O_2 기체의 조합을 의미한다. ('수증기'라는 단어는 일반적으로 응축 상태에 존재하는 물질의 기체 상태를 나타내는 데 사용된다. 물은 일반적으로 액체이기 때문에 기체 상태를 수증기라고 함)

풀이

$$C_4H_8O_2(aq)+O_2(g) \longrightarrow CO_2(g)+H_2O(g)$$

CO_2 계수를 1에서 4로 변경하여 C 원자 수의 균형을 맞춘다.

$$C_4H_8O_2(aq)+O_2(g) \longrightarrow 4CO_2(g)+H_2O(g)$$

H_2O의 계수를 1에서 4로 변경하여 H 원자 수의 균형을 맞춘다.

$$C_4H_8O_2(aq)+O_2(g) \longrightarrow 4CO_2(g)+4H_2O(g)$$

마지막으로, O_2에 대한 계수를 1에서 5로 변경하여 O 원자 수의 균형을 맞춘다.

$$C_4H_8O_2(aq)+5O_2(g) \longrightarrow 4CO_2(g)+4H_2O(g)$$

생각해보기

반응식이 적절하게 균형을 이루고 있는지 확인하기 위해 반응 화살표의 양쪽에 있는 원자의 수를 센다. 반응물과 생성물에는 4개의 C, 8개의 H, 12개의 O가 있으므로 반응식은 균형을 이룬다.

추가문제 1 항암 및 항비만 기능을 가지고 유지방에서 발견되는 화합물은 리놀레산(CLA, $C_{18}H_{32}O_2$)이다. CLA의 신진대사에서 유일한 생성물은 CO_2 기체와 H_2O 수증기라고 가정하고 균형 맞춤 반응식을 작성하시오.

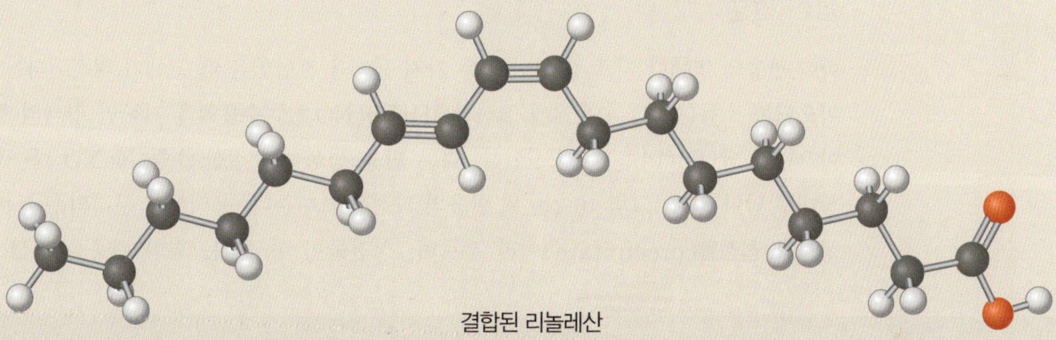

결합된 리놀레산

추가문제 2 암모니아 기체와 고체 구리(II) 산화물을 조합하여 구리 금속, 질소 기체 및 물을 형성하는 균형 맞춤 반응식을 작성하시오.

추가문제 3 그림 중 왼쪽에 보이는 화합물은 이산화질소와 반응하여 오른쪽에 보이는 화합물과 아이오딘을 형성한다. 반응에 대한 균형 맞춤 반응식을 쓰시오.

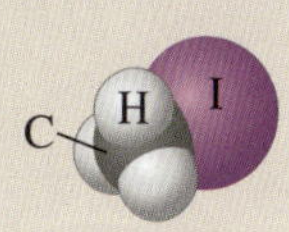

아이오딘화 메틸

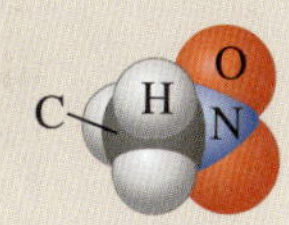

나이트로메테인

화학과 친해지기

물질 대사의 화학량론

탄수화물과 지방은 소화계의 작은 분자들로 분해된다. 탄수화물은 포도당($C_6H_{12}O_6$)과 같은 단순한 당으로 분해되고, 지방은 지방산과 글리세롤($C_3H_8O_3$)로 분해된다. 소화 과정에서 생성된 작은 분자는 일련의 복잡한 생화학 반응에 의해 연속적으로 소비된다. 단순한 당류와 지방산의 대사는 비교적 복잡한 과정을 거치지만 결과는 기본적으로 연소 과정과 동일하다. 즉, 단순한 당류와 지방산이 산소와 반응하여 이산화탄소, 물 및 에너지를 생성한다. 포도당의 신진대사를 위한 균형 맞춤 화학 반응식은 다음과 같다.

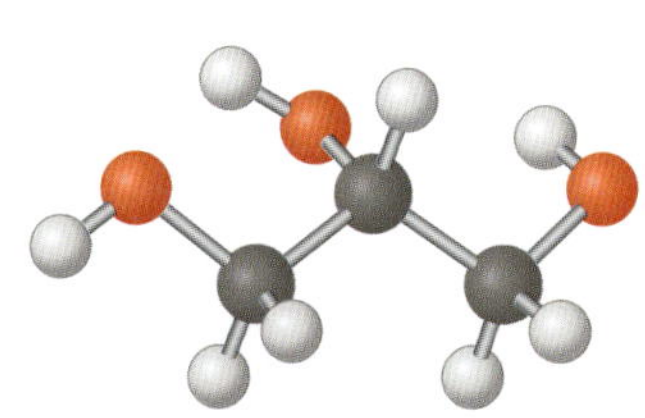

글리세롤

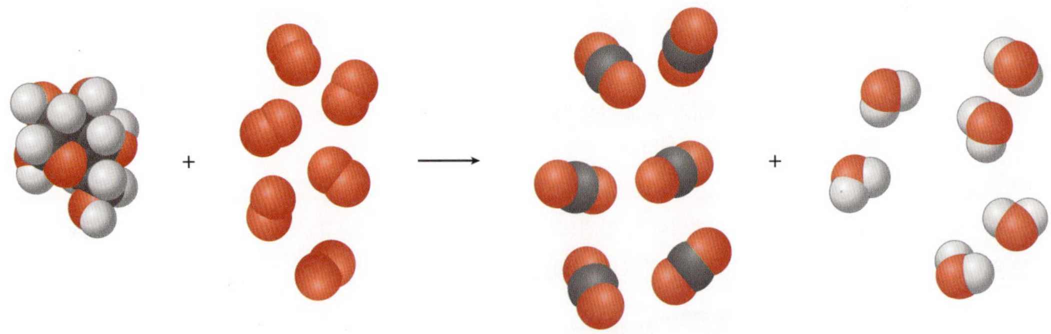

$$C_6H_{12}O_6(aq) + 6O_2(g) \longrightarrow 6CO_2(g) + 6H_2O(g)$$

10.4 화학 반응의 유형

이 절에서는 수용액에서 일어나는 몇 가지 유형의 반응과 균형 맞춤 화학 반응식을 사용하여 반응을 나타내는 방법을 살펴볼 것이다.

침전 반응

화학 반응의 명백한 지표 중 하나는 두 가지 용액을 혼합했을 때 고체가 형성된다는 것이다. 아이오딘화 소듐(NaI) 수용액에 질산납(II)[$Pb(NO_3)_2$] 수용액을 가하면 황색의 불용성인 아이오딘화 납(II)(PbI_2)이 형성된다. 다른 반응 생성물인 질산 소듐($NaNO_3$)은 용액에 이온 상태로 남아 있다. 그림 10.2는 위 반응의 과정을 보여준다. 용액에서 분리되는 불용성 고체 생성물을 **침전물**(precipitate)이라 부르며, 침전물이 형성되는 화학 반응을 **침전 반응**(pre-

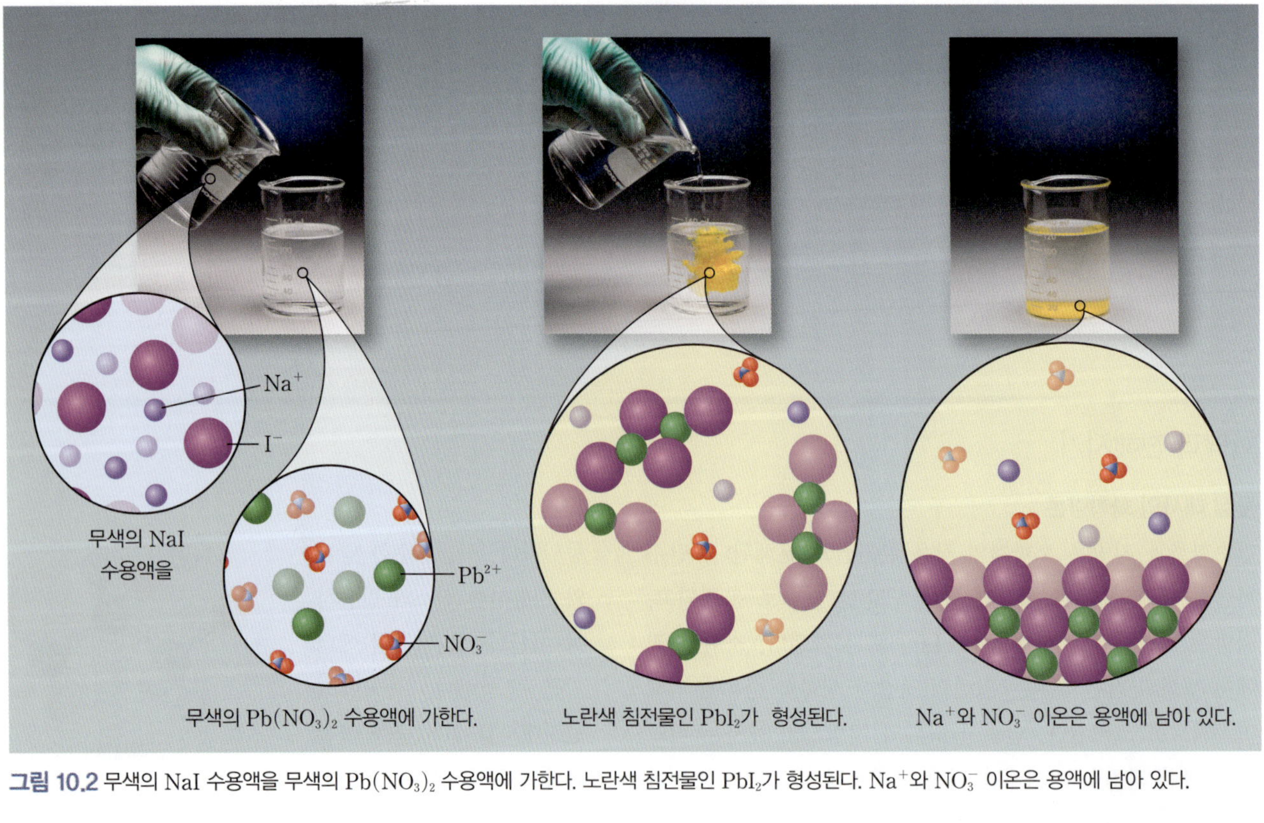

그림 10.2 무색의 NaI 수용액을 무색의 $Pb(NO_3)_2$ 수용액에 가한다. 노란색 침전물인 PbI_2가 형성된다. Na^+와 NO_3^- 이온은 용액에 남아 있다.

cipitation reaction)이라 한다. 침전 반응은 일반적으로 이온성 화합물을 포함하지만, 전해질의 두 가지 용액을 혼합할 때마다 침전물이 형성되지는 않는다. 대신, 두 용액을 섞을 때 침전물이 형성되는지 여부는 생성물의 용해도에 달려 있다. 9장의 용해도 규칙을 사용하여 침전물 형성을 예측해야 하므로, 여기에서 이것들을 검토할 것이다.

용해도 규칙 재검토

그림 10.3은 일반적으로 용해성인 이온성 화합물에 대한 용해도 규칙을 보여준다. 그림 10.4는 일반적으로 용해되지 않는 이온성 화합물에 대한 용해도 규칙을 보여준다.

예제 10.4를 통해 이온성 화합물이 가용성인지 불용성인지 결정하는 연습을 해보자.

예제 10.4 이온성 화합물의 가용성/불용성 결정

다음 화합물들을 가용성 또는 불용성으로 분류하시오.

(a) $AgNO_3$ (b) $CaSO_4$ (c) K_2CO_3

전략 각 화합물이 가용성일 것으로 예상되는지 여부를 결정하기 위해 그림 10.3과 10.4의 규칙을 사용한다.

계획 (a) $AgNO_3$는 질산 이온(NO_3^-)을 포함한다. 그림 10.3에 따르면 질산 이온을 포함한 모든 화합물은 가용성이다.

(b) $CaSO_4$는 황산 이온(SO_4^{2-})을 포함한다. 그림 10.3에 따르면 양이온이 Ag^+, Hg_2^{2+}, Pb^{2+}, Ca^{2+}, Sr^{2+}, Ba^{2+}가 아니면 황산 이온을 포함한 화합물은 가용성이다. 따라서 Ca^{2+} 이온은 불용성에 해당하는 예 중 하나이다.

(c) K_2CO_3는 알칼리 금속 양이온(K^+)을 포함하고 있는데, 이는 그림 10.3에 따라 불용성 예외가 없다. 또한 그림 10.4는 탄산염 이온(CO_3^{2-})을 포함한 대부분의 화합물이 불용성이지만 K^+와 같은 1족 양이온을 포함한 화합물은 가용성 예외임을 보여준다.

풀이 (a) 가용성 (b) 불용성 (c) 가용성

생각해보기

각 화합물의 이온을 그림 10.3과 10.4의 정보와 대조하여 올바른 결론을 이끌어냈는지 확인하자.

추가문제 1 다음 화합물들을 가용성 또는 불용성으로 분류하시오.

(a) $PbCl_2$ (b) $(NH_4)_3PO_4$ (c) $Fe(OH)_3$

추가문제 2 다음 화합물들을 가용성 또는 불용성으로 분류하시오.

(a) $MgBr_2$ (b) $Ca_3(PO_4)_2$ (c) $KClO_3$

추가문제 3 그림 10.3과 10.4를 사용하여 두 가지 다른 불용성 이온성 화합물의 침전을 일으키는 수용액을 황산 철(III) 수용액에 가할 때 화합물을 확인하시오.

분자 반응식

그림 10.2의 반응은 화학 반응식으로 나타낼 수 있다.

$$Pb(NO_3)_2(aq) + 2NaI(aq) \longrightarrow 2NaNO_3(aq) + PbI_2(s)$$

이 화학 반응식을 바탕으로 금속 양이온은 음이온을 교환하는 것처럼 보인다. 즉, 원래 NO_3^- 이온과 짝을 이루는 Pb^{2+} 이온은 I^- 이온과 짝을 이룬다. 유사하게, 원래 I^- 이온과 쌍을 이룬 각각의 Na^+ 이온은 NO_3^- 이온과 쌍을 이룬다. 두 개의 가용성 이온성 화합물이 이온을 교환하는 이러한 유형의 반응은 **이중 치환 반응**(double-displacement reaction)으로 알려져 있다. 이 반응식은 **분자 반응식**(molecular equation)이라고 불리며, 분자 반응식은 화학 반응식으

그림 10.3 일반적으로 용해성인 화합물의 흐름도

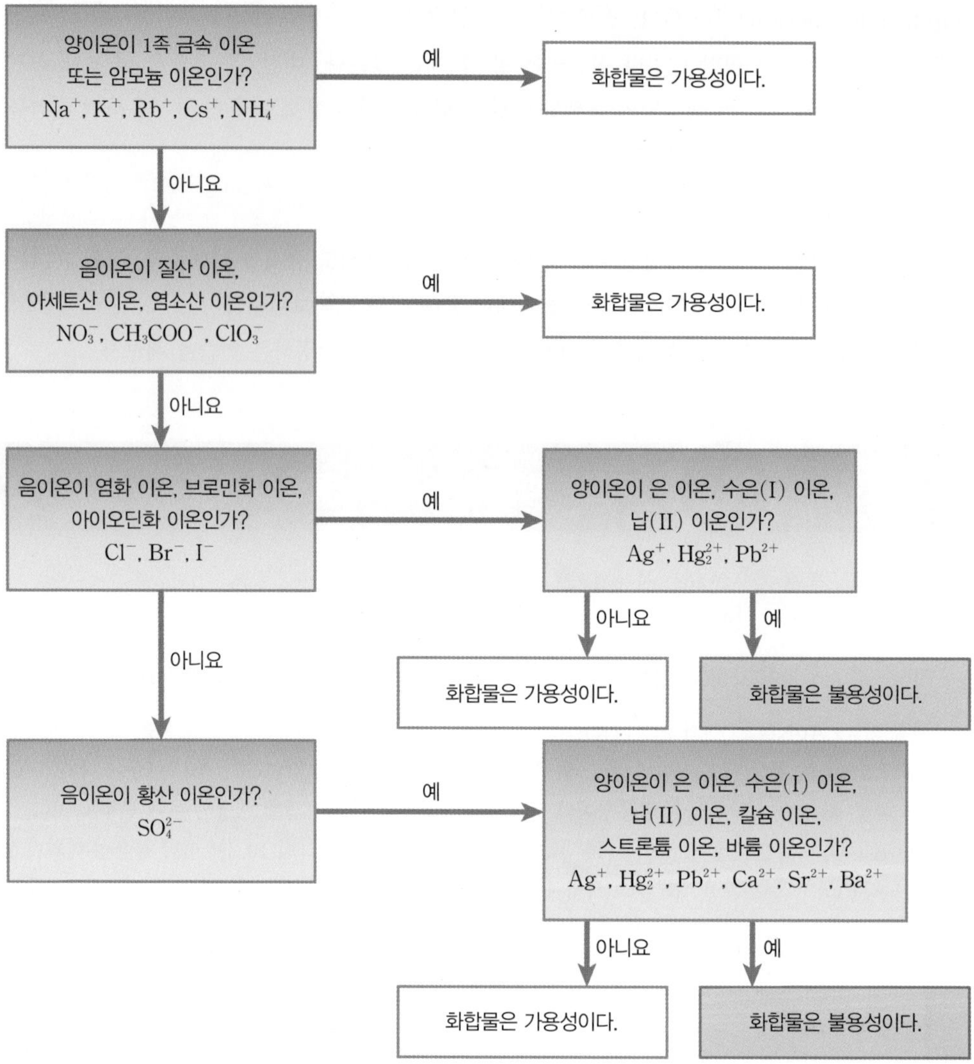

그림 10.4 일반적으로 불용성인 화합물의 흐름도

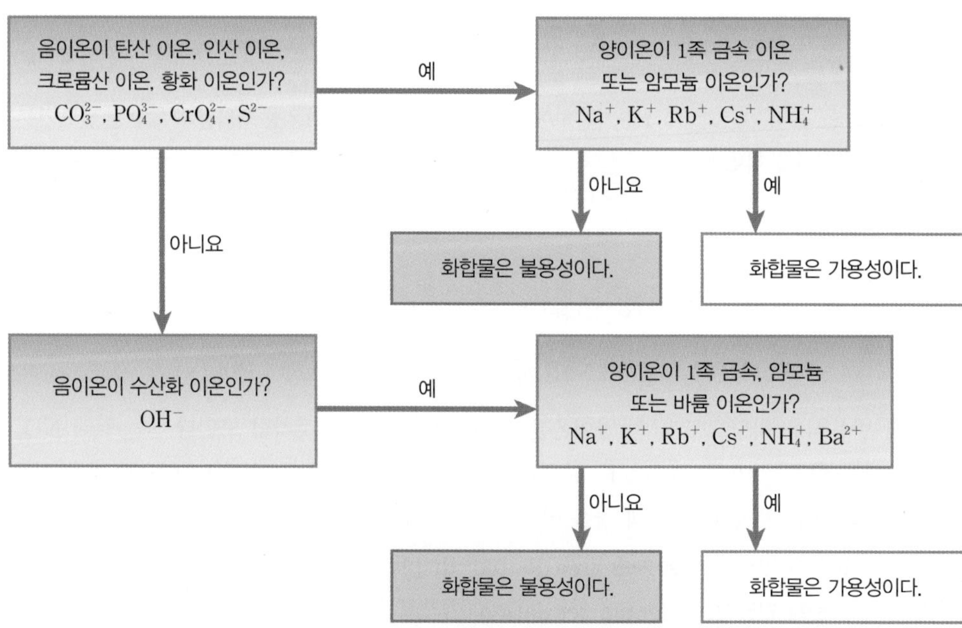

로 표현되는 모든 화합물로 작성된 화학 반응식으로, 분자 또는 화학식 단위로 용액에 존재하는 것처럼 보이게 한다.

이제 여러분은 이런 유형의 화학 반응에서 생성물을 예측할 만큼 충분한 화학을 알게 되었다. 황산나트륨과 수산화바륨의 수용액을 혼합하는 예를 고려해보자. 반응물에 대한 화학식을 쓰는 것으로 시작하시오[|◀◀ 4.3절].

$$Na_2SO_4(aq) + Ba(OH)_2(aq) \longrightarrow$$

다음은 각 반응물을 구성되어 있는 이온으로 분리한다. 이를 제대로 하려면 화학식에서 다원자 이온[표 4.6]을 포함한 이온을 식별해야 한다(반응물을 색상으로 구분하면 이온을 추적하는 데 도움이 된다).

$$Na_2SO_4(aq) + Ba(OH)_2(aq)$$

$$2Na^+(aq) + SO_4^{2-}(aq) + Ba^{2+}(aq) + 2OH^-(aq)$$

양이온 1 음이온 1 양이온 2 음이온 2

한 반응물의 양이온과 다른 반응물의 음이온을 결합하여 생성물의 화학식을 쓰시오.

$$NaOH \quad + \quad BaSO_4$$

양이온 1 음이온 2 양이온 2 음이온 1

그러면 화학 반응식은 다음과 같다.

$$Na_2SO_4(aq) + Ba(OH)_2(aq) \longrightarrow 2NaOH + BaSO_4$$

반응식의 균형은 맞췄지만[|◀◀ 10.3절], 아직 생성물의 괄호 안에 상태를 넣지 않았다.

이러한 반응의 결과를 예측하는 마지막 단계는 용액 중에서 어느 것이 생성될 것인지 결정하는 것이다. 이온성 화합물에 대한 용해도 규칙을 사용하여 이를 수행한다(그림 10.3 및 10.4). 첫 번째 생설물(NaOH)은 1족 양이온(Na^+)을 포함하고 있어 가용성이 될 것이나. 그때 이 상태를 (aq)로 나타낸다. 두 번째 생성물($BaSO_4$)은 황산 이온(SO_4^{2-})을 포함하고 있다. 황산 이온성 화합물은 양이온이 Ag^+, Hg^{2+} 2, Pb^{2+}, Ca^{2+}, Sr^{2+}, Ba^{2+}가 아니면 가용성이다. 따라서 $BaSO_4$는 불용성이며, 침전이 될 것이다. 이러한 상태들을 다음과 같이 나타낸다.

$$Na_2SO_4(aq) + Ba(OH)_2(aq) \longrightarrow 2NaOH(aq) + BaSO_4(S)$$

전체 이온 반응식

분자 방정식은 특히 실험실에서 어떤 용액을 합칠지를 고려하는 관점에서는 유용하지만, 용액에서 실제로 일어나는 일을 가장 현실적으로 표현한 것은 아니다. 가용성 이온 화합물은 강전해질[|◀◀ 9.4절]이기 때문에 용액에서 화학식 단위로가 아니라 수화된 이온으로 존재한다. 따라서 $Na_2SO_4(aq)$와 $Ba(OH)_2(aq)$의 반응에서 수용액 속에 포함된 화학종을 별도의 수용액 속에 포함된 이온으로 표현하는 것이 더 현실적일 것이다.

$$Na_2SO_4(aq) \longrightarrow 2Na^+(aq) + SO_4^{2-}(aq)$$

$$Ba(OH)_2(aq) \longrightarrow Ba^{2+}(aq) + 2OH^-(aq)$$

$$NaOH(aq) \longrightarrow Na^+(aq) + OH^-(aq)$$

만일 용해된 화합물을 수화된 이온으로 나타내는 반응식으로 다시 쓰려면 다음과 같이 나타낸다.

$$2Na^+(aq) + SO_4^{2-}(aq) + Ba^{2+}(aq) + 2OH^-(aq) \longrightarrow 2Na^+(aq) + 2OH^-(aq) + BaSO_4(s)$$

이 반응식을 **전체 이온 반응식**(complete ionic equation)이라고 하며, 용액 내에서 이온으로 완전하게 또는 주로 존재하는 화합물을 이온으로 표현하는 화학 반응식이다. 불용성이거나 분자 반응식에서와 같이 분자가 완전히 또는 우세하게 용액에 존재하는 화학종은 화학식으로 표현한다.

알짜 이온 반응식

$Na^+(aq)$와 $OH^-(aq)$는 $Ba(OH)_2(aq)$와 $Na_2SO_4(aq)$의 반응에 대한 전체 이온 반응식에서 반응물과 생성물 양쪽에서 나타난다. 반응식 화살표의 양쪽에 나타나는 이온은 반응에 참여하지 않기 때문에 **구경꾼 이온**(spectator ion)이라고 부른다. 반응식에서 양쪽에 있는 동일한 상수를 약분하는 것과 같이, 구경꾼 이온이 화살표 양쪽에 존재하기 때문에 구경꾼 이온을 화학 반응식에 나타내지 않아도 된다.

$$\cancel{2Na^+(aq)} + SO_4^{2-}(aq) + Ba^{2+}(aq) + \cancel{2OH^-(aq)} \longrightarrow \cancel{2Na^+(aq)} + \cancel{2OH^-(aq)} + BaSO_4(s)$$

학생 노트
알짜 이온 반응식에서 반응물이 어느 쪽으로 쓰여질지라도, 양이온이 먼저 표시되고 음이온이 두 번째로 표시되는 것이 일반적이다.

구경꾼 이온을 제거하면 다음 반응식이 만들어진다.

$$Ba^{2+}(aq) + SO_4^{2-}(aq) \longrightarrow BaSO_4(s)$$

이 반응식을 **알짜 이온 반응식**(net ionic equation)이라고 하며, 실제로 반응에 포함된 화학종만 나타내는 화학 반응식이다. 위의 알짜 이온 반응식은 황산 소듐과 수산화 바륨의 용액을 결합할 때 실제로 일어나는 현상을 말해준다.

침전 반응에 대한 분자, 전체 이온 및 알짜 이온 반응식을 결정하는 데 필요한 단계는 다음과 같다.

1. 양이온과 음이온이 교환된다고 가정하여 생성물을 예측하여 분자 반응식을 작성하고 균형을 맞춘다.
2. 강전해질을 구성하는 이온을 분리하여 전체 이온 반응식을 작성한다.
3. 반응식의 양쪽에서 구경꾼 이온을 확인한 후 제거하여 알짜 이온 반응식을 작성한다.

만일 반응의 두 생성물 모두 강전해질인 경우, 용액의 모든 이온은 구경꾼 이온이다. 이 경우 알짜 이온 반응식은 없으며 반응은 일어나지 않는다.

예제 10.5는 분자, 전체 이온 및 알짜 이온 반응식의 결정을 단계적으로 풀어내는 방법을 보여준다.

예제 10.5 분자, 전체 이온 및 알짜 이온 반응식 쓰기

아세트산 납(II)[$Pb(CH_3COO)_2$]과 염화 칼슘($CaCl_2$)의 수용액이 결합할 때 발생하는 분자, 전체 이온 및 알짜 이온 반응식을 쓰시오.

전략 이온 교환과 반응식의 균형 맞춤을 통해 생성물을 예측한다. 그림 10.3과 그림 10.4의 용해도 규칙에 따라 침전될 생성물을 결정한다. 강전해질을 나타내는 반응식을 이온으로 다시 쓰고, 구경꾼 이온을 확인하고 제거한다.

계획 반응의 생성물은 $PbCl_2$ 및 $Ca(CH_3COO)_2$이다. $PbCl_2$는 불용성이다. 왜냐하면 Pb^{2+}는 일반적으로 용해되는 염화물에 대한 불용성 예외 중 하나이기 때문이다. 모든 아세트산은 용해되기 때문에 $Ca(CH_3COO)_2$는 가용성이다.

풀이 분자 반응식:

$$Pb(CH_3COO)_2(aq) + CaCl_2(aq) \longrightarrow PbCl_2(s) + Ca(CH_3COO)_2(aq)$$

전체 이온 반응식:

$$Pb^{2+}(aq)+2CH_3COO^-(aq)+Ca^{2+}(aq)+2Cl^-(aq) \longrightarrow PbCl_2(s)+Ca^{2+}(aq)+2CH_3COO^-(aq)$$

알짜 이온 반응식: $Pb^{2+}(aq)+\cancel{2CH_3COO^-}(aq)+\cancel{Ca^{2+}}(aq)+2Cl^-(aq) \longrightarrow PbCl_2(s)+\cancel{Ca^{2+}}(aq)+\cancel{2CH_3COO^-}(aq)$

전체 이온 반응식에서 구경꾼 이온을 지우면 다음과 같다.

$$Pb^{2+}(aq)+2Cl^-(aq) \longrightarrow PbCl_2(s)$$

생각해보기

화합물 내의 이온에 대한 전체 전하는 0이 되어야 함을 기억하자. 생성물에 대한 올바른 화학식을 작성하고 작성한 반응식의 균형이 맞는지 확인하자. 반응식의 균형을 맞추는 데 어려움이 있는 경우 생성물이 올바른 화학식으로 되어 있는지 확인하자.

추가문제 1 $Sr(NO_3)_2(aq)$와 $Li_2SO_4(aq)$의 결합에 대해 분자, 전체 이온 및 알짜 이온 반응식을 작성하시오.

추가문제 2 $KNO_3(aq)$와 $BaCl_2(aq)$의 결합에 대해 분자, 전체 이온 및 알짜 이온 반응식을 작성하시오.

추가문제 3 다음 그림 중 질산 바륨과 인산 포타슘 수용액을 동일한 농도 및 부피로 혼합했을 때의 결과를 가장 잘 나타내는 것은?

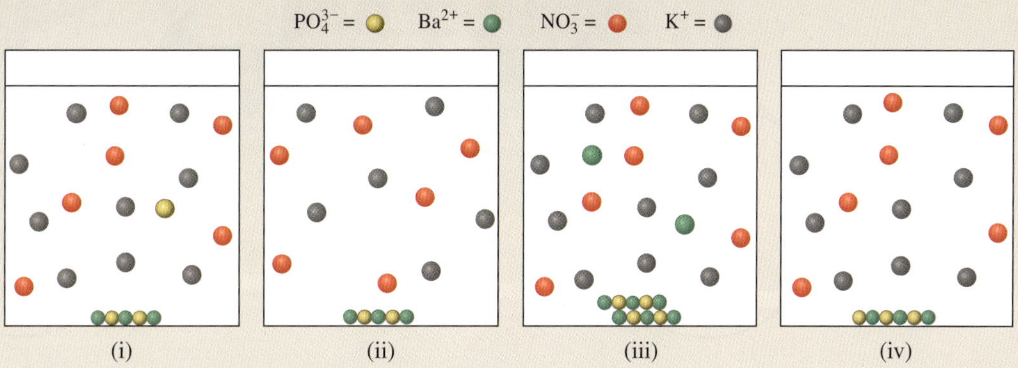

산-염기 반응

4장에서 산이 물에 녹으면 수소 이온, H^+를 생성하는 물질이라는 것을 알았다. **염기**(base)는 물에 녹으면 수산화 이온 OH^-를 생성하는 물질이다. 일상 생활에서 산과 염기를 자주 접한다(그림 10.5). 예를 들어, 아스코브산은 비타민 C로도 알려져 있다. 아세트산은 신맛과 독특한 식초 냄새를 내는 성분이다. 염산은 일반적으로 수영장을 청소하는 데 사용된다. 또한 위액(위산)의 주성분이기도 하다. 많은 세척제에서 발견되는 암모니아와 배수구 세척제에서 발견되는 수산화 소듐은 일반적으로 염기이다.

중화 반응(neutralization reaction)은 산과 염기 사이의 반응이다. 일반적으로, 수용액에서 산-염기 반응은 물과 **염**(salt)을 생성하는데, 염은 염기로부터의 양이온과 산으로부터의 음이온으로 구성된 이온성 화합물이다. 일반적으로 소금으로 알고 있는 물질인 NaCl이 그 예이다. 다음은 산-염기 반응의 생성물이다.

$$HCl(aq)+NaOH(aq) \longrightarrow H_2O(l)+NaCl(aq)$$

그러나 위의 산, 염기 및 염은 모두 강전해질이기 때문에 용액 내에서 이온으로 존재한다. 전체 이온 반응식은 다음과 같다.

$$H^+(aq)+Cl^-(aq)+Na^+(aq)+OH^-(aq) \longrightarrow H_2O(l)+Na^+(aq)+Cl^-(aq)$$

그림 10.5 일반적인 산과 염기. 왼쪽에서 오른쪽으로 수산화소듐(NaOH), 아스코르브산($H_2C_6H_6O_6$), 염산(HCl), 아세트산(CH_3COOH) 및 암모니아(NH_3). HCl은 이온성 화합물이 아니지만, 강전해질이며 용액 전체에 H^+와 Cl^- 이온으로 존재한다.

알짜 이온 반응식은 다음과 같다.

$$H^+(aq) + OH^-(aq) \longrightarrow H_2O(l)$$

여기서 Na^+와 Cl^- 둘 다 구경꾼 이온이다. 화학량론적으로 같은 양[|◀◀ 10.3절]의 HCl과 NaOH를 사용하여 앞의 반응을 수행한다면 남은 산이나 염기가 없는 중성의 염 수용액이 될 것이다. 다음은 분자 반응식으로 대표되는 산-염기 중화 반응의 예이다.

$$HNO_3(aq) + KOH(aq) \longrightarrow H_2O(l) + KNO_3(aq)$$
$$H_2SO_4(aq) + 2NaOH(aq) \longrightarrow 2H_2O(l) + Na_2SO_4(aq)$$
$$2CH_3COOH(aq) + Ba(OH)_2(aq) \longrightarrow 2H_2O(l) + Ba(CH_3COO)_2(aq)$$

침전반응과 마찬가지로, 산-염기 중화는 두 개의 가용성 화합물이 이온을 변화시키는 이중 치환반응이다.

화학과 친해지기

산소 발생기

대부분의 사람들은 비행 전 승무원이 제공하는 안전지침을 들어본 적이 있지만, 실제로 기내의 기압이 갑자기 변하여 노란색의 산소 마스크가 내려오는 경험을 한 사람은 드물다. 마스크가 내려오면 화학 반응에 의해 생성된 보충 산소를 전달한다. 항공기 산소 발생기의 공통 성분은 염소산 소듐($NaClO_3$)이다. 고체 $NaClO_3$는 반응하여 염화 소듐과 산소 기체를 생성

한다. 반응의 균형 맞춤 반응식은 다음과 같다.

$$2NaClO_3(s) \longrightarrow 2NaCl(s) + 3O_2(g)$$

$NaClO_3$는 탄산 음료 캔과 크기가 비슷한 용기에 저장된다. 산소 생성 반응은 승객이 마스크를 당길 때 시작된다. 이 동작은 캐니스터의 방출 핀을 끊어서 작은 폭파 캡의 폭발을 일으켜 반응을 시작시킨다. 반응은 발열 반응이기 때문에 활성화될 때 용기가 뜨거워진다.

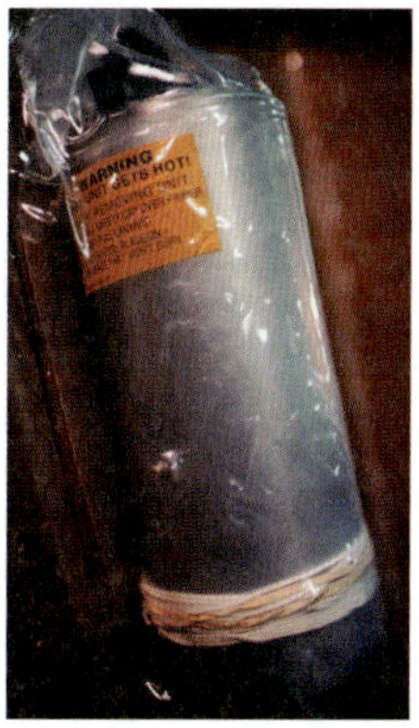

캐니스터가 일반적으로 위험하지는 않지만, 잘못 표시된 캐니스터 상자를 싣고 비행하던 상업용 항공기에서는 비극적인 일이 일어난 적이 있다. 이 용기가 화재를 일으켜 화물칸으로 불이 번졌는데, 이때 캐니스터에서 생성된 산소로 인해 불이 매우 빨리 번져 비행기는 Everglades 습지로 추락하고 말았다. 이 사고로 110명이 사망하였다.

예제 10.6은 산–염기 중화 반응을 포함한다.

예제 10.6 산–염기 반응의 분자, 전체 이온 및 알짜 이온 반응식 쓰기

처방 없이 판매되는 Milk of magnesia는 수산화 마그네슘[$Mg(OH)_2$]과 물의 혼합물이다. $Mg(OH)_2$는 물에 용해되지 않기 때문에(그림 10.4 참조), Milk of magnesia는 용액이 아니라 현탁액이다. 용해되지 않은 현탁액은 생성물의 유백색 외관으로 나타난다. Milk of magnesia에 HCl과 같은 산이 첨가되면 $Mg(OH)_2$가 용해되고 깨끗하고 무색의 용액이 된다. 균형 맞춤 분자 반응식을 쓰고 전체 이온 및 알짜 이온 반응식을 쓰시오.

학생 노트
대부분의 부유 고형물은 병 바닥에 침전되어 "사용하기 전에 잘 흔들어야"한다. 흔들림은 고체를 액체 전체로 재분산되게 한다.

(a) Milk of magnesia (b) HCl 첨가 (c) 깨끗해진 용액

전략 반응에 따른 생성물을 결정한다. 그리고 반응식을 쓰고 균형을 맞춘다. 반응물 중 하나인 $Mg(OH)_2$는 고체임을 기억하자. 강전해질을 확인하고 강전해질을 나타내는 반응식을 이온으로 다시 작성한다. 구경꾼 이온을 확인하고 지운다.

계획 이것은 산–염기 중화 반응이기 때문에 생성물 중 하나는 물이다. 다른 생성물은 염기의 양이온인 Mg^{2+}와 산의 음이온인 Cl^-이다. 화학식이 중성인 경우 이 이온은 1 : 2의 비율로 결합하여 $MgCl_2$를 염의 화학식으로 사용한다.

풀이

$$Mg(OH)_2(s) + 2HCl(aq) \longrightarrow 2H_2O(l) + MgCl_2(aq)$$

분자 반응식에 있는 화학종 중에서 오직 HCl과 $MgCl_2$만이 강전해질이다. 따라서 전체 이온 반응식은 다음과 같다.

$$Mg(OH)_2(s)+2H^+(aq)+2Cl^-(aq) \longrightarrow 2H_2O(l)+Mg^{2+}(aq)+2Cl^-(aq)$$

Cl^-는 유일한 구경꾼 이온이다. 알짜 이온 반응식은 다음과 같다.

$$Mg(OH)_2(s)+2H^+(aq) \longrightarrow 2H_2O(l)+Mg^{2+}(aq)$$

생각해보기

반응식이 균형을 이루고 강전해질만 이온으로 보여야 한다. $Mg(OH)_2$는 불용성이므로 가용성 이온으로 나타내지 않는다.

추가문제 1 $Ba(OH)_2(aq)$와 $HI(aq)$ 사이의 중화 반응에 대한 분자 반응식을 쓰고 균형을 맞춘 다음 전체 이온 및 알짜 이온 반응식을 작성하시오.

추가문제 2 $LiOH(aq)$와 $H_2SO_4(aq)$ 사이의 중화 반응에 대한 분자 반응식을 쓰고 균형을 맞춘 다음 전체 이온 및 알짜 이온 반응식을 작성하시오.

추가문제 3 다음 그림 중 어느 것이 화학량론적으로 수산화 바륨 및 브로민화 수소산이 결합된 후 용액에 남아 있는 이온을 가장 잘 나타내는가?

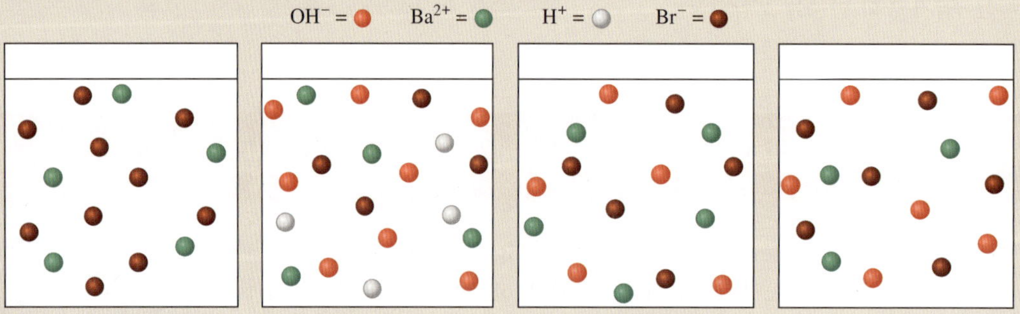

산화-환원 반응

아연 금속 조각을 황산 구리(II) 수용액에 담그면 그림 10.6과 같이 아연이 구리 금속으로 코팅되어 검은색으로 변한다. 여기서는 아연에 도금된 구리 금속을 볼 수 있다. 그림에서 볼 수 없는 것은 아연 금속 중 일부가 아연 이온(Zn^{2+})으로 변형되어 용액의 일부가 되었다는 것이다. 이 과정의 전반적인 반응식은 다음과 같다.

$$Zn(s)+CuSO_4(aq) \longrightarrow ZnSO_4(aq)+Cu(s)$$

또는 알짜 이온 반응식으로 쓸 수 있다(황산 이온은 구경꾼 이온이다).

$$Zn(s)+Cu^{2+}(aq) \longrightarrow Zn^{2+}(aq)+Cu(s)$$

이것을 일반적으로 **산화-환원 반응**(oxidation-reduction reaction)이라고 한다. 산화-환원 반응에서 하나의 반응물은 전자를 잃고 다른 반응물은 전자를 얻는다. 전자를 잃는 것을 **산화**(oxidation)라고 하고, 전자를 얻는 것을 **환원**(reduction)이라고 한다. $Zn(s)$과 $Cu^{2+}(aq)$의 반응에서 전자가 보이지 않더라도 각 Zn 원자는 두 개의 전자를 잃어서 Zn^{2+} 이온이 된다(아연은 산화된다). 각각의 Cu^{2+} 이온은 두 개의 전자를 얻어 Cu 원자가 된다(구리는 환원된다). 산화-환원 반응은 각각의 원소들이 전자를 잃어버리고 얻는 성향이 다르기 때문에 발생한다. 이 경우, 구리는 아연보다 전자를 얻는 경향이 더 크다. 다른 방법으로 말하자면, 아

학생 노트
정확히 말하자면, 산화되는 것은 아연 금속(Zn^{2+} 이온으로 변화)이다.

$Zn(s) \rightarrow Zn^{2+}(aq)+2e^-$

환원되는 것은 Cu^{2+} 이온(구리 금속으로 변화)이다.

$Cu^{2+}(aq)+2e^- \rightarrow Cu(s)$

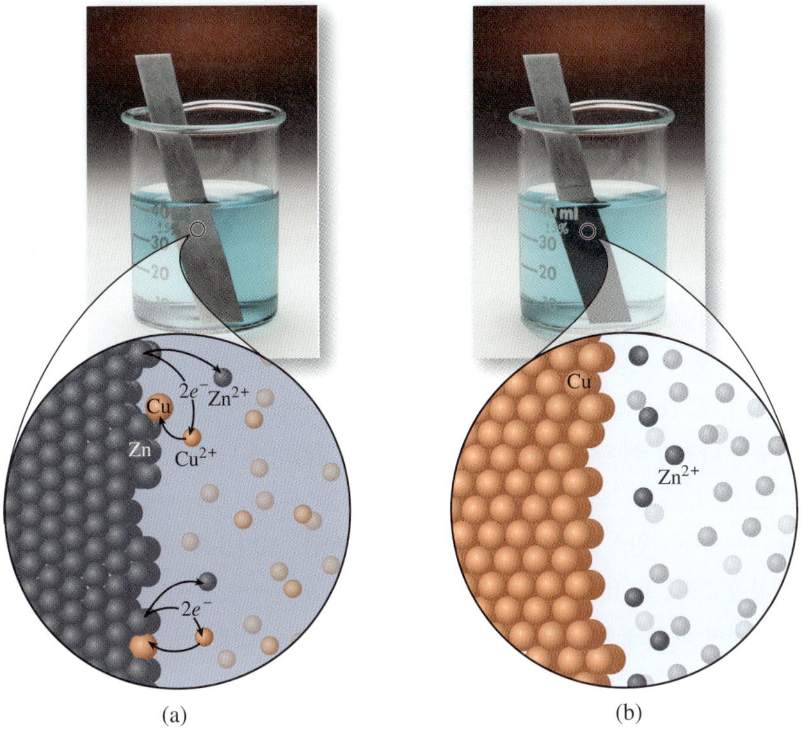

Zn 원자는 용액으로 들어가 Zn^{2+}가 된다. Cu^{2+}는 환원되어 금속 표면에서 Cu가 된다.

고체에서는 Zn에서 Cu로 교체되었고, 용액에서는 Cu^{2+}에서 Zn^{2+}로 교체되었다.

그림 10.6 황산 구리(II) 용액에서 아연의 산화

연은 구리보다 전자를 잃는 경향이 더 크다.

반응물들은 전자를 잃어버리고 얻는 경향이 다르기 때문에 $Zn(s)$과 $Cu^{2+}(aq)$의 반응은 한 종에서 다른 종으로의 실제 전자 전달을 포함한다. 그러나 화학종이 전자를 잃거나 얻는 경향이 더 비슷한 많은 산화–환원 반응이 있다. 이러한 경우에, 반응물들은 전형적으로 결합하여 전자가 공유되는 분자 화합물을 형성한다. 기체 원소인 수소(H_2)와 불소(F_2)의 반응을 생각해보자.

$$H_2(g) + F_2(g) \longrightarrow 2HF(g)$$

하나의 반응물에서 다른 반응물로 전자가 실제로 전달되는 것은 아니지만, 이것은 H_2가 산화되고 F_2가 환원되는 산화–환원 반응이다. 산화–환원 반응에 관여하는 전자는 화학 반응식에 나타나지 않지만 산화 수는 그 산화–환원 반응을 추적할 수 있는 방법을 제공한다.

산화 수

원자의 **산화 수**(oxidation number) 또는 **산화 상태**(oxidation state)를 전자가 하나의 반응물에서 다른 반응물로 실제적으로 옮겨지면 원자가 갖는 전하로 생각할 수 있다. 원자의 산화 수는 본질적으로 화학종의 전체 전하에 기여한다. 예를 들어, 다음 두 가지 산화–환원에 대한 반응식을 다시 작성할 수 있다.

아연은 산화된다. 구리는 환원된다.

$$\underset{0}{Zn(s)} + \underset{+2}{Cu^{2+}(aq)} \longrightarrow \underset{+2}{Zn^{2+}(aq)} + \underset{0}{Cu(s)}$$

수소는 산화된다. 플루오린은 환원된다.

$$\underset{0}{H_2(g)} + \underset{0}{F_2(g)} \longrightarrow \underset{+1-1}{2HF(g)}$$

각 원소의 아래 숫자는 산화 수이다. 전자가 실제로 하나의 반응물에서 다른 반응물로 이동되는

첫 번째 예에서 위의 과정은 산화–환원 반응이며, 각 원자의 산화 수는 단순히 그 원자의 전하와 동일하다는 것이 더 명백하다. 두 번째 예에서는 산화 수를 결정하기 위해 다음 지침을 적용해야 한다.

1. 모든 원소 형태의 원자의 산화 수는 0이다.
2. 모든 화학종의 산화 수는 해당 종의 전체 전하와 합쳐져야 한다. 즉, 산화 수는 모든 분자에 대해 0이 되어야 하며 모든 다원자 이온의 전하와 합쳐져야 한다. 단원자 이온의 산화 수는 이온의 전하와 같다.

이 두 가지 규칙 외에도 항상 또는 거의 동일한 산화 수를 갖는 '신뢰할 수 있는' 원소의 산화 수를 알아야 한다. 표 10.1에는 산화 수를 정하는 규칙을 나열하였다.

화합물 또는 다원자 이온에서 원자의 산화 수를 결정하려면 단계별로 체계적인 접근법을 사용해야 한다. 먼저, 화학식의 각 원소 기호 아래에 원을 그린다. 그런 다음 각 원 아래에 사각형을 그린다. 원 안에는 원소의 산화 수를 쓴다. 사각형에는 화학종의 전체 전하에 대한 그 성분의 총 기여분을 쓴다. 표 10.1의 정보를 사용하여 알고 있는 산화 수로 시작하고 알 수 있는 산화 수를 사용하여 알지 못하는 산화 수를 찾는다. 이 과정을 설명하기 위해 과망가니즈산 포타슘 화합물($KMnO_4$)을 사용할 것이다.

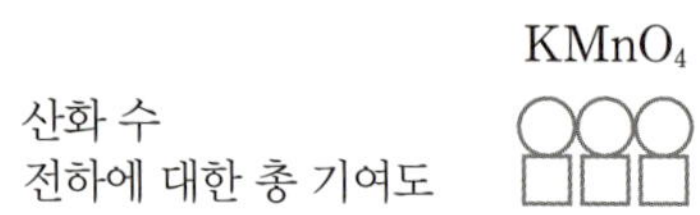

표 10.1의 목록에서 가장 높은 것으로 나타나는 원소에 대해 먼저 산화 수를 채운다. 포타슘(K)은 1족 금속이다. 화합물에는 항상 산화 수 +1이 있다. K 아래의 원에 +1을 쓰자. 이 화학식에 오직 하나의 K 원자가 있고, 총 기여도는 +1이기 때문에 K 아래의 사각형에도 +1을 쓴다.

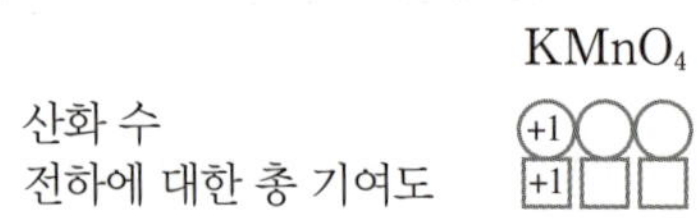

다음 목록에 산소(O)가 있다. 화합물에서 O는 일반적으로 산화 수가 −2이므로 −2로 쓴다. 화학식에 4개의 O 원자가 있기 때문에 O 원자가 차지하는 총 기여도는 4(−2)= −8이다.

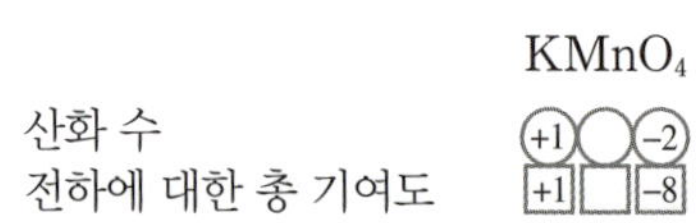

표 10.1 화합물 및 다원자 이온에서 신뢰할 수 있는 산화 수를 갖는 원소

원소	산화 수	예외
플루오린	−1	
1족 또는 2족 금속	각각 +1 또는 +2	
수소	+1	1족 또는 2족 금속과 결합하여 금속 수소화물을 형성 예) LiH 및 CaH_2: H의 산화 수는 두 예 모두 −1이다.
산소	−2	상위 목록의 항목과의 조합(산화 수 규칙 2 참고) 예) H_2O_2 및 KO_2: H_2O_2에 대한 O의 산화 수는 −1이고, KO_2는 −1/2이다.
17족(플루오린 제외)	−1	상위 목록의 항목과의 조합(산화 수 규칙 2 참고) 예) ClF, BrO_4^-, IO_3^-: Cl, Br, I의 산화 수는 각각 +1, +7, +5이다. 이러한 예외 사항에서도 플루오린은 −1을 갖는다는 것을 기억하자.

사각형의 숫자. 전체 전하에 대한 모든 기여는 0이 되어야 한다. 이렇게 하려면 Mn 원자 바로 아래 상자에 +7을 넣어야 한다. 이 화학식에는 단 하나의 Mn 원자가 있기 때문에 전하에 대한 기여도는 산화 수와 동일하다. 따라서 (+1)+(+7)+(−8)=0이다.

	$KMnO_4$		
산화 수	+1	+7	−2
전하에 대한 총 기여도	+1	+7	−8

예제 10.7에서는 세 가지 이상의 화합물과 다원자 이온에서 산화 수를 결정하는 연습을 할 수 있다.

예제 10.7 화합물과 다원자 이온에서의 산화 수 결정

다음 화합물과 이온이 가진 각 원자의 산화 수를 결정하시오.

(a) SO_2　(b) NaH　(c) CO_3^{2-}　(d) N_2O_5

전략 각 화합물에 대해 먼저 표 10.1에 표시된 원소의 산화 수를 지정한다. 그런 다음 규칙 2를 사용하여 다른 원소의 산화 수를 결정한다.

계획 (a) O는 표 10.1에 나와 있지만 S는 나와 있지 않으므로 산화 수 −2를 지정한다. 분자 내에 2개의 O 원자가 있기 때문에 O에 의한 전하 기여도는 2(−2)=−4이다. 따라서 S 원자는 전체 전하에 +4를 기여해야 한다.

(b) Na와 H는 모두 표 10.1에 나와 있지만, Na는 표에서 더 우선적으로 나와 있으므로 Na에 산화 수 +1을 부여한다. 이것은 H가 전체 전하에 −1을 기여해야 함을 의미한다(H는 수소화 이온이다).

(c) 산화 수 −2를 O에 할당한다. 탄산 이온에 3개의 O 원자가 있기 때문에, O에 의한 전하 기여는 −6이다. 이온(−2)에 대한 합을 따져주기 위해 C 원자는 +4를 기여해야 한다.

(d) 산화 수 −2를 O에 할당한다. N_2O_5 분자 내에 5개의 O 원자가 있기 때문에, O에 의한 전하 기여는 −10이다. 총전하가 0으로 되기 위해서는 N에 의한 기여도가 +10이어야 하며, 두 개의 N 원자가 있기 때문에 각 기여도는 +5가 되어야 한다. 따라서 N의 산화 수는 +5이다.

풀이 (a) SO_2에서 S와 O의 산화 수는 각각 +4와 −2이다.

SO_2	
+4	−2
+4	−4

(b) NaH에서 Na와 H의 산화 수는 각각 +1과 −1이다.

NaH	
+1	−1
+1	−1

(c) CO_3^{2-}에서 C와 O의 산화 수는 각각 +4와 −2이다.

CO_3^{2-}	
+4	−2
+4	−6

(d) N_2O_5에서 N과 O의 산화 수는 각각 +5와 −2이다.

N_2O_5	
+5	−2
+10	−10

생각해보기

원형 및 사각형 시스템을 사용하여 할당한 산화 수가 실제로 각 화학종의 전체 전하와 합산되는지 확인한다.

추가문제 1 다음 화합물에서 각 원자의 산화 수를 쓰시오.

[H_2O_2, MnO_2, H_2SO_4]

추가문제 2 다음 다원자 이온에서 각 원자의 산화 수를 쓰시오.

[O_2^{2-}, ClO^-, ClO_3^-]

추가문제 3 다음 모형으로 표현된 반응에 대한 균형 맞춤 반응식을 쓰고, 반응 전후의 각 원소에 대한 산화 상태를 결정하시오.

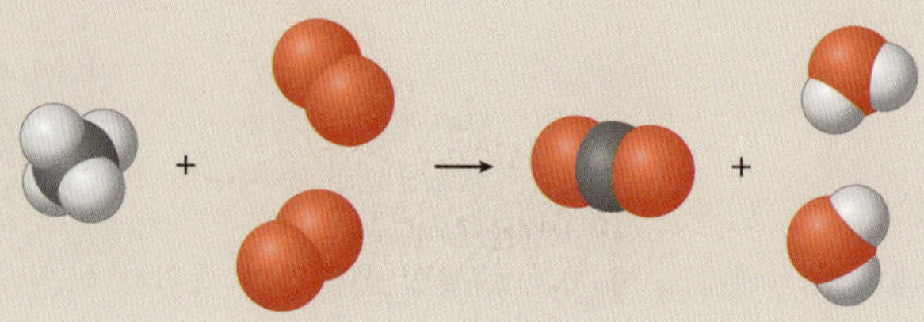

산화–환원 반응의 유형

산화–환원 반응은 여러 형태로 나타난다. 다음에서 한 반응물의 산화 그리고 다른 반응물의 환원, 즉 단일 치환, 결합, 분해 및 연소를 포함하는 네 가지 유형의 반응을 배울 것이다.

첫 번째 산화–환원 예:

$$Zn(s) + CuSO_4(aq) \longrightarrow ZnSO_4(aq) + Cu(s)$$

Zn	CuSO₄	ZnSO₄	Cu
(0)	(+2)(+6)(−2)	(+2)(+6)(−2)	(0)
[0]	[+2][+6][−8]	[+2][+6][−8]	[0]

이것은 **단일 치환 반응**(single-displacement reaction)의 예로서, 한 원소가 한 화합물에서 다른 원소를 대체한다. 이 경우, 아연 원소는 황산 구리(II)에서 구리를 치환하여 황산 아연을 생성한다. 단일 치환 반응의 다른 예는 다음과 같다.

$$2Ag(s) + Pt(NO_3)_2(aq) \longrightarrow 2AgNO_3(aq) + Pt(s)$$

2Ag	Pt(NO₃)₂	2AgNO₃	Pt
(0)	(+2)(+5)(−2)	(+1)(+5)(−2)	(0)
[0]	[+2][+10][−12]	[+1][+5][−6]	[0]

그리고 다음과 같다.

$$2Al(s) + 3NiCl_2(aq) \longrightarrow 2AlCl_3(aq) + 3Ni(s)$$

2Al	3NiCl₂	2AlCl₃	3Ni
(0)	(+2)(−1)	(+3)(−1)	(0)
[0]	[+2][−2]	[+3][−3]	[0]

결합 반응(combination reaction)은 단일 생성물을 형성하기 위한 반응물의 조합이다. 암모니아를 형성하기 위한 질소 원소와 수소 원소의 결합을 예로 들 수 있다.

$$N_2(g) + 3H_2(g) \longrightarrow 2NH_3(g)$$

N₂	3H₂	2NH₃
(0)	(0)	(−3)(+1)
[0]	[0]	[−3][+3]

염화 소듐을 형성하기 위한 소듐과 염소의 결합:

$$2Na + Cl_2 \longrightarrow 2NaCl$$

2Na	Cl₂	2NaCl
(0)	(0)	(+1)(−1)
[0]	[0]	[+1][−1]

그리고 물을 형성하기 위한 수소와 산소의 반응:

$$2H_2 + O_2 \longrightarrow 2H_2O$$

2H₂	O₂	2H₂O
(0)	(0)	(+1)(−2)
[0]	[0]	[+2][−2]

분해 반응(decomposition reaction)은 본질적으로 결합의 반대이다. 하나의 반응물은 두 개 이상의 생성물을 생성한다. 예를 들면, 수소화 소듐의 구성 원소로의 분해를 포함한다.

$$2NaH(s) \longrightarrow 2Na(s) + H_2(g)$$

	$2NaH(s)$	$2Na(s)$	$H_2(g)$
원	+1, −1	0	0
상자	+1, −1	0	0

염화 포타슘과 산소를 형성하기 위한 염소산 포타슘의 분해:

$$2KClO_3(s) \longrightarrow 2KCl(s) + 3O_2(g)$$

	$2KClO_3(s)$	$2KCl(s)$	$3O_2(g)$
원	+1, +5, −2	+1, −1	0
상자	+1, +5, −6	+1, −1	0

그리고 물과 산소를 형성하기 위한 과산화 수소의 분해:

$$2H_2O_2(aq) \longrightarrow 2H_2O(l) + O_2(g)$$

	$2H_2O_2(aq)$	$2H_2O(l)$	$O_2(g)$
원	+1, −1	+1, −2	0
상자	+2, −2	+2, −2	0

마지막으로, **연소 반응**(combustion reaction)은 물질이 산소의 존재하에서 타는 반응이다. 일상생활에서 가장 많이 겪게 될 연소 반응의 유형은 탄소를 포함한 물질의 연소이다. 이러한 연소 반응은 이산화탄소와 수증기를 생성한다. 예를 들면, 가스 스토브에서의 천연가스(주로 메테인)의 연소가 그 예이다.

$$CH_4(g) + 2O_2(g) \longrightarrow CO_2(g) + 2H_2O(g)$$

	$CH_4(g)$	$2O_2(g)$	$CO_2(g)$	$2H_2O(g)$
원	−4, +1	0	+4, −2	+1, −2
상자	−4, +4	0	+4, +4	+2, −2

그리고 석탄의 연소는 미국에서 사용되는 전기의 대부분을 생산하기 위해 작동된다.

$$C(s) + O_2(g) \longrightarrow CO_2(g)$$

	$C(s)$	$O_2(g)$	$CO_2(g)$
원	0	0	+4, −2
상자	0	0	+4, +4

또 토치에서 아세틸렌의 연소:

$$2C_2H_2(g) + 5O_2(g) \longrightarrow 4CO_2(g) + 2H_2O(g)$$

	$2C_2H_2(g)$	$5O_2(g)$	$4CO_2(g)$	$2H_2O(g)$
원	+1, +1	0	+4, −2	+1, −2
상자	−2, +2	0	+4, −4	+2, −2

예제 10.8을 통해 산화–환원 반응의 유형을 식별하는 연습을 해보자.

예제 10.8 다양한 산화–환원 반응의 확인

다음 각각의 반응식이 결합 반응, 분해 반응, 연소 반응인지 결정하시오.

(a) $H_2(g) + Br_2(g) \longrightarrow 2HBr(g)$

(b) $2HCOOH(l) + O_2(g) \longrightarrow 2CO_2(g) + 2H_2O(g)$

(c) $2KClO_3(s) \longrightarrow 2KCl(s) + 3O_2(g)$

(d) $2Ag(s) + Cu(NO_3)_2(aq) \longrightarrow Cu(s) + 2AgNO_3(aq)$

(e) $2C_2H_6(g) + 7O_2(g) \longrightarrow 4CO_2(g) + 6H_2O(g)$

(f) $CaCO_3(g) \longrightarrow CaO(s) + CO_2(g)$

(g) $Mg(s) + ZnCl_2(aq) \longrightarrow MgCl_2(aq) + Zn(s)$

(h) $P_4(s) + 6Cl_2(g) \longrightarrow 4PCl_3(l)$

전략 각 균형 맞춤 반응식에서 반응물과 생성물을 보고 두 개 이상의 반응물이 하나의 생성물로 결합되는지(결합 반응), 하나의 반응물이 두 개 이상의 생성물로 분리되는지(분해 반응), 이온성 화합물에서 하나의 다른 금속으로 대체되는지(단일 치환 반응), 주 생성물이 이산화탄소 및 물인지(연소 반응)를 살펴본다.

계획 (a)와 (h) 반응식에는 두 개의 반응물과 하나의 생성물이 있다. (b)와 (e) 반응식에는 C와 H를 포함한 화합물이 O_2와 결합하여 CO_2와 H_2O를 생성한다. (c)와 (f) 반응식은 하나의 반응물로부터 두 개의 생성물을 형성하는 것을 나타낸다. (d)와 (g) 반응식은 하나의 금속이 이온성 화합물과 다른 금속으로 대체하는 것을 나타낸다.

풀이 (a)와 (h) 반응식은 결합 반응을 나타낸다. (b)와 (e) 반응식은 연소 반응을 나타낸다. (c)와 (f) 반응식은 분해 반응을 나타낸다. (d)와 (g) 반응식은 단일 치환 반응을 나타낸다.

생각해보기

단일 치환으로 확인된 반응에는 이온성 화합물에서 금속이 다른 금속으로 치환되고, 결합으로 확인된 반응에는 하나의 생성물을 가지며, 분해로 확인된 반응은 하나의 반응물을 가지며, 연소로 확인된 반응에는 CO_2와 H_2O만 생성한다.

추가문제 1 다음 각 항목들을 결합, 분해, 연소 반응으로 구별하시오.

(a) $C_2H_4O_2(l)+2O_2(g) \longrightarrow 2CO_2(g)+2H_2O(g)$

(b) $2Na(s)+Cl_2(g) \longrightarrow 2NaCl(s)$

(c) $2NaH(s) \longrightarrow 2Na(s)+H_2(g)$

(d) $2NO(g)+O_2(g) \longrightarrow 2NO_2(g)$

(e) $(CH_3)_2O(g)+3O_2(g) \longrightarrow 2CO_2(g)+3H_2O(g)$

(f) $2NaCl(l) \longrightarrow 2Na(l)+Cl_2(g)$

추가문제 2 화학종 A_2, X, AX를 사용하여 결합 반응에 대한 균형 맞춤 반응식을 쓰시오.

추가문제 3 각각의 그림은 화학 반응 전과 후의 반응 혼합물을 나타낸다. 각 반응들을 결합, 분해, 연소, 단일 치환 반응으로 구별하시오.

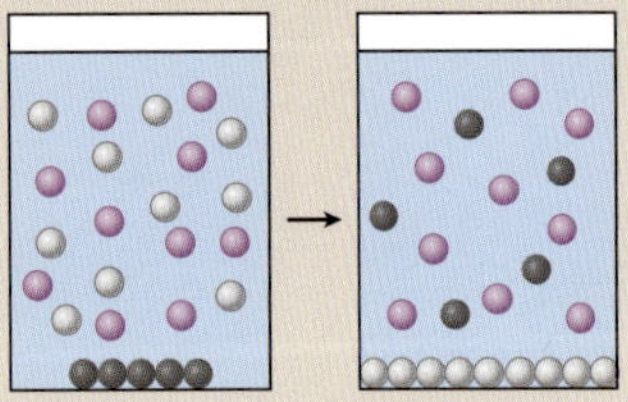

(i)

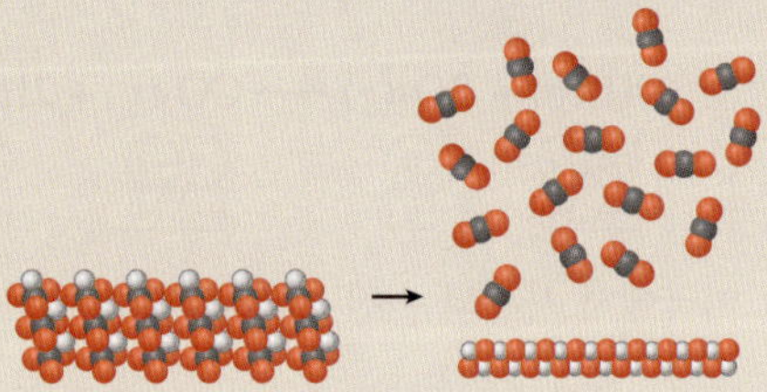

(ii)

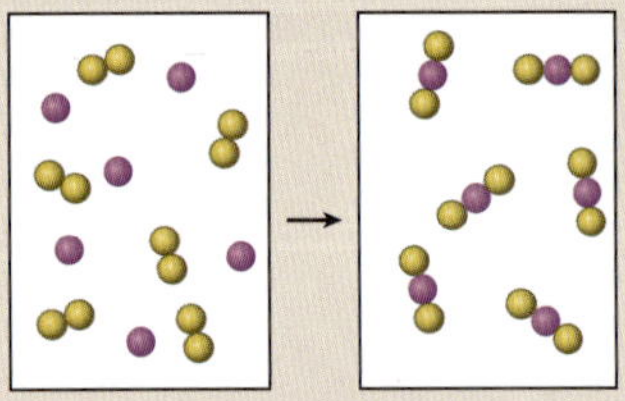

(iii)

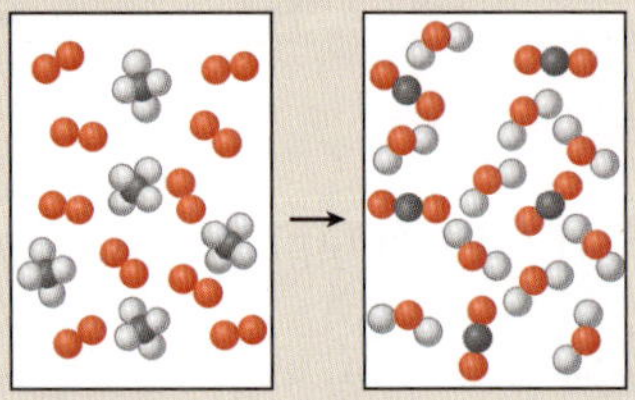

(iv)

생각 밖 상식

치과 통증 및 산화–환원

알루미늄 포일을 물고 있는 사람은 순간적으로 날카로운 통증을 경험하게 된다. 이 통증은 실제로 구식 치아 충진재와 알루미늄 포일과 사이에 흐르는 전류에 의해 유발된 치아 신경의 전기적 자극의 결과이다. 역사적으로, 충치를 채우는 데 가장 일반적으로 사용되는 재료는 치과용 아말감으로 알려져 있다(아말감은 하나 이상의 다른 금속과 수은을 혼합하여 만든 물질이다). 치과용 아말감은 은, 주석, 구리 및 때로는 아연과 같은 다른 금속을 포함하는 합금 분말과 대략 동일한 부피로 혼합된 액체 수은으로 구성된다.

알루미늄은 아말감의 금속보다 전자를 잃는 경향이 더 크다. 따라서 아말감 충진재와 접촉하게 되면 다른 금속으로 전자를 잃게 된다. 전자의 흐름은 치아의 신경을 자극하여 매우 불쾌한 감각을 일으킨다.

아말감 충진재에 알루미늄 포일이 접촉한 이 고통은 산화–환원 반응의 결과이다.

기체 생성 반응

이 절에서 배운 반응 중에는 용액으로부터 거품이 뿜어 나오는 기체 형태의 생성물을 포함한 것도 있었다. 기체 생성 반응의 산-염기 예로는 염산과 탄산 소듐의 결합이 있다.

$$2HCl(aq) + Na_2CO_3(aq) \longrightarrow 2NaCl(aq) + H_2O(l) + CO_2(g)$$

학생 노트
이 반응에서 어떠한 원소도 산화 수는 변하지 않는다.

이것은 두 단계 과정으로 되어 있고, 이중 치환 반응을 포함하고 있다. 두 반응물이 이온을 교환하는 첫 번째 단계에서 산의 H^+ 이온이 탄산 이온과 결합하여 탄산을 형성한다.

$$2HCl(aq) + Na_2CO_3(aq) \longrightarrow 2NaCl(aq) + H_2CO_3(aq)$$

수용액의 탄산은 불안정하고 분해되어 물과 이산화탄소를 형성한다.

$$H_2CO_3(aq) + 2NaCl(aq) \longrightarrow H_2O(l) + CO_2(g) + 2NaCl(aq)$$

가용성 염화 소듐은 구경꾼 이온으로, 마지막 반응식에서 제외할 수 있다.

$$H_2CO_3(aq) \longrightarrow H_2O(l) + CO_2(g)$$

따라서 염산과 탄산 소듐의 반응에 대한 전체적인 반응식은 처음 나타난 것처럼 쓸 수 있다.

$$2HCl(aq) + Na_2CO_3(aq) \longrightarrow 2NaCl(aq) + H_2O(l) + CO_2(g)$$

이러한 방식으로 기체 생성물을 형성하기 위해 분해되는 이중 치환 반응의 여러 중간 생성물이 있다. 다음 반응에는 아황산이 포함되어 있으며, 아황산은 물과 이산화 황을 생성하기 위해 분해된다.

$$H_2SO_3(aq) \longrightarrow H_2O(l) + SO_2(g)$$

그리고 수산화 암모늄은 분해되어 물과 암모니아가 된다.

$$NH_4OH(aq) \longrightarrow H_2O(l) + NH_3(g)$$

기체 생성물을 직접 형성하는 기체 생성 반응은 황화 소듐과 같은 황과 산의 반응이다.

$$2HCl(aq) + Na_2S(aq) \longrightarrow H_2S(aq) + 2NaCl(aq)$$

예제 10.9를 통해 기체 생성 반응의 생성물을 구별하는 연습을 한다.

예제 10.9 기체 생성 반응의 생성물 확인

다음 반응의 생성물을 확인하고 균형 맞춤 화학식을 작성하시오.

$$NaHSO_3(s) + HCl(aq) \longrightarrow ?$$

전략 침전 반응이나 산-염기 반응과 마찬가지로 이 반응에 접근한다. 즉, 두 반응물이 함께 섞인 순간에 용액에 존재하는 이온을 기록한 다음 두 가지 새로운 생성물을 예측해야 한다. 세 개의 중간 화합물(위 참고) 중 하나가 생성물로 보이는 경우, 그것을 형성하는 기체와 물로 분해해야 한다.

계획 존재하는 이온은 $Na^+(aq)$, $HSO_3^-(aq)$, $H^+(aq)$, $Cl^-(aq)$이다. 가능한 두 생성물은 NaCl과 $H_2SO_3(H^+ + HSO_3^-)$이다. H_2SO_3는 $H_2O(l)$와 $SO_2(g)$로 즉시 분해된다는 것을 인식하자.

풀이 과정은 다음과 같이 된다.

$$NaHSO_3(s)+HCl(aq) \longrightarrow NaCl(aq)+H_2SO_3(aq) \longrightarrow NaCl(aq)+H_2O(l)+SO_2(g)$$

최종 답과 전체 반응식은 다음과 같다.

$$NaHSO_3(s)+HCl(aq) \longrightarrow NaCl(aq)+H_2O(l)+SO_2(g)$$

생각해보기

초급자로서 중간 생성물을 예측하고 그것을 인식하는 것은 가장 쉽다. 그러고 나서 여기에 표시된 반응식을 다시 작성하자. 이러한 기체 생성 반응을 더 잘 이해하면 한 걸음 더 나아갈 수 있다.

추가문제 1 다음 반응의 생성물을 확인하고 균형 맞춤 반응식을 작성하시오.

$$CaCO_3(s)+HNO_3(aq) \longrightarrow ?$$

추가문제 2 다음 반응의 생성물을 확인하고 알짜 이온 반응식을 쓰시오.

$$NH_4Cl(s)+LiOH(aq) \longrightarrow ?$$

추가문제 3 수용액을 혼합할 때 $H_2O(l)$와 $SO_2(g)$를 생성하는 두 가지 화합물(예제에서 주어진 것 이외의 것)을 쓰시오.

10.5 화학 반응과 에너지

물리적 변화와 마찬가지로 화학 반응은 흡열 또는 발열될 수 있다[|◀◀ 7.5절]. 흡열 또는 발열 반응을 나타내는 화학 반응식을 쓸 때 반응식의 일부에 열을 포함시킬 수 있다. 열을 가해야 하는 흡열 과정에서 열을 반응물로 써준다. 흡열 반응의 예로는 고체인 탄산칼슘을 분해하여 고체 산화 칼슘과 이산화탄소 기체를 생성하는 것이다. 반응식은 다음과 같이 쓸 수 있다.

$$\text{열}+CaCO_3(s) \longrightarrow CaO(s)+CO_2(g)$$

높은 발열 반응의 예로는 연소 반응이 있다. 연소 반응은 사회에서 필요한 에너지를 생성하는 방법이다. 예를 들어, 천연가스의 연소 반응식은 다음과 같이 쓸 수 있다.

$$CH_4(g)+2O_2(g) \longrightarrow CO_2(g)+2H_2O(g)+\text{열}$$

발열 과정의 경우, 반응식에서 열은 생성물 쪽에 나타난다. 11장에서 화학 반응에 수반되는 에너지 변화에 대해 더 자세히 설명한다.

10.6 화학 반응 검토

화학 반응이 일어나기 위해서는 그것을 일어나게 하는 **추진력**(driving force)이 있어야 한다. 추진력은 침전물의 형성, 물의 형성, 전자의 이동 또는 기체를 형성할 수 있게 한다. 앞 절에서 이 모든 예를 보았다. 그림 10.7은 이미 학습한 반응 유형을 분류하는 방법을 보여준다. 그림 10.8과 그림 10.9는 산-염기와 산화-환원 반응의 분류를 더 세분화하는 방법을 보여준다.

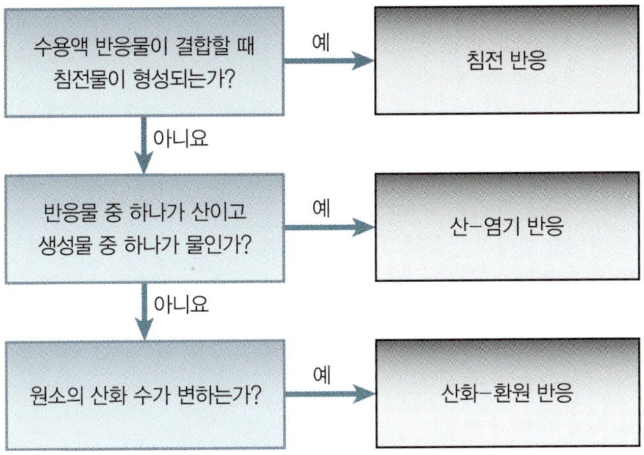

그림 10.7 반응을 침전, 산–염기, 산화–환원 반응으로 분류하기 위한 순서도. 침전과 산–염기 반응은 모두 이중 치환 반응이다.

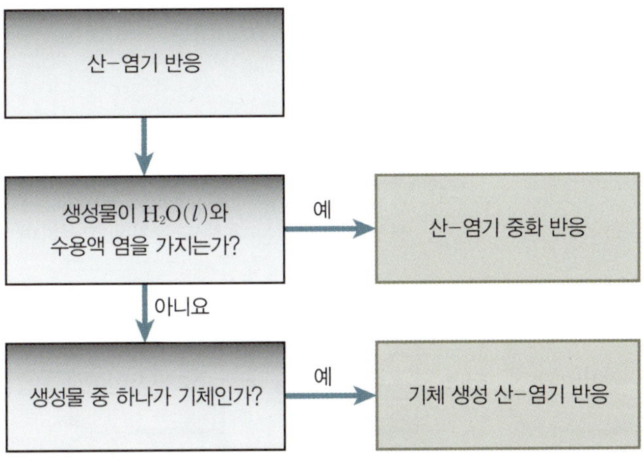

그림 10.8 산–염기 반응을 중화 반응과 기체 생성 반응으로 분류하기 위한 순서도

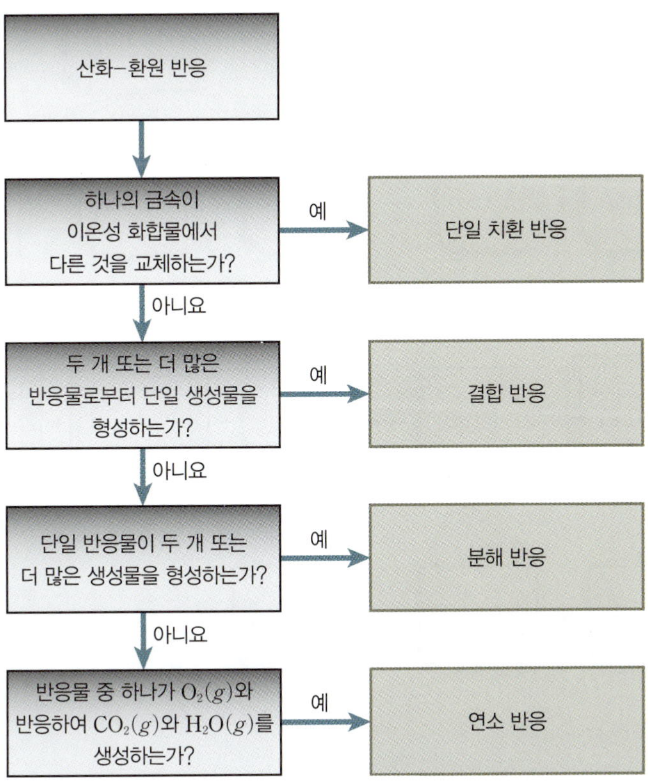

그림 10.9 산화–환원 반응을 단일 치환, 결합, 분해, 연소 또는 기체 생성 반응으로 분류하기 위한 순서도

주요 내용 알짜 이온 반응식

분자 반응식은 화학량론적 계산에 유용할 수 있지만[11장], 분자 반응식은 실제로 용액 속에 존재하는 화학종을 나타내는 최상의 방법은 아니다.

알짜 이온 반응식은 용액에서 화학종을 보다 간결하게 나타내고 화학적 반응식의 실제 화학적 과정을 나타내기 때문에 많은 경우에 바람직하다. 알짜 이온 반응식을 쓰는 것은 침전 반응, 산화-환원 반응 및 산-염기 중화 반응을 포함하여 다양한 문제를 해결하는 중요한 부분이다. 알짜 이온 반응식을 쓰기 위해서 배운 기술 중 몇 가지를 요약해보자.

- 일반적인 다원자 이온의 인식[|◀◀ 4.6절]
- 균형 맞춤 화학 반응식과 상태 표시 (*s*), (*l*), (*g*), (*aq*)[|◀◀ 10.2절]
- 강전해질과 비전해질의 확인[|◀◀ 9.4절]

알짜 이온 반응식을 쓰는 것은 분자 반응식을 쓰고 균형을 맞추는 것으로 시작된다. 예를 들어, 질산 납(II)과 아이오딘화 소듐 수용액을 혼합할 때 일어나는 침전 반응을 생각해보자.

$$\mathrm{Pb(NO_3)_2}(aq) + \mathrm{NaI}(aq) \longrightarrow$$

두 개의 가용성 반응물의 이온을 교환하면 생성물의 화학식을 얻을 수 있다. 생성물의 상태는 용해도 규칙을 고려하여 결정한다[|◀◀ 그림 10.3 및 10.4].

$$\mathrm{Pb(NO_3)_2}(aq) + \mathrm{NaI}(aq) \longrightarrow \mathrm{PbI_2}(s) + \mathrm{NaNO_3}(aq)$$

반응식의 균형을 맞추고 가용성의 강전해질을 분리하여 전체 이온 반응식을 얻는다.

$$\mathrm{Pb(NO_3)_2}(aq) + 2\,\mathrm{NaI}(aq) \longrightarrow \mathrm{PbI_2}(s) + 2\,\mathrm{NaNO_3}(aq)$$

$$\mathrm{Pb^{2+}}(aq) + 2\,\mathrm{NO_3^-}(aq) + 2\,\mathrm{Na^+}(aq) + 2\,\mathrm{I^-}(aq) \longrightarrow \mathrm{PbI_2}(s) + 2\,\mathrm{Na^+}(aq) + 2\,\mathrm{NO_3^-}(aq)$$

구경꾼 이온을 확인하고, 구경꾼 이온을 반응식의 양쪽에서 동일하게 제거한다.

$$\mathrm{Pb^{2+}}(aq) + 2\,\mathrm{NO_3^-}(aq) + 2\,\mathrm{Na^+}(aq) + 2\,\mathrm{I^-}(aq) \longrightarrow \mathrm{PbI_2}(s) + 2\,\mathrm{Na^+}(aq) + 2\,\mathrm{NO_3^-}(aq)$$

$$\mathrm{Pb^{2+}}(aq) + 2\mathrm{I^-}(aq) \longrightarrow \mathrm{PbI_2}(s)$$

염산과 수산화 포타슘의 수용액이 결합될 때 일어나는 반응을 생각해보자.

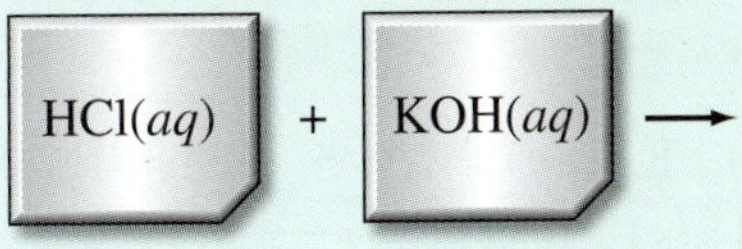

다시 말해, 두 가용성 반응물의 이온을 교환하면 생성물의 화학식을 얻을 수 있다.

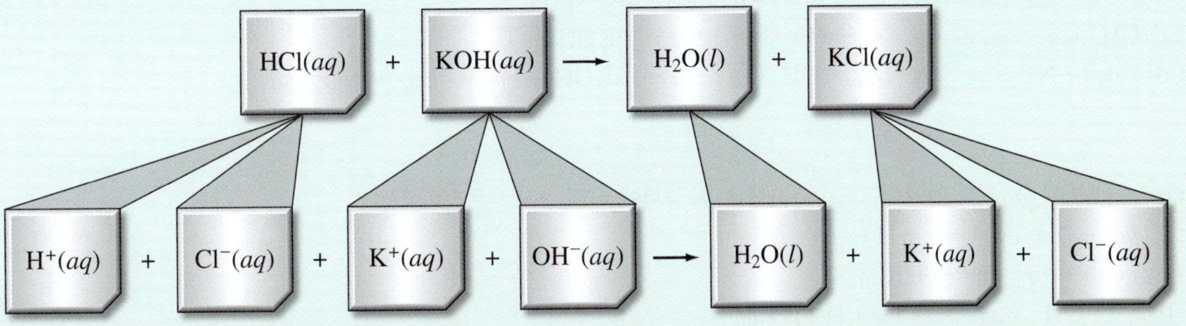

이 경우, 가용성 생성물은 강전해질이다. 다른 생성물인 H_2O는 비전해질이다.
구경꾼 이온을 확인하고 제거한다.

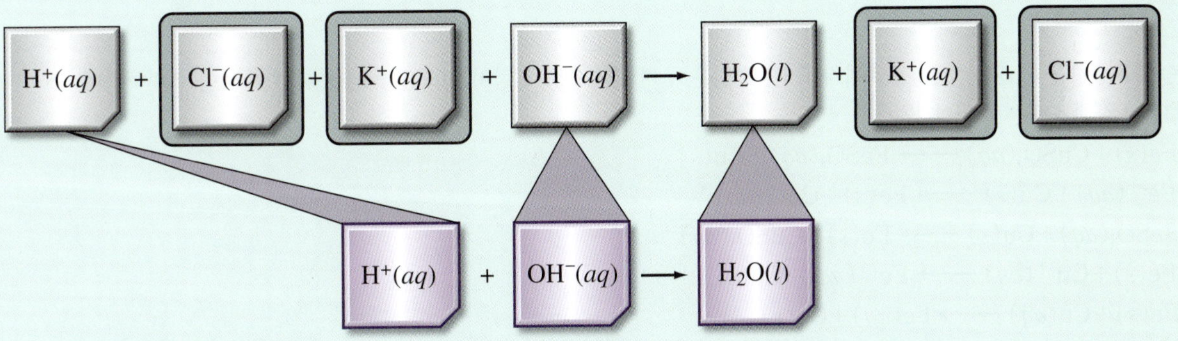

남아 있는 것은 알짜 이온 반응식이다.

용액 속에 포함된 각 화학종을 강전해질 또는 비전해질로 식별할 수 있어야 하며, 따라서 이온으로 분리되어야 하는 것을 알게 되고 분자 또는 화학식 단위로 남겨 두어야 하는 것을 알 수 있다.

주요 내용 문제

10.1

K_2SO_4와 $FeCl_2$의 수용액을 혼합했을 때 $FeSO_4(s)$의 침전에 대한 균형 맞춤 알짜 이온 반응식은 무엇인가?

(a) $2K^+(aq)+SO_4^{2-}(aq)+Fe^{2+}(aq)+2Cl^-(aq) \longrightarrow FeSO_4(s)+2K^+(aq)+2Cl^-(aq)$
(b) $Fe^{2+}(aq)+SO_4^{2-}(aq) \longrightarrow FeSO_4(s)$
(c) $K_2SO_4(aq)+FeCl_2(aq) \longrightarrow FeSO_4(s)+2KCl(aq)$
(d) $Fe^{2+}(aq)+2SO_4^{2-}(aq) \longrightarrow FeSO_4(s)$
(e) $2K^+(aq)+SO_4^{2-}(aq)+Fe^{2+}(aq)+2Cl^-(aq) \longrightarrow FeSO_4(s)$

10.2

다음 알짜 이온 반응식을 보자.

$Cd^{2+}(aq)+2OH^{-}(aq) \longrightarrow Cd(OH)_2(s)$

만약 이온 반응식에 구경꾼 이온들이 $NO_3^-(aq)+K^+(aq)$와 같다면, 이 반응식에 대한 분자 반응식은 무엇인가?

(a) $CdNO_3(aq)+KOH(aq) \longrightarrow Cd(OH)_2(s)+KNO_3(aq)$

(b) $Cd^{2+}(aq)+NO_3^-(aq)+2K^+(aq)+OH^-(aq) \longrightarrow Cd(OH)_2(s)+2K^+(aq)+NO_3^-(aq)$

(c) $Cd(NO_3)_2(aq)+2KOH(aq) \longrightarrow Cd(OH)_2(s)+2KNO_3(aq)$

(d) $Cd(OH)_2(s)+2KNO_3(aq) \longrightarrow Cd(NO_3)_2(aq)+2KOH(aq)$

(e) $Cd^{2+}(aq)+NO_3^-(aq)+K^+(aq)+OH^-(aq) \longrightarrow Cd(OH)_2(s)+K^+(aq)+NO_3^-(aq)$

10.3

수산화 리튬[$LiOH(aq)$]과 아이오딘화 수소산(HI)의 중화에 대한 알짜 이온 반응식은?

(a) $H^+(aq)+OH^-(aq) \longrightarrow H_2O(l)$

(b) $H^+(aq)+I^-(aq) \longrightarrow HI(aq)$

(c) $HI(aq)+OH^-(aq) \longrightarrow H_2O(l)+I^-(aq)$

(d) $HI(aq)+OH^-(aq) \longrightarrow H_2O(l)+HI(aq)$

(e) $H^+(aq)+I^-(aq)+OH^-(aq) \longrightarrow H_2O(l)+I^-(aq)$

10.4

강철솜[$Fe(s)$]을 $CuSO_4(aq)$ 용액에 넣으면, 강철은 구리 금속으로 코팅이 되고 용액의 푸른색 특성이 희미해진다. 이 반응에 대한 알짜 이온 반응식은 무엇인가?

(a) $Fe(s)+CuSO_4(aq) \longrightarrow FeSO_4(aq)+Cu(s)$

(b) $Fe^{2+}(aq)+Cu(s) \longrightarrow Fe(s)+Cu^{2+}(aq)$

(c) $FeSO_4(aq)+Cu(s) \longrightarrow Fe(s)+CuSO_4(aq)$

(d) $Fe(s)+Cu^{2+}(aq) \longrightarrow Fe^{2+}(aq)+Cu(s)$

(e) $Fe(s)+Cu(aq) \longrightarrow Fe(aq)+Cu(s)$

연습문제

10.1절: 화학 반응 이해

10.1 화학 반응이 일어났음을 나타낼 수 있는 관찰 가능한 변화를 쓰시오.

10.2 자유의 여신상은 주철로 만들어졌지만 구리 도금이 풍부하다. 조각상 표면에서 화학 반응이 일어났는가? 설명하시오.

10.2절: 화학 반응식에서의 화학 반응 표현

10.3 화학 반응과 화학 반응식 사이의 다른 점은 무엇인가?

10.4 다음 주어진 각 반응들의 균형 맞추기 전의 반응식을 쓰시오.

(a) 질소와 산소가 반응하여 이산화 질소를 형성

(b) 오산화 이질소가 반응하여 사산화 이질소와 산소를 형성

(c) 오존이 반응하여 산소를 형성

(d) 염소와 아이오딘화 소듐이 반응하여 아이오딘과 염화 소듐을 형성

(e) 마그네슘과 산소가 반응하여 산화 마그네슘 형성

10.5 다음 각 균형 맞추기 전의 화학 반응식에 대해 해당 화학 물질의 상태를 작성하시오.

(a) $S_8+O_2 \longrightarrow SO_2$

(b) $CH_4+O_2 \longrightarrow CO_2+H_2O$

(c) $N_2+H_2 \longrightarrow NH_3$

(d) $P_4O_{10}+H_2O \longrightarrow H_3PO_4$

(e) $S+HNO_3 \longrightarrow H_2SO_4+NO_2+H_2O$

10.3절: 균형 맞춤 화학 반응식

10.6 왜 화학 반응식에 균형을 맞추어야 하는가? 균형 화학 반응식에 어떤 법칙이 적용되는가?

10.7 문제 10.4에서 화학 반응식의 균형을 맞추시오.

10.8 문제 10.5에서 화학 반응식의 균형을 맞추시오.

10.9 다음 화학 반응식의 균형을 맞추시오.

(a) $C + O_2 \longrightarrow CO$

(b) $CO + O_2 \longrightarrow CO_2$

(c) $H_2 + Br_2 \longrightarrow HBr$

(d) $Ca + O_2 \longrightarrow CaO$

(e) $O_2 + Cl_2 \longrightarrow OCl_2$

10.10 다음 화학 반응식의 균형을 맞추시오.

(a) $CH_4 + Br_2 \longrightarrow CBr_4 + HBr$

(b) $N_2H_4 + HNO_3 \longrightarrow N_2 + H_2O$

(c) $KNO_3 \longrightarrow KNO_2 + O_2$

(d) $NH_4NO_3 \longrightarrow N_2O + H_2O$

(e) $NH_4NO_2 \longrightarrow N_2 + H_2O$

10.11 다음 반응식 중 그림의 반응을 가장 잘 나타낸 것은?

(a) $8A + 4B \longrightarrow C + D$

(b) $4A + 8B \longrightarrow 4C + 4D$

(c) $2A + B \longrightarrow C + D$

(d) $4A + 2B \longrightarrow 4C + 4D$

(e) $2A + 4B \longrightarrow C + D$

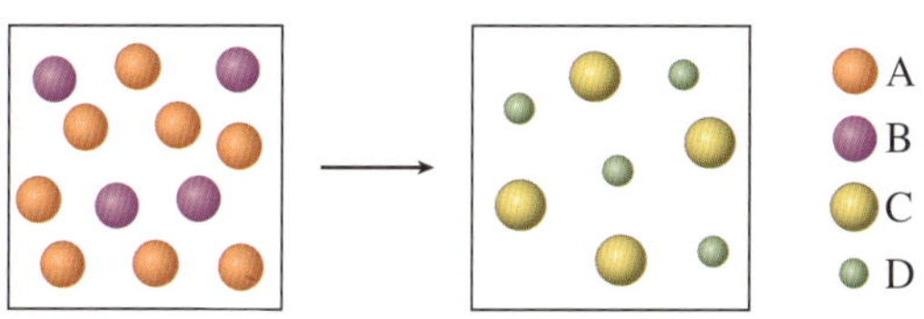

10.4절: 화학 반응의 유형

10.12 전체 이온 반응식과 분자 반응식의 다른 점은 무엇인가?

10.13 두 개의 용액을 섞을 때 반응이 일어나지 않는다는 것을 나타내기 위해 알짜 이온 반응식을 어떻게 사용하는가?

10.14 다음 반응을 침전, 산–염기, 또는 산화–환원 반응으로 구분하시오.

(a) $2Al(s) + 3CuO(s) \longrightarrow Al_2O_3(s) + 3Cu(s)$

(b) $3LiOH(aq) + Fe(NO_3)_3(aq) \longrightarrow Fe(OH)_3(s) + 3LiNO_3(aq)$

(c) $2Li(s) + Br_2(l) \longrightarrow 2LiBr(s)$

(d) $2HF(aq) + Mg(OH)_2(aq) \longrightarrow MgF_2(aq) + 2H_2O(l)$

10.15 다음 반응을 침전, 산–염기 또는 산화–환원 반응으로 구분하시오.

(a) $2Si_2S_4(s) \longrightarrow 4Si(s) + S_8(s)$

(b) $3BaCl_2(aq) + 2Li_3PO_4(aq) \longrightarrow 6LiCl(aq) + Ba_3(PO_4)_2(s)$

(c) $Ni(ClO_3)_2(aq) + Zn(s) \longrightarrow Zn(ClO_3)_2(aq) + Ni(s)$

(d) $HF(aq) + LiOH(aq) \longrightarrow H_2O(l) + LiF(aq)$

10.16 문제 10.14의 반응을 단일 치환, 이중 치환, 결합, 분해 또는 연소 반응으로 분류하시오.

10.17 문제 10.15의 반응을 단일 치환, 이중 치환, 결합, 분해 또는 연소 반응으로 분류하시오.

10.18 가용성 HCl이 담긴 비커와 가용성 $Ca(OH)_2$가 담긴 비커를 그리고, 용액에 물질이 존재하는 것처럼 그리시오. 두 용액을 하나의 비커에 섞으면 어떻게 되는가? 결과를 그리시오.

10.19 주어진 각 결합에 대해 두 수용액을 혼합할 때 반응이 일어나는지 여부를 결정하시오. 일어나는 반응에 대해 생성물을 결정하고 반응식의 균형을 맞추시오.

(a) $Li_2S(aq) + Mg(CH_3COO)_2(aq) \longrightarrow ?$

(b) $(NH_4)_2SO_4(aq) + BaBr_2(aq) \longrightarrow ?$

(c) $LiOH(aq) + NaCl(aq) \longrightarrow ?$

(d) $H_3PO_4(aq) + LiOH(aq) \longrightarrow ?$

10.20 주어진 각 결합에 대해 두 수용액을 혼합할 때 반응이 일어나는지 여부를 결정하시오. 일어나는 반응에 대해 생성물을 결정하고 반응식의 균형을 맞추시오.

(a) $K_2CO_3(aq) + HNO_3(aq) \longrightarrow ?$

(b) $NH_4Cl(aq) + LiOH(aq) \longrightarrow ?$

(c) $Na_2SO_3(aq) + HBr(aq) \longrightarrow ?$

(d) $NaNO_3(aq) + K_2CO_3(aq) \longrightarrow ?$

10.21 다음 각 반응에 대해 균형 맞춤 분자 반응식, 전체 이온 반응식, 알짜 이온 반응식을 쓰시오.

(a) 가용성 질산 은이 고체 납과 반응하여 질산 납(II)과 고체 은을 형성

(b) 고체 탄화칼슘(CaC_2)과 물이 반응하여 아세틸렌(C_2H_2) 기체와 가용성 수산화 칼슘을 형성

(c) 가용성 수산화 바륨이 황산과 반응하여 고체 황산 바륨과 물을 형성

10.22 문제 10.19로부터 각 반응식에 대한 전체 이온 반응식과 알짜 이온 반응식을 쓰시오.

10.23 문제 10.20으로부터 각 반응식에 대한 전체 이온 반응식과 알짜 이온 반응식을 쓰시오.

10.24 결합 시 $PbSO_4(s)$가 형성될 수 있는 두 종류 수용액을 쓰시오.

10.25 다음 각 화합물에서 밑줄 친 원자의 산화 수를 쓰시오.

(a) $\underline{N}O_2$ (b) $\underline{C}H_4$

(c) $\underline{C}O_2$ (d) $\underline{C}_2H_6$

(e) $\underline{Si}Cl_4$ (f) $\underline{O}_2$

(g) $\underline{P}_2O_4$ (h) $\underline{S}O_3$

(i) $\underline{P}Cl_3$

10.26 염소 기체(Cl_2)와 다음 각 물질의 결합 반응에 대한 화학 반응식을 쓰고 균형을 맞추시오.

(a) $K(s)$ (b) $Al(s)$

(c) $Sr(s)$

10.27 문제 10.26에서 각 균형 맞춤 반응식에 대한 분자 그림을 그리시오.

10.28 다음 각 화합물의 분해를 보여주는 화학 반응식을 쓰고 균형을 맞추시오.

(a) $Na_2O(s)$ (b) $MgS(s)$

(c) $K_3N(s)$

10.29 문제 10.28에서 각 균형 맞춤 반응식에 대한 분자 그림을

그리시오.

10.30 고체 알루미늄이 다음 각 화합물과 결합할 때 일어나는 단일 치환 반응에 대한 화학 반응식을 쓰고 균형을 맞추시오.
(a) $Zn(NO_3)_2(aq)$
(b) $FeCl_3(aq)$
(c) $Pb(ClO_4)_2(aq)$

10.31 문제 10.30번에서 각 균형 잡힌 반응식에 대한 분자 그림을 그리시오.

10.32 다음과 같은 불균형 반응에서 환원되는 물질을 쓰시오.
(a) $K(s)+H_2O(l) \longrightarrow KOH(aq)+H_2(g)$
(b) $Zn(s)+HCl(aq) \longrightarrow ZnCl_2(aq)+H_2(g)$
(c) $SO_2(g)+O_2(g) \longrightarrow SO_3(g)$

10.5절: 화학 반응과 에너지

10.33 발열과 흡열이라는 용어의 의미를 설명하시오.

10.6절: 화학 반응 검토

10.34 다음 반응이 진행될 때 발생하는 화학적 현상을 설명하시오.
(a) $2HgO(s) \longrightarrow 2Hg(l)+O_2(g)$
(b) $AgClO_4(aq)+LiCl(aq) \longrightarrow AgCl(s)+LiClO_4(aq)$
(c) $K_2CO_3(aq)+2HNO_3(aq) \longrightarrow H_2O(l)+CO_2(g)+2KNO_3(aq)$
(d) $C_6H_{12}O_6(s)+6O_2(g) \longrightarrow 6CO_2(g)+6H_2O(g)$

10.35 그림 10.7, 10.8, 10.9의 범주에서 문제 10.34의 각 반응을 가능한 한 많이 분류하시오.

예제 속 추가문제 정답

10.1.1 (b), (d), (e) **10.1.2** (ii), (iii)

10.2.1 $C_3H_8(g)+5O_2(g) \longrightarrow 3CO_2(g)+4H_2O(g)$

10.2.2 $H_2SO_4(aq)+2NaOH(aq) \longrightarrow 2H_2O(l)+Na_2SO_4(aq)$

10.3.1 $C_{18}H_{32}O_2(l)+25O_2(g) \longrightarrow 18CO_2(g)+16H_2O(l)$

10.3.2 $2NH_3(g)+3CuO(s) \longrightarrow 3Cu(s)+N_2(g)+3H_2O(l)$

10.4.1 (a) 불용성 (b) 가용성 (c) 불용성

10.4.2 (a) 가용성 (b) 불용성 (c) 가용성

10.5.1 $Sr(NO_3)_2(aq)+Li_2SO_4(aq) \longrightarrow SrSO_4(s)+2LiNO_3(aq)$

$Sr^{2+}(aq)+2NO_3^-(aq)+2Li^+(aq)+SO_4^{2-}(aq) \longrightarrow SrSO_4(s)+2Li^+(aq)+2NO_3^-(aq)$

$Sr^{2+}(aq)+SO_4^{2-}(aq) \longrightarrow SrSO_4(s)$

10.5.2 $2KNO_3(aq)+BaCl_2(aq) \longrightarrow 2KCl(aq)+Ba(NO_3)_2(aq)$

$2K^+(aq)+2NO_3^-(aq)+Ba^{2+}(aq)+2Cl^-(aq) \longrightarrow 2K^+(aq)+2Cl^-(aq)+Ba^{2+}(aq)+2NO_3^-(aq)$

아무 반응이 일어나지 않아서 모든 이온이 구경꾼 이온이고, 알짜 이온 반응식이 없다.

10.6.1 $Ba(OH)_2(aq)+2HI(aq) \longrightarrow 2H_2O(l)+BaI_2(aq)$

$Ba^{2+}(aq)+2OH^-(aq)+2H^+(aq)+2I^-(aq) \longrightarrow 2H_2O(l)+Ba^{2+}(aq)+2I^-(aq)$

$OH^-(aq)+H^+(aq) \longrightarrow H_2O(l)$

10.6.2 $2LiOH(aq)+H_2SO_4(aq) \longrightarrow 2H_2O(l)+Li_2SO_4(aq)$

$2Li^+(aq)+2OH^-(aq)+2H^+(aq)+SO_4^{2-}(aq) \longrightarrow 2H_2O(l)+2Li^+(aq)+SO_4^{2-}(aq)$

$OH^-(aq)+H^+(aq) \longrightarrow H_2O(l)$

10.7.1 H: +1, O: −1; Mn: +4, O: −2, H: +1, S: +6, O: −2

10.7.2 O: −1; Cl: +1, O: −2; Cl: +5, O: −2

10.8.1 (a) 연소 (b) 결합 (c) 분해 (d) 결합 (e) 연소 (f) 분해

10.8.2 $A_2+2X \longrightarrow 2AX$

10.9.1 $CaCO_3(s)+2HNO_3(aq) \longrightarrow Ca(NO_3)_2(aq)+H_2O(l)+CO_2(g)$

10.9.2 $NH_4Cl(s)+LiOH(aq) \longrightarrow LiCl(aq)+H_2O(l)+NH_3(g)$

CHAPTER 11

균형 맞춤 화학 반응식의 사용

Using Balanced Chemical Equations

종종 운전자의 취한 정도를 확인하기 위해 음주 측정기가 사용된다. 이는 음주자의 혈중 알코올 농도를 측정하기 위해 수용액 반응을 확인하는 방법이 기반이 된다.

이 장의 목표

양적인 문제를 해결하기 위해 어떻게 균형 맞춤 화학 반응식이 사용되는지를 배운다.

들어가기 전에 미리 알아둘 것

- 몰질량 [◀◀5.2절]
- 이상 기체 방정식 [◀◀8.3절]
- 균형 맞춤 화학 반응식 [◀◀10.3절]
- 5장 주요 내용 [◀◀186~187쪽]

지난 장에서는 화학 반응을 화학 반응식으로 표현하는 방법과 화학 반응식을 균형 맞추는 방법에 대해 배웠다. 종종 우리는 주어진 양의 반응물에서 특정 생성물이 얼마나 생성될지 예측하려고 한다. 다른 때는 특정 양의 생성물을 생산해야 하므로 필요한 반응물의 양을 결정해야 할 때도 있다. 균형 맞춤 화학 반응식은 이러한 유형의 문제 해결에 강력한 도구가 될 수 있다. 이 장에서는 균형 맞춤 화학 반응식을 사용하여 문제를 해결하는 여러 가지 방법을 제시한다.

11.1 mol-mol 환산

화학 반응식을 균형 맞추기 위해 처음으로 접하는 용어는 화학량론 계수(stoichiometric coefficient)이다. **화학량론**(stoichiometry)은 균형 맞춤 화학 반응식에서 반응물과 생성물의 정량적인 관계를 뜻한다. 다음의 예를 살펴보자.

일산화탄소(carbon monoxide)와 산소(oxygen)의 반응으로 이산화탄소(carbon dioxide)가 생성되는 반응식이다.

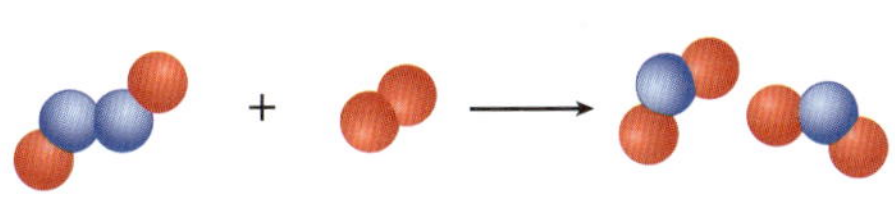

$$N_2O_2(g) + O_2(g) \longrightarrow 2NO_2(g)$$

N_2O_2 1 mol과 O_2 1 mol이 반응하면, NO_2 2 mol이 생성된다. 화학량론적 계산에서 N_2O_2 1 mol은 NO_2 2 mol과 동등하다고 한다. 이를 다시 표현하면 다음과 같다.

> **학생 노트**
> 반응물이 균형 맞춤 화학 반응식에 의해 계산된 정확한 비율의 mol로 혼합된다면, 이것은 화학량론적 양으로 혼합되었다고 말할 수 있다.

$$1\ \text{mol}\ N_2O_2 \simeq 2\ \text{mol}\ NO_2$$

여기에서 ≃ 기호는 "화학량론적으로 동등하다" 또는 그냥 "동등"이라는 뜻이다. 소비된 N_2O_2의 양(mol)과 생성된 NO_2의 양(mol)의 비율은 1:2이다. N_2O_2가 얼마만큼 소비되면 NO_2는 이 양의 두 배가 생성된다. 이러한 정수비는 다음과 같이 쓰이는 환산 인자로 쓸 수 있다.

$$\frac{1\ \text{mol}\ N_2O_2}{2\ \text{mol}\ NO_2}$$

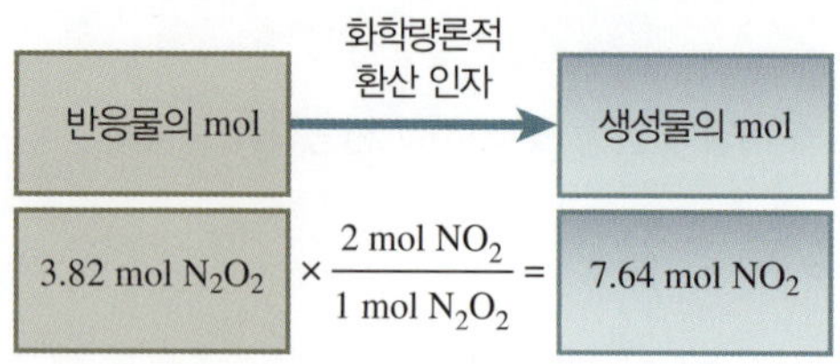

그림 11.1 반응물의 mol로 시작하여 균형 맞춤 화학 반응식으로부터 파생된 화학량론적 환산 인자를 사용하여 생성물의 mol을 결정한다. 이 예시는 NO_2를 생성하기 위한 N_2O_2와 O_2의 반응에서 3.80 mol의 N_2O_2로 시작한 결과를 보여준다.

이 환산 인자는 다음과 같이 역수로도 쓸 수 있다.

$$\frac{2\ \text{mol}\ NO_2}{1\ \text{mol}\ N_2O_2}$$

이러한 환산 인자는 일정량의 N_2O_2가 주어졌을 때 생성되는 NO_2의 양(mol)이 얼마인지, 혹은 일정량의 NO_2가 만들어지기 위해서는 N_2O_2가 얼마나 필요한지 파악할 수 있게 한다. NO_2를 생성하기 위해 3.82 mol의 모든 N_2O_2가 완전히 반응하게 되는 경우를 생각해보자. 생성된 NO_2의 양(mol)을 계산하기 위해서는 NO_2를 분자에, 그리고 N_2O_2를 분모에 넣은 환산 인자를 사용할 수 있다. 그림 11.1은 반응물의 양(mol)으로부터 생성물의 양(mol)을 결정하는 과정을 나타내고 있다.

$$\text{생성된 } NO_2\text{의 mol} = 3.82\ \cancel{\text{mol}\ N_2O_2} \times \frac{2\ \text{mol}\ NO_2}{1\ \cancel{\text{mol}\ N_2O_2}} = 7.64\ \text{mol}\ NO_2$$

비슷한 방법으로, 균형 맞춤 반응식에 사용된 다른 비율들을 환산 인자로 사용할 수 있다. 예를 들어서, 1 mol $O_2 \simeq$ 2 mol NO_2 그리고 1 mol $N_2O_2 \simeq$ 1 mol O_2이다. 이에 상응하는 환산 인자를 사용해서 주어진 O_2의 양에 대한 생성된 NO_2의 양을 계산할 수 있을 것이다. 또한 다른 반응 물질은 완전히 반응하도록 하여 특정한 반응 물질이 얼마나 필요한지도 계산할 수 있을 것이다. 앞의 예시에 의하면 O_2의 **화학량론적 양**(stoichiometric amount)을 알아낼 수 있다(3.82 mol의 N_2O_2와 반응하기 위해서 몇 mol의 O_2가 필요한지).

$$\text{필요한 } O_2\text{의 mol} = 3.82\ \cancel{\text{mol}\ N_2O_2} \times \frac{1\ \text{mol}\ O_2}{1\ \cancel{\text{mol}\ N_2O_2}} = 3.82\ \text{mol}\ O_2$$

예제 11.1은 균형 맞춤 화학 반응식을 사용하여 반응물과 생성물의 양을 어떻게 결정하는지 나타내고 있다.

예제 11.1 균형 맞춤 화학 반응식을 사용한 반응물의 mol에서 생성물의 mol로 환산

요소[urea, $(NH_2)_2CO$]는 단백질 대사의 부산물이다. 이 노폐물은 간에서 생성되어 혈액으로 여과되어 들어간다. 이후에 신장에서 소변으로 배설된다. 요소는 다음의 반응식처럼 암모니아와 이산화탄소의 조합으로 실험실에서 합성될 수 있다.

(a) 암모니아 5.25 mol이 완전히 반응하여 생성되는 요소의 양을 계산하시오.

(b) 암모니아 5.25 mol과 반응하기 위해 필요한 이산화탄소의 화학량론적 양을 구하시오.

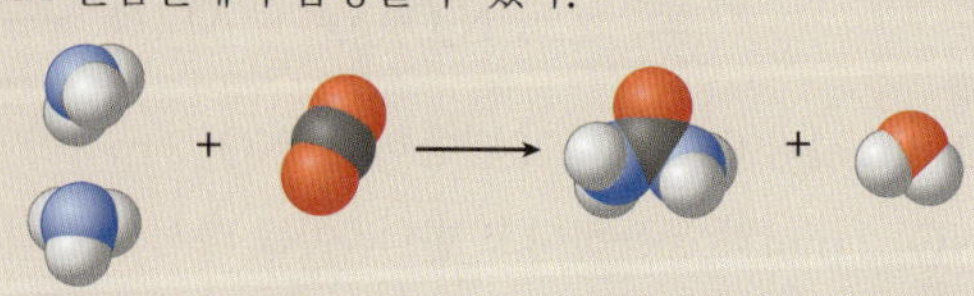

$$2NH_3(g) + CO_2(g) \longrightarrow (NH_2)_2CO(aq) + H_2O(l)$$

전략 올바른 화학량론적 환산 인자를 구하기 위해 균형 맞춤 화학 반응식을 사용하고, 주어진 암모니아의 mol을 곱한다.

계획 균형 맞춤 화학 반응식에 따르면 암모니아와 요소의 환산 인자는 다음 두 개 중 하나이다.

$$\frac{2\ \text{mol}\ NH_3}{1\ \text{mol}\ (NH_2)_2CO} \quad \text{또는} \quad \frac{1\ \text{mol}\ (NH_2)_2CO}{2\ \text{mol}\ NH_3}$$

NH_3의 mol을 곱하고 단위들이 적절히 지워질 수 있도록 분모에 NH_3의 mol로 이루어진 환산 인자를 사용한다. 비슷한 경우로, 암모니아와 이산화탄소의 환산 인자는 다음과 같이 쓸 수 있다.

$$\frac{2 \text{ mol } NH_3}{1 \text{ mol } CO_2} \quad \text{또는} \quad \frac{1 \text{ mol } CO_2}{2 \text{ mol } NH_3}$$

다시 말해서, 암모니아를 분모에 넣은 환산 인자를 선택해서 NH_3의 mol을 계산하여 지워질 수 있도록 해야 한다.

풀이

(a) 생성된 $(NH_2)_2CO$ mol $= 5.25 \text{ mol } NH_3 \times \dfrac{1 \text{ mol } (NH_2)_2CO}{2 \text{ mol } NH_3} = 2.63 \text{ mol } (NH_2)_2CO$

(b) 필요한 CO_2 mol $= 5.25 \text{ mol } NH_3 \times \dfrac{1 \text{ mol } CO_2}{2 \text{ mol } NH_3} = 2.63 \text{ mol } CO_2$

생각해보기

항상 계산식에서 단위들이 적절히 지워졌는지를 확인해야 한다. 또한 균형 맞춤 반응식으로부터 소비된 암모니아보다 생성된 요소의 mol이 적을 것이라는 것을 알 수 있다. 그러므로 문제에서 제시된 mol의 숫자(5.25)보다 여러분이 계산한 요소 mol의 숫자(2.63)가 더 작아야 한다. 비슷하게, 균형 맞춤 반응식의 화학량론적 계수는 이산화탄소와 요소에서 같다. 그래서 이 문제에 대한 여러분의 답은 두 개의 종에서 같아야 한다.

추가문제 1 다음 균형 맞춤 반응식에 따르면 질소와 수소가 반응하여 암모니아를 생성한다. $N_2(g) + 3H_2(g) \longrightarrow 2NH_3(g)$. 이때 질소 0.0880 mol과 반응하기 위해 필요한 수소 mol을 구하고, 생성될 암모니아 mol을 구하시오.

추가문제 2 십산화 사인(tetraphosphorus decoxide, P_4O_{10})은 물과 반응하여 인산(phosphoric acid)을 만든다. 이 반응에 대해 균형 맞춤 반응식을 쓰고 인산 5.80 mol을 생성하기 위해 필요한 반응물질의 mol을 구하시오.

추가문제 3 다음의 모형은 질산(nitric acid)과 주석(tin)이 반응하여 메타주석산(metastannic acid, H_2SnO_3), 물 그리고 이산화 질소(nitrogen dioxide)를 만들어내는 것을 보여준다. 모형을 참고하여 8.75 mol H_2SnO_3를 생성하기 위해 필요한 질산의 mol을 계산하시오(반응식의 균형을 맞추는 것을 잊지 말자).

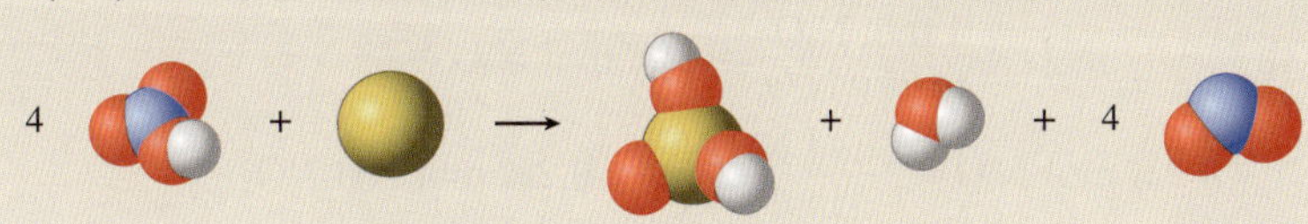

11.2 질량–질량 환산

균형 맞춤 화학 반응식은 **mol**에 대한 반응물과 생성물의 상대적인 양을 알 수 있게 한다. 그러나 반응물과 생성물의 양은 실험실에서 무게로 측정하기 때문에 대부분의 경우에 계산은 mol보다는 질량으로 계산된다. 그림 11.2에서는 반응물의 질량에서 생성물의 질량으로 환산하는 일반적인 과정을 보여준다.

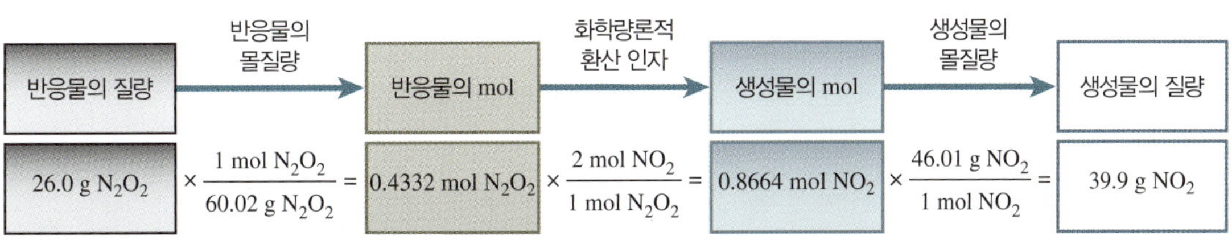

그림 11.2 반응물의 질량(주로 g 단위로 주어진다)으로부터 시작해서 반응물의 몰질량을 mol로 환산한다. 그 다음 균형 맞춤 화학 반응식에서 알 수 있는 화학량론적 환산 인자를 사용하여 생성물의 mol을 추측하고, 마지막으로 생성물의 몰질량을 사용하여 생성물의 질량으로 환산시킨다. 이 예시는 N_2O_2와 O_2의 반응에서 26.0 g의 N_2O_2로 시작하여 NO_2를 생성하는 결과를 보여준다.

예제 11.2는 질량(g) 단위를 사용한 반응물과 생성물의 양을 어떻게 결정하는지를 설명하고 있다.

예제 11.2 균형 맞춤 반응식을 사용한 반응물의 질량과 생성물의 질량 사이의 환산

'웃음가스'라고도 불리는 산화 이질소(nitrous oxide, N_2O)는 주로 치과에서 마취용으로 사용된다. 산화 이질소는 질산 암모늄(ammonium nitrate)에 열을 가하면 만들어진다. 균형 맞춤 반응식은 다음과 같다.

$$NH_4NO_3(s) \xrightarrow{\Delta} N_2O(g) + 2H_2O(g)$$

(a) 10.0 g의 산화 이질소를 얻기 위해 가열하여야 하는 질산 암모늄의 질량을 계산하시오.

(b) 위의 반응이 일어나는 동안 같이 생성되는 물의 질량을 구하시오.

전략 (a)를 계산하려면 주어진 산화 이질소의 질량을 mol로 환산하기 위해서 산화 이질소의 몰질량을 사용하고, 질산 암모늄의 mol로 환산하기 위해서 적절한 화학량론적 환산 인자를 사용한다. 그 다음에 질산 암모늄 몰질량을 사용하여 질산 암모늄을 그램으로 환산한다.

(b)를 계산하려면 주어진 산화 이질소 질량을 mol로 환산하기 위해서 산화 이질소의 몰질량을 사용하고, 화학량론적 환산 인자를 사용하여 산화 이질소 mol을 물의 mol로 환산한다. 그 다음에 물의 몰질량을 사용하여 그램으로 환산한다.

계획 몰질량은 다음과 같다. [NH_4NO_3는 80.05 g/mol, H_2O는 18.02 g/mol]

산화 이질소에서 질산 암모늄으로, 그리고 산화 이질소에서 물로의 환산 인자는 각각 다음과 같다.

$$\frac{1\text{ mol }NH_4NO_3}{1\text{ mol }N_2O} \quad \text{그리고} \quad \frac{2\text{ mol }H_2O}{1\text{ mol }N_2O}$$

풀이

(a) $10.0\text{ g }\cancel{N_2O} \times \dfrac{1\text{ mol }N_2O}{44.02\text{ g }\cancel{N_2O}} = 0.227\text{ mol }N_2O$

$0.227\ \cancel{\text{mol }N_2O} \times \dfrac{1\text{ mol }NH_4NO_3}{1\ \cancel{\text{mol }N_2O}} = 0.227\text{ mol }NH_4NO_3$

$0.227\ \cancel{\text{mol }NH_4NO_3} \times \dfrac{80.05\text{ g }NH_4NO_3}{1\ \cancel{\text{mol }NH_4NO_3}} = 18.2\text{ g }NH_4NO_3$

10.0 g의 산화 이질소를 생성하기 위해서는 18.2 g의 질산 암모늄을 가열하여야 한다.

(b) (a)의 첫 단계에서 계산된 산화 이질소의 mol로부터 계산된다.

$$0.227\ \cancel{\text{mol }N_2O} \times \frac{2\text{ mol }H_2O}{1\ \cancel{\text{mol }N_2O}} = 0.454\text{ mol }H_2O$$

$$0.454\ \cancel{\text{mol }H_2O} \times \frac{18.02\text{ g }H_2O}{1\ \cancel{\text{mol }H_2O}} = 8.18\text{ g }H_2O$$

즉, 이 반응으로부터 8.18 g의 물이 생성된다.

생각해보기

질량 보존의 법칙을 사용하여 풀이를 확인한다. 두 생성물의 질량 합이 (a)에서 계산된 반응물의 질량 합과 같은지 확인하고, 이 경우(적절한 유효 숫자로 반올림하면) 10.0 g+8.18 g=18.2 g이 된다. 반올림을 하면 약간의 차이가 생길 수 있다는 점을 기억하자.

추가문제 1 56.8 g의 포도당(glucose)의 신진대사로부터 생성된 물의 질량을 계산하시오(필요한 계산을 위해 10.3절의 화학과 친해지기를 참조).

추가문제 2 175 g의 물을 생성하기 위해 포도당의 질량이 얼마나 신진대사로 소비되어야 하는가?

추가문제 3 다음에 주어진 모형은 이산화 질소와 물이 반응하여 일산화 질소(nitrogen monoxide)와 질산이 생성되는 것을 보여준다. HNO_3가 100.0 g이 생성되기 위해서 이산화 질소의 질량이 얼마나 반응해야 하는가?(균형 맞춤 반응식 만드는 것을 잊지 마시오)

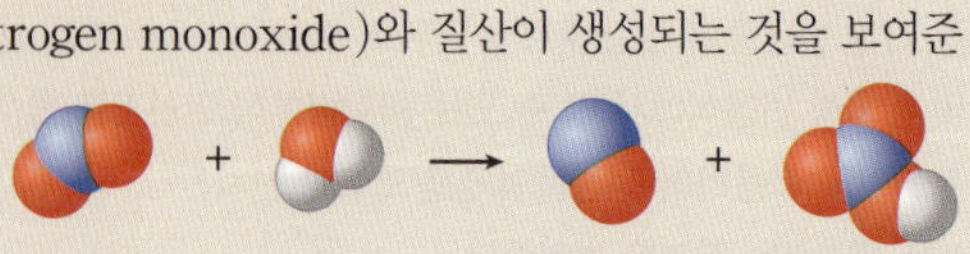

11.3 반응 수득률의 한계

화학자가 반응을 수행할 때, 반응물은 보통 화학량론적 양으로 존재하지 않는다. 반응의 목적은 출발 물질로부터 유용한 물질을 최대한 얻기 위한 것이기 때문에, 일반적으로 고가이거나 더 중요한 반응물이 원하는 생성물로 완전히 바뀌도록 하나의 반응물을 과량으로 가한다. 결과적으로 어떤 반응물은 반응이 완결되어도 남아 있게 된다. 또한 여러 가지 이유로 많은 반응이 균형 맞춤 반응식으로부터 예측된 양의 생성물을 얻지 못하기도 한다. 이번 장에서는 반응한계 수율과 그 계산방법에 대해 배울 것이다.

한계 반응물

반응에서 먼저 소비되는 시약을 **한계 반응물**(limiting reactant)이라 부르는데, 이 물질의 양이 생성물의 양에 제한을 주기 때문이다. 이 한계 반응물이 모두 소비되면 생성물은 더 이상 만들어지지 않는다. **초과 반응물**(excess reactant)은 한계 반응물과 반응할 때 필요한 양보다 더 많은 양이 존재하는 반응물을 뜻한다.

> **학생 노트**
> 한계 반응물과 초과 반응물은 한계 시약 또는 과잉 시약으로도 불린다.

한계 반응물의 개념을 소고기와 버섯으로 케밥을 만드는 경우를 예로 들어 설명할 수 있다. 꼬치 1개, 버섯 4개, 고기 3조각으로 이루어진 케밥을 최대한 많이 만들고 싶다고 가정해보자. 만약에 꼬치 4개, 버섯 12개, 고기 15조각이 있다면 몇 개의 케밥을 만들 수 있는가? 그림 11.3에 나타낸 것처럼 답은 3개이다. 3개의 케밥을 만들고 나면 준비했던 버섯의 전부를 쓰게 될 것이다. 아직 꼬치 1개와 고기 6조각이 남아 있지만, 레시피와 같은 케밥은 더 이상 만들 수 없다. 이러한 예시에 따르면 버섯이 가장 먼저 완전히 소비될 것이고, 이에 따라 버섯이 '한계 시약'이 된다. 생성물의 총합(이 경우에는 케밥의 개수)은 한 가지 재료의 양에 의해 제한된다.

한계 반응물이 포함된 문제에서, 첫 단계는 어느 것이 한계 반응물인지 파악하는 것이다. 한계 반응물을 파악한 후에는 11.1절에서 다룬 것처럼 문제를 풀 수 있다. 일산화탄소와 수소로부터 메탄올(CH_3OH)을 만드는 반응식에서

$$CO(g) + 2H_2(g) \longrightarrow CH_3OH(l)$$

그림 11.4(a)에 나타낸 것처럼 CO 5 mol과 H_2 8 mol이 있다고 하자. 화학량론적 환산 인자를 사용하여 모든 CO와 반응하는 H_2의 mol은 얼마나 필요한지 계산할 수 있다. 균형 잡힌 반응식을 통해 1 mol CO ≃ 2 mol H_2이다. 그러므로 5 mol의 CO와 반응하기 위한 수소의 양은 다음과 같다.

꼬치 4개, 버섯 12개, 고기 15조각

(a)

합쳐진 3개의 케밥, 꼬치 1개, 고기 6조각

(b)

그림 11.3 (a)에는 꼬치 4개, 버섯 12개, 고기 15조각이 있고, (b)에는 합쳐진 케밥 3개, 꼬치 1개 그리고 고기 6조각이 있다. 레시피에 의하면 버섯의 개수에 따라 만들어질 수 있는 케밥의 개수가 정해진다.

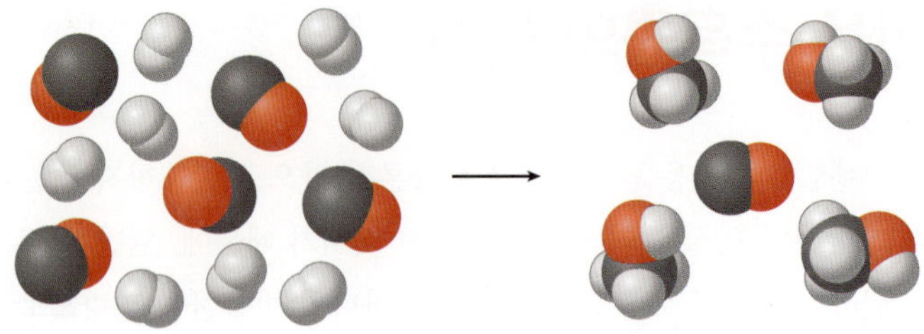

(a) (b)

그림 11.4 (a) CO와 H_2의 반응으로 (b) CH_3OH가 생성된다. 각각의 분자는 1 mol을 의미한다. 이 경우 H_2가 한계 반응물이고, 반응이 끝난 후 CO 1 mol이 남는다.

$$H_2\text{의 mol} = 5\ \cancel{\text{mol CO}} \times \frac{2\text{ mol }H_2}{1\ \cancel{\text{mol CO}}} = 10\text{ mol }H_2$$

H_2가 8 mol밖에 없으므로 모든 CO와 반응할 H_2가 충분하지 않다. 그러므로 H_2는 한계 반응물이 되고 CO는 초과 반응물이 된다. H_2가 가장 먼저 완전히 소비될 것이고, 그림 11.3(b)에 나타낸 것처럼 메탄올의 생성은 멈추고 약간의 CO가 남게 될 것이다. 반응이 완전히 끝난 후 CO의 남은 양을 알기 위해서 8 mol의 H_2와 반응하는 CO의 양을 계산해야 한다.

$$CO\text{의 mol} = 8\ \cancel{\text{mol }H_2} \times \frac{1\text{ mol CO}}{2\ \cancel{\text{mol }H_2}} = 4\text{ mol CO}$$

즉, 4 mol의 CO가 소비되고 1 mol(5 mol−4 mol)이 남는다.

한계 반응물을 알아내기 위한 다른 방법은 문제에서 주어진 각각의 반응 물질에 대한 생성물의 양을 계산하는 것이다. 이 방법에 따르면 두 개의 다른 생성물의 양을 얻게 된다.

학생 노트
생성물 5 mol을 생성하기에 충분한 CO가 있지만 H_2는 생성물 4 mol을 생성할 수 있는 양밖에 없다. 즉, H_2의 양은 생성물의 생성량을 제한한다.

$$5\ \cancel{\text{mol CO}} \times \frac{1\text{ mol }CH_3OH}{1\ \cancel{\text{mol CO}}} = 5\text{ mol }CH_3OH$$

$$8\ \cancel{\text{mol }H_2} \times \frac{1\text{ mol }CH_3OH}{2\ \cancel{\text{mol }H_2}} = 4\text{ mol }CH_3OH$$

더 적은 양의 생성물을 얻게 되는 결과에 따라 결정하면 된다. 이 경우 문제에서 주어진 H_2의 양으로 시작하는 계산의 결과가 주어진 CO의 양으로 시작한 계산의 결과보다 더 적은 양의 CH_3OH를 생성한다. 다시 말해, 5 mol의 CH_3OH를 생성하기에 충분한 CO를 갖고 있고, H_2는 4 mol의 CH_3OH를 생성할 정도밖에 없다고 할 수 있다. 그러므로 H_2는 한계 반응물이다. 그림 11.5에 이러한 방식의 계산 과정을 나타내었다.

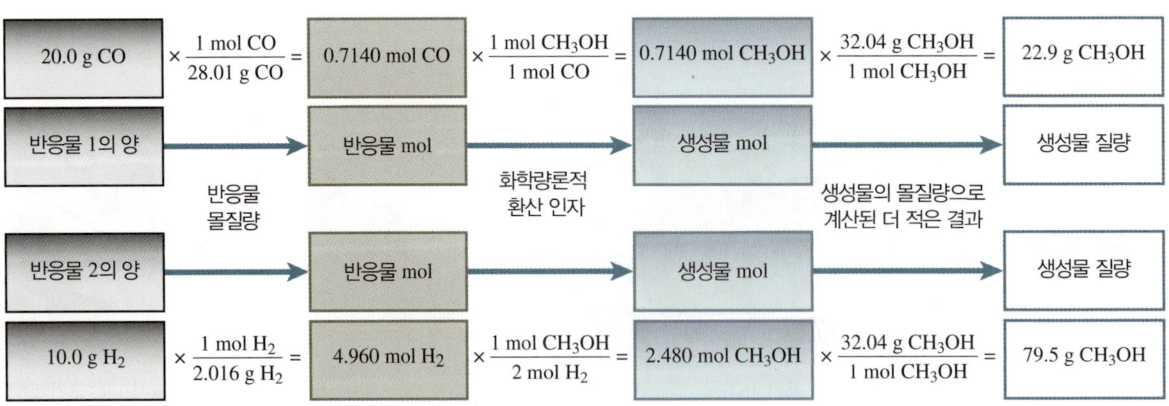

그림 11.5 각각 반응물의 mol을 계산하고 각각의 결과로 생성물의 mol을 계산한다. 더 적은 양의 생성물을 얻는 결과를 나타내는 반응물이 한계 반응물이다. 한계 반응물의 mol을 사용하여 생성물의 mol을 먼저 계산하고 생성물의 양을 계산한다.

예제 11.3에는 한계 반응물의 개념 및 질량과 mol의 환산에 대해 나타내었다.

예제 11.3 한계 반응물 결정하기, 생성물의 질량과 반응 후 남은 초과 반응물의 질량 계산

암모니아는 아래 반응식에 나타낸 것처럼 질소와 수소의 반응으로 만들어진다. 다음 반응식을 보고 35.0 g의 질소와 12.5 g의 수소가 반응하여 암모니아를 생성할 때 한계 반응물을 파악하고 생성된 암모니아의 질량을 계산하시오. 반응이 완결되었을 때, 초과 반응물은 무엇이고 얼마만큼 남아 있을 것인가?

$$N_2(g)+3H_2(g) \longrightarrow 2NH_3(g)$$

전략 각 반응물의 질량을 mol로 환산한다. 균형 맞춤 반응식을 사용하여 필요한 화학량론적 환산 인자를 찾고, 어떤 반응물이 한계 반응물인지 찾는다. 그리고 균형 맞춤 반응식을 이용하여 초과 반응물의 mol과 생성된 NH_3 mol을 찾기 위한 화학량론적 환산 인자를 작성한다. 마지막으로 몰질량을 사용하여 초과 반응물의 mol과 NH_3 mol을 그램으로 환산한다.

계획 필요한 몰질량은 N_2는 28.02 g/mol, H_2는 2.02 g/mol, NH_3는 17.03 g/mol이다. 균형 맞춤 반응식을 통해 1 mol N_2 ≃ 2 mol NH_3, 3 mol H_2 ≃ 2 mol NH_3라는 것을 알 수 있다. 그러므로 필요한 화학량론적 환산 인자는 다음과 같다.

$$\frac{1\ \text{mol}\ N_2}{2\ \text{mol}\ NH_3} \quad \frac{2\ \text{mol}\ NH_3}{1\ \text{mol}\ N_2} \quad \frac{3\ \text{mol}\ H_2}{2\ \text{mol}\ NH_3} \quad \frac{2\ \text{mol}\ NH_3}{3\ \text{mol}\ H_2}$$

풀이

$$35.0\ \text{g}\ \cancel{N_2}\times\frac{1\ \text{mol}\ N_2}{28.02\ \text{g}\ \cancel{N_2}}=1.249\ \text{mol}\ N_2$$

$$12.5\ \text{g}\ \cancel{H_2}\times\frac{1\ \text{mol}\ H_2}{2.02\ \text{g}\ \cancel{H_2}}=6.188\ \text{mol}\ H_2$$

한계 반응물이 무엇인지 파악하고 각각 반응물의 초기량에서 만들 수 있는 암모니아의 질량을 계산한다.

$$1.249\ \cancel{\text{mol}\ N_2}\times\frac{2\ \cancel{\text{mol}\ NH_3}}{1\ \cancel{\text{mol}\ N_2}}\times\frac{17.03\ \text{g}\ NH_3}{1\ \cancel{\text{mol}\ NH_3}}=42.5\ \text{g}\ NH_3$$

$$6.188\ \cancel{\text{mol}\ H_2}\times\frac{2\ \cancel{\text{mol}\ NH_3}}{3\ \cancel{\text{mol}\ H_2}}\times\frac{17.03\ \text{g}\ NH_3}{1\ \cancel{\text{mol}\ NH_3}}=70.3\ \text{g}\ NH_3$$

더 적은 양의 암모니아를 만든 것은 질소로부터 만들어진 42.5 g이다. 이를 통해 질소가 한계 반응물임을 알 수 있다. 또한 수소는 초과 반응물이라는 의미이다.

남은 수소의 질량을 구하기 위해 얼마만큼의 수소가 반응하는지 계산할 수 있다.

$$1.249\ \cancel{\text{mol}\ N_2}\times\frac{3\ \cancel{\text{mol}\ H_2}}{1\ \cancel{\text{mol}\ N_2}}\times\frac{2.02\ \text{g}\ H_2}{1\ \cancel{\text{mol}\ H_2}}=7.57\ \text{g}\ H_2\ \text{반응한 양}$$

수소의 초기질량인 12.5 g으로부터 위에서 계산된 양을 빼면 남은 H_2의 양이 4.9 g임을 얻을 수 있다.

추가문제 1 수소 2.5 g과 질소 35.0 g이 반응하여 생성되는 암모니아의 질량을 계산하시오. 계산을 하면서 어떤 것이 초과 반응물인지 쓰고, 반응이 끝난 후 남는 초과 반응물의 양을 구하시오.

추가문제 2 다음에 주어진 반응식에서 수산화 포타슘(potassium hydroxide)과 인산이 반응하여 인산 포타슘(potassium phosphate)과 물을 생성한다.

$$3KOH(aq)+H_3PO_4(aq) \longrightarrow K_3PO_4(aq)+3H_2O(l)$$

55.7 g의 K_3PO_4가 생성되었고, 89.8 g H_3PO_4가 반응하지 않고 남았다면 각 반응 물질의 초기량을 구하시오.

추가문제 3 아래와 같이 화학 반응식을 나타내었다.

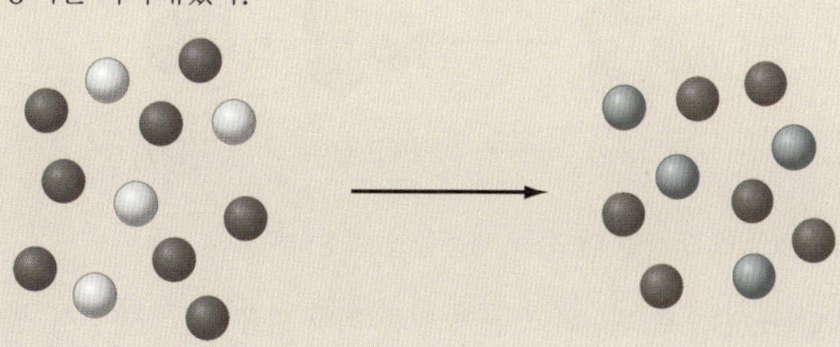

표를 사용하여 균형 맞춤 화학 반응식을 완성하고, 아래 반응물들로부터 생성 가능한 조합을 그림[(i)~(iv)] 중에서 찾으시오.

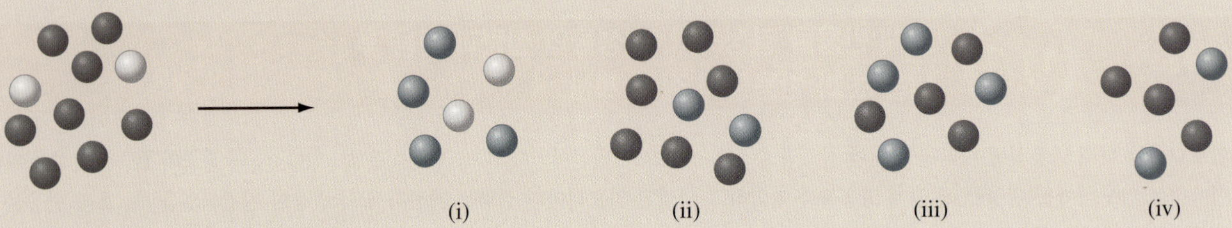

수득 백분율

반응에서 생성되는 생성물의 양을 계산하기 위해 화학량론을 사용하여 계산된 값은 반응의 **이론 수득량**(theoretical yield)이라 한다. 이론적 수득량은 모든 한계 반응물이 반응했을 때 얻을 수 있는 생성물의 양이며, 균형 맞춤 반응식에서 실제 얻을 수 있는 생성물 양의 최대치이다. **실제 수득량**(actual yield)은 반응에서 실제 얻을 수 있는 생성물의 양으로 항상 이론 수득량보다 적다. 실제 수득량과 이론 수득량 간의 차이가 생기는 것에는 여러 가지 이유가 있다. 예를 들어, 반응물 중 일부는 반응을 해서 원하는 생성물을 만들지 않고 전혀 다른 생성물을 만드는데, 이것을 부반응(side reaction)이라고 한다. 즉, 반응물은 이미 알고 있는 생성물이 아닌 전혀 다른 생성물을 만드는 반응을 하거나 또는 단순히 반응하지 않고 남아 있을 수도 있다. 게다가 반응이 끝나고 모든 생성물을 분리하여 회수하는 것은 매우 어렵다. 화학자들은 화학 반응의 효율을 결정하기 위해 종종 **수득 백분율**(percent yield)을 계산하기도 한다. 이것은 이론 수득량에 대한 실제 수득량의 백분율로, 아래와 같이 계산한다.

$$\text{수득 백분율}(\%) = \frac{\text{실제 수득량}}{\text{이론 수득량}} \times 100\%$$ [|◀◀ 식 11.1]

수득 백분율은 작은 분수값부터 100% 사이의 값을 갖는다(100%를 초과할 수는 없다). 화학자들은 다양한 방법으로 최고의 수득 백분율을 얻기 위해 노력한다. 온도와 압력과 같이 수득 백분율에 영향을 주는 요소들에 대해서는 13장에서 자세히 다룰 것이다.

예제 11.4는 제약 가공 공정에서의 수득 백분율을 어떻게 계산하는지 보여준다.

예제 11.4 균형 맞춤 화학 반응식과 실제 수득률을 사용하여 반응 수득 백분율 결정

오염화인(PCl_5)은 다음 반응식에 따라 분해되어 삼염화인(PCl_3)과 염소(Cl_2)를 생성한다.

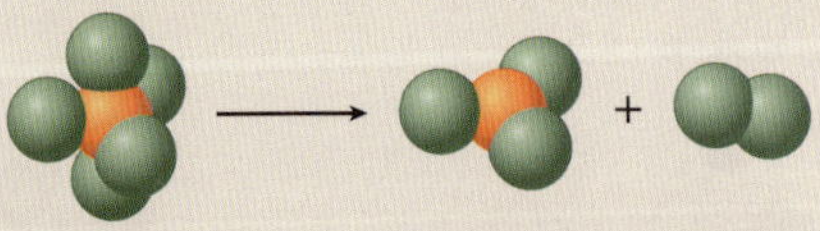

$$PCl_5(g) \longrightarrow PCl_3(g) + Cl_2(g)$$

3.45 g의 PCl_5가 분해되어 2.10 g의 PCl_3를 생성할 때 수득 백분율을 결정하시오.

전략 PCl_5의 질량(g)을 PCl_5의 양(mol)으로 변환하고 균형 맞춤 화학 반응식을 사용하여 생성될 것으로 예상하는 PCl_3의 양

(mol)을 결정한다. PCl_3의 양(mol)을 PCl_3의 질량(g)으로 변환하고 실제로 생성된 질량(g)과 비교한다.

계획 PCl_5의 몰질량은 208.25 g/mol이고 PCl_3의 몰질량은 137.35 g/mol이다. 균형 맞춤 화학 반응식을 고려하면, PCl_5이 1 mol 분해되면 PCl_3 1 mol이 생성됨을 알 수 있다. 필요한 화학량론적 환산 인자는 다음과 같다.

$$\frac{1 \text{ mol } PCl_3}{1 \text{ mol } PCl_5} \qquad \frac{1 \text{ mol } PCl_5}{1 \text{ mol } PCl_3}$$

풀이

$$3.45 \text{ g } \cancel{PCl_5} \times \frac{1 \text{ mol } PCl_5}{208.2 \text{ g } \cancel{PCl_5}} = 0.01657 \text{ mol } PCl_5$$

$$0.01657 \cancel{\text{mol } PCl_5} \times \frac{1 \text{ mol } C_4H_6O_3}{102.09 \text{ g } \cancel{C_4H_6O_3}} = 0.01657 \text{ mol } PCl_3$$

$$0.01657 \cancel{\text{mol } PCl_3} \times \frac{1 \text{ mol } C_4H_6O_3}{102.09 \text{ g } \cancel{C_4H_6O_3}} = 2.275 \text{ g } PCl_3$$

따라서 이론적 수득률은 2.275 g의 PCl_3이다. 수득 백분율은 다음과 같다.

$$\frac{2.10 \text{ g } PCl_3}{2.275 \text{ g } PCl_3} \times 100\% = 92.3\% \text{ 수득률}$$

생각해보기

수득 백분율은 결코 100%를 초과할 수 없다. 수득 백분율이 100%를 초과하는 경우는 계산 과정에서 오류가 있는지 확인한다.

추가문제 1 에탄올로부터 다이에틸 에터를 생성하는 반응식을 아래에 나타내었다.

$$2CH_3CH_2OH(l) \longrightarrow CH_3CH_2OCH_2CH_3(l) + H_2O(l)$$

에탄올 68.6 g이 반응하여 에터(ether) 16.1 g을 만들 때 수득 백분율을 계산하시오.

추가문제 2 에탄올 207 g이 수득 백분율 73.2%로 반응할 때 만들어진 에터의 질량은 얼마인가?

추가문제 3 과산화수소(H_2O_2)는 분해되어 물과 산소 기체를 생성한다. 아래의 그림은 반응 전과 후의 분해 과정을 나타내고 있다. 이 반응에서 산소의 수득 백분율을 결정하시오.

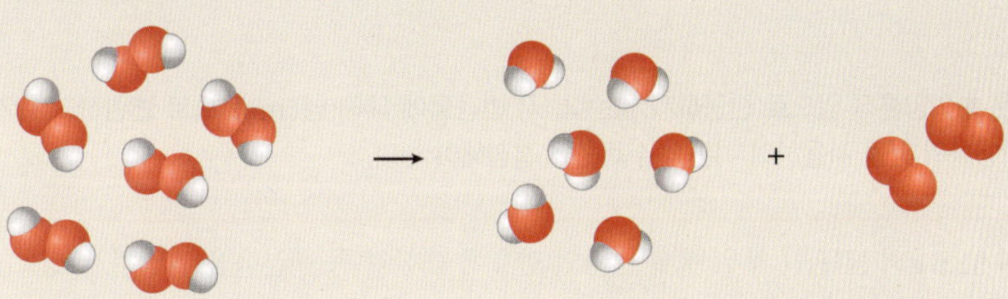

두 개 이상의 반응물이 있는 반응에서 이론적 수득률은 한계 반응물을 사용하여 결정해야 한다. 예제 11.5는 한계 반응물이 있는 제약 제조 공정의 수득 백분율을 계산하는 방법을 보여준다.

예제 11.5 한계 반응물을 사용하여 반응에 대한 수득 백분율 결정

아스피린으로 알려져 있는 아세틸살리실산($C_9H_8O_4$)은 세계에서 가장 흔히 사용되는 진통제이다. 다음 반응식에 따라 살리실산($C_7H_6O_3$)과 아세트산 무수물($C_4H_6O_3$)의 반응으로 생성된다.

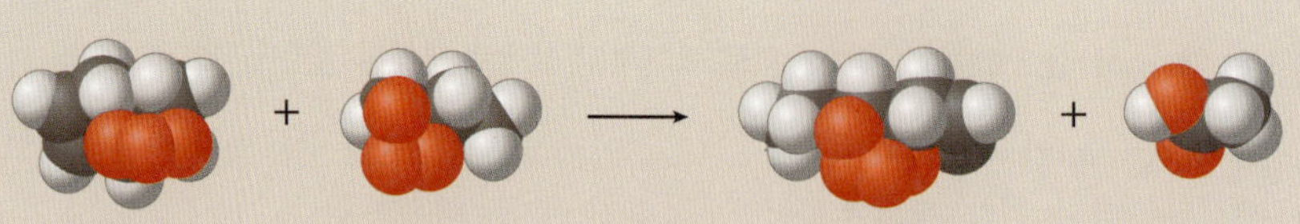

$C_7H_6O_3$ + $C_4H_6O_3$ ⟶ $C_9H_8O_4$ + CH_3COOH

살리실산 무수 아세트산 아세틸살리실산 아세트산

아스피린을 합성하기 위해서 살리실산 104.8 g과 아세트산 무수물 102.3 g을 반응시켰다. 최종적으로 아스피린 105.6 g이 생성되었다면 이 반응의 수득 백분율을 계산하시오.

전략 두 반응물의 질량(g)을 mol로 변환하고, 어느 반응물이 한계 반응물인지 확인한다. 한 반응물의 양(mol)과 균형 맞춘 화학 반응식을 사용하여 생성될 수 있는 아스피린의 양(mol)을 확인한다. 이 양(mol)을 이론적 수득률에 대한 질량(g)으로 변환하고 실제 수득률(문제에 제공됨)과 비교하여 수득 백분율을 계산한다.

계획 살리실산의 경우 필요한 몰질량은 138.12 g/mol, 아세트산 무수물의 경우 102.09 g/mol, 아스피린의 경우 180.15 g/mol이다.

풀이

$$104.8\ \text{g}\ C_7H_6O_3 \times \frac{1\ \text{mol}\ C_7H_6O_3}{138.12\ \text{g}\ C_7H_6O_3} = 0.7588\ \text{mol}\ C_7H_6O_3$$

$$102.3\ \text{g}\ C_4H_6O_3 \times \frac{1\ \text{mol}\ C_4H_6O_3}{102.09\ \text{g}\ C_4H_6O_3} = 1.002\ \text{mol}\ C_4H_6O_3$$

두 반응물은 1:1의 양(mol)적 비율로 결합하므로 가장 적은 양(mol)으로 존재하는 반응물 살리실산($C_7H_6O_3$)이 한계 반응물이다. 균형 맞춘 화학 반응식에 따라 한계 반응물의 양(mol)을 사용하면 소비된 살리실산 1 mol마다 아스피린 1 mol이 생성된다.

$$1\ \text{mol 살리실산}(C_7H_6O_3) \simeq 1\ \text{mol 아스피린}(C_9H_8O_4)$$

따라서 아스피린의 이론적 수득률은 0.7588 mol이다. 아스피린의 몰질량을 사용하여 이것을 질량(g)으로 변환한다.

$$0.7588\ \text{mol}\ C_9H_8O_4 \times \frac{180.15\ \text{g}\ C_9H_8O_4}{1\ \text{mol}\ C_9H_8O_4} = 136.7\ \text{g}\ C_9H_8O_4$$

따라서 이론적 수득률은 136.7 g이다. 실제 수득률이 105.6 g인 경우 수득 백분율은 다음과 같다.

$$\text{수득 백분율} = \frac{105.6\ \text{g}}{136.7\ \text{g}} \times 100\% = 77.25\%\ \text{수득률}$$

생각해보기

대부분의 경우, 반응물들은 화학양론적 양으로 반응하지 않는다. 각 반응물에 대해 양(mol)으로 변환하고 한계 반응물이 있는지 확인하시오. 만일 있다면 한계 반응물의 양을 사용하여 이론적 수득률을 결정해야 한다.

추가문제 1 실제 수득률이 31.6 g의 NH_3인 경우 예제 11.3의 반응에 대한 수득 백분율을 결정하시오.

추가문제 2 예제 11.3에서 수득 백분율이 85.0%라고 할 때, 얼마나 많은 NH_3가 생성될지 결정하시오.

추가문제 3 아래의 그림은 예제 11.3의 추가문제 3에서 소개된 화학 반응을 사용한 실험에 대한 반응물들의 혼합물(왼쪽)과 생성물들의 혼합물(오른쪽)을 보여준다. 한계 반응물을 구별하고 이산화탄소의 수득 백분율을 결정하시오.

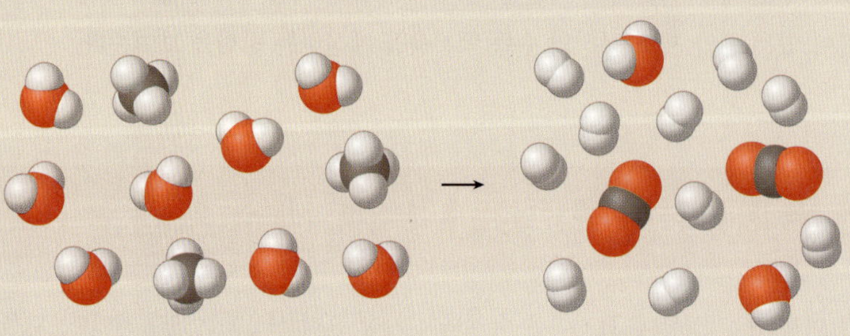

반응물들의 혼합물 생성물들의 혼합물

생각 밖 상식

연소 분석(combustion analysis)

종종 화학자들은 분리하였거나 합성한 화합물의 실험식을 파악해야 한다. 포도당과 같은 탄소 화합물을 연소 분석 장치에서 연소시키면 이산화탄소(CO_2)와 물(H_2O)이 생성된다. 포도당의 연소를 다음과 같은 균형 맞춤 반응식으로 나타낼 수 있다.

$$C_6H_{12}O_6(s)+6O_2(g) \longrightarrow 6CO_2(g)+6H_2O(g)$$

단지 산소 기체만이 반응에 첨가되었기 때문에 생성물에 있는 탄소와 수소는 포도당에서 기인한 것이다. 생성물의 산소는 어쩌면 포도당에서 기인할 수도 있고, 첨가된 산소에서 기인할 수도 있다. 예를 들어, 시행한 실험에서 포도당 18.8 g이 연소하여 CO_2 27.6 g과 H_2O 11.3 g이 생성되었다고 하면, 다음과 같이 18.8 g 시료 속의 탄소와 수소의 질량을 계산할 수 있다.

C의 mol

$$=27.6\,\cancel{g\,CO_2}\times\frac{1\,\cancel{mol\,CO_2}}{44.01\,\cancel{g\,CO_2}}\times\frac{1\,\cancel{mol}\,C}{1\,\cancel{mol\,CO_2}}\times\frac{12.01\,g\,C}{1\,\cancel{mol\,C}}$$

$=7.53\,g\,C$

H의 mol

$$=11.3\,\cancel{g\,H_2O}\times\frac{1\,\cancel{mol\,H_2O}}{18.02\,\cancel{g\,H_2O}}\times\frac{2\,\cancel{mol}\,H}{1\,\cancel{mol\,H_2O}}\times\frac{1.008\,g\,H}{1\,\cancel{mol\,H}}$$

$=1.26\,g\,H$

이렇게 18.8 g의 포도당은 탄소 7.53 g과 수소 1.26 g을 포함하고 있다. 남아 있는 질량 [18.8 g−(7.53 g+1.26 g)=10.0 g]은 산소이다.

18.8 g의 포도당이 포함하고 있는 각 성분들의 mol은 다음과 같다.

$$\text{C의 mol}=7.53\,\cancel{g\,C}\times\frac{1\,mol\,C}{12.01\,\cancel{g\,C}}=0.627\,mol\,C$$

$$\text{H의 mol}=1.26\,\cancel{g\,H}\times\frac{1\,mol\,H}{1.008\,\cancel{g\,H}}=1.25\,mol\,H$$

$$\text{O의 mol}=10.0\,\cancel{g\,O}\times\frac{1\,mol\,O}{16.00\,\cancel{g\,O}}=0.626\,mol\,O$$

포도당의 실험식은 $C_{0.627}H_{1.25}O_{0.626}$이라 할 수 있다. 그러나 실험식에 사용하는 모든 숫자들은 정수이므로 각각의 아래첨자들을 셋 중에서 가장 작은 첨자인 0.626으로 나누면 (0.627/0.626≈1, 1.25/0.626≈2, 0.626/0.626≈1) 실험식 CH_2O를 얻을 수 있다.

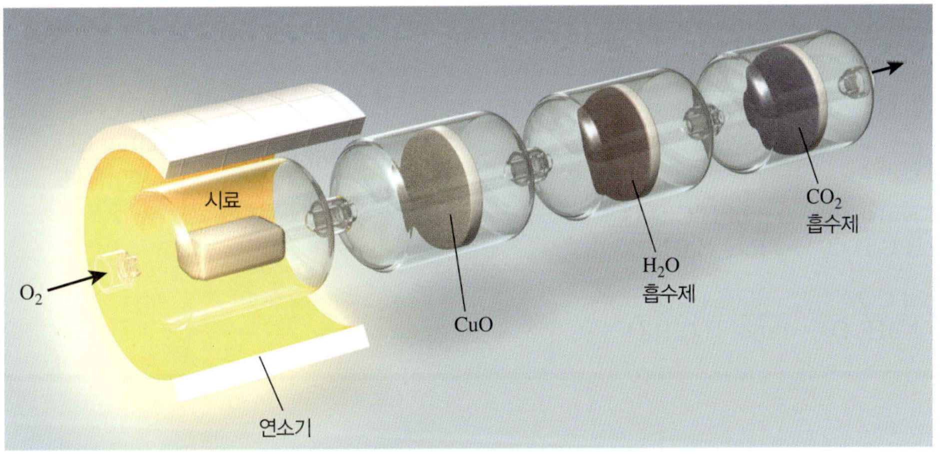

연소 분석 장치의 개요도. 연소 생성물인 CO_2와 H_2O는 포집되어 무게가 측정된다. 이들 생성물의 양은 연소되는 시료의 탄소와 수소의 함량을 구하는 데 사용된다(CuO는 모든 탄소가 CO_2로 완전 연소되는 데 사용된다).

화학과 친해지기

Alka-Seltzer

Alka-Seltzer는 아스피린, 탄산수소 소듐(sodium bicarbonate) 그리고 시트르산(citric acid)을 포함하고 있는 알약이다. 이 약이 물과 만나면 탄산수소 소듐($NaHCO_3$)과 시트르산($H_3C_6H_5O_7$)이 반응하여 이산화탄소 기체와 다른 생성물을 생성한다.

$$3NaHCO_3(aq) + H_3C_6H_5O_7(aq) \longrightarrow 3CO_2(g) + 3H_2O(l) + Na_3C_6H_5O_7(aq)$$

CO_2의 생성으로 인해 알약을 물에 떨어트렸을 때 거품이 생성된다. Alka-Seltzer 알약 한 알에는 1.700 g의 탄산수소 소듐과 1.000 g의 시트르산이 포함된다. 다음에 주어진 것을 참고하면 어떤 첨가물이 한계 반응물이고 한 알의 알약이 녹았을 때 CO_2가 얼마만큼 생성되는지 알 수 있다. 필요한 몰질량들은 $NaHCO_3$은 84.01 g/mol, $H_3C_6H_5O_7$은 192.12 g/mol 그리고 CO_2은 44.01 g/mol이다. 균형 맞춤 반응식을 통해서 3 mol $NaHCO_3 \simeq$ 1 mol $H_3C_6H_5O_7$, 3 mol $NaHCO_3 \simeq$ 3 mol CO_2 그리고 1 mol $H_3C_6H_5O_7 \simeq$ 3 mol CO_2라는 것을 알 수 있다. 그러므로 필요한 화학량론적 환산 인자는 다음과 같다.

$$\frac{3\text{ mol NaHCO}_3}{1\text{ mol H}_3\text{C}_6\text{H}_5\text{O}_7} \quad \frac{1\text{ mol H}_3\text{C}_6\text{H}_5\text{O}_7}{3\text{ mol NaHCO}_3}$$

$$\frac{3\text{ mol CO}_2}{3\text{ mol NaHCO}_3} \quad \frac{3\text{ mol CO}_2}{1\text{ mol H}_3\text{C}_6\text{H}_5\text{O}_7}$$

풀이

$$1.700\text{ g NaHCO}_3 \times \frac{1\text{ mol NaHCO}_3}{84.01\text{ g NaHCO}_3} = 0.02024\text{ mol NaHCO}_3$$

$$1.000\text{ g H}_3\text{C}_6\text{H}_5\text{O}_7 \times \frac{1\text{ mol H}_3\text{C}_6\text{H}_5\text{O}_7}{192.12\text{ g H}_3\text{C}_6\text{H}_5\text{O}_7} = 0.005205\text{ mol}$$

한계 반응물이 어느 것인지 알기 위해 탄산수소 소듐 0.02024 mol과 완전히 반응하기 위한 시트르산의 양을 계산해야 한다.

$$0.02024\text{ mol NaHCO}_3 \times \frac{1\text{ mol H}_3\text{C}_6\text{H}_5\text{O}_7}{3\text{ mol NaHCO}_3} = 0.006745\text{ mol H}_3\text{C}_6\text{H}_5\text{O}_7$$

$NaHCO_3$ 0.02024 mol과 반응하기 위한 $H_3C_6H_5O_7$의 양은 알약이 포함하고 있는 양보다 더 많이 필요하다. 그러므로 시트르산을 한계 반응물이라 할 수 있고, 탄산수소 소듐은 초과 반응물이라고 할 수 있다.

생성된 CO_2의 질량을 알기 위해서는 먼저 한계 반응물($H_3C_6H_5O_7$)의 mol로부터 생성된 CO_2의 mol을 계산한다.

$$0.005205\text{ mol H}_3\text{C}_6\text{H}_5\text{O}_7 \times \frac{3\text{ mol CO}_2}{1\text{ mol H}_3\text{C}_6\text{H}_5\text{O}_7} = 0.01562\text{ mol CO}_2$$

다음과 같이 그램으로 바꾼다.

$$0.01562\text{ mol CO}_2 \times \frac{44.01\text{ g CO}_2}{1\text{ mol CO}_2} = 0.6874\text{ g CO}_2$$

복습하기

몰농도(mol/L)는 용액 1리터당 용질의 mol이라고 정의한다[|◀◀ 9.3절]. 가용성 반응물의 mol은 용액의 부피와 몰농도를 곱하여 구할 수 있다.

부피(L) × M = 반응물의 mol

11.4 수용액 반응

가용성 반응물이 반응할 때 각 반응물의 mol은 부피와 몰농도(molarity, M[|◀◀ 9.3절])를 이용하여 계산한다. 일반적으로 수용액 반응은 세 가지, 즉 침전(precipitation) 반응, 산-염기(acid-base) 반응, 산화-환원(redox) 반응으로 나눌 수 있다. 이들 각각은 균형 맞춤 화학 반응식을 완성하는 것으로 시작하는 것이 문제를 해결하는 데 중요하다[|◀◀ 9.4절]. 그림 11.6

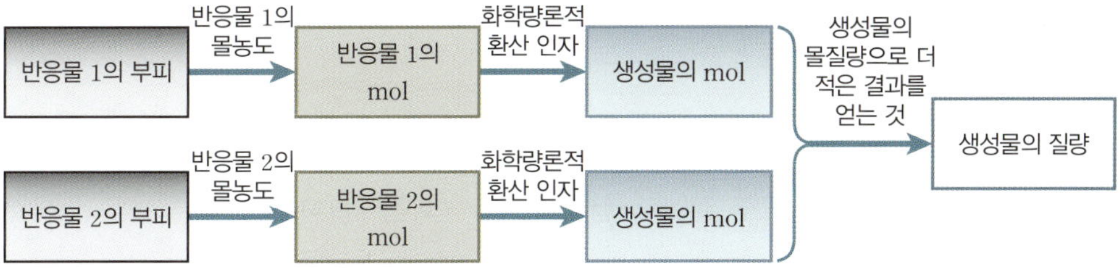

그림 11.6 반응물의 부피와 몰농도가 주어졌을 때 각 반응물의 mol을 구할 수 있다. 한계 반응물이 결정되면 생성물의 양을 계산할 수 있다.

에는 수용액 반응에서 화학량론적인 문제를 푸는 일반적인 과정을 나타내었다.

예제 11.6부터 11.8까지는 수용액에서의 반응 문제를 어떻게 해결하는지 나타내었다.

예제 11.6 반응이 완전히 진행되었을 때 가용성 반응물의 부피 구하기

물속 염화 이온의 양은 질산은 시약을 첨가하여 염화은 침전이 만들어지는 반응으로 알 수 있다.

$$Cl^-(aq) + Ag^+(aq) \longrightarrow AgCl(s)$$

염화은(AgCl)은 물에 불용성[|◀◀ 표 9.2]이고, 용액에서 침전물을 만든다[질산 이온(nitrate ion, NO_3^-)은 구경꾼 이온이다[|◀◀ 10.4절]].

(a) 염화 이온의 농도가 0.0173 *M*인 수용액 2.00 L 속의 염화 이온을 모두 침전시키는 데 필요한 0.250 *M* 질산은 용액은 얼마나 필요한가?

(b) 0.0435 *M* 염화바륨 용액 1.50 L 속의 모든 염화 이온을 침전시키는 데 필요한 0.250 *M* 질산은 용액은 얼마나 필요한가?

전략 용액의 몰농도와 부피로 물질의 mol을 계산할 수 있다. 용액 속 염화 이온의 mol과 균형 맞춤 반응식으로부터 mol 비를 이용하여 질산은의 mol을 계산한다. 마지막으로 질산은의 mol과 몰농도를 사용하여 용액의 필요한 부피를 계산한다.

계획

(a) 수용액 시료 중 염화 이온의 mol 계산:

$$2.00\ \cancel{L} \times \frac{0.0173\ \text{mol Cl}^-}{1\ \cancel{L}} = 0.0346\ \text{mol Cl}^-$$

염화 이온과 반응하는 은의 mol 계산:

$$0.0346\ \cancel{\text{mol Cl}^-} \times \frac{1\ \text{mol Ag}^+}{1\ \cancel{\text{mol Cl}^-}} = 0.0346\ \text{mol Ag}^+ (\text{필요한 Ag}^+\ \text{양})$$

반응에 필요한 질산은 용액의 부피 계산:

$$0.0346\ \cancel{\text{mol Ag}^+} \times \frac{1\ \text{L}}{0.250\ \cancel{\text{mol Ag}^+}} = 0.138\ \text{L Ag}^+\ \text{용액}$$

(b) 용액 중 염화 이온의 mol 계산:

$$1.50\ \cancel{L} \times \frac{0.0435\ \cancel{\text{mol BaCl}_2}}{1\ \cancel{L}} \times \frac{2\ \text{mol Cl}^-}{1\ \cancel{\text{mol BaCl}_2}} = 0.1305\ \text{mol Cl}^-$$

염화 이온과 반응하는 은의 mol 계산:

$$0.1305\ \cancel{\text{mol Cl}^-} \times \frac{1\ \text{mol Ag}^+}{1\ \cancel{\text{mol Cl}^-}} = 0.1305\ \text{mol Ag}^+ (\text{필요한 Ag}^+\ \text{양})$$

반응에 필요한 질산은 용액의 부피 계산:

$$0.1305\ \cancel{\text{mol Ag}^+} \times \frac{1\ \text{L}}{0.250\ \cancel{\text{mol Ag}^+}} = 0.522\ \text{L Ag}^+\ \text{용액}$$

풀이 위의 모든 과정을 하나로 연결하면 다음과 같이 쓸 수 있다.

(a) $2.00\,\cancel{L}\times\dfrac{0.0173\,\cancel{mol\ Cl^-}}{1\,\cancel{L}}\times\dfrac{1\,\cancel{mol\ Ag^+}}{1\,\cancel{mol\ Cl^-}}\times\dfrac{1\,L}{0.250\,\cancel{mol\ Ag^+}}=0.138\,L\ Ag^+$ 용액

(b) $1.50\,\cancel{L\ BaCl_2}\times\dfrac{0.0435\,\cancel{mol\ BaCl_2}}{1\,\cancel{L}}\times\dfrac{2\,\cancel{mol\ Cl^-}}{1\,\cancel{mol\ BaCl_2}}\times\dfrac{1\,\cancel{mol\ Ag^+}}{1\,\cancel{mol\ Cl^-}}\times\dfrac{1\,L}{0.250\,\cancel{mol\ Ag^+}}=0.522\,L\ Ag^+$ 용액

생각해보기

각각의 값들에 단위를 적용하여 계산하면 잘못 계산하는 오류를 범하지 않을 것이다. 단위들이 전부 지워지고 찾으려는 적절한 단위만 남을 수 있도록 계산하여야만 한다.

추가문제 1 물속 납 이온(lead ion)의 양은 염화 소듐을 첨가하여 염화 납(II)[lead(II) chloride]을 침전시켜 구할 수 있다.

$$Pb^{+}(aq)+2Cl^{-}(aq) \longrightarrow PbCl_2(s)$$

염화 납(II)($PbCl_2$)은 물에 불용성[|◀◀ 표 9.2]이고 침전물을 생성한다(Na^+는 구경꾼 이온이다[|◀◀ 10.4절]).

(a) 납(II) 이온 농도가 0.00215 M인 수용액 1.00 L의 납을 모두 침전시키는 데 필요한 0.119 M 염화 소듐 용액은 얼마나 필요한가?

(b) 0.00616 M 질산 납(II)[$Pb(NO_3)_2$] 수용액 4.50 L의 납을 모두 침전시키는 데 필요한 0.119 M 염화 소듐 용액은 얼마나 필요한가?

추가문제 2 0.129 M $Pb(NO_3)_2$ 34.5 mL와 0.0533 M NaCl 50.0 mL가 반응하여 생성되는 염화 납(II) 침전물의 질량은 얼마인가?

추가문제 3 다음 중 염화 소듐이 있는 시료에 과량의 질산은을 첨가하여 염화물이 제거되는 용액의 그림을 바르게 나타낸 것은 어느 것인가?

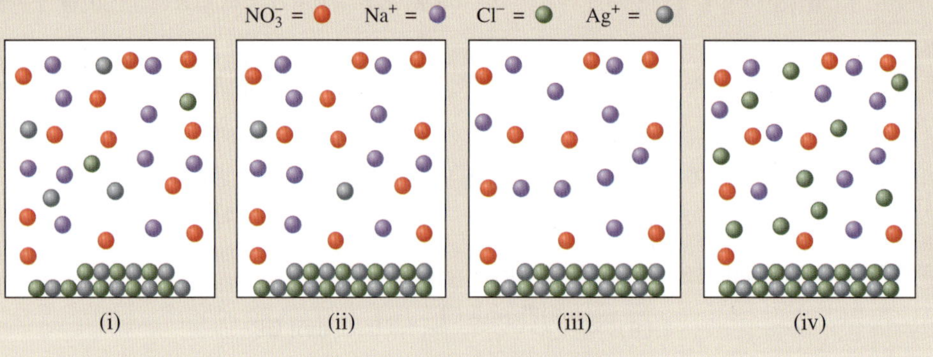

예제 11.7 알려진 산의 양을 중화하는 데 필요한 염기의 부피 구하기

다음의 산을 완전히 중화하는 데 필요한 0.150 M NaOH 수용액은 얼마나 필요한가?

(a) 0.0750 M HCl 용액 275 mL

(b) 0.225 M H_2SO_4 1.95 L

(c) 0.0583 M H_3PO_4 50.0 mL

전략 문제에서 산의 mol은 몰농도와 부피를 이용하여 구할 수 있다. 모든 반응은 균형 맞춤 화학 반응식을 써서 나타내야만 한다. 반응에서의 산과 염기의 mol 비로부터 필요한 NaOH의 mol을 구할 수 있고, 따라서 NaOH 용액의 부피를 구할 수 있다.

(a) $NaOH(aq)+HCl(aq) \longrightarrow NaCl(aq)+H_2O(l)$

(b) $2NaOH(aq)+H_2SO_4(aq) \longrightarrow Na_2SO_4(aq)+2H_2O(l)$

(c) $3NaOH(aq)+H_3PO_4(aq) \longrightarrow Na_3PO_4(aq)+3H_2O(l)$

계획 문제에서 산의 mol은 각 산의 몰농도와 부피를 사용하여 계산한다.

(a) $275\ \cancel{mL}\ \text{HCl 용액} \times \frac{\cancel{L}}{1,000\ \cancel{mL}} \times \frac{0.0750\ \text{mol HCl}}{\cancel{L}} = 0.02063\ \text{mol HCl}$

(b) $1.95\ \cancel{L}\ H_2SO_4\ \text{용액} \times \frac{0.225\ \text{mol}\ H_2SO_4}{\cancel{L}} = 0.4388\ \text{mol}\ H_2SO_4$

(c) $50.0\ \cancel{mL}\ H_3PO_4\ \text{용액} \times \frac{\cancel{L}}{1,000\ \cancel{mL}} \times \frac{0.0583\ \text{mol}\ H_3PO_4}{\cancel{L}} = 0.002915\ \text{mol}\ H_3PO_4$

균형 맞춤 화학 반응식에서 mol 비를 이용하여 존재하는 산의 mol과 반응하기 위한 NaOH의 mol을 계산할 수 있다.

(a) $0.02063\ \cancel{\text{mol HCl}} \times \frac{1\ \text{mol NaOH}}{1\ \cancel{\text{mol HCl}}} = 0.02063\ \text{mol NaOH}$

(b) $0.4388\ \cancel{\text{mol}\ H_2SO_4} \times \frac{2\ \text{mol NaOH}}{1\ \cancel{\text{mol}\ H_2SO_4}} = 0.8776\ \text{mol NaOH}$

(c) $0.002915\ \cancel{\text{mol}\ H_3PO_4} \times \frac{3\ \text{mol NaOH}}{1\ \cancel{\text{mol}\ H_3PO_4}} = 0.008745\ \text{mol NaOH}$

따라서 필요한 NaOH 용액의 부피는 다음과 같다.

(a) $0.02063\ \cancel{\text{mol NaOH}} \times \frac{1\ \text{L NaOH}}{0.150\ \cancel{\text{mol NaOH}}} = 0.138\ \text{L NaOH}$

(b) $0.8776\ \cancel{\text{mol NaOH}} \times \frac{1\ \text{L NaOH}}{0.150\ \cancel{\text{mol NaOH}}} = 5.85\ \text{L NaOH}$

(c) $0.008745\ \cancel{\text{mol NaOH}} \times \frac{1\ \text{L NaOH}}{0.150\ \cancel{\text{mol NaOH}}} = 0.0583\ \text{L NaOH}$

풀이 위에 나타낸 식들을 모두 포함하여 다시 계산하면 다음과 같다.

(a) $275\ \cancel{mL}\ \text{HCl 용액} \times \frac{\cancel{L}}{1,000\ \cancel{mL}} \times \frac{0.0750\ \cancel{\text{mol HCl}}}{\cancel{L}} \times \frac{1\ \cancel{\text{mol NaOH}}}{1\ \cancel{\text{mol HCl}}} \times \frac{1\ \text{L NaOH}}{0.150\ \cancel{\text{mol NaOH}}} = 0.138\ \text{L NaOH}$

(b) $1.95\ \cancel{L}\ H_2SO_4\ \text{용액} \times \frac{0.225\ \cancel{\text{mol}\ H_2SO_4}}{\cancel{L}} \times \frac{2\ \cancel{\text{mol NaOH}}}{1\ \cancel{\text{mol}\ H_2SO_4}} \times \frac{1\ \text{L NaOH}}{0.150\ \cancel{\text{mol NaOH}}} = 5.85\ \text{L NaOH}$

(c) $50.0\ \cancel{mL}\ H_3PO_4\ \text{용액} \times \frac{\cancel{L}}{1,000\ \cancel{mL}} \times \frac{0.0583\ \cancel{\text{mol}\ H_3PO_4}}{\cancel{L}} \times \frac{3\ \cancel{\text{mol NaOH}}}{1\ \cancel{\text{mol}\ H_3PO_4}} \times \frac{1\ \text{L NaOH}}{0.150\ \cancel{\text{mol NaOH}}} = 0.0583\ \text{L NaOH}$

추가문제 1 0.336 M KOH 용액 95.5 mL을 중화하는 데 필요한 1.42 M H_2SO_4 용액의 부피는 얼마인가?

추가문제 2 0.0350 M $Ba(OH)_2$ 용액 275 mL을 중화하는 데 필요한 0.211 M HCl 용액의 부피는 얼마인가?

추가문제 3 다음 그림 중 HCl 용액으로 $Ba(OH)_2$ 용액을 중화한 것을 가장 잘 표현한 것은?

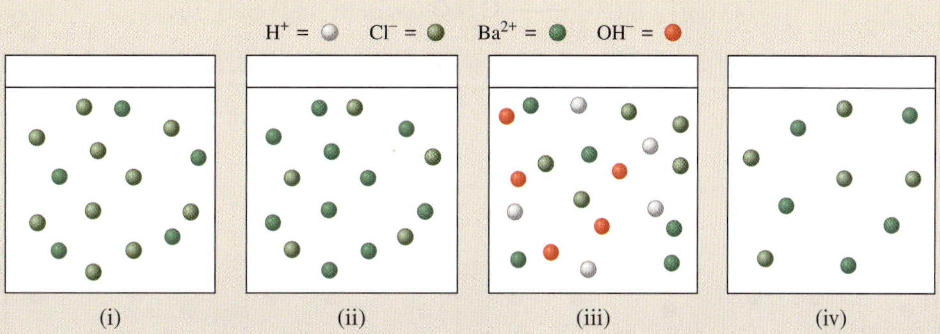

예제 11.8 다른 용액과 반응한 용액에서 용질의 양 계산하기

Gatorade와 다른 스포츠 음료에 들어 있는 비타민 C(ascorbic acid, $C_6H_8O_6$)는 삼아이오딘화(triiodide, I_3^-) 이온을 포함하는 수용액과의 반응으로 그 양을 측정한다. 수용액에서의 반응식은 다음과 같다.

$$I_3^-(aq) + C_6H_8O_6(aq) \longrightarrow 3I^-(aq) + C_6H_6O_6(aq) + 2H^+(aq)$$

Gatorade 350.0 mL 병에 들어 있는 비타민 C의 양을 측정하기 위해 시료 25.0 mL를 취하여 실험할 때 0.00125 M I_3^- 용액이 29.25 mL 소비되었다면, 350.0 mL의 Gatorade 속에 들어 있는 비타민 C의 양(mg)은 얼마인가?

전략 삼아이오딘화 이온 용액의 농도와 부피로부터 반응에 관여한 삼아이오딘화 이온의 mol을 계산한다. 그리고 균형 맞춤 반응식에서 반응한 비타민 C의 mol을 계산한다(이 경우 mol 비는 1:1이다). 비타민 C의 mol과 몰질량을 이용하여 25.0 mL의 시료 중에 들어 있는 비타민 C의 양을 계산하고, 총부피(350.0 mL) 속 비타민 C의 양을 계산한다.

계획 비타민 C의 몰질량은 176.1 g/mol이고, I_3^- 용액의 부피는 0.02925 L이다.

풀이

$$0.02925\ \text{L} \times \frac{0.00125\ \text{mol}\ I_3^-}{\text{L}} \times \frac{1\ \text{mol}\ C_6H_8O_6}{1\ \text{mol}\ I_3^-} = 3.656 \times 10^{-5}\ \text{mol}\ C_6H_8O_6$$

$$3.656 \times 10^{-5}\ \text{mol}\ C_6H_8O_6 \times \frac{176.1\ \text{g}\ C_6H_8O_6}{\text{mol}\ CH_8O_6} = 6.44 \times 10^{-3}\ \text{g}\ C_6H_8O_6$$

$$\frac{6.44 \times 10^{-3}\ \text{g}\ C_6H_8O_6}{25.0\ \text{mL}} \times 350.0\ \text{mL} \times \frac{1{,}000\ \text{mg}}{1\ \text{g}} = 90.2\ \text{mg}$$

생각해보기

이 문제에서 I_3^-와 비타민 C의 mol 비는 1:1이지만 다른 반영의 경우 항상 이와 같지는 않다. 그러므로 항상 mol 비를 염두에 두고 문제를 풀어야 한다.

추가문제 1 예제에 나타낸 것과 같은 반응식을 사용하여 295 mL의 오렌지 주스에 들어 있는 비타민 C의 양을 구하시오. 이때 시료는 50.0 mL를 사용하였으며, 시료에 들어 있는 비타민 C와 반응하기 위해서는 0.000250 M I_3^- 용액 41.6 mL가 필요하였다.

추가문제 2 음용수에 들어 있는 철의 양은 과망가니즈산포타슘과 반응시켜 측정하며, 반응식은 다음과 같다.

$$5Fe^{2+}(aq) + MnO_4^-(aq) + 8H^+(aq) \longrightarrow 5Fe^{3+}(aq) + Mn^{2+}(aq) + 4H_2O(l)$$

물 시료 25.00 mL 속에 있는 모든 철과 반응하기 위해 2.175×10^{-5} M $KMnO_4$가 21.30 mL 필요하다. 이 물속의 철 농도는 ppm(mg/L)으로 얼마인가?

추가문제 3 아이오딘은 그 자체로 물에 거의 녹지 않으므로 산화-환원 적정에 사용되는 '아이오딘' 용액은 삼아이오딘화 이온을 포함한다. 비타민 C와 삼아이오딘화 이온의 산화-환원 적정 반응식은 다음과 같이 쓸 수 있다.

$$C_6H_8O_6(aq) + I_3^-(aq) \longrightarrow C_6H_6O_6(aq) + 3I^-(aq) + 2H^+(aq)$$

아래 그림에서 용액 내의 비타민 C($C_6H_8O_6$)와 모든 I_3^-가 반응한 결과를 나타낸 것은 어느 것인가?(구경꾼 이온은 나타내지 않았다)

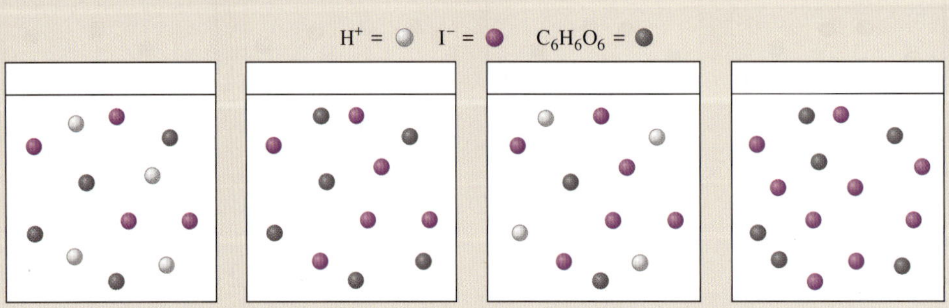

(i) (ii) (iii) (iv)

11.5 화학 반응에서의 기체

이번 장 전체에서 균형 맞춤 화학 반응식을 사용하여 화학 반응에서 반응물 또는 생성물의 양을 계산하였다. 균형 맞춤 화학 반응식에서 계수는 반응물과 생성물의 mol에 의존하기 때문에 반응물과/또는 생성물의 양(molar amount)을 계산할 수 있다. 종종 반응물의 질량이 주어지면 이를 mol로 바꾸기 위해 몰질량을 사용하여야 한다. 수용액의 반응에서 각 반응물의 농도와 부피가 주어지면 mol로 환산해야 한다. 이번 절에서는 반응물과 생성물의 양이 주로 부피로 제시되는 기체 생성 반응을 다루게 된다. 부피를 mol로 전환하기 위해서는 이상 기체 상태 방정식 [|◀◀ 8.3절]을 사용하면 된다.

복습하기
이상 기체 방정식을 기억해보자.

$$PV = nRT$$

P는 압력(주로 atm), V는 부피(L), n은 mol, R은 이상 기체 상수(주로 0.08206 L·atm/K·mol), T는 절대온도(켈빈)를 의미한다.

기체 생성물의 부피 예측하기

화학량론과 이상 기체 방정식을 사용하여 화학 반응에서 생성될 것으로 예측 가능한 기체의 부피를 계산할 수 있다. 먼저 화학량론을 사용하여 생성물의 mol을 계산할 수 있고, 이상 기체 방정식을 이용하여 특정 조건에서 mol이 차지하는 부피를 계산할 수 있다.

예제 11.9에서는 기체 생성물의 부피를 어떻게 계산하는지 보여준다.

예제 11.9 균형 맞춤 화학 반응식을 사용하여 기체 생성물의 부피 계산하기

자동차 안의 에어백은 자동차가 충돌하였을 때 아자이드화 소듐(sodium azide, NaN_3)의 높은 발열 분해 반응에 의한 폭발로 갑자기 부풀어 오르게 된다.

$$2NaN_3(s) \longrightarrow 2Na(s) + 3N_2(g)$$

일반적으로 운전자 쪽의 에어백에는 약 50 g의 NaN_3가 들어 있다. 85.0°C, 1.00 atm에서 50.0 g 아자이드화 소듐의 분해로 만들어지는 N_2 기체의 부피를 계산하시오.

전략 NaN_3의 주어진 질량을 mol로 환산하고, 균형 맞춤 화학 반응식의 계수의 비율을 사용하여 생성된 N_2의 mol을 계산한다. 그리고 이상 기체 방정식을 사용하여 특정한 온도와 압력에서의 mol의 부피를 계산한다.

계획 NaN_3의 몰질량은 65.02 g/mol이다.

풀이

$$50.0\ \text{g NaN}_3 = \frac{1\ \text{mol NaN}_3}{65.02\ \text{g NaN}_3} = 0.769\ \text{mol NaN}_3$$

$$0.769\ \text{mol NaN}_3 \times \left(\frac{3\ \text{mol N}_2}{2\ \text{mol NaN}_3}\right) = 1.15\ \text{mol N}_2$$

$$V_{N_2} = \frac{(1.15\ \text{mol N}_2)(0.0821\ \text{L}\cdot\text{atm/K}\cdot\text{mol})(358\ \text{K})}{1\ \text{atm}} = 33.8\ \text{L N}_2$$

생각해보기

계산된 부피는 운전자가 운전대와 계기판 사이에서의 부상을 예방하기 위해 에어백으로 채워져야 하는 공간을 의미한다. 또한 에어백에는 반응에서 생성된 소듐 금속(sodium metal)과 산화제(oxidant)가 포함된다. 계산 과정에서 중간 과정의 답을 반올림하지 않으면 최종 답이 약간 다를 수 있다. 첫 번째와 두 번째 계산에서 모든 숫자를 유지하면 최종 답은 33.9 L N_2가 된다.

추가문제 1 포도당($C_6H_{12}O_6$)의 신진대사를 나타내는 화학 반응식은 포도당의 연소 반응과 같다[|◀◀ 10.3절, 화학과 친해지기].

$$C_6H_{12}O_6(aq) + 6O_2(g) \longrightarrow 6CO_2(g) + 6H_2O(l)$$

이 반응에서 10.0 g의 포도당이 소비될 때 정상 체온(37°C)과 1.00 atm에서 생성되는 CO_2의 부피를 계산하시오.

추가문제 2 일반적으로 자동차의 조수석 에어백은 효과적으로 효력을 발휘하기 위해서는 운전석 에어백보다 약 4배는 더 커야 한다. 1 atm의 85.0°C에서 125 L의 에어백을 채울 수 있는 아자이드화 소듐의 양을 계산하시오.

추가문제 3 다음 그림은 두 고체 화합물의 균형을 맞추지 않은 분해 반응식을 나타낸 것이다. 두 물질들은 분해되어 같은 기체 생성물, 다른 양을 생성한다. 어느 화합물이 같은 mol의 분해로 더 큰 부피의 생성물을 생성하는가? 그리고 어느 화합물이 같은 질량의 분해로 더 큰 부피의 생성물을 생성하는가?

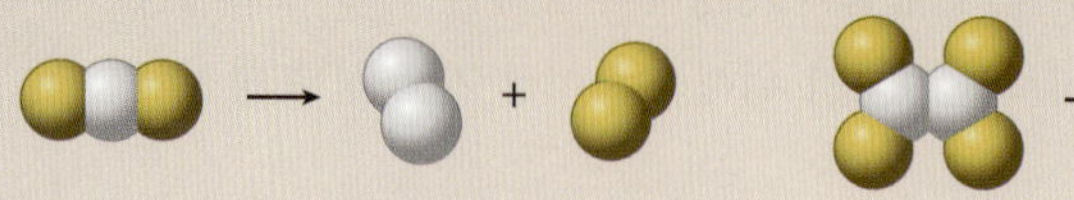

(i) (ii)

기체 반응물의 필요한 부피 계산하기

Avogadro의 법칙[|◀◀ 8.4절]에 따르면 수어진 온도와 압력하에서 기체의 부피는 mol에 비례한다. 이것은 균형 맞춤 화학 반응식 반응물들 사이의 mol 비뿐만 아니라 그림 11.6에 나타낸 것처럼 기체상의 반응물의 부피비도 성립한다는 것을 의미한다. 그러므로 만약에 기체상의 반응에서 하나의 반응물의 부피를 알 수 있다면, 다른 반응물의 필요한 양을 계산할 수 있다(같은 온도와 압력하에서).

예를 들어, 산소와 일산화탄소로부터 이산화탄소를 얻는 반응을 생각해보자.

$$2CO(g)+O_2(g) \longrightarrow 2CO_2(g)$$

CO와 O_2의 비는 2:1이고, 이것은 mol 또는 부피 단위로 나타낼 수 있다. 특정한 CO의 부피와 반응하기 위한 O_2의 화학량론적[|◀◀ 11.1절] 양을 계산하려면, 아래에 주어진 균형 맞춤 반응식에서 구한 환산 인자들 가운데 하나를 사용하면 된다.

$$\frac{1\ \text{mol}\ O_2}{2\ \text{mol CO}} \quad \text{또는} \quad \frac{1\ \text{L}\ O_2}{2\ \text{L CO}} \quad \text{또는} \quad \frac{1\ \text{mL}\ O_2}{2\ \text{mL CO}}$$

STP에서 65.8 mL의 CO와 반응하기 위한 O_2의 부피를 계산해보자. 이상 기체 방정식을 사용하여 CO의 부피를 mol로 환산하고, 화학량론적인 환산 인자를 사용하여 O_2의 mol로 환산한 후 다시 이상 기체 방정식을 사용하여 O_2의 mol을 부피로 환산할 수 있다. 그런데 이 방법에는 몇 가지 불필요한 단계가 들어 있다. mL를 사용한 환산 인자를 사용하면 보다 간단하게 같은 결과를 얻을 수 있다.

$$65.8\ \cancel{\text{mL CO}} \times \frac{1\ \text{mL}\ O_2}{2\ \cancel{\text{mL CO}}} = 32.9\ \text{mL}\ O_2$$

예를 들어, 소듐과 염소의 반응으로 염화 소듐이 생성되는 반응[|◀◀ 4.2절]을 다시 생각해보자. 소듐 금속은 고체이고 염소는 기체이며 염화 소듐은 고체이다. 이 반응에서 기체 화학종은 단지

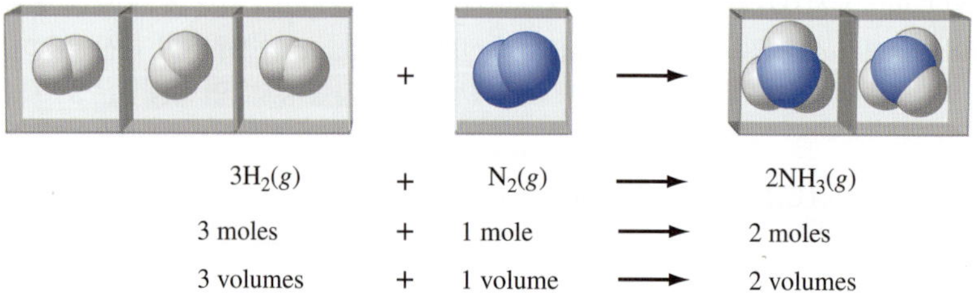

그림 11.7 Avogadro 법칙. 기체의 부피는 mol에 비례하므로 균형 맞춤 반응식에서의 계수는 기체 반응물과 생성물의 부피로 나타낼 수 있다. 주로 부피의 단위는 리터(L) 또는 밀리리터(mL)를 사용한다.

하나이고 염소 기체는 반응물이다. 이를 균형 맞춤 반응식으로 나타내면 다음과 같다.

$$2Na(s)+Cl_2(g) \longrightarrow 2NaCl(s)$$

Na의 주어진 mol(또는 더 일반적으로 질량)과 주어진 온도와 압력을 바탕으로 완전한 반응에 필요한 Cl_2의 부피를 계산할 수 있다.

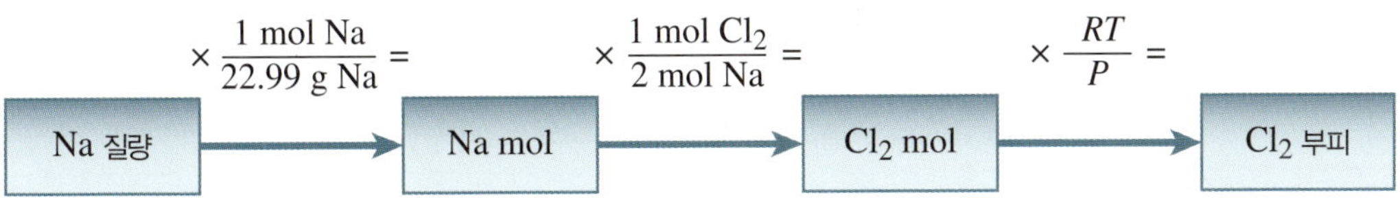

예제 11.10에는 화학량론적인 분석에 이상 기체 방정식을 어떻게 사용하는지 설명하였다.

예제 11.10 균형 맞춤 화학 반응식을 사용하여 반응에서 반응물을 얼마나 사용하는지 계산하기

과산화 소듐(sodium peroxide, Na_2O_2)은 우주선의 공기(산소 공급원으로) 공급에서 이산화탄소 제거에 사용된다. 이것은 공기 중 CO_2와 반응하여 탄산 소듐(sodium carbonate, Na_2CO_3)과 산소가 생성된다.

$$2Na_2O_2(s)+2CO_2(g) \longrightarrow 2Na_2CO_3(s)+O_2(g)$$

STP에서 1 kg의 Na_2O_2와 반응하는 CO_2의 부피는 얼마인가?

전략 Na_2O_2의 주어진 질량을 mol로 환산하고, 균형 맞춤 반응식을 사용하여 CO_2의 화학량론적 양을 계산한다. 다시 이상 기체 방정식을 사용하여 CO_2의 mol을 리터로 환산한다.

계획 Na_2O_2의 몰질량은 77.98 g/mol이고, 1 kg $=1.00\times10^3$ g이다(Na_2O_2의 질량을 정확한 수로 나타낸다).

풀이

$$1.00\times10^3\ \text{g Na}_2\text{O}_2\times\frac{1\ \text{mol Na}_2\text{O}_2}{77.98\ \text{g Na}_2\text{O}_2}=12.8\ \text{mol Na}_2\text{O}_2$$

$$12.8\ \text{mol Na}_2\text{O}_2\times\frac{2\ \text{mol CO}_2}{2\ \text{mol Na}_2\text{O}_2}=12.8\ \text{mol CO}_2$$

$$V_{CO_2}=\frac{(12.8\ \text{mol CO}_2)(0.0821\ \text{L}\cdot\text{atm/K}\cdot\text{mol})(273.15\ \text{K})}{1\ \text{atm}}=287\ \text{L CO}_2$$

생각해보기

답에서 CO_2의 부피가 매우 크게 보일 수 있다. 이상 기체 방정식에서 지워진 단위들을 살펴보는 연습을 하면 계산된 부피가 적당하다는 것을 알 수 있다.

추가문제 1 STP에서 525 g Na_2O_2에 의해 소비되는 CO_2의 부피(L)는 얼마인가?

추가문제 2 STP에서 1.00 L의 CO_2를 소비하기 위해 필요한 Na_2O_2의 양(g)은 얼마인가?

추가문제 3 다음 그림은 두 고체 화합물의 분해 반응을 나타내었다.

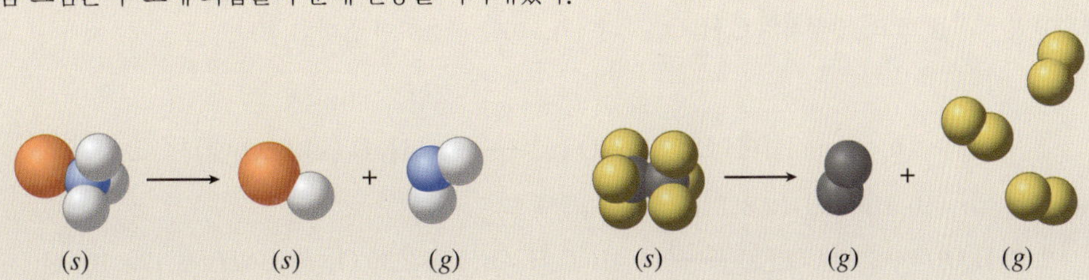

같은 mol의 고체 반응물이 분해할 때, 두 번째 분해 반응의 생성물 부피를 첫 번째 분해 반응의 생성물 부피와 비교하시오.

11.6 화학 반응과 열

균형 맞춤 화학 반응식은 소비되는 반응물 또는 생성되는 생성물의 양을 계산하는 것 외에도 화학 반응에서 생성되는 (또는 소비되는) 열의 양을 계산할 수도 있다. 화학 반응에서 열은 반응물질(흡열 반응에서)로, 또는 생성 물질(발열 반응에서)로 포함될 수 있다[|◀◀ 10.5절]. 10장에 소개하였던 반응을 흡열 또는 발열 반응의 예로 다시 생각해보자.

$$\text{흡열(endothermic)}: \text{열} + CaCO_3(s) \longrightarrow CaO(s) + CO_2(g)$$

$$\text{발열(exothermic)}: CH_4(g) + 2O_2(g) \longrightarrow CO_2(g) + H_2O(g) + \text{열}$$

학생 노트
반응열은 반응 엔탈피(enthalpy)라고도 불리며, 일정한 압력에서 반응에 의해 소비되는 에너지의 양을 의미한다. 음의 부호는 에너지가 소비되는 양보다 생성되는 양이 더 많다는 것을 의미한다.

$CaCO_3(s)$ 1 mol이 흡열 분해 반응을 할 때 필요한 열의 양은 177.8 kJ이고, $CH_4(g)$ 1 mol이 연소할 때 생성되는 열의 양은 560.5 kJ이다. 이들 각각을 **반응열**(heat of reaction)을 포함한 반응식으로 나타내면, 반응에서 소비되거나 생성되는 열의 정확한 양을 나타낼 수 있다. 첫 번째 반응식을 다음과 같이 쓸 수 있다.

$$CaCO_3(s) \longrightarrow CaO(s) + CO_2(g) \quad \text{반응열}: +177.8\ \text{kJ}$$

(반응이 흡열 반응이므로 반응열은 양의 값이다) 두 번째 반응식을 다음과 같이 쓸 수 있다.

$$CH_4(s) + 2O_2(g) \longrightarrow CO_2(g) + H_2O(g) \quad \text{반응열}: -560.5\ \text{kJ}$$

(반응이 발열 반응이므로 반응열은 음의 값이다)

예제 11.11에는 특정한 생성물을 생성하는 흡열 반응에서 필요한 열의 양을 계산하는 데 반응열이 어떻게 사용되는지 나타내었다.

예제 11.11 균형 맞춤 화학 반응식을 사용하여 특정 생성물의 양을 만들기 위해 필요한 에너지 계산하기

다음은 광합성과 반응열을 나타낸 화학 반응식이다.

$$6H_2O(l) + 6CO_2(g) \longrightarrow C_6H_{12}O_6(s) + 6O_2(g) \quad \text{반응열} = +2803\ \text{kJ}$$

75.0 g의 $C_6H_{12}O_6$를 생성하는 데 필요한 태양에너지의 양을 계산하시오.

전략 반응식에서 $C_6H_{12}O_6$ 생성물 단위 mol당 2,803 kJ이 흡수되어야 한다. 75.0 g의 $C_6H_{12}O_6$가 몇 mol인지 계산한다.

계획 $C_6H_{12}O_6$의 몰질량은 180.2 g/mol이므로, 75.0 g의 $C_6H_{12}O_6$는

$$75.0\ \text{g}\ C_6H_{12}O_6 \times \frac{1\ \text{mol}\ C_6H_{12}O_6}{180.2\ \text{g}\ C_6H_{12}O_6} = 0.416\ \text{mol}$$

이제 반응열을 포함한 방정식을 쓰고, 방정식의 $C_6H_{12}O_6$ 자리에 0.416을 사용하여 곱하면 된다.

풀이

$$(0.416\ \text{mol})[6H_2O(l) + 6CO_2(g) \longrightarrow C_6H_{12}O_6(s) + 6O_2(g)]$$

그리고 (0.416 mol)(반응열) = (0.416 mol)(2,803 kJ/mol)이므로

$$2.50\ H_2O(l) + 2.50\ CO_2(g) \longrightarrow 0.416\ C_6H_{12}O_6(s) + 2.50\ O_2(g) \quad \Delta H = 1.17 \times 10^3\ \text{kJ}$$

75.0 g의 $C_6H_{12}O_6$ 생성 과정에 태양에너지 1.17×10^3 kJ이 소비되었다.

생각해보기

제시된 $C_6H_{12}O_6$의 양은 1/2 mol보다 더 적다. 그러므로 소비되는 열의 기댓값도 1 mol의 $C_6H_{12}O_6$의 생성되는 반응식으로부터 값의 절반보다 적을 것으로 예측할 수 있다. 반응열 또한 화학량론적 환산 인자를 사용할 수 있다. 위의 예에 대한 환산 인자는

$$\frac{2803\text{ kJ 소비}}{1\text{ mol } C_6H_{12}O_6\text{ 생성}} \quad \text{다른 표현으로는} \quad \frac{1\text{ mol } C_6H_{12}O_6\text{ 생성}}{2803\text{ kJ 소비}}\text{이다.}$$

추가문제 1 5,255 g $C_6H_{12}O_6$을 생성하는 데 필요한 태양에너지의 양을 계산하시오.

추가문제 2 광합성에서 2.490×10^4 kJ의 태양에너지가 소비되며 생성한 O_2의 질량(g)을 계산하시오.

추가문제 3 아래에서 오른쪽 그림은 두 가지 관련 화학 반응의 전후를 나타낸다. 첫 번째 반응의 반응열이 −1,755.0 kJ이었다면 두 번째 반응의 반응열을 계산하시오.

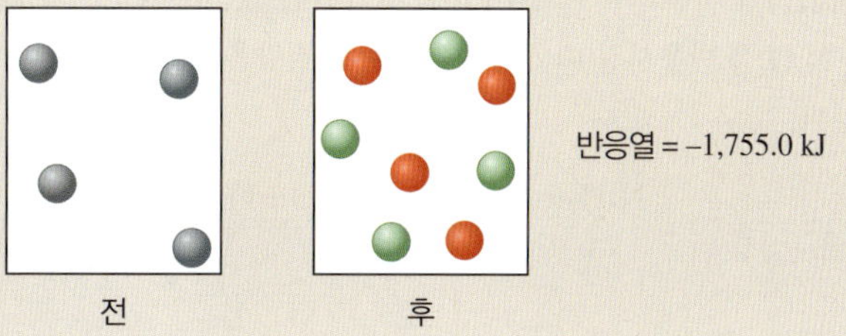

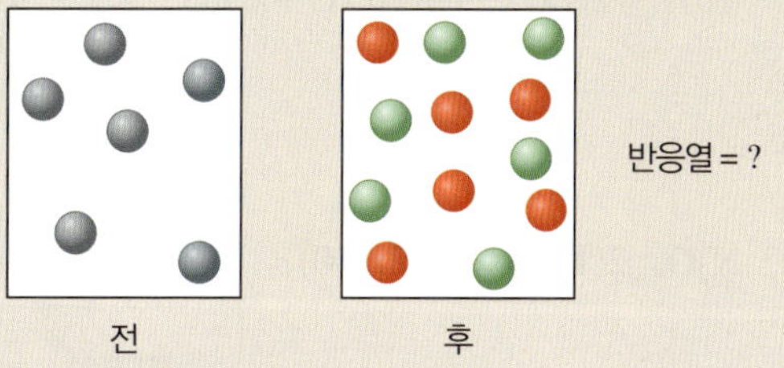

주요 내용

한계 반응물

화학 반응에서 생성될 수 있는 생성물의 양은 반응물 중 하나의 양으로 인해 제한된다. 바로 이 물질을 한계 반응물(limiting reactant)이라 한다. 한계 반응물을 찾고, 생성물의 최대량을 계산하고, 수득 백분율과 남아 있는 초과 반응물의 양을 계산할 때는 몇 가지 요령이 필요하다.

- 화학 반응식의 균형 맞추기 [|◀◀ 10.3절]
- 몰질량 계산하기 [|◀◀ 5.2절]
- 질량과 mol 사이의 환산 [|◀◀ 5.2절]
- 화학량론적 환산 인자 사용하기 [|◀◀ 11.1절]

예를 들어, 하이드라진(hydrazine, N_2H_4)과 사산화 이질소(dinitrogen tetroxide, N_2O_4)가 반응하여 일산화 질소(NO)와 물을 생성한다. 이때 10.45 g의 N_2H_4와 53.68 g N_2O_4를 반응시킬 때 생성되는 NO의 질량을 계산하시오.
균형을 맞추지 않은 반응식은 다음과 같다.

$$N_2H_4 + N_2O_4 \longrightarrow NO + H_2O$$

가장 먼저 방정식의 균형을 맞춘다.

$$N_2H_4 + 2N_2O_4 \longrightarrow 6NO + 2H_2O$$

그 다음 필요한 몰질량을 계산한다.

N_2H_4: $2(14.01) + 4(1.008) = \dfrac{32.05\ g}{mol}$　　N_2O_4: $2(14.01) + 4(16.00) = \dfrac{92.02\ g}{mol}$　　NO: $14.01 + 16.00 = \dfrac{30.01\ g}{mol}$

문제에서 주어진 반응 물질의 질량을 mol로 환산한다. 그 다음 각 반응 물질의 mol로부터 만들어질 수 있는 NO의 mol을 계산한다. 이때 계산방법은 각 반응 물질의 mol에 균형 맞춤 반응식으로 구한 적절한 화학량론적 환산 인자를 곱해준다. 균형 맞춤 반응식에 따르면 다음과 같은 값이 나온다.

$$1\ mol\ N_2H_4 \simeq 6\ mol\ NO \quad \text{그리고} \quad 2\ mol\ N_2O_4 \simeq 6\ mol\ NO$$

$$\frac{10.45\ g\ N_2H_4}{32.05\ g/mol} = 0.32605\ mol\ N_2H_4 \qquad 0.32605\ mol\ N_2H_4 \times \frac{6\ mol\ NO}{1\ mol\ N_2H_4} = 1.9563\ mol\ NO$$

$$\frac{53.68\ g\ N_2O_4}{92.02\ g/mol} = 0.58335\ mol\ N_2O_4 \qquad 0.58335\ mol\ N_2O_4 \times \frac{6\ mol\ NO}{2\ mol\ N_2O_4} = 1.7501\ mol\ NO$$

더 적은 양의 생성물을 생성하는 반응물이 한계 반응물이다. 이 경우에는 N_2O_4가 한계 반응물이다.
주어진 N_2O_4 양과 반응하여 생성된 NO의 mol을 사용하여 계속해서 문제를 풀어보자. mol에서 질량(g)으로 환산하려면 먼저 NO의 mol에 NO의 몰질량을 곱해주어야 한다.

$$1.7501\ mol\ NO \times \frac{30.01\ g}{mol} = 52.52\ g\ NO$$

그러므로 52.52 g의 NO가 반응을 통해 생성된다. 이때 계산이 끝날 때까지 추가 유효 숫자를 남겨두었다는 것을 기억해야 한다.

남은 초과 반응물의 질량을 구하기 위해서는 먼저 반응에서 소비된 양이 얼마인지를 계산해야 한다. 그러기 위해서 한계 반응물(N_2O_4)의 mol에 적절한 화학량론적 환산 인자를 곱해주어야 한다.

이는 다음과 같은 균형 맞춤 반응식으로 나타낼 수 있다.

$$1\ \text{mol}\ N_2H_4 \simeq 2\ \text{mol}\ N_2O_4$$

$$0.58335\ \text{mol}\ N_2O_4 \times \frac{1\ \text{mol}\ N_2H_4}{2\ \text{mol}\ N_2O_4} = 0.29168\ \text{mol}\ N_2H_4$$

이렇게 구한 값이 소비된 N_2H_4의 양이다. 남아 있는 양은 원래 있던 양과 이렇게 구한 값의 차이이다.

이제 남아 있는 mol을 그램으로 환산하는데, 이때는 N_2H_4의 몰질량을 사용한다.

$$0.32605\ \text{mol}\ N_2H_4 - 0.29168\ \text{mol}\ N_2H_4 = 0.03437\ \text{mol}\ N_2H_4$$

$$0.03437\ \text{mol}\ N_2H_4 \times \frac{32.05\ \text{g}}{\text{mol}} = 1.102\ \text{g}\ N_2H_4$$

그러므로 1.102 g N_2H_4가 반응이 완료되었을 때 남는다.

물과 같은 다른 생성물의 질량을 계산해서 이와 같은 방법으로 확인할 수 있다. 모든 생성물의 질량에 남은 반응물의 질량을 더한 값은 시작 반응물들의 질량의 합과 같아야 한다.

주요 내용 문제

11.1

위의 예시에서 제시된 생성된 물의 질량을 계산하시오.

(a) 21.02 g (b) 10.51 g (c) 11.61 g
(d) 11.75 g (e) 5.400 g

다음 내용을 보고 문제 11.2, 11.3, 11.4를 푸는 데 사용하시오.

인화 칼슘(calcium phosphide, Ca_3P_2)과 물이 반응하여 수산화 칼슘(calcium hydroxide)과 포스핀(phosphine, PH_3)을 만든다. 실험에서는 225.0 g Ca_3P_2와 125.0 g 물을 반응시켰다.

$$Ca_3P_2(s) + H_2O(l) \longrightarrow Ca(OH)_2(aq) + PH_3(g)$$

(반응식의 균형을 맞추는 것을 잊지 마시오)

11.2

PH_3는 얼마나 생성되는가?

(a) 350.0 g (b) 235.0 g (c) 78.59 g
(d) 83.96 g (e) 41.98 g

11.3

$Ca(OH)_2$는 얼마나 생성되는가?

(a) 91.51 g (b) 274.5 g (c) 513.8 g
(d) 85.63 g (e) 257.0 g

11.4

반응이 완료되고 남은 초과 반응물의 양은 얼마인가?

(a) 14.37 g (b) 235.0 g (c) 78.56 g
(d) 83.96 g (e) 41.98 g

연습문제

11.1절: mol–mol 환산

11.1 화학량론적 문제를 풀 때 균형 맞춤 반응식을 반드시 사용해야 하는 이유는 무엇인가?

11.2 다음 반응식을 보고, 반응물과 생성물의 mol 사이의 관계를 보여주는 모든 환산 인자를 쓰시오.

$$4NH_3(g)+3O_2(g) \longrightarrow 2N_2(g)+6H_2O(g)$$

(a) 이 환산 인자들 중 암모니아(NH_3) 1 mol에서 생성된 질소의 mol을 계산하기 위해 사용하는 것은 무엇인가?

(b) 이 환산 인자들 중 암모니아 1 mol과 반응하기 위해 필요한 산소의 mol을 계산하기 위해 사용하는 것은 무엇인가?

(c) 이 환산 인자들 중 질소 3 mol이 생성될 때 물의 mol을 계산하기 위해 사용하는 것은 무엇인가?

11.3 일산화탄소(CO)가 산소 기체 속에서 연소할 때

$$2CO(g)+O_2(g) \longrightarrow 2CO_2(g)$$

3.60 mol CO로 시작해서 모든 CO와 반응하기에 필요한 충분한 산소가 있다고 할 때 생성되는 CO_2의 mol을 계산하시오. CO와 반응하기 위해 필요한 산소의 mol은 얼마인가?

11.4 다음 균형 맞춤 화학 반응식에서

$$2N_2H_4(g)+N_2O_4(g) \longrightarrow 3N_2(g)+4H_2O(g)$$

(a) 2.0 mol N_2O_4로부터 생성되는 물의 mol은 얼마인가?

(b) 2.0 mol N_2H_4로부터 생성되는 물의 mol은 얼마인가?

(c) 2.0 mol N_2O_4로부터 생성되는 질소의 mol은 얼마인가?

(d) 2.0 mol N_2H_4로부터 생성되는 질소의 mol은 얼마인가?

11.5 다음 균형 맞춤 화학 반응식에서

$$C_2H_5OH(l)+3O_2(g) \longrightarrow 2CO_2(g)+3H_2O(l)$$

(a) 3.33 mol C_2H_5OH의 반응으로부터 몇 mol의 CO_2가 생성되는가?

(b) 3.33 mol C_2H_5OH의 반응으로부터 몇 mol의 H_2O가 생성되는가?

(c) 8.65 mol H_2O를 만들기 위해 필요한 O_2의 mol은 얼마인가?

(d) 7.44 mol O_2와 반응하기 위해 필요한 C_2H_5OH의 mol은 얼마인가?

(e) 2.94 mol H_2O가 생성될 때 생성되는 CO_2의 mol은 얼마인가?

(f) 2.94 mol H_2O가 생성될 때 생성되는 CO_2의 분자 수는 얼마인가?

11.2절: 질량–질량 환산

11.6 주어진 N_2O_5의 양으로부터 생성되는 산소의 양(g)은 얼마인가?

$$2N_2O_5(s) \longrightarrow 4NO_2(g)+O_2(g)$$

(a) 23.3 mg (b) 23.3 g (c) 23.3 kg

11.7 주어진 NO의 양을 만들기 위해 필요한 NO_2의 질량(g)은 얼마인가? 물은 과량이 반응되었다고 가정해보자.

$$3NO_2(g)+H_2O(l) \longrightarrow HNO_3(aq)+NO(g)$$

(a) 197.4 g (b) 35.8 mg (c) 144 ng

11.8 다음 각각의 화학 반응식에서 파란색으로 표시된 물질 1.50 mol이 반응할 때 생성물의 mol과 질량(g)을 계산하시오. 다른 반응물은 과량이 반응되었다고 가정해보자.

(a) $Ti(s)+2Cl_2(g) \longrightarrow TiCl_4(s)$

(b) $2Mn(s)+3O_2(g) \longrightarrow 2MnO_3(s)$

(c) $4Cr(s)+3O_2(g) \longrightarrow 2Cr_2O_3(s)$

11.9 아래 반응에서 다음을 구하시오.

$$B_2H_6(g)+3O_2(l) \longrightarrow 2HBO_2(aq)+2H_2O(g)$$

(a) 40.0 g B_2H_6로부터 만들어진 HBO_2의 질량(g)

(b) 40.0 g B_2H_6로부터 만들어진 H_2O의 질량(g)

(c) 40.0 g B_2H_6와 반응하기 위해 필요한 산소의 질량(g)

11.10 다음 반응식을 보고 물 98.9 g과 반응하기 위해 필요한 Al_4C_3의 질량(g)을 구하시오.

$$Al_4C_3(s)+12H_2O(l) \longrightarrow 4Al(OH)_3(s)+3CH_4(g)$$

11.3절: 반응 수득률의 한계

11.11 아래는 암모니아를 생성하기 위한 질소와 수소의 반응을 나타내었다. 반응을 시작하기 위해서 플라스크 안에 10.0 g의 N_2와 5.0 g의 H_2를 넣었다고 가정해보자. H_2가 적은 양이 있기 때문에 한계 반응물이라 하는 것이 옳은가? 다음 반응식을 보고 한계 반응물을 계산해보시오.

$$N_2(g)+3H_2(g) \longrightarrow 2NH_3(g)$$

11.12 다음 균형 맞춤 화학 반응식에서

$$2Cu_2O(s)+O_2(g) \longrightarrow 4CuO(g)$$

(a) 92.0 g Cu_2O와 12.0 g O_2가 반응하여 만들어지는 CuO의 질량(g)을 구하시오. 또한 한계 반응물을 구하시오.

(b) 12.0 g Cu_2O와 92.0 g O_2가 반응하여 만들어지는 CuO의 질량(g)을 구하시오. 또한 한계 반응물을 구하시오.

(c) 12.0 g Cu_2O와 12.0 g O_2가 반응하여 만들어지는 CuO의 질량(g)을 구하시오. 또한 한계 반응물을 구하시오.

11.13 아래에 주어진 균형 맞춤 화학 반응식에서 다음을 구하시오.

$$2Al(s)+3Cl_2(g) \longrightarrow 2AlCl_3(s)$$

(a) 375 g의 알루미늄이 256 g의 염소와 반응할 때 만들어지는 $AlCl_3$의 질량(kg)

(b) 39.9 g의 알루미늄이 39.9 g의 염소와 반응할 때 만들어지는 $AlCl_3$의 질량(kg)

(c) 47.6 g의 알루미늄이 83.2 g의 염소와 반응할 때 만들

어지는 $AlCl_3$의 mol

11.14 122 g의 H_2O_2가 74.6 g의 N_2H_4와 반응할 때, HNO_3의 이론적 수득량(g)을 구하시오. 반응이 일어나는 동안 59.5 g HNO_3가 만들어지는 반응의 수득 백분율은 얼마인가?

$$7H_2O_2(l) + N_2H_4(g) \longrightarrow 2HNO_3(aq) + 8H_2O(l)$$

11.15 24.7 g의 Ca_3P_2와 28.5 g의 물이 반응할 때 생성된 $Ca(OH)_2$의 질량(g)과 남아 있는 초과 반응물의 질량을 고려하여 한계 반응물을 구하시오.

$$Ca_3P_2(s) + 6H_2O(l) \longrightarrow 3Ca(OH)_2(aq) + 2PH_3(g)$$

11.4절: 수용액 반응

11.16 0.0455 M $CuSO_4$ 용액 125.0 mL가 과량의 알루미늄과 반응할 때 생성되는 구리의 질량(g)을 구하시오.

$$2Al(s) + 3CuSO_4(aq) \longrightarrow 3Cu(s) + Al_2(SO_4)_3(aq)$$

11.17 0.232 M KI 용액 345 mL가 0.173 M $Pb(NO_3)_2$ 265 mL와 반응할 때 생성되는 침전물의 질량(kg)을 구하시오.

$$2KI(aq) + Pb(NO_3)_2(aq) \longrightarrow 2KNO_3(aq) + PbI_2(s)$$

11.18 25.5 g의 물을 만들기 위해 필요한 0.0551 M LiOH 용액의 부피(mL)는 얼마인가? 황산(sulfuric acid)은 과량이 반응되었다고 가정해보자.

$$H_2SO_4(aq) + 2LiOH(aq) \longrightarrow 2H_2O(l) + Li_2SO_4(aq)$$

11.19 0.308 M HNO_3 용액 68.7 mL가 반응하기 위해 필요한 0.236 M Li_2CO_3의 부피(mL)는 얼마인가?

$$Li_2CO_3(aq) + 2HNO_3(aq) \longrightarrow H_2O(l) + LiNO_3(aq) + CO_2(g)$$

11.20 0.0811 M $AgNO_3$ 용액 0.228 L와 반응하기 위해 필요한 알루미늄의 질량(g)은 얼마인가?

$$3AgNO_3(aq) + Al(s) \longrightarrow 3Ag(s) + Al(NO_3)_3(aq)$$

11.21 0.118 M $Pb(ClO_4)_2$ 용액 55.9 mL와 반응하기 위해 필요한 0.622 M KBr 용액의 부피(mL)는 얼마인가?

11.5절: 화학 반응에서의 기체

11.22 425 K이고 1.00 atm에서 13.7 L의 O_2와 반응하기 위해 필요한 염소 기체의 부피(298 K, 1.50 atm일 때 L)를 구하시오.

$$2Cl_2(g) + O_2(g) \longrightarrow 2OCl_2(g)$$

11.23 다음 각 조건에서 98.5 g $KClO_3$의 분해로 만들어지는 산소의 부피(L)를 구하시오.

$$2KClO_3(s) \longrightarrow 2KCl(s) + 3O_2(g)$$

(a) 273 K와 1.00 atm
(b) 373 K와 1.00 atm
(c) 373 K와 4.00 atm
(d) 473 K와 2.00 atm

11.24 다음 각 조건에서 195 g의 알루미늄과 반응하기 위해 필요한 산소의 부피(mL)를 구하시오.

$$4Al(s) + 3O_2(g) \longrightarrow 2Al_2O_3(s)$$

(a) STP
(b) 399 K와 3.00 atm
(c) 25 ℃와 855 mmHg
(d) 499 ℃와 1.68 atm

11.25 50.0 g 탄소와 과량의 SO_2 반응으로부터 만들어지는 기체의 부피(305 K, 1.10 atm일 때 L)는 얼마인가?

$$5C(s) + 2SO_2(g) \longrightarrow CS_2(g) + 4CO(g)$$

11.26 수소는 다음과 같은 반응식을 사용했을 때 실험실과 같은 상황에서 만들 수 있다. 185 g의 마그네슘이 반응한다면 305 K와 740.0 mmHg에서 만들어지는 수소의 부피(mL)는 얼마인가?

$$Mg(s) + 2HCl(aq) \longrightarrow H_2(g) + MgCl_2(aq)$$

11.6절: 화학 반응과 열

11.27 다음 균형 맞춤 화학 반응식으로부터 반응열과 각 화학종들의 mol을 사용해 만들 수 있는 모든 환산 인자를 쓰시오.

$$C_3H_8(g) + 5O_2(g) \longrightarrow 3CO_2(g) + 4H_2O(g)$$

반응열 = −2044 kJ

11.28 다음 균형 맞춤 화학 반응식에서

$$4NO_2(g) + O_2(g) \longrightarrow 2N_2O_5(g)$$

반응열 = −110.2 kJ

(a) N_2O_5 9.22 mol이 만들어질 때 생성되는 열은 얼마인가?
(b) NO_2 39.5 g이 반응할 때 생성되는 열은 얼마인가?
(c) O_2 39.5 g이 반응할 때 생성되는 열은 얼마인가?
(d) 39.5 g의 NO_2와 39.5 g의 O_2가 반응할 때 생성되는 열은 얼마인가?

11.29 다음 균형 맞춤 화학 반응식에서

$$2SO_2(g) + O_2(g) \longrightarrow 2SO_2(g) \quad \text{반응열} = -198\ \text{kJ}$$

(a) 75.6 mol의 산소가 반응할 때 생성되는 열은 얼마인가?
(b) STP에서 75.6 L의 SO_2가 반응할 때 생성되는 열은 얼마인가?
(c) 75.6 g의 SO_3가 만들어질 때 생성되는 열은 얼마인가?
(d) 75.6 g의 SO_2가 반응할 때 생성되는 열은 얼마인가?

11.30 다음 균형 맞춤 화학 반응식에서

$$N_2(g) + O_2(g) \longrightarrow 2NO(g) \quad \text{반응열} = 181\ \text{kJ}$$

(a) 455 K와 1.10 atm에서 79.0 L의 산소가 반응할 때 사용되는 열은 얼마인가?
(b) 226 g의 NO가 만들어질 때 사용되는 열은 얼마인가?
(c) 2.99×10^{23}개의 질소 분자가 반응할 때 사용되는 열은 얼마인가?
(d) 25 kg의 산소가 반응할 때 사용되는 열은 얼마인가?

종합문제

11.31 다음에 주어진 반응에서

$$N_2 + 3H_2 \longrightarrow 2NH_3$$

각 모형이 각 물질의 1 mol을 나타낸다고 가정할 때 생성물의 mol과 반응이 완전히 일어난 후에 남아 있는 초과 반응물의 mol을 구하시오.

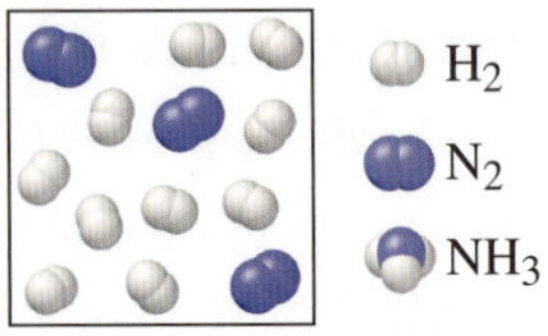

11.32 베이킹 소다(탄산수소 소듐, sodium bicarbonate)는 종종 실험실에서 산 누출(acid spill)을 중화할 때 사용된다. 100.0 mL의 0.120 *M* HNO_3 웅덩이를 중화하기 위해 필요한 탄산수소 소듐의 질량은 얼마인가? 그리고 STP의 중화 과정에서 생성되는 CO_2 기체의 부피는 얼마인가?

광부의 아세틸렌 기체 램프

11.33 바비큐 그릴은 20.0 lb의 탱크에서 프로페인(C_3H_8) 기체를 태운다. 20.0 lb의 프로페인이 연소될 때 발산되는 열에너지는 몇 kJ인가?

$$C_3H_8(g) + 5O_2(g) \longrightarrow 3CO_2(g) + 4H_2O(g)$$

반응열 = −2,045 kJ

11.34 325 K와 1.00 atm에서 탄소 2.00 mol과 13.2 L의 SO_2로부터 만들어지는 CO의 질량(g)을 구하시오.

$$5C(s) + 2SO_2(g) \longrightarrow CS_2(g) + 4CO(g)$$

11.35 74.9 g의 S_8과 반응하기 위해 필요한 Cl_2의 분자 수는 몇 개인가? 다음의 반응식은 균형을 맞추지 않았다.

$$S_8(l) + Cl_2(g) \longrightarrow S_2Cl_2(l)$$

11.36 0.0611 *M* $Pb(NO_3)_2$ 용액 50.0 mL와 0.0556 *M* KI 용액 50.0 mL가 혼합되었을 때 용액에 남아 있는 납 이온 농도를 구하시오.

11.37 혼합되었을 때 135 g의 침전물이 생기기 위해 필요한 0.116 *M* Li_3PO_4와 0.0871 *M* $Mg(CH_3COO)_2$ 용액의 부피를 구하시오.

11.38 0.0667 *M* HNO_3 용액 189 mL에서 생성되는 CO_2의 부피(298 K, 1.50 atm에서 L)는 얼마인가? 이때 탄산포타슘이 과잉되었다고 가정하자. 다음의 반응식은 균형을 맞추지 않았다.

$$K_2CO_3(aq) + HNO_3(aq) \longrightarrow H_2O(l) + KNO_3(aq) + CO_2(g)$$

예제 속 추가문제 정답

11.1.1 0.264 mol H_2, 0.176 mol NH_3
11.1.2 $P_4O_{10} + 6H_2O \longrightarrow 4H_3PO_4$, 1.45 mol P_4O_{10}, 8.70 mol H_2O
11.2.1 34.1 g **11.2.2** 292 g
11.3.1 14.1 g NH_3, N_2, 23.4 g 남음
11.3.2 44.2 g KOH, 116 g H_3PO_4
11.4.1 29.2% 수득률 **11.4.2** 122 g
11.5.1 74.4% **11.5.2** 36.1 g
11.6.1 (a) 36.1 mL (b) 466 mL **11.6.2** 0.371 g
11.7.1 11.3 mL **11.7.2** 91.2 mL
11.8.1 0.108 g **11.8.2** 5.175 ppm
11.9.1 8.48 L **11.9.2** 184 g
11.10.1 151 L **11.10.2** 3.48 g
11.11.1 8.174×10^4 kJ **11.11.2** 1,706 g O_2

CHAPTER 12

산과 염기

Acids and Bases

산은 여러 친숙한 음식물에 들어 있다. 감귤류(*citrus*) 과일은 산을 포함하고 있으므로 신맛이 있다. 일반적으로 염기는 음식물에 소량 들어 있으며, 염기를 포함하는 음식물은 쓴맛이 난다.

이 장의 목표

pH 조절용 완충 용액의 사용과 산성도의 정확한 측량을 위해 사용되는 산, 염기, pH 척도의 성질과 반응에 대해 배운다.

들어가기 전에 미리 알아둘 것

- 화학 반응식의 균형 맞추기 [|◀◀10.3절]
- 산-염기 반응 [|◀◀10.4절]
- 11장 주요 내용 [|◀◀380~381쪽]

산과 염기는 주변의 많은 물질들 속에 존재한다. 예를 들어, (산은) 비타민 C, 식초, 위액 등에, (염기는) 배관 청소제나 창문 청소제 등의 주성분으로 포함되어 있다. 이번 장에서는 산과 염기의 성질에 대해 알아보고, 산과 염기가 결합하였을 때 발생하는 중화 반응에 쉽게 접근해보자. 또한 일반적으로 산성도를 표현하는 pH 척도를 다루고자 한다.

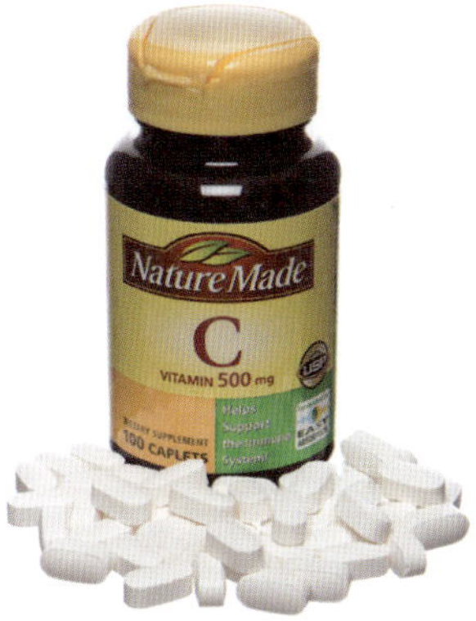

12.1 산과 염기의 성질

산은 많은 음식과 음료에 들어가는 일반적인 첨가물이다. 이들을 포함하는 음식은 신맛이 난다. 만약 비타민 정제를 입안에서 씹었다면 아스코르브산(ascorbic acid, $C_6H_8O_6$)의 신맛을 느끼게 될 것이다.

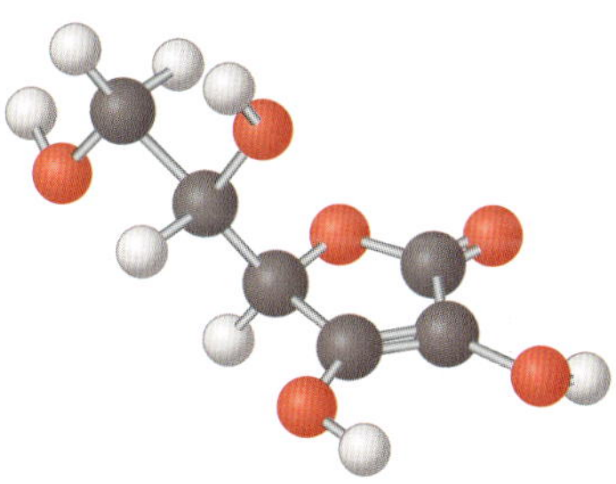

산은 수용액에서 H^+ 이온을 생성하는 화합물[|◀◀ 4.7절]이란 것을 4장에서 이미 배웠다. 이 화합물은 물에 용해되었을 때 분자로부터 분리될 수 있는 수소 원자를 하나 이상 가지고 있어야만 한다. 이러한 수소 원자를 **이온화 수소 원자**(ionizable hydrogen atom)라 부른다. 많은 산은 분자당 단지 하나의 이온화 수소 원자를 갖고 있지만 아스코르브산과 같은 몇몇 산에서는 하나 이상을 갖는다(아스코르브산은 두 개의 이온화 H 원자를 갖고 있다. 아래 그림에서 붉게 나타내었다).

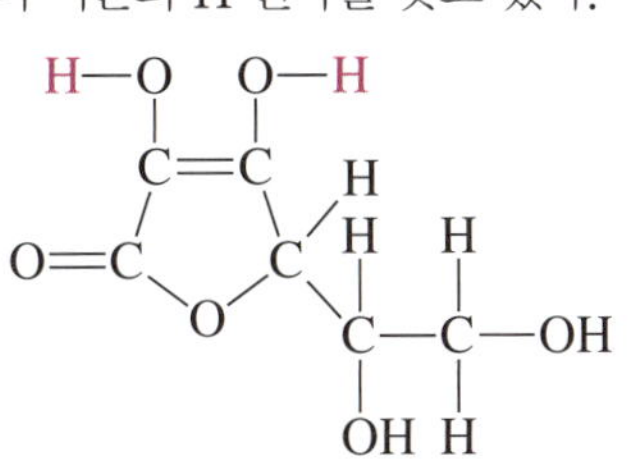

> **학생 노트**
> 산 분자에서 분리된 수소 원자는 전자를 잃게 된다. 원래 수소 원자는 하나의 양성자와 하나의 전자로 구성되었고, 전자를 잃게 된 수소 원자는 간단히 하나의 양성자만 있다. 용액에서의 양성자를 H^+ 이온으로 표현하고, 분자에서 분리된 H^+ 이온을 양성자라 부른다.

아스코르브산의 천연 원료는 오렌지, 레몬, 라임과 같은 감귤류 과일에 들어 있다.

10장에서 배웠던 수용액에서 OH^- 이온을 만드는 화합물인 염기는 [|◀◀ 10.4절] 식재료 중에는 거의 없거나 소량 들어 있다. 염기는 쓴맛이 있기 때문에 식용에는 거의 사용하지 않는다. 사실 불쾌한 쓴맛은 많은 사람들이 독성이 있는 식물을 섭취하지 못하게 하려는 자연스런 방법이라고 생각한다. 대부분의 가정에서 찾아볼 수 있는 염기는 가정용 세제인 암모니아(NH_3)와 배관 청소제인 수산화 소듐(NaOH)이다.

12.2 산과 염기의 정의

Arrhenius 산과 염기

4장과 10장에서 배운 산과 염기의 정의는 다음과 같다.

산: 수용액에서 H^+ 이온을 생성하는 물질
염기: 수용액에서 OH^- 이온을 생성하는 물질

이는 19세기 스웨덴 화학자 Svante Arrhenius가 개발한 **Arrhenius 산**(Arrhenius acid)과 **Arrhenius 염기**(Arrhenius base)의 정의이다. Arrhenius 산으로 거동하는 대표적인 화합물에는 염화 수소(HCl)가 있는데, 이 화합물이 물에 녹아 있는 것을 염산(hydrochloric acid)이라 부른다. HCl은 위액의 pH를 산성으로 만들어주는 산이다. 다음 반응식은 물속에서 HCl이 Arrhenius 산으로 거동하는 과정이다.

$$HCl(aq) \xrightarrow{H_2O} H^+(aq) + Cl^-(aq)$$

마찬가지로, 다음 반응식은 물속에서 NaOH가 Arrhenius 염기로 거동하는 과정이다.

$$NaOH(s) \xrightarrow{H_2O} Na^+(aq) + OH^-(aq)$$

산과 염기에 대한 Arrhenius 정의는 유용하지만 수용액 이외에서의 산과 염기로 거동하는 화합물을 구별하는 데에는 충분하지 않다. 예를 들어, 다음은 암모니아 기체와 염화수소 기체의 반응으로 염화 암모늄(amminium chloride)을 생성하는 반응이다.

$$NH_3(g) + HCl(g) \longrightarrow NH_4Cl(s)$$

이 반응은 Arrhenius 정의로 설명할 수 없는 산–염기 반응이다.

Brønsted 산과 염기

더 많은 산–염기 반응을 설명하기 위해 산–염기 거동에 대한 보다 포괄적인 정의가 필요하다. 이러한 더 넓은 범위의 정의를 20세기 초 덴마크 화학자인 Johannes Brønsted가 개발하였다. Brønsted 산과 염기는 양성자 주개(proton donating)와 양성자 받개(proton accepting)라는 물질 용어로 정의된다(양성자는 전자가 없는 수소 원자임을 기억하자). **Brønsted 산**(Brønsted acid)은 양성자 주개 물질이고, **Brønsted 염기**(Brønsted base)는 양성자 받개 물질이다. 암모니아 기체와 염화 수소 기체의 반응을 다시 살펴보면 HCl은 NH_3 분자에게 양성자를 주어 암모늄 이온(NH_4^+)을 만든다.

학생 노트
몇몇 교재에서는 Brønsted 산과 염기를 Brønsted–Lowry 산과 염기로 언급하였다.

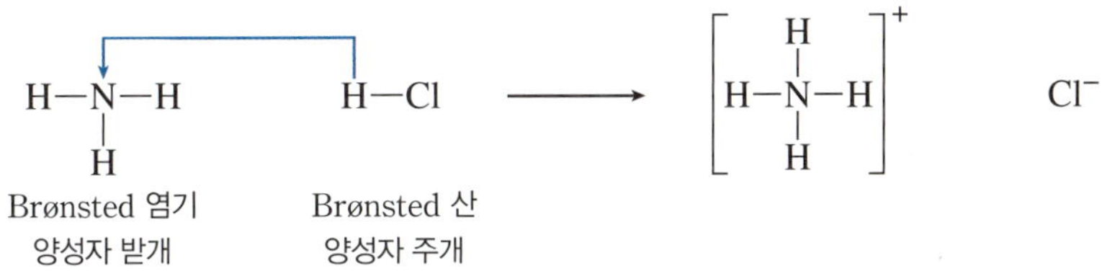

그 결과 반대 전하 이온인 NH_4^+와 Cl^-가 서로 정전기적 인력에 의해 끌어당기게 되어[◀◀4.2절] 이온성 고체인 염화 암모늄(NH_4Cl)을 만든다. Brønsted 산–염기 정의는 Arrhenius 정의보다 더 확장되었음을 깨닫는 것이 중요하다. Arrhenius 정의를 이용하여 산–염기를 설명할 수 있는 반응은 또한 Brønsted 정의를 사용하여 산–염기를 설명할 수 있다. 예를 들어, 수용액에서 HCl이 H^+ 이온을 생성하는 과정을 다시 생각해보자. 이때의 관점은 물을 반응물로 사용하여 반응식을 쓰면 다음과 같다.

$$HCl(aq) + H_2O(l) \longrightarrow H_3O^+(aq) + Cl^-(aq)$$

HCl(aq): Brønsted 산, 양성자 주개 / $H_2O(l)$: Brønsted 염기, 양성자 받개

여기서 생성물은 $Cl^-(aq)$와 $H^+(aq)$보다는 $Cl^-(aq)$와 $H_3O^+(aq)$이다. $H_3O^+(aq)$와 $H^+(aq)$는 다르게 보이지만 실제 같은 화학종을 나타낸 것이다. 산 분자에서 양성자처럼 이온화 수소 원자가 분리되면 물 분자와 결합하게 된다. 화학식 H_3O^+는 가용성 양성자 또는 물 분자와 결합한 수소 이온으로 간단히 표현한다. 화학식 H_3O^+로 설명한 가용성 양성자를 **하이드로늄 이온**(hydronium ion)이라 부른다.

짝산–짝염기 쌍

Brønsted 산이 양성자를 주면 **짝염기**(conjugate base)가 남게 된다. 수용액에서 HCl의 이온화를 예로 들면,

$$\underset{\text{산}}{HCl(aq)} + H_2O(l) \longrightarrow H_3O^+(aq) + \underset{\text{짝염기}}{Cl^-(aq)}$$

HCl은 물에 양성자를 주고 하이드로늄 짝이온(H_3O^+)과 HCl의 짝염기인 염화 이온(Cl^-)을 생성한다. 이 HCl과 Cl^- 두 화학종은 산–짝염기 쌍이다. 표 12.1에는 몇몇 화학종의 짝염기를 나타내었다.

반대로, Brønsted 염기는 양성자를 받아 새로운 **짝산**(conjugate acid)인 양성자화 화학종을 만든다. 암모니아(NH_3)가 물에서 이온화되면,

$$\underset{\text{염기}}{NH_3(aq)} + H_2O(l) \rightleftharpoons \underset{\text{짝산}}{NH_4^+(aq)} + OH^-(aq)$$

학생 노트
화학 반응식에서 양쪽 화살표는 반응이 완전히 진행되지 않았다는 표시이다. 양쪽 화살표를 사용하는 것에 대해서는 12.6절에서 배우게 된다.

NH_3는 물에서 양성자를 받아 암모늄 이온(NH_4^+)이 된다. 암모늄 이온은 암모니아의 짝산이

표 12.1 화학종의 짝염기

화학종	짝염기
CH_3COOH	CH_3COO^-
H_2O	OH^-
HNO_2	NO_2^-
H_2SO_4	HSO_4^-

표 12.2 화학종의 짝산

화학종	짝산
NH_3	NH_4^+
H_2O	H_3O^+
OH^-	H_2O
H_2NCONH_2(요소)	$H_2NCONH_3^+$

다. 표 12.2에는 몇몇 일반적인 화학종의 짝산들을 나타내었다.

Brønsted 산-염기 이론을 이용하여 산과 염기를 포함하는 어떤 반응도 설명할 수 있다. 산은 양성자 주개, 염기는 양성자 받개이다. 그리고 이 반응의 생성물에서는 항상 짝염기와 짝산이 있다. Brønsted 산-염기 반응에서 각 화학종을 구분짓고 표시하는 것이 유용하다. 물속에서 HCl의 이온화는 다음과 같이 화학종을 표시할 수 있다.

양성자 잃음 (HCl → Cl^-)
양성자 얻음 (H_2O → H_3O^+)

$$\underset{\text{산}}{HCl(aq)} + \underset{\text{염기}}{H_2O(l)} \longrightarrow \underset{\text{짝산}}{H_3O^+(aq)} + \underset{\text{짝염기}}{Cl^-(aq)}$$

물에서 NH_3의 이온화인 경우는 다음과 같다.

양성자 얻음 (NH_3 → NH_4^+)
양성자 잃음 (H_2O → OH^-)

$$\underset{\text{염기}}{NH_3(aq)} + \underset{\text{산}}{H_2O(l)} \longrightarrow \underset{\text{짝산}}{NH_4^+(aq)} + \underset{\text{짝염기}}{OH^-(aq)}$$

예제 12.1과 12.2에서는 Brønsted 산-염기 반응에서 각 화학종들의 짝산-짝염기를 구분하는 연습을 한다.

예제 12.1 짝산과 짝염기의 화학식 쓰기

다음의 화학식을 쓰시오.

(a) HNO_3의 짝염기 (b) O^{2-}의 짝산 (c) HSO_4^-의 짝염기 (d) HCO_3^-의 짝산

전략 화학종의 짝염기는 화학식에서 하나의 양성자를 제거한다. 짝산은 화학식에 하나의 양성자를 첨가한다.

계획 이 장에서 양성자는 H^+이다. 이때의 화학식과 전하는 H^+를 첨가하거나 빼는 것에 영향을 받는다.

풀이 (a) NO_3^- (b) OH^- (c) SO_4^{2-} (d) H_2CO_3

생각해보기

산이라고 생각되지 않는 화학종도 짝염기를 갖는다. 예를 들면, 수산화 이온(OH^-)은 산으로 다루지는 않지만 산화 이온(oxide ion, O^{2-})을 짝염기로 갖는다. 그리고 HCO_3^-는 하나의 양성자를 잃거나 얻었을 때 짝염기(CO_3^{2-})와 짝산(H_2CO_3)을 갖는다.

추가문제 1 다음 화학식을 쓰시오.

(a) ClO_4^-의 짝산 (b) S^{2-}의 짝산 (c) H_2S의 짝염기 (d) $H_2C_2O_4$의 짝염기

추가문제 2 HSO_3^-의 짝산은 어떤 화학종인가? HSO_3^-의 짝염기는 어떤 화학종인가?

추가문제 3 다음 모형에서 짝염기를 나타낸 화학종은 어느 것인가? 다른 화학종의 짝염기는 어떤 화학종으로 나타내야 하는가?

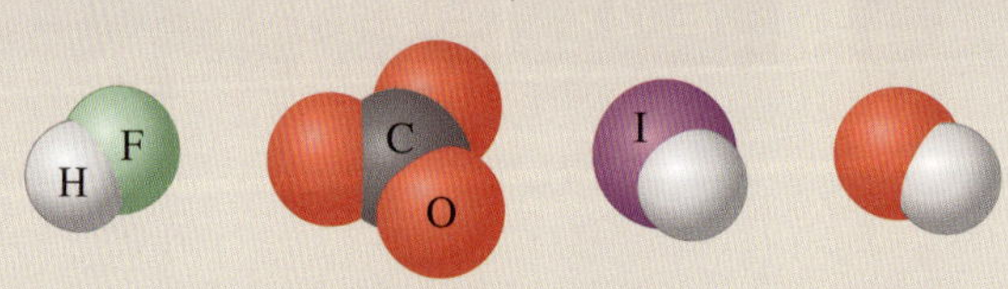

(i) (ii) (iii) (iv)

예제 12.2 산, 염기, 짝염기, 짝산으로 화학종 구분 짓기

다음 반응식에서 산, 염기, 짝염기, 짝산으로 화학종을 구분하시오.

(a) $HF(aq) + NH_3(aq) \rightleftharpoons F^-(aq) + NH_4^+(aq)$

(b) $CH_3COO^-(aq) + H_2O(l) \rightleftharpoons CH_3COOH(aq) + OH^-(aq)$

전략 각각의 반응식에서 양성자를 잃는 화학종이 산이고, 양성자를 얻는 화학종이 염기이다. 각각의 생성물은 반응물 가운데 하나의 화학종과 짝지어져 있다. 두 화학종들은 단지 하나의 양성자에 의해 짝쌍을 이룬다.

계획 (a) HF는 양성자를 잃어 F^-가 되고, NH_3는 양성자를 얻어 NH_4^+가 된다.

(b) CH_3COO^-는 양성자를 얻어 CH_3COOH가 되고, H_2O는 양성자를 잃어 OH^-가 된다.

풀이 (a) $\underset{\text{산}}{HF(aq)} + \underset{\text{염기}}{NH_3(aq)} \rightleftharpoons \underset{\text{짝염기}}{F^-(aq)} + \underset{\text{짝산}}{NH_4^+(aq)}$

(b) $\underset{\text{염기}}{CH_3COO^-(aq)} + \underset{\text{산}}{H_2O(l)} \rightleftharpoons \underset{\text{짝산}}{CH_3COOH(aq)} + \underset{\text{짝염기}}{OH^-(aq)}$

생각해보기

Brønsted 산-염기 반응에서 산과 염기는 항상 있다. 그러나 어떤 화학종과 결합하는지에 따라 산 또는 염기로 거동하게 된다. 예를 들어, 물은 HCl과 결합하는 반응에서는 염기로 거동하고, NH_3와 결합할 때는 산으로 거동하게 된다.

추가문제 1 다음 각 반응에서 화학종을 구분지어 표기하시오.

(a) $NH_4^+(aq) + H_2O(l) \rightleftharpoons NH_3(aq) + H_3O^+(aq)$

(b) $CN^-(aq) + H_2O(l) \rightleftharpoons HCN(aq) + OH^-(aq)$

추가문제 2 (a) 물과 반응하는 HSO_4^-의 반응식을 쓰고 짝염기의 형태를 쓰시오.

(b) 물과 반응하는 HSO_4^-의 반응식을 쓰고 짝산의 형태를 쓰시오.

추가문제 3 다음 모형에서 짝염기를 나타낸 화학종은 어느 것인가? 다른 화학종의 짝염기는 어떤 화학종으로 나타내야 하는가?

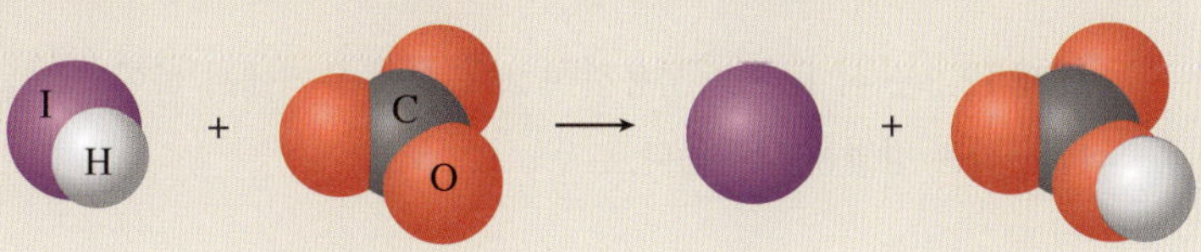

12.3 산으로서의 물과 염기로서의 물

물은 지구상에 있는 생물체에게 가장 중요하고 가장 일반적이기 때문에 '보편적 용매'로 불린다. 산-염기 화학의 대부분은 수용액에서 발생하는 경우를 다루게 된다. 이번 장에서는 Brønsted 산(NH_3의 이온화에서처럼) 또는 Brønsted 염기(HCl의 이온화에서처럼) 둘 다로 거동하는 물의 능력에 대해 보다 가까이 살펴보고자 한다. 이렇게 Brønsted 산 또는 Brønsted 염기 양쪽 모두로 거동하는 화학종을 **양쪽성**(amphoteric)이라 부른다.

순수한 물에서 분자의 매우 작은 양이 Brønsted 산과 염기로 거동하게 된다. 물 분자의 적은 수가 양성자를 다른 물 분자에게 주게 된다. 이러한 과정을 **물의 자동 이온화**(autoionization of water)라 하고, '순수한' 물에는 매우 적은 수의 하이드로늄 이온과 같은 수의 수산화 이온이 포함된다.

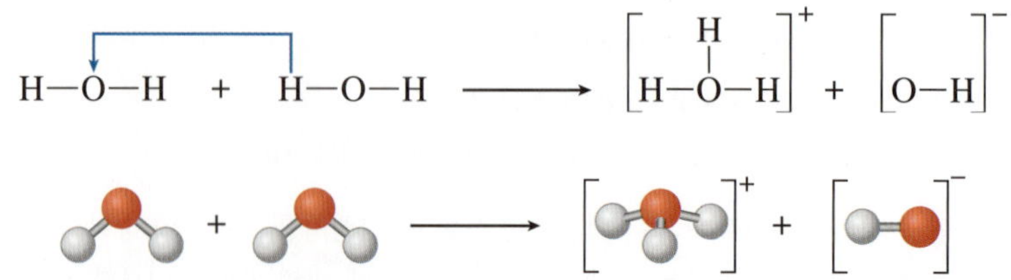

산 염기 짝산 짝염기

> **학생 노트**
> 순수한 물에서의 H_3O^+와 OH^- 이온의 기원은 물의 자동 이온화뿐이다.

Brønsted 산으로 거동하는 모든 H_2O 분자에 대해서 Brønsted 염기로 거동하는 다른 입자가 있음을 기억하라. 이때 하이드로늄 이온과 수산화 이온의 농도는 같다. 상온에서 순수한 물 속에서의 하이드로늄 이온과 수산화 이온의 농도는 모두 아주 작은 양인 $1.0\times10^{-7}\,M$이다. 즉, 모든 수용액에는 약간의 하이드로늄 이온과 약간의 수산화 이온이 있다. 하이드로늄 이온의 농도 $[H_3O^+]$가 수산화 이온의 농도 $[OH^-]$보다 과량인 용액은 산성이다. 수산화 이온의 농도가 하이드로늄 이온보다 과량인 경우는 염기성이다. 하이드로늄 이온 농도와 수산화 이온 농도가 같으면 중성이다.

- $[H_3O^+]>[OH^-]$, 산성 용액
- $[OH^-]>[H_3O^+]$, 염기성 용액
- $[H_3O^+]=[OH^-]$, 중성 용액

즉, H_3O^+와 OH^- 이온의 몰농도가 연관되어 있다. 실온(25°C)의 수용액에서 이들 두 농도의 곱은 항상 1.0×10^{-14}로 일정하다. 이렇게 두 이온 중 하나의 농도를 알고 있으면 다른 이온의 농도를 계산할 수 있다.

$$25°C에서,\ [H_3O^+]\times[OH^-]=1.0\times10^{-14}$$ [◀◀ 식 12.1]

예제 12.3은 식 12.1을 사용하여 25°C의 수용액에서 하이드로늄 이온 또는 수산화 이온의 농도를 구하는 방법을 보여준다.

예제 12.3 하이드로늄 이온 농도로부터 수산화 이온 농도 구하기

위산에 있는 하이드로늄 이온의 농도는 0.10 M이다. 25°C에서 위산 속의 수산화 이온의 농도를 구하시오.

전략 $[H_3O^+]=0.10\,M$일 때, $[OH^-]$를 구하기 위해서 하이드로늄 이온과 수산화 이온의 농도 사이에 관계를 식 12.1에 대입하여 구할 수 있다.

계획 $K_w=[H_3O^+][OH^-]=1.0\times10^{-14}$ (25°C에서)
$[OH^-]$를 구하기 위해 식 12.1을 정리하면 다음과 같다.

$$[OH^-]=\frac{1.0\times10^{-14}}{[H_3O^+]}$$

풀이

$$[OH^-]=\frac{1.0\times10^{-14}}{0.10}=1.0\times10^{-13}\,M$$

생각해보기

이제 공학용 계산기를 사용하여 과학적 표기법을 올바르게 입력하는 방법을 검토하기에 좋은 기회이다[◀◀ 1.2절].

추가문제 1 Milk of magnesia 속의 수산화 이온의 농도는 $5.0\times10^{-4}\ M$이다. 25℃에서 하이드로늄 이온의 농도를 계산하시오.

추가문제 2 보통 사람의 체온(37℃)에서 하이드로늄 이온과 수산화 이온의 곱은 2.8×10^{-14}이다. 체온에서 위산 속의 수산화 이온의 농도를 구하시오(단, $[H_3O^+]=0.10\ M$).

추가문제 3 다음에 두 개의 빈 그래프가 있다. 하나는 수산화 이온의 농도에 대한 하이드로늄 이온 농도의 변화를 나타낸 것이고, 다른 것은 용액의 전체 부피에 대한 하이드로늄 이온과 수산화 이온 농도의 곱을 나타낸 것이다. 각각의 그래프에 해당하는 것을 붉은 선으로 잘 나타낸 것을 고르시오.

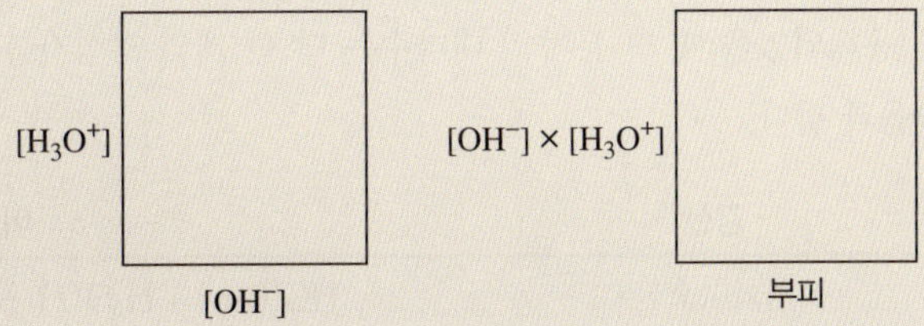

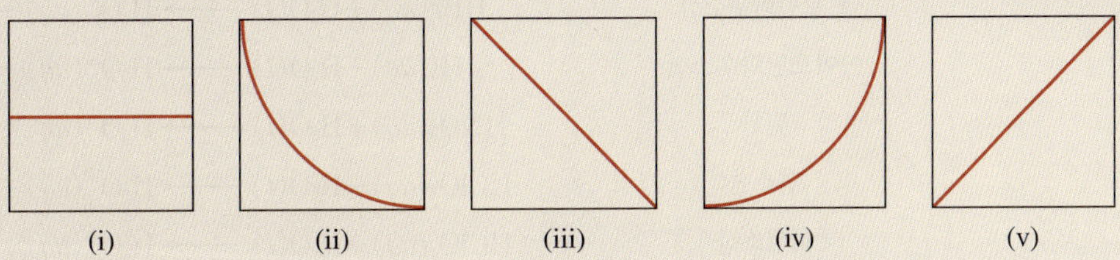

12.4 강산과 강염기

강산(strong acid)은 수용액에서 완전히 이온화하는 것이다. HCl은 강산으로 잘 알려진 예이다. 수용액에서 완전히 이온화한다는 의미는 HCl이 물에 녹았을 때 HCl의 모든 분자가 분해되어 용액에는 하이드로늄 이온과 염화 이온으로 구성되고 HCl 분자는 용액에 남아 있지 않는다. 이렇게 HCl 1 *M* 용액을 만들 때 용액에는 1 *M*의 하이드로늄 이온과 1 *M*의 염화 이온이 있게 된다. 그림 12.1에 표현한 것처럼 HCl 분자는 없다.

일상생활에서 만나는 많은 산 가운데에서 강산을 간단히 나열하면 다음과 같다.

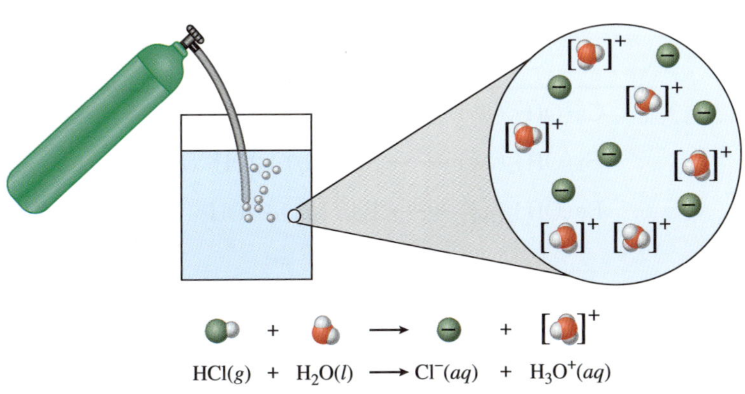

그림 12.1 물에 HCl을 녹이면 분자들이 이온화하여 가용성 하이드로늄 이온과 가용성 염화 이온을 생성한다. HCl 분자는 용액 내에 남아 있지 않는다.

- 염화수소산(염산, hydrochloric acid), HCl
- 브로민화수소산(hydrobromic acid), HBr
- 아이오딘화수소산(hydroiodic acid), HI
- 질산(nitric acid), HNO_3
- 염소산(chloric acid), $HClO_3$
- 과염소산(perchloricd acid), $HClO_4$
- 황산(sulfuric acid), H_2SO_4

강산(H_2SO_4는 예외)은 단 한 개의 이온화 H 원자를 갖는 **일양성자 산**(monoprotic acid)이다. 즉, 단 하나의 양성자를 갖고 있다고 할 수 있다. 황산 H_2SO_4은 **이양성자 산**(diprotic acid)이고 두 개의 양성자를 갖고 있다. 비록 두 개의 양성자를 갖고는 있으나, 황산 분자가 물에 용해되었을 때 그 분자의 대다수는 단 한 개의 양성자를 잃게 된다. 강산의 이온화 반응식은 다음과 같다.

강산	이온화 반응
염화수소산	$HCl(aq) + H_2O(l) \longrightarrow H_3O^+(aq) + Cl^-(aq)$
브로민화수소산	$HBr(aq) + H_2O(l) \longrightarrow H_3O^+(aq) + Br^-(aq)$
아이오딘화수소산	$HI(aq) + H_2O(l) \longrightarrow H_3O^+(aq) + I^-(aq)$
질산	$HNO_3(aq) + H_2O(l) \longrightarrow H_3O^+(aq) + NO_3^-(aq)$
염소산	$HClO_3(aq) + H_2O(l) \longrightarrow H_3O^+(aq) + ClO_3^-(aq)$
과염소산	$HClO_4(aq) + H_2O(l) \longrightarrow H_3O^+(aq) + ClO_4^-(aq)$
황산	$H_2SO_4(aq) + H_2O(l) \longrightarrow H_3O^+(aq) + HSO_4^-(aq)$

다음 표에는 **강염기**(strong base)를 간단히 나열하였다. 알칼리 금속족(alkali metals, 1족)의 수산화물과 무거운 알칼리 토금속족(alkaline earth metals, 2족)의 수산화물로 이루어져 있다. 실제로 강염기의 해리(dissociation)는 완전하다. 아래에 강염기의 해리를 반응식으로 나타내었다.

1족 수산화물
$LiOH(aq) \longrightarrow Li^+(aq) + OH^-(aq)$
$NaOH(aq) \longrightarrow Na^+(aq) + OH^-(aq)$
$KOH(aq) \longrightarrow K^+(aq) + OH^-(aq)$
$RbOH(aq) \longrightarrow Rb^+(aq) + OH^-(aq)$
$CsOH(aq) \longrightarrow Cs^+(aq) + OH^-(aq)$

2족 수산화물
$Ca(OH)_2(aq) \longrightarrow Ca^{2+}(aq) + 2OH^-(aq)$
$Sr(OH)_2(aq) \longrightarrow Sr^{2+}(aq) + 2OH^-(aq)$
$Ba(OH)_2(aq) \longrightarrow Ba^{2+}(aq) + 2OH^-(aq)$

학생 노트
$Ca(OH)_2$와 $Sr(OH)_2$는 잘 안 녹지만 용해되면 완전히 해리된다[◀◀ 9.2절, 표 9.3].

예제 12.4 강산의 농도로부터 H_3O^+와 OH^- 농도 계산하기

다음 수용액에서의 $[H_3O^+]$와 $[OH^-]$를 계산하시오.

(a) $0.0311\ M\ HNO_3$　(b) $4.51 \times 10^{-5}\ M\ HClO_4$　(c) $8.74 \times 10^{-6}\ M$ HI

전략 HNO_3, $HClO_4$, HI는 모두 강산이므로, 각각의 용액에서 하이드로늄 이온의 농도는 제시된 산의 농도와 같다. 식 12.1을 사용하여 $[OH^-]$를 구한다.

계획 (a) $[H_3O^+] = 0.0311\ M$

(b) $[H_3O^+] = 4.51 \times 10^{-5}\ M$

(c) $[H_3O^+] = 8.74 \times 10^{-6}\ M$

풀이 (a) $[OH^-] = \dfrac{1.0 \times 10^{-14}}{[H_3O^+]} = \dfrac{1.0 \times 10^{-14}}{0.0311\ M} = 3.2 \times 10^{-13}\ M$

(b) $[OH^-] = \dfrac{1.0 \times 10^{-14}}{4.51 \times 10^{-5}\ M} = 2.2 \times 10^{-10}\ M$

(c) $[OH^-] = \dfrac{1.0 \times 10^{-14}}{8.74 \times 10^{-6}\ M} = 1.1 \times 10^{-9}\ M$

생각해보기

주어진 $[H_3O^+]$에 $[OH^-]$를 곱하여 답을 확인할 수 있다. 그 곱은 25 °C에서 1.0×10^{-14}이다. $[H_3O^+]$가 커지면 $[OH^-]$는 작아진다는 것을 기억하자.

추가문제 1 다음 수용액에서의 $[H_3O^+]$과 $[OH^-]$를 계산하시오.

(a) $0.118\ M\ HNO_3$　(b) $7.84 \times 10^{-3}\ M\ HClO_4$　(c) $9.33 \times 10^{-2}\ M$ HI

추가문제 2 다음에 주어진 $[OH^-]$를 얻기 위한 HBr의 농도를 계산하시오.

(a) $1.2 \times 10^{-8}\ M$　(b) $3.75 \times 10^{-9}\ M$　(c) $4.88 \times 10^{-12}\ M$

추가문제 3 아래 그림에서 첫 이온화는 완전히 일어나지만 두 번째 이온화는 그렇지 않은 어떤 이양성자 산을 나타낸 것은 어느 것인가?

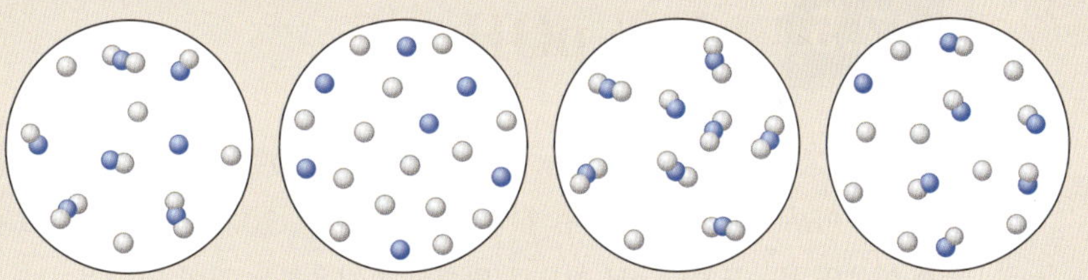

(i)　(ii)　(iii)　(iv)

예제 12.5 강염기의 농도로부터 H_3O^+와 OH^- 농도 계산하기

다음 수용액의 $[H_3O^+]$와 $[OH^-]$를 계산하시오.

(a) $0.0311\ M$ LiOH　(b) $4.15 \times 10^{-5}\ M\ Ca(OH)_2$　(c) $8.74 \times 10^{-6}\ M$ KOH

전략 LiOH, KOH, $Ca(OH)_2$는 모두 강염기이므로, 각각의 용액에서 수산화 이온의 농도는 제시된 염기의 농도로부터 쉽게 구할 수 있다. $Ca(OH)_2$와 같은 염기는 $Ca(OH)_2$ 화학식 단위당 2 mol의 OH^-를 용액에 용해함을 기억한다. 식 12.1을 사용하여 $[OH^-]$로부터 $[H_3O^+]$를 구한다.

$$Ca(OH)_2(s) \longrightarrow Ca^{2+}(aq)+2OH^-(aq)$$

계획

(a) $[OH^-]=0.0311\ M$

(b) $[OH^-]=2\times(4.15\times10^{-5}\ M)=8.30\times10^{-5}\ M$

(c) $[OH^-]=8.74\times10^{-6}\ M$

풀이

(a) $[H_3O^+]=\dfrac{1.0\times10^{-14}}{[OH^-]}=\dfrac{1.0\times10^{-14}}{0.0311\ M}=3.2\times10^{-13}\ M$

(b) $[H_3O^+]=\dfrac{1.0\times10^{-14}}{8.30\times10^{-5}\ M}=1.2\times10^{-10}\ M$

(c) $[H_3O^+]=\dfrac{1.0\times10^{-14}}{8.74\times10^{-6}\ M}=1.1\times10^{-9}\ M$

생각해보기

다시, 주어진 $[OH^-]$에 $[H_3O^+]$를 곱하여 답을 확인할 수 있다. 그 곱은 25℃에서 1.0×10^{-14}이다. $[OH^-]$와 $[H_3O^+]$는 서로 역수 관계임을 기억하자. 하나가 커지면 다른 하나는 반드시 작아진다.

추가문제 1 다음 수용액의 $[OH^-]$와 $[H_3O^+]$를 계산하시오.

(a) $0.118\ M$ NaOH (b) $7.84\times10^{-3}\ M$ LiOH (c) $9.33\times10^{-2}\ M$ $Sr(OH)_2$

추가문제 2 다음에 주어진 $[H_3O^+]$를 얻기 위한 NaOH의 농도를 계산하시오.

(a) $1.21\times10^{-8}\ M$ (b) $3.75\times10^{-9}\ M$ (c) $4.88\times10^{-12}\ M$

추가문제 3 $[H_3O^+]=9.6\times10^{-9}\ M$을 얻기 위한 $Ba(OH)_2$의 농도를 계산하시오.

12.5 pH와 pOH 척도

수용액의 산성도는 하이드로늄 이온의 농도, $[H_3O^+]$에 의존한다. 이 농도는 다루기 번거로운 숫자로 이루어진 여러 자릿수의 범위로 이루어져 있다. 용액의 산성도를 표현할 때, 하이드로늄 이온의 몰농도보다 pH 척도로 변환하여 사용하는 것이 일반적이다. 용액의 **pH**는 하이드로늄 이온 농도(mol/L)를, 밑을 10으로 한 로그함수의 음의 값으로 나타낸다.

$$pH=-\log[H_3O^+] \quad \text{또는} \quad pH=-\log[H^+]$$ [◀◀ 식 12.2]

식 12.2는 넓은 범위($\sim10^{-1}$부터 10^{-14})의 숫자를 자연수 1에서 14까지로 바꿀 수 있다. 용액의 pH는 차원이 없는 수이다. 그래서 $[H_3O^+]$의 농도 단위를 로그값으로 나타내기 전에 없앤다. 각자의 계산기에 있는 로그함수를 사용할 줄 아는 것은 중요하다. 그림 12.2는 몇몇 일반적인 계산기 브랜드의 로그값 계산 방법을 보여준다.

25℃의 순수한 물에서는 $[H_3O^+]=[OH^-]=1.0\times10^{-7}\ M$이므로, 25℃의 순수한 물에서의 pH는 다음과 같다.

$$-\log(1.0\times10^{-7})=7.00$$

학생 노트
두 개의 유효 숫자를 갖고 있는 숫자의 로그값은 소수 둘째 자리로 나타낸다. 그래서 pH 7.00은 세 개가 아닌 두 개의 유효 숫자를 갖는다.

Sharp 사의 모델 EL−531X에서 밑을 10으로 하는 로그함수는 **log**로 표시된 key로 계산한다. $4.5 \times 10^{-6}\ M$의 하이드로늄 이온 농도를 갖는 용액의 pH를 계산할 때 아래의 key를 차례로 사용하면 된다.

과학적 표기를 입력하려면 Exp 함수를 반드시 사용해야 함을 기억하라. 계산기는 오른쪽 괄호만 첨가하면 자동으로 왼쪽 괄호가 삽입된다.

+/− log 4 • 5 Exp +/− 6 =

pH를 알고 있을 때 하이드로늄 이온의 농도를 계산하려면 ($[H_3O^+] = 10^{-pH}$), antilog (10^x) 함수를 사용해야 한다. Sharp 사의 모델 EL−531X에서 antilog 함수는 **log** key의 2차 기능이다. pH 8.31 용액의 $[H_3O^+]$를 계산하려면 다음과 같이 차례로 key를 사용하면 된다.

2nd F log +/− 8 • 3 1 =

TI−30XIIS에서 밑을 10으로 한 log 함수는 **LOG**로 표시된 key로 계산한다. $4.5 \times 10^{-6}\ M$의 하이드로늄 이온 농도를 갖는 용액의 pH를 계산할 때 아래의 key를 차례로 사용하면 된다.

(−) LOG 4 • 5 2nd x^{-1} (−) 6) ENTER

과학적 표기를 입력하려면 x^{-1} 버튼의 2차 기능인 EE 함수를 사용해야만 한다. 계산기는 오른쪽 괄호만 첨가하면 자동으로 왼쪽 괄호가 삽입된다.

pH를 알고 있을 때 하이드로늄 이온의 농도를 계산하려면 ($[H_3O^+] = 10^{-pH}$), antilog (10^x) 함수를 사용해야 한다. TI−30XIIS에서 antilog 함수는 **LOG** key의 2차 기능이다. pH 8.31 용액의 $[H_3O^+]$를 계산하려면 다음과 같이 차례로 key를 사용하면 된다.

2nd LOG (−) 8 • 3 1) ENTER

그림 12.2 화학적 시각화−과학 계산기의 로그함수 사용(계속)

TI−30Xa에서 밑을 10으로 한 log 함수는 **LOG** key로 표시되어 있다. 4.5×10^{-6} M의 하이드로늄 이온 농도를 갖는 용액의 pH를 계산할 때 아래의 key를 차례로 사용하면 된다.
계산기는 오른쪽 괄호만 첨가하면 자동으로 왼쪽 괄호가 삽입된다.

pH를 알고 있을 때 하이드로늄 이온의 농도를 계산하려면 ($[H_3O^+]=10^{-pH}$), antilog (10^x) 함수를 사용해야 한다. TI−30Xa에서 antilog 함수는 **LOG** key의 2차 기능이다. pH 8.31 용액의 $[H_3O^+]$를 계산하려면 다음과 같이 key를 차례로 사용하면 된다.

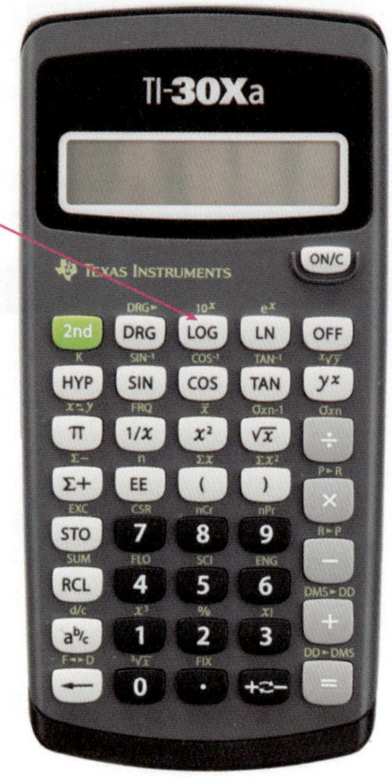

그림 12.2 과학 계산기의 로그함수 사용

표 12.3 25°C에서 하이드로늄 이온 농도에 따른 pH 척도 기준

$[H_3O^+]$ (M)	$-\log[H_3O^+]$	pH	
0.10	$-\log(1.0\times10^{-1})$	1.00	↑
0.010	$-\log(1.0\times10^{-2})$	2.00	
1.0×10^{-3}	$-\log(1.0\times10^{-3})$	3.00	
1.0×10^{-4}	$-\log(1.0\times10^{-4})$	4.00	
1.0×10^{-5}	$-\log(1.0\times10^{-5})$	5.00	
1.0×10^{-6}	$-\log(1.0\times10^{-6})$	6.00	산성
1.0×10^{-7}	$-\log(1.0\times10^{-7})$	7.00	중성
1.0×10^{-8}	$-\log(1.0\times10^{-8})$	8.00	염기성
1.0×10^{-9}	$-\log(1.0\times10^{-9})$	9.00	
1.0×10^{-10}	$-\log(1.0\times10^{-10})$	10.00	
1.0×10^{-11}	$-\log(1.0\times10^{-11})$	11.00	
1.0×10^{-12}	$-\log(1.0\times10^{-12})$	12.00	
1.0×10^{-13}	$-\log(1.0\times10^{-13})$	13.00	
1.0×10^{-14}	$-\log(1.0\times10^{-14})$	14.00	↓

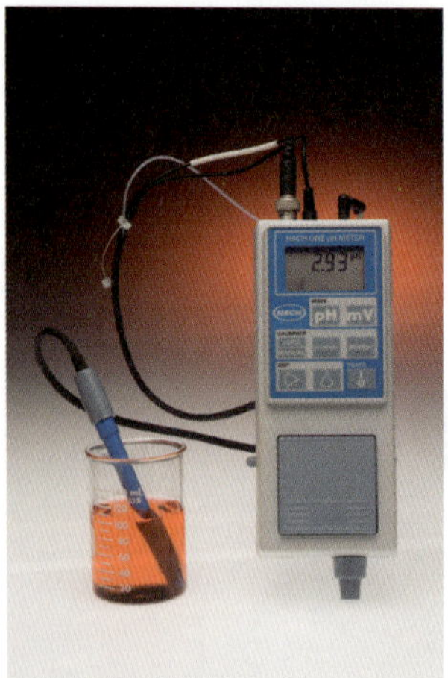

그림 12.3 실험실에서 용액의 pH 측정에 사용되는 일반적인 pH 미터. 대부분의 pH 미터의 측정 범위는 1에서 14이지만, pH 값은 1보다 작거나 14보다 클 수 있다.

표 12.4 몇 가지 일상적인 액체의 pH

액체	pH	액체	pH
위액	1.5	타액	6.4~6.9
레몬주스	2.0	우유	6.5
식초	3.0	순수한 물	7.0
자몽주스	3.2	혈액	7.35~7.45
오렌지주스	3.5	눈물	7.4
소변	4.8~7.5	Milk of magnesia(제산제)	10.6
비(깨끗한 공기 중)	5.5	가정용 암모니아	11.5

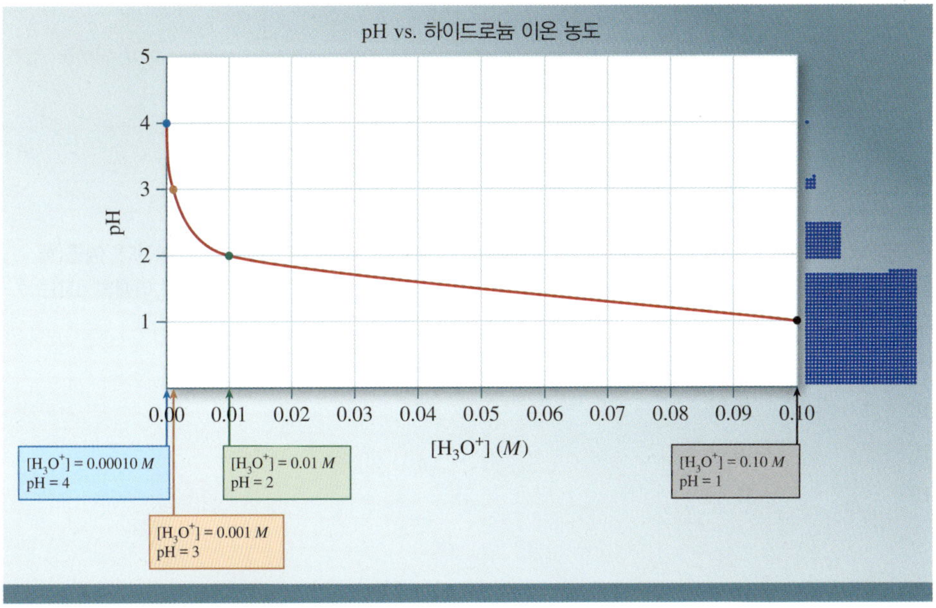

그림 12.4 하이드로늄 이온 농도가 10배씩 변할 때 pH 단위는 1씩 변한다. pH 1인 용액의 하이드로늄 이온 농도는 pH 4인 용액에 1,000배이다. 그래프의 오른쪽에 파란색 점으로 pH 4, 3, 2, 1인 용액의 하이드로늄 이온의 상대적인 양을 나타내었다.

$[H_3O^+]=[OH^-]$인 용액은 중성인 것을 기억하라. 즉, 25°C에서 중성 용액의 pH는 7.00이다. 산성 용액 $[H_3O^+]>[OH^-]$에서는 pH<7이 되고, 염기성 용액 $[H_3O^+]<[OH^-]$에서는 pH>7이 된다. 표 12.3에는 0.10 *M*에서 1.0×10^{-14} *M*까지의 농도 변화에 따른 용액의 pH를 계산하여 나타내었다.

실험실에서 pH 측정은 pH 미터(그림 12.3)로 측정한다. 표 12.4에는 몇 가지 일상적인 액체의 pH 값을 나타내었다. 여기서 체액의 pH는 위치와 기능에 따라 크게 변하는 것을 알 수 있다. 소화액의 낮은 pH(높은 산성도)는 음식물의 소화에 필수적인 반면에 혈액의 높은 pH는 산소의 운반에 필요하다.

pH 1 변화는 하이드로늄 이온 농도가 10배 변하는 것을 의미한다. 즉, pH 값이 로그 척도라는 것은 매우 중요하다. 이를 그림 12.4에 잘 나타내었다.

용액 속에 하이드로늄 이온 농도를 실험적으로 구할 때 pH를 측정하여 사용하곤 한다. 식 12.2에서 $[H_3O^+]$를 구하면

$$[H_3O^+]=10^{-pH}$$ [◀◀ 식 12.3]

> **학생 노트**
> 10^x 값은 로그함수의 역수이다(일반적으로 같은 키의 2차 기능을 사용한다). 계산기에서 이들의 기능을 자유자재로 사용할 수 있어야 한다.

예제 12.6과 12.7에서 pH 계산 연습을 해보자.

예제 12.6 H_3O^+ 농도로부터 pH 계산하기

25 °C에서 다음과 같은 하이드로늄 이온 농도를 갖는 용액의 pH를 구하시오.

(a) 3.5×10^{-4} *M* (b) 1.7×10^{-7} *M* (c) 8.8×10^{-11} *M*

전략 주어진 $[H_3O^+]$를 식 12.2에 대입하여 pH를 구한다.

계획 (a) $pH=-\log(3.5\times10^{-4})$

(b) $pH=-\log(1.7\times10^{-7})$

(c) $pH=-\log(8.8\times10^{-11})$

풀이 (a) pH=3.46
(b) pH=6.77
(c) pH=10.06

생각해보기

표 12.3에 있는 두 개의 기준 농도 사이에 하이드로늄 이온 농도가 주어졌을 때, 두 개의 pH 값 사이에서 pH 값이 얻어진다. 예를 들어, (c)에서의 하이드로늄 이온 농도($8.8\times10^{-11}\,M$)는 $1.0\times10^{-11}\,M$보다 더 크고 $1.0\times10^{-10}\,M$보다는 작다. 그러므로 이때의 pH는 11.00과 10.00 사이에 있게 될 것이다.

$[H_3O^+](M)$	$-\log[H_3O^+]$	pH
1.0×10^{-10}	$-\log(1.0\times10^{-10})$	10.00
$8.8\times10^{-11*}$	$-\log(8.8\times10^{-11})$	10.06†
1.0×10^{-11}	$-\log(1.0\times10^{-11})$	11.00

*$[H_3O^+]$는 두 기준 값 사이에 있다.
† pH도 두 기준 값 사이에 있다.

기준 농도에서의 pH 값은 계산 결과의 옳고 그름을 판단하는 데 좋은 지표가 됨을 기억하자.

추가문제 1 25°C에서 다음과 같은 하이드로늄 이온 농도를 갖는 용액의 pH를 구하시오.
(a) $3.2\times10^{-9}\,M$ (b) $4.0\times10^{-8}\,M$ (c) $5.6\times10^{-2}\,M$

추가문제 2 25°C에서 다음과 같은 수산화 이온 농도를 갖는 용액의 pH를 구하시오.
(a) $8.3\times10^{-8}\,M$ (b) $3.3\times10^{-4}\,M$ (c) $1.2\times10^{-3}\,M$

추가문제 3 25°C 물 1 L에 강산을 1 mL씩 첨가하였다. 다음 그림 가운데 산을 mL씩 첨가함에 따라 변화하는 하이드로늄 이온 농도를 나타낸 그래프는 어느 것인가? 또 산을 첨가함에 따라 변화하는 pH를 나타낸 그래프는 어느 것인가?

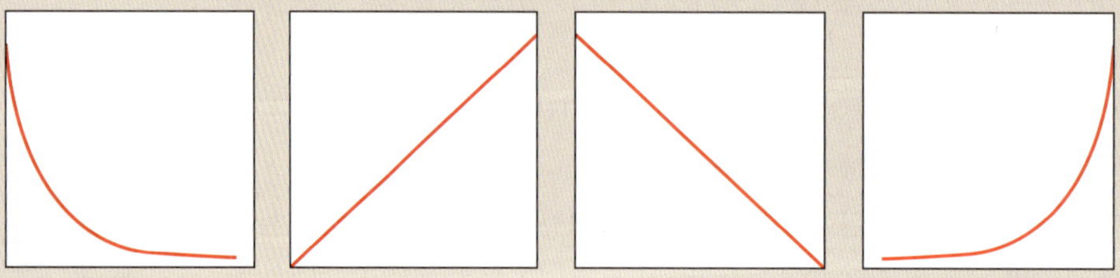

(i) (ii) (iii) (iv)

예제 12.7 pH로부터 H_3O^+ 농도 계산하기

25 °C에서 다음과 같은 pH를 나타내는 용액에서 하이드로늄 이온의 농도를 구하시오.
(a) 4.76 (b) 11.95 (c) 8.01

전략 주어진 pH를 식 12.3에 대입하여 $[H_3O^+]$를 구한다.

계획
(a) $[H_3O^+]=10^{-4.76}$
(b) $[H_3O^+]=10^{-11.95}$
(c) $[H_3O^+]=10^{-8.01}$

풀이

(a) $[H_3O^+]=1.7\times10^{-5}\ M$

(b) $[H_3O^+]=1.1\times10^{-12}\ M$

(c) $[H_3O^+]=9.8\times10^{-9}\ M$

생각해보기

주어진 문제에서 계산된 하이드로늄 이온 농도를 이용하여 pH를 다시 계산할 수 있으나 약간 다른 결과를 얻게 될 수 있다. 예를 들어, (a)의 경우 $-\log(1.7\times10^{-5})=4.77$이다. 이것은 4.76(문제에서 주어진 pH)과 작은 차이를 나타내며 이는 반올림 오차 때문이다. 소수점 오른쪽 두 자릿수의 pH에서 유도된 농도는 유효 숫자 두 개만 가질 수 있다는 것을 기억하자. 이 상황에서도 이들 지표가 동일하게 잘 사용될 수 있음을 주목하자. pH 4와 5 사이 값은 하이드로늄 이온 농도 $1\times10^{-4}\ M$과 $1\times10^{-5}\ M$ 사이의 값에 대응한다.

추가문제 1 25 °C에서 다음과 같은 pH를 나타내는 용액에서 하이드로늄 이온의 농도를 구하시오.

(a) 9.90 (b) 1.45 (c) 7.01

추가문제 2 25 °C에서 다음과 같은 pH를 나타내는 용액에서 수산화 이온의 농도를 구하시오.

(a) 11.89 (b) 2.41 (c) 7.13

추가문제 3 pH 5.90, 10.11, 1.25 값을 갖는 하이드로늄 이온 농도의 지수(exponent)는 얼마인가?

pOH 척도는 pH 척도와 유사하게 용액 내 수산화 이온 농도 $[OH^-]$를, 밑을 10으로 한 음의 로그함수로 정의되어 사용된다.

$$pOH=-\log[OH^-] \qquad [◀◀ 식 12.4]$$

식 12.4를 수산화 이온에 대한 값을 구하기 위해 다시 쓰면,

$$[OH^-]=10^{-pOH} \qquad [◀◀ 식 12.5]$$

25°C에서 하이드로늄 이온과 수산화 이온의 곱은 1×10^{-14}임을 기억하라.

$$[H_3O^+]\times[OH^-]=1.0\times10^{-14}$$

양변을 음의 로그 값으로 처리하면,

$$-\log([H_3O^+][OH^-])=-\log(1.0\times10^{-14})$$
$$-(\log[H_3O^+]+\log[OH^-])=14.00$$
$$-\log[H_3O^+]-\log[OH^-]=14.00$$
$$(-\log[H_3O^+])+(-\log[OH^-])=14.00$$

표 12.5 25°C에서 수산화 이온 농도의 범위에 대한 pOH 지표

$[OH^-](M)$	pOH	
0.10	1.00	↑
1.0×10^{-3}	3.00	
1.0×10^{-5}	5.00	염기성
1.0×10^{-7}	7.00	중성
1.0×10^{-9}	9.00	산성
1.0×10^{-11}	11.00	
1.0×10^{-13}	13.00	↓

pH와 pOH의 정의로부터 25°C에서는 다음과 같다.

$$pH + pOH = 14.00$$ [◀◀ 식 12.6]

식 12.6은 하이드로늄 이온 농도와 수산화 이온 농도 사이의 관계를 다르게 표현한 것이다. pOH 척도에서 7.00은 중성이고, 7.00보다 큰 용액은 산성을 나타내고, 7.00보다 작은 용액은 염기성을 나타낸다. 표 12.5에는 25°C에서 수산화 이온 농도의 범위를 나타내었다.

예제 12.8과 12.9에서는 pOH 계산을 나타내었다.

예제 12.8 OH^- 농도로부터 pOH 계산하기

25 °C 용액의 수산화 이온의 농도가 다음과 같을 때 pOH를 구하시오.

(a) $3.7 \times 10^{-5}\ M$ (b) $4.1 \times 10^{-7}\ M$ (c) $8.3 \times 10^{-2}\ M$

전략 주어진 $[OH^-]$를 식 12.4에 대입하여 pOH를 구한다.

계획

(a) $pOH = -\log(3.7 \times 10^{-5})$
(b) $pOH = -\log(4.1 \times 10^{-7})$
(c) $pOH = -\log(8.3 \times 10^{-2})$

풀이

(a) $pOH = 4.43$
(b) $pOH = 6.39$
(c) $pOH = 1.08$

생각해보기

pOH 척도는 pH 척도의 역임을 기억하자. pOH 척도가 7보다 작은 수치에서 염기성 용액을 나타내고, 7 이상의 수치에서는 산성 용액을 나타낸다. pOH 지표(표 12.5)는 pH 지표와 같은 방식으로 표현된다. 예를 들어, (a)의 경우 수산화 이온의 농도가 $1 \times 10^{-4}\ M$과 $1 \times 10^{-5}\ M$ 사이에 나타나는 것은 pOH가 4와 5 사이임을 의미한다.

$[OH^-](M)$	pOH
1.0×10^{-4}	4.00
3.7×10^{-5}*	4.43†
1.0×10^{-5}	5.00

*두 지표 사이의 $[OH^-]$
†두 지표 사이의 pOH

추가문제 1 25 °C에서 다음과 같은 수산화 이온 농도를 갖는 용액의 pOH를 구하시오.

(a) $5.7 \times 10^{-12}\ M$ (b) $7.3 \times 10^{-3}\ M$ (c) $8.5 \times 10^{-6}\ M$

추가문제 2 25 °C에서 다음과 같은 수산화 이온 농도를 갖는 용액의 pH를 구하시오.

(a) $2.8 \times 10^{-8}\ M$ (b) $9.9 \times 10^{-9}\ M$ (c) $1.0 \times 10^{-11}\ M$

추가문제 3 계산하지 말고 $4.71 \times 10^{-5}\ M$, $2.9 \times 10^{-12}\ M$, $7.15 \times 10^{-3}\ M$을 갖는 용액에서의 pOH가 어떤 정수 사이에 오는지 찾으시오.

예제 12.9 pOH로부터 OH^- 농도 계산하기

25 °C에서 다음 pOH를 갖는 용액의 수산화 이온 농도를 구하시오.

(a) 4.91 (b) 9.03 (c) 10.55

전략 주어진 pOH를 식 12.5에 대입하여 $[OH^-]$를 구한다.

계획

(a) $[OH^-]=10^{-4.91}$

(b) $[OH^-]=10^{-9.03}$

(c) $[OH^-]=10^{-10.55}$

풀이

(a) $[OH^-]=1.2\times10^{-5}\,M$

(b) $[OH^-]=9.3\times10^{-10}\,M$

(c) $[OH^-]=2.8\times10^{-11}\,M$

생각해보기

pOH 값의 지표는 이들 용액이 어떠한지 판단하는 데 사용된다. 예를 들어, (a)의 경우 pOH가 4와 5 사이라는 것은 $[OH^-]$가 $1\times10^{-4}\,M$과 $1\times10^{-5}\,M$ 사이에 나타난다는 것과 연관지을 수 있다.

추가문제 1 25 °C에서 다음과 같은 pOH를 갖는 용액의 수산화 이온 농도를 구하시오.

(a) 13.02 (b) 5.14 (c) 6.98

추가문제 2 25 °C에서 다음과 같은 pOH를 갖는 용액의 하이드로늄 이온의 농도를 구하시오.

(a) 2.74 (b) 10.31 (c) 12.40

추가문제 3 pOH 2.90, 8.75, 11.86 값을 갖는 용액에서 하이드로늄 이온 농도의 지수(exponent)는 얼마인가?

화학과 친해지기

일반적으로 발견되는 산과 염기

우리에게 익숙한 산은 꽤 많다. 예를 들어, 감귤류에는 비타민 C인 아스코르브산을 포함한 다양한 산이 들어 있다. 사과산은 핵과와 일부 열매에서 발견된다. 타르타르산은 포도에서 발견되고 추가로 넣는 타르타르산은 와인 양조의 중요한 구성 요소이다. 감귤류에서 자연적으로 발견되고 당밀 발효를 통해 상업적으로 생산되는 구연산을 사용하는 것은 가정용 통조림의 안전성을 위해 매우 중요하다. 탄산 음료에는 탄산화 과정의 결과인 탄산이 들어 있다. 인산은 이러한 음료에 신맛을 내기 위해 첨가되며 방부제로도 사용된다. 이는 곰팡이와 박테리아의 성장을 억제하는 역할을 한다. 수영장을 관리한 적이 있다면 뮤리아틱산(muriatic acid, 수영장 물을 소독하기 위해 사용되는 염산 용액)에 대해 알고 있을 것이다. 수영장 산업에서 염산을 부르는 이름이다. 식초 냄새를 맡아본 적이 있다면 아세트산을 접한 적이 있을 것이다. 이와는 다르게 우리에게 익숙한 염기를 나열하기란 그렇게 쉽지 않다. 암모니아는 창문 청소제에서 흔히 볼 수 있다. 수산화 나트륨은 배수구 청소제에 사용된다. 그 이상으로 친숙한 염기를 찾기란 어려울 수 있다. 하지만 우리 대부분이 주방에 가지고 있는 염기가 하나 있다. 바로 중탄산나트륨이다. 중탄산나트륨, $NaHCO_3$는 일반적으로 베이킹 소다로 알려져 있다. 또한 알카셀처(Alka Seltzer)를 포함한 일반적인 제산제의 성분이기도 하다. 그리고 인기 있는 과학 시연에서 매우 자주 사용되는 재료이다. 이 시연은 식초-베이킹 소다 화산이다. 이러한 각 응용 분야에서 중탄산나트륨은 산과 반응하여 물, 이산화탄소 및 염을 생성한다. 염의 종류는 반응하는 산에 따라 다르다.

베이킹에서 중탄산나트륨은 레시피의 산성 성분과 반응한다. 구운 식품의 일반적인 산성 성분에는 타르타르 크림(타르타르산의 유도체), 레몬 주스, 버터밀크가 있다. 타르타르 크림(비타르트산칼륨)의 경우 다음과 같이 반응할 수 있다.

$$NaHCO_3(s) + KC_4H_5O_6(s) \longrightarrow H_2O(l) + CO_2(g) + NaKC_4H_5O_6(s)$$

두 반응물 모두 고체이기 때문에 반응하기 위해서는 수용액을 만들어야 하는데 제빵과정에서는 반죽에 합쳐야 한다. 이 반응을 제빵류에 사용하는 목적은 기체 생성이다. 작은 CO_2 거품이 많이 생성되면 제빵류가 '부풀어오르는' 것이다.

제산제에 들어 있는 중탄산나트륨은 염산이 포함된 위액 속 과량의 산과 반응한다.

$$NaHCO_3(s) + HCl(aq) \longrightarrow H_2O(l) + CO_2(g) + NaCl(aq)$$

이 반응에서 이산화탄소가 생성되면 트림이 유발될 수 있으며, 이는 복통을 완화하는 데 도움이 된다.

식초-베이킹 소다 화산에서, '분출'을 담당하는 반응은 중탄산나트륨과 아세트산이다.

$$NaHCO_3(s) + CH_3COOH(aq) \longrightarrow H_2O(l) + CO_2(g) + CH_3COONa(aq)$$

일반적으로 액체 세제를 첨가하면 이산화탄소 가스가 더 극적으로 빠져나간다. 점성이 있고 거품이 많은 제품 혼합물이 화산 바깥쪽으로 점차 흘러내려 시각적 효과를 보여준다.

생각 밖 상식

Lake Natron

나트론(natron)은 자연적으로 탄산소듐, 탄산수소소듐, 염화소듐, 황산소듐(sodium sulfate)을 포함하는 소금의 혼합물이다. 이러한 소금은 탄자니아의 Lake Natron에서 높은 농도로 존재하며, 이는 호수의 pH를 높이는 원인이 된다(9와 10.5 사이). 이러한 극심한 알칼리 환경에서는 분해에 관여하는 대부분의 미생물들이 번성하지 못하므로 동물들이 이 물에서 죽게 되면 사체가 부패하지 않는다.

그렇다면 왜 탄산 이온, 탄산수소 이온, 황산 이온이 호수의 pH를 극단적으로 올릴까? 이들 이온은 약산의 짝염기임을 기억하자. 각각 물과 반응하여 양성자를 주고, 수산화 이온을 남게 한다. 이로 인해 호수 물이 염기성을 띠게 한다.

$$CO_3^{2-}(aq) + H_2O(l) \rightleftharpoons HCO_3^-(aq) + OH^-(aq)$$
$$HCO_3^-(aq) + H_2O(l) \rightleftharpoons H_2CO_3(aq) + OH^-(aq)$$
$$SO_4^{2-}(aq) + H_2O(l) \rightleftharpoons HSO_4^-(aq) + OH^-(aq)$$

더 나아가서 호수 물의 높은 염 농도는 삼투 현상(osmosis)을 일으키고 탈수를 유발한다. 세포 안의 물은 더 높은 소금 농도를 가진 호수 물로 끌려나가고, 이로 인해 세포가 분해되지 못한다(이것은 마른 과일, 피클, 절인 고기를 보관하는 과정에서 필수적인 부분이다). 결과적으로 죽은 동물들과 새들의 몸은 고대 이집트인들이 인간의 몸으로 미라를 만드는 것과 비슷한 방법으로 보존된다.

12.6 약산과 약염기

12.4절에 나열한 7가지 강산과 대조적으로 일반적인 산의 대부분은 **약산**(weak acid)이다. 약산은 물에서 일부만 이온화하는 산이며, 변형되지 않은 산 분자의 형태로 대부분 남아 있게 된다. 그림 12.5에 약산의 이온화 반응식을 이중화살표를 사용하여 나타내었다.

이중화살표는 정반응(HF가 H_2O에 양성자를 주는 반응)이 발생할 때 역반응(H_3O^+에서 양성자가 F^-로 돌아가는 반응)이 동시에 발생한다는 표시이다. 즉, HF 분자의 이온화는 매우 작게 일어나고 용액에는 HF 분자 대부분이 원래의 상태 그대로 남아 있다. 단지 약산 분자의 적은 양이 이온화되므로 같은 농도의 강산 용액에서보다 하이드로늄 이온의 농도가 낮다. 표 12.6에는 몇몇 일반적 약산의 화학식과 구조를 함께 나열하였다.

지금까지 산의 화학식을 쓸 때 이온화 수소 원자를 먼저 사용하였다(HCl, HNO_3, HF, 등). 그러나 표 12.6의 다섯 개 산 중 세 개에 사용된 것처럼 이와 같은 방식을 화학식에 사용하지 않았다. 대신에 화학식의 끝에 COOH 원자단을 사용하였다. 이 원자단은 카복실기(carboxyl group)이며, 이 원자단을 갖고 있는 산을 **카복실산**(carboxylic acid)이라 한다. 카복실산의 표기는 이온화되는 수소 원자를 화학식의 맨 앞에 넣거나 카복시기를 화학식의 끝에 넣어 표기한다. 예를 들면, 다음과 같다.

학생 노트
카복실기는 분자의 화학적 성질을 결정하며 특정 원자의 배열을 갖는 작용기의 한 예이다. 14장에서 더 많은 작용기에 대해 배우게 될 것이다.

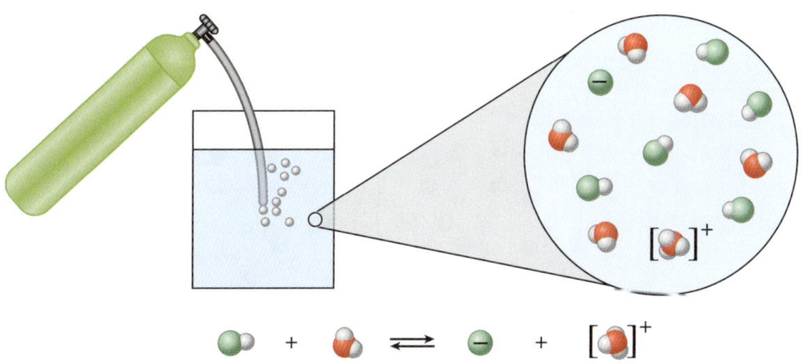

$$HF(g) + H_2O(l) \rightleftharpoons F^-(aq) + H_3O^+(aq)$$

그림 12.5 완전히 이온화되는 강산과는 다르게 약산은 부분적으로 이온화가 이루어진다. 대부분 약산 분자는 용액에 그대로 남아 있게 된다.

표 12.6 여러 가지 약산의 화학식과 구조

약산	화학식	구조
플루오린화수소산(hydrofluoric acid)	HF	H—F
아질산(nitrous acid)	HNO_2	O=N—O—H
폼산(formic acid)	HCOOH	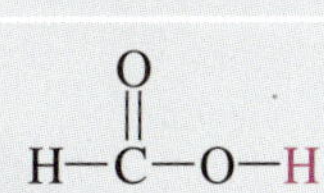
벤조산(benzoic acid)	C_6H_5COOH	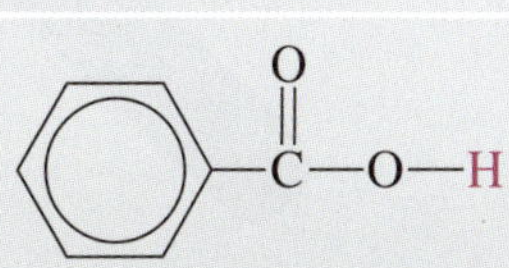
아세트산(초산, acetic acid)	CH_3COOH	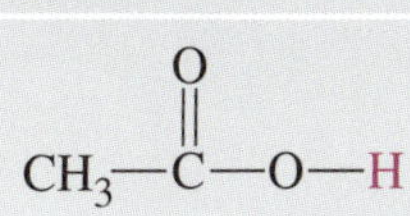

* 이온화 수소는 붉게 나타내었다.

학생 노트
벤조산의 구조는 육각형의 구조에 고리 구조를 갖고 있다. 이와 같은 간략한 표기는 원소와 원소 사이의 결합을 나타낸 작용기를 표현하는 데 사용한다. 페닐기(phenyl group)는 6개 탄소와 5개의 수소로 이루어졌다. 구성 원소를 모두 나타내는 구조를 그렸을 때, 두 개의 공명 구조가 있다[◀◀ 6.3절]. 이 두 개를 간략히 표기할 수 있다.

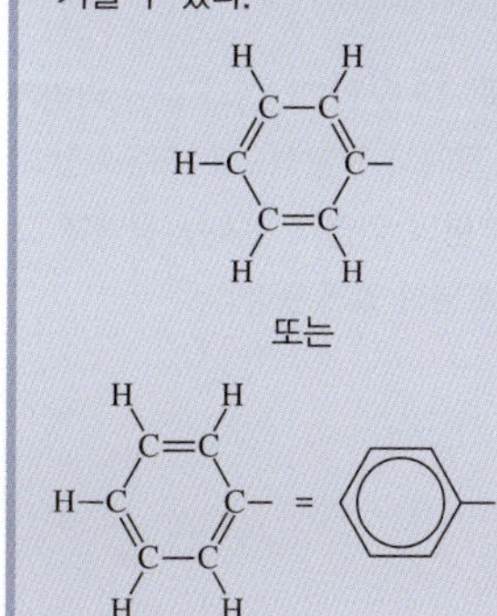

폼산	벤조산	아세트산
HCOOH 또는 $HCHO_2$	C_6H_5COOH 또는 $HC_6H_5CO_2$	CH_3COOH 또는 $HC_2H_3O_2$

(이온화되는 수소 원자를 붉게 나타내었다)

예제 12.10은 약산이 관련되어 있을 때 pH 척도를 어떻게 예측할 수 있는지 설명하고 있다.

예제 12.10 약산 용액의 pH 척도 예측하기

0.10 *M* CH_3COOH 용액의 pH가 어느 값보다 위에서 나타나는가?

전략 아세트산은 약산이므로 완전히 이온화하지 않는다. 이것은 0.10 *M*의 농도인 산 용액에서 H_3O^+의 농도가 0.10 *M*보다 작다는 것을 의미한다. 만약 산이 강산이면 가장 낮은 pH를 갖게 될 것이다 즉, 강산 0.10 *M*에서의 pH를 알 수 있으면 아세트산의 pH가 이보다 높게 됨을 알 수 있다.

계획 $[H_3O^+] < 0.10\ M$임을 알 수 있으며, pH를 계산하기 위해 식 12.2를 사용한다.

풀이 만약 강산이라면, $pH = -\log(0.10) = 1.00$이다. 약산의 pH는 1.00보다 위에서 나타난다.

생각해보기

아세트산의 pH가 강산에서의 값보다 높게 나타나지만 순수한 물의 값보다는 낮다.

추가문제 1 0.078 *M* HClO의 pH는 어느 값보다 위에서 나타나는가?

추가문제 2 다음 세 가지 용액의 pH가 높아지는 순서로 나열하시오.

[0.050 *M* HNO_2, 0.13 *M* HNO_2, 0.093 *M* HNO_2]

추가문제 3 HF 용액을 나타낸 그림은 다음 중 어느 것인가?

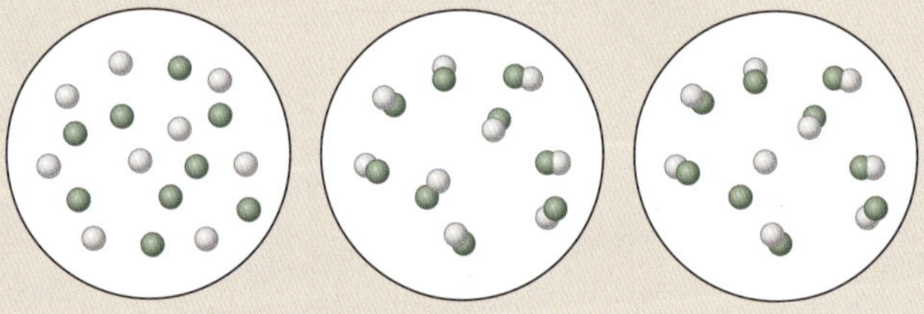

학생 노트
강염기는 수산화 이온, OH^-의 음이온을 갖고 있는 이온성 화합물이다. 이것은 물속에서 해리되어 가용성 수산화 이온을 생성한다.

약산과 마찬가지로 **약염기**(weak base)도 물에서 부분적으로 이온화한다. 그림 12.6에 나타낸 것처럼 암모니아와 같은 약염기는 물로부터 양성자를 받아 물속의 수산화 이온의 농도를 증가시킨다. 또한 양쪽 화살표는 완전한 이온화가 이루어지지 않음을 설명하고 이 경우 암모니아 분자와 같은 약염기 분자의 대부분은 용액에 남아 있게 된다.

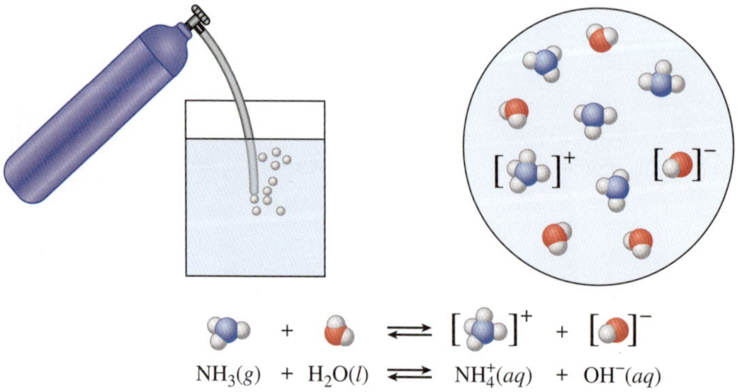

그림 12.6 암모니아와 같은 약염기는 물에서 부분적으로 이온화한다. 대부분의 약염기 분자는 용액에 그대로 남아 있게 된다.

표 12.7 몇몇 약염기의 화학식과 구조

염기	화학식	구조
에틸아민(ethyl amine)	$C_2H_5NH_2$	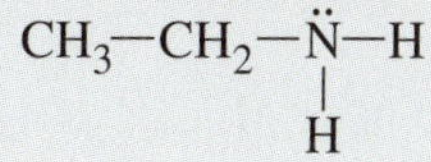
메틸아민(methyl amine)	CH_3NH_2	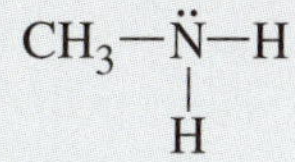
암모니아(ammonia)	NH_3	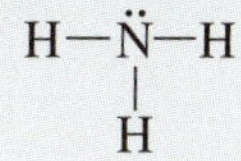
피리딘(pyridine)	C_5H_5N	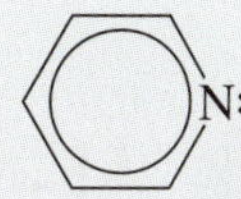
아닐린(aniline)	$C_6H_5NH_2$	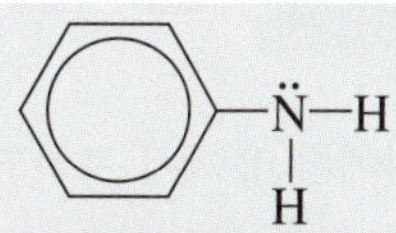
다이메틸아민(dimethyl amine)	C_2H_7N	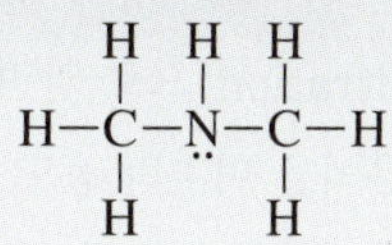

아주 작은 분율의 이온화가 이루어져 용액 속의 수산화 이온을 생성하게 된다. 이렇게 약염기 용액은 같은 농도의 강염기보다 낮은 pH를 갖게 된다.

표 12.7에는 몇몇 일반적인 염기의 화학식과 구조를 나타내었다.

표 12.7에 나타낸 약염기의 구조를 보면 모두 질소 원자 주변에 세 개의 결합을 갖고 있는 암모니아와 비슷하다.

예제 12.11은 강염기와 약염기의 pH 척도를 어떻게 비교하는지 보여준다.

예제 12.11 약염기 용액에서 pH 예측하기

0.089 M NH_3 용액의 pH는 어느 값 이하에서 나타나는가?

전략 암모니아 NH_3는 약염기이고, 완전히 이온화되지 않는다. 이는 염기의 농도가 0.089 M이었을 때, OH^-의 농도는 0.089 M보다 작다는 것을 의미한다. 염기가 강할 때 pH가 가장 높다. 즉, 0.089 M의 강염기가 나타내는 pH보다 암모니아는 pH가 낮다.

계획 $[OH^-] < 0.089\ M$임을 알고 있고, 식 12.1을 이용하면 하이드로늄 이온의 농도를 구할 수 있으며, 식 12.2를 이용하면 pH를 구할 수 있다.

풀이 $[H_3O^+][OH^-] = 1.0 \times 10^{-14}$

$$[H_3O^+] = \frac{1.0 \times 10^{-14}}{0.089\ M} = 1.12 \times 10^{-13}\ M$$

$pH = -\log(1.12 \times 10^{-13}) = 12.95$

이는 강염기일 때의 pH 값이며, 약염기에서는 12.95보다 낮은 pH 값을 나타내게 된다.

생각해보기

암모니아의 pH가 비록 강염기에 비해서는 낮지만, 순수한 물의 pH보다는 높다.

추가문제 1 0.148 M CH_3NH_2 용액의 pH는 어느 값 이하에서 나타나는가?

추가문제 2 0.150 M $C_6H_5NH_2$, 0.0664 M $C_6H_5NH_2$, 0.393 M $C_6H_5NH_2$, 이 세 가지 용액들의 pH가 높아지는 순서로 나열하시오.

추가문제 3 오른쪽 그림은 약염기를 나타내었다. pOH가 높아지는 순서로 나열하시오.

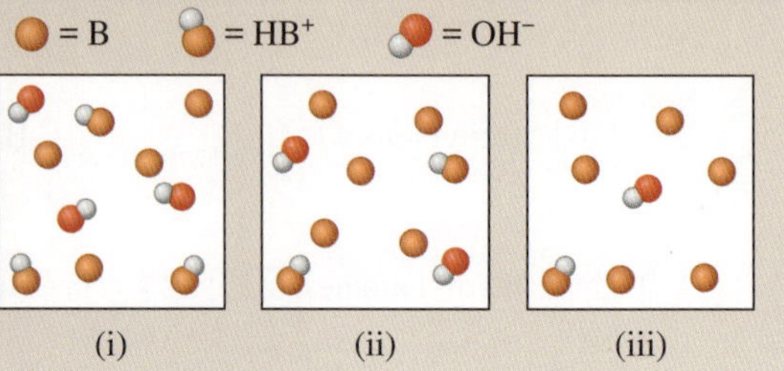

12.7 산–염기 적정

학생 노트
산–염기의 반응은 물과 염을 생성한다[◀◀ 10.4절]. 알짜반응은 하이드로늄 이온과 수산화 이온이 반응하여 물을 생성하는 것으로 염은 구경꾼 이온의 형태로 존재한다.

11.4절에서 용액에 포함되어 있는 화합물의 mol은 용액의 농도 및 부피와 상관관계가 있음을 배웠다. 산–염기 중화 반응(하이드로늄 이온과 수산화 이온이 반응하여 물을 만드는 반응)은 **적정**(titration)으로 알려진 화학 반응을 사용한다. 전형적인 적정은 정확히 농도를 알고 있는 염기 용액을 미지의 농도인 산 용액에 천천히 첨가하는 것이다. 산 시료를 중화하는 데 필요한 염기의 정확한 농도와 부피를 알고 있다면, 산을 중화하는 데 필요한 양을 계산할 수 있다. 여기서 이미 산의 부피는 알고 있으므로 산의 농도를 계산할 수 있다. 전형적인 적정기구를 그림

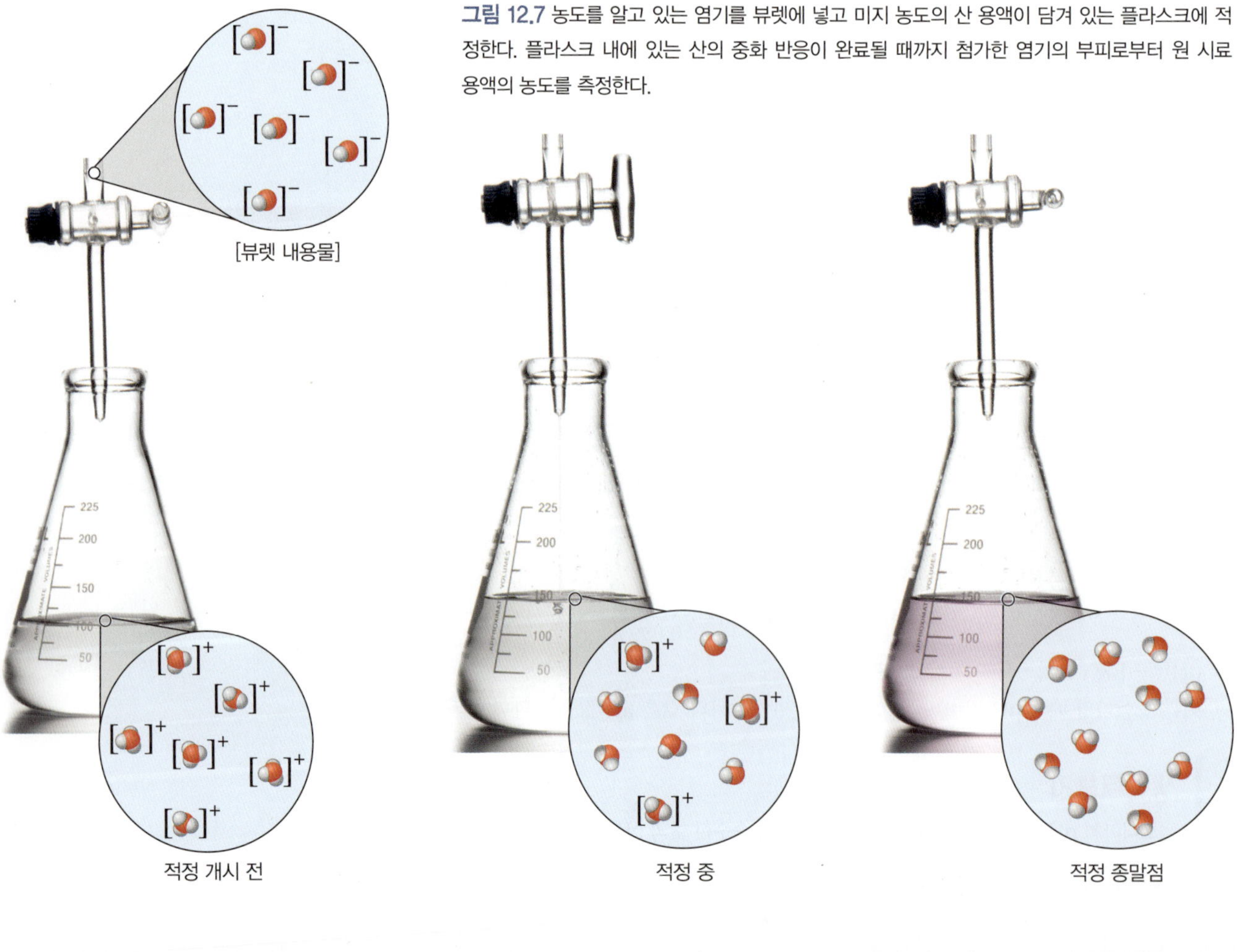

그림 12.7 농도를 알고 있는 염기를 뷰렛에 넣고 미지 농도의 산 용액이 담겨 있는 플라스크에 적정한다. 플라스크 내에 있는 산의 중화 반응이 완료될 때까지 첨가한 염기의 부피로부터 원 시료 용액의 농도를 측정한다.

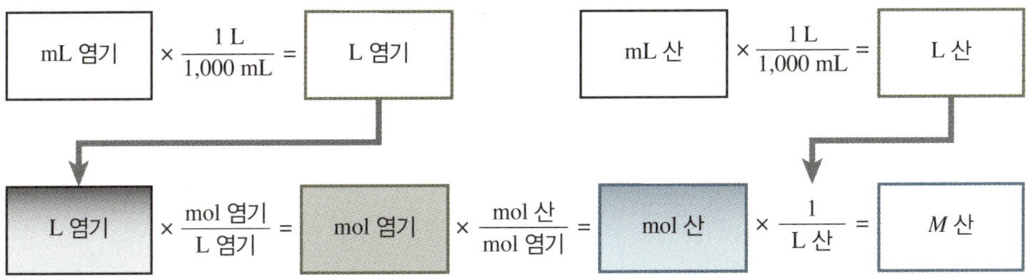

그림 12.8 적정 데이터로부터 산의 농도를 결정하는 과정을 설명하는 흐름도이다.

12.7에 나타내었다.

모든 산이 적정에서 완전히 중화가 이루어진 점을 **당량점**(equivalence point)이라 한다. 대부분 산-염기를 적정할 때 **지시약**(indicator)을 사용하여 중화가 완전히 이루어진 것을 확인한다. 산-염기 지시약은 용액의 pH에 따라 색을 나타내는 염료이다. 가장 보편적으로 사용하는 지시약은 페놀프탈레인으로 용액이 산성에서 염기성으로 변함에 따라 무색에서 핑크색을 나타낸다. 그림 12.8은 적정 데이터로부터 산의 농도를 결정하는 과정을 보여준다.

예제 12.12에는 산-염기 적정을 이용하여 어떻게 산의 농도를 계산하는지 나타내었다.

예제 12.12 적정 자료를 이용하여 산 농도 계산하기

(a) HCl 용액 25.0 mL을 중화하는 데 0.203 *M* NaOH 용액 46.3 mL가 필요하였다. HCl 용액의 농도는 얼마인가?
(b) H_2SO_4 용액 25.0 mL를 중화하는 데 0.203 *M* NaOH 용액 46.3 mL가 필요하였다. H_2SO_4 용액의 농도는 얼마인가?

전략 먼저 각각의 중화 반응의 균형 맞춤 화학 반응식을 쓰면 다음과 같다.

$$\mathrm{NaOH}(aq) + \mathrm{HCl}(aq) \longrightarrow \mathrm{H_2O}(l) + \mathrm{NaCl}(aq)$$

산과 염기의 비는 1:1, 즉 NaOH≃HCl이다. NaOH의 몰농도와 부피를 사용하면 NaOH의 mol을 계산할 수 있다. NaOH의 mol을 사용하면 HCl을 중화하는 데 필요한 mol을 알 수 있다. 문제에서 주어진 부피와 중화된 HCl의 mol을 사용하여 시료에서의 HCl 농도를 계산할 수 있다.

$$2\mathrm{NaOH}(aq) + \mathrm{H_2SO_4}(aq) \longrightarrow 2\mathrm{H_2O}(l) + \mathrm{Na_2SO_4}(aq)$$

H_2SO_4는 이양성자 산이다. 염기와 이양성자 산의 비는 2:1, 즉 2NaOH≃H_2SO_4이다. (b)에서 주어진 염기의 몰농도와 부피를 (a)의 방법과 동일하게 사용하여 계산하면 NaOH의 mol을 계산할 수 있다. NaOH의 mol을 사용하여 H_2SO_4를 중화하는 데 필요한 mol을 알 수 있다. 문제에서 주어진 부피와 중화된 H_2SO_4의 mol을 사용하여 시료에서의 H_2SO_4의 농도를 계산할 수 있다.

계획

(a) 균형 맞춤 화학 반응식에서 화학량론적 환산 인자: $\frac{1\ \mathrm{mol\ HCl}}{1\ \mathrm{mol\ NaOH}}$

(b) H_2SO_4의 중화에 필요한 화학량론적 환산 인자: $\frac{1\ \mathrm{mol\ H_2SO_4}}{2\ \mathrm{mol\ NaOH}}$

풀이

(a)

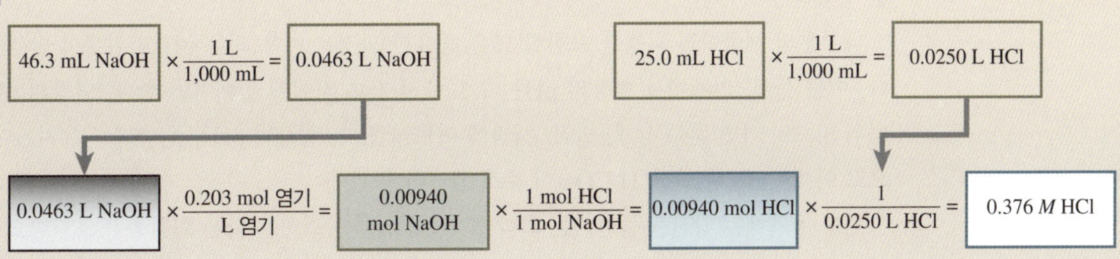

(b)

$$46.3\ \text{mL NaOH} \times \frac{1\ \text{L}}{1{,}000\ \text{mL}} = 0.0463\ \text{L NaOH}$$

$$25.0\ \text{mL}\ H_2SO_4 \times \frac{1\ \text{L}}{1{,}000\ \text{mL}} = 0.0250\ \text{L}\ H_2SO_4$$

$$0.0463\ \text{L NaOH} \times \frac{0.203\ \text{mol 염기}}{\text{L 염기}} = 0.00940\ \text{mol NaOH} \times \frac{1\ \text{mol}\ H_2SO_4}{2\ \text{mol NaOH}} = 0.00470\ \text{mol}\ H_2SO_4 \times \frac{1}{0.0250\ \text{L}\ H_2SO_4} = 0.188\ M\ H_2SO_4$$

생각해보기

균형 맞춤 화학 반응식에서 화학량론적 환산 인자가 생성됨을 기억하자. 대부분 산-염기 중화 반응의 산과 염기의 비가 1:1로 나타나지만 항상 그렇지는 않다.

추가문제 1 0.336 M KOH 용액 95.5 mL를 중화하는 데 필요한 1.42 M HClO의 부피는 몇 mL인가?

추가문제 2 0.0350 M $Ba(OH)_2$ 용액 275 mL를 중화하는 데 필요한 0.211 M HCl의 부피는 몇 mL인가?

추가문제 3 HCl로 $Ba(OH)_2$를 적정하였을 때 당량점 용액에서의 이온들을 나타낸 그림은 어느 것인가?

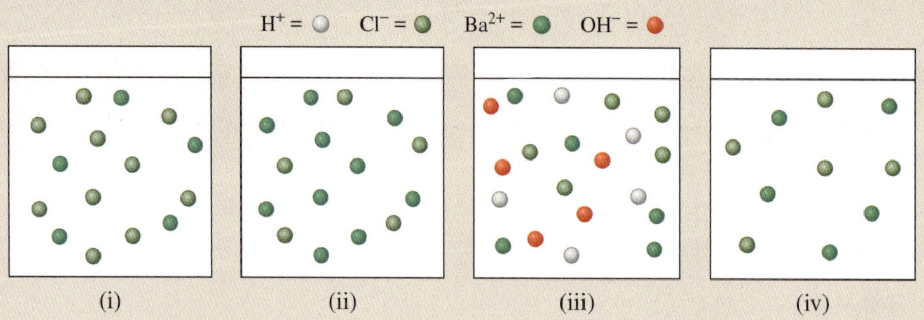

12.8 완충 용액

강산과 강염기는 매우 적은 양으로도 물의 pH를 크게 변화시킬 수 있다. 그림 12.8에는 물이 들어 있는 비커와 1.0 M HCl이 들어 있는 병이 있다. 병에 들어 있는 산을 1방울씩 떨어뜨리면 비커의 pH가 7.0에서 3.3으로 감소된다. **완충 용액**(buffer)은 산 또는 염기를 첨가하여도 pH의 급격한 변화를 막을 수 있다. 완충 용액은 약산과 그 짝염기로 이루어져 있다. 예를 들어, 0.010 mol(0.82 g)의 아세트산 소듐을 포함하는 0.10 M 아세트산 100 mL의 완충 용액을 만들 수 있다. 이 용액에 1.0 M HCl 1방울을 첨가하였을 때 pH는 거의 변하지 않는다. 만약 1.0 M HCl 5방울을 첨가하게 되면(그림 12.10), 4.74에서 4.72로 처음보다 조금 떨어진 pH 값이 나타난다.

> **학생 노트**
> 아세트산 이온은 아세트산의 짝염기이다. 소듐은 구경꾼 이온이며 완충 용액의 활성 성분이 아니다.

대부분의 생물학적 과정을 포함한 많은 중요한 과정은 매우 적은 pH 범위에서 발생하게 된다. 예를 들어, 인체에서 혈장의 pH는 7.35에서 7.45 사이에 있어야만 한다. 혈장의 pH가 이 범위 밖으로 가면 혼수 상태, 발작, 사망에 이르게 된다. 혈장의 pH는 완충계로 유지된다. 약산으로 아세트산보다 탄산(H_2CO_3)이 주로 관여하게 된다.

완충 용액에는 강산을 중화하는 화학종과 강염기를 중화하는 다른 화학종을 포함함으로써 작동하게 된다. 아세트산-아세트산 소듐 완충 용액을 이 장의 처음에 소개하였다. 0.010 mol 아

그림 12.9 순수한 물에 강산을 1방울 넣으면 pH의 변화가 크게 나타난다. 중성(7.00)에서 강산(3.30)으로 변한다.

세트산 소듐을 포함하는 0.10 M 아세트산 100 mL가 들어 있는 비커에는 약산과 그 짝염기가 각각 0.010 mol씩 포함된다. 만약 이 완충 용액에 강산을 첨가하면, 짝염기와 반응하게 된다.

$$H^+(aq) + CH_3COO^-(aq) \longrightarrow CH_3COOH(aq)$$

마찬가지로, 이 완충 용액에 강염기를 첨가하게 되면 약산과 반응하게 된다.

$$OH^-(aq) + CH_3COOH(aq) \longrightarrow H_2O(l) + CH_3COO^-(aq)$$

완충 용액을 만들기 위해서는 약산과 그 짝염기가 비슷한 양이 포함되어 있어야 한다. 만약에 아세트산-아세트산 소듐 완충 용액에 강산을 0.010 mol 이상으로 첨가하게 되면 pH가 급격하게 떨어지는 것을 막아주는 완충 용량(buffer's capacity)을 초과하게 된다. 이는 첨가된 산을 중화하는 데 필요한 짝염기가 모두 사용되었기 때문이다. 마찬가지로, 위의 완충 용액에 강염기를 0.010 mol 이상 첨가하게 되면 아세트산을 모두 사용하게 된다. 용액 속에 약산-짝염기 쌍이 충분한 양으로 존재한다면 완충 용액으로 거동하게 된다.

완충 용액은 짝지어진 쌍이 남아 있는 한 pH의 급격한 변화를 막을 수 있다. 모든 약산이 소비되면, 그 용액은 염기를 첨가하였을 때 pH의 변화를 막을 수 없으므로 완충 용액이 아니다. 그 반대의 경우도 마찬가지이다.

그림 12.10 완충 용액에 강산 1방울을 가하였을 때 pH의 변화는 매우 작다. 이 경우 4.74에서 4.72로 변화한다.

예제 12.13과 12.14에서는 완충 용액이 어떤 화학종으로 구성되어야 하는지 보여준다. 또 pH의 급격한 변화가 없는 완충 용액을 만들기 위한 산 또는 염기의 첨가량에 대해 나타내었다.

예제 12.13 완충 용액을 만들기 위한 화학종 찾기

완충 용액을 만들기에 적당한 화학종으로 짝지어진 것은 어느 것인가?

(a) HCl과 NaCl (b) NaF와 KF (c) HCN과 NaCN

전략 완충 용액은 약산과 그 짝염기의 비슷한 양으로 이루어진다.

계획 산과 그 짝염기를 찾아야 한다.

(a) HCl은 강산이고 그 짝염기는 Cl^-이다.

(b) 여기에는 산이 없다. 두 화합물은 모두 F^-를 갖고 있으며, 이것은 HF의 짝염기이다.

(c) HCN은 약산이고 짝염기는 CN^-이다.

풀이

(a) HCl은 강산이다. 그리고 짝염기가 존재하지만 완충 용액을 이루지는 않는다.

(b) 산이 존재하지 않는다. 단지 짝염기만 있으므로 완충 용액을 구성할 수 없다.

(c) 약산과 그 짝염기가 모두 존재하므로, 완충 용액을 만들 수 있다.

생각해보기

구경꾼 이온으로 있는 소듐 이온과 포타슘 이온은 완충 용액의 중요한 역할을 하는 화학종이 아님을 기억하자.

추가문제 1 다음에 나열된 화합물 가운데 완충 용액을 이룰 수 있는 화합물로 짝지어진 것은 어느 것인가?

(a) HF와 HCN (b) HNO_2와 $NaNO_2$ (c) HBr과 KBr

추가문제 2 다음에 나열된 화합물 가운데 완충 용액을 만들 수 있는 것은 어느 것인가? 또한 어느 것이 완충 용액을 만들지 못하는지 설명하시오.

(a) $NaNO_2$와 $LiNO_2$ (b) HCOOH(폼산)와 HCOOK (c) HF과 KF

추가문제 3 다음 그림 가운데 완충 용액에 강산을 넣었을 때를 가장 잘 표현한 것은 어느 것인가?

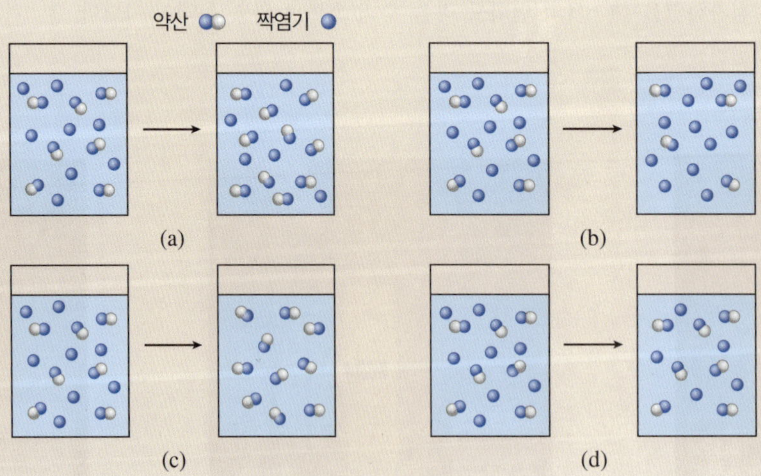

예제 12.14 완충 용량 정하기

0.1 M 아세트산과 0.1 M 아세트산 포타슘 용액을 각각 125 mL씩 혼합하여 완충 용액을 만들었다면 이 완충 용액의 pH가 급격히 변하지 않게 하는 강산의 양은 얼마인가?

전략 존재한 짝염기의 mol을 계산한다. 완충계에서 흡수할 수 있는 강산의 양은 존재한 짝염기의 mol에 제한을 받는다.

계획

$$0.125\ \cancel{L} \times \frac{0.10\ \text{mol}\ CH_3COO^-}{\cancel{L}} = 0.0125\ \text{mol}\ CH_3COO^-$$

풀이 이 완충 용액에서 흡수할 수 있는 강산의 최대량은 0.0125 mol이다. 이는 존재하는 아세트산 이온(짝염기)의 mol 한계치와 같다.

생각해보기

강산은 이 용액에 존재하는 완충 용액의 염기인 아세트산 이온과 반응한다.

추가문제 1 0.12 M 아세트산과 0.15 M 아세트산 포타슘 용액 각각을 75.0 mL씩 혼합한 완충 용액을 조제하였다. 이 완충 용액의 pH가 급격히 변하지 않게 하는 강산의 양은 얼마인가?

추가문제 2 추가문제 1에서 완충 용액의 pH가 급격히 변하지 않게 하는 강염기의 양은 얼마인가?

추가문제 3 다음 그림 가운데 가장 많은 양의 강산을 첨가하여도 pH가 급격히 변하지 않는 완충 용액을 나타낸 것은 어느 것인가? 또 가장 많은 양의 강염기를 첨가하여도 pH가 급격히 변하지 않는 완충 용액은 어느 것인가?

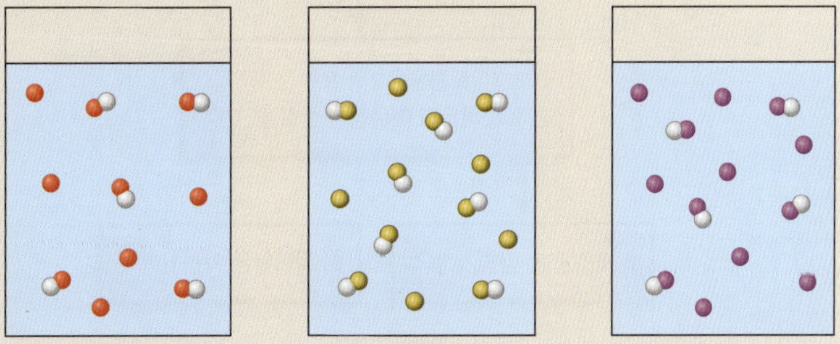

(a) (b) (c)

주요 내용 산–염기 결정

화학식을 보고 산과 염기를 판단할 수 있는 것은 매우 중요하다. 아래 표에서는 화합물이 산 또는 염기인지, 그리고 강인지 약인지를 판단할 수 있는 과정을 나타내었다.

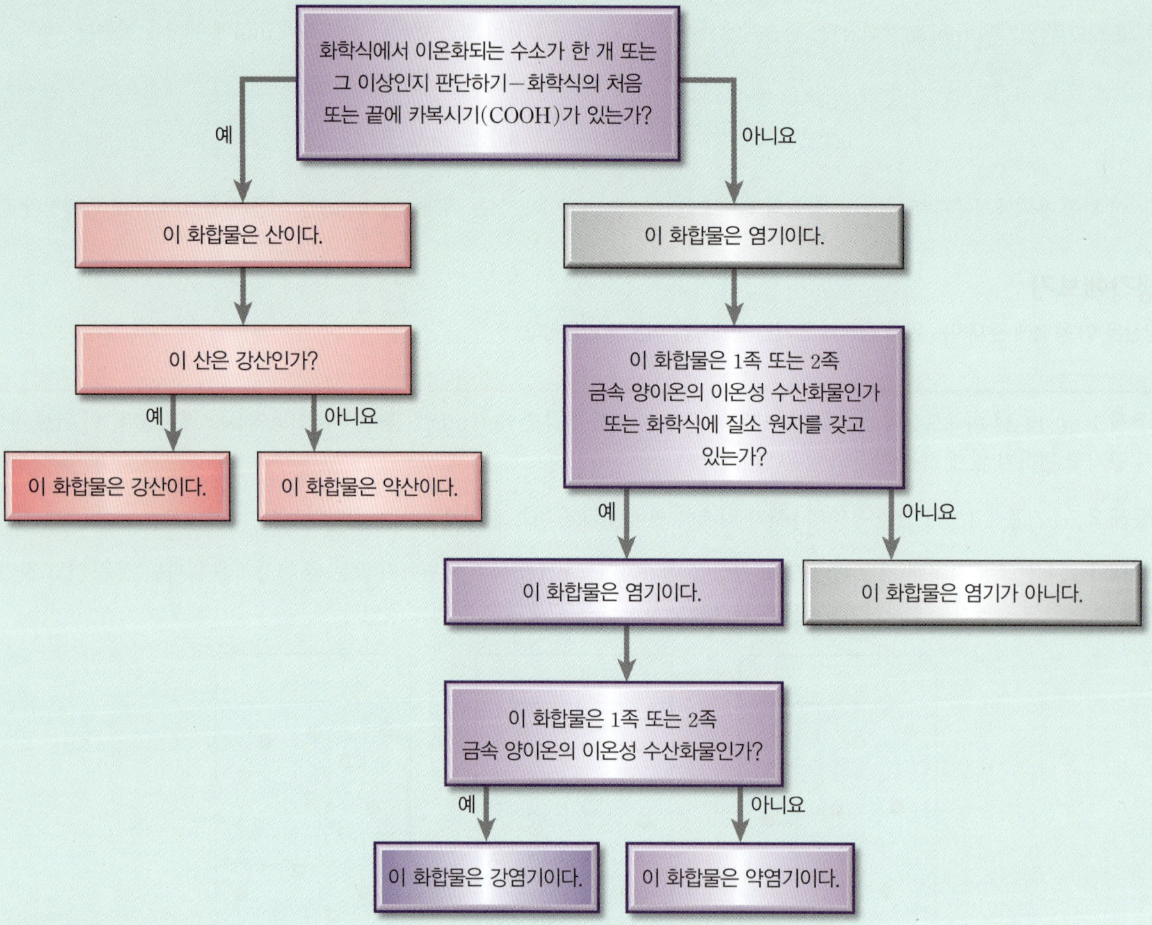

주요 내용 문제

12.1

다음 중 강산을 모두 고르시오.

(a) NaOH (b) CH_3COOH (c) H_2SO_4
(d) $Ba(OH)_2$ (e) HF

12.2

다음 중 강염기를 모두 고르시오.

(a) NH_3 (b) KOH (c) HNO_2
(d) HNO_3 (e) LiOH

12.3

다음 중 약산을 모두 고르시오.

(a) NaOH (b) NH_3 (c) CH_3COOH
(d) HNO_2 (e) HF

12.4

다음 중 약염기를 모두 고르시오.

(a) CH_3NH_2 (b) NaCl (c) NH_3
(d) HNO_2 (e) $Ba(OH)_2$

연습문제

12.1절: 산과 염기의 성질

12.1 다음 각 설명이 산, 염기 또는 둘 다 아님 중 어느 것에 해당하는지 구분하시오.
(a) 용액에 수산화 이온을 생성한다.
(b) 용액에 하이드로늄 이온을 생성한다.
(c) 쓴맛을 낸다.
(d) 신맛을 낸다.
(e) 수산화 이온과 반응하여 용액을 중화한다.
(f) 하이드로늄 이온과 반응하여 용액을 중화한다.
(g) 몇몇 금속과 반응하여 H_2 기체를 생성한다.
(h) 배수관 막힘에 좋다.
(i) 탄산 이온과 반응하여 물과 CO_2 기체를 생성한다.
(j) 만지면 미끌거린다.

12.2 염기를 포함하고 있는 가정용품을 나열하시오.

12.2절: 산과 염기의 정의

12.3 Arrhenius 염기를 정의하시오.

12.4 Brønsted 염기를 정의하시오.

12.5 다음에서 Arrhenius 산을 고르시오.
(a) CH_3COOH (b) CH_4 (c) NH_3
(d) CH_3OH (e) HCN

12.6 다음에서 Arrhenius 염기를 고르시오.
(a) CH_3OH (b) $Ca(OH)_2$ (c) NH_3
(d) HCOOH (c) HF

12.7 다음 반응식에서 산–짝염기 쌍과 염기–짝산 쌍을 짝지으시오.
(a) $HCN(aq)+H_2O(l) \rightleftharpoons H_3O^+(aq)+CN^-(aq)$
(b) $HCOOH(aq)+H_2O(l) \rightleftharpoons H_3O^+(aq)+CO_2H^-(aq)$
(c) $CH_3NH_2(aq)+H_2O(l) \rightleftharpoons CH_3NH_3^+(aq)+OH^-(aq)$
(d) $F^-(aq)+H_2O(l) \rightleftharpoons HF(aq)+OH^-(aq)$

12.8 다음 화합물의 짝산을 쓰시오.
(a) NH_3 (b) OH^-
(c) HSO_3^- (d) CO_3^{2-}

12.9 다음 화합물 가운데 Brønsted 염기로 거동하는 것은 어느 것인가? 그리고 이 Brønsted 염기와 물이 반응하는 균형 맞춤 화학 반응식을 쓰시오.
(a) $CH_3NH_3^+$ (b) CH_3OH (c) OH^-
(d) H_2SO_3 (e) CH_2CH_2

12.3절: 산으로서의 물과 염기로서의 물

12.10 순수한 물에서의 H_3O^+의 농도는 얼마인가?

12.11 수용액에서 $[H_3O^+]=0.10\ M$일 때 동시에 $[OH^-]=0.10\ M$이 가능한가? 설명하시오.

12.12 다음에 나타낸 용액의 농도를 보고 산성, 염기성, 중성 중 어느 것인지 설명하시오.
(a) $[OH^-]=9.13\times10^{-4}\ M$
(b) $[OH^-]>[H_3O^+]$
(c) $[H_3O^+]=2.44\times10^{-8}\ M$
(d) $[H_3O^+]=1.00\times10^{-7}\ M$
(e) $[OH^-]<1.00\times10^{-7}\ M$

12.13 주어진 $[OH^-]$를 보고 각 용액의 $[H_3O^+]$의 농도를 구하시오. 그리고 그 용액이 산성, 염기성, 중성인지 나타내시오.
(a) $[OH^-]=5.13\times10^{-8}\ M$
(b) $[OH^-]=7.99\times10^{-12}\ M$
(c) $[OH^-]=3.52\times10^{-2}\ M$
(d) $[OH^-]=1.87\times10^{-6}\ M$

12.14 주어진 $[H_3O^+]$를 보고 각 용액의 $[OH^-]$의 농도를 구하시오. 그리고 그 용액이 산성, 염기성, 중성인지 나타내시오.
(a) $[H_3O^+]=1.88\times10^{-3}\ M$
(b) $[H_3O^+]=5.32\times10^{-12}\ M$
(c) $[H_3O^+]=4.75\times10^{-2}\ M$
(d) $[H_3O^+]=9.34\times10^{-13}\ M$

12.4절: 강산과 강염기

12.15 강염기의 정의를 쓰시오.

12.16 다음에서 강산을 고르시오.
(a) $HClO_4$ (b) HF (c) NH_3
(d) CH_3COOH (e) NaOH (f) HI

12.17 다음에서 강염기를 고르시오.
(a) HCN (b) CH_3COOH (c) C_5H_5N
(d) $Ba(OH)_2$ (e) HCO_3^- (f) KOH

12.18 다음에 나열된 용액의 H_3O^+의 농도를 구하시오.
(a) $[Ca(OH)_2]=0.0500\ M$
(b) $[NaOH]=0.215\ M$ (c) $[KOH]=0.0436\ M$
(d) $[LiOH]=0.0755\ M$ (e) $[Sr(OH)_2]=0.422\ M$

12.19 다음에 나열된 용액의 OH^-의 농도를 구하시오.
(a) $[HCl]=0.417\ M$ (b) $[HNO_3]=0.0819\ M$
(c) $[HBr]=0.0565\ M$ (d) $[HClO_4]=0.788\ M$
(e) $[HI]=0.0741\ M$

12.20 다음에 나열된 용액의 H_3O^+와 OH^-의 농도를 구하시오.
(a) $[HI]=0.0550\ M$ (b) $[LiOH]=0.0550\ M$
(c) $[HClO_4]=0.0550\ M$
(d) $[Ba(OH)_2]=0.0550\ M$

12.5절: pH와 pOH 척도

12.21 주어진 $[H_3O^+]$를 이용하여 각 용액의 pH를 구하시오.
(a) $[H_3O^+]=2.33\times10^{-3}\ M$
(b) $[H_3O^+]=8.13\times10^{-5}\ M$

(c) $[H_3O^+]=9.43\times10^{-6}\,M$
(d) $[H_3O^+]=1.73\times10^{-10}\,M$

12.22 다음 용액의 pH를 구하시오.
(a) $[HBr]=0.0821\,M$ (b) $[HNO_3]=0.103\,M$
(c) $[HClO_4]=0.204\,M$ (d) $[HI]=0.0613\,M$

12.23 다음 용액의 pH를 구하시오.
(a) $[LiOH]=0.0855\,M$ (b) $[KOH]=0.0917\,M$
(c) $[Ca(OH)_2]=0.101\,M$ (d) $[NaOH]=0.0746\,M$

12.24 다음 용액의 pOH를 구하시오.
(a) $[Ca(OH)_2]=0.0211\,M$
(b) $[LiOH]=0.184\,M$ (c) $[NaOH]=0.0399\,M$
(d) $[Ba(OH)_2]=0.0866\,M$

12.25 다음과 같은 pH를 갖는 용액에서 $[H_3O^+]$를 구하시오.
(a) 1.35 (b) 3.78 (c) 6.83
(d) 9.44 (e) 13.69

12.26 다음과 같은 pOH를 갖는 용액에서 $[H_3O^+]$를 구하시오.
(a) 3.88 (b) 5.91 (c) 7.69
(d) 11.79 (e) 13.87

12.6절: 약산과 약염기

12.27 약산의 정의를 쓰시오.

12.28 0.0441 M HF 용액의 대략적인 pH 값을 표준 pH 값을 이용하여 구하시오.

12.29 0.0890 M NH_3 용액의 대략적인 pH 값을 표준 pH 값을 이용하여 구하시오.

12.30 다음 용액들의 $[H_3O^+]$가 증가하는 순서대로 나열하시오.
(a) 0.10 M HF, 0.10 M NH_3, 0.10 M HNO_3
(b) 0.10 M HCN, 0.20 M HCN, 0.20 M $HClO_4$
(c) 0.10 M NH_3, 0.10 M NaOH, 0.10 M $Ca(OH)_2$

12.31 나열된 용액 가운데 가장 낮은 pH 값을 갖는 용액을 고르시오.
(a) HF, HNO_2, HNO_3의 0.089 M 용액
(b) NH_3, HCN, $HClO_4$의 0.145 M 용액
(c) CH_3COOH, CH_3NH_2, LiOH의 0.0779 M 용액

12.32 나열된 용액 가운데 가장 높은 pH 값을 갖는 용액을 고르시오.
(a) H_2SO_3, HBr, NH_3의 0.0955 M 용액
(b) H_2CO_3, CH_3NH_2, LiOH의 0.0225 M 용액
(c) NH_3, KOH, $Ca(OH)_2$의 0.0079 M 용액

12.7절: 산-염기 적정

12.33 적정이란 용어에 대해 설명하시오.

12.34 당량점의 정의를 쓰시오.

12.35 HI 시료 125.00 mL를 0.209 M KOH 용액을 사용하여 당량점까지 적정하였다. KOH 용액을 79.55 mL 사용하였다면 125.00 mL HI의 농도는 얼마인가?

12.36 H_2SO_4 시료 75.0 mL를 중화하는 데 0.131 M NaOH 용액을 사용하였다. 중화에 필요한 NaOH가 142.2 mL였다면 75.0 mL H_2SO_4의 농도는 얼마인가?

12.37 0.100 M HCl 187.5 mL를 중화하는 데 필요한 0.224 M $Ba(OH)_2$의 부피(mL)는 얼마인가?

12.8절: 완충 용액

12.38 0.20 M NH_3 500.0 mL에 HCl 0.050 mol을 용해시킨 용액은 완충 용액인가? 설명하시오.

12.39 아래 용액들을 같은 부피로 만들었을 때 이 중 완충 용액은 어느 것인가?
(a) 0.050 M KCl과 0.50 M KOH
(b) 0.075 M HCN과 0.0750 M HCl
(c) 0.115 M NH_3과 0.145 M NH_4Br
(d) 0.100 M CH_3COOH과 0.080 M CH_3COONa

12.40 다음 화합물 가운데 HCN 용액과 혼합하였을 때 완충 용액을 형성하는 것은 어느 것인가?
(a) CH_3NH_2 (b) NaCN
(c) NaCl (d) NH_4Cl

12.41 HNO_2 0.0750 mol과 $LiNO_2$ 0.0650 mol을 포함하고 있는 완충 용액이다.
(a) 이 완충 용액이 pH의 변화를 최소화시킬 수 있는 강산의 mol을 구하시오.
(b) 이 완충 용액이 pH의 변화를 최소화시킬 수 있는 강염기의 mol을 구하시오.

12.42 HCN 0.250 M과 NaCN 0.200 M인 완충 용액 250.0 mL가 있다.
(a) 이 완충 용액에 0.200 M HNO_3의 부피를 얼마만큼 넣을 때까지 pH의 변화를 최소화할 수 있는가?
(b) 이 완충 용액에 0.100 M LiOH의 부피를 얼마만큼 넣을 때까지 pH의 변화를 최소화할 수 있는가?
(c) 이 완충 용액에 $Ca(OH)_2$를 몇 mol만큼 넣을 때까지 pH의 변화를 최소화할 수 있는가?

12.43 다음 수용액들을 혼합했을 때 나타나는 pH를 구하시오.
(a) 0.029 M $Ca(OH)_2$ 207 mL와 0.021 M HNO_3 375 mL
(b) 0.029 M $Ca(OH)_2$ 207 mL와 0.021 M HNO_3 715 mL
(c) 0.029 M $Ca(OH)_2$ 207 mL와 0.029 M HNO_3 207 mL

예제 속 추가문제 정답

12.1.1 (a) $HClO_4$ (b) HS^- (c) HS^- (d) $HC_2O_4^-$
12.1.2 SO_3^{2-}, H_2SO_3 **12.2.1** (a) NH_4^+: 산, H_2O: 염기, NH_3: 짝염기, H_3O^+: 짝산 (b) CN^-: 염기, H_2O: 산, HCN: 짝산, OH^-: 짝염기
12.2.2 (a) $HSO_4^- + H_2O \rightleftharpoons SO_4^{2-} + H_3O^+$
(b) $HSO_4^- + H_2O \rightleftharpoons H_2SO_4 + OH^-$
12.3.1 $2.0 \times 10^{-11}\ M$ **12.3.2** $2.8 \times 10^{-13}\ M$
12.4.1 (a) $[H_3O^+] = 0.118\ M$, $[OH^-] = 8.5 \times 10^{-14}\ M$
(b) $[H_3O^+] = 7.84 \times 10^{-3}\ M$, $[OH^-] = 1.3 \times 10^{-12}\ M$
(c) $[H_3O^+] = 9.33 \times 10^{-2}\ M$, $[OH^-] = 1.1 \times 10^{-13}\ M$
12.4.2 (a) $8.3 \times 10^{-7}\ M$ (b) $2.7 \times 10^{-6}\ M$ (c) $2.0 \times 10^{-3}\ M$
12.5.1 (a) $[OH^-] = 0.118\ M$, $[H_3O^+] = 8.5 \times 10^{-14}\ M$
(b) $[OH^-] = 7.84 \times 10^{-3}\ M$, $[H_3O^+] = 1.3 \times 10^{-12}\ M$
(c) $[OH^-] = 1.87 \times 10^{-1}\ M$, $[H_3O^+] = 5.4 \times 10^{-14}\ M$
12.5.2 (a) $8.3 \times 10^{-7}\ M$ (b) $2.7 \times 10^{-6}\ M$ (c) $2.0 \times 10^{-3}\ M$
12.6.1 (a) 8.49 (b) 7.40 (c) 1.25
12.6.2 (a) 6.92 (b) 10.52 (c) 11.08
12.7.1 (a) $1.26 \times 10^{-10}\ M$ (b) $0.035\ M$ (c) $9.8 \times 10^{-8}\ M$
12.7.2 (a) $7.8 \times 10^{-3}\ M$ (b) $2.6 \times 10^{-12}\ M$ (c) $1.3 \times 10^{-7}\ M$
12.8.1 (a) 11.24 (b) 2.14 (c) 5.07
12.8.2 (a) 6.45 (b) 6.00 (c) 3.00
12.9.1 (a) $9.5 \times 10^{-14}\ M$ (b) $7.2 \times 10^{-6}\ M$ (c) $1.0 \times 10^{-7}\ M$
12.9.2 (a) $5.5 \times 10^{-12}\ M$ (b) $2.0 \times 10^{-4}\ M$ (c) $2.5 \times 10^{-2}\ M$
12.10.1 > 1.11 **12.10.2** $0.13\ M < 0.093\ M$, $< 0.050\ M$
12.11.1 pH < 13.17 **12.11.2** $0.0664\ M < 0.150\ M < 0.393\ M$
12.12.1 22.6 mL **12.12.2** 91.2 mL **12.13.1** (b)
12.13.2 (b)와 (c). (a)는 짝쌍이 존재하지 않으므로 완충 용액을 만들 수 없다. **12.14.1** 0.011 mol **12.14.2** 0.0090 mol

CHAPTER 13

평형

Equilibrium

온혈 동물의 체온을 유지하는 과정을 포함해서 많은 생물학적인 과정은 엄밀하게 말하면 평형이라기보다는 정상 상태라 할 수 있지만 평형 과정을 닮았다.

이 장의 목표

화학 평형으로 알려진 동적인 상태와 화학 평형에 영향을 미치는 요인을 배운다.

들어가기 전에 미리 알아둘 것

- 화학 반응식의 균형 맞추기 [⏮10.3절]
- 기체 법칙 [⏮8.4절]

건강한 사람의 정상 체온은 약 37°C이다. 건강한 사람의 몸은 찬물 속에 있거나 물에서 나와 매우 따뜻한 날씨에 있거나 위급한 상황이 아니라면 37°C를 유지할 것이다. 수많은 화학적인 과정 또는 물리적인 과정은 정상 체온을 유지하는 데 기여한다. 어떤 과정은 체온을 올려주고 또 어떤 과정은 체온을 내려준다. 그렇지만 모든 것을 감안하면 많은 경쟁 과정의 결과는 정상 체온을 유지하는 것이다. 더 쉽게 말하자면 화학 반응은 본래의 '정상적인' 상태를 유지하게 한다. 이 장에서는 화학 평형과 이것에 영향을 미치는 요인에 대해서 배울 것이다.

13.1 반응 속도

반응 속도(rate of reaction)란 반응이 얼마나 빠르게 일어나는가를 말한다. 시각(vision)감지의 첫 단계나 폭발 같은 반응들은 거의 순식간에 일어나는 반면에, 철이 녹슬거나 다이아몬드가 흑연으로 변화되는 반응은 여러 날 또는 수백만 년이 걸린다. 그림 13.1은 반응 속도가 빠른 반응과 느린 반응을 보여준다. 공업 화학자들은 종종 반응의 수율을 극대화하거나 새로운 공정을 개발하는 대신 중요한 반응의 속도를 증가시키는 일에 집중한다.

화학자들은 화학 반응이 일어나는 온도를 높이거나 반응물의 농도를 증가시키는 등의 여러 가지 방법을 이용하여 반응 속도를 증가시킨다. **충돌 이론**(collision theory)을 이용하면 이러한 변화가 반응 속도에 어떻게 그리고 왜 영향을 주는지를 이해할 수 있다. 충돌이론은 반응하는 입자들(원자, 분자, 이온)이 충돌할 때 화학 반응이 일어난다는 것을 말해준다. 염소 원자(Cl)가 염화 나이트로실(NOCl)과 기체 상태에 반응하여 염소 분자(Cl_2)와 일산화질소(NO)를 형성하는 반응을 생각해보자.

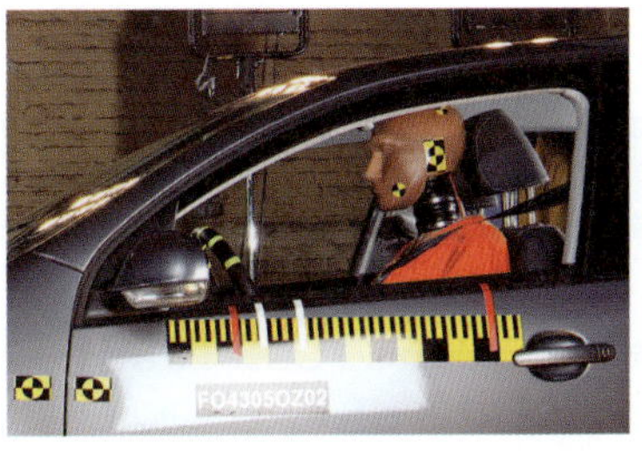

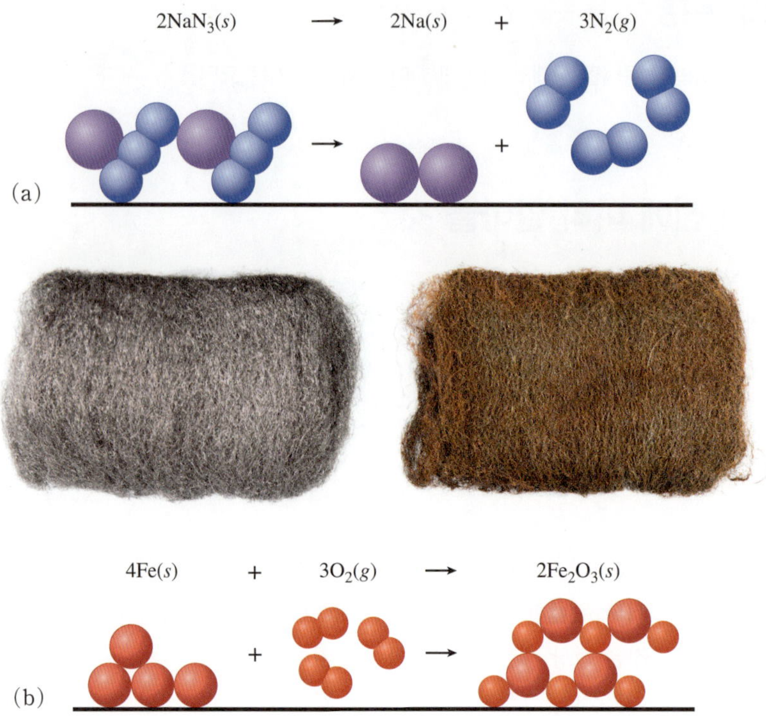

그림 13.1 (a) 자동차 에어백에서 아자이드화 소듐(sodium azide)이 폭발적으로 분해하는 반응이 일어나지 않는다면 의도한 목적을 이룰 수 없는데, 사실 이 반응은 순식간에 일어난다. 이러한 반응의 반응 속도는 매우 빠르다. (b) 강철 솜이 녹스는 과정은 조건에 따라 며칠, 몇 주 또는 몇 달이 걸릴 수 있다. 여기서 철이 녹스는 것을 보여주는 반응식은 편의상 간략하게 나타내었다. 이 과정에는 물도 관여한다. 녹은 여러 종류의 철(III) 화합물로 구성되어 있다.

$$Cl(g) + NOCl(g) \longrightarrow Cl_2(g) + NO(g)$$

Cl 원자와 NOCl 분자가 반응하기 위해서는 이 둘이 서로 충돌해야 한다. 게다가 이들은 NOCl 분자에 있는 NO−Cl 결합을 깰 수 있을 정도로 충분한 에너지를 가지고 충돌해야 한다. 그럼에도 불구하고 반응을 시작하기 위해서는 반응물에 에너지를 가해줄 필요가 있다. 반응을 시작하기에 필요한 에너지의 양을 **활성화 에너지**(activation energy)라 한다. 활성화 에너지는 반응에 필요한 에너지가 부족한 분자들은 반응을 일으키지 못하게 하는 에너지 장벽이

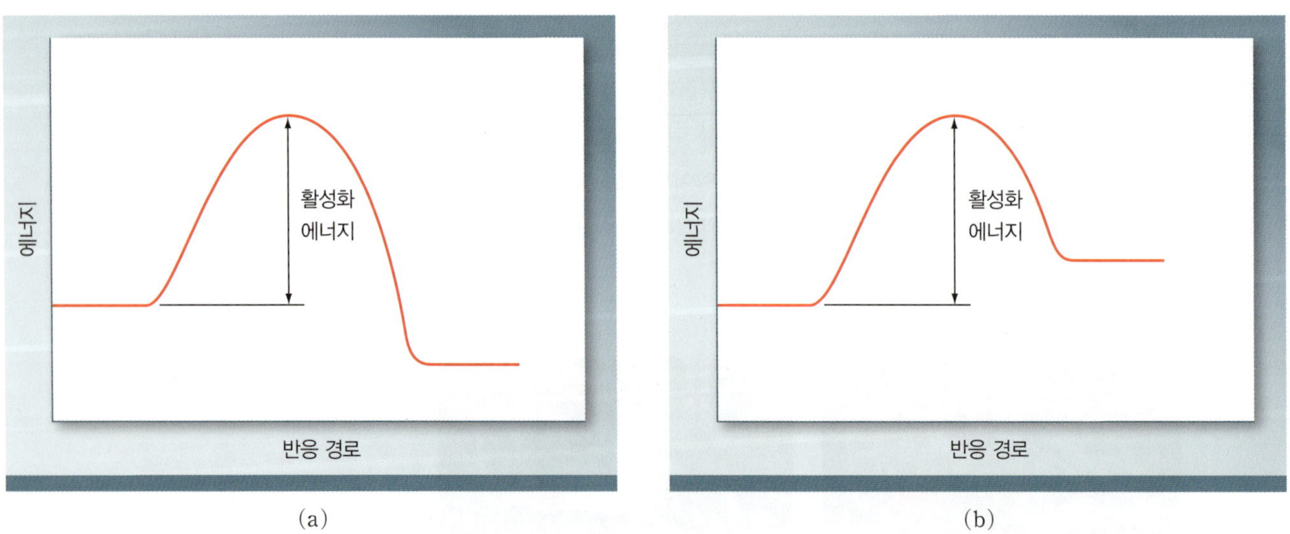

그림 13.2 (a) 발열 반응(exothermic, 생성물이 반응물보다 낮은 에너지를 가짐)이건 (b) 흡열 반응(endothermic, 생성물이 반응물보다 높은 에너지를 가짐)이건 관계없이 반응이 일어나기 위해서 극복해야 하는 활성화 에너지 장벽이 존재한다. 활성화 에너지가 클수록 반응 속도는 느리다.

(a)

(b)

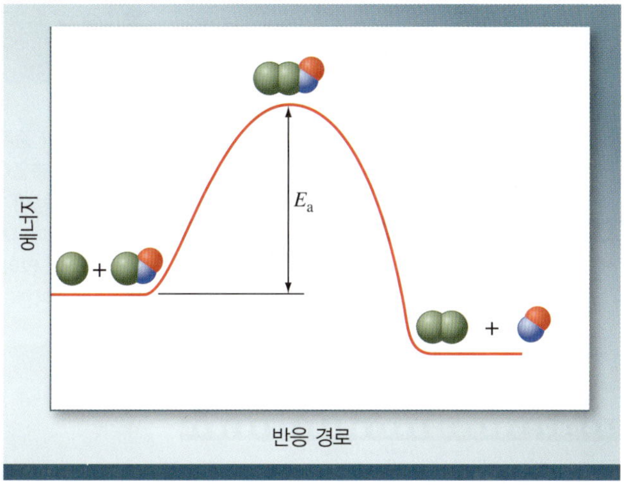

(c)

그림 13.3 (a) 반응물이 충분한 운동 에너지를 가지고 충돌하여 반응의 활성화 에너지를 극복하면 생성물이 형성될 수 있다. (b) 느리게 움직이는 반응물이 필요한 운동 에너지보다 작은 에너지로 충돌하면 반응은 일어나지 않는다. (c) Cl과 NOCl의 반응에 대한 에너지 프로파일은 이 반응이 발열반응이고, 반응을 시작하기 위해서는 에너지를 가해주어야 함을 보여준다.

라 생각할 수 있다. 그림 13.2는 같은 활성화 에너지 장벽을 가진 발열 반응과 흡열 반응을 나타내었다. 일반적으로 반응에서 반응물의 분자들은 그 수가 매우 많기 때문에 각각의 운동 에너지도 상당히 다르다. 보통은 충돌하는 분자들 중에서 가장 빠르게 움직이는 소수의 분자들만이 활성화 에너지를 극복할 수 있는 충분한 운동 에너지를 가지고 있고, 이러한 분자들만이 반응에 참여할 수 있다. 그림 13.3은 Cl과 NOCl 사이에서 일어나는 두 가지 가능한 충돌을 보여주는데, 하나는 생성물을 형성하지만(a) 다른 하나는 형성하지 않는다(b).

충돌 이론에 따르면, 그때의 반응 속도는 반응물의 충돌 수와 충돌 에너지에 의존한다. 반응물의 충돌 수를 높일 수 있는 한 가지 방법은 반응물의 농도를 증가시키는 것이다. 즉, 농도를 증가시키면 반응물 분자들이 많아지고 분자들이 많을수록 그들 사이의 충돌 수가 증가할 것이다. 전체적인 충돌 수가 많으면 반응이 일어날 수 있는 충분한 에너지를 가지는 충돌이 많아질 것이다. 충돌 수를 증가시키는 또 다른 방법은 반응의 온도를 높이는 것이다. 높은 온도에서는 분자들이 더 빨리 움직인다[|◀◀ 8.1절]. 분자들이 빠르게 움직이기 때문에 이들은 서로 더 자주 만나게 되어 충돌이 증가하게 된다. 또한 온도를 높여주면 반응물 분자들의 속도와 운동 에너지가 증가하게 되므로 보다 큰 에너지를 가지고 충돌하게 된다. 따라서 반응이 일어날 수 있는 충분한 에너지를 가지는 충돌 분율이 증가하게 된다. 반응물의 농도와 온도 증가가 반응 속도에 미치는 영향을 그림 13.4에 요약하였다.

충돌 이론

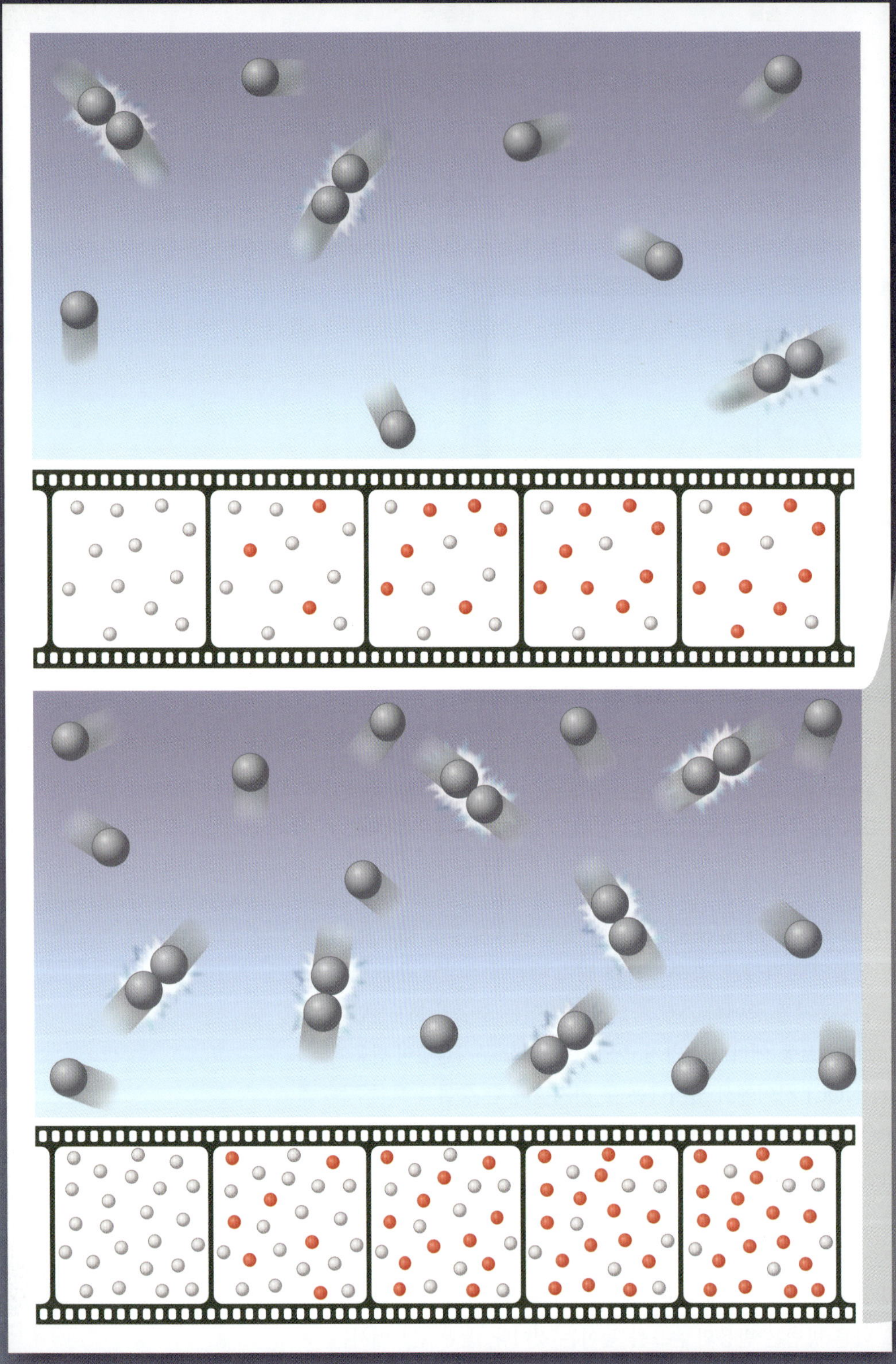

농도가 증가하면 반응물 분자들의 충돌이 더 자주 일어나서 반응이 일어날 수 있는 충분한 에너지를 가진 충돌 수가 더 많아지므로 반응 속도는 증가한다.

그림 13.4 반응물의 농도와 온도가 반응 속도에 미치는 영향

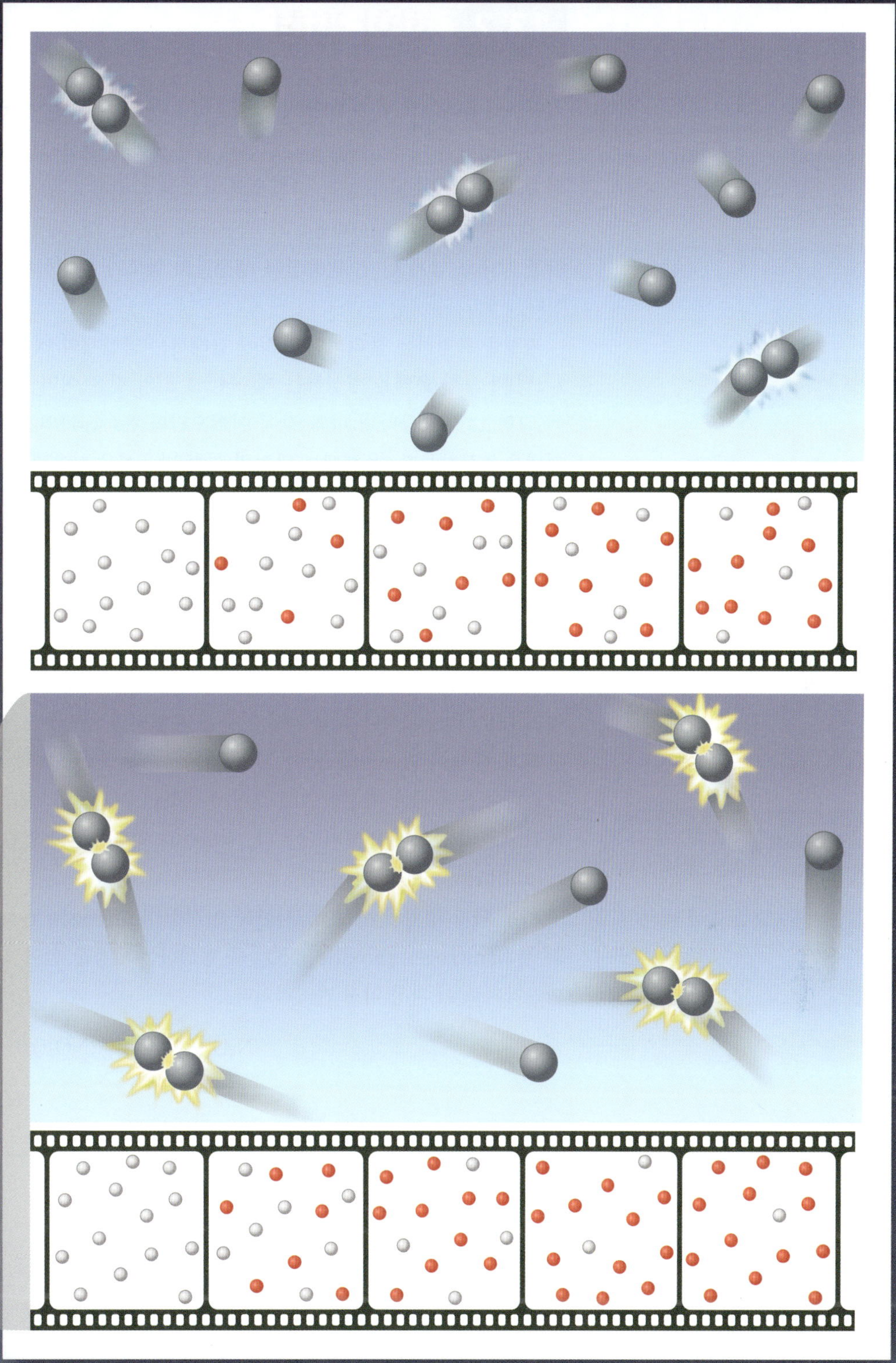

온도가 증가하면 반응물 분자들은 더 빠르게 움직이므로 충돌이 더 빈번하게 일어나고 충격에서 더 많은 에너지를 얻게 된다. 두 가지 요인은 반응이 일어날 수 있는 충분한 에너지를 가지는 충돌 수를 높여준다.

요점은 무엇인가?

화학 반응 속도에 영향을 미치는 두 요인은 반응물의 농도와 온도이다.

- 반응물의 농도가 증가하면 반응 속도가 증가한다.
- 온도가 증가하면 반응 속도가 증가한다.

13.2 화학 평형

지금까지 대부분의 화학 반응식은 반응이 완결되는 과정, 즉 반응물로 출발하여 생성물이 얻어지는 과정만을 다루었다. 실제로 대부분의 화학 반응은 그렇지 않다. 대신에 반응물로 출발하면 반응물이 소모됨에 따라 반응물의 농도는 감소하고 생성물이 형성됨에 따라 생성물의 농도는 증가한다. 결국에는 반응물과 생성물의 농도는 더 이상 변하지 않고 반응물과 생성물의 혼합물 상태로 남게 된다. 반응물과 생성물의 농도가 일정하게 되어 있는 계는 평형에 있다고 말한다.

평형을 포함하는 물리적인 과정에 관해서는 닫힌계의 액체 위에서 증기압이 발생하는 예[|◀◀ 7.4절]와 포화 용액을 형성하는 예[|◀◀ 9.1절]와 같은 여러 사례를 이미 공부한 바 있다. 여기서는 그림 13.5에 나타낸 바와 같이 아이오딘화 은(AgI)의 포화 용액 형성을 예로 들어 평형의 개념을 검토해보자. 용해되는 과정의 화학 반응식은 다음과 같다.

$$\mathrm{AgI}(s) \rightleftharpoons \mathrm{Ag}^+(aq) + \mathrm{I}^-(aq)$$

여기에서 이중화살표[|◀◀ 12.6절]는 **가역 과정**(reversible process)을 나타내며 정반응과 역반응이 모두 일어나고 있음을 의미한다. 이 경우에 정반응은 AgI가 용해되는 과정이고, 역반응은 물에 녹은 Ag^+와 I^- 이온이 재결합하여 AgI 고체를 형성하는 과정이다. 고체 AgI를 물에 가하면 처음에는 정반응만 일어난다. 왜냐하면 용액 중에는 Ag^+ 이온도 I^- 이온도 존재하지 않기 때문이다. 그러나 AgI 일부가 물에 용해되면 역반응도 일어날 수 있게 된다. 처음에는 수용액 중에 녹아 있는 이온 수가 작기 때문에 정반응이 역반응보다 더 빠르게 일어난다. 시간이 경과하여 용액 중에 충분한 이온들이 존재하면 역반응의 속도가 정반응의 속도와 같게 되어 용해된 AgI의 농도는 변하지 않는다. 정반응과 역반응이 동일한 속도로 일어나고 있는 계는 **평형**(equilibrium)에 있게 된다.

학생 노트
평형에 있는 계는 정반응과 역반응이 같은 속도로 일어나고 있다는 것을 의미한다. 반응물의 농도와 생성물의 농도가 같다는 의미는 아니다.

이제 화학 평형의 예로서, 사산화 이질소(dinitrogen tetroxide, N_2O_4)가 분해되어 이산화 질소(nitrogen dioxide, NO_2)를 형성하는 반응을 살펴보기로 하자. 대부분의 화학 반응과 마찬가지로 이 과정 역시 가역적이다.

$$\mathrm{N_2O_4}(g) \rightleftharpoons 2\mathrm{NO_2}(g)$$

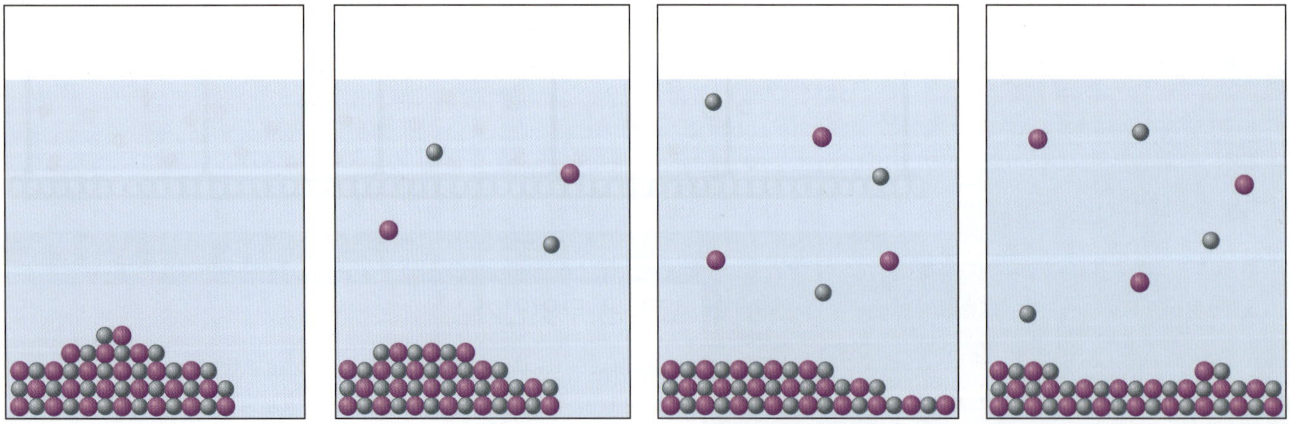

(a) (b) (c) (d)

그림 13.5 AgI 포화 용액의 제조: $\mathrm{AgI}(s) \rightleftharpoons \mathrm{Ag}^+(aq) + \mathrm{I}^-(aq)$. (a) 고체 AgI을 물에 넣는다. (b) 처음에는 고체 AgI이 용해되는 정반응만 일어날 수 있다. AgI이 용해되기 시작한다. (c) 용액 중에 Ag^+와 I^- 이온이 존재하면 고체 AgI이 형성되는 역반응도 일어난다. (d) 정반응과 역반응의 속도가 같아지면 평형에 도달하고 용해된 AgI의 농도는 일정하게 유지된다.

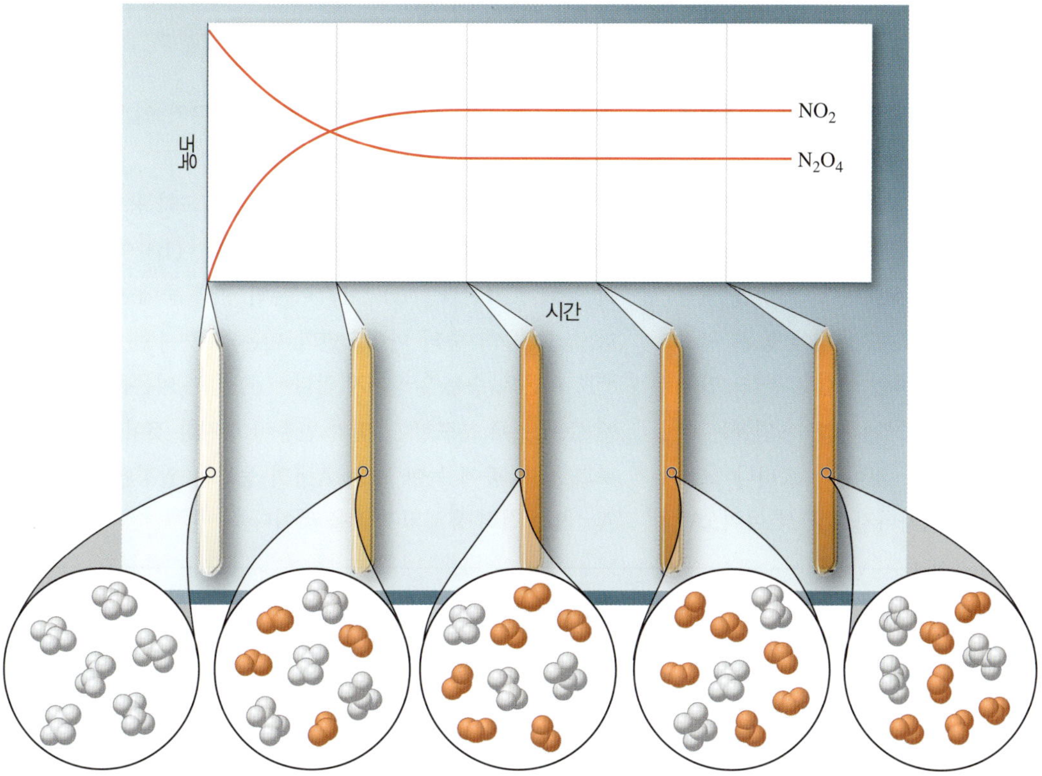

그림 13.6 무색의 N_2O_4가 반응하여 갈색의 NO_2를 형성하는 반응. 처음에는 N_2O_4만 존재하므로 N_2O_4가 깨져 NO_2를 형성하는 정반응만 일어난다. NO_2가 형성되고 나면 NO_2가 N_2O_4로 재결합하는 역반응이 일어나기 시작한다. 정반응과 역반응이 같은 속도로 일어날 때까지 갈색은 계속해서 진해진다.

N_2O_4는 무색의 기체인 반면에, NO_2는 갈색이다(오염된 대기가 갈색을 띠는 이유는 NO_2 때문이다). 플라스크에 N_2O_4만 들어 있다면 N_2O_4가 분해되어 NO_2를 형성함에 따라 플라스크의 내용물은 무색에서 갈색으로 변화한다(그림 13.6). 처음에는 NO_2의 농도가 증가함에 따라 갈색이 점점 진해진다. 마지막에는 NO_2의 농도가 더 이상 증가하지 않게 되어 갈색은 더 이상 진해지지 않는다. 이 시점에서 정반응과 역반응은 같은 속도로 일어나고 있고 계는 평형에 도달한 것이다. 그림 13.6에 나타낸 반응에서 처음에는

- N_2O_4의 농도는 진하고, 정반응의 속도는 빠르다.
- NO_2의 농도는 0이고, 역반응의 속도는 0이다.

반응이 진행됨에 따라 다음과 같이 변하게 된다.

- N_2O_4의 농도는 감소하고, 정반응의 속도는 감소한다.
- NO_2의 농도는 증가하고, 역반응의 속도는 증가한다.

평형에 대하여 반드시 알아두어야 할 것은 다음과 같다.

- 평형은 동적(dynamic)인 상태이다. 시간에 따른 반응물과 생성물 농도의 알짜 변화는 없지만, 정반응과 역반응은 계속 일어나고 있다.
- 평형에서 정반응과 역반응의 속도는 같다.

학생 노트
평형은 반응물과 생성물의 농도가 같아지는 시점이 아니다. 평형은 정반응과 역반응이 같은 속도로 일어나고 있는 상태를 말한다.

생각 밖 상식

평형계에서 정반응과 역반응이 일어나고 있다는 것을 어떻게 알 수 있을까?

평형계에서는 반응물과 생성물의 농도가 일정하므로, 반응이 정지한 것처럼 보일 수 있다. 사실은 평형이란 정반응과 역반응이 끊임없이 일어나고 있는 동적인 상태이다. 이것을 증명하기 위해 보통의 아이오딘화 은 포화 수용액에 동위 원소 I−131을 가지는 아이오딘화 은을 가하는 실험을 한다. 만약 평형 상태가 용해 과정이 정지된 것이라면 포화 용액에는 더 이상의 고체($Ag^{131}I$)로 용해되지 않을 것이다. 그러나 고체 $Ag^{131}I$를 AgI로 포화된 용액에 가하자마자 방사성 아이오딘화 이온($^{131}I^-$)이 용액 중에 나타난다. 게다가 이 방사성 이온은 용액과 고체에 두루 분포하게 된다.

평형이 동적인 증거. (a) 보통의 AgI 포화 용액과 방사성 동위 원소(^{131}I)를 가진 고체 AgI가 있다. (b) 이 고체를 포화 용액에 가한다. (c) $^{131}I^-$ 이온이 용액 중에 즉시 나타난다. (d) 용액 중의 아이오딘화 이온의 총 수는 일정하지만 $^{131}I^-$ 이온의 수는 일정하지 않다. (e) $^{131}I^-$ 이온은 용액과 고체 중에 두루 분포한다. 만약 반응이 정지한 것이라면 원래의 포화 용액 중에 녹아 있는 AgI의 농도는 일정할 것이므로, $Ag^{131}I$는 전혀 용해되지 않을 것이다.

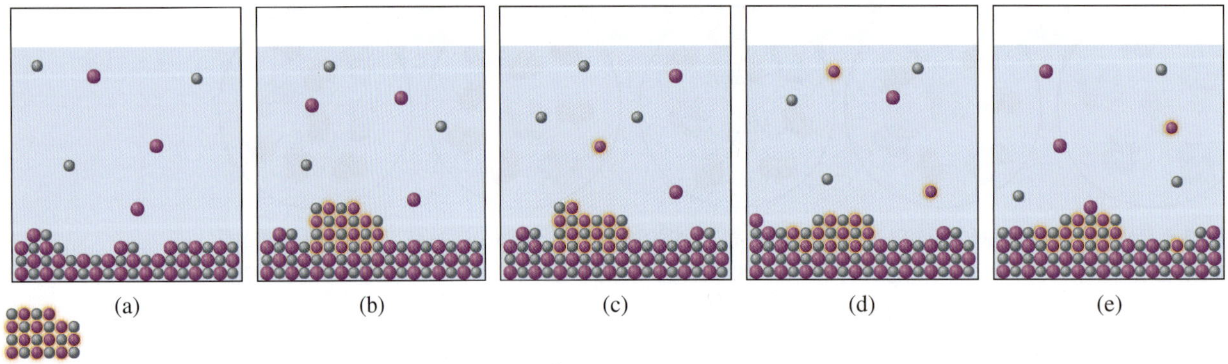

13.3 평형 상수

19세기 중엽에 노르웨이의 화학자 Cato Guldberg와 Peter Waage는 다양한 화학 반응의 평형 혼합물(반응물과 생성물의 농도가 일정한 혼합물)을 연구하였다. 그들은 수많은 관찰 결과, 같은 온도에서 반응물과 생성물의 평형 농도 사이에는 일정한 관계가 성립한다는 사실을 발견하였다. 구체적으로, 완결된 화학 반응식의 계수에 기초한 생성물의 농도의 곱을 반응물의 농도의 곱으로 나눈 값은 일정하였다. 이 상수를 **평형 상수**(equilibrium constant, K)라 한다. N_2O_4의 분해 반응에 대하여, **평형 상수식**(equilibrium expression)은 균형 맞춤 화학 반응식으로부터 다음과 같이 나타낼 수 있다.

> **학생 노트**
> 평형 상수식은 다음과 같이 나타낸다.
>
> 평형 상수식
> $$K = \frac{[NO_2]^2_{eq}}{[N_2O_4]_{eq}}$$
> 평형 상수
>
> 평형 상수식으로 평형 상수(K)를 계산할 수 있다.

$$K = \frac{[NO_2]^2}{[N_2O_4]} \qquad N_2O_4(g) \rightleftharpoons 2NO_2(g)$$

이 식에서 N_2O_4의 계수는 1인데, 평형 상수의 표현에서는 쓰지 않는다.

화학과 친해지기

달콤한 차

아이스티를 달게 즐기고 싶을 때, 설탕을 차가워진 차에 넣고 저어주는 것보다는 뜨거운 차에 넣고 저어주는 것이 효과적이라는 것을 알고 있으리라 생각된다. 그 이유는 평형 상수가 일정한 온도에서만 일정하기 때문이다. 설탕이 차에 용해되는 과정은 다음과 같은 화학식으로 나타낼 수 있다.

$$\text{설탕} + \text{차} \rightleftharpoons \text{달콤한 차}$$

이 과정은 어떤 평형 상수를 가진다. 평형 상수는 평형에서 반응물과 생성물의 상대적인 양을 말해준다는 것을 상기하라. 이 과정의 K 값은 온도가 증가함에 따라 증가한다. 실제로 온도를 0℃(대략 아이스티의 온도)에서 95℃(일반적인 뜨거운 차의 온도)로 올리면 K값은 약 3배 증가한다. 이것은 설탕을 뜨거울 때 넣어주면 3배만큼 더 녹아들어간다는 것을 의미한다. 차가 뜨거울 때 더 많은 설탕을 녹이고 나서 이것을 얼음에 부어주면 훨씬 더 달콤한 차를 과포화 용액(supersaturated solution)의 형태로 즐길 수 있다[◀◀ 9.1절]. 설탕의 과포화 수용액은 특히 안정하기 때문에 더 녹아들어간 설탕은 용액을 얼음으로 충분히 냉각시켜도 용액에서 결정화되지 않는다.

학생 노트
흡열 과정에 대한 평형 상수의 크기는 온도를 높여주면 증가한다. 발열 과정에 대한 평형 상수의 크기는 온도를 높여주면 감소한다.

평형 상수의 계산

25℃에서 일련의 실험을 수행하여 N_2O_4와 NO_2에 대한 초기 농도와 평형 농도를 표 13.1에 나타내었다. 표에 있는 각 실험에 대해서 $[NO_2]^2$과 $[N_2O_4]$의 비로 나타낸 평형 상수값은 오차 범위 내에서 같다(평균값은 4.63×10^{-3}이다). 따라서 이 반응의 평형 상수(K)는 25℃에서 4.63×10^{-3}이다.

표 13.1 25°C에서 N_2O_4와 NO_2의 평형 농도

실험	평형 농도(M)		
	$[N_2O_4]$	$[NO_2]$	$[NO_2]^2/[N_2O_4]$
1	0.643	0.0547	4.65×10^{-3}
2	0.448	0.0457	4.66×10^{-3}
3	0.491	0.0475	4.60×10^{-3}
4	0.594	0.0523	4.60×10^{-3}
5	0.0898	0.0204	4.63×10^{-3}

평형 상수식은 균형 맞춤 화학식을 알고 있는 모든 반응에 대해서 쓸 수 있다. 그뿐만 아니라 어떤 반응의 평형 상수식을 알고 있다면 평형 농도를 사용하여 평형 상수값을 계산할 수도 있다. 예제 13.2는 평형 상수식과 평형 농도를 사용하여 K값을 구하는 방법을 보여준다.

예제 13.1과 13.2를 이용하면 균형 맞춤 화학식으로부터 평형 상수식을 쓰는 방법과 평형 상수식 및 평형 농도로부터 평형 상수를 결정하는 방법을 연습할 수 있을 것이다.

예제 13.1 균형 맞춤 화학식으로부터 평형 상수식 쓰기

다음 각 반응에 대한 평형 상수식을 쓰시오.

(a) $N_2(g)+3H_2(g) \rightleftharpoons 2NH_3(g)$

(b) $H_2(g)+I_2(g) \rightleftharpoons 2HI(g)$

(c) $Ag^+(aq)+2NH_3(aq) \rightleftharpoons Ag(NH_3)_2^+(aq)$

(d) $2O_3(g) \rightleftharpoons 3O_2(g)$

(e) $Cd^{2+}(aq)+4Br^-(aq) \rightleftharpoons CdBr_4^{2-}(aq)$

(f) $2NO(g)+O_2(g) \rightleftharpoons 2NO_2(g)$

전략 균형 맞춤 화학식을 이용하여 평형 상수식을 쓴다.

계획 각 반응에 대한 평형 상수식은 생성물 농도의 곱을 반응물 농도의 곱으로 나눈 것이다. 이때 균형 맞춤 화학 반응식에서 해당되는 계수를 지수로 나타낸다.

풀이

(a) $K=\dfrac{[NH_3]^2}{[N_2][H_2]^3}$ (b) $K=\dfrac{[HI]^2}{[H_2][I_2]}$ (c) $K=\dfrac{[Ag(NH_3)_2^+]}{[Ag^+][NH_3]^2}$

(d) $K=\dfrac{[O_2]^3}{[O_3]^2}$ (e) $K=\dfrac{[CdBr_4^{2-}]}{[Cd^{2+}][Br^-]^4}$ (f) $K=\dfrac{[NO_2]^2}{[NO]^2[O_2]}$

생각해보기

연습을 통해서 평형 상수식을 쉽게 쓸 수 있도록 하자. 충분한 연습을 하지 않으면 이것은 매우 어렵게 느껴질 것이다. 평형 상수식을 쓰는 것에 능숙해지는 것이 중요하다. 이것은 평형 문제를 푸는 첫 단계이다.

추가문제 1 다음 각 반응에 대한 평형 상수식을 쓰시오.

(a) $2N_2O(g) \rightleftharpoons 2N_2(g)+O_2(g)$

(b) $2NOBr(g) \rightleftharpoons 2NO(g)+Br_2(g)$

(c) $HF(aq) \rightleftharpoons H^+(aq)+F^-(aq)$

(d) $CO(g)+H_2O(g) \rightleftharpoons CO_2(g)+H_2(g)$

(e) $CH_4(g)+2H_2S(g) \rightleftharpoons CS_2(g)+4H_2(g)$

(f) $H_2C_2O_4(aq) \rightleftharpoons 2H^+(aq)+C_2O_4^{2-}(aq)$

추가문제 2 다음 각 평형 상수식에 부합하는 평형 반응식을 쓰시오.

(a) $K=\dfrac{[HCl]^2}{[H_2][Cl_2]}$ (b) $K=\dfrac{[HF]}{[H^+][F^-]}$ (c) $K=\dfrac{[Cr(OH)_4^-]}{[Cr^{3+}][OH^-]^4}$

(d) $K=\dfrac{[H^+][ClO^-]}{[HClO]}$ (e) $K=\dfrac{[H^+][HSO_3^-]}{[H_2SO_3]}$ (f) $K=\dfrac{[NOBr]^2}{[NO]^2[Br_2]}$

추가문제 3 다음은 동일한 화학 반응에 대한 평형 상수식과 화학 반응식이다. 빠진 부분을 채우시오.

$$K=\frac{[CO_2]^?[H_2O]^?}{[C_3H_8][O_2]^?} \qquad C_3H_8(g)+\_?\_O_2(g) \rightleftharpoons \_?\_CO_2(g)+4H_2O(g)$$

예제 13.2 평형 농도로부터 평형 상수의 계산

포스젠(phosgene)이라고도 부르는 염화카보닐(carbonyl chloride, $COCl_2$)은 제1차 세계대전의 전장에서 사용된 바 있는 매우 유독한 기체이다. 이것은 일산화 탄소와 염소 기체의 반응으로부터 얻어진다.

$$CO(g)+Cl_2(g) \rightleftharpoons COCl_2(g)$$

74°C에서 이루어진 실험에서, 반응에 포함된 화학종들의 평형 농도는 다음과 같다.

$$[CO]=1.2\times10^{-2}\,M,\ [Cl_2]=0.054\,M,\ [COCl_2]=0.14\,M$$

(a) 평형 상수식을 쓰시오. (b) 74°C에서 이 반응의 평형 상수값을 계산하시오.

전략 평형 상수식을 쓴 다음에 세 화학종의 평형 농도를 채워 넣는다.

계획 평형 상수식은 생성물의 농도를 반응물의 농도의 곱으로 나눈 형태를 가진다. 여기서 세 화학종의 계수는 모두 1이므로 모든 농도의 1승이 된다.

풀이

(a) $K=\dfrac{[COCl_2]}{[CO][Cl_2]}$

(b) $K=\dfrac{(0.14)}{(1.2\times10^{-2})(0.054)}=216$ 또는 2.2×10^2 ; 74°C에서 이 반응의 K값은 2.2×10^2이다.

생각해보기

평형 농도를 평형 상수식에 채워 넣을 때 단위는 생략한다. 평형 상수를 표현할 때 보통은 단위를 생략한다.

추가문제 1 100°C에서 다음 반응을 분석하는 경우,

$$Br_2(g)+Cl_2(g) \rightleftharpoons 2BrCl(g)$$

평형 농도는 다음과 같다: $[Br_2]=2.3\times10^{-3}\,M$, $[Cl_2]=1.2\times10^{-2}\,M$, $[BrCl]=1.4\times10^{-2}\,M$. 평형 상수식을 쓰고, 100°C에서 이 반응의 평형 상수를 계산하시오.

추가문제 2 100°C에서 같은 반응에 대한 또 다른 분석을 하는 경우, 반응물의 평형 농도는 다음과 같다: $[Br_2]=4.1\times10^{-3}\,M$, $[Cl_2]=8.3\times10^{-3}\,M$. [BrCl] 값을 계산하시오.

추가문제 3 다음 반응은 $2A \rightleftharpoons B$이다. 오른쪽에 있는 그림은 A(노란색 구)와 B(빨간색 구)가 평형에 있는 계를 나타낸다. 다음 그림[(i)~(iv)] 중에서 평형에 있는 계를 나타내는 것은 어느 것인가? 해당하는 것을 모두 고르시오.

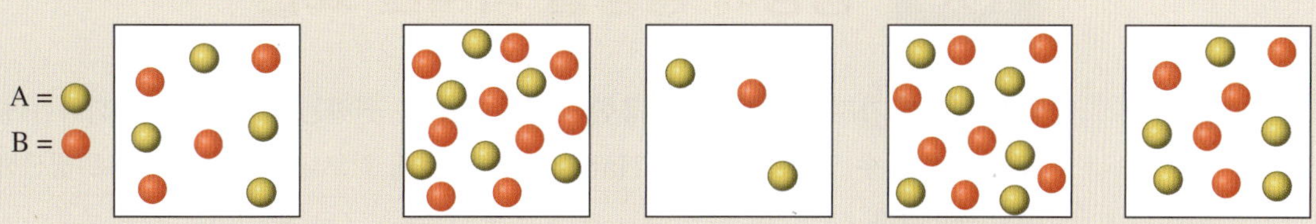

(i) (ii) (iii) (iv)

평형 상수의 크기

평형 상수로부터 얻을 수 있는 한 가지는 특정한 온도에서 반응이 진행된 정도를 알 수 있다는 것이다. 물론 이 경우에는 반응물의 화학량론적인 양을 합해야 한다. 구체적으로 설명하기 위해서 다음과 같은 일반적인 반응을 생각하자.

$$A + B \rightleftharpoons C$$

반응물의 화학량론적인 양, 즉 1 mol의 A와 1 mol의 B를 합한다면 다음과 같은 세 가지 결과가 예상된다.

1. 반응이 완결되어 평형 혼합물이 C(생성물)만으로 이루어져 있다.
2. 반응이 별로 진행되지 않아 평형 혼합물이 주로 A와 B(반응물)로 이루어져 있다.
3. 반응이 대부분 진행되었으나 완결되지는 않아 평형 혼합물이 비교할 만한 정도의 A, B 및 C로 이루어져 있다.

K값이 매우 크다면 위의 첫 번째 결과를 예상할 수 있다. 다음과 같이 $Ag(NH_3)_2^+$ 이온이 형성되는 반응은 대표적인 예이다.

$$Ag^+(aq) + 2NH_3(aq) \rightleftharpoons Ag(NH_3)_2^+(aq) \qquad K = 1.5 \times 10^7 \text{ (20°C에서)}$$

학생 노트
화학량론적 양[◀◀ 10.3절]

만약 $Ag^+(aq)$과 $NH_3(aq)$를 1:2의 mol 비로 섞는다면, 평형 혼합물에는 대부분 $Ag(NH_3)_2^+$만 들어 있고 반응물은 아주 소량 들어 있을 것이다. 평형 상수가 매우 큰 반응은 때로는 "오른쪽에 놓여 있다" 혹은 "생성물 선호" 반응이라 부른다.

K값이 매우 작으면 위의 두 번째 결과를 예상할 수 있다. 질소와 산소 기체가 화학적으로 결합하여 산화질소를 형성하는 반응을 예로 들 수 있다.

$$N_2(g) + O_2(g) \rightleftharpoons 2NO(g) \qquad K = 4.3 \times 10^{-25} \text{ (25°C에서)}$$

질소와 산소 기체는 상온에서는 거의 반응하지 않는다. N_2와 O_2의 혼합물을 빈 플라스크에 채운 다음 계가 평형에 도달하도록 해주면, 평형 혼합물 속에는 주로 N_2와 O_2가 있을 것이고 NO는 극소량만 존재할 것이다. 평형 상수가 매우 작은 반응은 "왼쪽에 놓여 있다" 혹은 "반응물 선호" 반응이라 부른다.

평형 상수가 매우 크다거나 매우 작다고 하는 말은 임의적인 표현이다. 일반적으로 평형 상수값이 1×10^2 이상이면 크다고 할 수 있고, 1×10^{-2} 이하이면 작다고 할 수 있다.

평형 상수가 1×10^2과 1×10^{-2} 사이의 값을 가지면 생성물이나 반응물 어느 쪽도 특별히 우세하다고 할 수 없다. 이 경우 평형에 있는 계는 반응물과 생성물의 혼합물 상태로 존재하며 혼합물의 조성은 반응의 화학량론에 의존한다.

13.4 평형에 영향을 미치는 요인

화학 평형이 가지는 흥미롭고 유용한 특징 중 하나는 원하는 생성물을 극대화하는 방향으로 반응을 조절할 수 있다는 점이다. Haber 공정에 의해 암모니아를 공업적으로 생산하는 경우를 예로 들어보자.

$$N_2(g) + 3H_2(g) \rightleftharpoons 2NH_3(g)$$

매년 1억 톤 이상의 암모니아가 이 공정으로 생산되고 있으며, 이렇게 얻어진 암모니아의 대부분은 작물의 생산을 늘리기 위한 비료로 사용된다. 여기서 최대의 관심사는 암모니아의 생산을 극대화하는 것이다. 이 절에서는 평형을 조절하여 이러한 목적을 달성하는 다양한 방법을 배우게 될 것이다.

Le Châtelier의 원리(Le Châtelier's principle)는 평형에 있는 어떤 계가 스트레스를 받으면 그 계는 스트레스를 최소화하는 방향으로 이동한다는 것이다. 여기서 '스트레스'란 다음과 같은 수단에 의해서 평형에 있는 계가 교란된다는 의미이다.

- 반응물 또는 생성물을 첨가한다.
- 반응물 또는 생성물을 제거한다.
- 계의 부피를 변화시켜 반응물 또는 생성물의 농도 혹은 부분압을 변화시킨다.
- 온도를 변화시킨다.

'이동'이란 스트레스를 줄이도록 정반응 또는 역반응이 일어나서 계가 새로운 평형을 찾아간다는 것을 의미한다. 오른쪽으로 이동하는 평형은 정반응이 일어나 보다 많은 생성물이 얻어지는 반응이다. 왼쪽으로 이동하는 평형은 역반응에 의해서 보다 많은 반응물이 생기는 반응이다. Le Châtelier의 원리를 이용하면 주어진 스트레스에 대응하여 평형이 이동하는 방향을 예측할 수 있다.

화학과 친해지기

높은 고도에서의 헤모글로빈 생성

해발 고도가 높은 곳으로 갑자기 올라가면 고산병에 걸릴 수 있다는 사실을 알고 있을 것이다. 현기증, 두통, 메스꺼움 등을 유발하는 고산병은 저산소증, 다시 말하면 신체 조직에 산소 공급이 충분하지 않아 야기된다. 심한 경우 바로 치료하지 않으면 혼수 상태에 이르거나 사망할 수 있다. 그렇지만 높은 고도에서 몇 주 또는 몇 달 동안 지내면 서서히 고산증에서 회복될 수 있고, 대기 중에 산소의 양이 낮은 상태에 적응하여 정상적으로 살 수 있다.

용존 산소가 헤모글로빈(hemoglobin, Hb; 혈액을 통해서 산소를 운반하는 물질) 분자와 결합하는 반응은 복잡한 과정을 통해서 일어나지만, 여기서는 다음과 같이 간단히 나타내기로 하겠다.

$$\mathrm{Hb}(aq)+\mathrm{O_2}(aq) \rightleftharpoons \mathrm{HbO_2}(aq)$$

여기서 HbO_2는 산소 헤모글로빈(oxyhemoglobin), 즉 산소를 조직까지 운반해주는 헤모글로빈-산소 착물이다. 이 과정에 대한 평형 상수식은 다음과 같이 나타낼 수 있다.

$$K=\frac{[\mathrm{HbO_2}]}{[\mathrm{Hb}][\mathrm{O_2}]}$$

해수면에서 대기 중 산소의 부분압은 0.20 atm인 데 반해서, 해발 고도 3 km에서 산소의 부분압은 0.14 atm에 불과하다. 대기 중 산소의 부분압이 낮아지면 혈중에 녹아드는 산소의 농도가 감소한다. Le Châtelier의 원리에 따라서 산소 농도가 감소하면 헤모글로빈-산소 헤모글로빈 평형은 오른쪽에서 왼쪽으로 이동할 것이다.

이러한 변화는 산소 헤모글로빈의 공급을 급격하게 감소시켜 저산소증을 유발한다. 건강한 사람의 경우에는 시간이 지남에 따라 헤모글로빈 분자를 더 많이 생성하여 이 문제에 대처할 수 있다. Hb의 농도가 증가함에 따라 평형은 서서히 오른쪽으로 이동하여 산소 헤모글로빈이 생성된다. 인체가 필요로 하는 산소를 공급할 수 있을 정도로 혈중 헤모글로빈이 더 만들어지기까지는 몇 주가 소요될 수 있다. 충분한 능력을 가진 상태로 되돌아가는 데에는 수년이 걸릴 수 있다. 연구 결과에 따르면 해발 고도가 높은 지역에서 오랫동안 산 사람은 혈중 헤모글로빈 수치가 더 높으며, 때로는 해수면에 사는 사람보다 50% 더 많은 헤모글로빈 수치를 보이는 경우도 있다. 일부 운동선수들은 헤모글로빈 수치를 증가시켜 체내에서 산소를 운반하는 능력을 높이기 위해서 고지대에서 훈련하기도 한다.

물질의 첨가 또는 제거

다시 Haber 공정을 예로 들어보자.

$$N_2(g) + 3H_2(g) \rightleftharpoons 2NH_3(g)$$

반응이 700 K에서 일어나고 평형 농도가 다음과 같다고 하면

$$[N_2] = 2.05\,M \qquad [H_2] = 1.56\,M \qquad [NH_3] = 1.52\,M$$

평형 상수식에 위의 농도를 대입하면 이 온도에서 반응의 K값은 다음과 같다.

$$K = \frac{[NH_3]^2}{[N_2][H_2]^3} = \frac{(1.52)^2}{(2.05)(1.56)^3} = 0.297$$

N_2를 첨가하여 농도를 2.05 M에서 3.51 M로 증가시켜 이 계에 스트레스를 주면, 이 반응계는 더 이상 평형에 있지 않게 된다. 이것이 사실인지 알아보기 위해 평형 상수식에서 질소의 새로운 농도를 대입해보자. 그러면 새로 계산된 값(0.173)은 이전의 K값(0.297)이 아니다.

$$\frac{[NH_3]^2}{[N_2][H_2]^3} = \frac{(1.52)^2}{(3.51)(1.56)^3} = 0.173 \neq K$$

이 계가 새로운 평형에 도달하기 위해서는 새로운 질소 농도에 따른 평형 상수식이 다시 K와 같아지는 방향으로 이동해야 할 것이다. 그림 13.7은 원래의 평형 혼합물에 질소를 가하였을 때 N_2, H_2, NH_3가 어떻게 변하는지를 보여준다.

반대로 원래의 평형 혼합물에서 N_2를 제거한다면 평형 상수식에서 분모가 작아지므로 계산된 K값은 원래의 K값보다 더 커질 것이므로, 이 경우에는 반응이 왼쪽으로 이동할 것이다.

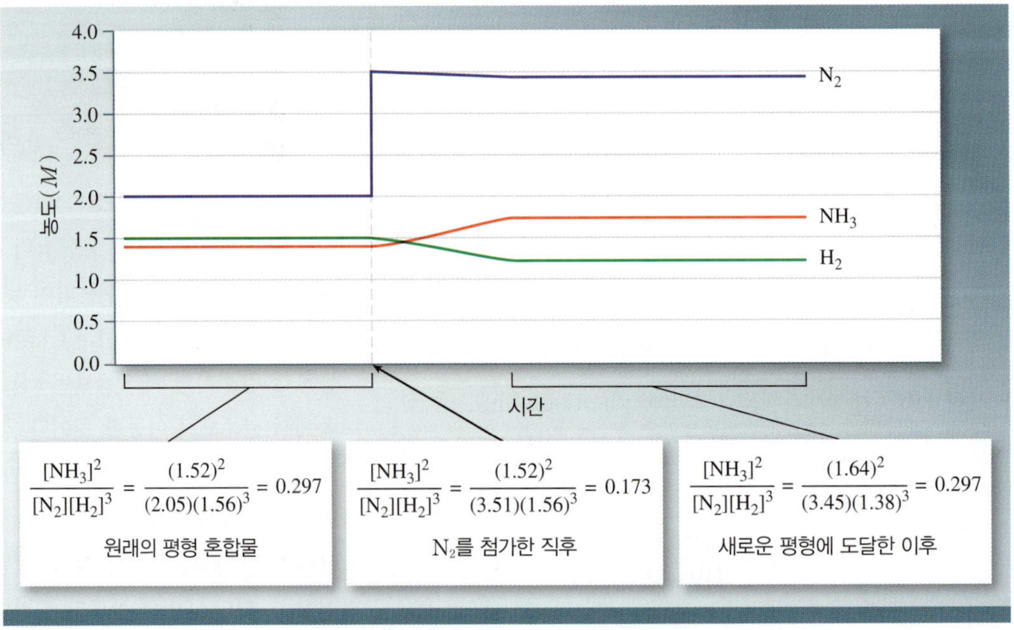

그림 13.7 평형에 있는 계에 반응물을 더하면 평형 위치가 생성물 쪽으로 이동한다. 계는 추가된 N_2에 대응하여 추가된 N_2의 일부(다른 반응물 H_2의 일부도 소모)를 소모하여 보다 많은 NH_3를 생성한다.

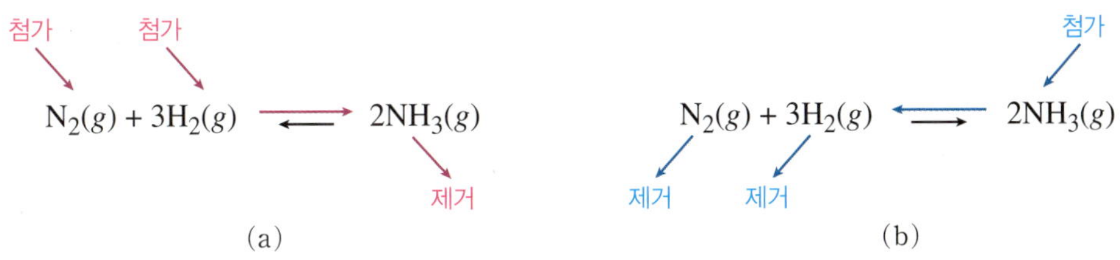

그림 13.8 (a) 반응물을 첨가하거나 생성물을 제거하면 평형은 오른쪽으로 이동할 것이다. (b) 생성물을 첨가하거나 반응물을 제거하면 평형은 왼쪽으로 이동할 것이다.

즉, 역반응이 일어날 것이므로 평형 상수식을 사용하여 계산한 값이 다시 K값과 같아질 때까지 N_2와 H_2의 농도는 증가하고 NH_3의 농도는 감소할 것이다.

또한 NH_3의 첨가 또는 제거도 평형의 변화를 초래할 것이다. NH_3를 첨가하면 평형이 왼쪽으로 이동하고, NH_3를 제거하면 오른쪽으로 이동한다. 그림 13.8(a)는 이 평형을 오른쪽으로 이동시키는 첨가 및 제거를 보여주고, 그림 13.8(b)는 왼쪽으로 이동시키는 첨가 및 제거를 보여준다.

본질적으로 평형 상태에 있는 계에 어떤 화학종이 첨가되면 그 화학종이 소비됨으로써 반응하게 되고, 어떤 화학종이 제거되면 그 화학종이 만들어지게 됨으로써 반응할 것이다. 평형 혼합물에서 종의 첨가 또는 제거는 평형 상수 K값을 변화시키지 않는다는 것을 꼭 기억하자.

예제 13.3은 평형에서 계에 스트레스를 주었을 때 평형의 이동 방향을 결정하는 연습을 할 수 있다.

예제 13.3 물질을 첨가하거나 제거할 때 평형 이동의 방향 결정하기

공업적으로 수소를 생산하는 중요한 반응은 수성 가스 전환 반응이라고 부른다.

$$CO(g) + H_2O(g) \rightleftharpoons H_2(g) + CO_2(g)$$

다음 각각의 경우에 대해서 평형은 오른쪽으로 이동할지, 왼쪽으로 이동할지, 아니면 이동하지 않을지 결정하시오.

(a) $CO(g)$를 가하였다. (b) $H_2O(g)$를 제거하였다. (c) $H_2(g)$를 제거하였다. (d) $CO_2(g)$를 가하였다.

전략 Le Châtelier의 원리를 이용하여 각각의 경우에 대한 이동 방향을 예측한다.

계획 평형 상수 K에 대한 수식을 써서 시작하라.

$$K = \frac{[H_2][CO_2]}{[CO][H_2O]}$$

반응물을 첨가하거나 생성물을 제거하면 반응은 오른쪽, 다시 말하면 생성물이 더 생기는 방향으로 이동할 것이다. 생성물을 첨가하거나 반응물을 제거하면 왼쪽, 다시 말하면 반응물이 더 생기는 방향으로 이동할 것이다.

풀이

(a) 오른쪽으로 이동 (b) 왼쪽으로 이동 (c) 오른쪽으로 이동 (d) 왼쪽으로 이동

생각해보기

각각의 경우에, 변화가 K의 수식에 있는 값에 미치게 될 영향을 분석하자. K값은 일정하게 유지되어야 하기 때문에 농도의 변화는 보상을 받아야 한다. 예를 들어, CO를 첨가하면 [CO]는 일시적으로 증가하고, K의 수식에서 오른쪽의 값이 더 작게 된다. 따라서 반응은 CO(및 H_2O)의 농도는 감소하고, H_2와 CO_2의 농도는 증가하는 방향으로 이동하여 새로운 평형에 도달할 것이다.

추가문제 1 다음 각각의 변화에 대해서 평형은 오른쪽으로 이동할지, 왼쪽으로 이동할지, 아니면 이동하지 않을지 결정하시오.

$$PCl_3(g) + Cl_2(g) \rightleftharpoons PCl_5(g)$$

(a) $PCl_3(g)$를 가하였다.

(b) $PCl_3(g)$를 제거하였다.

(c) $PCl_5(g)$를 제거하였다.

(d) $Cl_2(g)$를 제거하였다.

추가문제 2 다음 반응이 평형에 있을 때 (a) 무엇을 가해주면 반응이 왼쪽으로 이동하겠는가? (b) 무엇을 제거하면 반응이 왼쪽으로 이동하겠는가? (c) 무엇을 가해주면 반응이 오른쪽으로 이동하겠는가?

$$Ag^+(aq) + 2NH_3(aq) \rightleftharpoons Ag(NH_3)_2^+(aq)$$

추가문제 3 아래의 모든 정보와 일치하는 반응의 완결된 반응식을 쓰시오.

(a) $H_2S(g)$를 첨가하면 반응이 오른쪽으로 이동한다.

(b) $H_2O(g)$를 제거하면 반응이 오른쪽으로 이동한다.

(c) $SO_2(g)$를 첨가하면 반응이 왼쪽으로 이동한다.

(d) $O_2(g)$를 제거하면 반응이 왼쪽으로 이동한다.

부피의 변화

움직일 수 있는 피스톤이 달린 실린더 내에서 평형에 있는 기체상의 계가 있다면, 이 계의 부피를 변화시켜 반응물과 생성물의 농도를 변화시킬 수 있다.

N_2O_4와 NO_2 사이의 평형을 다시 생각해보자.

$$N_2O_4(g) \rightleftharpoons 2NO_2(g)$$

25°C에서 이 반응의 평형 상수는 4.63×10^{-3}이다. 피스톤으로 조절하여 실린더 내의 평형 농도를 0.643 M N_2O_4와 0.0547 M NO_2가 되도록 맞추었다고 하자. 피스톤을 밀어내리면 평형은 깨지게 되고 반응은 혼란을 극소화하는 방향으로 이동할 것이다. 실린더의 부피를 반으로 줄였다고 가정하면 두 화학종의 농도에 어떤 변화가 있을지 생각해보자. 부피가 반으로 줄었으므로 두 농도는 두 배로 증가한다: $[N_2O_4] = 1.286\ M$, $[NO_2] = 0.1094\ M$. 변화된 농도를 평형 상수식에 대입하면 다음과 같이 된다.

$$\frac{[NO_2]_{eq}^2}{[N_2O_4]_{eq}} = \frac{(0.1094)^2}{1.286} = 9.31 \times 10^{-3}$$

이 값은 원래의 K값과 다르므로 계는 더 이상 평형에 있지 않다. 이 값은 K값보다 크므로 평형은 왼쪽으로 이동하여 새로운 평형 상태를 가지게 될 것이다(그림 13.9).

일반적으로 반응 용기의 부피가 감소하면 평형은 기체의 총 mol이 최소로 되는 방향으로 이동한다. 반대로 부피가 증가하면 기체의 총 mol이 최대로 되는 방향으로 이동한다.

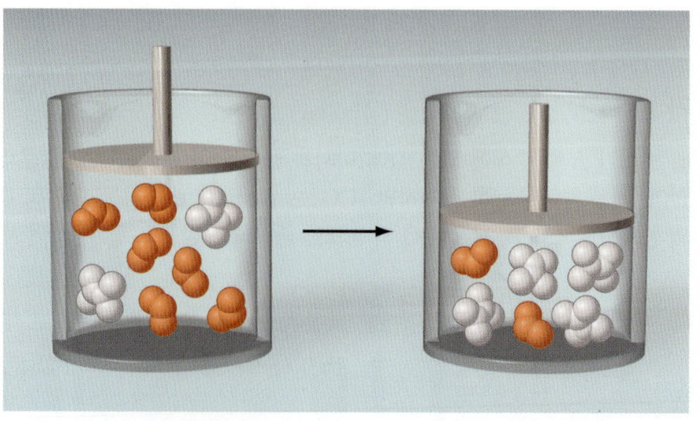

그림 13.9 평형 $N_2O_4(g) \rightleftharpoons 2NO_2(g)$에서 부피 감소(압력 증가)의 영향. 부피가 감소하면 평형은 기체의 mol이 감소하는 방향으로 이동한다.

예제 13.4는 부피 변화에 따라 평형이 어떻게 이동하는지를 보여준다.

예제 13.4 부피 변화에 따른 평형 이동의 방향 정하기

다음 반응에 대해서 반응 용기의 부피가 감소할 때 평형의 이동 방향을 예측하시오.

(a) $PCl_5(g) \rightleftharpoons PCl_3(g) + Cl_2(g)$

(b) $3O_2(g) \rightleftharpoons 2O_3(g)$

(c) $H_2(g) + I_2(g) \rightleftharpoons 2HI(g)$

전략 반응에서 기체의 mol이 최소로 되는 방향이 어느 쪽인지 결정한다.

계획

(a) 반응물 쪽에는 1 mol의 기체가 있고, 생성물 쪽에는 2 mol의 기체가 있다.

(b) 반응물 쪽에는 3 mol의 기체가 있고, 생성물 쪽에는 2 mol의 기체가 있다.

(c) 양쪽 다 2 mol의 기체가 있다.

풀이

(a) 왼쪽으로 이동한다.

(b) 오른쪽으로 이동한다.

(c) 이동하지 않는다.

생각해보기

기체의 mol에 차이가 없는 경우, 반응 용기의 부피를 변화시키면 반응물과 생성물의 농도는 변화하지만 계는 평형을 유지한다.

추가문제 1 다음 각 반응에 대해서 반응 용기의 부피를 증가시킬 때의 이동 방향을 예측하시오.

(a) $2NOCl(g) \rightleftharpoons 2NO(g) + Cl_2(g)$

(b) $2O_3(g) \rightleftharpoons 3O_2(g)$

(c) $2H_2(g) + O_2(g) \rightleftharpoons 2H_2O(g)$

추가문제 2 다음의 평형에 대하여 반응을 오른쪽으로 이동시키는 스트레스, 왼쪽으로 이동시키는 스트레스 그리고 영향을 미치지 않는 스트레스의 예를 제시하시오.

$$H_2(g) + F_2(g) \rightleftharpoons 2HF(g)$$

추가문제 3 다음 반응을 생각하자: $A(g) + B(g) \rightleftharpoons AB(g)$. 다음 오른쪽 상단의 그림은 평형에 있는 계를 나타낸다. 그림 [(i)~(iii)] 중 어느 것이 부피가 50% 증가하는 상황에서 새롭게 설정된 평형을 나타내는가?

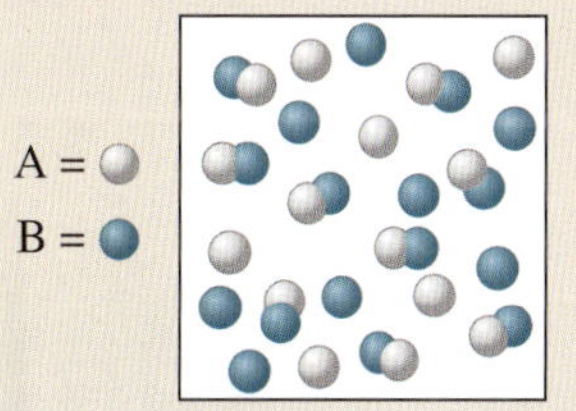

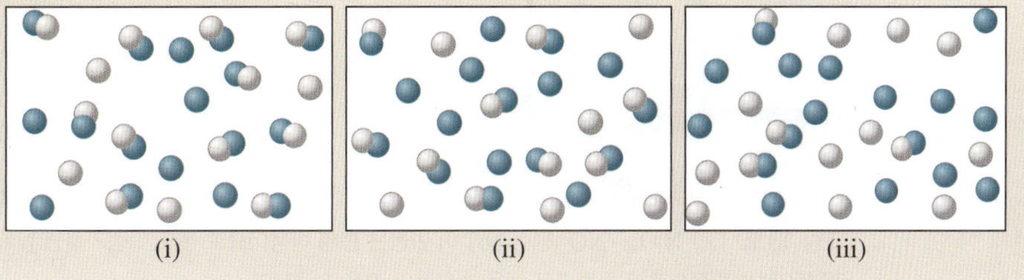

또한 부피를 변화시키지 않고도 반응 용기에 헬륨 같은 비활성 기체를 첨가함으로써 계의 전체 압력을 변화시킬 수 있다. 전체 부피는 변하지 않았으므로 반응물과 생성물의 농도는 변하지 않는다. 따라서 평형은 그대로 유지되므로 반응은 어느 쪽으로도 이동하지 않을 것이다.

온도의 변화

농도 또는 부피가 변화하면 평형의 위치가 변할 수 있지만(예: 반응물과 생성물의 상대적인 양), 평형 상수의 값은 변하지 않는다. 온도를 변화시킬 때에만 평형 상수값이 변화할 수 있다. 그 이유를 이해하기 위해서 다음 반응을 생각하자.

$$N_2O_4(g) \rightleftharpoons 2NO_2(g) \qquad \text{반응열} = 58.0\ \text{kJ}$$

정반응은 흡열 반응이다(열을 흡수한다).

$$\text{열} + N_2O_4(g) \rightleftharpoons 2NO_2(g)$$

열을 반응물로 생각한다면 Le Châtelier의 원리에 따라서 열을 가하거나 제거했을 때 어떤 일이 일어날지 예측할 수 있다. 온도를 높이면(열을 가해서) 열이 반응물 쪽에 있으므로 반응은 정반응 쪽으로 이동할 것이다. 온도를 낮추면(열을 제거해서) 반응은 역반응 쪽으로 이동할 것이다. 따라서 평형 상수는 다음과 같다.

$$K = \frac{[NO_2]^2}{[N_2O_4]}$$

계가 가열되면 증가하고 계가 냉각되면 감소한다(그림 13.10). 발열 반응에 대해서도 같은 논리를 적용할 수 있는데, 여기서 열은 생성물로 간주할 수 있다. 발열 반응의 온도가 증가하면 평형 상수는 감소하고, 평형은 반응물 쪽으로 이동한다.

그림 13.10 (a) $N_2O_4-NO_2$ 평형 (b) 이 반응은 흡열 반응이므로 온도가 증가하면 $N_2O_4(g) \rightleftharpoons 2NO_2(g)$ 평형은 생성물 쪽으로 이동하므로 반응 혼합물의 색은 진해진다.

그림 13.11 (a) $CoCl_4^{2-}$ 이온과 $Co(H_2O)_6^{2+}$ 이온의 평형 혼합물은 보라색을 띤다. (b) 분젠 버너로 가열하면 $CoCl_4^{2-}$의 형성을 촉진(선호)하여 용액은 파란색을 띤다. (c) 얼음물로 냉각시키면 $Co(H_2O)_6^{2+}$의 형성을 촉진(선호)하여 용액은 분홍색을 띤다.

이러한 현상을 보이는 또 다른 예로는 다음 이온들 사이의 평형이 있다.

$$CoCl_4^{2-} + 6H_2O \rightleftharpoons Co(H_2O)_6^{2+} + 4Cl^- + \text{열}$$

위에 나타낸 $Co(H_2O)_6^{2+}$의 평형 반응은 발열 반응이다. 따라서 $CoCl_4^{2-}$가 형성되는 역반응은 흡열 반응이다. 가열하면 평형은 왼쪽으로 이동하고 용액은 파랗게 변한다. 하지만 냉각시키면 발열 반응[$Co(H_2O)_6^{2+}$의 형성]을 촉진(선호)하고 용액은 분홍색을 띤다(그림 13.11).

요약하면, 온도를 높여주면 흡열반응을 촉진하고 온도를 낮춰주면 발열 반응을 촉진한다. 온도는 평형 상수값을 변화시킴으로써 평형의 위치에 영향을 미친다.

연습문제

13.1절: 반응 속도

13.1 반응 속도에 영향을 주는 요인은 무엇인가?

13.2 반응의 온도를 증가시키면 반응 속도는 증가한다. 그 이유를 설명하시오.

13.2절: 화학 평형

13.3 평형은 반응 속도와 어떤 관계에 있는가?

13.4 생활 속에서 발견되는 동적 평형의 예를 드시오.

13.5 다음 진술 중 평형에 있는 계를 맞게 기술한 것은?
(a) 반응물의 농도는 생성물의 농도와 같다.
(b) 반응물의 농도는 정확히 화학량론적 양이 존재해야 한다.
(c) 생성물이 형성되는 속도는 반응물이 형성되는 속도와 같다.

13.3절: 평형 상수

13.6 다음 각 반응에 대한 평형 상수식을 쓰시오.

(a) $SO_2(g)+O_2(g) \rightleftharpoons SO_3(g)$
(b) $4NH_3(g)+3O_2(g) \rightleftharpoons 2N_2(g)+6H_2O(g)$
(c) $2H_2S(g)+SO_2(g) \rightleftharpoons 3S(g)+2H_2O(g)$
(d) $CO(g)+2H_2(g) \rightleftharpoons CH_3OH(g)$

13.7 다음 각 반응에 대한 평형 상수식을 쓰시오.
(a) $2Cl_2(g)+O_2(g) \rightleftharpoons 2OCl_2(g)$
(b) $4NO_2(g)+O_2(g) \rightleftharpoons 2N_2O_5(g)$
(c) $2NO(g)+O_2(g) \rightleftharpoons 2NO_2(g)$
(d) $2H_2S(g)+3O_2(g) \rightleftharpoons 2SO_2(g)+2H_2O(g)$

13.8 다음 반응을 생각해보자.
$$2NO(g)+2H_2(g) \rightleftharpoons N_2(g)+2H_2O(g)$$
어떤 온도에서 평형 농도는 다음과 같다: $[NO]=0.31\,M$, $[H_2]=0.16\,M$, $[N_2]=0.082\,M$, $[H_2O]=4.64\,M$.
(a) 이 반응에 대한 평형 상수식을 쓰시오.
(b) 평형 상수값을 결정하시오.

13.9 다음 반응에 대해서 평형 농도는 다음과 같다.
$[N_2]=0.150\,M$, $[H_2]=0.300\,M$, $[NH_3]=0.070\,M$
이 반응에 대한 평형 상수를 계산하시오.
$$N_2(g)+3H_2(g) \rightleftharpoons 2NH_3(g)$$

13.10 다음 반응에 대한 평형 농도는 다음과 같다.
$[SO_2]=0.0022\,M$, $[O_2]=0.12\,M$, $[SO_3]=1.97\,M$
이 반응에 대한 평형 상수를 계산하시오.
$$2SO_2(g)+O_2(g) \rightleftharpoons 2SO_3(g)$$

13.11 다음 반응에 대한 평형 농도는 다음과 같다.
$[CH_4]=0.098\,M$, $[H_2S]=0.75\,M$, $[H_2]=1.08\,M$
$[CS_2]=1.54\,M$
이 반응에 대한 평형 상수를 계산하시오.
$$CH_4(g)+2H_2S(g) \rightleftharpoons CS_2(g)+4H_2(g)$$

13.12 다음 반응에 대한 평형 농도는 다음과 같다.
$[A]=0.0212\,M$
$[C]=0.0410\,M$
$[D]=0.0127\,M$
평형 상수를 사용하여 B의 평형 농도를 계산하시오.
$A(aq)+3B(aq) \rightleftharpoons 2C(aq)+D(aq)$
$$K=1.57\times10^{-2}$$

13.13 다음 각각의 평형 상수식에 맞는 균형 맞춤 화학 반응식을 쓰시오.
(a) $K=\dfrac{[H_2]^4[CS_2]}{[H_2S]^2[CH_4]}$
(b) $K=\dfrac{[H_2O]^2[Cl_2]^2}{[HCl]^4[O_2]}$
(c) $K=\dfrac{[NO_2]^2}{[N_2O_4]}$

13.14 어떤 온도에서 다음 반응에 대한 평형 상수는 2.8×10^2이다.
$$2SO_2(g)+O_2(g) \rightleftharpoons 2SO_3(g)$$
만약 $[SO_2]=0.0124\,M$, $[O_2]=0.031\,M$이라면, $[SO_3]$ 값은 얼마인가?

13.15 어떤 온도에서 반응 $A \rightleftharpoons B$에 대한 평형 상수 $K=10$이다.
(1) 다음 그림 중에서 반응물 A만으로 출발하여 평형 상태에 있는 계를 나타낸 것은?
(2) $K=0.10$인 반응의 평형 상태에 있는 계를 나타낸 것은?
회색 구는 분자 A를, 초록색 구는 분자 B를 나타낸다.

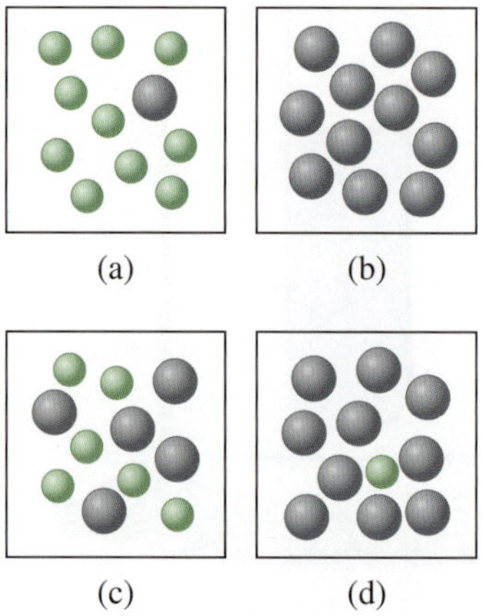

13.16 반응 $A+B \rightleftharpoons 2C$를 생각해보자. 다음 중 맨 위 그림은 평형 상태에 있는 계를 나타낸다. 여기서 A=, B=, C=. 그림 (a)~(d) 중 어느 것이 평형에 있는 계를 나타내는가?

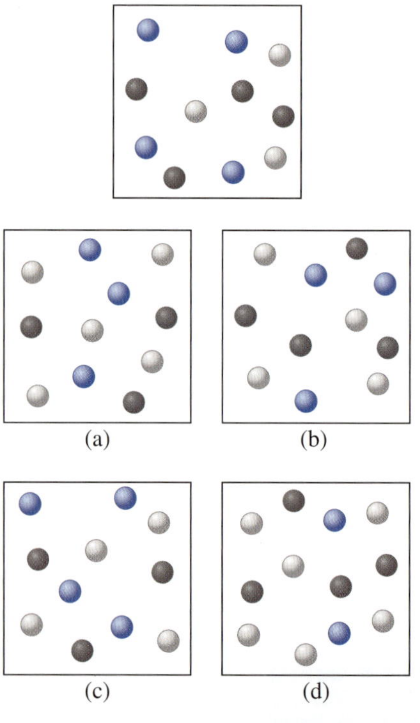

13.17 다음 반응을 고려해보자: $2X+Y \rightleftharpoons 2Z$. 아래 그림 중 맨 위의 그림은 평형 상태를 나타낸다: X=, Y=, Z=. 그림 (a)~(d) 중 어떤 것이 평형 상태의 계를 나타내는가?

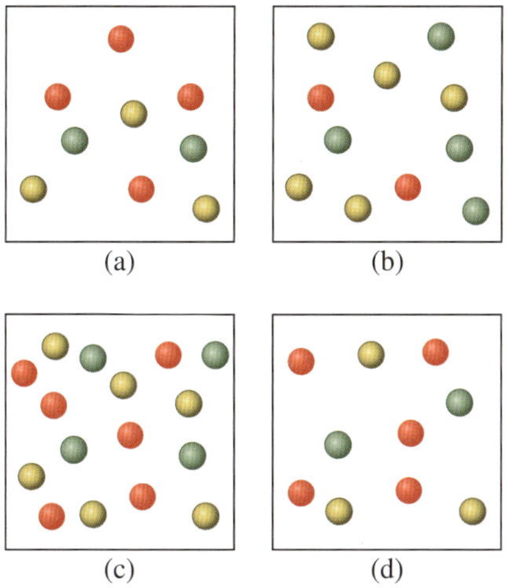

13.18 다음 각각의 반응에서 평형에서 생성물의 농도가 더 진한지 아니면 반응물의 농도가 더 진한지 결정하시오.

(a) $PCl_5(g) \rightleftharpoons PCl_3(g)+Cl_2(g)$, $K=12.6$

(b) $H_2C_2O_4(aq) \rightleftharpoons H^+(aq)+HC_2O_4^-(aq)$, $K=6.5\times10^{-2}$

(c) $H_2S(aq) \rightleftharpoons 2H^+(aq)+S^{2-}(aq)$, $K=9.5\times10^{-27}$

(d) $H_2(g)+Br_2(g) \rightleftharpoons 2HBr(g)$, $K=2.2\times10^6$

13.4절: 평형에 영향을 미치는 요인

13.19 다음의 화학 반응을 생각해보자.

$$4NH_3(g)+3O_2(g) \rightleftharpoons 2N_2(g)+6H_2O(g)$$

다음의 변화를 주면 어느 방향으로 평형이 이동할지 예측하시오.

(a) NH_3를 첨가하였다. (b) N_2를 첨가하였다.
(c) H_2O를 제거하였다. (d) O_2를 제거하였다.

13.20 다음의 화학 반응을 생각해보자.

$$CS_2(s)+4H_2(g) \rightleftharpoons CH_4(g)+2H_2S(g)$$

다음의 변화를 주면 어느 방향으로 평형이 이동할지 예측하시오.

(a) H_2를 첨가하였다. (b) CH_4를 첨가하였다.
(c) CS_2를 제거하였다. (d) H_2S를 제거하였다.

13.21 부피가 감소하는 경우 다음 각각의 평형은 어느 방향으로 이동하겠는가?

(a) $PCl_3(g)+3NH_3(g) \rightleftharpoons P(NH_2)_3(g)+3HCl(g)$

(b) $2NO(g)+Br_2(g) \rightleftharpoons 2NOBr(g)$

(c) $2HI(g) \rightleftharpoons H_2(g)+I_2(g)$

13.22 온도가 증가하는 경우 다음 각각의 평형은 어느 방향으로 이동하겠는가?

(a) $2H_2O(g) \rightleftharpoons 2H_2(g)+O_2(g)$ (흡열 반응)

(b) $H_2(g)+Cl_2(g) \rightleftharpoons 2HCl(g)$ (발열 반응)

(c) $2C_2H_6(g)+7O_2(g) \rightleftharpoons 4CO_2(g)+6H_2O(g)$ (발열 반응)

13.23 다음 그림은 어떤 온도에서 발열 반응 $AB \rightleftharpoons A+B$의 기체상 평형 혼합물을 나타낸다. 다음 각각의 변화를 주면 계에는 어떤 변화가 일어나는지 설명하시오.

(a) 온도 감소 (b) 부피 증가

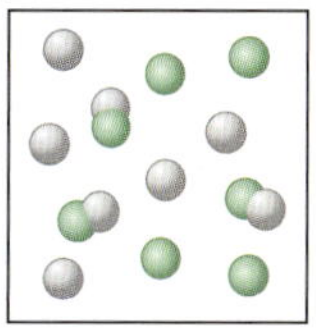

13.24 다음 그림은 온도 T_1과 T_2에서 O_2와 O_3의 평형 혼합물을 나타낸다($T_2>T_1$).

(a) 정반응이 발열 반응임을 보여주는 평형식을 쓰시오.

(b) 일정한 온도에서 부피가 감소하면 O_2와 O_3 분자의 개수는 어떻게 변하겠는가?

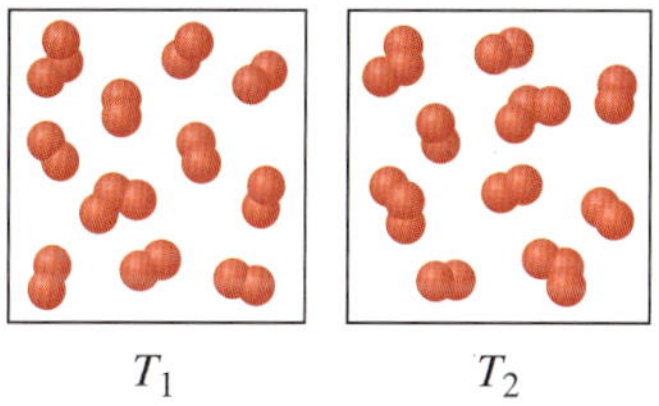

예제 속 추가문제 정답

13.1.1 (a) $K=\dfrac{[N_2]^2[O_2]}{[N_2O]^2}$ (b) $K=\dfrac{[NO]^2[Br_2]}{[NOBr]^2}$ (c) $K=\dfrac{[H^+][F^-]}{[HF]}$ (d) $K=\dfrac{[CO_2][H_2]}{[CO][H_2O]}$ (e) $K=\dfrac{[CS_2][H_2]^4}{[CH_4][H_2S]^2}$ (f) $K=\dfrac{[H^+]^2[C_2O_4^{2-}]}{[H_2C_2O_4]}$ **13.1.2** (a) $H_2(g)+Cl_2(g) \rightleftharpoons 2HCl(g)$ (b) $H^+(aq)+F^-(aq) \rightleftharpoons HF(aq)$ (c) $Cr^{3+}(g)+4OH^-(aq) \rightleftharpoons Cr(OH)_4^-(aq)$ (d) $HClO(aq) \rightleftharpoons H^+(aq)+ClO^-(aq)$ (e) $H_2SO_3(aq) \rightleftharpoons H^+(aq)+HSO_3^-(aq)$ (f) $2NO(g)+Br_2(g) \rightleftharpoons 2NOBr(g)$

13.2.1 $K=\dfrac{[BrCl]^2}{[Br_2][Cl_2]}=\dfrac{(1.4\times10^{-2})^2}{(2.3\times10^{-3})(1.2\times10^{-2})}=7.1$ **13.2.2** $1.6\times10^{-2}\,M$ **13.3.1** (a) 오른쪽 (b) 왼쪽 (c) 오른쪽 (d) 왼쪽 **13.3.2** (a) $Ag(NH_3)_2^+$ (b) Ag^+ 또는 NH_3 (c) Ag^+ 또는 NH_3 **13.4.1** (a) 오른쪽 (b) 오른쪽 (c) 왼쪽 **13.4.2** 오른쪽: H_2 또는 F_2를 첨가하거나 HF를 제거, 왼쪽: H_2 또는 F_2를 제거하거나 HF를 첨가, 어느 쪽으로도 이동하지 않음: 부피를 변화시킴

CHAPTER 14

유기 화학

Organic Chemistry

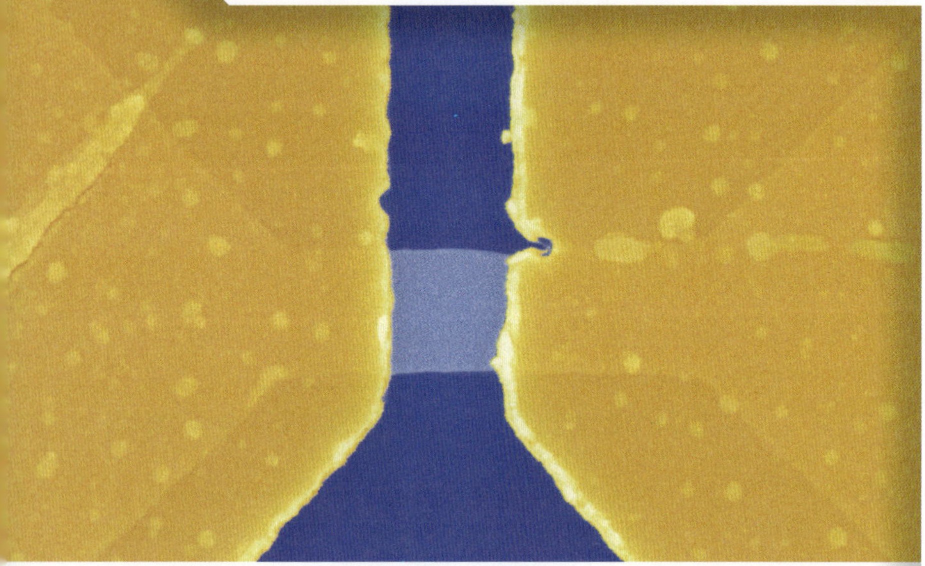

그래핀(graphene)으로 알려진 원자 두께의 탄소 판은 트랜지스터의 두 면을 연결한다. 그래핀은 높은 강도와 유연성 그리고 전도성을 통해 전자 응용 분야에서 큰 가능성을 보여왔다.

이 장의 목표

탄소를 함유한 물질의 독특한 화학에 대해 알아본다.

들어가기 전에 미리 알아둘 것

- 루이스(Lewis) 구조 [|◀◀6.1절]
- 분자 형태 [|◀◀6.4절]
- 6장 주요 내용 [|◀◀226~227쪽]

유기 화학은 일반적으로 탄소를 포함한 화합물에 관한 연구로 정의된다. 그러나 이러한 정의는 무기(inorganic) 화합물로 여겨지는 사이안화 소듐(NaCN)과 탄산 바륨($BaCO_3$)과 같은 사이안화물과 탄산 금속도 탄소를 포함하기 때문에 완전히 만족스러운 정의는 아니다. 어떤 유기 화합물은 수소를 포함하지 않고 산소, 황, 질소, 인, 할로젠과 같은 다른 원소들을 포함하지만, 그렇더라도 유기 화학을 탄소와 수소를 포함하는 화합물에 관한 연구라고 정의하는 것이 좀 더 유용하다고 할 것이다.

CH_4	C_2H_5OH	$C_5H_7O_4COOH$	CH_3NH_2	CCl_4
메테인 (methane)	에탄올 (ethanol)	아스코르브산 (ascorbic acid)	메틸아민 (methylamine)	사염화 탄소 (carbon tetrachloride)

유기 화학에 대한 연구 초기에는 식물과 동물 같은 생물로부터 나온 화합물과 바위와 같은 무생물에서 나온 화합물 사이에는 근본적인 차이가 있다고 여겨졌다. 그래서 식물이나 동물에서 얻은 화합물을 유기물(organic)이라 했고, 반면 무생물에서 얻은 화합물은 무기물(inorganic)이라 했다. 사실, 19세기 초까지 과학자들은 자연만이 유기 화합물을 생산할 수 있다고 믿었다. 그런데 1829년에 Friedrich Wöhler가 사이안산 납(lead cyanate)과 암모니아 수용액을 섞어 잘 알려져 있는 유기 화합물인 요소를 만들었다. 이 장에서는 생물학적으로 중요한 여러 종류의 유기 화합물에 대해 알아볼 것이다.

$$Pb(OCN)_2 + 2NH_3 + 2H_2O \xrightarrow{\text{열}} \underset{\text{요소}}{2NH_2CONH_2} + Pb(OH)_2$$

Wöhler는 요소 합성을 통해 유기 화합물은 무기 화합물과 근본적으로 다르고 자연에 의해서만 생성될 수 있다는 관념을 지워버렸다. 이제는 다양한 종류의 유기 화합물을 실험실에서 합성할 수 있다는 것을 알고 있다. 사실, 수천 개의 새로운 유기 화합물이 해마다 연구 실험실에서 생산되고 있다. 이 장에서는 생물학적으로 중요한 여러 종류의 유기 화합물에 대해 알아볼 것이다.

14.1 왜 탄소는 다른가?

주기율표에서 탄소의 위치(14족, 2주기)로 인해 탄소는 수백만 종류의 서로 다른 화합물을 형

학생 노트
비활성 기체의 등전자 구조를 갖는 이온을 형성하기 위해, C 원자는 4개의 전자를 얻거나 잃어야만 한다. 이것은 일반적으로 에너지 관점에서 볼 때 불가능한 것이다[|◀◀ 3.7절].

성할 수 있는 독특한 성질이 있다.

- 탄소의 전자 배치([He]$2s^2 2p^2$)는 이온 형성이 어렵다. 또한 금속과 비금속 사이에 놓이는 탄소의 전기 음성도[|◀◀ 6.5절]는 탄소로 하여금 전자를 공유하여 팔전자 규칙을 완성하게 한다. 탄소 화합물의 거의 대부분이 최대 4개의 공유 결합을 형성하며, 이 결합들은 4개의 서로 다른 방향으로 놓일 수 있다.

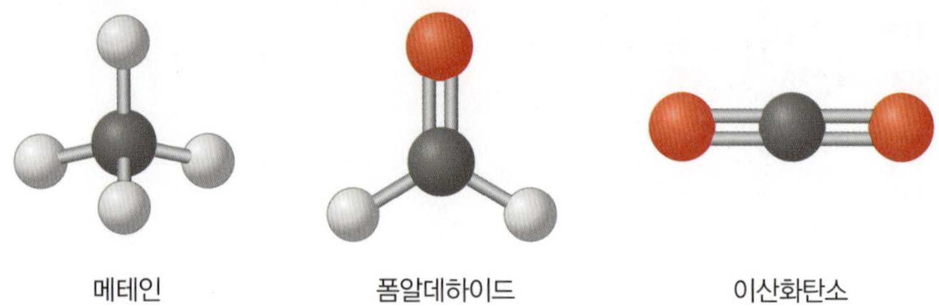

- 탄소의 작은 원자 반지름은 다른 탄소 원자가 매우 가까이 접근하는 것을 허용하여 짧고 강한 탄소–탄소 결합과 안정한 탄소 화합물을 만든다.
- 탄소 원자들 사이의 짧은 거리는 또한 이중 그리고 삼중 결합의 형성을 가능하게 한다.

이러한 특성으로 탄소는 단일, 이중, 삼중 탄소–탄소 결합을 포함하는 사슬(직선, 가지, 고리)을 형성할 수 있다.

가장 중요한 고리형 유기 화합물 중의 하나는 벤젠(C_6H_6)이다. 벤젠은 두 개의 다른 공명 구조로 나타낼 수 있다[|◀◀ 6.3절].

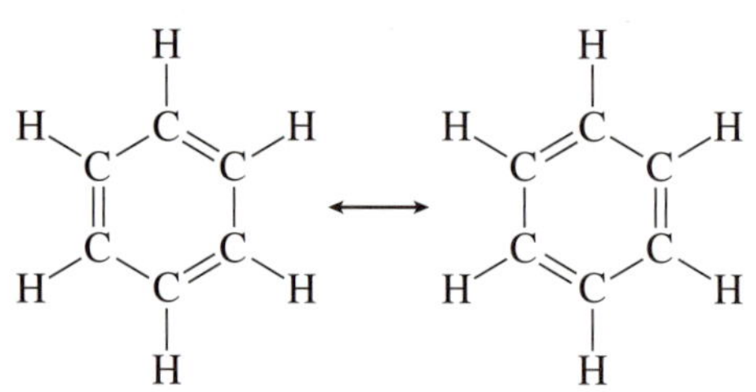

이 두 개의 구조는 단일 구조로 표현될 수도 있다.

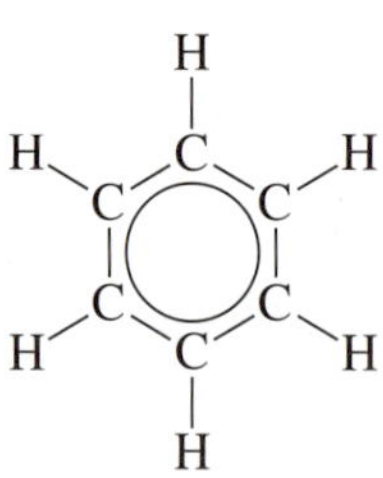

구조 안쪽에 있는 원은 두 개의 공명 구조에 그려진 번갈아 있는 단일 그리고 이중 결합을 나타낸다(이 구조는 탄소–탄소 결합의 몇 개는 단일 결합이고 나머지는 이중 결합이 아닌 모두 똑같은 결합으로 표현한 점에서 더 현실적이다).

벤젠산은 표 12.6에 나열된 약산 중 하나이다.

벤젠 고리는 일반적으로 다른 분자의 부분으로 발생한다. 그중 하나가 12장에서 봤던 벤조산(benzoic acid)이다. 벤젠과 벤젠 고리를 포함하는 분자들을 방향족(aromatic) 화합물이라 부른다. 방향족 화합물은 원래 그 특징인 향기(aroma) 때문에 그렇게 명명되었다. 나중에야 그 구조가 결정되어 공통적으로 벤젠 고리를 갖는 것으로 밝혀졌다. 벤젠 고리를 포함하지 않는 유기 분자들은 지방족(aliphatic) 화합물이라 불린다.

벤젠

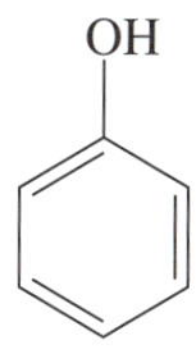
페놀

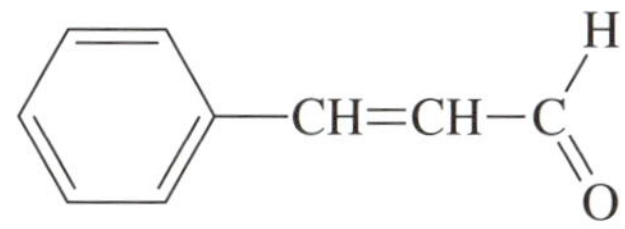
신남알데하이드

방향족 화합물

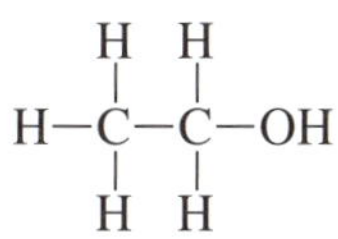
에탄올

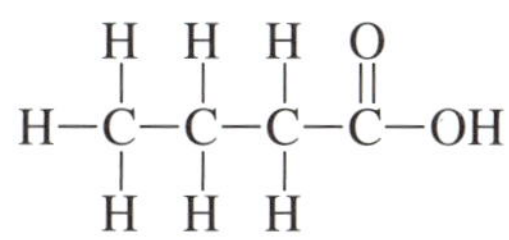
뷰티르산

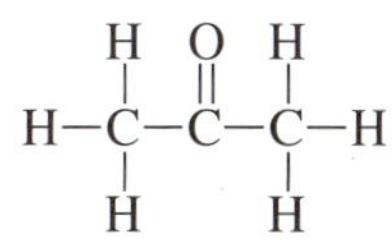
아세톤

지방족 화합물

14.2 탄화수소

탄소와 수소만을 포함하고 있는 가장 단순한 유기 화합물을 **탄화수소**(hydrocarbon)라 한다. 탄소는 단일, 이중, 삼중 결합을 형성할 수 있기 때문에, 탄화수소는 고유의 구조적 특징 및 화학적 성질을 갖는 다양한 형태를 취한다. 이 절에서는 세 종류의 단순한 지방족 탄화수소와 이들의 반응 몇 가지를 살펴볼 것이다.

알케인

탄소-탄소 단일 결합만을 포함하는 탄화수소를 **알케인**(alkane)이라 부른다. 가장 일반적이고 친숙한 알케인 중 네 가지는 메테인(methane, 천연가스의 주성분), 에테인(ethane, 천연가스의 부성분), 프로페인(propane, 가스 그릴에 사용되는 연료), 뷰테인(butane, 휴대용 라이터의 연료)이다.

학생 노트
일반적인 조건에서 프로페인과 뷰테인은 기체이다. 그들은 연료로 사용되기 위해 일반적으로 액체 상태로 압축된다.

CH_4	C_2H_6	C_3H_8	C_4H_{10}
메테인	에테인	프로페인	뷰테인

이와 같은 단순한 알케인의 이름은 그들이 포함하는 탄소의 수에 의존한다. 표 14.1에는 첫 10개의 직선 사슬 알케인의 분자식과 이름 그리고 구조식을 제시하였다. 접두사 '*n*'은 보통(normal)을 나타내며 분자 내 탄소는 직선이고 가지가 없는 사슬로 배열된다.

표 14.1 몇 가지 단순한 알케인의 화학식, 이름, 구조

화학식	이름	구조
CH_4	메테인	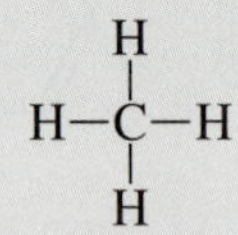
C_2H_6	에테인	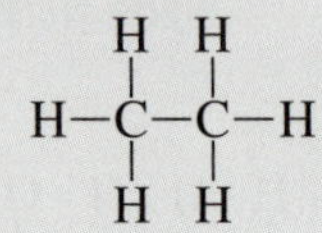
C_3H_8	프로페인	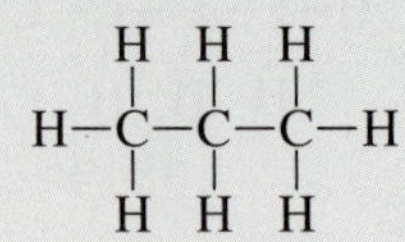
C_4H_{10}	뷰테인	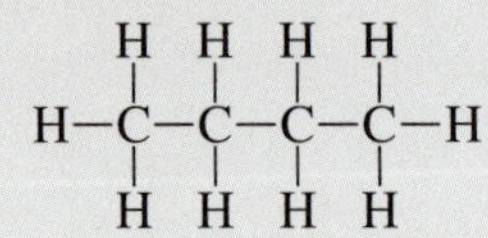
C_5H_{12}	펜테인	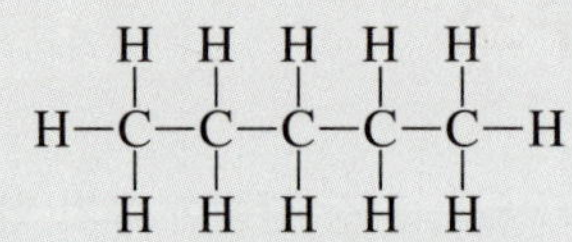
C_6H_{14}	헥세인	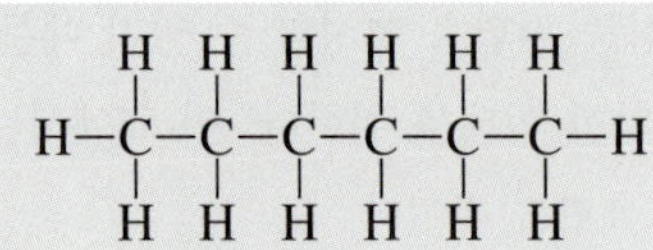
C_7H_{16}	헵테인	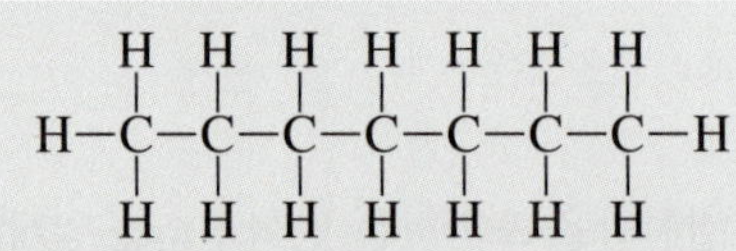
C_8H_{18}	옥테인	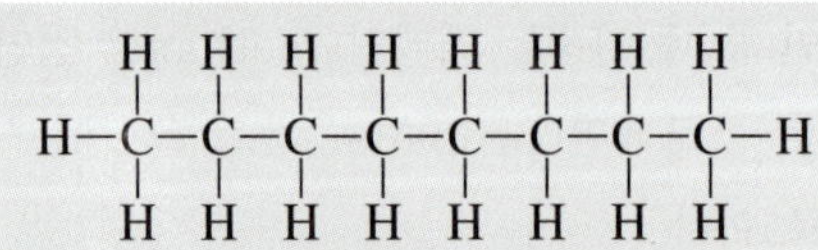
C_9H_{20}	노네인	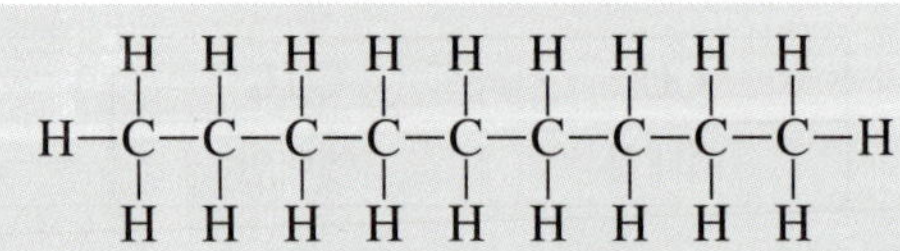
$C_{10}H_{22}$	데케인	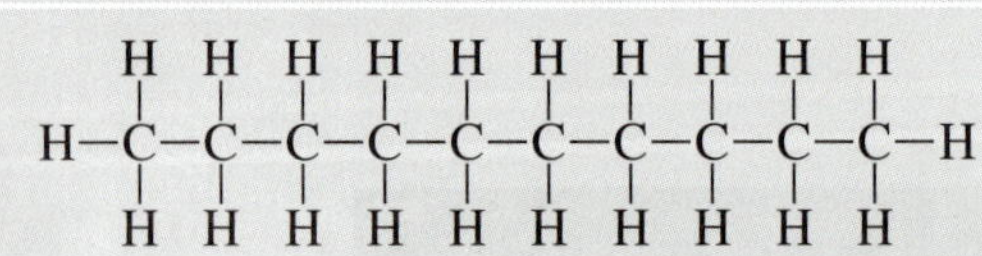

탄소 원자가 n개인 알케인은 $2n+2$개의 수소 원자를 갖는다. 단순한 알케인의 화학식은 다음과 같다.

$$C_nH_{2n+2}$$

알케인은 **포화**(saturated) 탄화수소로 알려져 있다. 포화 탄화수소는 다중 결합을 갖고 있지 않고, 탄소 원자에 대한 수소의 가능한 비율이 가장 높다. 식이지방과 관련하여 사용되는 포화라는 용어를 들었을 수도 있다. 포화 지방은 동물에서 기원되며 전형적으로 실온에서 고체인 반면, 불포화 지방은 일반적으로 식물성 제품이고 주로 실온에서 액체이다.

알켄과 알카인

하나의 탄소−탄소 이중 결합을 포함하는 탄화수소를 **알켄**(alkene)이라 하고, 하나의 탄소−탄소 삼중 결합을 포함하는 것을 **알카인**(alkyne)이라 한다. 단순한 알켄의 일반적인 화학식은 다음과 같다.

$$C_nH_{2n}$$

그리고 단순한 알카인의 화학식은 다음과 같다.

$$C_nH_{2n-2}$$

가장 친숙한 알켄은 일반적으로 에틸렌(ethylene)으로 알려져 있는 에텐(ethene)이며, 이것은 상업적으로 바나나, 망고, 파파야와 같은 과일의 숙성을 촉진하기 위해 사용된다.

C_2H_4 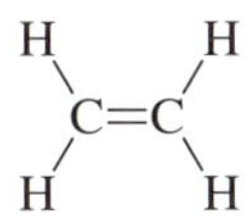		

가장 친숙한 알카인은 아세틸렌(acetylene)으로 잘 알려져 있는 에타인(ethyne)이며, 이것은 용접에서 연료로 사용된다.

C_2H_2 H−C≡C−H	

알켄과 알카인은 **불포화**(unsaturated) 탄화수소이다. 불포화 탄화수소는 포화 탄화수소보다 낮은 수소 대 탄소 비율을 갖는다.

예제 14.1에서는 탄화수소의 화학식을 사용하여 탄화수소를 분류하는 연습을 할 수 있다.

예제 14.1 화학식을 이용한 탄화수소의 분류

다음의 각 탄화수소가 알케인, 알켄, 알카인인지 결정하시오.

(a) C_4H_{10} (b) C_5H_{10} (c) C_8H_{14} (d) C_6H_{12}

전략 탄소 대 수소의 비율을 이용하여 화합물이 알케인, 알켄, 알카인인지 결정한다.

계획 알케인은 C_nH_{2n+2}, 알켄은 C_nH_{2n}, 알카인은 C_nH_{2n-2}의 화학식을 갖는다.

풀이 (a) C_4H_{10}은 알케인의 화학식 C_nH_{2n+2}와 일치한다. [$n=4$, $2n+2=10$]

(b) C_5H_{10}은 알켄의 화학식 C_nH_{2n}와 일치한다. [$n=5$, $2n=10$]

(c) C_8H_{14}은 알카인의 화학식 C_nH_{2n-2}와 일치한다. [$n=8$, $2n-2=14$]

(d) C_6H_{12}은 알켄의 화학식 C_nH_{2n}와 일치한다. [$n=6$, $2n=12$]

생각해보기

탄소 대 수소의 비율이 증가할수록 탄화수소는 덜 포화된다.

추가문제 1 다음의 각 탄화수소가 알케인, 알켄, 알카인인지 결정하시오.

(a) C_6H_{10} (b) C_5H_{12} (c) C_8H_{16} (d) C_5H_8

추가문제 2 주어진 탄화수소는 18개의 수소 원자를 포함한다. 탄화수소가 (a) 알케인, (b) 알켄, (c) 알카인이 되기 위해 갖는 탄소의 수를 결정하시오.

추가문제 3 아이소프렌(isoprene)은 많은 나무와 식물에 의해서 방출되고 인간 호흡에서 발견되는 탄화수소이다. 이것은 탄소-탄소 이중 결합을 포함한다. 2개의 이중 결합을 포함하는 탄화수소의 일반 화학식을 결정하시오.

탄화수소의 반응

10장에서 산소와 반응하여 이산화탄소와 수증기 그리고 열을 내며 연소 반응(combustion reation)을 하는 탄화수소 몇 가지를 보았다. 탄화수소의 연소 반응을 통해 방출되는 상당한 열에너지는 화석 연료를 인간의 삶의 필수 요소로 만든다. 석탄, 천연가스, 석유, 가솔린을 포함한 화석 연료는 거의 대부분 탄소와 탄화수소로 구성되어 있으며, 화석 연료의 연소는 미국에서 생산되는 에너지의 대부분을 차지한다. 탄화수소의 연소를 나타내는 화학 반응식은 다음과 같다.

$$C_nH_m + \text{과량 } O_2 \longrightarrow nCO_2 + \frac{m}{2}H_2O$$

- 프로페인(C_3H_8)의 경우, $n=3$이고 $m=8$:

$$C_3H_8 + \text{과량 } O_2 \longrightarrow 3CO_2 + 4H_2O$$

- n-펜테인(C_5H_{12})의 경우, $n=5$이고 $m=12$:

$$C_5H_{12} + \text{과량 } O_2 \longrightarrow 5CO_2 + 6H_2O$$

- 벤젠(C_6H_6)의 경우, $n=6$이고 $m=6$:

$$C_6H_6 + \text{과량 } O_2 \longrightarrow 6CO_2 + 3H_2O$$

- 에타인(아세틸렌, C_2H_2)의 경우, $n=2$이고 $m=2$:

$$C_2H_2 + \text{과량 } O_2 \longrightarrow 2CO_2 + H_2O$$

포화 탄화수소의 반응과 불포화 탄화수소의 반응이 다소 다르긴 하지만, 탄화수소는 연소 반응뿐만 아니라 할로젠과도 반응할 수 있다. 알케인은 할로젠과 반응하여 하나 이상의 수소 원자가 할로젠 원자로 치환되는 치환 알케인을 생성한다. 연소와 달리, 이러한 치환 반응(substitution reaction)을 위해서는 열 또는 빛 형태의 에너지를 흡수한다. 다음의 예는 메테인의 염소화와 에테인의 브로민화 반응이다.

메테인의 염소화 반응: $CH_4 + Cl_2 \longrightarrow CH_3Cl + HCl$

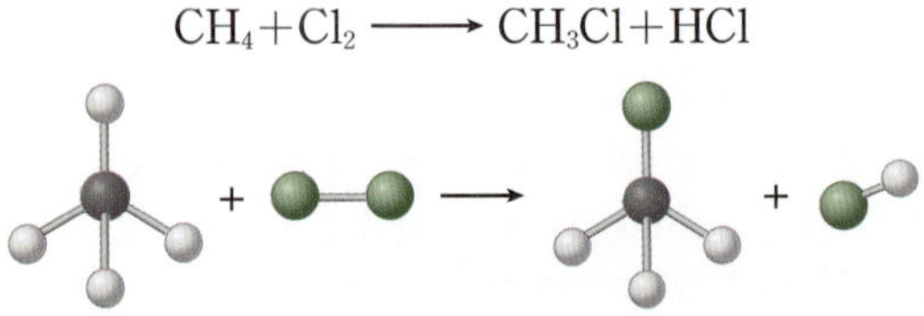

에테인의 브로민화 반응: 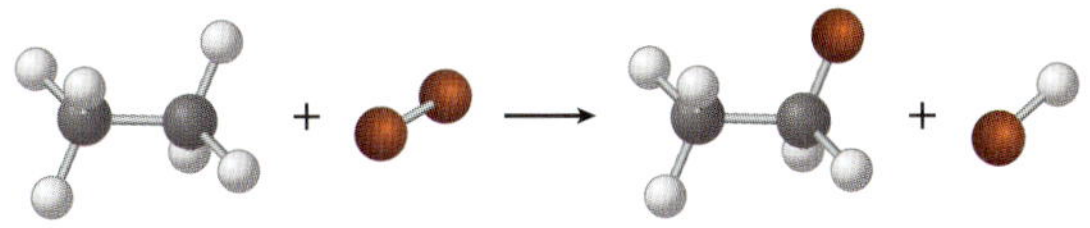

각 경우와 조건에 따라서 1개보다 더 많은 수소 원자가 할로젠 원자로 치환될 수 있는데, 이것은 다양한 생성물을 초래할 수 있다.

불포화 탄화수소가 할로젠과 반응할 때, 반응은 치환이 아닌 첨가(addition)이다. 예를 들어, 에텐(에틸렌, C_2H_4)이 Cl_2와 반응할 때, 결과는 각 탄소 원자에 염소 원자가 첨가된다.

$$C_2H_4 + Cl_2 \longrightarrow C_2H_4Cl_2$$

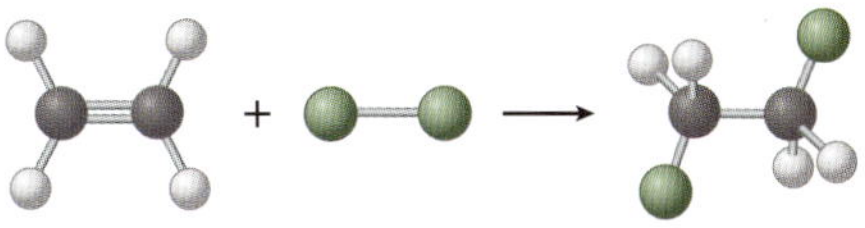

이것은 '이중 결합을 통해' 첨가된 것으로 알려져 있으며, 불포화 탄화수소를 치환된 포화 탄화수소로 전환한다.

불포화 탄화수소는 또한 **수소 첨가 반응**(hydrogenation)으로 알려진 첨가 반응에서 수소(H_2)와 반응할 수 있다. 수소는 이중 결합을 통해 첨가되어 불포화 탄화수소를 포화 탄화수소로 전환한다.

$$C_2H_4 + H_2 \longrightarrow C_2H_6$$

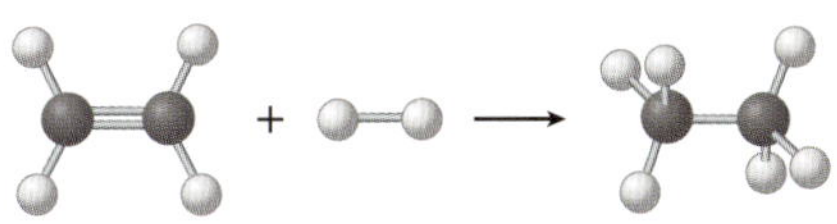

에테인을 생성하는 에타인(아세틸렌, C_2H_2)의 수소 첨가 반응은 아세틸렌 1 mol당 2 mol의 H_2를 필요로 한다.

$$C_2H_2 + 2H_2 \longrightarrow C_2H_6$$

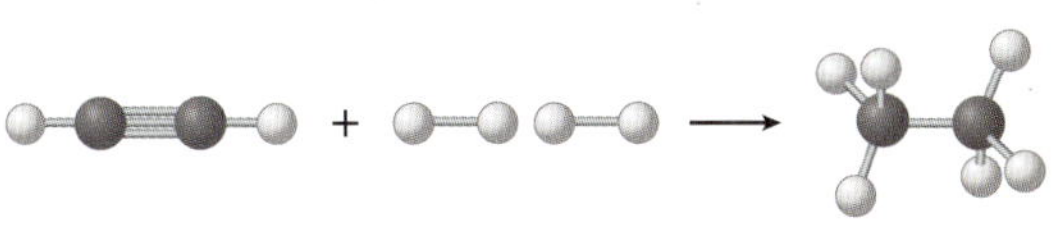

14.3 이성질체

탄소의 다양성과 4개의 결합 요건을 충족시킬 수 있는 다양한 방법의 수 때문에 대부분의 탄화수소의 분자식은 여러 다른 화합물을 나타낼 수 있다. 예를 들어, 화학식 C_4H_{10}은 n-뷰테인을 의미할 수도 있고,

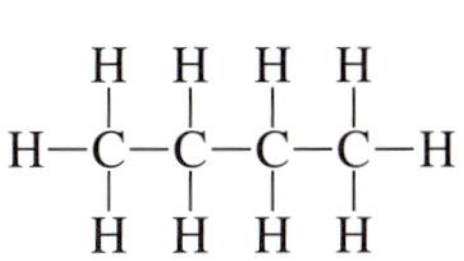

n-뷰테인

또는 아이소뷰테인(isobutane)을 의미할 수도 있다.

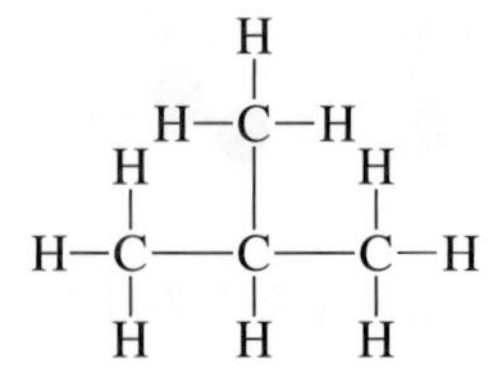

아이소뷰테인

이들 각 분자는 동일한 수의 탄소 원자(4), 동일한 수의 수소 원자(10), 동일한 수의 탄소-탄소 결합(3) 그리고 동일한 수의 탄소-수소 결합(10)을 갖는다. 그러나 두 화합물은 두 분자에서 원자와 결합의 배열이 다르기 때문에 녹는점과 끓는점을 비롯해서 서로 다른 고유한 특성을 갖는다. 동일한 화학식을 갖는 분자들의 상이한 구조를 **구조 이성질체**(structural isomer)라 한다.

학생 노트
구조 이성질체는 구성 이성질체(constitutional isomer)라고도 알려져 있다.

탄화수소의 화학식에서 탄소 원자의 수가 증가함에 따라 가능한 이성질체의 수 또한 증가한다. 예를 들어, 방금 보았듯이 C_4H_{10}에는 두 개의 이성질체가 있다. C_5H_{12}에는 세 개의 이성질체가 있다. C_6H_{14}에는 다섯 개의 이성질체 그리고 C_7H_{16}에는 아홉 개의 이성질체가 있다. 15개의 탄소 원자를 갖는 알케인의 화학식 $C_{15}H_{32}$에는 4천 개보다 더 많은 이성질체가 존재한다.

불포화 탄화수소의 경우, 다중 결합의 상이한 위치로부터 다른 이성질체가 발생할 수 있다. 예를 들어, 분자식 C_4H_8을 갖는 알켄은 이중 결합이 제1 및 제2 탄소 사이 또는 제2 및 제3 탄소 사이에 존재하는지 여부에 따라 1-뷰텐 또는 2-뷰텐일 수 있다.

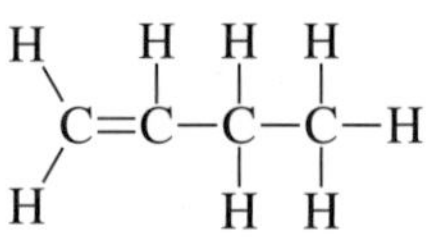

1-뷰텐

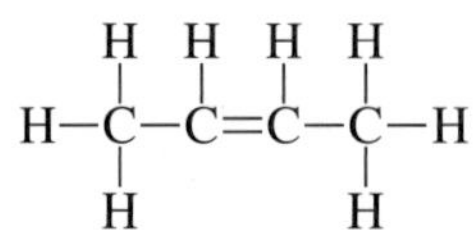

2-뷰텐

다시 말해 분자식은 동일하지만 서로 다른 이성질체이기 때문에, 이 두 화합물은 별개의 성질을 갖는다. 2-뷰텐과 같은 화합물은 이중 결합 둘레에서 기하학적 배열이 다른 또 다른 유형의 이성질체를 보인다.

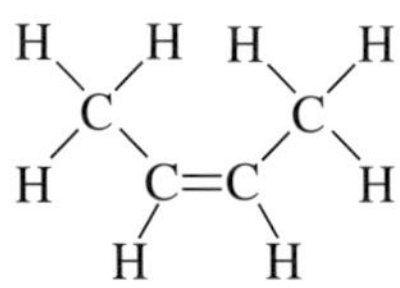

시스-2-뷰텐

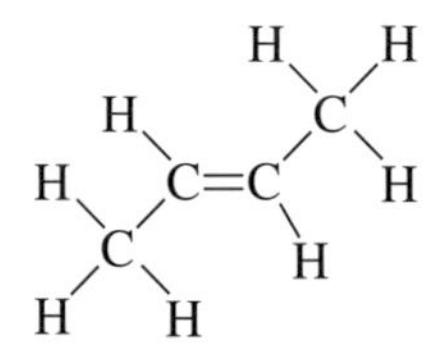

트랜스-2-뷰텐

시스-2-뷰텐 및 트랜스-2-뷰텐 분자들은 **기하 이성질체**(geometrical isomer)로 알려져 있다.

화학과 친해지기

부분적으로 수소가 첨가된 식물성 기름

아마도 트랜스 지방(trans fat)을 둘러싼 부정적인 소식을 들어본 적 있을 것이다. 트랜스 지방은 '나쁜 콜레스테롤'이라고도 알려져 있으며, 저밀도 지단백질의 혈중 농도를 높이는 데 관여하기 때문에 의료계에서는 심장 질환의 위험을 증가시키는 물질로 여기고 있다. 트랜스 지방의 천연 공급원은 상대적으로 적다. 그렇다면 이 지방은 어디에서 왔으며, 어떻게 음식 공급원에 들어갈 수 있을까?

이 지방은 미국에서 구입할 수 있는 음식의 생산과 가공에서 상당량 사용된다. 이 목적을 위해 사용할 수 있는 두 종류의 지방이 있는데, 동물성 지방과 식물성 지방이다. 동물성 지방은 일반적으로 포화이다. 즉, 분자를 구성하는 탄소 사슬에는 탄소-탄소 이중 결합이 들어 있지 않다. 식물성 지방은 일반적으로 불포화이며, 이는 분자가 적어도 일부 이중 결합을 포함한다는 것을 의미한다. 식물성 지방은 건강에 좋은 것으로 여겨지지만 일반적으로 유통기한이 짧아 식품 질감 및 향미에 일관성 없는 결과를 초래할 수 있다.

대중적인 식품 산업에서는 이 문제에 대한 해결책으로, 부분적인 수소 첨가 반응을 통해 식물성 기름을 견고하게 만들어 일관성, 풍미 및 유통 기한 측면에서 포화 지방과 유사하게 만들었다. 수소 첨가 반응은 탄소-탄소 이중 결합을 포함하는 분자에 수소를 첨가하여 단일 결합을 만들고 탄소에 대한 수소의 비율을 증가시킨다. 이름에서 알 수 있듯이, 부분적인 수소 첨가 반응은 기름에 있는 탄소-탄소 이중 결합의 전부는 아니지만 일부에 수소를 첨가한다. 그러나 부분적 수소 첨가 반응을 발생시키는 데 필요한 조건은 또한 기름에 있는 나머지 이중 결합이 자연적으로 발생하는 시스로부터 보다 안정한 트랜스 이성질체로 전환하여 트랜스 지방을 생성하게 한다.

FDA는 트랜스 지방이 인체 건강에 해롭다고 선언했으며, 매년 가공 식품을 단계적으로 폐기할 의도를 발표했는데, 이는 매년 수천 명의 생명을 구할 것이라고 한다.

예제 14.2에서는 탄화수소의 이성질체를 그리는 연습을 할 수 있다.

예제 14.2 탄화수소의 이성질체 그리기

(a) 펜테인과 (b) 펜텐의 이성질체를 그리시오.

전략 접두사로부터 각 물질의 탄소 수를 결정한다. 접두사 펜트-(pent-)는 5개의 탄소 원자가 존재한다는 것을 나타낸다. 끝의 -에인(-ane)은 탄소-탄소 단일 결합만이 있다는 것을 나타내는 반면, -엔(-ene)은 탄소-탄소 이중 결합이 있다는 것을 나타낸다.

계획 수소 원자를 제거하여 분자의 탄소 '골격(skeleton)'만을 먼저 그리는 것이 도움이 된다. 긴 직선 사슬을 먼저 그린 다음 끝에서 하나의 탄소를 취하여 체인의 다른 탄소에 연결하여 다음 이성질체를 만든다. 마지막 단계에서 각 탄소에 충분한 수소 원자를 추가하여 4개의 결합을 만든다.

(a) 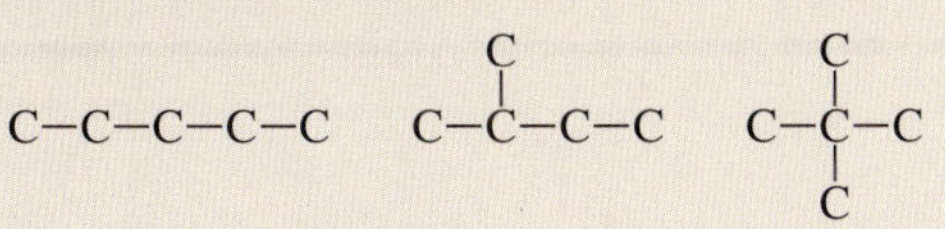

(b) 이 분자에서, 이중 결합의 위치도 달라질 수 있다.

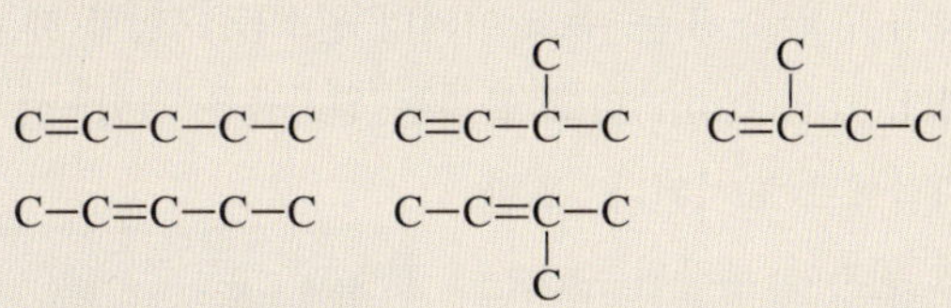

풀이

(a) 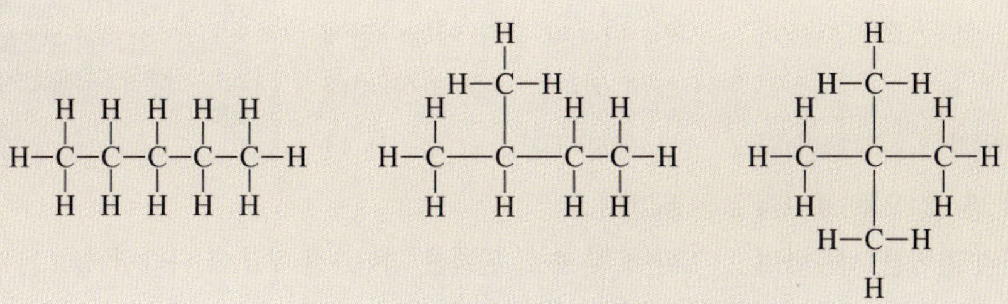

(b) 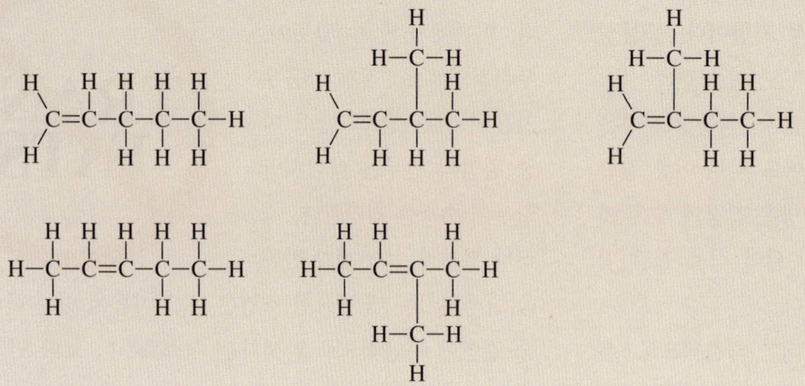

생각해보기

단순히 구조들을 '뒤집어서(flip)' 계획 (a) 부분에 보여진 두 번째 구조와 일치시켜 보면 다음 구조는 모두 동일하다는 것을 알 수 있다.

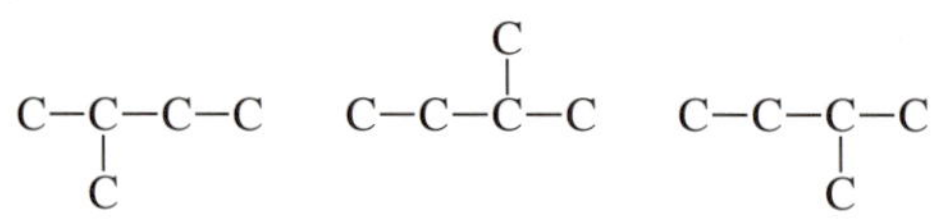

추가문제 1 (a) 헥세인과 (b) 헥사인의 이성질체를 그리시오.

추가문제 2 화학식 C_4H_8을 갖는 알켄이 1-뷰텐과 2-뷰텐(화학과 친해지기 위에 나타냄) 이외의 이성질체를 가질 수 있는지 결정하시오. 다른 추가적인 이성질체를 그리시오.

추가문제 3 다음 분자쌍 중 어느 것이 서로 이성질체인지 식별하시오. 수소 원자는 그림을 단순화하기 위해 생략했고 골격만을 표시하였다.

(a) 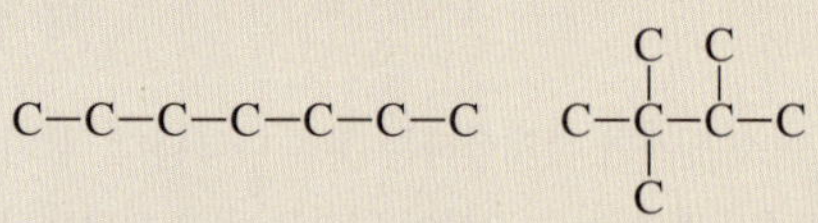

(b) 

(c) 

생각 밖 상식

유기 분자를 결합-선 구조로 표현하기

결합-선 구조는 복잡한 유기 분자를 나타내는 데 특히 유용하다. **결합-선 구조**(bond-line structure)는 탄소-탄소 결합을 나타내는 직선으로 구성된다. 탄소 원자 그 자체(및 붙어 있는 수소 원자)는 보이지 않지만, 그들이 존재한다는 것을 알아야 한다.

여러 탄화수소에 대한 구조식과 결합-선 구조는 다음과 같다.

결합-선 구조의 각 직선의 끝은 탄소 원자에 해당한다(다른 종류의 또 다른 원자가 선의 끝부분에 명시적으로 표시되지 않는 한). 또한 각 탄소 원자는 총 4개의 결합을 제공하며 필요한 만큼의 수소 원자가 각 탄소 원자에 연결되어 있다.

분자가 탄소 또는 수소 이외의 원소를 포함할 때, **헤테로 원자**(heteroatom)라고 불리는 원자들은 결합-선 구조에 명시적으로 표시된다. 또한 탄소 원자에 부착된 수소는 일반적으로 나타내지 않지만, 다음의 분자 에틸아민에 의해 예시된 바와 같이 헤테로 원자에 부착된 수소는 나타낸다.

학생 노트
이 구조식과 결합-선 구조 그리고 앞에서 보여준 구조를 학습하고, 결합-선 구조를 해석하는 방법을 이해했는지 확인한다.

탄소 및 수소 원자를 결합-선 구조에 나타낼 필요는 없지만, C 및 H 원자의 일부는 분자의 특정 부분을 강조하기 위해 표

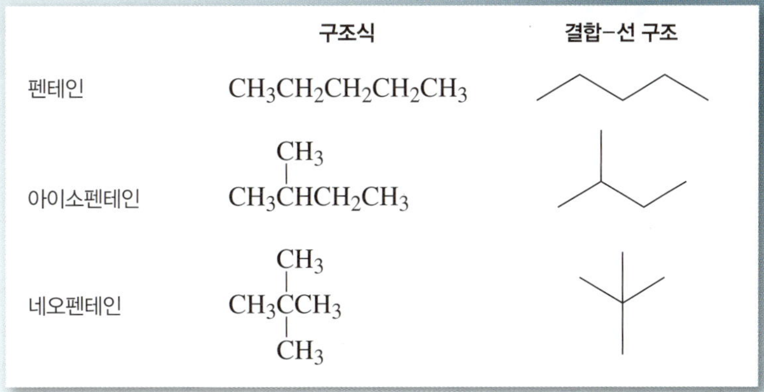

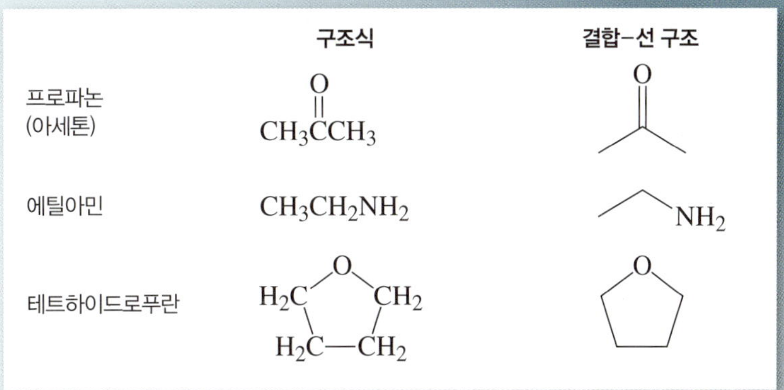

시될 수 있다. 종종 분자를 보여주려 할 때, 화합물의 특성과 반응성을 주로 담당하는 작용기(functional group)를 선택하여 강조한다.

다음 예를 고려해보자.

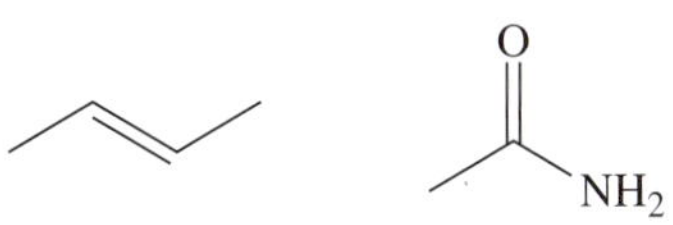

다음과 같이 분자식을 결정할 수 있다. 각 선은 결합을 나타낸다. 이중선은 이중 결합을 나타낸다. 다른 원자가 보이지 않으면 각 선의 끝에 하나의 C 원자를 센다. 마지막으로, 각 C 원자의 팔전자 규칙을 완성하는 데 필요한 H 원자의 수를 센다.

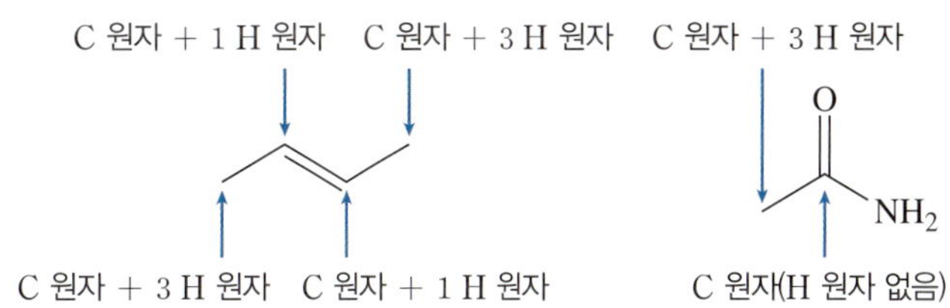

이 두 화합물의 분자식은 각각 C_4H_8과 C_2H_5NO이다.

14.4 작용기

많은 유기 화합물은 수소 원자 중 하나가 **작용기**(functional group)로 알려진 원자 그룹으로 치환된 알케인의 유도체들이다. 화학 반응은 일반적으로 작용기를 구성하는 원자 중 하나 이상과 관련되어 있기 때문에, 작용기는 화합물의 많은 화학적 성질을 결정짓는다. 예를 들어, 수소 원자 중 하나가 $-OH$기로 치환된 알케인은 **알코올**(alcohol)이다. 가장 잘 알려진 알코올은 메

표 14.2 알킬기

이름	화학식	모형
메틸	$-CH_3$	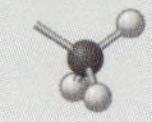
에틸	$-CH_2CH_3$	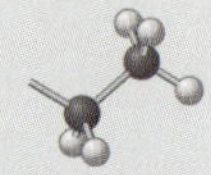
프로필	$-CH_2CH_2CH_3$	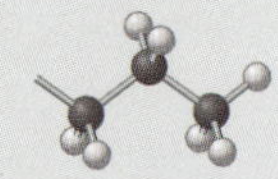
아이소프로필	$-CH(CH_3)_2$	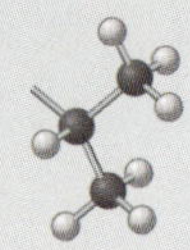
뷰틸	$-CH_2CH_2CH_2CH_3$	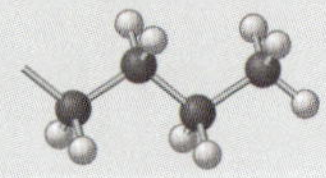
tert-뷰틸	$-C(CH_3)_3$	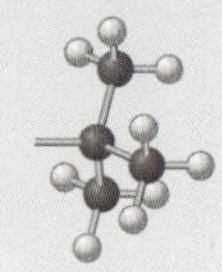

테인(메탄올)과 에테인(에탄올)에서 유래한 것으로 알려져 있지만, 알코올의 반응은 −OH기가 포함되어 있기 때문에 화합물의 한 부류로서 모두 유사한 화학적 특성을 보인다.

유기 화합물의 부류는 종종 작용기의 원자들과 하나 이상의 알킬기를 나타내는 문자 R을 이용해서 분자의 나머지를 보여주는 일반 화학식으로 표현된다. **알킬기**(alkyl group)는 알케인과 유사한 유기 분자의 일부분이다. 실제로, 알킬기는 상응하는 알케인으로부터 하나의 수소 원자를 제거함으로써 형성된다. 예를 들어, 메틸기($-CH_3$)는 가장 단순한 알케인인 메테인(CH_4)으로부터 하나의 수소 원자를 제거함으로써 형성된다. 메틸기는 많은 유기 분자에서 발견된다. 표 14.2는 가장 단순한 알킬기를 나열한 것이다. 가장 일상적으로 접하는 작용기 8개가 표 14.3에 나와 있다.

14.5 알코올과 에터

알코올과 에터의 구조는 실제로 아주 유사하다. 하이드록시 및 알콕시 작용기는 하나의 세부 사항만 다르다. 하이드록시기(알코올)는 산소에 결합된 수소 원자를 가지는 반면, 알콕시기(에터)는 알킬기를 갖는다.

> **학생 노트**
> 실제로 알코올과 에터는 모두 치환된 물로 생각할 수 있다. 하나 또는 둘 모두의 수소가 알킬기로 치환된 분자들이다.

$$R-O-H$$
$$R-O-R$$

이러한 유사성에도 불구하고, 알코올과 에터의 성질은 매우 다르다. 알코올은 극성 분자이며, 수소 결합이 가능하고, 대부분 끓는점이 비교적 높은 액체이다. 에터는 상당히 극성이 작고, 수소 결합이 불가능하다. 가장 단순한 에터(다이메틸 에터)는 상온에서 액체이지만 비교적 낮은

표 14.3 몇 가지 작용기의 일반식과 구조

화합물의 분류	작용기 이름	구조	모형
알코올	하이드록시기	$-OH$	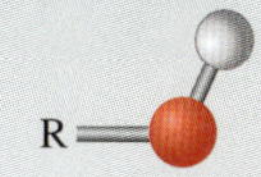
알데하이드	카보닐기	$-\overset{\overset{\displaystyle O}{\|}}{C}-H$	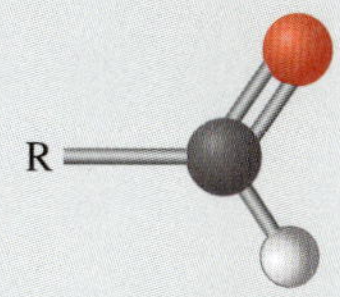
카복실산	카복시기	$-\overset{\overset{\displaystyle O}{\|}}{C}-O-H$	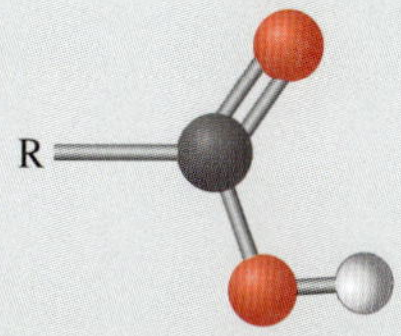
아민	아미노기	$-NH_2$	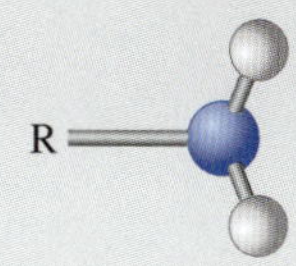
에터	알콕시기	$-O-R$	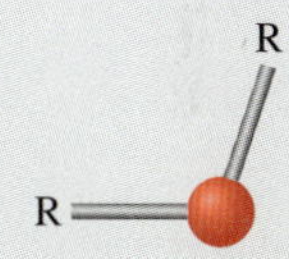
에스터	에스터기	$-\overset{\overset{\displaystyle O}{\|}}{C}-O-R$	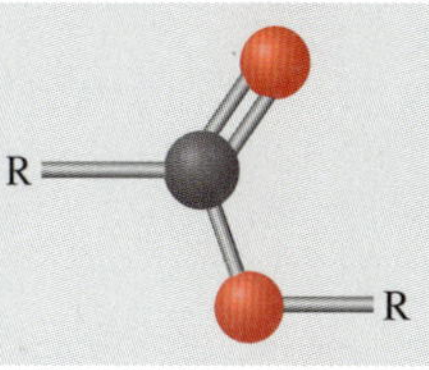
케톤	카보닐기	$-\overset{\overset{\displaystyle O}{\|}}{C}-R$	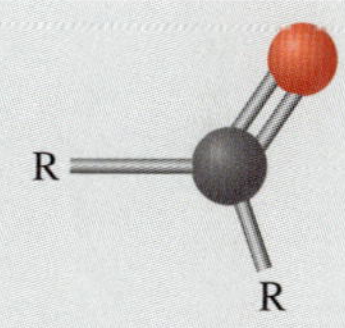
아마이드	아마이드기	$-\overset{\overset{\displaystyle O}{\|}}{C}-\underset{\underset{\displaystyle H}{\|}}{N}-R$	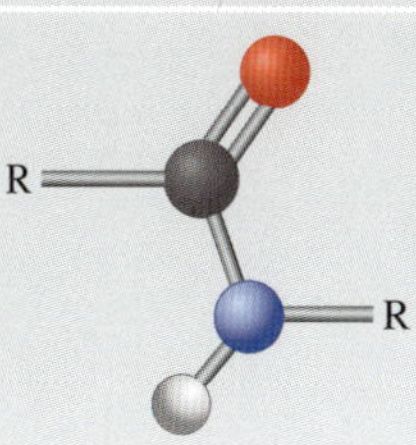

35°C에서 끓는다. 표 14.4에는 익숙한 알코올을 나열하였다.

알코올은 실험실에서 합성되지만 알코올 중 가장 익숙한 에탄올은 과일 및 기타 식물에서 발견되는 설탕, 포도당 발효의 천연 생성물이다.

알코올의 이름은 이에 상응하는 알케인의 이름에 기반하며, −에인(−ane) 끝은 −올(−ol)로 대체된다.

표 14.5는 익숙한 에터 중 일부를 나열한 것이다.

많은 에터는 단순히 산소 원자에 부착된 알킬기를 나타내는 일반 명칭으로 알려져 있다.

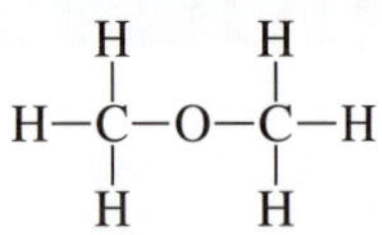
다이메틸 에터

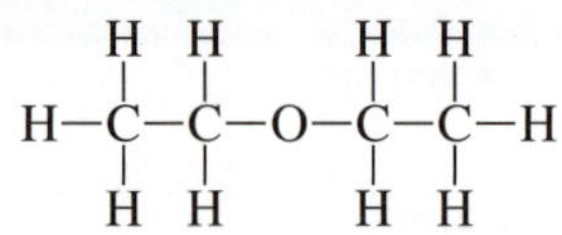
다이에틸 에터

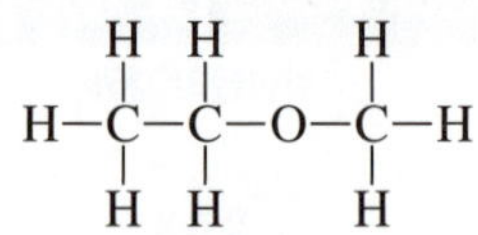
에틸 메틸 에터

표 14.4 친숙한 알코올

CH_3OH	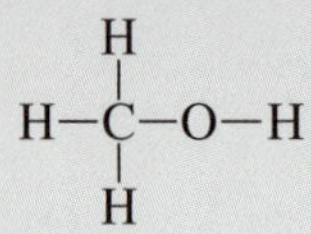	메틸알코올(methyl alcohol) 또는 '우드 알코올'로 알려진 메탄올은 독성이 강하기 때문에 실명, 혼수상태 및 사망에 이르게 할 수 있다.
C_2H_5OH	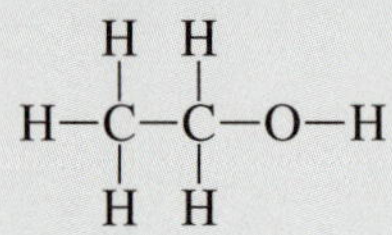	에탄올 또는 에틸알코올(ethyl alcohol)은 알코올성 음료의 알코올이다.
C_3H_7OH	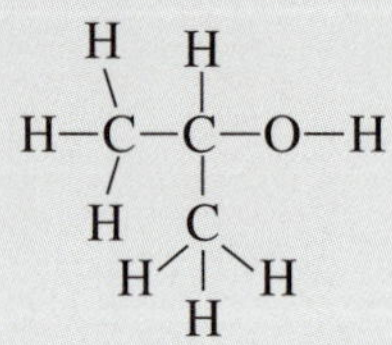	아이소프로판올은 아이소프로필알코올(isopropyl alcohol) 또는 '소독용 알코올'로 알려져 있으며 소독제로 사용된다.

표 14.5 친숙한 에터

CH_3OCH_3	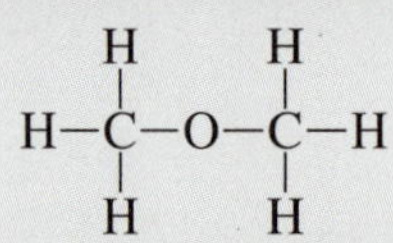	다이메틸 에터(dimethyl ether)는 에어로졸 추진체로 사용된다.
$C_2H_5OC_2H_5$	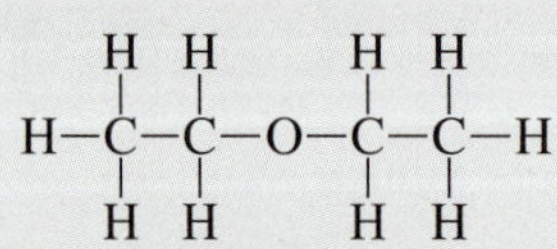	다이에틸 에터(diethyl ether)는 한때 마취제로 흔히 사용되었다.
$C_6H_5OCH_3$	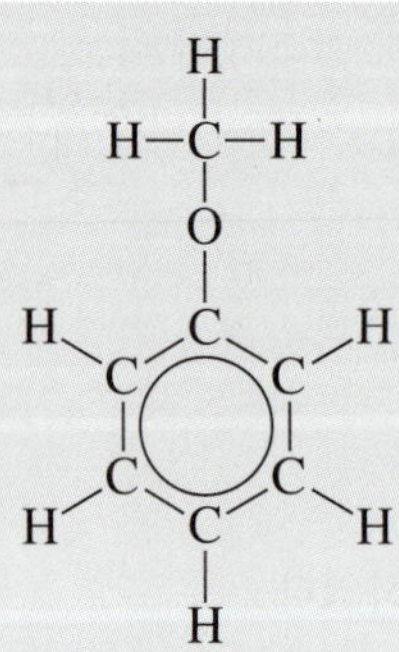	아니솔(anisole)은 감초 모양의 향기가 있는 방향족 에터이다. 그것은 구이 제품과 우조(ouzo), 아니스 술(anisette) 및 압생트(absinthe)를 포함한 다양한 주류에 사용되는 아니스(anise) 씨의 중요한 기름이다.

14.6 알데하이드와 케톤

알데하이드와 케톤은 유사한 작용기를 공유한다. 즉, 둘 다 산소 원자에 이중 결합된 탄소 원자를 갖는 **카보닐기**(carbonyl group)를 포함한다. 이들의 차이는 카보닐 탄소에 결합된 수소 원자(알데하이드)와 알킬기(케톤)이다(케톤에서 두 개의 알킬기는 동일할 필요가 없다는 것을 유의하자).

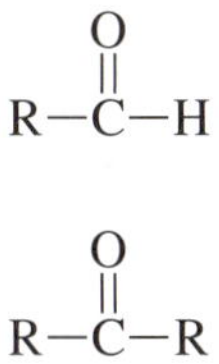

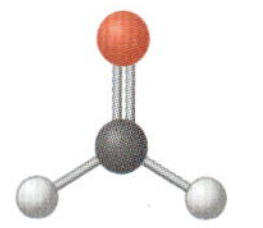

가장 간단한 알데하이드는 폼알데하이드(HCHO) 및 아세트알데하이드(CH_3CHO)이다. 폼알데하이드의 수용액은 오래전부터 생물 표본을 보존하는 데 사용되어 왔다. 자극적이며 톡 쏘는 듯한 냄새가 있으며 인간과 동물에게 유독하다.

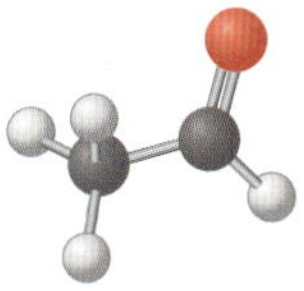

아세트알데하이드는 숙취 증상을 일으키는 알코올 섭취의 대사 산물이다. 에틸 알코올은 ADH(alcohol dehydrogenase, 알코올 탈수소 효소)로 알려진 효소에 의해 체내에서 아세트알데하이드로 전환된다. 아세트알데하이드는 다른 효소인 ALDH(aldehyde dehydrogenase, 알데하이드 탈수소 효소)에 의해 아세트산(비교적 무해하고 식초의 특징적인 성분)으로 전환된다. 알코올 남용 치료에 효과적이지만 디설피람(disulfiram, 술이 싫어지는 약)이라는 약물을 Antabuse(알코올 중독 치료제)라는 이름으로 투여하는 것은 잠재적으로 비참한 일이다. 디설피람은 ALDH의 작용을 차단하여 아세트알데하이드가 아세트산으로 전환되는 것을 막는다. 결과적으로, 아세트알데하이드가 축적되어 환자는 알코올 섭취 즉시 매우 불쾌한 증상을 경험하게 되며, 다음에는 알코올이 덜 매력적으로 느껴지게 된다.

디설피람의 작용은 그 약물을 기생충 질환의 대한 실험적 치료제로 복용했던 덴마크 제약 연구자가 소량의 알코올을 섭취할 때마다 매우 심한 불쾌감을 느끼면서 우연히 발견되었다.

가장 간단한 케톤은 아세톤(CH_3COCH_3)이다. 아세톤은 화학 산업 및 매니큐어 리무버와 같은 소비재에서 용매로 사용된다.

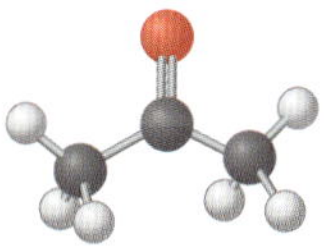

알데하이드와 케톤은 모두 자연에서 흔히 발견된다. 과일, 허브 및 꽃의 특징적인 향기를 담당하는 많은 화합물은 알데하이드와 케톤이다. 향기로운 냄새 때문에 많은 알데하이드와 케톤은 향료 산업에 사용된다. 표 14.6은 일부 알데하이드와 케톤 그리고 그 특징적인 향과 용도를 나열한 것이다.

표 14.6 전형적인 알데하이드와 케톤의 구조 및 향/용도

알데하이드	화학식	향과 용도
벤즈알데하이드 (benzaldehyde)	C_6H_5CHO 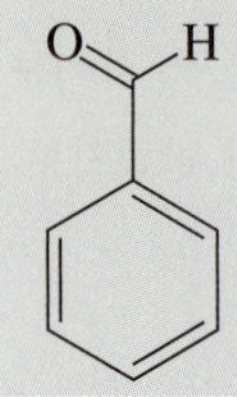	아몬드 향기/음식의 향료로 사용되며 화장품, 로션 및 비누의 향기 성분으로 사용된다.
신남알데하이드 (cinnamaldehyde)	C_8H_7CHO 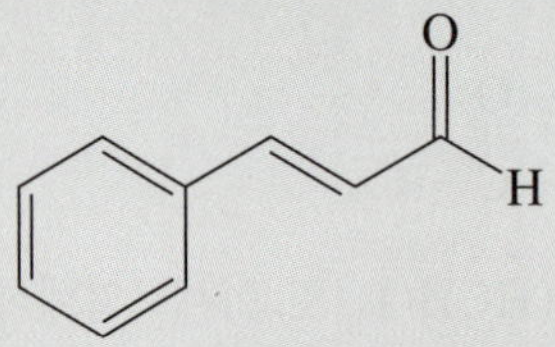	계피 냄새/캔디, 껌, 제과류에서 맛을 내기 위해 사용된다. 농업 항진균제 및 살충제뿐만 아니라 식이요법 보조 식품의 맛을 내기 위해 사용된다. 잠재적 항암 성질에 대해 조사된다.
헥산알 (hexanal)	$C_5H_{11}CHO$ 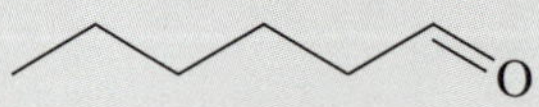	갓 깎은 잔디 향기/과일 향기의 구성 요소로서 향료 산업에서 사용된다.
케톤	**화학식**	**향과 용도**
카본 (carvone)	$C_{10}H_{14}O$ 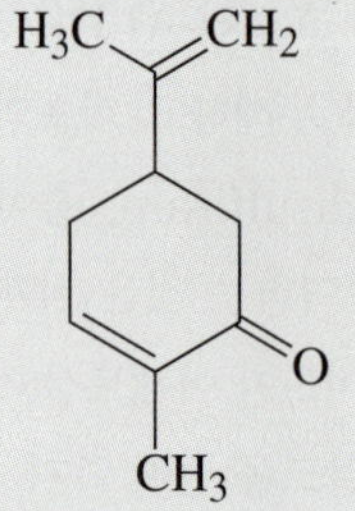	카본의 두 가지 형태는 자연적으로 발생한다. 하나는 특유의 스피어민트 향이다. 다른 하나는 캐러웨이(caraway) 향기이다. 둘 다 향료로 사용된다.
뮤스콘 (muscone)	$C_{16}H_{30}O$ 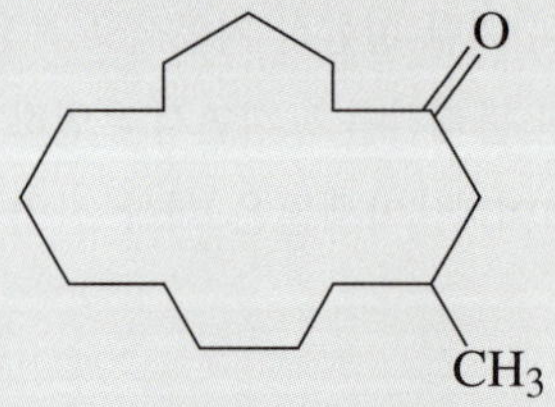	성숙한 사향 사슴의 복부에 있는 샘에서 생산되는 머스크 향. 이 사슴은 Himalaya 태생이며 향료 산업 때문에 거의 멸종되었다.

14.7 카복실산과 에스터

수소 원자(카복실산)를 알킬기(에스터)로 치환한 것 때문에 차이를 보이는 두 개의 작용기가 있다.

$$\mathrm{R-\overset{\overset{\displaystyle O}{\|}}{C}-O-H} \qquad \mathrm{R-\overset{\overset{\displaystyle O}{\|}}{C}-O-R}$$

가장 친숙한 카복실산의 대부분은 강하고 전형적으로 불쾌한 냄새가 나는 반면, 해당 카복실산의 수소 원자가 알킬기로 치환된 에스터는 일반적으로 쾌적한 향기를 가진다. 에스터는 향료산업에 많이 사용된다. 표 14.7은 카복실산과 에스터가 가진 특유의 향과 기원을 나열한 것이다.

표 14.7 전형적인 카복실산과 에스터의 구조와 기원

카복실산	화학식	기원
폼산	HCOOH 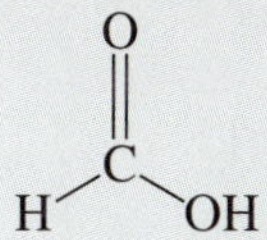	많은 곤충의 침(sting) 속의 산[폼산(formic acid)이라는 이름은 실제로 개미에 대한 프랑스어 단어인 fourmi에서 파생되었다.]
아세트산	CH_3COOH 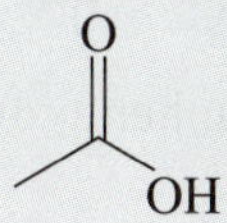	식초의 특징적인 성분
뷰티르산	C_3H_7COOH 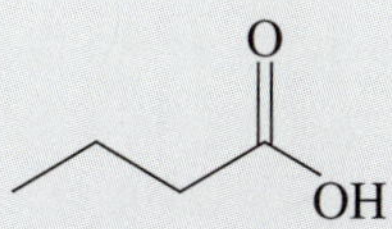	구토와 부패한 버터의 불쾌한 냄새를 유발하는 원인이다.
에스터	**화학식**	**기원**
아세트산 뷰틸	$C_4H_9OCOCH_3$ 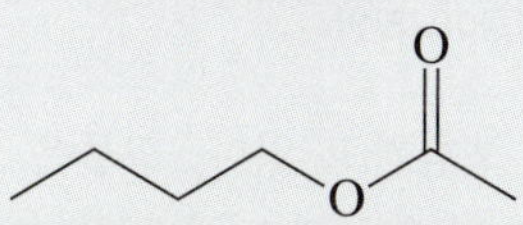	많은 과일과 꿀에 존재한다. 사탕과 과자의 맛을 내는 데 사용된다.
아세트산 벤질	$C_6H_5CH_2OCOCH_3$ 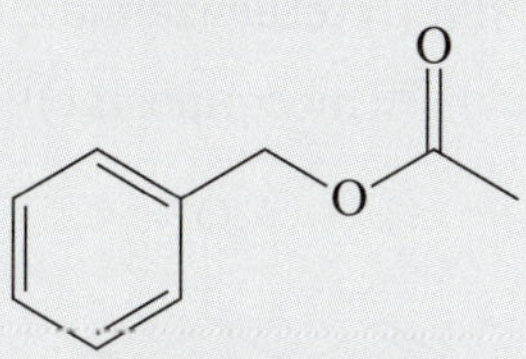	재스민을 포함한 많은 꽃에서 발견된다. 향수 산업에서 사용되며, 음식에 사과와 배의 맛을 내는 데 이용된다.
살리실산 메틸	$C_6H_4OHOCOCH_3$ 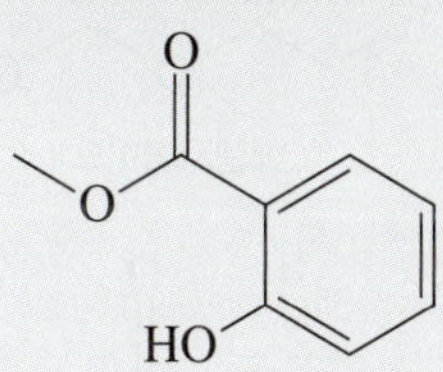	윈터그린(wintergreen)이라는 식물에 의해 자연적으로 생산된다. 음식의 향신료, 바르는 약의 향으로도 사용된다.

14.8 아민과 아마이드

아민과 아마이드 작용기는 모두 질소 원자를 포함하고 있어 유사해보이지만 화학적 특성은 매우 다르다. 아민은 본질적으로 하나 이상의 수소 원자가 알킬기로 치환된 암모니아(NH_3)이다. 아민은 얼마나 많은 수소 원자가 치환되었는지에 따라 분류된다. 1차 아민은 하나의 알킬기만을 갖는 아민으로, 예를 들면 부패된 생선 냄새의 생성물인 메틸아민과 면역 체계의 일부로 작동하는 생물학적 분자인 히스타민이 포함된다.

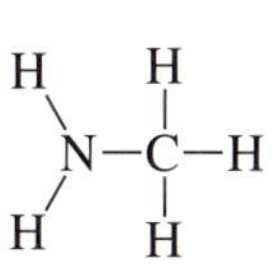

메틸아민

학생 노트
분자는 하나 이상의 아민기 유형을 포함할 수 있다. 여기에 표시된 히스타민은 1차, 2차 및 3차 아민기를 포함한다.

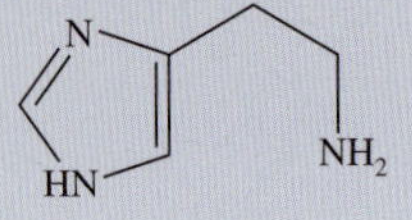

2차 아민은 암모니아의 수소 원자 두 개가 다른 기로 치환된 것이다. 2차 아민의 예로는 화학 산업에서 생산되고 사용되는 다이메틸아민이 있는데, 이는 또한 곤충 페로몬이기도 하다.

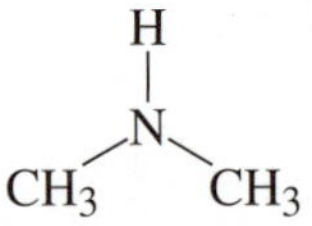

다이메틸아민

3차 아민은 질소 원자에 결합된 세 개의 알킬기(수소 원자가 아님)를 가진다. 3차 아민의 예로는, 일반적인 항히스타민제인 다이펜하이드라민(diphenhydramine)이 있다.

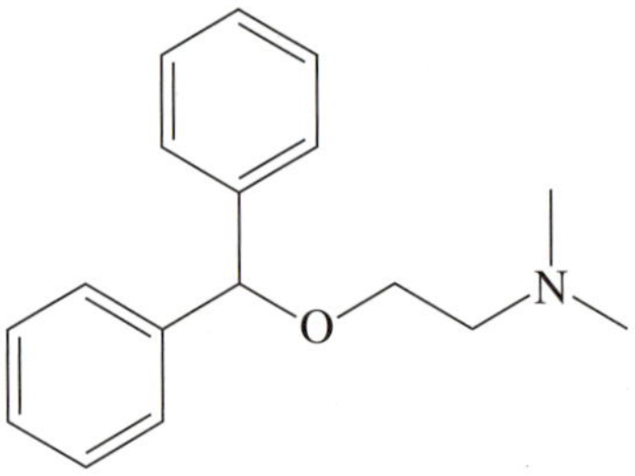

다이펜하이드라민

아마이드는 아미노기와 카보닐기를 모두 포함하고 있다. 그들은 벤즈아마이드(benzamide) 분자를 기반으로 하는 의약품 중 많은 것에서 매우 일반적으로 사용된다. 치환된 벤즈아마이드의 예는 진통제 및 항염증제인 에텐자마이드(ethenzamide)와 여러 종류의 암 치료를 위해 현재 임상 시험 중인 약물인 모세티노스타트(mocetinostat)이다.

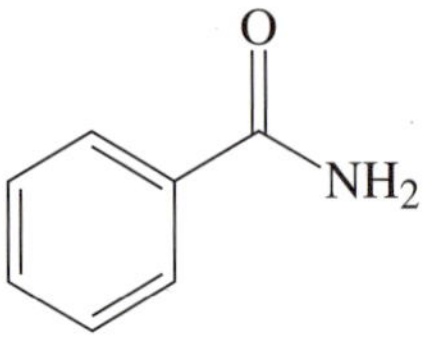

벤즈아마이드

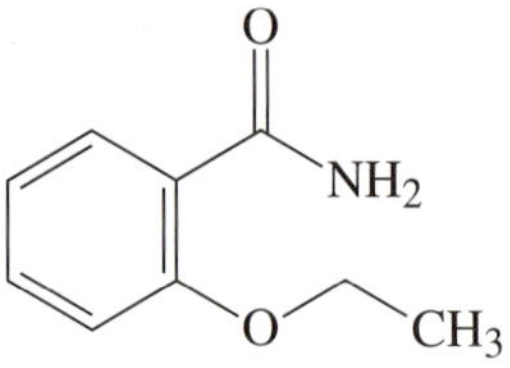

에텐자마이드

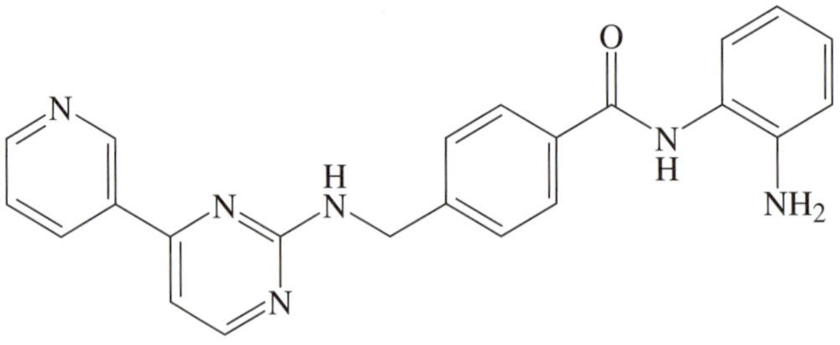

모세티노스타트

14.9 고분자

일상적으로 접하는 많은 물질은 고분자로 알려진 물질이다. 그림 14.1은 아마도 매일 접하게 되는 고분자의 예를 보여준다. **고분자**(polymer)는 매우 큰 분자로 이루어져 있는데, 이는 **단량체**(monomer)로 알려진 작은 분자가 특정 방식으로 결합할 때 형성된다.

그림 14.1 일반적인 고분자. (a) 우유는 일반적으로 특정 종류의 폴리에틸렌으로 만들어진 용기에 담겨 판매된다. (b) 비닐봉지는 또 다른 종류의 폴리에틸렌으로 만든다. (c) 스티로폼 컵 및 포장용 용기는 폴리스타이렌으로 만든다. (d) 처방약 병은 폴리프로필렌으로 만든다. (e) 일회용 물병은 폴리에틸렌 테레프탈레이트(terephthalate)로 만든다. (f) 일부 단단하고 재사용이 가능한 물병은 폴리카보네이트로 만든다.

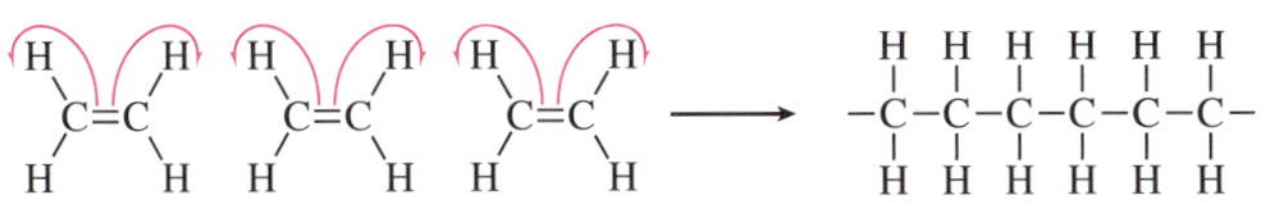

그림 14.2 폴리에틸렌을 형성하기 위한 첨가 중합. 각 이중 결합은 끊어지고 새로운 단일 결합이 에틸렌 단량체 사이에 형성된다.

가장 간단한 유형의 고분자는 **첨가 중합**(addition polymerization)으로 알려진 공정을 통해 전적으로 한 가지 유형의 단량체로 만들어진 것이다. 예를 들어, 폴리에틸렌(polyethylene)은 소비자 제품에서 가장 보편적인 고분자 중 하나이며, 매우 많은 수로 연결된 에텐(일반적으로 에틸렌이라고도 함) 단량체로 구성된다. 에텐 분자는 이중 결합을 포함한다. 각 에틸렌 분자의 이중 결합이 끊어지고 단량체 간의 일부가 새롭게 결합될 때 첨가 중합체가 형성된다(그림 14.2).

치환된 에틸렌 분자도 첨가 중합체를 형성할 수 있다. 가장 널리 알려진 치환 에틸렌의 두 가지 고분자는 폴리염화비닐(PVC)과 폴리테트라플루오로에틸렌(Teflon)이다. 그림 14.3은 이 두 가지 고분자, 단량체 및 그 응용 사례를 보여준다.

표 14.8은 일반적인 첨가 고분자 및 그 일반적인 용도를 보여준다.

하나보다 더 많은 유형의 단량체를 포함한 고분자를 **혼성 고분자**(copolymer)라고 한다. 자주 접하게 되는 혼성 고분자는 나일론 6,6으로 알려진 나일론 유형이다. 나일론 6,6 형성은 양 말단에 아미노(amino)기가 있는 분자인 헥사메틸렌다이아민과 양 말단에 카복시(carboxy)기가 있는 아디프산(adipic acid)이 합쳐져 두 개의 단량체가 결합된 **이량체**(dimer)를 형성할 때 시작된다.

$$H_2N\!-\!(CH_2)_6\!-\!NH_2 + HO\!-\!\overset{O}{\overset{\|}{C}}\!-\!(CH_2)_4\!-\!\overset{O}{\overset{\|}{C}}\!-\!OH \longrightarrow H_2N\!-\!(CH_2)_6\!-\!NH\!-\!\overset{O}{\overset{\|}{C}}\!-\!(CH_2)_4\!-\!\overset{O}{\overset{\|}{C}}\!-\!COOH$$

이러한 유형의 결합에서 단량체가 함께 있을 때 두 말단 그룹의 원자 중 일부(헥사메틸렌다이아민의 아미노기 및 아디프산의 카복시기)가 제거된다. 이 경우 제거된 원자는 아미노기의 H, 카복시기의 H 및 O이다. 그리고 이 원자들은 함께 물 분자를 구성한다. 이량체 형성 후, 추가적인 단량체 단위가 사슬에 첨가되어 중합체를 형성할 수 있다. 다른 단량체가 사슬에 첨가될

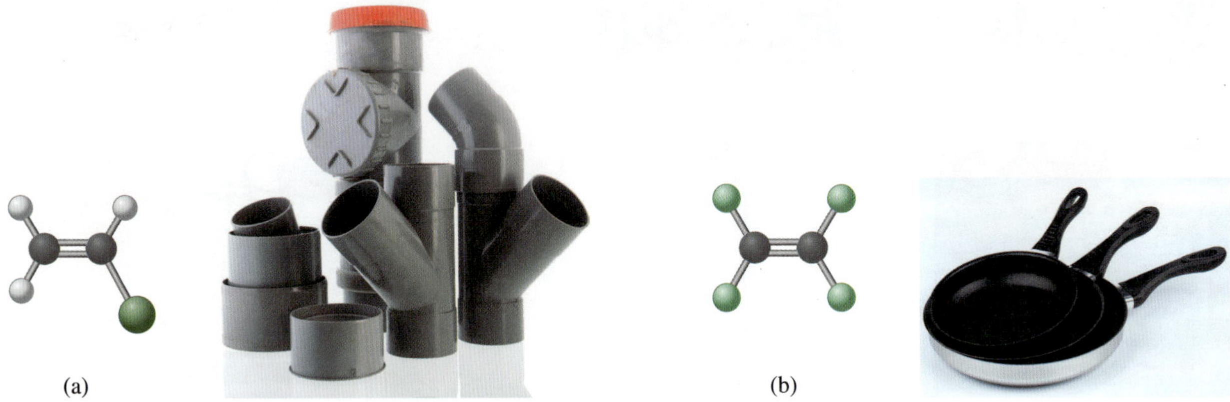

그림 14.3 (a) 일반적으로 염화비닐로 알려진 클로로에틸렌(chloroethylene)은 첨가 중합을 거쳐 폴리 염화비닐을 형성한다. PVC는 현대 배관에 사용된다. 그것은 또한 전통적인 (그리고 고전적인) '비닐(vinyl)' 레코드판을 만드는 데 사용되었다. (b) 테트라플루오로에틸렌(tetrfluoroethylene)은 첨가 중합을 통해 폴리테트라플루오로에틸렌(polytetrafluoroethylene)을 형성한다. 테플론(Teflon)은 조리기구의 내부 표면을 코팅하여 들러붙지 않게 한다.

표 14.8 몇 가지 일반적인 첨가 고분자

고분자	구조	단량체	용도
폴리에틸렌	$-\!\left(CH_2-CH_2\right)_n\!-$	$H_2C=CH_2$	비닐봉지 및 랩, 병, 장난감, Tyvek 랩
폴리스타이렌	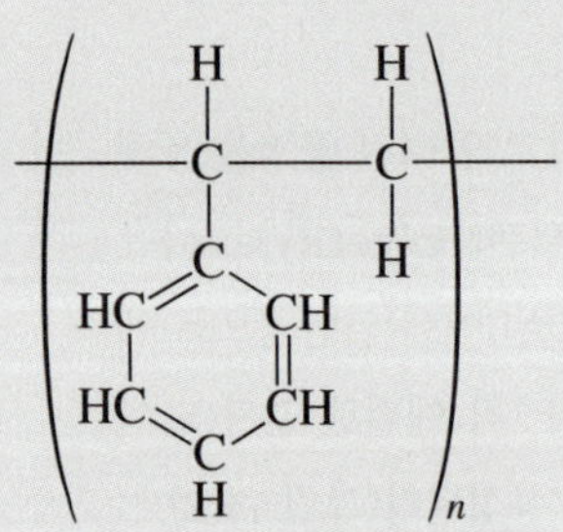	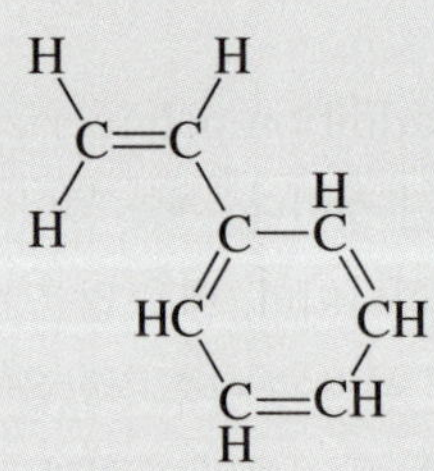	일회용 컵, 접시, 절연제, 포장 재료
폴리염화비닐	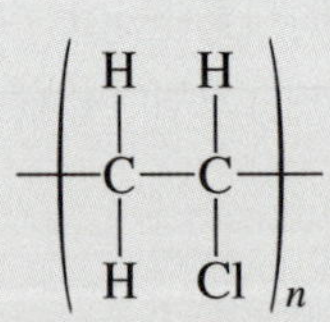	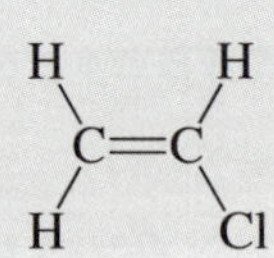	배관, 랩, 레코드판
폴리아크릴로나이트릴	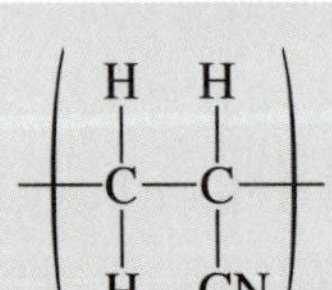	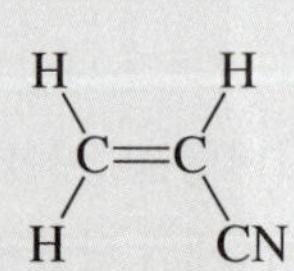	카펫 및 의류용 섬유(Orlon)
폴리뷰타다이엔	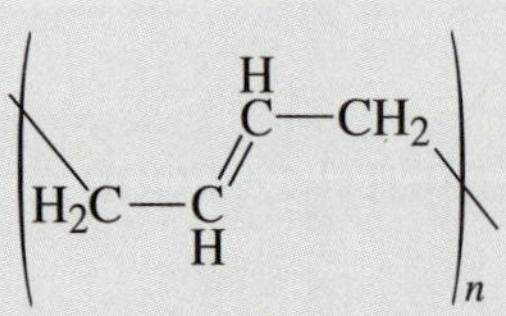	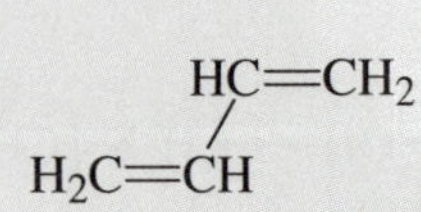	합성 고무

때마다 하나의 물 분자가 제거된다.

전반적으로 그 과정은 다음과 같이 나타낼 수 있다.

$$H_2N\text{-}(CH_2)_6\text{-}NH_2 + HO\text{-}\overset{\overset{\displaystyle O}{\|}}{C}\text{-}(CH_2)_4\text{-}\overset{\overset{\displaystyle O}{\|}}{C}\text{-}OH \longrightarrow H_2N\text{-}(CH_2)_6\text{-}NH\text{-}\overset{\overset{\displaystyle O}{\|}}{C}\text{-}(CH_2)_4\text{-}\overset{\overset{\displaystyle O}{\|}}{C}\text{-}OH + H_2O$$

단량체들의 조합이 물 또는 다른 작은 분자의 제거를 초래하는 이 과정은 **축합 반응**(condensation reaction)의 예이다. 15장에서 다루겠지만, 이러한 유형의 축합 중합은 생물학적 과정에서 매우 중요하다.

연습문제

14.1절: 왜 탄소는 다른가?

14.1 왜 탄소는 다른 원소보다 훨씬 많은 화합물을 형성할 수 있는지 설명하시오.

14.2 지방족 탄화수소의 예를 그리시오.

14.2절: 탄화수소

14.3 탄화수소 화합물을 찾으시오.

(a) $Ca(CH_3COO)_2$ (b) CH_3OH
(c) $CH_3CH_2CH_3$ (d) CH_3COOH

14.4 각 탄화수소를 알케인, 알켄, 알카인으로 구분하시오.

(a) CH_3CHCH_2 (b) $CH_3CH_2CH_2CH_3$
(c) CH_3CCH (d) $CH_2CHCH_2CH_2CH_3$

14.5 다음을 포함하는 알케인을 그리시오.

(a) 4개의 탄소 원자
(b) 6개의 탄소 원자
(c) 8개의 탄소 원자

14.6 반응의 생성물(들)을 예측하시오.

$$CH_3CH_2CH{=}CH_2 + H_2 \longrightarrow ?$$

14.7 반응의 생성물(들)을 예측하시오.

$$CH_3CCH + 2H_2 \longrightarrow ?$$

14.3절: 이성질체

14.8 7개의 탄소 원자를 갖는 알케인의 모든 이성질체를 그리시오.

14.9 7개의 탄소 원자를 갖는 알카인의 4가지 이성질체를 그리시오.

14.10 분자 C_3H_5Br에 대해서 가능한 모든 이성질체를 그리시오.

14.11 각 쌍의 분자가 서로 이성질체인지 아닌지 결정하시오.

(a) 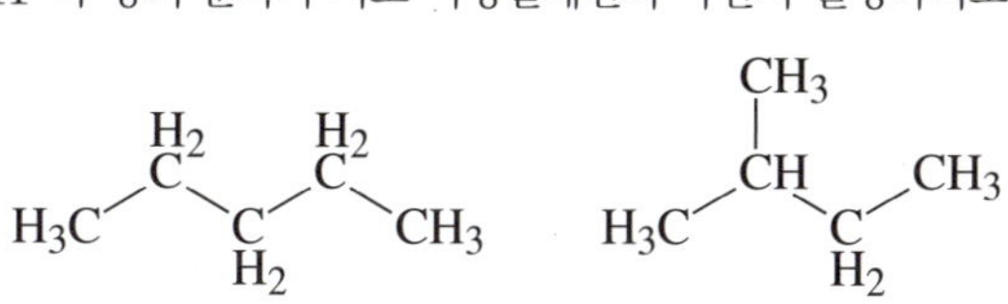

(b) 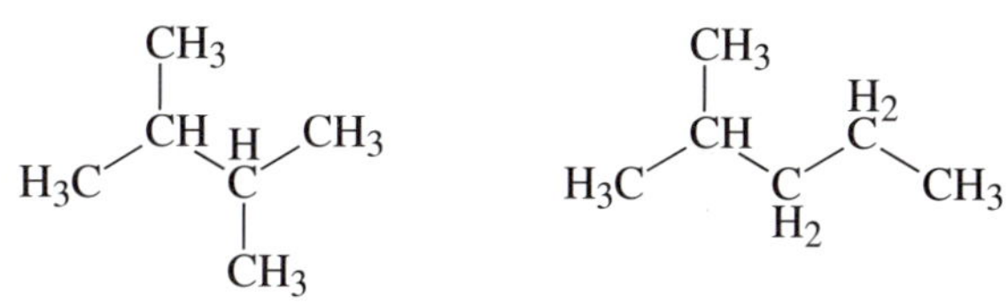

(c) 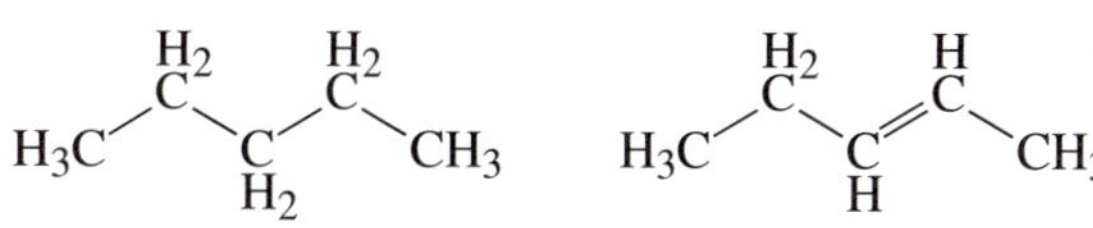

14.12 구조식 또는 골격(선) 구조가 주어지면 다른 방식으로 구조를 다시 쓰시오.

(a) 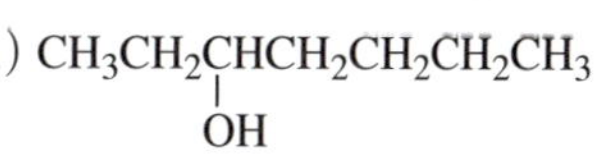

(b) 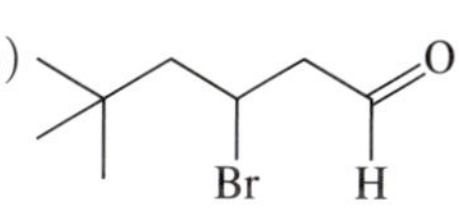

(c) 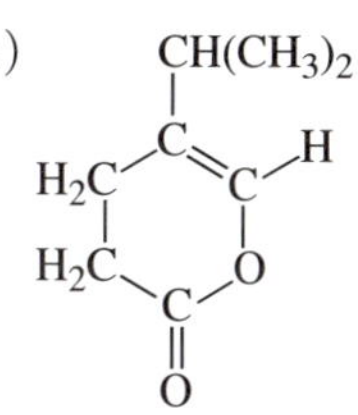

14.4절: 작용기

14.13 작용기란 무엇인가? 작용기에 따라 유기 화합물을 분류하는 것이 왜 논리적이고 유용한가?

14.14 다음 화합물이 속하는 부류의 이름을 쓰시오.

(a) C_4H_9OH (b) C_2H_5CHO
(c) C_6H_5COOH (d) CH_3NH_2

14.15 다음 화학식을 갖는 분자들에 대한 구조를 그리시오.

(a) CH_4O (b) C_2H_6O
(c) $C_3H_6O_2$ (d) C_3H_8O

14.16 다음 화합물에 존재하는 작용기(들)를 찾으시오.

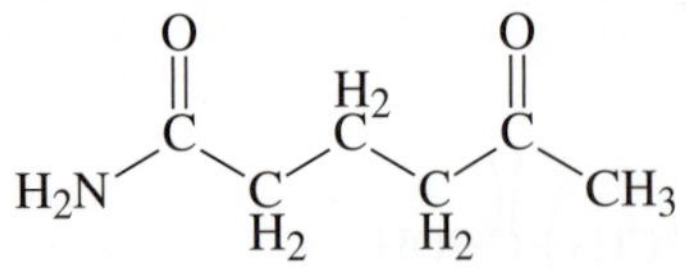

14.17 항정신이상 약물인 할로페리돌(Haloperidol)의 작용기를 확인하시오.

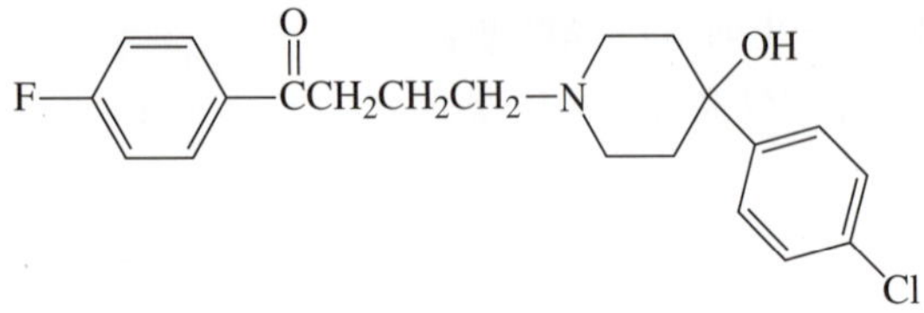

14.18 리도카인(Lidocaine, $C_{14}H_{22}N_2O$)은 널리 사용되는 국소 마취제이다. 질소를 포함한 작용기를 구분하시오.

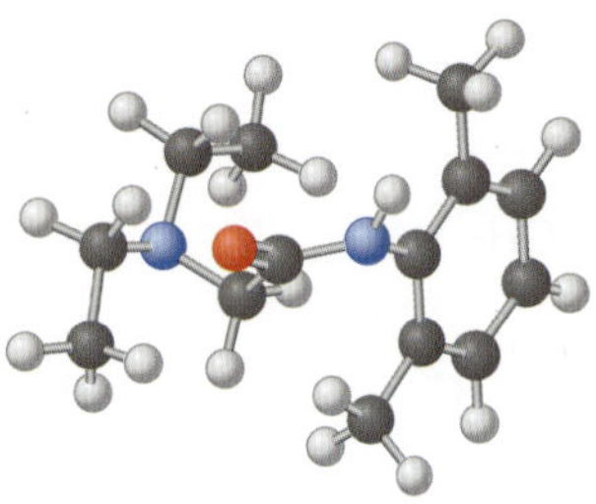

14.5절: 알코올과 에터

14.19 다음을 포함하는 에터를 그리시오.
(a) 4개의 탄소 원자
(b) 5개의 탄소 원자
(c) 7개의 탄소 원자

14.20 다음 각 에터에 대한 일반적인 이름을 쓰시오.
(a) $CH_3CH_2OCH_2CH_3$
(b) $CH_3CH_2CH_2OCH_3$
(c) $CH_3OCH_2CH_2CH_2CH_3$

14.21 다음 각 에터의 구조를 그리시오.
(a) 다이프로필 에터
(b) 메틸 프로필 에터
(c) 에틸 펜틸 에터

14.6절: 알데하이드와 케톤

14.22 주어진 화학식을 갖는 알데하이드를 그리시오.
(a) C_2H_4O
(b) C_4H_8O
(c) $C_5H_{10}O$

14.23 각 알데하이드 구조에 대한 화학식을 결정하시오.

(a) 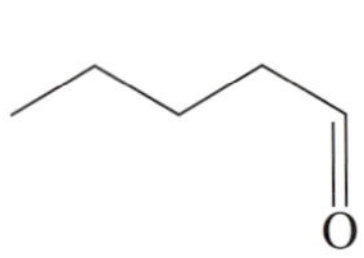 (b) 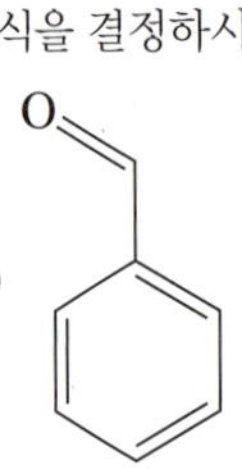

(c) 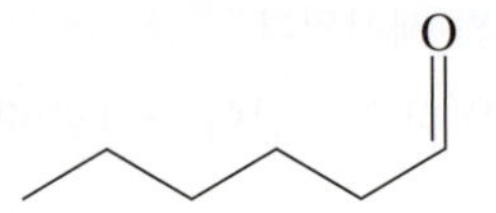

14.7절: 카복실산과 에스터

14.24 다음을 포함하는 각 카복실산과 에스터를 그리시오.
(a) 4개의 탄소 원자
(b) 5개의 탄소 원자
(c) 6개의 탄소 원자

14.25 다음의 화학식을 갖는 에스터의 구조를 그리시오.
(a) $C_4H_8O_2$
(b) $C_5H_{10}O_2$
(c) $C_6H_{12}O_2$

14.26 각 에스터 구조에 대한 화학식을 결정하시오.

(a) 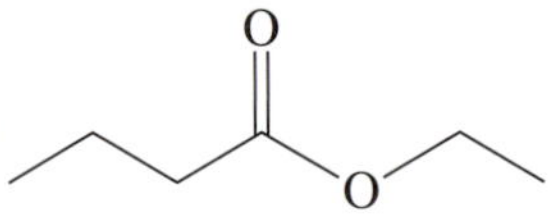

(b) 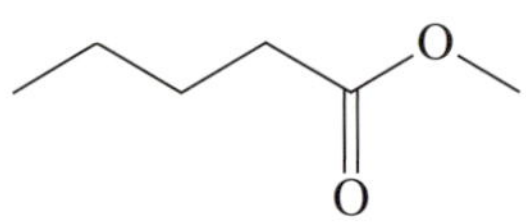 (c) 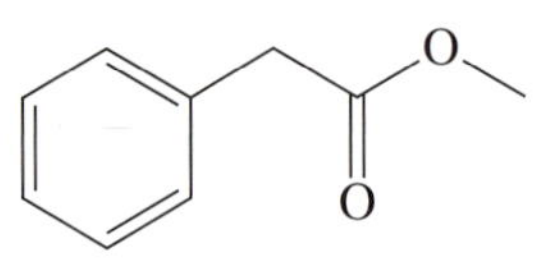

14.8절: 아민과 아마이드

14.27 다음의 화학식을 갖는 아민의 구조를 그리시오.
(a) C_3H_9N (b) $C_4H_{11}N$ (c) $C_5H_{13}N$

14.28 아민 구조로부터 화학식을 결정하시오.

(a)  (b) 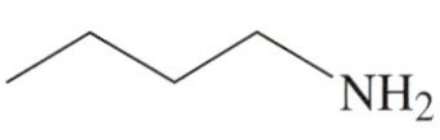

(c) 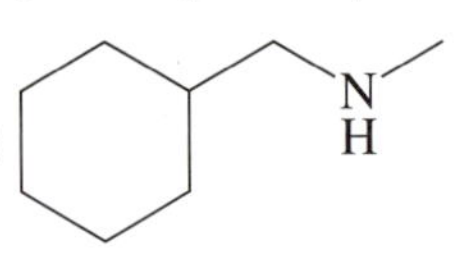

14.9절: 고분자

14.29 다음의 용어를 정의하시오: 단량체(monomer), 고분자(polymer), 혼성 고분자(copolymer).

14.30 특정 폴리에틸렌 시료, $\left(CH_2-CH_2\right)_n$의 몰질량을 계산하시오. 단, n=4,600이다.

14.31 다음의 반복 단위를 가진 고분자에 대한 타당한 단량체를 추론하시오.

(a) 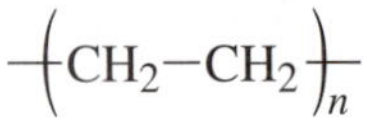

(b) 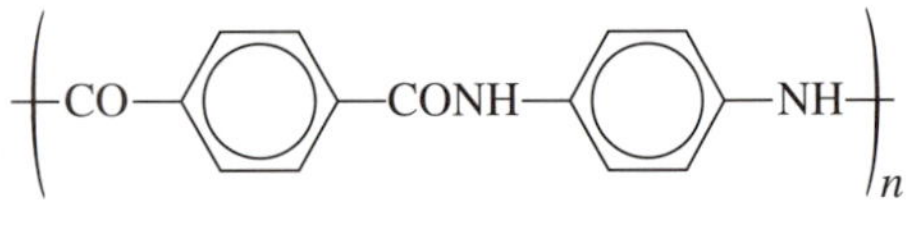

예제 속 추가문제 정답

14.1.1 (a) 알카인 (b) 알케인 (c) 알켄 (d) 알카인

14.1.2 (a) 8 (b) 9 (c) 10

14.2.1 (a) 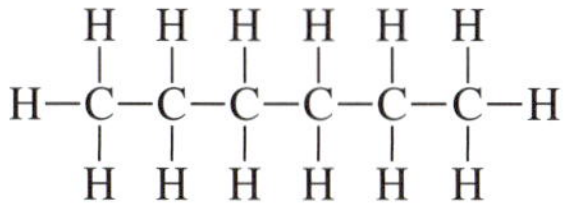

(b) 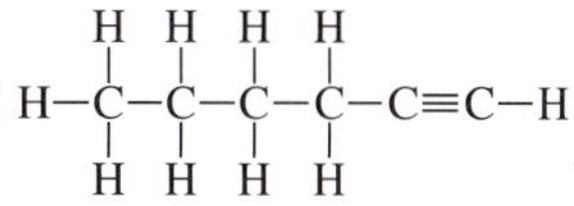 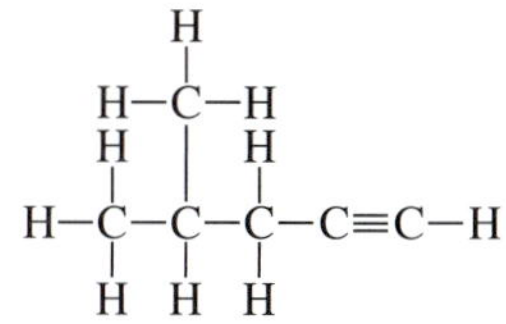

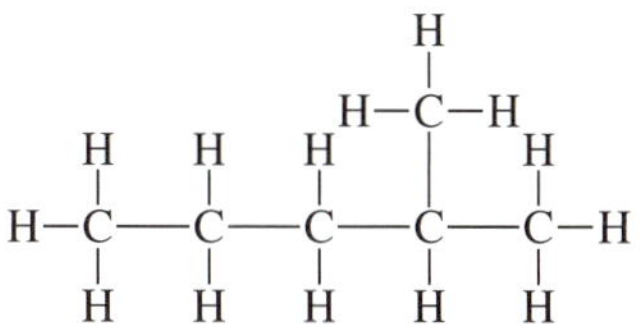 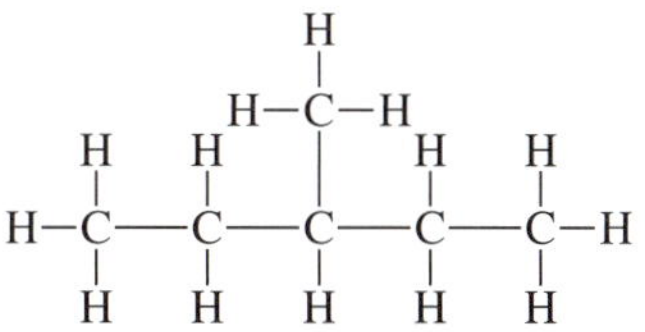 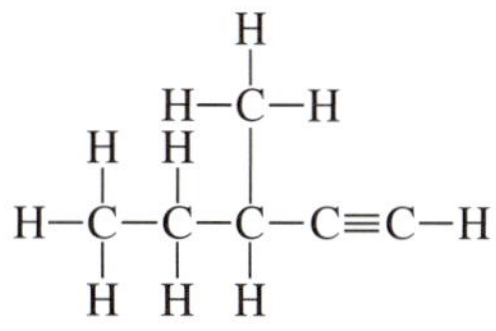 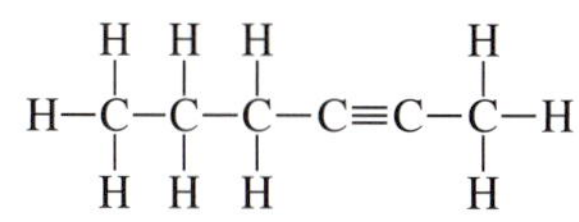

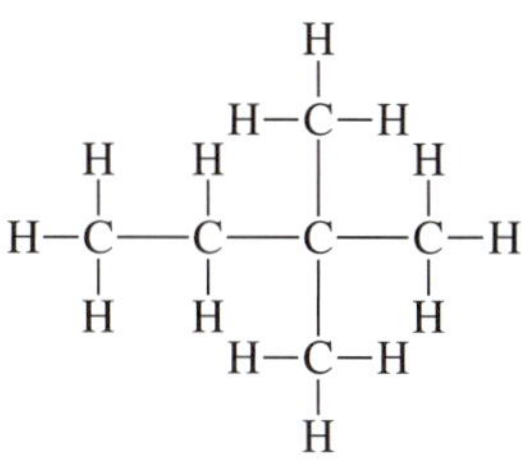 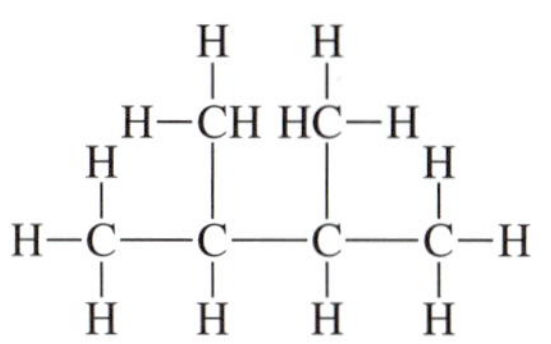 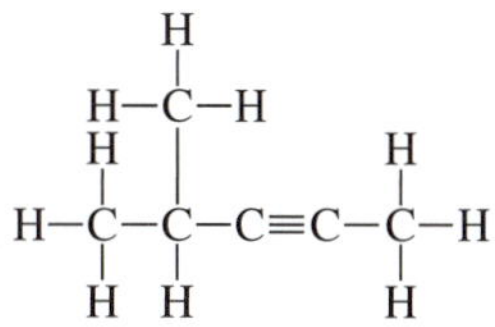 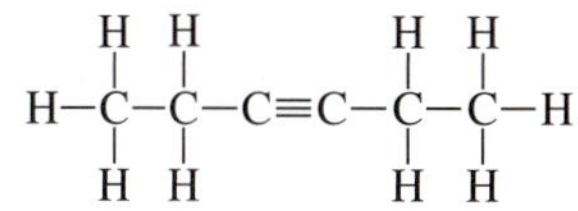

14.2.2 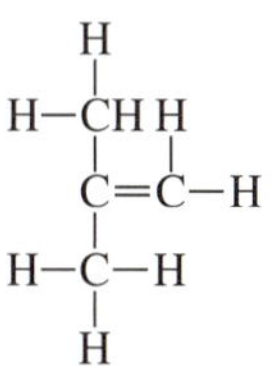

CHAPTER 15

생화학

Biochemistry

카멜레온이 나타내는 화려한 색상은 복잡한 생화학적 과정의 산물이다.

이 장의 목표

다양한 중요한 생체분자와 그 구조가 생물학적 시스템에서 기능하는 방식과 중요성을 설명한다.

들어가기 전에 미리 알아둘 것

- 유기 작용기 [|◀◀14.4절]
- 아민과 아마이드 [|◀◀14.8절]

우리는 많은 탄소를 함유한 분자의 화학이 유기 화학이라는 화학의 한 분야를 구성한다는 것을 보았다. 유기 화학에는 생화학이라는 또 다른 분야가 있다. 생화학은 생물계의 화학에서 다양한 중요한 역할을 하는 특정 화학종(대부분 유기 화학종)에 대한 연구까지 포함한다.

15.1 생물학적으로 중요한 분자

기본적인 생화학을 이해하려면 특정 분자와 분자 유형의 중요성을 인식하는 것이 필요하다. 이 절에서는 몇 가지 새로운 유형의 분자를 소개하고 이미 공부한 일부 구조를 활용한다.

글리세롤

글리세롤(glycerol), $C_3H_8O_3$에는 잘 알려진 작용기인 하이드록시 기(−OH)가 포함되어 있다. 글리세롤 분자는 3개의 탄소 사슬로 이루어져 있으며, 각 탄소 원자는 하이드록시 기에 결합되어 있다.

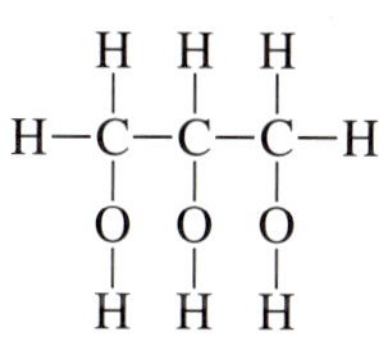

지방산

지방산(fatty acids)은 알킬기(−R)가 상대적으로 긴 탄화수소 사슬인 카복실산이다[|◀◀14.7절]. 지방산의 알킬 그룹은 포화되어 탄소−탄소 다중 결합을 포함하지 않을 수 있다. 표 15.1에는 일부 일반적인 하나 이상의 탄소−탄소 다중 결합(보통 이중 결합이나 삼중 결합)이 있는 불포화 지방산의 이름과 분자식 및 구조식이 표기되어 있다.

학생 노트
카복실산은 카복실기를 가진 분자이다.

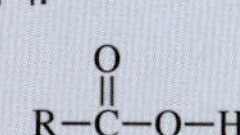

표 15.1 일반적인 지방산

화합물	분자식	구조
포화 지방산		
뷰티르산	$C_4H_8O_2$	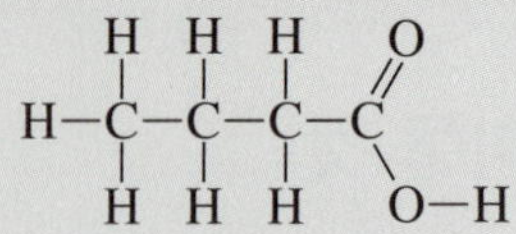
팔미트산	$C_{16}H_{32}O_2$	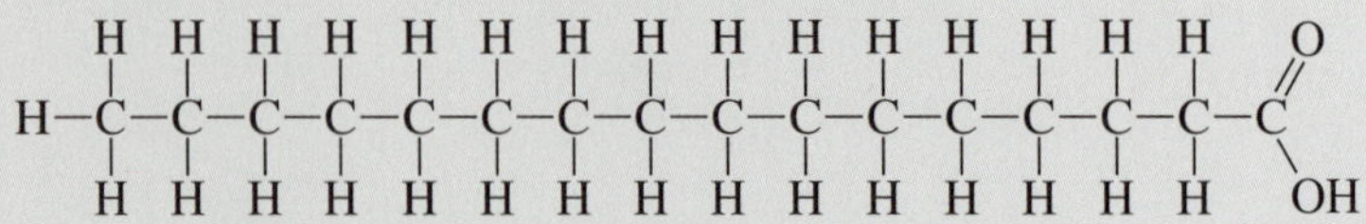
스테아르산	$C_{18}H_{36}O_2$	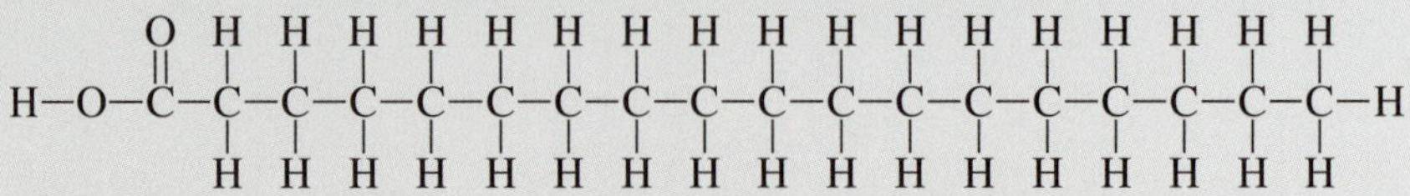
불포화 지방산		
리놀레산	$C_{18}H_{32}O_2$	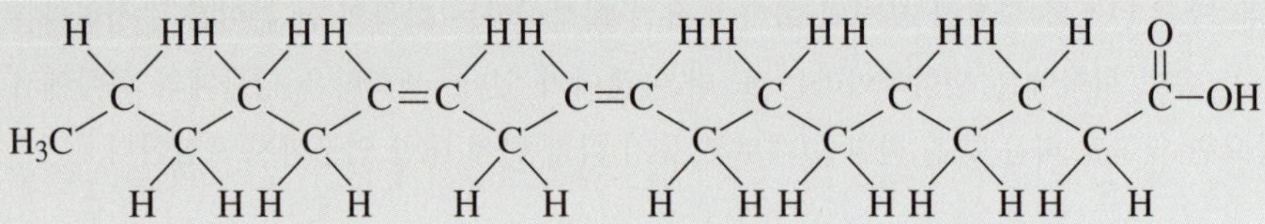
올레산	$C_{18}H_{34}O_2$	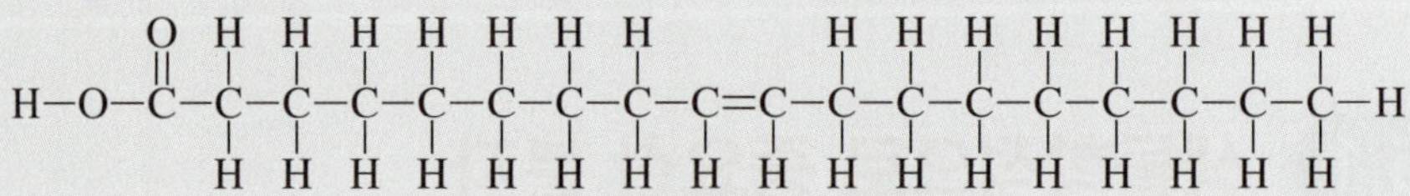

아미노산

아미노산(amino acids)은 아미노 작용기와 카복실기를 모두 포함한다.

일반적인 구조는 다음과 같다.

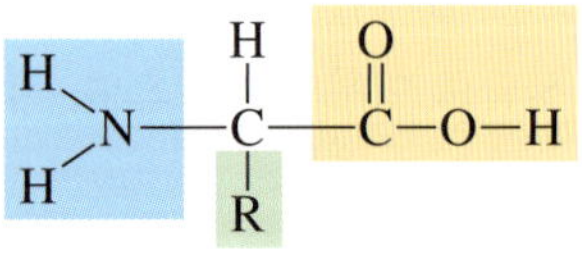

여기서, R 그룹은 아미노산의 동일성을 결정한다.

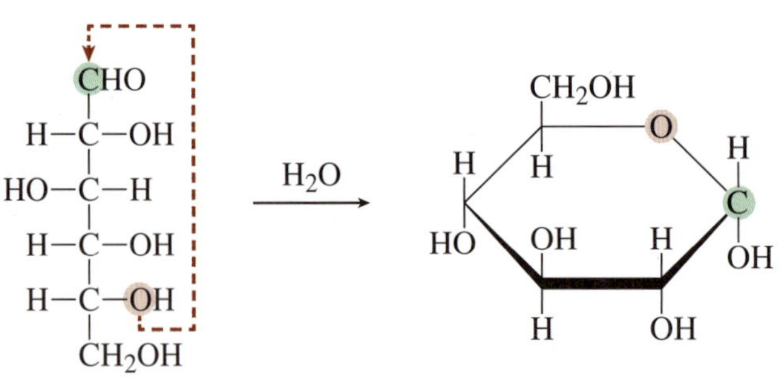

그림 15.1 포도당 분자. 포도당과 같은 설탕 분자는 물에 용해되면 고리 구조를 형성한다. 강조된 표시는 고리 구조가 형성될 때 새로운 공유 결합이 형성되는 원자의 위치를 나타낸 것이다.

설탕

일반적으로 설탕이라는 단어는 식탁용 설탕(table sugar)을 의미한다. 그러나 화학적으로 볼 때 **설탕**(sugar)은 탄소, 수소 및 산소로 구성된 비교적 작은 크기에 가용성이며, 대개 달콤한 유기 분자(케톤 또는 알데히드)를 말한다. 쉬운 예로는 종종 '혈당'이라고도 불리는 포도당이며, 이를 보통 다음과 같이 나타낸다.

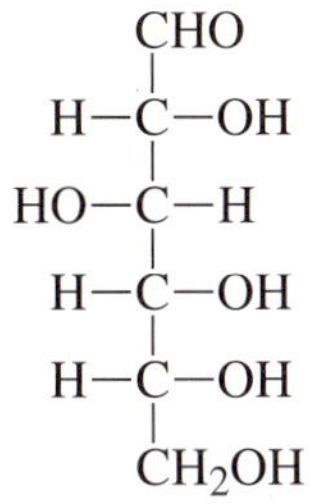

하지만 이 장에 제시된 다른 당과 마찬가지로 포도당은 그림 15.1과 같이 물에 용해되면 고리형 분자를 형성한다.

인산염

인산(H_3PO_4)은 다음 구조의 약산이다.

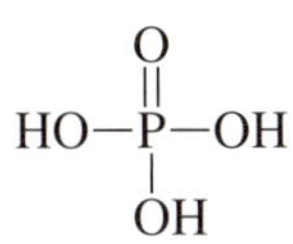

유기 인산염(organic phosphates)은 인산의 에스테르[|◀◀ 14.7절]이다. 이온화가 가능한 수소 원자 중 하나 이상이 R기(R−)로 대체된 화합물이다.

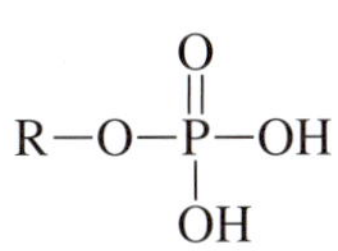

유기 염기

유기 염기(organic bases)는 탄소, 수소 및 질소 원자를 포함하는 분자이다. 질소 원자는 한 쌍의 비공유 전자를 갖고 양성자를 받아들일 수 있기 때문에 이러한 분자는 브뢴스테드 염기 거동을 나타낸다. 그러한 염기 중 하나는 피리딘(C_5H_5N)으로, 이는 약염기의 개념에서 이미 공부한 바 있다[|◀◀ 12.6절, 표 12.6].

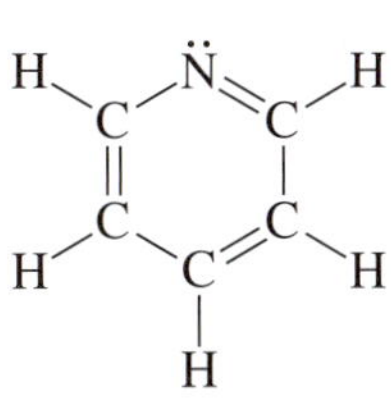

앞으로 더 살펴보겠지만 가장 중요한 유기 염기에는 고리 구조와 여러 개의 질소 원자가 있다.

이제 지질, 단백질, 탄수화물, 핵산 등 생명의 일부 분자를 살펴보고 이러한 물질의 화학적 특성이 어떻게 생물학적 특성을 발생시키는지 살펴볼 것이다.

15.2 지질

일반적으로 **지질**(lipid)이라는 용어는 물에 녹지 않는 비교적 작은 유기 분자를 의미한다. 지질에는 지방산, 지방, 스테로이드와 같은 물질이 포함되며 다양한 생물학적 기능에 관여한다.

지방

식이 섭취와 관련하여 지방이라는 용어를 듣고, 사용해본 적 있을 것이다. 더욱이, 포화 지방(건강에 해로운 것으로 알려진 동물성 지방)과 불포화 지방(건강에 좋다고 알려진 식물성 지방)을 구별하도록 배웠다. 화학적으로 **지방**(fat)은 글리세롤의 트리에스터이다. 즉, 글리세롤의 각 하이드록시 기의 수소 원자가 지방산의 알킬 그룹으로 대체되었음을 의미한다(그림 15.2).

지방은 **트리글리세리드**(triglycerides)라고도 알려져 있다. 지방이 포화인지 불포화인지를 결정하는 것은 지방에 있는 탄소 사슬의 포화 혹은 불포화 여부이다. 예를 들어, 글리세롤과 3개의 스테아르산 분자에서 추출된 지방인 트리스테아린('스테아린'이라고도 함)은 포화되어 있다.

학생 노트
트리스테아린은 쇠고기 가공의 부산물이며 우지(소 지방)의 주요 성분이다.

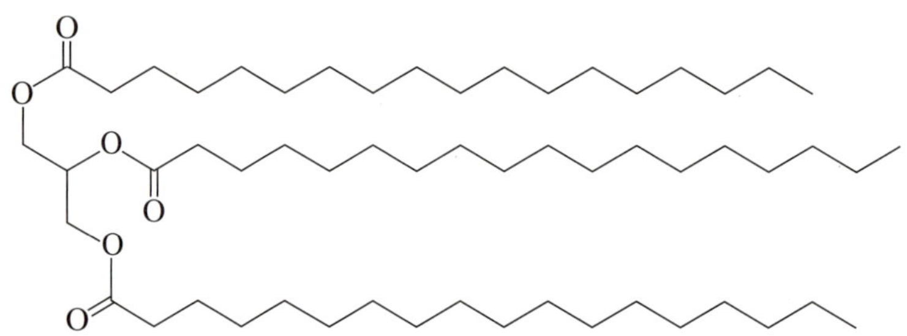

글리세롤과 3개의 올레산 분자에서 추출된 지방인 트리올레인은 불포화이다.

학생 노트
트리올레인은 올리브 오일의 성분이다.

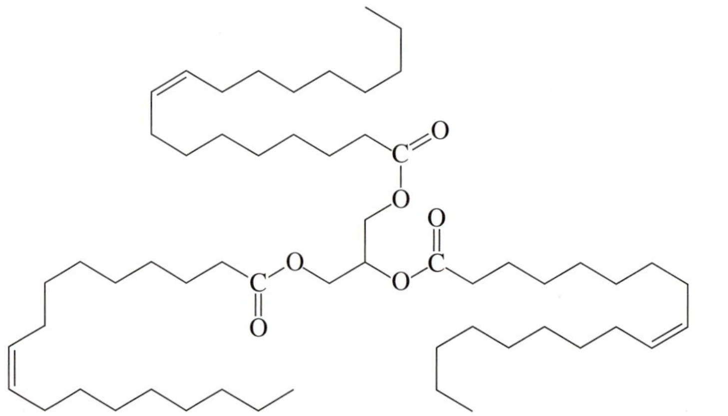

트리스테아린과 트리올레인의 예와는 달리 대부분의 지방은 비대칭이다. 즉, 지방에 함유된 지방산이 모두 동일하지 않다.

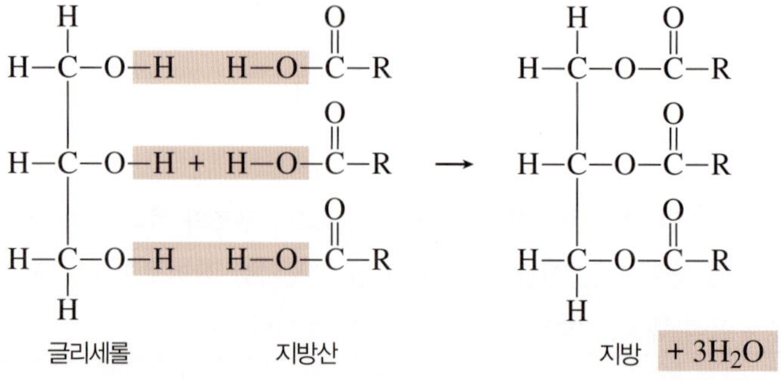

그림 15.2 글리세롤과 세 가지 지방산이 결합하여 지방 분자를 형성한다. 글리세롤 분자에 지방산을 첨가할 때마다 물 분자가 제거된다는 점을 유의한다. 제거된 원자는 강조 표시된다.

인지질

지방과 마찬가지로 대부분의 인지질은 글리세롤 분자의 유도체이다. 지방과 달리 **인지질**(phospholipids)은 지방산 중 하나가 유기 인산염 그룹으로 대체된 디글리세리드이다.

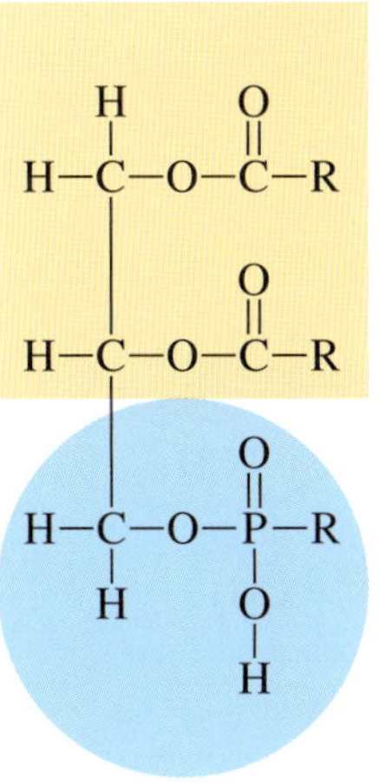

한 개의 탄화수소 사슬 대신 인산염 그룹을 갖는 것은 인지질에 지방과는 상당히 다른 특성을 부여한다. 비극성이며 소수성인 탄화수소 사슬과 달리 인산염 그룹은 극성이며 친수성이다. **소수성**(hydrophobic)은 말 그대로 "물을 싫어한다"는 뜻이고, **친수성**(hydrophilic)은 "물을 좋아한다"는 뜻이다. 소수성 종은 가용성이 아니다. 예를 들어, 지방은 비극성인 세 개의 긴 탄화수소 사슬로 구성된다. 잘 알고 있듯 지방과 오일(상온에서 액체인 지방)은 물과 섞이지 않다. 반면에 인지질은 두 개의 서로 다른 분자 영역을 가지고 있다. 하나는 비극성(탄화수소 사슬)이고 다른 하나는 극성(인산염 그룹)이다. 이로 인해 인지질이 지질 **이중층**(lipid bilayer)으로 알려진 형태로 배열된다. 인지질 샘플을 물에 첨가하면 소수성 '꼬리'(탄화수소 사슬)가 서로 결합하여 물과의 접촉을 피한다. 이로 인해 친수성 '머리'(인산염 그룹)가 이중층 외부에서 물과 접촉하게 된다(그림 15.3).

지질 이중층은 세포 구조 중에서 매우 중요한 부분이며, 핵을 포함한 세포 속 많은 내부 구조를 보호하기 위한 다양한 세포막을 형성한다.

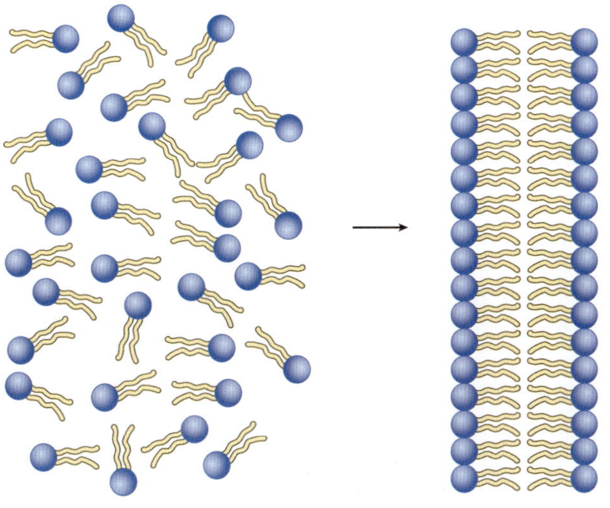

그림 15.3 물속의 지질 분자 집합은 이중층으로 배열된다. 모든 소수성 꼬리(노란색)는 함께 있고 물에서 떨어져 있다. 친수성 헤드(파란색)는 모두 물과 접촉되어 있다. 지질 이중층은 살아 있는 세포의 중요한 구조적 특징이다.

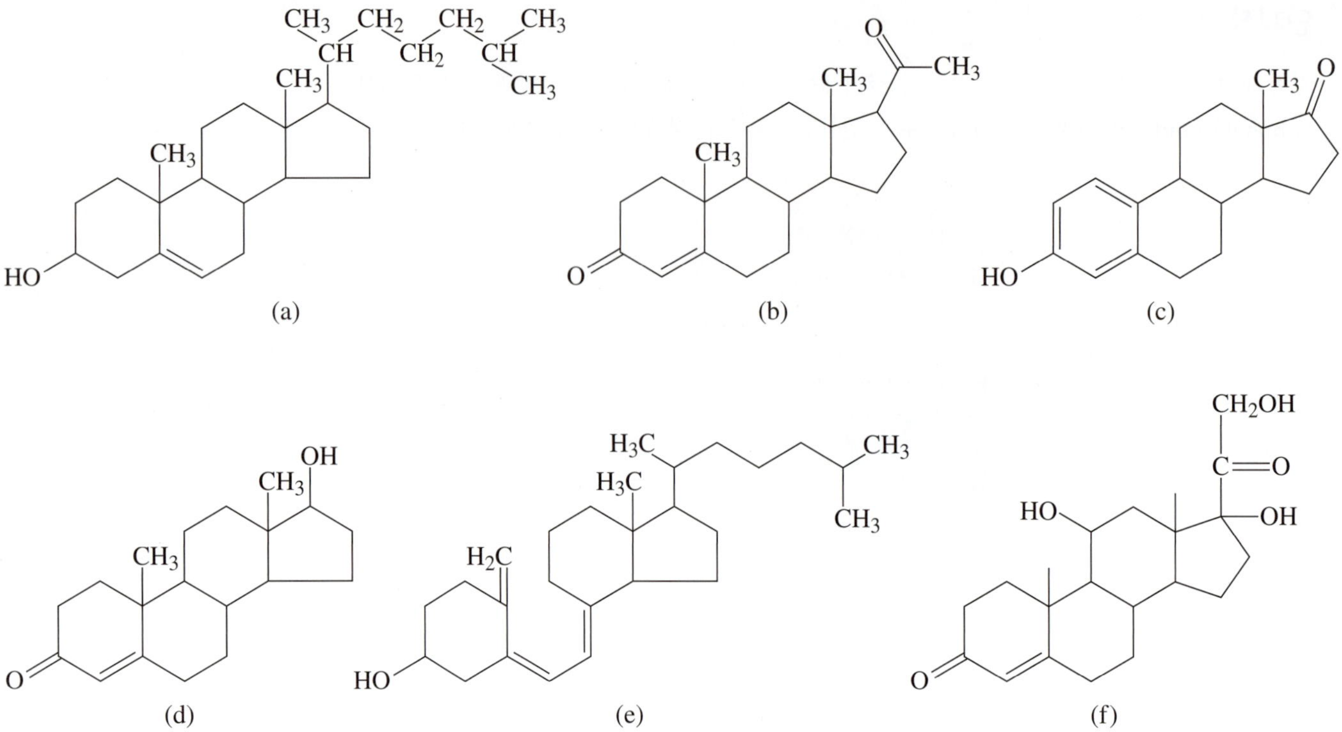

그림 15.4 일반적인 스테로이드. (a) 콜레스테롤 (b) 프로게스테론(여성 성 호르몬) (c) 에스트로겐(여성 성 호르몬) (d) 테스토스테론(남성 성 호르몬) (e) 비타민 D_3 (f) 코티솔(스트레스 호르몬).

스테로이드

스테로이드(steroids)는 스테롤 분자의 유도체인 지질이다.

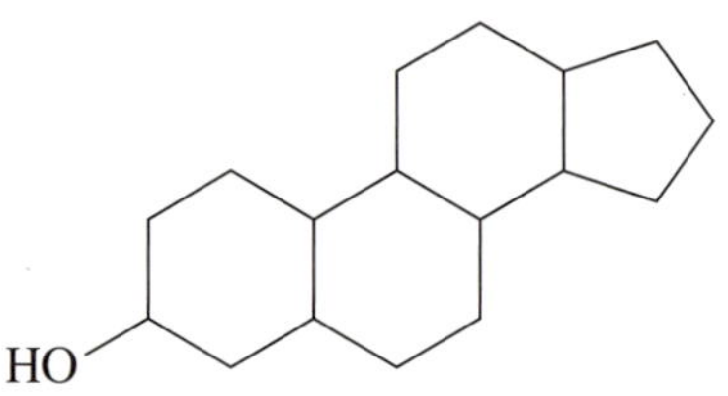

아마도 가장 잘 알려진 스테롤 유도체는 동물 세포 구조의 필수 구성 요소인 콜레스테롤일 것이다. 세포 내부와 주위에 보호막을 만들고 세포를 유동적으로 유지하는 데 사용된다. 이는 또한 성 호르몬, 담즙산, 비타민 D_3와 같은 지용성 비타민을 포함한 다른 스테로이드 및 스테로이드 유도체 생산에 필요한 구성 요소이기도 하다. 그림 15.4는 몇 가지 일반적인 스테로이드의 구조를 나타낸 것이다.

15.3 단백질

단백질은 거의 모든 생물학적 과정에서 중요한 역할을 한다. 인체에는 약 100,000여 종의 다양한 단백질이 포함되어 있으며, 각 단백질은 특정한 생리학적 기능이 있다. 이러한 기능에는 다음이 포함된다.

- 케라틴(머리카락, 손톱, 피부) 등 구조적 물질
- 옥시토신, 인슐린, 성장 호르몬(인간 성장 호르몬) 등의 호르몬
- 면역글로불린 등의 항체

- 알코올 탈수소효소 등 에탄올을 분해하는 효소 그리고 설탕(자당)을 분해하는 수크라아제
- 헤모글로빈과 같은 수송 촉진제(산소 수송용)

단백질(protein)은 그림 15.5에 표시된 아미노산의 조합으로 구성된 거대한 생물학적 중합체이다. 단백질의 정체는 20개의 아미노산 중 어떤 아미노산이 포함되어 있는지, 그리고 해당 아미노산이 조립되는 순서에 따라 달라진다.

아미노산이 중합되어 단백질을 형성할 때 아미노산 사이에 형성되는 결합을 **펩타이드 결합**(peptide bonds)이라고 하며, **아마이드 결합**(amide linkages)이라고도 한다.

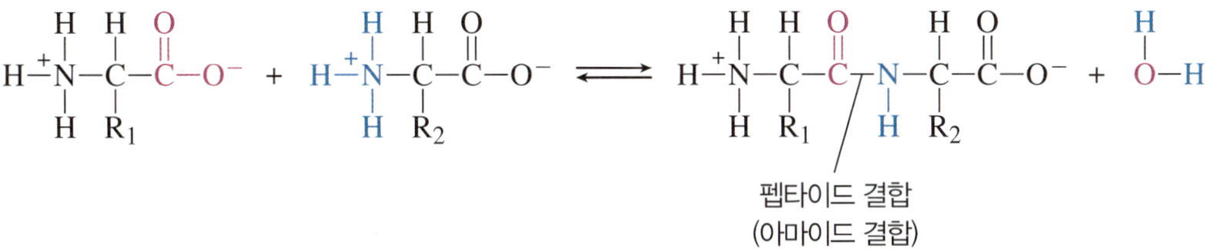

단백질의 기능은 구조에 따라 달라지며, 이는 단백질이 포함하고 있는 다양한 그룹 사이의 인력에 따라 달라진다. 단백질 구조는 세 가지, 때로는 네 가지로 분류하여 설명한다.

1차 구조

단백질의 **1차 구조는 단백질**(primary structure of a protein) 사슬을 구성하는 아미노산의 서열을 나타낸다. 예를 들어, 인간 헤모글로빈의 일부 아미노산 서열을 고려해보자.

아미노산은 축합 중합을 거쳐 형성된 각 펩타이드 결합이 형성될 때마다 하나의 물 분자를 제거한다. 헤모글로빈의 이 부분에 해당하는 기본 구조는 발린, 히스티딘, 류신, 트레오닌, 프롤린 및 글루탐산이다.

2차 구조

2차 구조(단백질)[secondary structure (protein)]는 인근 그룹 간 수소 결합의 결과로 단백질 사슬이 특정 모양을 나타낸다. 가능한 2차 구조 중 하나이자 헤모글로빈 다음 아미노산 서열 부분이 형성하는 구조는 나선이다.

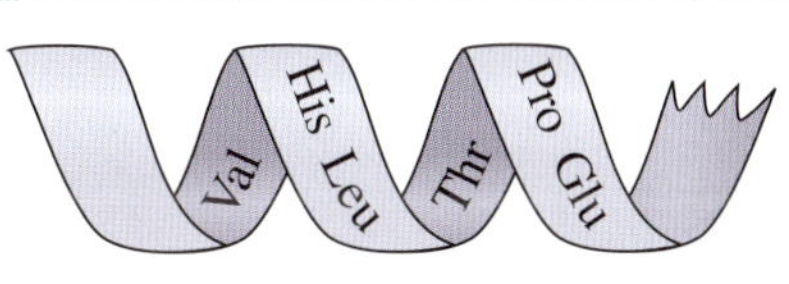

학생 노트
다른 가능한 2차 구조는 주름진 판이다.

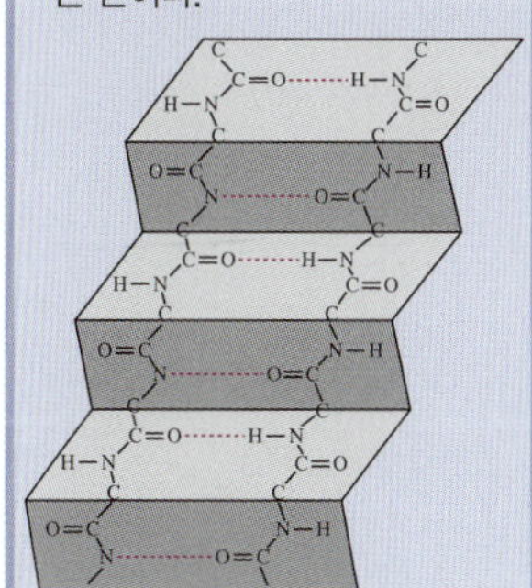

3차 구조

3차 구조(단백질)[tertiary structure (protein)]는 단백질이 특징적인 모양으로 접히는 것을 말하며, 이는 더 멀리 떨어져 있는 그룹 사이의 인력에 의해 안정화된다.

이름	약자	구조
알라닌	Ala	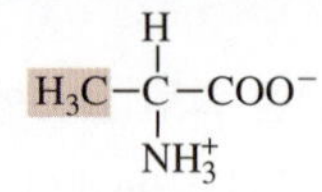
아르기닌	Arg	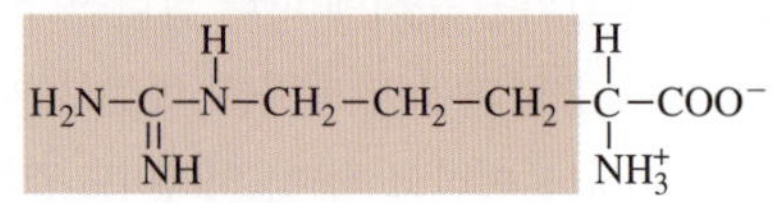
아스파라긴	Asn	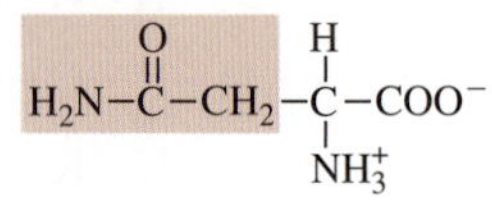
아스파트산	Asp	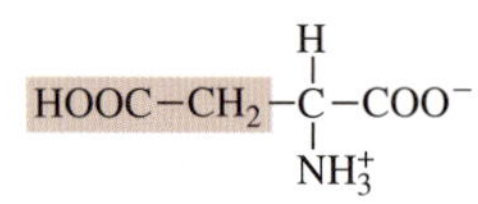
시스테인	Cys	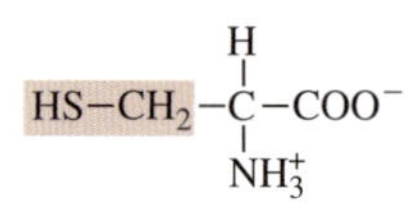
글루탐산	Glu	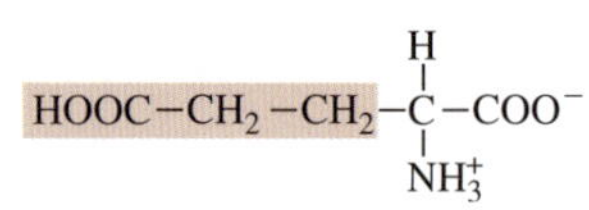
글루타민	Gln	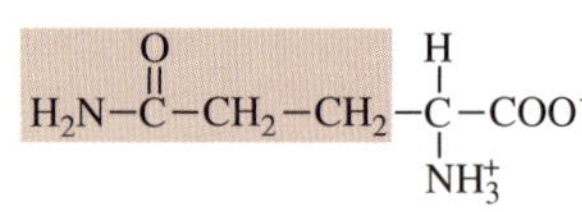
글리신	Gly	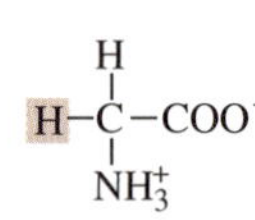
히스티딘	His	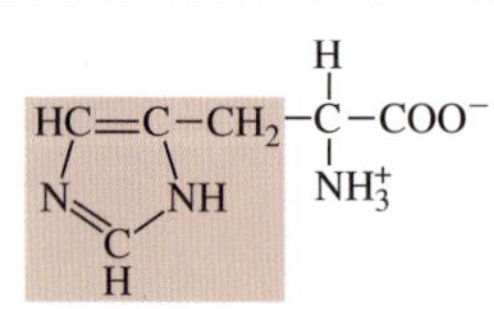
아이소류신	Ile	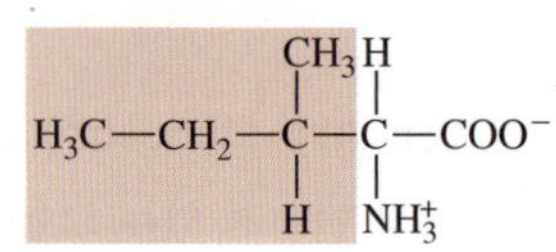

그림 15.5 살아 있는 유기체에 필수적인 20가지 아미노산. 음영 부분은 각 아미노산의 고유한 부분을 강조한다.

이름	약자	구조
류신	Leu	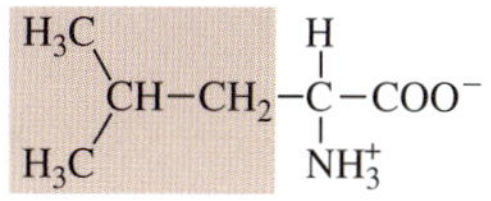
라이신	Lys	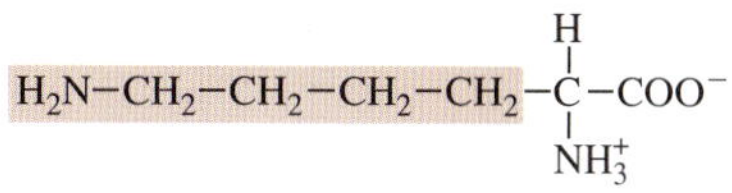
메티오닌	Met	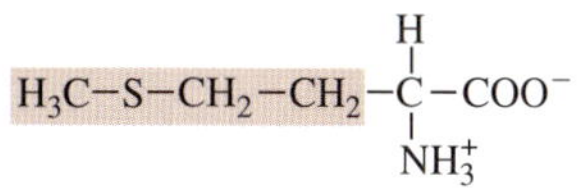
페닐알라닌	Phe	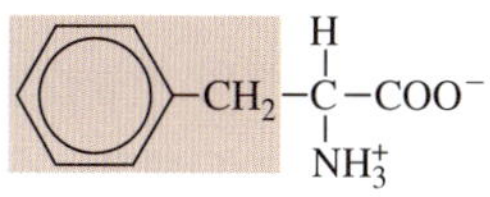
프롤린	Pro	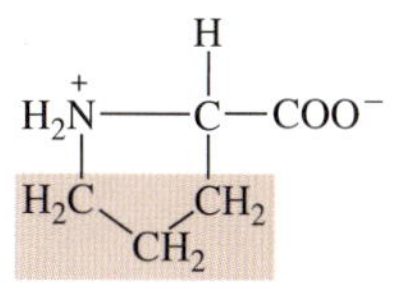
세린	Ser	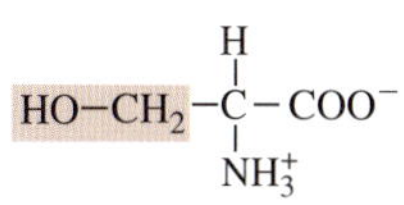
트레오닌	Thr	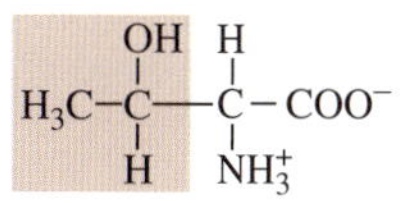
트립토판	Trp	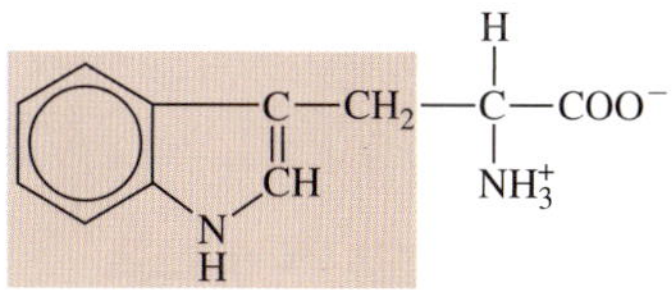
티로신	Tyr	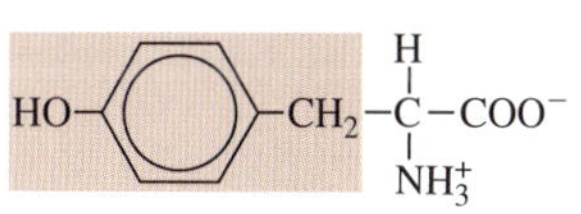
발린	Val	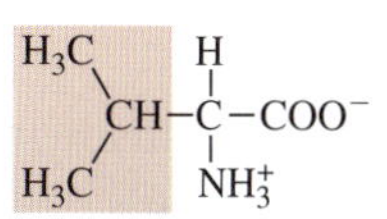

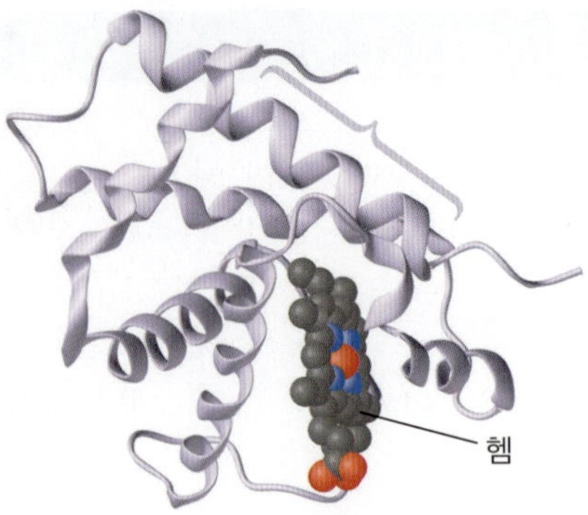

이 3차 구조 내에 헴(heme)이라는 또 다른 분자가 있다는 점을 유의해야 한다. 헴 분자는 철 원자를 포함하며 헤모글로빈의 산소 운반 능력을 담당한다.

4차 구조

마지막으로, 단백질의 기능을 위해 두 개 이상의 접힌 단백질 사슬이 단일 구조로 조립되어야 하는 경우, **4차 구조(단백질)**[quaternary structure (protein)]는 해당 조립으로 인해 발생하는 모양을 나타낸다. 헤모글로빈의 경우, 각각 헴 분자를 포함하는 4개의 개별 단백질 단위가 구형 단백질로 알려진 대략 구형 배열로 조립된다.

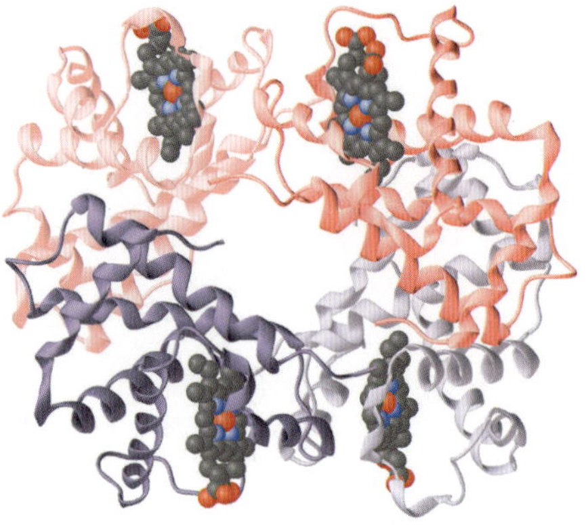

15.4 탄수화물

학생 노트
대부분의 단당류에는 이러한 일반 공식이 있지만 일부는 그렇지 않다.
이 공식에서 매우 중요한 예외로 디옥시리보오스가 있는데, 이에 대해서는 15.5절에서 논의한다.

탄수화물(carbohydrate)이라는 용어는 포도당과 같은 분자를 포함하여 일반식 $C_n(H_2O)_m$을 갖는 단순 당과 이러한 당이 형성할 수 있는 이량체 및 중합체를 의미한다.

단당류

단당류(monosaccharide)라는 용어는 일반적으로 일반 탄수화물 공식의 n과 m이 동일한 당 분자를 의미한다[이것은 일반적인 단당류 공식을 $(CH_2O)_n$으로 단순화한다]. 생물학적으로 가장 중요한 단당류 중 일부는 $n=5$ 또는 6이다. 이들은 각각 오탄당과 육탄당으로 알려져 있다. 절 15.1에서 본 포도당은 육탄당이다. 그림 15.6은 두 가지 중요한 단당류를 나타낸다. 각각은 직선형과 고리형이다.

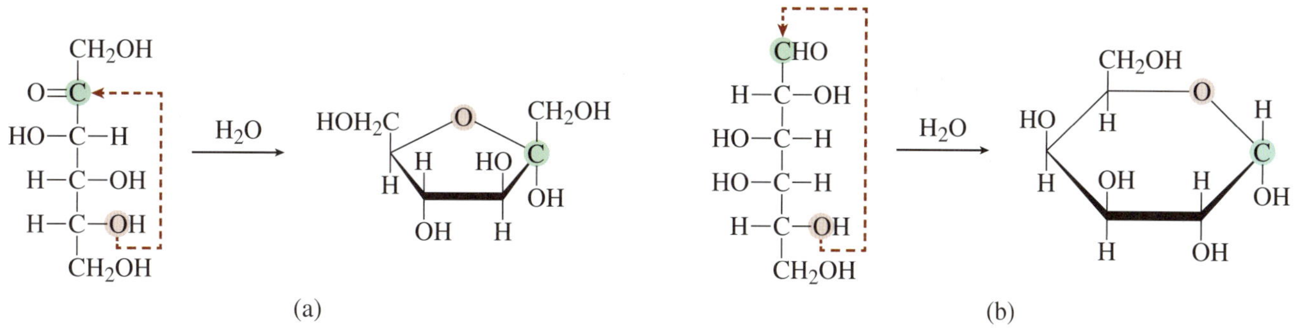

그림 15.6 중요한 단당류. (a) 과당 (b) 갈락토스

이당류

이당류(disaccharide)는 단당류의 이량체이다. 단당류의 이량체는 축합 반응의 결과로 형성된다. 단량체 사이의 결과적인 결합을 글리코시드 결합이라고 하며, 형성된 각 글리코시드 결합에 대해 물 분자가 제거된다.

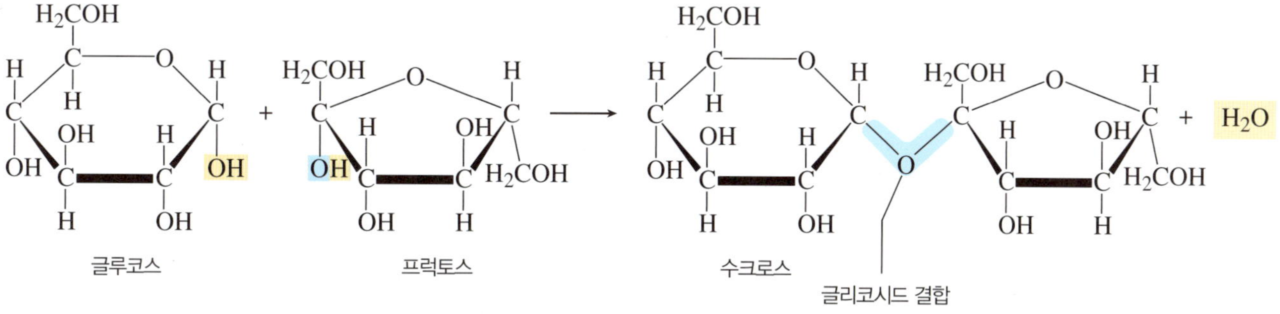

가장 친숙한 이당류는 우리가 일반적으로 설탕이라고 부르는 자당(sucrose)이다. 우리가 자당을 섭취하면 효소는 이를 포도당과 과당이라는 단량체로 분해한다(그림 15.7). 이당류가 단당류 성분으로 분해되는 과정에는 물 분자가 추가되는 과정도 함께 포함하며 이를 **가수분해**(hydrolysis)라고 한다.

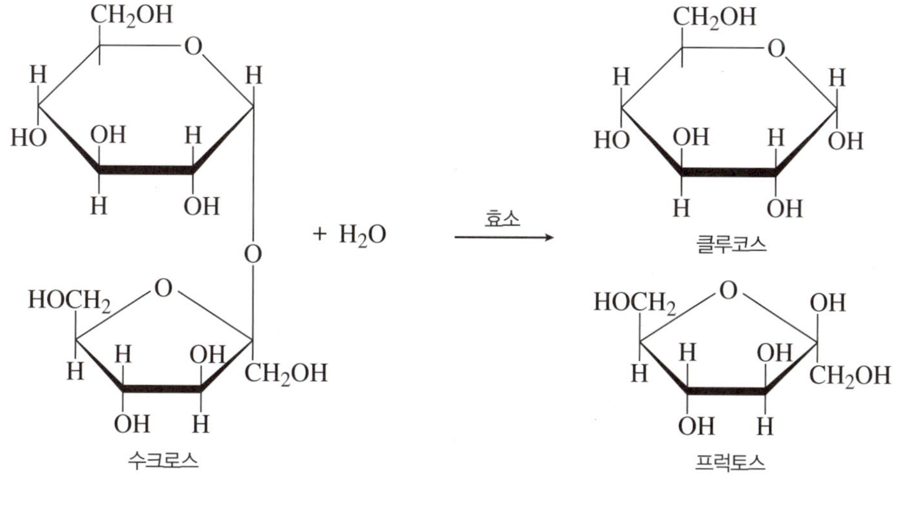

그림 15.7 수크라아제라고 불리는 효소는 설탕(자당)의 가수분해를 촉매하여 포도당과 과당을 생성한다.

다당류

다당류(polysaccharides)는 포도당, 과당과 같은 당의 중합체이다. 전분과 셀룰로스는 결합이 약간 다르고 특성도 매우 다른 두 가지 포도당 중합체이다. 전분에서 포도당 분자는 생화학자들이 α 결합이라고 부르는 것으로 연결된다. 이를 통해 인간을 포함한 동물은 옥수수, 밀, 감자, 쌀과 같은 식품에 들어 있는 전분을 소화할 수 있다.

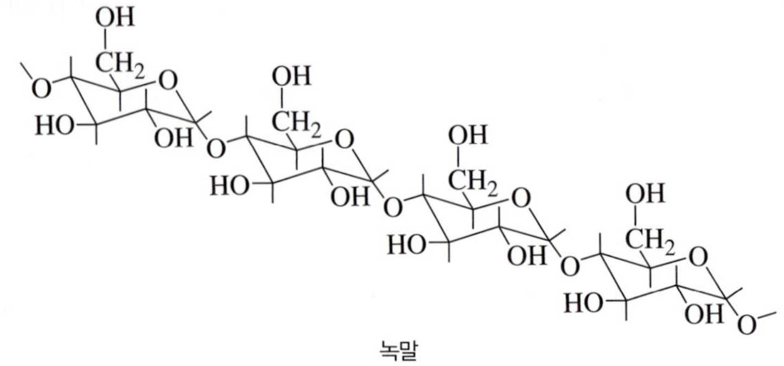

녹말

셀룰로스에서 포도당 분자는 β 결합으로 연결된다. 셀룰로스를 소화하려면 대부분의 동물이 가지고 있지 않은 효소가 필요하다. 흰개미와 반추 동물(소, 양, 라마 포함)과 같이 셀룰로스를 소화하는 종은 장에서 효소를 생산하는 공생 박테리아의 도움을 받는다.

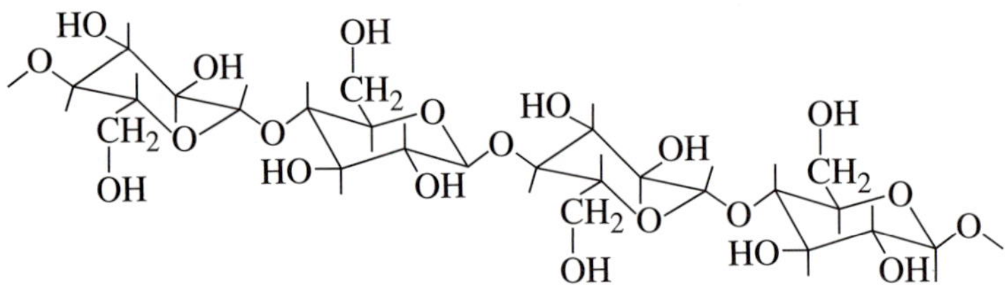

셀룰로스

15.5 핵산

뉴클레오티드의 중합체인 **핵산**(nucleic acids)은 단백질 합성에 중요한 역할을 한다. 핵산에는 **데옥시리보핵산(DNA)**[deoxyribonucleic acid (DNA)]과 **리보핵산(RNA)**[ribonucleic acid (RNA)]의 두 가지 유형이 있다. 이들은 유전 정보 전달을 담당하는 분자이다. 핵산의 각 **뉴클레오티드**(nucleotide)는 유기 염기, 당(DNA의 경우 디옥시리보스, RNA의 경우 리보스) 및 인산염 그룹으로 구성된다. 그림 15.8은 DNA와 RNA의 구성 요소를 나타낸다. 그림 15.9와 같이 뉴클레오티드의 구성 요소는 서로 연결되어 있다. 이 분자는 알려진 것 중 가장 크다. 최대 수백억 그램의 몰 질량을 가질 수 있다. 반면에 RNA 분자는 일반적으로 수만 그램 정도의 몰 질량을 갖는다. 크기에도 불구하고 핵산의 구성은 단백질에 비해 상대적으로 단순하다. 단백질은 그림 15.5에 표시된 20개의 서로 다른 아미노산의 조합을 포함할 수 있는 반면, DNA와 RNA는 각각 4개의 서로 다른 뉴클레오티드의 조합으로 구성된다.

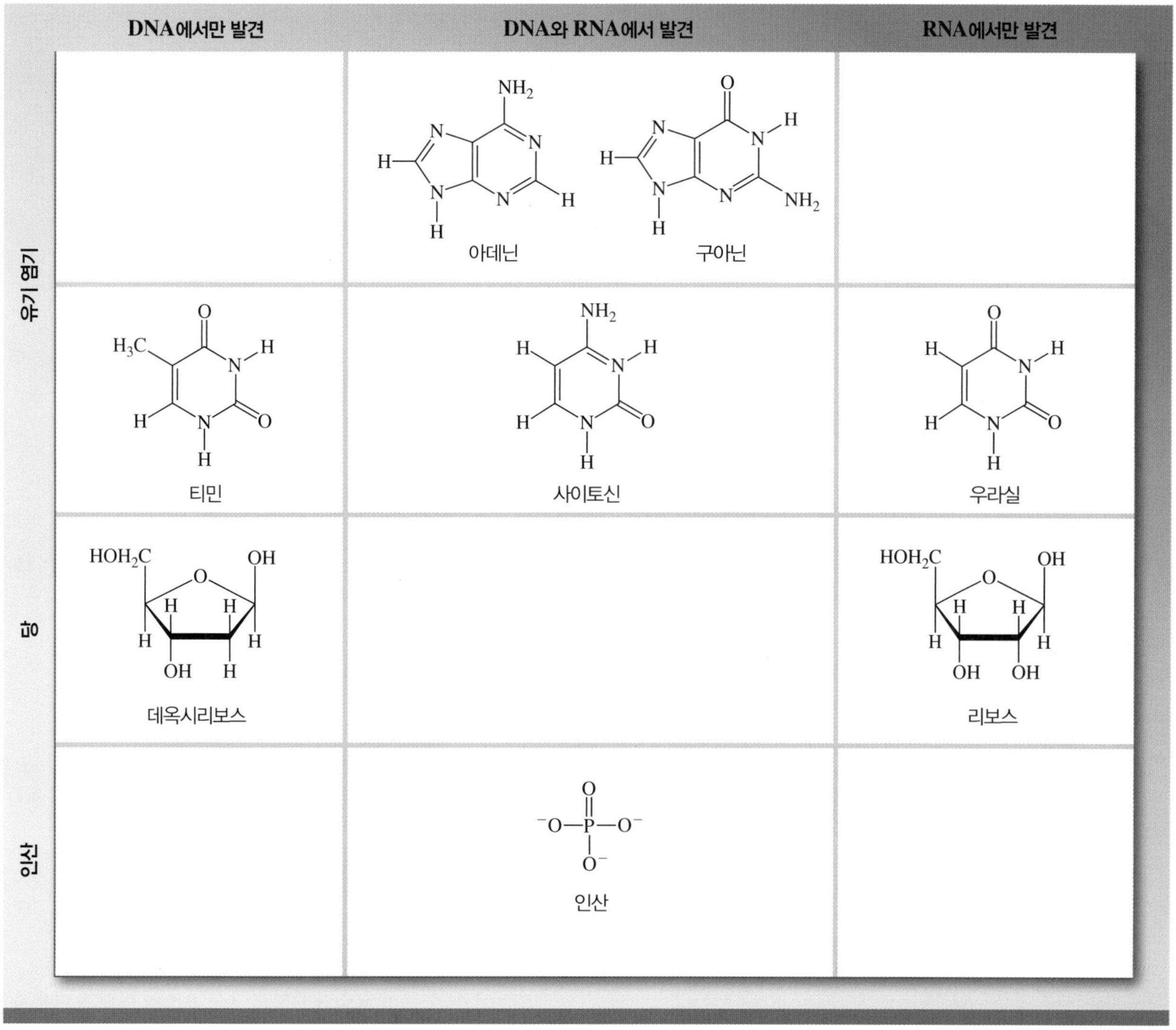

그림 15.8 핵산 DNA와 RNA의 구성 요소

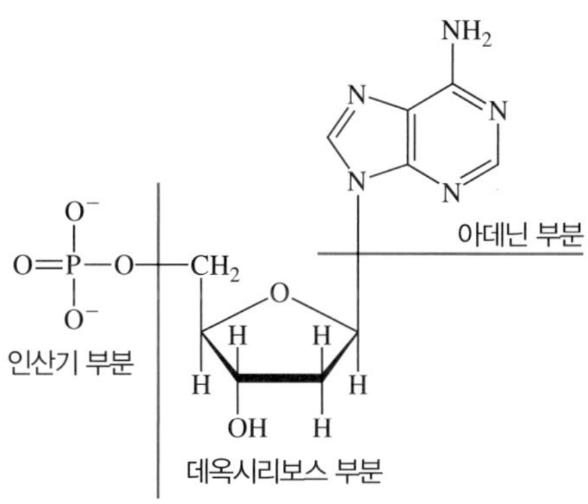

그림 15.9 DNA의 반복 단위 중 하나인 뉴클레오티드의 구조

연습문제

15.1절: 생물학적으로 중요한 분자

15.1 글리세롤이 물에 가용성인지 불용성인지 설명하시오.

15.2 아미노산에는 어떤 두 가지 작용기가 포함되어 있는가? 아미노산을 선택하고 그 구조를 그리시오.

15.3 유기 인산염의 예를 드시오.

15.2절: 지질

15.4 지질이라는 용어를 정의하시오.

15.5 지질의 주요 유형 세 가지의 각 예를 들어보시오.

15.6 지방이 물에 녹지 않는 이유를 설명하시오.

15.7 포화지방과 불포화지방의 차이점을 설명하시오.

15.8 지방산인 부티르산을 함유한 지방(트리글리세리드)의 구조를 그려보시오.

15.9 소수성과 친수성이라는 용어를 정의하시오.

15.10 디글리세리드라는 용어를 정의하시오.

15.3절: 단백질

15.11 아미노산과 단백질의 관계를 설명하시오.

15.12 다음 분자 중 어느 것이 아미노산인지 결정하시오.

(a)

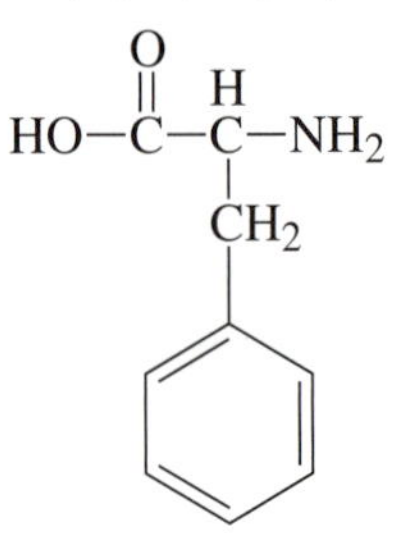

(b)

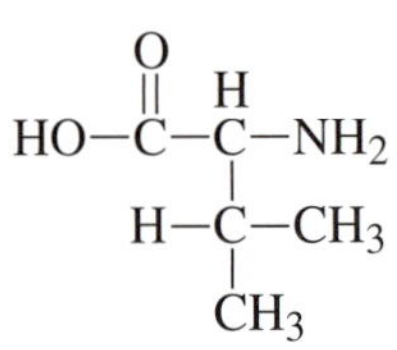

(c)

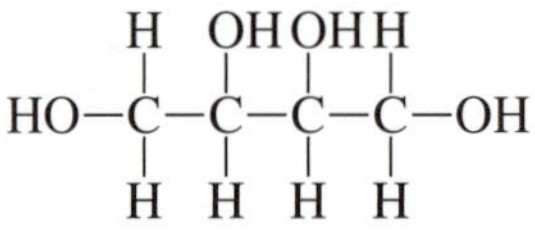

(d)

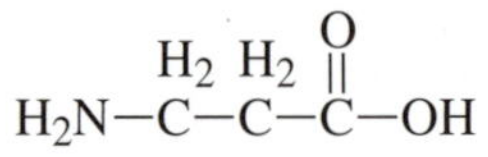

15.13 트레오닌과 류신이 펩타이드 결합(Thr−Leu)을 형성할 때의 반응 생성물을 보여주시오.

15.14 각 폴리펩티드의 구조를 그리시오.

(a) Ser−Val−Lys

(b) Tyr−Gly−Ala

(c) His−Asp−Glu−Lys

15.15 단백질의 2차 구조가 무엇을 의미하는지 설명하고 두 가지 예를 들어보시오.

15.16 4차 구조가 무엇을 의미하는지 설명하시오.

15.4절: 탄수화물

15.17 단당류의 일반 화학식을 쓰고, 예를 들어보시오.

15.18 두 개의 단당류가 결합하여 이당류를 형성할 때 생성되는 결합을 설명하는 용어는 무엇인가?

15.19 다당류라는 용어를 정의하고 예를 들어보시오.

15.5절: 핵산

15.20 DNA 구성 요소가 RNA 구성 요소와 어떻게 다른지 설명하시오.

CHAPTER 16

핵화학

Nuclear Chemistry

적절한 식품 위생 기준이 없는 지역에서 생산 및 수확되는 경우가 많은 향신료와 조미료에 방사선을 조사하면 식품에 사용 시 안전성이 보장된다.

이 장의 목표

여러 핵 과정과 그 생물학적 효과 그리고 화석과 암석의 연대 결정, 의료 절차, 식품 안전 및 전력 생산에 대한 사용을 포함하는 과정 중 일부 유익한 활용 사례를 배우게 된다.

들어가기 전에 미리 알아둘 것

- 원자핵 모델 [|◀◀2.3절]
- 반응속도 [|◀◀13.1절]

여러분은 이미 2장에서 원자핵이 아원자 입자인 양성자와 중성자로 구성되어 있다는 사실을 공부하였다. 일부 원자핵은 불안정하며 안정성을 얻기 위해 입자 또는 방사선을 자발적으로 방출한다. 이 과정을 방사성 붕괴라고 한다. 다른 핵은 조작되어 많은 양의 에너지를 생산할 수 있다. 많은 핵 공정은 암 치료, 전기 생산, 식중독 발병률을 줄이기 위한 특정 식품의 방사선 조사에 유용한 것으로 입증되었다.

16.1 방사성 붕괴

수소(^1_1H)를 제외한 모든 핵에는 양성자와 중성자가 포함되어 있다. 일부 핵은 불안정하고 방사성 붕괴를 겪으며 입자[|◀◀ 2.3절] 및/또는 전자기 복사[|◀◀ 3.1절]를 방출한다. 방사성 핵은 다양한 붕괴 유형을 겪을 수 있다. 방사성 붕괴의 세 가지 유형은 **베타 입자**(beta particles)의 방출, **감마선 방출**(gamma radiation) 그리고 2장에서 본 알파 입자의 방출이다. 입자나 전자기 방사선의 자발적인 방출은 **방사능**(radioactivity)으로 알려져 있다. 그림 16.1은 방사성 물

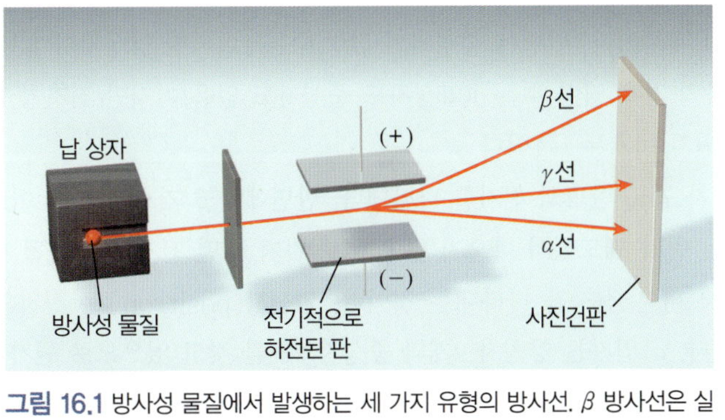

그림 16.1 방사성 물질에서 발생하는 세 가지 유형의 방사선. β 방사선은 실제로 음으로 하전되어 양으로 하전된 판에 끌리는 전자의 흐름이다. α 방사선은 양전하를 띤 상대적으로 무거운 입자로 구성된다. 각 α 입자는 두 개의 양성자와 두 개의 중성자로 구성되며 본질적으로 헬륨 핵이다. 양전하를 띠는 α 입자는 음전하를 띤 판에 끌린다. γ 방사선은 입자로 구성되지 않고 단순히 고에너지 전자기 방사선이다.

표 16.1 화학반응과 핵반응의 비교

화학반응	핵반응
1. 화학 결합이 끊어지고 형성되면서 원자가 재배열된다.	1. 원소는 다른 원소(또는 동위 원소)로 변환된다.
2. 원자 또는 분자 궤도에 있는 전자만 반응에 참여한다.	2. 양성자, 중성자, 전자 및 α 입자와 같은 기타 아원자 입자가 포함될 수 있다.
3. 반응에는 상대적으로 적은 양의 에너지가 흡수되거나 방출된다.	3. 반응에는 엄청난 양의 에너지가 흡수되거나 방출된다.
4. 반응 속도는 온도, 압력, 농도 및 촉매의 영향을 받는다.	4. 반응 속도는 일반적으로 온도, 압력 또는 촉매의 영향을 받지 않는다.

질에 의한 알파, 베타, 감마 방출을 나타낸다.

원자 번호가 83보다 큰 모든 원소는 불안정하므로 방사성이다. 예를 들어, 폴로늄-210($^{210}_{84}Po$)은 α 입자를 방출하여 자발적으로 Pb로 붕괴된다.

핵 변환(nuclear transmutation)으로 알려진 또 다른 유형의 핵 과정은 중성자, 양성자 또는 기타 핵이 핵에 충격을 가하여 발생한다. 핵 변환의 예로는 대기 중에서 $^{14}_{7}N$이 $^{14}_{6}C$ 및 $^{1}_{1}H$로 변환되는 것이 있는데, 이는 질소 동위 원소가 (태양으로부터의) 중성자에 의해 충격을 받을 때 발생한다. 어떤 경우에는 더 가벼운 원소에서 더 무거운 원소가 합성된다. 이러한 유형의 변환은 우주 공간에서 자연적으로 발생하지만 인위적으로 달성될 수도 있다.

방사성 붕괴와 핵 변환은 핵 반응으로, 일반적인 화학 반응과는 크게 다르다. 표 16.1에는 차이점이 요약되어 있다. 핵 반응을 심도 있게 논의하려면 핵 반응식을 작성하고 균형을 맞추는 방법을 이해해야 한다. 핵 반응식을 작성하는 것은 화학 반응에 대한 반응식을 작성하는 것과 다소 다르다. 다양한 화학 원소에 대한 기호를 쓰는 것 외에도, 반응에 관련된 모든 종의 아원자 입자 수를 명시적으로 표시해야 한다.

아원자 입자의 기호는 다음과 같다.

$^{1}_{1}H$ 또는 $^{1}_{1}p$	$^{1}_{0}n$	$^{0}_{-1}e$ 또는 $^{0}_{-1}\beta$	$^{0}_{+1}e$ 또는 $^{0}_{+1}\beta$	$^{4}_{2}\alpha$ 또는 $^{4}_{2}He$
양성자	중성자	전자	양전자	α 입자

2.6절에 소개된 표기법에 따라 각 경우의 위첨자는 질량 수(존재하는 중성자와 양성자의 총수)를 나타내고 아래첨자는 원자 번호(양성자 수)를 나타낸다. 따라서 양성자의 '원자 번호'는 1개의 양성자가 존재하기 때문에 1이고, '질량 수'도 1이다. 왜냐하면 양성자는 1개지만 중성자는 존재하지 않기 때문이다. 반면에 중성자의 질량 수는 1이지만 양성자가 없기 때문에 원자 번호는 0이다. 전자의 경우 질량 수는 0(양성자도 중성자도 없음)이지만 전자가 단위 음전하를 갖고 있기 때문에 원자 번호는 −1이다.

기호 $^{0}_{-1}e$는 원자 궤도 안팎의 전자를 나타낸다. 반면에 $^{0}_{-1}\beta$ 기호는 다른 어떤 전자와 물리적으로 동일하지만, 원자 궤도에서 나오지 않고 (중성자가 어떤 전자로 변환될 때 발생하는 붕괴 과정에서) 핵에서 나온 전자를 나타내는 것이다. **양전자**(positron)는 전자와 질량은 같지만 +1의 전하를 띤다. α 입자는 양성자 2개와 중성자 2개를 갖고 있으므로 원자 번호는 2이고 질량 수는 4이다.

> **학생 노트**
> α 입자는 헬륨-4 핵과 동일하며 $^{4}_{2}\alpha$ 또는 $^{4}_{2}He$로 표시될 수 있다.

핵 반응식의 균형을 맞추려면 모든 원자 번호의 총계와 생성물 및 반응물의 모든 질량 수의 총합계를 균형 있게 맞춰야 한다. 핵 반응식에서 하나를 제외한 모든 종의 원자 번호와 질량 수를 안다면 샘플 문제 16.1에서 볼 수 있듯이 이러한 규칙을 적용하여 알려지지 않은 종을 식별할 수 있다.

예제 16.1 핵 반응식 균형 맞추기

다음 각 핵 반응식에서 누락된 핵종 X를 식별하시오.

(a) $^{212}_{84}Po \longrightarrow {}^{208}_{82}Pb + X$ (b) $^{90}_{38}Sr \longrightarrow X + {}^{0}_{-1}\beta$ (c) $X \longrightarrow {}^{18}_{8}O + {}^{0}_{+1}\beta$

전략 반응식 양쪽의 질량 수를 합하여 알려지지 않은 종 X의 질량 수를 결정한다. ∑ 반응물 질량 수=∑ 생성물 질량 수
마찬가지로, 알려지지 않은 종의 원자 번호를 결정한다. ∑ 반응물 원자 번호=∑ 생성물 원자 번호
질량 수와 원자 번호를 사용하여 알려지지 않은 화학종의 정체를 확인한다.

계획

(a) 212=(208+X의 질량 수); X의 질량 수=4. 84=(82+X의 원자 번호); X의 원자 번호=2

(b) 90=(X의 질량 수+0); X의 질량 수=90. 38=[X의 원자 번호+(−1)]; X의 원자 번호=39

(c) X의 질량 수 = (18 + 0); X의 질량 수=18. X의 원자 번호=(8+1); X의 원자 번호=9

풀이

(a) $X = {}^{4}_{2}\alpha : {}^{212}_{84}Po \longrightarrow {}^{208}_{82}Pb + {}^{4}_{2}\alpha$

(b) $X = {}^{90}_{39}Y : {}^{90}_{38}Sr \longrightarrow {}^{90}_{38}Y + {}^{0}_{-1}\beta$

(c) $X = {}^{18}_{9}F : {}^{18}_{9}F \longrightarrow {}^{18}_{8}O + {}^{0}_{+1}\beta$

생각해보기

핵 반응식의 균형을 맞추기 위해 우리가 적용하는 합산 규칙은 질량 수의 보존과 원자 번호의 보존으로 생각할 수 있다.

추가문제 1 다음 핵 반응식 각각에서 X를 식별하시오.

(a) $^{78}_{33}As \longrightarrow X + {}^{0}_{-1}\beta$ (b) $^{1}_{1}H + {}^{4}_{2}He \longrightarrow X$ (c) $^{258}_{100}Fm \longrightarrow {}^{257}_{100}Fm + X$

추가문제 2 다음 핵 반응식 각각에서 X를 식별하시오.

(a) $X + {}^{0}_{-1}\beta \longrightarrow {}^{244}_{94}Pu$ (b) $^{238}_{92}U \longrightarrow X + {}^{4}_{2}He$ (c) $X \longrightarrow {}^{14}_{7}N + {}^{0}_{-1}e$

추가문제 3 각 프로세스에 대해 제품의 정체성을 지정한다.

$\xleftarrow{\text{전자 포획}} {}^{222}Rn \xrightarrow{\text{알파 입자 방출}}$ $\xleftarrow{\text{전자 포획}} {}^{132}Cs \xrightarrow{\text{베타 입자 방출}}$

16.2 방사선의 검출과 그 생물학적 영향

방사성 동위 원소는 상대적으로 검출하기 쉽다. 아주 적은 양이라도 그 존재는 사진 기술이나 계수기로 알려진 장치를 통해 감지할 수 있다. 그림 16.2는 과학 작업과 의료 실험실에서 방사선을 감지하기 위해 일반적으로 사용되는 장비인 가이거 계수기의 다이어그램이다.

방사능의 기본 단위는 퀴리(Ci)이다. 1 Ci는 정확히 초당 3.70×10^{10}번의 핵 붕괴에 해당한다. 이 붕괴율은 라듐 1 g에 해당한다. 밀리퀴리(mCi)는 퀴리의 1/1,000이다. 따라서 탄소-14 샘플 10 mCi는 초당 $(10 \times 10^{-3})(3.70 \times 10^{10}) = 3.70 \times 10^{8}$번 분해되는 양이다.

방사선의 강도는 붕괴 횟수, 방출되는 방사선의 에너지 및 유형에 따라 달라진다. 방사선 흡수선량의 일반적인 단위 중 하나는 rad(방사선 흡수선량)이며, 이는 조사된 물질 1 g당 1×10^{-5} J를 흡수하는 방사선의 양이다. 방사선의 생물학적 효과는 조사되는 신체 부위와 방사선의 유형에 따라 다르다. 이러한 이유로 rad에는 종종 RBE(상대 생물학적 효과)라는 요소가 곱해진다. 이

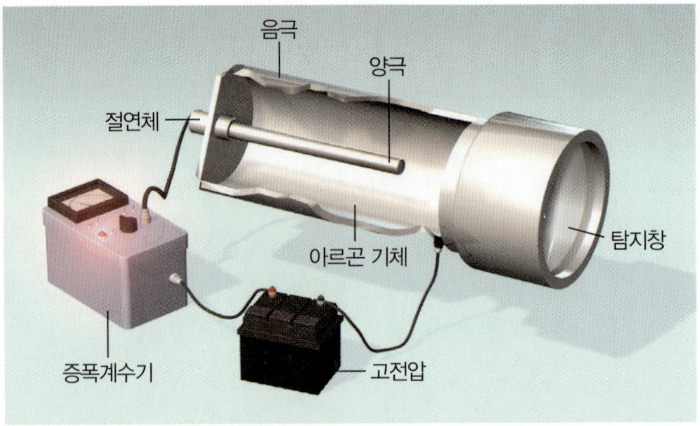

그림 16.2 가이거 계수기의 개략도. 창을 통해 들어오는 방사선(α, β, γ선)은 아르곤 기체를 이온화하여 전극 사이에 작은 전류 흐름을 발생시킨다. 이 전류는 증폭되어 빛을 깜박이거나 딸깍하는 소리로 카운터를 작동시키는 데 사용된다.

결괏값은 rem(인간에 해당하는 뢴트겐)이라고 불린다.

$$\text{rem 수} = \text{rad 값} \times 1\ \text{RBE}$$

세 가지 유형의 핵 방사선 중에서 α 입자는 일반적으로 투과력이 가장 낮다. β 입자는 α 입자보다 투과성이 높지만 γ선보다 투과성이 낮다.

γ선은 파장이 매우 짧고 에너지가 높다. 또한 전하를 띠지 않기 때문에 α 및 β 입자처럼 쉽게 차폐재로 막을 수 없다. 그러나 α 또는 β를 방출하는 물체를 섭취하거나 흡입하면 장기가 근거리에서 지속적으로 해로운 방사선에 노출되기 때문에 손상 효과가 크게 악화된다. 예를 들어, β 입자를 방출하는 스트론튬-90은 칼슘과 대체되면서 뼈에 가장 큰 손상을 줄 수 있다.

표 16.2에는 미국인이 매년 받는 평균 방사선량이 나열되어 있다. 방사선에 단기간 노출되는 경우 50~200 rem의 방사선량은 백혈구 수 및 기타 합병증의 감소를 유발하는 반면, 500 rem 이상의 방사선량은 몇 주 내에 사망할 수 있다. 현재의 안전 표준에서는 원자력 작업자가 연간 5 rem 이하의 방사선에 노출되도록 허용하고, 일반적으로 연간 최대 0.5 rem 정도가 인간이 만든 방사선이라고 지정하고 있다.

방사선 손상의 화학적 기초는 전리 방사선의 기초이다. 방사선(입자 또는 γ선)은 경로에 있는 원자와 분자에서 전자를 제거하여 이온과 라디칼을 형성할 수 있다. **라디칼**(radicals, 자유 라디칼이라고도 함)은 하나 이상의 짝을 이루지 않은 전자를 갖는 분자 조각이다. 일반적으로 수명이 짧고 반응성이 높다. 예를 들어, 물에 γ선을 조사하면 다음과 같은 반응이 일어난다.

표 16.2 미국인의 연간 평균 방사선량

방사선 근원	방사선량(mrem/yr)*
우주 방사선	20~50
지면 및 지표	25
인체†	26
의료 및 치과 X선	50~75
비행기 여행	5
핵무기 테스트로 인한 낙진	5
핵폐기물	2
총량	133~188

* 1 mrem = millirem = 1×10^{-3} rem.
† 신체의 방사능은 음식과 공기에서 비롯된다.

$$H_2O \xrightarrow{\text{radiation}} H_2O^+ + e^-$$

$$H_2O^+ + H_2O \longrightarrow \underset{\text{Hydroxyl radical}}{H_3O^+ + \cdot OH}$$

(수화된 형태의) 전자는 이후에 물 또는 수소 이온과 반응하여 원자 수소를 형성하고, 산소와 반응하여 과산화물 이온($\cdot O_2^-$)(라디칼)을 생성할 수 있다.

$$e^- + O_2 \longrightarrow \cdot O_2^-$$

조직에서 과산화물 이온과 기타 자유 라디칼은 세포막과 효소 및 DNA 분자와 같은 수많은 유기 화합물을 공격한다. 유기 화합물 자체는 고에너지 방사선에 의해 직접 이온화되고 파괴될 수 있다.

고에너지 방사선에 노출되면 인간과 다른 동물에게 암이 유발될 수 있다. 암은 통제되지 않는 세포 성장을 특징으로 한다. 반면, 암세포는 적절한 방사선 치료를 통해 파괴될 수 있다. 다만, 적당한 수준의 방사선 치료를 고려한다. 환자가 노출되는 방사선은 너무 많은 정상 세포를 죽이지 않고, 또 다른 형태의 암을 유발하지 않으면서 암세포를 파괴할 수 있을 만큼 충분해야 한다.

생명체에 대한 방사선 손상은 일반적으로 체세포 손상과 유전 손상으로 분류된다. 신체 손상은 유기체의 수명 동안 유기체에 영향을 미치는 손상이다. 일광 화상, 피부 발진, 암, 백내장은 신체 손상의 예이다. 유전적 손상은 유전 가능한 변화 또는 유전자 돌연변이를 의미한다. 예를 들어, 염색체가 방사선에 의해 손상되거나 변형된 사람은 기형이 있는 자손을 낳을 수 있다.

화학과 친해지기

담배의 방사능

"외과의사의 경고: 흡연은 건강에 해롭다."

이와 같은 경고 라벨은 미국에서 판매되는 모든 담배 포장에 표시된다. 담배 연기와 암 사이의 연관성은 오랫동안 증명되어 왔다. 그러나 흡연자에게는 또 다른 암 유발 메커니즘이 있다. 이 사건의 주범은 담배를 만드는 담뱃잎에 존재하는 방사성 환경오염물질이다.

담배가 재배되는 토양은 우라늄과 그 붕괴 생성물이 풍부한 인산염 비료로 심하게 처리된다. 우라늄-238 붕괴 시리즈에서 특히 중요한 단계를 생각해보자.

$$^{226}_{88}\text{Ra} \longrightarrow ^{222}_{86}\text{Rn} + ^{4}_{2}\alpha$$

위 반응의 생성물인 라돈-222는 비반응성 기체이다(라돈은 우라늄-238 붕괴 계열의 유일한 기체 종이다). 라돈-222는 라듐-226에서 발생하며 토양 기체와 담배 재배 분야에서 제공되는 초목 캐노피 아래 표면 공기층에 고농도로 존재한다. 이 층에서는 폴로늄-218 및 납-214와 같은 라돈-222의 붕괴로 생긴 물질 중 일부가 담뱃잎의 표면과 내부에 단단히 부착된다. 그림 16.3에서 볼 수 있듯이, 납-210의 형성으로 이어지는 다음 몇 가지 붕괴 반응은 빠르게 진행된다. 점차적으로, 방사성 납-210의 농도는 상당히 높은 수준으로 높아질 수 있다.

담배를 연소하는 동안 작은 불용성 연기 입자가 흡입되어 흡연자의 기도에 쌓이고 결국 간, 비장 및 골수 부위로 운반되어 저장된다. 측정 결과에 따르면 이러한 입자에는 납-210 함량이 높다. 납-210 함량은 화학적으로 위험할 만큼 높지는 않지만(납중독을 일으키기에 충분하지 않음) 방사성이므로 위험하다. 납-210의 긴 반감기(20.4년)로 인해 납-210과 그 방사성 붕괴로 생긴 비스무트-210 및 폴로늄-210은 수년에 걸쳐 흡연자의 몸에 계속 축적된다. 장기와 골수가 α 및 β 입자 방사선에 지속적으로 노출되면 흡연자가 암에 걸릴 확률이 높아진다. 건강에 미치는 전반적인 영향은 실내 라돈 기체로 인한 영향과 유사하다.

16.3 방사성 붕괴를 이용한 연대 측정

약물을 복용한 사람의 체내에 약물이 남아 있는 기간을 설명하는 데 사용되는 '반감기'라는 용어를 들어보았을 것이다. 실제로 방사능과 관련하여 반감기라는 용어는 매우 구체적인 것을 의미한다. 방사성 물질의 **반감기**($t_{1/2}$)는 핵 붕괴를 통해 물질의 양이 반으로 감소하는 데 필요한 시간이다. 원래 양의 절반으로 줄어드는 반감기는 탄소의 방사성 동위 원소인 탄소-14의 경우 5,715년이다. 이는 10억 개의 C-14 핵으로 시작했다면 5,715년 후에는 5억 개가 남게 된다는 것을 의미한다. 단지 10개의 C-14 핵으로 시작했다면 5,715년 후에는 5개가 남게 될 것이다. 방사성 붕괴의 특징 중 하나는 반감기가 일정하다는 점이다. 시작 질량과 관계없이 그 양이 절반으로 줄어들려면 동일한 시간이 필요하다. 또한 방사성 동위 원소의 반감기는 온도, 압력 또는 방사성 동위 원소가 반응물로 소모될 수 있는 화학 반응과 무관하게 일정하다.

예제 16.2 반감기를 사용하여 남은 질량 계산

납-210의 반감기는 20.4년이다. 2.00 g의 $^{210}_{82}Pb$ 샘플은 61.2년 후에 얼마나 남아 있을까?

전략 반감기는 샘플의 절반이 붕괴되는 데 걸리는 시간이라는 점을 기억한다. 각 연속 반감기 동안 나머지 샘플의 절반이 붕괴된다.

계획 주어진 시간 내에 얼마나 많은 반감기가 경과하는지 결정한다.

$$61.2\cancel{\text{년}} = \frac{1\text{ 반감기}}{20.4\cancel{\text{년}}} = 3\text{ 반감기}$$

풀이

첫 반감기가 지나면 $2.00\text{ g} \times \frac{1}{2} = 1.00\text{ g}$이 남는다.

두 번째 반감기가 지나면 $1.00\text{ g} \times \frac{1}{2} = 0.500\text{ g}$이 남는다.

세 번째 반감기가 지나면 $0.500\text{ g} \times \frac{1}{2} = 0.250\text{ g}$이 남는다.

생각해보기

학생들은 두 번의 반감기에 해당하는 시간이 지나면 샘플이 남아 있지 않다고 생각하는 것이 일반적이다. 하지만 이 함정에 빠지지 않도록 한다. 각 연속 반감기 동안 남은 샘플의 절반만 붕괴된다는 점을 기억한다.

추가문제 1 $^{74}_{36}Kr$의 반감기는 11.5분이다. 250.0 mg 샘플은 46.0분 후에 얼마나 남아 있을까?

추가문제 2 $^{18}_{9}F$ 의 반감기는 110.0분이다. 175 mg 샘플이 10.9 mg으로 감소하는 데 얼마나 걸리는가?

추가문제 3 동위 원소 X는 반감기가 45일이며 동위 원소 Y로 붕괴된다. 105일 후 X의 표본을 가장 잘 나타내는 그림은 무엇인가?

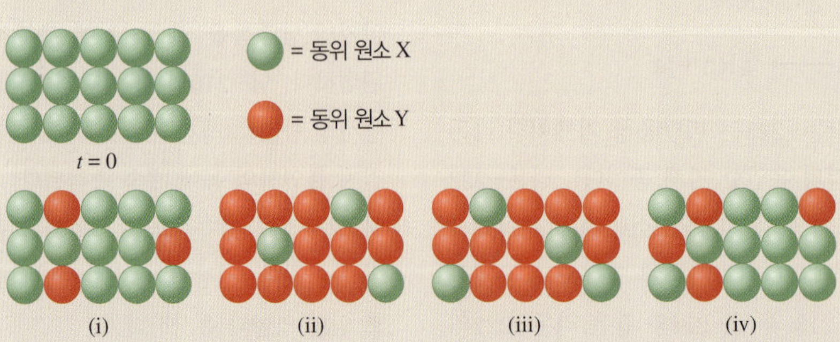

방사성 동위 원소의 반감기는 특정 물체의 나이를 결정하는 '원자시계'로 사용되었다. 방사성 붕괴 측정을 통한 연대 측정의 몇 가지 예가 여기에 설명되어 있다.

탄소-14 동위 원소는 대기의 질소가 우주선에 의해 충격을 받을 때 생성된다.

$$^{14}_{7}N + ^{1}_{0}n \longrightarrow ^{14}_{6}C + ^{1}_{1}H$$

방사성 탄소-14 동위 원소는 다음 반응식에 따라 붕괴한다.

$$^{14}_{6}C \longrightarrow ^{14}_{7}N + ^{0}_{-1}\beta$$

이 반응은 방사성 탄소 또는'탄소-14' 연대 측정의 기초이다. 물체의 나이를 결정하기 위해 우리는 ^{14}C의 활동(초당 분해 횟수)을 측정하고 이를 생물체의 ^{14}C 활동과 비교한다.

그림 16.3은 우라늄의 가장 흔한 동위 원소인 우라늄-238의 자연 방사능 계열을 나타낸다.

우라늄 붕괴 계열의 일부 중간 생성물은 반감기가 매우 길기 때문에(그림 16.3 참조), 이 계열은 특히 지구에서 발견되는 암석과 외계 물체의 나이를 추정하는 데 적합하다. 첫 번째 단계($^{238}_{92}U$~$^{234}_{90}Th$)의 반감기는 4.51×10^9년이다. 이는 4단계($^{234}_{92}U$~$^{230}_{90}Th$)의 반감기인 두 번째로 큰 값(즉, 2.47×10^5년)의 약 20,000배에 해당한다. 그러므로 좋은 근사치로서 우리는 전체에 대한 반감기가 다음과 같다고 가정할 수 있다.

프로세스(즉, $^{238}_{92}U$에서 $^{206}_{82}Pb$까지)는 첫 번째 단계의 반감기와 동일하다.

$$^{238}_{92}U \longrightarrow ^{206}_{82}Pb + 8^{4}_{2}\alpha + 6^{0}_{-1}\beta$$

자연적으로 발생하는 우라늄 광물에서 우리는 방사성 붕괴에 의해 형성된 일부 납-206을 발견해야 하며 실제로 발견한다. 광물이 형성될 당시 납이 존재하지 않았고, 광물이 납-206 동위 원소가 모체 우라늄-238로부터 분리될 수 있는 화학적 변화를 겪지 않았다고 가정하면, $^{206}_{82}P$ 대 $^{238}_{92}U$의 질량비를 이용해 암석의 연대를 추정하는 것이 가능하다. 앞의 핵 반응식에 따르면, 완전히 붕괴되는 우라늄 1 mol(238 g)마다 납 1 mol(206 g)이 형성된다. 우라늄-238의 절반만 붕괴되면 질량비는 $^{206}Pb/^{238}U$가 된다.

$$\frac{206\text{ g}/2}{238\text{ g}/2} = 0.866$$

그리고 이 과정은 완료되는 데 4.51×10^9년의 반감기가 걸렸을 것이다(그림 16.4). 0.866보다 낮은 비율은 암석의 나이가 4.51×10^9년 미만임을 의미하고, 비율이 높을수록 나이가 더 많다는 것을 의미한다. 흥미롭게도 우라늄 계열과 기타 붕괴 계열에 기초한 연구에서는 가장 오래된 암석의 나이를 추정하고 있으며 따라서 지구 자체의 나이도 4.5×10^9, 즉 45억 년으로 추정하고 있다.

지구화학에서 가장 중요한 연대 측정 기술 중 하나는 포타슘-40의 방사성 붕괴에 기초한다. 방사성 포타슘-40은 여러 가지 다른 방식으로 붕괴하지만 연대 측정과 관련된 방식은 전자 포획 방식이다.

$$^{40}_{19}K + ^{0}_{-1}e \longrightarrow ^{40}_{18}Ar \qquad t_{1/2} = 1.2\times10^9\text{ yr}$$

아르곤-40 기체의 축적은 표본의 나이를 측정하는 데 사용된다. 광물의 포타슘-40 원자가 붕괴되면 아르

학생 노트
전자 포획에서는 핵 외부의 전자가 핵 내부의 양성자와 결합하여 중성자를 생성한다. 그 결과 양성자가 하나 줄어들고 중성자가 하나 더 많은 핵이 생성된다.

$$^{0}_{-1}e + ^{1}_{1}p \longrightarrow ^{1}_{0}n$$

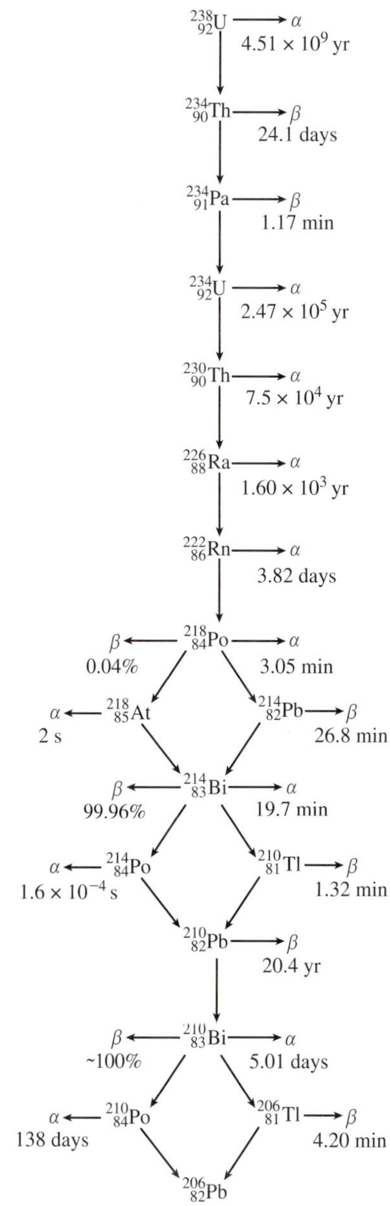

그림 16.3 우라늄-238의 붕괴 계열 (표시된 시간은 반감기이다)

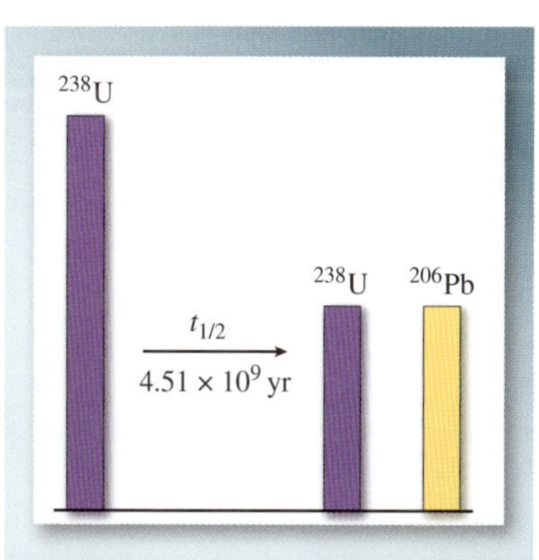

그림 16.4 한 번의 반감기가 지나면 원래 우라늄-238의 절반이 납-206으로 전환된다.

곤-40은 광물의 격자에 갇혀 물질이 녹을 때만 빠져나올 수 있다. 따라서 용해는 실험실에서 광물 샘플을 분석하는 절차이다. 존재하는 아르곤-40의 양은 질량 분석기를 사용하여 편리하게 측정할 수 있다. 광물 내 아르곤-40 대 포타슘-40의 비율과 붕괴 반감기를 알면 수백만 년에서 수십억 년에 이르는 암석의 연대를 확립하는 것이 가능하다.

16.4 방사능의 의학적 응용

방사성 동위 원소는 의학에서 진단에 흔히 사용된다. 소금 용액으로 혈류에 주입된 소듐-24(반감기가 14.8시간인 β-방출체)를 추적관찰하여 혈액의 흐름을 추적하고 순환계의 가능한 수축 또는 방해를 감지할 수 있다. 아이오딘-131(반감기가 8일인 β-방출체)은 갑상선 활동을 테스트하는 데 사용되었다. 갑상선 기능 장애는 환자에게 알려진 양의 $Na^{131}I$가 포함된 용액을 마시고 갑상선 바로 위의 방사능을 측정하여 아이오딘이 정상 속도로 흡수되는지 확인함으로써 발견할 수 있다. 아이오딘의 또 다른 방사성 동위 원소인 아이오딘-123(γ선 방출체)은 뇌 영상을 촬영하는 데 사용된다(그림 16.5). 그러나 이들 각각의 경우에 사용되는 방사성 동위 원소의 양은 환자가 고에너지 방사선으로 인해 영구적인 손상을 입는 것을 방지하기 위해 작게 유지되어야 한다.

인공적으로 제조된 최초의 원소인 테크네튬은 핵의학에서 가장 유용한 원소 중 하나이다. 테크네튬은 전이금속이지만 모든 동위 원소는 방사성이다. 실험실에서는 핵반응에 의해 제조된다.

$$^{98}_{42}\text{Mo} + ^{1}_{0}\text{n} \longrightarrow ^{99}_{42}\text{Mo}$$
$$^{99}_{42}\text{Mo} \longrightarrow ^{99m}_{43}\text{Tc} + ^{\ 0}_{-1}\beta$$

여기서, 위첨자 'm'은 테크네튬-99 동위 원소가 들뜬 핵 상태에서 생성된다는 것을 나타낸다. 이 동위 원소는 약 6시간의 반감기를 가지며, 바닥 상태 핵에서 γ 방사선에 의해 테크네튬-99로 붕괴된다. 따라서 이는 귀중한 진단 도구이다. 환자에게 ^{99m}Tc가 함유된 용액을 마시게 하거나 주사를 하는 경우, ^{99m}Tc에서 방출되는 γ선을 감지함으로써 의사는 심장, 간, 폐와 같은 장기의 영상을 얻을 수 있다.

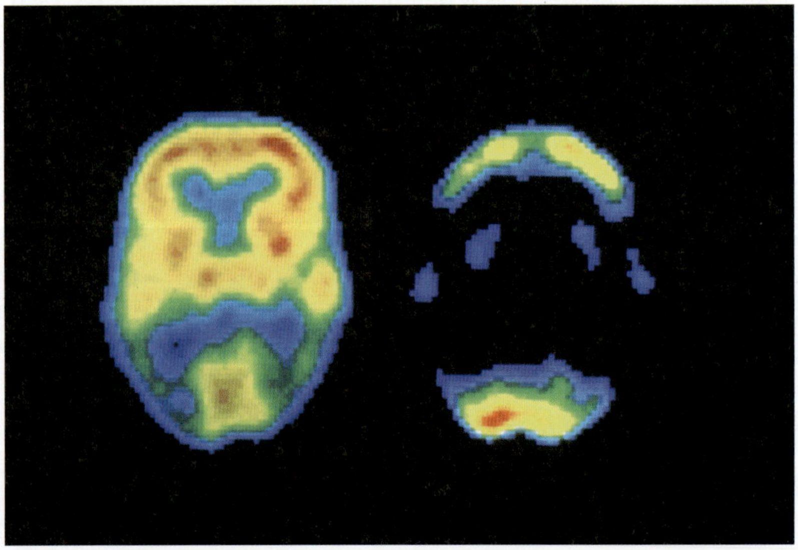

그림 16.5 정상적인 뇌(왼쪽)와 알츠하이머 환자의 뇌(오른쪽) 이미지

생각 밖 상식

핵화학을 사용하여 암을 치료하는 방법

뇌종양은 악성 성장 부위로 인해 수술로 절제가 어렵거나 불가능하기 때문에 치료하기 가장 어려운 암 중 하나이다. 마찬가지로 두개골 외부에서 X선이나 γ선을 사용하는 기존의 방사선 치료도 대개 효과적이지 않다. 이 문제에 대한 독창적인 접근 방식은 붕소 중성자 포획 요법(BNCT)이다. 이 기술에는 먼저 종양 세포에 선택적으로 흡수되는 붕소-10 화합물을 투여한 다음 저에너지 중성자 빔을 종양 부위에 적용하는 것이 포함된다. ^{10}B는 중성자를 포획하여 ^{11}B를 생성하며, 이는 다음 핵 반응을 통해 분해된다.

$$^{10}_{5}\text{B}+^{1}_{0}\text{n} \longrightarrow ^{7}_{3}\text{Li}+^{4}_{2}\alpha$$

이 반응에 의해 생성된 고에너지 입자는 ^{10}B가 집중되어 있는 종양 세포를 파괴한다. 입자가 불과 몇 마이크로미터에 국한되어 있기 때문에 인접한 정상 세포에 손상을 주지 않고 종양 세포를 우선적으로 파괴한다.

BNCT는 매우 유망한 치료법이며 활발한 연구가 진행되고 있는 분야이다. 연구의 주요 목표 중 하나는 ^{10}B를 원하는 위치에 전달하는 데 적합한 화합물을 개발하는 것이다. 그런 화합물이 효과가 높으려면 다음의 몇 가지 기준을 충족해야 한다. 이는 종양 세포에 대한 높은 친화력을 갖고, 막 장벽을 통과하여 종양 부위에 도달할 수 있어야 하며, 인체에 대한 독성 영향을 최소화해야 한다.

이것은 암 치료에 핵화학이 얼마나 중요한지를 보여주는 한 예이다.

16.5 핵분열과 핵융합

핵분열(nuclear fission)은 무거운 핵(질량 수 > 200)이 분열하여 중간 질량의 더 작은 핵과 하나 이상의 중성자를 형성하는 과정이다. 무거운 핵은 그 생성물보다 덜 안정적이기 때문에 이 과정에서는 많은 양의 에너지가 방출된다.

연구된 첫 번째 핵분열 반응은 느린 중성자로 충격을 받은 우라늄-235의 반응이었는데, 그 속도는 실온에서 공기 분자의 속도와 비슷하다. 이러한 조건에서 우라늄-235는 그림 16.6에 표시된 것처럼 핵분열을 겪는다. 실제로 이 반응은 매우 복잡하다. 핵분열 생성물 중에서 30개 이상의 서로 다른 원소가 발견되었다. 대표적인 반응은 아래와 같다.

$$^{235}_{92}\text{U}+^{1}_{0}\text{n} \longrightarrow ^{90}_{38}\text{Sr}+^{143}_{54}\text{Xe}+3^{1}_{0}\text{n}$$

핵분열 과정과 대조적으로, **핵융합**(nuclear fusion)은 작은 핵을 더 큰 핵으로 결합시키는 과정으로, 폐기물 처리 문제에서 대부분 제외된다.

핵융합은 태양에서 끊임없이 발생한다. 태양은 대부분 수소와 헬륨으로 이루어져 있다. 온도가 약 섭씨 1,500만 도에 달하는 내부에서는 다음과 같은 핵융합 반응이 일어나는 것으로 본다.

$$^{1}_{1}\text{H}+^{2}_{1}\text{H} \longrightarrow ^{3}_{2}\text{He}$$
$$^{3}_{2}\text{He}+^{3}_{2}\text{He} \longrightarrow ^{4}_{2}\text{He}+2^{1}_{1}\text{H}$$
$$^{1}_{1}\text{H}+^{1}_{1}\text{H} \longrightarrow ^{2}_{1}\text{H}+^{0}_{+1}\beta$$

핵융합 반응은 매우 높은 온도에서만 일어나기 때문에 종종 열핵반응이라고 불린다. 에너지 생산을 위한 적절한 핵융합 과정을 선택할 때 주요 관심사는 과정을 수행하는 데 필요한 온도이다. 몇 가지 가능성 있는 반응은 다음과 같다.

그림 16.6 핵분열과 핵융합

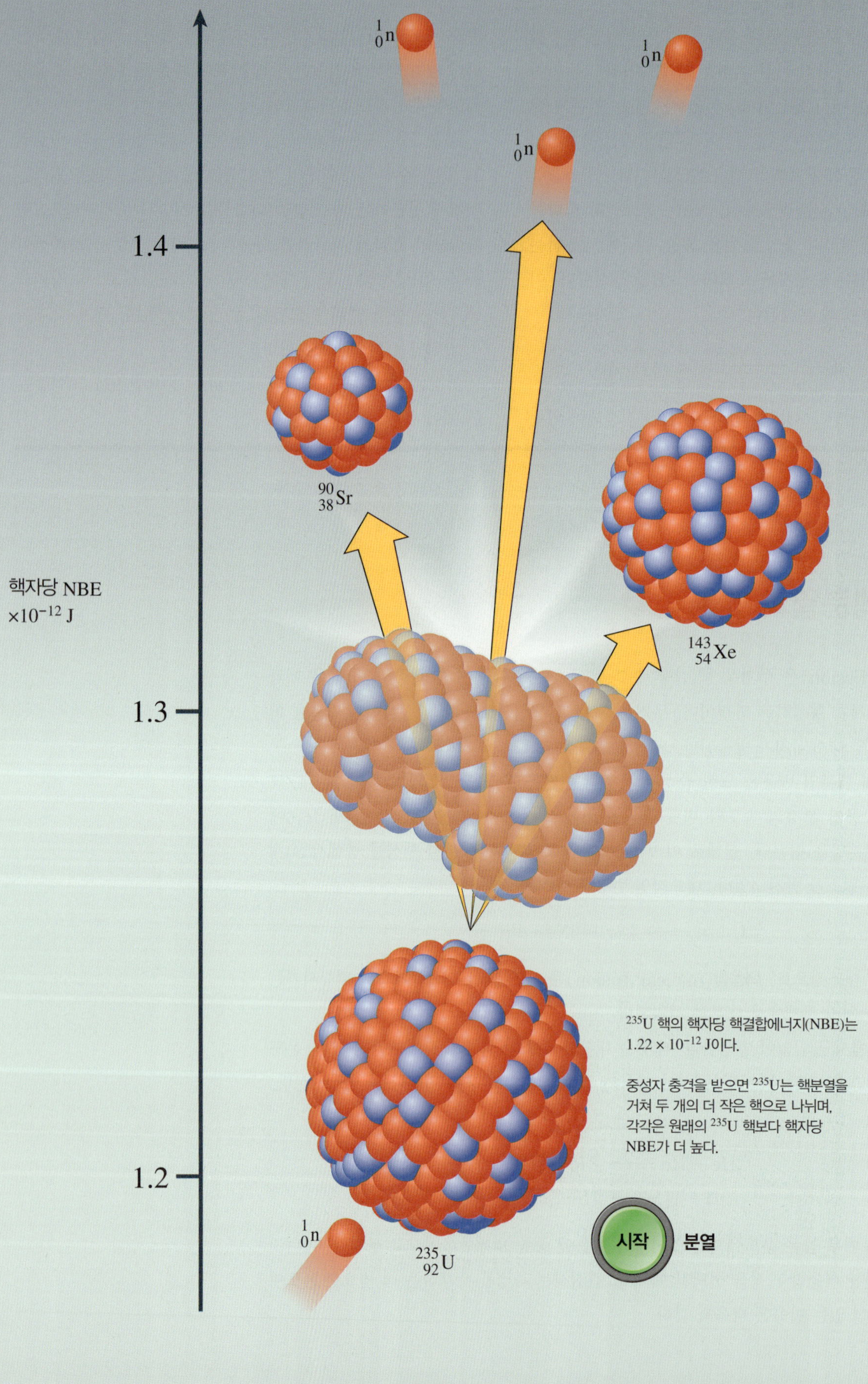

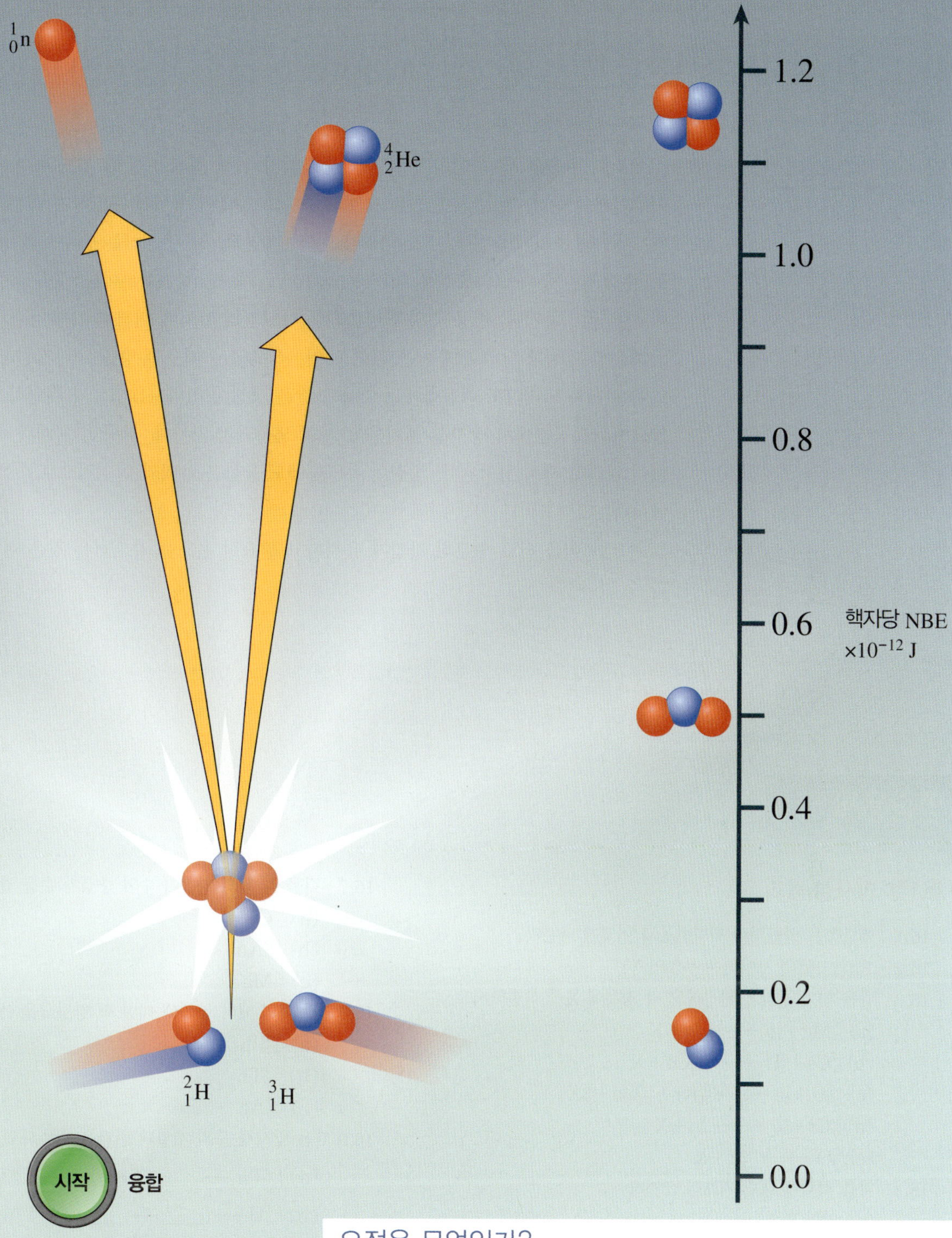

^{2}H 및 ^{3}H 핵은 핵자당 다음과 같은 핵결합 에너지를 가진다.

^{2}H: 0.185×10^{-12} J
^{3}H: 0.451×10^{-12} J

매우 높은 온도에서는 ^{2}H와 ^{3}H 핵이 융합되어 ^{4}He 핵과 중성자가 생성된다. ^{4}He 핵은 핵자당 NBE가 상당히 높으며, 1.13×10^{-12} J이다.

요점은 무엇인가?

^{235}U와 같은 큰 핵은 핵자당 더 큰 NBE를 가진 작은 핵으로 분열되어 더 큰 핵 안정성을 얻는다. 작은 핵은 핵융합을 거쳐 핵자당 더 큰 NBE를 가진 더 큰 핵을 생성하여 안정성을 얻는다.

두 프로세스에 대한 핵자당 NBE의 변화를 표시하기 위해 서로 다른 척도가 사용된다. 핵분열 과정보다 핵융합 과정에서 핵자당 NBE의 변화가 훨씬 더 크다. 화학 반응과 마찬가지로, 핵반응은 생성물이 반응물보다 더 안정할 때 우선적으로 진행된다.

반응	방출 에너지
${}^{2}_{1}H + {}^{2}_{1}H \longrightarrow {}^{3}_{1}H + {}^{1}_{1}H$	6.3×10^{-13} J
${}^{2}_{1}H + {}^{3}_{1}H \longrightarrow {}^{3}_{2}He + 2{}^{1}_{0}n$	2.8×10^{-12} J
${}^{6}_{3}Li + {}^{2}_{1}H \longrightarrow 2{}^{4}_{2}He$	3.6×10^{-12} J

이러한 반응은 핵 사이의 반발력을 극복하기 위해 섭씨 1억 도 정도의 매우 높은 온도에서 이루어져야 한다. 첫 번째 반응은 세계의 중수소 공급이 사실상 무한하기 때문에 특히 매력적이다. 지구상 물의 총량은 약 1.5×10^{21} L이다. 자연적으로 존재하는 중수소의 양은 0.015%이므로 존재하는 중수소의 총량은 대략 4.5×10^{21} g, 즉 5.0×10^{15}톤이다. 중수소를 제조하는 데는 비용이 많이 들지만, 반응에 의해 방출되는 에너지의 가치에 비하면 그 비용은 미미하다.

핵분열 과정과 달리 핵융합은 적어도 이론상으로는 매우 유망한 에너지원처럼 보인다. 열오염이 문제가 되더라도 핵융합에는 다음과 같은 장점이 있다. (1) 연료가 저렴하고 거의 고갈되지 않으며, (2) 공정에서 방사성 폐기물이 거의 생성되지 않는다. 핵융합 기계가 꺼지면 붕괴 위험 없이 완전히 즉시 정지된다. 장점이 분명함에도 융합은 우리가 안정적으로 수행할 수 있는 것이 아니다.

필요한 핵을 서로 충분히 가깝게 유지하고 필요한 온도를 유지하는 것은 현재로서는 우리가 할 수 없다.

연습문제

16.1절: 방사성 붕괴

16.1 핵반응은 일반적인 화학반응과 어떻게 다른가?

16.2 ${}^{0}_{-1}e$와 ${}^{0}_{-1}\beta$의 차이점은 무엇인가?

16.3 다음 핵 방정식을 완성하고 각 경우에 X를 식별하시오.
(a) ${}^{26}_{12}Mg + {}^{1}_{1}p \longrightarrow {}^{4}_{2}\alpha + X$
(b) ${}^{59}_{27}Co + {}^{2}_{1}H \longrightarrow {}^{60}_{27}Co + X$
(c) ${}^{235}_{92}U + {}^{1}_{0}n \longrightarrow {}^{94}_{36}Kr + {}^{139}_{56}Ba + 3X$
(d) ${}^{53}_{24}Cr + {}^{4}_{2}\alpha \longrightarrow {}^{1}_{0}n + X$
(e) ${}^{20}_{8}O \longrightarrow {}^{20}_{9}F + X$

16.4 다음 각각에 대한 기호를 쓰시오.
(a) 알파 입자
(b) 베타 입자
(c) 감마선
(d) 양전자

16.5 34개의 중성자를 포함하는 아연 동위 원소의 기호를 쓰시오.

16.6 다음 각 핵의 X를 밝히시오.
(a) ${}^{206}_{82}X$
(b) ${}^{210}_{84}X$
(c) ${}^{90}_{40}X$
(d) ${}^{209}_{83}X$

16.7 다음 각 핵의 양성자 수와 중성자 수를 결정하시오.
(a) ${}^{60}_{27}Co$
(b) ${}^{243}_{95}Am$
(c) ${}^{27}_{12}Mg$

16.8 각 핵의 베타 붕괴에 대한 핵 방정식을 쓰시오.
(a) ${}^{214}_{82}Pb$
(b) ${}^{234}_{90}Th$
(c) ${}^{227}_{89}Ac$

16.9 다음 방사성 붕괴 계열의 빈칸을 채우시오.
(a) ${}^{232}Th \xrightarrow{\alpha}$ ____ $\xrightarrow{\beta}$ ____ $\xrightarrow{\beta} {}^{228}Th$
(b) ${}^{235}U \xrightarrow{\alpha}$ ____ $\xrightarrow{\beta}$ ____ $\xrightarrow{\alpha} {}^{227}Ac$
(c) ____ $\xrightarrow{\alpha} {}^{233}Pa \xrightarrow{\beta}$ ____ $\xrightarrow{\alpha}$ ____

16.10 다음 과정에 대한 완전한 핵 방정식을 쓰시오.
(a) 삼중수소(${}^{3}H$)는 β 붕괴를, (b) ${}^{242}Pu$는 α 입자 방출을, (c) ${}^{131}I$는 β 붕괴를 하고, (d) ${}^{251}Cf$는 α 입자를 방출한다.

16.2절: 방사선의 검출과 그 생물학적 영향

16.11 rad와 rem은 무엇이며, 어떻게 연관되어 있는가?

16.12 α, β, γ 방사선원에 의한 방사선 손상 정도를 비교하시오.

16.3절: 방사성 붕괴를 이용한 연대 측정

16.13 반감기가 10.0일인 방사성 동위 원소가 20.0일 후에는 몇 퍼센트가 남게 되는가?

16.14 구리의 방사성 동위 원소는 다음과 같이 붕괴한다.

$$^{64}Cu \longrightarrow {}^{64}Zn + {}^{0}_{-1}\beta \qquad t_{1/2} = 12.8\text{ h}$$

84.0 g의 ^{64}Cu로 시작하여 25.6시간 후에 생산된 ^{64}Zn의 양을 계산하시오.

16.4절: 방사능의 의학적 응용

16.15 붕소 중성자 포획 치료법을 설명하시오.

16.5절: 핵분열과 핵융합

16.16 어떤 동위 원소가 핵분열을 겪을 수 있는가?

16.17 우라늄과 같은 무거운 원소는 핵분열을 일으키는 반면, 수소나 리튬과 같은 가벼운 원소는 핵융합을 겪는 이유를 설명하시오.

예제 속 추가문제 정답

16.1.1 (a) $^{78}_{34}Se$ (b) $^{5}_{3}Li$ (c) $^{1}_{0}n$

16.1.2 (a) $^{244}_{95}Am$ (b) $^{234}_{90}Th$ (c) $^{14}_{6}C$

16.2.1 15.6 mg

16.2.2 7 h 20 min

CHAPTER 17

전기 화학

Electrochemistry

감자로 만든 시계는 과학 체험과 실험으로 인기가 높다.

이 장의 목표

산화-환원 반응과 관련된 화학 반응식의 균형을 맞추는 방법을 공부하고, 상황에 따라 자발적인 산화-환원 반응이 환경에 따라 어떻게 이용되고 깨질 수 있는지를 학습한다. 또한 비자발적인 산화-환원 반응이 어떻게 진행되고 그것이 어떻게 활용될 수 있는지 배우게 된다.

들어가기 전에 미리 알아둘 것

- 화학 반응식 균형 맞추기 [|◀◀10.3절]
- 산화 수 [|◀◀10.4절]

앞서 원자의 특성을 결정하는 데 있어 전자의 중요성과 화학 결합에서 전자의 역할에 대하여 공부하였다. 또한 10장에서 일부 반응(산화-환원 반응)이 한 화학종에서 다른 화학종으로 전자를 전달하는 방법과 산화 수를 사용하여 산화-환원 반응에서 전달되는 전자를 추적하는 방법을 살펴보았다. 이 장에서는 산화-환원 반응을 더 자세히 공부하고 이러한 반응이 어떻게 전기를 생성하는 데 유용하거나 부식을 유발하는 데 활용될 수 있는지 살펴볼 것이다. 또한 자체적으로 일어나지 않는 산화-환원 반응을 유도하기 위해 전기를 이용하는 방법과 이것이 다양한 방식으로 어떻게 활용될 수 있는지 탐구한다.

17.1 반쪽 반응법을 이용한 산화-환원 반응의 균형

10장에서 전자가 한 종에서 다른 종으로 전달되는 산화-환원(oxidation-reduction), 즉 '산화-환원(redox)' 반응에 대해 간략하게 공부한 바 있다. 이 절에서는 반응을 산화-환원 반응으로 식별하는 방법을 검토하고 그러한 반응이 어떻게 균형을 이루는지 더 자세히 살펴볼 것이다.

산화-환원 반응은 산화 상태의 변화가 있는 반응으로, 10장에서 공부한 규칙을 사용하여 이를 식별한다. 다음은 산화-환원 반응의 예이다.

> **학생 노트**
> 이제 산화 수가 어떻게 결정되는지 확인할 좋은 기회이다. [|◀◀10.4절]

$$2KClO_3(s) \longrightarrow 2KCl(s) + 3O_2(g)$$

(+1)(+5)(−2) (+1)(−1) (0)

$$CH_4(g) + 2O_2(g) \longrightarrow CO_2(g) + 2H_2O(l)$$

(−4)(+1) (0) (+4)(−2) (+1)(−2)

$$Sn(s) + Cu^{2+}(aq) \longrightarrow Cu(s) + Sn^{2+}(aq)$$

(0) (+2) (0) (+2)

여기에 표시된 것과 같은 산화–환원 반응식은 10장[|◀◀ 10.3절]에 소개된 균형 맞추기 방법인 검사(inspection)를 통해 균형을 이룰 수 있지만, 산화–환원 반응식은 질량(원자 수)과 전하(전자 수)에 대해 균형을 이루어야 한다는 점을 기억해야 한다[|◀◀ 10.4절]. 이 절에서는 검사만으로는 균형을 맞출 수 없는 반응식의 균형을 맞추는 반쪽 반응 방법을 소개한다.

철(II) 이온(Fe^{2+})과 중크롬산 이온($Cr_2O_7^{2-}$)의 수용액 반응을 고려한다.

$$Fe^{2+} + Cr_2O_7^{2-} \longrightarrow Fe^{3+} + Cr^{3+}$$

반응식의 생성물 측에는 산소를 가진 화학종이 없기 때문에 반응물과 생성물의 계수를 조정하는 것만으로는 이 반응식의 균형을 맞추는 것이 불가능하다. 그러나 반응이 나타내는 화학 반응을 변경하지 않고도 균형을 맞추기 위해 반응식에 화학종을 추가할 수 있게 해주는 두 가지 사항이 있다.

- 반응은 수용액에서 일어나므로 반응식의 균형을 맞추기 위해 필요에 따라 H_2O를 첨가할 수 있다.
- 이 특별한 반응은 산성 용액에서 일어나므로 반응식의 균형을 맞추기 위해 필요에 따라 H^+를 첨가할 수 있다(일부 반응은 기본 용액에서 일어나 균형을 맞추는 데 필요한 만큼 OH^-를 추가할 수 있다. 이에 대해 곧 자세히 알아볼 것이다).

학생 노트
두 개의 반쪽 반응이 독립적으로 일어날 수는 없지만 별도로 균형을 맞춘 다음 다시 합산하여 전체 균형 맞춤 반응식을 얻을 수 있다.

균형 맞추지 않은 반응식을 작성한 후 다음과 같이 단계적으로 균형을 맞춘다.

1. 균형 맞추지 않은 반응식을 두 개의 **반쪽 반응**으로 분리한다. 하나는 산화를 나타내고 다른 하나는 환원을 나타낸다. 반쪽 반응은 전체 산화–환원 반응의 일부로 발생하는 산화 또는 환원 반응이다.

$$\text{산화:}\quad Fe^{2+} \longrightarrow Fe^{3+}$$
$$\text{환원:}\quad Cr_2O_7^{2-} \longrightarrow Cr^{3+}$$

학생 노트
$Cr_2O_7^{2-} \longrightarrow Cr^{3+}$가 환원인지 확실하지 않은 경우 10.4장에 설명된 방법을 사용하여 반응물과 생성물에 있는 Cr의 산화 수를 결정하시오. 산화 수가 감소하면 그 과정은 환원이다.

2. O와 H 이외의 원자에 대해 각 반쪽 반응의 균형을 맞춘다. 이 경우 산화 반쪽 반응에는 변화가 필요하지 않다. 환원 반반응의 균형을 맞추기 위해 크롬(III) 이온의 계수를 조정한다.

$$\text{산화:}\quad Fe^{2+} \longrightarrow Fe^{3+}$$
$$\text{환원:}\quad Cr_2O_7^{2-} \longrightarrow 2Cr^{3+}$$

3. H_2O를 추가하여 O에 대한 두 반쪽 반응의 균형을 맞춘다. 다시 말하지만, 이 경우 산화 반응에는 변화가 필요하지 않지만 환원의 생성물 측에 7개의 물 분자를 추가해야 한다.

$$\text{산화:}\quad Fe^{2+} \longrightarrow Fe^{3+}$$
$$\text{환원:}\quad Cr_2O_7^{2-} \longrightarrow 2Cr^{3+} + 7H_2O$$

4. H^+를 추가하여 H에 대한 두 반쪽 반응의 균형을 맞춘다. 다시 한 번 말하지만, 이 경우 산화 반응에는 변화가 필요하지 않지만 환원의 반응물 쪽에 14개의 수소 이온을 추가해야 한다.

$$\text{산화:}\quad Fe^{2+} \longrightarrow Fe^{3+}$$
$$\text{환원:}\quad 14H^+ + Cr_2O_7^{2-} \longrightarrow 2Cr^{3+} + 7H_2O$$

5. 전자를 추가하여 두 반쪽 반응의 전하 균형을 맞춘다. 이를 위해 각 측면의 총전하를 결정하고 전자를 추가하여 총전하를 동일하게 만든다. 산화 반응의 경우, 반응물 측에

는 +2의 전하가 있고 생성물 측에는 +3의 전하가 있다. 생성물 측에 하나의 전자를 추가하면 전하가 동일해진다.

$$\text{환원:}\quad \underbrace{Fe^{2+}}_{+2} \longrightarrow \underbrace{Fe^{3+} + e^-}_{+2}$$

전체 전하:

환원 반응의 경우, 반응물 측의 총전하는 $[(14)(+1)+(1)(-2)]=+12$이고, 생성물 측의 총전하는 $[(2)(+3)]=+6$이다. 반응물 측에 6개의 전자를 추가하면 전하가 동일해진다.

$$\text{환원:}\quad \underbrace{6e^- + 14H^+ + Cr_2O_7^{2-}}_{+6} \longrightarrow \underbrace{2Cr^{3+} + 7H_2O}_{+6}$$

전체 전하:

6. 균형 맞춤 산화 반쪽 반응의 전자 수가 균형 맞춤 환원 반쪽 반응의 전자 수와 같지 않으면 반쪽 반응 중 하나 또는 둘 다에 필요한 수를 곱한다. 이 경우 산화에 1개의 전자가 있고 환원에 6개의 전자가 있으면 산화에 6을 곱하면 된다.

$$\text{산화:}\quad 6(Fe^{2+} \longrightarrow Fe^{3+} + e^-)$$
$$6Fe^{2+} \longrightarrow 6Fe^{3+} + 6e^-$$
$$\text{환원:}\quad 6e^- + 14H^+ + Cr_2O_7^{2-} \longrightarrow 2Cr^{3+} + 7H_2O$$

7. 마지막으로 균형 맞춘 반쪽 반응을 다시 추가하고 양쪽에 나타나는 다른 동일한 항과 함께 전자를 취소한다.

$$6Fe^{2+} \longrightarrow 6Fe^{3+} + \cancel{6e^-}$$
$$\cancel{6e^-} + 14H^+ + Cr_2O_7^{2-} \longrightarrow 2Cr^{3+} + 7H_2O$$
$$6Fe^{2+} + 14H^+ + Cr_2O_7^{2-} \longrightarrow 6Fe^{3+} + 2Cr^{3+} + 7H_2O$$

최종 점검에서는 결과로 얻어진 반응식이 질량과 전하 모두에 대해 균형을 이루고 있음을 나타낸다.

일부 산화–환원 반응은 염기성 용액에서 발생한다. 이 경우, 반쪽 반응 방법에 의한 균형 조정은 산성 용액에서의 반응에 대해 설명한 것과 정확히 동일하게 수행되지만 두 가지 추가 단계가 필요하다.

8. 최종적으로 얻어진 반응식의 각 H^+ 이온에 대해 반응식의 각 변에 하나의 OH^- 이온을 추가하고 H^+와 OH^- 온을 결합하여 H_2O를 생성한다.
9. 새로운 H_2O 분자에 의해 필요한 추가적인 취소를 수행한다.

예제 17.1은 반쪽 반응법을 사용하여 염기성 용액에서 일어나는 반응의 균형을 맞추는 방법을 나타낸다.

예제 17.1 전기화학 반응식 균형 맞추기

과망간산염 이온과 아이오딘화물 이온은 염기성 용액에서 반응하여 산화망간(IV)과 분자 아이오딘을 생성한다. 반응식의 균형을 맞추려면 반쪽 반응 방법을 사용하시오.

$$MnO_4^- + I^- \longrightarrow MnO_2 + I_2$$

전략 반응은 염기성 용액에서 일어나므로 질량과 전하의 균형을 맞추기 위해 1~9단계를 적용한다.

계획 산화 수를 지정하여 산화 및 환원 반쪽 반응을 식별한다.

$$\underset{+7\ -2}{MnO_4^-} + \underset{-1}{I^-} \longrightarrow \underset{+4\ -2}{MnO_2} + \underset{0}{I_2}$$

풀이

1단계. 균형 맞추지 않은 반응을 반쪽 반응으로 분리한다.

$$\text{산화:} \quad I^- \longrightarrow I_2$$

$$\text{환원:} \quad MnO_4^- \longrightarrow MnO_2$$

2단계. O와 H를 제외한 각 반쪽 반응의 질량 균형을 맞춘다.

$$2I^- \longrightarrow I_2$$

$$MnO_4^- \longrightarrow MnO_2$$

3단계. H_2O를 추가하여 O에 대한 두 반쪽 반응의 균형을 맞춘다.

$$2I^- \longrightarrow I_2$$

$$MnO_4^- \longrightarrow MnO_2 + 2H_2O$$

4단계. H^+를 추가하여 H에 대한 두 반쪽 반응의 균형을 맞춘다.

$$2I^- \longrightarrow I_2$$

$$4H^+ + MnO_4^- \longrightarrow MnO_2 + 2H_2O$$

5단계. 전자를 추가하여 두 반쪽 반응의 전체 전하의 균형을 맞춘다.

$$2I^- \longrightarrow I_2 + 2e^-$$

$$3e^- + 4H^+ + MnO_4^- \longrightarrow MnO_2 + 2H_2O$$

6단계. 반쪽 반응에 적당한 수를 곱하여 두 반응의 전자 수를 동일하게 만든다.

$$3(2I^- \longrightarrow I_2 + 2e^-)$$

$$2(3e^- + 4H^+ + MnO_4^- \longrightarrow MnO_2 + 2H_2O)$$

7단계. 두 반쪽 반응을 합하여 전자를 취소한다.

$$6I^- \longrightarrow 3I_2 + \cancel{6e^-}$$

$$\cancel{6e^-} + 8H^+ + 2MnO_4^- \longrightarrow 2MnO_2 + 4H_2O$$

$$\overline{8H^+ + 2MnO_4^- + 6I^- \longrightarrow 2MnO_2 + 3I_2 + 4H_2O}$$

8단계. 얻어진 반응식의 각 H^+ 이온에 대해 반응식의 각 변에 하나의 OH^- 이온을 추가하고 다음을 결합한다.

$$8H^+ + 2MnO_4^- + 6I^- \longrightarrow 2MnO_2 + 3I_2 + 4H_2O$$

$$+8OH^- \qquad\qquad\qquad\qquad +8OH^-$$

$$\overline{8H_2O + 2MnO_4^- + 6I^- \longrightarrow 2MnO_2 + 3I_2 + 4H_2O + 8OH^-}$$

9단계. 추가적인 H_2O 분자로 인해 필요한 모든 취소를 수행한다.

$$4H_2O + 2MnO_4^- + 6I^- \longrightarrow 2MnO_2 + 3I_2 + 8OH^-$$

생각해보기

최종적으로 얻어진 반응식이 질량과 전하의 균형을 이루는지 확인한다. 전체 균형 맞춤 반응식에는 전자가 나타날 수 없다는 점을 기억하시오.

추가문제 1 기본 용액에서 다음 반응식의 균형을 맞추려면 반쪽 반응 방법을 사용하시오.

$$CN^- + MnO_4^- \longrightarrow CNO^- + MnO_2$$

추가문제 2 산성 용액에서 다음 반응식의 균형을 맞추려면 반쪽 반응 방법을 사용하시오.

$$Fe^{2+} + MnO_4^- \longrightarrow Fe^{3+} + Mn^{2+}$$

추가문제 3 10장에서는 계수만 변경하여 화학 반응식의 균형을 맞추는 방법을 배웠다. 반응식에 화학종을 추가하는 것은 허용되지 않았다. 균형 맞춤 과정의 일부로 이 장의 반응식에 물과 하이드로늄(또는 수산화물)을 추가하는 것이 왜 괜찮은지 설명하시오.

17.2 전지

구리(II) 이온이 포함된 용액에 아연 금속을 넣으면 Zn은 Zn^{2+} 이온으로 산화되는 반면 Cu^{2+} 이온은 Cu로 환원된다[|◀◀ 그림 10.6].

$$Zn(s) + Cu^{2+}(aq) \longrightarrow Zn^{2+}(aq) + Cu(s)$$

산화–환원 반응에서 환원되는 화학종은 다른 화학종의 산화를 일으키는 '작용제'이기 때문에 **산화제**(oxidizing agent)라고 한다. 마찬가지로 산화되는 종을 **환원제**(reducing agent)라고 한다. 이 경우, 전자는 용액 내 환원제 Zn에서 산화제 Cu^{2+}로 직접 전달된다. 전자의 이동이 발생하더라도 그 결과는 실제로 유용하지 않다. 그러나 두 개의 반쪽 반응을 물리적으로 분리하면 전자가 Zn 원자에서 Cu^{2+} 이온으로 이동하기 위해 와이어를 통과해야 하도록 배열할 수 있다. 반응이 진행되면서 전선을 통해 전자의 흐름이 생기고 이로 인해 전기가 발생한다.

자발적 반응을 이용하여 전기를 생산하는 실험 장치를 **갈바니 전지**(galvanic cell)라고 한다. 그림 17.1은 갈바니 전지의 필수 구성 요소를 나타낸다. 한 용기에는 아연 막대를 $ZnSO_4$ 수용액에 담그고, 다른 용기에는 구리 막대를 $CuSO_4$ 수용액에 담근다. 전지는 Zn이 Zn^{2+}로의 산화와 Cu^{2+}의 Cu로의 환원이 외부 와이어를 통해 발생하는 전자 이동과 함께 별도의 위치에서 동시에 일어날 수 있다는 원리로 작동한다. 아연과 구리 막대를 **전극**(electrodes)이라고 한다. 정의에 따르면, 갈바니 전지의 **양극**(anode)은 환원이 일어나는 전극이고, **음극**(cathode)은 산화가 일어나는 전극이다(각각의 반응 용기와 전극 그리고 용액을 묶어서 **반쪽 전지**(half-cell)라고 한다). 이러한 전극과 전해질의 특별한 배열을 다니엘 전지라고 한다.

> **학생 노트**
> 갈바니 전지는 볼타 전지라고도 한다. 두 용어 모두 자발적인 화학 반응이 전자의 흐름을 생성하는 전지를 나타낸다.

> **학생 노트**
> 이것이 음극과 양극이라는 용어의 유래이다.
> - 양이온은 음극 쪽으로 이동한다.
> - 음이온은 양극 쪽으로 이동한다.

그림 17.1에 표시된 갈바니 전지의 반쪽 반응식은 다음과 같다.

$$\text{산화:} \quad Zn(s) \longrightarrow Zn^{2+}(aq) + 2e^-$$

$$\text{환원:} \quad Cu^{2+}(aq) + 2e^- \longrightarrow Cu(s)$$

전기 회로를 완성하고 전자가 외부 와이어를 통해 흐르도록 하려면 양이온과 음이온이 한 반쪽 전지에서 다른 반쪽 전지로 이동할 수 있는 전도 매체로 용액을 연결해야 한다. 이 요구 사항은 가장 간단한 형태로 KCl 또는 NH_4NO_3와 같은 비활성 전해질 용액을 포함하는 역 U자관인 **염다리**(salt bridge)에 의해 충족된다. 염다리의 이온은 용액의 다른 이온이나 전극과 반응해서는 안 된다(그림 17.1 참조). 산화–환원 반응이 진행되는 동안 전자는 음극(Zn 전극)에서 양극(Cu 전극)으로 외부 와이어를 통해 흐른다. 용액에서 양이온(Zn^{2+}, Cu^{2+} 및 K^+)은 양극 쪽으로 이동하고, 음이온(SO_4^{2-} 및 Cl^-)은 음극 쪽으로 이동한다. 두 용액을 연결하는 염다리가 없으면 음극 영역에 양전하가 축적되고(전자가 이탈하여 Zn^{2+}가 형성됨) 양극 영역에 음전하가 축적된다(전자와 Cu^{2+}가 만나 환원됨). 그러면 전지가 빠르게 작동하지 않게 된다.

그림 17.1 갈바니 전지의 구성

강전해질 용액(이 경우 Na_2SO_4)이 들어 있는 튜브인 염다리를 추가한다. 이 용액을 비커의 두 용액과 전기적으로 접촉시키면 이온이 전극 쪽으로 이동하여 두 구획이 전기적으로 중성을 유지하게 된다.

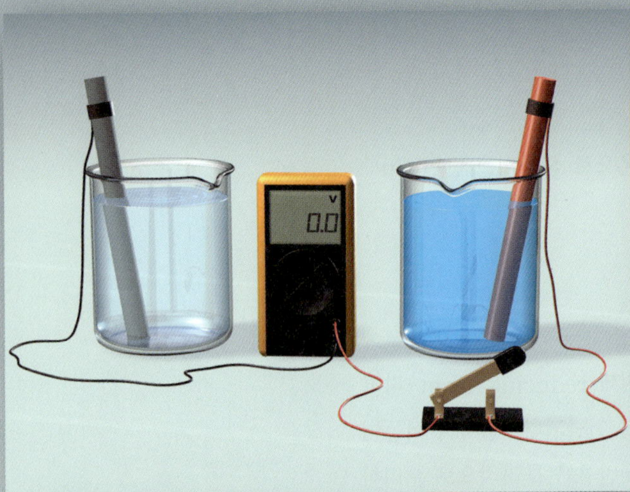

두 개의 금속 조각은 갈바니 전지의 전극이다. 우리는 전지 구성이 완료되면 회로를 완성할 수 있도록 전압계와 스위치를 통해 배선된 긴 전선으로 전극을 연결한다.

아연과 구리 사이의 반응을 더욱 유용하게 만들기 위해 갈바니 전지를 만들 수 있다. 한 비커에는 아연 금속 조각을 1.00 M Zn^{2+} 이온 용액에 넣는다. 다른 하나는 Cu^{2+} 이온의 1.00 M 용액에 구리 금속 조각을 넣는 것이다.

START

343쪽의 그림 10.6에서 볼 수 있듯이, 아연 금속(Zn)을 구리 이온(Cu^{2+})이 포함된 용액에 담그면 아연은 산화되어 아연 이온(Zn^{2+})으로, 구리 이온은 구리 금속(Cu)으로 환원된다.

$$Zn(s)+Cu^{2+}(aq) \longrightarrow Zn^{2+}(aq)+Cu(s)$$

이는 전자가 아연 금속에서 용액 내의 구리 이온으로 자발적으로 흐르는 산화-환원 반응이다.

파란색이 밝아지는 것은 Cu^{2+} 농도가 감소했음을 나타낸다. 구리 금속은 견고한 아연 표면에 증착된다. 아연 금속 중 일부는 Zn^{2+} 이온으로 용액에 들어가는데, 이는 용액에 어떤 색도 부여하지 않는다.

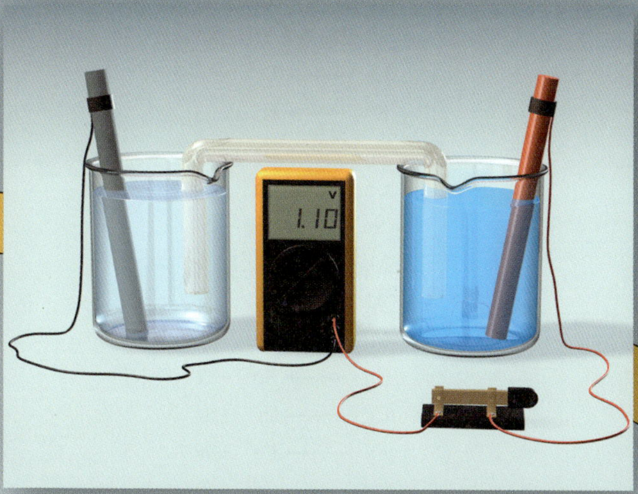

스위치를 닫으면 회로가 완성된다. 전압계는 전지의 초기 전위인 1.10 V를 나타낸다.

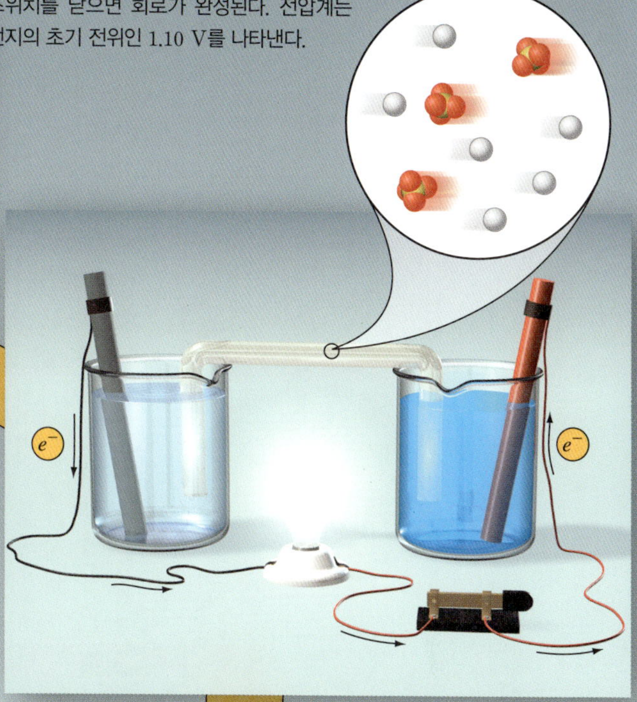

전압계를 전구로 교체하면 전자가 아연 전극(음극)에서 구리 전극(양극)으로 흐른다. 전자의 흐름으로 전구가 켜진다. 염다리의 음이온은 음극 쪽으로, 양이온은 양극 쪽으로 이동한다.

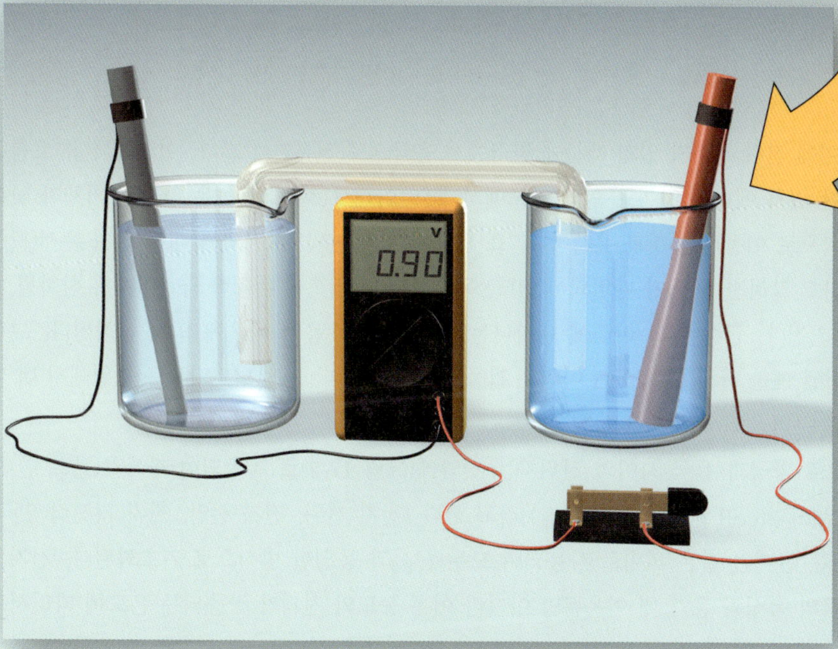

반응이 진행됨에 따라 음극의 아연 금속이 산화되어 왼쪽 비커의 Zn^{2+} 농도가 증가한다. 또한 구리 금속이 양극에 증착되어 오른쪽 비커의 Cu^{2+} 농도가 감소한다. 두 이온의 농도가 변하면 전지의 전위가 감소한다. 반응이 일정 시간 동안 진행된 후 전압계를 다시 삽입하여 감소된 전압을 측정할 수 있다.

요점은 무엇인가?

아연은 구리보다 더 강한 환원제이므로 전자가 아연 금속에서 구리 이온으로 흐르는 자연스러운 경향이 있다. 우리는 반쪽 반응이 별도의 영역에서 일어나도록 함으로써 이러한 전자 흐름을 활용할 수 있다. 전자는 여전히 Zn에서 Cu^{2+}로 흐르지만 두 전극을 연결하는 와이어를 통해 흘러야 한다. 전압계가 나타내는 값이 보여 주듯이 반응이 진행됨에 따라 전지의 전위가 감소한다.

표 17.1 활동도 계열

원소명	산화 반쪽 반응
리튬	$Li \longrightarrow Li^{+} + e^{-}$
포타슘	$K \longrightarrow K^{+} + e^{-}$
바륨	$Ba \longrightarrow Ba^{2+} + 2e^{-}$
칼슘	$Ca \longrightarrow Ca^{2+} + 2e^{-}$
소듐	$Na \longrightarrow Na^{+} + e^{-}$
마그네슘	$Mg \longrightarrow Mg^{2+} + 2e^{-}$
알루미늄	$Al \longrightarrow Al^{3+} + 3e^{-}$
망가니즈	$Mn \longrightarrow Mn^{2+} + 2e^{-}$
아연	$Zn \longrightarrow Zn^{2+} + 2e^{-}$
크로뮴	$Cr \longrightarrow Cr^{3+} + 3e^{-}$
철	$Fe \longrightarrow Fe^{2+} + 2e^{-}$
카드뮴	$Cd \longrightarrow Cd^{2+} + 2e^{-}$
코발트	$Co \longrightarrow Co^{2+} + 2e^{-}$
니켈	$Ni \longrightarrow Ni^{2+} + 2e^{-}$
주석	$Sn \longrightarrow Sn^{2+} + 2e^{-}$
납	$Pb \longrightarrow Pb^{2+} + 2e^{-}$
수소	$H_2 \longrightarrow 2H^{+} + 2e^{-}$
구리	$Cu \longrightarrow Cu^{2+} + 2e^{-}$
은	$Ag \longrightarrow Ag^{+} + e^{-}$
수은	$Hg \longrightarrow Hg^{2+} + 2e^{-}$
백금	$Pt \longrightarrow Pt^{2+} + 2e^{-}$
금	$Au \longrightarrow Au^{3+} + 3e^{-}$

전극 사이에 전위 차이가 있기 때문에 양극에서 음극으로 전류가 흐른다. 이러한 전류 흐름은 중력에 의한 위치 에너지 차이로 인해 폭포에서 물이 아래로 흐르고, 높은 압력의 기체가 낮은 압력의 영역으로 이동하는 것과 유사하다. 표 17.1에는 금속(및 수소)의 상대적 전위 순서(활동도 계열이라고 알려진 배열)가 나열되어 있다. 목록에서 더 위쪽에 위치한 금속일수록 산화될 가능성이 더 커진다. 금속은 그 아래에 나타나는 모든 종의 수용액 이온에 의해 산화된다. 그림 17.1에 표시된 예를 다시 살펴보자. 아연은 활동도 계열에서 더 높게 나타나므로 계열에서 더 낮게 나타나는 구리 수용액에 의해 산화된다.

학생 노트
볼트는 SI 유도 단위이다.

$$1\,V = 1\,J/1\,C$$

실험적으로 양극과 음극 사이의 전위차는 전압계(그림 17.2)로 측정되며 판독값(볼트 단위)을 **전지 전위($E_{전지}$)**[cell potential (E_{cell})]라고 한다. 전지 전위, 전지 전압, 전지 기전력 및 전지 EMF라는 용어는 같은 의미로 사용되며 모두 $E_{전지}$과 동일한 방식으로 기호화된다. 전지의 전위는 전극의 특성과 용액 내 이온뿐만 아니라 이온 농도와 전지가 작동되는 온도에 따라서도 달라진다.

갈바니 전지를 나타내는 일반적인 표기법은 전지 표기법이다. 그림 17.1에 표시된 전지의 경우 Zn^{2+} 및 Cu^{2+} 이온의 농도가 1 M이라고 가정하면 전지 표기법은 다음과 같다.

$$Zn(s)\,|\,Zn^{2+}(1\,M)\,||\,Cu^{2+}(1\,M)\,|\,Cu(s)$$

단일 수직선은 상 경계를 나타낸다. 예를 들어, 아연 전극은 고체이고 Zn^{2+} 이온은 용액에 있다. 따라서 상 경계를 표시하기 위해 Zn과 Zn^{2+} 사이에 선을 그린다. 이중 수직선은 염다리를 나타낸다. 관례적으로 음극은 이중선의 왼쪽에 먼저 기록되고 다른 구성 요소는 음극에서 양극으로 이동할 때 만나는 순서대로 표시된다(전지 그림의 왼쪽에서 오른쪽으로).

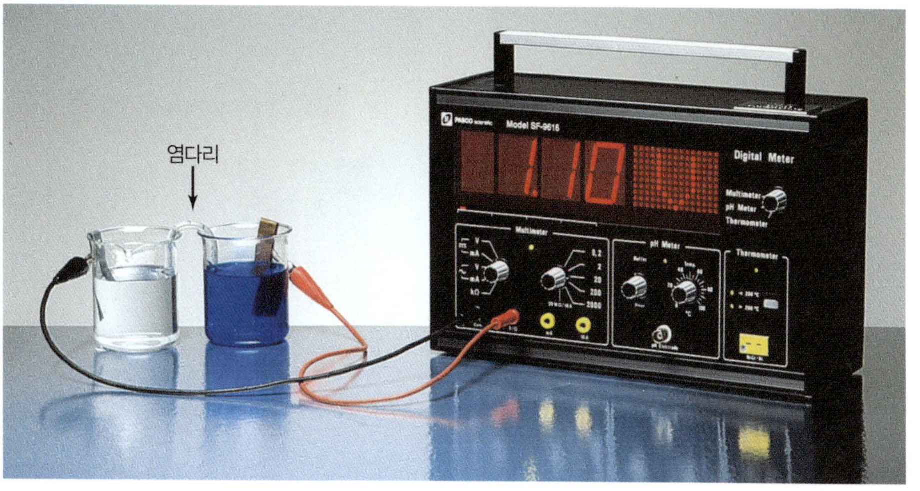

그림 17.2 그림 17.1에 설명된 갈바니 전지. 두 비커를 연결하는 U자형 튜브(염다리)에 주목한다. 25°C에서 Zn^{2+}와 Cu^{2+}의 농도가 1 M일 때 전지 전압은 1.10 V이다.

배터리(battery)는 갈바니 전지 또는 일련의 연결된 갈바니 전지로, 휴대용, 독립형 직류 전류 공급원으로 사용할 수 있다.

예제 17.2 균형 맞춤 전기화학 반응식에서 전지 표기법 작성

주어진 균형 맞춤 산화–환원 반응식에 대한 전지 표기법을 쓰시오.

$$\mathrm{Al}(s)+3\mathrm{AgNO_3}(aq) \longrightarrow \mathrm{Al(NO_3)_3}(aq)+3\mathrm{Ag}(s)$$

전략 계수와 구경꾼 이온을 무시하고 반응식을 산화 및 환원 반쪽 반응으로 나눈다. 각 반쪽 반응의 반응물과 생성물은 전지 표기법에 맞게 올바른 순서로 기록된다.

계획 $\mathrm{Al}(s) \longrightarrow \mathrm{Al^{3+}}(aq)$ (질산염 이온인 NO_3^-는 반응에서 구경꾼 이온이다) $\mathrm{Ag^+}(aq) \longrightarrow \mathrm{Ag}(s)$

풀이

$$\mathrm{Al}(s)\,|\,\mathrm{Al^{3+}}(aq)\,||\,\mathrm{Ag^+}(aq)\,|\,\mathrm{Ag}(s)$$

생각해보기

산화 반쪽 반응은 전지 표기법의 왼쪽에, 환원 반쪽 반응은 오른쪽에 기록된다는 점을 기억하시오.

추가문제 1 주어진 균형 맞춤 산화–환원 반응식에 대한 전지 표기법을 쓰시오.

$$\mathrm{Au(CH_3COO)_3}(aq)+\mathrm{Cr}(s) \longrightarrow \mathrm{Cr(CH_3COO)_3}(aq)+\mathrm{Au}(s)$$

추가문제 2 다음 표기법을 사용하여 갈바니 전지를 나타내는 균형 맞춤 화학 반응식을 작성하시오.

$$\mathrm{Ni}(s)\,|\,\mathrm{Ni^{2+}}(aq)\,||\,\mathrm{Cu^{2+}}(aq)\,|\,\mathrm{Cu}(s)$$

추가문제 3 추가문제 1의 아세테이트 이온이 반응에 대한 전지 표기법에 나타나지 않는 이유를 설명하시오.

건전지 및 알칼라인 배터리

가장 일반적인 배터리인 건전지와 알칼라인 배터리는 손전등, 장난감, CD 플레이어와 같은 특정 휴대용 전자 제품에 사용되는 배터리이다. 이 둘은 외관상 유사하지만 전압 생성을 담당하는 자발적인 화학 반응이 다르다. 이러한 배터리에서 발생하는 반응은 다소 복잡하지만 여기에 표

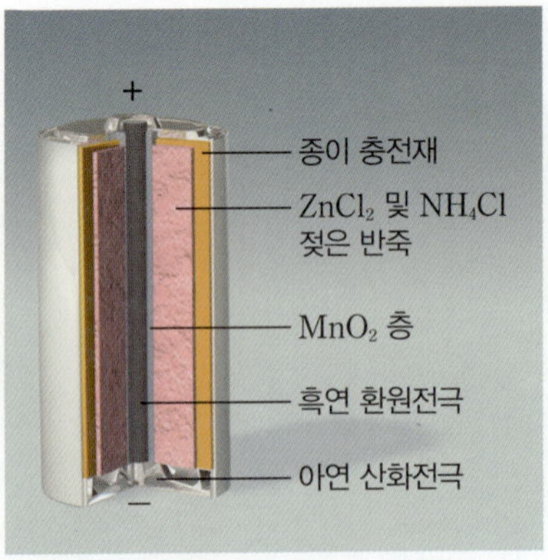

그림 17.3 손전등 및 기타 소형 장치에 사용되는 건전지 유형의 내부 모습

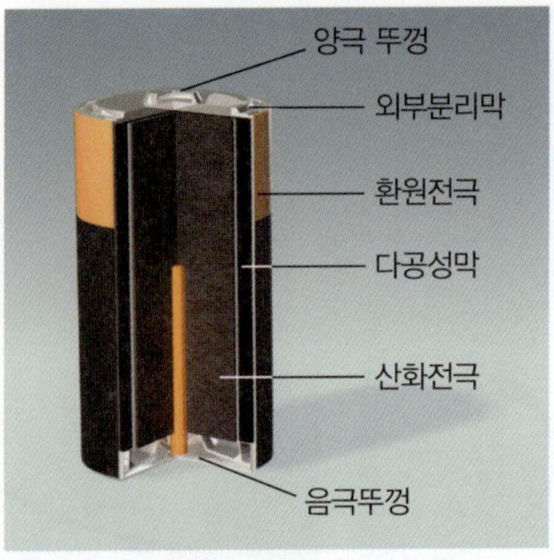

그림 17.4 알칼라인 배터리의 내부 모습

시된 반응은 전체 과정과 유사하다.

액체 성분이 없기 때문에 이렇게 명명된 건전지는 이산화망간 및 전해질과 접촉하는 아연 용기(음극)로 구성된다(그림 17.3). 전해질은 물에 염화암모늄과 염화아연으로 구성되어 있으며, 여기에 전분을 첨가하여 용액을 걸쭉하게 만든 반죽 형태이기 때문에 용액이 누출될 가능성이 적다. 전지 중앙의 전해질에 담긴 탄소 막대가 양극 역할을 한다.

전지 반응은 다음과 같다.

$$\begin{array}{lrcl} \text{산화전극:} & Zn(s) & \longrightarrow & Zn^{2+}(aq)+2e^- \\ \text{환원전극:} & 2NH_4^+(aq)+2MnO_2(s)+2e^- & \longrightarrow & Mn_2O_3(s)+2NH_3(aq)+H_2O(l) \\ \hline \text{전체반응:} & Zn(s)+2NH_4^+(aq)+2MnO_2(s) & \longrightarrow & Zn^{2+}(aq)+Mn_2O_3(s)+2NH_3(aq)+H_2O(l) \end{array}$$

건전지에서 발생하는 전압은 약 1.5 V이다.

알칼라인 배터리는 또한 이산화망간의 환원과 아연의 산화를 기반으로 한다. 그러나 반응은 기본 매질에서 일어나므로 알칼라인 배터리라고 불린다. 음극은 KOH의 농축 용액과 접촉하는 겔에 잘 섞여 있는 분말 아연으로 구성된다. 양극은 이산화망간과 흑연의 혼합물이다. 양극과 음극은 다공성 장벽으로 분리되어 있다(그림 17.4).

$$\begin{array}{lrcl} \text{산화전극:} & Zn(s)+2OH^-(aq) & \longrightarrow & Zn(OH)_2(s)+2e^- \\ \text{환원전극:} & 2MnO_2(s)+2H_2O(l)+2e^- & \longrightarrow & 2MnO(OH)(s)+2OH^-(aq) \\ \hline \text{전체반응:} & Zn(s)+2MnO_2(s)+2H_2O(l) & \longrightarrow & Zn(OH)_2(s)+2MnO(OH)(s) \end{array}$$

알칼라인 배터리는 이전의 건전지보다 가격이 비싸고 성능과 수명이 뛰어나다.

납축 전지

자동차에 일반적으로 사용되는 납축 전지는 6개의 동일한 전지가 직렬로 결합되어 구성된다. 각 전지에는 금속판에 포장된 이산화납(PbO_2)으로 만들어진 납 음극과 양극이 있다(그림 17.5). 음극과 양극 모두 전해질 역할을 하는 황산 수용액에 담겨 있다. 전지 반응은 다음과 같다.

$$\begin{array}{lrcl} \text{산화전극:} & Pb(s)+SO_4^{2-}(aq) & \longrightarrow & PbSO_4(s)+2e^- \\ \text{환원전극:} & PbO_2(s)+4H^+(aq)+SO_4^{2-}(aq)+2e^- & \longrightarrow & PbSO_4(s)+2H_2O(l) \\ \hline \text{전체반응:} & Pb(s)+PbO_2(s)+4H^+(aq)+2SO_4^{2-}(aq) & \longrightarrow & 2PbSO_4(s)+2H_2O(l) \end{array}$$

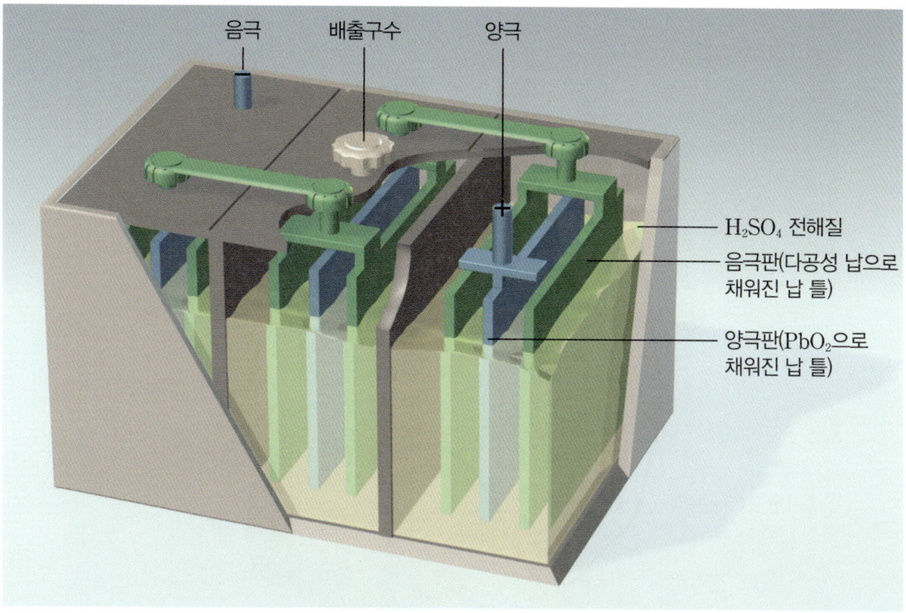

그림 17.5 납축 전지의 내부 모습. 정상적인 작동 조건에서 황산 용액의 농도는 약 38질량%이다.

정상적인 작동 조건에서 각 전지는 2 V를 생성한다. 6개 전지로 형성된 총 12 V 전압은 자동차의 점화 회로와 기타 전기 시스템에 전원을 공급하는 데 사용된다. 납축 전지는 엔진 시동에 걸리는 시간 등 짧은 시간 동안 많은 양의 전류를 전달할 수 있다.

납축 전지는 건전지나 알칼라인 배터리와 달리 충전이 가능하다. 배터리를 재충전한다는 것은 음극과 양극에 외부 전압을 가하여 정상적인 전기화학 반응을 역전시키는 것을 의미한다(이런 종류의 과정을 전기분해라고 하며, 이에 대해서는 17.4절에서 논의한다).

리튬 이온 배터리

때때로 '미래의 배터리'라고 불리는 리튬 이온 배터리는 다른 베디리 유형에 비해 몇 가지 장점이 있다. 리튬 이온 배터리에서 일어나는 전반적인 반응은 다음과 같다.

$$\begin{array}{lrcl} \text{산화전극:} & Li & \longrightarrow & Li^+ + e^- \\ \text{환원전극:} & Li^+ + CoO_2 + e^- & \longrightarrow & LiCoO_2 \\ \hline \text{전체반응:} & Li + CoO_2 & \longrightarrow & LiCoO_2 \end{array}$$

전지는 상대적으로 큰 전압인 3.4 V를 생성한다. 리튬은 가장 가벼운 금속이기도 하다. 1 mol의 전자를 생성하는 데, 단 6.941 g의 Li(몰질량)만 필요하다. 게다가 리튬 이온 배터리는 수백 번 충전이 가능하다. 이러한 특성으로 리튬 배터리는 휴대폰, 디지털 카메라, 노트북 컴퓨터와 같은 휴대용 장치에 사용하기 적합하다.

연료 전지

화석 연료는 주요 에너지원이지만 화석 연료를 전기 에너지로 전환하는 과정은 매우 비효율적이다. 메탄의 연소를 살펴보면 아래와 같다.

$$CH_4(g) + 2O_2(g) \longrightarrow CO_2(g) + 2H_2O(l) + \text{에너지}$$

전기를 생산하려면 위 반응에 의해 생성된 열을 먼저 사용하여 물을 증기로 변환한 다음 터빈을 구동하고 발전기를 구동한다. 열의 형태로 방출되는 에너지의 상당 부분이 각 단계에서 주변으

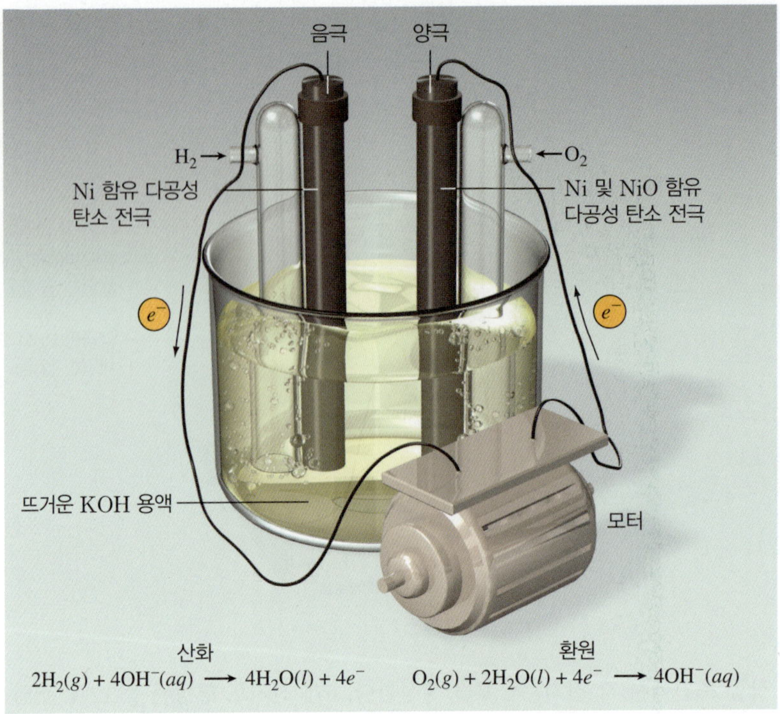

그림 17.6 수소–산소 연료 전지. 다공성 탄소 전극에 내장된 Ni와 NiO는 촉매로 반응 속도를 높여 준다.

로 손실된다(가장 효율적인 발전소라도 원래 화학 에너지의 약 40%만 전기로 변환한다). 연소 반응은 산화–환원 반응이기 때문에 전기화학적 방법으로 직접 수행하는 것이 더 바람직하며, 이를 통해 전력 생산 효율을 크게 높일 수 있다. 이 목표는 반응물의 지속적인 공급이 필요한 갈바니 전지인 **연료 전지**(fuel cell)라는 장치에 의해 달성될 수 있다. 엄밀히 말하면 연료 전지는 자립형이 아니기 때문에 배터리가 아니다.

가장 간단한 형태의 수소–산소 연료 전지는 수산화포타슘 용액과 같은 전해질 용액과 두 개의 불활성 전극으로 구성된다. 수소와 산소 기체는 양극과 음극 영역을 통해 거품이 생기며(그림 17.6), 여기서 다음 반응이 일어난다.

$$
\begin{array}{lrcl}
\text{산화전극:} & 2H_2(g)+4OH^-(aq) & \longrightarrow & 4H_2O(l)+4e^- \\
\text{환원전극:} & O_2(g)+2H_2O(l)+4e^- & \longrightarrow & 4OH^-(aq) \\
\hline
\text{전체반응:} & 2H_2(g)+O_2(g) & \longrightarrow & 2H_2O(l)
\end{array}
$$

H_2–O_2 연료 전지는 1.23 V의 전압을 발생시킨다.

H_2–O_2 시스템 외에도 다양한 연료 전지가 개발되었다. 그중에는 프로판–산소 연료 전지가 있다. 해당 반쪽 전지 반응은 다음과 같다.

$$
\begin{array}{lrcl}
\text{산화전극:} & C_3H_8(g)+6H_2O(l) & \longrightarrow & 3CO_2(g)+20H^+(aq)+20e^- \\
\text{환원전극:} & 5O_2(g)+20H^+(aq)+20e^- & \longrightarrow & 10H_2O(l) \\
\hline
\text{전체반응:} & C_3H_8(g)+5O_2(g) & \longrightarrow & 3CO_2(g)+4H_2O(l)
\end{array}
$$

전반적인 반응은 산소 속에서 프로판이 연소되는 것과 동일하다.

배터리와 달리 연료 전지는 화학에너지를 저장하지 않는다. 반응물은 소비되는 대로 지속적으로 재공급되어야 하며, 생성물은 형성되는 대로 제거되어야 한다. 그러나 적절하게 설계된 연료 전지는 효율이 70%에 달할 수 있으며 이는 내연기관보다 약 2배 더 효율적이다. 또한 연료 전지 발전기는 소음, 진동, 열 전달, 열 오염 및 기존 발전소와 관련된 기타 문제가 없다. 그럼에도 불구하고, 연료 전지는 아직 널리 사용되지는 않는다. 한 가지 주요 문제는 오염 없이 오랜 기간 동안 효율적으로 기능할 수 있는 전기촉매의 비용이다. 연료 전지의 주목할 만한 응용 분야 중 하나는 우주선에서의 사용이다. 수소–산소 연료 전지는 우주 비행을 위한 전력(및 식수)을 제공한다.

17.3 부식

부식(corrosion)이라는 용어는 일반적으로 전기화학 공정에 의한 금속의 열화를 의미한다. 철의 녹, 은의 변색, 구리와 황동에 형성되는 녹색 층을 포함하여 부식의 예가 많이 있다. 이 절에서는 부식과 관련된 프로세스와 이를 방지하기 위한 몇 가지 조치에 대해 논의한다.

철에 녹이 발생하려면 산소와 물이 필요한다. 관련된 반응은 매우 복잡하고 완전히 이해되지는 않지만 주요 단계는 다음과 같다. 금속 표면의 한 영역이 음극 역할을 하며 여기서 다음과 같은 산화가 발생한다.

$$\mathrm{Fe}(s) \longrightarrow \mathrm{Fe}^{2+}(aq) + 2e^-$$

철에 의해 포기된 전자는 동일한 금속 표면의 또 다른 영역인 양극에서 대기 산소를 물로 환원시킨다.

$$\mathrm{O_2}(g) + 4\mathrm{H}^+(aq) + 4e^- \longrightarrow 2\mathrm{H_2O}(l)$$

전체적인 산화–환원 반응은 다음과 같다.

$$2\mathrm{Fe}(s) + \mathrm{O_2}(g) + 4\mathrm{H}^+(aq) \longrightarrow 2\mathrm{Fe}^{2+}(aq) + 2\mathrm{H_2O}(l)$$

이 반응은 산성 용액에서 발생한다. H^+ 이온은 대기 중 이산화탄소와 물이 반응하여 약산인 탄산(H_2CO_3)을 형성함으로써 부분적으로 공급된다.

양극에서 형성된 Fe^{2+} 이온은 다음과 같이 산소에 의해 추가로 산화된다.

$$4\mathrm{Fe}^{2+}(aq) + \mathrm{O_2}(g) + (4+2x)\mathrm{H_2O}(l) \longrightarrow 2\mathrm{Fe_2O_3}\cdot x\mathrm{H_2O}(s) + 8\mathrm{H}^+(aq)$$

이 산화철(III)의 수화된 형태를 녹이라고 한다. 산화철(III)과 관련된 물의 양은 다양하므로 공

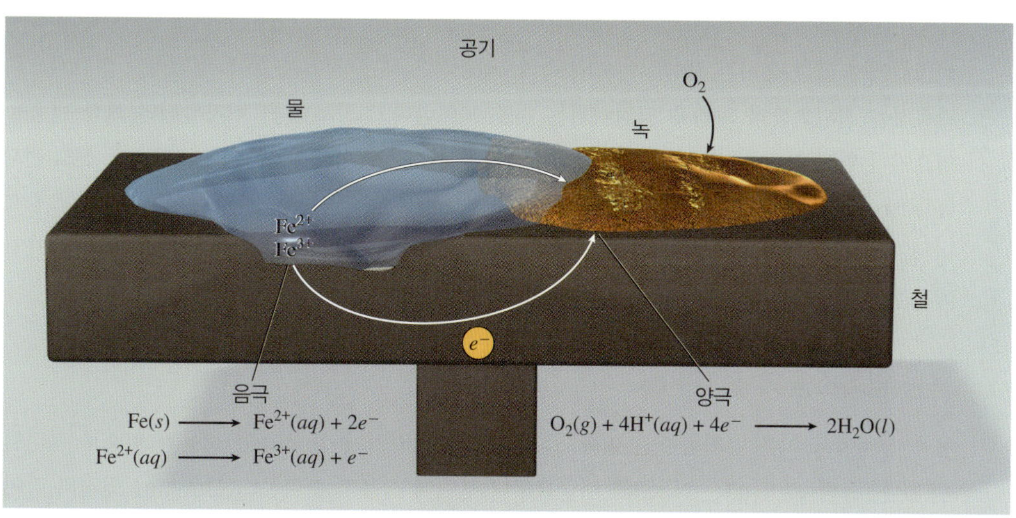

그림 17.7 녹 형성과 관련된 전기화학적 과정. H^+ 이온은 H_2CO_3에 의해 공급된다. 이는 공기 중의 CO_2가 물에 용해될 때 형성된다.

식을 $Fe_2O_3 \cdot xH_2O$로 나타낸다.

그림 17.7은 녹 형성 메커니즘을 나타낸다. 전기회로는 전자와 이온의 이동으로 완성된다. 이것이 바로 바닷물에서 녹이 매우 빠르게 발생하는 이유이다. 추운 기후에서 얼음과 눈을 녹이기 위해 도로에 뿌려진 염분(NaCl 또는 $CaCl_2$)은 자동차 녹 발생의 주요 원인이다.

다른 금속도 산화된다. 예를 들어, 비행기, 음료수 캔, 알루미늄 포일을 만드는 데 사용되는 알루미늄은 철보다 산화되는 경향이 훨씬 더 크다.

그러나 철의 부식과 달리 알루미늄의 부식은 밑에 있는 금속이 추가적인 부식을 방지하는 불용성 보호 코팅 층(Al_2O_3)을 생성한다.

구리 및 은과 같은 주화 금속도 부식되지만 철이나 알루미늄보다 훨씬 느리게 부식된다.

$$Cu(s) \longrightarrow Cu^{2+}(aq) + 2e^-$$
$$Ag(s) \longrightarrow Ag^{+}(aq) + e^-$$

일반적인 대기 노출에서 구리는 녹청이라고 하는 녹색 물질인 탄산구리($CuCO_3$) 층을 형성하여 아래의 금속을 추가 부식으로부터 보호한다. 마찬가지로, 식품과 접촉한 은제품에는 황화은(Ag_2S) 층이 형성된다.

금속을 부식으로부터 보호하기 위해 여러 가지 방법이 고안되었다. 이러한 방법의 대부분은 녹 형성을 방지하는 데 목적이 있다. 가장 확실한 접근법은 부식에 필요한 물질에 대한 노출을 방지하기 위해 금속 표면을 페인트로 코팅하는 것이다. 그러나 페인트가 긁히거나 다른 방식으로 손상되어 금속의 아주 작은 부분이라도 노출되면 페인트 층 아래에 녹이 형성된다.

대부분 철 금속으로 구성된 강철의 부식을 방지하는 데 가장 널리 사용되는 방법은 아연 금속으로 코팅하는 것으로, 이는 **아연 도금**(galvanization)으로 알려진 공정이다. 아연 금속은 강철보다 더 쉽게 산화되며, 그 과정에서 얇은 산화아연 층으로 코팅된다. 페인트 층과 마찬가지로 산화아연 층은 밑에 있는 철이 산소와 물에 노출되지 않도록 보호한다. 그러나 페인트와 달리 아연 코팅은 긁히거나 손상된 경우에도 보호 기능을 제공한다. 보호막인 산화아연 층의 스크래치는 아연 금속을 노출시키며, 이는 밑에 있는 철보다 더 쉽게 산화되므로 새로운 산화아연 층이 형성되어 철은 보호된 상태로 유지된다.

17.4 전기분해

17.2절에서 납축 전지가 재충전이 가능하며, 재충전은 외부 전압을 통해 배터리가 일반적으로 작동하는 전기화학적 과정을 역전시키는 것을 의미한다고 공부했다. 비자발적인 화학 반응을 일으키기 위해 전기 에너지를 사용하는 이 과정을 **전기분해**(electrolysis)라고 한다. **전해 전지**(electrolytic cell)는 전기분해를 수행하는 데 사용되는 전지이다. 갈바니 전지와 전해 전지의 공정에도 동일한 원칙이 적용된다. 이 절에서는 이러한 원리에 기초한 전기분해의 두 가지 예를 논의한다. 그런 다음 전기분해의 정량적 측면 중 일부를 조사한다.

학생 노트

전지 종류	화학 반응	전기 에너지
갈바니 전지	자발적	생산
전해 전지	비자발적	소모

용융 염화소듐의 전기분해

용융 상태에서 이온성 화합물인 염화소듐은 전기분해되어 구성 원소인 소듐과 염소로 분리될 수 있다. 그림 17.8(a)는 NaCl의 대규모 전기분해에 사용되는 다운스(Downs) 전지의 다이

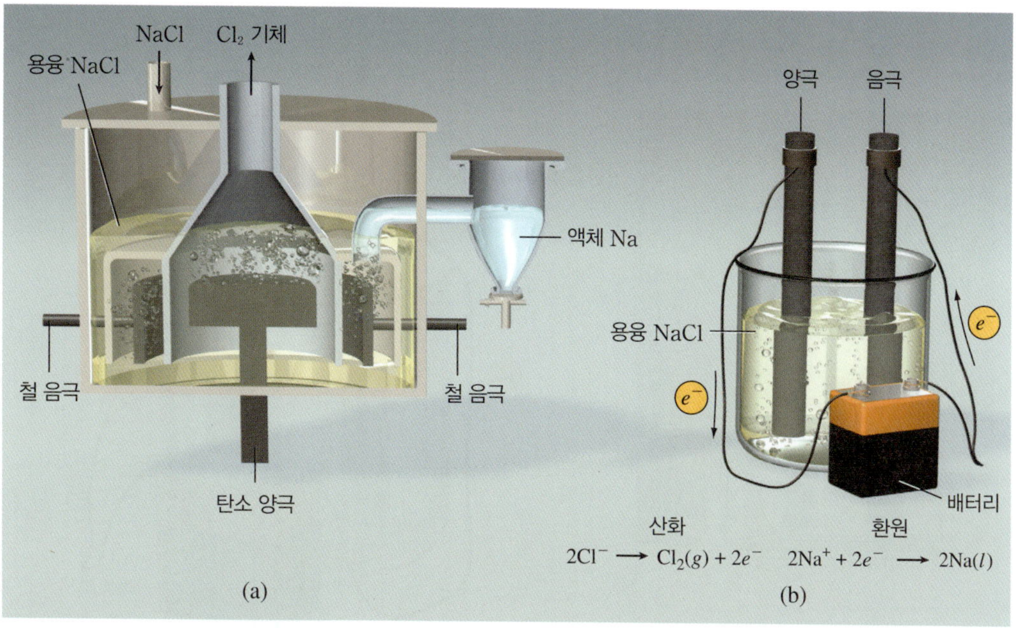

그림 17.8 (a) 용융 NaCl(m.p.=801℃)의 전기분해를 위한 다운스 전지라고 불리는 실제 배열. 음극에서 형성된 소듐 금속은 액체 상태이다. 액체 소듐 금속은 용융된 NaCl보다 가볍기 때문에 소듐은 그림과 같이 표면으로 떠오르며 수집된다. 염소 기체는 양극에서 형성되어 상단에 수집된다. (b) 용융 NaCl의 전기분해 중 전극 반응을 보여주는 단순화된 다이어그램. 비자발적인 반응을 유도하려면 배터리가 필요하다.

어그램이다. 용융된 NaCl에서 양이온과 음이온은 각각 Na^+ 및 Cl^- 이온이다. 그림 17.8(b)는 전극에서 일어나는 반응을 보여주는 단순화된 다이어그램이다. 전해 전지에는 배터리에 연결된 한 쌍의 전극이 포함되어 있다. 배터리는 전자가 자발적으로 흐르지 않는 방향으로 전자를 밀어내는 역할을 한다. 전자가 밀려나는 전극은 환원이 일어나는 음극이다. 전자가 끌어당겨지는 전극은 산화가 일어나는 양극이다. 전극에서의 반응은 다음과 같다.

$$\begin{array}{lrcl} \text{양극(산화):} & 2Cl^-(l) & \longrightarrow & Cl_2(g)+2e^- \\ \text{음극(환원):} & 2Na^+(l)+2e^- & \longrightarrow & 2Na(l) \\ \hline \text{전체반응:} & 2Na^+(l)+2Cl^-(l) & \longrightarrow & 2Na(l)+Cl_2(g) \end{array}$$

이 공정은 순수한 소듐 금속과 염소 기체의 주요 산업 공급원이다. 이 프로세스를 구동하려면 상대적으로 큰 전압(~4V)을 적용해야 한다.

물의 전기분해

일반적인 대기의 조건(1 atm, 25℃)에서 물은 자발적으로 분해되어 수소와 산소 기체를 형성하지 않는다.

$$2H_2O(l) \not\longrightarrow 2H_2(g)+O_2(g)$$

그러나 이 반응은 그림 17.9에 표시된 것과 같은 전해 전지에서 일어날 수 있다. 이 전지는 물에 담긴 백금과 같은 비반응성 금속으로 만들어진 한 쌍의 전극으로 구성된다. 낮은 농도의 산은 필요한 전기를 전도하기에 충분한 이온 농도를 제공한다.

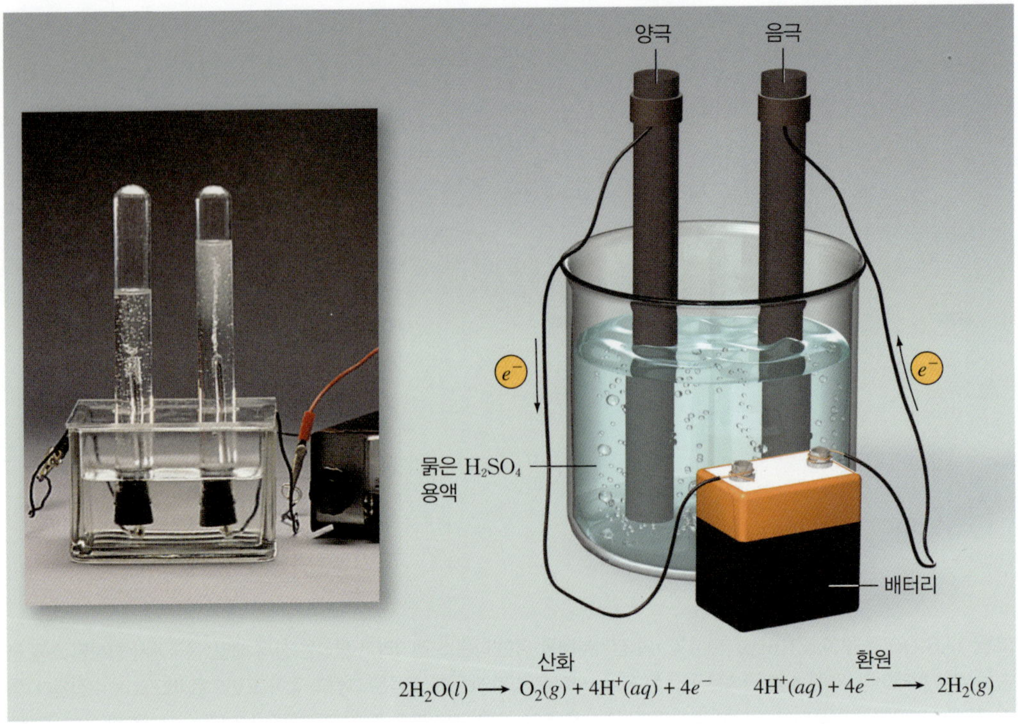

그림 17.9 소규모 물 전기분해 장치. 음극에서 생성된 수소 기체의 양은 양극에서 생성된 산소 기체의 두 배이다.

연습문제

17.1절: 반쪽 반응법을 이용한 산화–환원 반응의 균형

17.1 황 원자의 산화 수가 증가하는 순서로 다음 화학종을 배열하시오.

(a) H_2S (b) S_8
(c) H_2SO_4 (d) S^{2-}
(e) HS^- (f) SO_2
(g) SO_3

17.2 다음 분자와 이온의 밑줄 친 원자에 대한 산화 수를 쓰시오.
(a) $\underline{Cl}F$, (b) $\underline{I}F_7$, (c) $\underline{C}H_4$, (d) $\underline{C}_2H_2$, (e) $\underline{C}_2H_4$, (f) $K_2\underline{Cr}O_4$, (g) $K_2\underline{Cr}_2O_7$, (h) $K\underline{Mn}O_4$, (i) $NaH\underline{C}O_3$, (j) $\underline{Li}_2$, (k) $Na\underline{I}O_3$, (l) $K\underline{O}_2$, (m) $\underline{P}F_6^-$, (n) $K\underline{Au}Cl_4$

17.3 각 원소에 산화 수를 쓰고 이 값을 사용하여 각 반응에서 산화되는 물질과 환원되는 물질을 구별하시오.

(a) $2AlCl_3(aq) \longrightarrow 2Al(s) + 3Cl_2(g)$
(b) $Zn(s) + S(s) \longrightarrow ZnS(s)$

17.4 각 반응에서 산화제와 환원제를 확인하시오.

(a) $2Sr + O_2 \longrightarrow 2SrO$
(b) $2Li + H_2 \longrightarrow 2LiH$
(c) $2Cs + Br_2 \longrightarrow 2CsBr$
(d) $3Mg + N_2 \longrightarrow Mg_3N_2$

17.5 각 반응에서 산화제와 환원제를 확인하시오.

(a) $2H_2O_2 \longrightarrow 2H_2O + O_2$
(b) $Mg + 2AgNO_3 \longrightarrow Mg(NO_3)_2 + 2Ag$
(c) $NH_4NO_2 \longrightarrow N_2 + 2H_2O$
(d) $H_2 + Br_2 \longrightarrow 2HBr$

17.6 반쪽 반응법을 사용하여 다음 산화–환원 반응식의 균형을 맞추시오.

(a) $H_2O_2 + Fe^{2+} \longrightarrow Fe^{3+} + H_2O$ (산성 용액에서)
(b) $Cu + HNO_3 \longrightarrow Cu^{2+} + NO + H_2O$ (산성 용액에서)
(c) $CN^- + MnO_4^- \longrightarrow CNO^- + MnO_2$ (염기성 용액에서)
(d) $Br_2 \longrightarrow BrO_3^- + Br^-$ (염기성 용액에서)
(e) $S_2O_3^{2-} + I_2 \longrightarrow I^- + S_4O_6^{2-}$ (산성 용액에서)

17.7 반쪽 반응법을 사용하여 산성 용액에서 각 산화–환원 반응식의 균형을 맞추시오.

(a) $S_2O_3^{2-}(aq) + Br_2(aq) \longrightarrow S_4O_6^{2-}(aq) + Br^-(aq)$
(b) $Fe^{2+}(aq) + Cr_2O_7^{2-}(aq) \longrightarrow Cr^{3+}(aq) + Fe^{3+}(aq)$

17.8 반쪽 반응법을 사용하여 염기성 용액의 각 산화–환원 반

응식의 균형을 맞추시오.

(a) $Cl_2O_7(g)+H_2O_2(aq) \longrightarrow ClO_2^-(aq)+O_2(g)$
(H_2O_2에서 산소의 산화 수가 −1인 점을 참고)

(b) $Cr^{3+}(aq)+MnO_2(s) \longrightarrow Mn^{2+}(aq)+CrO_4^{2-}(aq)$

17.2절: 전지

17.9 각 보기 중 가장 좋은 환원제는 어느 금속인가?

(a) Li, Ca, Na

(b) Na, Zn, K

(c) Ni, Al, Sn

17.10 각 조의 금속을 환원력이 증가하는 순서로 배열하시오.

(a) K, Al, Mg

(b) Ni, Pb, Ca

(c) K, Cr, Mn

17.11 다음 반응 중 어느 것이 일어날지 결정하고, 반응식을 완성한 후 균형을 맞추시오.

(a) $Mg(CH_3COO)_2(aq)+Al(s) \longrightarrow ?$

(b) $SnCl_2(aq)+Fe(s) \longrightarrow ?$

(c) $Cu(s)+AgClO_4(aq) \longrightarrow ?$

17.12 활동도 계열을 활용하여 다음 반응의 결과를 예측하고, 반응식의 균형을 맞추시오.

(a) $Cu(s)+HCl(aq) \longrightarrow ?$

(b) $Au(s)+NaBr(aq) \longrightarrow ?$

(c) $Mg(s)+CuSO_4(aq) \longrightarrow ?$

(d) $Zn(s)+KBr(aq) \longrightarrow ?$

17.13 갈바니 전지를 그려보고 각 부위의 명칭을 적어 보시오.

17.14 염다리의 기능은 무엇인가? 염다리에는 어떤 종류의 전해질을 사용해야 하는가?

17.15 다음 전지 표기법으로 설명되는 갈바니 전지를 그려보시오.

$$Fe(s)|Fe^{2+}(aq)||Ag^+(aq)|Ag(s)$$

17.16 다음 산화−환원 반응식을 보고 전지 표기법으로 전지를 적어보시오.

(a) $2Al(s)+3Sn(NO_3)_2(aq) \longrightarrow 3Sn(s)+2Al(NO_3)_3(aq)$

(b) $Zn(s)+2AgCH_3COO(aq) \longrightarrow 2Ag(s)+Zn(CH_3COO)_2(aq)$

(c) $2Cr(s)+3Cu(ClO_4)_2(aq) \longrightarrow 3Cu(s)+2Cr(ClO_4)_3(aq)$

17.3절: 부식

17.17 많은 오토바이에는 머플러, 거울, 바퀴 등 크롬 도금 부품이 있다. 크롬 도금 층이 어떻게 강철 부품을 부식으로부터 보호할 수 있는지 설명하시오.

17.18 납 물체의 부식을 방지하기 위해 납 물체를 코팅하는 데 사용하는 가장 좋은 금속은 Cu, Au, Sn 중 어느 것인가?

17.4절: 전기분해

17.19 전기분해 과정이 갈바니 전지에서 일어나는 과정과 어떻게 다른지 설명하시오.

예제 속 추가문제 정답

17.1.1 $2MnO_4^-+H_2O+3CN^- \longrightarrow 2MnO_2+2OH^-+3CNO^-$

17.1.2 $MnO_4^-+5Fe^{2+}+8H^+ \longrightarrow Mn^{2+}+5Fe^{3+}+4H_2O$

17.2.1 $Cr(s)|Cr^{3+}(aq)||Au^{3+}(aq)|Au(s)$

17.2.2 $Ni(s)+Cu^{2+}(aq) \longrightarrow Ni^{2+}(aq)+Cu(s)$

부록

수학적 연산자

과학적 표기법

화학자들은 대단히 크거나 극단적인 숫자를 다루기도 한다. 예를 들어, 1 g의 원소 수소에는 대략 다음과 같은 수소 원자가 있다.

$$602,200,000,000,000,000,000,000$$

각 수소 원자 하나의 질량은 다음과 같다.

$$0.0000000000000000000000016\ \text{g}$$

이 숫자는 다루기가 번거롭고 산술 계산에서 사용할 때 실수하기가 쉽다. 다음 곱셈을 고려해보자.

$$0.0000000056 \times 0.00000000048 = 0.000000000000000002688$$

소수점 뒤에서 0을 하나 빼먹거나 0을 하나 더 더하는 것은 쉽다. 결과적으로, 매우 크고 아주 작은 숫자로 작업할 때 과학적 표기법을 사용한다. 크기에 상관없이 모든 숫자는 다음과 같은 형식으로 표현될 수 있다.

$$N \times 10^n$$

여기서, N은 1과 10 사이의 숫자이고 지수인 n은 양 또는 음의 정수이다. 이 방식으로 표현된 숫자는 과학적 표기법으로 작성되었다고 한다.

어떤 특정 수를 주고 그것을 과학적 표기법으로 표현하라고 요청받았다고 가정해보자. 기본적으로 이 과제는 n을 찾을 것을 요구한다. 숫자 N(1과 10 사이)을 제공하기 위해 소수점을 이동해야 하는 위치의 수를 계산한다. 소수점을 왼쪽으로 이동해야 하는 경우 n은 양의 정수이다. 오른쪽으로 이동해야 하는 경우 n은 음의 정수이다. 다음 예제는 과학적 표기법을 사용하는 방법을 보여준다.

1. 568.762를 과학적 표기법으로 표현하자.

$$568.762 = 5.68762 \times 10^2$$

   소수점은 왼쪽으로 두 자리만큼 이동되고 $n=2$이다.

2. 0.00000772를 과학적 표기법으로 표현하자.

$$0.00000772 = 7.72 \times 10^{-6}$$

   소수점은 오른쪽으로 여섯 자리만큼 이동되고 $n=-6$이다.

   다음 두 가지에 유의하자. 첫째, $n=0$은 과학적 표기법으로 표현되지 않은 숫자에 사용된다. 예를 들어, 74.6×10^0 $(n=0)$은 74.6과 같다. 둘째, $n=1$일 때 위첨자를 생략하는 것이 일반적이다. 따라서 74.6에 대한 과학적 표기법은 7.46×10^1이 아니라 7.46×10이다.

   다음으로 산술 연산에서 과학적 표기법이 어떻게 처리되는지 고려한다.

덧셈과 뺄셈

과학적 표기법을 사용하여 더하거나 뺄 때, 먼저 지수 n을 같게 하여 각각의 N_1과 N_2를 쓴다. 그 다음 N_1과 N_2를 더한다. 지수는 동일하게 유지된다. 다음 예제를 고려해보자.

$$(7.4\times10^3)+(2.1\times10^3)=9.5\times10^3$$

$$\begin{aligned}(4.31\times10^4)+(3.9\times10^3)&=(4.31\times10^4)+(0.39\times10^4)\\&=4.70\times10^4\end{aligned}$$

$$\begin{aligned}(2.22\times10^{-2})-(4.10\times10^{-3})&=(2.22\times10^{-2})-(0.41\times10^{-2})\\&=1.81\times10^{-2}\end{aligned}$$

곱셈과 나눗셈

과학적 표기법으로 표현된 숫자를 곱하기 위해서는 일반적인 방법으로 N_1과 N_2를 곱하지만 지수는 함께 더한다. 과학적 표기법을 사용하여 나누기 위해서는 N_1과 N_2를 평소와 같이 나누고 지수는 뺀다. 다음 예제는 이러한 작업이 수행되는 방법을 보여준다.

$$\begin{aligned}(8.0\times10^4)\times(5.0\times10^2)&=(8.0\times5.0)(10^{4+2})\\&=40\times10^6\\&=4.0\times10^7\end{aligned}$$

$$\begin{aligned}(4.0\times10^{-5})\times(7.0\times10^3)&=(4.0\times7.0)(10^{-5+3})\\&=28\times10^{-2}\\&=2.8\times10^{-1}\end{aligned}$$

$$\begin{aligned}\frac{6.9\times10^7}{3.0\times10^{-5}}&=\frac{6.9}{3.0}\times10^{7-(-5)}\\&=2.3\times10^{12}\end{aligned}$$

$$\begin{aligned}\frac{8.5\times10^4}{5.0\times10^9}&=\frac{8.5}{5.0}\times10^{4-9}\\&=1.7\times10^{-5}\end{aligned}$$

기본 삼각함수

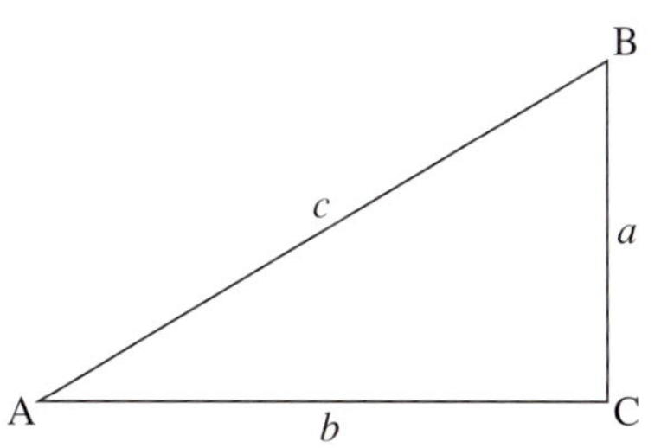

위 삼각형에서 A, B 및 C는 각도(C=90°)를 의미하고, a, b 및 c는 변의 길이이다. 알 수 없는 각도 또는 변의 길이를 계산하려면 다음 관계를 사용한다.

$$a^2+b^2=c^2$$

$$\sin A=\frac{a}{c}$$

$$\cos A = \frac{b}{c}$$

$$\tan A = \frac{a}{b}$$

로그 함수

상용로그 함수

로그 함수의 개념은 512쪽에서 논의한 지수의 개념을 확장한 것이다. 어떤 수의 상용로그 또는 십진수 로그 함수는 10의 지수이다. 다음 예는 이 관계를 설명하고 있다.

로그 함수	지수
$\log 1 = 0$	$10^0 = 1$
$\log 10 = 1$	$10^1 = 10$
$\log 100 = 2$	$10^2 = 100$
$\log 10^{-1} = -1$	$10^{-1} = 0.1$
$\log 10^{-2} = -2$	$10^{-2} = 0.01$

각각의 경우에, 수의 로그 함수는 검사(inspection)를 통해 얻을 수 있다.

숫자의 로그 함수는 지수이므로 지수와 속성이 동일하다.

로그 함수	지수
$\log AB = \log A + \log B$	$10^A \times 10^B = 10^{A+B}$
$\log \frac{A}{B} = \log A - \log B$	$\frac{10^A}{10^B} = 10^{A-B}$

또한 $\log A^n = n \log A$이다.

이제 6.7×10^{-4}의 로그 함수를 찾고 싶다고 가정해보자. 대부분의 전자 계산기에서는 숫자를 먼저 입력한 다음 로그 키를 누른다(아시아 또는 한국의 계산기는 로그 키를 먼저 누르고 숫자를 입력한다).

$$\log 6.7 \times 10^{-4} = -3.17$$

원래 숫자에 있는 유효 숫자 개수에 따라 로그 함수에 의해 얻어진 수의 소수점 이하에 숫자 개수가 결정된다는 것에 유의하자. 위에서 원래 숫자는 유효 숫자가 두 자리(6.7)이며, −3.17의 '17'은 이 로그 함수값에 두 개의 유효 숫자가 있음을 알려준다. −3.17의 '3'은 6.7×10^{-4}의 소수점 위치를 나타낸다. 다른 예는 다음과 같다.

수	상용로그 함수값
62	1.79
0.872	−0.0595
1.0×10^{-7}	−7.00

때로는 (pH 계산의 경우와 같이) 로그 함수가 알려진 수를 얻는 것이 필요하다. 이 과정은 역로그 함수값을 취하는 것으로 알려져 있다. 단순히 수의 로그 함수를 취하는 것과 반대이다. 특정 계산에서 pH=1.46이고 $[H^+]$를 계산하라는 요청을 받았다고 가정해보자. pH의 정의로부터($pH = -\log [H^+]$) 다음과 같이 쓸 수 있다.

$$[H^+] = 10^{-1.46}$$

많은 계산기에는 반올림을 얻기 위해 $\log^{-1}$ 또는 INV log라는 키가 있다. 다른 계산기에는 10^x 또는 y^x 키가 있다(이 예에서 x는 -1.46에 해당하고 y는 십진수 대수의 10이다). 따라서 $[H^+]=0.035\,M$임을 알게 된다.

자연로그 함수

10 대신 e를 취한 로그를 자연로그 함수(ln 또는 $\log_e$로 표시)라고 한다. e는 2.7183과 같다. 상용로그 함수와 자연로그 함수의 관계는 다음과 같다.

$$\log 10 = 1 \qquad 10^1 = 10$$
$$\ln 10 = 2.303 \qquad e^{2.303} = 10$$

따라서 다음과 같이 나타낼 수 있다.

$$\ln x = 2.303 \log x$$

2.27의 자연로그 함수값을 찾으려면, ln 키를 사용하여 얻는다.

$$\ln 2.27 = 0.820$$

ln 키가 없는 계산기의 경우 다음과 같이 진행할 수 있다.

$$\begin{aligned} 2.303 \log 2.27 &= 2.303 \times 0.356 \\ &= 0.820 \end{aligned}$$

때로는 자연로그 함수를 구할 수 있고, 또는 그것이 나타내는 수를 찾아야 할 수도 있다. 예를 들어, 다음과 같다.

$$\ln x = 59.7$$

많은 계산기에서 e 키를 사용한다.

$$e^{59.7} = 8 \times 10^{25}$$

Index

ㅅ

ㅇ

ㅈ

ㅊ

ㅋ

ㅌ

ㅍ

ㅎ

기타